BIBLIOTHECA MATHEMATICA TEUBNERIANA

BAND 12

# Lehrbuch der Kristallphysik

## (mit Ausschluß der Kristalloptik)

VON

**WOLDEMAR VOIGT**

Mit 213 Figuren und 1 Tafel

Reproduktion des 1928 mit einer späteren Arbeit des Verfassers
und einem Geleitwort von Professor M. v. Laue
erschienenen Nachdrucks der ersten Auflage von 1910

1966

Springer Fachmedien Wiesbaden GmbH

Additional material to this book can be downloaded from http://extras.springer.com.

ISBN 978-3-663-15316-0 ISBN 978-3-663-15884-4 (eBook)
DOI 10.1007/978-3-663-15884-4


Ursprünglich erschienen bei B. G. Teubner Verlagsgesellschaft, Stuttgart 1966.
Softcover reprint of the hardcover 1st edition 1966

DEM ANDENKEN

# FRANZ NEUMANNS

# VORWORT.

Die nachstehende Darstellung der Kristallphysik mit Ausschluß der Kristalloptik beruht auf Vorlesungen, die ich zu wiederholten Malen über diesen Gegenstand an der Göttinger Universität gehalten habe. Daß bei denselben die Kristalloptik ausgeschieden wurde, lag zu einem Teil an dem gegenüber dem ungemein reichen Stoff knappen Raum, den eine vierstündige Vorlesung bietet. Zum anderen Teil wirkte ein innerer Grund bestimmend. So eng in sich geschlossen die Kristalloptik erscheint, und so systematisch sich die andern Gebiete der Kristallphysik, für sich allein betrachtet, aufbauen, so grenzen beide Bereiche sich gegeneinander doch sehr deutlich ab. Die Kristalloptik wird demgemäß von mir auch regelmäßig in der einleitenden Vorlesung über allgemeine Optik skizziert und in einer eigenen Spezialvorlesung ausführlicher entwickelt. Hier konnte ich auf ihre Angliederung um so eher verzichten, als eine erschöpfende Bearbeitung des ganzen Gebietes von *Fr. Pockels*[1]) in dem gleichen Verlage erschienen ist, welcher diese Darstellung herausgibt.

Auch bei Ausschluß der Kristalloptik ist der in einer Vorlesung über Kristallphysik zu bewältigende Stoff so groß, daß die Probleme des Gebietes dort zumeist nur angedeutet werden können. Indem dann bei der Ausarbeitung für die Veröffentlichung diese Andeutungen ausgeführt werden mußten, erhielt das Ganze von selbst Umfang und Form, die einigermaßen von denen der Vorlesung abweichen. Dennoch sind die Grundzüge der ursprünglichen Entwickelungen genau beibehalten.

Eine größere Einschaltung ist der Theorie der Elastizität von Kristallplatten gewidmet. Dieselbe schien schon allein durch Symmetrierücksichten geboten. Wo die Theorie der Stäbe wegen fundamentaler, darauf beruhender Beobachtungsmethoden sehr ausführlich behandelt werden mußte, durfte diejenige der Platten nicht ganz übergangen werden. Überdies bezieht sich eine merkwürdige Beobachtungsreihe *Savarts* auf die Schwingungen von Kristallplatten, und ich fühlte mich durch eine Art Verpflichtung zu dem Versuch gedrängt, die Resultate dieser ersten großen und doch fast vergessenen Experimentaluntersuchung aus dem Gebiete der Kristallphysik mit der Theorie in Beziehung

1) *Fr. Pockels*, Lehrbuch der Kristalloptik, Leipzig, 1906.

zu setzen. Da dem Problem mit der strengen Theorie bis jetzt nicht beizukommen ist, mußte eine Annäherungsbetrachtung benutzt werden, die aber genügen dürfte, um die *Savart*schen, im allgemeinen nur qualitativen Resultate theoretisch verständlich zu machen.

Kleinere Einschaltungen betreffen die Theorie mehrerer Probleme der Piezoelektrizität und der elektrischen Deformation, die wegen der Einfachheit und Eleganz der Lösungen Interesse zu verdienen schienen.

Weil der Mehrzahl der Hörer physikalischer Vorlesungen die Elemente der Kristallographie nicht geläufig zu sein pflegen, habe ich dieselben in einer für die physikalische Verwendung geeigneten Form im Eingang der Vorlesung kurz und anschaulich entwickelt und diese Darstellung in der Bearbeitung noch etwas erweitert; es ist dadurch eine Grundlage geschaffen, auf der im weiteren bequem gebaut werden kann. Ähnlich verhält es sich mit einem zweiten einleitenden Kapitel über gerichtete Größen verschiedener Ordnung. Ein drittes über Grundgesetze der allgemeinen Physik hätte eher entbehrt werden können; ich habe dasselbe wesentlich deshalb aufgenommen, um oft zu benutzende Formeln in einer bestimmten erwünschten Form und an einer Stelle vereint leicht auffindbar beisammen zu haben.

Die Wahl der Symbole für die vorkommenden physikalischen Größen bereitete, da mit Ausnahme der Optik alle Gebiete der Physik von der Darstellung betreten wurden, einige Schwierigkeiten. Ich habe mich bemüht, dabei von dem anderweitigen Gebrauch möglichst wenig abzuweichen.

Da die Kristallphysik mit gerichteten Größen sehr verschiedener Ordnungen operiert, und für diese eine allgemeiner anerkannte Symbolik nicht existiert, so würden die Symbole der Vektoranalysis fremdartig und isoliert aufgetreten sein; ich habe dieselben daher nicht benutzt.

Vektorkomponenten nach den Koordinatenachsen sind überall da, wo es auf die Betonung ihres Charakters ankommt, durch die Indizes 1, 2, 3 charakterisiert, Tensorkomponenten durch Doppelindizes 11, 22, 33, 23, 31, 12. Wo Verwechslungen nicht zu befürchten sind, werden statt der letzteren mitunter auch einfache Indizes 1, 2, .. 6 angewendet. Die Konstituenten der Tensortripel sind durch die Indizes I, II, III von Vektorkomponenten unterschieden.

Von einzelnen konsequent benutzten Symbolen seien die folgenden hervorgehoben:

Gesamtenergie $E$, elektrische und magnetische Energie $\Pi$ und $T$.

Zugeführte Arbeit und (mechanisch gemessene) Wärme $\delta' A$ und $\delta' \Omega$; bei Beziehung auf die Volumeneinheit $\delta' \alpha$ und $\delta' \omega$.

Erstes und zweites thermodynamisches Potential $\xi$ und $\zeta$.

Verrückungs- und Drehungskomponenten $u, v, w$ und $l, m, n$.

Deformationsgrößen $x_x, y_y, z_z, y_z, z_x, x_y$; kürzer gelegentlich auch $x_1, x_2, .. x_6$. Lineäre Dilatation $\Delta$, räumliche $\delta$.

Druckkomponenten $X_x, Y_y, Z_z, Y_z, Z_x, X_y$; kürzer gelegentlich auch $X_1, X_2, .. X_6$.

Absolute Temperatur $\vartheta$, relative, z. B. nach Celsius, $\tau$. Thermische Leitfähigkeit $\lambda$. Wärmeströmung $W$.

Spezifische Wärme (in mechanischem Maße) der Volumeneinheit $\gamma$, der Masseneinheit $\Gamma$.

Thermische Dilatationen und Drucke $A$ und $Q$; bei kleiner Temperaturänderung $a\tau$ und $q\tau$.

Elektrische und magnetische Feldstärken $E$ und $H$, Momente $P$ und $M$, Induktionen $J$ und $B$, Potentialfunktionen $\varphi$, Potentiale $\Phi$.

Elektrische und magnetische Permeabilitäten $\varepsilon$ und $\mu$, Suszeptibilitäten $\eta$ und $\varkappa$, Raum- und Flächendichten $\varrho$ und $\sigma$.

Elektrische Leitfähigkeitskonstanten $l$, Widerstandskonstanten $k$, Strömung $U$.

Isothermische Elastizitätskonstanten und -moduln $c$ und $s$, adiabatische $\mathfrak{c}$ und $\mathfrak{s}$. Konstanten der inneren Reibung $b$, Moduln $r$.

Pyroelektrisches und -magnetisches Moment $F$ und $G$; wahres pyroelektrisches Moment $K$.

Piezoelektrische Konstanten und Moduln $e$ und $d$.

Von den (im I. Kapitel speziell definierten) kristallographischen Symmetrieelementen ist eine in die Richtung $r$ fallende $n$-zählige Symmetrieachse mit $A_r^{(n)}$, eine gleich gerichtete Spiegelachse mit $S_r$ bezeichnet, eine zu $r$ normale Symmetriebene mit $E_r$, ein Symmetriezentrum mit $C$.

Die Formeln sind in jedem Kapitel fortlaufend gezählt. Bei Bezugnahme auf frühere Formeln ist dann nur deren Nummer angegeben, wenn es sich um Formeln desselben Kapitels handelt; im andern Falle ist auch Seite oder Paragraph ihres Auftretens angeführt.

Was schließlich die allgemeinen mit der Publikation dieser Vorlesungen verfolgten Ziele angeht, so wünschte ich zum ersten, damit auf den Wert der Symmetriebetrachtungen für den Unterricht in der Physik aufmerksam zu machen. Ich glaube in der Tat, daß Vorlesungen ähnlichen Inhalts, in gleichviel wie bescheidenem Umfange, jedem theoretisch-physikalischen Kursus eingegliedert werden sollten. Von dem verstorbenen Professor *P. Curie* weiß ich durch persönliche Mitteilung, daß er auf dergleichen Vorträge Wert legte, und das neue Buch von *Bouasse* (Cours de Physique, VI. Partie, Études des Symétries,

Paris 1909) beweist, daß man anderwärts in derselben Richtung systematisch vorgeht.

Zum zweiten wünschte ich durch die Publikation dem Forscher behilflich zu sein, kristallphysikalische Probleme richtig zu stellen. Viele mühsame Beobachtungsarbeit ist im Gebiet der Kristallphysik vergeblich aufgewendet worden, weil sie nicht von der genügenden Einsicht in die Symmetriegesetze der betreffenden Vorgänge geleitet wurde. Auf einzelne derartige Fälle wird im Laufe der Darstellung einzugehen sein.

Zum dritten leitete mich das Bedürfnis, das große und herrliche Gebiet, zu dessen Bearbeitung ich seit 36 Jahren immer wieder zurückgekehrt bin, nun, wo sich meine Arbeit vielleicht ihrem Ende nähert, noch einmal eingehend und im Zusammenhange darzustellen, dabei auch hervortreten zu lassen, wie meine eigenen zerstreuten und vielleicht dem Anschein nach mitunter zusammenhangslosen Untersuchungen doch von einem einheitlichen Bestreben geleitet gewesen sind.

Den Herren Professor Dr. *Pockels* und Dr. *Försterling*, die eine Korrektur des Werkes gelesen haben, sage ich für ihre treuen Bemühungen, dem Herrn Verleger für sein stets freundliches Eingehen auf meine Wünsche herzlichen Dank.

Göttingen, am 1. August 1910.

W. VOIGT.

# BEGLEITWORT
## ZUM NACHDRUCK DER ERSTEN AUFLAGE.

*W Voigts* Lehrbuch der Kristallphysik gehört einer älteren Epoche der Kristallforschung an und hat sie wohl abgeschlossen. Die neueren, nach 1910 gewonnenen Erkenntnisse über die Molekularstruktur der Kristalle enthält es selbstverständlich nicht, und was es statt dessen an Molekulartheorie bringt, darf man wohl als überholt bezeichnen. Aber jene ganze Epoche beschäftigte sich überhaupt weniger mit der Molekulartheorie, als mit der Phänomenologie der Kristalle. Und was sie darin geschaffen hat und was deshalb den überwiegenden Teil dieses Buches bildet, hat gerade wegen seines rein formalen Charakters, den man ihr manchmal zum Vorwurf gemacht hat, einen bleibenden Wert. Jetzt bekommt es wieder neues Interesse, seit man in der Kristallzüchtung erhebliche Fortschritte gemacht sowie mittels *Hertz*scher Wellen elastische Schwingungen an piezoelektrischen Kristallen zu erregen gelernt hat und so eine große Zahl interessanter Versuche und Messungen machen kann, welche früher völlig außerhalb des Erreichbaren lagen.

Freilich soll nicht gesagt sein, daß das Gewand, welches das Buch der phänomenologischen Theorie gibt, nun für alle Zeiten seinen Schnitt behalten müßte. Seit die allgemeine Relativitätstheorie die Tensoren höheren Ranges in die Physik eingeführt hat, läge es z. B. nahe, die elastischen, die piezoelektrischen Koeffizienten und andere als Tensorkomponenten zu schreiben, und dadurch ihre Transformationsformeln zu vereinfachen. Aber es erscheint kaum möglich, *Voigts* Buch daraufhin umzuarbeiten. Es ist in seiner konsequenten Durcharbeitung, in den Beziehungen, die von einem Kapitel zum anderen führen, ein Meisterwerk, das man durch Veränderungen im einzelnen nur zerstörte. Will man hier etwas verbessern, so muß man ein ganz neues Buch schreiben. Und wer unter den heutigen Physikern versenkte sich wohl mit so viel Liebe in den Gegenstand, wie *Woldemar Voigt* es getan? Ohnedem aber wird sicher nichts Gleichwertiges geschaffen.

So bleibt also nur der unveränderte Wiederabdruck des Werkes übrig; und der Verlag, der ihn unternimmt, verdient sich damit den Dank vieler Physiker, die sich in den letzten Jahren nur schwer ein Exemplar des Werkes zu verschaffen wußten. Der einzige wesentliche Zusatz — von der Verbesserung einiger Druckfehler an Hand von *Voigts* eigenem Exemplar brauchen wir nicht zu reden — besteht in der Aufnahme einer Arbeit von *Voigt* aus dem Jahre 1915 (Ann. d. Phys. 48, S. 433), welche als Anhang abgedruckt ist. *Voigt* selbst hätte ihren Inhalt zweifellos auch irgendwie in das Buch übernommen, wenn er selbst dessen Wiederabdruck hätte besorgen können.

Berlin, Mai 1928. M. v. LAUE.

# INHALTSVERZEICHNIS.

## Einleitung.

Seite

§ 1. Allgemeine historische Übersicht . . . . . . . . . . . . . . . 1
§ 2. Die ästhetische Seite der Kristallphysik . . . . . . . . . . . 3
§ 3. Beziehungen zu den allgemeinen Problemen der Molekularphysik . . 4
§ 4. Beziehungen zu der Physik isotroper Körper . . . . . . . . . . 6
§ 5. Verschiedene Arten von Isotropie . . . . . . . . . . . . . . . 7
§ 6. Beschaffung von Beobachtungsmaterial; Kristallzüchtung . . . . 9
§ 7. Das Verhältnis der Kristallphysik zur Kristallographie und Mineralogie 10
§ 8. Frühere Darstellungen der Kristallphysik . . . . . . . . . . . 13

## I. Kapitel.

## Die Symmetrieeigenschaften der Kristalle.

### I. Abschnitt.

### Fundamentale Tatsachen und Definitionen.

§ 9. Isotropie und Aeolotropie . . . . . . . . . . . . . . . . . . 15
§ 10. Gleichwertige Richtungen. Physikalische Symmetrie . . . . . . . 16
§ 11. Flüssige Kristalle. Materie mit erzwungen kristallinischer Struktur . 17
§ 12. Die Rolle der Kristallform in der Kristallphysik. Das Prinzip von *Fr. Neumann* . . . . . . . . . . . . . . . . . . . . . . . . 19
§ 13. Grenzen der Anwendbarkeit des *Neumann*schen Prinzipes . . . . . 20
§ 14. Ergänzende Methoden. Ätzfiguren . . . . . . . . . . . . . . . 23

### II. Abschnitt.

### Allgemeine Theorie der Deckbewegungen.

§ 15. Die Konstanz der Kristallwinkel . . . . . . . . . . . . . . . 25
§ 16. Normale Polyeder; Polfiguren . . . . . . . . . . . . . . . . 26
§ 17. Definition der Symmetrie eines Polyeders; Deckbewegungen . . . . 28
§ 18. Vergleichung der Symmetrien verschiedener spezieller Polyeder . . . 30
§ 19. Analytische Darstellung der allgemeinsten Deckbewegung . . . . . 32
§ 20. Analytische Formulierung . . . . . . . . . . . . . . . . . . 33
§ 21. Zusammensetzung mehrerer Deckbewegungen . . . . . . . . . . . 34
§ 22. Der *Euler*sche Satz . . . . . . . . . . . . . . . . . . . . 35
§ 23. Zerlegung von Deckbewegungen in Komponenten . . . . . . . . . . 36
§ 24. Allgemeines über die Methode der Konstruktion von Symmetrietypen 37
§ 25. Bildung der Polyeder, welche gegebenen Deckbewegungen entsprechen 39

### III. Abschnitt.

### Deckbewegungen erster Art, einzeln und miteinander kombiniert.

§ 26. Sätze über einzelne Symmetrieachsen . . . . . . . . . . . . . 40
§ 27. Allgemeine Prinzipien für die Darstellung der Kristalltypen. Typen mit nur einer Symmetrieachse . . . . . . . . . . . . . . . . . 42

Seite
§ 28. Sätze über Ketten von Symmetrieachsen . . . . . . . . . . . . . . 47
§ 29. Eine Kette zweizähliger Achsen . . . . . . . . . . . . . . . . . . 48
§ 30. Kristalltypen mit Ketten zweizähliger Symmetrieachsen . . . . . . 51
§ 31. Kristalltypen mit Ketten dreizähliger Achsen . . . . . . . . . . . 53
§ 32. Ketten vier- und sechszähliger Achsen. Weitere Kristalltypen . . . 56

IV. Abschnitt.

**Deckbewegungen zweiter Art, allein oder mit solchen erster Art verbunden.**

§ 33. Reine Inversion. Symmetriezentrum . . . . . . . . . . . . . . . 59
§ 34. Sätze über einzelne Inversionsdrehungen . . . . . . . . . . . . . 63
§ 35. Verschiedene geometrische Bedeutung der vorkommenden Zähligkeiten 64
§ 36. Einführung von Symmetrieebenen in die erste Obergruppe . . . . . 66
§ 37. Einführung von Symmetrieebenen in die zweite Obergruppe . . . . 69
§ 38. Einführung von Symmetrieebenen in die Obergruppen III bis VI . . 72
§ 39. Koexistenz mehrerer unabhängiger Symmetrieebenen . . . . . . . 73
§ 40. Kristalltypen mit einer oder mehreren Spiegelachsen . . . . . . . 73
§ 41. Koexistenz von Spiegelachsen mit andern Symmetrieelementen . . . 75
§ 42. Abschließende Bemerkungen . . . . . . . . . . . . . . . . . . . 76

V. Abschnitt.

**Die Beschränkung der Zähligkeiten der Symmetrie- und Inversionsachsen durch das Prinzip der rationalen Indizes.**

§ 43. Allgemeines über die anzuwendende Methode . . . . . . . . . . . 78
§ 44. Das Prinzip der rationalen Indizes mit sich selbst im Einklang . . 79
§ 45. Gewinnung der Polyederflächen aus dem Prinzip der rationalen Indizes 81
§ 46. Anwendung des Prinzipes zur Beschränkung der Zähligkeiten $n$ und $m$ 82

VI. Abschnitt.

**Definitive Gruppierung der Kristalltypen.**

§ 47. Rekapitulation der früheren Resultate . . . . . . . . . . . . . . 84
§ 48. Gesichtspunkte für die Bildung von Kristallsystemen . . . . . . . 86
§ 49. Holoedrie, Hemiedrie, Tetartoedrie . . . . . . . . . . . . . . . 89
§ 50. Spezielle Betrachtung der trigonalen, tetragonalen und hexagonalen Systeme . . . . . . . . . . . . . . . . . . . . . . . . . . . 90
§ 51. Spezielle Betrachtung des regulären Systems . . . . . . . . . . . 94
§ 52. Definitive Anordnung und Benennung der Typen. Hauptachsensysteme 96
§ 53. Vereinfachtes Schema für zentrisch-symmetrische Vorgänge . . . . 100
§ 54. Folgerungen für azentrische Vorgänge . . . . . . . . . . . . . . 101
§ 55. Vorbemerkungen über die Verwertung der Symmetrieformeln der Kristallgruppen in der Kristallphysik . . . . . . . . . . . . . 103

VII. Abschnitt.

**Die Symmetrieverhältnisse der Kristallflächen und ihre Verwendung.**

§ 56. Allgemeines über Flächensymmetrie . . . . . . . . . . . . . . . 104
§ 57. Kontrolle der Einheitlichkeit von Kristallindividuen mit Hilfe von Ätzfiguren . . . . . . . . . . . . . . . . . . . . . . . . . . 106
§ 58. Kontrolle der Symmetrieformeln einfacher Individuen . . . . . . . 108

VIII. Abschnitt.

**Strukturtheorien.**

Seite

§ 59. Allgemeines über Ziele und Leistungen der Strukturtheorien . . . . 110
§ 60. Die *Bravais*schen Raumgitter . . . . 111
§ 61. Die *Bravais*sche Strukturtheorie . . . . 116
§ 62. Neuere Strukturtheorien . . . . 119

## II. Kapitel.

## Physikalische Funktionen als gerichtete Größen.

I. Abschnitt.

**Systematik der gerichteten Größen.**

§ 63. Einwirkungen und Effekte; Reziprozitäten . . . . 122
§ 64. Skalare Größen und skalare Felder . . . . 123
§ 65. Verschiebungsvektoren, Vektorkomponenten . . . . 124
§ 66. Koordinatentransformationen von Vektorkomponenten . . . . 126
§ 67. Drehungsvektoren . . . . 127
§ 68. Kriterien für polare und axiale Vektoren . . . . 129
§ 69. Wechselbeziehungen zwischen skalaren und vektoriellen Feldern . . 131
§ 70. Polare und axiale Tensoren . . . . 132
§ 71. Tensorkomponenten . . . . 134
§ 72. Tensortripel und Tensorfläche . . . . 135
§ 73. Transformationseigenschaften der Tensorkomponenten. Spezielle Symmetrien . . . . 136
§ 74. Orthogonale Tensorkomponten. Schiefwinklige Tensortripel . . . . 139
§ 75, Spezielle Arten von Tensoren . . . . 141
§ 76. Gerichtete Größen dritter Ordnung. Trivektoren . . . . 141
§ 77. Gerichtete Größen vierter Ordnung. Bitensoren . . . . 143

II. Abschnitt.

**Kombination mehrerer gerichteter Größen.**

§ 78. Zwei Vektoren . . . . 144
§ 79. Drei Vektoren . . . . 146
§ 80. Vier Vektoren . . . . 147
§ 81. Sätze über skalare Funktionen von Komponenten gerichteter Größen 149
§ 82. Kriterien für die zentrische oder azentrische Symmetrie eines physikalischen Vorgangs . . . . 152
§ 83. Vektorielle und tensorielle Addition . . . . 154

## III. Kapitel.

## Allgemeine physikalische Hilfssätze.

**Vorbemerkung.** 156

I. Abschnitt.

**Sätze aus der Mechanik starrer und deformierbarer Körper.**

§ 84. Das Prinzip der virtuellen Verrückungen . . . . 156
§ 85. Die Gleichung der Energie . . . . 157
§ 86. Gleichgewicht eines starren Körpers . . . . 158

Seite

§ 87. Allgemeine Ausdrücke für die an einem Volumenelement eines deformierbaren Körpers geleisteten Arbeiten . . . . . . . . . . . 160
§ 88. Allgemeine Eigenschaften der inneren Drucke in einem deformierbaren Körper . . . . . . . . . . . . . . . . . . . . . . . . . . 163
§ 89. Die Deformationsgrößen. Zwei Tensortripel . . . . . . . . . . 165
§ 90. Weitere allgemeine Sätze über die Druckkomponenten . . . . . . 168
§ 91. Die Deformation materieller Flächen und Kurven . . . . . . . . 169
§ 92. Die Dilatation einer Strecke . . . . . . . . . . . . . . . . . . 171
§ 93. Die Änderung eines Flächenwinkels infolge der Deformation . . . 172
§ 94. Änderungen von Volumen- und Flächengrößen infolge einer Deformation . . . . . . . . . . . . . . . . . . . . . . . . . . . . 176
§ 95. Die Hauptachsen der Dilatation und des Druckes . . . . . . . . 177
§ 96. Anschließende geometrische Beziehungen . . . . . . . . . . . . 178

## II. Abschnitt.

## Sätze aus der allgemeinen Thermodynamik.

§ 97. Die erste Hauptgleichung . . . . . . . . . . . . . . . . . . . . 183
§ 98. Die zweite Hauptgleichung . . . . . . . . . . . . . . . . . . . . 184
§ 99. Allgemeines über Energie, Entropie, spezifische Wärme . . . . . 186
§ 100. Übergang zu der Betrachtung von Volumenelementen . . . . . . . 187
§ 101. Das erste thermodynamische Potential . . . . . . . . . . . . . 188
§ 102. Das zweite thermodynamische Potential . . . . . . . . . . . . . 190
§ 103. Allgemeines über reversible und irreversible Vorgänge und ihre Behandlung . . . . . . . . . . . . . . . . . . . . . . . . . . . 192

## III. Abschnitt.

## Sätze aus der allgemeinen Theorie der Elektrizität und des Magnetismus.

§ 104. Potential und Potentialfunktion . . . . . . . . . . . . . . . . 193
§ 105. Reihenentwicklung für die Potentialfunktion . . . . . . . . . . 196
§ 106. Deutung der Parameter der Entwicklung . . . . . . . . . . . . . 197
§ 107. Reihenentwicklung für das Potential . . . . . . . . . . . . . . 199
§ 108. Allgemeines über die Anwendung der vorstehenden Resultate . . . 201
§ 109. Die Potentialfunktion eines vektoriell erregten Körpers . . . . 202
§ 110. Der Fall einer homogenen Erregung . . . . . . . . . . . . . . . 204
§ 111. Die speziellen Fälle von Kugel und Ellipsoid . . . . . . . . . . 205
§ 112. Potentialfunktion einer vektoriell erregten Lamelle . . . . . . 207
§ 113. Die Feldkomponenten im Innern des erregten Körpers . . . . . . 207
§ 114. Polare und axiale Natur der elektrischen und der magnetischen Vektoren . . . . . . . . . . . . . . . . . . . . . . . . . . . . . 209
§ 115. Die Potentialfunktion eines tensoriell erregten Körpers . . . . 211
§ 116. Weitere Formen der Potentialfunktion . . . . . . . . . . . . . . 212
§ 117. Verhalten der Potentialfunktion in der Oberfläche und im Innern des tensoriell erregten Körpers . . . . . . . . . . . . . . . . . 213
§ 118. Spezielle Fälle homogener tensorieller Erregung . . . . . . . . 215
§ 119. Vektorielle Erregung durch Influenz . . . . . . . . . . . . . . 218
§ 120. Zweite Darstellung des Influenzproblems . . . . . . . . . . . . 219
§ 121. Berechnung der Influenzierungsarbeit. Allgemeines . . . . . . . 221
§ 122. Durchführung der Berechnung im Falle vektorieller Erregung . . . 222
§ 123. Tensorielle Erregung durch Influenz . . . . . . . . . . . . . . 223
§ 124. Prinzip der Anordnung des weiterhin zu behandelnden Stoffes . . 226

## IV. Kapitel.
## Wechselbeziehungen zwischen einem Skalar und einem Vektor. (Pyroelektrizität und Pyromagnetismus.)

### I. Abschnitt.
### Beobachtungen über vektorielle Pyroelektrizität.

Seite
§ 125. Einleitung . . . 228
§ 126. Ältere Beobachtungen . . . 229
§ 127. Die *Kundt*sche Bestäubungsmethode . . . 230
§ 128. Vektorielle elektrische Erregung bei gleichförmiger und ungleichförmiger Temperaturänderung . . . 232
§ 129. Falsche und wahre Pyroelektrizität . . . 234
§ 130. Plan für die theoretische Behandlung der Pyroelektrizität . . . 236
§ 131. Tensorielle Pyroelektrizität . . . 238
§ 132. Die Beobachtungen *Gaugains* . . . 239
§ 133. Theoretische Gesichtspunkte von *W. Thomson* . . . 240
§ 134. Quantitative Bestimmungen von *E. Riecke*. Das Gesetz der zeitlichen Änderung . . . 242
§ 135. Qualitative Bestätigung der *W. Thomson*schen Hypothese . . . 246

### II. Abschnitt.
### Thermodynamische Theorie der vektoriellen Pyroelektrizität.

§ 136. Das thermodynamische Potential der pyroelektrischen Vorgänge . . 248
§ 137. Spezialisierung des thermodynamischen Potentials auf die verschiedenen Kristallgruppen . . . 250
§ 138. Herabsetzung der Fehlerquellen bei pyroelektrischen Messungen . 254
§ 139. Eine Kompensationsmethode zur Beobachtung pyroelektrischer Momente . . . 255
§ 140. Die Entropie der pyroelektrischen Erregung und der elektrokalorische Effekt . . . 256
§ 141. Der experimentelle Nachweis des elektrokalorischen Effektes . . . 259
§ 142. Effekte höherer Ordnung . . . 260

### III. Abschnitt.
### Pyromagnetische Erregung.

§ 143. Allgemeine Erwägungen . . . 261
§ 144. Das thermodynamische Potential pyromagnetischer Effekte . . . 263
§ 145. Beobachtungen . . . 265

## V. Kapitel.
## Wechselbeziehungen zwischen einem Skalar und einem Tensortripel. (Thermische Dilatation und tensorielle Pyroelektrizität.)

### I. Abschnitt.
### Allgemeines über tensorielle physikalische Eigenschaften von Kristallen.

§ 146. Ein polares Tensortripel . . . 268
§ 147. Ein axiales Tensortripel. Wirkung der verschiedenen Symmetrieelemente . . . 270

Seite

§ 148. Ein axiales Tensortripel. Schemata der Komponenten für die 32 Kristallgruppen . . . . . 274

II. Abschnitt.

**Die thermische Dilatation.**

§ 149. Allgemeine Vorbemerkungen . . . . . 276
§ 150. Beobachtungen über thermische Winkeländerungen und über thermische kubische Dilatation . . . . . 276
§ 151. Beobachtungen lineärer thermischer Dilatationen . . . . . 279
§ 152. Das erste thermodynamische Potential der thermischen Dilatation . 282
§ 153. Das zweite thermodynamische Potential der thermischen Dilatation 285
§ 154. Allgemeine Diskussion der thermischen Drucke und Dilatationen . 287
§ 155. Theorie der Beobachtung lineärer thermischer Dilatationen . . . . 289
§ 156. Numerische Resultate einiger Beobachtungen über lineäre thermische Dilatation . . . . . 292
§ 157. Diskussion der Zahlwerte . . . . . 294
§ 158. Anwendung der Zahlwerte zur Berechnung thermischer Winkeländerungen . . . . . 295
§ 159. Adiabatische Zustandsänderungen . . . . . 297

III. Abschnitt.

**Tensorielle Pyroelektrizität.**

§ 160. Vorbemerkungen . . . . . 299
§ 161. Anordnungen, welche eine beobachtbare tensorielle elektrische Erregung ermöglichen . . . . . 300
§ 162. Die Potentialfunktion des tensoriell erregten Kristalls . . . . . 302
§ 163. Beobachtungen über tensoriell-pyroelektrische Erregung . . . . . 303

## VI. Kapitel.

## Wechselbeziehungen zwischen zwei Vektoren. (Elektrizitäts- und Wärmeleitung. Elektrische und magnetische Influenz. Thermoelektrizität.)

I. Abschnitt.

**Allgemeine Gesetze.**

§ 164. Die Formeln des allgemeinen Strömungsproblems . . . . . 305
§ 165. Geometrische Deutung der Parameter . . . . . 307
§ 166. Der Fall der Existenz eines thermodynamischen Potentials . . . . 309
§ 167. Die Parameter der 32 Kristallgruppen bei zentrischer Symmetrie . 311
§ 168. Die Parameter der Kristallgruppen bei azentrischer Symmetrie . . 313
§ 169. Der methodische Weg zur Einführung der Symmetrieeigenschaften 316
§ 170. Zerlegung des Strömungsvorganges; Eigenschaften der einzelnen Teile . . . . . 319
§ 171. Diskussion spezieller Fälle . . . . . 322
§ 172. Geometrische Beziehungen zwischen den Tensoren resp. Vektoren der Leitfähigkeit und des Widerstandes . . . . . 324
§ 173. Die lineare Leitfähigkeit . . . . . 325
§ 174. Strömung unter der Wirkung eines Potentials . . . . . 326
§ 175. Das Potential eines Quellpunktes . . . . . 328

Seite
§ 176. Allgemeiner Charakter der Strömung infolge eines Quellpunktes . . 327
§ 177. Bestimmung der Stromlinien . . . . . . . . . . . . . . . . 331
§ 178. Berechnung der Hauptkonstanten aus Beobachtungen . . . . . . 333
§ 179. Singuläre Fälle von Beobachtungen . . . . . . . . . . . . . 335

## II. Abschnitt.

## Elektrizitätsleitung.

§ 180. Die Grundgleichungen . . . . . . . . . . . . . . . . . . . 337
§ 181. Strömung in einem dünnen Zylinder . . . . . . . . . . . . 341
§ 182. Messungen der Widerstände dünner Stäbe . . . . . . . . . . 343
§ 183. Strömung in einer dünnen ebenen Platte . . . . . . . . . . 345
§ 184. Allgemeines über beobachtbare Wirkungen rotatorischer Qualitäten 350
§ 185. Einfachste spezielle Fälle . . . . . . . . . . . . . . . . 352
§ 186. Analytische Hilfsmittel zur Behandlung weiterer Fälle . . . . . 354
§ 187. Die allgemeinen Formeln für den *Hall*-Effekt in Kristallen . . . . 357
§ 188. Anwendung auf spezielle Fälle . . . . . . . . . . . . . . 359
§ 189. Beobachtungen über den *Hall*-Effekt an kristallisiertem Wismut . 361
§ 190. Widerstandsänderungen von Kristallen im Magnetfeld . . . . . 362
§ 191. Die Frage zentrisch dissymmetrischer Elektrizitätsleitung . . . . 366
§ 192. Elektrolytische und andere singuläre Leitungsvorgänge an Kristallen 367

## III. Abschnitt.

## Wärmeleitung.

§ 193. Historisches. Die fundamentalen Ansätze . . . . . . . . . . 369
§ 194. Hauptgleichung und Grenzbedingungen . . . . . . . . . . . 371
§ 195. Wärmeleitung in einem dünnen Zylinder . . . . . . . . . . 374
§ 196. Bestimmungen von relativen Leitfähigkeiten mit Hilfe von transversaler Strömung in Platten . . . . . . . . . . . . . . 376
§ 197. Beobachtungen zur Ableitung absoluter Zahlwerte . . . . . . . 379
§ 198. Flächenhafte Strömung in einer dünnen unbegrenzten Platte. Der Fall einer punktförmigen Quelle . . . . . . . . . . . . . . 384
§ 199. Berücksichtigung resp. Elimination der Wirkung einer seitlichen Begrenzung . . . . . . . . . . . . . . . . . . . . . . . 386
§ 200. Die Isothermenmethode von *De Senarmont* . . . . . . . . . . 388
§ 201. Modifikationen der Methode von *De Senarmont*. Numerische Resultate . . . . . . . . . . . . . . . . . . . . . . . . 389
§ 202. Methode der Zwillingsplatten. Allgemeine Darstellung . . . . . 392
§ 203. Methode der Zwillingsplatten; Spezielles zur Anwendung . . . . 395
§ 204. Aufsuchung rotatorischer Effekte. Methode des *Hall*-Effekts . . . 397
§ 205. Aufsuchung rotatorischer Effekte. Dissymmetrie der Isothermen auf Kristallflächen . . . . . . . . . . . . . . . . . . . 399
§ 206. Aufsuchung rotatorischer Effekte. Methode der Zwillingsplatten . 402
§ 207. Brechung der Isothermenflächen und der Wärmeströmung in Zwischengrenzen . . . . . . . . . . . . . . . . . . . . . . . 404
§ 208. Die Frage zentrisch dissymmetrischer Wärmeleitung . . . . . . 407

## IV. Abschnitt.

## Dielektrische Influenz.

§ 209. Ältere Beobachtungen . . . . . . . . . . . . . . . . . . 410
§ 210. Elimination der störenden Leitungseffekte . . . . . . . . . . 411
§ 211. Das thermodynamische Potential der dielektrischen Influenz . . . 413

Seite
§ 212. Diskussion der Ausdrücke für die dielektrischen Momente . . . 415
§ 213. Die Grundgleichungen des Influenzproblemes in ihrer ersten Form 417
§ 214. Um die Figurenachse drehbare Rotationsellipsoide und Kreisscheiben im elektrischen Felde . . . . . . . . . . . . . 418
§ 215. Influenzierung einer Kugel im homogenen Feld . . . . . . . . 420
§ 216. Einführung eines beliebigen Koordinatensystems . . . . . . . . 423
§ 217. Allgemeines über die Kräfte und Drehungsmomente, welche die Kugel im Felde erfährt . . . . . . . . . . . . . 424
§ 218. Berechnung der wirkenden Drehungsmomente . . . . . . . . 425
§ 219. Diskussion der Resultate . . . . . . . . . . . . . 427
§ 220. Translatorische Kräfte im inhomogenen Felde . . . . . . . . 429
§ 221. *Boltzmanns* Methode zur Bestimmung von Elektrisierungszahlen. . 430
§ 222. Die Methode von *Graetz* uud *Fomm* . . . . . . . . . . 433
§ 223. Die zweite Form des Influenzproblems. Die dielektrische Induktion 436
§ 224. Dielektrizitätskonstanten und Brechungsindizes . . . . . . . 438
§ 225. Diskussion der allgemeinen Gesetze der dielektrischen Induktionen 439
§ 226. Ein Kristall innerhalb einer dielektrischen Flüssigkeit . . . . . . 442
§ 227. Die elektrische Energie eines dielektrisch erregten Systems. . . . 445
§ 228. Energie und Arbeit . . . . . . . . . . . . . . 446
§ 229. Eine Schicht eines dielektrischen Kristalls zwischen zwei Kondensatorplatten. Beobachtungen von *J. Curie* . . . . . . . . . . 450
§ 230. Der Kondensator in der *Wheatstone*schen Brückenkombination . . 453
§ 231. Beobachtung von Dielektrizitätskonstanten mit schnellsten elektrischen Schwingungen . . . . . . . . . . . . 456
§ 232. Molekulartheorie der dielektrischen Influenz. Möglichkeit azentrischer Erregung . . . . . . . . . . . . . . 461
§ 233. Eine prinzipielle Schwierigkeit bei der Messung von Dielektrizitätskonstanten . . . . . . . . . . . . . 464
§ 234. Die Entropie eines dielektrisch influenzierten Kristalls . . . . . 467

## V. Abschnitt.

## Magnetische Influenz.

### 1. Teil. Para- und Diamagnetismus.

§ 235. Allgemeines . . . . . . . . . . . . . . . . 468
§ 236. Die ersten Beobachtungen über Kristallmagnetismus . . . . . . . 470
§ 237. Das thermodynamische Potential der magnetischen Influenz. . . . 471
§ 238. Die erste Form des Influenzproblems. Eine Kugel in einem homogenen Felde . . . . . . . . . . . . . . 475
§ 239. Drehungsmomente und Translationskräfte, welche die Kugel im homogenen Felde erfährt . . . . . . . . . . . 476
§ 240. Die zweite Form des Influenzproblems . . . . . . . . . . 478
§ 241. Ein Kristall innerhalb einer magnetisierbaren Flüssigkeit. . . . 480
§ 242. Energie und Arbeit . . . . . . . . . . . . . . 482
§ 243. Qualitative Beobachtungen über orientierte Einstellung im Magnetfelde. . . . . . . . . . . . . . . 484
§ 244. Qualitative Beobachtungen über Translationswirkungen im Magnetfeld . . . . . . . . . . . . . . . . 488
§ 245. Methoden zur Bestimmung relativer Werte von Magnetisierungszahlen. Ableitung absoluter Werte durch Kombination . . . . 490
§ 246. Benutzung von Drehungsmomenten zur Ableitung absoluter Parameterwerte . . . . . . . . . . . . . . . 494

Seite

§ 247. Benutzung translatorischer Kräfte zur Ableitung absoluter Werte . 496
§ 248. Beobachtungsresultate . . . . . . . . . . . . . . . . . . 499
§ 249. Über die Molekulartheorie der magnetischen Influenz . . . . . . 502
§ 250. Die Entropie eines magnetisch influenzierten Kristalls . . . . . 504

2. Teil. Ferromagnetismus.

§ 251. Allgemeines über ferromagnetische Erregung . . . . . . . . . 505
§ 252. Theorie der Beobachtung magnetischer Erregung nach der Induktionsmethode . . . . . . . . . . . . . . . . . . . . 507
§ 253. Beobachtung an Stäben . . . . . . . . . . . . . . . . . 510
§ 254. Beobachtung an Kreisscheiben . . . . . . . . . . . . . . 512
§ 255. Beobachtungsresultate an Magnetit . . . . . . . . . . . . 514
§ 256. Höhere Glieder im thermodynamischen Potential der magnetischen Influenz . . . . . . . . . . . . . . . . . . . . . 516
§ 257. Spezialisierung auf den Fall des regulären Systems . . . . . . 517
§ 258. Anwendung der Theorie auf die Beobachtungen . . . . . . . . 520
§ 259. Spezielle Ergebnisse . . . . . . . . . . . . . . . . . . 522
§ 260. Azentrische Erregung bei der Anwesenheit einer dreizähligen Achse 525
§ 261. Bestimmung der Transversalerregung nach der Methode der Drehungsmomente . . . . . . . . . . . . . . . . . . . . . 526
§ 262. Beobachtungen an Magnetkies . . . . . . . . . . . . . . 529
§ 263. Theoretische Gesichtspunkte . . . . . . . . . . . . . . . 533

VI. Abschnitt.

Thermoelektrizität.

§ 264. Allgemeines . . . . . . . . . . . . . . . . . . . . . 534
§ 265. Methoden zur Beobachtung thermoelektrischer Kräfte. Die Theorie von *W. Thomson* . . . . . . . . . . . . . . . . . . 535
§ 266. Erweiterung der Grundgleichungen der Thermodynamik für den Fall stationärer thermoelektrischer Wirkungen . . . . . . . . 537
§ 267. Das thermodynamische Potential der thermoelektrischen Vorgänge 540
§ 268. Die Hauptgleichungen . . . . . . . . . . . . . . . . . 542
§ 269. Anwendung auf einen linearen Leiter. Das Gesetz der thermoelektrischen Kraft . . . . . . . . . . . . . . . . . . 543
§ 270. Beobachtungsresultate . . . . . . . . . . . . . . . . . 546
§ 271. *Thomson*- und *Peltier*-Wärme in Kristallen . . . . . . . . 549
§ 272. Die thermomagneto-elektrischen und galvanomagneto-thermischen Effekte sind nicht reversibel . . . . . . . . . . . . . . 551
§ 273. Der vektorielle Ansatz für diese Effekte . . . . . . . . . . 553
§ 274. Der tensorielle Ansatz . . . . . . . . . . . . . . . . . 556
§ 275. Die longitudinalen Effekte . . . . . . . . . . . . . . . 557

VII. Kapitel.

Wechselbeziehungen zwischen zwei Tensortripeln. (Elastizität und innere Reibung.)

I. Abschnitt.

Die allgemeinen Ansätze für isothermische elastische Veränderungen.

§ 276. Historisches . . . . . . . . . . . . . . . . . . . . . 560
§ 277. Das thermodynamische Potential für isothermische Deformationen 562

Seite
§ 278. Die allgemeinen Grundgleichungen . . . . . . . . . . . . 564
§ 279. Ein parallel den Koordinatenachsen orientiertes Parallelepiped bei einfachen Deformationen . . . . . . . . . . . . . . . . 567
§ 280. Ein parallel den Koordinatenachsen orientiertes Parallelepiped bei einfachen Oberflächendrucken . . . . . . . . . . . . . . . . 568
§ 281. Allseitig gleicher normaler Druck. Zwei Hauptachsensysteme . . . 570
§ 282. Weiteres über Deformationen bei allseitig gleichem normalen Druck 574
§ 283. Der *Betti*sche Satz . . . . . . . . . . . . . . . . . . . . 575
§ 284. Die geometrische Natur der Elastizitätskonstanten . . . . . . . . 577
§ 285. Die geometrische Natur der Elastizitätsmoduln . . . . . . . . 579
§ 286. Bedingungen für die Elastizitätskonstanten bei Existenz einer kristallographischen Symmetrieachse . . . . . . . . . . . . . 581
§ 287. Spezialisierung der Elastizitätskonstanten auf die verschiedenen Kristallgruppen . . . . . . . . . . . . . . . . . . . . . 584
§ 288. Spezialisierung der Elastizitätsmoduln auf die verschiedenen Kristallgruppen . . . . . . . . . . . . . . . . . . . . . . 588
§ 289. Transformation der Elastizitätsmoduln auf beliebige Koordinatensysteme . . . . . . . . . . . . . . . . . . . . . . 589
§ 290. Spezielle Fälle der Transformation und deren Verwertung . . . . 592
§ 291. Transformation der Elastizitätskonstanten auf beliebige Koordinatensysteme . . . . . . . . . . . . . . . . . . . . . . 595

## II. Abschnitt.

## Eine molekulare Theorie der Kristallelastizität.

§ 292. Grundannahmen . . . . . . . . . . . . . . . . . . . . . 596
§ 293. Gesetze der molekularen Wechselwirkungen . . . . . . . . . . 597
§ 294. Einführung eines beweglichen Achsensystems . . . . . . . . . 599
§ 295. Verallgemeinerte Kräfte in deformierbaren Kristallen . . . . . . 600
§ 296. Allgemeine Resultate über die Flächenkräfte . . . . . . . . . . 602
§ 297. Berechnung der Druckkomponenten . . . . . . . . . . . . . 604
§ 298. Der Fall gewöhnlicher Zentralkräfte . . . . . . . . . . . . . 607
§ 299. Verallgemeinerte Gleichgewichtsbedingungen . . . . . . . . . 609
§ 300. Verallgemeinerte Potentiale . . . . . . . . . . . . . . . . 610
§ 301. Beziehungen zwischen den Parametern der Potentiale . . . . . . 612
§ 302. Spezielle Fälle . . . . . . . . . . . . . . . . . . . . . . 613
§ 303. Weitere Ausblicke . . . . . . . . . . . . . . . . . . . . 615

## III. Abschnitt.

## Ein durch Einwirkungen auf seine Grundflächen längs der Achse gleichförmig gespannter Zylinder.

§ 304. Allgemeine Vorbemerkungen . . . . . . . . . . . . . . . . 617
§ 305. Festlegung der durch das Problem zugelassenen äußeren Einwirkungen 618
§ 306. Integralsätze für die Druckkomponenten . . . . . . . . . . . 620
§ 307. Allgemeinste mit den Bedingungen vereinbare Gesetze der Verrückungen . . . . . . . . . . . . . . . . . . . . . . . 621
§ 308. Einführung der Befestigungsbedingungen . . . . . . . . . . . 623
§ 309. Deutung der Parameter der Deformation . . . . . . . . . . . 623
§ 310. Anwendung der Integralsätze für die Druckkomponenten . . . . . 626
§ 311. Allgemeine Bestimmung einiger Parameter der Deformation . . . 628
§ 312. Wirkung ausschließlich normaler Drucke auf die Endflächen . . . 630
§ 313. Gleichförmige Längsdehnung . . . . . . . . . . . . . . . . 631

Seite

§ 314. Gleichförmige Biegung . . . . . . . . . . . . . . . 633
§ 315. Wirkung ausschließlich tangentialer Drucke gegen die Endflächen 635
§ 316. Drillung eines Zylinders von elliptischem Querschnitt . . . . 636
§ 317. Freie und reine Drillung resp. Biegung eines elliptischen Zylinders 638
§ 318. Allgemeine Untersuchung über andere als elliptische Querschnittsformen . . . . . . . . . . . . . . . . . . 639
§ 319. Differentialgleichungen des allgemeinen Drillungsproblems . . . . 641
§ 320. Folgerungen für einen prismatischen Stab . . . . . . . . . 644
§ 321. Vereinfachungen, wenn die Prismenachse in eine kristallographische Symmetrieachse fällt . . . . . . . . . . . . . 646
§ 322. Durchführung des Drillungsproblems, wenn zwei Prismenkanten in elastische Symmetrieachsen fallen . . . . . . . . . . 648
§ 323. Die Prismenachse liegt in einer zweizähligen Symmetrieachse . . . 649
§ 324. Das *De Saint Venant*sche Prinzip . . . . . . . . . 650

## IV. Abschnitt.

## Ungleichförmige Deformationen zylindrischer Stäbe.

§ 325. Die Grundgleichungen für einen Zylinder, in dem die Spannungen längs der Achse lineär variieren . . . . . . . . . . . 652
§ 326. Integralsätze für die Druckkomponenten . . . . . . . . . 654
§ 327. Die allgemeinen Gesetze der mit den Voraussetzungen vereinbaren Verrückungen . . . . . . . . . . . . . . . . . 656
§ 328. Einführung der Beziehungen zwischen Drucken und Deformationsgrößen . . . . . . . . . . . . . . . . . . 657
§ 329. Ein allgemeiner Ansatz . . . . . . . . . . . . . . . 659
§ 330. Deformation des Zylinders durch eine konstante körperliche Kraft parallel seiner Achse . . . . . . . . . . . . . . . 660
§ 331. Diskussion der Resultate . . . . . . . . . . . . . . 662
§ 332. Deformation des Zylinders durch transversale Kräfte am freien Ende 663
§ 333. Die Gesetze der Biegung und Drillung . . . . . . . . . . 665
§ 334. Übergang zu beliebigen Deformationen eines unendlich dünnen Zylinders . . . . . . . . . . . . . . . . . . . 667
§ 335. Berechnung der an dem unendlich dünnen Zylinder geleisteten Arbeiten . . . . . . . . . . . . . . . . . . . 668
§ 336. Die Grundgleichungen für das Gleichgewicht des dünnen Zylinders 670
§ 337. Biegung durch eine am freien Ende wirkende transversale Kraft 672
§ 338. Differentialgleichungen der Schwingungen dünner kristallinischer Zylinder . . . . . . . . . . . . . . . . . . . 673

## V. Abschnitt.

## Deformationen kristallinischer Platten.

§ 339. Die allgemeinen Gesetze des Druckes in einer gleichförmig gespannten Platte . . . . . . . . . . . . . . . . . 675
§ 340. Die allgemeinen Gesetze der Verrückungen in der gleichförmig gespannten Platte . . . . . . . . . . . . . . . . 677
§ 341. Einführung der Beziehungen zwischen Drucken und Verrückungen 679
§ 342. Die an den Elementen einer beliebig deformierten dünnen Platte geleisteten Arbeiten . . . . . . . . . . . . . . . 681
§ 343. Gleichgewichtsbedingungen für eine dünne Platte . . . . . . 684
§ 344. Die elastischen Parameter einer kristallinischen Platte . . . . . 686
§ 345. Flächenhafte Verrückungen in einer Kristallplatte . . . . . . . 687

Seite

§ 346. Ein spezieller Fall . . . . . . . . . . . . . . . . . . . 689
§ 347. Transversale Verrückungen einer Kristallplatte. Eine zweifach-hyperbolische Biegung . . . . . . . . . . . . . . . . . 691
§ 348. Zwei spezielle Fälle . . . . . . . . . . . . . . . . . . 694
§ 349. Die Arbeit zur Erzeugung der beiden einfach-hyperbolischen Biegungen . . . . . . . . . . . . . . . . . . . . 695
§ 350. Über die elastischen Parameter der hyperbolischen Biegungen . . 697
§ 351. Differentialgleichungen der Schwingungen dünner kristallinischer Platten . . . . . . . . . . . . . . . . . . . . 698

## VI. Abschnitt.

### Qualitative Beobachtungen über Kristallelastizität.

§ 352. Ziel und Methode der Versuche von *F. Savart* . . . . . . . . . 699
§ 353. Die formale Symmetrie des Bergkristalls . . . . . . . . . . 701
§ 354. Die allgemeinen Beobachtungsresultate *Savarts* . . . . . . . . 702
§ 355. Grundgedanken für eine Verwertung der *Savart*schen Resultate . . 705
§ 356. Die zur Verwertung der *Savart*schen Beobachtungsresultate nötigen Formeln . . . . . . . . . . . . . . . . . . . . 707
§ 357. Diskussion der ersten *Savart*schen Beobachtungsreihe an Bergkristallplatten . . . . . . . . . . . . . . . . . . 710
§ 358. Diskussion der zweiten und dritten *Savart*schen Beobachtungsreihe an Bergkristallplatten . . . . . . . . . . . . . . . 713
§ 359. Beobachtungen an Kalkspat- und Gipsplatten . . . . . . . . . 715

## VII. Abschnitt.

### Quantitative Bestimmungen.

§ 360. Allgemeines über die Beobachtung der Kompressibilität bei allseitig gleichem Druck . . . . . . . . . . . . . . . . . . 716
§ 361. Theorie der Kompressibilitätsmessungen . . . . . . . . . . 718
§ 362. Beobachtungsresultate . . . . . . . . . . . . . . . . . 720
§ 363. Längen- und Winkeländerungen bei allseitigem und einseitigem Druck . . . . . . . . . . . . . . . . . . . . . . 722
§ 364. Allgemeines über die Bestimmung von Elastizitätsmoduln durch Biegungsbeobachtungen . . . . . . . . . . . . . . . . 723
§ 365. Erste Beobachtungen von Biegungsmoduln . . . . . . . . . . 725
§ 366. Modifikationen der Beobachtungsmethode . . . . . . . . . . 727
§ 367. Allgemeines zur Bestimmung von Elastizitätsmoduln durch Drillungsbeobachtungen . . . . . . . . . . . . . . . . . . 730
§ 368. Spezielles über die zur Bestimmung vollständiger Parametersysteme benutzten Hilfsmittel . . . . . . . . . . . . . . . . . 731
§ 369. Grundformeln für die Berechnung der Elastizitätsmoduln und -konstanten aus Biegungs- und Drillungsbeobachtungen . . . . . . 733
§ 370. Geometrische Darstellungen der Elastizitätsverhältnisse eines Kristalls 736
§ 371. Spezielle Formeln für Kristalle des regulären Systems . . . . . . 738
§ 372. Beobachtungsresultate . . . . . . . . . . . . . . . . . 741
§ 373. Geometrische Veranschaulichungen . . . . . . . . . . . . . 744
§ 374. Spezielle Formeln für Kristalle des hexagonalen Systems . . . . . 746
§ 375. Beobachtungsresultate . . . . . . . . . . . . . . . . . 748
§ 376. Spezielle Formeln für Kristalle des trigonalen Systems. (I. Abteilung.) 749
§ 377. Beobachtungsresultate . . . . . . . . . . . . . . . . . 753

Seite

§ 378. Nachweis der spezifischen elastischen Symmetrien für Kristalle des trigonalen Systems (II. Abteilung) . . . . . . . . . . 756
§ 379. Spezielle Formeln für Kristalle des rhombischen Systems . . . . . 758
§ 380. Beobachtungsresultate . . . . . . . . . . . . . . . . 761

VIII. Abschnitt.

Thermoelastizität.

§ 381. Das erste thermodynamische Potential für thermoelastische Umwandlungen . . . . . . . . . . . . . . . . 763
§ 382. Das zweite thermodynamische Potential . . . . . . . . . 765
§ 383. Die allgemeinen Gleichgewichtsbedingungen für thermisch-elastische Deformationen . . . . . . . . . . . . . . . 767
§ 384. Die allgemeinste spannungsfreie thermische Dilatation . . . . . . 768
§ 385. Thermische Drucke bei verhinderter Deformation . . . . . . . 770
§ 386. Zahlwerte für die Parameter des thermischen Druckes . . . . . 772
§ 387. Zahlwerte für die Differenz der spezifischen Wärmen bei konstanten Drucken und bei konstanten Deformationen . . . . . . 774
§ 388. Die Spannungen in einer Kreisplatte bei konzentrischer Temperaturverteilung . . . . . . . . . . . . . . . . 775
§ 389. Die Gesetze adiabatischer Änderungen . . . . . . . . . 779
§ 390. Anwendung auf spezielle Fälle . . . . . . . . . . . . 781
§ 391. Zwei Sätze über das Verhältnis der spezifischen Wärmen bei konstanten Drucken und bei konstanten Deformationen . . . . . . 782
§ 392. Adiabatische Elastizitätskonstanten und -moduln . . . . . . . 785
§ 393. Zahlwerte für die Differenzen adiabatischer und isothermischer Elastizitätskonstanten und -moduln . . . . . . . . . . 788
§ 394. Die korrigierten Wärmeleitungsgleichungen . . . . . . . . 790

IX. Abschnitt.

Innere Reibung.

§ 395. Fundamentale Ansätze . . . . . . . . . . . . . . . 792
§ 396. Reziproke Beziehungen . . . . . . . . . . . . . . . 794
§ 397. Grundformeln für gleichförmige Biegung und Drillung eines Zylinders . . . . . . . . . . . . . . . . . . . 796
§ 398. Gedämpfte Biegungs- und Drillungsschwingungen . . . . . . . 798

## VIII. Kapitel.

## Wechselbeziehungen zwischen einem Vektor und einem Tensortripel. (Piezoelektrizität, Piezomagnetismus und ihre Reziproken.)

I. Abschnitt.

Erste Beobachtungen über piezoelektrische Erregung und elektrische Deformation.

§ 399. Erste qualitative Resultate über piezoelektrische Erregung . . . . 801
§ 400. Empirische Gesetze für den Fall einfacher gleichförmiger Kompression 803
§ 401. Erste absolute Messungen . . . . . . . . . . . . . . 804
§ 402. Einfluß der Orientierung der Druckrichtung gegen den Kristall . . 805
§ 403. Erste Beobachtungen über elektrische Wirkungen ungleichförmiger Deformationen . . . . . . . . . . . . . . . . . 807

Seite

§ 404. Der elementare reziproke Effekt . . . . . . . . . . . . 809
§ 405. Experimenteller Nachweis des longitudinalen Effektes . . . . . 810
§ 406. Experimenteller Nachweis des transversalen Effektes . . . . . . 811
§ 407. Spätere Beobachtungen bei ungleichförmigen Deformationen . . . 813

II. Abschnitt.

**Entwicklung der Grundgleichungen der Theorie der Piezoelektrizität.**

§ 408. Allgemeines . . . . . . . . . . . . . . . . . . 814
§ 409. Das erste thermodynamische Potential der piezoelektrischen Effekte 816
§ 410. Physikalische Deutung der piezoelektrischen Konstanten und Moduln 818
§ 411. Piezoelektrische Hauptachsen . . . . . . . . . . . . 819
§ 412. Die geometrische Natur der piezoelektrischen Konstanten . . . . 820
§ 413. Die geometrische Natur der piezoelektrischen Moduln . . . . . . 823
§ 414. Spezialisierung der Konstanten- und Modulsysteme für den Fall des Vorkommens einzelner Symmetrieachsen . . . . . . . . 825
§ 415. Spezialisierung der Parametersysteme für den Fall des Auftretens eines Symmetriezentrums, einer Symmetrieebene oder einer Spiegelachse . . . . . . . . . . . . . . . . 827
§ 416. Schemata der piezoelektrischen Parameter für sämtliche kristallographische Gruppen . . . . . . . . . . . . . . . 829
§ 417. Zusammenstellung der charakteristischen gerichteten Größen für die 32 Kristallgruppen . . . . . . . . . . . . . . 833
§ 418. Allgemeine Transformationsformeln für die piezoelektrischen Konstanten und Moduln . . . . . . . . . . . . . . . 836
§ 419. Spezielle Fälle . . . . . . . . . . . . . . . . . 840
§ 420. Über die Rolle der permanenten molekularen Momente bei den piezoelektrischen Vorgängen . . . . . . . . . . . . 842
§ 421. Über die molekulare Theorie der piezoelektrischen Erregung . . . 846

III. Abschnitt.

**Quantitative Bestimmungen bei homogener Deformation.**

§ 422. Erregung eines beliebig orientierten Parallelepipeds durch einseitigen normalen Druck . . . . . . . . . . . . . . 848
§ 423. Drei Fundamentalflächen zweiten Grades . . . . . . . . . 850
§ 424. Die Fläche des Gesamtmomentes, speziell für reguläre Kristalle . . 853
§ 425. Betrachtung der dem regulären System nächstverwandten Gruppen 855
§ 426. Betrachtung einiger Gruppen des trigonalen Systems . . . . . . 857
§ 427. Ältere Bestätigungen der Theorie . . . . . . . . . . . 859
§ 428. Ausführlichere Beobachtungen an Quarz . . . . . . . . . 860
§ 429. Ausführlichere Beobachtungen an Turmalin . . . . . . . . 864
§ 430. Bestimmung der Moduln und Konstanten in absolutem Maße . . . 868
§ 431. Beobachtungen an regulären und an rhombischen Kristallen . . . 871
§ 432. Beobachtungen an monoklinen Kristallen . . . . . . . . . 873
§ 433. Beobachtungen über Erregung durch allseitig gleichen normalen Druck . . . . . . . . . . . . . . . . . . . 877

IV. Abschnitt.

**Piezoelektrische Erregung zylindrischer Stäbe bei längs der Achse gleichförmiger Spannung.**

§ 434. Vorbemerkungen . . . . . . . . . . . . . . . . . 879
§ 435. Die piezoelektrischen Momente innerhalb des axial gleichförmig gespannten Zylinders . . . . . . . . . . . . . . 880

Seite

§ 436. Die Potentialfunktion und das Feld eines sehr langen längs der Achse gleichförmig erregten Kreiszylinders . . . . . . . . . . 882
§ 437. Der Fall konstanter Momente . . . . . . . . . . . . . . . . . . . . 884
§ 438. In den Querkoordinaten lineäre Momente . . . . . . . . . . . . . 885
§ 439. Diskussion der für den gebogenen Kreiszylinder gültigen Formeln 887
§ 440. Diskussion der für den gedrillten Kreiszylinder gültigen Formeln . 889
§ 441. Die Potentialfunktion eines längs der Achse gleichförmig gespannten Zylinders auf Punkte in größerer Entfernung . . . . . . . . . . 891

V. Abschnitt.

**Piezoelektrische Erregung dünner Platten durch ebene Deformationen.**

§ 442. Die elektrischen Grundformeln . . . . . . . . . . . . . . . . . . 894
§ 443. Die elastischen Grundformeln . . . . . . . . . . . . . . . . . . 896
§ 444. Deformation der unendlichen Platte durch ihr parallele Kräfte, die an einzelnen Punkten angreifen . . . . . . . . . . . . . . . . . . . 897
§ 445. Entwicklung der Formeln für den Fall zweier entgegengesetzter Kräfte . . . . . . . . . . . . . . . . . . . . . . . . . . . . . . 898
§ 446. Vergleichung der Resultate mit den Beobachtungen . . . . . . . 900

VI. Abschnitt.

**Elektrische Deformation azentrischer Kristalle.**

§ 447. Die Grundgleichungen . . . . . . . . . . . . . . . . . . . . . . 901
§ 448. Homogene Deformation im homogenen Feld . . . . . . . . . . . . 903
§ 449. Theorie des *Curie*schen Zwillingsstreifens . . . . . . . . . . . . 906
§ 450. Biegung und Drillung eines Kristallzylinders durch entgegengesetzte elektrische Ladungen der Quadranten seines Umfanges . . . . . 910
§ 451. Diskussion der Resultate der Theorie . . . . . . . . . . . . . . . 913
§ 452. Berücksichtigung der Effekte höherer Ordnung. Eine Kristallplatte ohne Belegungen . . . . . . . . . . . . . . . . . . . . . . . . . 915
§ 453. Eine Platte mit metallischen Belegungen . . . . . . . . . . . . . 917

VII. Abschnitt.

**Piezoelektrische Vorgänge bei wechselnder Temperatur.**

§ 454. Das verallgemeinerte thermodynamische Potential . . . . . . . . 920
§ 455. Erregung bei homogener Temperaturänderung. Die Frage der wahren Pyroelektrizität . . . . . . . . . . . . . . . . . . . . . . 922
§ 456. Nachweis wahrer Pyroelektrizität bei Turmalin . . . . . . . . . 924
§ 457. Ein dünner Zylinder bei längs seiner Achse variierender Temperatur 928
§ 458. Eine dünne Kreisschreibe mit in konzentrischen Ringen konstanter Temperatur. . . . . . . . . . . . . . . . . . . . . . . . . . . . 928
§ 459. Erregung durch oberflächliche Erwärmung oder Abkühlung längs einer begrenzenden Ebene . . . . . . . . . . . . . . . . . . . . 932
§ 460. Anwendung der theoretischen Resultate . . . . . . . . . . . . . . 934

VIII. Abschnitt.

**Piezomagnetismus.**

§ 461. Das thermodynamische Potential piezomagnetischer Vorgänge. . . 938
§ 462. Parameterschemata für die verschiedenen Kristallgruppen . . . . . 939

Seite

§ 463. Spezielle Fälle piezomagnetischer Erregung . . . . . . . . . . 942
§ 464. Beobachtungen . . . . . . . . . . . . . . . . . . . . . . . . 943

Schlußbemerkung über tensorielle Erregungen durch Deformation . . . . 944

## Anhang I.

## Erscheinungen der Festigkeit.

§ 465. Spaltbarkeit . . . . . . . . . . . . . . . . . . . . . . . . 945
§ 466. Zerreißungsfestigkeit . . . . . . . . . . . . . . . . . . . . 946
§ 467. Härte . . . . . . . . . . . . . . . . . . . . . . . . . . . . 950
§ 468. Gleitungen . . . . . . . . . . . . . . . . . . . . . . . . . 951

## Anhang II.

## Beziehungen zwischen Kristallen und quasiisotropen Körpern.

§ 469. Allgemeine Gesichtspunkte . . . . . . . . . . . . . . . . . 954
§ 470. Mittlere Strömungen . . . . . . . . . . . . . . . . . . . . 956
§ 471. Mittlere Momente . . . . . . . . . . . . . . . . . . . . . . 960
§ 472. Mittlere Druckkomponenten . . . . . . . . . . . . . . . . . 962

Allgemeine Symmetrieformeln der 32 Kristallgruppen . . . . . . . . . Tafel
Spezielle Symmetrieformeln für zentrisch-symmetrische Vorgänge . . . . Tafel

# Einleitung.

**§ 1. Allgemeine historische Übersicht.** Daß die Kristalle durch ihre wunderbaren regelmäßigen und mannigfaltigen Formen, die häufig mit Durchsichtigkeit und schöner Farbe verbunden sind, die Aufmerksamkeit schon früh auf sich gezogen haben, ist sicher. Die Reste ältester Kulturen bezeugen es, daß man die Kristalle sammelte und sowohl in ihren ursprünglichen Formen, als auch geschliffen oder geschnitten künstlerisch verwertete. Der griechische Name „krystallos" (Eis) scheint anzudeuten, daß im Altertum die Durchsichtigkeit und der Glanz der Strahlenbrechung für die Kristalle in höherem Grade charakteristisch gefunden wurde, als die Form. Auch gewisse andere Eigenschaften der Kristalle, wie z. B. ihre Spaltbarkeit nach gewissen Ebenen, sind unzweifelhaft sehr frühzeitig entdeckt und technisch verwertet worden.

Wissenschaftliche Bearbeitung fanden die physikalischen Eigenschaften, die den Kristallen im Gegensatz zu unkristallinischen Körpern eigentümlich sind, erst sehr spät. 1669 wurde die doppelte Brechung des Lichtes im Kalkspat durch *Erasmus Bartolinus* entdeckt; 1690 veröffentlichte *Huyghens* die Gesetze dieser Vorgänge und beschrieb dabei die erste Beobachtung einer Polarisationserscheinung des Lichtes. *Huyghens* entdeckte auch am Kalkspat die Verschiedenheit der Härte auf verschiedenen Flächen und in verschiedenen Richtungen derselben Fläche. Wenige Jahre später folgte dann die zufällige Beobachtung der pyroelektrischen Erregung der Turmalinkristalle von Ceylon, die mehrere Forscher verfolgt haben.

Diese Wahrnehmungen sind vereinzelte Vorläufer der systematischen Untersuchungen, die mit dem dritten Viertel des 18. Jahrhunderts einsetzten. Den Reigen eröffnen die bahnbrechenden Arbeiten von *Romé de l'Isle* (1772) und von *Haüy* (1784) über die Gesetze der Kristallformen. Es folgen am Anfang des 19. Jahrhunderts die umfassenden Untersuchungen aus dem Gebiete der Kristalloptik von *Wollaston, Biot, Arago, Fresnel, Brewster* u. a. Daneben ist zu nennen die Entdeckung und Bearbeitung der Ätzfiguren durch *Daniell* (1817), der ungleichförmigen thermischen Dilatation durch *Mitscherlich* (1824).

Um dieselbe Zeit wendet sich auch die Theorie einigen kristallphysikalischen Erscheinungen zu, ja in manchen Gebieten ist die Theorie der Beobachtung weit voraus, sie gelangt sogar hier und da in den Besitz von vollständigen Gesetzen über Erscheinungen, die bis dahin noch gar nicht wahrgenommen sind. *Poisson* gibt 1826 eine Theorie der magnetischen Influenz und signalisiert auf Grund derselben Erscheinungen an Kristallen, deren experimentelle Erforschung *Plücker* 1847 beginnt. *Duhamel* entwickelt 1832 eine Theorie der Wärmeleitung in Kristallen, aber erst 1847 stellt *De Senarmont* Beobachtungen an, welche die erhaltenen Gesetze bestätigen. Die Grundlagen einer Theorie der Elastizität von Kristallen sind schon in den ersten theoretischen Arbeiten über Elastizität von *Navier, Poisson, Cauchy* aus der Zeit kurz nach 1820 enthalten. Die ersten qualitativen Beobachtungen aus jenem Gebiete stellte *Savart* 1829 an, aber die ersten Messungen fallen an 40 Jahre später.

Das Gemeinsame aller dieser Theorien ist das Ausgehen von der Molekularhypothese. Es wird später ausführlicher gezeigt werden, wie aus dieser Hypothese die Ableitung der Gesetze mancher physikalischer Eigenschaften fester Körper bei Kristallen mit einer gewissen Eleganz gelingt, daß aber der Übergang zu unkristallinischen Körpern merkwürdigerweise von einem sicheren auf einem unsicheren Boden führt. Die für Kristalle durchgeführten molekularen Theorien wurden, wie schon oben bemerkt, Anregung zur experimentellen Untersuchung kristallphysikalischer Erscheinungen. Andererseits ließen die Schwierigkeiten, die sich bei der molekularen Behandlung der nichtkristallinischen Körper ergaben, die Gewinnung einer anderen Grundlage der Theorien erwünscht erscheinen.

In der Tat tritt von etwa 1830 ab für Dezennien die molekulare Hypothese fast vollständig zurück. Zuerst wird durch *Cauchy* und *Green* die Elastizitätstheorie auf der Grundlage errichtet, daß die an endlichen Körpern beobachteten Erscheinungen zu Schlüssen auf die Vorgänge an dem Volumenelement benutzt werden. Analog verfährt in der Mitte des 19. Jahrhunderts *Stokes* bei der Theorie der Wärme- und Elektrizitätsleitung, *W. Thomson* (Lord *Kelvin*) bei der Theorie der magnetischen und dielektrischen Influenz.

Von ganz besonderer Fruchtbarkeit erwies sich in dieser Periode die geniale Anwendung der soeben gewonnenen Prinzipien der Thermodynamik auf die Kristallphysik durch *W. Thomson*. Durch die Verknüpfung verschiedenartiger bereits beobachteter, durch die Signalisierung neuer, erst später nachgewiesener Erscheinungen hat dieser große Forscher der Kristallphysik mehr Förderung angedeihen lassen, als irgendein anderer. Fast alle die wunderbaren und wichtigen Beziehungen zwischen elastischen, elektrischen, magnetischen Vorgängen einerseits und thermischen andererseits sind von ihm ausgesprochen worden.

Es mag übrigens schon hier bemerkt werden, daß bei *W. Thomson* das Verlassen der molekularen Hypothese nur die Bedeutung hatte, daß er damit erproben und beweisen wollte, was sich über die Gesetze der Erscheinungen ohne Benutzung eines speziellen Bildes, allein aus allgemeinen physikalischen Prinzipien deduzieren läßt. Er gewann dadurch eine völlig sichere Grundlage, welche die Gesetze der Erscheinungen in der denkbar allgemeinsten Form liefert, derart, daß alle auf spezieller molekularer Grundlage abzuleitenden in ihren Rahmen fallen müssen.

Im übrigen hat sich *W. Thomson* mehr, als wohl irgendein anderer Forscher, um das Verständnis des Mechanismus der Vorgänge in Kristallen bemüht und ist bis in sein höchstes Greisenalter immer wieder auf die Frage der Konstitution der Kristalle zurückgekommen.

In Deutschland war dezennienlang *Fr. Neumann* der einzige in der Kristallphysik schöpferisch wirkende Forscher. Er ging von Mineralogie und Kristallographie aus, erzielte hier epochemachende Resultate in der Aufdeckung und Darstellung der Symmetriegesetze der Kristallformen und wurde durch die Bearbeitung der physikalischen Eigenschaften der Kristalle zur allgemeinen Physik geleitet. In der Geschichte der Kristallphysik nimmt er eine anerkannte Stelle ein durch eine Reihe von Einzeluntersuchungen aus dem Gebiete der Optik, der Elastizität und der thermischen Dilatation, mehr aber noch durch Aufstellung und fruchtbare Verwendung des für die ganze Disziplin fundamentalen Prinzipes, die Symmetrieeigenschaften der Kristallform zur Erschließung der Symmetrien der physikalischen Eigenschaften der Kristalle heranzuziehen.

Ich gedenke an dieser Stelle dankbar der Anregung, die ich als sein Schüler und junger Kollege von dem verehrten Manne für meine ersten kristallphysikalischen Arbeiten erhalten habe.

Die neuesten wichtigen Entdeckungen im Gebiete der Kristallphysik verdankt man den Gebrüdern *Curie* (1880); dieselben betreffen die Wechselwirkungen zwischen elastischen und elektrischen Vorgängen, nämlich die elektrische Erregung gewisser Kristalle durch mechanische Einwirkungen, die Deformation derselben unter dem Einfluß eines elektrischen Feldes. An sie haben sich dann die Aufdeckungen optischer Wirkungen eines elektrischen Feldes in Kristallen durch *Kundt* und *Röntgen* (1883) angeschlossen.

§ 2. **Die ästhetische Seite der Kristallphysik.** Mit Ausnahme einiger Gebiete der Kristalloptik, an denen im Anfang des 19. Jahrhunderts von einer ganzen Zahl von Physikern wetteifernd gearbeitet worden ist, sind die Probleme der Kristallphysik immer nur von einzelnen Forschern, die sich mit Genuß abseits der großen Heerstraße der Vorwärtsdrängenden bewegten, gepflegt worden, — von diesen aber mit großer Ausdauer.

Was sie in der Kristallphysik anzog, war ganz sicher zum Teil eine Art künstlerischen Genusses, den dies Gebiet mehr noch als andere Gebiete der Physik gewährt. Ich möchte in bezug hierauf einige Sätze aus einer Ansprache wiederholen, in der ich bei Einweihung des neuen Göttinger Institutes mein Arbeitsgebiet, dem auch ein Teil der Tätigkeit des neuen Institutes gewidmet werden sollte, durch ein anschauliches Bild zu charakterisieren versuchte.

„Denken wir uns in einem großen Saal ein paar hundert ausgezeichnete Violinspieler, die mit tadellos gestimmten Instrumenten alle dasselbe Stück spielen, aber gleichzeitig an lauter verschiedenen Stellen beginnen, auch etwa nach Vollendung immer wieder von vorn anfangen. Der Effekt wird (wenigstens für den Europäer) nicht eben erfreulich sein, ein gleichmäßig trübes Tongemisch, aus dem auch das feinste Ohr das wirklich gespielte Stück nicht herauszuerkennen vermag, einzig charakterisiert durch den Umfang der überhaupt erreichten und durch die relative Häufigkeit aller berührten Töne.“

„Eine solche Musik nun machen uns die Moleküle in den gasförmigen, den flüssigen und den gewöhnlichen festen Körpern vor. Es mögen sehr begabte Moleküle sein, von kunstvoll reichem Aufbau, — aber bei ihrer Wirksamkeit stört immer eines das andere; von ihren Qualitäten kommt in den beobachteten Erscheinungen keine voll und rein, manche überhaupt gar nicht zur Geltung.“

„Ein Kristall hingegen entspricht dem oben geschilderten Orchester, wenn dasselbe von einem tüchtigen Dirigenten einheitlich geleitet wird, wenn alle Augen an seinen Winken hängen, und alle Hände den gleichen Strich führen. Hier kommt Melodie und Rhythmus des vorgetragenen Stückes zu ganzer Wirkung, die durch die Vielheit der Ausführenden nicht gestört, sondern gestärkt wird.“

„Das Bild macht verständlich, wie Kristalle ganze Erscheinungsgebiete zeigen können, die bei den andern Körpern absolut fehlen, und daß andere Gebiete sich bei ihnen in wundervoller Mannigfaltigkeit und Eleganz entwickeln, die bei den übrigen Körpern nur in trübseligen monotonen Mittelwerten auftreten. Nach meinem Gefühl tönt die Musik der physikalischen Gesetzmäßigkeiten in keinem anderen Gebiete in so vollen und reichen Akkorden, wie in der Kristallphysik.“

§ 3. **Beziehungen zu den allgemeinen Problemen der Molekularphysik.** Vorstehendes enthält nun auch bereits den Hinweis auf einen zweiten, bezüglich der Bewertung der Kristallphysik wichtigen Punkt, der jetzt noch etwas näher betrachtet werden soll: die Stellung derselben zu der allgemeinen Physik.

Da die Eigenschaften der Moleküle in den Kristallen bei weitem am reinsten und vollständigsten zur Wirkung kommen, so ist nur durch die tiefgreifende Erforschung der physikalischen Erscheinungen in diesen Körpern der Zugang zu den letzten Problemen der Physik, den Fragen der Vorgänge in den Molekülen, zu gewinnen möglich. Ganze, für die Beantwortung, ja schon für die verständige Aufstellung dieser Fragen wichtige Erscheinungsgruppen kommen, wie oben ausgeführt, bei unkristallinischen oder sogenannten isotropen Körpern gar nicht zustande, — nicht etwa, weil die Moleküle in jenen andere, etwa einfachere sind, als in den Kristallen, sondern weil dieselben in den isotropen Körpern durch ihr undiszipliniertes Verhalten die betreffenden Wirkungen nach außen nicht zustande kommen lassen.

Wenn nach der Entdeckung der Gebrüder *Curie* Deformationen von Kristallen elektrische Erregungen derselben bewirken, und wenn für dieselben, wie ich dargetan habe, je nach der Gruppe, welcher der Kristall angehört, höchst mannigfaltige Gesetze gelten, so ist damit für jede Theorie der Konstitution der Moleküle ein klares und fundamentales Problem aufgestellt. Keine Theorie der Molekularkonstitution kann Anerkennung beanspruchen, welche die geschilderten Erscheinungen nicht quantitativ erklärt. Aber diese Erscheinungen sind spezifisch kristallphysikalisch, sie fehlen allen isotropen Körpern vollständig.

Die tiefsten Einblicke in die Fragen der molekularen Konstitution erhoffte man bisher von der Untersuchung der Spektra glühender Gase und Dämpfe, und unzweifelhaft liegen bei diesen Körpern Umstände vor, die zu der Ansicht veranlassen könnten, es handele sich bei ihnen um Wirkungen der Moleküle unter besonders einfachen und demgemäß durchsichtigen Umständen. Hierher gehört vor allem, daß in den Gasen und Dämpfen die Moleküle nahezu isoliert, befreit von unmittelbaren gegenseitigen Beeinflussungen zur Wirkung kommen.

Aber diese Hoffnung ist durch die Entwicklung der Spektroskopie in den letzten Jahren beträchtlich getrübt worden. Nach den schönen Beobachtungen von *J. Stark* scheint es, daß gerade diejenigen leuchtenden Moleküle der glühenden Gase und Dämpfe, welche die wichtigsten bisher bekannten Gesetzmäßigkeiten (Serien) der Spektrallinien liefern, nicht die normalen, gesunden Moleküle, sondern beschädigte, kranke sind. So wesentlich nun mit der Zeit auch eine „Pathologie" der Moleküle werden wird, — bisher wissen wir von dem Aufbau und inneren Leben dieser Gebilde so verzweifelt wenig, daß wir von dem Studium ihrer „Krankheitserscheinungen" gegenwärtig kaum Früchte erwarten dürfen. Dabei ist von der Frage, inwieweit überhaupt die Leuchterscheinungen mit dem „materiellen Knochenbau" des Moleküles zusammenhängen und über denselben Auskunft zu geben vermögen, gänzlich abgesehen.

§ 4. **Beziehungen zu der Physik isotroper Körper.** Habe ich im vorstehenden versucht, die große Tragweite kristallphysikalischer Forschung und Erkenntnis für die fundamentalen Fragen nach der Konstitution der Moleküle hervortreten zu lassen, so möchte ich jetzt noch darauf hinweisen, daß in vielen Fällen auch das tiefere Verständnis der Vorgänge in unkristallinischen, isotropen Medien nur auf dem Wege über die Gesetze der analogen Vorgänge in Kristallen zu gewinnen ist.

Schon die direkte Anschauung belehrt uns, daß sehr viele der als isotrop angesprochenen festen Körper, insbesondere alle Metalle, viele Gesteine, in Wahrheit Konglomerate von Kristallfragmenten sind; in andern Fällen (z. B. auch bei Glasarten) läßt sich durch Ätzung polierter Flächen die verborgene kristallinische Struktur sichtbar machen. Es ist von vornherein klar, daß die Vorgänge in diesen „quasiisotropen" Körpern vollständig nur durch Zurückgehen auf das Verhalten der Kristalle, die sie bilden zu verstehen sind.

Dies Zurückgehen ist unter Umständen schon zum qualitativen Verstehen einer Erscheinung an quasiisotropen Körpern erforderlich; z. B. ist unzweifelhaft, daß das „Fließen", welches einige Metalle im Verlaufe fortschreitender Dehnung während einer bestimmten Periode des Vorganges zeigen, auf einem spezifisch kristallphysikalischen Vorgang, nämlich auf den strukturellen Umlagerungen nach Gleitflächen, beruht.

Zum Beleg, daß ein solches Zurückgehen auf das Verhalten der in einem quasiisotropen Körper vorhandenen Kristalle auch nach quantitativer Seite aufklärend wirken kann, sei auf eine spezielle Episode aus der Entwicklung der Elastizitätstheorie hingewiesen, die an ihrem Orte ausführlicher besprochen werden wird, hier aber schon nach ihrer allgemeinen, prinzipiellen Bedeutung geschildert werden mag.

Es ist oben, S. 2, bemerkt worden, daß die molekularen Theorien der physikalischen Vorgänge sich für kristallinische Medien nicht selten glatt erledigen lassen, während ihre Anwendung auf isotrope Medien prinzipiellen Schwierigkeiten begegnet.

Die Grundvorstellung jeder molekularen Theorie der Kristallstruktur geht dahin, daß die Kristallsubstanz aus lauter gleichartigen, gleichorientierten und in gleicher Weise zur Umgebung gelagerten Elementarteilchen, Einzelmolekülen oder Molekulargruppen besteht. Dergleichen Strukturen, die den Symmetrieverhältnissen des betreffenden Kristalls entsprechen, sind für jede Kristallgruppe angebbar; in der Regel bedarf man, um die Theorie durchzuführen, nur dieser Tatsache und nicht etwa spezieller Annahmen über die Einzelheiten der Struktur.

Bei isotropen Körpern wird man gleichfalls von der Annahme lauter gleichartiger Elementarteile ausgehen, die nun aber so geordnet und orientiert sein müssen, daß keine Richtung in dem Körper vor der andern ausgezeichnet ist, sondern alle einander gleichartig sind. Nun sieht man aber sehr leicht ein, daß eine Anordnung von derartig kugeliger Symmetrie um jedes einzelne Elementarteilchen unmöglich ist. Hieraus erhellt: es gibt keine regelmäßige Verteilung der Elementarteilchen, welche der Isotropie entspricht; um jedes Teilchen sind die übrigen ungleichmäßig verteilt, jedes kleinste Bereich ist also anisotrop oder aeolotrop. Die beobachtete Isotropie kommt nur dadurch zustande, daß bei den wahrnehmbaren Wirkungen so ausgedehnte Bereiche des Körpers ins Spiel treten, daß diese molekulare Aeolotropie, die in der Umgebung der verschiedenen Moleküle eine verschiedene ist, sich im Mittel zerstört.

Die Theorie hat hier also nicht, wie im Falle der Kristalle, mit klaren Einzelwerten, sondern mit Mittelwerten zu rechnen, und die Bildung solcher Mittelwerte ist keineswegs ohne Willkür. Daß hier eine unendliche Vielheit von Möglichkeiten vorliegt, läßt sich durch die nachstehende Überlegung dartun.

§ 5. **Verschiedene Arten von Isotropie.** Wir wollen uns zuvörderst vorstellen, in einem abgegrenzten endlichen Bereich $K$ des isotropen Körpers befänden sich $N$ Elementarteilchen, die wir mit Nummern $1, 2 \ldots N$ markiert denken. $N$ soll eine überaus große Zahl sein. Es handelt sich dann zunächst darum, dasjenige in präziser Weise zu definieren, was unter der mittleren Anordnung der Teilchen um ein einzelnes von ihnen in dem betrachteten Bereich zu verstehen ist.

Wir wählen dazu einen beliebigen Punkt $P$ außerhalb des Bereiches und dislozieren ein Abbild des ganzen Körpers parallel mit sich derart, daß zunächst das Teilchen 1) nach $P$ fällt. Weiter tun wir dasselbe mit einem zweiten Abbild und dem Teilchen 2), mit einem dritten Abbild und dem Teilchen 3) usf. bis zu einem $N^{\text{ten}}$ Abbild und dem Teilchen $N$). Reduzieren wir schließlich die Massen des so gewonnenen Systems sämtlich auf den $N^{\text{ten}}$ Teil, so stellt das Resultat die mittlere Verteilung der Massen in bezug auf das in $P$ liegende Teilchen dar.

Das Bereich $K$ wird nur dann im Mittel isotrop heißen können, wenn in der so erhaltenen Verteilung keine Richtung vor der andern ausgezeichnet erscheint, d. h. also, wenn die Teilchen konzentrische Kugelschichten um den Punkt $P$ mit gleicher Dichte erfüllen, und in jedem Volumenelement einer Schicht ihre Orientierungen entweder völlig regellos verteilt sind oder aber nur die Richtung des Radiusvektors nach $P$, und zwar in durchweg gleicher Weise bevorzugen.

Dies Resultat kann aber auf sehr verschiedene Weise erzielt werden. Die Elementarteilchen können sämtlich einzeln völlig ungeordnet im Raume liegen, sie können auch in lauter identischen Duplets, Triplets regelmäßig (z. B. auch parallel) geordneter Teilchen vorkommen, die ihrerseits bunt durcheinander liegen. Bei der sehr großen Zahl $N$ von Elementarteilchen selbst in mikroskopisch kaum wahrnehmbaren Bereichen wird das obige Verfahren immer noch zu einer im Mittel isotropen Verteilung führen.

Zwei extreme Fälle mögen hervorgehoben werden: der erste Grenzfall ist der schon oben erwähnte, wo die einzelnen Elementarteilchen in völlig regelloser Orientierung durcheinander liegen, so daß bereits die Teilchen innerhalb des Bereiches molekularer Kräftewirkung, nach dem obigen Verfahren behandelt, die mittlere Isotropie ergeben. Der zweite Grenzfall ist der, daß innerhalb von Räumen $K'$, welche die Wirkungssphäre viele Male übertreffen, eine völlig regelmäßige kristallinische Anordnung herrscht, und diese Bereiche durch Unstetigkeitsflächen gegeneinander abgegrenzt sind.

In diesem zweiten Falle sind nur verschwindend wenige Teilchen — nämlich diejenigen, welcher einer Unstetigkeitsfläche bis auf Wirkungsweite nahe liegen — nicht von regelmäßiger Anordnung umgeben. Trotzdem wird, wenn das Bereich $K$ sehr viele Räume $K'$ umfaßt, und diese in allen möglichen Orientierungen durcheinander liegen, die obige Operation merklich eine mittlere Isotropie liefern können. Aber man sieht leicht ein, daß diese mittlere Isotropie eine ganz andere ist, als die in dem ersten extremen Falle eintretende.

Im ersten Falle liegen um den Punkt $P$ die wirksamen Elementarteilchen in allen denkbaren Lagen und Orientierungen, im zweiten Falle hingegen nur in denjenigen, die man erhält, wenn man den regelmäßigen Kristall in alle möglichen Orientierungen gegen eines seiner Teilchen bringt. Es ist einleuchtend, daß eine mittlere physikalische Wirkung, für den ersten und für den zweiten Grenzfall berechnet, unter Umständen zu ganz verschiedenen Resultaten führen kann.

Dies ist im Falle der Elastizitätstheorie isotroper Körper in einer sehr merkwürdigen Weise aktuell geworden. Die ältere Elastizitätstheorie berechnete die elastischen Kräfte unter Zugrundelegung des ersten Bildes für die Struktur eines isotropen Körpers. Das Resultat erwies sich im Widerspruch mit der Erfahrung stehend, und dieser Widerspruch war ein Hauptgrund für die Diskreditierung der molekularen Theorie. Nun zeigt aber nach S. 6 die direkte Wahrnehmung in vielen Fällen die Unhaltbarkeit der älteren Grundhypothese. Gerade der zweite extreme Fall ist bei den meisten festen Körpern realisiert. Bei Berechnung der elastischen Kräfte nach diesem Schema, d. h. im Anschluß an die Theorie der Kristallelastizität, verschwand jener zuvor rätselhafte Widerspruch ganz von selbst.

§ 6. **Beschaffung von Beobachtungsmaterial; Kristallzüchtung.** Mit der im vorstehenden dargelegten großen und weitreichenden Bedeutung der Probleme der Kristallphysik scheint das geringe Maß von Interesse, das dieselben im allgemeinen finden, einigermaßen im Widerspruch zu stehen und bedarf der Aufklärung. Eine gewisse Rolle spielt dabei unzweifelhaft die Schwierigkeit der Beschaffung von Material für die Beobachtungen. In der Tat versorgt uns die Natur nicht freigebig mit zu physikalischen Beobachtungen geeigneten Kristallen: sie arbeitet bei deren Erzeugung unsauber und launisch, und die Produkte sind zum überwiegenden Teil physikalisch unbrauchbar. Die Mineralien, die sie uns in geeigneten Individuen darbietet, sind fast an den Fingern abzählbar.

Demgegenüber bietet die künstliche Züchtung von Kristallen ein Hilfsmittel, das noch bei weitem nicht ausgenutzt ist. In dem hiesigen physikalischen Institut ist von den Herren Dr. *Krüger* und *Finke* ein Verfahren ausgearbeitet worden, das sich für die Züchtung von Kristallen in Lösungen recht befriedigend erwiesen und schon für mehrere Experimentaluntersuchungen brauchbares Material geliefert hat. Vielleicht ist es nicht überflüssig, hier wenigstens den Grundgedanken der Anordnung auseinanderzusetzen, deren genauere Beschreibung an anderer Stelle erscheinen wird.

Die dabei benutzten Vorrichtungen bestehen aus zwei Reservoiren $R_1$ und $R_2$, die durch zwei horizontale Röhren $r_1$ und $r_2$ in verschiedener Höhe zweifach verbunden sind; das ganze ringförmige System ist mit der Lösung der zu gewinnenden Substanz erfüllt. $R_1$ wird mit Hilfe eines umgewundenen Stromleiters erwärmt und enthält, in einem Beutelchen aufgehängt, das zu verarbeitende Material. Durch eine in $R_2$ arbeitende Turbine wird die bei der höheren Temperatur näherungsweise gesättigte Lösung in dauerndem schwachen Strome durch das untere Rohr $r_1$ hindurch nach $R_2$ gesaugt. Da die Röhre $r_1$ mit Hilfe eines von der Leitung gelieferten Wasserstromes dauernd gekühlt wird, so gelangt die Lösung in übersättigtem Zustande nach $R_2$. In dem letzteren Reservoir befindet sich, entweder auf Quecksilber schwimmend oder an einem feinen Faden aufgehängt, ein Kristallfragment, das als Keim für den zu züchtenden Kristall dient; an dieses setzt sich die aus der übersättigten Lösung ausfallende

Kristallsubstanz ab. Durch das obere Rohr $r_2$ strömt die wieder nahezu gesättigte Lösung nach dem Reservoir $R_1$ zurück.

In dieser Anordnung dient die Vorrichtung zur Züchtung von Kristallen von Substanzen, die bei höherer Temperatur eine größere Löslichkeit besitzen, als bei tieferer; durch Vertauschung der Temperaturen der beiden Reservoire $R_1$ und $R_2$ ist sie natürlich auch im entgegengesetzten Falle anwendbar.

Erwünscht wäre insbesondere noch eine Methode, welche gestattet, größere Kristalle aus Schmelzen zu gewinnen. Bisher ist man hauptsächlich darauf angewiesen, kristallinische Bruchstücke aus den Trümmern eines größeren langsam erkalteten Gußkuchens auszusuchen, bzw. auszulösen. Dies Verfahren hat bei Wismut brauchbare Resultate geliefert, ist aber sehr unsicher.

§ 7. **Das Verhältnis der Kristallphysik zur Kristallographie und Mineralogie.** Wenn die Schwierigkeit der Materialbeschaffung nun auch ein Hindernis für das Arbeiten im Gebiete der Kristallphysik darstellt, so dürfte sie in Wahrheit doch immerhin eine minder abschreckende Wirkung üben, als dies eine irrige Vorstellung über die theoretischen Schwierigkeiten des ganzen Gebietes tut. Sehr verbreitet ist die Ansicht, daß die Vorbedingung für den Eintritt in das „gelobte Land“ der Kristallphysik der Durchgang durch die „Wüste“ der gesamten Kristallographie wäre, deren Umfang ja ein gewaltiger ist, und die an sich gewiß wenig physikalisches Interesse bietet. Und doch liegt dieser Anschauung ein wesentliches Mißverständnis zugrunde.

Die Erforschung der Gesetze der Kristallformen spielt in der Kristallphysik eine überaus kleine Rolle. Es ist ja nicht das kristallinische Individuum mit seinem schönen und eigenartigen Gewand gesetzmäßig verteilter Flächen, Kanten, Ecken, welches den Physiker interessiert, es ist die kristallinische Substanz, die er untersucht, und es ist hierfür charakteristisch, daß er zu diesem Zweck seine Arbeit der Regel nach damit beginnt, der Substanz grausam ihr Gewand abzustreifen, nämlich den Kristall zu Präparaten zu zerschneiden, von solcher Art, wie sie je bei der betreffenden Untersuchung geeignet scheinen, die Eigenschaften der Kristallsubstanz am reinsten zur Geltung kommen zu lassen.

Gewiß hat das Gewand, welches die Kristallsubstanz sich selbst geschaffen hat, für den Physiker ein Interesse, aber dieses liegt in einer ganz speziellen Richtung und wird bereits durch die Feststellung seines allgemeinen Schnittes, nämlich seiner Symmetrieverhältnisse, befriedigt. Diese letzteren aus den Gestalten abzuleiten, in der eine bestimmte Substanz vorkommt, ist aber eine Vorarbeit, die der Mineralog und Kristallograph bereits für den Physiker geleistet hat, und deren Resultate letzterer für kristallphysikalische Forschung ebenso übernehmen kann, wie er, im Gebiete der physikalischen Chemie arbeitend, unzählige Ergebnisse chemischer Forschung übernimmt.

Ganz ähnlich nun, wie sich die von dem Chemiker gewonnenen Resultate umfassender und mühsamer Untersuchungen für alle Anwendungen schließlich in kurzen und anschaulichen Symbolen, den chemischen Konstitutionsformeln, darbieten, stellen sich auch die Resultate der Untersuchungen über die Symmetrieverhältnisse der Kristallformen in einer Anzahl von höchst einfachen Symbolen dar, welche alle möglichen Vorkommen erschöpfen, und die ich in Analogie gerne „Symmetrieformeln" nenne. Ihre Erfassung wird dadurch erleichtert, daß die Anzahl der Symmetrieelemente unvergleichlich viel kleiner ist, als die der chemischen Elemente, und daß diese Elemente sich auch nur zu ganz wenigen miteinander verbinden.

Allerdings scheint mit der letzteren Behauptung die Darstellung, welche die Mineralogen von den Symmetrieverhältnissen der Kristalle geben, im Widerspruch zu stehen. So findet sich z. B. in mineralogischen Handbüchern regelmäßig die folgende Schilderung der Symmetrie einer gewissen Kristallgruppe, die ich hersetze, obwohl die darin auftretenden Bezeichnungen erst später ihre Deutung erhalten werden.

„Zentrum der Symmetrie, drei vierzählige Symmetrieachsen parallel den Kanten, vier dreizählige parallel den Eckdiagonalen und sechs zweizählige parallel den Flächendiagonalen des Hexaeders · drei Symmetrieebenen parallel den Flächen, sechs parallel den Verbindungsebenen gegenüberliegender Kanten des Hexaeders. Die dreizähligen Achsen sind zweiseitig von der zweiten Art."

Eine solche Aufzählung wird Fernerstehende zum Eindringen in das Gebiet kaum ermutigen. Aber diese Darstellung ist auch nicht von physikalischen, sondern durchaus von geometrischen Gesichtspunkten diktiert. Den Kristallographen interessiert, wie jede mögliche Flächenkombination, so auch jede in der Kristallform auftretende Gesetzmäßigkeit; er fragt wenig darnach, inwieweit die eine durch die andere bedingt ist. Dem Kristallphysiker hingegen kommt es vor allem darauf an, welche voneinander unabhängigen Elemente die Symmetrie der Kristallform und somit (gemäß dem S. 3 erwähnten *Neumann*schen Fundamentalgesetz) die Symmetrie der Kristallsubstanz eindeutig definieren, und die Anzahl dieser unabhängigen Elemente ist in den meisten Fällen viel kleiner, als die Anzahl der überhaupt auftretenden; sie übersteigt überhaupt nur in zwei Fällen die Dreizahl. Auch in dem oben herangezogenen Falle, wo in kristallographischer Darstellung 23 Symmetrieelemente auftreten, sind alle übrigen durch nur drei geeignet gewählte mitbestimmt.

Um die gewaltige Vereinfachung, welche die physikalische Betrachtungsweise bewirkt, noch von einer andern Seite zu beleuchten, sei erwähnt, daß die Kristallographen an Kalkspatkristallen gegen 120 verschiedene Flächenarten festgestellt haben. Für den Kristallphysiker hat diese bunte und fast verwirrende Mannigfaltigkeit nicht die geringste Bedeutung. Kalkspat ist ihm ein Mineral, dessen Substanz durch die Kombination von drei gewissen Symmetrieeigenschaften definiert ist — nichts weiter.

Das System der unabhängigen und dabei eine Kristallgruppe vollständig charakterisierenden Symmetrieelemente, ihre Symmetrieformel[1]), ist das Resultat kristallographischer Vorarbeit, das der Kristallphysiker als Grundlage seiner eigenen Untersuchungen übernimmt. Er kann dabei so weit gehen, sich mit dem äußerlichen Verständnis der Bedeutung dieser Symmetrieelemente zu begnügen, ohne nach dem Grunde für das Auftreten just dieser Elemente und dieser Kombinationen in der Natur zu fragen, und ich hätte demgemäß meine Darstellung einfachst mit der Aufstellung einer Tabelle der nach Symmetrien unterschiedenen Kristallgruppen, mit ihren Symmetrieformeln und mit einer kurzen Erläuterung der sie charakterisierenden Elemente, beginnen können. Ich habe dies nicht getan, einmal weil die uns mögliche Begründung des Auftretens der beobachteten Symmetrien ein großes direktes Interesse hat und die Beziehungen zwischen deren verschiedenen Arten in helles Licht setzt, und sodann, weil ein tieferes Verständnis der Symmetriegesetze der Formen auch für das Verständnis der Gesetze der physikalischen Vorgänge in Kristallen nützlich ist.

Aber bei dieser einleitenden Darstellung der Symmetriegesetze, welche das erste Kapitel der Vorlesung füllt, sind spezielle kristallographische Vorkenntnisse keineswegs erforderlich; die hier anzustellenden einfachen geometrischen Überlegungen ruhen auf wenigen elementaren und leicht einzusehenden Sätzen. Auch eingehendere mineralogische Kenntnisse werden hier, wie im Fortgang nicht vorausgesetzt.

Wie schon S. 9 bemerkt, ist die Anzahl der Mineralien, die uns seitens der Natur in für physikalische Untersuchungen geeigneten Vorkommen geboten wird und die demnach hauptsächlich kristallphysikalisch untersucht sind, außerordentlich klein, und diese Mineralien sind sehr allgemein bekannt, z. B. durch ihre optischen Eigenschaften und Verwendungen. Es spielen demgemäß auch in der folgenden Darstellung, welche die Kristalloptik, als ein in sich abgerundetes

1) Auf die Rolle, welche dieses System für die Entwicklung der Theorien im Gebiete der Kristallphysik spielt, habe ich schon vor langer Zeit (1890) erstmalig und dann wiederholt hingewiesen.

und gegen die anderen scharf abgegrenztes Gebiet, ausschließt, die allgemeinst bekannten Mineralien, wie Rohrzucker, Topas, Baryt, Kalkspat, Quarz, Turmalin, Flußspat, Steinsalz, Schwefelkies die Hauptrolle, wenn auch natürlich ab und an weniger bekannte erwähnt werden müssen.

§ 8. **Frühere Darstellungen der Kristallphysik.** Unter früheren zusammenfassenden Darstellungen der Kristallphysik ist in erster Linie das ausgezeichnete und grundlegende Buch von *Th. Liebisch* (Physikalische Kristallographie, Leipzig 1892) zu nennen, das in großer Vollständigkeit die bis zum Jahr 1890 erschienenen Untersuchungen berücksichtigt und auch mir persönlich oft von Nutzen gewesen ist. Die nachstehende Vorlesung weicht im Grundcharakter erheblich von der dem Gebiet von *Liebisch* gegebenen Gestaltung ab, einmal in der gänzlichen Ausscheidung der Kristalloptik, sodann in der Art der Darstellung der übrigen Teile, bei der *Liebisch* mehr Wert auf genaue Reproduktion der Originalarbeiten, ich mehr Wert auf das Zusammenarbeiten der Einzeluntersuchungen zu einem streng geschlossenen einheitlichen Ganzen gelegt habe. Außerdem bestehen in Einzelheiten ziemlich tiefgehende Verschiedenheiten der Auffassung. Ich nenne allein die von mir vorgenommene Sonderung der Tensoren von den Vektoren, die Behandlung der thermodynamischen Fragen mit Hilfe des thermodynamischen Potentiales, die Gruppierung der Pyro- und Piezoelektrizität.

Während dieses große *Liebisch*sche Werk einige Ansprüche an kristallographische Vorkenntnisse macht und auch im übrigen höhere Anforderungen an den Leser stellt, kommt eine zweite Darstellung desselben Autors (Grundriß der Physikalischen Kristallographie, Leipzig 1896) dem Leser, insbesondere dem Physiker weiter entgegen und ist zur Einführung sowohl in die Elemente der Kristallographie, wie der Kristallphysik, einschließlich der Kristalloptik, lebhaft zu empfehlen. Daß in beiden Werken die Kristalloptik unverhältnismäßig eingehender dargestellt ist, als die andern Gebiete, erklärt sich aus den praktischen Diensten, welche diese Seite der Kristallphysik dem Mineralogen und Kristallographen dauernd leistet.

Dem großen *Liebisch*schen Buche ähnelt in der allgemeinen Haltung die Darstellung, die *E. Mallard* der Kristallphysik in dem zweiten Bande seines bedeutungsvollen Lehrbuchs (Traité de Cristallographie T. II, Paris 1884) gegeben hat. Indessen läßt dieselbe naturgemäß die ganze Entwicklung der Kristallphysik in den letzten 25 Jahren unberücksichtigt.

Ein Buch, welches dem kleineren *Liebisch*schen Werk im Charakter nahe steht, sich aber neben demselben in seiner anmutigen Eigenart voll behauptet, rührt von *Ch. Soret* her (Éléments de Cristallographie Physique, Genève 1893). Seine Haltung ist noch elementarer, als diejenige des *Liebisch*schen Grundrisses.

Hauptsächlich auf die speziellsten Bedürfnisse und die Kenntnisse des Mineralogen berechnet ist das Werk von *P. Groth* (Physikalische Kristallographie, 4. Auflage, Leipzig 1905), in dem die nachstehend allein behandelten Gebiete mehr nur nebenbei und einleitend besprochen werden.

Während des Satzes dieser Vorlesungen erscheint ein Buch von *H. Bouasse* (Cours de Physique, VI. Partie, Étude des Symétries, Paris 1909), das sich hauptsächlich mit Kristallphysik beschäftigt und dabei von allen den vorgenannten durch seine mathematische Haltung unterscheidet. Auch hier werden aber die meisten speziellen physikalischen Fragen, welche uns im Folgenden beschäftigen werden, nicht berührt oder ziemlich kurz abgetan.

Eine populär gehaltene Skizze desselben Gebiets, welches nachstehend bearbeitet ist, liefert eine Reihe von Vorträgen, die ich im Jahre 1897 gelegentlich des hiesigen Oberlehrerferienkurses gehalten und mit einem die theoretischen Fragen eingehender erörternden Anhang publiziert habe. (*W. Voigt*, Die fundamentalen physikalischen Eigenschaften der Kristalle, Leipzig 1898; italienische Übersetzung von *A. Sella* in Manuali Hoepli, Milano 1904.)

# I. Kapitel.

# Die Symmetrieeigenschaften der Kristalle.

## I. Abschnitt.

### Fundamentale Tatsachen und Definitionen.

**§ 9. Isotropie und Aeolotropie.** Die Aufgabe der Kristallphysik ist die Untersuchung und womöglich gesetzmäßige Fassung der physikalischen Eigenschaften kristallisierter Materie. Die Existenz dieser Art der Materie wird uns durch das Vorkommen der Materie in regelmäßig begrenzten Polyedern angekündigt, aber sie ist nicht an die Ausbildung dieser Form gebunden. Die Form kann künstlich zerstört werden, ohne daß die Materie dadurch verändert wird; umgekehrt wirken in der Natur bei der Bildung dieser Materie häufig störende Umstände, welche die Ausbildung der charakteristischen Form ganz oder teilweise verhindern, ohne daß sich diese Materie von der in Kristallform vorkommenden unterscheidet.

Die regelmäßige Ausbildung, welche die Materie in gesonderten Kristallindividuen wachsen läßt, hat für den Physiker zunächst die Bedeutung, daß sie ihm ein abgegrenztes Quantum Material liefert, das im allgemeinen als in allen Teilen gleichartig gelten darf, derart, daß ein Gebiet von beliebig gegebener Form und Größe, herausgeschnitten aus einem beliebigen Teil eines Individuums, sich von einem zweiten gleichgestalteten und gleichorientierten Gebiet, hergestellt aus einem beliebigen andern Teil desselben Individuums, in keinerlei Hinsicht unterscheidet.

Es werden später vereinzelte Fälle besprochen werden, wo diese Gleichartigkeit nach der Erfahrung nicht zutrifft; dieselben dürfen aber in der Tat als Ausnahmefälle gelten, so daß das Kristallindividuum jedenfalls im allgemeinen als ein Quantum homogener kristallisierter Substanz betrachtet werden darf, — homogen in dem doppelten Sinne, der im vorstehenden angedeutet ist, indem nicht nur alle Punkte desselben Individuums, sondern auch die durch sie hindurchgelegten, einander parallelen Richtungen einander gleichartig sind.

Betrachten wir nun eine, wie vorstehend angenommen, aus dem Kristall ausgeschnittene Portion, deren Begrenzung völlig beliebig ist, so entsteht die Frage, wodurch sich homogene kristallinische Substanz von homogener unkristallinischer unterscheidet.

Die Antwort geht in kurzem dahin, daß bei unkristallinischer homogener Substanz alle durch irgendeinen Punkt derselben gelegten Richtungen untereinander physikalisch gleichwertig sind, und im Gegensatz hierzu gleiches bei kristallinischer Substanz nicht stattfindet.

Um diesen Gegensatz in einer Benennung zum Ausdruck zu bringen, bezeichnet man unkristallinische Substanz bekanntlich auch als isotrop, kristallinische als anisotrop oder aeolotrop.

§ 10. **Gleichwertige Richtungen. Physikalische Symmetrie.** Für das volle Verständnis der vorstehenden Aussage ist es erwünscht, den Begriff der physikalischen Gleichwertigkeit mehrerer Richtungen innerhalb eines homogenen Körpers noch etwas näher zu beleuchten.

Hierfür ist anzuknüpfen an die Art und Weise, wie man physikalische Eigenschaften eines Körpers in Erscheinung treten lassen kann. Es geschieht dies der Regel nach durch Ausübung äußerer Einwirkungen, die Veränderungen, Effekte an der Substanz hervorbringen. In bezug sowohl auf diese Einwirkungen, wie auf ihre Effekte ist nun daran zu erinnern, daß dieselben, wie uns unten ausführlichst beschäftigen wird, entweder richtungslos oder aber gerichtet sein können. Zu den Einwirkungen erster Art gehört insbesondere eine gleichförmige Temperaturänderung oder ein allseitig gleicher Druck, zu den Einwirkungen der letzteren Art gehört ein Temperaturgefälle, ein gerichteter Druck, ein elektrisches oder ein magnetisches Feld.

Um nun die charakteristischen Merkmale kristallinischer und unkristallinischer homogener Substanz aufzustellen, betrachten wir am einfachsten ein Präparat, in dem geometrisch keine Richtung vor der anderen ausgezeichnet ist, — eine Kugel aus der betreffenden Substanz.

Diese Kugel denken wir uns zunächst einer richtungslosen Einwirkung ausgesetzt, z. B. einer Temperaturänderung. Gibt diese Einwirkung in verschiedenen Richtungen der Kugel verschiedene Effekte, z. B. verschiedene thermische Dilatationen, so ist die Substanz jedenfalls aeolotrop; im andern Falle kann sie isotrop sein.

Denken wir ferner diese Kugel einer gerichteten Einwirkung, z. B. einem homogenen elektrischen Felde, ausgesetzt und sukzessive verschiedene Durchmesser der Richtung der Einwirkung parallel gelegt. Wechselt dann der Effekt, z. B. die dielektrische Influenz, bei der Drehung der Kugel gegen das Feld, so ist die Substanz unzweifelhaft aeolotrop; bleibt der Effekt sich gleich und behält er immer dieselbe Konfiguration gegen die Richtung der Einwirkung, so kann die Substanz isotrop sein.

Eine Substanz, die bei keiner ungerichteten oder gerichteten Einwirkung eine Verschiedenartigkeit verschiedener Richtung bekundet, darf als isotrop, als unkristallinisch angesehen werden.

Es mag zunächst auffallen, daß der Schluß der vorstehenden Sätze so vorsichtig und bedingt formuliert ist. Diese Fassung ist durch den wichtigen Umstand gefordert, daß keineswegs jede Art von Einwirkungen die Ungleichwertigkeit verschiedener Richtungen in homogener kristallinischer Substanz hervortreten läßt. Die Kristalle des weiter unten zu definierenden regulären Systemes verhalten sich in der Tat den beiden genannten Einwirkungen gegenüber isotrop. Eine aus ihnen hergestellte Kugel behält bei gleichförmiger Erwärmung Kugelgestalt und wird in einem homogenen elektrischen Felde immer in gleicher Weise erregt, wie man sie auch gegen das Feld orientiert. Dagegen gibt eine gerichtete mechanische Einwirkung, z. B. ein Druck auf die Endpunkte eines Durchmessers, je nach ihrer Orientierung gegen die Kugel (resp. den Kristall, aus dem die Kugel geschnitten ist) verschiedene Effekte, z. B. also verschiedene elastische Deformationen.

Es ist sehr wesentlich, zu beachten, daß im vorstehenden nirgends ausgesprochen oder gefordert ist, daß bei ungerichteten Einwirkungen alle Richtungen sich untereinander ungleich verhalten, oder daß bei gerichteten Einwirkungen alle Orientierungen der Kugel ungleiche Effekte geben. Wieviele Richtungen resp. Orientierungen sich gleichartig verhalten, kommt bei der Definition der Aeolotropie nicht in Frage. Entscheidend ist allein, ob es überhaupt dergleichen gibt, die sich verschieden verhalten.

Faktisch kennt man nur eine fast verschwindend kleine Zahl von Kristallen, in denen keine Richtung einer anderen physikalisch äquivalent ist. Im allgemeinen gibt es in einem Kristall zu jeder Richtung eine oder mehrere, in vielen Fällen eine ziemlich große Anzahl äquivalenter. Die Anzahl und Verteilung der einander physikalisch äquivalenten Richtungen in einem Kristalle umfaßt das, was man als die physikalische Symmetrie der kristallisierten Substanz bezeichnet.

**§ 11. Flüssige Kristalle. Materie mit erzwungen kristallinischer Struktur.** Wir wollen bemerken, daß die am Ende von § 9 gegebene Definition kristallinischer Materie nach Enge und Weite allen zu stellenden Anforderungen zu genügen scheint.

Zunächst enthält sie keine Beschränkung bezüglich des Aggregatzustandes. Wenn also nach den Beobachtungen von *O. Lehmann*, *Schenk*, *Schaum* u. a., die neuerdings besonders durch *Vorländer* erweitert worden sind, Flüssigkeiten existieren, die unter dem Einfluß hinreichend naher paralleler Begrenzungen eine homogene Konstitution annehmen, welche den obigen Kriterien des kristallinischen Zustandes entspricht, so liegt nicht das mindeste Bedenken vor, dieselben als flüssige Kristalle oder kristallinische Flüssigkeiten zu bezeichnen. Sie unterscheiden sich von den gewöhnlichen Kristallen durch leichte Deformierbarkeit, die soweit geht, daß die Schwerkraft und die Oberflächenspannungen ausreichen, um Deformationen hervorzurufen, und daß es der stützenden Wirkung naher paralleler Wände bedarf, um die regelmäßige Konstitution aufrecht zu erhalten.

Im deformierten Zustande verlieren sie im allgemeinen die Homogenität der Konstitution; aber sie treten damit keineswegs außer Parallele mit den gewöhnlichen Kristallen, von denen viele gleichfalls beträchtliche Deformationen zulassen — wie z. B. Steinsalz in dünnen Stäben. Die deformierten Kristalle sind im allgemeinen nur in Volumenelementen homogen, aber wir können uns zu jedem Volumenelement ein vollständiges homogenes Individuum denken, das in allen seinen Elementen genau die Konstitution des betrachteten Volumenelementes besitzt. Es liegt also nichts vor, was dazu zwänge, diesen Körpern eine Ausnahmestellung einzuräumen.

Interessante Beispiele deformierter flüssiger Kristalle geben suspendierte Tropfen, deren Form sich durch die Oberflächenspannung merklich zu Kugeln bestimmt. Hier sind insbesondere zwei Typen beobachtet. Der eine kann beschrieben werden als ein Aggregat gleichartiger geradliniger Kristallstäbchen, die sämtlich radial angeordnet sind, der andere stellt sich dar als ein System von unter sich ursprünglich identischen, aber zu Kreisringen gebogenen Kristallstäbchen, welche innerhalb der Kugel den Breitenkreisen parallel liegen. Im ersten Falle scheint es, daß alle Volumenelemente identisch, wahrscheinlich gar nicht deformiert sind; im letzteren Falle dürften die Teile gleich großer Kreisringe unter sich identisch sein. Aber in beiden Fällen ist kaum zu bezweifeln, daß man die Volumenelemente als homogene flüssige Kristallsubstanz enthaltend ansehen kann.

Die Definition umfaßt ferner solche ursprünglich unkristallinische oder isotrope Körper, denen durch Deformation eine (meist äußerst geringe) Verschiedenwertigkeit verschiedener Richtungen eingeprägt ist. Wenn z. B. ein Glasstreifen (insbesondere bei erhöhter Temperatur) dauernd gereckt ist, so erhält er dadurch in den Richtungen, die verschieden gegen die Dehnungsrichtung geneigt sind, verschiedene physikalische Eigenschaften. Ist die Deformation ungleichmäßig, so sind nur die Volumenelemente als homogen zu betrachten. Es liegt nichts Bedenkliches darin, die Substanz in diesen Fällen als aeolotrop oder selbst als kristallinisch geworden zu bezeichnen.

Immerhin ist ein Gegensatz hervorzuheben, der zwischen der Substanz der flüssigen Kristalle und der erzwungen anisotropen Körper einerseits, derjenigen der gewöhnlichen Kristalle andererseits besteht. Im letzteren Fall äußert sich die Konstitution der Substanz in der spezifischen (polyedrischen) äußeren Form, die sie unter günstigen Umständen anzunehmen vermag, während die Tendenz zu einer derartigen Formbildung in den ersteren Fällen kaum zur Geltung kommt oder aber ganz fehlt. Man kann diesem Unterschied Rechnung tragen, indem man die Substanz in den ersten Fällen kristallinisch oder auch nur aeolotrop, in dem letzten Falle aber kristallisiert nennt; der erste Begriff ist dabei als der weitere anzusehen, welcher den zweiten mit zu umfassen vermag.

§ 12. **Die Rolle der Kristallform in der Kristallphysik. Das Prinzip von Fr. Neumann.** Wie schon oben in der Einleitung ausgeführt, besitzt die Form oder der Formenkomplex, worin sich uns die Kristalle einer Substanz darbieten und die den Gegenstand des Studiums des Kristallographen ausmacht, für den Physiker nur ein sehr begrenztes und spezielles Interesse. Unter dem Gesichtspunkt der von ihm verfolgten Aufgabe, nämlich der Erforschung und gesetzmäßigen Fassung der Eigenschaften der kristallisierten Materie, stellt sich ihm die Kristallform nur als eine spezielle Äußerung der Wirkung der Konstitution und der inneren Kräfte der kristallisierten Materie dar und ordnet sich zunächst durchaus anderen physikalischen Wirkungen dieser Ursachen zu.

Daß es auch bezüglich der Form physikalisch äquivalente Richtungen gibt, und wie deren Anzahl und Verteilung das darstellt, was man als Symmetrie der Kristallform bezeichnet, ist bereits oben erwähnt und wird unten ausführlich auseinandergesetzt werden.

Die besondere Bedeutung, welche die Kristallform für den Aufbau der Kristallphysik besitzt, liegt darin, daß dieselbe die einfachste und anschaulichste physikalische Wirkung der Konstitution der Substanz darstellt. Der Kristall bietet sie uns direkt dar, ohne daß wir ihn irgendwelchen äußeren Einwirkungen aussetzen, während die anderen Wirkungen dieser Art, z. B. thermische Dilatation oder dielektrische Influenz, zum Eintreten solche äußere Einwirkungen voraussetzen. Der Kristall zeigt sie ferner in der ganzen Vollständigkeit mit einem Male, während bei den anderen Wirkungen erst eine ganze Reihe von unabhängigen Messungen zusammen die Gesetzmäßigkeiten des Vorganges erkennen läßt.

Wenn wir nun jederzeit, um zu Aufschlüssen über die Konstitution und die inneren Kräfte der Materie zu gelangen, von Beobachtungen über deren physikalische Eigenschaften ausgehen müssen, so ist es nach Vorstehendem einleuchtend, daß bei der Lösung dieser Aufgabe für die kristallisierte Materie das Studium der Kristallform eine wesentliche Rolle spielen wird. Dabei ist es ein besonders glücklicher Umstand, daß diese einfachste und anschaulichste Wirkung der Konstitution zugleich auch so mannigfaltig und so reich ist, daß sie für einen fundamental wichtigen Teil dieser Aufgabe, nämlich für die Ableitung der Symmetriegesetze des physikalischen Verhaltens und für die darauf gestützte Unterscheidung und Klassifizierung verschiedener Arten von kristallisierter Materie, die vollständigsten Anhaltspunkte liefert.

Die Erfahrung zeigt nämlich, daß in bezug auf alle übrigen physikalischen Eigenschaften die Kristalle eine kleinere Zahl von in sich gleichartigen und voneinander verschiedenen Gruppen bilden, als in bezug auf die Gestalt. Hieraus schließt man, daß in der Kristallform die Eigenarten und die Unterschiede der Konstitution sich vollständiger ausgedrückt finden, als in den übrigen physikalischen Eigenschaften; ja man beurteilt direkt die Symmetrien dieser Eigenschaften und damit die geometrischen Gesetze der Konstitution nach den Symmetrien der Kristallformen, wobei (was im voraus gesagt werden mag) sich überaus einfache typische Züge derselben als ausreichend erweisen. Wie schon S. 3 bemerkt, ist es *Fr. Neumann* gewesen, der diesen Gedanken in seinen Vorlesungen zuerst systematisch verwertet hat.

Natürlich ist das herangezogene Resultat der Erfahrung ebenso wenig streng beweisend, als ähnliche Erfahrungssätze in anderen Gebieten der Physik. Es ist prinzipiell nicht ausgeschlossen, wiewohl nicht eben wahrscheinlich, daß später einmal Eigenschaften an Kristallen gefunden werden, die noch größere Mannigfaltigkeit zeigen, als die Formen; und dann würde das Prinzip, die Gesetzmäßigkeiten der Konstitution der Kristallsubstanz nach den Gesetzmäßigkeiten der Form zu beurteilen, seine allgemeine Bedeutung verlieren. Indessen hat bisher die Verwendung dieses Prinzipes weitgehend zu Resultaten geführt, die der Beobachtung entsprechen, und dasselbe wird daher auch von uns weiterhin an die Spitze der allgemeinen theoretischen Entwicklungen gesetzt werden.

§ 13. **Grenzen der Anwendbarkeit des Neumannschen Prinzipes.** Immerhin muß schon hier bemerkt werden, daß das vorstehend erörterte, an sich so einfache und klare Prinzip: die Kristallform ist der vollständige und wahre Ausdruck der Konstitution der Kristallsubstanz, doch einigen Einschränkungen unterliegt. Es kommt hier einmal in Betracht, daß die Bildung der Kristalle in der Natur Zufälligkeiten und Störungen unterliegt, die gelegentlich zur Unterdrückung von charakteristischen Formelementen führen können. Die Konstitution der Substanz wird durch solche zufällige Unvollständigkeiten nicht berührt, sie ist davon erfahrungsgemäß merklich unabhängig.

Hieraus folgt die Regel, daß man die Gesetze der Konstitution der Substanz jederzeit nach der Form der kompliziertesten, d. h. flächenreichsten Individuen beurteilen muß. Man würde z. B. völlig falsche Resultate erhalten, wenn man aus dem Umstande, daß von Pyrit (Schwefelkies) gelegentlich Kristalle in einer Würfelform auftreten, schließen wollte, daß die Konstitution der Substanz der Symmetrie dieser Form entspreche.

Die erwähnte Schwierigkeit des zufälligen Ausbleibens charakteristischer Formelemente erledigt sich keineswegs immer so einfach, wie bei Pyrit, durch das Vorkommen zahlreicher Kristalle mit einer reicheren Flächenschar, welche den angedeuteten falschen Schluß zu korrigieren Veranlassung geben. Prinzipiell ist sogar die Möglichkeit bei jedem Mineral zuzugeben, daß uns durch tückischen Zufall nur Individuen mit unvollständiger Ausbildung bekannt geworden sind. Darum ist eine Ergänzung und Kontrolle derjenigen Betrachtungsweise, welche von der Kristallform ausgeht, von großer Wichtigkeit. Wir werden auf dergleichen weiter unten eingehen.

Den vorstehend geschilderten Fällen schließen sich zunächst diejenigen an, wo mehrere Kristallindividuen derartig gesetzmäßig zu Zwillingen und komplizierteren Aggregaten zusammengewachsen sind, daß das Resultat wieder ein polyedrisches Gebilde von ähnlichem Habitus ist, wie dasselbe bei einfachen Individuen von anderer Substanz beobachtet wird. Das Erkennen der zusammengesetzten Natur derartiger Vorkommen ist relativ einfach, wenn die betreffende Substanz auch in solchen Individuen auftritt, die sich als Teile des vorgenannten ansprechen lassen; dasselbe kann sehr schwierig sein, wenn solche einfache Individuen fehlen. Hier gelangen mit Erfolg jene speziellen Kriterien und Beobachtungsmethoden zur Anwendung, von denen noch unten kurz zu handeln sein wird.

Weiter sind die Fälle zu erwähnen, wo ein Widerspruch zwischen der Form und der Konstitution des Kristalles dadurch entstanden ist, daß die Substanz bei den gegenwärtigen Verhältnissen von Druck und Temperatur nicht mehr in derjenigen Modifikation beständig ist, in der sie früher kristallisierte. Es kommen hier jene merkwürdigen reversibeln Umwandlungen in Betracht, die eine Anzahl von Körpern, darunter auch die Elemente Schwefel, Selen, Phosphor, im festen Zustand erleiden, wenn sie wechselnden Temperaturen und Drucken ausgesetzt werden. Eine bestimmte Beziehung zwischen Druck und Temperatur — eine Kurve in der betreffenden Koordinatenebene — bildet jeweils die Grenze zwischen Gebieten, in denen zwei verschiedene Modifikationen stabil sind.

Kristallisiert eine solche Substanz unter irgendwelchen äußeren Bedingungen, so nimmt sie Formen an, deren Symmetrien der physikalischen Symmetrie der umschlossenen Substanz entsprechen. Ändern sich nun aber die Druck- und Temperaturverhältnisse derart, daß eine Umwandlungskurve überschritten wird, so geht die eine Modifikation in eine andere über, deren physikalische Symmetrie gleichfalls eine andere zu sein pflegt. Die Umwandlung ist eine molekulare, die kleinsten Teilchen ändern ihre Konstitution. Da aber die Kristalle des Körpers gemäß ihrer starren Natur dabei keine wesentlichen Änderungen erleiden, so entsteht ein Widerspruch zwischen der Symmetrie der Kristallform und derjenigen des physikalischen Verhaltens.

Ein strenger Beweis dafür, daß es mit einem anscheinend normalen Kristallindividuum die vorstehende Bewandtnis hat, ist dann erbracht, wenn es gelingt, durch Überschreiten der Grenzkurven mittels geeigneter Anwendung von Druck und Temperatur die Umwandlung rückgängig zu machen, also zu derjenigen Modifikation zu gelangen, deren physikalische Symmetrie mit ihrer formalen im Einklang ist. Wahrscheinlich wird ein solches Verhältnis, wenn sich zeigt, daß das äußerlich einheitliche Individuum aus verschieden orientierten Teilen besteht, deren jeder eine der Form fremde Konstitution betätigt. Auf Methoden, dergleichen nachzuweisen, soll, wie gesagt, unten kurz eingegangen werden.

Hier mag nur noch eine letzte Art und Weise erwähnt werden, nach welcher Kristallform und Kristallsubstanz miteinander in Widerspruch geraten können. Es ist schon oben darauf hingewiesen worden, daß die Bildung der Kristalle in der Natur mancherlei Zufälligkeiten der äußeren Bedingungen unterworfen ist. Hier mag spezieller daran angeknüpft werden, daß häufig während der vielleicht langen Dauer des Wachstums eines Kristalles die chemische Zusammensetzung der Lösung oder des Schmelzflusses, aus dem der Kristall entsteht, eine allmähliche Veränderung erleidet. Dergleichen ist mitunter an der wechselnden Färbung der verschiedenen Schichten eines Kristalles sehr deutlich erkennbar. An und für sich würde die später ausfallende feste Substanz sich dann vielleicht eine andere Form wählen. Aber die schon vorhandenen Kristallkerne zwingen der Substanz eine ihr im Grunde fremde Form auf. Es entstehen so Kristalle, die im strengen Sinne des Wortes nicht homogen sind, wenn auch die Änderung der chemischen Zusammensetzung sich nur in engen Grenzen hält. Die Form ist nicht der reine Ausdruck der Konstitution; aber bei der Geringfügigkeit der chemischen Differenzen kann es vorkommen, daß für eine Reihe physikalischer Eigenschaften — für solche, die durch diese Differenzen nicht merklich beeinflußt werden — die Inhomogenität nicht merklich zur Geltung kommt. Dies schließt nicht aus, daß andere physikalische Eigenschaften, die von den Differenzen stärker beeinflußt werden (insbesondere optische und elektrische), die Verschiedenartigkeit der verschiedenen Teile des Kristalles sehr deutlich zum Ausdruck gelangen lassen.

Es mag anschließend bemerkt werden, daß eine kräftige Deformation (wenn ausführbar) auf wirkliche Kristalle analog wirkt, wie auf unkristallinische Substanz, nämlich (in meist sehr geringem Maße) die physikalischen Eigenschaften der verschiedenen Richtungen beeinflußt, derart, daß z. B. ursprünglich gleichwertige Richtungen verschiedenartig werden. Hier ist dann die ursprüngliche Kristallform auch kein Abbild der neuen Konstitution mehr, und deren Gesetzmäßigkeiten müssen mit Hilfe der Gesetze der hervorgebrachten Deformation erschlossen werden.

**§ 14. Ergänzende Methoden. Ätzfiguren.** Nach dem im vorigen Paragraphen Auseinandergesetzten gibt das *Neumann*sche Prinzip, die Symmetrien des physikalischen Verhaltens einer Substanz nach den geometrischen Symmetrien ihrer Kristallform zu beurteilen, keinen absolut sicheren Weg zu jenem Ziele; es erscheint daher erwünscht, für zweifelhafte Fälle, von der Art der vorstehend besprochenen, Hilfsmittel der Kontrolle und der Ergänzung bereit zu halten. Eine Kontrolle gibt offenbar jede Beobachtung einer physikalischen Erscheinung, die von der physikalischen Symmetrie der fraglichen Substanz abhängig und somit geeignet ist, Schlüsse auf die erstere zu gestatten. Dabei wird natürlich diejenige Erscheinung, bei der die größte Zahl von Symmetrieelementen zur Geltung kommt, im allgemeinen den Vorzug verdienen. Nur in den Fällen, wo es sich ausschließlich um die Feststellung handelt, ob alle Teile eines scheinbar einfachen Kristallindividuums gleich orientiert sind — eine Frage, die sich bietet, wenn der Verdacht entsteht, daß eine der am Schluß des vorigen Paragraphen geschilderten Komplikationen vorliegt —, werden trotz der geringen Zahl der bei ihnen wirksamen Symmetrieelemente optische Methoden wegen ihrer Bequemlichkeit und Empfindlichkeit fast immer bevorzugt werden. Eine Platte, aus dem untersuchten Kristall in einem Polarisationsapparat in parallelem Lichte betrachtet, offenbart strukturelle Differenzen innerhalb der Substanz bekanntlich in ausgezeichneter Weise.

Die klassische Methode, die aus den Kristallformen bezüglich der physikalischen Symmetrie gezogenen Folgerungen zu kontrollieren und eventuell zu korrigieren, ist von *Leydolt*[1]) angegeben und in den letzten Dezennien von *Becke*, *Baumhauer* u. a. ausgebildet und systematisch zur Anwendung gebracht worden. Sie knüpft an den Vorgang an, der als eine Umkehrung des Vorganges der Kristallbildung zu betrachten ist, an die Auflösung von Kristallsubstanz; sie erscheint dadurch der *Neumann*schen besonders nahestehend und als zu deren Ergänzung geeignet.

Die Erscheinung, die sie benutzt, sind die sogenannten Ätzfiguren, Vertiefungen oder Hervorragungen, die man erhält, wenn man ebene natürliche oder polierte Flächen an einem Kristall mit einem geeigneten Auflösungsmittel behandelt; sie rühren anscheinend davon her, daß dergleichen Flächen Stellen leichteren Angriffes für das Lösungsmittel (vielleicht äußerst feine Poren) besitzen, an denen der Auflösungsvorgang schneller in die Tiefe fortschreitet, als in der Umgebung, und von denen aus er sich nun auch seitlich in einer Weise ausbreitet, die durch die Konstitution der Kristallsubstanz bedingt ist. Bei geeigneter Behandlung — die nicht ohne technische Schwierigkeiten ist — erhalten diese Ätzfiguren eigentümliche regelmäßige Gestalten, die dem Material und auch der Orientierung der geätzten Flächen gegen den Kristall individuell sind.

Auf den einzelnen Teilen einer einheitlichen Fläche, wie auf verschiedenen gleichwertigen Kristallflächen müssen gleichartige Ätzfiguren in gleichwertigen Orientierungen gegen die Seiten der Flächen erscheinen. Geben die Beobachtungen anderes, so sind die für gleichwertig gehaltenen Flächen oder Flächenstücke eben nicht gleichwertig, und die Symmetrie der Kristallform ist falsch beurteilt worden.

Verschiedene Richtungen in derselben Kristallfläche, welche nach der Kristallform für gleichwertig gehalten werden, müssen auch in der Ätzfigur gleichwertig sein, wenn die Gleichwertigkeit wirklich angenommen werden darf.

Dies sind die beiden Grundsätze, nach denen die Beobachtung der Ätzfiguren zur Kontrolle und zur eventuellen Korrektur der aus der Betrachtung der Kristallformen über die physikalische Symmetrie gezogenen Schlüsse verwendet wird.

Wir werden hier auf die Details dieser Methode und ihrer Anwendung nicht näher eingehen, da wir, wie schon S. 10 bemerkt, die Feststellung der Symmetrieverhältnisse irgendeiner kristallisierten Substanz als eine dem Physiker vom Kristallographen zu leistende Vorarbeit betrachten. Doch werden wir einige Punkte von prinzipiellem Interesse, wie auch einzelne instruktive Beispiele später besprechen, nachdem wir die allgemeinen Symmetriegesetze der Kristalle entwickelt haben werden.

---

1) *Fr. Leydolt*, Wien. Ber. Bd. 15, p. 59, 1855.

## II. Abschnitt.

## Allgemeine Theorie der Deckbewegungen.

§ 15. **Die Konstanz der Kristallwinkel.** Es ist bereits in der Einleitung erwähnt und dann genauer in § 12 auseinandergesetzt, daß die Kristallform für den Physiker die spezielle Bedeutung hat, ihm über die Gesetzmäßigkeiten der Konstitution der kristallisierten Substanz Aufschluß zu geben, wobei die Erfahrungstatsache maßgebend ist, daß anscheinend keine andere Wirkung der Konstitution eine ähnliche Mannigfaltigkeit aufweist, wie dies die Kristallform tut. Damit verbindet sich in glücklichster Weise der Umstand der unmittelbaren Anschaulichkeit der Gesetzmäßigkeiten der Kristallform.

Wie gleichfalls bereits in der Einleitung bemerkt, scheint der Anwendbarkeit des aufgestellten Prinzips zunächst hindernd entgegenzustehen die fast unübersehbare Fülle von Formen, die erfahrungsgemäß bei einer und derselben Substanz auftreten. Aber die Erfahrung hat gleichfalls gelehrt, daß unter den Formelementen eine sehr große Zahl durch uns noch nicht erkennbare Zufälligkeiten, die bei dem Prozeß der Bildung des Kristalles stattfanden, bedingt sind und bei derselben Substanz in weiten Grenzen variieren können, während einige wenige Elemente an den Kristallen derselben Substanz unter allen Umständen in gleicher Weise auftreten. Die letzteren, für die Substanz charakteristischen, sind allein für die Ableitung der Gesetzmäßigkeiten der Konstitution der Kristallsubstanz maßgebend.

Veränderlich ist an den Kristallpolyedern, die derselben Substanz entsprechen, in weitestem Umfange die Zahl und die Ausdehnung der Flächen. Auch bei gleichzeitig gebildeten Kristallen, die in der Mehrzahl dieselben Flächen zeigen, tritt bald die eine, bald die andere Fläche mehr hervor, in einem Maße, daß der Gesamthabitus der verschiedenen Individuen merklich abweicht.

Diese Verschiedenheiten sind mitunter aus dem Vorgang des Kristallwachstums einigermaßen zu verstehen. Entstehen die Kristalle z. B. aus einer an der Luft verdampfenden Mutterlauge, so ist der Vorgang offenbar der, daß an der freien Oberfläche die Lösung übersättigt wird, daß die übersättigte Flüssigkeit durch ihr größeres spezifisches Gewicht herabsinkt und die überschüssige gelöste Substanz auf den etwa am Boden befindlichen Kristallkernen niederschlägt. Hier wird also die Art der Strömung ganz wesentlich darauf Einfluß haben, ob von zwei kristallographisch gleichwertigen Kristallflächen die eine größeren, die andere kleineren Zuwachs erhält. Bei verschiedenen Mutterlaugen scheinen sehr kleine Beimengungen, die in der Natur noch weniger fehlen, als im Laboratorium, die Art und Zahl der auftretenden Flächen zu beeinflussen.

Unveränderlich ist bei derselben Substanz, wie zuerst *Nicolaus Steno* (1669) am Quarz beobachtet und *Romé de l'Isle* (1783) durch umfassende Messungen an verschiedenen Körpern bestätigt hat, das System der Winkel zwischen den verschiedenen Flächen, derart, daß einem jeden Flächenpaar sein Winkel, unabhängig von der Ausdehnung des einen oder anderen Gliedes des Paares, unabhängig auch von der Zahl und Art der außer ihm an dem Polyeder auftretenden sonstigen Flächen individuell ist. Diese Erkenntnis ist zur Grundlage aller kristallographischen Forschung geworden.

§ 16. **Normale Polyeder; Polfiguren.** Es ergibt sich aus dem Gesagten, daß eine Darstellung der Kristallformen, welche die irrelevanten und veränderlichen Flächengrößen eliminiert, aber die charakteristischen und konstanten Flächenwinkel zur Anschauung bringt, für das Studium der Kristallformen eine Notwendigkeit sein wird.

Eine solche Darstellung wird dadurch gewonnen, daß man alle Flächen einer Form parallel mit sich in die gleiche Entfernung $E$ (z. B. Eins) von einem im Polyeder willkürlich markierten Punkt $P$ rückt. Alle Polyeder, die hierdurch auf dieselbe (nur etwa zunächst nach Orientierung verschiedene und durch Drehung überdeckbare) Form gebracht werden, sind für uns nach dem Vorigen gleichwertig oder gleich. Das so gewonnene Polyeder, das zugleich eine unendliche Vielheit von Polyedern mit analogen Flächen verschiedenster relativer Größen darstellt, wollen wir die Normalform der betreffenden Polyeder nennen.

Eine Kugel vom Radius $E$ um den Punkt $P$ würde sämtliche Flächen des normalen Polyeders berühren, und es ist ohne weiteres klar, daß das Polyeder auch vollständig durch diese Kugel von dem Radius $E$ und die darauf markierten Berührungspunkte, die Pole der Polyederflächen, repräsentiert wird.

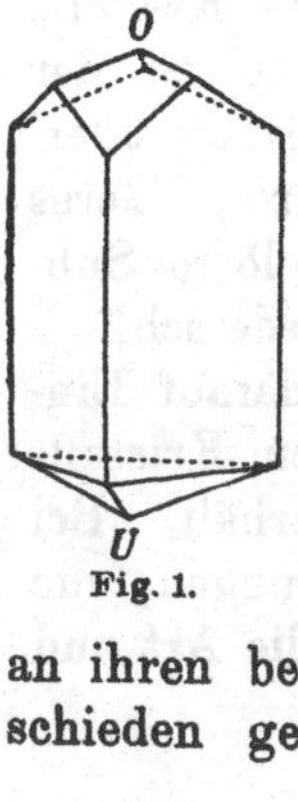

Fig. 1.

Man kann die Darstellung auch mittels stereographischer Projektion von der Kugel auf die Ebene übertragen. Dazu hat man bekanntlich eine (etwa horizontal gedachte) Ebene durch den Kugelmittelpunkt zu legen und dann durch Gerade alle Flächenpole auf der Kugel mit dem tiefsten Punkte der Kugel zu verbinden; die Schnittpunkte dieser Geraden mit der Ebene liefern die Projektion der Pole auf diese Ebene (*F. E. Neumann* 1823).

Um für diese Darstellung ein einfaches Beispiel zu geben, ist in Figur 1 eine dreiseitige Säule dargestellt, die an ihren beiden Enden durch zwei verschieden aufgesetzte und verschieden gestaltete Pyramiden abgestumpft ist — eine Form, die

z. B. bei Turmalin beobachtet wird. In Figur 2 ist die Konstruktionskugel mit den darauf befindlichen Polen ⊙ dieses Polyeders wiedergegeben. Die Pole $\alpha$ der drei Säulenflächen liegen im Äquator, die Pole $\beta$ und $\gamma$ der Pyramiden resp. um den oberen und unteren Kugelpol. Zur besseren Veranschaulichung sind noch die drei Meridiane eingetragen, die durch Projektion der Säulenkanten auf die Kugel entstehen.

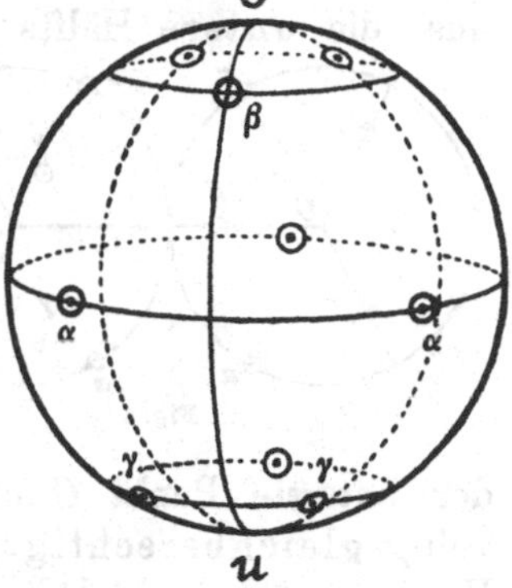

Fig. 2.

Figur 3 bringt die entsprechende **ebene** Polfigur. Der eingetragene Kreis ist das Bild des Äquatorkreises der Kugel, sein Zentrum $O$ dasjenige des obersten Punktes der Kugel, die radialen Geraden entsprechen den Säulenkanten, und man hat sich vorzustellen, daß sie im Unendlichen, im Bild des untersten Kugelpunktes $U$, zusammenlaufen. Die Pole $\alpha$ der Säulenflächen liegen im Äquatorkreis, die Pole $\beta$ der oberen Pyramidenflächen im Innern desselben, die Pole $\gamma$ der unteren Pyramide liegen um mehrere Radiuslängen entfernt außerhalb des Kreises in den mit $\gamma$ bezeichneten Richtungen; sie sind des beschränkten Raumes wegen hier nicht eingetragen.

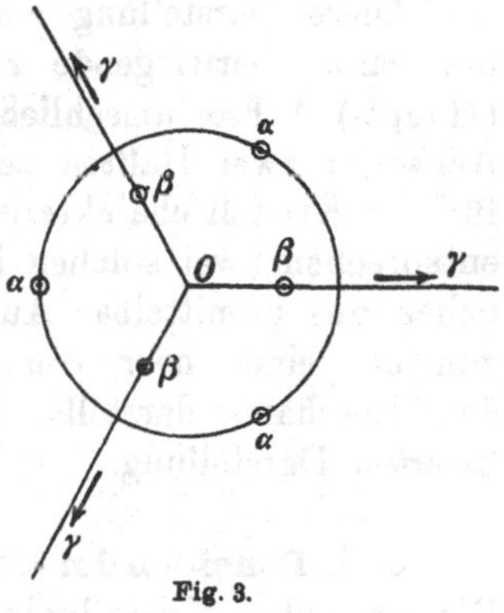

Fig. 3.

Die ebene Polfigur wird in der Kristallographie sehr viel benutzt; sie hat für den Kristallphysiker indessen manches Unbequeme. Gleichartige Richtungen erscheinen in ihr keineswegs in gleicher Darstellung; das obere Ende $O$ des vertikalen Durchmessers der Kugel ist durch einen Punkt in der Mitte der Polfigur wiedergegeben, das untere $U$ durch den unendlich großen Kreis, und die Umgebung beider stellt sich ganz verschieden dar. Demgemäß ist es z. B. ohne **Ausmessung** der Figur (vorausgesetzt, daß sie quantitativ richtig gezeichnet ist) und **Berechnung** des Resultats gar nicht möglich, zu entscheiden, ob die Flächenpole $\beta$ und $\gamma$ um gleiche oder aber um wieviel verschiedene Winkelabstände von den Kugelpolen entfernt sind.

Für unsere Zwecke, bei denen es sich gerade häufig um die Fragen von Gleich- oder Verschiedenartigkeit verschiedener Richtungen oder Flächenpole handelt, ist es daher in manchen Fällen vorteilhafter, die Konstruktion auf der Kugel beizubehalten, trotz der Anforderung, die eine solche Darstellung an das räumliche Vorstellungsvermögen stellt. Daneben werden wir uns gelegentlich einer Modifikation des *Neumann*schen Projektionsverfahrens bedienen, das darin besteht, daß wir die obere Hälfte der Konstruktionskugel vom tiefsten Punkt aus, die untere Hälfte vom höchsten Punkt aus stereographisch projizieren und die so erhaltenen Bilder der beiden Halbkugeln nebeneinander legen, ähnlich wie in den Atlanten die Erde durch zwei kreisförmige Bilder der Erdhalbkugeln dargestellt wird. Figur 4 gibt das Resultat für die Kristallform aus Figur 1 wieder. Der oberste und der unterste Punkt $O$ und $U$ des Kristallpolyeders erscheinen hier völlig gleichberechtigt; ihre Umgebung stellt sich in der gleichen Verzerrung dar und läßt sich daher auch leicht vergleichen.

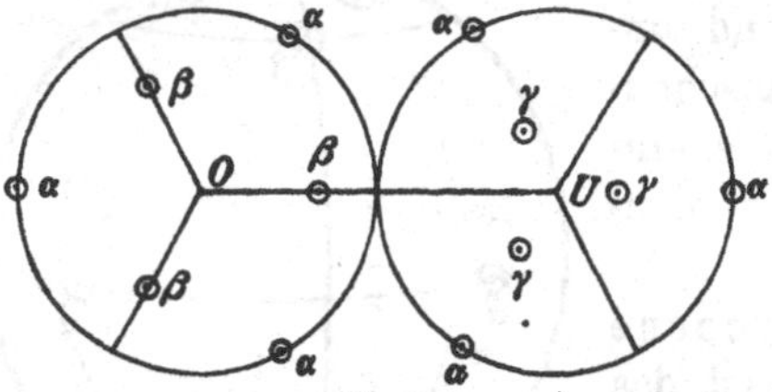

Fig. 4.

Man gelangt zu der Polfigur auf der Kugel, indem man die beiden Kreisflächen zusammenklappt, an den Rändern gegenseitig befestigt und darauf das System (etwa in der Art von zwei Gummimembranen) zu Kugelform aufgeblasen denkt.

Diese Darstellung empfiehlt sich besonders auch deshalb, weil die ganz überwiegende Zahl der Kristalltypen eine ausgezeichnete (Haupt-) Achse umschließend erscheint und sich normal zu dieser Achse in zwei Hälften zerlegen läßt, deren gegenseitiges Verhalten für den Kristall charakteristisch ist. Die beiden Kreisbilder in Figur 4 entsprechen zwei solchen Hälften bei dem Kristalltyp der Figur 1; sie geben uns unmittelbar Aufschluß darüber, wie sich die Kristallform, von der einen oder von der andern Seite der Hauptachse gesehen, dem Beschauer darstellt. Dies ist ein wesentlicher Vorzug der modifizierten Darstellung.

§ 17. **Definition der Symmetrie eines Polyeders; Deckbewegungen.** Die normalen Kristallpolyeder, resp. ihre Polfiguren auf der Kugel, lassen nun leicht das erkennen, was für die kristallphysikalische Behandlung an ihnen das Wesentliche bildet und was S. 17 bereits als die Anzahl und die Verteilung der im Polyeder einander gleichwertigen Richtungen bezeichnet ist. Diese Gleichwertigkeit, welche die Symmetrie der Kristallform ausmacht, geht spezieller dahin, daß die Kristallpolyeder durch gewisse geometrische Operationen, als Bewegungen aufzufassen, in Lagen gelangen, die den ursprünglichen gleichwertig sind, derart, daß an Stelle jeder Fläche wieder eine (im allgemeinen zuvor anders gelegene) Fläche kommt, an Stelle jedes Poles also auch wieder ein (im allgemeinen zuvor anders gelegener) Pol. Man nennt diese Veränderungen Deckbewegungen und betrachtet ihre Zahl und Art bei einem normalen Polyeder als charakteristisch für dessen Symmetrie, als die exakte Darstellung von dessen Symmetrieeigenschaften.

Um diese Deckbewegungen zunächst in einem einfachen speziellen Falle kennen zu lernen, wollen wir als betrachtetes Polyeder ein reguläres Oktaeder (Fig. 5) wählen. Wir bemerken, daß eine Drehung um die Verbindungslinie $\overline{aa'}$ zweier gegenüberliegender Ecken um $\pm 90^0$ oder $\pm 180^0$ dieser Gebilde im Sinne der vorstehenden Definition mit sich zur Deckung bringt. Es ist dies eine charakteristische Eigenschaft nur der Verbindungslinien gegenüberliegender Ecken, während eine Drehung um $\pm 360^0$ natürlich bei jeder Achse die Anfangslage wiederherstellt, also keine spezielle Symmetrieeigenschaft zur Geltung bringt und daher niemals ausdrücklich erwähnt werden soll. Drehungsachsen von der Art $\overline{aa'}$ zeigt das Oktaeder drei, nämlich außer $\overline{aa'}$ noch $\overline{a_1 a_1'}$ und $\overline{a_2 a_2'}$.

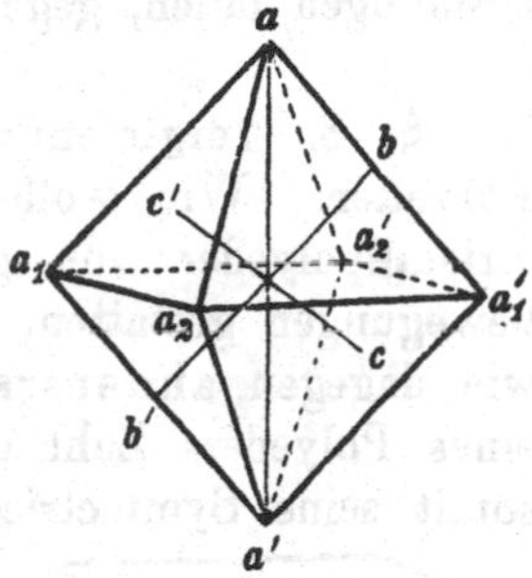

Fig. 5.

Die Figur läßt ferner erkennen, daß eine Drehung um eine der Verbindungslinien $\overline{bb'}$ der Mitten gegenüberliegender Kanten im Betrag von $\pm 180^0$ eine Deckbewegung ist, ebenso eine Drehung um eine der Verbindungslinien der Mitten zwei gegenüberliegender Flächen $\overline{cc'}$ im Betrage von $\pm 120^0$ oder $\pm 240^0$. Die Zahl der Drehungsachsen von der Art $\overline{bb'}$ ist sechs, die der Achsen von der Art $\overline{cc'}$ vier.

Die vorstehend besprochenen sind gewöhnliche mechanische Bewegungen, die an einem starren Modell wirklich ausführbar sind. Aber die Anschauung lehrt, daß auch noch Bewegungen anderer Art zur Selbstdeckung des Polyeders führen.

So entsteht ein mit dem gegebenen zusammenfallendes Oktaeder, wenn man jede vom Zentrum aus in ihm konstruierte Richtung umklappt, d. h. mit der entgegengesetzten vertauscht. Gleiches gilt, wenn man einen Zentralschnitt $(\alpha \beta \gamma \delta)$ (s. Fig. 5') durch vier Kanten legt und nun jede zu dieser Ebene normale Richtung mit der entgegengesetzten vertauscht.

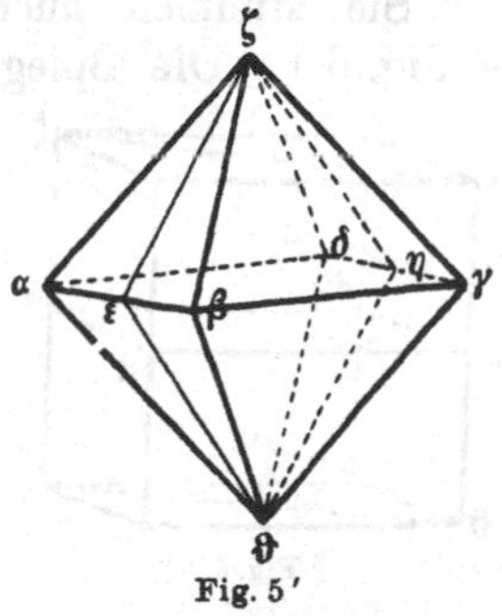

Fig. 5'

Und analog dieser Ebene verhält sich auch eine Ebene $(\varepsilon \zeta \eta \vartheta)$ durch die Mittellinien von zwei Flächenpaaren. Ebenen von der Art $(\alpha \beta \gamma \delta)$ existieren beim Oktaeder insgesamt drei, von der Art $(\varepsilon \zeta \eta \vartheta)$ sechs.

Diese letzteren Deckbewegungen fallen sonach außerhalb des Bereiches mechanischer Lagenänderung des Polyeders; sie lassen sich optisch, durch eine Art Spiegelung an dem Zentrum resp. an der betreffenden Ebene deuten; man pflegt sie demgemäß als Deckbewegungen zweiter Art denen erster Art, die unter das Schema gewöhnlicher Drehungen fallen, gegenüberzustellen.

§ 18. **Vergleichung der Symmetrien verschiedener spezieller Polyeder.** Wir wollen nun hervortreten lassen, wie einerseits Kristallpolyeder von ganz verschiedener Gestalt dieselben Deckbewegungen gestatten, also dieselbe Symmetrie besitzen können, und wie dagegen andererseits bei leichten Veränderungen der Gestalt eines Polyeders Zahl und Art der möglichen Deckbewegungen und somit seine Symmetrieeigenschaften wesentlich wechseln können.

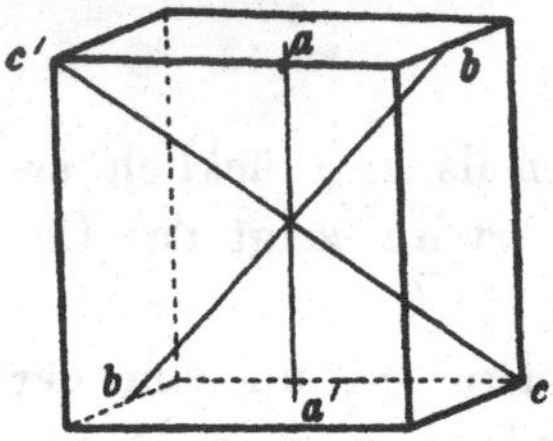

Fig. 6.

Für ersteres betrachten wir neben dem Oktaeder den Würfel (Fig. 6) und erkennen bei Vergleichung leicht, daß demselben dieselben Deckbewegungen eignen, wie dem Oktaeder. Eine Drehung um $\pm 90^0$, $\pm 180^0$ um eine Verbindungslinie $\overline{aa'}$ der Mitten zweier gegenüberliegender Flächen, eine um $\pm 180^0$ um eine Verbindungslinie $\overline{bb'}$ der Mitten gegenüberliegender Kanten, eine um $\pm 120^0$, $\pm 240^0$ um eine Verbindungslinie $\overline{cc'}$ gegenüberliegender Ecken, bringen je den Würfel mit sich zur Deckung, und diese Drehungsachsen treten in genau derselben Anzahl und in derselben gegenseitigen Lage auf, wie bei dem Oktaeder; beide Polyeder besitzen also jedenfalls dieselben Deckbewegungen erster Art.

Sie stimmen auch bezüglich derjenigen zweiter Art überein (s. Fig. 6′). Die Spiegelung im Mittelpunkt oder Umklappung aller Radienvektoren, ebenso die Spiegelung in einer Zentralebene, die einer Würfelfläche parallel liegt ($\alpha\beta\gamma\delta$) oder aber durch zwei gegenüberliegende Kanten geht ($\varepsilon\zeta\eta\vartheta$), führt zu der ursprünglichen Gestalt zurück, und die Zahl und Lage der Spiegelebenen ist hier dieselbe, wie bei dem Oktaeder. Nach dem S. 28 u. 29 Ausgesprochenen besitzen also Würfel und Oktaeder bei völlig verschiedener Gestalt gleiche Symmetrie.

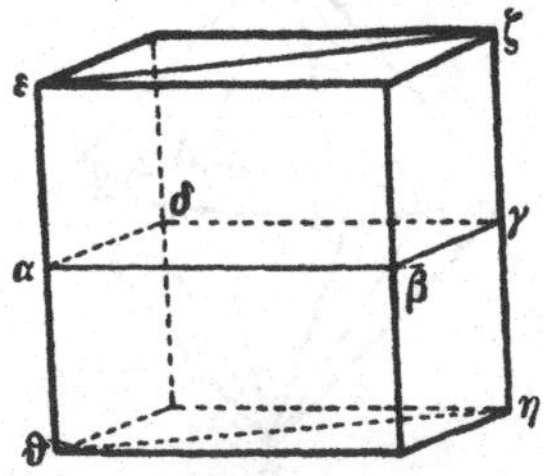

Fig. 6′.

Nehmen wir nun aber mit dem zuerst betrachteten Oktaeder einige leichte Veränderungen vor, so wird sich ergeben, daß dieselben die Symmetrieverhältnisse durchgreifend modifizieren.

Strecken wir zunächst die obere Hälfte des Oktaeders ein wenig, so daß ein Gebilde von der Form der Figur 7 entsteht, so haben alle diejenigen Richtungen, die früher als Achsen von Deckungsdrehungen fungieren konnten, ihre Eigenschaft verloren, mit einziger Ausnahme der Vertikalen $\overline{aa'}$. Es gibt auch kein Zentrum mehr, an dem eine Spiegelung zu einer Deckung führt, und von den Spiegelungsebenen sind nur die durch die Vertikalachse $\overline{aa'}$ gehenden von der Art $(aa_1a'a_1')$ und $(aca'c')$ übrig geblieben. Die Symmetrie ist also eine völlig andere geworden.

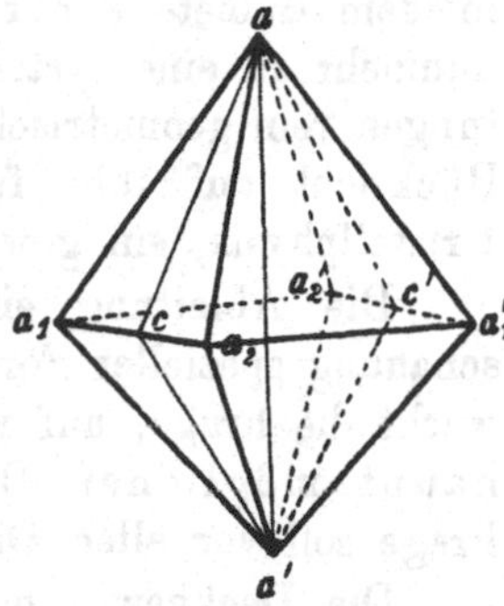

Fig. 7.

Dreht man die obere und die untere Hälfte des Oktaeders Figur 5 nur wenig um die Achse $\overline{aa'}$ in entgegengesetzten Richtungen, so entsteht die Form Figur 8. Für sie ist zwar noch, wie bei dem Oktaeder, eine Drehung um die Achse $\overline{aa'}$ um $\pm 90^0$ und $\pm 180^0$ eine Deckbewegung, nicht aber mehr für die beiden zu $\overline{aa'}$ normalen Richtungen, welche ursprünglich diese Eigenschaften teilten. Für diese Achsen $\overline{a_1a_1'}$ und $\overline{a_2a_2'}$ gibt nur noch die Drehung um $\pm 180^0$ Deckung. Irgendwelche Spiegelungen im Zentrum oder in einer Ebene führen aber nicht mehr zur Deckung.

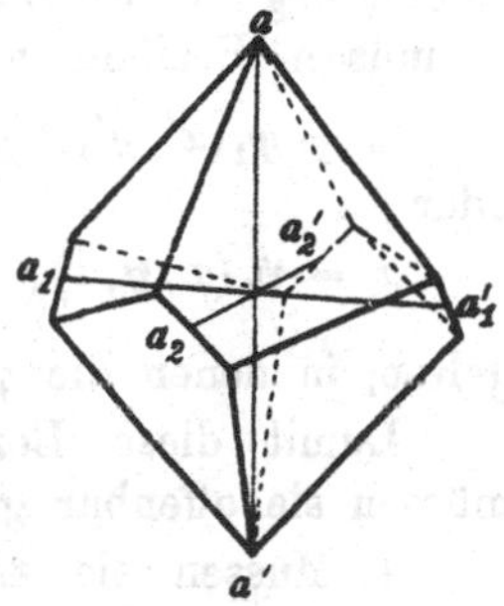

Fig. 8.

Neigen wir schließlich noch die zuvor vertikale Achse $\overline{aa'}$ in der Ebene durch eine Querachse $\overline{a_1a_1'}$ des Oktaeders, so daß ein einfach geschobenes Oktaeder von der Form der Figur 9 entsteht, so gehen wiederum eine Anzahl von Deckbewegungen verloren. Was allein bleibt, ist eine Drehung um $\pm 180^0$ um die Achse $\overline{a_2a_2'}$, eine Spiegelung im Zentrum und eine ebensolche in der zu $\overline{a_2a_2'}$ normalen Zentralebene $aa'a_1a_1'$.

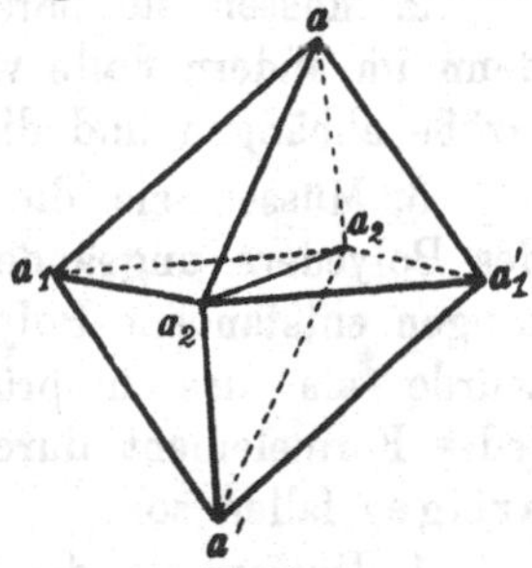

Fig. 9.

Derartige Überlegungen sind sehr lehrreich, weil sie den Unterschied hervortreten lassen, der zwischen Polyedern von ähnlichen Formen und solchen von ähnlichen oder aber gleichen Symmetrien besteht. Die Beispiele lassen sich natürlich beliebig häufen; es muß hier aber an den wenigen gegebenen genügen.

§ 19. **Analytische Darstellung der allgemeinsten Deckbewegung.** Nachdem wir im vorstehenden uns nur einigermaßen rekognoszierend in dem Gebiete der Kristallsymmetrien umgetan haben, wollen wir nunmehr an eine systematische Untersuchung gehen. Diese Betrachtungen rein geometrischer Art haben auch an und für sich, ganz ohne Rücksicht auf ihre fundamentale Bedeutung für den Aufbau der Kristallphysik, ein gewisses Interesse.

Die Ableitung einiger spezieller Deckbewegungen durch Anschauung spezieller Formen normaler Kristallpolyeder in § 17 und 18 weckt die Frage, auf welche Weise man zu der Gesamtheit überhaupt möglicher Deckbewegungen kommen könne. Diese Frage soll vor allen Dingen erledigt werden.

Die Deckbewegungen werden durch Translationen aller Punkte des Polyeders dargestellt, derart, daß an Stelle der ursprünglichen Koordinaten $x, y, z$ eines jeden von ihnen gegen ein beliebiges festes Koordinatensystem neue Koordinaten $x', y', z'$ treten. Da bei der Deckbewegung der Zusammenhang des Polyeders gewahrt bleiben soll, so müssen Beziehungen von der Form:

$$x = \varphi_1(x', y', z'), \qquad y = \varphi_2(x', y', z'), \qquad z = \varphi_3(x', y', z').$$

oder

$$x' = \psi_1(x, y, z), \qquad y' = \psi_2(x, y, z), \qquad z' = \psi_3(x, y, z)$$

gelten, in denen die $\varphi_h$ und $\psi_h$ stetige Funktionen bezeichnen.

Damit diese Beziehungen Deckbewegungen darstellen können, müssen sie offenbar gewisse allgemeine Eigenschaften besitzen.

1. Müssen sie Ebenen wieder in Ebenen überführen; denn im andern Falle würden sie die normalen Polyeder in krummflächig begrenzte Gebilde umwandeln, die sich in keinem Falle mit der ursprünglichen Form decken können.

2. Müssen sie parallele Ebenen in parallele Ebenen verwandeln; denn im andern Falle würde die Form des neuen Polyeders von seiner Größe abhängen und dies würde offenbar keinen Sinn haben.

3. Müssen sie die Abstände zwischen zwei beliebigen Punkten des Polyeders ungeändert lassen, weil sonst das durch die Umwandlungen entstandene Polyeder andere Kanten und andere Winkel haben würde als das ursprüngliche, während die Forderung ist, daß jedes Formelement durch die Deckbewegung in ein anderes gleichartiges fallen soll.

4. Dürfen sie den Koordinatenanfangspunkt nicht bewegen, da sich auf diesen bei unendlicher Kleinheit das Polyeder reduziert.

Die Substitution

$$x = \varphi_1, \quad y = \varphi_2, \quad z = \varphi_3$$

von oben, so spezialisiert, daß sie diesen allgemeinen Bedingungen
genügt, stellt dann, für ein bestimmtes Polyeder von der Gleichung

$$l_1(x, y, z) \cdot l_2(x, y, z) \cdots l_n(x, y, z) = 0,$$

(unter den $l_h$ lineäre Funktionen verstanden) eine Deckbewegung dar,
wenn dieselbe diese Gleichung auf eine Form bringt:

$$l_1'(x', y', z') \cdot l_2'(x', y', z') \cdots l_n'(x', y', z') = 0,$$

in der wieder jedes Glied $l_h'$ lineär ist und — eventuell bis auf einen
konstanten Faktor — mit einem der $l_h$ in der ersten Form übereinstimmt.

§ 20. **Analytische Formulierung.** Die allgemeinste Substitution,
welche Ebenen wieder in Ebenen überführt, ist bekanntlich diejenige
der Kollineation

$$x N = a_1 x' + b_1 y' + c_1 z' + d_1,$$
$$y N = a_2 x' + b_2 y' + c_2 z' + d_2,$$
$$z N = a_3 x' + b_3 y' + c_3 z' + d_3,$$

wobei
$$N = a x' + b y' + c z + 1$$

ist, und die $a_n$, $b_n$, $c_n$, $d_n$ beliebige Konstanten sind. Sie entspricht
der ersten Bedingung und bildet somit unsern Ausgangspunkt.

Soll die Bewegung den Koordinatenanfang nicht verrücken, so
muß $d_1 = d_2 = d_3 = 0$ sein. Damit ist die vierte Bedingung erfüllt.

Sollen parallele Ebenen parallel bleiben, so muß eine proportionale Änderung von $x$, $y$, $z$ eine eben solche von $x'$, $y'$, $z'$ liefern; dies
verlangt $a = 0$, $b = 0$, $c = 0$. Wir erhalten so die Beziehungen der
Affinität:

$$x = a_1 x' + b_1 y' + c_1 z',$$
$$y = a_2 x' + b_2 y' + c_2 z', \qquad (1)$$
$$z = a_3 x' + b_3 y' + c_3 z',$$

ein Gleichungssystem, dessen Determinante $\varDelta$ heißen möge. Hierdurch
ist nun auch die zweite Bedingung erfüllt.

Sollen endlich alle Abstände ungeändert bleiben, so muß für zwei
Koordinatentripel $x_1$, $y_1$, $z_1$ und $x_2$, $y_2$, $z_2$

$$(x_1 - x_2)^2 + (y_1 - y_2)^2 + (z_1 - z_2)^2 = (x_1' - x_2')^2 + (y_2' - y_2')^2 + (z_1' - z_2')^2$$

sein, also gelten

$$a_1^2 + a_2^2 + a_3^2 = 1, \qquad b_1 c_1 + b_2 c_2 + b_3 c_3 = 0. \qquad (1')$$

· · · · · · · · · · · · · · · ·

Diese Formeln, welche nunmehr allen gestellten Bedingungen genügen, sind dieselben, die zwischen den Parametern einer Koordinatentransformation von einem System $XYZ$ auf eines $X'Y'Z'$ mit demselben Anfangspunkt bestehen, und zwar können dabei die beiden Achsenkreuze ebensowohl gleichartig, als ungleichartig sein. Im ersten Falle läßt sich das eine Kreuz durch bloße Drehung um eine bestimmte Achse durch den Anfangspunkt mit dem andern zur Deckung bringen, im zweiten bedarf es außerdem noch einer Inversion, d. h. der Umkehrung der drei Achsenrichtungen.

Hieraus ergibt sich, daß die durch (1) und (1') dargestellte Substitution, bei der das Koordinatensystem festgehalten und der Körper bewegt wird, entweder eine bloße Drehung desselben oder aber eine Drehung mit Inversion darstellt, wobei unter Inversion des Polyeders diejenige Bewegung verstanden ist, die alle drei Koordinaten eines jeden Punktes mit den entgegengesetzten vertauscht.

Wir wollen diese Bewegungen weiterhin als reine Drehungen und als Inversionsdrehungen unterscheiden. Analytisch drückt sich der Unterschied zwischen beiden Arten nach dem bekannten Verhalten der entsprechenden Koordinatentransformationen dadurch aus, daß für die erste Art von Drehungen die Determinante $\Delta$ des Systemes (1) den Wert $+1$, für die zweite Art den Wert $-1$ besitzt.

§ 21. **Zusammensetzung mehrerer Deckbewegungen.** Folgt der durch (1) gegebenen Bewegung des Polyeders eine zweite, für die gilt

$$\begin{aligned} x' &= a_1'x'' + b_1'y'' + c_1'z'', \\ y' &= a_2'x'' + b_2'y'' + c_2'z'', \\ z' &= a_3'x'' + b_3'y'' + c_3'z'', \end{aligned} \tag{2}$$

$$a_1'^2 + a_2'^2 + a_3'^2 = 1, \qquad b_1'c_1' + b_2'c_2' + b_3'c_3' = 0, \tag{2'}$$
$$\cdots\cdots\cdots\cdots\cdots\cdots$$

und deren Determinante $\Delta'$ sei, so besteht zwischen $x, y, z$ und $x''$, $y''$, $z''$ die Beziehungsreihe

$$\begin{aligned} x = x''(a_1'a_1 + a_2'b_1 + a_3'c_1) + y''(b_1'a_1 + b_2'b_1 + b_3'c_1) \\ + z''(c_1'a_1 + c_2'b_1 + c_3'c_1) = a_1''x'' + b_1''y'' + c_1''z'', \end{aligned} \tag{3}$$
$$\cdots\cdots\cdots\cdots\cdots\cdots$$

wobei die $a_n''$, $b_n''$, $c_n''$ neue Bezeichnungen sind. Aus der Bedeutung dieser Größen folgt durch eine einfache Rechnung das (2') entsprechende Gleichungssystem

$$a_1''^2 + a_2''^2 + a_3''^2 = 1, \qquad b_1''c_1'' + b_2''c_2'' + b_3''c_3'' = 0, \tag{3'}$$
$$\cdots\cdots\cdots\cdots\cdots\cdots$$

Außerdem wird die Determinante $\Delta''$ von (3) nach einem bekannten Satze gegeben durch

$$\Delta'' = \Delta \cdot \Delta'. \tag{4}$$

Berücksichtigt man das oben über die Determinantenwerte bei reinen und bei Inversionsdrehungen Gesagte, so ergeben sich aus dieser Beziehung die Sätze:

Zwei sukzessive reine oder zwei sukzessive Inversionsdrehungen setzen sich zusammen zu einer reinen Drehung; eine reine und eine Inversionsdrehung setzen sich hingegen zu einer Inversionsdrehung zusammen.

§ 22. **Der Eulersche Satz.** Was das Quantitative der (in beiden Fällen) resultierenden Drehung angeht, so gibt hierüber ein wichtiger Satz von *Euler* Auskunft, der die Lage der Achse und die Größe der resultierenden Drehung zu konstruieren lehrt.

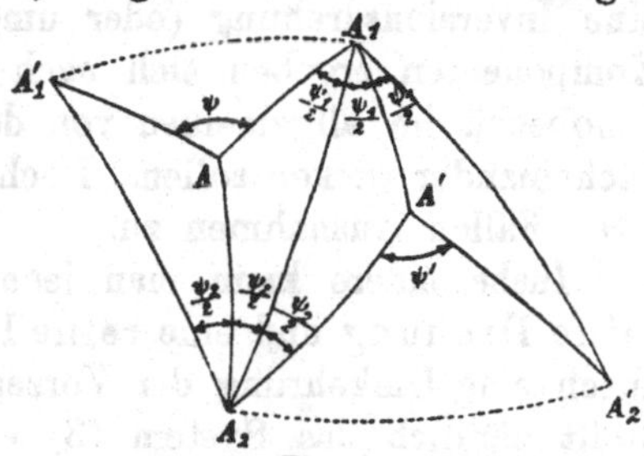

Fig. 10.

Seien in der nebenstehenden Darstellung (Fig. 10) auf der Kugeloberfläche durch $A_1$ und $A_2$ zwei im Raume feste Drehungsachsen repräsentiert, und seien $\psi_1$ und $\psi_2$ die ihnen entsprechenden Winkel der beiden nacheinander vorgenommenen Drehungen. Trägt man dann an den Bogen $\overline{A_1 A_2}$ einerseits bei $A_1$ im negativen Sinne den Winkel $\frac{1}{2}\psi_1$, andererseits bei $A_2$ im positiven Sinne den Winkel $\frac{1}{2}\psi_2$ an und vervollständigt das sphärische Dreieck $A_1 A_2 A$, dann stellt $A$ die Achse der resultierenden Drehung dar, der Außenwinkel des Dreiecks die halbe resultierende Drehung $\frac{1}{2}\psi$, also ist

$$\angle A_1 A A_1' = \psi.$$

In der Tat: markiert man in dem Körper die Richtung, die anfangs mit $A$ zusammenfällt, und führt die Drehung $+\psi_1$ um die Achse $A_1$ aus, so wandert diese Richtung nach $A'$. Schließt man daran die Drehung $+\psi_2$ um $A_2$, so bringt diese die betreffende Richtung nach $A$ zurück. In $A$ fällt also vor und nach beiden Drehungen dieselbe Richtung des Körpers; $A$ muß sonach die Achse der resultierenden Drehung sein. $A_1$ rückt dabei nach $A_1'$.

Würde die Drehung um $A_2$ die erste sein, so wären an $\overline{A_1 A_2}$ in $A_2$ der Winkel $\frac{1}{2}\psi_2$ im negativen, in $A_1$ der Winkel $\frac{1}{2}\psi_1$ im positiven Sinne anzutragen, und die Konstruktion würde die Achse $A'$ als resultierende liefern. In der Tat würde hier die Drehung $+\psi_2$ um

$A_2$ diejenige Richtung, die anfangs in $A'$ lag, nach $A$ führen, die Drehung $+\psi_1$ um $A_1$ nach $A'$ zurück. Die erste Drehung würde dann $A_2$ an seiner Stelle lassen, die zweite nach $A_2'$ führen,

$$\angle A_2 A' A_2' = \psi'$$

würde hier den resultierenden Drehungswinkel darstellen.

Es ergibt sich, daß bei dieser Operation der sukzessiven Drehung um zwei im Raume feste Achsen das Resultat durchaus von der Reihenfolge der Drehungen abhängt.

§ 23. **Zerlegung von Deckbewegungen in Komponenten.** Der am Ende von § 21 ausgesprochene Satz gestattet ohne weiteres eine Umkehrung, dahin gehend, daß jede reine Drehung in zwei reine oder zwei Inversionsdrehungen, jede Inversionsdrehung in eine reine und eine Inversionsdrehung (oder umgekehrt) zerlegt werden kann. Die Komponenten ergeben sich nach dem am Schluß von § 22 Hervorgehobenen im allgemeinen von der Reihenfolge abhängig, in der sie nacheinander wirken sollen. Doch läßt dies letztere in praktisch wichtigen Fällen Ausnahmen zu.

Insbesondere kann man jede Inversionsdrehung zerlegen in eine reine Drehung und eine reine Inversion, wobei die reine Inversion durch eine Umkehrung der Vorzeichen aller Koordinaten definiert ist. Stellt nämlich das System (3) eine Inversionsdrehung dar, ist also $\Delta'' = -1$, so stellen die zwei Formelsysteme (1) und (2) mit den Determinanten

$$\Delta = \begin{vmatrix} -a_1'' & -b_1'' & -c_1'' \\ -a_2'' & -b_2'' & -c_2'' \\ -a_3'' & -b_3'' & -c_3'' \end{vmatrix}, \quad \Delta' = \begin{vmatrix} -1 & 0 & 0 \\ 0 & -1 & 0 \\ 0 & 0 & -1 \end{vmatrix}$$

eine reine Drehung und eine reine Inversion dar. Das Resultat bleibt das gleiche, wenn man dem System (1) die Parameter aus $\Delta'$, dem System (2) diejenigen aus $\Delta$ gibt und somit die Reihenfolge der Operationen vertauscht.

Es sei hervorgehoben, daß man eine jede Inversionsdrehung auch in eine reine Drehung und eine Teilinversion nach einer Koordinatenachse zerlegen kann, welche letztere durch den Vorzeichenwechsel nur der zu einer Achse parallelen Koordinate — d. h. Spiegelung in der zu jener Achse normalen Ebene — definiert ist. In der Tat führt die Kombination von zwei Bewegungen (1) und (2) mit den Determinanten

$$\Delta = \begin{vmatrix} -a_1'' & -b_1'' & -c_1'' \\ a_2'' & b_2'' & c_2'' \\ a_3'' & b_3'' & c_3'' \end{vmatrix}, \quad \Delta' = \begin{vmatrix} -1 & 0 & 0 \\ 0 & 1 & 0 \\ 0 & 0 & 1 \end{vmatrix}$$

zu demselben Resultat, wie die frühere, und ist, wie jene, umkehrbar.

**§ 24. Allgemeines über die Methode der Konstruktion von Symmetrietypen.** Die erste gestellte Frage nach der Natur der allgemeinsten Deckbewegungen für normale Polyeder ist im vorstehenden Abschnitt erledigt durch den Nachweis, daß nur reine Drehungen oder aber Inversionsdrehungen den gestellten Anforderungen entsprechen. Dabei war nebenbei gezeigt, daß mehrere sukzessive Deckbewegungen dieser beiden Arten sich jederzeit auf eine einzige von ihnen zurückführen lassen. Die weitere sich bietende Frage, welche Größen die Drehungswinkel haben müssen, damit diese Drehungen zu Deckbewegungen von Kristallpolyedern werden, soll hier noch nicht in Angriff genommen werden; es genügt, dieselbe vorläufig zu signalisieren.

Jedem Polyeder kommen nur ganz bestimmte Deckbewegungen zu, und wir haben in § 17 und 18 für einige einfache Fälle die entsprechenden Deckbewegungen nachgewiesen. Dabei hat sich gezeigt, daß Polyeder mit vollständig verschiedenen Flächen genau die gleichen Deckbewegungen zulassen können, und es ergab sich die Anregung einer Gruppierung der Polyeder nach ihren Deckbewegungen oder (was dasselbe ist) nach ihren Symmetrien.

Zu diesem Zwecke scheint es zunächst notwendig, alle überhaupt vorkommenden Polyeder nach der Beobachtung zu sammeln und der bezüglichen Betrachtung zu unterwerfen. Es ist klar, daß ein solcher Weg nicht nur überaus mühsam, sondern auch trügerisch wäre, insofern man niemals sicher sein kann, alle Kristallpolyeder zu kennen und zu berücksichtigen.

Diese Überlegung läßt den großen Wert der zuerst von *J. Chr. Fr. Hessel*[1]) gemachten Entdeckung schätzen, wonach unter Zuhilfenahme einer einfachen Regel der Erfahrung die obige Definition der Kristallsymmetrie nur eine beschränkte Anzahl (32) nach ihrer Symmetrie verschiedener Typen von Polyedern zuläßt und dieselben vollständig abzuleiten gestattet.

Man ist hierdurch also der Aufgabe des Sammelns und Systematisierens aller von der Natur gebotenen Kristallformen völlig ent-

1) *J. Chr. Fr. Hessel*, Artikel „Kristall" in *Gehlers* Phys.-Wörterbuch, Bd. V, 1830. Spätere Behandlungen z. B. bei *A. Bravais*, Journ. de Math. T. 14, p. 141, 1849; Journ. de l'École polyt. T. 34, 101, 1851; *A. Gadolin*, Acta soc scient. fennicae, T. 9, p. 1, 1871; *P. Curie*, Bull. soc. min de France, T. 7, p. 84 und 418, 1884; *B. Minnigerode*, N. Jahrb. f. Min. Beil.-B. 5, p. 145, 1887; *A. Schoenflies*, Kristallsysteme und Kristallstruktur. Leipzig 1891; *E. v. Fedorow*, Zeitschr. f. Kristallographie, Bd. 38, p. 321, 1903.

noben und vermag sogar, ohne eine einzige von ihnen gesehen zu haben, durch ein strenges mathematisches Verfahren, gewissermaßen am Schreibtisch, alle überhaupt möglichen Typen abzuleiten. Voraussetzung ist nur die obige allgemeine Definition der Symmetrie durch die Deckbewegungen und jene später zu erörternde allgemeine Regel, die wohl als das Grundgesetz der Kristallographie bezeichnet wird; beide sind natürlich als aus der Erfahrung, aus der Anschauung gewonnen zu betrachten. —

Wir wollen uns nunmehr der Ableitung der 32 nach ihren Symmetrien verschiedenen Kristalltypen zuwenden. Um übersichtlich zu verfahren — und die Übersichtlichkeit ist bei der durchzuführenden etwas umständlichen Untersuchung dringend erforderlich — werden wir die durch das Schema (1) definierten allgemeinen Deckbewegungen in die beiden S. 34 hervorgehobenen Arten: reine Drehungen und Inversionsdrehungen gruppieren.

Wir werden zunächst die Deckbewegungen e r s t e r Art, also die r e i n e n D r e h u n g e n, behandeln und die Frage erörtern, welche Gattungen von ihnen, d. h. also welche Winkelgrößen der Drehung, bei Kristallpolyedern auftreten können. Jede Gattung charakterisiert dann bereits einen Kristalltyp, nämlich einen solchen, der keine andere Deckbewegung zuläßt, als eine einzige reine Drehung.

Wir werden dann untersuchen, ob nach rein geometrischen Gesichtspunkten m e h r e r e reine Drehungen nebeneinander als Deckbewegungen auftreten können, und welche. Jede zulässige Kombination stellt dann wiederum einen Kristalltyp dar, der nunmehr eine Anzahl von reinen Drehungen nebeneinander als Deckbewegungen zuläßt.

Sodann werden wir uns den Deckbewegungen z w e i t e r Art, den I n v e r s i o n s d r e h u n g e n, zuwenden und auch hier zunächst die für sich allein (einzeln) möglichen Gattungen, d. h. die zulässigen Winkelgrößen der Drehung aufsuchen. Daran anschließend sind die möglichen Fälle der Kombination mehrerer Inversionsdrehungen, sowie der Kombination von Inversions- und reinen Drehungen aufzustellen. Jede Kombination entspricht wiederum einem Kristalltyp, der die verschiedenen Deckbewegungen nebeneinander zuläßt.

Es mag aber im voraus darauf aufmerksam gemacht werden, daß es im Interesse der Einfachheit und Anschaulichkeit nicht opportun ist, in der Behandlung der Deckbewegungen zweiter Art einen m ö g l i c h s t v o l l s t ä n d i g e n P a r a l l e l i s m u s zu derjenigen der Bewegungen erster Art zu erstreben. Obgleich den beiden Arten analytisch eine große Ähnlichkeit eigen ist, so stellen sie sich geometrisch doch einigermaßen verschieden dar. Auch wird schon dadurch für die Behandlung der Inversionsdrehungen ein etwas geänderter Weg vorgeschrieben, daß die Behandlung der reinen Drehungen allein schon einen beträchtlichen Stamm von Kristalltypen liefert, von dem für das weitere passend auszugehen ist. Das Hinzutreten einer Inversionsdrehung zu den als möglich erkannten Symmetrien der ersten Art liefert eine große Zahl von neuen Typen und erschöpft bereits nahezu die ganze Fülle von Möglichkeiten. Die Berücksichtigung der Fälle koexistierender Inversionsdrehungen liefert dazu nur eine ganz geringe Ergänzung.

§ 25. **Bildung der Polyeder, welche gegebenen Deckbewegungen entsprechen.** Mit der Aufsuchung der Gesamtheit möglicher Kristalltypen und der sie charakterisierenden Symmetrien ist eine wichtige Grundlage für den Aufbau der Kristallphysik gewonnen. Denn nach dem *Neumann*schen Prinzip von S. 20 ist damit auch der Inbegriff aller möglichen Symmetrien für jede beliebige physikalische Eigenschaft gegeben.

Immerhin ist es im Interesse der Anschaulichkeit zu empfehlen, auch schon bei der Ableitung der verschiedenen Arten von Kristallsymmetrie auf die Formen hinzuweisen, die denselben entsprechen. Dies geschieht am einfachsten dadurch, daß man untersucht, welche Systeme gleichartiger Flächen durch die Symmetrien eines jeden Typs gefordert werden. Dabei sind unter gleichartigen Flächen alle diejenigen verstanden, mit denen eine beliebige von ihnen bei Ausführung der sämtlichen den Typ charakterisierenden Deckbewegungen sukzessive zur Deckung gelangt. In den meisten Fällen vermag ein solches System gleichartiger Flächen für sich allein einen Raumteil völlig zu begrenzen, bildet also für sich allein ein existenzfähiges Kristallpolyeder. In anderen Fällen sind mehrere in sich gleichartige Flächensysteme nötig, um eine völlige Begrenzung herzustellen; mitunter bedarf es deren auch, um zu verhindern, daß höhere Symmetrien auftreten, als gefordert sind.

Der Weg zur Bildung dieser Flächensysteme ist der, daß man auf der Konstruktionskugel oder in der ebenen Darstellung von S. 27 u. 28 einen Pol markiert, der im Interesse der Allgemeinheit jederzeit möglichst unsymmetrisch zu etwaigen ausgezeichneten Achsensystemen zu wählen ist, und durch Ausführung sämtlicher dem Typ eigentümlichen Deckbewegungen — wie das unten im einzelnen gezeigt werden wird — zunächst die sämtlichen dadurch gelieferten gleichartigen Pole aufsucht. Legt man dann in jedem Pol eine Tangentenebene an die Konstruktionskugel, so stellt der von diesen Ebenen umschlossene Raum das zugehörige normale Polyeder dar.

Natürlich ist die Ausführung der letzteren Operation (in der Vorstellung) bei komplizierteren Gebilden nicht ganz leicht. Etwas bequemer ist das folgende Verfahren, das zwar nicht zu dem wirklichen normalen Polyeder, sondern nur zu seiner Projektion auf die Konstruktionskugel führt, aber doch im allgemeinen eine genügende Anschauung von dem Habitus des gesuchten Polyeders liefert.

Sind (Fig. 11) $P_1$ und $P_2$ die Pole zweier Flächen $F_1$ und $F_2$ des gesuchten Polyeders und konstruiert man den größten Kreis, der die Verbindungslinie $P_1P_2$ in deren Mittelpunkt $p_{12}$ normal schneidet, so stellt derselbe in der Ausdehnung von $\frac{1}{2}\pi$ beiderseits $p_{12}$ die zentrale Projektion der Kante zwischen den beiden zu $P_1$ und $P_2$ gehörigen Flächen auf die Kugel dar. Sind noch mehr Pole $P_3, P_4, \ldots$ vorhanden, und man verfährt ebenso, wie vorstehend gesagt, mit den Verbindungslinien $\overline{P_1P_3}$, $\overline{P_1P_4}, \ldots$, so erhält man die Projektionen weiterer Kanten, welche die Fläche $F_1$ bilden kann. Das sphärische Polygon aus Stücken aller dieser Projektionen, welches den Pol direkt umschließt (hier das Dreieck $p_1p_2p_3$), ist dann die Projektion der Fläche $F_1$ des normalen Polyeders auf die Kugel. In vielen Fällen, insbesondere dann, wenn das Polyeder lauter gleichartige Flächen enthält, genügt eine einzige derartige Konstruktion, um sich mit Zuhilfenahme des Polsystems von dem ganzen Polyeder eine Vorstellung zu verschaffen.

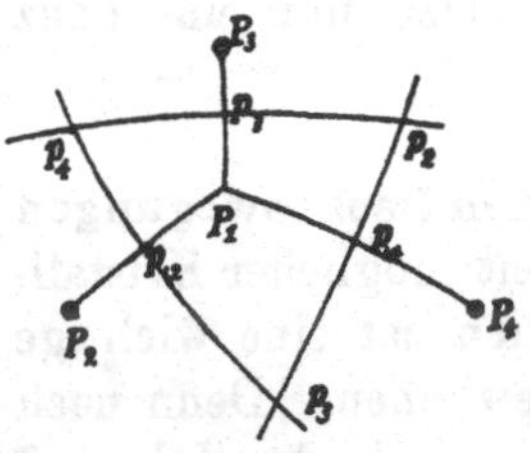

Fig. 11.

Wir werden unten einige Beispiele für die, gegebenen Symmetrien entsprechenden Polyeder geben. Es mag aber nochmals darauf aufmerksam gemacht werden, daß **diese Betrachtungen für den Aufban der Theorie nicht wesentlich sind, sondern nur die Anschauung fördern und beleben sollen.**

## III. Abschnitt.

## Deckbewegungen erster Art, einzeln und miteinander kombiniert.

§ 26. **Sätze über einzelne Symmetrieachsen.** Wenn ein normales Polyeder durch eine reine Drehung um einen kleineren Winkel, als $2\pi$, mit sich selbst zur Deckung gelangt, so sagt man, es besitze eine Symmetrieachse, die in die Richtung der durch den Anfangspunkt $O$ gelegten Drehachse fällt. Wir wollen jetzt die Folgerungen ziehen, die sich aus der Annahme der Existenz einer Symmetrieachse für das Polyeder ergeben. Der kleinste Drehungswinkel, durch den die Deckung hergestellt werden kann, werde mit $\psi$ bezeichnet. Drehungen um $2h\pi + \psi$ (wobei $h = \pm 1, \pm 2, \ldots$) haben dann ebensowenig neben derjenigen um $\psi$ eine selbständige Bedeutung, wie überhaupt eine Drehung um $2\pi$.

Markieren wir auf der Kugelfläche vom Radius Eins (Fig. 12) die Spur der Achse $A$ und den Pol $P_1$ irgendeiner Fläche des Polyeders und machen $P_1 A P_2 = \psi$ und $\overline{AP_2} = \overline{AP_1}$, so muß $P_2$ ein zweiter Pol des Polyeders in der ursprünglichen Position sein. Denn nur dann, wenn jede Richtung bei der Drehung eine gleichwertige Position erreicht, kann bei derselben eine Deckung des Polyeders mit sich selbst eintreten.

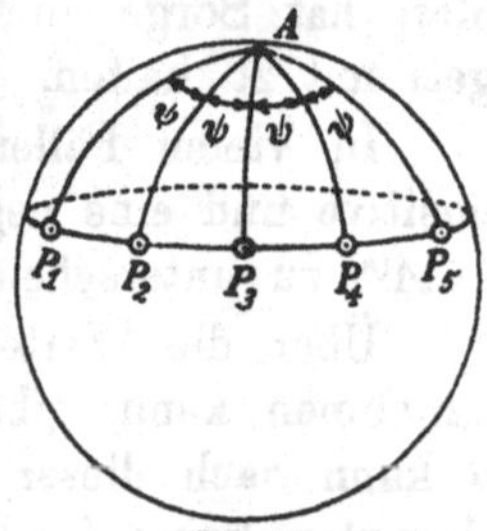

Fig. 12.

Dieselbe Überlegung zeigt, daß weitere Pole $P_3, P_4, \ldots$ in gleichen Abständen um $A$ herum angeordnet sein müssen; denn die betrachtete Drehung führt den anfänglichen Pol $P_2$ nach $P_3$, was die anfängliche Anwesenheit eines Poles ebenda fordert, ebenso wandert $P_3$ nach $P_4$ usf.

Es ergibt sich hiernach mit der Existenz der Symmetrieachse $A$ eine Reihe von äquidistanten Polen als notwendig verbunden, welche die Achse $A$ in einem Kreiskegel umgeben. Diese Reihe von Polen muß sich in $P_1$ schließen, denn im andern Falle müßten Drehungswinkel $< \psi$ existieren, welche die Deckung bewirken, und dies ist ausdrücklich ausgeschlossen worden.

Hieraus folgt, daß die zur Deckung führende Drehung $\psi$ notwendig ein ganzzahliger Teil von $2\pi$ sein muß. Ist

$$\psi = 2\pi/n,$$

so heißt die Symmetrieachse $n$-zählig.

Wir werden überall, z. B. in Figuren, wo Symmetrieachsen durch ein Symbol zu bezeichnen sind, für sie den Buchstaben $A$ wählen und deren Zähligkeit — wo dieselbe von Bedeutung — durch einen beigefügten oberen Index andeuten.

$$A^{(n)}$$

bezeichnet also eine $n$-zählige Achse.

Noch seien einige weitere Eigenschaften von Symmetrieachsen hervorgehoben. Ist eine Drehung um $\psi$ eine Deckbewegung, so gilt Gleiches für eine Drehung um $h\psi$, wenn $h$ eine ganze Zahl bedeutet. Hieraus folgt, daß wenn $n$ sich in zwei ganzzahlige Faktoren zerlegen läßt, z. B.

$$n = h \cdot k$$

ist, die $n$-zählige Achse zugleich auch $h$- und $k$-zählig ist. Man charakterisiert sie aber immer durch ihre höchste Zähligkeit, d. h. durch den kleinsten Drehwinkel, der eine Deckbewegung darstellt.

Ist eine Richtung $A$ eine Symmetrieachse, so gilt Gleiches für die entgegengesetzte Richtung. Je nach Umständen kann es sich sachgemäß erweisen, die beiden Richtungen einzeln zu zählen oder sie als zusammen eine einzige Achse charakterisierend zu behandeln. Man hat Sorge zu tragen, die beiden Betrachtungsweisen deutlich getrennt zu halten.

In vielen Fällen ist es vorteilhaft, einer Symmetrieachse eine positive und eine negative Seite beizulegen und diese mit $+A^{(n)}$ und $-A^{(n)}$ zu unterscheiden.

Über die Werte, welche die Zähligkeit $n$ einer Symmetrieachse annehmen kann, gibt die bisherige Betrachtung keinerlei Aufschluß; $n$ kann nach dieser alle Werte zwischen Eins (was nach dem oben Gesagten keine für eine Symmetrie charakteristische Deckbewegung liefert) und unendlich (was der Symmetrie eines Rotationskörpers entspricht) annehmen. Indessen kommt in der Natur bei Kristallpolyedern faktisch nur eine sehr kleine Zahl von Werten, nämlich

$$n = 2, 3, 4, 6$$

vor. Man wird die Frage aufwerfen, ob man die Beschränkung auf gerade diese Zahlwerte aus allgemeinen Prinzipien ableiten kann. Dies findet nun in der Tat statt, und wir werden uns in einem späteren Abschnitt mit bezüglichen Betrachtungen beschäftigen. Vorerst wollen wir aber die Tatsache, daß $n$ nur die genannten vier Werte annimmt, als feststehend verwerten, ohne auf die Methoden ihrer Begründung einzugehen.

§ 27. **Allgemeine Prinzipien für die Darstellung der Kristalltypen. Typen mit nur einer Symmetrieachse.** Die verschiedenen Kristalltypen sollen nach dem S. 29 Gesagten durch ihre Symmetrieeigenschaften unterschieden werden. Die vorstehenden Betrachtungen werden uns also bereits eine Reihe von Typen liefern, vorausgesetzt, daß Polyeder mit nur einer Symmetrieachse existieren können. Man überzeugt sich leicht, daß dem so ist, und wenn für diese einfachsten Symmetrien der betreffende Nachweis einmal geliefert ist, so braucht er für die weiteren, im allgemeinen zusammengesetzteren Symmetrien nicht erneut beigebracht zu werden. Meist ergibt sich der Nachweis aus der nachstehenden Betrachtung von selbst, in anderen Fällen ist er nach ähnlicher Methode leicht zu erbringen.

Eine $n$-zählige Symmetrieachse $A^{(n)}$ ordnet nach dem Inhalt des vorigen Paragraphen einem jeden Flächenpol $P_1$ auf der Konstruktionskugel $n-1$ weitere zu, die auf einem Kreis um $A^{(n)}$ in gleichen Abständen voneinander liegen. Die diesem Polsystem entsprechenden Flächen bilden, wenn die Bogen $\overline{A^{(n)}P_h}$ kleiner als $\frac{1}{4}$ Umfang sind, eine regelmäßige $n$-seitige Pyramide um $A^{(n)}$; im entgegengesetzten Falle ebenso um die $A^{(n)}$ entgegengesetzte Richtung $-A^{(n)}$.

Ein solches Flächensystem vermag für sich allein das Polyeder nicht vollständig zu begrenzen; es sind hierzu also jedenfalls noch weitere heranzuziehen, die aber, wenn die $n$-zählige Symmetrieachse erhalten bleiben soll, die gleiche Zahl $n$ von Polen $P_1'$, $P_2'$, .. $P_n'$, und zwar auf einem zweiten Kreis um $A^{(n)}$ haben müssen. Damit das Polyeder geschlossen sei, müssen jederzeit die beiden Kreise von Polen auf verschiedenen Hemisphären liegen. Es entstehen so zwei gegeneinandergestülpte Pyramiden, welche die einfachste Form eines Polyeders mit einer $n$-zähligen Symmetrieachse darstellen.

Soll das Polyeder keine andere Symmetrie besitzen, als die $n$-zählige Achse, so dürfen hierbei die neuen Pole ($P_h'$) keine direkten Beziehungen zu den alten ($P_h$) haben; sie dürfen weder auf denselben Meridianen, noch in der Mitte zwischen ihnen, noch auch in dem gleichen Abstand vom Äquator liegen. Auch darf keines der beiden Polsysteme in den Endpunkt von $+A^{(n)}$ oder $-A^{(n)}$ rücken, wodurch die betreffende Pyramide zu einer Ebene normal zu $A^{(n)}$, einer sogenannten B a s i s degenerieren würde. In allen den genannten Fällen würden neue Symmetrien entstehen, die hier ja ausgeschlossen sind.

Immerhin ist aus Vorstehendem ersichtlich, daß es Polyeder gibt, die als einziges Symmetrieelement eine zwei-, drei-, vier- oder sechszählige Symmetrieachse besitzen; dieselben liefern uns zusammen eine in sich einheitliche Obergruppe von Kristalltypen.

Wie schon in der Einleitung hervorgehoben, läßt sich jeder Kristalltyp durch ein kurzes Symbol charakterisieren, das sich als seine „Symmetrieformel" zu der „chemischen Formel" einer Verbindung in Parallele setzen läßt. Doch ist ein Unterschied insofern vielleicht vorhanden, als die Symmetrieformel, wie schon früher bemerkt, nicht a l l e vorhandenen Symmetrieelemente enthalten soll, sondern nur die voneinander unabhängigen — was für später noch einmal erwähnt werden soll.

Fürs erste handelt es sich um Typen mit nur e i n e m Symmetrieelement, mit nur einer $n$-zähligen Achse. Für eine solche haben wir bereits oben das Symbol $A^{(n)}$ eingeführt, wobei der obere Index die Z ä h l i g k e i t andeutet. Wir wollen nun dem Symbole noch einen unteren Index beisetzen und durch diesen die R i c h t u n g ausdrücken, in welche die Achse fällt.

$$A_r^{(n)}$$

bezeichnet also eine $n$-zählige Symmetrieachse in der Richtung $r$.

Ferner wollen wir bereits hier, was für alle späteren Anwendungen wesentlich ist, ein H a u p t k o o r d i n a t e n s y s t e m durch das Zentrum des Polyeders gelegt denken, dessen Achsen mit den vorhandenen Symmetrieelementen in naher und für die Anwendung bequemer Beziehung stehen; z. B. sollen bei allen Polyedern, welche Symmetrieachsen besitzen, nach Möglichkeit Koordinatenachsen in dergleichen gelegt werden. Ist eine ausgezeichnete Symmetrieachse vorhanden — z. B. nur eine einzige Symmetrieachse —, so soll dieselbe stets zur $Z$-Achse des Hauptkoordinatensystems gewählt werden.

Nach dem Gesagten und unter Berücksichtigung des Umstandes, daß auch Kristallpolyeder ohne alle Symmetrien, also auch ohne Symmetrieachse denkbar sind, erhalten wir durch die bisherigen Überlegungen fünf Kristallgruppen, die wir unter Benutzung einer vorläufigen Numerierung in eine

I. Obergruppe mit keiner oder einer Symmetrieachse

zusammenfassen.

Wir schreiben für dieselben gemäß den vorstehenden Festsetzungen über Bezeichnung von Symmetrieachsen die Symmetrieformeln:

$$(1')\ 0; \quad (2')\ A_z^{(2)}; \quad (3')\ A_z^{(3)}; \quad (4')\ A_z^{(4)}; \quad (5')\ A_z^{(6)}.$$

Will man die formale Symmetrie zwischen diesen fünf Kristallgruppen möglichst weit treiben, so kann man das Symbol der Gruppe (1') auch $A_z^{(1)}$ schreiben, insofern bei Drehung um $2\pi/1 = 360^0$ um jede Achse jedes Polyeder mit sich zur Deckung gelangt. Aber dem Symbol ist dann keine tiefere Bedeutung eigen. —

Wie schon früher bemerkt, spielen die einzelnen an den Kristallpolyedern auftretenden Flächensysteme in der Kristallphysik keine Rolle; was uns interessiert, ist die allen Flächensystemen, die bei demselben Kristall vorkommen, gemeinsame Symmetrie. Wenn wir also weiterhin jedem neuerkannten Kristalltyp eine kurze Bemerkung über die Eigenart der damit vereinbaren Flächenscharen beifügen, so geschieht das nur zum Zwecke der Anbahnung einer Verbindung mit den wirklich in der Natur auftretenden Formen. Der Raum gestattet hierbei nur allein die Angabe je eines Schemas für die Pole desjenigen einfachsten Flächensystems, welches der Symmetrie des Typs entspricht und dabei eine vollständige Begrenzung eines Raumteiles ermöglicht.

Wir bedienen uns weiterhin derjenigen Darstellung der Polfigur in der Ebene, die S. 28 geschildert worden ist, und bei der die Kristallform in zwei Hälften dargestellt wird. Jederzeit stellen wir den Kristall mit der einmal gewählten $Z$-Koordinatenachse vertikal; die $XY$-Ebene wird hierdurch zur Äquatorebene der Konstruktionskugel und damit zugleich der Äquator selbst zur Grenzlinie der beiden getrennten Hälften der ebenen Polfigur. Die obere, um die $+Z$-Achse liegende Hälfte der Konstruktionskugel und somit des Kristalles ist jederzeit in der links, die untere, um die $-Z$-

Achse liegende Hälfte in der rechts gezeichneten Kreisfläche wiedergegeben.

Über die Gewinnung der Polfigur und des ihr entsprechenden normalen Polyeders mag folgendes im Anschluß an früheres allgemein bemerkt werden.

Es ist zu gedachtem Zweck bei jedem Symmetrietyp mit einem willkürlich, und zwar möglichst allgemein gewählten Pol die ganze Reihe von Deckbewegungen auszuführen, welche die Symmetrieformel des Typs ausdrückt. In vielen Fällen genügt eine einmalige Ausführung dieser Deckbewegungen, um alle mit dem gegebenen Pol verknüpften Pole aufzufinden; in anderen Fällen gibt eine Wiederholung weitere Pole. Diese Wiederholung ist dann so oft auszuführen, bis sie ausschließlich auf früher markierte Pole zurückführt.

Als spezielle Lagen des Poles, die zu vermeiden sind, erscheinen jederzeit solche, die bei der vorzunehmenden Deckbewegung ihren Ort bewahren. Ist ein in sich gleichartiges Polsystem durch diese Deckbewegungen gewonnen, so ist jedesmal zu untersuchen, ob das entsprechende Flächensystem ein geschlossenes Polyeder liefert, und wenn ja, ob dasselbe nicht noch andere Symmetrieelemente, als die verlangten, besitzt, z. B. andere Symmetrieachsen oder Spiegelebenen. In bezug auf letzteres müssen wir in manchen Fällen späteren geometrischen Betrachtungen etwas vorgreifen.

Die Pole sind in den Figuren allgemein durch das Symbol ⊙ bezeichnet; sind zur vollen Begrenzung des Polyeders oder zur Vermeidung von höheren Symmetrien zwei Arten von Flächen nötig, so ist die eine wie oben bezeichnet, die andere durch ein in das Symbol ⊙ gezeichnetes Kreuz unterschieden. Bei mehr, als zwei Polarten, ist die Unterscheidung durch beigesetzte Buchstaben $\alpha$, $\beta$, $\gamma$, ... vorgenommen.

In den Figuren 13 bis 17 sind Schemata für die Polsysteme zusammengestellt, die den Typen (1') bis (5') entsprechen. Da mindestens vier Flächen nötig sind, um ein Polyeder zu begrenzen, und da der Typ (1') kein Symmetrieelement besitzt, das Pole miteinander verknüpft, so sind hier vier voneinander unabhängige Pole $\alpha, \beta, \gamma, \delta$ einzuführen (Fig. 13).

Für die Gruppen (2') bis (6') kommen die Bemerkungen von S. 43 in Betracht; es genügt die Annahme zweier voneinander unabhängiger Pole, mit denen die für den Typ charakteristische Symmetrieachse dann je 1, 2, 3, 5 weitere verknüpft. So entstehen die Figuren 14 bis 17.

Um von der Polfigur zu dem Polyeder überzugehen, hat man nach S. 39 zunächst durch Rückgängigmachen der stereographischen Projektion die Pole auf die Konstruktionskugel zu übertragen und dann an diese in den Polen Tangentenebenen zu legen. Über eine Methode, hierbei aus der Verteilung der Pole auf die Begrenzung der ihnen entsprechenden Kristallflächen zu schließen, ist S. 40 gesprochen. Auf eine Beibringung der Namen, mit denen die vorstehenden normalen Polyeder in der Kristallographie bezeichnet werden, darf hier verzichtet werden. —

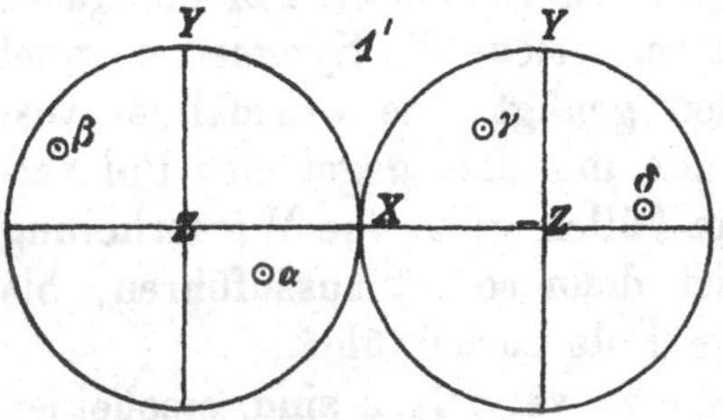


(0)
Fig. 13.

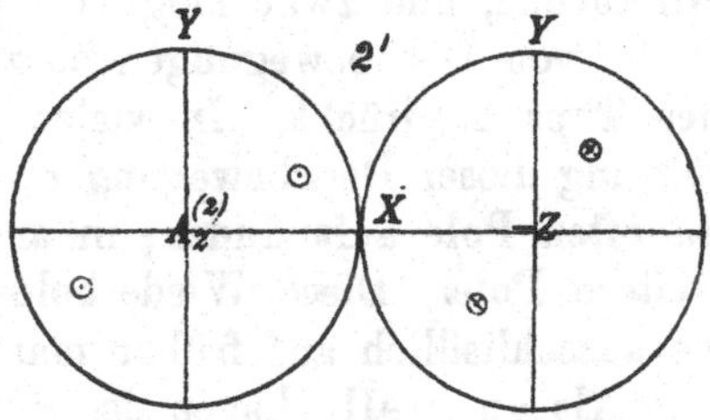


($A_z^{(2)}$)
Fig. 14.

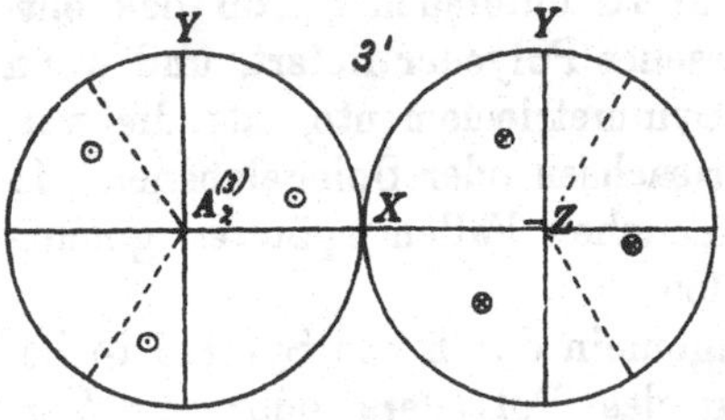


($A_z^{(3)}$)
Fig. 15.

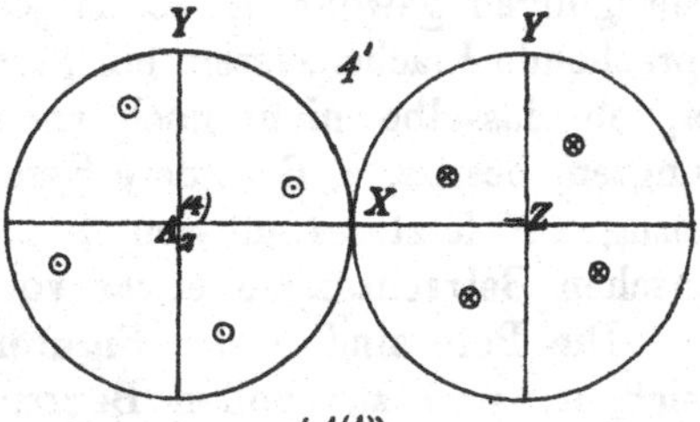


($A_z^{(4)}$)
Fig. 16.

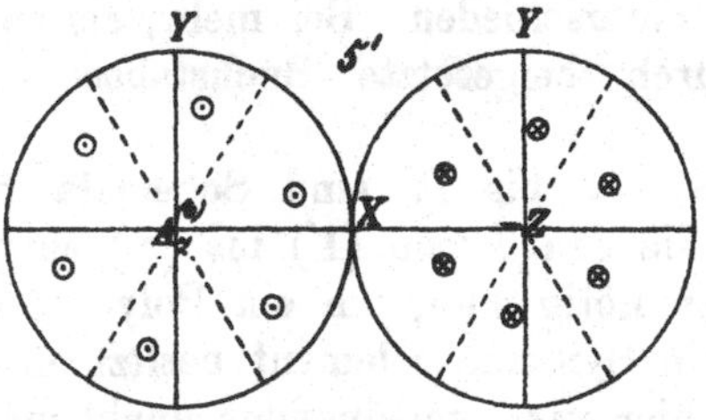


($A_z^{(6)}$)
Fig. 17.

Die Kristalltypen (2') bis (5'), deren Polschemata in Figur 14 bis 17 vorliegen, geben zu einer allgemeinen Bemerkung Veranlassung.

Die beiden Kreisflächen dieser Figuren entsprechen den beiden Hälften des Kristallindividuums und stellen die Umgebung der positiven und negativen Seiten der Symmetrieachse $A_z^{(n)}$ dar. Die Darstellung läßt erkennen, daß diese beiden Seiten des Kristalles von durchaus verschiedenen Flächen begrenzt werden, sich also in keiner Weise zur Deckung bringen lassen. Symmetrieachsen, welche diese Eigenschaft haben, werden polar genannt; sie spielen in der Kristallphysik eine gewisse Rolle. Die Symmetrie der Gruppe (1') erscheint den übrigen unserer Obergruppe verwandt, insofern jede Richtung bei ihr die Eigenschaft hat, an beiden Seiten von verschiedenen Flächen umgeben zu sein.

§ 28. **Sätze über Ketten von Symmetrieachsen.** Wir wollen nun untersuchen, wieviel gleichzählige Symmetrieachsen nebeneinander auftreten können und welche gegenseitige Lage dieselben besitzen müssen.

Es seien $A_1$ und $A_2$ (Fig. 18) die Spuren zweier $n$-zähliger Achsen auf einer Kugel vom Radius Eins im kleinsten bei dem Polyeder vorkommenden Abstand, und sei zugleich $\psi = 2\pi/n$ der ihnen zugehörige (kleinste) Drehungswinkel. Dreht man das Polyeder um $A_2$ um $\psi$, so fällt $A_1$ nach $A_3$; da nun die neue Lage das Polyeder mit sich zur Deckung bringt, so muß auch schon ursprünglich in $A_3$ eine $n$-zählige Symmetrieachse gelegen haben, und zwar muß dieselbe zu $A_1$ in einer bestimmten näheren Beziehung stehen, die zwischen $A_1$ und $A_2$ nicht notwendig zu bestehen braucht. In der Tat, wenn man $A_1$ nach $A_3$ bringt, läßt sich das Polyeder mit sich zur Deckung bringen, aber Gleiches ist nicht notwendig erfüllt, wenn $A_1$ in $A_2$ gebracht wird. Achsen von der Art von $A_1$ und $A_3$ nennt man einander gleichwertig.

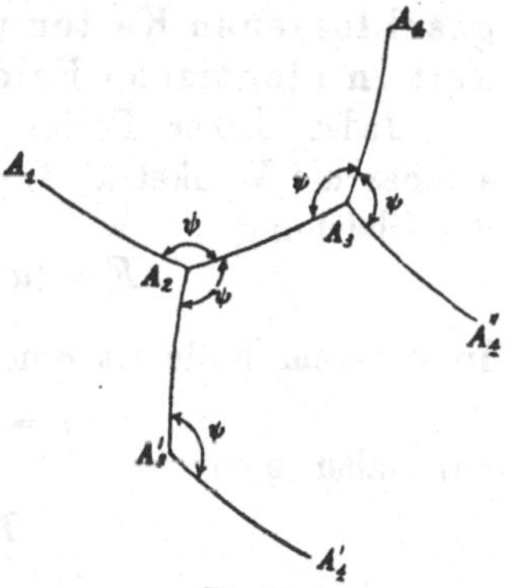

Fig. 18.

Da in $A_3$ eine $n$-zählige Achse liegt, so bringt eine Drehung um diese Achse um $\psi$ das Polyeder abermals mit sich zur Deckung. Bei dieser Drehung wandert $A_2$ in die Position $A_4$, in der somit ursprünglich eine mit $A_2$ gleichwertige $n$-zählige Achse gelegen haben muß. Wir bemerken nun, daß die Drehung um $A_2$ die Achsen $A_3$ und $A_4$ nach $A_3'$ und $A_4'$, die Drehung um $A_3$ die Achse $A_4$ nach $A_4''$ bringt. In diesen Richtungen müssen also gleichfalls je den hingelangenden gleichwertige Achsen gelegen haben.

Schreitet man in dem Sinne der Achsen $A_1, A_2, A_3, A_4, \ldots$ in vorstehender Weise mit Drehungen um $\psi$ weiter fort, so entsteht eine Kette von $n$-zähligen Symmetrieachsen, die jedenfalls abwechselnd gleichwertige Achsen aufweist. Wenn $A_1 A_2$ wirklich der kleinste vorkommende Abstand zweier $n$-zähliger Achsen war, so muß die Kette sich nach einmaligem Umlaufen eines Flächenstückes schließen. Denn sie verläuft wegen der Konstanz des Winkels $\psi$ auf einem Kreiskegel, und daraus folgt, daß, wenn jenes Schließen nicht zustande käme, kleinere Winkel zwischen zwei benachbarten Achsen möglich sein müßten, als $\overline{A_1 A_2}$, was der Annahme widerspricht.

Wir wollen annehmen, daß die geschlossene Kette $p$ Achsen enthalte. Ist $p$ ungerade, so sind alle Achsen der Kette gleichwertig, da die Kette sich durch das Zusammenfallen der Achse $A_1$ mit $A_{p+1}$ schließt. Ist $p$ gerade, so sind im allgemeinen die Achsen einer Kette abwechselnd verschiedenartig.

An jede der Achsen $A_1, A_2, \ldots$ schließen sich weitere seitliche Ketten an, von denen die ersten Elemente bei $A_2$ und $A_3$ in $A_3'$, $A_4'$ und $A_4''$ angedeutet sind. Auf sie finden dieselben Überlegungen Anwendung, woraus sich ergibt, daß die ganze Kugel durch die geschlossenen Ketten von Symmetrieachsen gleicher Zähligkeit in identische Felder geteilt werden muß. —

Jedes dieser Felder stellt ein sphärisches $p$-Eck dar; hat ein solches die Winkel $\alpha, \beta, \gamma, \ldots$, so ist seine Fläche $F$ gegeben durch die Gleichung

$$F = (\alpha + \beta + \gamma + \cdots - (p-2)\pi).$$

In unserem Falle ist nun

$$\alpha = \beta = \gamma = \cdots = 2\pi/n,$$

wir haben also

$$F = \left(\frac{2p}{n} - p + 2\right)\pi;$$

da aber $F > 0$ sein muß, so ist notwendig $\frac{2p}{n} > (p-2)$, d. h.

$$2n > p(n-2). \tag{5}$$

Die Fläche $\Phi$ der ganzen Kugel ist $4\pi$; da nun $F$ ein ganzzahliger Teil von $\Phi$ sein muß, also $F = \Phi/q$, unter $q$ eine weitere ganze Zahl verstanden, so ergibt sich

$$\left(\frac{2p}{n} - p + 2\right) = \frac{4}{q}. \tag{6}$$

An die beiden Formeln (5) und (6) knüpfen wir die weitere Betrachtung an, indem wir für die Zähligkeiten nun die nach S. 42 allein möglichen Werte 2, 3, 4, 6 einsetzen.

§ 29. **Eine Kette zweizähliger Achsen.** $n = 2$ liefert aus (5) $2n > 0$, was keine Bedingung für $p$ enthält; aus (6) folgt dagegen für die Anzahl $q$ der Flächenstücke $F$ auf der Kugel die Bestimmung:

$$q = 2.$$

Eine Kette zweizähliger Achsen teilt hiernach stets die Kugelfläche in zwei gleiche Hälften; sie liegt demgemäß notwendig in einem größten Kreise resp. in einer Diametralebene.

Über die Zahl $p$ der darin enthaltenen Achsen ergibt die vorstehende Betrachtung zunächst noch nichts; wir werden aber jetzt nachweisen, daß für eine Kette zweizähliger Achsen $p$ notwendig eine gerade Zahl sein muß.

Wenn nämlich eine Richtung Symmetrieachse ist, so gilt nach S. 41 Gleiches auch von der entgegengesetzten Richtung Hieraus folgt nach der unmittelbaren Anschauung, daß eine Kette mit einer ungeraden Zahl von (gleichwertigen) zweizähligen Symmetrieachsen nicht möglich ist; da die Kette nämlich in einer Ebene verläuft, so schieben sich bei ungeradem $p$ die entgegengesetzten Seiten der Achsen als anderswertige Achsen immer zwischen zwei der gleichwertigen ein; es ist also in der ebenen Kette jederzeit eine gerade Zahl von zweizähligen Achsen, abwechselnd gleichartig und ungleichartig vorhanden; $p$ muß somit eine gerade Zahl sein.

Weitere Aufklärung über die zulässigen Werte von $p$ erhalten wir, wenn wir auf die ebene Kette zweizähliger Achsen den in § 22 abgeleiteten Eulerschen Satz anwenden.

Dieser Satz sagt aus, daß zwei Drehungen um zwei verschiedene im Raum feste Achsen $A_1$ und $A_2$ jederzeit mit einer einzigen Drehung um eine bestimmte Achse $A$ und um einen bestimmten Winkel äquivalent sind; er gibt auch für die Lage dieser Achse und für die Größe des um sie nötigen Drehungswinkels eine einfache Konstruktion.

Der Satz gewinnt in unserem Falle unmittelbare Anwendung, obgleich die Symmetrieachsen der Ketten nicht im Raume, sondern im Polyeder fest sind, und zwar deshalb, weil bei einer Drehung um $A_2^{(2)}$ um den charakteristischen Winkel $\pi$ $A_1^{(2)}$ nach $A_3^{(2)}$ und $A_3^{(2)}$ nach $A_1^{(2)}$ rückt; es befinden sich somit auch nach der Drehung in den Richtungen, wo ursprünglich Achsen lagen, wieder dergleichen. Die Verhältnisse sind also die gleichen, als wenn die zweizähligen Achsen im Raume fest wären.

Da die Drehung um jede dieser Achsen um $\pm\pi$ das Polyeder mit sich zur Deckung bringt, so muß eine sukzessive Drehung um zwei beliebige dieser Achsen das Gleiche bewirken. Und da nach dem Eulerschen Satze zwei solche Drehungen mit einer einzigen Drehung um eine fernere Achse äquivalent sind, so muß mit der Existenz der Kette zweizähliger Achsen zugleich noch die Existenz anderer Symmetrieachsen gegeben sein.

Betrachten wir die Achsen $A_1^{(2)}$ und $A_h^{(2)}$, wobei $h = 2, 3, \ldots$, und wenden wir die Eulersche Konstruktion an (Fig. 19), so haben wir, je nachdem die Drehung um $A_1^{(2)}$ oder um $A_h^{(2)}$ zuerst stattfindet, an $\overline{A_1^{(2)} A_h^{(2)}}$ die Winkel $\frac{1}{2}\pi$ nach oben oder unten anzutragen; wir gelangen so zu den beiden Seiten $A$ und $A'$ des auf der Ebene der zweizähligen Achsen normalen Durchmessers, als den Richtungen der äquivalenten neuen Achsen. Diese beiden Richtungen geben zusammen nur eine Drehungs- resp. Symmetrieachse $A$; die Reihenfolge, in der die Drehungen um $A_1^{(2)}$ und $A_h^{(2)}$ vorgenommen werden, sind also hier ohne wesentlichen Einfluß auf das Resultat.

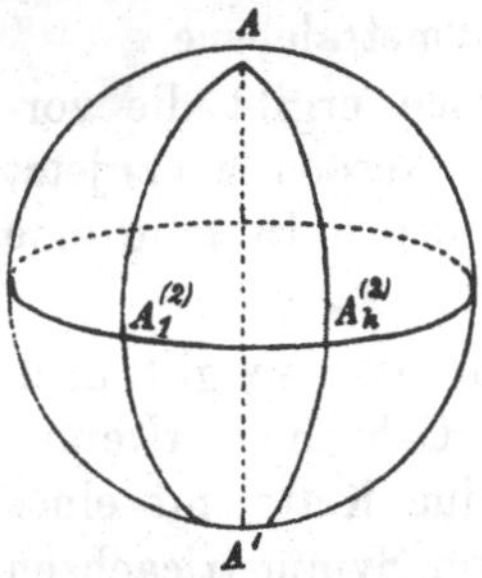

Fig. 19.

Was den der Achse $A$ zugehörigen Drehungswinkel $\psi$ angeht, so bestimmt er sich durch das Doppelte des Außenwinkels bei $A$ an dem Dreieck $A A_1^{(2)} A_h^{(2)}$. Nach der Annahme ist $\overline{A_1^{(2)} A_h^{(2)}} = 2h\pi/p$ und $p$ immer eine gerade Zahl $= 2r$; somit ist der Winkel $A_1^{(2)} A A_2^{(2)} = h\pi/r$ und $\frac{1}{2}\psi = \pi\left(1 - \frac{h}{r}\right)$, $\psi = 2\pi\left(\frac{r-h}{r}\right)$.

Da $h$ eine beliebige Zahl zwischen $-r$ und $+r$ oder zwischen 0 und $2r$ darstellt, so ist $r - h$ eine beliebige Zahl $k$ zwischen $2r$ und 0 oder zwischen $r$ und $-r$, und wir erhalten das Resultat, daß das Polyeder durch eine Drehung von dem Betrage $2\pi k/r$ um eine Achse $A$ oder $A'$ mit sich zur Deckung gebracht werden kann. Dies drückt aber aus, daß $A$ resp. $A'$ eine $r$-zählige Symmetrieachse ist. Wir sind somit zu dem Resultat gelangt:

Mit einer Kette von $p = 2r$ zweizähligen Symmetrieachsen (die nach ihrer Definition sämtlich äquidistant in einer Ebene liegen und nur $r$ voneinander verschiedene repräsentieren) ist notwendig verknüpft die Existenz einer $r$-zähligen Symmetrieachse $A^{(r)}$ (oder eines Paares entgegengesetzter) in der Richtung normal zu der Ebene der Kette.

Wendet man den *Euler*schen Satz, um zu sehen, ob mit diesem System noch weitere Achsen notwendig verknüpft sind, auf $A^{(r)}$ und ein beliebiges $A_h^{(2)}$ an, so führt derselbe auf eine andere Achse der Kette zurück. Das System der Symmetrieachsen ist mit den besprochenen also abgeschlossen; die Kette fordert keine weitere Achse.

Die zur zweizähligen normale $r$-zählige Achse nimmt durch ihre Einzigartigkeit eine ausgezeichnete Stelle ein; wir bezeichnen sie als die Hauptachse des Systems und stellen ihr die zweizähligen, die in der Mehrzahl auftreten und miteinander verknüpft sind, als Nebenachsen gegenüber.

§ 30. **Kristalltypen mit Ketten zweizähliger Symmetrieachsen.** Aus Vorstehendem folgt, daß mit der Kette zweizähliger Achsen uns mehrere neue Symmetrietypen oder -gruppen von Kristallpolyedern gegeben sind. Da nach Früherem andere, als 2-, 3-, 4-, 6-zählige Achsen nicht vorkommen, so kann auch $r$ nur resp. diesen Zahlen gleich sein.

Somit gelangen wir zu vier Gruppen mit einer (eventuell ausgezeichneten) 2-, 3-, 4-, 6-zähligen Achse und resp. $2 \times 2$, $2 \times 3$, $2 \times 4$, $2 \times 6$ dazu normalen zweizähligen, von denen je zwei entgegengesetzte Richtung haben, also für uns zusammenfallen und nicht einzeln gezählt zu werden brauchen. Um diese Gruppen zu charakterisieren, genügen die voneinander unabhängigen Symmetrieachsen, also zwei benachbarte zweizählige der Kette oder eine von ihnen und die dazu normale ausgezeichnete. Die letztere Kombination empfiehlt sich für unsere Anwendung mehr, da sie zwei zueinander normale Achsen gibt, die in Achsen des Hauptkoordinatensystems gelegt werden können. Wir lassen die $Z$-Achse des Hauptachsensystems stets mit der $n$-zähligen Hauptachse zusammenfallen, die $X$-Achse mit einer der zweizähligen Nebenachsen.

Demgemäß schreiben wir die Symmetrieformeln der neuen Typen oder Gruppen in vorläufiger Anordnung folgendermaßen:

II. Obergruppe mit einer Kette zweizähliger Achsen,

(6′) $A_z^{(2)} A_x^{(2)}$; (7′) $A_z^{(3)} A_x^{(2)}$; (8′) $A_z^{(4)} A_x^{(2)}$; (9′) $A_z^{(6)} A_x^{(2)}$.

Zu der ersten dieser Gruppen ist zu bemerken, daß sie drei zueinander normale zweizählige Achsen enthält, von denen, um den Zusammenhang mit Vorstehendem zu wahren, eine beliebige als

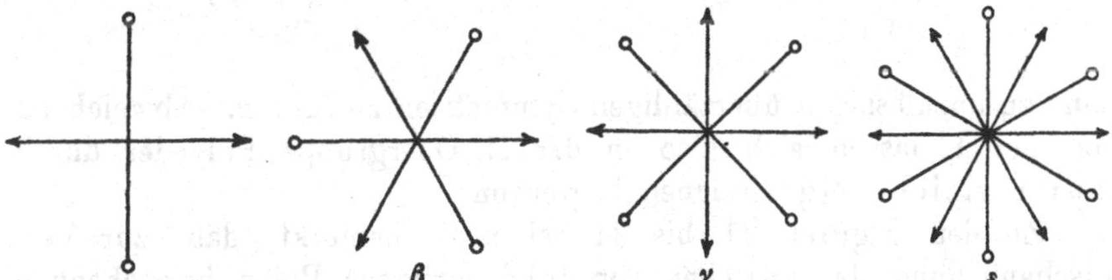

$\alpha$ $\beta$ $\gamma$ $\delta$

Fig. 20.

ausgezeichnete $Z$-Achse zu betrachten ist. Die zwei (oder, bei Einzelzählung der beiden Seiten, vier) in der zu jener normalen Ebene liegenden Achsen stellen dann die dem System zugehörige Kette dar.

Die obenstehenden Figuren 20, $\alpha$—$\delta$, veranschaulichen die Lage der zweizähligen Nebenachsen der bezüglichen Ketten bei den Gruppen

(6') bis (9'). Um die zwei Arten von Achsen zu unterscheiden, sind die Enden der sie darstellenden Strecken mit Pfeilspitzen oder Ringen versehen.

Die Polfiguren für Typen der zweiten Obergruppe sind nach den Grundsätzen von S. 27 leicht zu bilden; die Figuren 21 bis 24 geben bezügliche Schemata wieder, wobei nur die voneinander unabhängigen Symmetrieelemente $A_z^{(n)}$, $A_x^{(2)}$ eingetragen sind. Bei allen Typen dieser Obergruppe genügt die Einführung eines unabhängigen Poles, da aus ihm durch die Symmetrieelemente ein System von Polen entsteht, deren Flächen zur Abgrenzung eines Raumgebietes ausreichen,

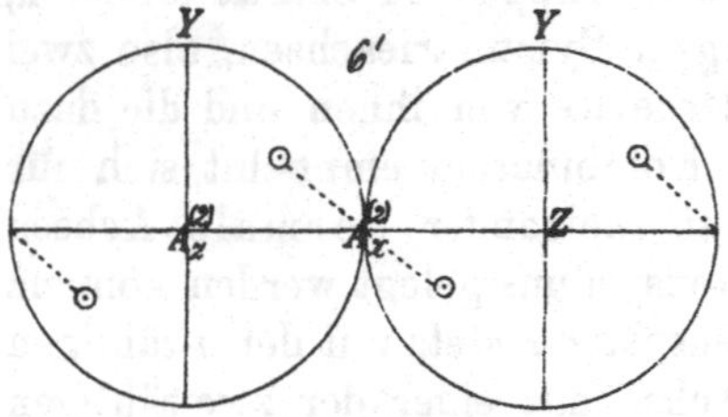

$(A_z^{(2)}, A_x^{(2)})$

Fig. 21.

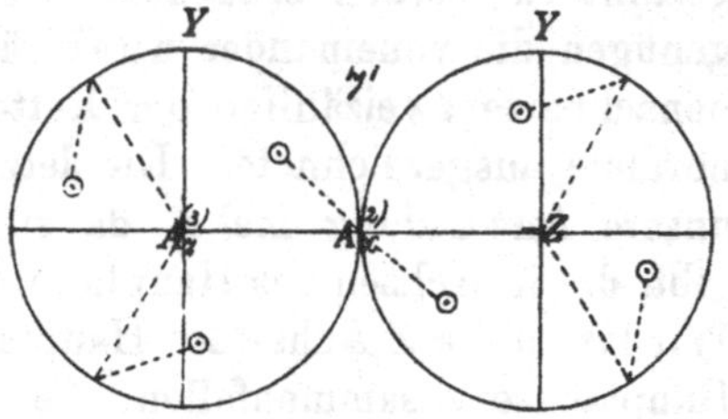

$(A_z^{(3)}, A_x^{(2)})$

Fig. 22.

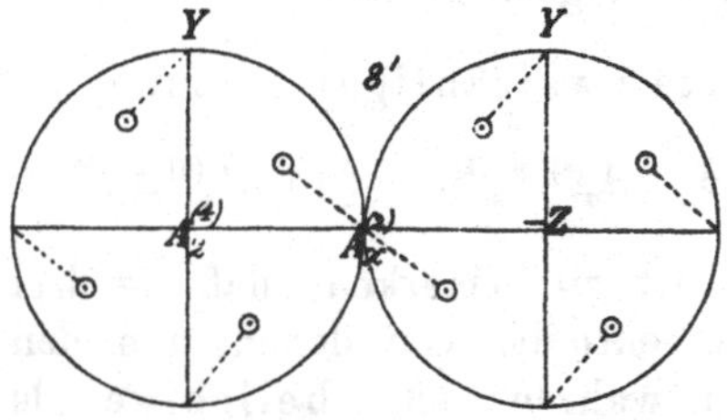

$(A_z^{(4)}, A_x^{(2)})$

Fig. 23.

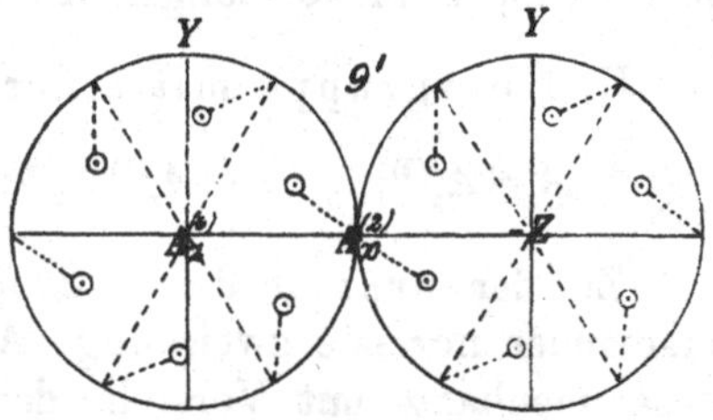

$(A_z^{(6)}, A_x^{(2)})$

Fig. 24.

ohne zu unzulässigen überzähligen Symmetrien zu führen. Abweichend von der I. lassen sich also in der II. Obergruppe Polyeder durch lauter gleichartige Flächen begrenzen.

Zu den Figuren 21 bis 24 sei noch bemerkt, daß, zur Veranschaulichung der zwischen den (gleichartigen) Polen herrschenden Beziehungen, diejenigen Pole, welche miteinander durch eine zweizählige Nebenachse verknüpft werden, dadurch charakterisiert sind, daß punktierte Linien sie mit der benachbarten zweizähligen Nebenachse verbinden. Dies Verfahren erscheint erwünscht, da diese Achsen in die Grenzlinien der zwei Figurenhälften fallen, ihre Umgebung also in zwei Teile zerschnitten ist. Bei späteren Figuren verwandten Charakters wird die gleiche Methode benutzt werden.

Bezüglich der Natur der verschiedenen in den betrachteten Typen auftretenden Symmetrieachsen zeigen die Figuren 21 bis 24, verglichen mit 14 bis 17, Folgendes:

Die Hauptachsen $A_z^{(n)}$ haben durch das Hinzutreten der Nebenachsen $A_x^{(2)}$ ihren polaren Charakter verloren; ihre beiden Enden sind von gleichartigen Flächen in identischer Anordnung umgeben; sie sind aus einseitigen zu zweiseitigen geworden. Die Nebenachsen $A_x^{(2)}$ haben in den Typen (6'), (8'), (9') gemäß den Figuren 21, 23, 24 analogen Charakter; sie verhalten sich abweichend nach Figur 22 bei dem Typ (7'). Im letzteren Falle liegen in der Umgebung von $+A_x^{(2)}$ und $-A_x^{(2)}$ zwar gleichartige Flächen, aber in anderer Anordnung, so daß eine Überdeckung der beiden Achsenenden ausgeschlossen ist. Dem Typ $A_z^{(3)}$, $A_x^{(2)}$ entsprechen somit drei polare Nebenachsen; dieser Umstand bedingt eine starke physikalische Verschiedenartigkeit zwischen diesem Typ und den übrigen zur II. Obergruppe gehörigen.

§ 31. **Kristalltypen mit Ketten dreizähliger Achsen.** Die Grundformeln (5) und (6) für die bei den Ketten von $n$-zähligen Symmetrieachsen auftretenden Zahlwerte lauteten

$$2n > p(n-2), \tag{5}$$

$$\left(\frac{2p}{n} - p + 2\right) = \frac{4}{q}; \tag{6}$$

hierin bezeichnete $p$ die Anzahl der Achsen der Kette, $q$ die Anzahl der gleichen Stücke $F$, in welche die Kugelfläche durch die auf ihr ausgebreiteten gleichartigen Ketten zerlegt wird. Es sei in Erinnerung gebracht, daß die Flächenstücke $F$ reguläre sphärische Polygone mit $p$ Seiten und den Winkeln $2\pi/n$ bilden.

Wir wenden die beiden Formeln jetzt auf den Fall $n = 3$, d. h. auf die Ketten aus dreizähligen Achsen an. Hier liefert die erste von ihnen

$$p < 6,$$

was, da $p$ eine ganze Zahl und größer als eins ist, auf die Fälle $p = 2, 3, 4, 5$ führt. Diese vier Fälle sind einzeln zu untersuchen.

I. $p = 2$ ergibt nach (6) $q = 3$.

Die Flächenstücke $F$ müssen also sphärische Zweiecke mit den Winkeln $2\pi/3$ sein, die je ein Drittel der Kugelfläche bedecken. Dies kann nur in der Weise stattfinden, daß alle drei Zweiecke ihre Ecken an den beiden Enden desselben Durchmessers haben. Es treten hier also nur zwei einander entgegengesetzte dreizählige Achsen auf.

Es ist zu untersuchen, ob mit dieser Kette aus zwei Achsen $+A^{(3)}$ und $-A^{(3)}$ etwa andere Symmetrieachsen notwendig verknüpft sind.

Wendet man auf diesen Fall die *Euler*sche Konstruktion an, die hier, wie S. 49, herangezogen werden darf, so hat man in $+A^{(3)}$ und $-A^{(3)}$ an denselben Meridiankreis Winkel von 60⁰ anzutragen; die betreffenden Bögen schneiden sich aber nicht, sondern fallen in ihrer ganzen Ausdehnung zusammen. Somit ist mit der Kette von zwei dreizähligen Achsen keine weitere Achse notwendig verknüpft: das System ist mit diesen Achsen, die überdies zusammen nur eine Symmetrieachse repräsentieren, abgeschlossen. Die betrachtete Kette führt auf Gruppe (3′) zurück und liefert sonach keinen neuen Typus. —

II. $p = 3$ liefert nach (6) $q = 4$.

Die von drei dreizähligen Achsen gebildeten Ketten umschließen sonach auf der Kugel vier sphärische Dreiecke mit den Winkeln 120⁰, die je ein Viertel der Kugelfläche bedecken. Man kann diese Gebilde sich am einfachsten veranschaulichen, indem man der Kugel ein reguläres Tetraeder einbeschreibt und dessen Kanten durch Radien auf die Kugelfläche projiziert. Die vier sphärischen Dreiecke haben insgesamt vier Eckpunkte, die Gesamtzahl der durch die Ketten verbundenen dreizähligen Achsen ist somit auch gleich vier.

Wendet man hier wiederum die *Euler*sche Konstruktion an, trägt also z. B. in Figur 25 in den Ecken $A_1^{(3)}$ und $A_2^{(3)}$ die Winkel $\pm 60^0$ an, so erhält man einen Schnittpunkt in der Mitte des sphärischen Dreiecks; die gleiche Operation ist in jedem der vier sphärischen Dreiecke auszuführen, sie liefert daher, als mit der Kette notwendig verknüpft, noch vier weitere Symmetrieachsen in den Mittelrichtungen der vier Felder $F$. Der zugehörige Drehungswinkel bestimmt sich in früherer Weise zu 120⁰; die neuen Achsen sind somit auch dreizählig. Man erkennt indessen leicht, daß die neuen vier Achsen nichts weiter sind als die negativen Seiten der alten, somit also wesentlich Neues nicht darbieten.

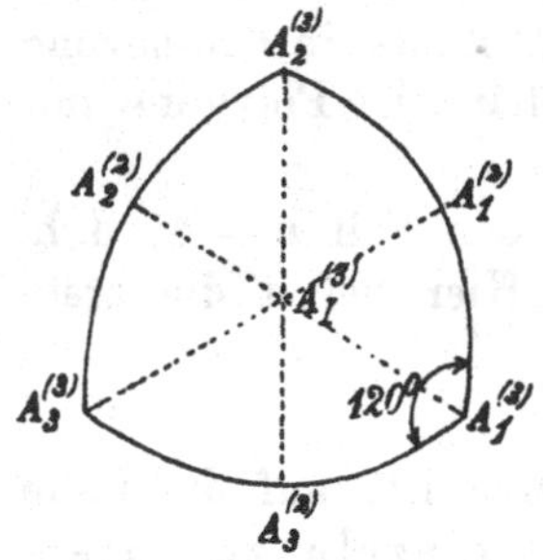

Fig. 25.

Kombiniert man nunmehr nach dem *Euler*schen Satze zwei benachbarte Achsen von diesen beiden Arten, z. B. $A_1^{(3)}$ und $A_I^{(3)}$, und trägt wie zuvor die Winkel $\pm 60^0$ an den sie verbindenden Bogen, so gelangt man zu wesentlich neuen Achsen, deren Spuren in der Figur auf den Mitten der Seiten des Bereiches $F$ liegen. Der ihnen entsprechende Winkel findet sich gleich 180°, ihre Zähligkeit ist somit = 2. Dergleichen Achsen kommen sechs in paarweise einander entgegengesetzten Richtungen vor, so daß man sie auch nur als drei zählen kann; sie stehen senkrecht zueinander.

Weitere Anwendungen des *Euler*schen Satzes führen nicht zu neuen Achsen; das System ist mit vier (oder viermal zwei) dreizähligen und drei (resp. dreimal zwei entgegengesetzten) zweizähligen Achsen abgeschlossen. Wir erhalten dadurch eine neue Gruppe, die durch eine Kette von drei dreizähligen Achsen charakterisiert werden kann.

Indessen sind diese Achsen nicht zueinander normal, und dies ist für die Anwendungen unbequem. Man verfährt daher besser so, daß man die drei zueinander normalen zweizähligen Achsen $A_x^{(2)}, A_y^{(2)}, A_z^{(2)}$ zur Charakterisierung der Symmetrie benutzt. Allerdings genügt nicht die bloße Angabe dreier zueinander normaler zweizähliger Achsen, denn diese treten auch bei Gruppe (6') auf, die sich durch das Fehlen aller dreizähligen Achsen von der hier vorliegenden unterscheidet.

Wenn wir indessen beachten, daß bei Drehung um die $A_I^{(3)}$-Achse um 120° die drei umliegenden zweizähligen Achsen ineinander übergeführt werden, so ergibt sich, daß ein Zusatz, der dieses aussagt, dem Unterschied gegen Gruppe (6') Rechnung trägt. Wir wollen diese Überführbarkeit der drei Achsen $A_x^{(2)}$, $A_y^{(2)}$, $A_z^{(2)}$ durch eine Drehung um ihre Mittellinie ihre Gleichartigkeit nennen und durch das Symbol $\sim$ bezeichnen, also die Symmetrieformel für den neu gewonnenen Typus schreiben

$$A_x^{(2)} \sim A_y^{(2)} \sim A_z^{(2)}.$$

Aus der Existenz der drei gleichartigen zweizähligen Achsen parallel den Koordinatenachsen folgt dann die dreizählige Achse in der Mittelrichtung, und die Anwendung des *Euler*schen Satzes liefert auch das System der andern oben besprochenen Achsen.

III. $p = 4$ liefert mit Hilfe von (6) $q = 6$.

Hier zerfällt also die Kugeloberfläche in sechs sphärische gleichseitige Vierecke mit den Winkeln 120°. Man erhält dieselben am anschaulichsten, wenn man der Kugel einen Würfel einbeschreibt und dessen Kanten radial auf die Kugel projiziert. Die Würfelecken ergeben dabei die dreizähligen Achsen in der Gesamtzahl acht, bei paarweise entgegengesetzten Richtungen. Die vier in den Ecken desselben Bereiches $F$ liegenden sind abwechselnd gleichartig.

Die Anwendung des *Euler*schen Satzes, die jetzt im einzelnen nicht erneut auseinandergesetzt zu werden braucht, liefert in der Mitte jedes der Vierecke $F$ eine zweizählige Symmetrieachse — also im ganzen sechs, die paarweise entgegengesetzt gerichtet sind.

Eine einfache Überlegung zeigt, daß das so erhaltene System von Symmetrieachsen mit dem unmittelbar vorher betrachteten identisch ist. Der scheinbare Unterschied liegt darin, daß von den $2 \times 4$ dreizähligen Achsen in den beiden Fällen verschiedene zu einer Kette zusammengefaßt wurden: oben drei untereinander gleichartige, jetzt vier paarweise gleichartige nach Figur 25 etwa oben $A_1^{(3)}$, $A_2^{(3)}$, $A_3^{(3)}$, jetzt $A_1^{(3)}$, $A_I^{(3)}$, $A_2^{(3)}$, $A_{II}^{(3)}$, wobei $A_{II}^{(3)}$ in der Mitte des an den Bogen $A_1^{(3)} A_2^{(3)}$ angrenzenden Gebietes $F$ liegt.

Die Betrachtung liefert uns somit keinen neuen Typ.

IV. $p = 5$ ergibt aus (6) $q = 12$; die zwölf Bereiche $F$ sind reguläre sphärische Fünfecke mit den Winkeln $2\pi/3$; ihre Seiten erhält man durch Projektion der Kanten eines der Kugel einbeschriebenen regulären Pentagondodekaeders. Die *Euler*sche Konstruktion führt hier auf die Anwesenheit je einer fünfzähligen Symmetrieachse in der Mittellinie des Bereiches $F$. Da indessen nach S. 42 fünfzählige Achsen kristallographisch ausgeschlossen sind, so kommt die fünfteilige Kette für uns nicht in Betracht.

§ 32. **Ketten vier- und sechszähliger Achsen. Weitere Kristalltypen.** Wir wenden unsere Grundformeln

$$2n > p(n-2), \tag{5}$$

$$\left(\frac{2p}{n} - p + 2\right) = \frac{4}{q}, \tag{6}$$

worin $p$ die Anzahl der Achsen einer Kette und $q$ die Anzahl der von Ketten begrenzten identischen Flächenstücke $F$ auf der Kugel bezeichnet, nunmehr auf den Fall $n = 4$, also auf vierzählige Achsen an. Hier liefert die erste Grundgleichung

$$p < 4,$$

somit die beiden Fälle $p = 2$ und $= 3$.

Im ersten Falle $p = 2$ findet sich aus (6) $q = 4$; also sind die Gebiete $F$ Zweiecke mit den Winkeln $2\pi/4$, die je ein Viertel der Kugelfläche bedecken. Es ist klar, daß hier im ganzen nur zwei entgegengesetzt gerichtete vierzählige Achsen vorhanden sind, und die Teilung der Kugeloberfläche durch vier um $90^0$ gegeneinander geneigte Meridianbögen stattfindet. Durch Anwendung des *Euler*schen Satzes läßt sich, wie in dem Fall I des § 32, beweisen, daß das System der zwei vierzähligen entgegengesetzten Achsen ein abgeschlossenes ist. Diese Symmetrie stimmt mit der in (4′) bereits berücksichtigten nur einer vierzähligen Symmetrieachse überein und braucht also nicht erneut aufgeführt zu werden.

Der Wert $p = 3$ liefert nach (6) $q = 8$; hier soll also die Kugel in acht gleiche gleichseitige sphärische Dreiecke mit den Winkeln $2\pi/4 = 90^0$ zerfallen. Man erhält diese Zerlegung anschaulich, wenn man der Kugel ein reguläres Oktaeder einbeschreibt und dessen Kanten radial auf die Kugel projiziert. Die sechs Ecken des Oktaeders liefern dabei die Symmetrieachsen, die sonach zu sechs, resp. zu drei Paaren einander entgegengesetzter auftreten und einander sämtlich gleichartig sind.

Der *Euler*sche Satz ergibt, als mit diesen Achsen notwendig verbunden, je eine dreizählige in der Mitte eines jeden Gebietes $F$ (s. Fig. 26). Diese insgesamt acht oder viermal zwei einander entgegengesetzten Achsen sind sämtlich einander gleichartig.

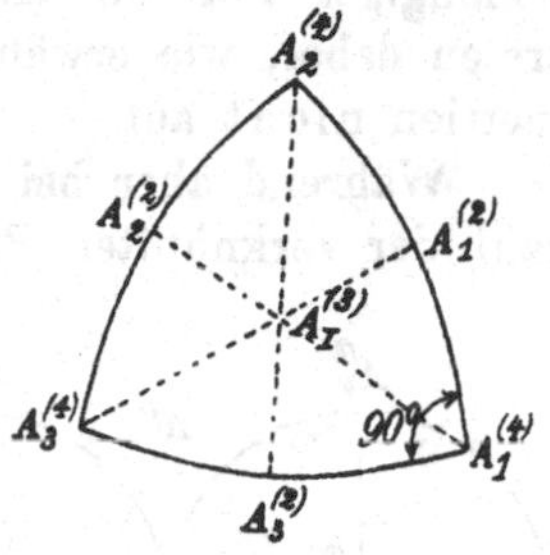


Fig. 26.

Weiter liefert derselbe Satz in der Mitte zwischen je zwei benachbarten vierzähligen Achsen eine zweizählige Achse. Diese insgesamt zwölf oder sechsmal zwei entgegengesetzt gerichtete Achsen sind gleichfalls sämtlich einander gleichartig.

Alle diese Symmetrieelemente fließen aus der Annahme der Kette von drei vierzähligen Achsen. Statt die Zahl von drei festzustellen, genügt es, zwei vierzählige zueinander normale Symmetrieachsen zu fordern. Aus diesen folgt dann die dritte der Kette, und damit auch das ganze System der drei- und zweizähligen Achsen. Der durch die vorstehenden Betrachtungen gewonnene neue Typ wird also durch das Symbol $A_x^{(4)}$, $A_y^{(4)}$ völlig charakterisiert. —

Wir haben schließlich noch den Fall $n = 6$, d. h. denjenigen der Ketten sechszähliger Achsen zu erledigen. Hier ergibt sich $p = 2$, $q = 6$; man kommt zu dem Fall, daß die Kugel in sechs identische Zweiecke mit den Winkeln $2\pi/6 = 60^0$ zerfällt. Derselbe verlangt, analog wie der gleiche Fall bei $n = 4$, zwei entgegengesetzt gerichtete sechszählige Achsen, führt also auf den schon in (5′) berücksichtigten Typ zurück.

Das Resultat der beiden letzten Paragraphen geht somit dahin, daß die

III. Obergruppe mit Ketten mehrzähliger Symmetrieachsen

nur die beiden Gruppen enthält

$$(10') \; A_x^{(2)} \sim A_y^{(2)} \sim A_z^{(2)}, \quad (11') \; A_x^{(4)} A_y^{(4)}.$$

Polfiguren für diese beiden Kristalltypen sind in der S. 42 u. f. erörterten Weise zu erhalten und untenstehend (Fig. 27 und 28) wiedergegeben. Die durch zwei- oder vierzählige Achsen verknüpften Pole sind mit den benachbarten Achsen, wie früher, durch punktierte Linien verbunden. Eingetragen sind in die Figuren, wie immer, nur die voneinander unabhängigen Symmetrieachsen; die dreizähligen Achsen, die bei beiden Typen durch die Mitten jedes Oktanten gehen, die zweizähligen, die in Figur 28 die Winkel zwischen den Koordinatenachsen halbieren, sind nicht bezeichnet; ebensowenig ist in Figur 28 hervorgehoben, daß die $Z$-Richtung vierzählige Achse ist. Es genügt bei den Typen (10′) und (11′), wie die Anschauung lehrt, ein unabhängiger Pol zur Ableitung eines geschlossenen Polyeders; auch treten dabei, wie erwähnt werden mag, unzulässige überzählige Symmetrien nicht auf.

Während aber bei den Typen der I. und II. Obergruppe die Anzahl der verknüpften Pole sich direkt durch das Produkt der in der

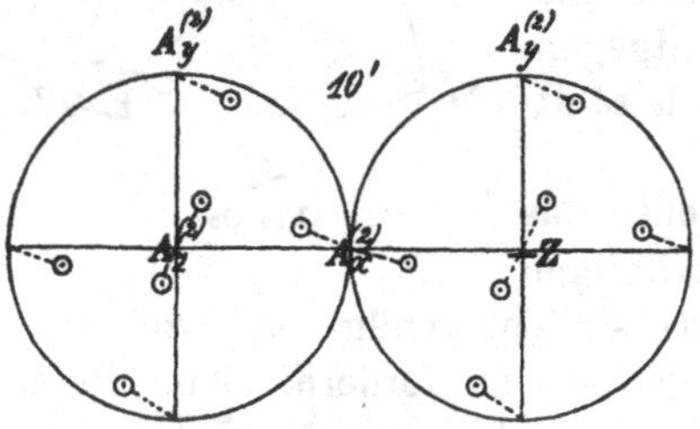


$(A_x^{(2)} \sim A_y^{(2)} \sim A_z^{(2)})$

Fig. 27.

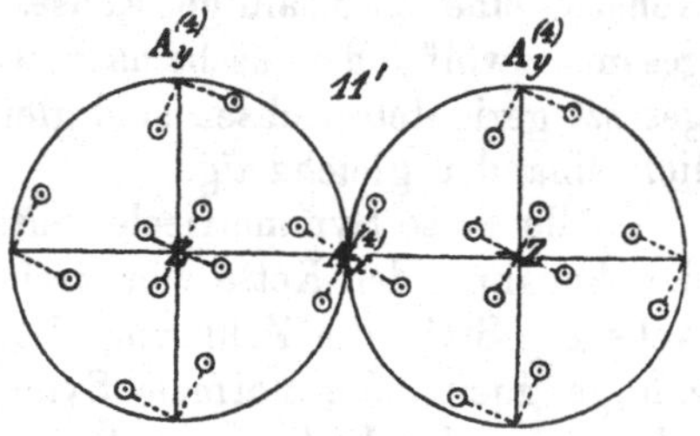


$(A_x^{(4)}, A_y^{(4)})$

Fig. 28.

Symmetrieformel $A_z^{(n)}$ oder $A_z^{(n)} A_x^{(2)}$ auftretenden Zähligkeiten bestimmte, gelten hier ähnlich einfache Zusammenhänge nicht mehr. Dies ist dadurch bedingt, daß, während früher die einmalige Ausführung der durch das Symbol geforderten Deckbewegungen zur Ableitung der sämtlichen, mit einem gegebenen Pol verknüpften Pole genügte, dies jetzt nicht mehr stattfindet. Geht man z. B. im Falle des Typs (10′) (Fig. 27) von einem Pol in der Nähe der $+Z$-Achse aus, so gibt $A_z^{(2)}$ einen von ihm abhängigen; die dreizählige Achse in der Mittellinie des ersten Oktanten, auf welche das Symbol $\sim$ hinweist, fügt dazu die zwei Paare nächst der $+X$- und $+Y$-Achse. Wiederholt man nun die Deckbewegung, die durch $A_z^{(2)}$ gefordert ist, so kommen dazu zwei weitere Paare nächst der $-X$- und $-Y$-Achse, während das Paar nächst der $+Z$-Achse in sich selbst übergeht. Eine erneute Anwendung der dreizähligen Achse liefert das Paar nächst der $-Z$-Achse, während im übrigen die Pole auf schon markierte fallen. Die Gesamtzahl der so miteinander verknüpften Pole ist zwölf. Eine analoge wiederholte Ausführung der Deckbewegungen, welche dem Symbol $A_x^{(4)}, A_y^{(4)}$ der Gruppe (11′) entsprechen, ist nötig, um für sie die Gesamtzahl der verknüpften Pole — hier vierundzwanzig — zu gewinnen.

Bezüglich des Charakters der Symmetrieachsen zeigen die Figuren, daß die zwei- und die vierzähligen Achsen zweiseitig sind, nämlich nach beiden Seiten hin von den gleichen Flächen in der gleichen Anordnung umgeben werden. Beide Arten von Achsen sind untereinander gleichartig. Die dreizähligen Achsen sind in Figur 28 zweiseitig, in Figur 27 aber polar; dem einen Oktanten, der drei Pole enthält, liegt ein Oktant gegenüber, in dem die Pole gänzlich fehlen. Der Typ (10′) mit der Symmetrieformel $A_x^{(2)} \sim A_y^{(2)} \sim A_z^{(2)}$ besitzt also vier gleichartige dreizählige polare Symmetrieachsen, die in die Mittellinien der Oktanten des Hauptachsensystemes fallen.

## IV. Abschnitt.

## Deckbewegungen zweiter Art, allein oder mit solchen erster Art verbunden.

§ 33. **Reine Inversion. Symmetriezentrum.** Die allgemeinen Transformationsformeln (1) stellten Deckbewegungen zweiter Art oder Inversionsdrehungen in dem Falle dar, daß ihre Determinante den Wert − 1 besaß. Nach dem S. 36 Gezeigten läßt sich jede Inversionsdrehung zerlegen in eine reine Drehung und eine reine Inversion, welche letztere durch die Vertauschung aller Koordinaten mit den entgegengesetzten definiert ist.

Die Inversionsdrehungen kommen so in eine enge Parallele zu den reinen Drehungen. In der Tat gelten einige Sätze für die letzteren auch für sie, und es ist in mancher Richtung lehrreich, die Parallele so weit zu führen, als möglich, wie das z. B. *H. A. Lorentz*[1]) in eleganter Weise getan hat. Immerhin zeigen die Inversionsdrehungen auch wieder mancherlei Spezifisches, was deutlicher hervortritt, wenn man sich nicht zu sehr von dem Parallelismus leiten läßt.

Das, was sogleich ins Auge fällt und passend vorweggenommen wird, ist, daß die Inversionsdrehung mit dem Winkel Null (oder $2\pi$) eine charakteristische Deckbewegung ist, während eine reine Drehung Null (oder $2\pi$) jedes Gebilde in seine Urlage zurückführt, also keine spezielle Symmetrie charakterisiert. Wenn ein Polyeder durch eine Inversionsdrehung vom Winkel Null (oder $2\pi$), d. h. also durch eine reine Inversion mit sich zur Deckung kommt, so sagt man, dasselbe besitze ein Zentrum der Symmetrie.

1) *H. A. Lorentz*, Ges. Abh. Bd. I, p. 299; Leipzig 1907.

In der Tat muß in diesem Falle bei der Kugelkonstruktion jedem Pol ein diametral gegenüberliegender entsprechen.

Ein Zentrum der Symmetrie kann zu jedem der in den obigen elf Gruppen vorhandenen Systeme anderer Symmetrieelemente noch hinzutreten; es widerspricht keinem von ihnen und schafft auch nicht neue Symmetrieachsen, weil nach dem S. 41 Gesagten schon an und für sich beide Seiten einer Symmetrieachse gleichzählige Achsen sind.

Wir erhalten demgemäß ohne weiteres zu jedem der obigen Typen einen korrespondierenden und wollen diese neuen Typen in analoge Obergruppen zusammenfassen, wie die früheren. Die Anwesenheit eines Symmetriezentrums bezeichnen wir mit dem Symbol $C$. Wir schreiben somit in weitergeführter vorläufiger Numerierung folgendes:

IV. Obergruppe, Symmetriezentrum mit keiner oder einer Symmetrieachse.

(12′) $C$; (13′) $C, A_z^{(2)}$; (14′) $C, A_z^{(3)}$; (15′) $C, A_z^{(4)}$; (16′) $C, A_z^{(6)}$.

V. Obergruppe, Symmetriezentrum und eine Kette zweizähliger Symmetrieachsen.

(17′) $C, A_z^{(2)} A_x^{(2)}$; (18′) $C, A_z^{(3)} A_x^{(2)}$; (19′) $C, A_z^{(4)} A_x^{(2)}$;
(20′) $C, A_z^{(6)} A_x^{(2)}$.

VI. Obergruppe, Symmetriezentrum und eine Kette mehrzähliger Symmetrieachsen.

(21′) $C, A_x^{(2)} \sim A_y^{(2)} \sim A_z^{(2)}$; (22′) $C, A_x^{(4)} A_y^{(4)}$.

Durch das Hinzutreten des Symmetriezentrums wird die Anzahl der miteinander gleichwertigen Flächenpole gegenüber den Ausgangsformen verdoppelt. Z. B. tritt in der IV. Obergruppe zu dem Ring von $n$ Polen, die sich bei einer $n$-zähligen Achse $A^{(n)}$ um deren eine Seite gruppieren, ein zweiter gleicher Ring, der im gleichen Winkelabstand von $-A^{(n)}$ liegt, wie der erstere von $+A^{(n)}$.

Bei größerer Zähligkeit als 2 ist in diesem Falle (falls nicht die Polringe in dem Äquator um $A^{(n)}$ selbst liegen oder in einen Punkt zusammenfallen, was wir nach S. 45 stets ausschließen) der Flächenkomplex, der dem Symbol $C, A_z^{(n)}$ entspricht, für sich allein ausreichend, um ein geschlossenes Polyeder zu liefern. Indessen hat ein solches Polyeder eine höhere Symmetrie, als dem Symbol entspricht (besitzt nämlich noch durch die $Z$-Achse gehende Spiegelebenen, die hier noch nicht zugelassen sind), und es gehören daher immer zwei Polgruppen, die nicht gesetzmäßig gegeneinander liegen, dazu, um ein Polyeder zu liefern, das keine anderen Symmetrien enthält als verlangt.

Eine Ausnahmestellung nimmt, wie früher der Typ (1′), der aus ihm hervorgehende Typ (12′) ein, da auch zwei parallele Flächenpaare ein Bereich nicht ringsum zu begrenzen vermögen. Hier sind also drei voneinander unabhängige Pole $\alpha$, $\beta$, $\gamma$ als Ausgangspunkt zu benutzen; das Zentrum ordnet einem jeden den diametral gegenüberliegenden zu, und es entsteht so ein doppelt schiefwinkliges Parallelepipedon als einfachste Begrenzung dieses Typs. Figur 29 gibt schematisch eine derartige Polfigur; die Pole $\alpha$ und $\alpha'$, $\beta$ und $\beta'$, $\gamma$ und $\gamma'$ in den beiden Bildhälften liegen einander diametral gegenüber.

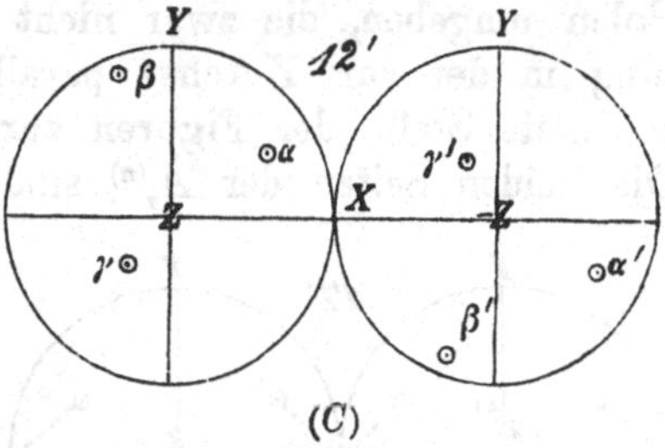

(C)
Fig. 29.

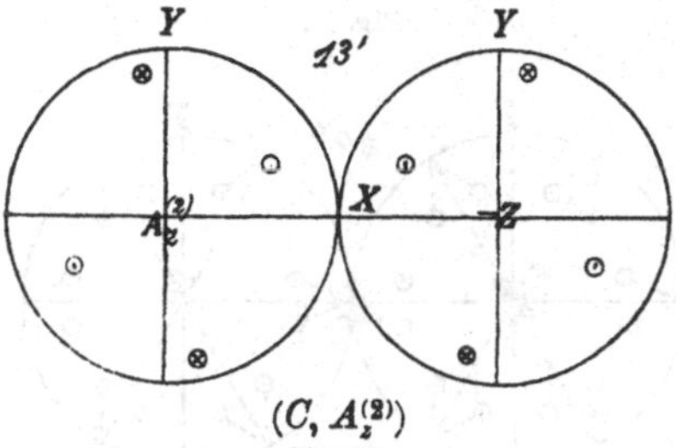

$(C, A_z^{(2)})$
Fig. 30.

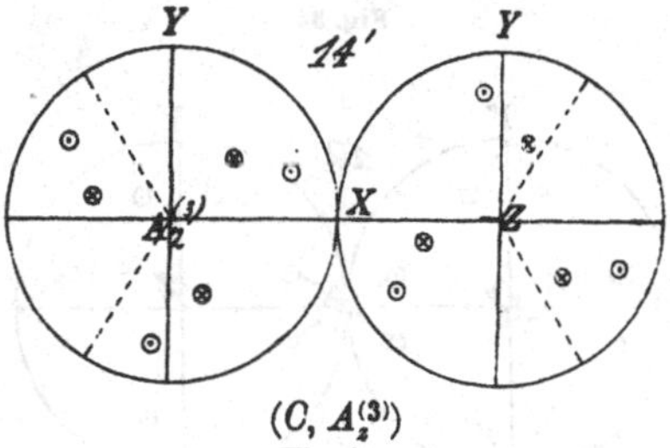

$(C, A_z^{(3)})$
Fig. 31.

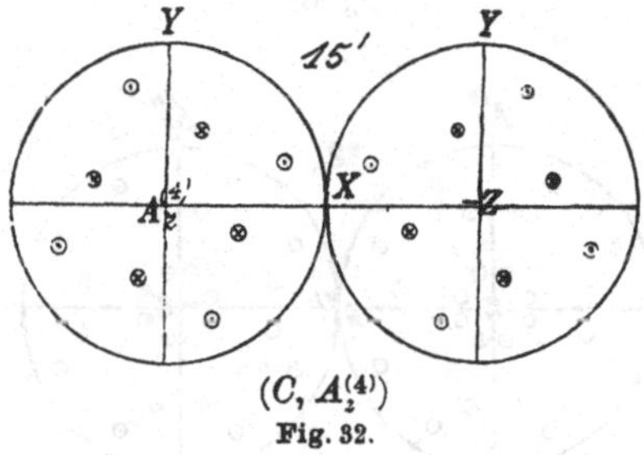

$(C, A_z^{(4)})$
Fig. 32.

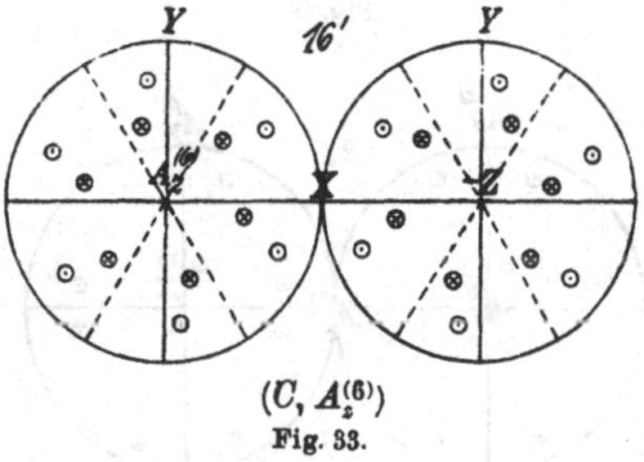

$(C, A_z^{(6)})$
Fig. 33.

Die den Typen (13′) bis (16′) entsprechenden Polschemata sind in Fig. 30 bis 33 enthalten. Die beiden bei ihnen benutzten unabhängigen Pole sind wie früher unterschieden. Man bemerkt, daß bei den Typen (13′), (15′), (16′) die beiden Hälften der Polfigur einander spiegelbildlich entsprechen, so daß die $XY$-Ebene eine Spiegelebene des betr. Polyeders darstellt. Diese Spiegelebene verschwindet auch nicht, wenn man die Anzahl der unabhängigen Pole beliebig vergrößert; sie ist, wie später zu zeigen, durch die Elemente der Symmetrieformeln implizite gefordert.

Was den Charakter der Symmetrieachsen in diesen Typen angeht, so sind die beiden Enden der Hauptachsen $A_z^{(n)}$ von gleichartigen Polen umgeben, die zwar nicht unmittelbar, wohl aber nach Spiegelung in der zur $Y$-Achse parallelen Geraden durch die mit $X$ bezeichnete Stelle der Figuren zur Deckung gebracht werden können. Die beiden Seiten der $A_z^{(n)}$ sind also nicht absolut gleichartig, aber

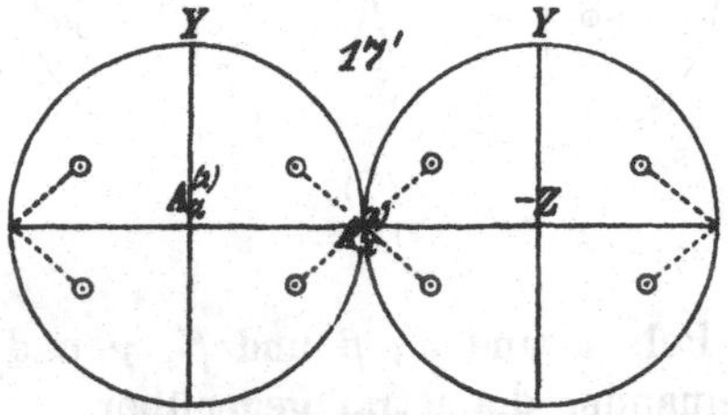


$(C, A_z^{(2)}, A_x^{(2)})$

Fig. 34.

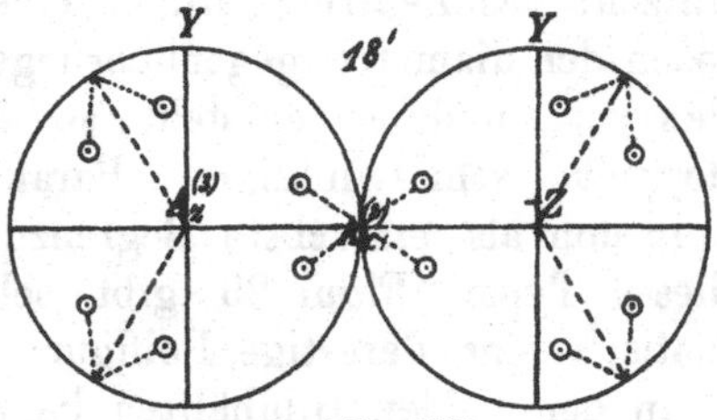


$(C, A_z^{(3)}, A_x^{(2)})$

Fig. 35.

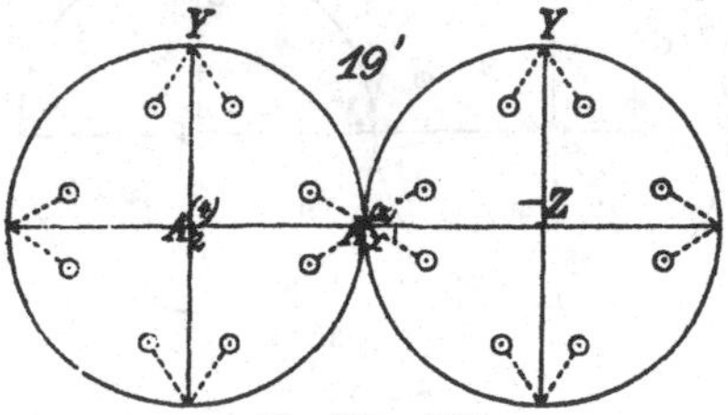


$(C, A_z^{(4)}, A_x^{(2)})$

Fig. 36.

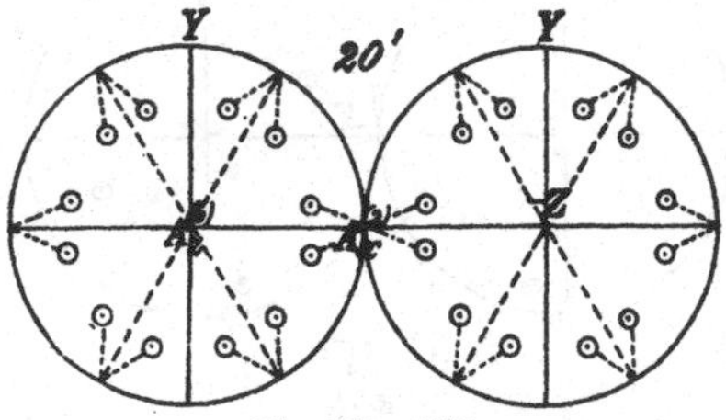


$(C, A_z^{(6)}, A_x^{(2)})$

Fig. 37.

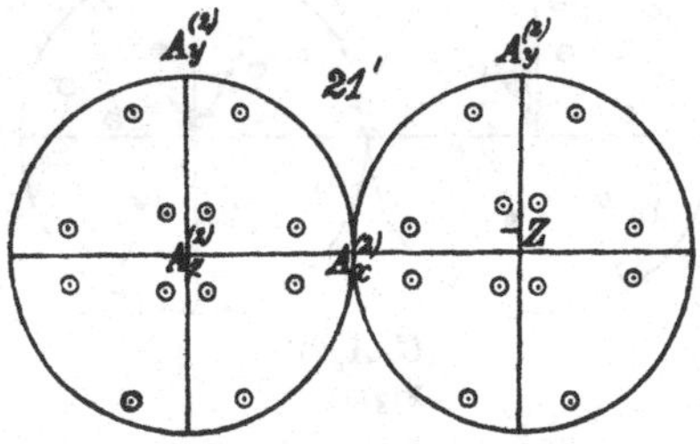


$(C, A_x^{(2)} \sim A_y^{(2)} \sim A_z^{(2)})$

Fig. 38.

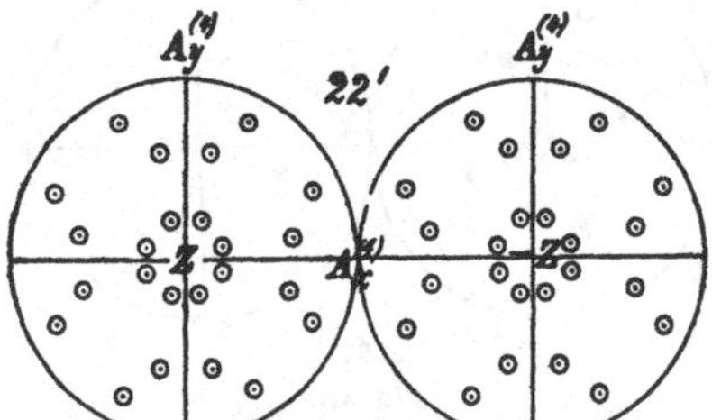


$(C, A_x^{(4)}, A_y^{(4)})$

Fig 39.

durch eine der hier benutzten Deckbewegungen gleichartig zu machen. Wir wollen sie kurz als einseitig von den zweiseitigen Achsen einerseits, den polaren Achsen andererseits unterscheiden. Der Typ (12′) ordnet sich den übrigen dadurch nahe zu, daß jede Richtung in ihm sich einseitig in dem charakterisierten Sinne verhält.

Die Nebenachsen $A_x^{(2)}$ sind bei allen Typen dieser Obergruppe zweiseitig.

Bei den Typen der V. und VI. Obergruppe genügt überall **ein** Pol als Ausgang für die Ableitung der mit den gegebenen Symmetrieelementen des Typs verträglichen Polyeder. Die dabei entstehenden Spiegelebenen (z. B. in der $XY$- und $XZ$-Ebene) liegen, wie sich unten ergeben wird, in der Natur der Sache; sie bleiben bestehen, wenn man auch die Anzahl der Ausgangspole beliebig steigert. Die schematischen Polfiguren der V. Obergruppe sind in Figur 34 bis 37 dargestellt, die der VI. in Figur 38 und 39.

Die in diesen Obergruppen auftretenden Symmetrieachsen sind sämtlich zweiseitig. Der Typ (22′) in Figur 39 ist mit 48 sich entsprechenden Polen der kompliziertest überhaupt vorkommende; ihm folgen mit 24 verknüpften Polen die Typen (21′) in Figur 38 und (12′) in Figur 28.

§ 34. **Sätze über einzelne Inversionsdrehungen.** Wir wenden uns nun zu Inversionsdrehungen mit einem von Null verschiedenen Drehungswinkel und nehmen an, das Polyeder komme mit sich selbst zur Deckung bei dem kleinsten Drehungswinkel $\varphi$. Man kann dann eine Schlußreihe anwenden, die der von S. 41 ganz analog ist.

Sei auf der Konstruktionskugel in Figur 40 $J$ die Spur der Drehungsachse, $P_1$ ein Pol im Abstand $\vartheta$ von $J$. Die Drehung um $\varphi$ und die Inversion bringen $P_1$ in die $-P_2$ entgegengesetzte Lage $P_2$; **dort** muß also, da Dekkung eintreten soll, anfangs auch ein Pol gelegen haben. Dieser ist bei der Inversionsdrehung nach $P_3$ gerückt; es muß sich also auch in $P_3$ anfänglich ein Pol befunden haben. Der Pol $P_3$ ist ferner nach der $-P_4$ diametral gegenüberliegenden Stelle $P_4$ gerückt, was die anfängliche Anwesenheit eines Poles **dort** beweist, usf.

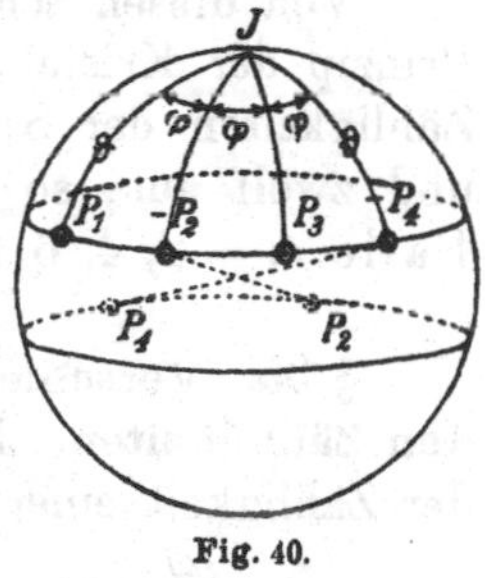

Fig. 40.

So gelangt man dazu, daß die Inversionsdrehung mit dem Winkel $\varphi$ als Deckbewegung auf zwei Ringe von Polen führt, die resp. um $\vartheta$ von $J$ und $-J$ entfernt und abwechselnd auf entgegengesetzten Hälften von Meridiankreisen im konstanten Winkelabstand $\varphi$ liegen.

Wie bei den Symmetrieachsen, so muß auch jeder **dieser** Ringe sich schließen, wenn $\varphi$, wie angenommen, der **kleinste** $J$ zugehörige Winkel ist; es muß also $2\pi/2\varphi = \pi/\varphi$ eine **ganze** Zahl sein. Ist

$$\varphi = 2\pi/m,$$

so nennen wir die Achse der Inversionsdrehung $m$-zählig und bezeichnen sie mit $J^{(m)}$; $m$ ist nach dem Gesagten notwendig eine **gerade** Zahl.

Aus **Vorstehendem** folgt, daß ein Polyeder mit einer charakteristischen Inversionsdrehung vom Winkel $\varphi = 2\pi/m$ auch durch eine reine Drehung um $2h\varphi$, wie auch durch eine Inversionsdrehung um $(2h+1)\varphi$ — unter $h$ eine ganze Zahl verstanden — mit sich zur Deckung gelangt. Das erstere ist im Einklang mit dem allgemeinen Satz von S. 35 über die Zusammensetzung zweier Inversionsdrehungen und ergibt, daß jede $m$-zählige Inversionsachse zugleich auch eine $\frac{1}{2}m$-zählige Symmetrieachse ist. Da nun nach S. 42 andere Zähligkeiten der letzteren Achsen als 2, 3, 4, 6 ausgeschlossen sind, so scheinen auch nur vier-, sechs-, acht- und zwölfzählige Inversionsdrehachsen zulässig zu sein.

Hierzu ist erstens zu bemerken, daß bei Inversionsdrehungen der Fall der Zweizähligkeit eine spezielle einfache Bedeutung hat, während dies bei den reinen Drehungen mit der entsprechenden Einzähligkeit nicht der Fall ist. In der Tat: eine reine Drehung um $\psi = 2\pi/1$ führt das Polyeder unter allen Umständen in die ursprüngliche Lage zurück, sie kann also keine Symmetrieeigenschaft charakterisieren. Dagegen bringt eine Drehung um $\varphi = 2\pi/2$ und folgende Inversion das Polyeder in eine von der ursprünglichen abweichende Lage, kann also, wenn dabei Deckung eintritt, eine Symmetrie definieren. Demgemäß erscheinen zunächst Zwei-, Vier-, Sechs-, Acht-, Zwölfzähligkeiten der Inversionsachse zulässig.

Von diesen schließt aber, wie unten zu zeigen, jenes allgemeine Prinzip der Kristallographie, das nach S. 42 auch die Begrenzung der Zähligkeiten der Symmetrieachsen ergibt, noch die Zähligkeiten acht und zwölf aus, so daß als kristallographisch zulässig nur die Fälle $m = 2, 4, 6$ übrig bleiben.

§ 35. **Verschiedene geometrische Bedeutung der vorkommenden Zähligkeiten.** Jeder der nach Vorstehendem vorkommenden Werte der Zähligkeit einer Inversionsdrehung liefert nun eine Symmetrie von wesentlich anderem geometrischen Charakter, und hierin liegt der schon S. 38 signalisierte Grund dafür, zu unserem Zweck die Inversionsdrehungen etwas anders zu verwerten, als die reinen Drehungen.

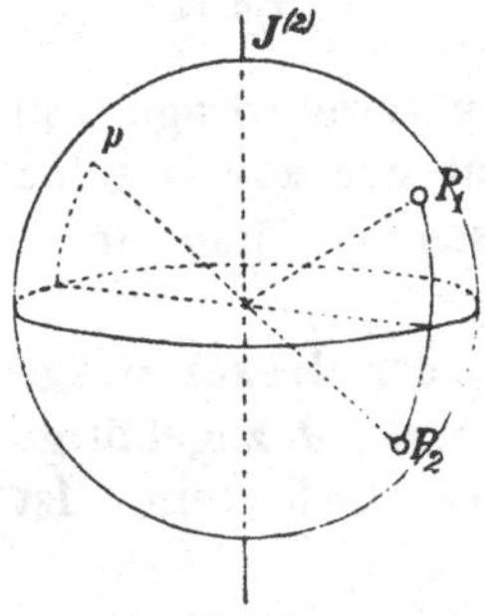

Fig. 41.

Das Vorhandensein einer zweizähligen Inversionsdrehachse $J^{(2)}$ fordert, daß das Polyeder durch eine Drehung um $180^0$ um diese Achse und eine anschließende Inversion mit sich zur Deckung gelangen muß. Der erste Teil dieser Deckbewegung führt in Figur 41 den Pol $P_1$ nach $p$, der zweite nach $P_2$. Diese Position ist das Spiegelbild von $P_1$ in bezug auf die zu $J^{(2)}$ normale Ebene. Eine zweizählige Inversionsachse ordnet also jedem Pole einen zweiten zu, der zu dem ersten spiegelbildlich liegt in bezug auf die zu $J^{(2)}$ normale Ebene. Man drückt dies dahin aus, daß man sagt, das Polyeder besitze normal zu $J^{(2)}$ eine Symmetrieebene.

Die Existenz einer sechszähligen Inversionsdrehachse $J^{(6)}$ verlangt, daß eine Drehung um $2\pi/6 = 60^0$ mit folgender Inversion das Polyeder zur Deckung mit sich selbst bringe. Man erkennt aus der Figur 42, daß diese — angemessen wiederholte — Deckbewegung dem Pol $P_1$ fünf weitere $P_2$, $P_3$, $P_4$, $P_5$, $P_6$ zuordnet, von denen man die zwei $P_3$, $P_5$ auch durch eine reine Drehung um 1. $2\pi/3$ und 2. $2\pi/3$, die übrigen $P_2$, $P_4$, $P_6$ auch durch eine Spiegelung von $P_1$, $P_3$, $P_5$ in der Ebene normal zu $J^{(6)}$ ableiten kann. Die sechszählige Inversionsdrehachse gibt also dieselbe Deckbewegung, wie die Kombination einer dreizähligen Symmetrieachse und einer dazu normalen Symmetrieebene; sie kann somit außer Betracht bleiben, wenn man, wie wir tun werden, die Symmetrieebene neben den Symmetrieachsen als ein selbständiges Symmetrieelement benutzt.

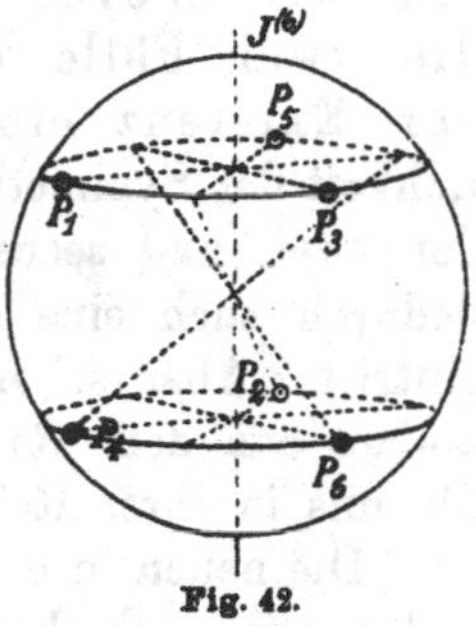

Fig. 42.

Eine vierzählige Inversionsdrehachse $J^{(4)}$ verlangt, daß eine Drehung um $90^0$ mit angeschlossener Inversion das Polyeder mit sich zur Deckung bringe. Diese Deckbewegung ordnet, wie Figur 43 veranschaulicht, dem einen Pole $P_1$ drei weitere $P_2$, $P_3$, $P_4$ zu. Man erkennt, daß dieselbe Zuordnung stattfindet, wenn man die Inversion mit einer Spiegelung in der zu $J^{(4)}$ normalen Ebene vertauscht, also die Deckbewegung aus einer Drehung um $90^0$ und einer folgenden Spiegelung in der zur Drehachse normalen Ebene zusammensetzt.

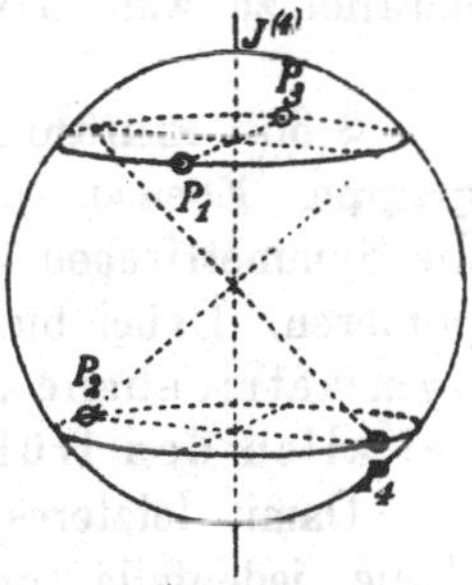

Fig. 43.

Obwohl diese Deckbewegung aus zwei der früher betrachteten Deckbewegungen aufgebaut ist, liefert uns die vierzählige Inversionsdrehachse doch ein neues Symmetrieelement. Es ist nützlich, auf den Unterschied ausdrücklich hinzuweisen, der zwischen diesem und dem vorigen Fall der sechszähligen Inversionsachse besteht. $J^{(4)}$ läßt sich nicht in die Kombination einer Symmetrieachse und einer Symmetrieebene auflösen, wie dies bei $J^{(6)}$ möglich war. Es gibt keinen Drehungswinkel um $J^{(4)}$, der einmal für sich allein, und sodann noch nach Spiegelung in der zu $J^{(4)}$ normalen Ebene aus $P_1$ die Pole $P_2$, $P_3$, $P_4$ abzuleiten gestattete. Die Position, in die $P_1$ bei der bloßen Drehung um $\pm 90^0$ gelangt, enthält keinen Pol; man gelangt zu einem solchen erst durch die Kombination von Drehung und Spiegelung. Hierin liegt der Unterschied. Wir wollen das neue Symmetrieelement, statt mit dem umständlichen Namen einer vierzähligen Inversionsdrehachse, kürzer als Spiegelachse bezeichnen.

Gemäß dem Resultat der vorstehenden Darstellung können wir alle möglichen Fälle der Inversionsdrehungen für die Ableitung von Polyedertypen ersetzen durch die zwei Fälle der Existenz einer Symmetrieebene und der Existenz einer Spiegelachse. Bei der großen Anschaulichkeit der Symmetrieebene ist es angemessen, sich dieser Umdeutung der zwei- und sechszähligen Inversionsdrehachse zu bedienen, wenn dadurch auch eine gewisse Einbuße an Systematik der Entwicklung eintritt. Aber schon das Symmetriezentrum fiel von selbst einigermaßen aus dem Rahmen der Inversionsdrehungen. Letztere bleiben für uns in ihrer Reinheit allein in der Spiegelachse bestehen.

Die neuen in diesem Paragraphen eingeführten Symmetrieelemente sollen nun auch ihre Symbole zur Einführung in die für die Kristalltypen charakteristischen „Symmetrieformeln" erhalten. Wir wollen der Symmetrieebene das Symbol $E_p$ geben, wobei der Index $p$ die Lage ihrer Normalen andeutet. Die Spiegelachse soll durch $S_r$ bezeichnet werden, wo der Index $r$ sich auf ihre Richtung bezieht. $p$ und $r$ werden in den Symmetrieformeln möglichst einer Koordinatenachse parallel zu wählen sein.

§ 36. **Einführung von Symmetrieebenen in die erste Obergruppe.** Ebenso, wie in § 33 das Symmetriezentrum, wollen wir nun die Symmetrieebene als neues Element den früher eingeführten superponieren. Dabei bietet sich die Frage, ob die Superposition einer Symmetrieebene in derselben Weise, wie die eines Zentrums, bei allen den früheren Gruppen zulässig ist.

Damit letzteres stattfinde, darf die Hinzufügung der Symmetrieebene jedenfalls nicht die Anzahl der Symmetrieachsen verändern, denn alle überhaupt kristallographisch möglichen Kombinationen von solchen sind in den ersten 11 Gruppen, denen die weiteren 11 genau entsprechen, bereits erschöpft. Nun fügt aber die Annahme einer Symmetrieebene zu jeder Symmetrieachse die ihr spiegelbildlich entsprechende; hieraus folgt, daß nur solche Lagen der Symmetrieebene zulässig sind, bei denen diese Spiegelbilder in ursprüngliche Achsen hineinfallen. Dies sind die Lagen parallel oder normal zu den vorhandenen Symmetrieachsen; außerdem solche Lagen, die Winkel zwischen gleichzähligen Achsen halbieren.

Ferner ist zu fragen, ob durch Zufügung von Symmetrieebenen zu Symmetrieachsen Typen entstehen, die von allen den früher gewonnenen 22 abweichen. Symmetrien, die in der früheren Aufzählung bereits vorkommen, haben ja für uns kein Interesse. In bezug hierauf kommt in Betracht das S. 64 bereits erwähnte Resultat, daß eine reine Drehung um 180° und eine Inversion zusammen äquivalent sind der zweizähligen Inversionsdrehung um dieselbe Achse und damit der Spiegelung in der zur Drehachse normalen Ebene. Dies ergibt nämlich den Satz, daß eine geradzählige Symmetrieachse (die nach S. 41 stets zugleich zweizählig ist), eine dazu normale Symmetrieebene und ein Symmetriezentrum drei Elemente sind, von denen zwei das dritte notwendig zur Folge haben.

Man kann sich dies leicht rein geometrisch klar machen. In Figur 44 stellt $EE$ die Symmetrieebene, $A^{(2)}$ die zu ihr normale zweizählige Symmetrieachse dar. Die Kombination dieser beiden Elemente liefert zu dem Pol $P_1$ zunächst $P_2$ und sodann $P_3$, $P_4$; die Gesamtheit dieser vier Pole ist zentrisch symmetrisch. Zu dem gleichen System führt die Kombination der Symmetrieebene und des Zentrums; sie entspricht also der Achse $A^{(2)}$. Endlich führt die Achse und das Zentrum der Symmetrie von $P_1$ zu $P_3$ und dann zu $P_2$, $P_4$; dies System hat die Symmetrieebene $EE$.

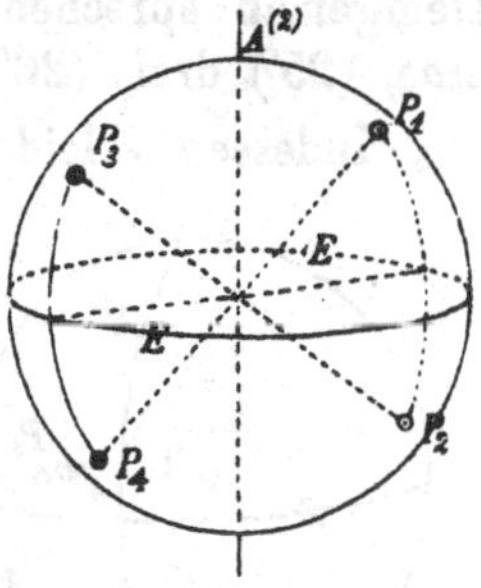

Fig. 44.

Dies macht erkennbar, daß durch eine Reihe von Symmetrieformeln der Zusammenstellung auf S. 60 Symmetrieebenen bereits implizite gegeben sind.

Zugleich ergibt sich für unsere Aufgabe der Aufsuchung neuer Symmetrietypen die Regel, daß, wenn wir zu den Elementen irgendeiner der früheren Gruppen (1') bis (11') eine Symmetrieebene fügen, dieselbe nicht normal zu einer geradzähligen Achse sein darf, weil sonst ein Zentrum entsteht, das als selbständiges Element bereits in den Typen (12') bis (22') berücksichtigt ist.

Gehen wir hiernach die Typen der ersten Obergruppe auf S. 44 durch, so ist mit (1') eine Symmetrieebene (als einziges Symmetrieelement) selbstverständlich vereinbar. Bei allen Gruppen (2') bis (6') ist eine Symmetrieebene parallel der (einzigen) Symmetrieachse möglich; bei (3') ist wegen der Ungeradzähligkeit auch eine Ebene normal zur Achse zulässig.

Nach den S. 43 und 44 aufgestellten Grundsätzen werden wir in den ersteren Fällen die Normale der Symmetrieebene passend zur X-Achse wählen, also für sie die Symmetrieformeln $A_z^{(n)}E_x$ bilden; für den letzten Fall ergibt sich von selbst die Formel $A_z^{(3)}E_z$. So gelangen wir zu einer

### VII. Obergruppe, eine Symmetrieebene und keine oder eine Symmetrieachse enthaltend,

$$(23') \; E_z; \quad (24') \; A_z^{(2)} E_x; \quad (25') \; A_z^{(3)} E_x; \quad (26') \; \dot{A}_z^{(4)} E_x;$$

$$(27') \; A_z^{(6)} E_x; \quad (28') \; A_z^{(2)} E_z$$

Zu den Symbolen (24') bis (27') ist dabei zu bemerken, daß nach der Definition der $n$-zähligen Symmetrieachse mit der Annahme einer durch die Achse gehenden Symmetrieebene notwendig die Existenz weiterer $n-1$ analoger Symmetrieebenen verbunden ist, die im Winkelabstand $2\pi/n$ voneinander abweichen. Ist dabei $n$ eine gerade Zahl, so fallen die so gebildeten Symmetrieebenen paarweise zusammen. Demgemäß sprechen die obigen Symbole vorerst den Gruppen (24') eine, (25') drei, (26') zwei, (27') drei Symmetrieebenen zu.

Indessen erleiden diese Resultate noch Änderungen infolge der

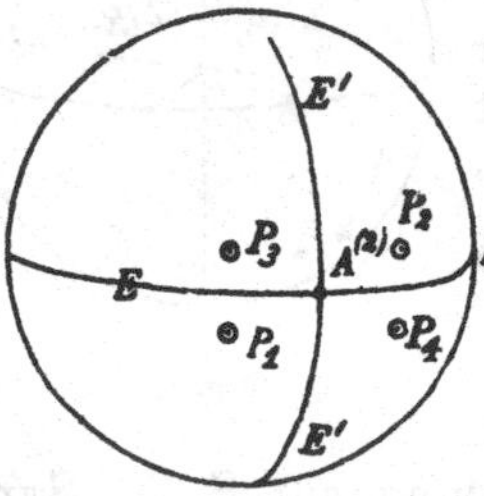


Fig. 45.

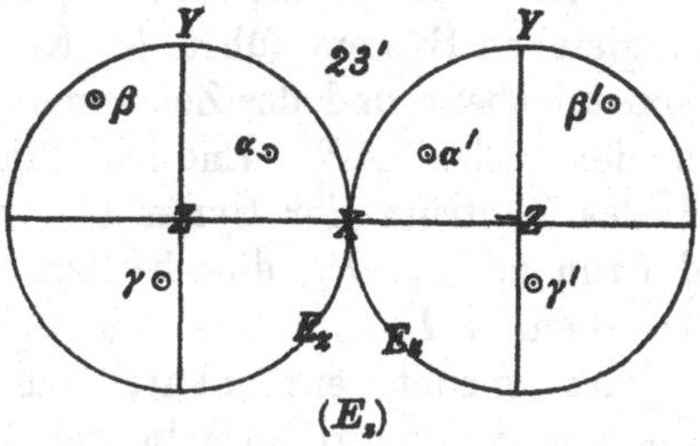


Fig. 46.

Gültigkeit des Satzes, daß eine $2m$-zählige Achse und eine durch sie hindurchgehende Symmetrieebene weitere $2m-1$ Symmetrieebenen bedingen, die ebenfalls durch die Symmetrieachse gehen unter relativen Winkeln von $2\pi/m$.

In Figur 45 bezeichnet $A^{(2)}$ eine zweizählige Achse, $P_1$ und $P_2$ zwei nach ihr sich entsprechende Pole. Tritt nun zu $A^{(2)}$ noch die Symmetrieebene $EE$, so liefert sie die weiteren Pole $P_3$ und $P_4$. Die gleichen Pole würden aber durch die zu $EE$ normale Symmetrieebene $E'E'$ bedingt werden, womit der Satz für $m=1$ bewiesen ist. Ähnliche Schlüsse gelten für $m=2$ und 3. Auf Grund dieses Satzes gehören zu dem Symbol $A_z^{(n)} E_x$ für alle Werte $n = 2, 3, 4, 6$ auch $n$ durch die $z$-Achse gehende Symmetrieebenen.

Für die Polfiguren der einfachsten mit den Symmetrien der VII. Obergruppe vereinbaren Polyeder ergibt sich leicht, daß der Typ (23') drei Ausgangspole erfordert, um ein geschlossenes Polyeder zu liefern. $\alpha$ und $\alpha'$, $\beta$ und $\beta'$, $\gamma$ und $\gamma'$ in Figur 46 sind je durch die Symmetrieebene $E_z$ miteinander verknüpft.

Was die Natur der Symmetrieachsen $A_z^{(n)}$ in dieser Obergruppe angeht, so sind dieselben nach Figur 47 bis 50 in den Typen (24′)

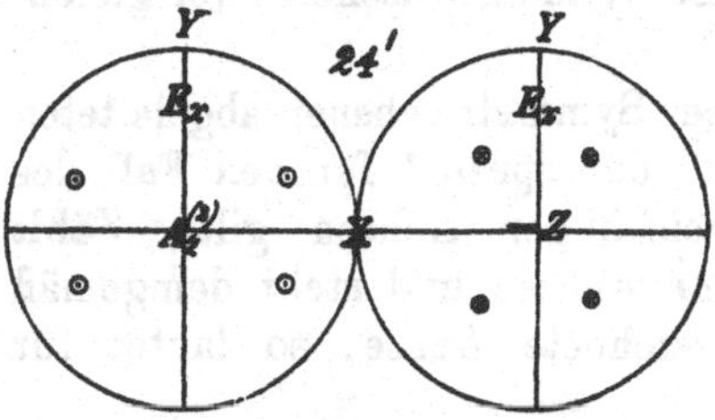


$(A_z^{(2)}, E_x)$
Fig. 47.

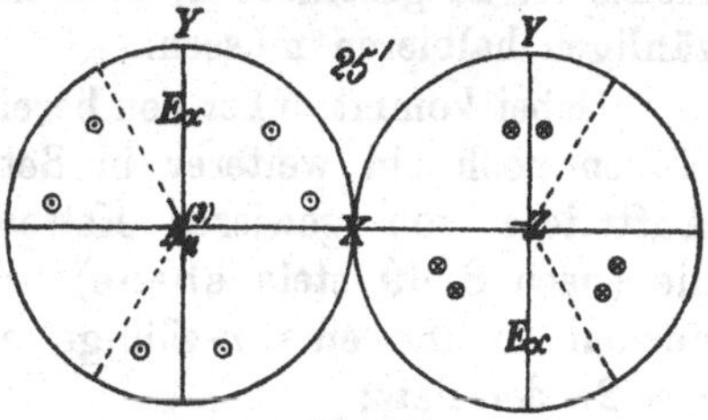


$(A_z^{(3)}, E_x)$
Fig. 48.

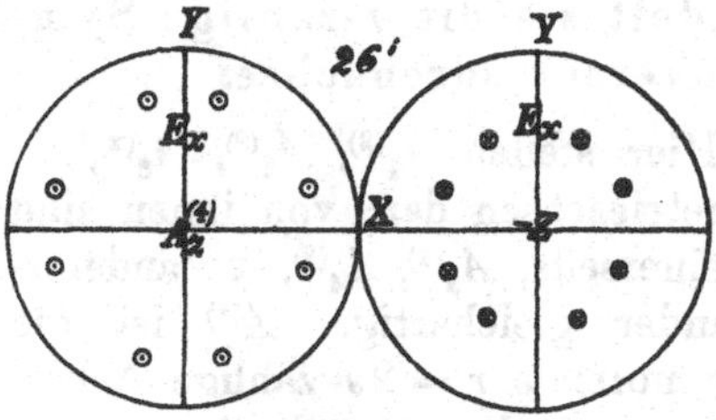


$(A_z^{(4)}, E_x)$
Fig. 49.

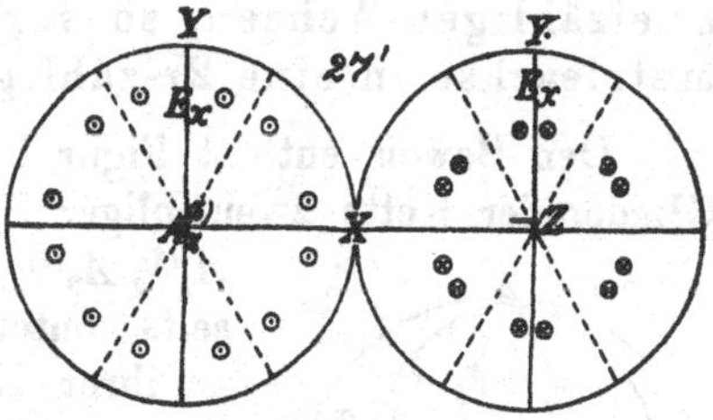


$(A_z^{(6)}, E_x)$
Fig. 50.

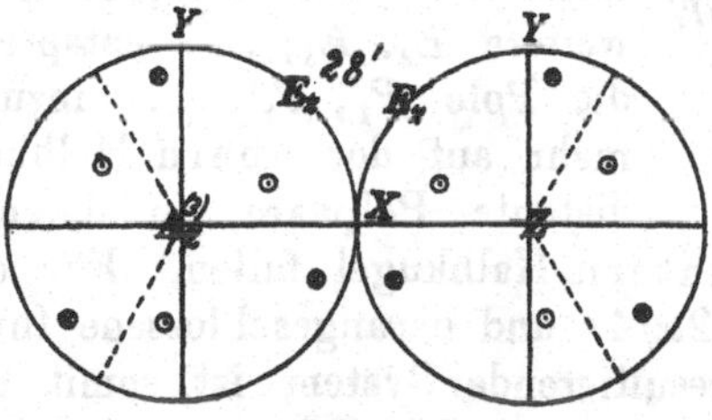


$(A_z^{(3)}, E_z)$
Fig. 51.

bis (27′) offenbar polar; bei dem Typ (28′) ist sie nach Figur 51 einseitig; gleiches gilt im Typ (23′) von der $Z$-Achse, während alle in der $XY$-Ebene liegenden Richtungen sich polaren Achsen analog verhalten.

§ 37. **Einführung von Symmetrieebenen in die zweite Obergruppe.** Die zweite Obergruppe war ausgezeichnet durch Ketten von $2r$ zweizähligen Achsen in der $XY$-Ebene und eine in der $Z$-Achse liegende $r$-zählige Achse. Zum Zwecke der Einführung einer Symmetrieebene müssen wir die einzelnen Gruppen nacheinander mustern, wobei wieder zu benutzen ist, daß, um das Entstehen neuer Symmetrieachsen auszuschließen, Symmetrieebenen parallel oder senkrecht zu Symmetrieachsen liegen (nur die Lage normal zu einer geradzähligen Achse ist ausgeschlossen) oder aber den Winkel zwischen zwei gleichzähligen halbieren müssen.

Dabei kommt außer den bereits über Symmetrieebenen abgeleiteten Sätzen noch ein weiterer in Betracht, der speziell für den Fall des Auftretens von gewissen Ketten zweizähliger Achsen gilt. Zählt die (nach S. 49 stets ebene) Kette $2r$ Achsen und steht demgemäß normal zu ihr eine $r$-zählige ausgezeichnete Achse, so lautet für $r = 2s$ der Satz:

Halbiert eine durch die geradzählige Achse $A^{(r)}$ gehende Symmetrieebene den Winkel zwischen zwei benachbarten zweizähligen Achsen, so verwandelt sie die $r$-zählige Symmetrieachse in eine $2r$-zählige Inversionsdrehachse.

Den Beweis enthält Figur 52. Hier stellen $A_1^{(2)}$, $A_2^{(2)}$, $A_3^{(2)}, \ldots$ Glieder der Kette zweizähliger Symmetrieachsen dar; von ihnen sind $A_1^{(2)}$, $A_3^{(2)}, \ldots$ einerseits, $A_2^{(2)}$, $A_4^{(2)}, \ldots$ andererseits untereinander gleichartig. $A^{(r)}$ ist die zu ihrer Ebene normale $r = 2s$-zählige Achse. Einem Pol $P_1$ korrespondieren nach dieser Symmetrie die Pole $P_2$, $P_3$, $P_4, \ldots$ Die hinzutretende Symmetrieebene $E_1$ (der natürlich weitere $E_2$, $E_3, \ldots$ entsprechen) fügt ihnen die Pole $P_1'$, $P_2', \ldots$ hinzu. Es liegen nunmehr auf der obern Halbkugel $r = 2s$ äquidistante Polpaare, in deren Lücken analoge $2s$ Polpaare der untern Halbkugel fallen. Für dies Polsystem ist eine Drehung um $2\pi/4s$ und darangeschlossene Inversion eine Deckbewegung. Das resultierende System ist somit durch eine in $A^{(r)}$ fallende Inversionsdrehachse $J^{(2r)}$ und eine Symmetrieebene (der sich $r-1$ weitere von selbst zuordnen) charakterisiert, was zu beweisen war.

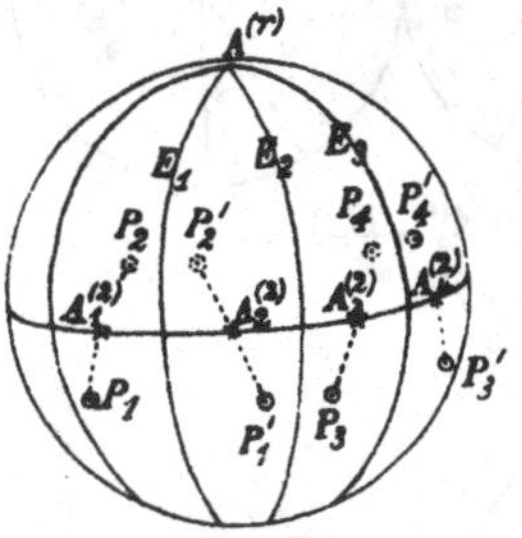

Fig. 52.

Die Bedeutung des neuen Satzes (der ersichtlich auch eine Umkehrung gestattet) liegt einmal darin, daß er gewisse an sich mögliche Kombinationen als kristallographisch unmöglich ausschließt. Denn wenn nach S. 64 acht- und zwölfzählige Inversionsdrehachsen nicht zulässig sind, so gilt gleiches von Kombinationen, die auf dergleichen führen. Es sind also Symmetrieebenen, welche die Winkel zwischen zweizähligen Achsen einer Kette von vier oder sechs Gliedern halbieren, ausgeschlossen.

In bezug auf die übrigbleibenden Möglichkeiten $r = 2$ und $r = 3$ ist daran zu erinnern, was über die (durch Zufügung der Symmetrieebene entstehenden) vier- und sechszähligen Inversionsdrehachsen in

§ 35 ausgeführt ist. Die letztere Achse war der Kombination einer parallelen dreizähligen Symmetrieachse und einer zu ihr normalen Symmetrieebene äquivalent. Der Satz kommt hier also darauf hinaus, daß für $r = 3$ die neu eingeführte Symmetrieebene, welche die Winkel zwischen zwei zweizähligen Achsen halbiert, eine weitere Symmetrieebene normal zu der dreizähligen Achse zur Folge hat.

Die vierzählige Inversionsdrehachse hatten wir als ein neues unabhängiges Symmetrieelement (Spiegelachse) eingeführt und werden dasselbe weiter unten systematisch verwerten. Es erweist sich als vorteilhaft, den Fall $r = 2$, der bei Einführung der (den Winkel zwischen zwei Symmetrieachsen halbierenden) Symmetrieebene auf eine Spiegelachse führt, auf jenen späteren Abschnitt zu verschieben, da die Spiegelachse der einfachere Ausdruck der vorliegenden Symmetrie ist, als die Kette zweizähliger Achsen.

Wir unterwerfen nunmehr die einzelnen Typen der II Obergruppe der gesonderten Betrachtung.

Die Gruppe (6′) besitzt drei zueinander normale zweiseitige und zweizählige Symmetrieachsen. Von den nach S. 66 im allgemeinen möglichen Lagen der Symmetrieebene führen diejenigen parallel einer Ebene zweier Achsen nach S. 67 zu einem Zentrum, sind also auszuschließen. Diejenige durch eine (z. B. die $Z$-) Achse und durch die Halbierungslinie des Winkels zwischen den beiden anderen (die $X$ und $Y$) ergibt nach dem letzten Satz eine vierzählige Inversionsdrehachse oder Spiegelachse in der $Z$-Achse. Nach dem soeben Bemerkten soll der so entstehende Typus weiter unten besprochen werden.

Die Gruppe (7′) hat in der $XY$-Ebene drei um 120° äquidistante Achsen von der Zähligkeit zwei, während die $Z$-Achse dreizählig ist.

Die Symmetrieebene kann parallel der $Z$- und einer der Nebenachsen liegen oder auch in die $XY$-Ebene fallen. Beide Lagen sind gleichwertig, da nach S. 68 die eine Ebene aus der andern folgt. Wegen der Dreizähligkeit der $Z$-Achse folgen aus einer Symmetrieebene durch $X$ und $Z$ noch zwei gegen sie um $\pm 120^0$ geneigte. Wir erhalten hier sonach eine neue Gruppe $A_z^{(3)} A_x^{(2)} E_y$ oder $A_z^{(3)} A_x^{(2)} E_z$.

Die Gruppe (8′) resp. (9′) hat in der $XY$-Ebene $2 \times 2$ resp. $2 \times 3$ äquidistante zweizählige Achsen; die $Z$-Achse ist vierzählig resp. sechszählig; in diesen beiden Fällen ist keine der drei im allgemeinen möglichen Lagen zulässig — es entsteht kein neuer Symmetrietyp.

Hiernach ist das Resultat der Untersuchung der zweiten Obergruppe sehr einfach; bei Ausschluß des durch eine Spiegelachse charakterisierten Typs liefert sie eine neue

**VIII. Obergruppe mit einer Symmetrieebene und einer Kette zweizähliger Achsen,**

welche nur den einzigen Typ enthält:

$$(29') \quad A_z^{(3)} A_x^{(2)} E_z \quad \text{oder} \quad A_z^{(3)} A_x^{(2)} E_y.$$

Die schematische Polfigur für diesen Typ ist in Figur 53 dargestellt; e i n unabhängiger Pol genügt hier. Die Symmetrieachse $A_z^{(3)}$ ist zweiseitig, die $A^{(2)}$ sind polar.

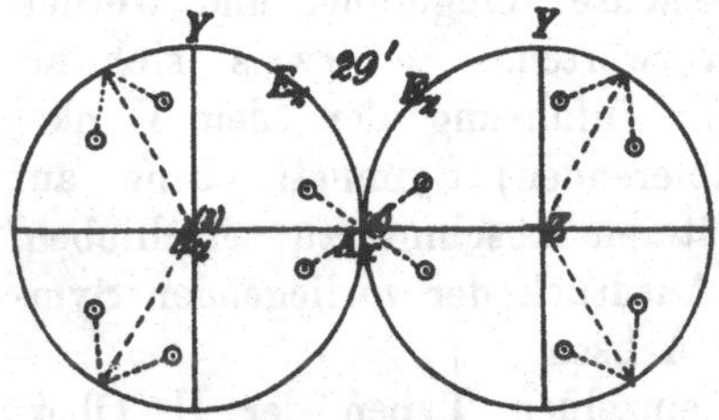

$(A_z^{(3)}, A_x^{(2)}, E_z)$
Fig. 53.

**§ 38. Einführung von Symmetrieebenen in die Obergruppen III bis VI.** Wir kommen jetzt zur III. Obergruppe; dieselbe kann mit Hilfe derselben Sätze erledigt werden, die für die II. aufgestellt waren.

Gruppe (10′) weist drei zweizählige Achsen nach den Koordinatenachsen auf, die infolge der Anwesenheit einer dreizähligen Achse in der Mittellinie des Oktanten einander gleichwertig sind. Die Behandlung geht der von (6′) durchaus parallel. Eine Symmetrieebene parallel einer Achsenebene ist ausgeschlossen; eine solche, welche eine Achse enthält und den Winkel der beiden andern halbiert, macht die erstere Achse zur Spiegelachse. Die Gleichwertigkeit aller drei Achsen führt somit auf die Symmetrie $S_x \sim S_y \sim S_z$; wir verschieben aber diesen Typ gemäß dem S. 71 Gesagten auf später.

Gruppe (11′) enthält vierzählige Achsen parallel den Koordinatenachsen, zweizählige parallel den Halbierungslinien ihrer Winkel, dreizählige in den Mittellinien der Oktanten. Man sieht leicht, daß jede nach S. 66 allgemein mögliche Lage einer Symmetrieebene auf ein Zentrum der Symmetrie führt, das hier ausgeschlossen bleiben soll, und die daher hier nicht zulässig ist.

Verschieben wir also den Fall, wo Spiegelachsen auftreten, auf den nächsten Paragraphen, so liefert uns die III. Obergruppe k e i n e r l e i Ausbeute.

Die Obergruppen IV bis VI sind mit einem Wort zu erledigen. Da sie sämtlich ein Zentrum der Symmetrie haben, so würde die Zufügung einer Symmetrieebene normal zu einer beliebigen Richtung $N$ wegen S. 67 diese Richtung zu einer zweizähligen Achse machen. Fällt $N$ in die Richtung einer geradzähligen Achse, so entsteht dadurch nichts Neues, dort hat eine Symmetrieebene bereits gelegen. Fällt $N$ in eine abweichende Richtung, so entsteht eine neue zweizählige Achse; da aber alle zulässigen Arten von Symmetrieachsen und ihren Kombinationen bereits berücksichtigt sind, so ist ein solcher Fall unzulässig. Die Obergruppen IV bis VI geben sonach durch Kombination mit einer Symmetrieebene keinerlei neue Gruppen.

§ 39. **Koexistenz mehrerer unabhängiger Symmetrieebenen.** Wir haben zum Schluß dieser Betrachtung noch die Möglichkeit des gleichzeitigen Auftretens mehrerer Symmetrieebenen zu erörtern.

Hierzu berücksichtigen wir, daß eine Symmetrieebene ein Spiegelbild des Polyeders liefert. Zwei gleichzeitige Symmetrieebenen $E_1$ und $E_2$ im Winkel $\chi$ wirken demgemäß wie ein Winkelspiegel von der Öffnung $\chi$. Zu einem Pol $P$ fügt $E_1$ das Gegenbild $P'$; die Anwesenheit von $E_2$ bewirkt einen Ring weiterer Paare $P_1, P_1', P_2, P_2' \ldots$, die um $2h\chi$ von dem ersten abstehen, sie wirkt also ebenso wie eine Drehungsachse mit dem Winkel $\psi = 2\chi$. Wie früher gezeigt, muß $2\pi/\psi = n$ eine ganze Zahl sein, es können also Symmetrieebenen nur in Winkeln $\chi = \pi/n$ verbunden auftreten; ihre Schnittlinie ist eine $n$-zählige Symmetrieachse, und das Auftreten von zwei Ebenen im Winkel $\pi/n$ hat das Auftreten weiterer im Winkel $2\pi/n$, $3\pi/n$, ... $(n-1)\pi/n$ gegen die erste zur Folge.

Hieraus ergibt sich, daß das gleichzeitige Auftreten mehrerer Symmetrieebenen für die Aufsuchung neuer Symmetriegruppen nicht in Frage kommt. Mehrere Symmetrieebenen haben jederzeit in ihrer Schnittlinie eine Symmetrieachse, und die möglichen Kombinationen einer Ebene und einer Achse sind oben bereits sämtlich erledigt.

§ 40. **Kristalltypen mit einer oder mehreren Spiegelachsen.** Es bleibt jetzt nur noch die Behandlung der vierzähligen Inversionsdrehachsen oder Spiegelachsen übrig. Die zu erledigenden Fragen sind, — da das vereinzelte Auftreten ohne jedes weitere begleitende Element und somit die Existenz eines Kristalltyps von der Formel $S_2$ von vornherein zuzugeben ist —, welche Koexistenzen mit gleichen oder anderen Symmetrieelementen möglich sind.

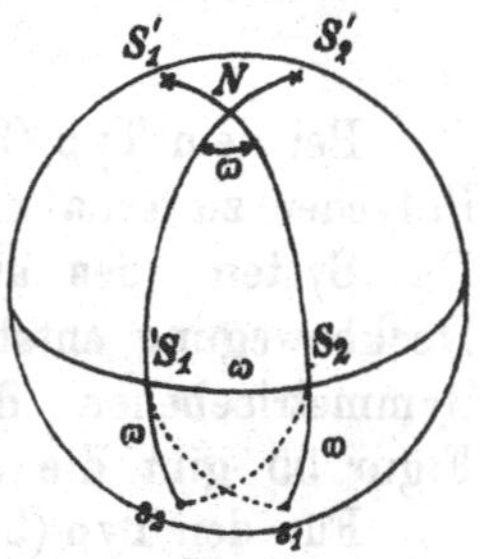

Fig. 54.

Wir beginnen mit der Untersuchung, unter welchen Umständen mehrere Spiegelachsen koexistieren können. Dazu nehmen wir an, es seien von ihnen die zwei in dem Abstand $\omega$ die einander nächsten des ganzen Systemes (Fig. 54). Nach der Eigenschaft der Spiegelachsen, das Polyeder durch eine Drehung um $90^0$ und eine daran geschlossene Inversion mit sich zur Deckung zu bringen, existieren dann in dem Polyeder noch zwei weitere Spiegelachsen, in die resp. $S_2$ bei der bezüglichen Deckbewegung um $S_1$, $S_1$ bei der bezüglichen Bewegung um $S_2$ übergeführt wird. Eine Drehung um $-90^0$ um $S_1$ führt $S_2$ nach $s_2$, die folgende Inversion nach $S_2'$; eine Drehung um $+90^0$ um $S_2$ führt $S_1$ nach $s_1$, die folgende Inversion nach $S_1'$. Somit sind $S_1'$ und $S_2'$ resp. mit $S_1$ und $S_2$ gleichartige Spiegelachsen.[1])

Hier ist aber ersichtlich der Winkel zwischen $S_1'$ und $S_2'$ notwendig kleiner als $\omega$, was im Widerspruch steht zu der Annahme, daß keine zwei Spiegelachsen einander näher sein sollten, als $S_1$ und $S_2$. Der Widerspruch kann auf zwei Weisen verschwinden. Entweder kann $\omega = \pi$ sein: dann fällt $S_1'$ in $S_1$, $S_2'$ in $S_2$, oder es kann $\omega = \frac{1}{2}\pi$ sein, dann fällt $S_1'$ mit $S_2'$ zusammen in die auf $S_1$ und $S_2$ normale Richtung $N$.

Das erstere gibt nur eine Spiegelachse, deren beide Hälften $S_1$ und $S_2$ darstellen. Das letztere gibt drei zueinander normale Achsen,

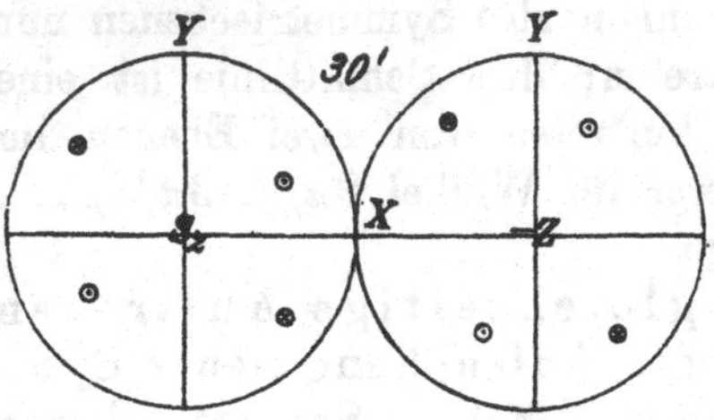

$(S_z)$
Fig. 55.

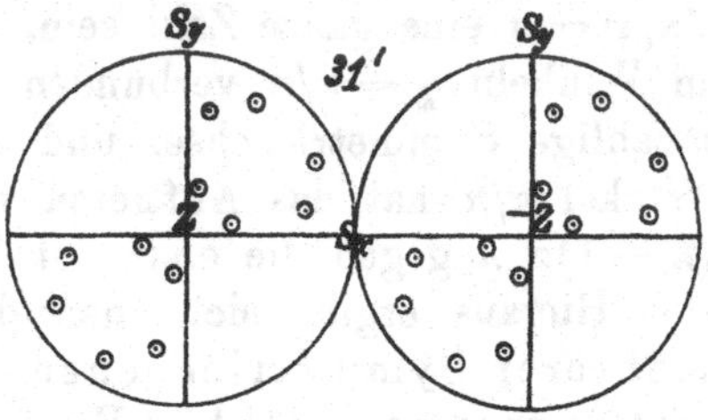

$(S_x \sim S_y)$
Fig. 56.

die nun, da $S_1' \equiv S_2'$ eine einzige Achse $S_3$ liefert, die Beziehung $S_1 \sim S_2 \sim S_3$ befolgen. Man gelangt so zu der oben (S. 72) aus dem Typ (10′) abgeleiteten Symmetrie zurück. Da die drei Achsen normal zueinander stehen, so wählt man sie passend zu Koordinatenachsen.

Wir gelangen hiernach zu einer

## IX. Obergruppe mit einer oder mehreren Spiegelachsen, (30′) $S_z$; (31′) $S_x \sim S_y$.

Bei dem Typ (30′) bedarf es zweier unabhängiger Pole, um ein Polyeder zu erhalten, das nur die eine verlangte Symmetrie besitzt. Das System, das aus einem Pol infolge der durch $S_z$ geforderten Deckbewegung entsteht, besitzt, wie man leicht erkennt, unzulässige Symmetrieebenen, die durch die $S_z$-Achse und ein Polpaar gehen. Figur 55 gibt die einfachste, dem Typ entsprechende Kombination.

Für den Typ (31′) reicht ein unabhängiger Pol aus, wie Figur 56 erkennen läßt; die dreizähligen Achsen, die in die Mittellinien der Oktanten fallen, sind nach S. 72 durch die Symmetrieformel des Typ

1) In Fig. 54 sind die Bögen $\overline{s_1 S_1}$, $\overline{s_2 S_2}$, um ihre beiden Endpunkte sichtbar zu machen, absichtlich etwas kürzer gezeichnet, als richtig.

gefordert. Diese Achsen sind ersichtlich polar; der Typ (31′) besitzt also analog, wie (10′), die vier polaren dreizähligen Achsen.

**§ 41. Koexistenz von Spiegelachsen mit andern Symmetrieelementen.** Für die Frage der Koexistenz von Spiegelachsen mit andern Symmetrieelementen ist wieder zu berücksichtigen, daß das Hinzutreten der letzteren weder andere Fälle mehrerer Spiegelachsen ergeben darf, als die vorstehenden (wobei die beiden Hälften einer Achse selbständig gerechnet werden können), noch auch den Charakter der Spiegelachse aufheben darf.

Aus dem letzteren Grunde ist die Kombination einer Spiegelachse mit einem Zentrum von vornherein ausgeschlossen; denn letzteres verwandelt die Spiegelachse in eine vierzählige Symmetrieachse, was Figur 43 auf S. 65 ohne weiteres ergibt.

Auch die Kombination mit einer Symmetrieebene ist ausgeschlossen, falls letztere normal zur Spiegelachse steht oder schief gegen sie liegt; im ersten Falle liefert sie nach Figur 43 ein Zentrum, im zweiten eine zweite unzulässige Spiegelachse. Dagegen ist der Fall einer Lage parallel der Spiegelachse möglich; dieser Fall ist S. 71 besprochen und als äquivalent mit dem Auftreten zweier zweizähliger Symmetrieachsen normal zu $S$ erwiesen.

Was endlich die Koexistenz mit einer Symmetrieachse angeht, so ist der Parallelismus beider ausgeschlossen. Die Spiegelachse ist an und für sich zugleich eine zweizählige Symmetrieachse, aber die Koinzidenz mit einer 3-, 4-, 6-zähligen Achse würde ihren Charakter zerstören. Andere Lagen geben zu einer Spiegelachse jederzeit mehrere dergleichen, und da sind gemäß den Gruppen (30′) und (31′) nur zwei Fälle möglich. Der eine Fall einer dreizähligen Achse ist in (31′) bereits berücksichtigt, der andere einer zu $S$ normalen zweizähligen Achse ist uns bereits S. 71 und eben jetzt nochmals begegnet, aber noch nicht registriert. Da aus $S$ und einer dazu normalen zweizähligen Achse eine zweite normale folgt, so genügt die Angabe nur einer von ihnen. Wir haben sonach als Schlußglied der ganzen Entwicklung

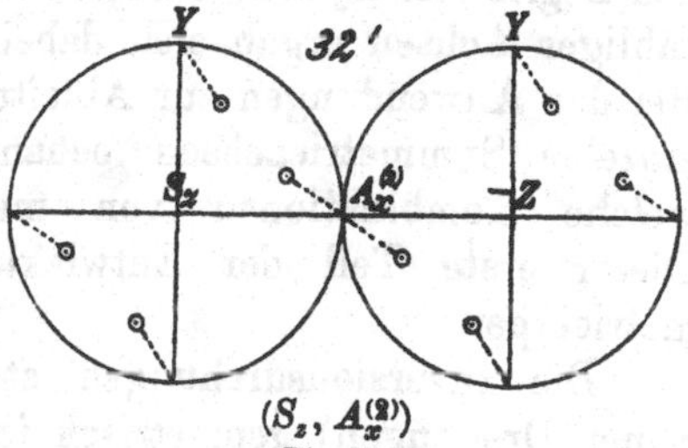


$(S_z, A_x^{(2)})$

Fig. 57.

X. Obergruppe mit Spiegel- und Symmetrieachsen,

(32′) $S_z$, $A_x^{(2)}$

Bei diesem letzten Typ genügt ein unabhängiger Pol zur Herstellung des Polyeders von der verlangten Symmetrie; die ihm entsprechende Polfigur ist in Figur 57 dargestellt. Die erkennbaren

Symmetrieebenen, welche die Winkel zwischen den $XZ$- und $YZ$-Ebenen halbieren, sind nach S. 71 durch die Symmetrieformel des Typ gefordert. Die Symmetrieachsen $A_x^{(2)}$ und $A_y^{(2)}$ sind zweiseitig.

§ 42. **Abschließende Bemerkungen.** Mit vorstehendem ist die Ableitung der mit den Grundannahmen vereinbaren Symmetrietypen zu Ende geführt.

Diese Grundannahmen gingen nach zwei Richtungen. Einmal wurden als Definition der Symmetrieeigenschaften die Deckbewegungen eingeführt, welche sich entweder als reine Drehungen oder als Inversionsdrehungen darstellten. Sodann wurden die Winkel dieser Drehungen, resp. die Zähligkeiten der bzw. Achsen beschränkt, — zunächst ohne Begründung, einfach nach Anleitung der Erfahrung; es wurden aber einfache allgemeine Prinzipien signalisiert, welche jene zunächst zusammenhangslosen Beschränkungen ergeben und dadurch verknüpfen. Diese allgemeinen Prinzipien sollen im folgenden Abschnitt besprochen werden. Hier mögen nur der vollendeten Ableitung der möglichen Symmetrietypen noch einige allgemeine Bemerkungen angefügt werden.

Einmal mag der Zwang und die Strenge betont werden, mit der sich bei der Kombination der Symmetrieelemente alle Möglichkeiten erschöpfen lassen. Wir begannen mit den reinen Drehungen, die auf den Begriff der Symmetrieachsen führten; zwischen den verschiedenzähligen Achsen ergab sich dabei eine bemerkenswerte Analogie. Bei den Anwendungen zur Ableitung von Symmetrietypen sind zuerst einzelne Symmetrieachsen behandelt, dann ist untersucht worden, welche Kombinationen von mehreren geometrisch möglich sind. Dieser erste Teil der Entwicklung lieferte elf verschiedene Symmetrietypen.

Die Inversionsdrehungen stellten sich (im Gegensatz zu den reinen Drehungen) geometrisch in drei wesentlich verschiedenen Formen dar; wir bezeichneten die ihnen entsprechenden Symmetrieelemente als Symmetriezentrum, Symmetrieebene und Spiegelachse. Diese Elemente sind darauf je einzeln behandelt und dann mit den früheren resp. unter sich kombiniert worden.

Die Kombination des Zentrums mit den Elementen der früheren elf Typen lieferte allein elf, die Einführung der Symmetrieebene sieben neue Typen, so daß hiermit die Anzahl von 22 resp. 29 erreicht war. Eine Kombination mehrerer Symmetrieebenen führte zu keinen neuen Typen. Die Spiegelachse konnte nur entweder allein, zu dreien oder mit einer zweizähligen Symmetrieachse kombiniert auftreten; sie fügte den vorigen die drei letzten Typen zu.

Bei der Ableitung der Typen ist die Reihenfolge der Einführung der verschiedenen Symmetrieelemente natürlich willkürlich; die oben benutzte empfiehlt sich aber durch eine gewisse innere Logik.

Das Resultat, zu welchem die Entwicklung führt, ist gewiß überaus merkwürdig, einerseits durch die streng begrenzte Zahl der möglichen Typen, die gegenüber der Anzahl der möglichen Symmetrieelemente (zwei-, drei-, vier-, sechszählige Symmetrieachsen, Symmetriezentrum, Symmetrieebene, Spiegelachse) und der Anzahl der rein äußerlich aus ihnen zu bildenden Kombinationen als klein bezeichnet werden muß. Sodann aber auch durch die überaus große Mannigfaltigkeit der gefundenen Typen, die erdrückend genannt werden müßte, wenn nicht eben die in der Ableitung hervortretenden verknüpfenden und unterscheidenden Gesichtspunkte bereits eine erste Ordnung und Gesetzmäßigkeit schafften. Es mag bemerkt werden, daß für fast sämtliche oben zusammengestellte Typen Repräsentanten in der Natur beobachtet sind; nur für zwei oder drei fehlt es noch an Vertretern. Dagegen haben sich niemals Kristalle finden lassen, die sich nicht einem der obigen Typen angehörig erwiesen hätten.

So zwingend sich nun die Ableitung der 32 Typen aus den gemachten Voraussetzungen gestaltet, so sind doch Anzeichen vorhanden, daß die hierbei zunächst entstandenen (zehn) Obergruppen nicht die angemessenste Art der Anordnung bieten. Schon der Umstand, daß (gegen Schluß hin) einige Typen mit gleichem Recht mehreren Obergruppen zugerechnet werden konnten, ist geeignet, Bedenken zu erregen. Auch ist nicht zu leugnen, daß das wiederholte Zusammenfassen von Typen mit verschiedenen, nämlich zwei-, drei-, vier-, sechszähligen Hauptachsen etwas Mechanisches hat, da die verschiedenzähligen Hauptachsen doch nicht so ganz gleichartig erscheinen. Insbesondere legen die singulären Eigenschaften, welche nur bei der dreizähligen Achse und bei dieser immer wieder auftreten, eine Gruppierung nahe, welche die Typen mit gleichzähliger Hauptachse möglichst zusammenfaßt. In der Tat gelingt es, auf dieser Grundlage und bei passender Behandlung der übrigen Typen eine Gruppierung zu finden, welche auch für die Zwecke der Kristallphysik weit geeigneter ist, als die vorstehende. Wir werden uns mit derselben im VI. Abschnitt dieses Kapitels beschäftigen und dabei auch durch eine neue Darstellung der Kristallpolyeder den Zusammenhang der Glieder in den neuen Obergruppen, den sogenannten Kristallsystemen, deutlich hervortreten lassen.

## V. Abschnitt.

## Die Beschränkung der Zähligkeiten der Symmetrie- und Inversionsachsen durch das Prinzip der rationalen Indizes.

§ 43. **Allgemeines über die anzuwendende Methode.** Es erübrigt nun noch der auf S. 42 und 43 angekündigte Nachweis der Unvereinbarkeit anderer Werte der Zähligkeiten $n$ der Symmetrieachsen, als 2, 3, 4, 6, und derjenigen $m = 2k$ der Inversionsachsen, als 2, 4, 6, mit den Grundgesetzen der Krystallographie. Diese Grundgesetze sind Regeln, die aus der Beobachtung der vorkommenden Kristallpolyeder deduziert sind und, wie andere physikalische Gesetze, bis zur Auffindung eines Widerspruches als allgemeingültig betrachtet werden. Sie stellen Zusammenhänge zwischen allen bei einer kristallisierten Substanz vorkommenden Flächen her, derart, daß dieselben nicht mehr als zufällig nebeneinander auftretend, sondern als gegenseitig bedingt erscheinen, und zwar letzteres in einem solchen Grad, daß aus einer gewissen kleinen Anzahl von an einem Polyeder beliebig gewählten Flächen alle übrigen mit ihnen vereinbaren durch einfache Rechnungsoperationen abgeleitet werden können.

Es ist klar, daß diese Regeln auch mit den möglichen Symmetrien in Beziehung stehen müssen, und darin liegt für uns ihre Bedeutung, während die an sich wichtigen Fragen nach einer etwaigen physikalischen Begründung jener Regeln im allgemeinen und den Ursachen des Auftretens oder des Fehlens bestimmter mit ihnen vereinbaren Flächen im besonderen gegenwärtig noch beiseite gelassen werden müssen.

Wegen der bisher noch sehr beschränkten Bedeutung der kristallographischen Grundgesetze für die Entwicklung der Kristallphysik soll über diese selbst auch nur das für den verfolgten speziellen Zweck Nötige mitgeteilt werden.

Es handelt sich um drei Regeln, das Gesetz der rationalen Indizes, das Gesetz der Zonen, das Gesetz der rationalen Doppelverhältnisse genannt, die miteinander wesentlich gleichwertig, aber für verschiedene spezielle Anwendungen verschieden geeignet sind.

Die Ableitung der mit einer dieser Regeln vereinbaren Zähligkeiten $n$ und $m$ ist auf mehrfache Weise durchgeführt worden. In jedem Falle erfordert die Anwendung der Grundgesetze die Heranziehung von fünf Flächen des Polyeders; die Untersuchung hat also nur für die Fälle $n \geqq 5$ und $m \geqq 5$ Gültigkeit; denn bei niedrigeren Zähligkeiten treten eben nicht fünf in Zusammenhang stehende Flächen auf.

Das Resultat der Entwicklung ist die Forderung einer gewissen Eigenschaft der Drehungswinkel $\psi = 2\pi/n$, $\varphi = 2\pi/m$, die ihrerseits nicht von den Bedingungen $n \geqq 5$, $m \geqq 5$ abhängt. Man verfährt dann so, daß man diese Forderung auch auf die Fälle $n < 5$, $m < 5$ überträgt, für die der Nachweis an sich keine Gültigkeit besitzt; durch diese einigermaßen unbefriedigende Verallgemeinerung gelangt man dann zu der vollständigen Erledigung des Problemes.

Will man diesen letzteren Weg nicht gehen, so kann man für die begrenzte Zahl der Möglichkeiten $n < 5$, $m < 5$ die Erfahrung, welche $n = 2, 3, 4$ und $m = 2, 4$ darbietet, als entscheidend betrachten und nur für die unbegrenzte Zahl der Möglichkeiten $n \geqq 5$, $m \geqq 5$, wo ein Stützen auf die Erfahrung allein Bedenken erregen könnte, die Ableitung aus einem kristallographischen Grundgesetz gelten lassen.

§ 44. **Das Prinzip der rationalen Indizes mit sich selbst im Einklang.** Das Grundgesetz, von dem wir hier ausgehen wollen, ist, nachdem *Haüy* 1782 wichtige Vorarbeiten geliefert hatte, von *Chr. S. Weiß* 1804 aufgestellt und führt den Namen des Prinzipes der rationalen Indizes.

Wählt man an einem Kristallpolyeder drei beliebige, nicht in einer Ebene liegende Kanten, legt Parallele dazu durch einen und denselben Punkt 0, so entsteht dadurch ein, im allgemeinen schiefwinkliges Achsenkreuz $OA$, $OB$, $OC$. Eine Ebene des Polyeders, die keiner der drei Achsen parallel ist, in beliebigem Abstand vom Punkt 0 parallel ihrer wirklichen Lage konstruiert, liefere auf den Achsen Abschnitte $u, v, w$; eine zweite Ebene in gleicher Weise behandelt, ergebe die Abschnitte $u', v', w'$.

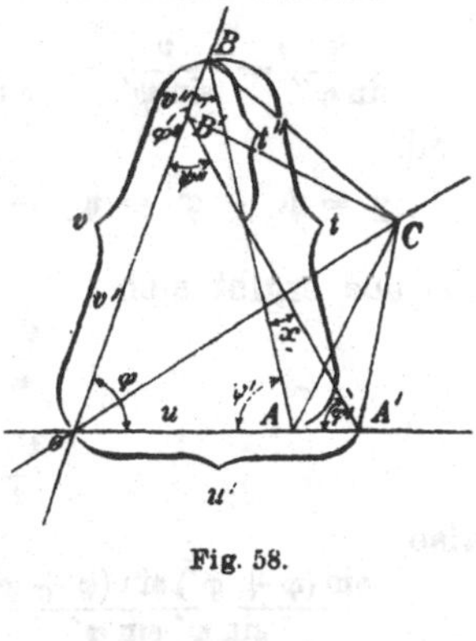


Fig. 58.

Dann sagt das Prinzip der rationalen Indizes aus, die Quotienten $u'/u$, $v'/v$, $w'/w$, die von den willkürlich gewählten Lagen beider Flächen unabhängig sind, stehen für alle Flächen desselben Kristallpolyeders in einem ganzzahligen Verhältnis.

Wir wollen zunächst nachweisen, daß dies Prinzip nicht mit sich selbst im Widerspruch steht, d. h., daß wenn es für ein Kantensystem $OA$, $OB$, $OC$ erfüllt ist, seine Gültigkeit für ein anderes System damit vereinbar ist, resp. daraus folgt.[1])

In Figur 58 stellt $OA$, $OB$, $OC$ das primäre Kanten- oder Achsentripel dar; $\overline{OA}$ und $\overline{OB}$ sind in der Ebene der Zeichnung liegend zu denken, $\overline{OC}$ nach rückwärts aus derselben heraustretend. $ABC$ und $A'B'C$ sind die beiden Ebenen, so gelegt, daß ihre

1) *W. Voigt*, K. Ac. v. Wet., Amsterdam, 30. Nov. 1907.

Schnittpunkte mit der $OC$-Achse zusammenfallen. Sagt das Prinzip im allgemeinen aus, daß

$$\frac{u'}{u} : \frac{v'}{v} : \frac{w'}{w} = z_1 : z_2 : z_3 ,$$

unter $z_1$, $z_2$, $z_3$ ganze Zahlen verstanden, so ergibt sich hier, wegen $w'/w = 1$,

$$u'/u = z_1/z_3, \qquad v'/v = z_2/z_3,$$

also auch

$$\frac{u'}{u} : \frac{v'}{v} = r, \tag{7}$$

wobei $r$ ein ganzzahliger Bruch ist, und die $u$, $u'$, $v$, $v'$ die aus der Figur ersichtliche Bedeutung haben.

Als zweites Kanten- oder Achsentripel wählen wir die Linien $BO$, $BA$, $BC$, als zweites Ebenenpaar $OAC$ und $A'B'C$, so daß jetzt die Abschnitte auf der $BC$-Achse für beide Ebenen dieselbe Größe haben. Es gilt demgemäß jetzt nach dem Prinzip der rationalen Indizes

$$\frac{t''}{t} : \frac{v''}{v} = \varrho, \tag{8}$$

falls $t$, $t''$, $v$, $v''$ die aus der Figur ersichtliche Bedeutung haben und $\varrho$ ein ganzzahliger Bruch ist.

Es soll nachgewiesen werden, daß dieser letztere Charakter von $\varrho$ aus dem angenommenen gleichen Charakter von $r$ folgt.

Hierzu beachten wir unter Rücksicht auf die Figur, daß

$$\frac{u}{\sin\varphi''} = \frac{v}{\sin\psi'} = \frac{t}{\sin\varphi}, \qquad \frac{u'}{\sin\psi''} = \frac{v'}{\sin\varphi'}, \qquad \frac{v''}{\sin\chi} = \frac{t''}{\sin\psi''}$$

und

$$\chi = \psi' - \varphi' = \psi'' - \varphi'', \qquad \pi = \varphi + \psi' + \varphi'' = \varphi + \varphi' + \psi''.$$

Daraus ergibt sich

$$\frac{u'}{u} : \frac{v'}{v} = r = \frac{\sin\psi' \sin\psi''}{\sin\varphi' \sin\varphi''},$$

$$\frac{t''}{t} : \frac{v''}{v} = \varrho = \frac{\sin\psi' \sin\psi''}{\sin\chi \sin\varphi},$$

also

$$\frac{\sin(\varphi+\varphi')\sin(\varphi+\varphi'')}{\sin\varphi' \sin\varphi''} = r, \qquad \frac{\sin(\varphi+\varphi')\sin(\varphi+\varphi'')}{\sin(\varphi+\varphi'+\varphi'')\sin\varphi} = \varrho. \tag{9}$$

Den Zusammenhang zwischen $r$ und $\varrho$ erkennt man am leichtesten, wenn man aus der ersten dieser Formeln den Winkel $\varphi'$ (der zu beiden Achsenkreuzen eine symmetrische Lage hat) durch $\varphi$ und $\varphi''$ ausdrückt und den so erhaltenen Wert auf der linken Seite der zweiten Formel einführt.

Zunächst gestaltet sich bei Einführung von $r$ sofort der Zähler in der zweiten Formel (9) um, und man erhält

$$\frac{r \sin \varphi''}{(\sin(\varphi + \varphi'') \operatorname{ctg} \varphi' + \cos(\varphi + \varphi'')) \sin \varphi} = \varrho,$$

während die erste Formel (9) sich schreiben läßt

$$(\sin \varphi \operatorname{ctg} \varphi' + \cos \varphi) \sin(\varphi + \varphi'') = r \sin \varphi''.$$

Somit wird bei Elimination von $\varphi'$

$$\frac{r \sin \varphi''}{r \sin \varphi'' - \sin(\varphi + \varphi'') \cos \varphi + \cos(\varphi + \varphi'') \sin \varphi} = \varrho,$$

d. h.

$$\frac{r}{r - 1} = \varrho.$$

Dies zeigt: ist $r$ ein ganzzahliger Bruch, so ergibt sich das Gleiche für $\varrho$, und hiermit ist der angekündigte Beweis erbracht.

§ 45. **Gewinnung der Polyederflächen aus dem Prinzip der rationalen Indizes.** Nachdem hiermit erwiesen ist, daß das Prinzip der rationalen Indizes nicht zu einem Widerspruche mit sich selbst zu führen vermag, wollen wir kurz darauf hinweisen, wie nach demselben nun aus vier an einem Kristallpolyeder beobachteten Flächen alle nach dem Prinzip mit ihnen vereinbaren und somit kristallographisch möglichen abgeleitet werden können. Diese Bemerkung ist nur eine beiläufige, da die an den Kristallen möglichen resp. wirklich auftretenden Flächensysteme bei der Entwicklung der physikalischen Eigenschaften der Kristallsubstanz keine Rolle spielen. Sie mag aber, wie andere auf die wirklichen Kristallformen bezügliche frühere Bemerkungen, im Interesse der Anschaulichkeit hier Platz finden.

Die Anwendung der Regel geht einfach dahin, daß man beliebige drei Kanten an einem vorliegenden Kristall, wie in Figur 58 geschehen, zu Fundamentalachsen $OA$, $OB$, $OC$ wählt und in ihnen eine beliebige, keiner dieser Kanten parallele Fläche des Polyeders konstruiert, wodurch drei fundamentale Abschnitte oder Achseneinheiten $OA = u$, $OB = v$, $OC = w$ entstehen. Trägt man dann auf den Grundachsen beliebige Vielfache der bezüglichen Achseneinheiten $u$, $v$, $w$, z. B. $mu$, $nv$, $pw$ (wo $m$, $n$, $p$ ganze Zahlen sind) von $O$ aus auf und legt durch die drei Endpunkte eine Ebene, so stellt diese eine mögliche Kristallfläche dar. Natürlich kommt man zu denselben Flächen, wenn man ganzzahlige Bruchteile $u/a$, $v/b$, $w/c$ benutzt. Dabei ist, um die den Grundkanten parallelen Flächen mit zu umfassen, bei $m$, $n$, $p$ der Wert $\infty$, bei $a$, $b$, $c$ der Wert Null zuzulassen.

Der letztere Weg ist der jetzt gebräuchlichere; man benutzt die „Indizes" $a, b, c$ direkt zur Charakterisierung einer Kristallfläche durch das Symbol $(a, b, c)$.

Die Wahl der Grundkanten $OA$, $OB$, $OC$ und der Einheiten $u, v, w$ ist bei diesem Verfahren bis zu einem gewissen Grade willkürlich. Man wählt beide passend so, daß die am häufigsten auftretenden Flächen durch möglichst kleine Indizes $a, b, c$ charakterisiert sind.

§ 46. **Anwendung des Prinzipes zur Beschränkung der Zähligkeiten $n$ und $m$.** Wir gehen nunmehr zu dem Nachweis über, daß mit dem Prinzip der rationalen Indizes Zähligkeiten $n$ und $m > 4$ nur vereinbar sind für $n = m = 6$. Der nachstehende Beweis dürfte der einfachste vorhandene sein.[1])

In der Figur 59, die wie frühere auf einer Kugel vom Radius Eins entworfen zu denken ist, stelle $A$ die Achse dar, deren Zähligkeit zu untersuchen ist, $P_1$, $P_2$, $P_3$, $P_4$, $P_5$ seien die Pole von fünf durch die Achse verknüpften Flächen, d. h., die Winkel $P_h A P_{h+1}$ seien gleich $\psi$ resp. $\varphi$. Dabei macht es keinen Unterschied, ob es sich um eine gewöhnliche oder um eine Inversionsdrehachse handelt; im Falle der letzteren liegen die sich folgenden Pole zwar abwechselnd an entgegengesetzten Enden der betreffenden Durchmesser, z. B. $P_1$, $P_3$, $P_5$ auf der oberen, $P_2$, $P_4$ auf der unteren Seite der Kugel; aber da es sich bei Anwendung des Prinzipes der rationalen Indizes nur um die Richtungen der Schnittgeraden der zugehörigen Polyederflächen und um die Quotienten der Abschnitte handelt, welche die Flächen auf einem Achsenkreuz bezeichnen, so kann man die Flächen beliebig parallel mit sich verlegen. Unsere Beweisführung gilt also ebenso für Symmetrie- wie für Inversionsachsen.

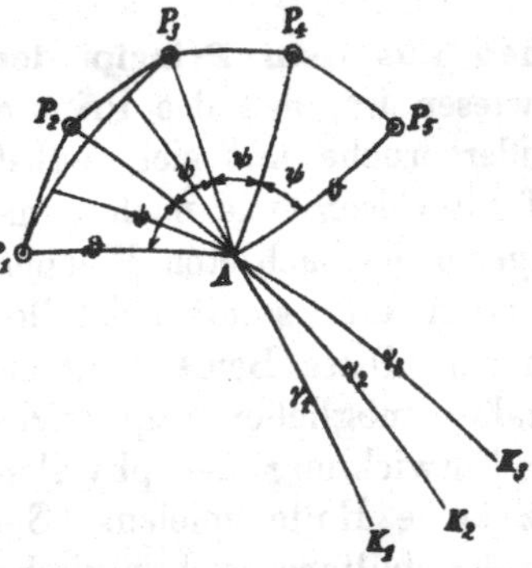

Fig. 59.

Wir konstruieren nun die Schnittgeraden der drei zu $P_1$, $P_2$, $P_3$ gehörigen Polyederflächen, indem wir drei Ebenen normal zu den Polradien durch das Kugelzentrum legen; wir nennen die Schnittlinien der zu $P_2$ und $P_3$, zu $P_3$ und $P_1$, zu $P_1$ und $P_2$ gehörigen Ebenen $K_1$, $K_2$, $K_3$ und markieren ihre Spuren auf der Kugelfläche.

1) *W Voigt*, l. c.

Sind letztere in der Figur durch $K_1, K_2, K_3$ angedeutet, so ist
$$P_2K_1 = P_3K_1 = \tfrac{1}{2}\pi,\quad P_3K_2 = P_1K_2 = \tfrac{1}{2}\pi,\quad P_1K_3 = P_2K_3 = \tfrac{1}{2}\pi.$$

Die Kanten $K_1, K_2, K_3$ nehmen wir als Achsenkreuz, die zu $P_4$ und $P_5$ gehörigen Ebenen als Kristallflächen für die Anwendung des Prinzipes der rationalen Indizes, und haben nun nur die Abschnitte $u, v, w$ und $u', v', w'$ zu berechnen, die die zu $P_4, P_5$ gehörigen Polyederflächen auf ihnen markieren; geben wir dazu den Flächen Lagen, in denen sie die Kugel vom Radius Eins berühren, so sind die betreffenden Abschnitte $\delta_{hi}$ für $h = 4, 5$, $i = 1, 2, 3$, indirekt, ihre Reziproken direkt proportional mit den betreffenden $\cos(P_h, K_i)$.

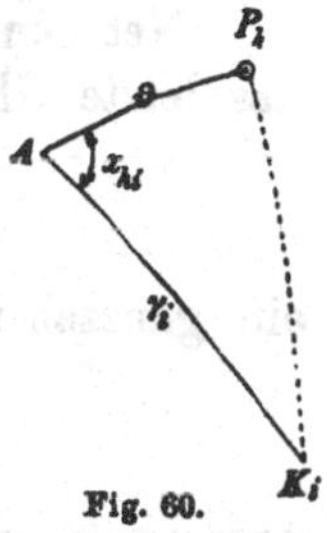

Fig. 60.

Zur Berechnung der Winkel $(P_h, K_i)$ sind je die betreffenden Dreiecke $P_hAK_i$ in Betracht zu ziehen (Fig. 60), in denen die Seiten $\overline{AP_h}$ je dieselben Größen $\vartheta$ besitzen, die Seiten $\overline{AK_i} = \gamma_i$ und die Winkel $P_hAK_i = \chi_{hi}$ aber verschieden sind.

Für die Seiten $\gamma_i$ erhält man sogleich aus den Dreiecken $P_3AK_1$, $P_2AK_3$, $P_3AK_2$, in denen je die Seiten $\overline{P_3K_1}, \overline{P_2K_3}, \overline{P_3K_2} = \frac{1}{2}\pi$ sind,
$$\operatorname{tg}\gamma_1 = \operatorname{tg}\gamma_3 = \frac{\operatorname{cotg}\vartheta}{\cos\frac{1}{2}\psi},\qquad \operatorname{tg}\gamma_2 = \frac{\operatorname{cotg}\vartheta}{\cos\psi} \tag{10}$$
und für die Winkel $\chi_{hi}$ liefert die Figur 59 die Tabelle
$$\begin{aligned} \chi_{41} &= \pi - \tfrac{3}{2}\psi, & \chi_{42} &= \pi - \tfrac{4}{2}\psi, & \chi_{43} &= \pi - \tfrac{5}{2}\psi,\\ \chi_{51} &= \pi - \tfrac{5}{2}\psi, & \chi_{52} &= \pi - \tfrac{6}{2}\psi, & \chi_{53} &= \pi - \tfrac{7}{2}\psi. \end{aligned} \tag{11}$$
Nun gilt für die Dreiecke von dem in Figur 60 dargestellten Habitus die Beziehung
$$\begin{aligned} \cos(P_h, K_i) &= \cos\vartheta\cos\gamma_i + \sin\vartheta\sin\gamma_i\cos\chi_{hi}\\ &= \cos\gamma_i\cos\vartheta\,(1 + \operatorname{tg}\vartheta\operatorname{tg}\gamma_i\cos\chi_{hi}), \end{aligned} \tag{12}$$
und hierin sind unmittelbar die Werte für $\operatorname{tg}\vartheta\operatorname{tg}\gamma_i$ und $\chi_{hi}$ aus (10) und (11) einzusetzen.

Hiernach gelten für die Abschnitte, die auf den Schnittlinien $K_1, K_2, K_3$ durch die Flächen (4) und (5) normal zu $P_4$ und $P_5$ markiert werden, d. h. für die Größen $\delta_{41}, \delta_{42}, \delta_{43}, \ldots$, die Formeln:
$$\begin{aligned} \frac{1}{\delta_{41}} &= \cos\gamma_1\cos\vartheta\left(1 - \frac{\cos\frac{3}{2}\psi}{\cos\frac{1}{2}\psi}\right), & \frac{1}{\delta_{51}} &= \cos\gamma_1\cos\vartheta\left(1 - \frac{\cos\frac{5}{2}\psi}{\cos\frac{1}{2}\psi}\right),\\ \frac{1}{\delta_{42}} &= \cos\gamma_2\cos\vartheta\left(1 - \frac{\cos 2\psi}{\cos\psi}\right), & \frac{1}{\delta_{52}} &= \cos\gamma_2\cos\vartheta\left(1 - \frac{\cos 3\psi}{\cos\psi}\right),\\ \frac{1}{\delta_{43}} &= \cos\gamma_3\cos\vartheta\left(1 - \frac{\cos\frac{5}{2}\psi}{\cos\frac{1}{2}\psi}\right), & \frac{1}{\delta_{53}} &= \cos\gamma_3\cos\vartheta\left(1 - \frac{\cos\frac{7}{2}\psi}{\cos\frac{1}{2}\psi}\right). \end{aligned}$$

Das Prinzip der rationalen Indizes verlangt somit, daß

$$\frac{\cos\frac{1}{2}\psi - \cos\frac{5}{2}\psi}{\cos\frac{1}{2}\psi - \cos\frac{3}{2}\psi} : \frac{\cos\psi - \cos 3\psi}{\cos\psi - \cos 2\psi} : \frac{\cos\frac{1}{2}\psi - \cos\frac{7}{2}\psi}{\cos\frac{1}{2}\psi - \cos\frac{5}{2}\psi} = z_1 : z_2 : z_3, \tag{13}$$

d. h. ein ganzzahliges Verhältnis ist. Dies gibt zunächst sogleich

$$\frac{\sin\frac{3}{2}\psi}{\sin\frac{1}{2}\psi} : \frac{\sin 2\psi \sin\psi}{\sin\frac{3}{2}\psi \sin\frac{1}{2}\psi} : \frac{\sin 2\psi}{\sin\psi} = z_1 : z_2 : z_3. \tag{14}$$

Nehmen wir von dieser Doppelproportion zunächst das erste und das letzte Glied, so ergibt dies, daß

$$\frac{\sin\frac{3}{2}\psi}{\sin\frac{1}{2}\psi} : \frac{\sin 2\psi}{\sin\psi} = r$$

ein ganzzahliger Bruch sein muß. Eine einfache Umformung liefert

$$\frac{1 + 2\cos\psi}{2\cos\psi} = r, \quad \text{also} \quad \cos\psi = \frac{1}{2(r-1)};$$

hiernach muß also $\cos\psi$ selbst rational sein, und dies gilt für $\psi = 2\pi/n$ und $n > 4$ allein bei $n = 6$, wo dann $r = 2$.

Es ist noch zu untersuchen, ob das zweite Glied der Doppelproportion dem nicht widerspricht. Das Einsetzen von $\psi = 2\pi/6$ liefert indessen aus (14):

$$2 : \tfrac{3}{2} : 1 = z_1 : z_2 : z_3;$$

demgemäß ist das für $\psi$ erhaltene Resultat auch mit der vollständigen Gleichung (14) im Einklang.

Da nun die Zähligkeit $n$ der Symmetrieachsen nach obigem der Zähligkeit $m$ der Spiegelachsen entspricht, so kommen wir zu dem Satz: unter den Zähligkeiten $n$ oder $m > 4$ ist nur der Fall $n$ oder $m = 6$ mit dem Prinzip der rationalen Indizes verträglich. Dehnt man nach dem in § 43 allgemein Bemerkten die Forderung eines rationalen Wertes von $\cos\psi$ (und $\cos\varphi$) auf die Fälle $n$ und $m \leqq 4$ aus und bedenkt, daß dem nur allein die Werte $\varphi$ und $\psi = \frac{2\pi}{4}, \frac{2\pi}{3}, \frac{2\pi}{2}$ entsprechen, sowie daß nach S. 63 $m$ notwendig eine gerade Zahl sein muß, so gelangt man zu den S. 42 und 64 ausgesprochenen Sätzen, daß bei Symmetrieachsen allein die Zähligkeiten $n = 2, 3, 4, 6$, bei Spiegelachsen allein die Zähligkeiten $m = 2, 4, 6$ kristallographisch möglich sind.

## VI. Abschnitt.

### Definitive Gruppierung der Kristalltypen.

§ 47. **Rekapitulation der früheren Resultate.** Der vorstehend erbrachte Nachweis, daß die früher rein als Erfahrungstatsache eingeführte Beschränkung der Zähligkeiten $n$ und $m$ der Symmetrie- und

Inversionsdrehachsen sich aus einem allgemeinen Prinzip gewinnen läßt, schließt unsere Ableitung der Gesamtheit der möglichen Symmetrietypen in einer gewissen Hinsicht harmonisch ab. Wir wollen die erhaltenen Resultate noch einmal in der Form zusammenstellen, wie wir sie oben gewonnen haben, und dann in einer neuen Weise gruppieren.

Die früheren Resultate lauteten folgendermaßen:

I. Obergruppe mit keiner oder einer Symmetrieachse

(1') 0; (2') $A_z^{(2)}$; (3') $A_z^{(3)}$; (4') $A_z^{(4)}$; (5') $A_z^{(6)}$.

II. Obergruppe mit Ketten zweizähliger Symmetrieachsen

(6') $A_z^{(2)}, A_x^{(2)}$; (7') $A_z^{(3)}, A_x^{(2)}$; (8') $A_z^{(4)}, A_x^{(2)}$; (9') $A_z^{(6)}, A_x^{(2)}$

III. Obergruppe mit einer Kette mehrzähliger Symmetrieachsen

(10') $A_x^{(2)} \sim A_y^{(2)} \sim A_z^{(2)}$; (11') $A_x^{(4)}, A_y^{(4)}$.

IV. Obergruppe mit Symmetriezentrum und keiner oder einer Symmetrieachse

(12') $C$; (13') $C, A_z^{(2)}$; (14') $C, A_z^{(3)}$; (15') $C, A_z^{(4)}$; (16') $C, A_z^{(6)}$.

V. Obergruppe mit Symmetriezentrum und einer Kette zweizähliger Symmetrieachsen

(17') $C, A_z^{(2)}, A_x^{(2)}$; (18') $C, A_z^{(3)}, A_x^{(2)}$; (19') $C, A_z^{(4)}, A_x^{(2)}$; (20') $C, A_z^{(6)}, A_x^{(2)}$.

VI. Obergruppe mit Symmetriezentrum und einer Kette mehrzähliger Symmetrieachsen

(21') $C, A_x^{(2)} \sim A_y^{(2)} \sim A_z^{(2)}$; (22') $C, A_x^{(4)}, A_y^{(4)}$.

VII. Obergruppe mit einer Symmetrieebene und keiner oder einer Symmetrieachse

(23') $E_z$; (24') $A_z^{(2)}, E_x$; (25') $A_z^{(3)}, E_x$; (26') $A_z^{(4)}, E_x$; (27') $A_z^{(6)}, E_x$; (28') $A_z^{(3)}, E_z$.

VIII. Obergruppe mit einer Symmetrieebene und einer Kette zweizähliger Symmetrieachsen

(29') $A_z^{(3)}, A_x^{(2)}, E_z$ oder $A_z^{(3)}, A_x^{(2)}, E_y$.

IX. Obergruppe mit einer oder mehreren Spiegelachsen

(30') $S_z$; (31') $S_x \sim S_y$.

X. Obergruppe mit Spiegel- und Symmetrieachsen

(32') $S_z$, $A_x^{(2)}$.

Diese Zusammenstellung ordnet die verschiedenen Typen so, wie sie sich uns bei der Ableitung geboten haben. Indessen hat sie doch, wie schon früher bemerkt, auch unleugbare Übelstände; insbesondere faßt sie keineswegs stets Typen mit verwandten Symmetrieelementen zusammen. Die so eigenartigen dreizähligen Symmetrieachsen treten z. B. ganz isoliert je in den Gruppen I, II, IV, V, VII auf. Nicht nur die Bedürfnisse des Kristallographen, sondern ebenso diejenigen des Kristallphysikers, der aus den Symmetrien der Form Rückschlüsse auf die Symmetrien der physikalischen Eigenschaften der Kristallsubstanz ziehen will, gehen aber offenbar dahin, im Interesse der Übersichtlichkeit verwandte Symmetrien in Obergruppen oder Kristallklassen zu vereinigen.

§ 48. **Gesichtspunkte für die Bildung von Kristallsystemen.** Für eine solche neue Gruppierung bietet sich nun ein wichtiger Gesichtspunkt durch die Bemerkung, daß gewisse Symmetrietypen aus anderen durch Beseitigen einzelner Symmetrieelemente entstehen. Hierin kommen zunächst insbesondere Reihen von Gruppen in Betracht, die je nur eine drei-, eine vier- oder eine sechszählige Symmetrieachse besitzen.

Indem wir den Satz von S. 67 heranziehen, daß ein Symmetriezentrum, eine zweizählige Symmetrieachse und eine zu dieser normale Symmetrieebene drei Elemente darstellen, von denen je zwei das dritte bedingen, können wir die Symbole $C$, $A_z^{(n)}$, $A_x^{(2)}$ der Gruppe (18') bis (20') beliebig mit $C$, $A_z^{(n)}$, $E_x$ vertauschen. Es lassen sich dann zunächst fünfzehn Typen mit je einer drei-, vier- oder sechszähligen Symmetrieachse in folgender symmetrischer Weise zusammenfassen, wobei die Numerierung und Benennung der gebildeten Klassen später begründet werden wird.

IV. Trigonales oder rhomboedrisches System.

(18') $C, A_z^{(3)}, A_x^{(2)}$ oder $C, A_z^{(3)}, E_x$;

(7') $A_z^{(3)}, A_x^{(2)}$;

(25') $A_z^{(3)}, E_x$;

(14') $C, A_z^{(3)}$;

(3') $A_z^{(3)}$.

V. Tetragonales oder quadratisches System.

(19') $C, A_z^{(4)}, A_x^{(2)}$ oder $C, A_z^{(4)}, E_x$;

(8') $A_z^{(4)}, A_x^{(2)}$;

(26') $A_z^{(4)}, E_x$;

(15') $C, A_z^{(4)}$;

(4') $A_z^{(4)}$.

VI. Hexagonales System.

(20′) $C, A_s^{(6)}, A_x^{(2)}$ oder $C, A_s^{(6)}, E_x$;

(9′) $A_s^{(6)}, A_x^{(2)}$;

(27′) $A_s^{(6)}, E_x$;

(16′) $C, A_s^{(6)}$;

(5′) $A_s^{(6)}$.

Von den Gliedern dieser Klassen haben je die ersten die höchste Symmetrie, nämlich die größte Zahl von unabhängigen Symmetrieelementen. Die drei folgenden haben immer je ein Element weniger, als das erste Glied; das letzte Glied hat dann zwei weniger, doch so, daß das übrigbleibende der Klasse charakteristisch ist. Das Fortbleiben von $C$ und $A_s^{(n)}$ oder von $A_s^{(n)}$ und $A_x^{(2)}$ würde nämlich in allen drei Fällen das gleiche Resultat $A_x^{(2)}$ oder $C$ liefern; diese Typen entbehren somit jedes für eine der aufgestellten Klassen charakteristischen Symmetrieelementes und widerstreben der Einordnung in eine derselben.

Mustert man die noch übrigen Typen der Zusammenstellung auf S. 85, so kann man zunächst noch drei unvollständige Klassen der vorstehenden Art bilden, nämlich

III. Rhombisches System.

(17′) $C, A_s^{(2)}, A_x^{(2)}$ oder $C, A_s^{(2)}, E_x$;

(6′) $A_s^{(2)}, A_x^{(2)}$;

(24′) $A_s^{(2)}, E_x$.

II. Monoklines System.

(13′) $C, A_z^{(2)}$ oder $C, E_z$;

(2′) $A_z^{(2)}$;

(23′) $E_z$.

I. Triklines System.

(12′) $C$;

(1′) 0.

Diese Klassen zeigen einen ähnlichen, wenn auch minder reichen Bau, wie die vorigen drei.

Von den noch übrigen Typen bieten sich in erster Linie diejenigen, welche (infolge einer durch die Symmetrieformel implizite geforderten dreizähligen Symmetrieachse in der Mittellinie jedes Oktanten) die drei Koordinatenachsen einander gleichwertig erscheinen lassen, zur Zusammenfassung Auf Grund der Überlegung, daß nach

S. 65 eine zweizählige Symmetrieachse ein niedrigeres Symmetrieelement ist, als eine Spiegelachse, kann man dann die folgende, in mancher Hinsicht den ersten entsprechende Anordnung bilden.

VII. Reguläres System.

(22') $C, A_x^{(4)}, A_y^{(4)}$;
(11') $A_x^{(4)}, A_y^{(4)}$;
(31') $S_x \sim S_y$;
(21') $C, A_x^{(2)} \sim A_y^{(2)} \sim A_z^{(2)}$;
(10') $A_x^{(2)} \sim A_y^{(2)} \sim A_z^{(2)}$.

Um den Parallelismus zu erkennen, der zwischen den Gliedern dieser Klasse und denen der IV., V., VI. Klasse herrscht, empfiehlt es sich, auf die charakteristischen Polfiguren der Typen (22'), (11'), (31'), (21'), (10') zurückzugreifen.

Der Typ (22'), der ersichtlich die höchste Symmetrie von diesen fünfen aufweist, besitzt nach Figur 39 Symmetrieebenen sowohl in den Koordinatenebenen, als in denjenigen Ebenen, welche die Winkel zwischen zwei Koordinatenebenen halbieren. Diese Symmetrieebenen fehlen sämtlich bei dem Typ (11'), wie dies Figur 28 erkennen läßt; sie verschwinden hier ebenso durch Fortfall des Symmetriezentrums, wie in den Klassen IV, V, VI. Dagegen sind wenigstens die Symmetrieebenen der zweiten Art nach Figur 56 bei dem Typ (31') wieder vorhanden, der dadurch und durch das Fehlen des Zentrums in Parallele tritt zu dem dritten Typ der Klassen IV, V, VI. Der Typ (21') ist, außer dem ersten der Reihe, der einzige, der ein Zentrum aufweist; er liefert durch Fortfall dieses Zentrums den Typ (10'). Beide treten hierdurch in Parallele zu den beiden letzten Typen der Klassen IV, V, VI.

Der hierdurch nachgewiesene Parallelismus wird weiter unten auch noch von einer neuen Seite beleuchtet werden. —

Die jetzt allein noch übrigen vier Typen

$$(28')\ A_z^{(3)}, E_z;\quad (29')\ A_z^{(3)}, A_x^{(2)}, E_z \text{ oder } A_z^{(3)}, A_x^{(2)}, E_y;$$
$$(30')\ S_z;\quad (32')\ S_z, A_x^{(2)}$$

lassen sich wegen des völlig verschiedenen Charakters der Hauptachsen des ersten und des zweiten Paares nicht zu einer neuen Klasse zusammenschließen; auch erscheint ihre Gruppierung in zwei neue Klassen nicht rationell, da ihr physikalisches Verhalten bei einer sehr allgemeinen Gattung physikalischer Erscheinungen — wie in § 53 zu zeigen — sie durchaus an zwei der oben gebildeten sieben Klassen anschließt, ja mit Gliedern dieser Klassen identisch werden läßt.

Man läßt sich von diesem physikalischen Gesichtspunkte leiten, indem man die Typen (28′) und (29′) der VI., die Typen (30′) und (32′) der V. Klasse angliedert. Auch geometrisch ist ein Zusammenhang mit den bezüglichen Klassen erweisbar; in der Tat kann man durch Fortlassung geeigneter Polgruppen in dem Schema des Typs (19′) (Fig. 36) zu demjenigen des Typs (32′) (Fig. 57) und auch (für die Pole einer Art) des Typs (30′) gelangen; ähnlich ist ein Übergang von der Polfigur des Typs (20′) (Fig. 37) zu denjenigen der Typen (29′) (Fig. 52) und (für eine Polart) (28′) (Fig. 51) möglich. Wir kommen hierauf unten zurück.

Auf diese Weise sind sieben Klassen gebildet, welche alle 32 Symmetrietypen umfassen; dieselben werden als die sieben Kristallsysteme bezeichnet, und die Kristalle desselben Typs als Angehörige einer einzelnen Gruppe des betreffenden Systemes. Die Gruppierung, wie auch die Namen der einzelnen Systeme sind die in der Kristallographie gebräuchlichen, bis auf den einen Unterschied, daß hier das trigonale (IV) und das hexagonale (VI) System getrennt sind, während die Kristallographen meist das erstere als eine Unterabteilung des letzteren auffassen. Die Begründung der Namen für die einzelnen Systeme hat geringes Interesse, da ein einheitliches Prinzip bei der Namenbildung nicht verfolgt ist. Der Name „regulär“ ist der Geometrie entnommen. Die Bezeichnungen „trigonal“, „tetragonal“, „hexagonal“ hängen mit der drei-, vier-, sechszähligen Symmetrieachse zusammen, welche die bez. Systeme charakterisiert; die andern „quadratisch“, „rhombisch“, „rhomboedrisch“ mit den Formen, die in dem betr. System auftreten; „monoklin“ und „triklin“ endlich knüpfen an die gegenseitige Lage der drei Hauptachsen an, auf welche der Kristallograph unter Anwendung des Prinzips der rationalen Indizes die Formen des betreffenden Systemes bezieht, und von denen im ersten Falle zwei zueinander geneigt und normal zur dritten liegen, während im dritten Falle alle drei miteinander Winkel einschließen, die von 90° abweichen.

§ 49. **Holoedrie, Hemiedrie, Tetartoedrie.** Wir wollen die neuen Gruppierungen jetzt von einem anderen Gesichtspunkt aus betrachten und fassen dazu zunächst die Klassen oder Systeme IV bis VI ins Auge, die nach der Darstellung von S. 86 unter das gemeinsame Schema fallen:

α) $C, A_z^{(n)}, A_x^{(2)}$ oder $C, A_z^{(n)}, E_x$;

β) $A_z^{(n)}, A_x^{(2)}$;

γ) $A_z^{(n)}, E_x$;

δ) $C, A_z^{(n)}$;

ε) $A_z^{(n)}$, — für $n = 3, 4, 6$.

Gehen wir von der letzten Gruppe $\varepsilon$) der Klasse aus, so entsprechen derselben nach der Natur der $n$-zähligen Achse $n$ gleichartige Flächen. In den Gruppen $\beta$), $\gamma$), $\delta$) tritt zu der $n$-zähligen Achse noch je ein Symmetrieelement hinzu, welches die Eigenschaft hat, die Anzahl der gleichartigen Flächen zu verdoppeln. In der Tat fügt eine zweizählige Symmetrieachse, eine Symmetrieebene und auch ein Symmetriezentrum zu jeder Fläche eine, und nur eine gleichartige. Von den Gruppen $\beta$), $\gamma$), $\delta$) gelangen wir zu $\alpha$) durch Hinzufügen je eines zweiten derartigen Symmetrieelementes. Die Gruppe $\alpha$) hat somit in der Klasse die größte Anzahl gleichartiger Flächen, $\beta$), $\gamma$), $\delta$) haben je die Hälfte, $\varepsilon$) den vierten Teil. Die Formen von der Symmetrie $\alpha$) werden demgemäß als Vollflächner oder holoedrisch, die von $\beta$), $\gamma$), $\delta$) als Halbflächner oder hemiedrisch, die von $\varepsilon$) als Viertelflächner oder tetartoedrisch bezeichnet.

Was das System V ($n = 4$) angeht, so hat von den angehängten Gruppen (30′) $S_z$ ebensoviel gleichartige Flächen, wie (4′) $A_z^{(4)}$; sie stellt also eine zweite Art der Tetartoedrie dar. Gruppe (32′) $S_z$, $A_x^{(2)}$ hat die doppelte Anzahl, sie gibt also eine vierte Art der Hemiedrie. Analog gibt bei dem System VI ($n = 6$) die angehängte Gruppe (28′) $A_z^{(3)}$, $E_z$ eine zweite Tetartoedrie, Gruppe (21′) $A_z^{(3)}$, $A_x^{(2)}$, $E_z$ eine vierte Hemiedrie.

Ganz ähnliche Verhältnisse gelten bei den übrigen Kristallsystemen. Insbesondere weist das reguläre System VII ebenso, wie das Schema im Eingang dieses Paragraphen, neben der holoedrischen drei hemiedrische und eine tetartoedrische Gruppe auf. Die Systeme I, II, III lassen dagegen nach der Ärmlichkeit der Symmetrieelemente ihrer höchstsymetrischen holoedrischen Gruppen nur hemiedrische, aber keine tetartoedrischen Abwandlungen zu.

§ 50. **Spezielle Betrachtung der trigonalen, tetragonalen und hexagonalen Systeme.** Um diese Beziehungen zwischen den Gruppen desselben Kristallsystems leicht übersichtlich zu machen, wollen wir eine neue Darstellungsweise der bezüglichen Kristalltypen einführen. Das oben angedeutete Verfahren der Zufügung oder Hinwegnahme von Flächen an einem Polyeder ist für die Vorstellung häufig ziemlich schwierig, insofern dadurch der ganze Habitus des Kristalles gelegentlich radikal geändert wird; auch kommt der Fall vor, daß bei Wegnahme einer Flächenschar die übrigen nicht mehr zu einer Begrenzung des Polyeders ausreichen und, zur Erreichung einer solchen, Flächen anderer Art hinzugenommen werden müssen.

Wir gehen aus von der Bemerkung, daß bei spezieller Wahl der unabhängigen Pole die Polfiguren für alle Typen eines und desselben Kristallsystemes identisch werden können. Knüpfen wir z. B. an das

V. (tetragonale) System an, so lassen sich alle die Polfiguren ihrer Typen in Figur 36, 23, 49, 32, 15, 57, 55 auf die Form der nebenstehenden Figur 61 bringen, indem man die Pole jedes Oktanten in die Halbierungsebenen der $\pm XZ$- und $\pm YZ$-Ebene bringt. Bei einigen Gruppen fallen hierbei mehrere Pole zusammen, bei andern muß man zwei Arten unabhängiger Pole zulassen. Es gibt also Formen, die (eventuell mit nicht durchaus gleichwertigen Flächen) allen Typen desselben Systems entsprechen; in unserm Falle ist es das nach der $\pm Z$-Achse gestreckte oder verkürzte sogenannte quadratische Oktaeder.

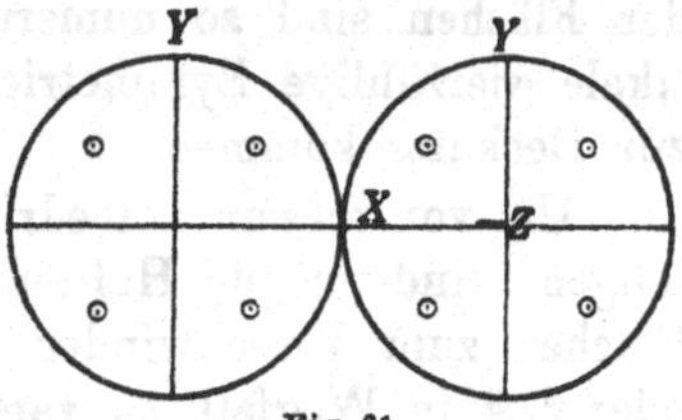

Fig. 61.

Wir wollen nun Kristallformen betrachten, die im wesentlichen eine solche, für das ganze System charakteristische Gestalt haben, und an denen die für die einzelnen Gruppen charakteristischen Unterschiede nur in kleineren, den Symmetrien des einzelnen Typs entsprechenden (Zuschärfungs-) Flächen zur Geltung kommen. Bei dieser Darstellung sind die Zusammenhänge zwischen den Gliedern desselben Systems sehr leicht zu übersehen, auch ist dafür gesorgt, daß bei Fortnahme von Systemen dieser kleinen Flächen das Polyeder geschlossen bleibt.

Dies bequeme Verfahren der Darstellung ist auch dadurch empfohlen, daß in sehr vielen Fällen die von der Natur gebotenen Kristalle wirklich den hier vorausgesetzten Habitus besitzen, nämlich im großen die dem ganzen System charakteristische Form zeigen und die Gruppe nur an kleinen Zuschärfungsflächen erkennen lassen.

Wir knüpfen unsere weiteren Betrachtungen an die Formen des V. Systems an und schlagen dabei den Weg ein, der oben bereits angedeutet wurde und von der vollflächigen Figur zu den flächenärmeren führt.

Die spezielle Symmetrie der Anfangsgruppe (19'), deren Polschema in Figur 36 dargestellt ist, wird erhalten, wenn wir die jenem Schema entsprechenden Flächen noch zu denen des quadratischen Oktaeders hinzufügen. Das Resultat ist in Figur 62 in der Weise dargestellt, daß an jeder äquatorialen Ecke vier Dreiecke markiert sind, welche durch das Auftreten der neuen Flächen nach der bezüglichen Ecke hin in gleicher Weise abgeschrägt werden. Diese schematische Darstellung erschien deshalb besonders übersichtlich, weil bei ihr die Grundform des quadratischen Oktaeders nicht tangiert

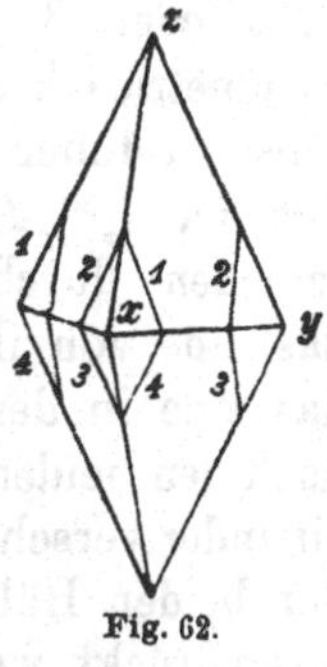

Fig. 62.

wird, während bei wirklicher Wiedergabe der Zuschärfung die Kanten nächst den Ecken verändert erscheinen würden. Die zuschärfenden Flächen sind so numeriert, daß bei einer Drehung um die vertikale vierzählige Symmetrieachse mit den Flächen auch die Zahlen zur Deckung kommen.

Um von diesem holoedrischen Typus zu dem hemiedrischen zu gelangen, sind je die Hälften der an jeder Ecke befindlichen kleinen Flächen zum Verschwinden zu bringen. Kommen die Flächen 1, 3 oder 2, 4 in Wegfall, so verschwinden damit zugleich alle Symmetrieebenen, es bleiben nur die Elemente der Gruppe (8′) $A_z^{(4)}$, $A_x^{(2)}$. Je nachdem man das eine oder das andere Flächenpaar beseitigt, erhält man zwei gleichartige, aber doch völlig verschiedene Polyeder (Fig. 63, $\alpha$ und $\beta$), die sich wie rechte und linke Hand verhalten, insofern sie durch keine reine Drehung, wohl aber durch eine Spiegelung zur Deckung gebracht werden können. Diese Gegensätzlichkeit wird durch

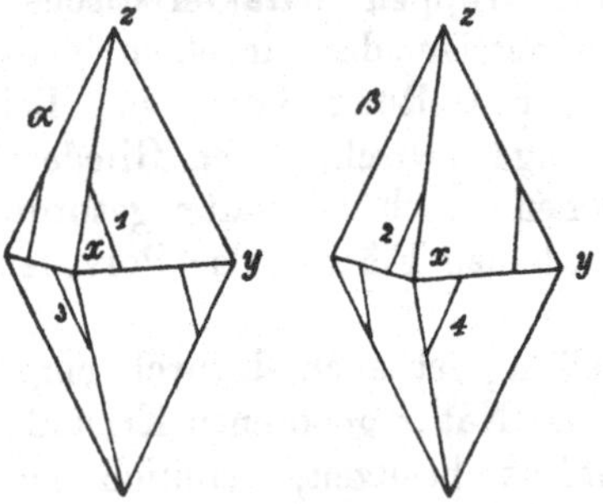

Fig. 63.

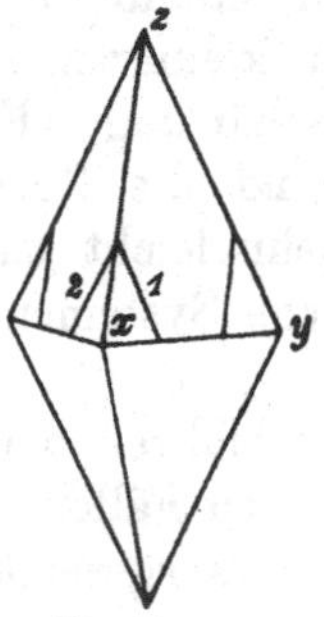

Fig. 64.

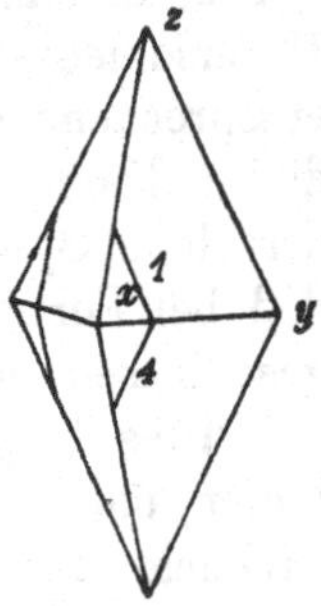

Fig. 65.

den Namen „**Enantiomorphe Hemiedrie**“ zum Ausdruck gebracht, der diesem, wie den verwandten Typen beigelegt wird.

Läßt man an allen Äquatorecken die zuschärfenden Flächenpaare 1, 2 oder 3, 4 verschwinden, so fallen zugleich die zweizähligen Symmetrieachsen fort, während die Symmetrieebenen durch die Hauptachse bestehen bleiben (Fig. 64). Die zwei hierdurch erhaltenen, dem Schema $A_z^{(4)}$, $E_x$ entsprechenden Polyeder sind nicht voneinander verschieden; durch Drehen um die $X$- oder die $Y$-Achse um 180° gelangt das eine von ihnen mit dem andern zur Deckung. Es ist daher nur das eine in der Figur wiedergegeben. Bei diesen Polyedern sind die nach den beiden Seiten der Hauptachse gelegenen Hälften wesentlich voneinander verschieden, die $Z$-Hauptachse ist polar. Diese Verschiedenheit der beiden Hälften soll in dem Namen „**Hemimorphe Hemiedrie**“ ausgedrückt werden, den dieser Typ und die ihm verwandten führen.

Verschwinden an allen Äquatorecken die abstumpfenden Flächenpaare 2 und 3 oder 1 und 4, so resultieren abermals zwei durch

Drehung um die $X$- oder $Y$-Achse ineinander überführbare Polyeder. Hier sind die Symmetrieebenen durch die $Z$-Achse und auch die zweizähligen Symmetrieachsen in Wegfall gekommen, dagegen ist die Symmetrie des Schemas (15′) $C$, $A_z^{(4)}$ erhalten geblieben (Fig. 65). Das Polyeder besitzt nach der $+Z$- und $-Z$-Achse zwei spiegelbildlich sich entsprechende Hälften; in der Tat ist mit $C$ und $A_z^{(4)}$ nach dem Satz von S. 67 eine zur $Z$-Achse normale Symmetrieebene notwendig verbunden. Der Typ und die ihm verwandten führen den Namen der „Paramorphen Hemiedrie“.

Bleibt schließlich von den vier abstumpfenden Flächen nur je eine, z. B. 1 oder 2, erhalten, so ergeben sich zwei wesentlich verschiedene (enantiomorphe) Polyeder mit der Symmetrie des Typs (4′) $A_z^{(4)}$. Der Typ wird einfach durch den allgemeinen Namen der Tetartoedrie charakterisiert. (Fig. 66.)

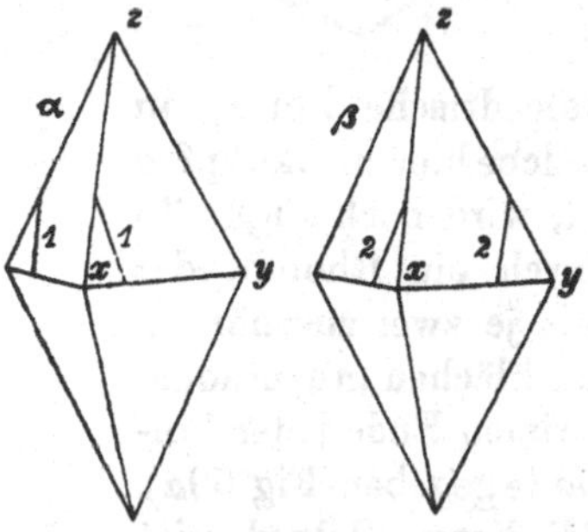

Fig. 66.

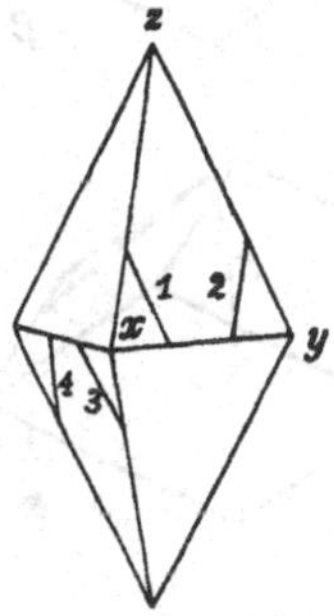

Fig. 67.

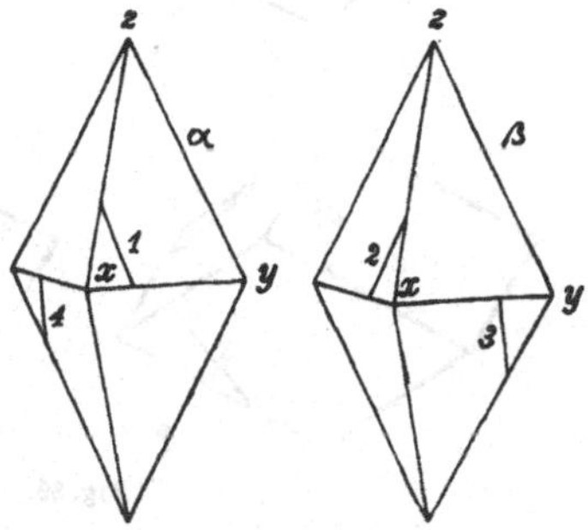

Fig. 68.

Für die bisherigen Übergänge ist charakteristisch, daß die Unterdrückung einer Anzahl abstumpfender Flächen in allen Äquatorecken in derselben Weise stattfand. Gibt man diese Beschränkung auf, so gelangt man dadurch zu den beiden dem System V angehängten Typen (32′) und (30′), die sich auf diese Weise mit dem System in innerliche Beziehung setzen lassen.

In der Tat, beseitigt man an den Ecken $\pm x$ die Flächen 2 und 4, an den Ecken $\pm y$ die Flächen 1 und 3, so entsteht eine hemiedrische Form (Fig. 67) mit den Symmetrieelementen $S_z$, $A_x^{(2)}$, die für den Typ (32′) charakteristisch sind. Vertauscht man die Rollen der $X$- und der $Y$-Achse, so entstehen gleiche Polyeder, die nur durch eine Drehung um 90° um die $Z$-Achse verschieden gestellt sind.

Unterdrückt man hingegen an den Ecken $\pm x$ alle Flächen außer 1, an den Ecken $\pm y$ alle Flächen außer 4, so erhält man ein tetartoedrisches Gebilde (Fig. 68 $\alpha$) von der Symmetrie $S_z$, die dem Typ (30′) eigen ist. Die Vertauschung der $X$- und der $Y$-Achse gibt wiederum nichts wesentlich Neues; dagegen entsteht eine neue Form

(Fig. 68 β), wenn man, statt der Flächen 1 und 4, die Flächen 2 und 3 allein beibehält. Die beiden Gestalten entsprechen einander spiegelbildlich, sie sind enantiomorph.

Die hiermit durchgeführte Ableitung der hemiedrisch und tetartoedrischen Formen des Systems V aus der holoedrischen Form läßt sich genau ebenso bei der Gruppe VI vornehmen und führt hier auch in derselben Weise auf die beiden angehängten Typen (29′) und (28′) mit dreizähliger Symmetrieachse.

Bei dem System IV liegt die Sache ein wenig verschieden. Die

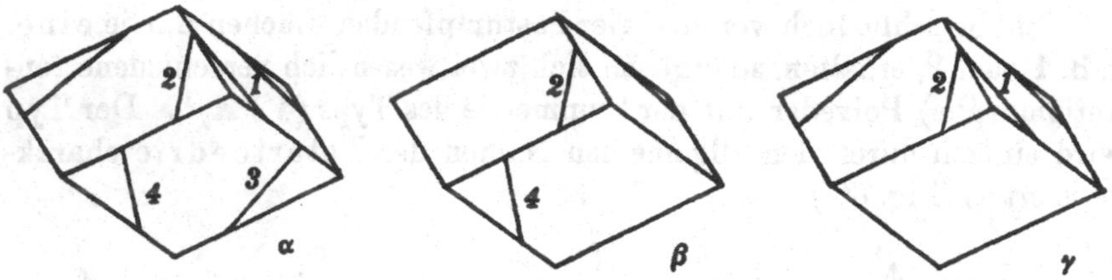


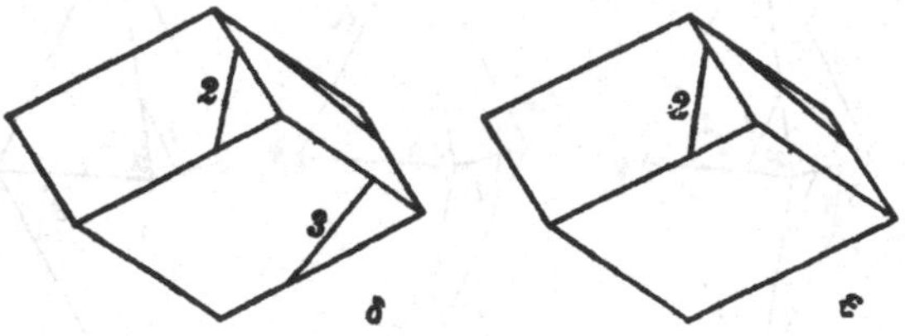


Fig. 69.

holoedrische Form, an welche hier anzuknüpfen ist, wird nach Figur 35 durch ein Rhomboeder mit je zwei zuschärfenden Flächen an dem äquatorialen Ende jeder Polkante gegeben (Fig. 69α). Bei diesem Polyeder ist eine Verschiedenartigkeit zwischen den sechs äquatorialen Ecken von vornherein gegeben; daher sind die Operationen, welche in dem V. und VI. System zu den beiden angehängten Typen führten, hier gar nicht ausgezeichnete. Infolge davon fehlen auch im IV. System die angehängten Typen mit abweichendem Charakter der Hauptachse. Fig. 69 α bis ε stellt (ohne doppelte Darstellung der enantiomorphen Formen) die dem Schema auf S. 89 bei dem trigonalen System entsprechenden Typen dar.

§ 51. **Spezielle Betrachtung des regulären Systems.** In einer anderen Richtung abweichend verhält sich das VII. (Reguläre) System, und eben deshalb ist ein kurzes Eingehen auf dasselbe, zum Zweck auch der deutlicheren Parallelisierung seiner Gruppen mit den Hauptgruppen der Systeme IV, V, VI, angezeigt.

Alle Gruppen des regulären Systems führen, wie die Figuren 39, 28, 56, 38, 27 lehren, auf die Form des regulären Oktaeders, wenn man die unabhängigen Pole in die Mitte eines Oktanten legt und in der Gruppe (31′) einen zweiten unabhängigen Pol einführt; daher ist es angemessen, dieses Oktaeder als gemeinsame Form zu behandeln. Die Hinzufügung eines weiteren unabhängigen Poles liefert für die holoedrische Gruppe gemäß Figur 39 ringsum das Ende der $\pm X$-, $\pm Y$-, $\pm Z$-Achse je acht zuschärfende Flächen; es entsteht das für die Gruppe (22′) charakteristische Polyeder (Fig. 70), das den Elementen $C, A_x^{(4)}, A_y^{(4)}$ entspricht.

Gemäß den bei dem System VII überall vorhandenen dreizähligen Achsen in den Mittellinien der Oktanten sind diese Flächen so numeriert, daß bei einer Drehung um eine solche Achse im 1. Oktanten

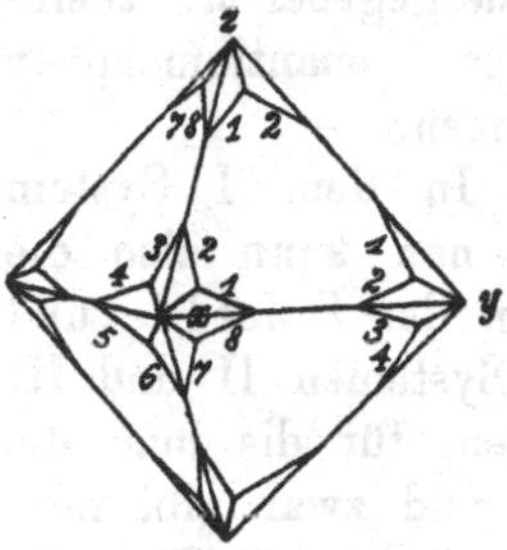


Fig. 70.

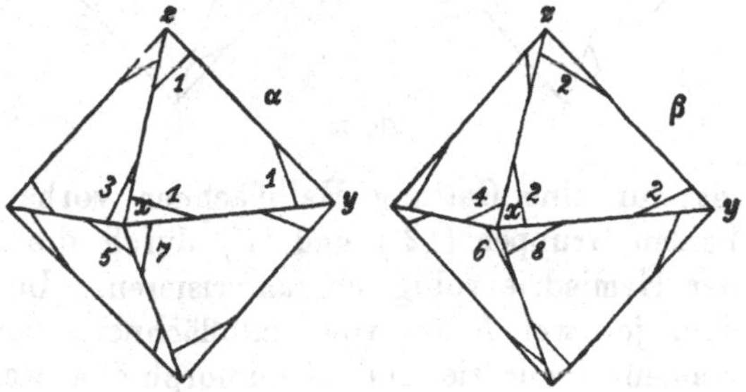


Fig. 71.

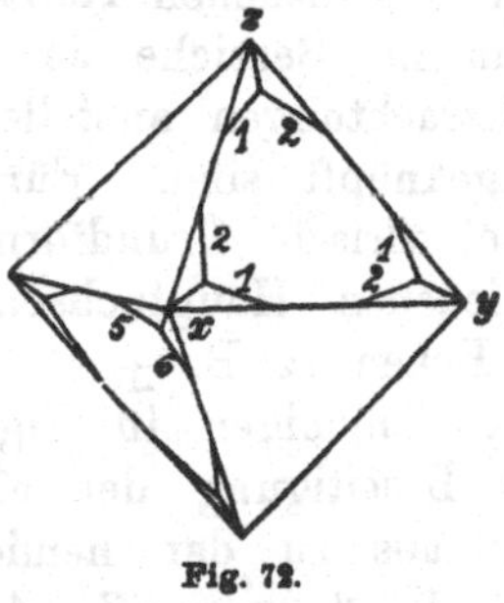


Fig. 72.

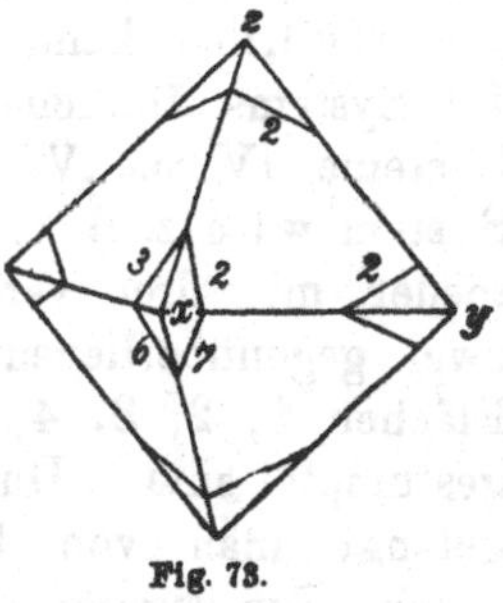


Fig. 73.

um 120° sowohl Flächen, als Ziffern miteinander zur Deckung kommen.

Um von der Holoedrie zu den Hemiedrien zu gelangen, sind an jeder Ecke dieselben vier Flächen zu unterdrücken. Läßt man 2, 4, 6, 8 oder 1, 3, 5, 7 verschwinden, so gelangt man zu den beiden in Figur 71 $\alpha$, $\beta$ dargestellten Gebilden, die ersichtlich beide der Symmetrie $A_x^{(4)}, A_y^{(4)}$ von Gruppe (11′) entsprechen und zueinander enantiomorph sind. Die Gruppe (11′) entspricht also sehr nahe den früheren enantiomorphen Gruppen (7′), (8′), (9′).

Unterdrückt man die Flächen 3, 4, 7, 8 oder 1, 2, 5, 6, so gelangt man zu zwei identischen Formen von der Art der in Figur 72 wiedergegebenen, welche sich der Symmetrie $S_x \sim S_y$ der Gruppe (31′) unterordnen. Bei ihnen sind die dreizähligen Achsen polar; es ist also eine Verwandtschaft zu den hemimorphen Gruppen (25′), (26′), (27′) der Systeme IV, V, VI vorhanden.

Läßt man weiter die Flächen 1, 4, 5, 8 oder 2, 3, 6, 7 verschwinden, so entstehen zwei wesentlich identische Formen der Art von Figur 73 von den Symmetrieelementen $C, A_x^{(2)} \sim A_y^{(2)} \sim A_z^{(2)}$ der

Gruppe (21'), die hierdurch den paramorphen Gruppen (14'), (15') (16') der Systeme IV, V, VI analog wird.

Endlich liefert die Unterdrückung von sechs Flächen an jeder Ecke die einzige Tetartoedrie des Systems; je nachdem man 1 und 5 resp. 3 und 7 oder 2 und 3 resp. 4 und 8 beibehält, gewinnt man die beiden in Fig. 74 wiedergegebenen, zueinander enantiomorphen Formen. —

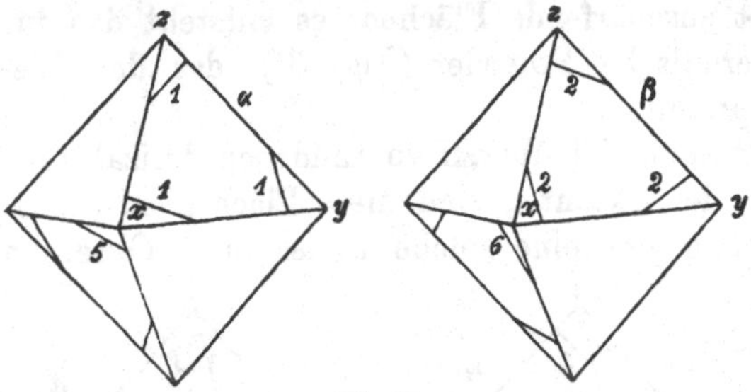

Fig. 74.

In dem I. System ist nur eine Gattung Halbflächner vorhanden, man kann also die beiden Gruppen (12') und (1') durch die Namen der Holoedrie und der Hemiedrie völlig charakterisieren. In den Systemen II und III sind je zwei Arten von Halbflächnern vorhanden, für die man die Namen Hemiedrie und Hemimorphie anwendet, und zwar gibt man den letzteren Namen den Gebilden der Gruppen (2') und (24') die am meisten als aus zwei verschiedenen Hälften bestehend erscheinen.

Natürlich kann man im Bereiche der Symmetrien des I. bis III. Systems ähnliche Betrachtungen anstellen, wie sie oben an die Systeme IV bis VI angeknüpft sind. Für das III. (Rhombische) System wäre z. B. als holoedrische Grundform, Gruppe (17'), ein Oktaeder mit drei verschiedenen Hauptachsen zu wählen, bei dem zwei gegenüberliegende Ecken (z. B. $\pm x$) durch vier gleichwertige Flächen 1, 2, 3, 4, die denjenigen in Figur 62 entsprechen, abgestumpft sind. Durch Beseitigung der Flächen 1, 3 oder 2, 4 gelangt man von hier aus zu der hemiedrischen Gruppe (6'), durch Beseitigung von 1, 2 oder 3, 4 zu der hemimorphen Gruppe (24'). Ähnlich wäre für das II. (Monokline) System mit einem einfach geschobenen Oktaeder (s. Fig. 9, S. 31) zu verfahren. Die Verhältnisse liegen aber hier durch die im allgemeinen geringe Zahl der miteinander verknüpften Flächen so einfach, daß ein Hinweis auf die Polfiguren 29 für das erste, 30, 14, 46 für das zweite, 34, 21, 47 für das dritte System genügen dürfte.

**§ 52. Definitive Anordnung und Benennung der Typen. Hauptachsensysteme.** Nach diesen Bemerkungen wollen wir die sämtlichen 32 Symmetrietypen oder Kristallgruppen in einer neuen Anordnung zusammenstellen, dabei auch die Namen einführen, die nach den Darlegungen der letzten Paragraphen den einzelnen Gruppen beizulegen sind.[1]) Ferner wollen wir neben die Symbole für die einzelnen Gruppen[2]), um die Vorstellungen zu beleben und später darauf zurückgreifen zu können, die Namen einiger der bekanntesten Mineralien setzen, deren Kristalle dem betreffenden Typ angehören. Der hier eingeführten Bezeichnung und Numerierung der verschiedenen Gruppen werden wir uns auch weiterhin konsequent bedienen. Um die Anwendung der Tabelle zu erleichtern, ist dieselbe ein zweites Mal abgedruckt und am Schluß des Bandes herausklappbar eingeheftet; sie kann auf diese Weise, wo nur immer nötig, zugänglich gemacht und befragt werden.

I. Triklines System.

(1) Holoedrie $C$ (Kupfersulfat, Axinit);

(2) Hemiedrie $O$.

II. Monoklines System.

(3) Holoedrie $C, A_z^{(2)}$ oder $C, E_z$ (Gips, Epidot, Soda);

(4) Hemiedrie $E_z$;

(5) Hemimorphie $A_z^{(2)}$ (Zucker, Weinsteinsäure).

III. Rhombisches System.

(6) Holoedrie $C, A_z^{(2)}, A_x^{(2)}$ oder $C, A_z^{(2)}, E_x$ (Topas, Baryt);

(7) Hemiedrie $A_z^{(2)}, A_x^{(2)}$ (Bittersalz, Seignettesalz);

(8) Hemimorphie $A_z^{(2)}, E_x$ (Kieselzinkerz).

IV. Trigonales System.

(9) Holoedrie $C, A_z^{(3)}, A_x^{(2)}$ oder $C, A_z^{(3)}, E_x$ (Kalkspat, Eisenglanz);

(10) Enantiomorphe Hemiedrie $A_z^{(3)}, A_x^{(2)}$ (Quarz);

(11) Hemimorphe Hemiedrie $A_z^{(3)}, E_x$ (Turmalin);

(12) Paramorphe Hemiedrie $C, A_z^{(3)}$ (Dolomit);

(13) Tetartoedrie $A_z^{(3)}$ (Natriumperjodat).

V. Tetragonales System.

(14) Holoedrie $C, A_z^{(4)}, A_x^{(2)}$ oder $C, A_z^{(4)}, E_x$ (Zirkon, Rutil);

(15) Enantiomorphe Hemiedrie $A_z^{(4)}, A_x^{(2)}$ (Nickelsulfat);

1) Diese Namen entsprechen, soweit sie nicht mit den in der Kristallographie gebräuchlichen übereinstimmen, den Vorschlägen von *Schönflies* (Kristallsysteme und Kristallstruktur, Leipzig, 1891, p. 555).

2) Das System der unabhängigen Symmetrieelemente der obigen Tabelle habe ich zuerst im Anschluß an die ältere Systematik der Kristallographen mitgeteilt in meiner Abhandlung über die Theorie der Piezoelektrizität (Gött. Abh. Bd. 36, p. 14, 1890); mit obigem übereinstimmend findet sich dasselbe in meinem Kompendium der theoretischen Physik (Bd. I. Leipzig 1895, p. 133).

(16) **Hemimorphe Hemiedrie** $A_z^{(4)}, E_x$;
(17) **Paramorphe Hemiedrie** $C, A_z^{(4)}$ (Scheelit);
(18) **Tetartoedrie** $A_z^{(4)}$;

(19) **Hemiedrie mit Spiegelachse** $S_z, A_x^{(2)}$ (Kupferkies);
(20) **Tetartoedrie mit Spiegelachse** $S_z$.

VI. **Hexagonales System.**
(21) Holoedrie $C, A_z^{(6)}, A_x^{(2)}$ oder $C, A_z^{(6)}, E_x$ (Beryll);
(22) Enantiomorphe Hemiedrie $A_z^{(6)}, A_x^{(2)}$;
(23) Hemimorphe Hemiedrie $A_z^{(6)}, E_x$ (Jodsilber);
(24) Paramorphe Hemiedrie $C, A_z^{(6)}$ (Apatit);
(25) Tetartoedrie $A_z^{(6)}$ (Nephelin).

(26) Hemiedrie mit dreizähliger Hauptachse $A_z^{(3)}, A_x^{(2)}, E_z$,
(27) Tetartoedrie mit dreizähliger Hauptachse $A_z^{(3)}, E_z$.

VII. **Reguläres System.**
(28) Holoedrie $C, A_x^{(4)}, A_y^{(4)}$ (Steinsalz, Flußspat);
(29) Enantiomorphe Hemiedrie $A_x^{(4)}, A_y^{(4)}$ (Sylvin);
(30) Hemimorphe Hemiedrie $S_x \sim S_y$ (Zinkblende);
(31) Paramorphe Hemiedrie $C, A_x^{(2)} \sim A_y^{(2)} \sim A_z^{(2)}$ (Pyrit);
(32) Tetartoedrie $A_x^{(2)} \sim A_y^{(2)} \sim A_z^{(2)}$ (Natriumchlorat).

Die vorstehende Zusammenstellung, erläutert durch die Betrachtungen der vorhergehenden Paragraphen, ordnet die Fülle verschiedenartiger Gebilde, die uns die Kristallwelt zeigt, in einer Weise, die nicht nur durch ihre Klarheit und Folgerichtigkeit das Verständnis und die Anwendung erleichtert, sondern auch eines ästhetischen Reizes nicht entbehrt. Wie sieben Pflanzen sprossen die sieben Systeme je aus einem Samenkorn und entfalten sich nach den Kräften, die dieses Korn enthält — alle einander verwandt, in den einzelnen Gliedern einander entsprechend, aber keines genau dem andern gleich; manche in geringer Verzweigung, andere in reichster Entwicklung.

Das System der unabhängigen Symmetrieelemente (der „Symmetrieformeln") läßt Verbindendes und Unterscheidendes bezüglich der formellen Eigenart der Gruppen und Systeme auf einfachste Weise erkennen[1]) und trägt damit dazu bei, die eigenartige Schönheit des

1) Die Symmetrieformeln scheinen in unwiderleglicher Weise die Trennung und Koordinierung des trigonalen und des hexagonalen Systems zu fordern, wie sie hier vorgenommen ist, und gegen den Gebrauch der meisten Kristallographen zu sprechen, welche das erstere System als Unterabteilung des letzteren auffassen.

Gebietes hervortreten zu lassen, auf die ich bereits in der Einleitung aufmerksam gemacht habe, und die sich hier, bereits bei der Gruppierung des Materiales für unsere weiteren Untersuchungen, vernehmlich ankündigt.

Die Bedeutung der vorstehenden Tabelle für den Aufbau der Kristallphysik liegt, wie schon wiederholt bemerkt, darin, daß von den Symmetrien der Kristallform rückwärts auf die Symmetrien der physikalischen Eigenschaften der Kristallsubstanz geschlossen werden soll. Für diese Verwendung sind die voneinander unabhängigen Symmetrieelemente überall in der Weise eingeführt, daß ihre analytische Verwertung möglichst vorbereitet ist. Es ist daran zu erinnern, daß dabei ein spezielles als Hauptkoordinatensystem zu bezeichnendes Koordinatenkreuz vorausgesetzt ist.

Dieses Hauptkoordinatensystem ist in den meisten Kristallsystemen durch die festgesetzten Symmetrieformeln völlig definiert. Unbestimmtheiten sind aber noch in den Systemen I bis III vorhanden.

Das III. (Rhombische) System weist in Gruppe (6) und (7) zwei zueinander normale zweizählige Symmetrieachsen ($A_x^{(2)}$, $A_z^{(2)}$) auf, denen nach S. 50 eine dritte, zu diesen beiden normale Achse ($A_y^{(2)}$) entspricht. Diese Achsen werden in der Kristallographie nach gewissen hier nicht zu erörternden Gesichtspunkten unterschieden und demgemäß mit *a, b, c* bezeichnet. Bei figürlichen Darstellungen pflegt die *c*-Achse vertikal, die *b*-Achse in die Zeichnungsebene, die *a*-Achse normal zu dieser gelegt zu werden.

Die *c*-Achse ist diejenige, die in Gruppe (8) als Symmetrieachse allein übrig bleibt und polaren Charakter annimmt. Da nun dort schon früher die Symmetrieachse zur *Z*-Hauptachse gewählt ist, so sollen weiterhin für die Gruppen (6) und (7) stets die *X*-, *Y*-, *Z*-Achsen mit den kristallographischen *a*-, *b*-, *c*-Richtungen zusammenfallend gedacht werden.

Bei den Kristallen des II. (Monoklinen) Systems bezeichnet der Kristallograph die ausgezeichnete Achse mit *b* und bezieht den Kristall im übrigen auf zwei der *b*-Achse normale, aber gegeneinander geneigte Achsen *a* und *c*, die so gewählt werden, daß die Ebenen *ab* und *bc* häufig vorkommenden Kristallflächen parallel liegen, und die sonst vorkommenden zur *b*-Achse parallelen Kristallflächen kleinzahlige Indizes erhalten. Die Kristallfläche parallel *bc* bezeichnet der Kristallograph mit *a*, die parallel *ab* mit *c*. Bei den Abbildungen von Kristallen legt er im allgemeinen die ausgezeichnete *b*-Achse horizontal in die Figurenebene, die *c*-Achse vertikal, die *a*-Achse nach vorn geneigt aus der Figurenebene austretend.

Nach der Darlegung in dem früheren Abschnitt ist es für uns naturgemäß, die ausgezeichnete *b*-Achse zur *Z*-Achse des Hauptkoordinatensystems zu wählen. Wir lassen dann noch weiter die X-Achse mit der $c$-Achse der Kristallographen zusammenfallen und legen ihre positive Seite in der kristallographischen Darstellung der betreffenden Formen nach **oben**, die $+Z$-Richtung nach **rechts**. Es tritt dann (bei dem benutzten direkten Koordinatensystem) die $+Y$-Achse nach **vorn**, in dem stumpfen Winkel zwischen $a$- und $c$-Richtung aus der Figurenebene aus. (S. Fig. 75.)

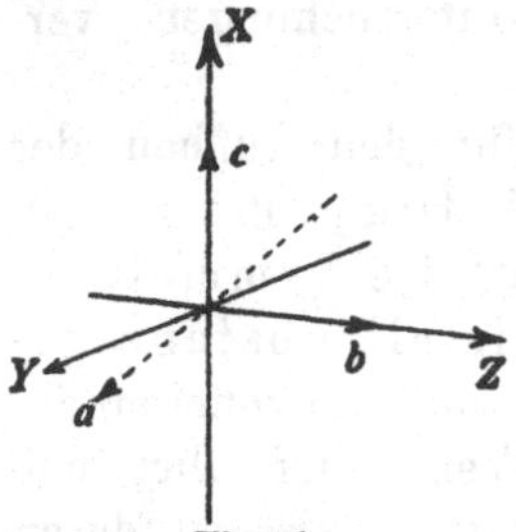

Fig. 75.

Da sich im monoklinen System nicht (wie im rhombischen) eine **direkte** Beziehung zwischen den $a$-, $b$-, $c$-Achsen und unsern $X$-, $Y$-, $Z$-Richtungen herstellen läßt, so war es nötig, sich zu bequemer Verknüpfung beider Darstellungsweisen auf **einen Parallelismus zwischen der zyklischen Folge** $c$, $a$, $b$ und $X$, $Y$, $Z$ zu beschränken.

Die Untersuchung der physikalischen Eigenschaften von Kristallen des I. (Triklinen) Systems spielt bisher noch eine so geringe Rolle, daß auf eine Festlegung des Hauptkoordinatensystems für sie nicht eingegangen zu werden braucht.

§ 53. **Vereinfachtes Schema für zentrisch-symmetrische Vorgänge.** Für eine große Zahl spezieller Vorgänge gestattet unsere Tabelle eine wesentliche Vereinfachung. Es gibt physikalische Erscheinungen, die ihrer Natur nach stets zentrisch-symmetrisch verlaufen. Ein einfaches Beispiel bietet die thermische Dilatation, bei der eine ungerichtete Einwirkung jederzeit eine Veränderung, eine Dilatation hervorruft, die **nach ihrer Natur** für je zwei entgegengesetzte Richtungen gleich ist.

Bei derartigen Vorgängen kommt also eine etwa vorhandene azentrische Symmetrie des Kristalles nicht zur Geltung; die Sache verhält sich ebenso, als wenn **durch die Natur des Vorganges zu den wirklichen Symmetrien des Kristalles noch ein Symmetriezentrum hinzuträte.**

Hierdurch ziehen sich eine beträchtliche Anzahl von Gruppen der obigen Tabelle in Obergruppen zusammen. Daß z. B. (2) mit (1), (4) und (5) mit (3), (7) und (8) mit (6) identisch werden, fällt sogleich in die Augen. Ähnlich ergibt sich das Zusammenfließen anderer Gruppen ohne weiteres.

Für die Gruppen, in denen Spiegelachsen auftreten, ist die Bemerkung heranzuziehen, daß das Hinzutreten eines Symmetriezentrums zu einer Spiegelachse die letztere in eine vierzählige Symmetrieachse verwandelt.

Bei den Gruppen (26) und (27) ist zu beachten, daß die Kombination $C, E_z$ nach S. 67 die Achse $A_z^{(2)}$ verlangt, und daß die Kombination $A_z^{(3)}, A_z^{(2)}$ mit $A_z^{(6)}$ äquivalent ist.

Unter Rücksicht auf diese Bemerkungen kann man nun leicht die für zentrisch-symmetrische Vorgänge vereinfachte Tabelle aufstellen, bei der das Symbol $C$ in der Charakteristik der Gruppen (als allen gemeinsam) einfach fortgelassen werden kann.

I. Triklines System.
(1), (2) —

II. Monoklines System.
(3), (4), (5) $A_z^{(2)}$.

III. Rhombisches System.
(6), (7), (8) $A_z^{(2)}, A_x^{(2)}$

IV. Trigonales System.
1. Abt. (9), (10), (11) $A_z^{(3)}, A_x^{(2)}$;
2. Abt. (12), (13) $A_z^{(3)}$.

V. Tetragonales System.
1. Abt. (14), (15), (16), (19) $A_z^{(4)}, A_x^{(2)}$;
2. Abt. (17), (18), (20) $A_z^{(4)}$.

VI. Hexagonales System.
1. Abt. (21), (22), (23), (26) $A_z^{(6)}, A_x^{(2)}$;
2. Abt. (24), (25), (27) $A_z^{(6)}$.

VII. Reguläres System.
1. Abt. (28), (29), (30) $A_x^{(4)}, A_y^{(4)}$;
2. Abt. (31), (32) $A_x^{(2)} \sim A_y^{(2)} \sim A_z^{(2)}$.

Diese (gleichfalls am Ende des Buches reproduzierte) Zusammenstellung erbringt nachträglich eine gewichtige Rechtfertigung für das Verfahren, die Einzelgruppen (19) und (20) dem V., diejenigen (26) und (27) dem VI. System anzugliedern. Man erkennt, daß sie sich im vorliegenden sehr allgemeinen Falle zentrisch-symmetrischer Vorgänge jenen Klassen auf das vollkommenste einfügen, aber in jeder anderen Klasse fremd dastehen würden. Man kann in ihr auch eine erneute Rechtfertigung für die Trennung und Koordination des trigonalen und des hexagonalen Systems sehen, insofern deren Gruppen auch bei der Voraussetzung zentrisch-symmetrischer Vorgänge völlig voneinander getrennt bleiben.

**§ 54. Folgerungen für azentrische Vorgänge.** Der vorstehend in ihren Konsequenzen verfolgten Bemerkung, daß ein seiner Natur nach zentrisch-symmetrischer physikalischer Vorgang das Fehlen eines kristallographischen Symmetriezentrums nicht zur Geltung kommen läßt, oder, anders gesprochen, ein Symmetriezentrum (wo dasselbe fehlt) zu den übrigen Elementen hinzutreten läßt, kann man eine zweite allgemeine Bemerkung von ähnlicher Tragweite gegenüberstellen.

Es gibt in der Natur Vorgänge, die wesentlich zentrisch-dissymmetrisch sind. Das einfachste Beispiel liefert die gewöhnliche Pyroelektrizität, d. h. die Erregung eines elektrischen Momentes, und somit eines gerichteten Zustandes mit einem ausgezeichneten Richtungssinn durch eine Temperaturänderung, d. h. durch eine ungerichtete Einwirkung. Ein solcher Effekt (der nach S. 16 spezifisch kristallphysikalisch ist) kann offenbar nur in Körpern auftreten, bei denen entgegengesetzte Richtungen ungleichwertig sind, d. h. die kein Zentrum der Symmetrie besitzen. Denn eine Temperaturänderung zeichnet keine Richtung vor der andern aus, eine dielektrische Erregung aber unterscheidet eine Richtung von allen andern, auch von der entgegengesetzten; der eine Zustand kann somit den andern nur dann hervorrufen, wenn im Körper von vornherein eine Ungleichwertigkeit zwischen zwei entgegengesetzten Richtungen stattfindet.

Hieraus folgt, daß für alle physikalischen Vorgänge, die eines Zentrums der Symmetrie ermangeln, sämtliche Kristallgruppen, zu deren Symmetrieelementen ein Zentrum gehört, ausfallen müssen.

Wir werden weiter unten wiederholt Gelegenheit haben, von diesem Satz speziellen Gebrauch zu machen. Im voraus muß aber betont werden, daß eine Entscheidung darüber, ob ein Vorgang zentrisch-symmetrisch oder dissymmetrisch ist, keineswegs immer so auf der Hand liegt, wie bei dem obigen Beispiele der Erregung eines elektrischen Momentes durch eine Temperaturänderung.

Es sei hierzu auf den Vorgang der Elektrostriktion hingewiesen, d. h. auf die Hervorbringung einer Deformation durch ein elektrisches Feld. Eine Deformation ist ein wesentlich zentrisch-symmetrischer Vorgang, denn der Begriff der Dehnung einer Strecke unterscheidet in nichts den einen Richtungssinn der Strecke von dem entgegengesetzten. Ein elektrisches Feld ist hingegen ein wesentlich dissymmetrischer Zustand; bei der Richtung der Feldstärke ist der eine Richtungssinn dem entgegengesetzten durchaus ungleichartig; der eine tritt an die Stelle des andern, wenn die Richtung der Feldstärke umgekehrt wird.

Trotzdem kann die Elektrostriktion, d. h. die Erregung des ersten durch den zweiten Zustand, ebensowohl ein zentrisch-symmetrischer, wie ein dissymmetrischer Vorgang sein. Es hängt dies davon ab, wie der funktionelle Zusammenhang zwischen den beiden

Zuständen gestaltet ist. Um gleich die wichtigsten speziellen Fälle hervorzuheben, so macht es einen wesentlichen Unterschied, ob die Bestimmungsstücke (Komponenten) der Deformation in linearem oder in quadratischem Zusammenhang mit den Bestimmungsstücken (Komponenten) des wirkenden elektrischen Feldes stehen. Im ersten Falle kommt die azentrische Natur des elektrischen Feldes zur Geltung: eine der Größe nach mit der Feldstärke proportionale Deformation kann nur bei Kristallen ohne Symmetriezentrum stattfinden. Im letzteren Falle ist eine Umkehrung der Feldstärke ohne Einfluß, ihre azentrische Natur übt keine Wirkung, der Vorgang ist zentrisch-symmetrisch und kann demgemäß bei allen Typen von Kristallen und auch bei isotropen Körpern auftreten.

Das Vorstehende läßt erkennen, daß die Symmetrieverhältnisse der Einwirkung und des Effekts für sich allein keineswegs immer ausreichen, um zu entscheiden, ob es sich um einen zentrisch-symmetrischen oder dissymmetrischen Vorgang handelt.

§ 55. **Vorbemerkungen über die Verwertung der Symmetrieformeln der Kristallgruppen in der Kristallphysik.** In den letzten beiden Paragraphen sind bereits in speziellen Fällen Verbindungen hergestellt zwischen den Symmetrien einer Kristallform und den Symmetrien eines physikalischen Vorganges. Wir schließen hieran die Darlegung des Weges, den wir bei dem allgemeinen Problem der Anpassung allgemeiner Gesetzmäßigkeiten an die den einzelnen Kristallgruppen eigentümlichen Symmetrien einschlagen werden.

Alle Symmetrieelemente drückten aus, daß die (normalen) Kristallpolyeder durch gewisse reine und Inversionsdrehungen mit sich selbst zur Deckung gelangen, und die (*Neumann*sche) Grundhypothese der Kristallphysik ging dahin, daß durch diese Deckbewegungen die Polyeder nicht nur nach ihrer Form, sondern auch nach den sämtlichen physikalischen Eigenschaften ihrer Substanz in mit der ursprünglichen gleichwertige Lagen gelangen.

Diese physikalische Gleichwertigkeit drückt sich darin aus, daß alle Systeme von Einwirkungen, die durch diese Deckbewegungen der Kristallform gleichfalls zur Deckung kommen, Systeme von Effekten liefern müssen, von denen dasselbe gilt.

Hat z. B. ein Kristallpolyeder in der $Z$-Koordinatenachse eine $n$-zählige Symmetrieachse, so müssen alle Systeme von Einwirkungen, die durch eine Drehung um $\frac{2h\pi}{n}$ $(h = 1, 2\ldots, n-1)$ ineinander übergehen, Systeme von Effekten liefern, welche dieselbe Eigenschaft haben.

Die allgemeinen Ansätze, durch welche die verschiedenen kristallphysikalischen Vorgänge beschrieben werden, haben zunächst derartige Symmetrieeigenschaften der Regel nach nicht. Es ist die erste und fundamentalste Aufgabe der Kristallphysik, diese allgemeinen Ansätze den Symmetrien der 32 Kristallgruppen entsprechend zu spezialisieren.

Die hier weiterhin hauptsächlich anzuwendende Methode knüpft daran an, daß jede Deckbewegung ein beliebig im Kristall gewähltes Koordinatensystem in ein gleichwertiges überführt; denn bei einer Deckbewegung kommen alle Richtungen im Kristall mit gleichwertigen zur Deckung, also auch die Koordinatenachsen. Daß die Deckbewegungen auch für das physikalische Verhalten des Kristalles Bedeutung haben, kommt nun darauf hinaus, daß das Gesetz des physikalischen Vorganges, auf alle gleichwertigen Koordinatensysteme transformiert, dieselbe Form mit denselben Parametern annimmt. Denn nur in diesem Falle geben alle Systeme von Einwirkungen, die gleichwertig zum Kristall liegen, auch untereinander gleichwertige Effekte.

Transformiert man eine allgemeine Gesetzmäßigkeit von einem ursprünglich benutzten Koordinatensystem auf ein anderes, so nimmt sie im allgemeinen eine abweichende Form an, oder, wenn die Form die gleiche bleibt, haben die einander entsprechenden Parameter abweichende Werte. Für gleichwertige Achsenkreuze müssen nun stets die beiderseitigen Formen und auch deren Parameter übereinstimmen. Diese Forderung gibt in jedem Falle Relationen, welche die ursprüngliche Form der Gesetzmäßigkeit spezialisieren.

Dies mag zur vorläufigen Schilderung des einzuschlagenden Weges genügen. Vollkommen klar wird derselbe bei den wiederholten unten zu machenden Anwendungen werden.

## VII. Abschnitt.

## Die Symmetrieverhältnisse der Kristallflächen und ihre Verwendung.

§ 56. **Allgemeines über Flächensymmetrie.** Nachdem die sämtlichen, kristallographisch möglichen Kristalltypen abgeleitet sind, ist auch das Problem der Bestimmung der Symmetrieverhältnisse eines bestimmten, von der Natur gebotenen Kristalls in eine engere Bahn gelenkt; denn dasselbe kommt nunmehr nur noch darauf hinaus, zu untersuchen, welcher der vorstehend aufgestellten 32 Gruppen der Kristall sich einordnen läßt. Dabei muß noch einmal auf die Schwierigkeit Bezug genommen werden, die daraus entstehen kann, daß gelegentlich bei den in der Natur vorkommenden Individuen nicht alle zur Charakterisierung seiner wirklichen Symmetrie erforderlichen Flächen auftreten.

Es ist in § 14 ein Kontrollverfahren erwähnt worden, das sich geeignet erwiesen hat zur Feststellung, ob die in einem bestimmten Einzelfall nach zufällig vorhandenen Flächenkomplexen angenommene Symmetrie auch wirklich die physikalische Symmetrie des betreffenden Kristalls darstellt. Das Verfahren unterwirft die einzelnen Kristallflächen einem angemessenen Auflösungs- oder Ätzverfahren und beobachtet einmal, ob die Teile einer anscheinend homogenen Fläche oder ob verschiedene anscheinend gleichartige Flächen gleiche und gleichartig gelegene Ätzfiguren liefern; zweitens, ob die Symmetrien der Ätzfiguren mit den anscheinend vorhandenen Symmetrien der Kristallflächen übereinstimmen.

Die zwei vorstehend herangezogenen Begriffe: die Gleichartigkeit mehrerer Flächen und die kristallographische Symmetrie einer einzelnen Fläche sind durch die Entwicklungen der letzten Abschnitte implizite präzis definiert, und das gibt die Mittel, die Handhabung der Methode der Ätzfiguren jetzt genauer zu schildern, als früher möglich war.

Gleichartige Flächen sind solche, die durch eine der für die Symmetrie des Kristallpolyeders charakteristischen Deckbewegungen ineinander übergeführt werden. Sie sind nicht nur scheinbar, sondern wirklich, resp. physikalisch gleichartig, wenn jene Deckbewegung auch die Gestalten der Ätzfiguren zur Deckung bringt.

Was die Symmetrien einer Kristallfläche angeht, so ist wohl zu unterscheiden die geometrische Symmetrie, die durch die mehr oder weniger zufälligen Begrenzungen der Fläche — verursacht durch die Lage und Größe der Nachbarflächen — bedingt wird, und die kristallographische oder physikalische Symmetrie, die durch die Deckbewegungen des normalen Polyeders definiert ist, dem die Fläche zugehört. Nur die letztere ist für unsern Zweck von Bedeutung, denn nur die letztere läßt sich durch eine physikalische Methode bestimmen und zur Kontrolle der vermuteten physikalischen Symmetrie des Polyeders verwerten.

Deckbewegungen des Polyeders, welche eine seiner Flächen mit sich selbst zur Deckung bringen, bestimmen hiernach die kristallographische Symmetrie der betreffenden Fläche; aber es sind nur gewisse Symmetrieelemente in bestimmten Lagen zur Fläche, welche letztere in sich selbst überführen, nämlich eine Symmetrieachse, eine Symmetrieebene und eine Spiegelachse, und zwar nur dann, wenn sie normal zu der betreffenden Fläche liegen.

Die Symmetrien einer Kristallfläche bestimmen sich im übrigen aus der Symmetrie des Polyeders. Steht eine $n$-zählige Symmetrieachse normal zu einer Polyederfläche, so besitzt diese Achse die genannte Eigenschaft auch für diese Fläche. Wenn also das Polyeder nicht nur scheinbar die betreffende Achse besitzt, so müssen auch die Ätzfiguren eine Gestalt haben, die durch eine Drehung um einen ihrer Punkte um $2\pi/n$ mit sich zur Deckung gelangt.

Steht eine Symmetrieebene normal zu einer Polyederfläche, so muß die Fläche durch Spiegelung in dieser Ebene, resp. in deren Schnittlinie mit der Fläche, mit sich zur Deckung gelangen. Eine Kontrolle dafür, daß dies im konkreten Falle nicht nur der Effekt einer zufälligen (unvollständigen) Ausbildung der Polyederflächen ist, wird geliefert sein, wenn die Beobachtung bei den Ätzfiguren eine zu der angenommenen Symmetrieebene parallele Symmetrielinie ergibt.

Ein Zentrum der Symmetrie besitzt eine Polyederfläche notwendig dann, wenn auf ihr sowohl eine geradzählige Symmetrieachse, als auch eine Symmetrieebene senkrecht steht. Man erkennt dies sogleich durch Übertragung der Betrachtung von S. 67 vom Raum in die Ebene. Ebenso tritt ein Zentrum auf, wenn normal zur Fläche zwei unter $90^0$ gegeneinander geneigte Symmetrieebenen stehen. Zentrisch-symmetrische Bildung des Polyeders hat aber nicht für sich allein schon eine zentrische Symmetrie einer Kristallfläche zur Folge.

Eine Spiegelachse normal zu einer Polyederfläche hat für diese nur dieselbe Konsequenz, wie eine normale zweizählige Symmetrieachse.

Dies sind die einfachen Regeln, welche die physikalischen Symmetrien der Flächen mit denen des ganzen Polyeders verknüpfen.

Noch sei ein einfaches Beispiel zur Illustration des Unterschiedes von geometrischer und kristallographischer Symmetrie einer Kristallfläche beigebracht.

Das Rhomboeder, das (bei Weglassung der angedeuteten Zuschärfungen) in Figur 69 dargestellt ist, entspricht der Symmetrieformel $CA_z^{(3)}A_x^{(2)}$ oder $CA_z^{(3)}E_x$, Gruppe (9). Normal zu jeder seiner Flächen steht nach dieser Formel eine Symmetrieebene, die durch die $Z$-Hauptachse geht. Ihre Schnittlinie mit der betreffenden Fläche gibt für jede derselben eine Symmetrielinie, die in die kurze Diagonale des die Fläche begrenzenden Rhombus und somit in eine geometrische Symmetrielinie fällt. Geometrisch ist auch die lange Diagonale eine Symmetrielinie des Rhombus; wir sehen aber, daß diese keine kristallographische oder physikalische Symmetrielinie darstellt. Demgemäß ist auch die rhombische Fläche zwar im geometrischen, aber nicht im kristallographischen Sinne zentrisch-symmetrisch.

§ 57. **Kontrolle der Einheitlichkeit von Kristallindividuen mit Hilfe von Ätzfiguren.** Gemäß dem hier vertretenen Standpunkt, daß die Feststellung der Symmetrieverhältnisse einer kristallisierten Substanz eine Vorarbeit ist, welche der Kristallphysiker dem Mineralogen ebenso überlassen muß, wie gelegentlich nötige chemische Feststellungen dem bezüglichen Fachmann, kann hier die Anwendung der Methode der Ätzfiguren nur durch einige Beispiele illustriert werden.

Eine der einfachsten sich bietenden Aufgaben ist die Untersuchung, ob ein anscheinend einfaches Kristallindividuum in Wahrheit eine Verwachsung von mehreren Individuen in verschiedenen (z. B. gesetzmäßigen) Orientierungen darstellt.

Es sei vorweg bemerkt, daß hier Fälle vorkommen, die selbst dann, wenn der bezügliche Kristall durchsichtig ist, auf optischem Wege nicht entschieden werden können. Dies hängt mit der hohen Symmetrie der kristalloptischen Phänomene zusammen, die nicht nur als zentrisch-symmetrisch dem vereinfachten Schema von S. 101 unterworfen sind, sondern auch noch überdies Gesetzen folgen, die mit Hilfe dreiachsiger Ellipsoide darstellbar sind. Für die Systeme IV, V, VI werden diese Ellipsoide zu Rotationsellipsoiden, d. h. eine Drehung des Kristalls um die Hauptachse macht sich optisch nicht geltend. Demgemäß ist auch z. B. eine Verwachsung zweier gleicher Kristalle eines dieser Systeme in um die Hauptachse verdrehten Positionen optisch nicht nachweisbar. Da nun aber anderen als optischen Vorgängen gegenüber eine solche Drehung und eine auf ihr beruhende Inhomogenität wesentlich ist, so entsteht die praktisch wichtige Aufgabe, festzustellen, ob ein nach Form und optischem Verhalten anscheinend einfacher Kristall, der das Material für andere (z. B. elastische oder piezoelektrische) Beobachtungen liefern soll, wirklich physikalisch einheitlich ist.

Die Lösung dieser und ähnlicher Aufgaben mit Hilfe der Ätzmethoden ist deswegen relativ einfach, weil es sich dabei nicht um die Aufklärung der wirklichen geometrischen Verhältnisse der Ätzfiguren handelt, sondern nur um die Frage, ob diese Figuren auf allen Teilen einer natürlichen oder angeschliffenen Fläche gleich und gleichorientiert sind. Hierzu bedarf es meist gar nicht der sonst erforderlichen mikroskopischen Untersuchung der einzelnen (meist sehr feinen) Figuren; es genügt oft die bloße Betrachtung der gleichmäßig geätzten Fläche im reflektierten Himmelslicht, dessen diffuse Reflexion von der Art und Orientierung der feinen Ätzgruben abhängt. Bedeckt die Fläche Stücke von verschieden orientierten Individuen, so haben diese Teile bei dieser Art der Beobachtung verschiedenes Aussehen. Diese Methode hat u. a. große praktische Bedeutung bei der Erkennung der Einheitlichkeit von Quarzkristallen, die ja für physikalische Untersuchungen ein kostbares Material darstellen.

Liegt hier ein praktisch wichtiges Problem vor, so bieten sich in andern Fällen auch wissenschaftlich bedeutungsvolle, nämlich dann, wenn ein Kristall nur allein in einer Form gefunden wird, von der man fürchten muß, daß sie trügerisch ist, und es sich demnach darum handelt, die wahre kristallographische und physikalische Symmetrie des Körpers auf einem andern Wege festzustellen. Ein solcher Fall liegt, beiläufig bemerkt, bei Quarz nicht vor, da hier einfache Individuen neben verschiedenen Arten von Verwachsungen beobachtet werden. In einer Reihe von Fällen der geschilderten Art hat die Methode der Ätzfiguren die Zusammensetzung anscheinend einheitlicher holoedrischer Kristalle aus mehreren hemiedrischen nachzuweisen gestattet und damit die Substanz derjenigen Symmetriegruppe eingeordnet, der sie in Wahrheit angehört.

Ein klassisches Beispiel hierfür ist der in der Zusammenstellung auf S. 98 bei der Gruppe (25) (Tetartoedrie des hexagonalen Systems) genannte Nephelin, dessen Vorkommen die Symmetrie der Gruppe (21) (Holoedrie) vortäuscht. Die Beobachtung der Ätzfiguren hat in allen Fällen festgestellt, daß diese anscheinend einfachen Kristalle Zwillingsgebilde sind, insofern bei ihrer Anwendung anscheinend einheitliche Flächen in zwei oder mehr physikalisch ungleichwertige Stücke zerfielen. Das Studium der Symmetrieverhältnisse der bezüglichen Ätzfiguren gestattete dann auch weiter die Erkenntnis der physikalischen Symmetrie der Einzelindividuen. Wir kommen hiermit bereits zu der andern oben signalisierten Art von Aufgaben, die im nächsten Paragraphen Erörterung finden soll.

§ 58. **Kontrolle der Symmetrieformeln einfacher Individuen.** Die zweite oben angedeutete Aufgabe, die Kontrolle, ob die nach den auftretenden Flächen anzunehmende Symmetrie eines Kristalls wirklich die allgemeine ist, die dem physikalischen Verhalten entspricht, ist die schwierigere, insofern hier die mikroskopische Untersuchung der geometrischen Verhältnisse der Ätzfiguren nicht umgangen werden kann. Je nach Umständen tritt dabei die eine oder die andere der oben formulierten und in mancher Hinsicht äquivalenten Fragen: folgen die Figuren beim Übergang von einer zu einer anscheinend gleichartigen Fläche den Deckbewegungen? entspricht bei einer und derselben Fläche die Figur der Symmetrie der Fläche? mehr in den Vordergrund.

Ein überaus lehrreiches Beispiel bildet hier die Gegenüberstellung der beiden Minerale Kalkspat und Dolomit. Beide Körper spalten nach demselben Rhomboeder und sind einander in einer Anzahl physikalischer Eigenschaften so ähnlich, daß ihre Unterscheidung Mühe macht. Die Spaltungsflächen sind, wie das im nächsten Abschnitt noch besonders zur Sprache kommen wird, gleichzeitig mögliche Kristallflächen. Nach der Übereinstimmung der Form und nach den Symmetrieelementen eines Rhomboeders würden also beide der

Gruppe (9) (Holoedrie des trigonalen Systems) zuzurechnen sein. Wäre dies richtig, so müßten die Ätzfiguren bei den der Gruppe entsprechenden Deckbewegungen mit den Flächen selbst auch zur Deckung gelangen und auf jeder einzelnen Fläche deren Symmetrie entsprechen.

Die Formen der Ätzfiguren bei Kalkspat, die in Figur 76a wiedergegeben sind, erfüllen diese Anforderungen; alle die Deckbewegungen, welche durch die Symmetrieformel $C$, $A_z^{(3)}$, $A_x^{(2)}$ resp. $C$, $A_z^{(3)}$, $E_x$ ausgedrückt werden, führen auch das in der Figur schematisch wiedergegebene Kurvendreieck der Ätzfigur auf der einen Fläche über in dasjenige auf der andern. Auch findet sich die Symmetrielinie, welche nach S. 106 die Flächen parallel deren kurzer Diagonale durchsetzt, in der Ätzfigur wieder. Dagegen ist die lange Diagonale, welche nach S. 106 zwar eine geometrische, aber keine kristallographische Symmetrielinie der Fläche darstellt, keine Symmetrielinie der Ätzfigur.

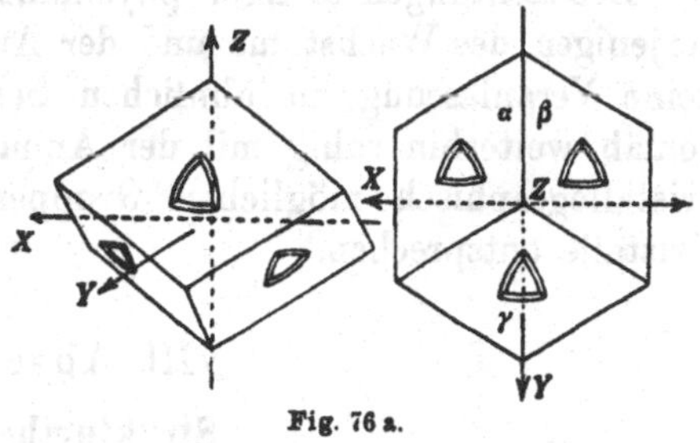

Fig. 76 a.

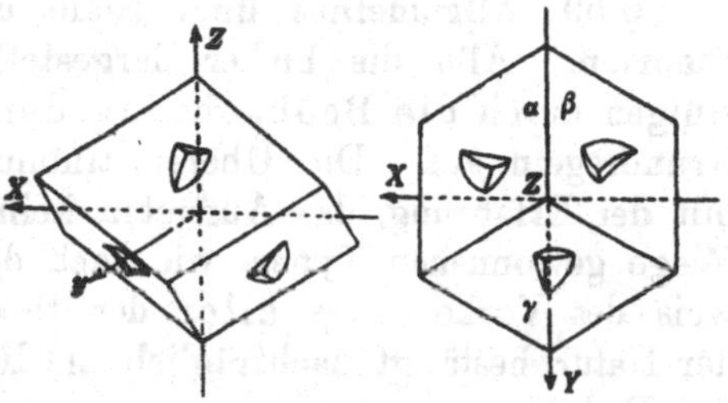

Fig. 76 b.

Die in Figur 76b dargestellten Ätzfiguren für Dolomit entsprechen nur den beiden Symmetrieelementen $C$ und $A_z^{(3)}$; dagegen geht bei einer Spiegelung in der zu X normalen Ebene die Figur auf der Fläche $\alpha$ nicht in die auf der Fläche $\beta$ über, und entsprechend besitzt die einzelne Figur keine zur kurzen Flächendiagonale parallele Symmetrielinie.

Die scheinbare Symmetrie des Dolomit nach den Elementen der Gruppe (9) ist also nicht wirklich; die tatsächliche Symmetrie ist die der Gruppe (12) mit den Elementen $C$, $A_z^{(3)}$. Letztere Symmetrie würde sich an der Kristallform z. B. dadurch betätigen können, daß Rhomboeder mit zuschärfenden Flächen 1 und 4 oder 2 und 3 gemäß Figur 69 $\delta$ auf S. 94 auftreten.

Die Methode der Ätzfiguren hat in der Hand erfahrener Forscher der Wissenschaft sehr bedeutenden Nutzen gebracht. Immerhin scheint sie nicht ohne Schwierigkeiten zu sein; über die Deutung mancher zarter Gebilde sind Meinungsverschiedenheiten zwischen Fachleuten vorhanden. Es ist auch klar, daß eine Methode, die auf der Beobachtung kleinster Bereiche der Kristallflächen beruht, der Täuschung infolge lokaler Störungen, Sprünge, Poren u. dgl. hervorragend ausgesetzt ist. Weitgehende Schlüsse mancher Forscher aus Ätzfiguren, dahingehend, daß nahezu alle hochsymmetrischen, insbesondere holoedrischen Formen durch Verwachsungen von mehreren niedrigsymmetrischen Individuen vorgetäuscht würden, werden demgemäß von anderen Forschern beanstandet und sind mit Vorsicht aufzunehmen. Die Beobachtungen anderer physikalischer Vorgänge an Kristallen, als derjenigen des Wachstums und der Auflösung, geben jedenfalls bisher keine Veranlassung zu ähnlichen Schlüssen, und wir werden demgemäß weiterhin ruhig mit der Annahme arbeiten, daß allen den 32 kristallographisch möglichen Gruppen in der Natur auch wirklich Kristalle entsprechen.

## VIII. Abschnitt.

## Strukturtheorien.

§ 59. **Allgemeines über Ziele und Leistungen der Strukturtheorien.** Alle die bisher dargestellten Betrachtungen gehen von einigen durch die Beobachtung der Kristallformen gewonnenen Grundregeln aus. Die Übereinstimmung der schließlichen Resultate mit der Erfahrung, das Auftreten keiner anderen, als der auf diesem Wege gewonnenen Typen, wie auch der fast lückenlos gelungene Beweis des Vorkommens aller der theoretisch gewonnenen Typen in der Natur bestätigt nachträglich die Richtigkeit des Ausgangspunktes der Deduktion.

Das hierdurch nochmals charakterisierte Verfahren findet in vielen andern Gebieten der Physik Analoga. Ihm stellt sich aber in jenen Gebieten meist der Versuch eines zweiten Verfahrens gegenüber, das die Grundlage allgemeiner, aus der Erfahrung fließender Sätze zu vermeiden, nämlich durch eine spezielle Vorstellung über den Mechanismus des Vorganges zu ersetzen sucht. In vielen Fällen sind es molekulartheoretische Vorstellungen, welche herangezogen werden.

Ähnliche Bestrebungen sind auch in unserm Gebiete von mehreren Seiten verfolgt worden. Es handelt sich dabei um den Versuch, Bilder von der Konstitution der kristallisierten Substanz zu konstruieren und aus ihnen die überhaupt möglichen Symmetrietypen, wie auch die Gesetze der in ihnen auftretenden Flächen abzuleiten. Derartige Versuche könnten an sich offenbar noch viel weiter reichende Bedeutung gewinnen; denn aus der als bekannt vorausgesetzten Konstitution müßten sich schließlich die Gesetze aller physikalischen Eigenschaften ableiten lassen, welche kristallisierte Substanz zu zeigen vermag.

Indessen sind nach dieser letzteren Richtung die Erfolge der sogenannten Strukturtheorien bisher nicht eben weitreichend. Die vorhandenen Theorien beschäftigen sich kaum mit der Frage, wie denn eine der hypothetisch eingeführten Molekularanordnungen sich auch nur in dem nötigen stabilen Gleichgewicht zu erhalten vermag, geschweige denn mit der weitergehenden, zu welchen physikalischen Eigenschaften sie führt. Es handelt sich im allgemeinen in der Tat nur um den Nachweis, daß bei Einführung gewisser Vorstellungen über die den Kristall konstituierenden Korpuskeln (die nicht notwendig mit den chemischen Molekülen übereinzustimmen brauchen) sich räumliche Anordnungen derselben finden lassen, welche genau den oben abgeleiteten 32 Symmetrietypen entsprechen. Durch Hinzunahme der plausiblen Hypothese, daß Ebenen, die sich zur Begrenzung eines so konstituierten Kristalls eignen, in dem System der Korpuskeln eine ausgezeichnete Lage haben, etwa von Korpuskeln in einer gewissen Dichtheit erfüllt sein müssen, kann man dann Scharen möglicher kristallinischer Begrenzungsflächen festlegen und für diese das Gesetz der rationalen Indizes ableiten. Aber durchgreifende Gesichtspunkte, welche etwa die stärkere Ausbildung der einen oder der anderen Flächenart, sowie das konsequente Fehlen an sich möglicher verstehen lassen, sind bisher nicht gewonnen. Ansätze zur Ableitung der Gesetze physikalischer Erscheinungen auf Grund einer speziellen Strukturhypothese fehlen fast ganz, und was davon bisher vorliegt, benutzt wenig mehr, als die aus den Kristallformen geschlossenen Symmetrieverhältnisse.

Wegen dieser Sachlage ist bisher keine Veranlassung, in einer Darstellung der Kristallphysik den Strukturtheorien sehr viel Raum zu gewähren. Immerhin dürfen sie nicht ganz übergangen werden, schon wegen ihrer Beziehungen zu den allgemeinen Symmetriebetrachtungen, bei denen sie das in § 43 u. f. benutzte Erfahrungsprinzip der rationalen Indizes in interessanter Weise zu ersetzen vermögen.

**§ 60. Die Bravaisschen Raumgitter.** Die denkbar einfachste Hypothese, die man über die molekulare Konstitution eines Kristalls machen kann, und von der (nach einem früheren Versuch von *Frankenheim* 1835) *Bravais*[1]) 1850 bei seinen bahnbrechenden Überlegungen ausging, ist die, ihn aus lauter gleichartigen Massenpunkten von kugeliger Symmetrie zusammengesetzt zu denken, die so angeordnet sind, daß im Innern des Kristalls ein jeder Massenpunkt (innerhalb der Wirkungsweite der Molekularkräfte) in identischer Weise von den übrigen umgeben wird. Hiermit würde der Anforderung einer strukturellen Homogenität am einfachsten entsprochen sein.

1) *Bravais*, Journ. de l'école polyt. T. 19, Heft 33 p. 1; 1850.

Die Konzeption verlangt, daß in jeder Richtung, in der man, von einem Massenpunkt $p_0$ ausgehend, in einer kleinsten Entfernung $a$ einen anderen $p_1$ trifft, diesem Punkt in immer gleichen Abständen $a$ weitere Punkte $p_2, p_3, \ldots$ folgen müssen. Gelangt man in einer anderen Richtung von $p_0$ in einer kleinsten Entfernung $b$ zu einem weiteren Punkt $p_0'$, so müssen sich diesem nicht nur in derselben Richtung in gleichen Abständen weitere Punkte $p_0'', p_0''', \ldots$ anreihen, — jeder dieser Punkte muß, nach der Annahme gleichartiger Umgebung, auch Ausgangspunkt für eine der ersten Reihe $p_0, p_1, p_2, \ldots$ gleiche und parallele sein.

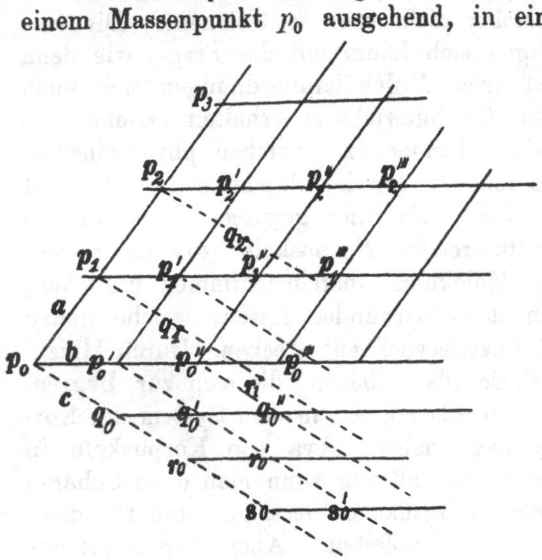


Fig. 77.

So entsteht zunächst in der Ebene der Verbindungslinien $\overline{p_0 p_1}$ und $\overline{p_0 p_0'}$ ein Punktgitter aus zwei Systemen von Punktreihen; innerhalb desselben liegen aber ersichtlich unendlich viele Punktreihen von verschiedener Richtung, insofern die Verbindungslinie irgend zweier Punkte $p_0$ und $p_h^{(k)}$ in ihrer Verlängerung in immer gleichen Abständen weitere Punkte trifft.

Verbinden wir schließlich $p_0$ mit einem Punkt $q_0$ außerhalb der Zeichenebene (derart, daß zwischen $p_0$ und $q_0$ kein weiterer Punkt liegt), so läßt sich an die Richtung von $\overline{p_0 q_0}$ dieselbe Überlegung anknüpfen, wie an die Richtungen von $\overline{p_0 p_1}$ und $\overline{p_0 p_0'}$. Auf der Verlängerung von $\overline{p_0 q_0}$ müssen sich in den gleichen Abständen $\overline{p_0 q_0} = c$ weitere Punkte $r_0, s_0, t_0, \ldots$ finden, und gleiche und parallele Reihen $r_h^{(k)}, s_h^{(k)}, t_h^{(k)}, \ldots$ müssen in jedem Punkt $p_h^{(k)}$ der Zeichenebene ihren Ausgang nehmen.

Drei derartige Reihen von beliebiger Richtung und beliebigem Abstand ihrer Punkte sind mit der Anforderung gleicher Verteilung um jeden Massenpunkt vereinbar; jede vierte unabhängige würde damit in Widerspruch treten. Die vorstehend charakterisierten „einfachen Raumgitter“ sind daher die allgemeinste Lösung der Aufgabe der Strukturtheorie auf der gegebenen Grundlage.

Diese Raumgitter besitzen nun bezüglich jedes einzelnen ihrer Massenpunkte Symmetrien, die je nach Richtung und Größe der Elementarstrecken $a, b, c$ mit denen gewisser Kristallgruppen übereinstimmen, und sie können demnach als einfachste hypothetische Bilder für die Struktur eben dieser Kristalle gelten.

*Bravais* hat gezeigt, daß es vierzehn, und nur vierzehn nach ihrer Symmetrie verschiedene einfache Raumgitter gibt, die sich den sieben Kristallsystemen in verschiedener Anzahl zuordnen. Diese Gitter sind nachstehend dadurch beschrieben, daß einmal die elementaren Abstände $a, b, c$ und hierdurch drei Punktreihen mit kleinsten Abständen angegeben sind, welche nach dem obigen das Gitter konstituieren, und sodann die Gestalt eines der charakteristischen Elementarbereiche, in welche die Gitterebenen den Raum zerlegen:

I. Trikliner Typus.

1. $a, b, c$ beliebig gegeneinander geneigt und von beliebiger Länge. Das Elementarbereich ist ein doppelt-schiefes Parallelepipedon mit Massenpunkten in seinen Ecken. (Fig. 78.)

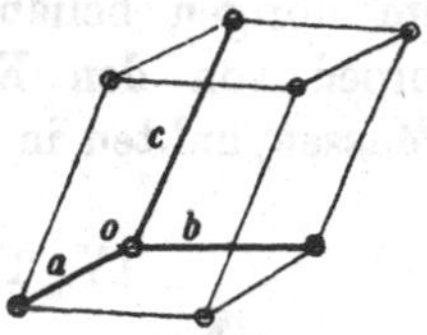

Fig. 78.

II. Monokliner Typus.

2. $a$ gegen $b$ beliebig geneigt, $c$ normal auf $a$ und $b$; $a, b, c$ von beliebiger relativer Länge. Das Elementarbereich ist eine gerade Säule von rhomboidischem Querschnitt mit Massenpunkten in den Ecken. (Fig. 79.)

3. $a$ gegen $b$ beliebig geneigt und von beliebiger relativer Länge; $c$ von solcher Länge und Neigung, daß seine doppelte Projektion auf die Ebene von $a$ und $b$ in die Diagonale $d$ des Parallelogramms aus $a$ und $b$ fällt. Als Elementarbereich kann eine gerade rhomboidische Säule mit den Kanten $a, b, \sqrt{4c^2 - d^2}$ und mit Massenpunkten in den Ecken und in dem Zentrum angesehen werden. (Fig. 80.)

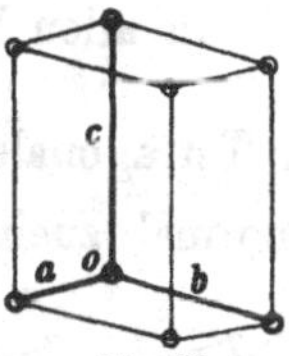

Fig. 79.

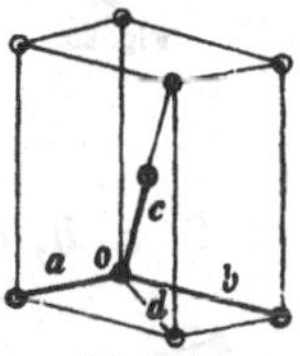

Fig 80.

III. Rhombischer Typus.

4. $a, b, c$ normal zueinander und von beliebiger Länge. Elementarbereiche in rechtwinkliges Parallelepiped mit den Kanten $a, b, c$ und mit Massenpunkten in den Ecken. (Fig. 81.)

5. $c$ normal zu $a$ und $b$; die Projektion von $2b$ auf die Ebene $ac$ gleich $a$, im übrigen $a, b, c$ beliebig. Elementarbereich ein rechtwinkliges Parallelepiped mit den Kanten $a, \sqrt{4b^2 - a^2}, c$ mit Massenpunkten in den Ecken und im Zentrum der Basen. (Fig. 82.)

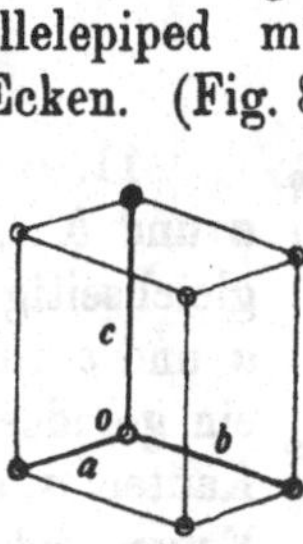

Fig 81.

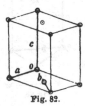

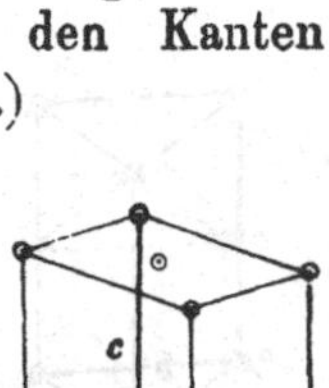

Fig. 82.

6. $a$ normal zu $b$, die Diagonale von $a$ und $b$ gleich der Projektion von $2c$; im übrigen die Größen von $a, b, c$ beliebig. Elementarbereich ein rechtwinkliges Parallelepiped mit Massenpunkten in den Ecken und im Zentrum. (Fig. 83.)

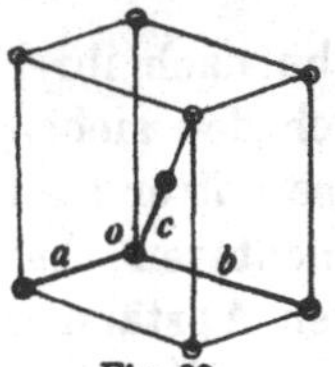

Fig. 83.

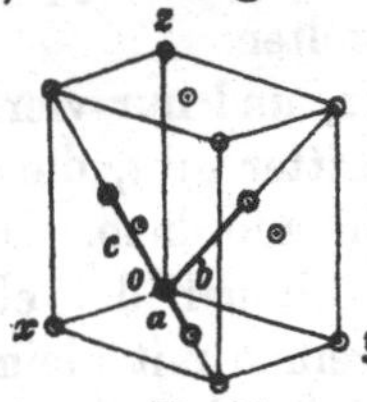

Fig. 84.

7. $a, b, c$ in drei zueinander normalen Ebenen gegen deren Schnittlinien $x, y, z$ derart gelegen, daß

$$c\cos(c,x) = a\cos(a,x);\; a\cos(a,y) = b\cos(b,y);\; b\cos(b,z) = c\cos(c,z),$$

im übrigen beliebig. Elementarbereich ein rechtwinkliges Parallelepiped von den Kanten $2a\cos(a,x)$, $2b\cos(b,y)$, $2c\cos(c,z)$ mit Massenpunkten in den Ecken und in der Mitte jeder Fläche. (Fig. 84.)

## IV. Trigonaler oder rhomboedrischer Typus.

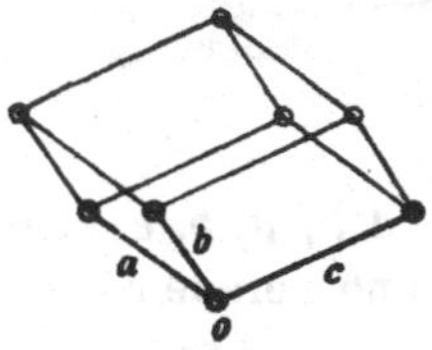

Fig. 85.

8. $a = b = c$ in drei vertikalen Ebenen durch O gelegen, die um 120° gegeneinander geneigt sind, und zwar um gleiche Winkel von der Vertikalen abweichend. Das Elementarbereich ist ein Rhomboeder mit den Kanten $a, b, c$ und Massenpunkten in allen Ecken. (Fig. 85.)

## V. Tetragonaler oder quadratischer Typus.

9. $a, b, c$ normal zueinander; $a = b$. Das Elementarbereich ist ein gerades quadratisches Prisma mit Massenpunkten in den Ecken. (Fig. 86.)

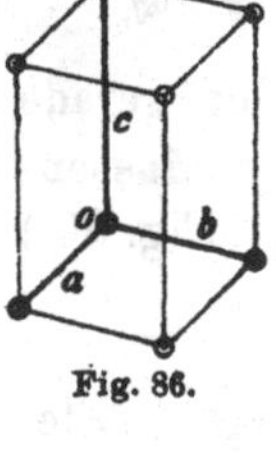

Fig. 86.

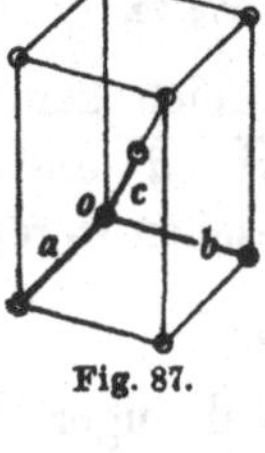

Fig. 87.

10. $a = b$ und $a$ normal zu $b$; die Diagonale von $a$ und $b$ gleich der Projektion von $2c$; im übrigen $c$ beliebig. Das Elementarbereich ist ein gerades quadratisches Prisma mit Massenpunkten in den Ecken und im Zentrum. (Fig. 87.)

## VI. Hexagonaler Typus.

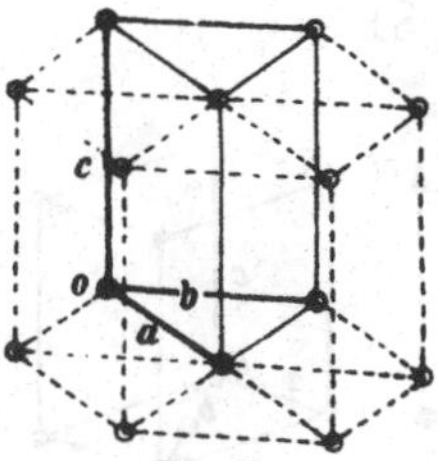

Fig. 88.

11. $a = b$, $\angle a, b = 60$; $c$ beliebig und normal zu $a$ und $b$. Als Elementarbereich kann ein gerades, gleichseitig dreiseitiges Prisma mit den Kanten $a$, $a$ und $c$ und Massenpunkten in den Ecken, oder aber ein gerades gleichseitig sechsseitiges Prisma mit den Kanten $a, a$ und $c$ und mit Massenpunkten in den Ecken und den Zentren der Basen gelten. (Fig. 88.)

### VII. Regulärer Typus.

12. $a, b, c$ einander gleich und normal zueinander. Elementarbereich ein Würfel mit den Kanten $a$ und mit Massenpunkten in den Ecken. (Fig. 89.)

13. $a = b$ normal zueinander; $2c$ nach Lage und Größe durch die Diagonale des aus $a$ und $b$ vervollständigten Würfels gegeben. Elementarbereich ein Würfel von den Kanten $a$ mit Massenpunkten in den Ecken und im Zentrum. (Fig. 90.)

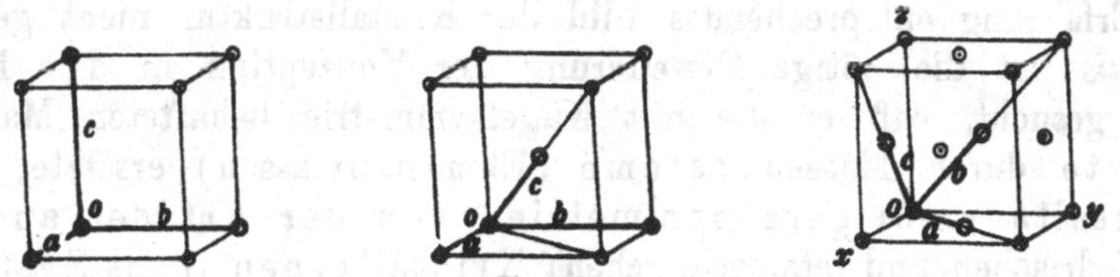


Fig. 89. Fig. 90. Fig. 91.

14. $a = b = c$ durch die halben Diagonalen der Seitenflächen eines Würfels gegeben, dessen eine Ecke in 0 liegt. Elementarbereich ein Oktaeder von den Kanten $a$ mit Massenpunkten in den Ecken oder ein Würfel von den Kanten $a\sqrt{2}$ mit Massenpunkten in den Ecken und in den Mitten seiner Flächen. (Fig. 91.)

Diese *Bravais*schen Raumgitter haben die Symmetrien der holoedrischen Typen der sieben oben eingeführten Kristallsysteme; andere, als die bei diesen auftretenden Symmetrieachsen werden durch die zugrunde liegende Strukturhypothese also nicht zugelassen. Letzteres hängt damit zusammen, daß die Ebene zwar in identische Parallelogramme, in gleichseitige Dreiecke oder reguläre Sechsecke zerlegbar ist, nicht aber in identische reguläre Fünf-, Sieben-, Acht- usw. Ecke, wie man leicht beweisen kann. Die Strukturtheorie liefert also bei holoedrischen Formen als eine Konsequenz ihrer Grundannahme die Beschränkung der Zähligkeiten der Symmetrieachsen auf 2, 3, 4, 6, die bei den früheren Betrachtungen aus einem allgemeinen Erfahrungssatz deduziert werden mußte. Sie liefert auch, wenn man die Hypothese hinzunimmt, daß mögliche Kristallflächen mit Ebenen zusammenfallen müssen, welche Gitter der Massenpunkte enthalten, direkt das Prinzip der rationalen Indizes, von dem im V. Abschnitt ausgegangen ist.

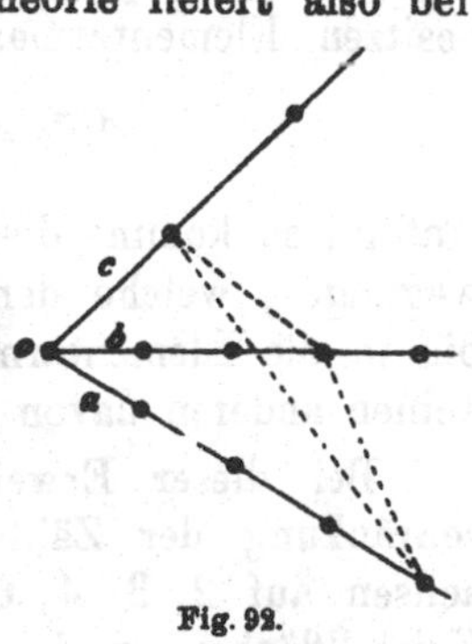


Fig. 92.

In der Tat, wenn in Figur 92 die drei Geraden Punktreihen in den elementaren Abständen $a$, $b$, $c$ enthalten, so lassen sich alle

Ebenen, welche Gitter von Massenpunkten enthalten, dadurch definieren, daß sie auf diesen Geraden Abschnitte markieren, welche ganzzahlige Vielfache von $a, b, c$ sind; und hierin ist eben das Prinzip der rationalen Indizes enthalten.

§ 61. **Die Bravaissche Strukturtheorie.** Da die vorstehend zusammengestellten vierzehn einfachen Raumgitter nur den Symmetrien der holoedrischen Gruppen entsprechen, so kann ein nach ihnen geordnetes System von Massenpunkten als ein den Anforderungen der Erfahrung entsprechendes Bild der Kristallstruktur nicht gelten. *Bravais* hat die nötige Erweiterung der Konzeption in der Richtung gesucht, daß er die mit Kugelsymmetrie behafteten Massenpunkte durch Massensysteme (Elementarmassen) ersetzte, die ihrerseits niedrigere Symmetrien von der Art der andern (hemiedrischen und tetartoedrischen) Kristalltypen ihres Systems besitzen, und die einander parallel, und zwar so gegen die Gitter orientiert sind, daß korrespondierende Symmetrieachsen oder -ebenen des Gitters und der Elementarmassen einander parallel liegen.

Bei einer solchen Anordnung bleiben die dem Raumgitter und den Elementarmassen gemeinsamen Symmetrieelemente erhalten, diejenigen Elemente, welche den Elementarmassen fehlen, gehen dem gesamten System verloren. Elementarmassen mit Symmetrieelementen, die denen des Gitters durchaus fremd sind, würden dessen Symmetrie völlig aufheben; sie können also in Kristallen nicht auftreten, — was auch von vornherein einleuchtet, da die Anordnung der Massen durch die von ihnen ausgehenden Kräfte bestimmt wird.

Wenn man z. B. in eines der Raumgitter, welche die Symmetrien $C, A_z^{(n)}, A_x^{(2)}$ resp. $C, A_z^{(n)}, E_x$ der Holoedrien des IV. bis VI. Systems besitzen, Elementarmassen von einer der Symmetrien

$$A_z^{(n)}, A_x^{(2)}; \quad A_z^{(n)}, E_x; \quad C, A_z^{(n)}; \quad A_z^{(n)}$$

einfügt, so kommt dies so ausgestaltete Raumgitter bei allen den Bewegungen, welche den letzteren vier Symmetrieformeln entsprechen, bis in die Elementarmassen hinein mit sich zur Deckung, aber bei keinen anderen davon unabhängigen Bewegungen.

Bei dieser Erweiterung der Theorie bleibt natürlich die Beschränkung der Zähligkeiten der Symmetrie- und der Inversionsachsen auf 2, 3, 4, 6 resp. 2, 4, 6 erhalten, auch folgen die für Kristallflächen geeigneten Gitterebenen dem Gesetz der rationalen Indizes, während zugleich durch die geringere Symmetrie der Elementarmassen Flächen ungleichartig werden können, die nach der geometrischen Symmetrie des Gitters einander gleichartig erscheinen.

Um ein Beispiel zu geben, betrachten wir eines der Raumgitter, die dem V. (Tetragonalen) System entsprechen und in Figur 86 und 87 dargestellt sind. Mit ihnen ist bei Voraussetzung kugelsymmetrischer Massenpunkte die Kristallform einer quadratischen Doppelpyramide mit acht gleichartigen Flächen vereinbar, deren Polfigur Figur 61 auf S. 91 zeigt.

Werden nun aber in das Raumgitter statt der Massenpunkte Elementarmassen von der Symmetrie $A_z^{(4)}E_x$ eingeführt, etwa Gebilde von der in Figur 64 auf S. 92 dargestellten Form, so kehren diese den Flächen der beiden quadratischen Pyramiden in der Kristallform verschiedenartige Seiten zu; die Pole in den beiden Hälften der Polfigur 61 und die ihnen entsprechenden Flächen werden hierdurch einander ungleichartig.

Dies kann sich in der Natur darin kundgeben, daß der eine Flächenkomplex sich schwieriger, in kleinerer Ausdehnung oder mit anderem Aussehen (matt, gestreift) bildet, als der andere; der Unterschied kann auch in der natürlichen Ausbildung der Flächen unmerklich sein und nur durch Anätzen derselben hervortreten.

Ebenso wird natürlich bei physikalischen, z. B. pyro- und piezoelektrischen Vorgängen, die nur bei azentrischer Symmetrie der Kristallstruktur auftreten, die Eigenart der im Gitter befindlichen Elementarmassen wirksam werden.

Es ist klar, daß die so ausgebildete *Bravais*sche Theorie in qualitativer Hinsicht weitgehenden Ansprüchen genügt und schon allein in der Verständlichmachung und Begründung des Prinzips der rationalen Indizes und der beschränkten Zähligkeit der Symmetrie- und Inversionsachsen beträchtliche Leistungen aufweist. Freilich kommt das letztere Resultat in einer eigentümlich komplizierten Weise zustande, wie noch einmal betont werden mag. Bezüglich der Raumgitter liegt ja alles einfach; aus rein geometrischen Gründen sind nur jene 14 Typen mit resp. zwei-, drei-, vier- und sechszähligen Symmetrieachsen möglich. Aber die Elementarmassen, welche nun in die Gitter gesetzt werden, könnten an sich alle möglichen Symmetrieelemente, z. B. auch fünf- und siebenzählige Symmetrieachsen besitzen. Nur die plausible Erwägung, daß die Gitter durch die Wechselwirkungen der Elementarmassen im stabilen Gleichgewicht bestehen sollen, daß hierzu Elementarmassen nicht fähig sind, deren Symmetrien im Widerspruch mit denen der Gitter sind, daß die Symmetrieelemente der Elementarmassen also keine andern sein können, als die den bezüglichen Gittern eigenen — allerdings eventuell in reduzierter Zahl — zwingt den Elementarmassen ihre bezüglichen

Symmetrien auf. Es ist von Nutzen, sich dies Verhältnis klar zu machen.

Was die Beziehungen der *Bravais*schen Strukturtheorie zu physikalischen Fragen angeht, so gilt das im Eingang dieses Abschnittes generell Gesagte auch für sie. Untersuchungen über das stabile Gleichgewicht eines Systems derartiger Elementarmassen in derartiger Anordnung fehlen bisher und sind um so schwieriger, da hierbei unzweifelhaft das singuläre Verhalten der Teile, die einer Grenzfläche naheliegen und dort also zentrisch-dissymmetrische Wirkungen von den umgebenden Teilen erfahren, speziell in Betracht zu ziehen ist. Lord *Kelvin*[1]) hat sich in seinen letzten Lebensjahren wiederholt mit einem Problem beschäftigt, das als elementare Vorstudie zu dem hier vorliegenden gelten kann, mit dem Gleichgewicht einer in einer Geraden angeordneten Reihe von Massenpunkten, die auf der einen Seite begrenzt ist, auf der andern sich ins Unendliche erstreckt, bei geeigneten Annahmen über die zwischen ihnen wirkenden Kräfte. Die analytische Behandlung derartiger Aufgaben ist sehr umständlich; ihre Resultate weisen auf beträchtliche Unregelmäßigkeiten der Struktur in der Nähe der Begrenzung hin.

Eine allgemeine Frage, die mit dem Problem des Gleichgewichtes eines Systems von Elementarmassen von gegebener Symmetrie zusammenhängt und ein gewisses prinzipielles Interesse besitzt, mag hier noch kurz berührt werden, nämlich die, ob es physikalisch denkbar ist, daß Elementarmassen von niedriger Symmetrie sich in einer Raumgitteranordnung von höherer Symmetrie im Gleichgewicht befinden. Es erscheint z. B. nicht sofort einleuchtend, daß bei einer Elementarmasse von der Symmetrie $A_z^{(n)} E_x$ die in der Richtung der $+Z$- und der $-Z$-Achse direkt benachbarten Massen in gleichen Abständen von ihr im Gleichgewicht verharren können, da ja das Feld dieser Elementarmasse auf der Seite der $+Z$-Achse einem anderen Gesetz folgt, als auf der Seite der $-Z$-Achse.

Der Umstand, der hier ins Spiel tritt, ist, daß für das Gleichgewicht in dem Massensystem nicht das Feld oder die Potentialfunktion der einzelnen Elementarmasse maßgebend ist, sondern das Potential der Wechselwirkung zwischen je zweien von ihnen bei paralleler Orientierung. Dies Potential hat ganz andere Symmetrieeigenschaften, als die Potentialfunktion der einzelnen Elementarmasse. Es besitzt z. B. jederzeit ein Symmetriezentrum, d. h. behält seinen Wert, wenn man in den beiden in Wechselwirkung befindlichen Elementarmassen Inversion je in bezug auf

1) S. z. B. Lord *Kelvin*, Baltimore Lectures, Appendix J. London 1904, Deutsche Übersetzung von *B. Weinstein*, Leipzig u. Berlin 1909.

einen homologen Punkt in ihrem Innern vornimmt, während das Analoge für die Potentialfunktion einer einzelnen Elementarmasse keineswegs stets stattfindet. In der Tat bleiben im ersten Falle bei der gleichzeitigen Inversion in beiden Massen die Abstände derselben Massenelemente beider Systeme ungeändert, während im letzteren Falle die Abstände der Massenelemente von dem Punkt, auf den die Potentialfunktion sich bezieht, durch die Inversion im allgemeinen geändert werden.

Es muß genügen, auf diesen Punkt hingewiesen zu haben.

**§ 62. Neuere Strukturtheorien.** Wenn nun auch die vorstehend auseinandergesetzte *Bravais*sche Theorie in sich abgeschlossen erscheint, so kann man doch an der Unbestimmtheit der bei ihr eingeführten Elementarmassen von (verglichen mit derjenigen des Raumgitters) niedrigerer Symmetrie einigen Anstoß nehmen und die Erklärung und Deutung dieser Massen verlangen. Ihre Zurückführung auf Systeme von Massen (Partikeln), deren Symmetrie entweder kugelförmig ist oder infolge der Anordnung derselben nicht zur Geltung kommt — ein Ausweg, den *Bravais* selbst bereits als möglich erkannt hatte — ist das Ziel derjenigen Forscher, die sich nach *Bravais* mit Strukturtheorie beschäftigt haben, wie *Wiener*, *Sohncke*, *Fedorow*, *Schoenflies*. Besonders ist die scharf begrenzte Aufgabe verfolgt worden, Systeme von gleichartigen Partikeln aufzusuchen, welche den Symmetrien der 32 Kristallgruppen entsprechen und demgemäß die Rolle der unbestimmteren *Bravais*schen Elementarmassen vertreten können. Die Lösung, die *Schoenflies*[1]) nach strengen analytischen Methoden gegeben hat, weist die erdrückend hohe Zahl von 230 möglichen Anordnungen auf, welche sich auf die 32 Symmetrietypen in sehr ungleich reicher Weise verteilen.

Über den physikalischen Wert derartiger Betrachtungen zu urteilen, wäre durchaus verfrüht. Es ist sehr wohl möglich, daß die Partikeln dieser Massensysteme wirklich mit den chemischen Molekülen identisch sind, und daß die von *Schoenflies* u. a. abgeleiteten Komplexe die letzten Bausteine des Kristalls darstellen. Die Partikeln oder Moleküle besitzen natürlich wegen ihrer Zusammensetzung aus verschiedenartigen Atomen gewisse, meist sehr niedrige Symmetrien; sie müßten dann in den Elementarmassen oder Kristallbausteinen so orientiert sein, daß diese letzteren trotzdem die verlangten Deckbewegungen gestatten, — was immer möglich zu sein scheint.

Natürlich kompliziert sich bei dieser Konzeption die Behandlung

1) *Schoenflies*, l. c.

aller physikalischen Fragen, z. B. auch derjenigen nach der Möglichkeit eines stabilen Gleichgewichtes, außerordentlich.

Unter diesen Umständen scheint es, als ob Erfolge der neueren Strukturtheorien, insbesondere auch eine Verwertung der 230 von *Schoenflies* aufgestellten, Typen für die Kristallbausteine am ersten auf rein geometrischem Wege zu gewinnen sein möchten, etwa durch eine Systematisierung der bekannten Kristalle einer Gruppe nach den an ihnen hauptsächlich auftretenden Formen, und Gegenüberstellung dieser Hauptformen mit den der Gruppe nach *Schoenflies* entsprechenden verschiedenen Typen von Bausteinen. Möglich, daß sich hierdurch Beziehungen zwischen beiden finden ließen, die schließlich zu der Zuordnung eines bestimmten Bausteintyps zu jedem Formentyp führen könnten.

Freilich fehlt es für derartige Untersuchungen noch sehr an den fundamentalen Vorarbeiten. Insbesondere wäre in systematischer Weise zu untersuchen, welche Rolle kleine fremde Beimengungen zu der Kristallsubstanz oder zu der Lösung bei der Kristallisation spielen. Daß dergleichen Verunreinigungen in weitem Maße die Art der auftretenden Flächen zu bestimmen vermögen, dürfte die Verschiedenheit der Formen erweisen, welche in der Natur mitunter dieselbe kristallisierte Substanz in verschiedenen Gegenden der Erde aufweist. Ehe an Arbeiten der obenbezeichneten Art herangegangen werden kann, müßten also systematische Züchtungen von Kristallen aus chemisch reinem Material vorgenommen werden.

Immerhin ist zu erwähnen, daß die bis jetzt vorhandenen Ansätze zu molekularen Theorien physikalischer Vorgänge in Kristallen nach einer anderen Richtung liegen, als durch diese Strukturhypothesen bezeichnet ist. Die Struktur der Kristallbausteine kommt ja bei den physikalischen Vorgängen nicht direkt zur Geltung, sondern nur indirekt durch die Gesetzmäßigkeiten der auf ihnen beruhenden molekularen Kräfte, und diese Gesetzmäßigkeiten gestatten keinen eindeutigen Schluß auf die Strukturen. Es scheint daher vom physikalischen Standpunkt aus im Grunde rationeller, von Ansätzen für die molekularen Kräfte, d. h. für die Potentialfunktionen der Elementarmassen auszugehen, als von Hypothesen über deren Struktur.

Zu diesem Zwecke bietet sich als ein methodisches Hilfsmittel die Entwicklung der Potentialfunktion eines Massensystems nach symmetrischen Kugelfunktionen, von denen unten gezeigt werden wird, daß (mit Ausnahme der ersten, welche der Wirkung eines einzigen Massenpunktes entspricht) jede einzelne als die Potentialfunktion eines Systems von positiven und negativen elektrischen Massenpunkten oder Polen von der Gesamtladung Null aufgefaßt werden kann. Dieser Zusammenhang darf, angesichts der neueren (elektrischen) Vorstellungen von der Konstitution der Materie, und somit der Moleküle, als bedeutungsvoll betrachtet werden.

Jede Kugelfunktion einer bestimmten Ordnung besitzt nun eine gewisse Symmetrie, und man kann zu jeder der Symmetrieformeln der Zusammenstellung auf S. 97 eine Kugelfunktion mit entsprechender Eigenschaft bilden.[1]) Die Ordnung dieser Kugelfunktionen ist bei komplizierten Symmetrien sehr hoch. Man kann aber das gleiche Ziel auch stets durch eine Summe von Kugelfunktionen verschiedener, sehr niedriger Ordnungen erreichen. Es ist nicht unwahrscheinlich, daß wirkliche Erfolge der *Bravais*schen Strukturtheorie auf physikalischem Gebiete eben durch Einführung derartiger Ansätze für die bei *Bravais* unbestimmt bleibenden Elementarmassen, mit Symmetrien, die denjenigen der Raumgitter angepaßt sind, erreicht werden möchten.

---

1) *W. Voigt*, Wied. Ann. Bd. 51, p. 638, 1894.

## II. Kapitel.

# Physikalische Funktionen als gerichtete Größen.

## I. Abschnitt.

### Systematik der gerichteten Größen.

§ 63. **Einwirkungen und Effekte; Reziprozitäten.** Wie schon früher beiläufig bemerkt, kommen die physikalischen Eigenschaften der Körper im allgemeinen dadurch zur Geltung, daß auf die Körper ausgeübte Einwirkungen an ihnen bestimmte Effekte hervorrufen. Das Gesetz, welches die Bestimmungsstücke der Einwirkung mit den Bestimmungsstücken des durch sie hervorgerufenen Effekts verknüpft, kann man als die exakte Darstellung der bezüglichen Eigenschaft betrachten. Zur Illustration mag etwa auf die schon wiederholt herangezogenen Vorgänge der thermischen Dilatation und der dielektrischen Influenz hingewiesen werden.

Der einfachste, und zur Definition einer physikalischen Eigenschaft doch zugleich ausreichende Fall ist der, daß sowohl die Einwirkung wie deren Effekt in allen Punkten des Körpers gleich sind, der Fall also des homogenen Vorganges. Aus homogenen Vorgängen lassen sich dann mehr oder weniger einfach die inhomogenen, wo Einwirkung und Effekt in dem Körper von Ort zu Ort variieren, zusammensetzen oder aufbauen. Es gehört hierher bei den genannten Beispielen der Fall der Deformation infolge ungleichförmiger Temperaturänderung, wie auch derjenige der dielektrischen Erregung durch eine mit dem Ort wechselnde Feldstärke. Es muß indessen schon hier bemerkt werden, daß nicht unter allen Umständen eine räumlich konstante Einwirkung einen räumlich konstanten Effekt hervorruft; es können, namentlich durch die Einwirkung der Begrenzung des Körpers, unter Umständen kompliziertere Fälle auftreten.

Bereits hier mag auch auf gewisse Reziprozitäten aufmerksam gemacht werden, die zwischen Einwirkungen und Effekten bestehen können, und die uns weiter unten ausführlich beschäftigen werden.

Weckt eine Einwirkung von einer Art $A$ einen Effekt von einer Art $B$, so findet sich nicht selten in der Natur ein umgekehrter Vorgang, bei dem eine Einwirkung von einer Art $B$ einen Effekt von einer Art $A$ zur Folge hat.

Um ein Beispiel zu geben, sei an die folgende bekannte derartige Reziprozität erinnert. Ein Körper, erwärmt, dehnt sich aus, abgekühlt, zieht er sich zusammen. Eine künstliche (mechanisch erzwungene) Dilatation wirkt umgekehrt abkühlend, eine künstliche Kompression wirkt erwärmend.

Derartige Reziprozitäten legen nahe, die Einwirkungen und ihre Effekte so weit als möglich in analoger Weise darzustellen, um jene Wechselwirkungen möglichst einfach auszudrücken. Es ist demgemäß im folgenden verfahren worden, wo das geometrische Verhalten der verschiedenartigen Einwirkungen und Effekte von allgemeinen Gesichtspunkten aus erörtert ist. Um von vornherein den allgemeinsten Standpunkt einzunehmen, ist dabei weder von Einwirkungen noch von Effekten die Rede; der Betrachtung werden „physikalische Funktionen" unterworfen, die ebensowohl das eine, als das andere sein können.

Was die nächsten Paragraphen geben, sind zum größten Teile bekannte und viel angewandte Betrachtungen, die hier aber der Vollständigkeit halber nicht fehlen durften, um so mehr, als dabei Bezeichnungen eingeführt werden, die weiterhin immer wieder zur Anwendung kommen werden. Daneben finden sich aber anschließende und weitergehende Überlegungen, die ganz speziell in unserm Arbeitsgebiet der Kristallphysik zur Anwendung kommen.

§ 64. **Skalare Größen und skalare Felder.** Physikalische Funktionen, die zur erschöpfenden Charakterisierung nur einen Zahlwert erfordern, nennt man Skalare. Von ihnen gibt es solche, die einem Körper im ganzen angehören, wie Volumen und Masse, und auch solche, die sich auf die einzelnen Punkte des Körpers beziehen, wie Temperatur und Dichte. Skalare können im allgemeinen positive und negative Werte besitzen, wenn auch bei gewissen von ihnen der letztere Fall ausgeschlossen ist.

Nach ihrer Definition scheinen die Werte der Skalare notwendig von der Lage und Orientierung des etwa eingeführten Koordinatensystems unabhängig sein zu müssen. Indessen gibt es, wie wir weiterhin sehen werden, gewisse spezielle Skalare, die ihr Vorzeichen wechseln, wenn man (z. B. durch Inversion) von einem rechten zu einem linken Koordinatensystem übergeht. Man nennt diese gelegentlich (wenn es auf eine Unterscheidung beider Arten ankommt) Pseudoskalare. Sie erfordern zur vollständigen Charakteristik nämlich außer einem Zahlwert noch die Angabe über das dabei vorausgesetzte Koordinatensystem, die nur dann fehlen kann, wenn der Charakter des Koordinatensystems ein für alle Male festgesetzt ist.

Da ein Skalar keine Richtung im Raume vor einer andern auszeichnet, so kann man ihm eine Punktsymmetrie beilegen. Dabei kommt natürlich der Zahlwert nicht zum Ausdruck. Die Repräsentation durch eine Kugel würde der Unterschiedslosigkeit aller Richtungen Rechnung tragen und daneben den absoluten Wert des Skalars zum Ausdruck bringen. Das Vorzeichen müßte dabei allerdings noch ausdrücklich vermerkt werden.

Eine andere Darstellung ist die durch eine Strecke, die auf einer unveränderlich vorgegebenen Richtung von einem Nullpunkt aus nach der einen (+) oder der andern (—) Seite hin aufgetragen wird. Diese Darstellung, die unmittelbar an die Thermometerskala erinnert hat manche Vorzüge; man hat sich dabei nur zu erinnern, daß die Richtung der Strecke bei dieser Darstellung willkürlich gewählt ist und mit dem Vorgang selbst nichts zu tun hat.

Auf Grund der letzten Bemerkungen haben Cartesische Koordinaten nach einem recht- oder schiefwinkligen Achsensystem als Skalare zu gelten.

Wenn in einem Raume jedem Punkt der Zahlwert einer skalaren Funktion zugeordnet ist, so nennt man diesen Raum ein skalares Feld. In der Physik kommen ausschließlich Felder vor, für die in endlichen Bereichen der Skalar stetig und differenzierbar ist; Unstetigkeiten finden sich nur in den Grenzflächen solcher Bereiche, resp. in einzelnen Punkten oder Polen.

Bei allgemeinen Betrachtungen sollen skalare Funktionen durch die Symbole $S$, $Z$ bezeichnet werden.

Ist $S$ eine Funktion der Koordinaten $x$, $y$, $z$, so stellt eine Gleichung

$$S = \text{konst.}$$

bei wechselnden Werten der rechten Seite eine Schar von Flächen dar, auf deren jeder $S$ seinen Wert bewahrt. Wir nennen sie die Niveauflächen von $S$ oder des Feldes von $S$.

§ 65. **Verschiebungsvektoren, Vektorkomponenten.** Physikalische Funktionen, die zu erschöpfender Charakterisierung außer einer Zahlgröße noch die Angabe einer einseitigen Richtung verlangen, nennt man Vektoren. Die betreffende Zahlgröße wird bei allgemeinen Überlegungen passend als stets positiv betrachtet. Die Einseitigkeit der Richtung ist dabei so zu verstehen, daß nur die eine Seite der Richtung für den Vektor in Betracht kommt.

Diese Verhältnisse treten bei der einfachsten und anschaulichsten

Vektorgröße, die überhaupt zur Bildung des Namens Veranlassung gegeben hat, nämlich bei der Verschiebung eines (Massen-)Punktes, ohne weiteres hervor. Der Zahlwert dieses Vektors ist der Abstand zwischen Anfangs- und Endpunkt der Verschiebung, die Richtung diejenige vom Anfangs- zum Endpunkt hin; ersterer wesentlich positiv, letztere wesentlich einseitig, insofern die entgegengesetzte Richtung mit der Verschiebung direkt nichts zu tun hat.

Gemäß diesen Eigenschaften kann man den Verschiebungsvektor durch einen einseitig mit Spitze versehenen Pfeil ⟶ repräsentieren, wobei die Länge des Pfeiles dem Zahlwert des Vektors entspricht, und seine durch die Pfeilspitze hervorgehobene Richtung in die Richtung des Vektors fällt.

Eine symmetrische Bestimmung eines Vektors liefert die Angabe seiner Projektionen oder Komponenten nach drei beliebig gerichteten, nur nicht in derselben Ebene gelegenen Achsen, am einfachsten nach den zueinander normalen Achsen eines Koordinatensystems. Bezeichnet man den Vektor mit $V$, seine Komponenten nach jenen Achsen mit $V_1$, $V_2$, $V_3$, so gilt

$$V_1 = V\cos(V,x), \quad V_2 = V\cos(V,y), \quad V_3 = V\cos(V,z),$$

also

$$V^2 = V_1^2 + V_2^2 + V_3^2. \tag{1}$$

Aus letzterer Gleichung bestimmt sich $V$ eindeutig, wenn man sein positives Vorzeichen ein für alle Male festsetzt.

Im übrigen zeigen die Formeln, daß eine gewollte Umkehrung des Vorzeichens des Zahlwertes von $V$ mit einer Umkehrung seiner Richtung gleichwertig ist; hieraus erhellt, in Übereinstimmung mit der unmittelbaren Anschauung, daß eine Beschränkung auf nur positive Zahlwerte $V$ faktisch eine Spezialisierung nicht enthält. Immerhin ist es in speziellen Fällen, wo ein Vektor in eine Richtung fällt, an der ein Richtungssinn schon aus andern Gründen ausgezeichnet ist, bequem, auch negative Werte des Vektors zuzulassen und seinen Richtungssinn festzuhalten. —

Kehren wir alle Koordinatenachsen um, wodurch ein rechtes Achsenkreuz in ein linkes verwandelt wird[1]), so kehren sich nach (1) auch die Vorzeichen aller Komponenten $V_h$ um, — es sei denn, daß bei dieser „Inversion" des Achsensystems der Zahlwert von $V$ sein Vorzeichen änderte. Dieser letztere Fall liegt aber jedenfalls bei einer Verschiebung in keiner Weise vor. Es besteht zwischen dem Ab-

---

1) Ein rechtes Koordinatensystem nennen wir ein solches, bei dem die $+X$-, $+Y$-, $+Z$-Achsen gegeneinander liegen, wie rechte Hand, linke Hand, Kopf einer menschlichen Figur, ein linkes, wo in dieser Regel die linke Hand vor der rechten steht.

stand der End- und Anfangslage eines Punktes und dem Charakter eines Koordinatensystems keinerlei Beziehung, die eine Umkehrung des Vorzeichens bei ersterem als Folge einer Inversion des Achsenkreuzes forderte.

Die Komponenten einer Verschiebung kehren hiernach jedenfalls bei einer Inversion des Koordinatensystems, ohne sonstige Änderung zu erleiden, ihr Vorzeichen um.

Einige andere Vektorgrößen stehen mit einer Verschiebung in direktem Zusammenhang und gestatten demgemäß unmittelbar die Übertragung der obigen Bemerkungen. Nehmen wir an, die Verschiebung sei unendlich klein und führe den Massenpunkt über eine Strecke $ds$; ferner geschehe die Verschiebung nicht momentan, sondern erfordere eine unendlich kleine Zeit $dt$. Dann stellt $U = ds/dt$ die Geschwindigkeit dar.

Nach der Definition wird man die Geschwindigkeit als eine Vektorgröße von derselben Art wie die Verschiebung betrachten; der Nenner $dt$ ist ja richtungslos, ist eine skalare Größe, und deren Hinzutreten kann den gerichteten Charakter des Zählers nicht aufheben. Man kann die Geschwindigkeit $U$ offenbar bei geeignet gewählten Einheiten ebensowohl durch eine Strecke von bestimmter Länge und markiertem Richtungssinn darstellen, wie die Verschiebung.

Demgemäß werden nunmehr auch die Komponenten der Geschwindigkeit die Eigenschaft besitzen, bei einer Inversion des Koordinatensystems ihre Vorzeichen unzukehren, wie dies oben von den Komponenten einer Verschiebung gezeigt ist.

§ 66. **Koordinatentransformationen von Vektorkomponenten.** Da die Komponenten eines Verschiebungsvektors durch dessen Projektionen gegeben sind, so bestehen zwischen den Komponenten nach verschiedenen Achsenkreuzen dieselben Beziehungen, wie zwischen den Koordinaten des freien Endpunktes jener vom Koordinatenanfang aus konstruierten Strecke, welche den Vektor darstellt. Eine Verlegung des Anfangspunktes ist dabei ohne Einfluß. Bezeichnet man also die neun Richtungskosinus, die die Lage des neuen Systems $X'Y'Z'$ gegen das alte $XYZ$ festlegen, durch $\alpha_h, \beta_h, \gamma_h$, wobei $h = 1, 2, 3$, und schreibt man die Transformationsformeln in dem bekannten Schema

| | $x'$ | $y'$ | $z'$ |
|---|---|---|---|
| $x$ | $\alpha_1$ | $\beta_1$ | $\gamma_1$ |
| $y$ | $\alpha_2$ | $\beta_2$ | $\gamma_2$ |
| $z$ | $\alpha_3$ | $\beta_3$ | $\gamma_3$, |

(2)

so gilt dies Schema auch für die Komponenten $V_1$, $V_2$, $V_3$, statt $x, y, z$, und $V_1'$, $V_2'$, $V_3'$, statt $x', y', z'$, was man ausdrücken kann durch:

| | $V_1'$ | $V_2'$ | $V_3'$ |
|---|---|---|---|
| $V_1$ | $\alpha_1$ | $\beta_1$ | $\gamma_1$ |
| $V_2$ | $\alpha_2$ | $\beta_2$ | $\gamma_2$ |
| $V_3$ | $\alpha_3$ | $\beta_3$ | $\gamma_3$ |

(3)

Daß die Transformation der $V_h$ in die $V_h'$ und diejenige der $V_h'$ in die $V_h$ nach diesem Schema durch dieselben Koeffizienten vermittelt wird, ist ein Ausdruck der sog. Orthogonalität der Transformation.

Öfter treten in der Physik Größentripel auf, die in bezug auf ein Koordinatensystem definiert, Werte $P_1$, $P_2$, $P_3$, in bezug auf ein anderes Werte $P_1'$, $P_2'$, $P_3'$ annehmen. Folgen diese Größen für alle Koordinatensysteme denselben Transformationsgleichungen (2), wie Koordinaten, so kann man sie jederzeit als die Komponenten einer im Raume festen Strecke mit Richtungssinn und somit als Vektorkomponenten auffassen.

Um einen speziellen Fall hervorzuheben, so müssen nach dem Gesagten die Produkte von Vektorkomponenten $V_1$, $V_2$, $V_3$ in denselben skalaren Faktor $S$ wieder Vektorkomponenten sein, denn $SV_1$, $SV_2$, $SV_3$ haben dieselben Transformationseigenschaften wie $V_1$, $V_2$, $V_3$. Diese Überlegung erweist von einer andern Seite her die Geschwindigkeit $U$ als einen Verschiebungsvektor, und dasselbe gilt von der Beschleunigung, deren Komponenten bekanntlich $dU_1/dt$, $dU_2/dt$, $dU_3/dt$ lauten. Ferner schließt sich daran die Kraft $F$, die auf einen Massenpunkt $m$ wirkt, da deren Komponenten durch $m\,dU_1/dt$, $m\,dU_2/dt$, $m\,dU_3/dt$ gegeben sind; nicht minder auch die magnetische und elektrische Feldstärke, die ja aus der magnetischen oder elektrischen Kraft $F$ dadurch folgen, daß man dieselbe durch die Ladung oder Polstärke dividiert, welche in dem von der Kraft angegriffenen Punkt konzentriert ist.

Aber nicht alle mit der oben gegebenen erweiterten Definition der Vektoren vereinbaren gerichteten Größen besitzen genau die Eigenschaften die wir oben am Verschiebungsvektor nachgewiesen haben. Ein einfaches Beispiel wird dies hervortreten lassen.

§ 67. **Drehungsvektoren.** Wir wollen den Massenpunkt, dessen Verschiebung wir bisher betrachteten, mit einem festen Punkt, am einfachsten dem Koordinatenanfang, durch eine Gerade $r$ verbinden und aus dieser und der Verschiebung $V = ds$ das Parallelogramm bilden, dessen Größe durch

$$W = r\,V \sin(r, V)$$

gegeben wird. Dies Parallelogramm stellt, wie man in Benutzung einer im zweiten *Kepler*schen Gesetz enthaltenen Ausdrucksweise sagt, das Doppelte der bei der Verschiebung $V$ von dem Radius-Vektor $r$ bestrichenen Fläche dar. Führt man wieder die Geschwindigkeit $U = V/dt = ds/dt$ ein, so ist

$$f = \tfrac{1}{2} r U \sin(r, U)$$

das, was man als die Flächengeschwindigkeit des Punktes bezeichnet.

Es erweist sich bei den Anwendungen nützlich, den Größen $W$ resp. $f$ gleichfalls Vektorcharakter beizulegen. Man gelangt dazu durch die Bemerkung, daß in zahlreichen Fällen Größe, Lage und Richtung von $r$ und $V$ im einzelnen physikalisch gar nicht zur Geltung kommen, sondern nur die Richtung der Normalen auf der Ebene, in der sie liegen, und die Größe des aus ihnen gebildeten Parallelogramms Damit sind aber dieselben zwei Bestimmungsstücke gegeben, die oben zur Charakterisierung einer Vektorgröße eingeführt waren, und man kann jene bestrichenen Flächen für die betreffenden Anwendungen erschöpfend durch eine Strecke normal zur Ebene durch $V$ und $r$ repräsentieren.

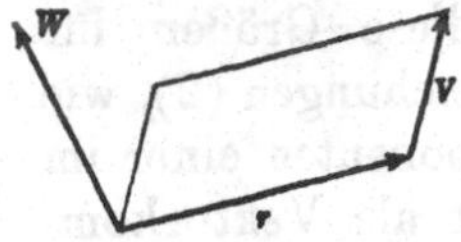

Fig. 93.

Einzig erübrigt noch die Festlegung des Richtungssinnes, den man jener Strecke zu geben hat. Hierzu dient die Bemerkung, daß bei der Verschiebung $V = ds$ der Radius $r$ eine Drehung um die im festen Punkt errichteten Normale auf $V$ und $r$ ausführt. Man ist übereingekommen, dem Vektor den Richtungssinn derjenigen Seite der Normalen beizulegen, um welche diese Drehung in dem gemeinhin als positiv bezeichneten Sinne stattfindet.

Für diesen Sinn wollen wir die Regel benutzen, daß in bezug auf die $+Z$-Achse derjenige Drehungssinn positiv ist, der von der $+X$- zur $+Y$-Achse führt. Diese Regel bringt den Richtungssinn des Vektors $W$ oder $f$ in eine Beziehung zum Koordinatensytem; denn bei dem rechten Koordinatensystem verläuft (von der Seite der $+Z$-Achse gesehen) die positive Drehung derjenigen des Uhrzeigers entgegengesetzt, bei dem linken Koordinatensystem stimmt sie mit der letzteren überein. Figur 93 stellt die gegenseitige Lage von $r$, $V$, $W$ bei Annahme eines rechten Koordinatensystems dar

Hiermit ist bereits ein eigentümlich abweichendes Verhalten der neuen Vektorgrößen gegenüber den alten signalisiert. Dasselbe tritt noch plastischer hervor, wenn wir die Komponenten des neuen „Drehungs"-Vektors betrachten. Wir erhalten leicht, wenn $x$, $y$, $z$ die Koordinaten des bewegten Punktes bedeuten, für ein rechtes Koordinatensystem

$$W_1 = yV_3 - zV_2, \quad W_2 = zV_1 - xV_3, \quad W_3 = xV_2 - yV_1. \qquad (4)$$

In der Tat, liegt der Punkt auf der + $X$-Achse, und ist die Verschiebung parallel der + $Y$-Achse, so wird

$$W_1 = 0, \quad W_2 = 0, \quad W_3 = xV_2;$$

diese Verschiebung entspricht hier einer positiven Drehung um die + $Z$-Achse, wie dies der positive Wert von $W_3$ ausdrückt.

Nehmen wir nun eine Inversion des Koordinatensystems vor, so ändern $x, y, z$ und $V_1, V_2, V_3$ ihre Vorzeichen, $W_1, W_2, W_3$ bewahren die ihrigen. Es erklärt sich dies gemäß den Formeln

$$W_1 = W\cos(W, x), \quad W_2 = W\cos(W, y), \quad W_3 = W\cos(W, z) \qquad (5)$$

nach dem oben Gesagten dadurch, daß bei der Inversion nicht nur $X, Y, Z$, sondern auch $W$ seine Richtung umkehrt, da derselben Bewegung bei einem rechten und einem linken Koordinatensystem entgegengesetzte Drehungsachsen zugeordnet werden.

Hierbei ist, wie sich das bei allgemeinen Betrachtungen immer vorteilhaft erweist, der Zahlwert des Drehungsvektors als wesentlich positiv angenommen. Die Formeln (5) zeigen aber, daß man die entgegengesetzte Drehung, wie sie durch Umkehrung der Vorzeichen von $W_1, W_2, W_3$ gegeben ist, ebenso durch eine Umkehrung der Drehungsachse wie durch einen entgegengesetzten Wert von $W$ zum Ausdruck bringen könnte. Ist der eine Richtungssinn der Drehachse aus irgendeinem Grunde von vornherein ausgezeichnet, so ist der letztere Weg dem ersteren vorzuziehen.

Es mag schließlich hervorgehoben werden, daß die Ausdrücke (4) für die Komponenten von $W$ dem S. 127 eingeführten analytischen Kriterium der Vektorkomponenten genügen, — was nach der Ableitung ja auch zu erwarten war.

§ 68. **Kriterien für polare und axiale Vektoren.** Auf Grund der Resultate des letzten Paragraphen können wir jenes Kriterium des Vektorcharakters noch etwas erweitern. Funktionen $P_1, P_2, P_3$, welche demselben genügen, können, so schlossen wir, als Vektorkomponenten aufgefaßt werden. Diese Funktionen können nun noch bei einer Inversion des Koordinatensystems sich verschieden verhalten, nämlich entweder alle drei ihre Vorzeichen umkehren oder aber bewahren. Im ersten Falle hat der bezügliche Vektor Verschiebungs- im zweiten Falle Drehungscharakter. Dies gibt Veranlassung zur Einführung zweier Gattungen von Vektoren. Die ersten sollen weiterhin als polar, die zweiten als axial bezeichnet werden.

Um die hier vorliegenden Unterschiede noch klarer zu machen, seien drei Funktionen $W_1$, $W_2$, $W_3$ betrachtet, die aus zwei Tripeln Vektorkomponenten $U_1$, $U_2$, $U_3$ und $V_1$, $V_2$, $V_3$ nach dem Schema

$$W_1 = U_2 V_3 - U_3 V_2, \quad W_2 = U_3 V_1 - U_1 V_3, \quad W_3 = U_1 V_2 - U_2 V_1 \tag{6}$$

gebildet sind.

Eine einfache Rechnung zeigt, daß diese drei Funktionen, die nach ihrem Bau von vornherein den drei Koordinatenachsen zugeordnet erscheinen, sich wie Koordinaten transformieren, also Vektorkomponenten darstellen.

Der resultierende Vektor $W$ steht normal zu der Ebene durch $U$ und $V$ in einer solchen Richtung, daß $U, V, W$ gegeneinander liegen, wie die $X$-, $Y$-, $Z$-Achsen des Koordinatensystems. Seine Größe ist gleich $UV \sin(U, V)$, seine Natur ist eine verschiedene, je nach dem Charakter der sie konstituierenden Vektoren $U$ und $V$

Sind $U$ und $V$ gleichartig, also entweder beide polar oder beide axial, so ändern die $W_1$, $W_2$, $W_3$ bei einer Inversion ihr Vorzeichen nicht; $W$ ist in diesem Falle axial. Sind umgekehrt $U$ und $V$ ungleichartig, so kehren $W_1$, $W_2$, $W_3$ bei Inversion ihr Vorzeichen um, $W$ ist hier polar.

Unter das erste Schema fällt z. B. das Drehungsmoment einer mechanischen Kraft um den Koordinatenanfang. $U_1$, $U_2$, $U_3$ sind hier die Koordinaten des Angriffspunktes, $V_1$, $V_2$, $V_3$ die Komponenten der Kraft; beide Vektoren $U$ und $V$ sind polar, $W$ ist also axial.

Ferner sei daran erinnert, daß, wie S. 127 ausgeführt, die Produkte von drei Vektorkomponenten in dieselbe skalare Funktion wieder Vektorkomponenten sind. Die Natur des resultierenden Vektors hängt dabei aber ebensowohl von der Natur des primären Vektors, als von derjenigen des Skalars ab. In bezug auf letzteres ist daran zu erinnern, daß es Skalare gibt, die bei Inversion des Koordinatensystems ihr Vorzeichen bewahren (gewöhnliche Skalare), und auch solche, die es hierbei wechseln (Pseudoskalare). Es leuchtet unmittelbar ein, daß das Produkt aus einem Vektor in einem gewöhnlichen Skalar die Natur dieses Vektors, das Produkt in einem Pseudoskalar die entgegengesetzte Natur besitzen muß.

Die Unterscheidung der zwei Arten von Vektoren spielt speziell in der Kristallphysik eine sehr bedeutende Rolle; denn beide Arten besitzen wesentlich verschiedene Symmetrieeigenschaften, und von der Bedeutung der letzteren in der Kristallphysik zeugt ja bereits das vorstehende I. Kapitel der Vorlesung auf das eindringlichste.

Die Symmetrieeigenschaften der beiden Vektorarten treten am anschaulichsten bei den beiden zu ihrer Einführung benutzten Beispielen, der Verschiebung und der Drehungsfläche, hervor. Erstere läßt sich durch eine Strecke von der Größe und Richtung der Verschiebung darstellen, wobei der Richtungssinn durch eine entsprechende Pfeilspitze angezeigt werden kann. Letztere kann durch eine Strecke repräsentiert werden, deren Lage die Drehungsachse, deren Länge die Größe der Flächendrehung wiedergibt. Der Drehungssinn kann dabei durch einen die Achse umschlingenden Pfeil angedeutet werden. (Fig. 94.)

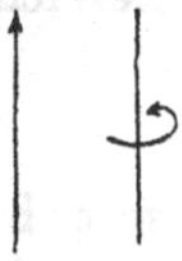
Fig. 94.

Das erstere Gebilde besitzt eine unendlichzählige Symmetrieachse in der Vektorrichtung, durch welche unendlich viele Symmetrieebenen hindurchgehen; das letztere hat eine analoge Symmetrieachse, daneben aber nur eine zu dieser normale Symmetrieebene.

**§ 69. Wechselbeziehungen zwischen skalaren und vektoriellen Feldern.** Sei ein Skalar $S$ in einem Gebiet als stetige und differentiierbare Funktion der Koordinaten gegeben. Dann erfüllen bekanntlich die Differentialquotienten

$$U_1 = \frac{\partial S}{\partial x}, \quad U_2 = \frac{\partial S}{\partial y}, \quad U_3 = \frac{\partial S}{\partial z} \tag{7}$$

das allgemeine Kriterium der Vektorkomponenten. Der resultierende Vektor fällt in die Richtung der Normalen $n$ auf den Niveauflächen (§ 64) von $S$ und hat den Wert $U = \frac{\partial S}{\partial n}$, wobei rechts der absolute Wert zu nehmen ist, wenn $U$ als wesentlich positiv geführt werden soll. Man nennt $U$ den Gradienten von $S$ und schreibt kurz

$$U = \frac{\partial S}{\partial n} = \text{grad}\, S. \tag{8}$$

Der nähere Charakter von $U$ hängt von der Natur von $S$ ab. Ist $S$ ein gewöhnlicher Skalar, der bei Inversion des Koordinatensystems sein Vorzeichen bewahrt, so hat $U$ polaren Charakter. Ist $S$ ein Pseudoskalar, der bei Inversion sein Vorzeichen umkehrt, so hat $U$ axialen Charakter.

Hiernach ist mit dem Feld irgendeines Skalars oder Pseudoskalars jederzeit ein Vektorfeld gegeben. Aber dies Vektorfeld hat die spezielle Eigenschaft, daß die Beziehungen bestehen

$$\frac{\partial U_3}{\partial y} - \frac{\partial U_2}{\partial z} = 0, \quad \frac{\partial U_1}{\partial z} - \frac{\partial U_3}{\partial x} = 0, \quad \frac{\partial U_2}{\partial x} - \frac{\partial U_1}{\partial y} = 0. \tag{9}$$

Es ist also keineswegs jedes Vektorfeld auf ein skalares zurückführbar.

Geht man von dem Vektorfeld $U$ aus, erfüllt dabei $U$ die Bedingungen (9), und haben somit auch $U_1$, $U_2$, $U_3$ die Formen (7), so bezeichnet man $S$ (oder gelegentlich auch $-S$) als das Potential von $U$, den Vektor $U$ selbst und auch sein Feld als potentiell.

9*

Ist vorstehend aus einem skalaren ein Vektorfeld abgeleitet, so kann man umgekehrt aus einem vektoriellen ein skalares gewinnen. Bezeichnet nämlich $U$ einen beliebigen Vektor, so ist

$$\frac{\partial U_1}{\partial x} + \frac{\partial U_2}{\partial y} + \frac{\partial U_3}{\partial z} = S \tag{10}$$

vom Koordinatensystem unabhängig, also skalar. Einem polaren $U$ entspricht dabei ein gewönlicher Skalar, einem axialen ein Pseudoskalar. Dieser Skalar $S$ wird allgemein als die Divergenz von $U$ bezeichnet und kurz gesetzt

$$S = \operatorname{div} U. \tag{11}$$

Mit dem Feld von $U$ ist ferner zugleich ein zweites Vektorfeld gegeben, denn

$$W_1 = \frac{\partial U_3}{\partial y} - \frac{\partial U_2}{\partial z}, \quad W_2 = \frac{\partial U_1}{\partial z} - \frac{\partial U_3}{\partial x}, \quad W_3 = \frac{\partial U_2}{\partial x} - \frac{\partial U_1}{\partial y} \tag{12}$$

erfüllen das allgemeine Kriterium von Vektorkomponenten. Man nennt $W$ die Wirbelstärke oder die Rotation von $U$ und schreibt symbolisch

$$W = \operatorname{rot} U. \tag{13}$$

Je nach dem Charakter von $U$ kann $W$ sowohl polar als axial sein.

Ist $U$ ein Potentialvektor, so ist nach (7) dessen Rotation gleich Null.

§ 70. **Polare und axiale Tensoren.** Physikalische Funktionen, die zu erschöpfender Charakterisierung die Angabe eines Zahlwertes und einer zweiseitigen Richtung verlangen, nennen wir Tensoren. Die Zweiseitigkeit der Richtung ist so zu verstehen, daß an der Richtung kein Richtungssinn vor dem andern ausgezeichnet ist.

Das einfachste Beispiel, von dem auch der Name abgeleitet ist, gibt die gleichförmige Dehnung eines Körpers, z. B. eines Zylinders oder einer Kugel, bei der alle Strecken parallel einer und derselben Richtung um den gleichen Bruchteil verlängert, alle zu jener Richtung normalen aber unverändert sind.

Dies Beispiel läßt sogleich hervortreten, daß den Tensoren sowohl positive als negative Werte beigelegt werden können. Zählt man eine Dehnung positiv, so muß eine Verkürzung negativ gerechnet werden, und wegen der Zweiseitigkeit der Richtung des Tensors kann man den Vorzeichenwechsel nicht (wie bei den Vektoren) durch eine Umkehrung der Richtung ersetzen.

Ein Tensor von der Art einer Dehnung läßt sich durch einen zweiseitig zugespitzten Pfeil wiedergeben, dessen Länge dem Zahlwert, dessen Richtung der Richtung des Tensors entspricht. Dabei läßt sich ein positiver Wert durch die Richtung der Pfeilspitzen nach außen, ein negativer durch die Richtung nach innen wiedergeben. (Fig. 95 $\alpha$ und $\beta$.)

Fig. 95.

Die Dehnung gibt eine erste Tensorart, welche der Verschiebung unter den Vektoren entspricht. Wir nennen derartige Tensoren polar. Der zweiten Art von Vektoren, die man als Drehungsvektoren bezeichnet, entspricht eine Tensorart, deren geometrische Verhältnisse durch einen in sich gedrillten Kreiszylinder wiedergegeben werden, und die als axial bezeichnet werden kann.

Die geometrische Darstellung dieser axialen Tensoren kann durch eine Strecke geschehen, welche den Zahlwert wiedergibt, und zwei um die Enden in (absolut) entgegengesetzten Richtungen geschlungene Pfeile, welche für jedes Ende eine Drehungsrichtung angeben und das Vorzeichen des betreffenden Tensors zum Ausdrucke bringen. (Fig. 96.) Diese Darstellung entspricht der Zweiseitigkeit der Richtung, insofern von der betreffenden Seite aus betrachtet jedes Ende der Strecke in gleichem Sinne umlaufen wird. Die beiden Typen $\alpha'$ und $\beta'$ sind voneinander wesentlich verschieden. Welcher als positiv, welcher als negativ zu bezeichnen ist, hängt nach dem S. 128 Erörterten von dem Charakter des benutzten Koordinatensystems ab. Bei dem gewöhnlichen, rechten System wird $\alpha'$ positiv, $\beta'$ negativ zu rechnen sein.

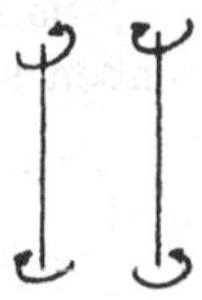

Fig. 96.

Was die Symmetrieeigenschaften der beiden Tensorarten angeht, so läßt Figur 95 erkennen, daß in dem polaren Tensor eine unendlichzählige Symmetrieachse liegt, durch welche unendlich viele Symmetrieebenen gehen. Da außerdem ein Symmetriezentrum vorhanden ist, so folgt aus diesen Elementen eine Symmetrieebene normal zum Tensor (in dessen Mitte) und in ihr liegend eine unendliche Vielheit zweizähliger Symmetrieachsen normal zum Tensor.

Der axiale Tensor besitzt nach Figur 96 nur eine in seine Richtung fallende unendlichzählige Achse und unendlich viele zu ihr normale zweizählige Achsen; er entbehrt des Symmetriezentrums und damit der Symmetrieebenen.

Zu der Einführung des Tensorbegriffes[1]) hat in erster Linie die Behandlung der Kristallphysik Anlaß gegeben, bei der, infolge der hier nötigen scharfen Unterscheidung verschiedener Symmetrieverhältnisse, die früher vielfach geübte Vermischung ein- und zweiseitiger gerichteter Größen und Zusammenfassung aller unter den Vektorbegriff auf

1) *W. Voigt*, Die elementaren physikalischen Eigenschaften der Kristalle, Leipzig 1898. Einzelnes hierher Gehöriges bereits bei *P. Curie*, Journ. de phys. (3) T. 3, p. 393, 1894.

Unklarheiten führte. Der Begriff hat sich aber auch in verschiedenen Gebieten der allgemeinen Physik zur geometrischen Aufklärung und Veranschaulichung dort vorliegender Verhältnisse und Vorgänge nützlich erwiesen.

§ 71. **Tensorkomponenten.** Die Zweiseitigkeit der Richtung eines Tensors läßt es nicht angängig erscheinen, als symmetrische Bestimmungsstücke eines Tensors $T$ seine (geometrischen) Projektionen zu wählen. Letztere drücken, wie S. 125 ausgeführt, durch das lineare Auftreten der Richtungskosinus vielmehr umgekehrt eine Einseitigkeit aus. Der Zweiseitigkeit trägt man Rechnung, indem man Bestimmungsstücke bildet, welche gerade, also im einfachsten Falle zweite Potenzen der Richtungskosinus enthalten.

So kommt man zu zwei Arten von Komponenten, die wir folgendermaßen schreiben

$$A = T\cos^2(T,x),\quad B = T\cos^2(T,y),\quad C = T\cos^2(T,z) \tag{14}$$

und

$$D = T\cos(T,y)\cos(T,z),\quad E = T\cos(T,z)\cos(T,x),$$
$$F = T\cos(T,x)\cos(T,y). \tag{15}$$

Sowohl das erste wie das zweite Tripel vermögen den Tensor nach Größe und Richtung im allgemeinen völlig zu bestimmen. Es gilt nämlich einerseits

$$A + B + C = T,$$
$$\cos^2(T,x) : \cos^2(T,y) : \cos^2(T,z) = A : B : C, \tag{16}$$

andererseits

$$\frac{EF}{D} + \frac{FD}{E} + \frac{DE}{F} = T.$$
$$\cos(T,x) : \cos(T,y) : \cos(T,z) = \frac{1}{D} : \frac{1}{E} : \frac{1}{F}. \tag{17}$$

Die beiden Komponentenarten sind übrigens ihrer Natur nach wesentlich verschieden, insofern, wenn der Tensor in eine Koordinatenachse fällt, die bezügliche Komponente erster Art dem Tensor selbst gleich wird, während zugleich die entsprechende Komponente zweiter Art verschwindet. Die zur Achse normalen Komponenten sind in dem genannten Fall für beide Arten übereinstimmend gleich Null.

Es ist klar, daß in dem bemerkten speziellen Fall die Komponenten zweiter Art aufhören, bequeme Bestimmungsstücke des Tensors zu sein; man wird eines Grenzüberganges bedürfen, um sie als solche benutzen zu können.

Da nach dem oben Erörterten das Vorzeichen eines polaren Tensors unabhängig von dem Charakter des Koordinatensystems ist, so ergibt sich aus (14) und (15), daß die sämtlichen Komponenten eines solchen Tensors bei einer Inversion des Koordinatensystems ihre Vorzeichen bewahren müssen. Dagegen müssen die Komponenten eines axialen Tensors unter den gleichen Umständen ihr Vorzeichen umkehren.

§ 72. **Tensortripel und Tensorfläche.** Die Tensoren treten in Wirklichkeit der Regel nach zu dreien von gleicher Art und von zueinander normalen Richtungen kombiniert auf. Wir nennen ein solches System ein Tensortripel $[T]$ und bezeichnen seine Konstituenten durch römische Indizes als $T_{\mathrm{I}}$, $T_{\mathrm{II}}$, $T_{\mathrm{III}}$, analog deren Komponenten erster und zweiter Art durch $A_{\mathrm{I}}, \ldots, D_{\mathrm{I}}, \ldots$

Es ist wichtig, daß ein solches Tripel durch die sechs Summen gleichartiger Komponenten völlig bestimmt wird. Für diese Summen schreiben wir bei $h = \mathrm{I}, \mathrm{II}, \mathrm{III}$:

$$\begin{aligned} T_{11} &= \sum A_h = \sum T_h \cos^2(T_h, x), \ldots \\ T_{23} &= \sum D_h = \sum T_h \cos(T_h, y) \cos(T_h, z), \ldots; \end{aligned} \tag{18}$$

es deuten dann die Indizes an dem Buchstaben $T$ die beiden Koordinatenrichtungen an, welche rechts in dem Kosinusprodukt des das einzelne $T_{hi}$ definierenden Ausdrucks auftreten.

Zum Nachweis der obigen Aussage betrachten wir die Funktion

$$\begin{aligned} Q = {} & T_{11} \cos^2(q, x) + T_{22} \cos^2(q, y) + T_{33} \cos^2(q, z) \\ & + 2(T_{23} \cos(q, y) \cos(q, z) + T_{31} \cos(q, z) \cos(q, x) + T_{12} \cos(q, x) \cos(q, y)), \end{aligned}$$

in der $q$ eine beliebige Richtung bezeichnet, und konstruieren in der Richtung $q$ vom Koordinatenanfang aus die Strecke

$$r = 1/\sqrt{\pm Q}, \tag{19}$$

wo das Vorzeichen so zu wählen ist, daß $r$ reell wird. Variieren wir die Richtung $q$ beliebig, so beschreibt der Endpunkt $(x, y, z)$ von $r$ die zentrische Oberfläche zweiten Grades von der Gleichung

$$\pm 1 = T_{11} x^2 + T_{22} y^2 + T_{33} z^2 + 2(T_{23} yz + T_{31} zx + T_{12} xy). \tag{20}$$

Die Koordinatenachsen fallen in die Hauptachsen $a$, $b$, $c$ dieser Oberfläche, wenn die Beziehungen

$$T_{23} = 0, \qquad T_{31} = 0, \qquad T_{12} = 0$$

erfüllt sind; zugleich gilt dann

$$T_{11} = \frac{1}{a^2}, \qquad T_{22} = \frac{1}{b^2}, \qquad T_{33} = \frac{1}{c^2}.$$

Nach dem S. 134 Gesagten folgt aus der ersten Reihe dieser Bedingungen, daß die Hauptachsen der Fläche (20) in die Richtungen der Tensoren $T_{\mathrm{I}}$, $T_{\mathrm{II}}$, $T_{\mathrm{III}}$ des Tripels fallen; ebendeshalb folgt aus der zweiten Reihe Bedingungen, daß die Achsenlängen der Oberfläche (20) mit den Werten der Tensoren in den Beziehungen stehen

$$\frac{1}{a^2} = T_{\mathrm{I}}, \quad \frac{1}{b^2} = T_{\mathrm{II}}, \quad \frac{1}{c^2} = T_{\mathrm{III}}.$$

Die Achsen der zentrischen Oberfläche von der Gleichung (20) bestimmen sonach die Konstituenten $T_{\mathrm{I}}$, $T_{\mathrm{II}}$, $T_{\mathrm{III}}$ des Tensortripels nach Größe und Richtung, und da diese Gleichung keine anderen Parameter enthält, als eben die sechs Komponentensummen $T_{hi}$, so ist auch das Tensortripel $[T]$ durch diese Größen völlig bestimmt. Man darf deshalb in Benutzung des sonst gebräuchlichen Namens die sechs Funktionen $T_{11}$, $T_{22}$, ... $T_{12}$ als die Komponenten des Tensortripels bezeichnen.

Da aber der in der Regel auftretende Fall derjenige des Tripels, nicht derjenige des einzelnen Tensors ist, so können wir die $T_{hi}$ auch kürzer nur Tensorkomponenten nennen.

Die durch die Gleichung (20) ausgedrückte und durch die Komponenten $T_{11}$, ... $T_{12}$ bestimmte Oberfläche, die, wie sich zeigen wird, für die Veranschaulichung des ganzen tensoriellen Vorganges eine wesentliche Bedeutung hat, mag als Tensorfläche $[T]$ bezeichnet werden. Sie hat je nach den Werten der Komponenten $T_{hi}$ die Form eines Ellipsoides oder der Kombination aus den sich entsprechenden ein- und zweischaligen Hyperboloiden.

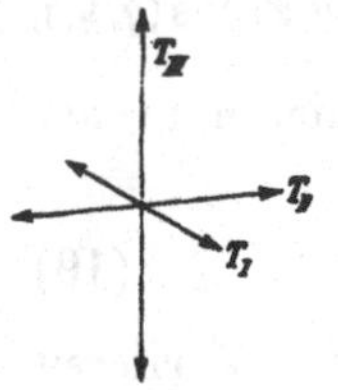

Fig. 97.

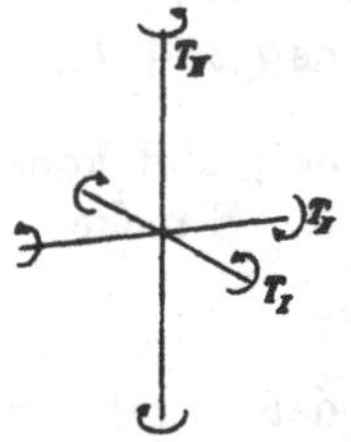

Fig. 98.

Die Symmetrieeigenschaften der Tensortripel ergeben sich unmittelbar aus denjenigen der einzelnen Tensoren. Figur 97 zeigt, daß ein Tripel polarer Tensoren ein Symmetriezentrum besitzt, außerdem drei in die Tensoren $T_{\mathrm{I}}$, $T_{\mathrm{II}}$, $T_{\mathrm{III}}$ fallende zweizählige Symmetrieachsen, mit denen drei zu ihnen normale Symmetrieebenen nach S. 67 notwendig verknüpft sind. Das axiale Tensortripel (Fig. 98) besitzt dieselben drei Symmetrieachsen, aber kein Symmetriezentrum und demgemäß keine zu den Achsen normalen Symmetrieebenen.

§ 73. **Transformationseigenschaften der Tensorkomponenten. Spezielle Symmetrien.** Die Art und Weise, wie sich Tensorkomponenten auf ein neues Koordinatensystem transformieren, ergibt sich unmittelbar aus ihrer Definition (14), (15) resp. (18). Setzt man in (14) und (15) $T = \pm r^2$, wobei das Vorzeichen so zu wählen ist, daß $r$ reell wird, und denkt sich $r$ als Strecke vom Koordinatenanfang aus auf der Richtung von $T$ in einem beliebigen Richtungssinn aufgetragen, so liefert (14)

$$A = \pm x^2,\ B = \pm y^2,\ C = \pm z^2,\ D = \pm yz,\ E = \pm zx,\ F = \pm xy, \tag{21}$$

unter $x, y, z$ die Koordinaten des Endpunktes von $r$ verstanden.

Hieraus ergibt sich, daß die Komponenten $A, B, \ldots F$ sich ebenso transformieren, wie die Quadrate und die Produkte der bezüglichen Koordinaten; eine Verschiebung des Anfangspunkts kommt dabei nicht zur Geltung. Genau wie die Komponenten des einzelnen Tensors verhalten sich nach (18) die Komponenten $T_{hi}$ eines Tensortripels, da sie durch die Summen der betreffenden Einzelkomponenten definiert sind.

Verglichen mit den Komponenten eines Vektors, die sich nach S. 127 wie die Koordinaten $x, y, z$ selbst transformieren, erscheinen also die Tensorkomponenten als kompliziertere Funktionen. Man kann, um das Verhalten ihrer Komponenten bei einer Transformation des Koordinatensystems anzudeuten, die Tensoren als gerichtete Größen zweiter Ordnung den durch die Vektoren gebildeten gerichteten Größen erster Ordnung gegenüberstellen.

Benutzt man nun das System der Richtungskosinus aus (2), so ergeben sich zwischen den auf die beiden Achsenkreuze $x, y, z$ und $x', y', z'$ bezüglichen Komponenten die Beziehungen

$$T_{11} = T'_{11}\alpha_1^2 + T'_{22}\beta_1^2 + T'_{33}\gamma_1^2 + 2T'_{23}\beta_1\gamma_1 + 2T'_{31}\gamma_1\alpha_1 + 2T'_{12}\alpha_1\beta_1,$$

. . . . . . . . . . . . . . . . . . . . . . . .

$$\begin{aligned} T_{23} = T'_{11}\alpha_2\alpha_3 + T'_{22}\beta_2\beta_3 + T'_{33}\gamma_2\gamma_3 + T'_{23}(\beta_2\gamma_3 + \gamma_2\beta_3) \\ + T'_{31}(\gamma_2\alpha_3 + \alpha_2\gamma_3) + T'_{12}(\alpha_2\beta_3 + \beta_2\alpha_3), \end{aligned} \tag{22}$$

. . . . . . . . . . . . . . . . . . . . . . . .

oder auch

$$T'_{11} = T_{11}\alpha_1^2 + T_{22}\alpha_2^2 + T_{33}\alpha_3^2 + 2T_{23}\alpha_2\alpha_3 + 2T_{31}\alpha_3\alpha_1 + 2T_{12}\alpha_1\alpha_2,$$

. . . . . . . . . . . . . . . . . . . . . . . .

$$\begin{aligned} T'_{23} = T_{11}\beta_1\gamma_1 + T_{22}\beta_2\gamma_2 + T_{33}\beta_3\gamma_3 + T_{23}(\beta_2\gamma_3 + \gamma_2\beta_3) \\ + T_{31}(\beta_3\gamma_1 + \gamma_3\beta_1) + T_{12}(\beta_1\gamma_2 + \gamma_1\beta_2), \end{aligned} \tag{23}$$

. . . . . . . . . . . . . . . . . . . . . . . .

Diese Transformationseigenschaften stellen ein charakteristisches Merkmal der Tensorkomponenten in derselben Weise dar, wie die analogen (einfacheren) Eigenschaften nach S. 127 Vektorkomponenten charakterisieren. —

Es ist schon oben bemerkt, daß die Tensorfläche, deren Gleichung in (20) enthalten ist, für die Veranschaulichung des durch das Tensortripel [$T$] ausgedrückten Vorganges mannigfaltige Vorteile besitzt. Wir sind jetzt in der Lage, dergleichen zu erkennen.

Fällt das Koordinatensystem $x$, $y$, $z$ mit den Tensoren $T_{\mathrm{I}}$, $T_{\mathrm{II}}$, $T_{\mathrm{III}}$ zusammen, so nehmen die Transformationsformeln (23) die Gestalt an

$$\begin{aligned} T'_{11} &= T_{\mathrm{I}}\alpha_1^2 + T_{\mathrm{II}}\alpha_2^2 + T_{\mathrm{III}}\alpha_3^2, \\ &\dots\dots\dots\dots \\ T'_{23} &= T_{\mathrm{I}}\beta_1\gamma_1 + T_{\mathrm{II}}\beta_2\gamma_2 + T_{\mathrm{III}}\beta_3\gamma_3, \\ &\dots\dots\dots\dots \end{aligned} \tag{24}$$

Dies zeigt, daß, wenn $T_{\mathrm{I}} = T_{\mathrm{II}} = T_{\mathrm{III}} = T$ ist, dann für jede Lage des Achsenkreuzes $x$, $y$, $z$

$$T'_{11} = T'_{22} = T'_{33} = T, \quad T'_{23} = T'_{31} = T'_{12} = 0$$

wird. In diesem Falle sind also alle Achsenkreuze einander gleichwertig.

Das System (24) nimmt, wenn man die $Z'$-Achse mit der $Z$-Achse zusammenfallen läßt, die einfachere Form an

$$\begin{aligned} T'_{11} &= T_{\mathrm{I}}\alpha_1^2 + T_{\mathrm{II}}\alpha_2^2, \\ T'_{22} &= T_{\mathrm{I}}\beta_1^2 + T_{\mathrm{II}}\beta_2^2, \\ T'_{33} &= T_{\mathrm{III}}, \quad T'_{23} = 0, \quad T'_{31} = 0, \\ T'_{12} &= T_{\mathrm{I}}\alpha_1\beta_1 + T_{\mathrm{II}}\alpha_2\beta_2, \end{aligned} \tag{25}$$

wobei $\alpha_1^2 + \alpha_2^2 = 1$, $\beta_1^2 + \beta_2^2 = 1$, $\alpha_1\beta_1 + \alpha_2\beta_2 = 0$. Man erkennt, daß, wenn in diesem Falle $T_{\mathrm{I}} = T_{\mathrm{II}}$ ist, dann auch gilt

$$T'_{11} = T'_{22} = T_{\mathrm{I}} = T_{\mathrm{II}} \quad \text{und} \quad T'_{12} = 0.$$

Hier sind dann alle durch Drehung um die $Z$- resp. $Z'$-Achse ineinander übergehenden Achsenkreuze einander gleichwertig.

Diese hier aus den Transformationsformeln abgeleiteten Verhältnisse ergeben sich nun aus der Tensorfläche aber ganz direkt. Im ersten Falle nimmt dieselbe nämlich Kugelgestalt an, in dem letzteren rotatorische Symmetrie um die $Z$-Achse.

Der erste Fall $T_{\mathrm{I}} = T_{\mathrm{II}} = T_{\mathrm{III}}$ läßt alle Richtungen einander gleichwertig erscheinen; es ergibt sich hieraus die wichtige Folgerung, daß tensorielle Vorgänge von dieser Eigenart sich gemäß § 64 als skalare auffassen lassen.

Wir bemerken schließlich, daß aus den Formeln (22) resp. (24) folgt, daß die Summe der drei Komponenten erster Art vom Koordinatensystem ganz unabhängig, nämlich der Summe der drei Konstituenten $T_{\mathrm{I}}$, $T_{\mathrm{II}}$, $T_{\mathrm{III}}$ des Tripels gleich ist. Es ist somit

$$T'_{11} + T'_{22} + T'_{33} = T_{11} + T_{22} + T_{33} = T_{\mathrm{I}} + T_{\mathrm{II}} + T_{\mathrm{III}} = S \tag{26}$$

jederzeit eine skalare Funktion.

**§ 74. Orthogonale Tensorkomponenten. Schiefwinklige Tensortripel.** Die Transformationsformeln (22) resp. (23) für Tensorkomponenten sind — im Gegensatz zu den für Vektorkomponenten geltenden (3) — nicht orthogonal, und das ist für gewisse allgemeine Betrachtungen ein Übelstand. Man kann nun aber leicht ein System modifizierter Tensorkomponenten bilden, die sich bei Transformation in der Tat orthogonal verhalten. Setzt man nämlich

$$\begin{gathered} T_{11}=\mathfrak{T}_{11},\quad T_{22}=\mathfrak{T}_{22},\quad T_{33}=\mathfrak{T}_{33},\\ T_{23}\sqrt{2}=\mathfrak{T}_{23},\quad T_{31}\sqrt{2}=\mathfrak{T}_{31},\quad T_{12}\sqrt{2}=\mathfrak{T}_{12}, \end{gathered} \tag{27}$$

so transformieren sich diese neuen Komponenten wie

$$x^2,\ y^2,\ z^2,\ yz\sqrt{2},\ zx\sqrt{2},\ xy\sqrt{2},$$

welche Aggregate sich orthogonal verhalten.

Wir können demgemäß für zwei Koordinatensysteme $XYZ$ und $X'Y'Z'$, die, wie früher durch das System (2) der Richtungskosinus verknüpft sind, das System der Transformationskoeffizienten folgendermaßen schreiben:

| | $\mathfrak{T}'_{11}$ | $\mathfrak{T}'_{22}$ | $\mathfrak{T}'_{33}$ | $\mathfrak{T}'_{23}$ | $\mathfrak{T}'_{31}$ | $\mathfrak{T}'_{12}$ |
|---|---|---|---|---|---|---|
| $\mathfrak{T}_{11}$ | $\alpha_1^2$ | $\beta_1^2$ | $\gamma_1^2$ | $\beta_1\gamma_1\sqrt{2}$ | $\gamma_1\alpha_1\sqrt{2}$ | $\alpha_1\beta_1\sqrt{2}$ |
| $\mathfrak{T}_{22}$ | $\alpha_2^2$ | $\beta_2^2$ | $\gamma_2^2$ | $\beta_2\gamma_2\sqrt{2}$ | $\gamma_2\alpha_2\sqrt{2}$ | $\alpha_2\beta_2\sqrt{2}$ |
| $\mathfrak{T}_{33}$ | $\alpha_3^2$ | $\beta_3^3$ | $\gamma_3^2$ | $\beta_3\gamma_3\sqrt{2}$ | $\gamma_3\alpha_3\sqrt{2}$ | $\alpha_3\beta_3\sqrt{2}$ |
| $\mathfrak{T}_{23}$ | $\alpha_2\alpha_3\sqrt{2}$ | $\beta_2\beta_3\sqrt{2}$ | $\gamma_2\gamma_3\sqrt{2}$ | $(\beta_2\gamma_3+\gamma_2\beta_3)$ | $(\gamma_2\alpha_3+\alpha_2\gamma_3)$ | $(\alpha_2\beta_3+\beta_2\alpha_3)$ |
| $\mathfrak{T}_{31}$ | $\alpha_3\alpha_1\sqrt{2}$ | $\beta_3\beta_1\sqrt{2}$ | $\gamma_3\gamma_1\sqrt{2}$ | $(\beta_3\gamma_1+\gamma_3\beta_1)$ | $(\gamma_3\alpha_1+\alpha_3\gamma_1)$ | $(\alpha_3\beta_1+\beta_3\alpha_1)$ |
| $\mathfrak{T}_{12}$ | $\alpha_1\alpha_2\sqrt{2}$ | $\beta_1\beta_2\sqrt{2}$ | $\gamma_1\gamma_2\sqrt{2}$ | $(\beta_1\gamma_2+\gamma_1\beta_2)$ | $(\gamma_1\alpha_2+\alpha_1\gamma_2)$ | $(\alpha_1\beta_2+\beta_1\alpha_2)$ |

(28)

Dies Schema ist ebenso zu verstehen wie das Schema (2); in den Horizontalreihen liefert es die den Formeln (22) entsprechenden Ausdrücke der $\mathfrak{T}_{hi}$ durch die $\mathfrak{T}'_{hi}$, in den Vertikalreihen analog den Formeln (23) die Ausdrücke der $\mathfrak{T}'_{hi}$ durch die $\mathfrak{T}_{hi}$. Eben der Umstand, daß diese beiden Ausdrücke dieselben Funktionen der Richtungskosinus enthalten, macht die orthogonalen Tensorkomponenten für manche Zwecke geeigneter, als die gewöhnlichen $T_{hi}$. Demgegenüber sind freilich die durch sie in viele Formeln eingeführten Faktoren $\sqrt{2}$ lästig, und so werden wir es zumeist vorteilhafter finden, mit den gewöhnlichen Tensorkomponenten zu operieren.

Wir werden weiter unten gerichtete Größen von noch höherer Ordnung als Tensoren kennen lernen und sehen, daß bei ihnen gleichfalls gewöhnliche und orthogonale Komponenten zu unterscheiden sind. Es sollen auch dort die ersteren durch lateinische, die letzteren durch deutsche Buchstaben charakterisiert werden. Bei den gerichteten Größen erster Ordnung, den Vektoren, fällt dieser Unterschied fort; die gewöhnlichen Komponenten von diesen verhalten sich von selbst orthogonal. Wir hätten hier also bei Benutzung der festgesetzten Bezeichnungsweise für einen Vektor $V$ in Analogie zu (27) zu schreiben:

$$V_1 = \mathfrak{V}_1, \quad V_2 = \mathfrak{V}_2, \quad V_3 = \mathfrak{V}_3. —$$

Es mag hier am Schluß der Zusammenstellung der Tensoreigenschaften eines Versuchs gedacht werden, den in neuster Zeit *R. Weber*[1]) zu einer Verallgemeinerung des Tensorbegriffs gemacht hat, indem er Tripel von gegeneinander beliebig geneigten allgemeineren zweiseitigen gerichteten Größen $P_{I}$, $P_{II}$, $P_{III}$ einführt. Ein typisches Beispiel hierfür wird nicht durch drei gewöhnliche, nur schief gegeneinander liegende Dilatationen gegeben, bei deren jeder alle Dimensionen normal zur Dilatationsrichtung ungeändert bleiben; denn drei solche Dilatationen sind, wie später zu zeigen, jederzeit auf drei zueinander normale zurückführbar. Zur Illustration muß man vielmehr drei mit Schiebungen kombinierte Dilatationen längs $P_{I}$, $P_{II}$, $P_{III}$ von der speziellen Art einführen, daß bei der ersten die Dimensionen parallel $P_{II}$ und $P_{III}$, bei der zweiten die parallel $P_{III}$ und $P_{I}$, bei der dritten die parallel $P_{I}$ und $P_{II}$ ungeändert bleiben. Ein solches System hat nicht sechs, sondern neun Bestimmungsstücke, und da in gewissen Gebieten, auch in der Kristallphysik, gelegentlich neun zusammengehörige Funktionen von der jenen entsprechenden Art auftreten, so hat die Möglichkeit, dieselben durch drei gegeneinander geneigte zweiseitige Größen auszudrücken, unzweifelhaft ein gewisses Interesse.

Diesem Vorteil stehen aber mannigfache Nachteile gegenüber. Wir werden sehen, welchen Nutzen zur Veranschaulichung gewisser physikalischer Verhältnisse die Tensorfläche $[T]$ von der Gleichung (20) bietet, die sich durch die sechs Komponenten der zueinander normalen Tensoren bestimmt. Ein Analogon dazu kann es natürlich bei den schiefwinkligen Tensoren nicht geben, da eine homogene Funktion zweiten Grades der drei Koordinaten nur sechs Parameter besitzt.

Weiter kommt in Betracht, daß von den schiefwinkligen Tensoren ein einzelner nicht durch einen Zahlwert und eine Richtung allein definiert ist, sondern zur Definition noch die Angabe zweier weiterer Richtungen verlangt. Ein solcher Tensor fällt hierdurch im Grunde aus dem Gebiet der gerichteten Größen ganz heraus.

1) *R. Weber*, Gött. Nachr. 1909, Nr. 4.

Da sich überdies weiter unten ergeben wird, daß die Einführung der schiefwinkligen Tensoren bei denjenigen Problemen der Kristallphysik, wo Tensoren eine Hauptrolle spielen, keinen ersichtlichen Vorteil bringt, sondern bezüglich der Veranschaulichung der speziellen Vorgänge erheblich Geringeres leistet, als das Operieren mit rechtwinkligen Tensoren, so wollen wir auf die ersteren nicht näher eingehen.

§ 75. **Spezielle Arten von Tensoren.** Die Transformationseigenschaften der Tensorkomponenten, d. h. das Verhalten wie $x^2, y^2, z^2, yz, zx, xy$ resp. wie $x^2, y^2, z^2, yz\sqrt{2}, zx\sqrt{2}, xy\sqrt{2}$, sind nach S. 137 u. 139 als Kennzeichen der gewöhnlichen und der orthogonalen Tensorkomponenten ähnlich zu verwenden, wie das in § 66 bezüglich der Vektorkomponenten auseinander gesetzt ist. Verhalten sich sechs Funktionen demgemäß, und behalten sie überdies bei Inversion des Koordinatensystems ihr Vorzeichen, so werden sie als polare, wechseln sie bei Inversion ihr Vorzeichen, so werden sie als axiale Tensorkomponenten zu gelten haben.

Spezielle Arten von Tensorkomponenten lassen sich hiernach aus Skalaren oder Vektoren leicht ableiten. So sind

$$T_{11} = \mathfrak{T}_{11} = \frac{\partial^2 S}{\partial x^2}, \; \ldots \; T_{12} = \mathfrak{T}_{12}/\sqrt{2} = \frac{\partial^2 S}{\partial x \partial y} \tag{29}$$

sehr spezielle Tensorkomponenten, die aus einer einzigen skalaren Funktion $S$ gewonnen sind. Etwas allgemeineren Charakter besitzen die von drei Vektorkomponenten $V_1, V_2, V_3$ gebildeten Differentialausdrücke

$$\begin{gathered} T_{11} = \mathfrak{T}_{11} = \frac{\partial V_1}{\partial x}, \quad T_{22} = \mathfrak{T}_{22} = \frac{\partial V_2}{\partial y}, \quad T_{33} = \mathfrak{T}_{33} = \frac{\partial V_3}{\partial z}, \\ T_{23} = \mathfrak{T}_{23}/\sqrt{2} = \frac{1}{2}\left(\frac{\partial V_3}{\partial y} + \frac{\partial V_2}{\partial z}\right), \quad T_{31} = \mathfrak{T}_{31}/\sqrt{2} = \frac{1}{2}\left(\frac{\partial V_1}{\partial z} + \frac{\partial V_3}{\partial x}\right), \\ T_{12} = \mathfrak{T}_{12}/\sqrt{2} = \frac{1}{2}\left(\frac{\partial V_2}{\partial x} + \frac{\partial V_1}{\partial y}\right). \end{gathered} \tag{30}$$

Ob diese Komponenten einem axialen oder polaren Tensortripel zugehören, hängt in leicht erkennbarer Weise von der Natur des Skalars $S$ resp. des Vektors $V$ ab.

§ 76. **Gerichtete Größen dritter Ordnung. Trivektoren.** Wir haben im vorstehenden die Transformationseigenschaften der Vektorkomponenten, wie auch der gewöhnlichen resp. der orthogonalen Tensorkomponenten in solchen Fällen als Kriterium angewandt, wo drei oder sechs kombiniert auftretende und einzeln oder paarweise je einer Koordinatenachse zuzuordnende Funktionen nicht ohne weiteres als Vektor- oder Tensorkomponenten erkennbar waren. Ihr Verhalten wie $x, y, z$ oder wie

$$x^2,\quad y^2,\quad z^2,\quad yz,\quad zx,\quad xy,$$

resp. wie

$$x^2,\quad y^2,\quad z^2,\quad yz\sqrt{2},\quad zx\sqrt{2},\quad xy\sqrt{2}$$

legt nun nahe, in der durch diese Zusammenstellung eingeschlagenen Richtung noch einige Schritte weiter zu gehen. In der Tat ist ein solches Verfahren, wie wir weiter unten zeigen werden, zur Illustration gewisser Verhältnisse in der Kristallphysik sehr nützlich.[1])

An die gerichteten Größen erster und zweiter Ordnung, die wir bisher betrachtet haben, reihen wir zunächst solche dritter Ordnung. Gewöhnliche Komponenten eines Systems solcher Größen werden zehn Funktionen sein, die sich bei der Transformation verhalten, wie

$$x^3,\quad y^3,\quad z^3,\quad x^2y,\quad x^2z,\quad y^2z,\quad y^2x,\quad z^2x,\quad z^2y,\quad xyz;$$

orthogonale Komponenten solche, die sich transformieren wie

$$x^3,\quad y^3,\quad z^3,\quad x^2y\sqrt{3},\quad x^2z\sqrt{3},\quad y^2z\sqrt{3},\quad y^2x\sqrt{3},$$
$$z^2x\sqrt{3},\quad z^2y\sqrt{3},\quad xyz\sqrt{6}.$$

Wir wollen die zehn Funktionen von einem derartigen Verhalten hier durch drei Indizes bezeichnen, die auf die Koordinatenaggregate hinweisen, mit denen die Funktionen sich gleichartig transformieren.

Der zentrischen Fläche zweiten Grades, die zur anschaulichen Darstellung der Bedeutung eines Tensortripels herangezogen wurde, lassen wir jetzt eine Oberfläche entsprechen, deren Gleichung die Koordinaten nur in Aggregaten dritten Grades enthält. Sind $H_{111}, \ldots H_{123}$ gewöhnliche Komponenten eines Systems gerichteter Größen dritter Ordnung, so werden wir als Repräsentanten dieses Systems die Fläche betrachten, deren Gleichung lautet

$$H_{111}x^3 + H_{222}y^3 + H_{333}z^3 + 3\,(H_{112}x^2y + H_{113}x^2z + H_{223}y^2z + H_{221}y^2x$$
$$+ H_{331}z^2x + H_{332}z^2y + 2\,H_{123}xyz) = \pm 1. \tag{31}$$

Die orthogonalen Komponenten $\mathfrak{H}_{ijk}$ des betreffenden Systems stehen mit den gewöhnlichen Komponenten $H_{ijk}$ in den Beziehungen

$$H_{111} = \mathfrak{H}_{111},\quad \ldots\quad H_{112}\sqrt{3} = \mathfrak{H}_{112},\quad H_{113}\sqrt{3} = \mathfrak{H}_{113},\quad \ldots$$
$$H_{123}\sqrt{6} = \mathfrak{H}_{123}. \tag{32}$$

Man kann demgemäß die vorstehende Gleichung sofort auch in den orthogonalen Größen ausdrücken.

---

1) *W. Voigt*, Ann. d. Phys. Bd. 5, p. 241, 1901.

Bei der zentrischen Oberfläche zweiten Grades, welche wir früher betrachteten, konnten durch Wahl eines (Haupt-) Achsensystems drei der Parameter zum Verschwinden gebracht werden. Die hierdurch gewonnene Normalform der Gleichung ließ erkennen, daß die Fläche durch drei geeignet gewählte Radien, die (Halb-) Achsen der Oberfläche, charakterisiert werden konnte. Diese Halbachsen standen in enger Beziehung zu den drei Tensoren des Tripels.

Übertragen wir diese Operation auf die Gleichung (31), so kommen wir zu dem Resultat, daß die neue Oberfläche durch sieben geeignet gewählte Radien charakterisiert werden kann, die mit sieben für das ganze System individuellen gerichteten Größen in einem engen Zusammenhang stehen. Für die Wahl derselben scheint eine ziemliche Freiheit zu bestehen. Wir werden daher gut tun, so, wie wir ein Tensortripel schließlich am passendsten durch eine zentrische Oberfläche zweiten Grades repräsentiert fanden, auch das System der gerichteten Größen dritter Ordnung als durch die Oberfläche dritten Grades von der Gleichung (31) repräsentiert zu betrachten.

Es ist klar, daß der ungerade Grad, der in den Transformationseigenschaften der neuen gerichteten Größen sich ausdrückt, einen Zusammenhang zwischen diesen und den Vektoren herstellt. Wir nennen demgemäß die durch zehn Funktionen der betrachteten Art definierten gerichteten Größen ein System von Triviektoren.

§ 77. **Gerichtete Größen vierter Ordnung. Bitensoren.** Die Anwendungen, die wir weiter unten verfolgen werden, machen es erwünscht, auch noch gerichtete Größen vierter Ordnung heranzuziehen. Als ein für diese charakteristisches gewöhnliches Komponentensystem werden wir fünfzehn koordinierte Funktionen zu betrachten haben, die sich transformieren wie

$$x^4, \quad y^4, \quad z^4, \quad x^3y, \quad x^3z, \quad y^3z, \quad y^3x, \quad z^3x, \quad z^3y,$$
$$y^2z^2, \quad z^2x^2, \quad x^2y^2, \quad x^2yz, \quad y^2zx, \quad z^2xy;$$

als orthogonal werden wir die Komponenten bezeichnen, wenn sie sich verhalten wie

$$x^4, \quad y^4, \quad z^4, \quad 2x^3y, \quad 2x^3z, \quad 2y^3z, \quad 2y^3x, \quad 2z^3x, \quad 2z^3y,$$
$$y^2z^2\sqrt{6}, \quad z^2x^2\sqrt{6}, \quad x^2y^2\sqrt{6}, \quad 2x^2yz\sqrt{3}, \quad 2y^2zx\sqrt{3}, \quad 2z^2xy\sqrt{3}.$$

Die orthogonalen Komponenten bezeichnen wir hier durch vier Indizes, die auf das Koordinatenprodukt hinweisen, dem analog sich die Komponente transformiert.

Als charakteristisch für ein System gerichteter Größen vierter Ordnung erscheint eine Fläche vierten Grades, die die Koordinaten nur in den obigen Kombinationen enthält, und deren Parameter die bezüglichen Komponenten sind. Wir schreiben ein solche Gleichung

$$L_{1111}x^4 + L_{2222}y^4 + L_{3333}z^4 + 4(L_{1112}x^3y + L_{1113}x^3z + \cdots + L_{3332}z^3y) + 6(L_{2233}y^2z^2 + \cdots) + 12(L_{1123}x^2yz + \cdots) = \pm 1. \quad (33)$$

Die orthogonalen Komponenten $\mathfrak{L}_{hijk}$ des betrachteten Systems gerichteter Größen stehen mit den gewöhnlichen in den Beziehungen

$$L_{1111} = \mathfrak{L}_{1111}, \quad \ldots \quad 2L_{1112} = \mathfrak{L}_{1112}, \quad 2L_{1113} = \mathfrak{L}_{1113}, \quad \ldots$$
$$L_{1122}\sqrt{6} = \mathfrak{L}_{1122}, \quad \ldots \quad 2L_{1123}\sqrt{3} = \mathfrak{L}_{1123}, \quad \ldots \quad (34)$$

An die Gleichung (33) lassen sich ganz ähnliche Bemerkungen knüpfen, wie an (31); dieselben sollen aber hier unterbleiben.

Es genügt hervorzuheben, daß die durch die Gleichung (33) dargestellte Oberfläche selbst als die anschaulichste Darstellung eines Systems gerichteter Größen vierter Ordnung gelten darf.

Diese Größen müssen in ihren Eigenschaften vielfache Verwandtschaft zu den Tensoren besitzen. Um dies und zugleich den doppelt hohen Grad anzudeuten, mögen sie als ein System von Bitensoren bezeichnet werden.

## II. Abschnitt.

## Kombination mehrerer gerichteter Größen.

§ 78. **Zwei Vektoren.** Ein eigenartiges Interesse besitzen allgemein und speziell für unsere Zwecke Kombinationen aus Komponenten von zwei oder mehr gerichteten Größen, die wiederum Komponenten gerichteter Größen oder aber Skalare liefern. Es erweist sich vorteilhaft, bei der Betrachtung derartiger Funktionen stets von der Kombination von Vektorkomponenten auszugehen, und wir wollen im nachstehenden demgemäß verfahren.

Wir beginnen mit Kombinationen aus Komponenten zweier Vektoren.

Das Aggregat

$$U_1V_1 + U_2V_2 + U_3V_3 = UV\cos(U, V)$$

ist, obwohl jeder einzelne Term von dem Koordinatensystem abhängt, nach der rechtsstehenden Bedeutung von dem Koordinatensystem unabhängig. Es gestattet also jedenfalls eine Auffassung als Skalar.

An sich stände natürlich nichts dem entgegen, der Funktion die Richtung der Normalen auf der Ebene durch $U$ und $V$ zuzuordnen, sie also als den Zahlwert einer gerichteten Größe aufzufassen, wie das ähnlich in § 67 mit dem Produkt $UV\sin(U, V)$ geschehen ist. Aber die sonstigen Eigenschaften des obigen Aggregates, die zum Teil bei weiteren geometrischen Überlegungen, zum Teil bei seinem Vorkommen in der Physik hervortreten, lassen es naturgemäßer erscheinen, die Funktion

$$U_1 V_1 + U_2 V_2 + U_3 V_3 = S \tag{35}$$

als Skalar zu führen. Es ist dies eine Verfügung von fundamentaler Bedeutung, deren Folgen weiterhin hervortreten werden.

Man erkennt, daß $S$ ein gewöhnlicher Skalar ist, wenn $U$ und $V$ Vektoren gleicher Art sind, ein Pseudoskalar, wenn sie verschiedene Art haben. —

Daß sich auch ein Vektor aus zwei Vektoren $U$ und $V$ aufbauen läßt, ist bereits S. 130 erörtert, mag hier aber der Vollständigkeit halber noch einmal in Erinnerung gebracht werden. Die Aggregate

$$W_1 = U_2 V_3 - V_2 U_3, \ldots \tag{36}$$

erfüllen das allgemeine Kriterium der Vektorkomponenten und repräsentieren demnach solche.

Sind $U$ und $V$ gleicher Art, so ist $W$ axial, sind sie verschiedener Art, so ist $W$ polar.

Ein Tensortripel läßt sich aus zwei Vektoren $U$ und $V$ nach dem folgenden Schema für seine Komponenten gewinnen

$$T_{11} = U_1 V_1, \quad T_{22} = U_2 V_2, \quad T_{33} = U_3 V_3, \tag{37}$$
$$T_{23} = \tfrac{1}{2}(U_2 V_3 + U_3 V_2), \quad T_{31} = \tfrac{1}{2}(U_3 V_1 + U_1 V_3), \quad T_{12} = \tfrac{1}{2}(U_1 V_2 + U_2 V_1).$$

In der Tat transformieren sich diese Größen wie $x^2$, $y^2$, $z^2$, $yz$, $zx$, $xy$; sie stellen also gewöhnliche Tensorkomponenten dar. Orthogonale Komponenten erhält man nach S. 129, indem man nur in den Ausdrücken für $T_{23}$, $T_{31}$, $T_{12}$ die Nenner 2 mit $\sqrt{2}$ vertauscht.

Sind die Vektoren $U$ und $V$ gleichartig, so ist das Tensortripel polar, im andern Falle axial.

Diese Darstellung von Tensorkomponenten ist eine sehr allgemeine, insofern die zwei Vektoren die gleiche Zahl von Bestimmungsstücken haben, wie ein Tensortripel, nämlich sechs.

Ein Tensor speziellerer Art ergibt sich, wenn in den Formeln (37) $U$ und $V$ identifiziert werden; es resultiert dann das Komponentensystem

$$T_{11} = U_1^2, \quad \ldots \quad T_{23} = U_2 U_3, \quad \ldots \tag{38}$$

In der Tat können vorhandene Transformationseigenschaften von Funktionen, die aus Vektorkomponenten aufgebaut sind, nicht dadurch verloren gehen, daß mehrere dieser Vektoren identifiziert werden. Voraussetzung ist dabei natürlich, daß jene Funktionen sich bei dieser Operation nicht identisch auf Null reduzieren.

§ 79. **Drei Vektoren.** Die Resultate des vorigen Paragraphen bieten die Mittel, auch aus drei und mehr Vektoren andere Funktionen aufzubauen. Sind z. B. $J$ und $K$ weitere Vektoren, so sind nach (36)

$$V_1 = J_2 K_3 - J_3 K_2, \dots$$

Vektorkomponenten. Setzt man diese Werte in (35) und (36) ein, so erhält man

$$S = U_1(J_2 K_3 - J_3 K_2) + U_2(J_3 K_1 - J_1 K_3) + U_3(J_1 K_2 - J_2 K_1) \qquad (39)$$

als Skalar,

$$W_1 = U_2(J_1 K_2 - J_2 K_1) - U_3(J_3 K_1 - J_1 K_3), \qquad (40)$$
$$\dots \dots \dots \dots \dots \dots$$

als ein System von Vektorkomponenten.

Dabei kann man $U$ beliebig mit $J$ und $K$ identifizieren, ohne daß die Ausdrücke $W_h$ verschwinden. Man erhält so spezielle Fälle abgeleiteter Funktionen, die ein gewisses Interesse haben, aber hier nicht erörtert werden sollen.

Zu einer Konstruktion von (gewöhnlichen) Tensorkomponenten aus drei Vektoren führen die Formeln (37), wenn man darin $V$ nach obigem durch die zwei Vektoren $J$ und $K$ ausdrückt. Man erhält so

$$\left.\begin{aligned} P_{11} &= U_1(J_2 K_3 - J_3 K_2), \dots \\ P_{23} &= \tfrac{1}{2}[U_2(J_1 K_2 - J_2 K_1) + U_3(J_3 K_1 - J_1 K_3)], \dots \end{aligned}\right\} \qquad (41)$$

Auch hier kann man $U$ mit $J$ oder $K$ identifizieren, ohne daß die Ausdrücke verschwinden, und hierdurch speziellere Formen erhalten.

Die Beziehungen (39) bis (41) können als Ausgangspunkte dienen für den Aufbau von Skalaren, Vektoren und Tensortripeln aus einem Vektor und einem Tensortripel. Man hat dazu nur je zu den rechten Seiten dieser Formeln den dort stehenden Ausdruck mit vertauschten $U$ und $K$ (oder $U$ und $J$) zu addieren. Die Resultate, welche mit $2S'$, $2W_h'$, $2P_{hk}'$ bezeichnet werden mögen, haben dann dieselben Transformationseigenschaften, wie die ursprünglich rechtsstehenden Ausdrücke, und enthalten $U$ und $K$ (resp. $U$ und $J$) direkt in den Verbindungen, die nach (37) Tensorkomponenten darstellen. Bezeichnet man das gemäß (37) aus $U$ und $K$ konstruierte Tensortripel durch $[T]$, so ergibt sich $S' = 0$,

$$W_1' = J_1(T_{22} + T_{33}) - (J_2 T_{12} + J_3 T_{13}), \dots \qquad (42)$$

ferner

$$\left.\begin{aligned} P_{11}' &= (J_2 T_{13} - J_3 T_{12}), \dots \\ P_{23}' &= \tfrac{1}{2}[J_1(T_{22} - T_{33}) + (J_3 T_{13} - J_2 T_{12})], \dots \end{aligned}\right\} \qquad (43)$$

Schreibt man die Formeln (42)

$$W_1' = J_1(T_{11} + T_{22} + T_{33}) - (J_1 T_{11} + J_2 T_{12} + J_3 T_{13}), \ldots$$

und bedenkt, daß $T_{11} + T_{22} + T_{33}$ nach (28) ein Skalar $S''$, somit also $J_1 S''$, $J_2 S''$, $J_3 S''$ Vektorkomponenten sind, so erkennt man, daß die zweiten Glieder der Ausdrücke rechts für sich auch Vektorkomponenten sind. In der Tat, wenn $W_1'$, $W_2'$, $W_3'$ und $J_1 S''$, $J_2 S''$, $J_3 S''$ sich wie Vektorkomponenten transformieren, so gilt gleiches für $W_1 - J_1 S''$, ... Demgemäß können wir schreiben

$$W_1'' = J_1 T_{11} + J_2 T_{12} + J_3 T_{13}, \ldots \tag{44}$$

Man kann zu den Formeln (42) und (43) etwas kürzer kommen, wenn man in (39) bis (41) $U$ mit $K$ identifiziert und dann direkt die Formeln (38) für den speziellen Tensor einführt. So lange es sich nur um Transformationseigenschaften handelt, kann man sonach statt mit den allgemeinen Beziehungen (37) auch mit den spezielleren (38) operieren. Diese Bemerkung ist in komplizierteren Fällen von Vorteil und mag weiterhin benutzt werden.

Auch die (gewöhnlichen) Komponenten eines Trivektorsystems lassen sich durch drei Vektoren bilden nach dem Schema

$$\begin{aligned}
H_{111} &= U_1 V_1 J_1, \ldots \\
H_{112} &= \tfrac{1}{3}(U_2 V_1 J_1 + U_1 V_2 J_1 + U_1 V_1 J_2), \ldots \\
H_{123} &= \tfrac{1}{6}[U_1(V_2 J_3 + V_3 J_2) + U_2(V_3 J_1 + V_1 J_3) + U_3(V_1 J_2 + V_2 J_1)].
\end{aligned} \tag{45}$$

Die Rechnung zeigt, daß diese Funktionen wirklich die bezüglichen charakteristischen Transformationseigenschaften besitzen.

Daraus ergibt sich ohne weiteres, daß ein Trivektorsystem auch aus einem Vektor und einem Tensortripel zu gewinnen ist; denn die Formeln (37) führen hier sogleich zu:

$$\begin{aligned}
H_{111} &= J_1 T_{11}, \ldots \\
H_{112} &= \tfrac{1}{3}(2 J_1 T_{12} + J_2 T_{11}), \ldots \\
H_{123} &= \tfrac{1}{3}(J_1 T_{23} + J_2 T_{31} + J_3 T_{12}).
\end{aligned} \tag{46}$$

Die Gleichungen dieses Paragraphen benutzen die gewöhnlichen Komponenten der gerichteten Größen verschiedener Ordnung; der Übergang zu orthogonalen Komponenten vollzieht sich ohne Schwierigkeit mit Hilfe der Beziehungen (27) und (32).

§ 80. **Vier Vektoren.** Wegen später zu machender Anwendungen gehen wir noch einen Schritt weiter und ziehen die aus vier Vektoren aufzubauenden Größen in Betracht. Vertauschen wir in (39) bis (41) $U_1$ mit $U_2 V_3 - U_3 V_2$ usf., so erhalten wir

$$(U_2 V_3 - U_3 V_2)(J_2 K_3 - J_3 K_2) + \cdots = S \tag{47}$$

als Skalar,

$$(U_3 V_1 - U_1 V_3)(J_1 K_2 - J_2 K_1) - (U_1 V_2 - U_2 V_1)(J_3 K_1 - J_1 K_3) = W, \tag{48}$$

. . . . . . . . . . . . . . . . . . . . . . . .

als Vektorkomponenten,

$$\left.\begin{array}{c} (U_2 V_3 - U_3 V_2)(J_2 K_3 - J_3 K_2) = T_{11}, \\ \cdots\cdots\cdots\cdots \\ \frac{1}{2}[(U_3 V_1 - U_1 V_3)(J_1 K_2 - J_2 K_1) + (U_1 V_2 - U_2 V_1)(J_3 K_1 - J_1 K_3)] = T_{23} \\ \cdots\cdots\cdots\cdots \end{array}\right\} \tag{49}$$

als Tensorkomponenten.

Wieder kann man in diesen Ausdrücken Vektorkomponenten zu Tensorkomponenten zusammenfassen. Identifiziert man in (47) $U$ und $J$, $V$ und $K$, so ergibt sich bei Einführung zweier Systeme Tensorkomponenten nach dem Schema

$$U_1^2 = P_{11}, \ldots, U_2 U_3 = P_{23}, \ldots; \ V_1^2 = Q_{11}, \ldots, V_2 V_3 = Q_{23}, \ldots$$

zunächst

$$[P_{22} Q_{33} + P_{33} Q_{22} - 2 P_{23} Q_{23}] + [\cdots] + [\cdots] = S. \tag{50}$$

Da nun

$$(P_{11} + P_{22} + P_{33})(Q_{11} + Q_{22} + Q_{33})$$

nach Bedeutung der Klammern notwendig ein Skalar ist, so ergibt sich, daß auch

$$P_{11} Q_{11} + P_{22} Q_{22} + P_{33} Q_{33} + 2(P_{23} Q_{23} + P_{31} Q_{31} + P_{12} Q_{12}) = S' \tag{51}$$

ein Skalar sein muß.

Eine analoge Umgestaltung führt von (49) aus zu den Beziehungen

$$\left.\begin{array}{c} 2 P_{23} Q_{23} - P_{22} Q_{33} - P_{33} Q_{22} = T_{11}, \\ \cdots\cdots\cdots\cdots \\ (P_{11} Q_{23} + Q_{11} P_{23}) - (P_{12} Q_{13} + Q_{12} P_{13}) = T_{23}, \\ \cdots\cdots\cdots\cdots \end{array}\right\} \tag{52}$$

welche aus zwei Systemen von Tensorkomponenten ein drittes aufzubauen lehren.

Die Ausdrücke (48) erhalten bei der Verfügung $U = J$, $V = K$ den Wert Null, und gleiches resultiert, wenn man mit ihnen die Operation von S. 146 vornimmt; es lassen sich somit Vektorkomponenten aus zwei Systemen von Tensorkomponenten nicht aufbauen.

Schließlich mag noch auf Folgerungen aufmerksam gemacht werden, zu denen die Darstellung der Komponenten eines Bitensorsystems durch Vektorkomponenten führt. Nach den Transformationseigenschaften der ersteren erkennt man leicht die Zulässigkeit der folgenden Zerlegungen

$$\begin{aligned} L_{1111} &= U_1 V_1 W_1 J_1, \ldots \\ L_{1112} &= \tfrac{1}{4}(U_2 V_1 W_1 J_1 + U_1 V_2 W_1 J_1 + U_1 V_1 W_2 J_1 + U_1 V_1 W_1 J_2), \ldots \\ L_{2233} &= \tfrac{1}{6}(U_2 V_2 W_3 J_3 + \cdots), \ldots \\ L_{1123} &= \tfrac{1}{12}(U_1 V_1 W_2 J_3 + \cdots), \ldots \end{aligned} \tag{53}$$

Identifiziert man hier $U$ mit $W$, $V$ mit $J$ und führt wieder die Tensorkomponenten $P_{hk}$ und $Q_{hk}$ ein, so folgt leicht

$$\begin{aligned} L_{1111} &= P_{11} Q_{11}, \ldots \\ L_{1112} &= \tfrac{1}{2}(P_{11} Q_{12} + P_{12} Q_{11}), \ldots \\ L_{2233} &= \tfrac{1}{6}(P_{22} Q_{33} + P_{33} Q_{22} + 4 P_{23} Q_{23}), \ldots \\ L_{1123} &= \tfrac{1}{3}[P_{11} Q_{23} + P_{23} Q_{11} + 2(P_{12} Q_{13} + P_{13} Q_{12})], \ldots \end{aligned} \tag{54}$$

Die Komponenten eines Bitensorsystems sind hiernach durch Kombination der Komponenten zweier Tensortripel zu gewinnen.

Es mag ausdrücklich bemerkt werden, daß man in den Formeln (50), (51), (52), (54) die Tensorkomponenten $P_{hk}$ und $Q_{hk}$ identifizieren kann, ohne daß die aus ihnen gebildeten Funktionen verschwinden. Man kann sonach Skalare, Bitensor- und auch neue Tensorkomponenten aus *einem* System von Tensorkomponenten bilden.

Wiederum sind vorstehend die *gewöhnlichen* Komponenten der gerichteten Größen verschiedener Ordnung benutzt; der Übergang zu den orthogonalen geschieht leicht mit Hilfe der Beziehungen (27), (32) und (33).

§ 81. **Sätze über skalare Funktionen von Komponenten gerichteter Größen.** Sind im Vorstehenden Sätze angegeben, die sich je auf bestimmte Arten gerichteter Größen beziehen, so mögen jetzt einige Resultate von *allgemeinerem* Charakter abgeleitet werden, die für unsere kristallphysikalischen Entwicklungen von Bedeutung sind.

Es mögen $\mathfrak{X}_1, \mathfrak{X}_2, \ldots \mathfrak{X}_n$ die orthogonalen Komponenten eines Systems gerichteter Größen von einer beliebigen Ordnung nach einem Koordinatensystem $X, Y, Z$ bezeichnen. Dann gelten für die Transformation derselben auf ein anderes System $X'Y'Z'$ Gleichungen von der Form

$$\mathfrak{X}_h = \sum_i a_{hi} \mathfrak{X}_i', \quad \mathfrak{X}_k' = \sum_j a_{jk} \mathfrak{X}_j, \tag{55}$$

wobei $i, j, h, k = 1, 2, \ldots n$.

Die Parameter $a$ sind wegen der vorausgesetzten Orthogonalität in beiden Gleichungssystemen die gleichen.

Sei nun $S$ eine skalare Funktion der $\mathfrak{X}_h$, die bei Transformation auf das System $X'Y'Z'$ durch $S'$ bezeichnet werden mag. Dann gilt ersichtlich

$$\frac{\partial S}{\partial \mathfrak{X}_h} = \sum_i a_{hi} \frac{\partial S'}{\partial \mathfrak{X}_i'}, \qquad \frac{\partial S'}{\partial \mathfrak{X}_k'} = \sum_j a_{jk} \frac{\partial S}{\partial \mathfrak{X}_j}. \tag{56}$$

Diese Formeln haben dieselbe Gestalt wie die Formeln (55); die Differentialquotienten $\partial S / \partial \mathfrak{X}_h$ resp. $\partial S' / \partial \mathfrak{X}_k'$ transformieren sich also ebenso wie die $\mathfrak{X}_h$ und $\mathfrak{X}_k'$ selbst, und da die Transformationseigenschaften die gerichteten Größen definieren, so ergibt sich der Satz:

**Die ersten Ableitungen einer skalaren Funktion der orthogonalen Komponenten eines Systems von gerichteten Größen irgendwelcher Ordnung sind je mit den Komponenten, nach welchen differentiiert ist, gleichartig.**

Wir vermerken uns noch eine naheliegende spezielle Anwendung dieses Satzes, die sich ergibt, wenn die betreffende Funktion eine lineare ist. Setzen wir etwa

$$S = \sum_k \mathfrak{A}_k \mathfrak{X}_k, \tag{57}$$

so wird $\frac{\partial S}{\partial \mathfrak{X}_h} = \mathfrak{A}_h$, und es folgt der weitere Satz:

**Ist ein Skalar eine lineare Funktion der orthogonalen Komponenten eines Systems gerichteter Größen von irgendwelcher Ordnung, so ist jeder ihrer Parameter der darein multiplizierten Komponente gleichartig.**

Man kann diesen Satz auch umkehren und behaupten:

**Eine bilineare Funktion, gebildet aus den orthogonalen Komponenten $\mathfrak{X}_1, \mathfrak{X}_2, \ldots \mathfrak{X}_n$ und $\mathfrak{Y}_1, \mathfrak{Y}_2, \ldots \mathfrak{Y}_n$ zweier Systeme gerichteter Größen gleicher Ordnung nach dem Schema**

$$\mathfrak{X}_1 \mathfrak{Y}_1 + \mathfrak{X}_2 \mathfrak{Y}_2 + \cdots + \mathfrak{X}_n \mathfrak{Y}_n,$$

**d. h. ausschließlich aus den Produkten gleichartiger Komponenten, ist vom Koordinatensystem unabhängig, also ein Skalar.**

Man gelangt hierdurch zu einem Satz, der die Beziehungen (35) und (51) als spezielle Fälle enthält.

In der Tat ergibt sich aus vorstehendem Satz zunächst für Vektoren $U$ und $V$ die Aussage, daß das Aggregat der orthogonalen Komponenten

$$\mathfrak{U}_1 \mathfrak{V}_1 + \mathfrak{U}_2 \mathfrak{V}_2 + \mathfrak{U}_3 \mathfrak{V}_3$$

ein Skalar ist, und dies stimmt mit (35) überein, da bei Vektoren die gewöhnlichen Komponenten zugleich orthogonal sind.

Man kann im Vorstehenden eine Stütze für die S. 144 getroffene Verfügung sehen; ein Beweis ihrer Notwendigkeit ist damit nicht geliefert, denn der Zahlwert einer gerichteten Größe ist auch ein Skalar. So ist z. B. auf den Zahlwert $U V \sin (U, V)$ des Vektors $W$ aus § 67 die in (56) ausgedrückte Operation anwendbar; die Differentialquotienten nach $U_1$, $U_2$, $U_3$ oder nach $V_1$, $V_2$, $V_3$ liefern auch hier Vektorkomponenten.

Im Falle zweier Tensoren $P$ und $Q$ verlangt der Satz, daß

$$\mathfrak{P}_{11} \mathfrak{Q}_{11} + \mathfrak{P}_{22} \mathfrak{Q}_{22} + \mathfrak{P}_{33} \mathfrak{Q}_{33} + \mathfrak{P}_{23} \mathfrak{Q}_{23} + \mathfrak{P}_{31} \mathfrak{Q}_{31} + \mathfrak{P}_{12} \mathfrak{Q}_{12}$$

einen Skalar darstellt; und dies führt nach den Beziehungen (28) auf den Satz (51) zurück.

Bei zwei gerichteten Größen dritter Ordnung $H$ und $G$ gilt die Aussage dem Aggregat

$$\mathfrak{H}_{111} \mathfrak{G}_{111} + \cdots + \mathfrak{H}_{112} \mathfrak{G}_{112} + \mathfrak{H}_{113} \mathfrak{G}_{113} + \cdots + \mathfrak{H}_{123} \mathfrak{G}_{123}.$$

Beim Übergang zu den gewöhnlichen Komponenten liefert dies

$$H_{111} G_{111} + \cdots + 3(H_{112} G_{112} + H_{113} G_{113} + \cdots) + 6 H_{123} G_{123} = S. \quad (58)$$

Ähnlich betrifft der Satz bei zwei gerichteten Größen vierter Ordnung $L$ und $M$ den Ausdruck:

$$\mathfrak{L}_{1111} \mathfrak{M}_{1111} + \cdots + \mathfrak{L}_{1112} \mathfrak{M}_{1112} + \mathfrak{L}_{1113} \mathfrak{M}_{1113} + \cdots$$
$$+ \mathfrak{L}_{1122} \mathfrak{M}_{1122} + \cdots + \mathfrak{L}_{1123} \mathfrak{M}_{1123} + \cdots$$

Der Übergang zu gewöhnlichen Komponenten ergibt die Aussage

$$L_{1111} M_{1111} + \cdots + 4(L_{1112} M_{1112} + L_{1113} M_{1113} + \cdots)$$
$$+ 6(L_{1122} M_{1122} + \cdots) + 12(L_{1123} M_{1123} + \cdots) = S. \quad (59)$$

Bei den vorstehenden Überlegungen sind spezielle Annahmen über das Verhalten der Komponenten $\mathfrak{X}_1, \mathfrak{X}_2, \ldots \mathfrak{X}_n$ bei einer Inversion des Koordinatensystems nicht benutzt; dieselben gelten also ebensowohl für gewöhnliche, wie für Pseudoskalare; es formulieren sich nur die Resultate verschieden hinsichtlich der polaren oder der axialen Natur der Komponenten. Im Falle eines gewöhnlichen Skalars geben polare (axiale) Komponenten $\mathfrak{X}_k$ auch für die $\partial S/\partial \mathfrak{X}_k$ polare (axiale) Natur; im Falle eines Pseudoskalars gilt das Entgegengesetzte. —

Wir werden unten von dem an die Form $S = \sum_k \mathfrak{a}_k \mathfrak{X}_k$ angeknüpften Satz wiederholt Anwendung zu machen haben, um die Natur der in der Kristallphysik begegnenden Parameter klarzustellen. Es handelt sich nach dem Gesagten für diese Aufgaben darum, eine lineare Funktion orthogonaler oder gewöhnlicher Komponenten gerichteter Größen zu bilden, welche skalare Natur besitzt und die betreffenden Parameter enthält. Ist dies gelungen, so beurteilt sich die Natur jedes Parameters unmittelbar nach der Natur der in denselben multiplizierten Komponente.

Die skalaren Funktionen, an die wir diese Betrachtungen weiter unten anknüpfen werden, sind hauptsächlich die sogenannten thermodynamischen Potentiale. Es muß im voraus bemerkt werden, daß dieselben sich von vornherein im allgemeinen nicht linear in den Komponenten eines Systems gerichteter Größen darstellen, sondern als homogene Funktionen höheren Grades erscheinen. Wir haben aber in den vorigen Paragraphen gelernt, daß durch Aggregate von Produkten aus mehreren Komponenten gerichteter Größen sich Komponenten anderer gerichteter Größen aufbauen lassen; diese Methode werden wir weiter unten anwenden, um jene skalaren Funktionen, d. h. also z. B. die thermodynamischen Potentiale, auf Formen zu bringen, die linear sind in den Komponenten verschiedenartiger gerichteter Größen. Auf diese Formen ist dann der obige Satz anzuwenden, wonach nun jeder hier auftretende Parameter der Komponente, in welche er multipliziert erscheint, gleichartig ist.

§ 82. **Kriterien für die zentrische oder azentrische Symmetrie eines physikalischen Vorgangs.** Wir knüpfen an vorstehendes noch eine Bemerkung, die sich speziell auf die S. 102 erörterte Unterscheidung von zentrisch-symmetrischen und -dissymmetrischen Vorgängen bezieht. Ist das Gesetz eines Vorgangs auf eine skalare Funktion, insbesondere auf ein thermodynamisches Potential reduzierbar, das sich als eine homogene Funktion irgendwelchen Grades in den Komponenten $\mathfrak{X}_1, \mathfrak{X}_2, \ldots \mathfrak{X}_n$ gerichteter Größen darstellt, so gestattet die Form dieser skalaren Funktion in einfachster Weise die Entscheidung darüber, ob es sich um ein zentrisch-symmetrisches oder -dissymmetrisches Phänomen handelt.

Sei zunächst die genannte Funktion ein gewöhnlicher Skalar $S$, dann ist der Vorgang zentrisch-symmetrisch in dem Falle, daß sein Ausdruck durch Komponenten gerichteter Größen, z. B $S = F(\mathfrak{X}_1, \mathfrak{X}_2, \ldots \mathfrak{X}_n)$, sein Vorzeichen nicht ändert, wenn man an den Komponenten $\mathfrak{X}_1, \ldots \mathfrak{X}_n$ diejenigen Vorzeichenwechsel vornimmt, die einer Inversion des Koordinatensystems entsprechen; der Vorgang ist zentrisch-dissymmetrisch, wofern hierbei $S$ sein Vorzeichen wechselt.

Um die Richtigkeit dieses Satzes zu erkennen, denken wir uns die Funktion $S$ gemäß dem oben S. 152 Gesagten auf die Form einer linearen Funktion von orthogonalen Komponenten verschiedener gerichteter Größen gebracht, z. B. also auf die Form

$$S = \sum \mathfrak{B}_h \mathfrak{Y}_h + \sum \mathfrak{C}_h \mathfrak{Z}_h + \cdots, \tag{60}$$

in der die $\mathfrak{B}_h, \mathfrak{C}_h, \ldots$ Parameter der Kristallsubstanz bezeichnen, und die $\mathfrak{Y}_h, \mathfrak{Z}_h, \ldots$ irgendwie aus den $\mathfrak{X}_h$ aufgebaut sind. Hier sind dann nach dem Satz von S. 150 die $\mathfrak{B}_h$ mit den $\mathfrak{Y}_h$, die $\mathfrak{C}_h$ mit den $\mathfrak{Z}_h$ gleichartig.

Soll nun, wie oben angenommen, bei einer auf die $\mathfrak{Y}_h, \mathfrak{Z}_h, \ldots$ beschränkten Inversion $S$ sein Vorzeichen bewahren, so ist dazu notwendig, daß die $\mathfrak{Y}_h, \mathfrak{Z}_h, \ldots$ selbst hierbei ihr Vorzeichen beibehalten. Dazu ist aber erforderlich, daß sie Komponenten gerichteter Größen darstellen, die selbst ein Zentrum der Symmetrie besitzen (z. B. also Komponenten von axialen Vektoren, von polaren Tensoren usf. darstellen). Gleiche Natur haben somit nun auch nach dem genannten Satz die für die Substanz des Kristalls charakteristischen Parameter $\mathfrak{B}_h, \mathfrak{C}_h, \ldots$; die Substanz muß also nach ihren bezüglichen physikalischen Eigenschaften zentrisch-symmetrisch sein.

Ebenso erkennt man, daß das Gegenteil statthat, falls der gewöhnliche Skalar $S$ und damit also die $\mathfrak{Y}_h, \mathfrak{Z}_h, \ldots$ bei der verlangten Inversion ihr Vorzeichen umkehren. Auch leuchtet unmittelbar ein, daß, wenn $S$ ein Pseudoskalar ist, ein Vorzeichenwechsel bei Inversion auf zentrische Symmetrie, die Erhaltung des Vorzeichens auf Dissymmetrie hinweist.

Setzt sich eine skalare Funktion additiv aus Teilen zusammen, die sich bei Inversion entgegengesetzt verhalten, so stellen diese Teile auch Vorgänge verschiedener Symmetrie dar.

Abschließend möge bemerkt werden, daß die vorstehende Regel sich auch in denjenigen Fällen anwenden läßt, wo das Gesetz des Vorgangs sich nicht ohne weiteres auf eine skalare Funktion, z. B. auf ein Potential zurückführen läßt, sondern sich in Ausdrücken für die Komponenten irgendwelcher gerichteter Größen $\mathfrak{X}_1, \mathfrak{X}_2, \ldots \mathfrak{X}_n$ darstellt, welche die Form homogener Funktionen anderer Komponenten gleicher Ordnung besitzen, z. B. also

$$\begin{aligned} \mathfrak{X}_1 &= F_1(\mathfrak{Y}_1, \mathfrak{Y}_2, \ldots \mathfrak{Y}_n), \\ \mathfrak{X}_2 &= F_2(\mathfrak{Y}_1, \mathfrak{Y}_2, \ldots \mathfrak{Y}_n), \\ &\ldots\ldots\ldots \end{aligned} \tag{61}$$

Man braucht hier nämlich nur eine der Funktionen

$$S = \mathfrak{X}_1\mathfrak{Y}_1 + \mathfrak{X}_2\mathfrak{Y}_2 + \cdots + \mathfrak{X}_n\mathfrak{Y}_n, \tag{62}$$

oder

$$Z = \mathfrak{X}_1^2 + \mathfrak{X}_2^2 + \cdots + \mathfrak{X}_n^2 \tag{63}$$

zu betrachten, wobei $S$ nach S. 150 entweder ein gewöhnlicher oder ein Pseudoskalar ist, $Z$ stets einen gewöhnlichen Skalar darstellt.

Im Vorstehenden ist durchweg von orthogonalen Komponenten Anwendung gemacht, weil in diesen sich die Sätze von S. 150 einfacher ausdrücken. Da aber die gewöhnlichen Komponenten sich nur durch Zahlenfaktoren von den orthogonalen unterscheiden und es sich hier nur um Vorzeichenfragen handelt, so sind die Regeln dieses Paragraphen ohne weiteres auf Ausdrücke zu übertragen, die statt der orthogonalen die gewöhnlichen Komponenten enthalten.

§ 83. **Vektorielle und tensorielle Addition.** Eine andere Art der Zusammenwirkung mehrerer Vektoren, als im Vorstehenden betrachtet, ergibt sich, wenn mehrere gleichartige Einwirkungen auf denselben Körper oder auf einen Punkt desselben stattfinden. Hier ist für den Effekt im Falle vektorieller Einwirkungen bekanntlich im allgemeinen jene Kombination der verschiedenen Vektoren maßgebend, die man als Vektorsumme bezeichnet, und die wieder einen Vektor darstellt.

Die Komponenten $V_1, V_2, V_3$ der Resultante $V$ von Vektoren $V^{(1)}$, $V^{(2)}, \ldots V^{(n)}$ bestimmen sich dabei nach dem Schema

$$V_1 = \sum_h V_1^{(h)}, \quad V_2 = \sum_h V_2^{(h)}, \quad V_3 = \sum_h V_3^{(h)}. \tag{64}$$

Auch bei tensoriellen Einwirkungen gelten ähnliche Beziehungen, und die Komponenten $T_{hi}$ der Resultante $[T]$ einer Anzahl von Tensorsystemen $[T^{(1)}]$, $[T^{(2)}], \ldots [T^{(n)}]$ bestimmen sich durch die analogen Formeln

$$T_{11} = \sum_k T_{11}^{(k)}, \ldots \; T_{12} = \sum_k T_{12}^{(k)}. \tag{65}$$

Diese Funktionen haben dieselben Transformationseigenschaften, wie die einzelnen $T_{hi}^{(k)}$, aus denen sie aufgebaut sind; sie stellen also zusammen wieder ein Tensortripel dar.

Ein spezieller Fall mag im Anschluß an das S. 140 Bemerkte hervorgehoben werden. Ein einzelner Tensor ist ein spezieller Fall eines Tensortripels, der entsteht, wenn zwei Konstituenten des Tripels verschwinden. Die obigen Formeln umfassen sonach also auch den Fall dreier schief gegeneinander orientierter Tensoren und lehren, daß diese Kombination jederzeit auf den Fall dreier zueinander normalen Tensoren, also den eines rechtwinkligen Tensortripels zurückführbar ist. Dies ist an sich, und außerdem in Hinsicht auf die zitierte frühere Bemerkung von Interesse.

Die hiermit ausgeführte Bildung der Resultanten aus mehreren Vektoren und aus mehreren Tensoren hat bei den gerichteten Größen höherer Ordnung ihr Analogon; indessen besitzt das betreffende Problem bisher kaum praktisches Interesse.

## III. Kapitel.

# Allgemeine physikalische Hilfssätze.

### Vorbemerkung.

Spezifische Eigenschaften der kristallisierten Substanz machen sich in sehr vielen Gebieten der Physik geltend; deshalb wird eine systematische Darstellung derselben notwendigerweise auch sehr verschiedene Gebiete berühren und an die für dieselben aufgestellten allgemeinen, nämlich für Körper jeder Art geltenden Theorien anknüpfen müssen. Um diesen Vorlesungen eine in sich möglichst geschlossene Gestalt zu geben, soll alles Wesentliche, was von diesen Theorien zur Anwendung gelangt, hier auch kurz begründet und erörtert werden. Im Interesse leichterer Orientierung empfiehlt sich dabei die Anordnung, diese physikalischen Hilfssätze, von denen manche wiederholt zur Anwendung kommen werden, nicht da einzuführen, wo sie zum erstenmal heranzuziehen sind, sondern sie, in ein eigenes Kapitel vereinigt, vor diejenigen Teile zu stellen, die den einzelnen Gebieten der Kristallphysik gewidmet sind. Der Leser kann die Entwicklungen dieses Kapitels nach Belieben zunächst überschlagen und auf sie erst dann zurückgreifen, wenn ihr Inhalt wirklich zur Anwendung gelangt.

## I. Abschnitt.

### Sätze aus der Mechanik starrer und deformierbarer Körper.

§ 84. **Das Prinzip der virtuellen Verrückungen.** Um zu den allgemeinen Gleichungen der Mechanik starrer und deformierbarer Körper zu gelangen, gehen wir aus von dem Prinzip der virtuellen Verrückungen.

Seien $x, y, z$ die Koordinaten eines Massenelements $dm$, und seien $\delta x, \delta y, \delta z$ ihre mit den Bedingungen des Systems vereinbaren (virtuellen) Variationen, bei denen die innern Kräfte des Körpers die Arbeit $\delta' A_i$, die von außen auf ihn wirkenden die Arbeit $\delta' A_a$ leisten, dann lautet die Gleichung des genannten Prinzips

$$\int dm \left(\frac{d^2 x}{dt^2}\,\delta x + \frac{d^2 y}{dt^2}\,\delta y + \frac{d^2 z}{dt^2}\,\delta z\right) = \delta' A_i + \delta' A_a. \tag{1}$$

Das Integrationsbereich ist dabei völlig beliebig; insbesondere kann es ebensowohl über einen ganzen homogenen Körper, als über einen beliebig gestalteten Teil desselben (der ja auch einen Körper darstellt) erstreckt werden.

Die äußeren Kräfte zerfallen in zwei Teile, einmal in Fernwirkungen oder körperliche Kräfte auf alle, auch innere Punkte des Körpers, deren auf die Masseneinheit bezogene Komponenten durch $X, Y, Z$ bezeichnet seien, sodann in Oberflächen- oder Druckkräfte, die nur in den Oberflächenelementen des mit dem Integrationsbereich zusammenfallenden Körpers wirken, und deren auf die Flächeneinheit bezogene Komponenten $\overline{X}, \overline{Y}, \overline{Z}$ sein mögen. Wir können demgemäß schreiben

$$\begin{aligned} \delta' A_a &= \delta' A_k + \delta' A_o, \\ \delta' A_k &= \int dm (X\delta x + Y\delta y + Z\delta z), \\ \delta' A_o &= \int do (\overline{X}\delta\overline{x} + \overline{Y}\delta\overline{y} + \overline{Z}\delta\overline{z}), \end{aligned} \tag{2}$$

wobei $do$ das Flächenelement der Begrenzung, $\delta\overline{x}$, $\delta\overline{y}$, $\delta\overline{z}$ die Komponenten der Variationen $\delta x$, $\delta y$, $\delta z$ in $do$ bezeichnen.

Es sei besonders hervorgehoben, daß die Symbole $\delta' A_h$ nicht Variationen von Funktionen $A_h$ bezeichnen, sondern nur unendlich kleine Beträge andeuten, die verschwinden, wenn $\delta x$, $\delta y$, $\delta z$ gleich Null werden. Man nennt solche Ausdrücke Diminutive.

Die inneren Kräfte beruhen auf den zwischen den verschiedenen Massenelementen stattfindenden Molekularwirkungen; wir können den Ausdruck von deren Arbeit zunächst noch nicht angeben. —

Der uns zumeist interessierende Fall ist der des Gleichgewichts, der dadurch definiert ist, daß bei verschwindenden Geschwindigkeiten $dx/dt$, $dy/dt$, $dz/dt$ auch die Beschleunigungen $d^2x/dt^2$, $d^2y/dt^2$, $d^2z/dt^2$ verschwinden. Hier reduziert sich die Grundgleichung (1) auf

$$0 = \delta' A_i + \delta' A_a. \tag{3}$$

Man kann, wenn die Kräfte weder von den Geschwindigkeiten, noch von den Beschleunigungen abhängen, von dieser speziellen Form bekanntlich zu der allgemeinen zurückkehren, indem man nur die körperlichen Kraftkomponenten $X, \ldots$ mit $X - d^2x/dt^2, \ldots$ vertauscht.

§ 85. **Die Gleichung der Energie.** Zu den virtuellen, d. h. mit den Bedingungen des Systems verträglichen Verrückungen gehören auch die bei der wirklichen Bewegung in der Zeit $dt$ faktisch zustande kommenden. Indem wir die Komponenten derselben mit $dx$, $dy$, $dz$, die ihnen entsprechenden geleisteten Arbeiten mit $d' A_h$ bezeichnen, gelangen wir für den Fall der wirklichen Bewegungen von (1) zu der Formel

$$\int dm \left(\frac{d^2x}{dt^2}\,dx + \frac{d^2y}{dt^2}\,dy + \frac{d^2z}{dt^2}\,dz\right) = d'A_i + d'A_a.$$

Führt man als die lebendige Kraft des Körpers den Ausdruck

$$\frac{1}{2}\int dm \left(\left(\frac{dx}{dt}\right)^2 + \left(\frac{dy}{dt}\right)^2 + \left(\frac{dz}{dt}\right)^2\right) = \int dm\,\psi' = \Psi \tag{4}$$

ein, so erhält man hieraus

$$d\Psi = d'A_i + d'A_a. \tag{5}$$

Darin ist wieder durch die Symbole $d'$ rechts angedeutet, daß die $d'A_h$ im allgemeinen keine Differentiale einer Funktion $A_h$, sondern Diminutive sind, die mit $dt$ verschwinden.

Besitzt die Arbeit $d'A_i$ der innern Kräfte, infolge deren spezieller Natur, die Gestalt eines Differentials, so setzen wir

$$d'A_i = -\,d\Phi_i \tag{6}$$

und nennen $\Phi_i$ das Potential der innern Kräfte. Stellt sich $d\Phi_i$ als ein Integral über das körperliche System von der Form

$$\Phi_i = \int \varphi'\,dm \tag{7}$$

dar, so kann $\varphi'$ als das innere Potential der Masseneinheit bezeichnet werden.

Im Falle der Existenz eines Potentials schreibt man die Gleichung (5)

$$d(\Psi + \Phi_i) = dE = d'A_a \tag{8}$$

und bezeichnet $E$ als die (mechanische) Energie des Systems, die Beziehung (8), welche die Zunahme dieser Energie in $dt$ mit der in der gleichen Zeit von den äußern Kräften an dem System geleisteten Arbeit verknüpft, als die Gleichung der Energie. In dem durch (7) angegebenen Fall wird dabei

$$E = \int \varepsilon'\,dm, \qquad \text{wobei } \varepsilon' = \varphi' + \psi'; \tag{9}$$

hier stellt dann $\varepsilon'$ die (mechanische) Energie der Masseneinheit dar.

§ 86. **Gleichgewicht eines starren Körpers.** Wir wollen nun zunächst einen starren Körper in Betracht ziehen, bei dem die virtuellen Verrückungen dadurch beschränkt sind, daß jede Entfernung zwischen zwei Massenelementen unveränderlich ist. Der allgemeinste

Ausdruck für die Variationen der Koordinaten ist in diesem Falle bekanntlich

$$\begin{aligned} \delta x &= \delta x_0 + z\delta m - y\delta n, \\ \delta y &= \delta y_0 + x\delta n - z\delta l, \\ \delta z &= \delta z_0 + y\delta l - x\delta m; \end{aligned} \tag{10}$$

hierin bezeichnen $\delta x_0$, $\delta y_0$, $\delta z_0$ die Veränderungen der Koordinaten desjenigen Punkts, der vor der virtuellen Verrückung im Koordinatenanfang lag, und, falls er nicht von selbst dem starren Körper angehörte, diesem durch ein System starrer Linien verbunden zu denken ist; $\delta l$, $\delta m$, $\delta n$ sind unendlich kleine Drehungen um die Koordinatenachsen.

Es ergibt sich demgemäß nach (2) für $\delta' A_a$ hier die Formel

$$\begin{aligned} \delta' A_a = \delta x_0 \left(\int X dm + \int \overline{X} do\right) + \cdots \\ + \delta l \left(\int (yZ - zY)\, dm + \int (\overline{y}\overline{Z} - \overline{z}\overline{Y})\, do\right) + \cdots \end{aligned} \tag{11}$$

Hierin werden die Ausdrücke

$$\int X dm + \int \overline{X} do = \Xi, \cdots \tag{12}$$

als die **Gesamtkomponenten** nach den Koordinatenachsen bezeichnet, welche der Körper durch die äußern Kräfte erfährt,

$$\int (yZ - zY)\, dm + \int (\overline{y}\overline{Z} - \overline{z}\overline{Y})\, do = \Lambda, \cdots \tag{13}$$

als die **Drehungsmomente** um die Koordinatenachsen, die von den äußern Kräften herrühren.

Haben die äußern Kräfte, die auf den Körper wirken, ein Potential $\Phi_a$, d. h., hat ihre Arbeit $\delta' A_a$ die Form

$$\delta' A_a = -\delta \Phi_a,$$

so muß die rechte Seite dieser Gleichung in den Unabhängigen, welche die Verrückung des Körpers charakterisieren, sich derartig ausdrücken, daß

$$\begin{aligned} \delta' A_a = -\Big(\frac{\partial \Phi_a}{\partial x_0}\,\delta x_0 + \frac{\partial \Phi_a}{\partial y_0}\,\delta y_0 + \frac{\partial \Phi_a}{\partial z_0}\,\delta z_0 \\ + \frac{\partial \Phi_a}{\partial l}\,\delta l + \frac{\partial \Phi_a}{\partial m}\,\delta m + \frac{\partial \Phi_a}{\partial n}\,\delta n\Big). \end{aligned} \tag{14}$$

Hierbei bezeichnen die Differentialquotienten je die Änderungen von $\Phi_a$, die einer solchen Dislokation des Körpers entsprechen, wie sie das im Nenner stehende Differential ausdrückt.

Die Vergleichung des Ausdrucks (11) für $\delta A_a$ mit dem jetzt erhaltenen führt bei Benutzung der Bezeichnungen (12) und (13) zu den Beziehungen

$$\begin{aligned} \Xi = -\frac{\partial \Phi_a}{\partial x_0}, \quad H = -\frac{\partial \Phi_a}{\partial y_0}, \quad Z = -\frac{\partial \Phi_a}{\partial z_0}, \\ \Lambda = -\frac{\partial \Phi_a}{\partial l}, \quad M = -\frac{\partial \Phi_a}{\partial m}, \quad N = -\frac{\partial \Phi_a}{\partial n}. \end{aligned} \tag{15}$$

Die Bedingung des Gleichgewichts $\delta' A_a = 0$ liefert hier, da die $\delta x_0, \ldots \delta l, \ldots$ voneinander völlig unabhängig sind, die sechs Gleichgewichtsgleichungen

$$\begin{aligned} \Xi = 0, \quad H = 0, \quad Z = 0, \\ \Lambda = 0, \quad M = 0, \quad N = 0. \end{aligned} \tag{16}$$

§ 87. **Allgemeine Ausdrücke für die an einem Volumenelement eines deformierbaren Körpers geleisteten Arbeiten.** Wir wollen nun die Gleichung (3), die dem Gleichgewicht entspricht, aber nach dem zu ihr Bemerkten den sofortigen Übergang zu dem Fall der Bewegung gestattet, auf ein abgegrenztes Bereich $k$ im Innern eines stetig veränderlichen deformierbaren oder spezieller — was uns weiterhin allein interessiert — eines homogenen elastischen Körpers anwenden. Hier unterliegen die Verrückungen keinen andern Bedingungen, als daß sie stetige Funktionen des Ortes sein müssen; alle mechanischen Vorrichtungen zur Beschränkung der Bewegungsfreiheit greifen ja notwendig an der Oberfläche des Körpers an. Wir können sonach für $\delta x$, $\delta y$, $\delta z$ ganz beliebige, nur stetige und differentierbare Funktionen der Koordinaten einführen.

Die Oberflächenkräfte, welche der betrachtete Teil des Körpers von der Umgebung erfährt, beruhen auf Molekularwirkungen, die von dem Außenbereich auf das Innenbereich ausgeübt werden. Da diese Wirkungen sich nur in unmerkliche Tiefen erstrecken, sind sie der Größe des Oberflächenelements proportional, über welches hinüber sie stattfinden.

Wir wollen für diesen Fall, wo die $\overline{X}$, $\overline{Y}$, $\overline{Z}$ von der Art der innern (elastischen) Kräfte des Körpers sind, eine etwas geänderte Bezeichnung einführen, sie nämlich mit

$$X_n, \quad Y_n, \quad Z_n$$

vertauschen, wobei $n$ die Richtung der nach dem Innenraum gelegten Normale auf $do$ bezeichnet. Es geschieht dies deshalb, weil, wie sich bald zeigen wird, diese $X_n$, $Y_n$, $Z_n$ an derselben Stelle des Raumes abhängen von der Richtung der Normalen $n$ auf dem Flächenelement, gegen welches sie wirken. $X_n, \ldots$ sind, wie $\overline{X}, \ldots$, auf die Flächeneinheit bezogen.

Nun wählen wir als Integrationsbereich $k$ ein sehr kleines Parallelepiped mit den Kanten $a, b, c$ parallel zu den Koordinatenachsen, in dem die Dichte $\varrho$ vorhanden sein möge. Die Koordinaten seines Mittelpunktes mögen mit $x_0, y_0, z_0$ bezeichnet werden. Sind, wie in Wirklichkeit stets, die körperlichen Kräfte $X, Y, Z$ stetige und differentiierbare Funktionen der Koordinaten, so kann man, wie $\delta x, \ldots$, auch $X, \ldots$ nach den relativen Koordinaten gegen das Zentrum $x_0, y_0, z_0$ entwickeln und erhält so

$$\delta' A_k = abc\varrho(X_0\delta x_0 + Y_0\delta y_0 + Z_0\delta z_0) + \cdots, \tag{17}$$

wobei $X_0, \ldots$ sich auf das Zentrum beziehen, und die Glieder, welche von höherer als dritter Ordnung in bezug auf $a, b, c$ sind, nur angedeutet, aber nicht hingeschrieben sind.

Für die Arbeit der Oberflächenkräfte an diesem Volumenelement ergibt sich in analoger Weise, wenn wiederum nur die Glieder niedrigster Ordnung ausgeschrieben werden:

$$\begin{aligned}\delta' A_o = bc\Big[&(X_{+x}\delta x + Y_{+x}\delta y + Z_{+x}\delta z)_{-\frac{1}{2}a}\\ &+(X_{-x}\delta x + Y_{-x}\delta y + Z_{-x}\delta z)_{+\frac{1}{2}a}\Big]\\ + ca\Big[&(X_{+y}\delta x + Y_{+y}\delta y + Z_{+y}\delta z)_{-\frac{1}{2}b}\\ &+(X_{-y}\delta x + Y_{-y}\delta y + Z_{-y}\delta z)_{+\frac{1}{2}b}\Big]\\ + ab\Big[&(X_{+z}\delta x + Y_{+z}\delta y + Z_{+z}\delta z)_{-\frac{1}{2}c}\\ &+(X_{-z}\delta x + Y_{-z}\delta y + Z_{-z}\delta z)_{+\frac{1}{2}c}\Big] + \cdots.\end{aligned} \tag{18}$$

Hierin stehen die Indizes $\pm x$, $\pm y$, $\pm z$ bei den $X, Y, Z$ an der Stelle von $n$ oben, bezeichnen nämlich die Richtung der inneren Normale auf der Fläche, gegen welche die Druckkomponente wirkt. Die Indizes $\pm \frac{1}{2}a$, $\pm \frac{1}{2}b$, $\pm \frac{1}{2}c$ drücken aus, daß die Werte der eingeklammerten Glieder für die Zentra derjenigen Begrenzungsflächen zu nehmen sind, die vom Zentrum des Elementes um $\pm \frac{1}{2}a, \ldots$ abliegen.

Die in (18) auftretenden Druckkomponenten $X_{\pm x}$, $Y_{\pm y}$, $Z_{\pm z}$ stehen ersichtlich normal gegen ihre Flächenelemente; die Komponenten $X_{\pm y}$, $Y_{\pm x}, \ldots$ wirken hingegen tangential gegen dieselben.

Im übrigen können diese Komponenten, da man durch jeden Punkt des Körpers Flächenelemente normal zu den Koordinatenachsen gelegt denken kann, als stetige Funktionen des Ortes betrachtet werden, wie gleiches bezüglich der Variationen $\delta x$, $\delta y$, $\delta z$ oben ausdrücklich vorausgesetzt ist. Demgemäß können wir die Druckkomponenten nach Potenzen des Abstandes ihrer Flächen vom Zentrum des Volumenelementes entwickeln und z. B. schreiben

$$(X_{+x})_{-\frac{1}{2}a} = (X_{+x})_0 - \frac{1}{2}a\left(\frac{\partial X_{+x}}{\partial x}\right)_0 \pm \cdots,$$

$$(X_{-x})_{+\frac{1}{2}a} = (X_{-x})_0 + \frac{1}{2}a\left(\frac{\partial X_{-x}}{\partial x}\right)_0 \pm \cdots,$$

wie analog auch

$$\delta x_{+\frac{1}{2}a} = (\delta x)_0 + \frac{1}{2}a\left(\frac{\partial \delta x}{\partial x}\right)_0 \pm \cdots,$$

$$\delta x_{-\frac{1}{2}a} = (\delta x)_0 - \frac{1}{2}a\left(\frac{\partial \delta x}{\partial x}\right)_0 \pm \cdots.$$

Hiernach gewinnen wir für $\delta' A_o$ den folgenden, zunächst sehr komplizierten Ausdruck:

$$\begin{aligned}\delta' A_o = bc\Big[&(X_{+x}+X_{-x})\delta x - \frac{1}{2}a\frac{\partial(X_{+x}-X_{-x})}{\partial x}\delta x \\ &\qquad - \frac{1}{2}a(X_{+x}-X_{-x})\frac{\partial \delta x}{\partial x} \\ &+ (Y_{+x}+Y_{-x})\delta y - \frac{1}{2}a\frac{\partial(Y_{+x}-Y_{-x})}{\partial x}\delta y \\ &\qquad - \frac{1}{2}a(Y_{+x}-Y_{-x})\frac{\partial \delta y}{\partial x} \\ &+ (Z_{+x}+Z_{-x})\delta z - \frac{1}{2}a\frac{\partial(Z_{+x}-Z_{-x})}{\partial x}\delta z \\ &\qquad - \frac{1}{2}a(Z_{+x}-Z_{-x})\frac{\partial \delta z}{\partial x}\Big] \\ &+ ca[\cdots] + ab[\cdots] + \cdots;\end{aligned} \tag{19}$$

in demselben beziehen sich **sämtliche** Glieder auf das Zentrum des Volumenelementes; es ist demnach der allgemeine Index 0 fortgelassen. Gleiches wollen wir nun auch in dem Ausdruck (17) für $\delta' A_k$ vorgenommen denken.

Die Ausdrücke (17) und (19) sind von großer Allgemeinheit; sie benutzen bezüglich der Kraft-, wie bezüglich der Verrückungskomponenten keine andere Annahme, als die der Stetigkeit. Insbesondere sind auch keinerlei Voraussetzungen darüber benutzt, **welche Umstände** die inneren (molekularen) Drucke $X_x$, ... des Körpers **bedingen**.

**§ 88. Allgemeine Eigenschaften der inneren Drucke in einem deformierbaren Körper.** In unserer Grundgleichung (3), die ausführlicher lautet

$$\delta' A_k + \delta' A_o + \delta' A_i = 0, \tag{20}$$

ist mit vorstehendem $\delta' A_k$ und $\delta' A_o$ bestimmt. Für $\delta' A_i$ können wir direkt keinen Ausdruck bilden, weil ein solcher die Kenntnis des Gesetzes erfordern würde, nach welchem die inneren Kräfte des Körpers wirken, dieses Gesetz uns aber unbekannt ist. Wir werden zu einem solchen Ausdruck auf einem Umweg gelangen.

Vorläufig können wir über $\delta' A_i$ jedenfalls aber dies behaupten, daß es bei jeder virtuellen Verrückung, welche den Körper — d. h. hier also speziell das Parallelepiped von den Kanten $a, b, c$ — als Ganzes, d. h. ohne Deformation bewegt, verschwinden muß. In der Tat bleibt bei einer solchen Dislokation die relative Lage aller Massen des Körpers ungeändert, und ohne relative Lagenänderungen können wechselwirkende Kräfte Arbeit nicht leisten.

Die allgemeinste unendlich kleine Dislokation eines Körpers als Ganzes läßt sich nun, wie schon S. 159 benutzt, zerlegen in drei im Körper konstante Verschiebungen parallel den Koordinatenachsen und in drei Drehungen um die Koordinatenachsen. Wir wollen wegen der Komplikation der Grundformel (19) diese Teildislokationen nacheinander stattfindend annehmen und für jede von ihnen in der Gleichung (20) die Beziehung $\delta' A_i = 0$ einführen.

Nehmen wir zunächst eine gemeinsame Verschiebung aller Teile parallel der $X$-Achse an, so ist $\delta x$ konstant $= \delta x_0$ und $\delta y, \delta z$ gleich Null zu setzen. Hier ergibt die Beziehung

$$\delta' A_k + \delta' A_o = 0 \tag{21}$$

die Folgerung

$$\begin{aligned} & bc(X_{+x} + X_{-x}) + ca(X_{+y} + X_{-y}) + ab(X_{+z} + X_{-z}) \\ & + abc\left(X - \frac{1}{2}\frac{\partial}{\partial x}(X_{+x} - X_{-x}) - \frac{1}{2}\frac{\partial}{\partial y}(X_{+y} - X_{-y}) - \frac{1}{2}\frac{\partial}{\partial z}(X_{+z} - X_{-z})\right) \\ & + \cdots = 0. \end{aligned} \tag{22}$$

Zwei analoge Formeln ergeben sich bei Betrachtung einer gemeinsamen Verschiebung parallel der $Y$- und der $Z$-Achse.

Diese Formeln müssen für alle Werte der Kanten $a, b, c$ des Volumenelementes erfüllt sein; sie zerfallen also in Einzelbeziehungen, die das Verschwinden der in die Faktoren $bc, ca, \ldots$ multiplizierten Klammerausdrücke verlangen. Demgemäß liefern die Glieder zweiter Ordnung neun Relationen von der Form

$$X_{+x} + X_{-x} = 0, \quad X_{+y} + X_{-y} = 0, \quad X_{+z} + X_{-z} = 0, \ldots, \tag{23}$$

welche ausdrücken, daß die molekularen Wechselwirkungen über ein Flächenelement hinüber dem Prinzip der Gleichheit von actio und reaktio folgen; in der Tat erfahren nach (23) die Massen auf der einen Seite des Flächenelementes die entgegengesetzten und gleichen Drucke, wie diejenigen auf der andern Seite.

Unter Benutzung der gewonnenen Beziehungen (23) und bei Vertauschung der Bezeichnungen $X_{+x}, Y_{+x}, \ldots$ mit $X_x, Y_x, \ldots$ ergeben analog die Glieder dritten Grades das Formelsystem

$$\begin{aligned} \varrho X - \left(\frac{\partial X_x}{\partial x} + \frac{\partial X_y}{\partial y} + \frac{\partial X_z}{\partial z}\right) &= 0, \\ \varrho Y - \left(\frac{\partial Y_x}{\partial x} + \frac{\partial Y_y}{\partial y} + \frac{\partial Y_z}{\partial z}\right) &= 0, \\ \varrho Z - \left(\frac{\partial Z_x}{\partial x} + \frac{\partial Z_y}{\partial y} + \frac{\partial Z_z}{\partial z}\right) &= 0. \end{aligned} \tag{24}$$

Dieses zweite Formelsystem verbindet die äußeren körperlichen Kräfte $X, Y, Z$ mit den lokalen Veränderungen der Druckkomponenten im Innern des Körpers; es stellt eine der Fundamentalbeziehungen für die Behandlung spezieller Probleme dar, insofern die äußeren Kräfte bei diesen gegeben, die innern Drucke gesucht zu sein pflegen. —

Wir wenden uns nun den Folgerungen zu, welche das Verschwinden vom $\delta' A_i$ bei einer deformationsfreien Drehung liefert.

Eine solche Drehung um die $X$-, $Y$-, $Z$-Achse ist je gegeben durch die Werte der virtuellen Verrückungen

$$\begin{aligned} &\delta x = 0, &&\delta y = -z\delta l, &&\delta z = +y\delta l, \\ &\delta x = z\delta m, &&\delta y = 0, &&\delta z = -x\delta m, \\ &\delta x = -y\delta n, &&\delta y = x\delta n, &&\delta z = 0, \end{aligned} \tag{25}$$

wobei $\delta l$, $\delta m$, $\delta n$ die unendlich kleinen Drehungswinkel darstellen. Führt man diese Werte in die Ausdrücke für $\delta' A_k$ und $\delta' A_0$ ein und bildet jedesmal die Beziehung (21), so ergibt sich bei Berücksichtigung der früheren Resultate (23) und (24) durch das Nullsetzen der in $abc$ multiplizierten Ausdrücke die Reihe der Formeln

$$Y_z - Z_y = 0, \quad Z_x - X_z = 0, \quad X_y - Y_x = 0. \tag{26}$$

Die Beziehungen (23), (24), (26) zwischen den Druckkomponenten sind gewonnen bei Entwicklung der Ausdrücke (15) und (19) bis auf Glieder dritten Grades in bezug auf $a$, $b$, $c$; es läßt sich beweisen, daß eine Weiterführung der Entwicklung bis auf beliebig hohe Glieder zu keinen andern Beziehungen zwischen den Druckkomponenten führt. Die vorstehend erhaltenen Formeln stellen also ein in sich abgeschlossenes System dar. —

Über den Ursprung der Drucke $X_x, \ldots$ oder über das Gesetz, welches sie mit den sie bedingenden Umständen verbindet, sind bisher irgendwelche Annahmen nicht gemacht. Da es innere Kräfte der Materie sind, so müssen sie von deren Zustand abhängen, d. h. von den Variabeln, die diesen Zustand bestimmen. Für diese Variabeln kommen bei elastischen Körpern neben der Temperatur noch Parameter in Betracht, welche die Deformation und etwa ihre zeitliche Änderung ausdrücken. Wir werden über derartige Parameter einige allgemeine Betrachtungen hier bereits anstellen, müssen aber die Aufstellung der Gesetzmäßigkeiten für die Druckkomponenten bis nach Entwicklung der hierfür nötigen thermodynamischen Prinzipien verschieben und werden sie erst in dem speziellen, der Kristallelastizität gewidmeten Kapitel vornehmen.

§ 89. **Die Deformationsgrößen. Zwei Tensortripel.** Bildet man unter Rücksicht auf die vorstehenden Resultate nach (17) und (19) den allgemeinen Ausdruck für

$$-\delta' A_a = -(\delta' A_k + \delta' A_o) = \delta' A_i,$$

so erhält man leicht bei Beschränkung auf die Glieder niedrigster (dritter) Ordnung

$$-\delta' A_a = \delta' A_i = abc\Big[X_x \frac{\partial \delta x}{\partial x} + Y_y \frac{\partial \delta y}{\partial y} + Z_z \frac{\partial \delta z}{\partial z}$$

$$+ Y_z\left(\frac{\partial \delta y}{\partial z} + \frac{\partial \delta z}{\partial y}\right) + Z_x\left(\frac{\partial \delta z}{\partial x} + \frac{\partial \delta x}{\partial z}\right) + X_y\left(\frac{\partial \delta x}{\partial y} + \frac{\partial \delta y}{\partial x}\right)\Big]. \quad (27)$$

Da die hier rechtsstehenden Ausdrücke sich sämtlich auf den Mittelpunkt des betrachteten Volumenelements beziehen, aber innerhalb der benutzten Genauigkeit in dem ganzen Element dieselben Werte besitzen, so erscheint durch (27) die Arbeit $\delta' A_i$ der innern Kräfte wirklich durch auf das Innere des Parallelepipeds $abc$ bezogene Funktionen ausgedrückt und hiermit auf eine angemessene Form gebracht.

Die Dimensionen des Volumenelements treten nur in dem gemeinsamen Faktor $abc$, dem Inhalt des Elements auf; setzt man also

$$\delta' A_i = abc\,\delta' \alpha_i, \quad (28)$$

so hat darin $\delta' \alpha_i$ die Bedeutung der auf die Volumeneinheit bezogenen innern Arbeit.

Die Differentialausdrücke

$$\frac{\partial \delta x}{\partial x}, \quad \ldots \quad \frac{\partial \delta y}{\partial z} + \frac{\partial \delta z}{\partial y}, \quad \ldots$$

verschwinden bei den oben betrachteten Dislokationen des Körpers als Ganzes; sie sind von Null verschieden, wenn die virtuelle Verrückung mit Deformation verbunden ist, und stellen die einzigen Bestimmungsstücke der Deformation dar, die für die Berechnung der Arbeit (sowohl der äußern, als der innern Kräfte) bei der Deformation in Betracht kommen.

Über den Zustand des Körpers, von dem aus die Verrückungen $\delta x, \delta y, \delta z$ vorgenommen sind, ist bisher nichts vorausgesetzt worden; er kann ebensowohl der natürliche, undeformierte sein, wie er der Regel nach eintritt, wenn ein homogener Körper frei sich selbst überlassen ist, als ein bereits deformierter.

Handelt es sich um eine nicht bloß gedachte, sondern um eine wirkliche Verrückung aus dem natürlichen Zustand, so mögen die Verrückungskomponenten

$$\delta x, \quad \delta y, \quad \delta z, \quad \text{mit} \quad u, \quad v, \quad w$$

bezeichnet werden. Wir benutzen dann die Abkürzungen

$$\begin{gathered}\frac{\partial u}{\partial x} = x_x, \quad \frac{\partial v}{\partial y} = y_y, \quad \frac{\partial w}{\partial z} = z_z, \\ \frac{\partial v}{\partial z} + \frac{\partial w}{\partial y} = y_z = z_y, \quad \frac{\partial w}{\partial x} + \frac{\partial u}{\partial z} = z_x = x_z, \quad \frac{\partial u}{\partial y} + \frac{\partial v}{\partial x} = x_y = y_x\end{gathered} \tag{29}$$

und nennen die sechs Ausdrücke

$$x_x, \quad y_y, \quad z_z, \quad y_z, \quad z_x, \quad x_y,$$

(die wir immer in dieser Reihenfolge führen werden) die den Zustand des Körpers an der Stelle $x, y, z$ charakterisierenden Deformationsgrößen. In allen praktisch wichtigen Fällen sind die $x_x, \ldots x_y$ sehr kleine echte Brüche.

Handelt es sich weiter um eine virtuelle Veränderung der vorstehend angenommenen wirklichen Verrückungen, so vertauschen wir

$$\delta x, \quad \delta y, \quad \delta z \quad \text{mit } \delta u, \quad \delta v, \quad \delta w$$

und setzen

$$\begin{gathered}\frac{\partial \delta u}{\partial x} = \delta \frac{\partial u}{\partial x} = \delta x_x, \ldots \\ \frac{\partial \delta v}{\partial z} + \frac{\partial \delta w}{\partial y} = \delta \left(\frac{\partial v}{\partial z} + \frac{\partial w}{\partial y}\right) = \delta y_z, \ldots\end{gathered} \tag{30}$$

wobei die $\delta x_x, \ldots$ nun die Variationen der Deformationsgrößen darstellen.

Für die Arbeiten, die eine solche Änderung der Deformation begleiten, gilt dann nach (27) und (28)

$$-\delta' \alpha_a = \delta' \alpha_i = X_x \delta x_x + Y_y \delta y_y + Z_z \delta z_z + Y_z \delta y_z + Z_x \delta z_x + X_y \delta x_y. - \tag{31}$$

Mit den speziellen geometrischen Bedeutungen der Deformationsgrößen und ihren Beziehungen zu den beobachtbaren Veränderungen des deformierten Körpers werden wir uns weiter unten ausführlicher beschäftigen. Hier mögen nur einige allgemeine Bemerkungen vorweggenommen werden.

Nach den Kriterien der §§ 73 und 74 sind die durch (29) definierten Ausdrücke

$$x_x,\quad y_y,\quad z_z,\quad \tfrac{1}{2}y_z,\quad \tfrac{1}{2}z_x,\quad \tfrac{1}{2}x_y$$

gewöhnliche, und

$$x_x,\quad y_y,\quad z_z,\quad \frac{1}{\sqrt{2}}y_z,\quad \frac{1}{\sqrt{2}}z_x,\quad \frac{1}{\sqrt{2}}x_y$$

orthogonale Tensorkomponenten. Berücksichtigt man, daß die Arbeiten nach ihrer Definition (2) Skalare sind, und zieht den Satz von S. 150 heran, so ergibt sich, daß auch

$$X_x,\quad Y_y,\quad Z_z,\quad Y_z,\quad Z_x,\quad X_y$$

gewöhnliche, und

$$X_x,\quad Y_y,\quad Z_z,\quad Y_z\sqrt{2},\quad Z_x\sqrt{2},\quad X_y\sqrt{2}$$

orthogonale Tensorkomponenten darstellen.

Gemäß den allgemeinen Ausführungen über Tensoren werden wir die Deformation an jeder Stelle charakterisieren können durch die ihr entsprechende Tensorfläche von der Gleichung

$$x_x x^2 + y_y y^2 + z_z z^2 + y_z yz + z_x zx + x_y xy = \pm 1, \tag{32}$$

deren Parameter die Deformationsgrößen sind, und deren Hauptachsen nach Größe und Lage die Konstituenten des Tripels der Deformationsgrößen bestimmen.

Bei Einführung dieser Achsen als Koordinatenachsen verschwinden die $y_z$, $z_x$, $x_y$, und die Gleichung der Tensorfläche wird zu

$$x_x x^2 + y_y y^2 + z_z z^2 = \pm 1. \tag{33}$$

Parallel gehend wird die Druckverteilung an jeder Stelle durch die Tensorfläche von der Gleichung

$$X_x x^2 + Y_y y^2 + Z_z z^2 + 2Y_z yz + 2Z_x zx + 2X_y xy = \pm 1 \tag{34}$$

charakterisiert. Es sei bemerkt, daß die Hauptachsen dieser Fläche im allgemeinen nicht mit denjenigen der durch (32) gegebenen Fläche zusammenfallen. Es ist also auch ein anderes Koordinatensystem, als das in (33) vorausgesetzte, für welches sich die Gleichung (34) auf die Form

$$X_x x^2 + Y_y y^2 + Z_z z^2 = \pm 1 \tag{35}$$

reduziert.

§ 90. **Weitere allgemeine Sätze über die Druckkomponenten.** Von dem Ausdruck (31) für die Arbeit $\delta\alpha_a$ an der Volumeneinheit gelangen wir zu demjenigen für die Arbeit an einem beliebigen Volumen $k$, indem wir (31) mit dem Element $dk$ multiplizieren und über $k$ integrieren. Dies ergibt nach einer teilweisen Integration leicht

$$\begin{aligned} \delta' A_a = \int [(\overline{X}_x \cos(n,x) + \overline{X}_y \cos(n,y) + \overline{X}_z \cos(n,z))\,\delta\bar{x} \\ + (\overline{Y}_x \cos(n,x) + \cdots)\,\delta\bar{y} + (\overline{Z}_x \cos(n,x) + \cdots)\,\delta\bar{z}]\,do \\ + \int \Big[\Big(\frac{\partial X_x}{\partial x} + \frac{\partial X_y}{\partial y} + \frac{\partial X_z}{\partial z}\Big)\delta x \\ + \Big(\frac{\partial Y_x}{\partial x} + \cdots\Big)\delta y + \Big(\frac{\partial Z_x}{\partial x} + \cdots\Big)\delta z\Big]\,dk. \end{aligned} \tag{36}$$

In dem Oberflächenintegral bezeichnet dabei $n$ die Richtung der innern Normale auf $do$.

Zieht man die Formeln (24) heran, so erkennt man, daß das zweite Integral gemäß ($2^2$) die Arbeit $\delta' A_k$ der körperlichen Kräfte darstellt. Da nun nach seiner Definition $\delta' A_a = \delta' A_k + \delta' A_o$ ist, so muß das erste Integral die Arbeit $\delta' A_o$ der Oberflächenkräfte an dem Bereich $k$ geben, deren allgemeiner Ausdruck in ($2_3$) aufgestellt ist. Die Vergleichung ergibt, daß die Faktoren von $\delta\bar{x}$, $\delta\bar{y}$, $\delta\bar{z}$ in dem jetzt gefundenen Ausdruck die Komponenten $\overline{X}$, $\overline{Y}$, $\overline{Z}$ der gegen das Oberflächenelement $do$ wirkenden Druckkraft darstellen müssen.

Diese neuen Beziehungen wollen wir in doppelter Weise verwerten. Zunächst wollen wir annehmen, das Flächenelement $do$ liege im Innern des homogenen Körpers, von dem $k$ etwa einen Teil bezeichnet. Dann sind die $\overline{X}, \ldots$ selbst innere Kräfte des ganzen Körpers und fallen unter das Schema der $X_n, \ldots$ von S. 160.

Unter Anwendung der Bezeichnungen von S. 161 erhalten wir so die Beziehungen

$$\begin{aligned} X_n &= X_x \cos(n,x) + X_y \cos(n,y) + X_z \cos(n,z), \\ Y_n &= Y_x \cos(n,x) + Y_y \cos(n,y) + Y_z \cos(n,z), \\ Z_n &= Z_x \cos(n,x) + Z_y \cos(n,y) + Z_z \cos(n,z). \end{aligned} \tag{37}$$

Dieselben drücken die Drucke gegen eine beliebig gelegene Fläche aus durch die an derselben Stelle des Raumes speziell gegen Flächen normal zu den Koordinatenachsen wirkenden. Sie bilden eine Ergänzung der Formeln (23) und (26), die allgemeine Eigenschaften der Druckkomponenten aussprachen.

Zweitens wollen wir ein Oberflächenelement betrachten, das wirklich zur Grenze des homogenen Körpers gehört. Hier sind dann die

$\bar{X}, \bar{Y}, \bar{Z}$ die Komponenten einer von außen auf den Körper ausgeübten Druckkraft; wir behalten da die Bezeichnungen $\bar{X}, \bar{Y}, \bar{Z}$ bei und erhalten, indem wir andeuten, daß das ganze Formelsystem sich auf die Oberfläche des Körpers bezieht,

$$\begin{aligned}\bar{X} &= \bar{X}_x \cos(n, x) + \bar{X}_y \cos(n, y) + \bar{X}_z \cos(n, z) = \bar{X}_n,\\ \bar{Y} &= \bar{Y}_x \cos(n, x) + \bar{Y}_y \cos(n, y) + \bar{Y}_z \cos(n, z) = \bar{Y}_n,\\ \bar{Z} &= \bar{Z}_x \cos(n, x) + \bar{Z}_y \cos(n, y) + \bar{Z}_z \cos(n, z) = \bar{Z}_n.\end{aligned} \tag{38}$$

Diese Gleichungen stellen Beziehungen her zwischen den von außen auf die Begrenzung ausgeübten Druckkräften und den Werten, welche infolge davon die innern Druckkräfte an dieser Begrenzung annehmen.

Sind, wie in vielen praktisch wichtigen Spezialfällen, die äußern Drucke $\bar{X}, \bar{Y}, \bar{Z}$ gegeben, dann tritt das System (38) als eine Ergänzung (als Oberflächenbedingung) dem System (24) (den Hauptgleichungen des Problems) zur Seite.

Andere wichtige Oberflächenbedingungen beziehen sich auf die an der Oberfläche stattfindenden Verrückungen $\bar{u}, \bar{v}, \bar{w}$. Gegensätzlich zu der eben erwähnten Bedingungsreihe gegebener Druckkomponenten $\bar{X}, \bar{Y}, \bar{Z}$ erscheint die Bedingung gegebener Oberflächenwerte $\bar{u}, \bar{v}, \bar{w}$ der Verrückungen. Ein einfacher Fall ist der, daß längs eines Teils der Oberfläche, z. B. längs eines Endquerschnitts eines Stabes, $\bar{u}, \bar{v}, \bar{w}$ gleich Null vorgeschrieben sind, d. h. der Querschnitt absolut fest gehalten gedacht ist. Wir kommen auf die Frage der Oberflächenbedingungen später bei den speziellen Problemen, die wir behandeln werden, zurück. Es mag hier nur noch abschließend bemerkt werden, daß man theoretische Methoden hat, um festzustellen, ob ein System von Bedingungen für die Oberfläche eines deformierbaren Körpers, zusammen mit den Hauptgleichungen (24), den Gleichgewichtszustand des deformierbaren Körpers vollständig bestimmt. Bedingungen von solcher Art müssen in jedem Falle ausgewählt werden. Bei den Problemen, die uns wegen der Vergleichung mit der Beobachtung in erster Linie interessieren, liegen die Verhältnisse so einfach, daß man alles Nötige durch direkte Anschauung erkennen kann, also derartiger allgemeiner theoretischer Methoden nicht bedarf.

§ 91. **Die Deformation materieller Flächen und Kurven.** Wir wollen nun dazu übergehen, die geometrischen Verhältnisse einer Deformation genauer zu untersuchen.

Einem Punkt $x, y, z$ innerhalb des deformierbaren Körpers entsprechen nach S. 166 Verrückungen parallel den Koordinatenachsen aus dem natürlichen Zustand von den Beträgen $u, v, w$. Wir nehmen einen Nachbarpunkt mit den Koordinaten $x_1, y_1, z_1$ und bezeichnen die dort stattfindenden Verrückungskomponenten mit $u_1, v_1, w_1$. Da nach Annahme $u, v, w$ innerhalb des Körpers stetig sind, so können wir eine Entwicklung nach den relativen Koordinaten $x_1 - x = \xi$, $y_1 - y = \eta$, $z_1 - z = \zeta$ einführen und bei Beschränkung auf die Glieder niedrigster Ordnung schreiben

$$u_1 = u + \xi \frac{\partial u}{\partial x} + \eta \frac{\partial u}{\partial y} + \zeta \frac{\partial u}{\partial z}, \tag{39}$$

. . . . . . . . . . .

Verschwinden die höheren Differentialquotienten von $u, v, w$ nicht, so sind die vorstehenden Formeln nur für unendlich kleine $\xi$, $\eta$, $\zeta$, d. h. für die unmittelbare Umgebung des Punktes $x, y, z$ gültig. Verschwinden dagegen die höheren Differentialquotienten, so können die Formeln auf beliebig große $\xi$, $\eta$, $\zeta$, d. h. auf beliebige Bereiche des deformierten Körpers angewendet werden. Der letztere Fall findet statt, wenn die $\partial u/\partial x, \ldots$ und somit also auch die Deformationsgrößen $x_x, \ldots$ innerhalb des Körpers konstant sind. Dieser Fall der homogenen Deformation ist in gewissem Umfange realisierbar und zeichnet sich durch große theoretische Einfachheit aus.

In dem Bereich, innerhalb dessen nach dem Vorstehenden die Formeln (39) Gültigkeit besitzen, ergeben sie eine Reihe wichtiger Folgerungen, auf die wir jetzt näher eingehen wollen.

Die Differenzen

$$u_1 - u = \delta\xi, \quad v_1 - v = \delta\eta, \quad w_1 - w = \delta\zeta \tag{40}$$

bestimmen nach ihrer Definition die Änderungen der relativen Koordinaten $\xi$, $\eta$, $\zeta$ des Punktes $x_1, y_1, z_1$ gegen den Punkt $x, y, z$ infolge der Deformation. Die neuen relativen Koordinaten $\xi'$, $\eta'$, $\zeta'$ sind demgemäß mit den alten $\xi$, $\eta$, $\zeta$ verbunden durch die Beziehungen

$$\begin{aligned} \xi' &= \xi\left(1 + \frac{\partial u}{\partial x}\right) + \eta \frac{\partial u}{\partial y} + \zeta \frac{\partial u}{\partial z}, \\ \eta' &= \xi \frac{\partial v}{\partial x} + \eta\left(1 + \frac{\partial v}{\partial y}\right) + \zeta \frac{\partial v}{\partial z}, \\ \zeta' &= \xi \frac{\partial w}{\partial x} + \eta \frac{\partial w}{\partial y} + \zeta\left(1 + \frac{\partial w}{\partial z}\right). \end{aligned} \tag{41}$$

Wegen der vorausgesetzten Kleinheit der $u, v, w$ und ihrer Differentialquotienten kann man diese Gleichungen auch angenähert nach $\xi$, $\eta$, $\zeta$ auflösen und schreiben

$$\xi = \xi'\left(1 - \frac{\partial u}{\partial x}\right) - \eta' \frac{\partial u}{\partial y} - \zeta' \frac{\partial u}{\partial z}, \quad \text{usf.} \tag{42}$$

Erfüllt nun eine Schar von Punkten des Körpers eine Oberfläche von der Gleichung

$$f(\xi, \eta, \zeta) = 0 \tag{43}$$

oder eine Kurve von den Gleichungen

$$f_1(\xi, \eta, \zeta) = 0, \qquad f_2(\xi, \eta, \zeta) = 0, \tag{44}$$

so werden diese materiellen Gebilde bei der Deformation nach einer andern Oberfläche, nach einer andern Kurve gerückt, deren Gleichungen in den neuen Koordinaten $\xi'$, $\eta'$, $\zeta'$ man erhält, indem man in (43) resp. in (44) die Beziehungen (42) einsetzt.

Da diese Beziehungen homogen linear sind, so ergibt sich, daß innerhalb des oben begrenzten Bereichs die Oberflächen und Kurven bei der Deformation ihren Grad nicht ändern, insbesondere Ebenen eben, Gerade gerade bleiben. Ferner ist eine Verschiebung des Anfangspunkts der $\xi$-, $\eta$-, $\zeta$-Koordinaten innerhalb des obigen Bereichs ohne Einfluß; parallele Flächen und Kurven erleiden also gleiche Veränderungen. Hieraus folgt, daß parallele Ebenen und parallele Gerade bei der Deformation parallel bleiben, und ein Parallelepiped wieder parallelepipedische Gestalt annimmt. Im Falle homogener Deformation gelten nach oben Gesagtem diese Sätze für beliebig große Bereiche des Körpers.

§ 92. **Die Dilatation einer Strecke.** Der Radiusvektor $r$ von dem Punkte $x, y, z$ nach dem Punkte $x_1, y_1, z_1$ ist gegeben durch

$$r^2 = \xi^2 + \eta^2 + \zeta^2; \tag{45}$$

derselbe behält innerhalb des Bereichs der Gültigkeit von (41) bei der Deformation seine Geradlinigkeit und erfährt eine Längenänderung, bestimmt durch

$$r\delta r = \xi\delta\xi + \eta\delta\eta + \zeta\delta\zeta.$$

Setzt man hier hinein die Werte von $\delta\xi$, $\delta\eta$, $\delta\zeta$ aus (40) und (39), so ergibt sich leicht unter Rücksicht auf die Abkürzungen (29)

$$r\delta r = \xi^2 x_x + \eta^2 y_y + \zeta^2 z_z + \eta\zeta y_z + \zeta\xi z_x + \xi\eta x_y. \tag{46}$$

Als lineäre Dilatation von $r$ bezeichnet man den Quotienten $\delta r/r$, d. h. die auf die Länge Eins bezogene Längenänderung. Benutzt man die Bezeichnung $\delta r/r = \Delta$ und vergleicht die Formel (46) mit der Gleichung (32) der Tensorfläche der Deformation, so ergibt sich, daß letztere die Form annimmt

$$r^2\Delta = \pm 1,$$

oder auch

$$r^2 = \pm 1/\Delta.$$

Die Tensorfläche hat hiernach also die Eigenschaft, daß das Quadrat des Radiusvektors in einer beliebigen Richtung durch die reziproke lineäre Dilatation bestimmt wird, welche dieser Richtung zugehört. Da die lineäre Dilatation sowohl positiv sein kann (Verlängerung), als negativ (Verkürzung), so ist oben das doppelte Vorzeichen nötig.

Führt man die Richtungskosinus

$$\frac{\xi}{r} = \alpha, \quad \frac{\eta}{r} = \beta, \quad \frac{\zeta}{r} = \gamma \tag{47}$$

der ursprünglichen Richtung von $r$ ein, so ergibt (46)

$$\varDelta = \alpha^2 x_x + \beta^2 y_y + \gamma^2 z_z + \beta\gamma y_z + \gamma\alpha z_x + \alpha\beta x_y, \tag{48}$$

bestimmt also $\varDelta$ als Funktion der Richtung von $r$. Fallen die Koordinatenachsen in die Hauptachsen der Tensorfläche der Deformation, für welche nach S. 167 $y_z = z_x = x_y = 0$ sind, so lautet dies einfacher

$$\varDelta = \alpha^2 x_x + \beta^2 y_y + \gamma^2 z_z. \tag{49}$$

Auf die Richtungen der Koordinatenachsen angewandt, wo je eines der $\alpha, \beta, \gamma$ gleich Eins, die beiden andern gleich Null sind, ergibt (48)

$$\varDelta_{(x)} = x_x, \quad \varDelta_{(y)} = y_y, \quad \varDelta_{(z)} = z_z. \tag{50}$$

Die Deformationsgrößen $x_x$, $y_y$, $z_z$ sind hierdurch als die linearen Dilatationen von Strecken definiert, die ursprünglich den Koordinatenachsen parallel lagen.

§ 93. **Die Änderung eines Flächenwinkels infolge der Deformation.** Die Verlängerung der Verbindungslinie $r$ zweier Punkte des betrachteten Bereichs ist nur ein Teil der Wirkung der Deformation; wie das System (41) erkennen läßt, ist die Deformation auch noch von einer Änderung der Richtung von $r$ begleitet. Während $\xi/r = \alpha, \ldots$ die Richtungskosinus von $r$ in der ursprünglichen Lage darstellten, sind $(\xi + \delta\xi)/(r + \delta r) = \alpha', \ldots$ diejenigen in der neuen Lage, und diese beiden Systeme sind nach den oben gegebenen Werten von $\delta\zeta$, $\delta\eta$, $\delta\xi$, $\delta r$ voneinander im allgemeinen verschieden. Die Veränderungen der Richtungskosinus infolge der Deformation

$$\delta\alpha = \alpha' - \alpha = \frac{\delta\xi}{r} - \frac{\xi\delta r}{r^2} = \frac{\delta\xi}{r} - \alpha\varDelta, \ldots \tag{51}$$

sind nach jenen Werten leicht zu bilden; sie haben aber weniger praktische Bedeutung, da sie der Beobachtung nur ausnahmsweise zugänglich sind.

Größeres Interesse bietet, besonders im Hinblick auf gewisse Erscheinungen der Kristallphysik, die Änderung des Winkels zwischen zwei Ebenen (resp. ihren Normalen) infolge der Deformation, und dies Problem wollen wir näher verfolgen.

Seien die Gleichungen der beiden (in dem betrachteten Bereiche liegenden) Ebenen in den ursprünglichen Lagen gegeben durch

$$\alpha_h \xi + \beta_h \eta + \gamma_h \zeta = n_h, \qquad h = 1, 2 \tag{52}$$

und nach der Deformation durch

$$\alpha_h' \xi + \beta_h' \eta + \gamma_h' \zeta = n_h'. \tag{53}$$

Wir bestimmen die $\alpha_h, \ldots$ sowie die $\alpha_h', \ldots$ durch die Koordinaten dreier Punkte, durch welche die Ebenen hindurch gehen.

Mögen die Ebenen im ersten Zustande auf den Achsen der $\xi, \eta, \zeta$ die Abschnitte $\xi_h, \eta_h, \zeta_h$ markieren, dann ist nach (52)

$$\alpha_h \xi_h = n_h, \quad \beta_h \eta_h = n_h, \quad \gamma_h \zeta_h = n_h. \tag{54}$$

Diese Schnittpunkte der Ebenen mit der $\xi$-, $\eta$-, $\zeta$-Achse sind in dem zweiten Zustand verschoben, und es mögen aus ihren ursprünglichen Koordinaten

$$(\xi_h, 0, 0), \quad (0, \eta_h, 0), \quad (0, 0, \zeta_h)$$

infolge der Deformation die neuen

$$(\xi_{h1}, \eta_{h1}, \zeta_{h1}), \quad (\xi_{h2}, \eta_{h2}, \zeta_{h2}), \quad (\xi_{h3}, \eta_{h3}, \zeta_{h3})$$

geworden sein. Die neue Lage der Ebenen bestimmen wir dadurch, daß letztere jetzt diese Punkte enthalten müssen.

Den Zusammenhang zwischen den alten und den neuen Koordinaten geben die Formeln (41); es gilt nach ihnen nämlich

$$\begin{aligned}
\xi_{h1} &= \xi_h \left(1 + \frac{\partial u}{\partial x}\right), & \eta_{h1} &= \xi_h \frac{\partial v}{\partial x}, & \zeta_{h1} &= \xi_h \frac{\partial w}{\partial x}, \\
\xi_{h2} &= \eta_h \frac{\partial u}{\partial y}, & \eta_{h2} &= \eta_h \left(1 + \frac{\partial v}{\partial y}\right), & \zeta_{h2} &= \eta_h \frac{\partial w}{\partial y}, \\
\xi_{h3} &= \zeta_h \frac{\partial u}{\partial z}, & \eta_{h3} &= \zeta_h \frac{\partial v}{\partial z}, & \zeta_{h3} &= \zeta_h \left(1 + \frac{\partial w}{\partial z}\right),
\end{aligned} \tag{55}$$

und hierin können die $\xi_h, \eta_h, \zeta_h$ nach (54) ausgedrückt werden.

Jedes dieser drei Werttripel muß die Gleichung (53) befriedigen. Setzt man beispielsweise das erste ein, so liefert (53)

$$\alpha_h' \left(1 + \frac{\partial u}{\partial x}\right) + \beta_h' \frac{\partial v}{\partial x} + \gamma_h' \frac{\partial w}{\partial x} = \frac{n_h'}{n_h} \alpha_h,$$

was wegen der Kleinheit der $\partial u / \partial x, \ldots$ auch geschrieben werden kann

$$\alpha_h' = \alpha_h \left(\frac{n_h'}{n_h} - \frac{\partial u}{\partial x}\right) - \beta_h \frac{\partial v}{\partial x} - \gamma_h \frac{\partial w}{\partial x}. \tag{56}$$

Subtrahiert man hier auf beiden Seiten $\alpha_h$, setzt $\alpha_h' - \alpha_h = \delta \alpha_h, \ldots$, $n_h' - n_h = \delta n_h$ und verfährt analog, wie vorstehend gezeigt, auch mit dem zweiten und dritten Werttripel aus (55), so gelangt man zu den folgenden Beziehungen für die Änderungen der Richtungskosinus der Normalen auf den beiden Ebenen:

$$\begin{aligned}
\delta\alpha_h &= \alpha_h\frac{\delta n_h}{n_h} - \left(\alpha_h\frac{\partial u}{\partial x} + \beta_h\frac{\partial v}{\partial x} + \gamma_h\frac{\partial w}{\partial x}\right),\\
\delta\beta_h &= \beta_h\frac{\delta n_h}{n_h} - \left(\alpha_h\frac{\partial u}{\partial y} + \beta_h\frac{\partial v}{\partial y} + \gamma_h\frac{\partial w}{\partial y}\right),\\
\delta\gamma_h &= \gamma_h\frac{\delta n_h}{n_h} - \left(\alpha_h\frac{\partial u}{\partial z} + \beta_h\frac{\partial v}{\partial z} + \gamma_h\frac{\partial w}{\partial z}\right).
\end{aligned} \tag{57}$$

Nun ist der Winkel $\chi$ zwischen den ursprünglichen Richtungen der Normalen der beiden Ebenen gegeben durch

$$\cos\chi = \alpha_1\alpha_2 + \beta_1\beta_2 + \gamma_1\gamma_2, \tag{58}$$

somit also seine Änderung $\delta\chi$ durch

$$-\sin\chi\,\delta\chi = \alpha_1\delta\alpha_2 + \beta_1\delta\beta_2 + \gamma_1\delta\gamma_2 + \alpha_2\delta\alpha_1 + \beta_2\delta\beta_1 + \gamma_2\delta\gamma_1. \tag{59}$$

Setzt man hier hinein die obigen Werte der $\delta\alpha_h, \ldots$, so ergibt sich

$$\begin{aligned}
-\sin\chi\,\delta\chi = \left(\frac{\delta n_1}{n_1} + \frac{\delta n_2}{n_2}\right)\cos\chi - 2(\alpha_1\alpha_2 x_x + \beta_1\beta_2 y_y + \gamma_1\gamma_2 z_z)\\
- (y_z(\beta_1\gamma_2 + \gamma_1\beta_2) + z_x(\gamma_1\alpha_2 + \alpha_1\gamma_2) + x_y(\alpha_1\beta_2 + \beta_1\alpha_2)).
\end{aligned} \tag{60}$$

In bezug auf die Bedeutung der Quotienten

$$\frac{\delta n_h}{n_h} = \frac{n_h' - n_h}{n_h}$$

ist folgendes zu beachten. $n_h$ ist die Länge der Normalen vom Koordinatenanfang auf die Ebene vor der Deformation, $n_h'$ ist diese Größe nach der Deformation, aber $n_h'$ ist nicht zugleich die Strecke, in die sich $n_h$ durch die Deformation verwandelt. Die materielle Gerade $n_h$, die anfangs normal zur Ebene $(h)$ stand, ist nach der Deformation gegen die neue Lage $(h')$ der Ebene geneigt, während eine zuvor gegen $(h)$ geneigte materielle Linie nun zu $(h')$ normal steht. Dies ist eine Folge der allgemeinen Änderung der Richtungen durch die Deformation.

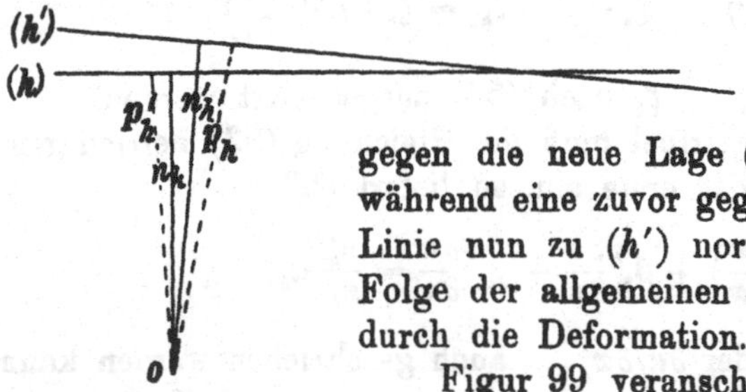


Fig. 99.

Figur 99 veranschaulicht dieses Verhältnis. Die Ebene $(h)$ rückt durch die Deformation in die Position $(h')$, die ursprüngliche Normale $n_h$ in die zu $(h')$ nicht normale Position $p_h$, die zu $(h)$ ursprünglich nicht normale Linie $p_h'$ in die zu $(h')$ normale Position $n_h'$. Demgemäß ist nun auch $\delta n_h/n_h$

nicht in Strenge mit der lineären Dilatation $\Delta_h$ von $n_h$ identisch; diese Größe würde vielmehr gegeben sein durch

$$\Delta_h = \frac{p_h - n_h}{n_h}.$$

Nun handelt es sich aber bei uns stets um sehr kleine Winkeländerungen; es ist also gemäß der Figur $p_h$ nur um eine Größe zweiter Ordnung von $n_h'$ verschieden, und wir können, indem wir, wie bisher immer, derartige Abweichungen vernachlässigen, setzen

$$\frac{n_h' - n_h}{n_h} = \frac{\delta n_h}{n_h} = \Delta_h,$$

unter $\Delta_h$ die lineäre Dilatation in der ursprünglichen Richtung der Normalen $n_h$ verstanden. Diese $\Delta_h$ sind nach der Formel (48) durch die Deformationsgrößen und die Richtungskosinus $\alpha_h, \beta_h, \gamma_h$ der $n_h$ ausdrückbar.

Dasselbe Resultat, wie die vorstehende geometrische Überlegung, ergibt das Formelsystem (57). Wenn man diese drei Formeln mit den Faktoren $\alpha_h, \beta_h, \gamma_h$ zusammenfaßt, so verschwindet wegen $\alpha_h^2 + \beta_h^2 + \gamma_h^2 = 1$, also $\alpha_h \delta \alpha_h + \beta_h \delta \beta_h + \gamma_h \delta \gamma_h = 0$ die linke Seite, und es folgt:

$$\frac{\delta n_h}{n_h} = x_x \alpha_h^2 + y_y \beta_h^2 + z_z \gamma_h^2 + y_z \beta_h \gamma_h + z_x \gamma_h \alpha_h + x_y \alpha_h \beta_h;$$

die Vergleichung mit (48) ergibt $\delta n_h / n_h = \Delta_h$ als Resultat der bei der ganzen Berechnung benutzten Annäherung.

Wir schreiben schließlich, indem wir noch $\delta \chi$ mit $\nu$ vertauschen,

$$\begin{aligned}\nu \sin \chi = {} & 2(\alpha_1 \alpha_2 x_x + \beta_1 \beta_2 y_y + \gamma_1 \gamma_2 z_z) + y_z(\beta_1 \gamma_2 + \gamma_1 \beta_2) \\ & + z_x(\gamma_1 \alpha_2 + \alpha_1 \gamma_2) + x_y(\alpha_1 \beta_2 + \beta_1 \alpha_2) - (\Delta_1 + \Delta_2) \cos \chi. \quad (61)\end{aligned}$$

Diese fundamentale Formel, die nach dem zu (39) Bemerkten bei homogener Deformation für beliebig große Bereiche des Körpers angewendet werden darf, wird weiter unten bei den Problemen der thermischen und der elastischen Deformation von Kristallen zur Anwendung kommen. Es sei hervorgehoben, daß, wenngleich nach derselben scheinbar die Absolutwerte der Deformationsgrößen die Winkeländerung $\nu$ bestimmen, in Wahrheit doch nur ein gewisses relatives Verhalten maßgebend sein kann. In der Tat verschwindet $\nu$, wenn es sich um Deformation von kugeliger Symmetrie handelt, d. h., wenn $y_z = z_x = x_y = 0$ und $x_x = y_y = z_z$ von Null verschieden sind. Wenn man also zu einer beliebig gegebenen Deformation eine weitere von diesen Komponenten hinzufügt, so erleidet dadurch $\nu$ keine Änderung. Demgemäß kann die Winkeländerung $\nu$ auch nur von dem

Unterschiede der durch $x_x, \ldots x_y$ gegebenen Deformation von einer allseitig gleichen Dilatation abhängen. —

Wir wollen noch einen speziellen Fall hervorheben, wo der komplizierte Ausdruck (61) für $\nu$ sich vereinfacht. Es ist der, daß die Ebenen, um die es sich handelt, ursprünglich zueinander normal waren, da dann $\sin\chi = 1$, $\cos\chi = 0$. Lagen insbesondere die Normalen $n_1$, $n_2$ ursprünglich parallel der $Y$- und der $Z$-Achse, der $Z$- und der $X$-Achse, der $X$- und der $Y$-Achse, so gelten drei Werte $\nu_{(x)}$, $\nu_{(y)}$, $\nu_{(z)}$, gegeben durch

$$\nu_{(x)} = y_z = z_y, \quad \nu_{(y)} = z_x = x_z, \quad \nu_{(z)} = x_y = y_x. \tag{62}$$

Die Deformationsgrößen $y_z$, $z_x$, $x_y$ sind hierdurch als die Änderungen der Winkel zwischen denjenigen materiellen Ebenen in dem betrachteten Bereich definiert, die ursprünglich den Koordinatenebenen parallel lagen und sich resp. in der $X$-, $Y$-, $Z$-Achse schnitten.

§ 94. **Änderungen von Volumen- und Flächengrößen infolge einer Deformation.** Nach den Resultaten der vorstehenden Entwicklungen bestimmt sich nun auch sehr leicht die Änderung eines Volumens innerhalb des betrachteten Bereichs infolge der Deformation.

Sei ein rechtwinkliges Parallelepiped mit den Kanten $l_1$, $l_2$, $l_3$ parallel zu den Koordinatenachsen betrachtet, das bei der Deformation in ein schiefes Parallelepiped mit den Kanten $l_1'$, $l_2'$, $l_3'$ und den Winkeln $\varphi_1'$, $\varphi_2'$, $\varphi_3'$ zwischen ihnen übergeht. Dann ist das neue Volumen $k'$ des Parallelepipeds gegeben durch

$$k' = l_1' l_2' l_3' \sqrt{1 - \cos^2\varphi_1' - \cos^2\varphi_2' - \cos^2\varphi_3' + 2\cos\varphi_1'\cos\varphi_2'\cos\varphi_3'}. \tag{63}$$

Nun unterscheiden sich die Winkel $\varphi_h'$ nur um Größen erster Ordnung von $\frac{1}{2}\pi$, die bezüglichen Kosinus also nur um ebensolche von Null; ihre Quadrate und Produkte sind somit neben Eins zu vernachlässigen. Berücksichtigen wir noch, daß nach (50) gilt

$$l_1' = l_1(1 + x_x), \quad l_2' = l_2(1 + y_y), \quad l_3' = l_3(1 + z_z), \tag{64}$$

und vernachlässigen Glieder zweiter Ordnung, so erhalten wir

$$k' = k(1 + x_x + y_y + z_z). \tag{65}$$

Die sogenannte kubische Dilatation $(k' - k)/k = \delta$ bestimmt sich hiernach zu

$$\delta = x_x + y_y + z_z. \tag{66}$$

Da man jedes Volumen in parallelepipedische Elemente zerlegen kann, so gilt diese Formel für die kubische Dilatation jedes Volumens innerhalb des betrachteten Bereichs.

Da $\delta$ ferner nach seiner Definition von der Orientierung des Koordinatenkreuzes unabhängig sein muß, so muß auch das Aggregat $x_x + y_y + z_z$ von einer Veränderung des Koordinatensystems unabhängig sein. Man erhält hierdurch eine Illustration des S. 138 angegebenen allgemeinen Satzes (23) über die Summe der Tensorkomponenten erster Art. —

Die Dilatation einer ebenen Fläche $f$, d. h. $\varphi = (f' - f)/f$ in dem betrachteten Bereich, berechnet man am einfachsten mit Hilfe der räumlichen Dilatation $\delta$. Führt man nämlich eine zu $f$ normale Strecke $l$ ein, so ist

$$fl = k \tag{67}$$

ein Volumen, aus dem infolge der Deformation wird

$$f'l' = k'.$$

Nun ist

$$f' = f(1 + \varphi), \quad l' = l(1 + \Delta), \quad k' = k(1 + \delta)$$

also

$$fl(1 + \varphi + \Delta) = k(1 + \delta), \quad \text{d. h. } \varphi + \Delta = \delta;$$

hiernach wird das gesuchte Resultat

$$\varphi = \delta - \Delta. \tag{68}$$

Setzt man hier hinein die Ausdrücke (66) und (48) für $\delta$ und $\Delta$, so erhält man für die Flächendilatation

$$\varphi = x_x(1 - \alpha^2) + y_y(1 - \beta^2) + z_z(1 - \gamma^2) - y_z\beta\gamma - z_x\gamma\alpha - x_y\alpha\beta, \tag{69}$$

wobei $\alpha$, $\beta$, $\gamma$ die Richtungskosinus der Normale auf der Ebene von $f$ bezeichnen.

In den drei speziellen Fällen, daß die betrachtete (dilatierte) Ebene resp. normal zu der $X$-, $Y$-, $Z$-Achse liegt, liefert Vorstehendes

$$\varphi_{(x)} = y_y + z_z, \quad \varphi_{(y)} = z_z + x_x, \quad \varphi_{(z)} = x_x + y_y. \tag{70}$$

Wieder ist zu beachten, daß in dem Falle homogener Deformation, d. h. konstanter $x_x, \ldots x_y$, die Ausdrücke (66), (69) und (70) für beliebig große Bereiche des deformierten Körpers gelten, im Falle variabler $x_x, \ldots x_y$ aber nur für die unmittelbare Umgebung des Punktes, auf den sich diese Größen beziehen.

§ 95. **Die Hauptachsen der Dilatation und des Druckes.** Nachdem im Vorstehenden alle sechs Deformationsgrößen $x_x, \ldots x_y$ geometrisch anschaulich gemacht sind, wie solches bezüglich der Druckkomponenten $X_x, \ldots X_y$ schon früher S. 160 u. 161 geleistet war, wollen wir noch einmal auf die beiderseitigen Tensorflächen von den Gleichungen

$$x_x x^2 + y_y y^2 + z_z z^2 + y_z yz + z_x zx + x_y xy = \pm 1,$$

$$X_x x^2 + Y_y y^2 + Z_z z^2 + 2 Y_z yz + 2 Z_x zx + 2 X_y xy = \pm 1$$

zurückgreifen.

Wir wissen, daß es je ein Hauptachsensystem gibt, für welches die drei letzten Glieder dieser Gleichungen verschwinden. Indem wir die Bedeutung der $y_z, \ldots$ und der $Y_z, \ldots$ heranziehen, können wir demgemäß folgende zwei einander parallel gehende Sätze aussprechen.

Wenn wir innerhalb des betrachteten Bereichs des zu deformierenden Körpers ein rechtwinkliges Parallelepiped konstruieren, so erfährt dasselbe bei der Deformation sowohl eine Änderung der Kantenlängen (gegeben durch $x_x, y_y, z_z$), als eine Änderung der Flächenwinkel (gegeben durch $y_z, z_x, x_y$). Es gibt aber bei jeder Art der Deformation eine bestimmte Orientierung des Parallelepipeds, bei der diese Winkeländerung in Fortfall kommt, und nur die Änderung der Kantenlängen übrig bleibt. Die Richtungen, denen hier die Kanten parallel sind, heißen die **Hauptdilatationsachsen**; die ihnen entsprechenden Werte $x_x, y_y, z_z$, die **Hauptdilatationen** des betrachteten Bereichs, sind die Konstituenten des Tensortripels der Deformation.

Dasselbe rechtwinklige Parallelepiped erfährt nach der Deformation Druckkomponenten auf allen seinen Flächen, und zwar normale Drucke $X_x, Y_y, Z_z$ und tangentiale Drucke $Y_z = Z_y$, $Z_x = X_z$, $X_y = Y_x$. Es gibt bei jeder Art der Deformation eine bestimmte Orientierung des Parallelepipeds, für welche diese tangentialen Drucke verschwinden; die betreffende Deformation kann also jederzeit durch bloße **normale** Drucke gegen die Flächen eines geeignet orientierten Parallelepipeds aufrecht erhalten werden. Die Richtungen, denen hierbei die Kanten parallel liegen, heißen die **Hauptdruckachsen** der betreffenden Deformation; die ihnen entsprechenden Werte $X_x, Y_y, Z_z$, die **Hauptdrucke** der Deformation, sind die Konstituenten des Tensortripels des molekularen Druckes.

Die Hauptdruckachsen sind den Hauptdilatationsachsen im allgemeinen **nicht** parallel.

§ 96. **Anschließende geometrische Beziehungen.** Die Änderungen der relativen Koordinaten $\xi, \eta, \zeta$ infolge der Verschiebungen $u, v, w$ schreiben sich nach (39) und (40)

$$\delta \xi = \xi \frac{\partial u}{\partial x} + \eta \frac{\partial u}{\partial y} + \zeta \frac{\partial u}{\partial z}, \tag{71}$$

. . . . . . . . . .

Fügen wir hinzu eine zunächst willkürliche unendlich kleine Drehung um eine Achse durch den Punkt $\xi = \eta = \zeta = 0$, resp. drei damit äquivalente um $-\delta l, -\delta m, -\delta n$ um die $\xi$-, $\eta$-, $\zeta$-Achse, so ergibt dies

$$(\delta\xi) = \xi\frac{\partial u}{\partial x} + \eta\left(\frac{\partial u}{\partial y} + \delta n\right) + \zeta\left(\frac{\partial u}{\partial z} - \delta m\right),$$
$$(\delta\eta) = \xi\left(\frac{\partial v}{\partial x} - \delta n\right) + \eta\frac{\partial v}{\partial y} + \zeta\left(\frac{\partial v}{\partial z} + \delta l\right),$$
$$(\delta\zeta) = \xi\left(\frac{\partial w}{\partial x} + \delta m\right) + \eta\left(\frac{\partial w}{\partial y} - \delta l\right) + \zeta\frac{\partial w}{\partial z}.$$

Bestimmt man die Drehungen $\delta l$, $\delta m$, $\delta n$ so, daß die zur Diagonale des rechts stehenden Ausdrucks symmetrischen Glieder einander gleich werden, d. h., setzt man

$$\delta l = \frac{1}{2}\left(\frac{\partial w}{\partial y} - \frac{\partial v}{\partial z}\right), \quad \delta m = \frac{1}{2}\left(\frac{\partial u}{\partial z} - \frac{\partial w}{\partial x}\right), \quad \delta n = \frac{1}{2}\left(\frac{\partial v}{\partial x} - \frac{\partial u}{\partial y}\right), \tag{72}$$

so resultiert

$$\begin{aligned}(\delta\xi) &= \xi x_x + \tfrac{1}{2}\eta x_y + \tfrac{1}{2}\zeta x_z,\\ (\delta\eta) &= \tfrac{1}{2}\xi y_x + \eta y_y + \tfrac{1}{2}\zeta y_z,\\ (\delta\zeta) &= \tfrac{1}{2}\xi z_x + \tfrac{1}{2}\eta z_y + \zeta z_z.\end{aligned} \tag{73}$$

Nach Ausführung dieser Drehung erhält man also Ausdrücke $(\delta\xi)$, ..., die sich nur durch die Deformationsgrößen $x_x$, ... $x_y$ bestimmen, also als reine Deformationen angesehen werden können. Von den Ansätzen (71) wird man sagen müssen, daß sie außer den Deformationen auch noch Drehungen von den Beträgen (72) enthielten, die aber nun durch die ausgeübten Drehungen $-\delta l$, $-\delta m$, $-\delta n$ aufgehoben sind.

Bei Einführung der Hauptdilatationsachsen nehmen die Formeln (73) die Gestalt an

$$(\delta\xi) = \xi x_x, \quad (\delta\eta) = \eta y_y, \quad (\delta\zeta) = \zeta z_z. \tag{74}$$

Diese Werte können wir zunächst benutzen, um die Richtungsänderung irgendeiner materiellen Geraden gegen die Dilatationsachsen zu berechnen, indem wir die Formeln (51) weiter entwickeln. Wir erhalten zunächst, da $\xi/r = \alpha$, ...,

$$\delta\alpha = \alpha(x_x - \varDelta), \quad \delta\beta = \beta(y_y - \varDelta), \quad \delta\gamma = \gamma(z_z - \varDelta), \tag{75}$$

also wegen des Wertes (49) von $\varDelta$ auch

$$\begin{aligned}\delta\alpha &= \alpha(\beta^2(x_x - y_y) + \gamma^2(x_x - z_z)),\\ \delta\beta &= \beta(\gamma^2(y_y - z_z) + \alpha^2(y_y - x_x)),\\ \delta\gamma &= \gamma(\alpha^2(z_z - x_x) + \beta^2(z_z - y_y)).\end{aligned} \tag{76}$$

Diese Ausdrücke sind zur Berechnung in speziellen Fällen nützlich. Daneben bietet eine geometrische Betrachtung, der wir uns jetzt zuwenden, allgemeinere Anschauung.

Für die Koordinaten nach der Deformation gilt nach (74)

$$\xi' = \xi(1 + x_x), \quad \eta' = \eta(1 + y_y), \quad \zeta' = \zeta(1 + z_z). \tag{77}$$

Hieraus ergibt sich, daß Massenpunkte, die vor der Deformation eine Kugel vom Radius $R$ erfüllten, deren Koordinaten also ursprünglich der Gleichung

$$\xi^2 + \eta^2 + \zeta^2 = R^2 \tag{78}$$

genügten, nach der Deformation auf dem Ellipsoid von der Gleichnng

$$\frac{\xi'^2}{(1 + x_x)^2} + \frac{\eta'^2}{(1 + y_y)^2} + \frac{\zeta'^2}{(1 + z_z)^2} = R^2 \tag{79}$$

liegen.

Welche Punkte dabei einander entsprechen, lehrt die Betrachtung des **Hilfsellipsoids**

$$\frac{x^2}{1 + x_x} + \frac{y^2}{1 + y_y} + \frac{z^2}{1 + z_z} = R'^2. \tag{80}$$

Eine Tangentenebene an dieser Fläche im Punkte $\xi'$, $\eta'$, $\zeta'$ hat die Gleichung

$$\frac{\xi' x}{1 + x_x} + \frac{\eta' y}{1 + y_y} + \frac{\zeta' z}{1 + z_z} = R'^2.$$

Vergleicht man dieselbe mit der allgemeinen Form der Gleichung einer Ebene mit der Normalen $N$ von den Richtungskosinus $\alpha$, $\beta$, $\gamma$, nämlich mit

$$\alpha x + \beta y + \gamma z = N, \tag{81}$$

so ergibt sich

$$\frac{\xi'}{R'^2(1 + x_x)} = \frac{\alpha}{N}, \ldots \tag{82}$$

also

$$\frac{\xi'}{1 + x_x} : \frac{\eta'}{1 + y_y} : \frac{\zeta'}{1 + z_z} = \alpha : \beta : \gamma. \tag{83}$$

Da nun die linke Seite hiervon nach (77) mit $\xi : \eta : \zeta$ übereinstimmt, so ergibt sich der Satz:

**Legt man an das Hilfsellipsoid eine Tangentenebene normal zu der durch $\alpha = \xi/R$, $\beta = \eta/R$, $\gamma = \zeta/R$ gegebenen Richtung, dann bestimmt der Radiusvektor nach der Berührungsstelle die Richtung $\alpha' : \beta' : \gamma' = \xi' : \eta' : \zeta'$ nach der neuen Position $p'$ des Punktes, der ursprünglich an der Stelle $p$ mit den Koordinaten $\xi$, $\eta$, $\zeta$ lag.**

**Da der geometrische Ort der neuen Lage durch das Ellipsoid von der Gleichung (79) gegeben ist, so wird durch diesen Satz die neue Lage eines jeden Punktes mit dessen ursprünglicher eindeutig verbunden.**

Figur 100 gibt von dem Zusammenhang für eine Symmetrieebene $XY$ der Ellipsoide eine Anschauung; die punktierte elliptische Kurve stellt den Schnitt der Hilfsfläche (80) dar, die ausgezogene denjenigen der Fläche (79). Ist $p$ die ursprüngliche Lage eines Punktes, so $p'$ die ihm durch die Verschiebung erteilte.

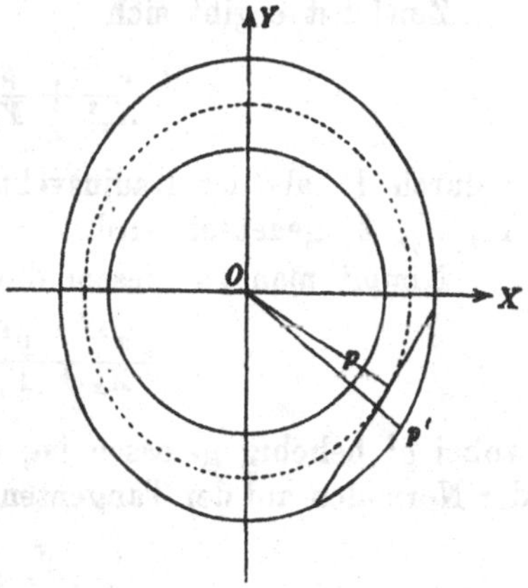

Fig. 100.

Die durch (73) dargestellten Verschiebungen verteilen sich also symmetrisch in bezug auf die Ebenen der Hauptdilatationen. —

Setzt man das Hauptdilatationsachsensystem voraus und nimmt außerdem eine Drehung als verhindert an, so sind $\partial v/\partial x$, $\partial w/\partial x$, $\partial w/\partial y$, $\partial u/\partial y$, $\partial u/\partial z$, $\partial v/\partial z$ sämtlich gleich Null, und die Formeln (57) für die Änderungen der Richtungskosinus der Normalen einer ebenen Fläche, die jetzt mit $\alpha_n$, $\beta_n$, $\gamma_n$ bezeichnet werden mögen, nehmen bei Berücksichtigung des S. 175 Ausgeführten die einfache Form an

$$\delta \alpha_n = \alpha_n (\varDelta_n - x_x), \cdots \tag{84}$$

d. h. wegen des Ausdruckes (49) für $\varDelta_n$ auch

$$\delta \alpha_n = \alpha_n (\beta_n^2 (y_y - x_x) + \gamma_n^2 (z_z - x_x)). \tag{85}$$

. . . . . . . . . . . . . . . .

Diese Ausdrücke sind das Entgegengesetzte von dem, was in (76) für die Richtungsänderung einer materiellen Linie angegeben ist. Über den Zusammenhang zwischen den beiden verschiedenen Vorgängen ist S. 174 gesprochen worden.

Die Formeln (85) sind von Nutzen zur Bestimmung von Winkeländerungen an Kristallen unter Umständen, die das Dilatationsachsensystem leicht erkennen lassen. —

Die Gleichungen (37) für die gegen ein Flächenelement mit der Normale $n$ wirkende Druckkraft erhalten bei Einführung der Druckachsen wegen $Y_z = Z_x = X_y = 0$ die Gestalt

$$X_n = X_x \cos(n, x), \quad Y_n = Y_y \cos(n, y), \quad Z_n = Z_z \cos(n, z). \tag{86}$$

Führt man die Richtungskosinus $\alpha, \beta, \gamma$ der Normale $n$ und außerdem diejenigen $\alpha', \beta', \gamma'$ der Resultante $P_n$ aus $X_n, Y_n, Z_n$ ein, so ergibt sich hieraus

$$P_n \alpha' = X_x \alpha, \quad P_n \beta' = Y_y \beta, \quad P_n \gamma' = Z_z \gamma. \tag{87}$$

Diese Formeln gehen dem System (77) nahe parallel und gestatten ähnliche Folgerungen.

Zunächst ergibt sich

$$\frac{\alpha'^2}{X_x^2} + \frac{\beta'^2}{Y_y^2} + \frac{\gamma'^2}{Z_z^2} = \frac{1}{P_n^2}, \tag{88}$$

wodurch $P_n$ als der Radiusvektor des Ellipsoids von den Halbachsen $X_x$, $Y_y$, $Z_z$ gedeutet wird.

Nimmt man zu diesem die Hilfsfläche von der Gleichung

$$\frac{x^2}{X_x} + \frac{y^2}{Y_y} + \frac{z^2}{Z_z} = \pm q^2, \tag{89}$$

wobei $q^2$ beliebig gelassen ist, so gilt für die Richtungskosinus $\alpha, \beta, \gamma$ der Normalen auf der Tangentenebene im Punkt $x', y' z'$, die Beziehung

$$\frac{\alpha'}{X_x} : \frac{\beta'}{Y_y} : \frac{\gamma'}{Z_z} = \alpha : \beta : \gamma. \tag{90}$$

Vergleicht man dies mit (87), so ergibt sich, daß die $\alpha, \beta, \gamma$ hier und dort derselben Bedingung genügen.

Daraus folgt der Satz, daß, wenn man an die Hilfsfläche von der Gleichung (89) eine Tangentenebene legt, dann der Radiusvektor nach der Berührungsstelle die Richtung der Druckkraft bestimmt, welche gegen das zur Tangentenebene parallele Flächenelement wirkt. Da die Größe der Druckkraft $P_n$ durch den Radiusvektor in dem Ellipsoid von der Gleichung (88) gegeben ist, so sind die Eigenschaften von $P_n$ hierdurch geometrisch vollständig konstruierbar.

Diese Konstruktion geht der oben besprochenen in mancher Hinsicht parallel; doch wird ein wesentlicher Unterschied dadurch bedingt, daß, während im früheren Falle infolge der Kleinheit der Deformationen die Hilfsfläche von der Gleichung (80) stets ellipsoidische Form hatte, hier wegen der nicht beschränkten Vorzeichen der Hauptdrucke $X_x$, $Y_y$, $Z_z$ die Hilfsfläche von der Gleichung (89) hyperboloidische Form annehmen kann.

Was diese Möglichkeit physikalisch bedeutet, lassen die beiden Figuren 101 und 102 erkennen, die sich auf eine Symmetrieebene $XY$ der beiden Oberflächen beziehen. In beiden stellt die ausgezogene Kurve den Schnitt des Ellipsoids (88), die punktierte denjenigen der Hilfsfläche (89) dar.

In Figur 101 sind die Schnittkurven beider Oberflächen elliptisch gestaltet; hier weicht die Richtung von $P_n$ niemals sehr bedeutend von derjenigen von $n$ ab und bleibt immer auf derselben Seite des zu $n$ gehörigen Flächenelementes. In Fig. 102 ist die Schnittkurve der Hilfsfläche hyperbolisch; in diesem Falle weicht die Richtung von $P_n$ beträchtlich aus derjenigen von $n$ ab; sie wird zu dieser normal, wenn die Schnittlinie des Flächenelementes in eine Asymptote der

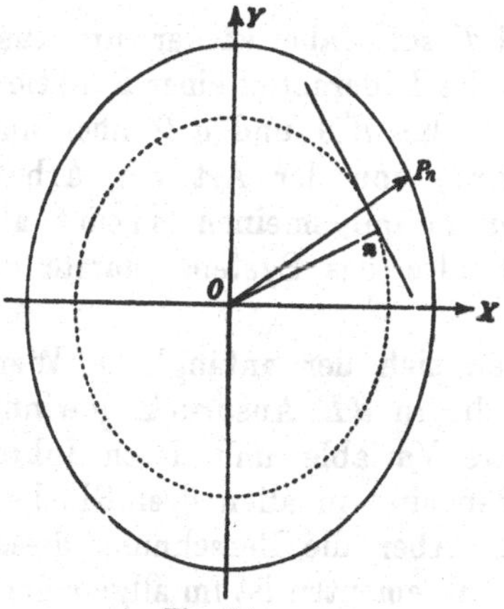


Fig. 101.

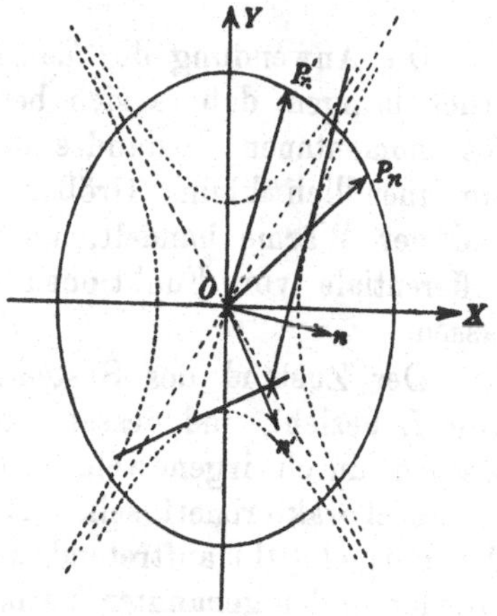


Fig. 102.

Hyperbel fällt, und tritt durch das Flächenelement hindurch, wenn dieses bei einer Drehung die genannte Position passiert. Dieser letztere interessante Übergang ist in Fig. 102 durch die Normalenpaare $n$ und $n'$ mit den dazu gehörigen Drucken $P_n$ und $P_n'$ veranschaulicht.

## II. Abschnitt.

## Sätze aus der allgemeinen Thermodynamik.

§ 97. **Die erste Hauptgleichung.** Bei den speziellen Entwicklungen der folgenden Abschnitte werden thermodynamische Gesichtspunkte wiederholt eine große Rolle spielen. Es mögen demgemäß hier nun auch diejenigen allgemeinen Sätze der Thermodynamik, die weiterhin zur Anwendung kommen werden, kurz zusammengestellt werden.

Als erste Hauptgleichung der Thermodynamik wird bekanntlich eine Erweiterung der mechanischen Gleichung der Energie (8) bezeichnet, dahingehend, daß die thermodynamische Energie eines körperlichen Systems bei äußeren Einwirkungen sich je um denjenigen Betrag ändert, welcher durch die Menge der ihm von außen zugeführten Wärme und Arbeit angegeben wird. Die Wärme ist dabei in mechanischen Einheiten zu messen, in denen die Grammkalorie durch $4{,}20\ 10^7$ (g. cm. sec.) dargestellt ist.

Bei Einführung der früheren Symbole $E$ für die Energie und $d'A$ für die dem System zugeführte Arbeit, sowie des neuen Zeichens

$d'\Omega$ für die mechanisch gemessene zugeführte Wärme lautet hiernach die erste Hauptgleichung der Thermodynamik:

$$dE = d'A + d'\Omega. \tag{91}$$

Die Anwendung der Zeichen $d$ und $d'$ soll dabei wieder zum Ausdruck bringen, daß es sich bei $dE$ um das Differential einer Funktion des momentanen Zustandes des Systems, bei $d'A$ und $d'\Omega$ aber nur um unendlich kleine Größen (Diminutive) von der Art der Arbeit und der Wärme handelt, die sich aber im allgemeinen nicht als Differentiale von Funktionen des Zustandes des Systems darstellen lassen.

Der Zustand des Systems, auf den sich der anfängliche Wert von $E$ bezieht, und dessen Änderung, die in $dE$ Ausdruck gewinnt, werden durch irgendwelche unabhängige Variable und deren Inkremente charakterisiert sein. Diese Größen sind in allen drei Gliedern der Formel (91) auftretend zu denken. Aber die Berechnung dieser Glieder in den genannten Variabeln und Inkrementen ist im allgemeinen nur in sehr beschränktem Maße möglich. Allerdings kann man nach deren Definition in § 84 die Arbeit $d'A$ (identisch mit dem dort behandelten $d'A_a$) jederzeit auf Grund rein mechanischer Sätze berechnen; nicht aber gilt gleiches in bezug auf $dE$ und $d'\Omega$.

§ 98. **Die zweite Hauptgleichung.** Einen Schritt in der Richtung auf die Lösung der hier vorliegenden Aufgabe tut die zweite Hauptgleichung der Thermodynamik, die aus zwei verschiedenen hypothetischen, aber sehr plausibeln Prinzipien erst von *Clausius*, dann von *W. Thomson* abgeleitet ist. Wir wollen wegen späterer Bezugnahmen hier nur das *W. Thomson*sche Prinzip erwähnen.

Das Prinzip, wie die daraus gefolgerte Hauptgleichung, bezieht sich auf sogenannte umkehrbare Veränderungen des körperlichen Systemes, d. h. auf solche, die durch die genau entgegengesetzten Aufwendungen von Arbeit und Wärme rückgängig gemacht, resp. in umgekehrtem Sinne bewirkt werden können. Solche Veränderungen müssen notwendig ausschließlich Gleichgewichtszustände passieren, oder solche, die sich hiervon nur unendlich wenig unterscheiden. Die ganze weitere Berechnung setzt also speziell derartige Zustände voraus. Das Prinzip betrifft ferner speziell sogenannte Kreisprozesse, d. h. Veränderungsreihen, welche das System schließlich in den Anfangszustand zurückführen.

Auf einen solchen Kreisprozeß angewandt, nämlich über eine geschlossene Veränderungsreihe integriert, liefert die Hauptgleichung (91)

$$0 = (A) + (\Omega), \tag{92}$$

wobei $(A) = \int d'A$ und $(\Omega) = \int d'\Omega$ die bei dem Kreisprozeß aufgewandten Beträge an Arbeit und Wärme bezeichnen. Je nachdem hier $(A) > 0$ oder $< 0$, also $(\Omega) < 0$ oder $> 0$ ist, wird bei dem Kreisprozeß Arbeit aufgewandt und als Wärme wieder gewonnen, oder Wärme aufgewandt und als Arbeit wieder gewonnen.

An diese Vorgänge knüpft das *W. Thomson*sche Prinzip an und behauptet im Anschluß an gewisse sehr allgemeine Erfahrungstatsachen, daß bei einem derartigen umkehrbaren Kreisprozeß niemals $(A) < 0$ sein, d. h. niemals Arbeit gewonnen werden kann, falls Wärme nur von einer Temperatur zur Verfügung steht.

Es muß in diesem Falle sonach $(A) \geqq 0$ sein, oder vielmehr, da der Kreisprozeß umkehrbar sein soll, und die Umkehrung auf $(A) \leqq 0$ führen würde,

$$(A) = 0 \text{ und nach (92) auch } (\Omega) = 0. \tag{93}$$

Diese Beziehungen, welche also voraussetzen, daß bei dem Kreisprozeß Wärme nur bei einer Temperatur aufgenommen oder abgegeben wird, bilden bei *W. Thomson* die Wurzel der zweiten Hauptgleichung.

Auf die Ableitung dieser selbst kann hier nicht eingegangen werden; es muß genügen zu bemerken, daß es durch gewisse Schlüsse unter Heranziehung von bestimmten Erfahrungstatsachen gelingt, nachzuweisen, daß für einen allgemeinen umkehrbaren Kreisprozeß, bei dem die Wärme-Elemente $d'\Omega$ bei verschiedenen absoluten Temperaturen $\vartheta$ dem Körper zugeführt werden, nicht $\int d'\Omega = 0$ ist, sondern vielmehr gilt

$$\int \frac{d'\Omega}{\vartheta} = 0, \tag{94}$$

das Integral über den Kreisprozeß genommen. Diese Formel geht bei konstantem $\vartheta$ in die frühere über und erscheint somit als deren Erweiterung.

Die Gleichung (94) kann für jeden reversibeln Kreisprozeß nur dann erfüllt sein, wenn $d'\Omega$ — das nach dem Obigen für sich kein vollständiges Differential darstellt — durch den Nenner $\vartheta$ zu einem solchen ergänzt wird. Bezeichnet also $dH$ das Differential einer Funktion $H$ der Unabhängigen des Systems, so folgt aus (94)

$$d'\Omega = \vartheta\, dH. \tag{95}$$

$H$ führt bekanntlich den Namen der Entropie des Systems. (94) und (95) sind zwei äquivalente Formen der zweiten Hauptgleichung.

§ 99. **Allgemeines über Energie, Entropie, spezifische Wärme.** Die beiden Hauptgleichungen lassen sich als exakte Definitionen der Funktionen Energie und Entropie eines Körpers in einem beliebigen Zustand auffassen. Geht man nämlich von einem geeignet gewählten Anfangszustand aus, in dem man Energie und Entropie willkürlich gleich $E_0$ und $H_0$ — wenn erwünscht gleich Null — vorschreibt, und führt von ihm durch Wärme- und Arbeitszufuhr den Körper über beliebige Zwischenzustände, gleichviel ob auf umkehrbare oder nicht umkehrbare Weise, in den gewünschten Endzustand über, so ist die Energie $E$ im Endzustand nach (91) dargestellt durch

$$E = E_0 + \int (d'A + d'\Omega), \tag{96}$$

das Integral rechts über alle gemachten Aufwendungen erstreckt. Da die Summe $d'A + d'\Omega$ ein vollständiges Differential ist, so hängt der Wert des Integrales von dem Wege, auf welchem der Übergang von dem Anfangs- zu dem Endzustand sich vollzieht, d. h. von den Zwischenzuständen, die dabei passiert werden, nicht ab.

Eine analoge Formel läßt sich nun auch für die Entropie aufstellen; indessen ist dabei zu berücksichtigen, daß die zweite Hauptgleichung ausdrücklich umkehrbare Veränderungen voraussetzt. Bilden wir also aus (95)

$$H = H_0 + \int \frac{d'\Omega}{\vartheta}, \tag{97}$$

so ist das Integral über alle Aufwendungen von Wärme zu erstrecken, die bei einer, im übrigen beliebigen (z. B. beliebige Arbeitsmengen erfordernden), aber umkehrbaren Überführung aus dem Anfangs- in den Endzustand dem System mitzuteilen sind.

Neben die Grundformeln (96) und (97), die wir eben als Definitionen der Begriffe Energie und Entropie benutzt haben, stellen wir diejenige Formel, welche die spezifische Wärme eines homogenen und gleichtemperierten Körpers definiert. Bezeichnet $M$ die Masse des Körpers, $d\vartheta$ die eine Zuführung der Wärme $d'\Omega$ begleitende Temperaturänderung, so wird der Quotient

$$\frac{d'\Omega}{M\,d\vartheta} = \Gamma \tag{98}$$

als spezifische Wärme des Körpers bezeichnet. Diese Funktion hängt ganz wesentlich davon ab, welche Nebenänderungen sich bei der Wärmeaufnahme in dem System abspielen. Bekannt sind bei einem unter allseitig gleichem Druck stehenden Körper die beiden extremen Fälle, daß die Erwärmung bei konstant erhaltenem Druck, resp. bei konstant erhaltenem Volumen stattfindet. Man bezeichnet die ihnen entsprechenden Werte der Funktion $\Gamma$ durch $\Gamma_p$ und $\Gamma_v$.

§ 100. **Übergang zu der Betrachtung von Volumenelementen.** Homogene Systeme und homogene Veränderungen derselben repräsentieren Ausnahmefälle. Es lassen sich auf dieselben aber die allgemeineren zurückführen, wenn man unendlich kleine Volumenelemente der Betrachtung unterwirft. Da sich nachweisen läßt, daß bei homogenen Körpern im allgemeinen Energie und Entropie der Masse und somit auch dem Volumen proportional sind, so kann man die obigen Gleichungen auf die Volumeneinheit beziehen. Bei unendlich kleinen Volumenänderungen, wie wir sie oben für deformierbare Körper angenommen haben, ist es dabei gleichgültig, ob die Volumeneinheit des undeformierten oder aber des deformierten Körpers der Definition zugrunde gelegt wird. Wir schreiben demgemäß die Formeln (91), (95) und (98)

$$d\varepsilon = d'\alpha + d'\omega, \tag{99}$$

$$d'\omega = \vartheta\, d\eta, \tag{100}$$

$$\frac{d'\omega}{d\vartheta} = \gamma; \tag{101}$$

hierin sind $\varepsilon$ und $\eta$ Energie und Entropie der Volumeneinheit, $d'\alpha$ und $d'\omega$ die gleichfalls auf die Volumeneinheit bezogenen Zuwendungen an Arbeit und Wärme. $\gamma$ ist die spezifische Wärme der Volumeneinheit, die mit derjenigen $\Gamma$ der Masseneinheit durch die Beziehung

$$\gamma = \varrho\Gamma \tag{102}$$

verknüpft ist, unter $\varrho$ die Dichtigkeit im Anfangszustand, bei unendlich kleinen Deformationen auch in einem beliebigen Zustand verstanden.

Da nach der Definition in § 84 die mechanischen Arbeiten $d'A$ gewöhnliche Skalaren sind, und die Beziehung auf die Volumeneinheit nur einen skalaren Nenner zu $d'A$ fügt, so ist auch $d'\alpha$ ein gewöhnlicher Skalar (kein Pseudoskalar). Gleiches gilt wegen der gegenseitigen Vertretbarkeit von Arbeit und Wärme für $d'\omega$, weiter nach der Formel (99) auch für $\varepsilon$, und da $\vartheta$ ein Skalar ist, nach (100) auch für $\eta$. —

Es sei daran erinnert, daß in der Thermodynamik solche Zustandsänderungen eines Systemes eine große Rolle spielen, die ohne Wärmezu- oder -abführung stattfinden, und die man adiabatische nennt. In großer Annäherung gehören hierher z. B. schnelle Schwingungen eines elastischen Körpers, bei denen in jedem Volumenelement infolge der wechselnden Spannungszustände Temperaturänderungen eintreten, aber diese Änderungen sich zu schnell vollziehen, als daß eine nennenswerte Ausgleichung der Temperatur durch eine Wärmeströmung von den wärmeren zu den kälteren Bereichen eintreten könnte.

Diese adiabatischen Veränderungen sind nach (100) und (101) charakterisiert durch die Beziehungen

$$d'\omega = 0 \quad \text{bezw.} \quad \gamma = 0, \quad \text{oder auch} \quad \eta = \text{konst.}$$

§ 101. **Das erste thermodynamische Potential.** Die Kombination der beiden Gleichungen (99) und (100) liefert

$$d\varepsilon = d'\alpha + \vartheta d\eta; \tag{103}$$

setzt man

$$\varepsilon - \eta\vartheta = \xi \tag{104}$$

so ergibt dies

$$d\xi = d'\alpha - \eta d\vartheta. \tag{105}$$

Die (wiederum skalare) Funktion $\xi$ wird als erstes thermodynamisches Potential der Volumeneinheit bezeichnet. Sie hat wichtige Eigenschaften, die sie zur bequemen Darstellung des thermodynamischen Verhaltens eines Körpers hervorragend geeignet machen.

Zunächst ergibt sich aus der Beziehung (105) ganz allgemein, daß bei isothermischen Veränderungen, d. h. bei solchen, für welche $d\vartheta = 0$ ist, die Beziehung gilt

$$d_\vartheta \xi = d'\alpha. \tag{106}$$

In diesem Falle hat also die äußere (und somit die ihr entgegengesetzt gleiche innere Arbeit $d'\alpha_i$) die Form eines Differentials; sie besitzt ein Potential, das durch $\xi$ gegeben ist.

Die Beziehung (106) tritt hiernach in Parallele zu der Gleichung (6). Zugleich steht sie im Zusammenhang mit dem S. 184 besprochenen Thomsonschen Prinzip, insofern sie bei Integration über einen Kreisprozeß zu $(\alpha) = 0$ führt.

Nehmen wir nun weiter an, daß der Zustand des Körpers, außer durch die Temperatur $\vartheta$, noch durch eine beliebige Zahl anderer (mechanischer, elektrischer, magnetischer) Variabeln $x_1, x_2, \cdots x_n$ charakterisiert sei, so wird die Arbeit $d'\alpha$, die einer Veränderung $d\vartheta$, $dx_1$, $dx_2$, $\cdots dx_n$ entspricht, ein in diesen Inkrementen linearer homogener Ausdruck sein. Erfahrungsgemäß läßt sich immer das System der Variabeln $x_1, x_2, \cdots x_n$ so wählen, daß der in $d\vartheta$ multiplizierte Term in dem Ausdruck für $d'\alpha$ verschwindet. In diesen Hauptvariabeln, die wir bei der folgenden Betrachtung als eingeführt annehmen wollen, läßt sich dann schreiben:

$$d'\alpha = -\sum X_h dx_h, \qquad h = 1, 2, \cdots n. \tag{107}$$

Hierin bezeichnen die Faktoren $X_h$ Funktionen von $\vartheta, x_1, x_2, \cdots x_n$ von leicht erkennbarer Natur.

Zunächst sei bemerkt, daß, wenn die $x_h$ Koordinaten bezeichneten, dann nach S. 157 die $X_h$ diejenigen Kraftkomponenten darstellen würden, welche eine Verkleinerung der betreffenden Koordinate bewirken; wir können die $x_h$ demgemäß als verallgemeinerte Koordinaten, die $X_h$ als verallgemeinerte Kräfte bezeichnen.

Sind ferner $x_1, x_2, \cdots x_n$ und demnach auch $dx_1, dx_2 \cdots dx_n$ orthogonale Komponenten irgend eines Systems von gerichteten Größen, so stellen nach dem Satz von S. 150, da $d'\alpha$ ein Skalar ist, die $X_1, X_2, \cdots X_n$ die entsprechenden orthogonalen Komponenten eines anderen Systemes gerichteter Größen gleicher Ordnung dar. Der Fall, daß es sich dabei um Größen zweiter Ordnung, also um Tensorkomponenten handelt, ist bereits in § 89 u. f. berührt und wird uns später eingehender beschäftigen. —

Formel (105) nimmt nunmehr die Gestalt an

$$d\xi = -\sum X_h dx_h - \eta d\vartheta. \tag{108}$$

Da die $x_h$ und $\vartheta$ voneinander unabhängig sind, folgt hieraus sogleich das System von Formeln

$$\frac{\partial \xi}{\partial \vartheta} = -\eta, \quad \frac{\partial \xi}{\partial x_h} = -X_h, \quad h = 1, 2, \cdots n. \tag{109}$$

Das erste thermodynamische Potential bestimmt also durch seine $n+1$ ersten Ableitungen die Entropie $\eta$ der Volumeneinheit und die $n$ Kräfte $X_1, X_2, \cdots X_n$, die auf die Volumeneinheit wirken.

Aus den Formeln (109) läßt sich $\xi$ eliminieren, und man erhält dadurch eine Reihe wichtiger Reziprozitätsformeln:

$$\frac{\partial \eta}{\partial x_h} = \frac{\partial X_h}{\partial \vartheta}, \quad \frac{\partial X_h}{\partial x_k} = \frac{\partial X_k}{\partial x_h}, \quad h \text{ und } k = 1, 2, \cdots n. \tag{110}$$

Ferner gewinnt man aus (100) und (101)

$$d'\omega = \gamma d\vartheta = \vartheta d\eta = \vartheta \left(\frac{\partial \eta}{\partial \vartheta} d\vartheta + \sum \frac{\partial \eta}{\partial x_h} dx_h\right). \tag{111}$$

Diese allgemeine Formel gibt die Möglichkeit, $\partial\eta/\partial\vartheta$ auf eine neue Weise auszudrücken. Bezeichnet man nämlich den speziellen Wert der spezifischen Wärme $\gamma$, der sich einstellt, wenn die Veränderung bei konstanten Werten aller Variabeln $x_h$ stattfindet, durch $\gamma_x$, so erhält man aus (111)

$$\gamma_x = \vartheta \frac{\partial \eta}{d\vartheta}. \tag{112}$$

Nimmt man dann noch aus (110) den Ausdruck für $\partial\eta/\partial x_h$ hinzu, so kann man für den allgemeinen Wert von $\gamma$ schreiben

$$\gamma = \gamma_x + \vartheta \sum \frac{\partial X_h}{\partial \vartheta} \cdot \frac{dx_h}{d\vartheta}; \tag{113}$$

$\partial X_h/\partial \vartheta$ ist ein gewöhnlicher partieller Differentialquotient, da die $X_h$ Funktionen von $\vartheta$ und den $x_k$ sind. $d\vartheta$ und $dx_h$ bezeichnen die Inkremente, welche die Zustandsänderung definieren, auf die der Ausdruck $\gamma$ sich bezieht.

Handelt es sich z. B. um eine Erwärmung bei konstanten Kräften $X_h$, so sind die $dx_h$ gemäß den Bedingungen

$$\frac{\partial X_h}{\partial x_1} dx_1 + \cdots + \frac{\partial X_h}{\partial x_n} dx_n + \frac{\partial X_h}{\partial \vartheta} d\vartheta = 0, \quad h = 1, 2, \cdots n$$

zu bestimmen, die sich entwickeln lassen, sowie die $X_h$ als Funktionen der $x_k$ und $\vartheta$ gegeben sind.

Für adiabatische Vorgänge ist nach S. 188 $\gamma = 0$; hier gilt also zwischen $d\vartheta$ und den $dx_h$ die Beziehung

$$\gamma_x d\vartheta = -\vartheta \sum \frac{\partial X_h}{\partial \vartheta} dx_h. \tag{114}$$

Schließlich sei noch bemerkt, daß nach (112) und (109) auch geschrieben werden kann

$$\gamma_x = -\vartheta \frac{\partial^2 \xi}{\partial \vartheta^2}, \quad \frac{\partial X_h}{\partial \vartheta} = -\frac{\partial^2 \xi}{\partial \vartheta \, \partial x_h}. \tag{115}$$

§ 102. **Das zweite thermodynamische Potential.** Für viele Zwecke ist es bequem, nicht die verallgemeinerten Koordinaten, sondern die verallgemeinerten Kräfte neben der Temperatur als Unabhängige zu führen. Hierzu hat man sich zunächst die Formeln, welche den Zusammenhang zwischen beiden Größenarten darstellen, und die wir schreiben wollen

$$X_h = F_h(x_1, x_2, \cdots x_n, \vartheta), \qquad h = 1, 2, \cdots n, \tag{116}$$

nach den $x_h$ aufgelöst zu denken, so daß entsteht

$$x_h = f_h(X_1, X_2, \cdots X_n, \vartheta), \qquad h = 1, 2, \cdots n, \tag{117}$$

Ferner hat man die Formel (108) auf die Gestalt zu bringen

$$d(\xi + \sum X_h x_h) = \sum x_h \, dX_h - \eta \, d\vartheta.$$

Hierin steht

$$\xi + \sum X_h x_h = \zeta \tag{118}$$

genau an derselben Stelle, wie $\xi$ in Formel (108); man nennt $\zeta$ das **zweite thermodynamische Potential der Volumeneinheit.**

Diese Größe hat ganz ähnliche Eigenschaften, wie das erste Potential, und ist in allen denjenigen Fällen für die Anwendung die bequemere Funktion, wo die verallgemeinerten Kräfte sich als Unabhängige mehr eignen, als die verallgemeinerten Koordinaten.

Aus

$$d\zeta = \sum x_h \, dX_h - \eta \, d\vartheta \tag{119}$$

ergibt sich

$$\frac{\partial \zeta}{\partial \vartheta} = -\eta, \quad \frac{\partial \zeta}{\partial X_h} = +x_h, \quad h = 1, 2, \cdots n. \tag{120}$$

Beim Vergleich der ersten dieser Formeln mit der ersten Formel (109) ist natürlich zu berücksichtigen, daß hier bei konstanten $X_h$, dort bei konstanten $x_h$ differentiiert ist. So erklärt sich, daß zwei ganz verschiedene Funktionen bei anscheinend derselben Operation dasselbe Resultat liefern.

Durch Elimination von $\zeta$ aus den Formeln (120) ergeben sich die Reziprozitätsformeln

$$\frac{\partial \eta}{\partial X_h} = -\frac{\partial x_h}{\partial \vartheta}, \quad \frac{\partial x_h}{\partial X_k} = \frac{\partial x_k}{\partial X_h}, \quad h \text{ und } k = 1, 2, \cdots n. \tag{121}$$

Weiter gewinnt man aus (100) und (101)

$$d'\omega = \gamma \, d\vartheta = \vartheta \, d\eta = \vartheta \left( \frac{\partial \eta}{\partial \vartheta} d\vartheta + \sum \frac{\partial \eta}{\partial X_h} dX_h \right). \tag{122}$$

Bezeichnet man den speziellen Wert der spezifischen Wärme, der einer Wärmezufuhr bei durchweg konstanten Kräften $X_h$ entspricht, durch $\gamma_X$, so ergibt sich hieraus

$$\gamma_X = \vartheta \frac{\partial \eta}{\partial \vartheta}. \tag{123}$$

Bei der Vergleichung dieser Formel mit (112) ist wieder zu beachten, daß $\eta$ dort bei konstanten $x_h$, hier aber bei konstanten $X_h$ zu differentiieren ist. Unter Heranziehung der ersten Formeln (121) erhält man dann allgemein

$$\gamma = \gamma_X - \vartheta \sum \frac{\partial x_h}{\partial \vartheta} \cdot \frac{dX_h}{d\vartheta}. \tag{124}$$

Hierin stellt wiederum $\partial x_h / \partial \vartheta$ einen gewöhnlichen partiellen Differentialquotienten dar, da die $x_h$ Funktionen von $\vartheta$ und den $X_k$ sind; die $dX_h/d\vartheta$ geben Verhältnisse zwischen denjenigen Inkrementen der Unabhängigen, welche die die Wärmeaufnahme begleitenden Veränderungen charakterisieren.

Speziell kann man aus (124) die spezifische Wärme bei konstanten Koordinaten $x_h$ berechnen, wenn man die $dX_h$ gemäß den Bedingungen

$$\frac{\partial x_h}{\partial X_1} dX_1 + \cdots + \frac{\partial x_h}{\partial X_n} dX_n + \frac{\partial x_h}{\partial \vartheta} d\vartheta = 0$$

bestimmt, welche mit Hilfe der Beziehungen (117) ausführbar sind.

Adiabatische Vorgänge, die ohne Wärmeaufnahme, also bei verschwindendem $\gamma$ stattfinden, verlangen zwischen diesen Inkrementen die Beziehung

$$\gamma_x \, d\vartheta = \vartheta \sum \frac{\partial x_h}{\partial \vartheta} \, d X_h. \tag{125}$$

Die in den letzten Formeln auftretenden Funktionen bestimmen sich auch direkt aus dem Potential $\zeta$; es ist nämlich

$$\gamma_x = -\vartheta \frac{\partial^2 \zeta}{\partial \vartheta^2}, \quad \frac{\partial x_h}{\partial \vartheta} = \frac{\partial^2 \zeta}{\partial \vartheta \, \partial X_h}. \tag{126}$$

§ 103. **Allgemeines über reversible und irreversible Vorgänge und ihre Behandlung.** Nach dem vorstehend Entwickelten ist die notwendige Voraussetzung für die Anwendbarkeit der Methode des thermodynamischen Potentials auf einen physikalischen Vorgang die Reversibilität desselben. Diese Reversibilität muß aus der Erfahrung geschlossen werden, und es gibt Fälle, wo die Verhältnisse so kompliziert liegen, daß die Beobachtung über das Vorhandensein der Reversibilität keinen ganz sichern Aufschluß gibt. In andern Fällen ist zweifellose Irreversibilität vorhanden, aber man hat Ursache, diese auf Nebenumstände zurückzuführen, die bei dem Vorgang sich nur als Störungen geltend machen und unter bestimmten Umständen nur eine sehr kleine Rolle spielen. Hier kann man dann mitunter den Idealfall verschwindender Störung betrachten, auf ihn die Methode des thermodynamischen Potentials anwenden und die mit ihrer Hilfe über die eigentlichen Funktionen des Vorgangs erhaltenen Aufschlüsse auch da benutzen, wo jene Störungen wirken.

Ein charakteristischer derartiger Fall ist der der Elastizität. In Strenge ist kein elastischer Vorgang reversibel, sondern jede Deformation infolge einer Kraft hinterläßt, wenn die Kraft aufgehoben wird, einen Rückstand, der auch die einer entgegengesetzten Krafteinwirkung entsprechende neue Deformation von der früheren verschieden ausfallen läßt. Dieser Rückstand nimmt bei abnehmender Einwirkung im allgemeinen schneller ab, als die elastische Deformation, läßt sich also durch Verkleinerung der ausgeübten Kraft in seinem Einfluß herabdrücken. Man wendet dann die Methode des Potentials auf denjenigen Teil des Vorgangs an, der übrig bleiben würde, wenn jene Störung (die hier, wie häufig, den Charakter einer Reibung besitzt) verschwindend klein würde.

Auch in der Thermoelektrizität erscheint der beobachtbare Vorgang als eine Superposition aus einem reversibeln und einem irreversibeln; der letztere Teil läßt sich (durch Beschränkung auf kleine Stromstärken) in seiner Größe relativ zu dem erstern herabdrücken, und hieraus entnimmt man das Recht, den reversibeln Teil für sich allein den betreffenden thermodynamischen Sätzen zu unterwerfen. Ein ähnliches Verfahren wendet man in gewissen Gebieten des Magnetismus an.

Ist die Anwendbarkeit der Methode des Potentials auf einen Vorgang festgestellt oder wahrscheinlich gemacht, so bedarf es noch der Berechnung der bei irgendeiner Veränderung des betrachteten Systems aufzuwendenden äußern Arbeit in der Form (107), um dadurch die verallgemeinerten Koordinaten oder Hauptvariabeln $x_h$ und die verallgemeinerten Kräfte $X_h$ zu gewinnen, welche bei dem Vorgang ins Spiel treten. Diese Berechnung erfordert, wie schon in § 97 bemerkt, nicht die Anwendung irgendwelcher thermodynamischer Prinzipien, sondern beruht ausschließlich auf der in der Mechanik eingeführten Definition der Arbeit.

Die Berechnung der Arbeit, welche die Deformation eines Körpers begleitet, ist bereits in dem vorigen Abschnitt durchgeführt worden, und das dort gewonnene Resultat wird weiter unten die Grundlage bilden für die Anwendung der Grundsätze der Thermodynamik auf die Vorgänge der Elastizität von Kristallen.

Eine ähnliche Berechnung wird im folgenden Abschnitt für die Arbeit durchgeführt werden, welche die dielektrische und die magnetische Erregung eines Körpers erfordert, und die bezüglichen Formeln werden in derselben Weise bei der Thermodynamik der dielektrischen und der magnetischen Erregung von Kristallen zur Geltung kommen.

## III. Abschnitt.

## Sätze aus der allgemeinen Theorie der Elektrizität und des Magnetismus.

§ 104. **Potential und Potentialfunktion.** Die Grundlage der Elektro-, wie der Magnetostatik ist das Gesetz von *Coulomb* für die Wechselwirkung zwischen zwei punktförmigen Ladungen oder Polen $m_1$ und $m_2$, nach welchem sowohl die auf $m_1$, wie die auf $m_2$ ausgeübte Kraft den absoluten Betrag

$$K = \frac{m_1 m_2}{r_{12}^2} \tag{127}$$

hat — unter $r_{12}$ den Abstand der Pole verstanden —, und in der Verbindungslinie wirkt, und zwar repulsiv, wenn die beiden Pole gleichartig sind. Indem der Proportionalitätsfaktor in obigem Gesetz gleich Eins gewählt ist, sind die Einheiten für die Polstärken $m_1$ und $m_2$ gemäß dem elektro- und magnetostatischen Maßsystem festgesetzt.

Diese Kraft $K$ hat ein Potential

$$\Phi = \frac{m_1 m_2}{r_{12}}, \tag{128}$$

insofern die Komponenten der Kräfte, welche die Pole $m_1$ und $m_2$, an den Stellen $x_1, y_1, z_1$ und $x_2, y_2, z_2$ befindlich, voneinander erfahren, durch die Beziehungen

$$\Xi_h = -\frac{\partial_m \Phi}{\partial x_h}, \quad H_h = -\frac{\partial_m \Phi}{\partial x_h}, \quad Z_h = -\frac{\partial_m \Phi}{\partial z_h}, \qquad h = 1, 2 \tag{129}$$

bestimmt sind.

Diese Differentialquotienten drücken die Änderungen von $\Phi$ bei gewissen gedachten Dislokationen der Pole aus. Der Index $m$ an den Differentialzeichen soll dabei andeuten, daß, auch wenn etwa bei einer faktischen Dislokation der Pole diese ihre Stärke variieren sollten, die obige Differentiation diese Veränderlichkeit zu ignorieren hat und nur auf $r_{12}$ zu erstrecken ist.

Die Formeln gestatten unmittelbar die Erweiterung auf ein System von mehr Polen, wo dann wird

$$\Phi = \frac{m_1 m_2}{r_{12}} + \frac{m_1 m_3}{r_{13}} + \frac{m_2 m_3}{r_{23}} + \cdots \tag{130}$$

Auch jetzt stellen die Formeln (129) die Komponenten der Kraft dar, die der Pol ($h$) von allen übrigen erfährt.

Wird ein Pol $m$ vor allen übrigen bevorzugt und nur die Wirkung auf ihn betrachtet, so kann mar auch ausgehen von einem Potential

$$\Phi_0 = m \sum \frac{m_h}{r_h}, \tag{131}$$

wo nun $r_h$ die Entfernung zwischen $m$ und $m_h$ bezeichnet. Denn die Einzelpotentiale $\frac{m_h m_k}{r_{hk}}$ kommen nur zur Geltung, wenn die Wirkung auf einen der Pole $h$ oder $k$ berechnet werden soll. $\Phi_0$ ist dann das Potential der Wirkung des Polsystems $m_h$ auf den Pol $m$, und es gilt für die bezüglichen Komponenten

$$\Xi = -\frac{\partial_m \Phi_0}{\partial x}, \quad H = -\frac{\partial_m \Phi_0}{\partial y}, \quad Z = -\frac{\partial_m \Phi_0}{\partial z}, \tag{132}$$

wobei $x, y, z$ den Ort von $m$ bestimmt.

Gehören eine Anzahl derartiger Pole $m, m', m'', \ldots$ einem starren System an, bilden sie etwa einen geladenen Körper, so erhält man das auf diesen wirkende Potential $\Phi$ durch Summation von $\Phi_0$ über alle $m, m', \ldots$ Die an diesem Körper angreifenden Kräfte setzen sich zu Gesamtkomponenten $\Xi$, $H$, $Z$ und Drehungsmomenten $\Lambda$, $M$, $N$

in bezug auf die Koordinatenachsen zusammen, für welche durch sinngemäße Anwendung der Formeln (15) von S. 160 folgt

$$\begin{aligned} \Xi &= -\frac{\partial_m \Phi}{\partial \xi}, \quad H = -\frac{\partial_m \Phi}{\partial \eta}, \quad Z = -\frac{\partial_m \Phi}{\partial \zeta}, \\ \Lambda &= -\frac{\partial_m \Phi}{\partial \lambda}, \quad M = -\frac{\partial_m \Phi}{\partial \mu}, \quad N = -\frac{\partial_m \Phi}{\partial \nu}. \end{aligned} \tag{133}$$

Hierin stellen die Zähler der Differentialquotienten der ersten Reihe je die Änderungen des Potentials bei einer Parallelverschiebung $\partial \xi$, $\partial \eta$, $\partial \zeta$ längs einer der Koordinatenachsen dar; die Zähler der zweiten Reihe ebenso je die Änderungen bei einer Drehung $\partial \lambda$, $\partial \mu$, $\partial \nu$ um eine der Koordinatenachsen.

Die Arbeit der auf den Körper seitens der andern Pole ausgeübten Kräfte bei einer durch $d\xi$, $d\eta$, $d\zeta$, $d\lambda$, $d\mu$, $d\nu$ gegebenen Dislokation bestimmt sich nach (14) auf S. 159 zu

$$d'A = \Xi d\xi + H d\eta + Z d\zeta + \Lambda d\lambda + M d\mu + N d\nu,$$

d. h. zu

$$d'A = -d_m \Phi; \tag{134}$$

unter dem Differential rechts ist dabei die Änderung des Potentials $\Phi$ verstanden, wie sie ausfallen würde, wenn bei der Dislokation alle Ladungen sowohl des Körpers, wie des übrigen Systems, ungeändert gehalten würden. —

Wird in der Formel (131) $m$ mit einem Einheitspol vertauscht, so heißt die aus $\Phi_0$ entstehende Funktion

$$\varphi = \sum \frac{m_h}{r_h} \tag{135}$$

die Potentialfunktion des Systems der $m_h$, und die auf den Einheitspol ausgeübten Kraftkomponenten

$$X = -\frac{\partial \varphi}{\partial x}, \quad Y = -\frac{\partial \varphi}{\partial y}, \quad Z = -\frac{\partial \varphi}{\partial z} \tag{136}$$

werden als die Feldkomponenten dieses Systems bezeichnet.

In dem Falle, daß die Einführung des Einheitspols in die Stelle $x, y, z$ die Ladungsverteilung des Systems beeinflußt, ist hierbei diejenige Verteilung in Rechnung zu setzen, die ohne Anwesenheit des Einheitspols stattfindet; d. h., der Ausdruck für $\varphi$ setzt diejenige Ladungsverteilung voraus, die das System der $m_h$ bei Abwesenheit des Einheitspols zeigt, und dieselbe ist auch bei den in (136) vorgenommenen Differentiationen konstant erhalten zu denken. Auf diese Weise ist dann $\varphi$ dem System allein individuell, und man kann seinen Wert nunmehr, statt ausführlich auf den Einheitspol an der Stelle $x, y, z$, kurz auf den Raumpunkt $x, y, z$ beziehen, den wir nach *Boltzmann* den Aufpunkt der Potentialfunktion $\varphi$ nennen.

§ 105. **Reihenentwicklung für die Potentialfunktion.** Schließt man das System der $m_h$ in eine dasselbe möglichst eng umgebende Kugelfläche ein, so kann man die Potentialfunktion $\varphi$ für Punkte außerhalb dieser Kugel durch eine Reihenentwicklung ausdrücken. Wir wollen hierzu die Koordinaten des Kugelzentrums mit $x_0, y_0, z_0$ bezeichnen und können dann schreiben

$$\varphi = \sum m_h \left( \left(\frac{1}{r_h}\right)_0 + (x_h - x_0)\left(\frac{\partial \frac{1}{r_h}}{\partial x_h}\right)_0 + (y_h - y_0)\left(\frac{\partial \frac{1}{r_h}}{\partial y_h}\right)_0 + (z_h - z_0)\left(\frac{\partial \frac{1}{r_h}}{\partial z_h}\right)_0 \right.$$
$$\left. + \frac{1}{2}(x_h - x_0)^2 \left(\frac{\partial^2 \frac{1}{r_h}}{\partial x_h^2}\right)_0 + \cdots + (y_h - y_0)(z_h - z_0)\left(\frac{\partial^2 \frac{1}{r_h}}{\partial y_h \, \partial z_h}\right)_0 + \cdots \right),$$

wobei der Index $_0$ an den Klammern die Vertauschung von $x_h, y_h, z_h$ mit $x_0, y_0, z_0$ andeutet.

Wegen

$$r_h^2 = (x_h - x)^2 + (y_h - y)^2 + (z_h - z)^2,$$
$$r^2 = (x_0 - x)^2 + (y_0 - y)^2 + (z_0 - z)^2,$$

gilt

$$\left(\frac{\partial \frac{1}{r_h}}{\partial x_h}\right)_0 = -\left(\frac{\partial \frac{1}{r_h}}{\partial x}\right)_0 = +\frac{\partial \frac{1}{r}}{\partial x_0}, \cdots$$

und der obige Ausdruck nimmt deshalb die Form an

$$\varphi = \frac{1}{r}\sum m_h + \frac{\partial \frac{1}{r}}{\partial x_0}\sum m_h (x_h - x_0) + \cdots$$
$$+ \frac{1}{2}\frac{\partial^2 \frac{1}{r}}{\partial x_0^2}\sum m_h (x_h - x_0)^2 + \cdots + \frac{\partial^2 \frac{1}{r}}{\partial y_0 \, \partial z_0}\sum m_h (y_h - y_0)(z_h - z_0) + \cdots, \quad (137)$$

was wir abkürzen in

$$\varphi = \frac{1}{r}M_0 + \left(\frac{\partial \frac{1}{r}}{\partial x_0}M_1 + \frac{\partial \frac{1}{r}}{\partial y_0}M_2 + \frac{\partial \frac{1}{r}}{\partial z_0}M_3\right)$$
$$+ \left(\frac{\partial^2 \frac{1}{r}}{\partial x_0^2}M_{11} + \cdots + 2\frac{\partial^2 \frac{1}{r}}{\partial y_0 \, \partial z_0}M_{23} + \cdots\right) + \cdots \quad (138)$$

Hierin ist $r$ der Abstand des Aufpunkts vom Zentrum der Umhüllungskugel. Die Reihenglieder sind harmonische Kugelfunktionen steigender Ordnung.

Nun stellt $\varphi$ nach seiner Definition $\left(\frac{1}{r}\right.$ ist eine Zahlgröße$\left.\right)$ einen Skalar dar, und zwar kann $\varphi$, wie wir sehen werden, je nach der Bedeutung der $m_h$ ebensowohl ein gewöhnlicher Skalar, als ein Pseudoskalar sein. Hieraus ergibt sich gemäß (136), daß die $X, Y, Z$ polare oder axiale Vektorkomponenten sind.

Ferner ist in (119) nach dem Satz auf S. 150 $M_0$ ein Skalar; $M_1$, $M_2$, $M_3$ sind Vektorkomponenten, $M_{11}, \ldots M_{12}$ aber (gewöhnliche) Tensorkomponenten. Die Faktoren der höheren Differentialquotienten stellen gleichfalls Komponenten höherer gerichteter Größen dar. Wir nennen die $M_h$ die Momente oder Momentkomponenten erster Ordnung nach den Koordinatenachsen, die $M_{hk}$ analog die Momentkomponenten zweiter Ordnung für das Polsystem, und verfahren analog mit den Faktoren der höheren Glieder.

Den zu den Vektorkomponenten $M_1$, $M_2$, $M_3$ gehörigen resultierenden Vektor wollen wir mit $M$ bezeichnen und das Moment erster Ordnung des Polsystems (ohne weitern Zusatz) nennen.

Von den Tensorkomponenten $M_{hk}$ sind diejenigen $M_{11}$, $M_{22}$, $M_{33}$ Komponenten erster, diejenigen $M_{23}$, $M_{31}$, $M_{12}$ Komponenten zweiter Art nach den Koordinatenachsen. Die Konstituenten des resultierenden Tensortripels sollen wieder durch $M_{\mathrm{I}}$, $M_{\mathrm{II}}$, $M_{\mathrm{III}}$ bezeichnet und die Momente zweiter Ordnung des Polsystems genannt werden. Auf die Momente höherer Ordnung brauchen wir hier nicht einzugehen.

§ 106. **Deutung der Parameter der Entwicklung.** Man kann diese Momente dadurch anschaulich deuten, daß man einfachste Fälle konstruiert, bei denen sich die Potentialfunktion $\varphi$ je nur auf das eine mit dem bezüglichen Faktor behaftete Glied reduziert.

Das erste Glied in (137) resp. (138) stellt eine Punktpotentialfunktion von der Art der in (135) auftretenden dar; die wirkende Masse ist die Gesamtladung $M_0 = \sum m_h$ des Systems; dieselbe erscheint in dem Punkt $x_0, y_0, z_0$, dem Zentrum der Umhüllungskugel, konzentriert.

Das Glied $M_1 \partial(1/r)/\partial x_0$ hat die Form der Potentialfunktion eines unendlich engen Polpaares, dessen Pole $-m$, $+m$ nächst dem Kugelzentrum auf einer zur $x$-Achse parallelen Geraden liegen. In der Tat liefert ein solches Polpaar für alle in endlicher Entfernung liegenden Aufpunkte eine Potentialfunktion

$$m\left(\frac{1}{r_+} - \frac{1}{r_-}\right) = m\,\xi\,\frac{\partial \frac{1}{r}}{\partial x_0}, \tag{139}$$

wobei $\xi$ die relative $x$-Koordinate von $+m$ gegen $-m$ bezeichnet.

An der Stelle von $M_1$ in (138) steht hier $m\xi$; ist $\sum m_h = 0$, also die Gesamtladung des Systems gleich Null, so kann man auch $M_1 = \sum m_h(x_h - x_0)$ auf dieselbe Form $m\xi$ bringen, wenn man die positiven und die negativen Gesamtladungen $+(m)$ und $-(m)$ für sich betrachtet, deren Schwerpunktskoordinaten $x_+$ und $x_-$ und ihre Differenz $x_+ - x_- = \xi$ einführt; man erhält dann ohne weiteres $M_1 = (m)\xi$. Es ist also $M_1$ dasselbe, als wären die positiven und die negativen Ladungen je als Pole in dem betreffenden Schwerpunkt konzentriert, und Analoges gilt für $M_2$ und $M_3$.

Die drei Glieder erster Ordnung in dem Ausdruck (138) für $\varphi$ lassen sich zusammenfassen gemäß der Formel

$$M_1 \frac{\partial \frac{1}{r}}{\partial x_0} + M_2 \frac{\partial \frac{1}{r}}{\partial y_0} + M_3 \frac{\partial \frac{1}{r}}{\partial z_0} = M \frac{\partial \frac{1}{r}}{\partial l}, \tag{140}$$

wobei $M$ sich als das Moment eines Polpaares im Kugelzentrum ansehen läßt, welches durch zwei Pole $+(m)$ und $-(m)$ in den Schwerpunkten der positiven und der negativen Ladungen des Systems gegeben ist. $l$ bezeichnet dabei die Verbindungslinie beider Pole von $-(m)$ nach $+(m)$ positiv gerechnet; $M$ hat den Wert $(m)l$. —

Das Glied $M_{11}\partial^2(1/r)/\partial x_0^2$ in (138) hat die Form der Potentialfunktion von vier einander gleichen und unendlich nahen Polen $\pm m_1$ in der Anordnung $(+--+)$, die auf einer zur $X$-Achse parallelen Geraden durch das Kugelzentrum symmetrisch zu diesem liegen.

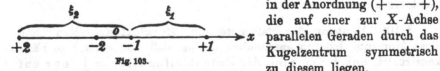

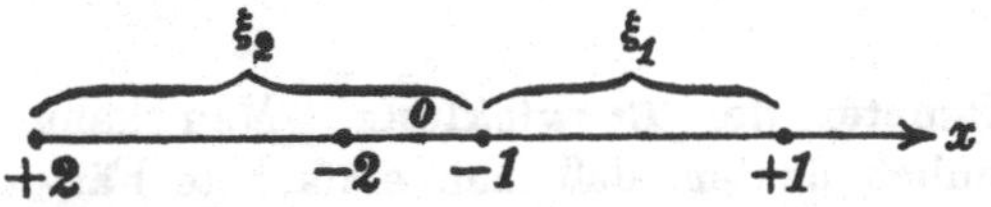

Fig. 103.

Bezeichnen nämlich $\xi_1$ und $\xi_2$ die beiden in Figur 103 charakterisierten Abstände zwischen positiven und negativen Polen des Systems, dann ist die Potentialfunktion der vier Pole auf einen Punkt in den endlichen Entfernungen $r_{+1}, r_{-1}, r_{+2}, r_{-2}$ von ihnen

$$m_1\left(\frac{1}{r_{+1}} + \frac{1}{r_{+2}} - \frac{1}{r_{-1}} - \frac{1}{r_{-2}}\right) = m_1 \xi_1 \xi_2 \frac{\partial^2 \frac{1}{r}}{\partial x_0^2}. \tag{141}$$

Es steht somit $m\xi_1\xi_2$ an Stelle von $M_{11}$ oben.

Das Glied $M_{12}\partial^2(1/r)/\partial x_0 \partial y_0$ hat die Form der Potentialfunktion eines Systems von vier gleichen Polen $\pm m_3'$ nach der Anordnung $\begin{pmatrix} - & + \\ + & - \end{pmatrix}$, die in den Ecken eines kleinen Rechtecks, mit den Seiten parallel zur $X$- und zur $Y$-Achse und mit dem Zentrum im Kugelzentrum, liegen.

Bezeichnen nämlich $\xi_3$ und $\eta_3$ die in Figur 104 charakterisierten Strecken parallel $X$ und $Y$, so ist die Potentialfunktion dieses Systems auf alle Punkte in den endlichen Entfernungen $r_{+1}, r_{-1}, r_{+2}, r_{-2}$

$$m_3'\left(\frac{1}{r_{+1}}+\frac{1}{r_{+2}}-\frac{1}{r_{-1}}-\frac{1}{r_{-2}}\right)=m_3'\xi_3\eta_3\frac{\partial^2\frac{1}{r}}{\partial x_0\partial y_0}; \qquad (142)$$

es steht somit $m_3'\xi_3\eta_3$ an Stelle von $M_{12}$ oben.

Gleiche Betrachtungen führen zu Deutungen der übrigen Momente zweiter Ordnung. Alle stellen sich somit dar als Produkte einer Polstärke in zwei Strecken, über deren Größen im einzelnen die Zahlwerte der Momente keinen Aufschluß geben. —

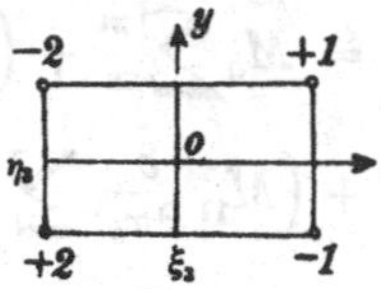

Fig. 104.

Da die $M_{hk}$ gewöhnliche Tensorkomponenten sind, so gibt es ein Koordinatensystem, bei dessen Einführung die Komponenten zweiter Art $M_{12}, M_{23}, M_{31}$ verschwinden und diejenigen erster Art in die Konstituenten des Tensortripels $M_{\mathrm{I}}, M_{\mathrm{II}}, M_{\mathrm{III}}$ selbst übergehen. Auf dieses Koordinatensystem bezogen, reduzieren sich die Glieder zweiter Ordnung in $\varphi$ auf

$$\left(M_{\mathrm{I}}\frac{\partial^2\frac{1}{r}}{\partial x_0^2}+M_{\mathrm{II}}\frac{\partial^2\frac{1}{r}}{\partial y_0^2}+M_{\mathrm{III}}\frac{\partial^2\frac{1}{r}}{\partial z_0^2}\right);$$

sie stellen dann dar die Potentialfunktion eines Polsystems, welches aus drei längs der Parallelen zu den Koordinatenachsen angeordneten Polquartetten der Art von Figur 103 besteht. $M_{\mathrm{I}}, M_{\mathrm{II}}, M_{\mathrm{III}}$ sind die Momente dieser drei Polsysteme. Die Angabe ihrer Beträge bestimmt nur die Produkte $m_1\xi_1\xi_2$, $m_2\eta_1\eta_2$, $m_3\zeta_1\zeta_2$, läßt aber die einzelnen Faktoren im übrigen unbestimmt.

Die höheren Glieder der Entwicklung (139) der Potentialfunktion $\varphi$ gestatten eine ähnliche Behandlung, wie sie vorstehend auf die Glieder erster und zweiter Art angewendet ist; die bez. Glieder haben aber für uns kein direktes Interesse und mögen daher unberücksichtigt bleiben.

Nur die Bemerkung mag beigefügt werden, daß, wie die Glieder erster Ordnung, als durch einen Vektor, die der zweiten Ordnung als durch ein Tensortripel bestimmt, die Symmetrieverhältnisse dieser Größen wiederspiegeln, so auch den höheren Gliedern bestimmte Symmetrien eigen sind, die sich mehr oder weniger den Symmetrien der 32 Kristallgruppen anpassen lassen. Es ist hierauf bereits S. 121 hingewiesen.

§ 107. **Reihenentwicklung für das Potential.** Wir können von der Potentialfunktion $\varphi$ zu dem Potential $\Phi_0$ auf einen Pol $m$ an der

Stelle $x, y, z$ übergehen, wenn wir in (138) nur beiderseits den Faktor $m$ hinzufügen. Dabei hat $\frac{m}{r}$ die Bedeutung der Potentialfunktion von $m$ im Kugelzentrum.

Befinden sich außerhalb der das System der $m_h$ umhüllenden Kugel mehrere Pole $m, m', m'', \ldots$, so bezeichnen wir als Potential $\Phi$ des innern auf das äußere System die Summe der bezüglichen Einzelpotentiale $m\varphi + m'\varphi' + \cdots$; dabei ist jedes der $\varphi, \varphi', \varphi'', \ldots$ für den Ort der bezüglichen $m, m', m'', \ldots$ zu nehmen. Wir erhalten so

$$\Phi = M_0 \sum \frac{m}{r} + \left(M_1 \frac{\partial}{\partial x_0} \sum \frac{m}{r} + \cdots\right.$$
$$\left. + \left(M_{11} \frac{\partial^2}{\partial x_0^2} \sum \frac{m}{r} + \cdots + 2 M_{23} \frac{\partial^2}{\partial y_0 \partial z_0} \sum \frac{m}{r} + \cdots\right) + \cdots \qquad (143)$$

wobei jetzt die Summen $\sum$ sich auf die Massen $m, m', \ldots$ und die Entfernungen $r, r', \ldots$ des äußern Systems vom Mittelpunkt $x_0, y_0, z_0$ der Umhüllungskugel beziehen.

Hierin stellt nun aber $\sum m/r = \psi$ die Potentialfunktion des ganzen äußern Systems im Kugelmittelpunkt $x_0, y_0, z_0$ dar, und wir können bei Einführung der betreffenden Bezeichnung schreiben

$$\Phi = M_0 \psi + \left(M_1 \frac{\partial \psi}{\partial x_0} + M_2 \frac{\partial \psi}{\partial y_0} + M_3 \frac{\partial \psi}{\partial z_0}\right)$$
$$+ \left(M_{11} \frac{\partial^2 \psi}{\partial x_0^2} + \cdots + 2 M_{23} \frac{\partial^2 \psi}{\partial y_0 \partial z_0} + \cdots\right) + \cdots; \qquad (144)$$

bei Einführung der Feldkomponenten $X_0, Y_0, Z_0$ des äußern Systems im Kugelmittelpunkt nimmt dies die Form an

$$\Phi = M_0 \psi - (M_1 X_0 + M_2 Y_0 + M_3 Z_0)$$
$$- \left(M_{11} \frac{\partial X_0}{\partial x_0} + \cdots + M_{23} \left(\frac{\partial Z_0}{\partial y_0} + \frac{\partial Y_0}{\partial z_0}\right) + \cdots\right) + \cdots \qquad (145)$$

wobei die Darstellung $\left(\frac{\partial Z_0}{\partial y_0} + \frac{\partial Y_0}{\partial z_0}\right)$ für $-2 \frac{\partial^2 \psi}{\partial z_0 \partial y_0}$ der Symmetrie halber gewählt ist.

Die Einführung der Potentialfunktion $\psi$, welche von dem Ausdruck (143) zu (144) führte, gestattet eine einfache Behandlung des wichtigen Falles, daß das äußere System ähnliche Natur hat, wie das innere, insbesondere sich durch eine Kugelfläche einschließen läßt, in bezug auf welche der Punkt $x_0, y_0, z_0$ ein äußerer ist. Dann kann man nämlich für seine Potentialfunktion $\psi$ im Mittelpunkt $x_0, y_0, z_0$ einen Ausdruck von derselben Form setzen, wie er in (138) für die Potentialfunktion $\varphi$ eines beliebigen Massensystems auf einen Punkt außerhalb der Umhüllungskugel angegeben ist. Wir wollen den so entstehenden und leicht zu bildenden, aber komplizierten Ausdruck für $\Phi$ nicht hinschreiben.

§ 108. **Allgemeines über die Anwendung der vorstehenden Resultate.** Vorstehende Entwicklungen der Potentialfunktion und des Potentials eines Massensystems haben eine weitgehende Bedeutung für die Theorie der allgemeinen Physik und insbesondere auch für diejenige der Kristallphysik. Insofern man die Elementarmassen (§ 61) oder die Moleküle eines Kristalls als Massensysteme der oben behandelten Art betrachtet, ergeben die gewonnenen Ausdrücke für $\varphi$ und für $\Phi$ die allgemeinsten Gesetze des Feldes eines Moleküls und diejenigen der Wechselwirkung zwischen zwei Molekülen. Dabei ist über die Elementarkraft nur das *Newton-Coulomb*sche Gesetz angenommen; diese Kraft kann also ebensowohl Gravitation, als magnetische oder elektrische Fernwirkung sein. Nach den modernen Anschauungen wird man der letzteren bei molekularen Vorgängen den größten Einfluß beilegen.

Die Fälle elektrischer oder magnetischer Wechselwirkung sind insofern speziell, als bei ihnen die Massensysteme gleichviel Ladungen positiven und negativen Vorzeichens besitzen, wie wir sagen, neutral sind. Dies hat dann zur Folge, daß in den Formeln der letzten Paragraphen überall $M_0$ verschwindet.

Die Ausdrücke für $\varphi$ und $\Phi$ können hiernach als sehr allgemeine und zuverlässige Grundlagen einer molekularen Theorie der Eigenschaften von Kristallen gelten. Auf die wichtigsten allgemeinen Anwendungen des Ausdrucks (138) für $\varphi$ gehen wir bereits hier ein, während wir alle Folgerungen, welche die Erklärung spezieller beobachtbarer Erscheinungen liefern, auf spätere Kapitel über einzelne Gebiete der Kristallphysik verschieben.

Hier mag zunächst noch eine generelle Bemerkung von prinzipieller Bedeutung Platz finden.

Unsere Beobachtungen beziehen sich nahezu ausnahmslos nicht auf das Verhalten der Elementarmassen oder Moleküle, sondern auf dasjenige von Volumenteilen. Die Aufstellung der Theorien beobachtbarer Erscheinungen erfordert daher der Regel nach den Übergang von den ersteren zu den letzteren. Ein solcher Übergang verlangt, daß sich für die in der Theorie auftretenden Funktionen (z. B. für die Kraftfelder), welche in den Räumen zwischen den Elementarmassen variieren, verständige Mittelwerte einführen lassen. Wir werden sehen, daß solche Mittelwertbildungen in vielen Fällen ganz unbedenklich sind, in andern dagegen Schwierigkeiten bieten, ja anscheinend unmöglich werden. Hierin liegt ein besonderes Interesse, welches die nachstehenden Entwicklungen — die in erster Linie spätere Anwendungen vorbereiten — auch an sich besitzen.

§ 109. **Die Potentialfunktion eines vektoriell erregten Körpers.** Die vorstehenden Betrachtungen gewinnen eine besondere Bedeutung für die Theorie der elektrischen Erregung von Dielektrika, sowie für diejenige der Magnetisierung; bei diesen Vorgängen darf in den kleinsten Teilen (vermutlich den Molekülen) der betreffenden Körper eine neutrale Verteilung elektrischer oder magnetischer Ladungen angenommen, also $M_0 = 0$ gesetzt werden. Bei der magnetischen Erregung macht es hierbei keinen Unterschied, ob die magnetische Wirkung statt auf Ladungen auf Molekularströmen beruht, da diese bekanntlich mit magnetischen Ladungen äquivalent sind.

Identifizieren wir ein elektrisch oder magnetisch erregtes Molekül an der Stelle $x_0, y_0, z_0$ mit dem System der Ladungen $m_h$ in § 105, so ergibt sich für dessen Potentialfunktion $\varphi'$ auf einen äußeren Punkt nach (138) wegen $M_0 = 0$ in leicht geänderter Bezeichnung der Momente

$$\varphi' = \frac{\partial \frac{1}{r}}{\partial x_0} M_1' + \frac{\partial \frac{1}{r}}{\partial y_0} M_2' + \frac{\partial \frac{1}{r}}{\partial z_0} M_3' + \frac{\partial \frac{1}{r}}{\partial x_0^2} M_{11}' + \cdots + 2 \frac{\partial^2 \frac{1}{r}}{\partial y_0 \, \partial z_0} M_{23}' + \cdots$$

Die Momente $M'$ des Moleküles werden nach ihrer Definition mit wachsender Ordnung im allgemeinen um so schneller abnehmen, je kleiner das System ist, und wenn nicht etwa die Momente erster Ordnung identisch verschwinden, wird bei molekularen Systemen das Glied erster Ordnung die Wirkung im allgemeinen merklich vollständig darstellen. Wir wollen diesen Fall zunächst allein betrachten.

Für ein Volumenelement $dk_0$, das eine sehr große Zahl ähnlicher Systeme enthält, läßt sich, falls der Punkt $x, y, z$ in endlicher Entfernung liegt, und demgemäß $r$ für alle Stellen des Elementes als gleich betrachtet werden kann, die Potentialfunktion (erster Ordnung) durch Summation über die Einzelfunktionen $\varphi'$ bei konstantem $r$ bilden. Wir erhalten so

$$(\varphi') = \left( \frac{\partial \frac{1}{r}}{\partial x_0} M_1 + \frac{\partial \frac{1}{r}}{\partial y_0} M_2 + \frac{\partial \frac{1}{r}}{\partial z_0} M_3 \right) dk_0, \tag{146}$$

wobei die $M_h$ jetzt die Momente der Volumeneinheit nach den Koordinatenachsen an der Stelle von $dk_0$ bezeichnen und die elektrischen oder magnetischen Erregungen von $dk_0$ charakterisieren. Die einzelnen Glieder dieses Ausdruckes lassen sich ebenso als Potentiale von Polpaaren auffassen, wie diejenigen von (140).

Gehört das Volumenelement einem endlichen Körper an, so ergibt sich für dessen Potentialfunktion

$$\varphi = \int \left( M_1 \frac{\partial \frac{1}{r}}{\partial x_0} + M_2 \frac{\partial \frac{1}{r}}{\partial y_0} + M_3 \frac{\partial \frac{1}{r}}{\partial z_0} \right) dk_0. \tag{147}$$

Es mag ohne Beweis erwähnt werden, daß dieser Ausdruck, der zunächst nur für Punkte in endlicher Entfernung vom Körper begründet ist, sowohl in dessen Oberfläche, als auch in dessen Inneren einen Sinn behält, weil nach der Natur der unter dem Integral stehenden Funktionen die einem inneren Punkte unendlich nahen Teile des Körpers nur unendlich geringe Anteile zum Wert des Integrals liefern.

Der Ausdruck (147) für $\varphi$ hat sich bei zahlreichen Anwendungen als eine der Wirklichkeit entsprechende Darstellung der von erregten Dielektrika und Magnetika ausgehenden Wirkung erwiesen und bildet demgemäß die Grundlage des größten Teiles der folgenden Theorie jener Körper. Derselbe enthält nichts mehr, was sich auf die molekulare Hypothese bezieht, von der unsere Beobachtungen ausgingen; er entspricht gewissermaßen einer Kontinuumtheorie der Materie, zu welcher hier also ein glatter Übergang gelingt. —

Eine teilweise Integration bringt den Ausdruck (147) auf die Form eines Oberflächen- und eines Raumintegrales, die wir schreiben

$$\varphi = \int \frac{\sigma\, do_0}{r} + \int \frac{\varrho\, dk_0}{r}; \tag{148}$$

dabei ist

$$-\sigma = \overline{M}_1 \cos(n_i, x) + \overline{M}_2 \cos(n_i, y) + \overline{M}_3 \cos(n_i, z) = \overline{M}_n,$$

$$-\varrho = \frac{\partial M_1}{\partial x} + \frac{\partial M_2}{\partial y} + \frac{\partial M_3}{\partial z} = \operatorname{div} M, \tag{149}$$

und bedeutet $n_i$ die Richtung der inneren Normale auf $do$, $M_n$ die Komponente von $M$ in ihrer Richtung. Die Gleichung (148), welche nach dem oben Bemerkten auch für Punkte innerhalb des erregten Körpers ihren Sinn behält, stellt $\varphi$ dar als die Potentialfunktion einer Oberflächendichte $\sigma$ und einer Raumdichte $\varrho$.

Es sei bemerkt, daß diese Dichten $\sigma$ und $\varrho$ im wesentlichen Rechnungsgrößen — äquivalente oder scheinbare Ladungen — darstellen; nach der Herleitung des Ausdruckes (149) für $\varphi$ ist ja in jedem Raumelement gleich viel positive und negative Ladung vorhanden.

Da jedes Vektorfeld sich unter dem Bilde einer Strömung auffassen läßt, so kann man demgemäß auch mit dem Moment $M$ verfahren. Die durch $M$ dargestellte Strömung verläuft nur im erregten Körper, da außerhalb desselben $M$ verschwindet. Ferner zeigen die

Formeln (149), daß die Strömung die scheinbaren Dichten $\varrho$ und $\sigma$ zu Quellen hat; denn nach der ersten Formel ist die von dem Oberflächenelement $do_0$ normal in den Körper tretende Strömung durch $-\sigma\, do_0$ gegeben, nach der zweiten Formel die aus dem Volumenelement $dk_0$ allseitig in den Körper austretende durch $-\varrho\, dk_0$.

§ 110. **Der Fall einer homogenen Erregung.** In dem Falle einer homogenen Erregung, also räumlich konstanter $M_1$, $M_2$, $M_3$, ist nach (149²) $\varrho = 0$, der erregte Körper also mit einer Oberflächenladung äquivalent.

Da die Formel (149¹) sich schreiben läßt

$$-\sigma = \overline{M} \cos(n_i, M), \tag{150}$$

so ist in diesem Falle die Dichte $\sigma$ mit dem Kosinus des Winkels zwischen dem Moment $M$ und der inneren Normale $n_i$ proportional.

In dem speziellen Falle, daß der Körper die Form eines Zylinders mit geraden Endflächen besitzt, und $M$ parallel zu dessen Achse liegt, tragen diese Endflächen scheinbare Ladungen von konstanten Größen $M$ und entgegengesetzten Vorzeichen; die Mantelfläche ist ladungsfrei.

Der Ausdruck (147) für das Potential nimmt bei konstanter Erregung die Form an

$$\varphi = M_1 \int \frac{\partial \frac{1}{r}}{\partial x_0} dk_0 + M_2 \int \frac{\partial \frac{1}{r}}{\partial y_0} dk_0 + M_3 \int \frac{\partial \frac{1}{r}}{\partial z_0} dk_0, \tag{151}$$

oder wenn man berücksichtigt, daß gilt

$$r^2 = (x_0 - x)^2 + (y_0 - y)^2 + (z_0 - z)^2,$$

auch

$$\varphi = -M_1 \frac{\partial}{\partial x} \int \frac{dk_0}{r} - M_2 \frac{\partial}{\partial y} \int \frac{dk_0}{r} - M_3 \frac{\partial}{\partial z} \int \frac{dk_0}{r}. \tag{152}$$

Die $x$, $y$, $z$ sind dabei wieder die Koordinaten des Punktes, auf den sich die Potentialfunktion $\varphi$ bezieht.

$$\int \frac{dk_0}{r} = \psi \tag{153}$$

ist die Potentialfunktion, welche der erregte Körper an dieser Stelle ausüben würde, wenn er mit der homogenen Dichte Eins erfüllt wäre,

$$-\frac{\partial \psi}{\partial x} = A, \quad -\frac{\partial \psi}{\partial y} = B, \quad -\frac{\partial \psi}{\partial z} = C \tag{154}$$

sind somit die Feldkomponenten, die dieser Verteilung entsprechen, und man kann (152) auch schreiben

$$\varphi = M_1 A + M_2 B + M_3 C. \tag{155}$$

§ 111. **Die speziellen Fälle von Kugel und Ellipsoid.** Hat der Körper Kugelgestalt, und liegt der Koordinatenanfang im Zentrum, so ist bis auf eine irrelevante additive Konstante für innere Punkte

$$\psi_i = -\frac{2\pi}{3} r_0^2 = -\frac{2\pi}{3}(x^2 + y^2 + z^2), \tag{156}$$

also

$$A_i = \frac{4\pi}{3} x, \quad B_i = \frac{4\pi}{3} y, \quad C_i = \frac{4\pi}{3} z. \tag{157}$$

Hier wird dann

$$\varphi_i = \frac{4\pi}{3}(M_1 x + M_2 y + M_3 z), \tag{158}$$

d. h., die Potentialfunktion ist in Ebenen normal zu dem Gesamtmoment $M$ konstant.

Für äußere Punkte gilt im Falle der Kugel

$$\psi_a = \frac{4\pi R^3}{3 r_0} = \frac{K}{r_0}, \tag{159}$$

wobei $R$ den Radius, $K$ das Volumen der Kugel bezeichnet. Daraus folgt

$$A_a = \frac{Kx}{r_0^3}, \quad B_a = \frac{Ky}{r_0^3}, \quad C_a = \frac{Kz}{r_0^3}, \tag{160}$$

also

$$\varphi_a = \frac{K}{r_0^3}(M_1 x + M_2 y + M_3 z). \tag{161}$$

Diese Potentialfunktion ist nach (140) identisch mit derjenigen eines Polpaares von den Momenten $M_1 K$, $M_2 K$, $M_3 K$ nach den Koordinatenachsen, das sich im Kugelmittelpunkt befindet. —

Im Falle, daß der Körper die Form eines dreiachsigen Ellipsoids besitzt, gelten ähnliche Formeln.

Die Potentialfunktion $\psi$ einer Verteilung von der Dichte Eins besitzt für innere Punkte die Form

$$\psi_i = -\frac{2\pi}{3}(p_1 x^2 + p_2 y^2 + p_3 z^2), \tag{162}$$

wobei die $p_h$ Konstanten bezeichnen, die sich durch elliptische Integrale ausdrücken und nur von den Verhältnissen der Ellipsoidachsen abhängen. Hier wird

$$\varphi_i = \frac{4\pi}{3}(p_1 M_1 x + p_2 M_2 y + p_3 M_3 z); \tag{163}$$

die Potentialfunktion $\varphi_i$ ist also auch jetzt noch in parallelen Ebenen konstant, aber diese Ebenen stehen nicht mehr normal zu dem Moment $M$.

Für äußere Punkte gilt

$$\psi_a = \frac{2\pi}{3}(\bar{p}_0 - \bar{p}_1 x^2 - \bar{p}_2 y^2 - \bar{p}_3 z^2), \tag{164}$$

wobei die $\bar{p}_h$ jetzt die Koordinaten enthalten, doch in der Weise, daß

$$-\frac{\partial \psi}{\partial x} = A_a = \frac{4\pi \bar{p}_1 x}{3}, \quad -\frac{\partial \psi}{\partial y} = B_a = \frac{4\pi \bar{p}_2 y}{3}, \cdots \tag{165}$$

wird. Es gilt somit formal ähnlich einfach, wie bei der Kugel,

$$\varphi_a = \frac{4\pi}{3}(\bar{p}_1 M_1 x + \bar{p}_2 M_2 y + \bar{p}_3 M_3 z). \tag{166}$$

Es sei bemerkt, daß im Falle eines Rotationsellipsoids die elliptischen Integrale $p_h$ resp. $\bar{p}_h$ auf Logarithmen oder Kreisfunktionen reduzierbar werden. Wir fassen hier nur die Wirkungen auf innere Punkte ins Auge.

Handelt es sich um ein verlängertes Rotationsellipsoid, dessen große Achse in der $Z$-Achse liegt, bezeichnet man die Halbachsen $\perp$ und $\parallel$ zu $Z$ mit $a$ und $c$ und setzt $(c^2 - a^2)/a^2 = \varepsilon^2$, so wird

$$p_1 = p_2 = \frac{3c}{2a\varepsilon^2}\left(\sqrt{1+\varepsilon^2} - \ln(\varepsilon + \sqrt{1+\varepsilon^2})\right),$$

$$p_3 = \frac{3c}{a\varepsilon^3}\left(\ln(\varepsilon + \sqrt{1+\varepsilon^2}) - \frac{\varepsilon}{\sqrt{1+\varepsilon^2}}\right). \tag{167}$$

Ist speziell das Ellipsoid sehr bedeutend gestreckt, also $c$ viele Male größer als $a$, so ist $\varepsilon$ eine sehr große Zahl und in erster Annäherung

$$p_1 = p_2 = \frac{3}{2}, \quad p_3 = \frac{3\ln(2\varepsilon)}{\varepsilon^2}.$$

Daraus folgt

$$\varphi_i = 2\pi\left(M_1 x + M_2 y + \frac{2\ln(2\varepsilon)}{\varepsilon^2} M_3 z\right). \tag{168}$$

Handelt es sich um ein abgeplattetes Rotationsellipsoid mit der kleinen Achse in der $Z$-Achse, und setzt man

$$(a^2 - c^2)/c^2 = \varepsilon^2,$$

so ist

$$p_1 = p_2 = \frac{3}{2\varepsilon^3}\left((1+\varepsilon^2)\operatorname{arc\,tg}\varepsilon - \varepsilon\right), \quad p_3 = \frac{3(1+\varepsilon^2)}{\varepsilon^3}(\varepsilon - \operatorname{arc\,tg}\varepsilon). \tag{169}$$

Bei sehr starker Abplattung, also sehr großem $\varepsilon$, wird angenähert

$$p_1 = p_2 = \frac{3\pi}{4\varepsilon}, \quad p_3 = 3,$$

also

$$\varphi_i = \frac{\pi^2}{\varepsilon}(M_1 x + M_2 y) + 4\pi M_3 z. \tag{170}$$

**§ 112. Potentialfunktion einer vektoriell erregten Lamelle.** Noch sei auf den Fall hingewiesen, daß der Körper die Form einer dünnen Lamelle hat. Um die Formel hierfür zu gewinnen, führt man am besten in (147) nach S. 198 die Größe des resultierenden lokalen Momentes $M$ und daneben seine Richtung ein, die wieder mit $l$ bezeichnet werden mag. Es ist dann noch ganz allgemein gültig gemäß (147)

$$\varphi = \int M \frac{\partial \frac{1}{r}}{\partial l} dk_0 \tag{171}$$

Im Falle der Lamelle drücken wir das Körperelement durch das Produkt aus dem Element der Grundfläche $do_0$ und der Dicke $n$ der Lamelle aus. Wir haben dann zunächst

$$\varphi = \int M n \frac{\partial \frac{1}{r}}{\partial l} do_0,$$

oder bei Einführung des Momentes der Flächeneinheit $N = Mn$ auch

$$\varphi = \int N \frac{\partial \frac{1}{r}}{\partial l} do_0. \tag{172}$$

Fällt speziell, wie oben angenommen, die Richtung $l$ des Momentes in die Normale $n_0$ auf $do_0$, so gibt dies

$$\varphi = \int N \frac{\partial \frac{1}{r}}{\partial n_0} do_0. \tag{173}$$

**§ 113. Die Feldkomponenten im Innern des erregten Körpers.** Die Differentialquotienten

$$-\frac{\partial \varphi}{\partial x} = X, \quad -\frac{\partial \varphi}{\partial y} = Y, \quad -\frac{\partial \varphi}{\partial z} = Z$$

stellen nach (116) außerhalb des Körpers die Feldkomponenten dar, die von dessen Erregung ausgehen. Im Innern ist dies nicht ohne weiteres der Fall; denn wenn man den gewöhnlichen Grenzübergang ausführt, nämlich den Einheitspol erst in einem Hohlraum liegend denkt und diesen Hohlraum dann unendlich klein werden läßt, so ergibt sich das Endresultat für $\partial\varphi/\partial x, \cdots$ von der Gestalt des Hohlraumes abhängig.

In der Tat, geht man aus von der Form (148) der Potentialfunktion $\varphi$, welche diese Größe als die Potentialfunktion einer Oberflächen- und einer Raumladung erscheinen läßt, so wird zwar die

Herstellung eines unendlich kleinen Hohlraumes um den Aufpunkt das Raumintegral nicht verändern, weil nach der Eigenschaft dieser Integrale die dem Aufpunkt unendlich nahen Teile auch nur unendlich wenig zu dem Integralwert beitragen; aber das Oberflächenintegral wird verändert durch Auftreten einer neuen Oberfläche, nämlich eben derjenigen, die den Körper nach dem Hohlraum zu begrenzt. Die Ladung dieser Oberfläche gibt nun zwar zu der Potentialfunktion nur einen verschwindend kleinen Beitrag, aber zu den Feldkomponenten einen endlichen und von der Form des Hohlraumes abhängenden Anteil.

Der tiefere Grund der hierin liegenden Unbestimmtheit ist natürlich die Benutzung des Ausdruckes (147) für die Potentialfunktion $\varphi$ für innere Punkte, obwohl die Ableitung der Elementarwirkung (146) ausdrücklich eine endliche Entfernung des Volumenelementes von dem Aufpunkt voraussetzte. Ein molekulares System darf eben (wie schon S. 201 signalisiert) nicht in allen Fällen als ein Kontinuum behandelt werden. In dem vorliegenden Falle läßt sich nun die auftretende Schwierigkeit durch Einführung eines speziellen Grenzüberganges, d. h. einer speziellen Form des Hohlraumes, die selbstverständlich konsequent verwertet werden muß, umgehen.

Hat nämlich der Hohlraum die Gestalt eines sehr engen Zylinders mit der Achse parallel zu $M$, so gibt die innere äquivalente Ladung $\sigma$, die sich nach (150) nur auf den Grundflächen des Zylinders befindet, keinen merklichen Anteil zur Feldstärke; letztere kann hier allein aus der räumlichen äquivalenten Dichte $\varrho$ und aus der scheinbaren Ladung der äußeren Begrenzung berechnet werden. Dieser Grenzübergang wird immer stillschweigend vorausgesetzt, wenn man von der Feldstärke im Innern des erregten Körpers spricht.

Hiernach können wir nun auch z. B. direkt die Feldstärke im Innern eines homogen erregten Körpers gemäß den Formeln (136) berechnen. Aus dem Ausdruck (158) für die Potentialfunktion einer homogen erregten Kugel ergibt sich z. B. für die innern Feldkomponenten

$$X_i = -\frac{4\pi}{3} M_1, \quad Y_i = -\frac{4\pi}{3} M_2, \quad Z_i = -\frac{4\pi}{3} M_3. \tag{174}$$

Das Feld im Innern einer homogen erregten Kugel ist somit gleichfalls homogen; seine Richtung ist derjenigen des Moments $M$ entgegengesetzt, seine Stärke ist dessen Größe proportional und dabei von der Größe der Kugel unabhängig.

Analoge Resultate liefert der Ausdruck (163) für die Potentialfunktion eines homogen erregten Ellipsoids auf innere Punkte; es ergibt sich hier allgemein

$$X_i = -\frac{4\pi}{3} p_1 M_1, \quad Y_i = -\frac{4\pi}{3} p_2 M_2, \quad Z_i = -\frac{4\pi}{3} p_3 M_3. \tag{175}$$

Von Interesse sind die speziellen Werte, die hieraus in den S. 206 besprochenen speziellen Fällen folgen.

Für ein (nach der $Z$-Achse) sehr stark gestrecktes Rotationsellipsoid wird, da hier $c/a = \varepsilon$ sehr groß ist,

$$X_i = -2\pi M_1, \quad Y_i = -2\pi M_2, \quad Z_i = -\frac{4\pi \ln(2\varepsilon)}{\varepsilon^2} M_3. \tag{176}$$

Bei longitudinaler Erregung ($M_1 = 0$, $M_2 = 0$) ist also die Feldstärke im Innern des Ellipsoids klein von der Ordnung $\ln(2\varepsilon)/\varepsilon^2$.

Für ein (nach der $Z$-Achse) sehr stark abgeplattetes Ellipsoid gilt analog, da hier $a/c = \varepsilon$ sehr groß ist,

$$X_i = -\frac{\pi^2 M_1}{\varepsilon}, \quad Y_i = -\frac{\pi^2 M_2}{\varepsilon}, \quad Z_i = -4\pi M_3. \tag{177}$$

Hier wird also bei Erregung nach der $XY$-Ebene ($M_3 = 0$) die Feldstärke im Innern klein von der Ordnung $1/\varepsilon$.

Beide vorstehende Resultate haben für spätere Überlegungen Wichtigkeit.

Wir wollen zum Abschluß der Betrachtung der Feldkomponenten im Innern eines vektoriell erregten Körpers noch die folgende Überlegung anstellen. Wie S. 208 gesagt, führt der bei der Berechnung dieser Komponenten anzustellende Grenzübergang zu keinem von dem hergestellten Hohlraum herrührenden Anteil der Feldkomponenten, falls er die Form eines sehr gestreckten feinen Zylinders mit der Achse parallel $M$ besitzt. Wir werden daraus schließen dürfen, daß auch der ursprünglich den Hohlraum erfüllende materielle Zylinder, d. h. also überhaupt ein Volumenelement von der angenommenen Form und Erregung, auf einen innern Punkt keine merkliche Feldstärke auszuüben vermag.

In demselben Sinne läßt sich auch das in (176) für die Feldkomponenten im Innern eines sehr gestreckten Rotationsellipsoids dargestellte Gesetz verwerten. Wir werden auch auf dies Resultat unten zurückgreifen.

## § 114. **Polare und axiale Natur der elektrischen und der magnetischen Vektoren.**

Was nun die bisher noch nicht gestellte Frage nach der polaren oder axialen Natur des Vektors $M$ angeht, so erscheint es nach dem Bisherigen zunächst als selbstverständlich, daß derselbe sowohl im Falle eines elektrisch, wie eines magnetisch erregten Körpers polar ist, denn ein Polpaar ($- \cdots +$) besitzt ersichtlich keine Symmetrieebene normal zur Verbindungslinie, die bei axialen Vektoren nach S. 131 vorhanden sein muß.

Indessen ist dieser Schluß nicht richtig. Die Vorstellung eines Polsystems ist vorerst nur ein Bild, durch welches wir gewisse charakteristische Eigenschaften eines magnetisch oder dielektrisch erregten Körpers in analytisch faßbarer Form haben wiedergeben können. Damit ist in keiner Weise bewiesen, daß das Bild für alle Eigenschaften zutreffend sein müßte. In der Tat kann man leicht zeigen, daß bekannte Gesetze mit der Annahme, $M$ sei sowohl im Falle elektrischer, wie in demjenigen magnetischer Erregung ein polarer Vektor, im Widerspruch stehen.

Hierzu bemerken wir, daß, wenn $M$ polar ist, $\varphi$ nach seiner Definition (147) einen gewöhnlichen Skalar, wenn $M$ axial ist, $\varphi$ einen Pseudoskalar darstellt. Hieraus ergibt sich, daß die Feldkomponenten

$$X = -\frac{\partial \varphi}{\partial x}, \ldots$$

im ersten Falle polare, im zweiten Falle axiale Natur besitzen. Die Feldstärke stimmt also in ihrem Charakter stets mit dem Moment $M$ überein.

Nun lauten bekanntlich die Grundgleichungen der *Maxwell*schen Elektrodynamik für den freien Äther in der ihnen von *H. Hertz* gegebenen Form, falls $X, Y, Z$ die elektrischen, $A, B, C$ die magnetischen Feldkomponenten bezeichnen, und $v$ die Lichtgeschwindigkeit im Äther ist,

$$\frac{\partial A}{\partial t} = v\left(\frac{\partial Y}{\partial z} - \frac{\partial Z}{\partial y}\right), \quad \frac{\partial X}{\partial t} = v\left(\frac{\partial C}{\partial y} - \frac{\partial B}{\partial z}\right), \tag{178}$$

$$\cdots\cdots\cdots\cdots\cdots\cdots$$

Aus ihnen ergibt sich, daß die elektrische und die magnetische Feldstärke notwendig Vektoren verschiedenen Charakters sein müssen; denn die zeitlichen Änderungen eines Vektors sind dem betreffenden Vektor selbst gleichartig, und wenn die elektrischen Komponenten $X, Y, Z$ bei Inversion des Koordinatensystems ihr Vorzeichen umkehren, so folgt aus beiden Tripeln Formeln übereinstimmend, daß die magnetischen Komponenten hierbei ihr Vorzeichen behalten müssen, und umgekehrt. Analoges gilt nach obigem dann auch für die elektrischen und die magnetischen vektoriellen Momente.

Eine Sicherheit dafür, daß die magnetischen oder die elektrischen Vektoren den polaren oder den axialen Charakter haben, ist aus den bisherigen Betrachtungen nicht zu gewinnen. Man möchte zunächst geneigt sein, daraus, daß ein Elementarmagnet durch einen elektrischen Elementarstrom ersetzbar ist, auf den rotatorischen Charakter der magnetischen Größen zu schließen; aber diese Äquivalenz ist im letzten Grunde nichts den Gleichungen (178) Fremdes, und ihre Deutung in dem Sinne der Entscheidung über den axialen Charakter der magnetischen Größen setzt doch wieder die Annahme des polaren Charakters der elektrischen Größen voraus; wären dieselben ihrerseits axial, so würde trotzdem für die magnetischen der polare Charakter folgen.

Etwas weiter hilft die Elektronentheorie, die den elektrischen Polen, mit denen wir oben operiert haben, körperliche Realität beilegt. Mit ihr erscheint allein die polare Natur der elektrischen Größen vereinbar. Immerhin handelt es sich hierbei um eine, gleichviel wie plausible Hypothese, und es ist gewiß von Interesse, daß gerade die Kristallphysik mit ihren klaren Symmetriebeziehungen einen Beweis für die polare Natur der elektrischen, für die axiale der magnetischen Größen zu erbringen vermag, der nichts weiter voraussetzt, als das in § 12 aufgestellte Fundamentalgesetz, daß bei den Kristallen die Symmetrien der Wachstumserscheinungen mit den Symmetrien der Konstitution der Materie übereinstimmen. Wir kommen auf diesen Beweis unten zurück, wollen aber, um Schwierigkeiten im Ausdruck zu vermeiden, vorbehältlich des noch zu liefernden weiteren Beweises auf Grund der erörterten Plausibilität schon jetzt die elektrischen Vektoren als polar, die magnetischen als axial behandeln. —

§ 115. **Die Potentialfunktion eines tensoriell erregten Körpers.** In den Fällen, daß ein neutrales Molekül kein Moment erster Ordnung $M$ besitzt, wird sein Potential auf Punkte in endlicher Entfernung wesentlich durch die Glieder zweiter Ordnung in (138) dargestellt werden. Für ein Volumenelement, das sehr viele solche Moleküle enthält, und einen Punkt in endlicher Entfernung ist dann eine mit (146) analoge Formel zu bilden, und für einen endlichen, aus derartigen Volumenelementen bestehenden Körper gilt entsprechend (147)[1])

$$\varphi = \int \left( M_{11} \frac{\partial^2 \frac{1}{r}}{\partial x_0^2} + M_{22} \frac{\partial^2 \frac{1}{r}}{\partial y_0^2} + M_{33} \frac{\partial^2 \frac{1}{r}}{\partial z_0^2} \right.$$
$$\left. + 2 M_{23} \frac{\partial^2 \frac{1}{r}}{\partial y_0 \partial z_0} + 2 M_{31} \frac{\partial^2 \frac{1}{r}}{\partial z_0 \partial x_0} + 2 M_{12} \frac{\partial^2 \frac{1}{r}}{\partial x_0 \partial y_0} \right) dk_0. \qquad (179)$$

Hierbei sind die $M_{hk}$ wiederum die Komponenten der auf die Volumeneinheit bezogenen tensoriellen Momente an der Stelle von $dk_0$. Jedes der unter dem Integral stehenden sechs Glieder läßt sich gemäß dem S. 198 u. 199 Ausgeführten als die Potentialfunktion eines gewissen Polquartettes auffassen.

Die Feldkomponenten $X, Y, Z$ bestimmen sich aus dem Ausdruck (179) für äußere Punkte in endlicher Entfernung gemäß den allgemeinen Formeln

$$X = -\frac{\partial \varphi}{\partial x}, \ldots$$

1) *W. Voigt,* Gött. Nachr. 1905 p. 394.

Bezüglich der polaren oder axialen Natur der tensoriellen Momente $M_{hk}$ sind ganz ähnliche Überlegungen anzustellen, wie bezüglich der vektoriellen Momente $M_h$ in § 114. Nach der Ableitung unserer Formel möchte man sie sowohl im Falle elektrischer wie magnetischer Erregung für polar halten, aber eine solche Vermutung ist, wie schon oben bemerkt, nicht stichhaltig, da die Ableitung nur ein Bild für den wirklichen Vorgang benutzt hat, das ohne Rücksicht auf die jetzt aufgetauchte Frage erfunden ist.

Die Feldstärken, welche der Potentialfunktion $\varphi$ entsprechen, haben aber nach deren Definition dieselbe Natur, wie die Momente $M_{hk}$; sie sind polar oder axial, je nachdem gleiches für jene Momente gilt. Und da die *Maxwell-Hertz*schen Gleichungen (178) ergeben, daß elektrische und magnetische Feldstärken notwendig Vektoren verschiedener Art sein müssen, so gilt gleiches auch für die bezüglichen Momente. Aber eine Entscheidung, welche Größenart axial, welche polar ist, läßt sich aus diesen Gleichungen und allen durch sie umfaßten Erfahrungstatsachen nicht schließen.

Die Elektronenhypothese spricht auch hier dafür, daß die elektrischen Vektoren polare Natur haben; unabhängig von dieser Hypothese führen gewisse kristallphysikalische Erscheinungen zu demselben Schluß und stützen demgemäß das Resultat von einer andern Seite. Wir werden, wie bei den vektoriellen, so auch bei den tensoriellen elektrischen Momenten schon jetzt den polaren Charakter als erwiesen betrachten.

§ 116. **Weitere Formen der Potentialfunktion.** Der Ausdruck (179) für $\varphi$ ist nur für Punkte in endlicher Entfernung von dem Körper abgeleitet. Im Innern des Körpers wird er unbestimmt, wie sich aus dem S. 208 Gesagten ergibt; denn die einzelnen Glieder von $\varphi$ verhalten sich bei der Potentialfunktion zweiter Ordnung analog wie diejenigen von $\partial\varphi/\partial x, \ldots$ bei der Potentialfunktion erster Ordnung.

Wendet man aber den Ausdruck (179) nur auf äußere Punkte in endlicher Entfernung an, so kann man ihn durch Teile integrieren und erhält so zunächst

$$\varphi = -\int\left[(\overline{M}_{11}n_x + \overline{M}_{12}n_y + \overline{M}_{13}n_z)\frac{\partial\overline{\frac{1}{r}}}{\partial x_0} + \cdots + \cdots\right]do_0$$
$$-\int\left[\left(\frac{\partial M_{11}}{\partial x_0} + \frac{\partial M_{12}}{\partial y_0} + \frac{\partial M_{13}}{\partial z_0}\right)\frac{\partial\frac{1}{r}}{\partial x_0} + \cdots + \cdots\right]dk_0; \qquad (180)$$

dabei bezeichnen $n_x$, $n_y$, $n_z$ die Richtungskosinus der innern Normale auf $do_0$.

Das zweite Glied hierin hat die Form einer Potentialfunktion erster Ordnung (147). Man kann dasselbe, wie mit jener S. 203 getan, nochmals integrieren und erhält so schließlich

$$\varphi = -\int\left[(\overline{M}_{11}n_x+\overline{M}_{12}n_y+\overline{M}_{13}n_z)\frac{\partial\overline{\frac{1}{r}}}{\partial x_0}+\cdots+\cdots\right]do_0$$
$$+\int\left[\left(\frac{\partial\overline{M}_{11}}{\partial x_0}+\frac{\partial\overline{M}_{12}}{\partial y_0}+\frac{\partial\overline{M}_{13}}{\partial z_0}\right)n_x+\cdots+\cdots\right]\frac{do_0}{r}$$
$$+\int\left[\frac{\partial}{\partial x_0}\left(\frac{\partial M_{11}}{\partial x_0}+\frac{\partial M_{12}}{\partial y_0}+\frac{\partial M_{13}}{\partial z_0}\right)+\cdots+\cdots\right]\frac{dk_0}{r}. \qquad (181)$$

Hierdurch ist die Potententialfunktion $\varphi$ in drei Potentiale von einfacherem Charakter zerlegt. Wir schreiben

$$\varphi = +\int\left(N_x\frac{\partial\overline{\frac{1}{r}}}{\partial x_0}+N_y\frac{\partial\overline{\frac{1}{r}}}{\partial y_0}+N_z\frac{\partial\overline{\frac{1}{r}}}{\partial z_0}\right)do_0+\int\frac{\sigma\,do_0}{r}+\int\frac{\varrho\,dk_0}{r}, \qquad (182)$$

wobei die Bedeutung der neuen Bezeichnungen durch Vergleichung der beiden Ausdrücke für $\varphi$ erhellt.

Das letzte Glied stellt die Potentialfunktion einer räumlichen Ladung mit der Dichte $\varrho$, das vorletzte diejenige einer Ladung der Oberfläche des Körpers mit der Dichte $\sigma$ dar. Die Teile des ersten Gliedes haben die Form der Potentialfunktionen (172) von lamellaren Doppelbelegungen der Oberfläche; doch weichen sie dadurch von dem im Falle normaler Erregung geltenden Ausdruck (173) ab, daß an Stelle von $\partial(1/r)/\partial n_0$ jetzt resp. $\partial(1/r)/\partial x_0$, $\partial(1/r)/\partial y_0$, $\partial(1/r)/\partial z_0$ steht. Dies hat die Bedeutung, daß die in (182) auftretenden Doppelschichten Momente nicht parallel der Normalen, sondern parallel zu je einer Koordinatenachse tragen.

**§ 117. Verhalten der Potentialfunktion in der Oberfläche und im Innern des tensoriell erregten Körpers.** Alle die vorstehenden Betrachtungen gelten zunächst nur für äußere Punkte in endlicher Entfernung von dem tensoriell erregten Körper. Wir wollen nun überlegen, ob der Ausdruck (179) resp. (181) für die Potentialfunktion bis in die Oberfläche des Körpers einen Sinn behält, also bis dahin benutzbar bleibt.

Ein räumliches Potential von der Art $\int \varrho\, dk_0/r$ und ein Flächenpotential von der Art $\int \sigma\, do_0/r$ bleiben bekanntlich endlich und stetig, wenn man auch mit dem Aufpunkt der Masse unendlich nahe, ja in dieselbe hineinrückt. Ein Doppelflächenpotential von der Art

$$\int N\,do_0\,\partial(1/r)/\partial n_0$$

gestattet zwar eine unendliche Annäherung, aber kein Hineinrücken des Aufpunkts in die Doppelfläche; auch verliert es seine Bedeutung in unendlicher Nähe der Randkurve der Doppelfläche. Ähnlich verhalten sich Potentiale von der Form $\int N do_0 \partial(1/r)/\partial x_0$.

Auf Grund dieser Überlegung darf man den Ausdruck (182) für $\varphi$ unendlich nahe der Oberfläche anwenden, aber nicht unendlich nahe von in der Oberfläche liegenden Kanten, weil dort Randlinien der Doppelflächen entstehen.

Was das Innere des Körpers angeht, so ist der gewöhnliche Grenzübergang mit Hilfe eines um den Aufpunkt ausgesparten Hohlraums auszuführen, dessen Oberfläche einen Anteil zu den beiden Oberflächenintegralen in (182) liefert. Zerlegt man die Oberfläche $o_0'$ des Hohlraums durch Elementarkegel $d\omega$ vom Aufpunkt aus in Flächenelemente, so wird $do_0' = r^2 d\omega$; dies zeigt, daß bei unendlich kleinem Hohlraum das zweite Integral keinen Anteil zu $\varphi$ gibt. Das erste Integral hingegen liefert, wenn man die Klammerausdrücke wieder in $N_x$, $N_y$, $N_z$ abkürzt, den Anteil

$$\varphi' = +\int (N_x r_x + N_y r_y + N_z r_z)\, d\omega, \tag{183}$$

wobei $r_x, r_y, r_z$ die Richtungskosinus von $r$ bezeichnen. Dieser Anteil verschwindet nicht mit der Größe des Hohlraums und hängt von der Gestalt des Hohlraums ab; $\varphi$ wird somit im Innern des Körpers unbestimmt.

Legt man die Koordinatenachsen parallel den Momenten $M_{\mathrm{I}}$, $M_{\mathrm{II}}$, $M_{\mathrm{III}}$ an der Stelle des Hohlraums, so nimmt $\varphi'$ den Wert an

$$\varphi' = \int (M_{\mathrm{I}} n_x r_x + M_{\mathrm{II}} n_y r_y + M_{\mathrm{III}} n_z r_z)\, d\omega, \tag{184}$$

der für keine Form des Hohlraums verschwindet. Die nach $X, Y, Z$ symmetrische Bildung der Funktion unter dem Integral zeigt ohne weiteres, daß hier der Kunstgriff, dem Hohlraum sehr **gestreckte** Form zu geben, nicht zum Ziele führt.

Noch ungünstiger liegen die Verhältnisse bei den innern Feldkomponenten, weil bei diesen beide Oberflächenintegrale in (181) einen Anteil liefern, und in diesen sowohl die Werte der $M_{hk}$, als die ihrer Differentialquotienten nach den Koordinatenachsen auftreten.

Es scheint daher nicht möglich zu sein, bei der tensoriellen Erregung durch Einführung einer bestimmten Art des Grenzübergangs für innere Punkte den Ausdruck (181) für die Potentialfunktion und die Ausdrücke $X = -\partial\varphi/\partial x, \ldots$ für die Feldkomponenten zu retten. Das Problem dürfte ein solches sein, wo sich der Übergang von molekularer zur Kontinuumvorstellung für innere Punkte **verbietet**. Dies ist von Bedeutung für gewisse Anwendungen, die uns später beschäftigen werden.

§ 118. **Spezielle Fälle homogener tensorieller Erregung.** Ist der Körper homogen erregt, so verschwindet in (181) $\sigma$ und $\varrho$, und $\varphi$ reduziert sich auf das erste Oberflächenintegral. Wir können in diesem Falle die Koordinatenachsen in die Richtung der Tensoren $M_{\mathrm{I}}$, $M_{\mathrm{II}}$, $M_{\mathrm{III}}$ legen, wodurch die $M_{23}$, $M_{31}$, $M_{12}$ verschwinden. Hierdurch gewinnen wir aus (179) und (181) einfacher

$$\varphi = M_{\mathrm{I}}\int \frac{\partial^2 \frac{1}{r}}{\partial x_0^2}\,dk_0 + M_{\mathrm{II}}\int \frac{\partial^2 \frac{1}{r}}{\partial y_0^2}\,dk_0 + M_{\mathrm{III}}\int \frac{\partial^2 \frac{1}{r}}{\partial z_0^2}\,dk_0$$

$$= - M_{\mathrm{I}}\int n_x \frac{\partial \frac{1}{r}}{\partial x_0}\,do_0 - M_{\mathrm{II}}\int n_y \frac{\partial \frac{1}{r}}{\partial y_0}\,do_0 - M_{\mathrm{III}}\int n_z \frac{\partial \frac{1}{r}}{\partial z_0}\,do_0. \tag{185}$$

Ein Tensortripel erhält nach S. 138 die Symmetrie eines Rotationskörpers, wenn zwei seiner Tensoren einander gleich sind; es erhält kugelige Symmetrie, wenn alle drei übereinstimmen. In diesem letztern Fall wird aus (185) bei Benutzung des Symbols

$$\frac{\partial^2}{\partial x^2} + \frac{\partial^2}{\partial y^2} + \frac{\partial^2}{\partial z^2} = \Delta,$$

$$\varphi = M_{\mathrm{I}}\int \Delta \frac{1}{r}\,dk_0 = - M_{\mathrm{I}}\int \frac{\partial \frac{1}{r}}{\partial n_0}\,do_0. \tag{186}$$

Beide Ausdrücke ergeben für äußere Punkte den Wert des Potentials zu Null; einerseits ist im Außenraum $\Delta(1/r) = 0$, andererseits stellt das Oberflächenintegral nach (173) die Potentialfunktion einer homogenen (normalen) Doppelschicht dar, die im Außenraum verschwindet.

Wir haben somit hier den merkwürdigen Fall eines in allen seinen Volumenelementen tensoriell erregten Körpers vor uns, der auf äußere Punkte keinerlei Wirkung zu üben vermag.

Im Falle rotatorischer Symmetrie um die $Z$-Achse ist $M_{\mathrm{I}} = M_{\mathrm{II}}$, und es gilt

$$\varphi = (M_{\mathrm{III}} - M_{\mathrm{I}})\int \frac{\partial^2 \frac{1}{r}}{\partial z_0^2}\,dk_0 = (M_{\mathrm{I}} - M_{\mathrm{III}})\int n_z \frac{\partial \frac{1}{r}}{\partial z_0}\,do_0. \tag{187}$$

Da

$$r^2 = (x - x_0)^2 + (y - y_0)^2 + (z - z_0)^2,$$

so kann man auch schreiben

$$\varphi = (M_{\mathrm{III}} - M_{\mathrm{I}})\frac{\partial^2}{\partial z^2}\int \frac{dk_0}{r} = \frac{\partial^2 \psi}{\partial z^2}, \tag{188}$$

wobei

$$(M_{\rm III} - M_{\rm I}) \int \frac{dk_0}{r} = \psi$$

die Potentialfunktion des mit der Dichte $(M_{\rm III} - M_{\rm I})$ erfüllten Körpers ist. Hat der Körper Kugelform, so ist das Potential $\psi$ auf äußere Punkte dasselbe, als wäre die Gesamtmasse

$$(M) = \frac{4\pi}{3} R^3 (M_{\rm III} - M_{\rm I})$$

($R$ der Kugelradius) im Zentrum vereinigt. Hier wird dann

$$\varphi = (M) \frac{\partial^2 (1/r_0)}{\partial z^2} = (M) \frac{\partial^2 (1/r_0)}{\partial z_0^2}, \tag{189}$$

wobei sich $r_0$ und $z_0$ jetzt auf den Kugelmittelpunkt beziehen. Die Vergleichung dieser Formel mit (141) zeigt, daß die Potentialfunktion der wie angenommen erregten Kugel mit derjenigen eines Polquartetts von dem Typus der Figur 100 übereinstimmt; $(M)$ stellt das bezügliche Moment dar.

Der Verlauf der Kraftlinien innerhalb einer Meridianebene außerhalb der Kugel ist in diesem Falle leicht vorzustellen. Ist $M_{\rm III} > M_{\rm I}$, so treten innerhalb zweier polarer Zonen von ca. 55° Öffnung Kraftlinien aus der Kugel aus und kehren innerhalb der übrig bleibenden äquatorialen Zone in die Kugel zurück. —

Hat der Körper die Gestalt eines zur $Z$-Achse parallelen Zylinders, so liefert das Oberflächenintegral in (187)

$$\varphi = (M_{\rm III} - M_{\rm I}) \left[ \int_+ \frac{\partial \frac{1}{r}}{\partial z_0} dq_0 - \int_- \frac{\partial \frac{1}{r}}{\partial z_0} dq_0 \right]. \tag{190}$$

Hierin beziehen sich die beiden Integrale auf die positive und die negative Grundfläche des Zylinders, für welche $n_z$ resp. gleich $-1$ und $+1$ ist.

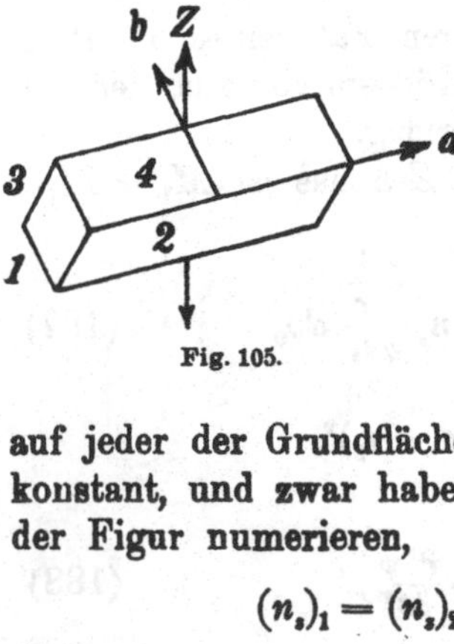

Fig. 105.

Der Zylinder ist somit mit zwei gewöhnlichen Doppelbelegungen der Grundflächen äquivalent; ist $M_{\rm III} > M_{\rm I}$, so liegen die positiven Ladungen auf den äußern Seiten.

Hat endlich der Körper die Form eines Prismas mit rhombischem Querschnitt, dessen eine Diagonale in die $Z$-Achse fällt, so ist auf jeder der Grundflächen $n_z = 0$, auf jeder der vier Seitenflächen $n_z$ konstant, und zwar haben wir, wenn wir die letzteren Flächen gemäß der Figur numerieren,

$$(n_z)_1 = (n_z)_2 = -(n_z)_3 = -(n_z)_4 = \cos(n, z),$$

wobei $n$ die innere Normale auf einer der Flächen 1 oder 2 bezeichnet. Demgemäß wird jetzt aus (187)

$$\varphi = (M_{\mathrm{I}} - M_{\mathrm{III}}) \cos(n, z) \left( \int_1 + \int_2 - \int_3 - \int_4 \right) \frac{\partial \frac{1}{r}}{\partial z_0} do_0,$$

wobei die vier Integrale über die vier Flächen zu nehmen sind.

Führen wir neben der Richtung $a$ der Achse des Prismas auf jeder der vier Flächen eine zu $a$ normale, nach der Seite von $+z$ positiv gerechnete Richtung $b$ ein, so ist

$$do_0 = da\,db = da\,dz_0 \cos(b, z) = da\,dz_0 \sin(n, z);$$

nach Ausführung der Integration in bezug auf $b$ folgt

$$\varphi = (M_{\mathrm{I}} - M_{\mathrm{III}}) \cos(n,z) \sin(n,z) \int da \left( \left|\frac{1}{r}\right|_1 + \left|\frac{1}{r}\right|_2 - \left|\frac{1}{r}\right|_3 - \left|\frac{1}{r}\right|_4 \right), \quad (191)$$

wobei die Werte von $1/r$ je zwischen den obern und den untern Grenzen der vier Flächen 1 bis 4 zu nehmen sind.

Da nun je zwei Flächen in einer dieser Grenzen zusammenstoßen, und die auf sie bezüglichen Terme mit gleichen Vorzeichen auftreten, so erkennt man, daß der Ausdruck sich schließlich reduziert auf die Potentialfunktion von scheinbaren Ladungen, die sich auf diesen vier Kanten befinden; und zwar tragen die Kanten (1, 2) und (3, 4) die lineare Dichte

$$+2(M_{\mathrm{III}} - M_{\mathrm{I}}) \cos(n, z) \sin(n, z),$$

die Kanten (1, 3) und (2, 4) aber diejenige

$$-2(M_{\mathrm{III}} - M_{\mathrm{I}}) \cos(n, z) \sin(n, z).$$

Ist der Querschnitt quadratisch, so reduzieren sich diese Dichten auf $\pm (M_{\mathrm{III}} - M_{\mathrm{I}})$.

Eine ganz ähnliche Betrachtung läßt sich für den Fall durchführen, daß der Körper von lauter gleichmäßig gegen die $Z$-Achse geneigten Flächen begrenzt ist, also z. B. die Gestalt eines Oktaeders oder eines Rhomboeders hat. Auch hier befinden sich die scheinbaren Ladungen nur auf den Kanten, und zwar tragen die Polkanten die entgegengesetzten Ladungen, wie die Äquatorkanten.

Auf oben erledigte Fälle läßt sich der zurückführen, daß die drei Tensoren $M_{\mathrm{I}}$, $M_{\mathrm{II}}$, $M_{\mathrm{III}}$ sämtlich voneinander verschieden sind, und der Körper ein Prisma von rhombischem Querschnitt darstellt, wobei nun die eine Diagonale in die $Z$-, die andere in die $Y$ Achse fallen mag. Wir können hier schreiben

$$\varphi = (M_{\mathrm{I}} - M_{\mathrm{II}}) \int \frac{\partial^2 \frac{1}{r}}{\partial x_0^2} dk_0 + (M_{\mathrm{III}} - M_{\mathrm{II}}) \int \frac{\partial^2 \frac{1}{r}}{\partial z_0^2} dk_0 \quad (192)$$

und wissen nach obigen, daß das erste Integral sich auf die Potentialfunktion zweier Doppelbelegungen der Grundflächen des Prismas, das zweite auf diejenige von linearen Ladungen der Seitenkanten reduzieren läßt.

§ 119. **Vektorielle Erregung durch Influenz.** Die wichtigste Art der Erregung von Dielektrika und Magnetika ist diejenige durch Influenz, wobei der Körper einem äußern elektrischen oder magnetischen Feld ausgesetzt wird. Ein solches äußeres Feld bewirkt erfahrungsgemäß in jedem Element der Dielektrika oder Magnetika ein elektrisches oder magnetisches Moment, das wir als Funktion der in dem betreffenden Volumenelemente wirkenden Feldstärke betrachten müssen.

Die Schwierigkeit der theoretischen Bestimmung dieser Momente liegt darin, daß zu dem äußern influenzierenden Feld in jedem Volumenelement noch das Feld hinzutritt, das von dem ganzen influenzierten Körper ausgeht.

Angenommen zunächst, es handele sich um vektorielle Erregung, also für jedes Volumenelement um die Bestimmung der Momentkomponenten $M_1, M_2, M_3$. Wir denken die Richtung des resultierenden Moments $M$ bereits gefunden und konstruieren ihr parallel an der betrachteten Stelle ein fadenförmiges Raumelement, das als homogen erregt zu betrachten ist und nach dem S. 209 Bemerkten daher auf seine innern Punkte (mit Ausnahme der den Enden ganz nahe liegenden) kein merkliches Feld gibt. Es wirkt dann auf sein Inneres einmal das äußere gegebene influenzierende Feld, dessen Komponenten $X_a, Y_a, Z_a$ sein mögen, und sodann das Feld, welches der übrige influenzierte Körper ausübt, und das die Komponenten $X_b, Y_b, Z_b$ haben möge. Die resultierenden Komponenten sind

$$X = X_a + X_b, \quad Y = Y_a + Y_b, \quad Z = Z_a + Z_b, \tag{193}$$

und sie sind es, die das in dem betrachteten Volumenelement erregte Moment bestimmen. Drücken wir dies durch die Beziehungen

$$M_1 = f_1(X, Y, Z), \quad M_2 = f_2(X, Y, Z), \quad M_3 = f_3(X, Y, Z) \tag{194}$$

aus und nehmen die Funktionen $f_1, f_2, f_3$ als bekannt an, so sind aus diesen Formeln keineswegs die Werte von $M_1, M_2, M_3$ einfach abzulesen. Denn die Feldkomponenten des influenzierten Körpers berechnen sich gemäß den Formeln

$$X_b = -\frac{\partial \varphi}{\partial x}, \quad Y_b = -\frac{\partial \varphi}{\partial y}, \quad Z_b = -\frac{\partial \varphi}{\partial z}, \tag{195}$$

aus der Potentialfunktion des Körpers, welche ihrerseits nach (147) abhängig ist von den Werten der Momente $M_1, M_2, M_3$ in allen

Volumenelementen des influenzierten Körpers. Die Formeln (195) stellen sich demgemäß zunächst dar als transzendente simultane Gleichungen für $M_1$, $M_2$, $M_3$. In gewissen speziellen Fällen, die uns weiterhin interessieren werden, ist es vorteilhaft, das Problem auf eine Randwertaufgabe zurückführen. Wir gehen hierauf im nächsten Paragraphen ein.

§ 120. **Zweite Darstellung des Influenzproblems.** Um das Influenzproblem auf eine Randwertaufgabe zurückzuführen, knüpfen wir an die Form der Potentialfunktion eines dielektrisch oder magnetisch erregten Körpers an, die aus (147) durch eine teilweise Integration gewonnen war und in Formel (148) angegeben ist. Hiernach galt

$$\varphi = \int \frac{\sigma\, d o_0}{r} + \int \frac{\varrho\, d k_0}{r}, \tag{196}$$

wobei

$$-\sigma = \overline{M}_1 \cos(n_i, x) + \overline{M}_2 \cos(n_i, y) + \overline{M}_3 \cos(n_i, z),$$

$$-\varrho = \frac{\partial M_1}{\partial x} + \frac{\partial M_2}{\partial y} + \frac{\partial M_3}{\partial z}$$

war, und $n_i$ die innere Normale auf dem Element $do_0$ bedeutete.

Faßt man die Feldstärke als eine Kraftströmung auf, so hat letztere ihre Quellen in den wirkenden Ladungen. Demgemäß gilt für alle Punkte innerhalb des Dielektrikum oder Magnetikum

$$\Delta\varphi = -4\pi\varrho, \tag{197}$$

für alle Punkte in seiner Oberfläche

$$\overline{\frac{\partial \varphi}{\partial n_i}} + \overline{\frac{\partial \varphi}{\partial n_a}} = -4\pi\sigma, \tag{198}$$

wobei $n_a$ die äußere Normale bezeichnet, und das erste Glied links an der Innen-, der zweite an der Außenseite von $do_0$ zu nehmen ist.

Bildet die Oberfläche $o_0$ die Grenze zwischen zwei Dielektrika $h$ und $k$, so liefern beide ihre Anteile zu der Oberflächendichte $\sigma$; es ist dann

$$\sigma = \sigma_h + \sigma_k. \tag{199}$$

Wir wollen diesen allgemeinen Fall weiterhin zunächst zulassen.

Führen wir die Werte $\sigma$ und $\varrho$ aus (196) in (197) und (198) ein und bezeichnen mit $M_n$ die Komponente von $M$ in der Richtung der innern Normale, so läßt sich das Resultat schreiben

$$\left.\begin{aligned} \frac{\partial}{\partial x}\left(\frac{\partial \varphi}{\partial x} - 4\pi M_1\right) + \frac{\partial}{\partial y}\left(\frac{\partial \varphi}{\partial y} - 4\pi M_2\right) + \frac{\partial}{\partial z}\left(\frac{\partial \varphi}{\partial z} - 4\pi M_3\right) = 0, \\ \left(\overline{\frac{\partial \varphi}{\partial n}} - 4\pi \overline{M}_n\right)_h + \left(\overline{\frac{\partial \varphi}{\partial n}} - 4\pi \overline{M}_n\right)_k = 0; \end{aligned}\right\} \tag{200}$$

hierbei bezeichnet $n$ in der ersten Klammer die nach der Seite des Körpers $h$, in der zweiten die nach der Seite des Körpers $k$ gerichtete Normale auf dem Oberflächenelement.

Nun wollen wir annehmen, die influenzierende Feldstärke gehe von irgendwelchen räumlich oder flächenhaft verteilten Ladungen (einem permanenten Magneten oder einem geriebenen Isolator) aus. Dann ist, wenn $\varrho_a$ und $\sigma_a$ die bezüglichen Dichtigkeiten bezeichnen, und $N_a$ die Komponente der influenzierenden Feldstärke nach der Richtung der innern Normale ist,

$$\begin{gathered}\frac{\partial X_a}{\partial x}+\frac{\partial Y_a}{\partial y}+\frac{\partial Z_a}{\partial z}=4\pi\varrho_a,\\ (\overline{N_a})_h+(\overline{N_a})_k=4\pi\sigma_a,\end{gathered}\tag{201}$$

denn, wie schon oben benutzt, die Kraftströmung hat die Ladungen zu Quellen.

Subtrahiert man von diesen Formeln die Gleichungen (200) und bedenkt, daß nach S. 218 $X_a-\partial\varphi/\partial x=X, \ldots$ die Komponenten des gesamten wirkenden Feldes sind, so ergibt sich

$$\begin{gathered}\frac{\partial}{\partial x}(X+4\pi M_1)+\frac{\partial}{\partial y}(Y+4\pi M_2)+\frac{\partial}{\partial z}(Z+4\pi M_3)=4\pi\varrho_a,\\ (\overline{N}+4\pi\overline{M}_n)_h+(\overline{N}+4\pi\overline{M}_n)_k=4\pi\sigma_a.\end{gathered}\tag{202}$$

Dies legt nahe, eine neue gerichtete Größe $J$ einzuführen, welche nach der Regel der vektoriellen Addition aus der gesamten Feldstärke $K$ und dem $4\pi$-fachen Moment $M$ gebildet ist, deren Komponenten nach den Koordinatenachsen also durch

$$J_1=X+4\pi M_1,\quad J_2=Y+4\pi M_2,\quad J_3=Z+4\pi M_3,\tag{203}$$

nach der innern Normale $n$ durch

$$J_n=N+4\pi M_n\tag{204}$$

gegeben sind. In ihr nehmen die Formeln (203) die Gestalt an

$$\begin{gathered}\frac{\partial J_1}{\partial x}+\frac{\partial J_2}{\partial y}+\frac{\partial J_3}{\partial z}=4\pi\varrho_a,\\ (\overline{J_n})_h+(\overline{J_n})_k=4\pi\sigma_a.\end{gathered}\tag{205}$$

$J$ erscheint also als eine den ganzen unendlichen Raum durchdringende Strömung, die ihre Quellen hat nur in den räumlichen und flächenhaften Ladungen des influenzierenden Systems. Man nennt in den Gebieten der dielektrischen und der magnetischen Influenz $J$ die dielektrische und die magnetische Induktion oder Polarisation.

Es wird in der Potentialtheorie gezeigt, daß in allen Fällen, wo der Vektor $J$ die Form des Gradienten einer skalaren Funktion besitzt, also ein Potentialvektor ist, und somit gilt

$$J_1 = \frac{\partial \chi}{\partial x}, \quad J_2 = \frac{\partial \chi}{\partial y}, \quad J_3 = \frac{\partial \chi}{\partial z}, \quad J_n = \frac{\partial \chi}{\partial n}, \tag{206}$$

die beiden Gleichungen (205) zusammen mit einer Festsetzung über das Verhalten von $\chi$ im Unendlichen bei gegebenen influenzierenden Ladungsdichten $\varrho_a$ und $\sigma_a$ zur eindeutigen Bestimmung von $\chi$ ausreichen. In diesem Falle ist dann die Aufgabe der Influenzierung in der Tat auf eine Randwertaufgabe reduziert. Wir kommen auf derartige Fälle unten zurück.

§ 121. **Berechnung der Influenzierungsarbeit. Allgemeines.** Für die Anwendung der Grundformeln der Thermodynamik bedürfen wir, wie S. 193 ausgeführt, des Ausdruckes der Arbeit, welche bei einer Dislokation eines elektrischen oder magnetischen Systems und bei der hierdurch stattfindenden Influenzierung die innern Kräfte des Systems leisten. Ist nach (130)

$$\Phi = \mathop{\mathrm{S}}_{hk} \frac{m_h m_k}{r_{hk}}$$

das innere Potential des Systems, so sind nach (129) die Komponenten der Kräfte, welche irgendein Pol $m_k$ von allen übrigen erfährt, gegeben durch

$$\Xi_h = -\frac{\partial_m \Phi}{\partial x_h}, \quad H_h = -\frac{\partial_m \Phi}{\partial y_h}, \quad Z_h = -\frac{\partial_m \Phi}{\partial z_h},$$

wobei der Index $m$ andeutet, daß die Ladungen $m$ konstant geda ht werden sollen, selbst wenn sie bei einer Dislokation in Wirklichkeit Änderungen erfahren.

Bei einer beliebigen Verrückung in dem System, bei der die Koordinaten der Ladungen $m_h$ die Veränderungen $\delta x_h$, $\delta y_h$, $\delta z_h$ erleiden, leisten die inneren Kräfte des Systems eine Arbeit, gegeben durch

$$\delta' A_i = \sum_h (\Xi_h \delta x_h + H_h \delta y_h + Z_h \delta z_h).$$

Dies ist in unserem Falle

$$\delta' A_i = -\sum_h \left( \frac{\partial_m \Phi}{\partial x_h} \partial x_h + \frac{\partial_m \Phi}{\partial y_h} \delta y_h + \frac{\partial_m \Phi}{\partial z_h} \delta z_h \right) = -\delta_m \Phi$$

wobei $\delta_m$ die gesamte Änderung des Potentials infolge aller Verrückungen bei unverändert gehaltenen Ladungen bezeichnet. Äußere Kräfte, welche in jedem Moment den innern das Gleichgewicht halten, müssen sonach gleichzeitig eine Arbeit leisten.

$$\delta' A_a = -\delta' A_i = +\delta_m \Phi. \tag{207}$$

Wir wollen nun den Fall der Influenzierung eines elektrisch oder magnetisch erregbaren Körpers $b$ durch eine genäherte elektrische oder magnetische Ladung $a$ — einen elektrisierten Isolator oder einen permanenten Magneten — in Betracht ziehen. Das gesamte Potential $\Phi$ zerfällt dann in drei Teile: das innere Potential des Isolators oder permanenten Magneten $\Phi_{aa}$, das innere Potential des erregbaren Körpers $\Phi_{bb}$ und das Potential der wechselseitigen Wirkung $\Phi_{ab}$, so daß

$$\Phi = \Phi_{aa} + \Phi_{bb} + \Phi_{ab}. \tag{208}$$

Die Körper $a$ und $b$ sollen **starr** sein.

Bei der Bildung von $\delta_m \Phi$ gibt $\Phi_{aa}$ keinen Anteil, da bei einer Dislokation ohne Deformation sich die Wechselwirkung der Ladungen auf dem nach Annahme durchaus unveränderlichen Körper $a$ nicht ändert. Die Ladungen auf $b$ wechseln infolge der Dislokation; da aber bei der Variation $\delta_m$ die Ladungen festgehalten zu denken sind, so ändert auch $\Phi_{bb}$ seinen Wert nicht. Es bleibt sonach

$$\delta' A_a = \delta_m \Phi = \delta_m \Phi_{ab}. \tag{209}$$

Nun gewinnt man $\Phi_{ab}$ aus der Potentialfunktion $\varphi_b$ des Systems $b$ nach S. 200, indem man diesen Wert für alle Punkte des Körpers $a$ mit der daselbst liegenden Ladung multipliziert und über den Körper summiert. Demgemäß ist

$$\Phi_{ab} = \int_a dm_a \varphi_b, \tag{210}$$

wenn $dm_a$ die Ladung eines Volumenelementes des Körpers $a$ bezeichnet.

§ 122. **Durchführung der Berechnung im Falle vektorieller Erregung.** Wir nehmen zunächst den Fall, daß der Körper $b$ eine vektorielle Erregung besitzt, also die Potentialfunktion erster Ordnung

$$\varphi_b = \int_b \left( M_1 \frac{\partial \frac{1}{r}}{\partial x_0} + M_2 \frac{\partial \frac{1}{r}}{\partial y_0} + M_3 \frac{\partial \frac{1}{r}}{\partial z_0} \right) dk_0$$

liefert. Gehen wir hier mit dem Integral bezüglich $dm_a$ in die Differentialquotienten und bedenken, daß

$$\int \frac{dm_a}{r} = \varphi_a$$

die Potentialfunktion des influenzierenden Systems ist, so erhalten wir

$$\Phi_{ab} = \int_b \left( M_1 \frac{\partial \varphi_a}{\partial x_0} + M_2 \frac{\partial \varphi_a}{\partial y_0} + M_3 \frac{\partial \varphi_a}{\partial z_0} \right) dk_0. \tag{211}$$

$-\partial\varphi_a/\partial x_0, \ldots$ sind aber die Feldstärken $X_a, \ldots$, die von dem System $a$ ausgehen; es gilt somit auch

$$\Phi_{ab} = -\int_b (M_1 X_a + M_2 Y_a + M_3 Z_a)\, dk_0. \tag{212}$$

Dieser Ausdruck ist in (209) einzusetzen, und zu bedenken, daß die Variation $\delta_m$ in unserm Falle die Konstanthaltung der Momente $M_1, \ldots$ verlangt. Es ergibt sich somit

$$\delta' A_a = -\int_b (M_1\, \delta X_a + M_2\, \delta Y_a + M_3\, \delta Z_a)\, dk_0). \tag{213}$$

Zu dieser Arbeit gibt jedes Volumenelement $dk_0$ einen ihm proportionalen Anteil; auf die Volumeneinheit bezogen ergibt sich also für einen Punkt $x_0, y_0, z_0$ von $b$

$$\delta\alpha = -(M_1\, \delta X_a + M_2\, \delta Y_a + M_3\, \delta Z_a). \tag{214}$$

Dieser Ausdruck geht formal durchaus dem Ansatz (107)

$$\delta'\alpha = -\sum X_h\, \delta x_h$$

von S. 288 parallel; $X_a, Y_a, Z_a$ stehen an Stelle der verallgemeinerten Koordinaten, $M_1, M_2, M_3$ an Stelle der verallgemeinerten Kräfte. Indessen besteht ein wichtiger Unterschied. Die Momente $M_1, \ldots$ in einem Volumenelement $dk_0$ hängen nicht nur von den Komponenten $X_a, \ldots$ des äußern Feldes in demselben Volumenelement ab; vielmehr wirken nach S. 218 indirekt die Feldstärken in allen Volumenelementen auf $dk_0$ ein, insofern die dort erregten Momente Ursachen weiterer in $dk_0$ stattfindender Feldstärken $X_b, Y_b, Z_b$ sind, die zu den von $a$ ausgehenden $X_a, Y_a, Z_a$ hinzutreten.

Denkt man sich aber den Körper auf ein einzelnes sehr dünnes zylindrisches Element mit seiner Achse parallel $M$ reduziert, so sind nach S. 209 $X_b, Y_b, Z_b$ unmerklich, und es rührt die in ihm wirkende Feldstärke ausschließlich von dem äußern System her. Hier sind dann $X_a, Y_a, Z_a$ mit $X, Y, Z$ identisch, und wir haben

$$\delta'\alpha = -(M_1\, \delta X + M_2\, \delta Y + M_3\, \delta Z), \tag{215}$$

wo nun $M_1, M_2, M_3$ nur von $X, Y, Z$ abhängen.

§ 123. **Tensorielle Erregung durch Influenz.** Es kann keine Frage sein und wird unten auch noch näher beleuchtet werden, daß, wie eine vektorielle, so auch eine tensorielle (elektrische oder magnetische) Erregung durch Influenz denkbar ist. Aber die in § 117 auseinandergesetzten Schwierigkeiten bezüglich der Bestimmung der Potentialfunktion und der Feldkomponenten im Innern eines tensoriell erregten Körpers verhindern die Durchführung einer Theorie der tensoriellen Erregung durch Influenz auf dem S. 218 u. f. skizzierten Wege. Denn wenn diese Feldkomponenten nach der benutzten Methode sich nicht eindeutig berechnen lassen, so läßt sich eben auch nicht die influenzierende Kraft angeben. Für eine befriedigende Theorie der tensoriellen Influenz scheint daher das Zurückgehen auf molekulartheoretische Betrachtungen durchaus notwendig zu sein.

Die Darstellung der molekularen Schemata tensorieller Erregungen in Figur 103 und 104 läßt denn auch sofort erkennen, daß die tensorielle Influenz von ganz andern Umständen abhängt, als die vektorielle. Die einfachste Vorstellung über den Mechanismus dielektrischer oder magnetischer Influenz ist bekanntlich die, positive und negative Pole durch quasielastische Kräfte an Ruhelagen gebunden und durch das äußere Feld abgelenkt zu denken.

Man wird sich in Figur 103 etwa vorstellen können, daß die Pole $\pm 1$ und $\pm 2$ ihre Ruhelagen nahezu je in den Mitten zwischen den für sie gezeichneten Positionen haben. Eine konstante Feldstärke parallel der X-Achse würde dann die Anordnung in zwei identischen Paaren $-2, +2; -1, +1$ geben und damit zwar ein Moment erster, aber keines zweiter Ordnung liefern. Die absoluten Feldstärken kommen hiernach jedenfalls bei der tensoriellen Influenz nicht in Betracht, sondern nur ihre lokalen Änderungen.

In der Tat würde eine Verteilung von der Art $+2, -2; -1, +1$ und damit nur ein Moment zweiter Ordnung entstehen, wenn an der Stelle des ersten Polpaares die entgegengesetzte Feldstärke wirkte, wie an derjenigen des zweiten Paares. Jede Verschiedenheit der Feldstärke an der Stelle des ersten und zweiten Paares, welche dem einen Paar eine größere Trennung gibt, als dem andern, bewirkt in der Polgruppe oder dem Molekül neben dem Moment erster ein solches zweiter Ordnung. —

Hieraus erhellt, daß, während die vektorielle Influenz durch die Feldstärken selbst bedingt ist, die tensorielle sich durch die Differentialquotienten der Feldstärken nach den Koordinaten bestimmen muß. Zugleich ergibt sich auch, daß aller Wahrscheinlichkeit nach die mit unsern experimentellen Mitteln herstellbaren influenzierten tensoriellen Erregungen sehr kleine sein werden; denn diese Mittel liefern uns Feldstärken, die in dem Bereiche eines Moleküles nur ganz unmerklich variieren.

Daß es aber anscheinend durch andere Mittel als Influenz gelingt, eine tensorielle Erregung hervorzubringen, wird später besprochen werden. —

Bezüglich der Arbeit, welche die Erregung einer tensoriellen Influenz erfordert, mag im Anschluß an die Darstellung in § 122 das Folgende bemerkt werden.

Besitzt der Körper $b$ eine tensorielle Erregung, also eine Potentialfunktion zweiter Ordnung

$$\varphi_b = \int_b \left( M_{11} \frac{\partial^2 \frac{1}{r}}{\partial x_0^2} + \cdots + 2 M_{23} \frac{\partial^2 \frac{1}{r}}{\partial y_0 \partial z_0} + \cdots \right) dk_0,$$

so ist wie zuvor zu verfahren, um $\Phi_{ab}$ zu erhalten. Man findet zunächst

$$\Phi_{ab} = \int_b \left( M_{11} \frac{\partial^2 \varphi_a}{\partial x_0^2} + \cdots + 2 M_{23} \frac{\partial^2 \varphi_a}{\partial y_0 \partial z_0} + \cdots \right) dk_0 \tag{216}$$

und bei Einführung der von $a$ ausgehenden Feldkomponenten

$$\Phi_{ab} = -\int_b \left( M_{11} \frac{\partial X_a}{\partial x_0} + \cdots + M_{23} \left( \frac{\partial Y_a}{\partial z_0} + \frac{\partial Z_a}{\partial y_0} \right) + \cdots \right) dk_0, \tag{217}$$

wobei wiederum, wie in (145), dem Faktor von $M_{23}, \ldots$ willkürlich eine symmetrische Form gegeben ist.

Für die Arbeit der äußern Kräfte gilt analog zu (213)

$$\delta' A_a = -\int_b \left( M_{11} \delta \frac{\partial X_a}{\partial x_0} + \cdots + M_{23} \delta \left( \frac{\partial Y_a}{\partial z_0} + \frac{\partial Z_a}{\partial y_0} \right) + \cdots \right) dk_0, \tag{218}$$

also bei Beziehung auf die Volumeneinheit

$$\delta' \alpha = -\left( M_{11} \delta \frac{\partial X_a}{\partial x_0} + \cdots + M_{23} \delta \left( \frac{\partial Y_a}{\partial z_0} + \frac{\partial Z_a}{\partial y_0} \right) + \cdots \right). \tag{219}$$

Dies Resultat hat genau wie (214) die Form $\delta' \alpha = -\sum X_h \delta x_h$ von S. 188, und genau wie bei jenem liegt die Schwierigkeit vor, daß die Feldkomponenten $X_a$, $Y_a$, $Z_a$ nicht die ganze in dem Volumenelement wirkende Feldstärke bestimmen, sondern zu ihnen noch Wirkungen des erregten Körpers hinzutreten. Die Verhältnisse liegen hier aber insofern schwieriger, als bei der vektoriellen Erregung, weil wir nach S. 214 keine Form des Volumenelements angeben können, wo dasselbe nicht auf sich selbst ein Feld ausübt. Es gelingt hier demnach nicht, den Schritt zu tun, der oben von dem Ausdruck (214) zu (215) führte.

Immerhin hat der Ausdruck (219) bereits das Interesse, daß er in Übereinstimmung mit den Überlegungen von S. 224 erkennen läßt, daß für die tensorielle Influenz nicht die Absolutwerte der influenzierenden Feldstärke, sondern deren Differentialquotienten nach den Koordinaten maßgebend sind. Auch machen es die Erwägungen von S. 224 wahrscheinlich, daß man im allgemeinen keinen erheblichen

Fehler begehen wird, wenn man die tensorielle Selbstinfluenz eines Körpers vernachlässigt. —

§ 124. **Prinzip der Anordnung des weiterhin zu behandelnden Stoffes.** Wie schon im Eingang des vorigen Kapitels bemerkt, ist es die Absicht dieser Darstellung, die physikalischen Vorgänge, die sich nach der Erfahrung in Kristallen abspielen, als Wechselbeziehungen zwischen gerichteten Größen verschiedener Ordnung aufzufassen. Hierdurch wird auch die Anordnung des Stoffes bestimmt werden.

Wir werden also nicht etwa, wie das von vornherein wohl am nächsten liegen dürfte und in Handbüchern der allgemeinen Physik geschieht, alle mechanischen, alle thermischen, alle elektrischen Erscheinungen je einander zuordnen, sondern vielmehr diejenigen Vorgänge zusammenstellen, die zur Darstellung dieselben Arten gerichteter Größen erfordern. Ein solches Anordnungsprinzip, wie es auch *Liebisch* (wiewohl ohne Trennung der gerichteten Größen verschiedener Ordnung) benutzt hat, stellt die geometrischen Beziehungen zwischen den verschiedenen Erscheinungsgebieten, die in der Kristallphysik durch die Wechselbeziehung zwischen den Symmetrien der Form und den Symmetrien des physikalischen Verhaltens eine so große Rolle spielen, in helles Licht. Sie rückt damit z. B. auch Erscheinungen einander nahe, die in Kristallen von gleichen oder verwandten Symmetrieformeln auftreten können, und trennt solche, die dies Auftreten nicht gestatten. Es kommt hinzu, daß Gebiete, die auf der Wechselwirkung derselben gerichteten Größen beruhen, auch bezüglich der Gestaltung der physikalischen Theorie, ja selbst bezüglich der zu ihrer Erforschung anzuwendenden Beobachtungsmethoden gelegentlich nahe Verwandtschaft besitzen. Ein Aufbau nach dem genannten Prinzip hat demgemäß auch in Hinsicht auf die physikalischen Zusammenhänge eine gewisse innere Logik.

Natürlich läßt sich das Prinzip nicht mit unbeugsamer Starrheit verwenden. Insbesondere gibt es in den verschiedenen Erscheinungsgebieten gelegentlich durch Einwirkung singulärer Umstände komplizierte Vorgänge, die, in Strenge betrachtet, aus dem das Hauptgebiet begrenzenden geometrischen Rahmen herausfallen. Es gehört hierher z. B. die Einwirkung eines Magnetfelds auf die Vorgänge der Elektrizitäts- und der Wärmeleitung, bei der neben den dort im allgemeinen wirksamen zwei Vektoren ein dritter in Aktion tritt. Derartige an sich höchst interessante Vorgänge von den Hauptgebieten loszulösen, schien um so weniger angezeigt, als ihre Erforschung in Kristallen nur eben erst begonnen hat.

Ferner spielen gelegentlich zwei nach Symmetrie verschiedene Erscheinungsgebiete bei den Beobachtungen derartig zusammmen, daß eine vollständige Trennung ihrer Darstellung gar nicht möglich ist. Hierher gehört insbesondere das Problem der Piezoelektrizität, das nicht nur mit demjenigen der Elastizität, sondern auch demjenigen der dielektrischen Influenz eng verbunden ist.

Wenn also auch im ganzen die Anordnung des zu behandelnden Stoffes nach der geometrischen Natur der bei den einzelnen Gebieten in Wechselwirkung tretenden physikalischen Funktionen stattfinden wird, so sollen doch vereinzelte Abweichungen von diesem Prinzip als angemessen zugelassen werden.

## IV. Kapitel.

# Wechselbeziehungen zwischen einem Skalar und einem Vektor. (Pyroelektrizität und Pyromagnetismus.)

### I. Abschnitt.

### Beobachtungen über vektorielle Pyroelektrizität.

§ 125. **Einleitung.** Da bei Beziehungen zwischen zwei Skalaren (als völlig richtungslos) in keinem Falle eine Verschiedenheit zwischen dem Verhalten isotroper und kristallinischer Substanz stattfinden kann, so sind die einfachsten Erscheinungen, die als spezifisch kristallphysikalisch in Betracht kommen, solche, die auf Beziehungen zwischen einem Vektor und einem Skalar beruhen. Als Skalar erscheint dabei nach S. 123 ausschließlich die Temperatur; denn die Effekte einer veränderlichen Dichte erörtern sich naturgemäß im Anschluß an die Betrachtung der allgemeinsten Deformationen.

Es handelt sich hiernach also bezüglich der einfachsten uns interessierenden Vorgänge in Kristallen um vektorielle Effekte, die als Folge einer Temperaturänderung auftreten — und zwar als Folge einer homogenen Änderung, nicht etwa eines veränderten Temperaturgefälles, das ja seinerseits eine vektorielle Einwirkung repräsentiert; — einen reziproken Effekt würde eine Temperaturänderung infolge einer vektoriellen Einwirkung darstellen.

Als vektorielle Effekte und Einwirkungen, die mit Temperaturänderungen in Wechselbeziehung stehen, weist die Natur nur elektrische (und — wenngleich weniger sicher — magnetische) Funktionen auf. Die Erregung von elektrischen Momenten in Kristallen infolge von Temperaturänderungen wird nach *Brewster* als Pyroelektrizität bezeichnet. Ihr entspricht als reziprokes Phänomen eine Temperaturänderung an Kristallen, die einem elektrischen Feld ausgesetzt werden, — ein elektrokalorischer Effekt. Analoge magnetische Erscheinungen sind höchstwahrscheinlich vorhanden, aber jedenfalls sehr klein und schwer nachweisbar.

**§ 126. Ältere Beobachtungen.** Die pyroelektrische Erregung wurde ohne Erkenntnis ihrer Natur von holländischen Kaufleuten im Anfang des 18. Jahrhunderts an dem als Halbedelstein von Ceylon nach Europa importierten Turmalin entdeckt, insofern von ihnen bemerkt wurde, daß seine Kristalle nach dem Erhitzen leichte Körper anzogen und wieder abstießen. *Aepinus* erkannte um 1756 die elektrische Natur des Vorgangs, und durch *Canton*, *Bergmann*, *Haüy*, *A. C. Becquerel* wurden in den nächsten Dezennien die elementaren Gesetze des Vorganges festgestellt.[1])

Die Kristalle des Turmalins gehören der hemimorphen Gruppe (11) des rhomboedrischen Systems an, welche durch die Symmetrieelemente $A_z^{(3)} F_x$ charakterisiert ist. Die Kristalle sind in der Regel säulenförmig parallel der dreizähligen Hauptachse ausgebildet und an den beiden Enden, entsprechend dem Fehlen einer zur Hauptachse normalen Symmetrieebene oder zweizähligen Symmetrieachse, d. h. entsprechend der polaren Natur der Hauptachse, durch verschiedenartige Flächen begrenzt; die beiden Achsenhälften sind hierdurch also individualisiert. Eine öfter auftretende Form ist in Figur 106 dargestellt.

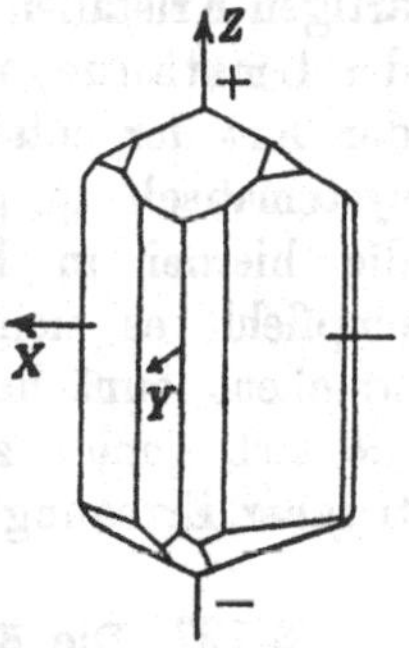

Fig. 106.

Beim Erwärmen zeigt das eine Ende des Kristalls positive, das andere negative elektrische Ladung (s. Fig.), beim Abkühlen wechseln diese Ladungen ihr Vorzeichen. *Aepinus*, der dies zuerst feststellte, bezeichnete das Ende, das bei positiver Temperaturänderung positive Ladung annimmt, als das **analoge**, das negative Ladung empfangende als das **antiloge**, und diese Namen sind auch auf andere pyroelektrisch erregbare Kristalle angewendet worden.

*Canton* ergänzte die Beobachtungen von *Aepinus* durch die folgenden Feststellungen.

Wird ein Turmalinkristall längere Zeit auf konstanter, gleichviel ob hoher oder tiefer Temperatur erhalten, so verschwindet seine elektrische Wirksamkeit vollkommen; sie tritt ausschließlich bei **Temperaturänderungen** auf.

Die Erregung ist nicht eine Eigenschaft des Kristalls als Ganzen, etwa an das Auftreten der verschiedenartigen Endflächen gebunden, sondern gehört der Kristall**substanz** zu. Jedes Bruchstück zeigt bei Temperaturänderung ähnliche elektrische Wirkungen, und man muß

1) Eine ausführliche Darstellung der früheren Beobachtungen über Pyroelektrizität hat *H. Hankel* (Abh. der Kgl. Ges. d. Wiss in Leipzig, Math.-phys. Klasse, Bd. 10 p. 345, 1874) gegeben. Einige Ergänzungen hierzu finden sich in *H. Schedtlers* Diss. über die Pyroelektrizität des Turmalins (Marburg 1886). Auf diese Darstellungen mag außer den allgemeinen Handbüchern der Literaturangaben wegen verwiesen werden.

sich vorstellen, daß hierbei in jedem Volumenelement eine Scheidung der ursprünglich einander neutralisierenden Ladungen nach dem Schema (— · · · +) stattfindet.

*Haüy* brachte zuerst die oben bereits erwähnte hemimorphe Ausbildung der Turmalinkristalle in Verbindung mit der pyroelektrischen Erregbarkeit und schloß, daß das Vorkommen einer polaren Symmetrieachse die Vorbedingung für das Auftreten dieser Erregbarkeit wäre. Er selbst entdeckte in der Tat die betreffenden elektrischen Erscheinungen an einigen anderen Kristallen von derartiger Symmetrie.

Die Verhältnisse komplizierten sich, als spätere Beobachtungen, insbesondere von *Hankel*, elektrische Erregungen auch bei andersartigen Kristallen nachwiesen, und es bedurfte einer genauen Prüfung der Umstände, unter denen die Beobachtungen angestellt waren, und der Art der entstandenen elektrischen Verteilungen, um die Resultate systematisch zu gruppieren und theoretisch faßbar zu machen. Um die hierbei in Betracht kommenden Gesichtspunkte zu schildern, empfiehlt es sich, von dem Gang der historischen Entwicklung abweichend, zunächst eine Methode qualitativer Beobachtung zu erörtern, die sich gerade zur Aufklärung über die verschiedenen Arten elektrischer Erregung durch Temperaturänderungen nützlich erwiesen hat.

§ 127. **Die Kundtsche Bestäubungsmethode.** Um die Verteilung der scheinbaren pyroelektrischen Ladungen auf den Kristallen zu studieren, hatte *Hankel*[1]) das Verfahren ausgebildet, den zu untersuchenden Kristall in Kupferfeile einzubetten, so daß nur eine Fläche oder Kante freiblieb, ihn so zu erwärmen und während der Abkühlung seine Influenz auf das Ende eines verschiedenen Stellen seiner Oberfläche genäherten und mit einem Elektrometer verbundenen Drahtes zu beobachten. Diese Methode bietet einmal den Übelstand, daß die Bedingungen, unter denen die Abkühlung vor sich geht, kaum im einzelnen erkennbar sind und jedenfalls keiner gleichförmigen Temperaturverteilung entsprechen; weiter lassen sich aber die an einzelnen Flächen oder Kanten erhaltenen Resultate nicht zu einem Gesamtbild der Erregung des ganzen Kristalls von wirklich physikalischer Bedeutung zusammensetzen, weil der Kristall bei jeder der verschiedenen Beobachtungsreihen sich in einem andern Temperaturzustand befand.

In letzterer Hinsicht bezeichnet das von *Kundt*[2]) angegebene Bestäubungsverfahren einen beträchtlichen Fortschritt, wenn es auch nur qualitative Aufschlüsse, und zwar von nicht immer eindeutigem Charakter, zu liefern vermag. Nach dem *Kundt*schen Verfahren wird,

1) *H. Hankel*, zahlreiche Arbeiten in Pogg. Ann. und in den Abh. d. Kgl. Ges. d. Wiss. in Leipzig seit 1840.

2) *A. Kundt*, Wied. Ann. Bd. **20**, p. 592, 1883.

um die Erregung bei der Abkühlung zu studieren, der in einem Luftbad erwärmte Kristall zunächst durch eine mit der Erde leitend verbundene Flamme geführt, um die durch den Erwärmungsvorgang etwa erregten Ladungen zu beseitigen, und dann zum Zweck allseitiger Wärmeabgabe frei aufgehängt. Nachdem die Abkühlung einige Zeit gewirkt hat, wird der Kristall mit einem aus Mennige und Schwefelblumen gemischten feinen Pulver bestäubt, welches mit Hilfe eines Blasebalges durch ein engmaschiges Sieb von Baumwollenstoff hindurchgetrieben wird. Bei dem Durchgang durch das Sieb wird mittels Reibungswirkung die Mennige positiv, die Schwefelblume negativ elektrisiert, und es sammelt sich, wenn das Pulver ohne merkliche Geschwindigkeit, nämlich gegen den Luftwiderstand langsam herabsinkend, in die Umgebung des Kristalls gelangt, Schwefelblume auf den Bereichen scheinbarer positiver, Mennige auf denjenigen scheinbarer negativer Ladung an.

Diese Methode, welche ersichtlich eine einfache Umbildung des Verfahrens darstellt, durch welches *Lichtenberg* die nach ihm benannten elektrischen Figuren auf Nichtleitern hervorbrachte, bietet den Vorteil, den Gesamtzustand des Kristalls in einem gegebenen Zeitpunkt zu veranschaulichen, und gibt insbesondere wertvolle Aufschlüsse in Fällen komplizierter Erregungen, wie solche durch ungleichförmige Erwärmungen oder auch durch ungleichförmige Deformationen hervorgerufen werden. Natürlich führt sie nicht zu zahlenmäßigen Resultaten und gibt überhaupt nur Aufschlüsse über die scheinbaren Ladungen der Oberfläche, nicht über die faktische Erregung im Innern des Kristalls. In bezug hierauf mag auf das bekannte Resultat der Potentialtheorie Bezug genommen werden, daß jede Art elektrischer (oder magnetischer) Verteilung innerhalb einer geschlossenen Oberfläche für äußere Punkte (wie hier für die herumfliegenden Mennige- und Schwefelteilchen) mit einer gewissen Ladung jener Oberfläche äquivalent ist, sowie, daß diese Ladung sich aus der innern Verteilung eindeutig bestimmt, daß aber aus der Oberflächenladung ein eindeutiger Rückschluß auf die innere Verteilung nicht möglich ist.

Auch die Aufschlüsse über die Oberflächenladungen, welche die *Kundt*sche Methode gibt, sind im Grunde lückenhaft. Wirksam wird bei ihr das Feld, welches von den scheinbaren Ladungen ausgeht, aber dies Feld führt nicht unbedingt zu einer Anhäufung des elektrisierten Pulvers. Um nur ein Beispiel zu geben, so wird eine starke Ladung einer Kristallkante — dergleichen uns unten als möglich begegnen wird — sich kaum durch eine entsprechende Anhäufung bemerklich machen, denn nächst der betreffenden Kante laufen die Kraftlinien tangential zu den Kristallflächen, die Kräfte können also nichts von dem Pulver nach den Flächen transportieren und dort festhalten.

Die *Kundt*sche Bestäubungsmethode ist zur Untersuchung der elektrischen Erregung bei Kristallen — und zwar sowohl der hier zunächst in Betracht kommenden pyro-, wie auch der später zu behandelnden piezoelektrischen — vielfach zur Anwendung gekommen. Auf einzelne hierbei erhaltene und theoretisch interessante Resultate wird an seinem Ort eingegangen werden.[1])

Hier sei nur erwähnt, daß *Bürker*[2]) ein Gemisch aus 1 Volumenteil Karmin mit 5 Volumenteilen Schwefelblumen verrieben und dann mit 3 Volumenteilen Lykopodium gemischt wirksamer findet, als das *Kundt*sche Gemisch.

§ 128. **Vektorielle elektrische Erregung bei gleichförmiger und bei ungleichförmiger Temperaturänderung.** Wenden wir uns nun zu der Gruppierung der Beobachtungsresultate bezüglich der elektrischen Erregung an Kristallen infolge von Temperaturänderungen, also bezüglich der Pyroelektrizität im weitesten Sinne des Wortes, so scheiden von vornherein die Erscheinungen aus, welche Kristalle von nicht sicherer Homogenität oder von sicherer Inhomogenität zeigen, so vielfache Bearbeitung dieselben (zum Teil auf Grund unrichtiger vereinfachter Auffassung) auch gefunden haben. Ob es sich nun um den ersten oder um den zweiten der in § 13 allgemein erörterten Fälle handelt, — ob der scheinbar einfache Kristall aus einem Konglomerat verwachsener, untereinander gleichartiger Individuen besteht (wie Boracit[3])), oder aber sich aus Schichten von nur wenig wechselnder chemischer Zusammensetzung aufbaut (wie gewisse Topase[4])), — keinesfalls können die bezüglichen, nach der *Kundt*schen Methode angestellten Beobachtungen ein geeignetes Material für die Unterscheidung und Definition verschiedener Typen der pyroelektrischen Erregung und für Aufstellung ihrer fundamentalen Gesetzmäßigkeiten bieten. Vielleicht, daß sich später einmal die Aufgabe lohnend behandeln läßt, die an derartig inhomogenen Kristallen möglichen Erscheinungen aus dem an homogenen Kristallen abgeleiteten und geprüften Elementargesetze theoretisch zu erklären.

Bei der Beschränkung auf die pyroelektrischen Erregungen erwiesenermaßen homogener Kristalle ist dann scharf zu unterscheiden zwischen Erregungen, die bei gleichförmiger Temperaturänderung eintreten, und solchen, die durch ungleichförmige bewirkt werden. Erregungen der ersten Art dürfen wir z. B. bei Turmalin als vor-

1) Eine Zusammenstellung von bez. Beobachtungen über Pyroelektrizität findet sich in *Ch. Sorets* S. 14 besprochenen Éléments p. 612.

2) *K. Bürker*, Ann. d. Physik, Bd. 1, p. 474, 1900.

3) *K. Mack*, Wied. Ann. Bd. 21, p. 410, 1884.

4) *K. Mack*, Wied. Ann. Bd. 28, p. 153, 1886.

handen annehmen, wenn auch bei vielen Beobachtungen die Temperaturverteilung von einer gleichförmigen weit entfernt gewesen ist; denn es hat sich keine Andeutung dafür gezeigt, daß die Erregung bei Temperaturänderungen, die den ganzen Kristall gleichförmig betreffen, verschwinden würde.

Bei andern Kristallen ist das Gegenteil der Fall, und diese Tatsache läßt sicht nicht nur aus der Beobachtung, sondern häufig schon aus den Symmetrieverhältnissen erschließen. Die früheren Beobachter haben den fundamentalen Unterschied zwischen den genannten beiden Erregungsarten keineswegs scharf aufgefaßt, und die Wirkung der hierdurch entstandenen Unklarheit macht sich noch bis in neueste Zeit in Darstellungen des betreffenden Gebiets gelegentlich geltend.

Über die Beobachtungsmethode von *Hankel*, die jedenfalls die Möglichkeit einer inhomogenen Temperaturverteilung innerhalb des beobachteten Kristalls zuließ, ist bereits S. 230 gesprochen worden. Eine von *Friedel*[1]) angewendete Methode, bei der eine erhitzte und leitend mit einem Elektrometer verbundene metallische Halbkugel mit ihrer ebenen Fläche auf die ebene Begrenzung eines kalten Kristalls aufgesetzt wird, gibt sogar Temperaturverteilungen von äußerster Inhomogenität und demgemäß Resultate, die nur mit großer Schwierigkeit theoretisch verwertet werden können.

Ähnlich verhält es sich mit einer neuerdings von *Röntgen* angegebenen und von *Koch* angewendeten Methode[2]), bei der die Erwärmung des Kristalls durch einen Strom heißer Luft hervorgebracht wurde, die aus einem spitz auslaufenden und der zu untersuchenden Fläche nahegebrachten Rohr auf den kalten Kristall geblasen wurde. Hierbei wurde die elektrische Verteilung im Kristall nach der Influenzwirkung beurteilt, die sie auf das an der Spitze metallische Rohr ausübte, durch welches der Luftstrom auf den Kristall geleitet wurde. Dieser Methode wird eine große Empfindlichkeit nachgerühmt, welche diejenige des *Kundt*schen Verfahrens übertrifft, und so mag sie für qualitative Untersuchungen immerhin Vorteile bieten.

Für uns handelt es sich zunächst ausschließlich um Erregungen, die bei gleichförmiger Temperaturänderung auftreten. Auch hier können noch Unterschiede auftreten, wie im folgenden gezeigt werden wird.

Beschränken wir uns zunächst auf den vektoriell-polaren Typus der Erregung, der beim Turmalin auftritt und dadurch charakterisiert ist, daß in jedem Volumenelement ein Moment, d. h. eine elektrische Verteilung nach dem Schema (— · · · +) stattfindet, so ist

1) *C. Friedel* und *T. Curie;* mehrere Abh. im Bull. soc. min. 1879—1885.
2) *P. P. Koch*, Ann. d. Phys. Bd. 19, p. 567, 1906.

ohne weiteres klar, daß eine solche Erregung durch gleichförmige Temperaturänderung nur in Kristallen auftreten kann, die von vornherein einzigartige einseitige Richtungen besitzen, und zwar von Symmetrien oder Dissymmetrien, die mit derjenigen eines polaren Vektors verträglich sind.

In der Tat, da eine gleichförmige Temperaturänderung richtungslos ist, so kann sie einen vektoriellen Effekt, der eine einzige Richtung vor allen übrigen auszeichnet, nur dann hervorrufen, wenn in der Substanz des Kristalls eine solche Auszeichnung vorbereitet war.

Charakteristisch für die Dissymmetrie eines polaren Vektors ist aber nach S. 131 das Fehlen eines Symmetriezentrums, einer zum Vektor normalen zweizähligen Symmetrieachse und einer eben solchen Symmetrieebene. Diese Dissymmetrien müssen also auch den ausgezeichneten Richtungen eigen sein, welche fähig sein sollen, die Richtung des pyroelektrischen Moments zu bezeichnen.

Daß jene Richtung eine polare Symmetrieachse sein müßte, wie *Haüy* meinte, ist allerdings nicht erforderlich. Nicht nur können auch andere Richtungen einzigartig sein und die nötigen Dissymmetrien besitzen; es können auch polare Achsen untereinander gleichwertig in der Mehrzahl auftreten und dann als Erregungsrichtungen nicht in Frage kommen. Denn nach seiner Definition auf S. 202 kann ein vektorielles Moment, also eine Erregung von dem Typ (— · · · +) in einem Volumenelement nur nach einer einzigen Richtung vorkommen, da mehrere sich doch nur nach dem Schema der vektoriellen Addition zu einem einzigen resultierenden Moment, das eine einzige Richtung auszeichnet, zusammensetzen. Eine solche Auszeichnung fällt nur dann fort, wenn die Resultante gleich Null ist.

§ 129. **Falsche und wahre Pyroelektrizität.** Um für Vorstehendes ein Beispiel zu geben, so sei an die Beobachtung angeknüpft, daß Quarz sich beim Erwärmen elektrisch erregt zeigt, und zwar in einer Weise, die auf ein polares Moment der einzelnen Volumenelemente schließen läßt. Quarz kristallisiert nach S. 97 in der Gruppe (10), welche durch eine dreizählige und eine dazu normale zweizählige Symmetrieachse (Formel $A_z^{(3)} A_x^{(2)}$) charakterisiert ist. Diese Symmetrie läßt keine einzigartige Richtung zu, obgleich kein Symmetriezentrum existiert. Im allgemeinen entsprechen sich, wie die Polfigur (Fig. 22 auf S. 52) veranschaulicht, je sechs Richtungen als gleichartig, denn die Ausführung der in der Formel $A_z^{(3)} A_x^{(2)}$ angedeuteten Deckoperationen liefert zu jeder willkürlich gewählten Richtung weitere fünf gleichartige. Diese Zahl von sechs reduziert sich auf drei für jede Seite einer zweizähligen (Neben-)Achse, auf zwei für die eine

Seite der dreizähligen Hauptachse, die mit deren anderen Seite gleichwertig ist.

Hieraus folgt, daß in Quarz eine polare elektrische Erregung durch eine gleichförmige Erwärmung unmöglich ist, ihr Auftreten vielmehr in jedem Falle auf eine ungleichförmige Erwärmung deutet.

Der beobachtete Effekt ist also seinem Wesen nach von dem am Turmalin entdeckten durchaus verschieden. Er läßt sich erklären als eine Wirkung der Deformationen oder Spannungen, die eine ungleichförmige Temperaturänderung begleiten, insofern bei Quarz rein mechanisch hervorgerufene Deformationen oder Spannungen für sich nach der Erfahrung polare elektrische Momente hervorzurufen vermögen.

Bei dem vorstehend geschilderten Vorgang erscheint die Temperaturänderung nicht als der eigentliche Grund der elektrischen Erregung; sie wirkt nur indirekt, insofern sie eben Spannungen und Deformationen im Kristall veranlaßt. Ich habe demgemäß jene Pyroelektrizität als eine falsche bezeichnet, um hiermit anzudeuten, daß die Erwärmung bei ihr nur indirekt mitspielt.

Im Gegensatz hierzu die gesamte, bei gleichförmiger Erwärmung des Turmalins beobachtete Erregung als wahre Pyroelektrizität zu bezeichnen, ist indessen bedenklich. Denn wenn auch bei einem im leeren Raum (d. h. ohne äußern Druck) oder im Luftraume (d. h. bei konstantem äußern Druck) erwärmten Turmalin keine, resp. keine neuen Spannungen infolge der Temperaturänderung auftreten, so stellt sich unter diesen Umständen doch eine Deformation, nämlich eine gleichförmige Dehnung parallel, eine andere gleichförmige Dehnung normal zur Hauptachse ein, und nach der Erfahrung bewirken solche Dehnungen, rein mechanisch hervorgebracht, ihrerseits elektrische Erregungen. Man hat sogar vermutet, und diesen Standpunkt hat insbesondere *Röntgen* mit Nachdruck vertreten, daß die ganze thermische Erregung bei Turmalin auf der Dilatation beruhen möchte, welche die Erwärmung begleitet, also ganz ebenso eintreten müßte, wenn die bezügliche Dilatation bei konstanter Temperatur mechanisch hervorgebracht würde. Indessen scheinen doch gewisse Beobachtungen, auf die wir unten näher eingehen werden, gegen diese Auffassung zu sprechen, und jedenfalls wird es richtig sein, bei der Entwicklung der allgemeinen Theorie auch die allgemeinste Auffassung des Vorgangs zugrunde zu legen, um nicht Konsequenzen zu erhalten, die mit späteren Beobachtungen unvereinbar sein können.

Nach dieser Auffassung würde die bei gleichförmiger Temperaturänderung unter konstantem äußern Druck an Turmalin beobachtete elektrische Erregung als die Superposition von zwei Wirkungen anzusehen sein: einer wahren Pyroelektrizität, die eine direkte Folge der Temperaturänderung ist und auch dann bestehen bleibt, wenn man die Deformation durch mechanische Einwirkung aufhebt, und einer falschen Pyroelektrizität oder aber Piezoelektrizität, die auf den Deformationen beruht und übrig bleibt, wenn man die betreffenden Deformationen bei konstanter Temperatur ausführt. Analog wie Turmalin wären alle Kristalle mit einzigartigen Richtungen zu betrachten.

Anhangsweise sei noch auf Erfahrungstatsachen hingewiesen, die das Hineinspielen von Piezoelektrizität in die Erscheinungen der thermischen Erregungen von solchen Kristallen, welche, wie Turmalin, wahre Pyroelektrizität aufweisen können, recht auffallend hervortreten lassen. Es sind das die durch die *Kundt*sche Methode leicht sichtbar zu machenden starken Störungen der elektrischen Erregung durch feine Spalten und Risse an der Oberfläche der Kristalle. Dergleichen Störungen sind bei einer direkten pyroelektrischen Wirkung gar nicht verständlich; sie erklären sich aber leicht durch die bekannten starken Wirkungen, welche selbst feine Spalten auf die Verteilung der elastischen Spannungen üben. Bei den niemals ganz streng und bei den meisten früheren Beobachtungen nur roh angenähert gleichförmigen Erwärmungen der beobachteten Kristalle entstehen dann in der Umgebung solcher Risse erhebliche Abweichungen von einem gleichförmigen Spannungszustand und mit diesen abnorme elektrische Erregungen.

Ein nicht geringer Teil der Beobachtungen über pyroelektrische Erscheinungen erschöpft sich geradezu in der Verfolgung dieser Abnormitäten, die für das tiefere Verständnis der Erscheinung so gut wie nichts liefern. Einem solchen Verfahren liegt einerseits wohl Unbekanntschaft mit dem eigentlichen physikalischen Problem zugrunde. Außerdem wird es hervorgerufen durch die vielleicht begreifliche, aber darum nicht weniger verhängnisvolle Tendenz, vor allen Dingen den benutzten Kristall zu schonen, also, obwohl ein sachgemäß herausgeschnittenes, wirklich gesundes Präparat die gesuchten Verhältnisse rein und vollständig zeigen würde, doch den ganzen Kristall mit all seinen oberflächlichen und innerlichen Schäden zu benutzen, der alle Resultate unklar und verzerrt ergibt.

Es scheint notwendig, auf die bedauerliche Verschwendung von mühsamer Arbeit, die hier und auch bei andern, später zu besprechenden Problemen mitunter getrieben worden ist, einmal hinzuweisen.

§ 130. **Plan für die theoretische Behandlung der Pyroelektrizität.** Es liegt nach dem Vorstehenden nahe, die Theorie der betrachteten Vorgänge so zu gliedern, daß man zuerst die wahre Pyroelektrizität, dann die (reine) Piezoelektrizität behandelt und schließlich unter den verschiedenen Kombinationen beider Wirkungen auch die gewöhnliche Anordnung bei der Beobachtung, die Erregung durch gleichförmige Temperaturänderung bei konstantem äußern Druck, betrachtet. In der Tat wollen wir weiter unten so verfahren. Diese Behandlungsart trägt jedoch den experimentellen Verhältnissen und damit der historischen Entwicklung unserer Kenntnisse recht wenig Rechnung, und da in der historischen Entwicklung (nach einem Wort von *Franz Neumann*) jederzeit „eine gewisse Logik liegt", so wird eine Loslösung von derselben meist auch didaktische Nachteile haben.

In der Tat ist die oben definierte wahre Pyroelektrizität zwar theoretisch einfach definiert, aber ein überaus schwieriges Objekt der Beobachtung. Eine Analogie der hier vorliegenden Verhältnisse zu den Erscheinungen der allgemeinen Thermodynamik drängt sich dabei fast von selbst auf.

Die Temperaturerhöhung eines Körpers bei ungeändertem Druck ist eine genaue Parallele zu der pyroelektrischen Erregung eines Kristalls unter analogen Umständen. Die dort auftretende spezifische Wärme bei konstantem Druck ist theoretisch keineswegs einfach definiert, aber sie hat den großen Vorzug, ebenso wie die entsprechende elektrische Erregung, eine bequem beobachtbare Größe darzustellen. Die Parallele zu der wahren pyroelektrischen Erregung eines Kristalls bildet die spezifische Wärme bei konstanter Deformation, insbesondere bei konstantem Volumen; sie ist theoretisch relativ einfach definierbar, aber ihre direkte Beobachtung ist so gut wie unmöglich. Bei der Einführung in die Wärmelehre spielt daher die spezifische Wärme bei konstantem Druck die dominierende Rolle, und die spezifische Wärme bei konstantem Volumen erscheint faktisch nur als eine aus jener mit Hilfe von andern Funktionen ableitbare Größe. Genau analog verhält es sich mit der wahren pyroelektrischen Erregung.

In Würdigung dieser eigenartigen Verhältnisse wollen wir denn auch die nach Vorstehendem schließlich notwendige Behandlung unseres Gegenstandes vom allgemeinsten theoretischen Standpunkt aus nicht sofort in Angriff nehmen, und dies um so lieber, als für eine wirklich strenge Behandlung der bezüglichen Probleme noch Umstände (elektrische Influenzwirkungen z. B.) in Betracht zu ziehen sind, die zuvor erst noch in besondern Abschnitten erörtert werden müssen, ehe wir sie zur Anwendung zu bringen vermögen.

Hier wollen wir zunächst jene gemischte pyroelektrische Erregung betrachten, die bei den gewöhnlichen Beobachtungsmethoden wirksam wird, und bei der eine freie Dilatation des Kristalls bei allseitig gleichem Druck stattfindet. Die dabei sich uns bietenden pyroelektrischen Parameter entsprechen genau der spezifischen Wärme $c_p$

in der Thermodynamik. Wir werden mit ihnen ebenso sicher rechnen dürfen, wie mit jener Größe, solange nur Erscheinungen in Betracht gezogen werden, die sich bei denselben Drucken abspielen. Später werden diese Parameter dann näher gedeutet, nämlich in Teile zerlegt werden, welche dem Anteil der wahren Pyroelektrizität und der Piezoelektrizität an den Vorgängen entsprechen. Es sei wiederholt, daß dieser Weg genau dem Gang der historischen Entwicklung entspricht; denn die früheren Beobachtungen und ihre theoretischen Verwertungen sind ohne Rücksicht auf die genannte Zerlegung durchgeführt.

Die Erregung von Kristallen ohne einzelne ausgezeichnete Richtung infolge von ungleichförmiger Temperaturänderung, die durchaus in das Gebiet der Piezoelektrizität fällt, bleibt hier naturgemäß zunächst ganz außer Betracht. Wir mußten sie heranziehen, um eine klare Gruppierung der Erscheinungen als Grundlage für die theoretische Behandlung vornehmen und Fremdartiges ausscheiden zu können.

§ 131. **Tensorielle Pyroelektrizität.** Um des gleichen Zieles willen muß vor der Rückkehr zur Erörterung der Erscheinungen, welche Turmalin und die ihm verwandten Kristalle zeigen, noch andersartiger elektrischer Erregungen gedacht werden, die gelegentlich mit jenen vermengt worden sind.

Es ist schon S. 197 u. f. dargelegt, daß eine elektrische Erregung der kleinsten Teile eines Kristalls nach dem Schema (— · · · +) keineswegs die einzig denkbare ist, sondern daß eine ganze unendliche Reihe von an Komplikation zunehmenden Verteilungen wahrscheinlich gemacht werden kann. Die in dieser Reihe auf die einfache vektorielle Erregung von obigem Schema folgende ist eine tensorielle, die nach S. 199 im allgemeinen Falle zusammengesetzt erscheint aus drei zentrisch-symmetrischen Verteilungen von dem Typ (+ · · — · · — · · +) oder (— · · + · · + · · —), die in drei zueinander normalen Richtungen orientiert sind.

Durch Beobachtungen ist wahrscheinlich gemacht, daß dergleichen in gewissen Kristallen in der Tat vorkommen, und wir haben uns deshalb bereits in § 115 u. f. mit ihrer Theorie beschäftigt. Hier sei nur hervorgehoben, daß die oben bezüglich der vektoriellen Pyroelektrizität eingeführten Unterscheidungen auch für die tensorielle Geltung behalten. Es sind z. B. auseinander zu halten Erregungen, die bei gleichförmiger, und solche, die nur bei ungleichförmiger Temperaturänderung eintreten; letztere werden auf eine tensorielle Piezoelektrizität zurückzuführen sein.

Weitere Bemerkungen über diese Erregungen sind vorerst unnötig; es handelte sich nur darum, andersartige Erscheinungen zu charakterisieren und zu umgrenzen, um sie von den nächsten Betrachtungen in verständlicher Weise auszuschließen. Wir kommen weiter unten auf diese tensorielle Pyroelektrizität zurück. Auf noch kompliziertere Erregungen (Polsysteme höherer Ordnung) einzugehen, liegt bisher ein Grund nicht vor.

§ 132. **Die Beobachtungen Gaugains.** Der Turmalin, an dem die Erscheinung der vektoriellen Pyroelektrizität zuerst beobachtet ist, blieb lange Zeit hindurch auch das einzige Objekt für quantitative Bestimmungen derselben. In der Tat ist dieser Kristall durch das häufige Vorkommen in größeren Individuen, wie auch durch die relativ vollkommene Isolation, welche seine Substanz unter angemessenen Umständen für elektrische Ladungen besitzt — ganz abgesehen von der Stärke der an ihm auftretenden Effekte —, ein ausgezeichnetes Material für die betreffenden Beobachtungen.

*Gaugain*[1]) hat sich erfolgreich um die Vervollständigung der quantitativen Gesetze für die pyroelektrische Erregung bemüht. Bei seinen Beobachtungen war der prismen- oder säulenförmig ausgebildete Turmalinkristall an seinen beiden Enden mit leitenden Belegungen versehen, deren eine zur Erde abgeleitet, deren andere mit dem Elektrometer verbunden wurde. Der Turmalin befand sich in einem Luftbad, dessen Temperatur sehr allmählich gesteigert oder vermindert werden konnte; das Elektrometer war in unten zu beschreibender Weise so eingerichtet, daß man an ihm direkt die Menge der innerhalb einer bestimmten Temperaturänderung auf der einen Belegung frei werdenden Elektrizität ablesen konnte.

Schreitet die Temperaturänderung hinreichend langsam fort, so kann man den Kristall als in jedem Augenblick merklich gleichförmig temperiert und demgemäß auch als gleichförmig erregt betrachten. In diesem Falle zeigt die Theorie, die unten gegeben werden wird, daß die scheinbaren (nämlich nicht durch Ableitung zu beseitigenden) Ladungen des Kristalls nur auf den die Säule an beiden Enden begrenzenden Flächen entstehen. Sind diese Flächen mit einer metallischen Belegung überzogen, so binden die scheinbaren Ladungen gleiche Ladungsmengen entgegengesetzten Vorzeichens in den Belegungen, und gleiche Mengen gleichartiger Ladungen werden frei. Ist die Erwärmung nicht vollständig gleichförmig, so entstehen scheinbare Ladungen auch im Innern des Kristalls, die man in ihrer Wirkung zum überwiegenden Teil zur Geltung bringen kann, wenn man die Belegungen beiderseits noch ein Stück über die Säulenflächen erstreckt, so daß sie je eine einseitig geschlossene Röhre bilden. Nach einem

1) *Gaugain*, zahlreiche Abhandlungen in den C. R. von 1856—1859.

bekannten Satz der Elektrostatik wird dann die in einer Belegung gebundene Ladung sehr nahe gleich der innerhalb der betreffenden Röhre erregten, und gleiches gilt für die auf der Belegung frei werdende.

Zur Messung der frei werdenden Elektrizitätsmengen gab *Gaugain* seinem Goldblattelektroskop eine spezielle Einrichtung. Das vertikal herabhängende, mit der einen Belegung verbundene Goldblatt befand sich nahe bei einem zur Erde abgeleiteten Metallknopf, von dem es bei wachsender Ladung und somit wachsender Potentialdifferenz mehr und mehr angezogen wurde, bis es mit ihm zur Berührung kam. Im Moment der Berührung wurde die gesamte, bei dem betreffenden Potential auf der Belegung befindliche freie Elektrizität zur Erde abgeleitet. Diese Menge ist eine den geometrischen Verhältnissen des Kristalls und des Elektroskops individuelle Konstante — die Einheit, in welcher die Messung angestellt wird. Wenn also bei steigender oder fallender Temperatur die Entladung des Elektroskops sich $n$-mal vollzieht, so sind auf der Belegung $n$ Ladungseinheiten frei geworden.

Seine Messungen führten *Gaugain* zu den folgenden neuen Sätzen:

Die Gesamtmenge der durch einen und denselben Kristall auf einer Belegung entwickelten Elektrizitätsmenge hängt nur von dessen Anfangs- und Endtemperatur ab, nicht aber von der Geschwindigkeit, mit der die Temperaturänderung sich vollzieht, — solange nur die Geschwindigkeit groß genug ist, um die Elektrizitätsverluste durch Ableitungen unmerklich bleiben zu lassen. Die Gesamtmenge der entwickelten Elektrizität behält dieselbe Größe, ändert aber das Vorzeichen, wenn Anfangs- und Endtemperatur vertauscht werden; sie ist bei mäßigen Temperaturänderungen diesen selbst proportional; sie ist unabhängig von der Länge des Turmalinkristalls und direkt proportional seinem Querschnitt.

**§ 133. Theoretische Gesichtspunkte von W. Thomson.** Für die Gesamtheit der ihm vorliegenden Tatsachen bezüglich der Pyroelektrizität gab *W. Thomson* (Lord *Kelvin*)[1]) eine qualitative, und zum Teil auch eine quantitative Erklärung. *Thomson* nahm an, daß die Volumenelemente eines Turmalinkristalls eine dauernde elektrische Polarisation parallel zur Hauptachse besitzen, die durch das dielektrische Moment der Volumeneinheit gemessen wird, und daß diese Polarisation mit der Temperatur variiert. Ist das Material, und ins-

1) *W. Thomson*, Phil. Mag. (5) Bd. 5, p. 26, 1878; Math. Phys. Papers, Bd. 1, p. 315.

besondere auch die Oberfläche des Kristalls nicht vollkommen isolierend, so wird diese Polarisation zu einer elektrischen Verteilung Veranlassung geben, deren Einfluß dahin geht, die Wirkung jener Polarisation nach außen zu kompensieren. Insbesondere, wenn die Leitfähigkeit der Oberfläche allein oder weit überwiegend zur Geltung kommt, wird auf derselben eine Elektrizitätsbewegung Platz greifen und andauern, solange in der Oberfläche noch Differenzen des elektrischen Potentials, also tangential wirkende Kräfte existieren.

Bleibt die Temperatur eine genügende Zeit hindurch konstant, so bildet sich infolge dieser Elektrizitätsbewegung eine Oberflächenladung des Kristalls aus, welche die Konstanz des Potentials längs der Oberfläche erzwingt und damit die Wirkung der innern Polarisation auf alle äußern Punkte völlig zerstört.

Ändert sich die Temperatur und damit die innere Polarisation hinreichend schnell, daß die Oberflächenverteilung nicht Zeit hat, sich diesen Änderungen vollständig anzupassen, so wird die Änderung der innern Polarisation zum größeren oder geringeren Teile nach außen wirksam und gibt bei wachsender und fallender Temperatur zu scheinbaren entgegengesetzten Ladungen Veranlassung.

Daß im übrigen die *Gaugain*schen Resultate über die Abhängigkeit der Ladungen vom Querschnitt, über ihre Unabhängigkeit von der Länge des Kristalls durch die *Thomson*sche Vorstellung erklärt werden, ergibt sich ohne weiteres aus dem Resultat von S. 204, wonach die elektrische Verteilung in einem zylindrischen Körper, dessen Volumenelemente gleichförmig nach der Zylinderachse polarisiert sind, mit einer Ladung seiner Endflächen von der Dichte

$$\sigma = -P \cos (n_i, P)$$

äquivalent ist, unter $n_i$ die Richtung der innern Normale, unter $P$ das elektrische Moment der Volumeneinheit verstanden. Die Gesamtladung $m$ auf dem System der den Kristall einseitig begrenzenden Flächen $o_h$ ist hiernach

$$m = -\sum o_h P \cos (n_h, P);$$

dies ist aber, wie die unmittelbare Anschauung ergibt, identisch mit

$$m = \pm qP,$$

unter $q$ der Querschnitt verstanden; somit ist $m$ dem Querschnitt proportional und von der Länge unabhängig. —

Eine zweite wesentliche Förderung erhielt die Theorie der Pyroelektrizität durch *W. Thomson*[1]) im Jahre 1877 mit Hilfe der An-

1) *W. Thomson*, Math. Phys. Papers Bd. I, p. 316.

wendung der allgemeinen thermodynamischen Prinzipien für reversible Vorgänge, die wir in § 101 u. f. nach der Methode des thermodynamischen Potentials formuliert haben. *W. Thomson* erkannte, daß, wenn es sich, wie kaum zu bezweifeln, bei der pyroelektrischen Erregung um einen reversibeln Effekt handelt, dann ihm quantitativ verknüpft sein muß ein reziproker Effekt: die Temperaturänderung eines derart erregbaren Kristalls, wenn derselbe in ein elektrisches Feld gebracht wird. Diese Temperaturänderung ist gleichfalls umkehrbar, insofern sie ihr Vorzeichen wechselt, wenn die Komponente des Feldes nach der Richtung der molekularen Polarisation des Kristalls umgekehrt wird. Die von *W. Thomson* signalisierte reziproke Wirkung ist sehr klein und erst in neuester Zeit, wie unten zu berichten, experimentell nachgewiesen worden.

**§ 134. Quantitative Bestimmungen von E. Riecke. Das Gesetz der zeitlichen Änderung.** Nach der von *W. Thomson* vertretenen Anschauung sind an dem Verlauf der elektrischen Erregung eines Turmalinkristalls während seiner Abkühlung aus einem erhitzten Zustand eine ganze Reihe von Wirkungen beteiligt. Die Änderung der Temperatur des in einer kühleren Umgebung sich selbst überlassenen Kristalls beruht auf seiner oberflächlichen und inneren thermischen Leitfähigkeit. Jeder erreichten Temperaturverteilung entspricht ein bestimmtes elektrisches Moment an jeder Stelle des Kristalls; aber nur ein Teil desselben kommt nach außen faktisch zur Geltung, da durch Influenz in der spurenweise leitenden Oberfläche des Kristalls eine elektrische Verteilung in Bildung begriffen ist, die der Wirkung der innern Verteilung entgegenwirkt, sie schließlich für äußere Punkte völlig kompensiert.

*Riecke*[1]) hat sich in mehreren Arbeiten bemüht, diese verschiedenen Umstände durch Kombination von Theorie und Beobachtung zu sondern, wobei der Einfachheit halber der Kristall in jedem Moment als gleichförmig temperiert angesehen wurde. Bei den ersten Beobachtungen wurde der erwärmte Kristall über dem Knopf eines (graduierten) Goldblattelektrometers aufgehängt und aus dem Ausschlag des Meßinstruments während der Abkühlung auf die gleichzeitige scheinbare Gesamtladung des Kristalls geschlossen.

Eine angenäherte Theorie des Vorganges ist in folgender Weise zu gewinnen.

Sei $\tau$ die von der Temperatur der Umgebung aus gezählte Temperatur des Kristalls, und werde der Koeffizient des *Newton*schen Er-

1) *E. Riecke*, Gött. Nachr. 1885, p. 405, 1887, p. 151; Wied. Ann. Bd. 28, p. 43, 1886; Bd. 31, p. 889, 1887.

kaltungsgesetzes, d. h. der Quotient aus dem Produkt von Oberfläche und äußerer thermischer Leitfähigkeit und dem Produkt von Masse und spezifischer Wärme,

$$\frac{O\bar{l}}{Mc} = a \tag{1}$$

gesetzt, so ist dieses Erkaltungsgesetz dargestellt durch die Formel

$$d\tau = -a\tau dt. \tag{2}$$

Auf die Veränderung der scheinbaren Ladung wirken zwei Umstände ein. Einmal die mit der Temperatur veränderliche Erregung des Kristalls, sodann die Ausgleichung in der leitenden Oberfläche. Man kann daher setzen, indem man die letztere Wirkung der jeweils vorhandenen Ladung $m$ proportional annimmt,

$$dm = k d\tau - qm dt, \tag{3}$$

wobei $k$ die Änderung der Ladung infolge der Temperatursteigerung bei fehlender Oberflächenleitung und dagegen $q$ die Wirkungen dieser Leitung mißt.

Bezeichnet $\tau_0$ den Wert des anfänglichen Überschusses der Temperatur des Kristalls über diejenige der Umgebung, so liefert die Gleichung (2)

$$\tau = \tau_0 e^{-at}, \tag{4}$$

also

$$d\tau = -a\tau_0 e^{-at} dt,$$

und aus (3) wird

$$\frac{dm}{dt} + qm = -ka\tau_0 e^{-at}$$

oder, wenn $k\tau_0$ in $m_0$ abgekürzt wird

$$\frac{d(me^{qt})}{dt} = -am_0 e^{(q-a)t}. \tag{5}$$

Wenn zur Zeit $t = 0$ der Kristall keine scheinbare Ladung trug, damals etwa die zuvor vorhandene durch Bestreichen mit einer abgeleiteten Flamme beseitigt wurde, so liefert dies

$$m = am_0 \frac{e^{-at} - e^{-qt}}{q - a}. \tag{6}$$

Die Konstante $m_0$ bestimmt sich durch den beobachtbaren Maximalwert $\bar{m}$ der wirksamen Ladung, der zu einer Zeit $\bar{t}$ stattfindet, gegeben durch

$$\bar{t} = \frac{\ln q - \ln a}{q - a}, \quad \bar{m} = m_0 \left(\frac{a}{q}\right)^{q/(q-a)}. \tag{7}$$

Rechnet man $t$ von diesem Zeitpunkt $\bar{t}$ aus, setzt also $t - \bar{t} = t_1$, so ergibt sich

$$m = \bar{m}\,\frac{q e^{-a t_1} - a e^{-q t_1}}{q - a}. \tag{8}$$

Diese theoretische Überlegung macht verständlich, daß bei der Abkühlung zunächst ein Anwachsen der Ladung entsteht und darauffolgend eine Abnahme. Die Formel (8) erwies sich als eine gute Darstellung der Beobachtung auf dem fallenden Zweig der Ladungskurve, weniger auf dem ansteigenden, den höchsten Temperaturen entsprechenden Zweig, wo ja auch verschiedene der gemachten Prämissen, z. B. die vorausgesetzte Homogenität der Temperaturverteilung, weniger erfüllt gewesen sein dürften.

Von besonderem Interesse ist die von *Riecke* gemachte Anwendung seiner Formel auf die Berechnung derjenigen Ladung, die an einem Kristall bei Abkühlung auf Zimmertemperatur eingetreten sein würde, wenn kein Verlust durch oberflächliche Leitung stattgefunden hätte. Für $q = 0$ ergibt (6)

$$m = m_0(1 - e^{-a t}), \tag{9}$$

also für $t = \infty$: $m = m_0$, wodurch die Konstante $m_0$ eine einfache Deutung erhalten hat. Nach ($7^2$) berechnet sich dann $m_0$ aus dem beobachteten $\bar{m}$ mit Hilfe der gleichfalls aus den Beobachtungen abgeleiteten Parameter $q$ und $a$ zu

$$m_0 = \bar{m}\left(\frac{q}{a}\right)^{q/(q-a)} \tag{10}$$

*Riecke* fand auf diese Weise bei fünf grünen brasilianischen Turmalinen Resultate, die ergaben, daß an dieser Substanz bei einer Abkühlung oder Erwärmung um $100^0$ C auf einem Querschnitt von 1 $cm^2$ eine Ladung $m_1$ von etwa 165 absoluten elektrostatischen Einheiten entstehen würde. Nach S. 241 gibt diese Zahl zugleich den Wert des bei dieser Temperaturänderung erregten spezifischen Momentes $P$ an.

Weitere Untersuchungen *Rieckes* bezogen sich auf die Abhängigkeit der gesamten durch die Abkühlung bis zur Temperatur der Umgebung erregten scheinbaren Ladungen von der dem Kristall erteilten Anfangstemperatur. Es wurde dabei die *Gaugain*sche Methode der Messung der freiwerdenden Ladungen mit Hilfe des Entladungselektroskopes angewendet. Da sich bei dieser niemals beträchtliche Ladungen auf dem Kristall ansammeln können, so tritt auch die oberflächliche Leitfähigkeit desselben nicht wesentlich in Aktion. Die Formel (3) würde bei unmerklichem Wert von $q$ liefern

$$dm = k\,d\tau, \quad m = k(\tau - \tau_0). \tag{11}$$

Die hierin ausgedrückte Proportionalität der erzeugten Ladung mit dem Abkühlungsintervall erwies sich nach der Beobachtung nur in kleinen Bereichen stattfindend, was nicht überraschen kann, da die Annahme einer Konstanz von $dm/d\tau$ willkürlich ist. *Riecke* fand es nötig, höhere Potenzen des Abkühlungsintervalles der Formel ($11^2$) rechts zuzufügen, um den Gang der Beobachtungen wiederzugeben.

Es sei noch erwähnt, daß nicht nur Turmaline verschiedener Herkunft beträchtlich verschiedene pyroelektrische Erregungen zeigten, — was bei der Inkonstanz der chemischen Zusammensetzung dieses Minerales begreiflich ist, — sondern auch verwandte Kristalle quantitativ abweichende Resultate ergaben. Vielleicht hängt dies zum Teil mit dem Umstand zusammen, daß *Riecke* die Kristalle ausschließlich in ihrem natürlichen Zustand mit ihrer natürlichen unregelmäßigen Begrenzung benutzte, nicht Präparate in regelmäßigen genau ausmeßbaren Dimensionen mit einer wohldefinierten und leicht reinzuhaltenden Oberfläche.

Die oben erwähnten, von *Riecke* beobachteten fünf brasilianischen Turmaline ergaben für die Abhängigkeit der Ladung $m_1$ pro $cm^2$ von der Temperaturdifferenz gegen $18^0$ C Ausgangstemperatur im Mittel das Resultat

$$m_1 = 1{,}13\,\tau + 0{,}0052\,\tau^2.$$

Hieraus würde folgen

$$\partial m_1/\partial \tau = 1{,}13 + 0{,}0104\,\tau = p$$

als Maß für die pyroelektrische Erregbarkeit der betreffenden Turmaline bei der Temperatur $(18 + \tau)^0$ C. Einer Temperatur von $22^0$ C würde beispielsweise $\tau = 4$, also $p = 1{,}17$ entsprechen. —

Neuerdings hat *Bleekrode*[1]) pyroelektrische Erregungen beim Eintauchen von verschiedenen, zuvor auf Zimmertemperatur befindlichen Kristallen in flüssige Luft beobachtet, ohne jedoch quantitative Bestimmungen auszuführen. Die bei Turmalin eintretende Wirkung war so kräftig, daß nach der Herausnahme des Kristalles aus dem Kältebad die Feuchtigkeit der Luft sich auf ihm nicht, wie sonst an kalten Körpern, durchaus in einer kontinuierlichen Eishülle niederschlug, sondern an den beiden Enden infolge der elektrischen Abstoßung lange Eisnadeln bildete.

Von Wichtigkeit ist die Beobachtung, daß bei Turmalin die Abkühlung auf so niedrige Temperatur dieselbe Art der Polarität bewirkte, wie unter höherer Temperatur eine Erwärmung. Diese Anormalität ist für eine Theorie der pyroelektrischen Erregung von beträchtlicher Wichtigkeit; wir kommen auf dieselbe später zurück.

1) *L. Bleekrode*, Ann. d. Phys. Bd. 12, p. 218 1902.

Weinsteinsäure zeigte ein normales Verhalten, nämlich bei der starken Abkühlung die entgegengesetzte Polarität, wie bei einer Erwärmung.

§ 135. **Qualitative Bestätigung der W. Thomsonschen Hypothese.** Beruht gemäß der W. Thomsonschen Anschauung das Verschwinden der pyroelektrischen Erregung mit der Zeit nur auf einer oberflächlichen Leitfähigkeit der Turmalinkristalle, so müssen alle Umstände, welche diese letztere herabsetzen, dahin wirken, die Ladungen dauernder zu machen. An diesen Schluß anknüpfend hat *Riecke*[1]) eine sehr einfache Bestätigung der geschilderten Anschauung gegeben. Er vermochte an Turmalinkristallen, die er der Abkühlung innerhalb einer von Staub und Feuchtigkeit möglichst befreiten Atmosphäre von etwas vermindertem Druck überließ, noch nach mehr als 24 Stunden Ladungen nachzuweisen, obgleich schon nach einer Stunde die Temperaturdifferenz des Kristalles gegen die umgebende Atmosphäre weniger als 1° C betrug, von da ab also eine neue merkliche Erregung nicht weiter in Frage kam. Es ist hierdurch in der Tat wahrscheinlich gemacht, daß der Turmalin, wie *W. Thomson* meint, eine dauernde elektrische Polarität besitzt, deren Stärke mit der Temperatur variiert.

Ein ganz direkter Nachweis dieser Polarität läßt sich dadurch erbringen, daß, wenn sie vorhanden ist, frische Bruchflächen eines Turmalinkristalles bei gewöhnlicher Temperatur sich mit elektrischer Ladung versehen erweisen müssen. Offenbar tragen solche Bruchflächen nicht sogleich die kompensierende Oberflächenladung; sie leiten vermutlich auch zunächst noch sehr schlecht, bis sich etwa durch Wasserkondensation eine fremde leitende Schicht auf ihnen gebildet hat. Es fehlt somit an einem zerbrochenen Krystall den beiden Hälften ein Teil der kompensierenden Oberflächenladung, und es muß demgemäß ihre innere Verteilung sich nach außen geltend machen. Hat das Zerbrechen eines säulenförmigen Kristalles bei gleichförmiger Temperatur des Kristalles stattgefunden, so ist die innere Verteilung jedes Stückes mit einer Ladung der die Säule beiderseitig begrenzenden Flächen von der Dichte $\sigma = -P\cos(n_i, P)$ äquivalent; es wird hiernach also die eine Hälfte des Kristalles so wirken, als ob die Bruchfläche p o s i t i v, die andere, als ob sie n e g a t i v geladen wäre.

Demgemäß habe ich die Versuche zur direktesten Prüfung der *W. Thomson*schen Anschauung so angestellt[2]), daß ich stäbchenförmige Präparate aus grünem (brasilianischen) Turmalin beiderseitig in kurze Messingstäbe kittete, sie in der Mitte mit einem Diamant ritzte

1) *E. Riecke*, Gött. Nachr. 1887, p. 151.

2) *W. Voigt*, Gött. Nachr. 1896, p. 207. Wied. Ann. Bd. 60, p. 368, 1897.

und dann (mit den Messingstäben als Handhabe) zerbrach. Die Bruchflächen wurden augenblicklich in zwei mit dem Quadranten eines *Thomson*-Elektrometers verbundene, im übrigen isolierte Quecksilbernäpfe eingetaucht; in diesen mußten dann Ladungen frei werden, welche den auf den Bruchflächen befindlichen gleich waren. Es entstand nun in der Tat ein äußerst kräftiger Ausschlag am Elektrometer, der die Anwesenheit einer starken Ladung der Bruchflächen bewies.

Durch Messung des Ausschlages und Vergleichung mit dem durch einen gepreßten Turmalin piezoelektrisch hervorgerufenen konnte auch ein ungefährer Wert für die Dichte dieser Ladung und somit für das bei der Beobachtungstemperatur im Turmalin vorhandene permanente Moment gewonnen werden. Es fand sich dafür bei vier leidlich übereinstimmenden Beobachtungen bei einer Temperatur von etwa 24° C ein Wert von rund 33 absoluten Einheiten.

Was den Sinn des so wirksam gemachten permanenten elektrischen Momentes angeht, so erscheint es einigermaßen überraschend, daß derselbe sich durch die beschriebene Beobachtung entgegengesetzt dem Sinne des durch Erwärmung hervortretenden Momentes des Turmalines erwies. Die Erwärmung wirkt hiernach nicht verstärkend, sondern vermindernd auf das permanente Moment ein, und nach der S. 245 angegebenen Zahl für die Wirkung einer Temperaturveränderung würde sich ergeben, daß das permanente Moment in der Nähe von 50° C sein Vorzeichen wechselt. Dies letztere Resultat ist allerdings als nicht ganz sicher gestellt zu betrachten.

Während nämlich der Nachweis der Existenz und auch des Vorzeichens eines dauernden elektrischen Momentes im Turmalin durch die vorstehend beschriebenen Beobachtungen als erbracht gelten darf, ist die Bestimmung der Größe dieses Momentes aus prinzipiellen Gründen unsicher, und die Messungen geben eigentlich nur eine untere Grenze. Es ist in der Tat denkbar, daß das Moment faktisch erheblich größer ist, als 33 absolute Einheiten. Erstens kann von dem Augenblick des Zerbrechens an bis zu dem des Eintauchens bereits eine kompensierende Influenz eingesetzt haben. Außerdem aber ist denkbar, daß im Augenblick des Zerbrechens des Kristalles zwischen den einander noch sehr nahen Bruchflächen Entladungen stattfinden, und auf diese Weise die entgegengesetzten Ladungen der beiden Bruchflächen einander gegenseitig zum Teil neutralisieren. Daß dergleichen nicht stattgefunden hat, dürfte sehr schwer nachzuweisen sein. Immerhin kann das Vorzeichen des permanenten Momentes und die daraus folgende Tatsache der Abnahme seines absoluten Wertes mit wachsender Temperatur kaum bezweifelt werden, und ein solches Resultat ist für jede molekulare Theorie der pyro-, wie der piezoelektrischen Erregung am Turmalin bereits von beträchtlicher Wichtigkeit.

## II. Abschnitt.

## Thermodynamische Theorie der vektoriellen Pyroelektrizität.

§ 136. **Das thermodynamische Potential der pyroelektrischen Vorgänge.** Für die Anwendung der Methode des thermodynamischen Potentiales besteht die Vorbedingung, daß es sich um reversible Vorgänge handelt. Diese Vorbedingung darf hier als erfüllt angesehen werden; nach allen Beobachtungen können die eigentlichen pyroelektrischen Erscheinungen durch umgekehrte Temperaturänderungen selbst rückgängig gemacht werden; die nicht umkehrbaren Wirkungen der Oberflächenleitung, von denen S. 241 gesprochen ist, sind den eigentlichen Vorgängen fremd und lassen sich unabhängig von diesen vermindern.

Die unabhängigen Variabeln, die neben der absoluten Temperatur $\vartheta$ für die Aufstellung des Ausdruckes für das erste thermodynamische Potential $\xi$ der Volumeneinheit zu wählen sind, ergeben sich nach § 101 durch den Ausdruck (107) für die Arbeit, welche eine Veränderung des Zustandes erfordert. Dabei sollen diejenigen Hauptvariabeln $x_1, \ldots x_n$ bevorzugt werden, für welche die auf die Volumeneinheit bezogene Arbeit speziell die Form

$$d'\alpha = -\sum X_h dx_h, \quad h = 1, 2, \ldots n \tag{12}$$

besitzt, also kein in $d\vartheta$ multipliziertes Glied aufweist.

Aus dem Ausdruck für das Potential $\xi$ folgen dann nach § 101 die Beziehungen für die Entropie der Volumeneinheit und für die Abhängigen $X_h$ (die erweiterten Kräfte) gemäß den Formeln

$$\eta = -\frac{\partial \xi}{\partial \vartheta}, \quad X_h = -\frac{\partial \xi}{\partial x_h}, \quad h = 1, 2, \ldots n. \tag{13}$$

Nun haben wir in § 122 einen Ausdruck für die Arbeit abgeleitet, welche zu einer Veränderung der dielektrischen Erregung nötig ist. Dieser hat unmittelbar die Form (12); er liefert uns also Auskunft darüber, welche Größen in unserem Falle die Stelle der verallgemeinerten Koordinaten $x_1, \ldots x_3$, welche die Stelle der verallgemeinerten Kräfte $X_1, \ldots X_3$ einnehmen. Indem wir weiterhin die Feldkomponenten durch $E_1, E_2, E_3$, die Komponenten der dielektrischen Momente durch $(P_1), (P_2), (P_3)$ bezeichnen, können wir statt (215) auf S. 223 schreiben

$$d'\alpha = -((P_1)dE_1 + (P_2)dE_2 + (P_3)dE_3), \tag{14}$$

und es tritt hervor, daß bei den Problemen der dielektrischen Erregung die $x_h$ mit den Feldkomponenten $E_h$, die $X_h$ mit den Momentkomponenten $(P_h)$ zu identifizieren sind. Gemäß dem in § 114 Entwickelten betrachten wir die elektrische Feldstärke $E$ (vorerst ohne strenge Begründung) als einen polaren Vektor. —

Um einen Ansatz für das Potential $\xi$ zu bilden, können wir im Einklang mit der Erfahrung einen nach steigenden ganzen Potenzen der $E_h$ fortschreitenden Ausdruck bilden, der mit einer geeigneten — im allgemeinen sehr niedrigen — Ordnung abbricht. Für die nächste Betrachtung begnügen wir uns mit den Gliedern erster Ordnung. Auf höhere Glieder, die zum Teil wesentlich andere Erscheinungen ausdrücken, werden wir weiter unten eingehen.

Diese Zerlegung des thermodynamischen Potentiales führt zu keinen Unbequemlichkeiten, da nach § 101 die uns interessierenden physikalischen Größen durch Differentiationen des Potentiales zu gewinnen sind und somit bei unserem Verfahren parallelgehend gleichfalls zerlegt werden; sie können schließlich, wie das Potential selbst, aus den bezüglichen Teilen zusammengesetzt werden.

Nach dem Gesagten wollen wir also ein (erstes) thermodynamisches Potential von der Form

$$- (\xi) = (F_0) + (F_1)E_1 + (F_2)E_2 + (F_3)E_3 \tag{15}$$

betrachten, in dem die $(F_0), \ldots (F_3)$ Funktionen der absoluten Temperatur $\vartheta$ allein darstellen.

Für die effektiven dielektrischen Momente ergibt sich hieraus gemäß (13)

$$(P_1) = (F_1), \ (P_2) = (F_2), \ (P_3) = (F_3), \tag{16}$$

für die gesamte Entropie der Volumeneinheit, falls Differentialquotienten nach $\vartheta$ durch einen oberen Index angedeutet werden,

$$(\eta) = (F_0)' + (F_1)'E_1 + (F_2)'E_2 + (F_3)'E_3. \tag{17}$$

Im Falle der pyroelektrischen Vorgänge kommen nun die Absolutwerte der Momente und der Entropie niemals zur Geltung, sondern nur ihre Änderungen bei einer Abweichung der Temperatur $\vartheta$ von einer Ausgangs- oder Normaltemperatur $\vartheta_0$ aus. Diese Größen bestimmen sich ebenso aus der Differenz

$$(\xi) - (\xi)_0 = \xi, \tag{18}$$

wobei $(\xi)_0$ sich auf die Normaltemperatur $\vartheta_0$ bezieht, ebenso wie die Absolutwerte aus $(\xi)$.

Wir können demnach statt von dem Ansatz (15) für $(\xi)$ bequemer von dem Ansatz

$$- \xi = F_0 + F_1E_1 + F_2E_2 + F_3E_3 \tag{19}$$

ausgehen, in dem $F_h$ für $(F_h) - (F_h)_0$ geschrieben ist. Dabei werden wir passend die $F_h$ als Funktionen von $\vartheta - \vartheta_0 = \tau$ betrachten, die mit $\tau$ verschwinden, und deren Parameter von $\vartheta_0$ abhängen.

Aus (19) folgen dann für die bei Steigerung der Temperatur von $\vartheta_0$ auf $\vartheta = \vartheta_0 + \tau$ erregten Momente die Formeln

$$P_1 = F_1, \; P_2 = F_2, \; P_3 = F_3, \tag{20}$$

für den Zuwachs der Entropie analog

$$\eta = F_0' + F_1' E_1 + F_2' E_2 + F_3' E_3, \tag{21}$$

wobei die oberen Indizes die Differentiation nach $\tau$ andeuten, und $F_0$ so gewählt werden kann, daß es nicht nur selbst, sondern auch sein Differentialquotient $F_0'$ für $\tau = 0$ verschwindet.

Bei nicht zu großen Temperaturänderungen kann man dann schließlich noch die $F_h$ nach Potenzen von $\tau$ entwickeln und die Reihen mit einer angemessen niedrigen Ordnung abbrechen. Da aber die Abhängigkeit von der Temperatur nach der Erfahrung hier, wie in anderen Gebieten, ziemlich kompliziert ist, auch von vornherein eine Beschränkung auf kleine Temperaturänderungen weder für das Experiment, noch für die Entwickelung der Formeln wesentliche Vorteile bringt, so wollen wir zunächst von einem solchen Verfahren absehen.

§ 137. **Spezialisierung des thermodynamischen Potentials auf die verschiedenen Kristallgruppen.** Die nächste sich bietende Aufgabe ist die Spezialisierung des Ansatzes (12) oder (19) auf die verschiedenen Kristallgruppen, die bei der Einfachheit des Ausdruckes für $\xi$ sehr leicht zu bewirken ist. Die Zusammenstellung der Symmetrieformeln für die 32 Kristallgruppen ist S. 97 gegeben und die Tabelle nach der dortigen Bemerkung am Schluß des Buches herausklappbar wiederholt.

$\xi$ ist nach seiner Definition auf S. 188 ein Skalar, $E$ ist ein polarer Vektor, dessen Komponenten bei Inversion des Koordinatensystems ihre Vorzeichen umkehren. Für $F_0$ ergibt sich skalarer Charakter, während $F_1, F_2, F_3$ nach dem Satz von S. 150 polare Vektorkomponenten darstellen. Solche Funktionen können, wie schon S. 234 bemerkt, einem Krystall nur dann eigentümlich sein, wenn derselbe einzigartige Richtungen besitzt, deren Symmetrie mit derjenigen eines polaren Vektors vereinbar ist. Es müssen hiernach jedenfalls zunächst für alle zentrisch symmetrischen Gruppen die $F_1, F_2, F_3$ verschwinden, da ein Symmetriezentrum der Dissymmetrie des polaren Vektors widerspricht.

Bei den übrigen Kristallgruppen ist zunächst zuzusehen, ob sie überhaupt einzigartige Richtungen besitzen. Alle Gruppen, wo dies nicht stattfindet, fallen gleichfalls bezüglich der $F_1, F_2, F_3$ aus.

Keine einzigartigen Richtungen besitzen von den Gruppen ohne Zentrum jedenfalls alle diejenigen mit zwei unabhängigen Symmetrieachsen oder mit zwei Spiegelachsen oder mit einer Symmetrie- und einer Spiegelachse. Eine Symmetrie- oder Spiegelachse ordnet nämlich bereits jeder Richtung im Kristall mindestens eine gleichwertige zu, mit Ausnahme der Richtung der Achse selbst. Zu dieser Richtung fügt dann die zweite Symmetrie- oder Spiegelachse eine zweite gleichwertige hinzu.

Eine einzigartige Richtung besitzen Krystallgruppen mit entweder nur einer Symmetrieachse oder nur einer Spiegelachse. Der letztere Fall ist aber jederzeit mit der Dissymmetrie des polaren Vektors im Widerspruch, der erstere dann, wenn zu der Symmetrieachse eine Symmetrieebene normal steht, was im Falle der Dreizähligkeit kein Symmetriezentrum bedingt. Diese beiden Symmetrien fallen demgemäß gleichfalls aus. In den übrigen Gruppen mit nur einer Symmetrieachse bezeichnet deren Richtung die Richtung des pyroelektrischen Momentes.

Es bleiben hiernach schließlich für die Diskussion nur noch die beiden Gruppen (2) und (4), d. h. ohne alle Symmetrieelemente oder mit einer einzigen Symmetrieebene, übrig. In der ersteren entspricht jede Richtung den zu erfüllenden Anforderungen, in der letzteren jede in der Symmetrieebene liegende Richtung, und es ist in beiden Fällen eine Auswahl unter diesen Richtungen nicht zu treffen.

So gelangt man zu dem folgenden Schema für die Parameter $F$, bei dem die Gruppen mit Zentrum von vornherein ausgeschlossen sind.

| | | |
|---|---|---|
| I. | (2) Kein Symmetrieelement: | $F_1, F_2, F_3$. |
| II. | (4) $(E_z)$: | $F_1, F_2, 0$. |
| | (5) $(A_z^{(2)})$: | $0, \ 0, \ F_3$. |
| III. | (7) $(A_z^{(2)}, A_x^{(2)})$: | alle $F_h = 0$. |
| | (8) $(A_z^{(2)}, E_x)$: | $0, \ 0, \ F_3$. |
| IV. | (10) $(A_z^{(3)}, A_x^{(2)})$: | alle $F_h = 0$. |
| | (11) und (13) $(A_z^{(3)}, E_x)$ und $(A_z^{(3)})$: | $0, \ 0, \ F_3$. |
| V. | (15) $(A_z^{(4)}, A_x^{(2)})$: | alle $F_h = 0$. |
| | (16) und (18) $(A_z^{(4)}, E_x)$ und $(A_z^{(4)})$: | $0, \ 0, \ F_3$. |
| | (19) und (20) $(S_z, A_x^{(2)})$ und $(S_z)$: | alle $F_h = 0$. |
| VI. | (22) $(A_z^{(6)}, A_x^{(2)})$: | alle $F_h = 0$. |
| | (23) und (25) $(A_z^{(6)}, E_x)$ und $(A_z^{(6)})$: | $0, \ 0, \ F_3$. |
| | (26) und (27) $(A_z^{(3)}, A_x^{(2)}, E_z)$ und $(A_z^{(3)}, E_z)$: | alle $F_h = 0$. |
| VII. | (29) und (32) $(A_x^{(4)}, A_y^{(4)})$ und $(A_x^{(2)} \sim A_y^{(2)} \sim A_z^{(2)})$: | alle $F_h = 0$. |

Der geometrische Weg, den wir im vorstehenden gegangen sind, ist nicht der eigentlich methodische, der in § 55 auseinandergesetzt wurde und die Transformation von $\mathfrak{x}$ auf nach den Symmetrieverhältnissen gleichwertige Koordinatensysteme benutzt; er ist ihm aber in diesem einfachen Falle an Kürze und Anschaulichkeit überlegen. Da der methodische Weg unten in komplizierteren Fällen, wo die geometrische Anschauung zur Lösung des Problemes nicht ausreicht, noch wiederholt wird eingeschlagen werden müssen, so mag hier von seiner Benutzung abgesehen werden.

Die obige Tabelle ergibt das Resultat, daß die betrachtete pyroelektrische Erregung in der Tat hauptsächlich in hemimorphen und tetartoedrischen Gruppen mit einer polaren Achse, d. h. mit den Elementen $A_z^{(n)}$ und $A_z^{(n)}, E_x$ auftritt, im übrigen bei einer sehr großen Zahl von Gruppen — 21 von 32 — gänzlich fehlt.

Auch bei Kristallen, welche einer der elf ausgezeichneten Gruppen angehören, ist die pyroelektrische Erregbarkeit nicht in allen Fällen nachweisbar. Es liegt darin kein Widerspruch mit dem Grundgesetze aus § 12, von dem wir hier ausgehen, denn dies Gesetz behauptet, indem es die Symmetrie der Konstitution derjenigen der Wachstumserscheinungen gleichsetzt, nur die Möglichkeit der mit jener Symmetrie vereinbaren Erscheinungen, nicht die Notwendigkeit ihres Auftretens, und am wenigsten des Auftretens in einer zum Nachweis ausreichenden Stärke.

Bei der Pyroelektrizität liegt obenein ein wichtiger Umstand vor, welcher die Beobachtbarkeit des Phänomens stark beeinträchtigen, ja praktisch aufheben kann; eine äußerst kleine innere elektrische Leitfähigkeit des Kristalls genügt, um insbesondere bei Anwendung des *Kundt*schen Bestäubungsverfahrens jede Möglichkeit der Beobachtung einer elektrischen Erregung aufzuheben. —

Noch sei auf einen Punkt von prinzipiellem Interesse aufmerksam gemacht. Bei der Ableitung der Formeln für die Potentialfunktion elektrisch und magnetisch erregter Körper ist in § 114 hervorgehoben worden, daß es immerhin einigermaßen hypothetisch ist, ein elektrisches Moment als einen polaren Vektor aufzufassen, das magnetische als einen axialen und nicht umgekehrt. Die Erscheinungen der Pyroelektrizität geben für diese Auffassung eine kräftige Stütze, ja, wenn man das Grundgesetz der Kristallphysik von S. 20 als festgestellt betrachtet, den vollen Beweis. Die Tabelle auf S. 251 für die pyroelektrische Erregbarkeit der Kristalle ist unter der Annahme aufgestellt, daß die elektrischen Vektoren polare Natur haben. Diese Annahme wäre entscheidend widerlegt, wenn ein einziges Beispiel (vektorieller) Pyroelektrizität bei einer Gruppe aufgefunden wäre, welche nach ihren Symmetrien keine polare (sondern z. B. nur eine axiale)

Erregung durch gleichförmige Temperaturänderung zuließe. Das ist aber nicht geschehen, sondern eine Anzahl der kräftigsten Erregungen sind gerade bei Kristallen vorhanden, die umgekehrt eine axiale Erregung nicht gestatten, wie das im folgenden Abschnitt hervortreten wird. —

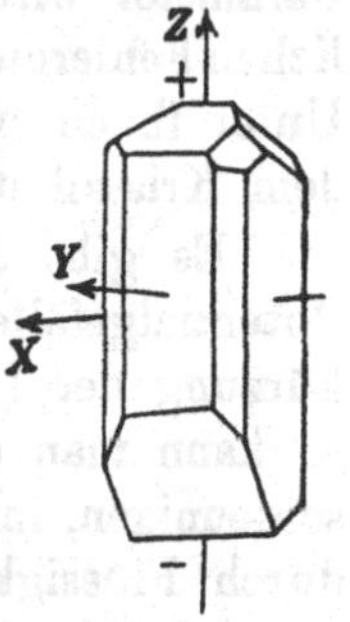


Fig. 107.

Um die Anschauung zu beleben, mögen nachstehend noch einige spezielle Beispiele von in qualitativer Hinsicht untersuchten Kristallen mit pyroelektrischer Erregbarkeit aus verschiedenen der oben aufgeführten Kristallgruppen besprochen und dargestellt werden.

Figur 107 gibt einen Kristall von Rohrzucker wieder, der der Gruppe (5) mit der Symmetrie $A_z^{(2)}$ angehört. Der Kristall ist mit der $Z$-Achse vertikal gestellt; die Figur läßt deutlich deren polare Natur erkennen: beide Achsenenden sind von durchaus verschiedenen Flächen umgeben. Auch geht keine Symmetrieebene durch die $Z$-Achse. Die beigesetzten Zeichen + und — deuten hier, wie in den weiteren Abbildungen an, welche scheinbare Ladungen bei Erwärmung des Kristalles auftreten.

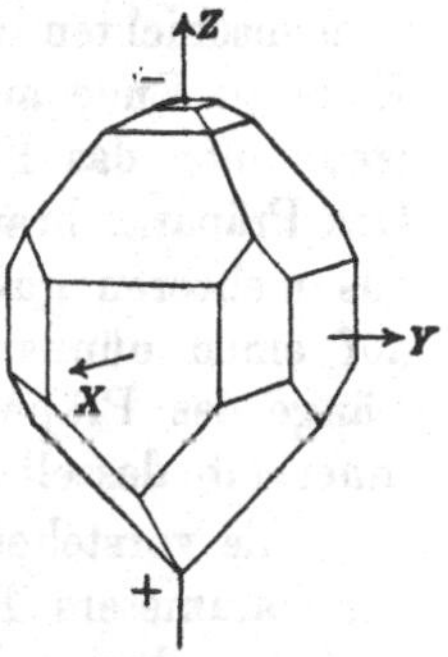


Fig. 108.

Rohrzucker ist stark pyroelektrisch. Ob die bekannte Erscheinung des Aufleuchtens beim Zerbrechen eines Kristalles mit dieser Eigenschaft zusammenhängt, bedarf noch der Untersuchung. Wenn ja, so liegt es nahe, sie mit einer Entladungswirkung zwischen den nach *W. Thomson* entgegengesetzt geladenen Bruchflächen in Beziehung zu setzen. Eine solche Entladung würde dann gemäß dem S. 247 Gesagten verhindern, das wahre dauernde Moment des Rohrzuckerkristalles in der dort besprochenen Weise zu beobachten.

Figur 108 stellt einen Kristall von Kieselzinkerz dar, welcher der Gruppe (8) mit der Symmetrieformel $A_z^{(2)}, E_x$ zugehört. Wieder ist die polare Natur der vertikalen $Z$-Achse aus der Abbildung deutlich erkennbar.

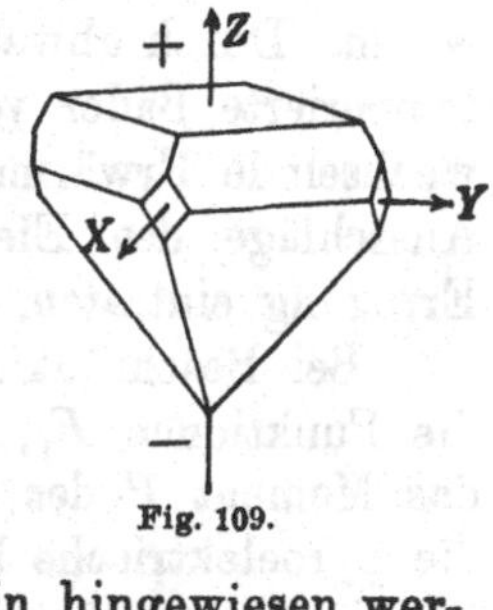


Fig. 109.

Figur 109 gibt einen Kristall von Pentaerythrit wieder, welcher dem tetragonalen System, und zwar Gruppe (16) mit der Symmetrieformel $A_z^{(4)}, E_x$ angehört. Die Bildung ist der des vorigen bis auf den Unterschied in der Zähligkeit der Hauptachsen ähnlich.

Außer auf diese Kristalle mag nur noch auf den in Figur 106 auf S. 229 abgebildeten Turmalin hingewiesen werden, der zum trigonalen System, Gruppe (11) ($A_z^{(3)}, E_x$), zählt.

§ 138. **Herabsetzung der Fehlerquellen bei pyroelektrischen Messungen.** Eine rationelle Methode der Messung pyroelektrischer Parameter wird von der Tendenz geleitet sein müssen, die unvermeidlichen Fehlerquellen in ihrer Wirkung nach Möglichkeit herabzudrücken. Unter ihnen spielt der Elektrizitätsverlust durch Leitung auf und in dem Kristall die Hauptrolle.

Es gibt drei Mittel, ihn herabzudrücken: 1. Verminderung des Potentialgefälles im Kristall, 2. Herabsetzung der Leitfähigkeit, 3. Abkürzung der Dauer der Messung. Um mit dem letzten zu beginnen, so kann man die Erreichung einer neuen homogenen Temperatur beschleunigen, indem man die früher ausschließlich benutzten Luftbäder durch Flüssigkeitsbäder ersetzt und Kristallpräparate von geringem Querschnitt wählt. Es ist dann möglich, Temperaturänderungen von einigen Graden praktisch genau in Bruchteilen einer Minute zu erzielen. Was das zweite angeht, so können die Flüssigkeitsbäder bei geeigneter Wahl der Flüssigkeit auch dazu dienen, die Bildung leitender Oberflächenschichten zu verhindern. Im übrigen wird die Leitung von Ende zu Ende auf dem Kristallpräparat natürlich stark herabgesetzt, wenn man das Präparat lang gegenüber den Querdimensionen wählt. Das Präparat braucht übrigens nicht einheitlich zu sein, sondern kann aus mehreren gut aneinanderschließenden Stäbchen bestehen, die z. B. auf einen dünnen Glasstreifen gekittet sind. Durch die vergrößerte Länge des Präparates wird dann auch zugleich das Potentialgefälle innerhalb desselben herabgesetzt.

Die vorstehenden Gesichtspunkte habe ich bei einer Untersuchung des Parameters $F_3$ für Turmalin[1]) zur Anwendung gebracht, über die später noch zu sprechen sein wird.

Bei dieser Messung wurden Stäbchen von Turmalin von beiläufig 60 mm Länge bei $6 \times 1$ mm Querschnitt der Beobachtung in der Weise unterworfen, daß beide Enden mit Metallkappen versehen und diese mit den Quadranten eines *Thomson*-Elektrometers verbunden waren. Durch abwechselndes Eintauchen der Präparate in verschieden temperierte Bäder von sorgfältig getrocknetem Paraffinöl wurden abwechselnde Erwärmungen und Abkühlungen hervorgebracht, und die Ausschläge des Elektrometers, welche infolge der pyroelektrischen Erregung eintraten, abgelesen.

Bei Beschränkung auf kleine Temperaturänderungen $\tau$ kann man die Funktionen $F_1, F_2, F_3$ als linear in $\tau$ betrachten. Hier ist dann das Moment $P$ des erwärmten Stäbchens um $p\tau$ gewachsen, unter $p$ die pyroelektrische Konstante des Präparates verstanden. Ebensogroß ist die Dichte der auf den Endquerschnitten entstehenden scheinbaren

1) *W. Voigt*, Gött. Nachr. 1898, p. 166. Wied. Ann. Bd. **60**, p. 1030, 1898.

Ladungen; $\pm pQ\tau$ — unter $Q$ den Querschnitt verstanden — ist also die Gesamtentladung $m$ der Endflächen, somit also auch die in den Armierungen des Präparates freiwerdende Elektrizitätsmenge, die auf das Elektrometer wirkt. Bezeichnet noch $K$ die Kapazität des Elektrometers inklusive Armaturen des Präparates, so ist $m/K = V$ die Potentialdifferenz zwischen den Quadranten, welche durch Erregung der Ladungen $m$ bewirkt wird. Ist sonach das Elektrometer auf Potentiale geeicht und die Kapazität bekannt, so gestattet die Beobachtung des Ausschlages der Elektrometernadel die Bestimmung von $m$ und damit die Berechnung des gesuchten pyroelektrischen Parameters $p$ des Präparates.

Die von mir angestellten Beobachtungen hatten nicht eigentlich den Zweck absoluter Bestimmung dieses Parameters, sondern der Beantwortung einer prinzipiellen Frage, auf die unten eingegangen werden wird, und für die eine Kenntnis der Kapazität $K$ nicht erforderlich war. Es ist demnach die Kapazität nur beiläufig bestimmt worden. Für den beobachteten brasilianischen Turmalin ergaben meine Beobachtungen bei der Temperatur 22° C $p = 1{,}21$ — ein wenig mehr, als *Riecke* nach S. 245 bei andern brasilianischen Turmalinen gefunden hatte. Der etwas größere Wert würde — ganz gleiches Material vorausgesetzt — durch die von mir angewendete direktere Methode der Bestimmung erklärt werden können.

§ 139. **Eine Kompensationsmethode zur Beobachtung pyroelektrischer Momente.** Man kann über die im vorstehenden beschriebenen einfachen Kunstgriffe zur Herabsetzung der Fehlerquellen noch einen Schritt hinausgehen, indem man nach dem Vorgang von *P.* u. *J. Curie*[1]) durch eine gegen das Präparat aus dem untersuchten Kristall geschaltete Elektrizitätsquelle von bekannter Ergiebigkeit das Potentialgefälle auf dem Präparat möglichst zu Null macht. Es gelingt dann durch Messung der kompensierenden Ladung ganz direkt, ohne eine Kapazitätsbestimmung nötig zu haben, die pyroelektrische Konstante des Präparates zu bestimmen.

Die hiermit skizzierte Methode, die gegenwärtig in dem hiesigen Institut angewendet wird, stellt sich im einzelnen folgendermaßen dar. Wir werden später sehen, daß ein parallelepipedisches Präparat aus Quarz bei geeigneter Orientierung gegen die Kristallachsen unter normalem Druck gegen ein Flächenpaar ein homogenes Moment normal gegen dieses Flächenpaar erhält, das für äußere Punkte nach § 110 mit einer $\pm$ Ladung der gedrückten Flächen äquivalent ist. Die Gesamtladung der Endflächen stellt sich dar durch das Produkt aus dem Ge-

1) *P.* u. *J. Curie,* C. R. T. 93, p. 204, 1881; *J. Curie,* Thèses, Paris 1888.

samtdruck in eine dem Quarz individuelle Konstante und ist von den Dimensionen des Präparates unabhängig. Werden die gedrückten Flächen metallisch belegt, so wird in diesen Belegungen eine Ladung frei, welche der scheinbaren Ladung der Flächen gleich ist.

Die metallischen Belegungen des Quarzes werden nun mit den Armierungen des pyroelektrischen Präparates verbunden, und während der Erwärmung des letzteren wird die Belastung des ersteren derartig gesteigert oder verringert, daß die Potentialdifferenz zwischen den Armierungen dauernd äußerst klein und bei Erreichung der definitiven Temperatur merklich gleich Null ist. Die zu letzterem nötige Belastungsänderung mißt die im Quarz erregte Gesamtladung, und diese ist wiederum gleich der pyroelektrisch erregten Ladung $m$ des Präparates; letztere ist gesucht, insofern $m/Q$ — unter $Q$ den Querschnitt des Präparates verstanden — das pyroelektrisch erzeugte Moment ergibt, das bei geringer Temperaturänderung $\tau$ oben gleich $p\tau$ gesetzt war.

Die Methode bedarf keines graduierten und nach Kapazität bekannten Elektrometers; es genügt ein Nullinstrument, welches das Verschwinden der Potentialdifferenz zwischen den Armaturen des Präparates genügend genau anzeigt. Es dient hierzu passend ein *Hankel*sches Elektrometer, das ein Goldblatt oder einen metallischen feinen Faden zwischen zwei entgegengesetzt geladenen leitenden Platten enthält und sich durch geringe Kapazität auszeichnet. Die eine Belegung des pyroelektrischen Präparates wird mit dem Goldblatt oder Metallfaden verbunden, die andere geerdet. Im Interesse bequemerer Herabdrückung der Potentialdifferenz zwischen den Belegungen des pyroelektrischen Präparates ist mit dem Elektrometer eine in sehr weiten Grenzen veränderliche Kapazität verbunden. Im Anfang der Einstellung, wo die Kompensation noch sehr unvollkommen ist, benutzt man die größte verfügbare Kapazität und drückt hierdurch die Empfindlichkeit des Elektrometers sehr herab. Bei fortschreitender Kompensation wird die Kapazität allmählich auf ihr Minimum, die Empfindlichkeit des Elektrometers also auf ihr Maximum gebracht.

Der Beobachtung sind bisher nach dieser Methode erst einige sehr hellgrüne brasilianische Turmaline unterworfen, die in dünnen Säulchen kristallisiert leicht zu passenden Präparaten von etwa 2 mm² Querschnitt verarbeitet werden konnten. Der mit ihnen erhaltene Wert der pyroelektrischen Konstante bei ca. 22° C beträgt $p = 1{,}22$.

§ 140. **Die Entropie der pyroelektrischen Erregung und der elektrokalorische Effekt.** Die bisherigen Anwendungen des Ansatzes (19) für das thermodynamische Potential knüpften ausschließlich an die Bedeutung der Differentialquotienten $\partial\xi/\partial E_1, \ldots$ an. Wir ziehen nunmehr in Betracht, daß nach (21) die dort genauer definierte Entropie $\eta$ der Volumeneinheit gegeben ist durch

$$\eta = -\frac{\partial \xi}{\partial \tau} = F_0' + F_1'E_1 + F_2'E_2 + F_3'E_3,$$

wo der obere Index sich jetzt auf eine Differentiation nach $\tau$ bezieht.

Bei einer adiabatischen Änderung muß $\eta$ konstant bleiben. Wählt man nach S. 250 die in $F_0'$ enthaltene additive Konstante so, daß für $\tau = 0$ und $E = 0$ auch $\eta = 0$ ist, so bleibt bei einer solchen Änderung von dem Anfangszustand $\tau = 0$, $E = 0$ aus $\eta$ dauernd gleich Null. Die Gleichung

$$0 = F_0' + F_1'E_1 + F_2'E_2 + F_3'E_3 \tag{22}$$

gestattet dann, die Temperaturänderung $\tau$ zu bestimmen, welche bei Einwirkung eines elektrischen Feldes auf den Kristall erzeugt wird; sie stellt das Gesetz der elektrokalorischen Wirkung dar, die nach S. 242 zuerst von *W. Thomson* signalisiert worden ist.

In dieser Formel stellen nach (20) die $F_1'$, $F_2'$, $F_3'$ die Änderungen der pyroelektrischen Momente nach den Koordinatenachsen mit der Temperatur dar. Über die Bedeutung von $F_0'$ ergibt sich eine gewisse Aufklärung mit Hilfe der allgemeinen Definition der spezifischen Wärme der Volumeneinheit aus § 100

$$\gamma = \frac{d'\omega}{d\vartheta} = \frac{\vartheta\, d\eta}{d\tau}. \tag{23}$$

Auf den Fall der Erwärmung bei konstantem elektrischen Feld angewendet liefert dies

$$\gamma_E = \frac{\vartheta\,\partial\eta}{\partial\tau} = \vartheta(F_0'' + F_1''E_1 + \cdots), \tag{24}$$

also, bei fehlendem Feld einfacher

$$\gamma_0 = \vartheta F_0''. \tag{25}$$

Dies $\gamma_0$ ist mit dem gewöhnlichen $\gamma_p$, das sich auf konstanten äußern Druck bezieht, identisch, denn nach S. 237 ist bei allen Betrachtungen dieses Abschnitts die Konstanz des äußern Druckes vorausgesetzt. Wir haben somit

$$\gamma_p = \vartheta F_0'', \tag{26}$$

also

$$F_0' = \int \frac{\gamma_p\, d\tau}{\vartheta} + \text{konst.} \tag{27}$$

Handelt es sich um geringe Temperaturänderungen $\tau$, so kann sowohl $\gamma_p$, als $\vartheta$, wie konstant behandelt und gesetzt werden

$$F_0' = \frac{\gamma_p \tau}{\vartheta_0}, \tag{28}$$

wobei bereits berücksichtigt ist, daß $F_0'$ für $\tau = 0$ verschwinden soll.

Die Beschränkung auf kleine Temperaturänderungen $\tau$ gestattet nach S. 254 zugleich $F_1$, $F_2$, $F_3$ als lineäre Funktionen von $\tau$ zu betrachten, also $F_1' = p_1$, $F_2' = p_2$, $F_3' = p_3$ zu setzen, wobei $p_1, p_2, p_3$ die pyroelektrischen Konstanten des Kristalls sind. Die Bedingung adiabatischer Veränderung (22) wird hiernach zu

$$0 = \frac{\gamma_p \tau}{\vartheta_0} + p_1 E_1 + p_2 E_2 + p_3 E_3, \tag{29}$$

oder bei Einführung der resultierenden Vektoren $p$ und $E$ auch zu

$$0 = \frac{\gamma_p \tau}{\vartheta_0} + pE \cos(p, E). \tag{30}$$

Die Temperaturänderung $\tau$ des pyroelektrisch erregbaren Kristalls bei Erregung eines Feldes $E$ ist nach dem Vorstehenden mit der Feldstärke proportional. Da $p\tau$ das durch die Temperaturänderung $\tau$ hervorgerufene elektrische Moment der Volumeneinheit des Kristalls darstellt, so ist $\tau < 0$, wenn das Feld $E$ in dem Sinne des bei Temperatursteigerung bewirkten Moments, d. h. also vom antilogen zum analogen Pol hin wirkt, positiv bei entgegengesetzter Richtung von $E$.

Die praktisch erzielbare adiabatische Temperaturänderung $\tau$ ist jederzeit sehr klein. Dies wird in erster Linie durch den sehr großen Wert von $\gamma_p$ bedingt, das die spezifische Wärme der Volumeneinheit in mechanischem Maß, also $\varrho c_p J$ darstellt, wenn $\varrho$ die Dichte, $c_p$ die kalorisch gemessene, auf die Masseneinheit bezogene spezifische Wärme und $J$ das mechanische Wärmeäquivalent (rund $4{,}19 \cdot 10^7$ (cm. gr. sec.)) bezeichnen. Die Feldstärke im Kristall läßt sich kaum ohne störende Entladungserscheinungen über 100 absolute Einheiten steigern. Setzt man diesen extremen Wert und außerdem $\vartheta_0 = 300^0$ voraus, so ergibt sich rund

$$\tau = 0{,}75 \cdot 10^{-3} \cdot \frac{p}{\varrho c_p}.$$

Da für Turmalin nach S. 255 u. 256 $p$ etwa 1, 2, ferner $\varrho = 3$ und $c_p = 0{,}2$ ist, so darf die unter den angeführten Umständen nach der Theorie zu erwartende Temperaturänderung bei ihm auf $< 0{,}002^0$ C geschätzt werden.

§ 141. **Der experimentelle Nachweis des elektrokalorischen Effektes.** Einen Nachweis für das wirkliche Auftreten des von *Thomson* thermodynamisch begründeten elektrokalorischen Effektes hat *Straubel*[1]) geliefert.

Er bediente sich dabei zweier Paare von identischen, normal zur Hauptachse geschnittenen Turmalinplatten von 0,2 cm Dicke. Die Platten jedes Paares waren gleichsinnig aufeinander gelegt, unter Zwischenschaltung je des einen Systems von Lötstellen einer aus 10 Konstantan-Eisendrähten bestehenden Thermokette. Letztere ließ sich durch ein Galvanometer schließen. Beide Plattenpaare befanden sich zwischen den 1,35 cm voneinander entfernten horizontalen Platten eines elektrischen Kondensators, und zwar lag bei den eigentlichen Messungen das eine Paar mit dem analogen, das andere mit dem antilogen Pole nach oben. Nur zur Prüfung, daß keinerlei Störungen vorlagen, wurde auch die Anordnung benutzt, wo beide Plattenpaare dieselben Pole nach oben wandten

Nach der Theorie soll bei Erregung des Feldes normal zu den Platten eine Temperaturänderung derselben stattfinden, die, wie oben gesagt, von der Orientierung des Feldes gegen die Pole des Kristalls abhängt und mit ihr wechselt. In der letzten Anordnung würde die Temperaturänderung in beiden Plattenpaaren gleichsinnig stattfinden, also am Galvanometer keinen Ausschlag bewirken. In der ersten Anordnung müßten beide Plattenpaare Temperaturänderungen im entgegengesetzten Sinne erfahren, die einen Ausschlag des Galvanometers hervorrufen, der sich mit der Feldrichtung umkehrt. Dies Verhalten hat sich bei der *Straubel*schen Anordnung in der Tat eingestellt; der Sinn der beobachteten Wirkung entsprach also den Forderungen der Theorie.

In quantitativer Hinsicht ließ sich dagegen nur eine ungefähre Bestätigung der Theorie erzielen. Die von *Straubel* angewandte Feldstärke $E$ im Kristall ist auf etwa 75 geschätzt; es wäre somit eine Temperaturänderung von etwa 0,001° C zu erwarten gewesen. Die Beobachtung gab etwas weniger, was sich durch die verschiedenen Fehlerquellen völlig erklären läßt.

Diese mehr qualitative Bestätigung der *Thomson*schen Folgerung zu einer quantitativen zu vertiefen, hat später auf *Straubels* Veranlassung *Lange*[2]) unternommen. Mit vervollkommneten Hilfsmitteln gelang es ihm, eine elektrokalorische Wirkung nachzuweisen, die bis auf wenige Prozente mit der durch die Theorie geforderten übereinstimmte.

1) *R. Straubel*, Gött. Nachr. 1902, p. 161.
2) *Fr. Lange*, Diss. Jena, 1905.

§ 142. **Effekte höherer Ordnung.** Dieser Effekt bietet nun noch manches Interessante, worauf hier kurz hingewiesen werden mag.

Die thermodynamische Theorie, auf der die Schlüsse von *W. Thomson* fußen, bezieht sich auf einen Gleichgewichtszustand, sie sagen nichts aus über die Vorgänge während des Entstehens und des Vergehens des Feldes.

Um die Fragen, die sich hier bieten, zu übersehen, wollen wir an die molekulartheoretische Vorstellung erinnern, die man sich wohl von dem Vorgang der vektoriell pyroelektrischen Erregung wird machen müssen.

Die Moleküle sind Massensysteme, innerhalb deren Elektronen um Gleichgewichtslagen oszillieren, welche ihrerseits durch elektrostatische und mechanische Einwirkungen bedingt werden. Die Elektronen geben dem Molekül ein elektrisches Moment, das sich durch die Gleichgewichtslagen der Elektronen bestimmt. Bei gesteigerter Temperatur, d. h. gesteigerten Geschwindigkeiten der Oszillationen ändern sich infolge geänderter mechanischer Einwirkungen — z. B geänderter Stoßwirkungen — die Gleichgewichtslagen der Elektronen und demgemäß die elektrischen Momente der Moleküle, — es entsteht ein pyroelektrischer Effekt.

Nach dem Vorstehenden muß umgekehrt eine Änderung der Gleichgewichtslagen infolge eines ausgeübten elektrischen Feldes auf die Oszillationsgeschwindigkeiten Einfluß üben, welche die Temperatur bedingen.

Es entsteht nun einmal die Frage, ob man den Effekt unter diesem Gesichtspunkte genauer zu deuten und zu verstehen vermag, und sodann, ob sein Zustandekommen eine meßbare Zeit erfordert.

Ferner ist zu erwähnen, daß der elektrokalorische Effekt bei der pyroelektrischen Erregung komplizierend eingreift. Denn der pyroelektrisch erregte Kristall befindet sich in seinem eigenen Felde. Man erkennt leicht, daß diese Wirkung dahin geht, den pyroelektrischen Effekt zu steigern. Denn bei Erwärmung entsteht ein Feld, dessen Richtung vom analogen zum antilogen Pol hinweist, und ein solches wirkt seinerseits erwärmend. Ganz ähnlich wirkt der pyroelektrische Effekt steigernd auf den elektrokalorischen ein; das durch ihn erregte Feld addiert sich zu dem äußern Felde. Derartige Wirkungen werden sich natürlich kaum jemals experimentell nachweisen lassen, sie sind aber theoretisch interessant.

Prinzipiell könnten übrigens elektrokalorische Effekte auch bei optischen Vorgängen mitwirken. Denken wir uns z. B. eine einfarbige Lichtwelle, die normal zur Hauptachse in einem Turmalin fortschreitet und elektrisch parallel zur Hauptachse schwingt. In dieser Welle hat längs Schichten, die um eine halbe Wellenlänge voneinander abstehen, die Feldstärke immer abwechselnd entgegengesetzte Richtung. Vorausgesetzt, daß der elektrokalorische Effekt nicht zu träge ist, müßten diese Schichten auch immer Temperaturänderungen in entgegengesetztem Sinne erfahren, und diese werden wiederum pyroelektrische Momente von entsprechendem Vorzeichen ergeben. Nach obigem Gesagten würde eine solche Wirkung nicht schwächend, sondern verstärkend auf die Lichtschwingungen einwirken.

## III. Abschnitt.

## Pyromagnetische Erregung.

§ 143. **Allgemeine Erwägungen.** Die fundamentalen Erscheinungen der Pyroelektrizität waren erstmalig durch Zufall entdeckt worden und hatten sich dann bei systematischer Nachforschung in zahlreichen Fällen nachweisen lassen. Entsprechende magnetische Effekte, also die Erregung von Magnetismus in einem Kristall mittels einer Temperaturänderung, sind niemals ungesucht aufgefallen. Nach den Symmetrieverhältnissen sind die letzteren indessen ebenso möglich, wie die ersteren, und unsere moderne Auffassung der magnetischen und elektrischen Vorgänge macht die Entstehung oder Veränderung magnetischer Momente in Kristallen durch Temperaturänderung physikalisch ebenso wahrscheinlich, wie diejenige elektrischer Momente.

Wir denken uns in den Dielektrika elektrische Elementarmassen oder Elektronen an die ponderabeln Moleküle gebunden und sehen ihre Bewegungen um Attraktionszentren als die Quelle von Lichtschwingungen an. Ein System in geschlossenen Bahnen bewegter Ladungen ist aber einem Stromlauf äquivalent, und die bewegten Elektronen müssen sonach auch wie Elementarmagneten wirken. Wird die Geschwindigkeit der Elektronen (gemäß der allgemeinen Vorstellung über das Wesen der Wärme) von der Temperatur beeinflußt, so muß auch das Moment dieser Elementarmagneten eine Funktion der Temperatur sein.

Bei isotropen Körpern werden diese Elementarströme völlig ungeordnet verlaufen und sich demgemäß in jedem Volumenelement gegenseitig kompensieren. In Kristallen wird hingegen eine der Symmetrie der Gruppe entsprechende Regelmäßigkeit der Anordnung vorhanden sein, und es kann hier unter geeigneten Umständen das Volumenelement infolge dieser Elektronenbewegung dauernd magnetisch wirken.

Hierzu ist nun folgendes zu bemerken. Die Beobachtung der pyroelektrischen Erregung war dadurch kompliziert, daß auf der spurenweise leitenden Oberfläche der Kristalle sich durch die Influenzwirkung der im Innern vorhandenen Momente in relativ kurzer Zeit eine elektrische Ladung bildet, welche die innere elektrische Verteilung nach außen hin unwirksam macht. Diese Influenzierung der Oberfläche findet bei magnetischer Erregung nicht statt, es kann demgemäß ein etwa im Innern des Kristalles vorhandenes Moment jederzeit seine volle Wirkung nach außen üben.

Hieraus folgt, daß der Nachweis eines solchen magnetischen Momentes nicht das Operieren mit Temperaturänderungen verlangt, die bei den pyroelektrischen Beobachtungen nötig waren. Die Beobachtung kann bei jeder beliebigen konstanten Temperatur angestellt werden, und höhere Temperaturen empfehlen sich nur dadurch, daß bei ihnen die Bewegung der Elektronen beschleunigt sein wird, und vergrößerte Geschwindigkeiten vermutlich größere Momente der Elementarmagneten verursachen werden.

Zugleich erhellt, daß hierdurch die Bedingungen für die Entdeckung pyromagnetischer Erregungen im Grunde günstiger sind, als für diejenige pyroelektrischer, wo der absolute Betrag des elektrischen Momentes des Kristalles durch die Influenzierung der Oberfläche im allgemeinen unwirksam gemacht war, und nur seine Veränderung durch Variation der Temperatur zur Geltung kam. Es erscheint daher einigermaßen auffallend, daß sich eine bezügliche Wirkung nicht zufällig einmal der Wahrnehmung aufgedrängt hat.

Indessen läßt sich doch verständlich machen, daß die magnetischen Wirkungen der Elektronenbewegungen im allgemeinen sehr klein sind und nur bei Anwendung feinster Hilfsmittel nachgewiesen werden können. Ein Kreisstrom von der elektrostatisch gemessenen Stärke $J$ und der Fläche $f$ ist äquivalent einem Magneten von dem Moment $Jf/v$, unter $v$ die Lichtgeschwindigkeit verstanden. Ist nun die Strömung durch ein einziges Elektron von der Ladung $e$ bedingt, so ist $J = ne$, unter $n$ die Anzahl der Umläufe in der Sekunde verstanden. Bezeichnet ferner $s$ die Länge der geschlossenen Bahn, $w$ die mittlere Geschwindigkeit des Elektron, so kann man für $n$ auch $w/s$ schreiben und erhält für das äquivalente magnetische Moment auch $e(fw/sv)$. Im Falle einer Kreisbahn am Radius $r$ liefert dies $e(rw/2v)$.

$er$ würde das elektrische Moment eines Dipoles von der Polstärke $e$ und dem Abstand $r$ darstellen, und man kann das totale elektrische Moment eines Moleküles im Minimum von einer solchen Größenordnung schätzen. Das magnetische Moment des rotierenden Elektrons ist im Verhältnis $w/2v$ kleiner, und dies ist nach aller Wahrscheinlichkeit eine äußerst kleine Zahl.

Hierdurch kann man generell verständlich machen, daß ein dauerndes magnetisches Moment bei einem Kristall ohne Suchen sich nicht bemerkbar gemacht hat. Es kommt aber noch hinzu, daß nach den

Symmetrieverhältnissen ein solches Moment überhaupt nur bei einer relativ kleinen Zahl von Kristallgruppen möglich ist, und daß diese Gruppen nur wenige Vertreter in zu Beobachtungen geeigneten Vorkommen liefern. Ich habe es demgemäß für angemessen gehalten, bei einigen Kristallen, die hierzu nach Symmetrie und Vorkommen geeignet schienen, systematisch nach einem dauernden magnetischen Moment zu suchen. Selbst die bloße Feststellung einer oberen Grenze, welche die magnetische Erregung nicht überschreitet, schien in diesem zuvor gänzlich unerforschten Gebiete Interesse zu verdienen.[1])

Als erste Vorarbeit dieser Untersuchung bot sich die Aufsuchung derjenigen Kristallgruppen, deren Symmetrie die Existenz eines dauernden magnetischen Momentes zuläßt. Die entsprechenden einfachen Betrachtungen sind jetzt zu reproduzieren.

§ 144. **Das thermodynamische Potential pyromagnetischer Effekte.** Parallelgehend den Erfahrungen über Pyroelektrizität werden wir auch Pyromagnetismus als einen umkehrbaren Vorgang auffassen und ihn demgemäß mit Hilfe eines thermodynamischen Potentiales $\xi$ der Volumeneinheit behandeln dürfen. Für letztere Funktion bietet sich der (15) entsprechende Ansatz

$$-\xi = G_0 + G_1 H_1 + G_2 H_2 + G_3 H_3, \tag{31}$$

in dem die $G_h$ sämtlich Funktionen der Temperatur sind, und $H_1$, $H_2$, $H_3$ die Komponenten der magnetischen Feldstärken bezeichnen. Es stellen dann nach (13)

$$M_1 = G_1, \quad M_2 = G_2, \quad M_3 = G_3 \tag{32}$$

die (gesamten) magnetischen Momente der Volumeneinheit nach den Koordinatenachsen dar. $H_1, \ldots$ und $G_1, \ldots$ betrachten wir nach S. 211 als axiale Vektoren.

Bei der Spezialisierung des Ansatzes auf die verschiedenen Kristallgruppen können wir an Stelle des in § 55 auseinandergesetzten methodischen Weges wieder die geometrische Anschauung benutzen. Die Verhältnisse vereinfachen sich in unserem Falle noch dadurch, daß nach dem Verhalten der axialen Vektoren und der Regel von § 82 der Vorgang, um den es sich hier handelt, zentrisch symmetrisch ist, für ihn also die 32 Kristallgruppen sich gemäß S. 101 auf 11 Obergruppen zusammenziehen, die ausschließlich durch Symmetrieachsen definiert sind. Mit dieser Tabelle der charakteristischen Symmetrieachsen, die sich am Schluß dieses Buches reproduziert findet, ist nun die Überlegung zu kombinieren, daß, wie früher die pyroelektrische, so nun die pyromagnetische Erregung, als durch einen Vektor $G$

1) *W. Voigt*, Gött. Nachr. 1901, p. 1.

bestimmt, nur in Kristallen mit einzigartigen Richtungen auftreten kann. Solche Richtungen kommen nun aber, wie schon S. 251 benutzt ist, in allen Gruppen mit zwei oder mehr Symmetrieachsen nicht vor, — diese Gruppen fallen also sämtlich bezüglich der Möglichkeit pyromagnetischer Erregung aus. Im übrigen erkennt man, daß im I. System jede Richtung einzigartig ist, also mit dem Vektor $G$ zusammenfallen kann, daß aber bei allen anderen noch übrigen Gruppen mit je einer Symmetrieachse $G$ notwendig in diese Achse fallen muß.

Wir gelangen hiernach zu der Tabelle

I. (1) (2) Keine Symmetrieachse: $G_1, G_2, G_3$.
II. (3), (4), (5) $(A_z^{(2)})$: $0, 0, G_3$.
III. (6), (7), (8) $(A_z^{(2)}, A_x^{(2)})$: $0, 0, 0$.
IV. (9), (10), (11) $(A_z^{(3)}, A_x^{(2)})$: $0, 0, 0$.
(12), (13) $(A_z^{(3)})$: $0, 0, G_3$.
V. (14), (15), (16), (19) $(A_z^{(4)}, A_x^{(2)})$: $0, 0, 0$.
(17), (18), (20) $(A_z^{(4)})$: $0, 0, G_3$.
VI. (21), (22), (23), (26) $(A_z^{(6)}, A_x^{(2)})$: $0, 0, 0$.
(24), (25), (27) $(A_z^{(6)})$: $0, 0, G_3$
VII. (28) bis (32) $(A_x^{(4)}, A_y^{(4)})$ oder $(A_x^{(2)} \sim A_y^{(2)} \sim A_z^{(2)})$: $0, 0, 0$.

Es mag im Anschluß an diese Zusammenstellung darauf aufmerksam gemacht werden, daß die hemimorphen Gruppen (8) (11) (16) (23), welche sich als kräftig pyroelektrisch erwiesen, eine axiale Erregung nicht zulassen, woraus, wie schon S. 252 bemerkt, folgt, daß die elektrische Erregung polare, die magnetische also in der Tat axiale Natur besitzt. —

Aus dem Ausdruck (31) für das thermodynamische Potential folgt der Wert der Entropie der Volumeneinheit zu

$$\eta = G_0' + G_1'H_1 + G_2'H_2 + G_3'H_3, \tag{33}$$

wobei die $G_h'$ die Differentialquotienten der $G_h$ nach der Temperatur bezeichnen. Durch die Überlegungen von S. 257 bestimmt sich $G_0'$ zu

$$G_0' = \int \frac{\gamma_p \, d\tau}{\vartheta} + \text{konst.}, \tag{34}$$

und bei geringen Temperaturänderungen $\vartheta - \vartheta_0 = \tau$ zu

$$G_0' = \frac{\gamma_p \tau}{\vartheta_0}, \tag{35}$$

falls die Konstante so bestimmt wird, daß $G_0'$ mit $\tau$ verschwindet.

Adiabatische Veränderungen sind nach S. 187 durch konstantbleibende Entropiewerte definiert; die Formel (33) signalisiert also ähnlich, wie die gleichgestaltete (22) einen elektrokalorischen, nunmehr einen magnetokalorischen Effekt, d. h. eine Temperaturänderung im Falle, daß der pyromagnetisch erregbare Körper einem Magnetfeld ausgesetzt wird. Ein solcher reziproker Effekt wird wegen der äußersten Kleinheit der direkten, pyromagnetischen Wirkung aber kaum jemals experimentell nachgewiesen werden können.

**§ 145. Beobachtungen.** Von den Gruppen, welche nach obiger Zusammenstellung pyromagnetische Erregung, also auch ein dauerndes magnetisches Moment zulassen, bieten uns zwei je ein Mineral von zu Beobachtungen geeignetem Vorkommen. Zu der Gruppe (12) gehört nach S. 97 Dolomit, der bei Traversella in größeren rhomboedrischen Spaltungsstücken (denen des Kalkspat ähnlich) vorkommt; zu Gruppe (24) gehört Apatit, von dem sich in Canada größere Kristalle, hauptsächlich durch die Flächen des sechsseitigen Prismas begrenzt, finden.

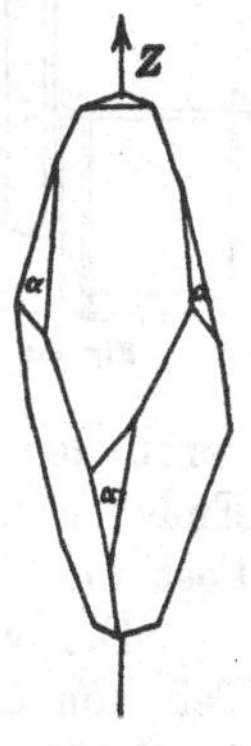

Fig. 110.

Figur 110 stellt eine der an Dolomit gelegentlich ausgebildeten Formen dar, welche die Dreizähligkeit der Hauptachse und das Fehlen einer durch sie gehenden Symmetrieebene und von zu ihr normalen zweizähligen Symmetrieachsen deutlich erkennen läßt, minder deutlich das Vorhandensein des Symmetriezentrums.

Figur 111 gibt eine reichflächige, bei Apatit auftretende Form wieder, an der man das Fehlen der betr. Symmetrieebene und Symmetrieachsen gleichfalls wahrnimmt. Das Vorhandensein des Symmetriezentrums drückt sich hier in der erkennbaren Symmetrieebene normal zur $Z$-Hauptachse aus, die durch die Sechszähligkeit der letzteren bei Anwesenheit des Zentrums nach dem Satz von S. 67 gefordert wird.

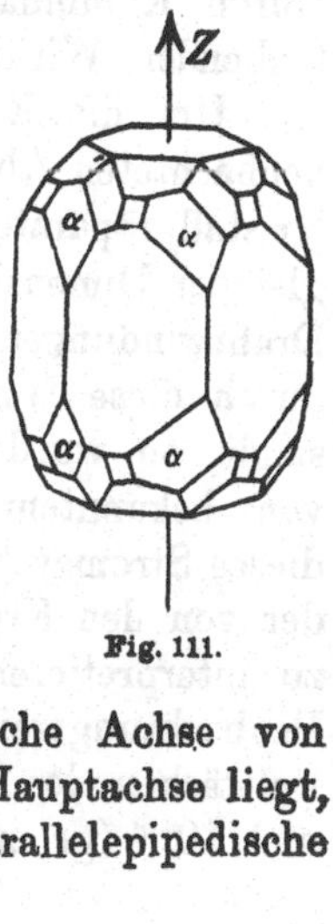

Fig. 111.

Beide Formen lassen einen bevorzugten Drehungssinn um die $Z$-Achse erkennen, der sich in der schiefen Anordnung der kleinen abstumpfenden Flächen $\alpha$ ausdrückt. Eben dieser Drehungssinn stellt die Verwandtschaft der dargestellten Formen mit dem axialen Vektor (s. Fig. 94 $\beta$ auf S. 131) her.

Entsprechend der Tatsache, daß die magnetische Achse von Dolomit und Apatit in der drei- resp. sechszähligen Hauptachse liegt, wurden für die Beobachtungen aus den Kristallen parallelepipedische

Präparate parallel der Hauptachse, orientiert von beiläufig 5 cm Länge und mit Querdimensionen von rund 2 und 1,5 cm, hergestellt.

Das Prinzip der angewendeten Messungsmethode war das folgende (s. Fig. 112). Als „Magnetoskop“ war ein sorgfältig astasiertes Magnetsystem $m_1 m_2$ aus $2 \times 10$ Uhrfederabschnitten in einem ziemlich weitgehend evakuierten Glasrohr *gg* an einem Quarzfaden aufgehängt. Die Mittelpunkte der mit ihren Polen entgegengesetzt liegenden Nadelsysteme befanden sich in etwa 5 cm gegenseitigem Abstand, d. h. in dem Abstand der beiden Endflächen der Kristallpräparate. Eines der Kristallpräparate *k* war in vertikaler Stellung außerhalb des Glasrohres befestigt, so daß seine beiden Endflächen sich in den Höhen der beiden Nadelsysteme befanden. Die dieser Position entsprechende Gleichgewichtslage des Magnetoskops wurde mit Spiegel, Fernrohr und Skala bestimmt. Hierauf wurde durch eine Drehung um die horizontale Achse *a*, mit welcher der Kristall fest verbunden war, der Kristall umgekehrt, so daß sein zuvor unteres Ende nunmehr oben war, und abermals die Gleichgewichtslage bestimmt.

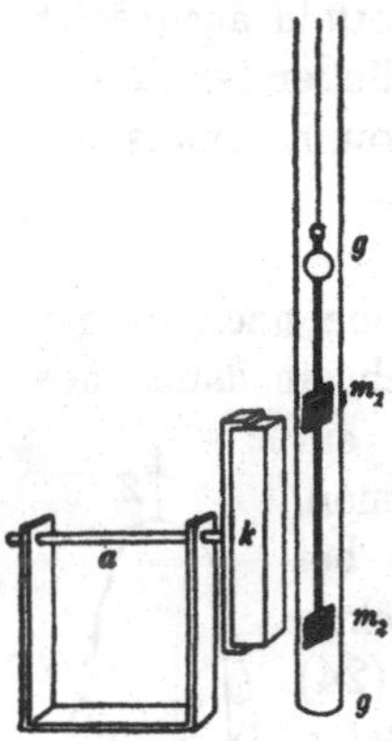

Fig. 112.

Der wahrgenommene Unterschied in den Ablesungen rührte zum Teil von dem Kristall her, zum Teil von der Fassung, mittels welcher der Kristall an der Achse *a* befestigt war. Um beide Einflüsse zu trennen, wurde der Kristall in seiner Fassung umgekehrt und nun auf dieselbe Weise zweimal beobachtet, wie zuvor. Addierten sich ursprünglich die beiden Wirkungen, so subtrahierten sie sich nunmehr. Durch Kombination aller vier Ablesungen ließen sich somit die ablenkenden Wirkungen von Kristall und Fassung gesondert bestimmen.

Um die Empfindlichkeit des Meßverfahrens beurteilen und die beobachteten Ablenkungen zahlenmäßig deuten zu können, wurden die Kristallpräparate schließlich je durch ein hölzernes Parallelepiped gleicher Dimensionen ersetzt, auf dessen Oberfläche ein System ebener Drahtwindungen normal zur Längsrichtung angebracht war. Wurde durch diese Windungen ein (sehr schwacher) elektrischer Strom gesandt, so wurde das Parallelepiped einem homogen erregten Magnet von bekanntem Moment äquivalent. Die Vergleichung der durch dieses Stromsystem hervorgerufenen Ablenkung des Magnetoskops mit der von den Kristallen bewirkten gestattete, die letzteren zahlenmäßig zu interpretieren. Die mit dem Magnetoskop bei den verschiedenen Beobachtungsreihen noch eben nachweisbaren gesamten Ladungen oder Polstärken der Endflächen an den Präparaten variierten zwischen $10^{-7}$ und $10^{-8}$ (gr. cm. sec.).

Die Beobachtungen an dem Dolomitpräparat ergaben die Einwirkung auf das Magnetoskop fast in der Grenze der Beobachtungsfehler liegend. Die Beobachtung mit dem gleichgestalteten Windungssystem ließ schließen, daß das dauernde magnetische Moment des Dolomit den Betrag von

$$1{,}6 \cdot 10^{-8} \text{ (gr. cm. sec.)}$$

jedenfalls nicht übersteigt. Da nach dem auf S. 247 Berichteten das dauernde elektrische Moment des brasilianischen Turmalin den Wert 33 jedenfalls übersteigt, insofern alle Fehlerquellen dahin wirken, den beobachteten Wert zu klein erscheinen zu lassen, so ergibt sich, daß in den entsprechenden Einheiten das magnetische Moment des Dolomit mindestens $2 \cdot 10^9$ mal kleiner ist, als das elektrische des Turmalins.

Der am Apatit wahrgenommene Effekt war erheblich größer; er ergab sich auf rund

$$0{,}6 \cdot 10^{-6} \text{ (gr. cm. sec.)},$$

etwa gleich dem 40-fachen des bei Dolomit erhaltenen. Da der Apatit bräunlich gefärbt war, und diese Färbung auf einer Beimengung von Eisenoxydul beruht haben dürfte, war eine sekundäre Ursache der relativ kräftigen Wirkung nicht ganz ausgeschlossen. Um zu untersuchen, ob Ferromagnetismus die Ablenkung verursacht hätte, wurde das Präparat 4 Stunden lang in einem kupfernen Kasten und in zum magnetischen Meridian normaler Lage auf beginnender Glühhitze erhalten und dann abermals beobachtet. Die erhaltenen Resultate stimmten mit den früheren aber gut überein. Schließlich wurde aus dem Präparat durch Zerschneiden und geeignetes Zusammenkitten der Teile ein Parallelepiped gebildet, dessen Längsachse normal zu der Kristallachse lag, — eine Operation, die bei dem durch das Glühen brüchig gewordenen Material nur unvollkommen gelang. Dies Präparat, das nach der Theorie keine magnetische Erregung hätte zeigen sollen, wirkte in der Tat auch nur sehr wenig auf das Magnetoskop.

Es ist also eine gewisse Wahrscheinlichkeit dafür vorhanden, daß permanente magnetische Momente bei Kristallen von geeigneter Symmetrie vorkommen. —

V. Kapitel.

# Wechselbeziehungen zwischen einem Skalar und einem Tensortripel. (Thermische Dilatation und tensorielle Pyroelektrizität.)

## I. Abschnitt.

### Allgemeines über tensorielle physikalische Eigenschaften von Kristallen.

§ 146. **Ein polares Tensortripel.** Bezeichnen $P_{hk}$ gewöhnliche (nicht orthogonale) Komponenten eines Tensortripels $P_{I}, P_{II}, P_{III}$, welches etwa bei einem physikalischen Vorgang die Rolle der unabhängigen Variabeln spielt, so sind nach S. 148 in der skalaren Funktion

$$S = p_{11} P_{11} + p_{22} P_{22} + p_{33} P_{33} + 2(p_{23} P_{23} + p_{31} P_{31} + p_{12} P_{12}) \qquad (1)$$

die Parameter $p_{hk}$ gewöhnliche Komponenten eines Tensortripels $p_{I}, p_{II}, p_{III}$, welches eine physikalische Eigenschaft des Körpers charakterisiert.

Wir wollen untersuchen, welche geometrischen Eigenschaften des Tripels $p_{I}, p_{II}, p_{III}$ durch die Symmetrien der verschiedenen Kristallgruppen verlangt werden.

Bei dieser Aufgabe, d. h. also bei der Spezialisierung des Ansatzes (1) auf die verschiedenen Kristallgruppen ist zu unterscheiden, ob $S$ ein gewöhnlicher oder ein Pseudoskalar, sowie ob die $P_h$ polare oder axiale Tensoren sind. Es ordnen sich einander zunächst die zweimal zwei Fälle zu:

$\alpha$) $S$ Skalar, $P_h$ polar,

$\beta$) $S$ Pseudoskalar, $P_h$ axial,

die nach S. 153 einen zentrisch symmetrischen Vorgang charakterisieren, und dagegen die Fälle

$\gamma$) $S$ Skalar, $P_h$ axial,

$\delta$) $S$ Pseudoskalar, $P_h$ polar,

welche einem azentrischen Vorgang entsprechen. Die Fälle $\beta$) und $\delta$) haben bislang geringe physikalische Bedeutung und mögen in zweite Linie gestellt werden. Dies hängt damit zusammen, daß die für unsere Entwicklungen fundamentale skalare Funktion, das thermodynamische Potential, jederzeit ein gewöhnlicher Skalar ist.

Wir wenden uns zunächst dem ersten Falle $\alpha$) zu, der sich weiterhin als besonders wichtig erweisen wird. Über ihn (wie über den zweiten Fall $\beta$) mit zentrischer Symmetrie) ist nach S. 100 allgemein zu sagen, daß sich für die durch ihn umfaßten Erscheinungen die 32 Kristallgruppen in die elf Obergruppen der Tabelle auf S. 101 zusammenziehen, deren Symmetrieformeln allein durch Symmetrieachsen ausdrückbar sind.

Da die Symmetrieverhältnisse eines polaren Tensortripels resp. der ihm entsprechenden Tensorfläche überaus einfach sind, und da gleiches von denen jener elf Obergruppen gilt, so kann man, wie im vorigen Kapitel, auch in dem jetzt vorliegenden Falle den methodischen Weg der Anpassung eines Ansatzes an die Symmetrieverhältnisse einer Kristallgruppe, der in § 55 skizziert ist, vermeiden und alles Nötige direkt aus der geometrischen Anschauung ableiten.

Soll nämlich die physikalische Symmetrie der kristallographischen entsprechen, so muß jede kristallographische Symmetrieachse mit einer Symmetrieachse der Tensorfläche zusammenfallen. Zweizählige kristallographische Achsen wirken dabei weiter nicht spezialisierend auf die Tensorfläche, da deren Symmetrieachsen an sich im allgemeinsten Falle zweizählig sind. Eine drei- oder vier- oder sechszählige kristallographische Achse verlangt indessen, daß die Tensorfläche eine Rotationsfläche um diese Achse ist; denn die zentrischen Flächen zweiten Grades werden stets zu Rotationsflächen, wenn man einer ihrer Symmetrieachsen eine andere Zähligkeit als zwei auferlegt.

Um das Vorstehende zur Spezialisierung des Ansatzes (1) zu verwerten, berücksichtigen wir, daß die Parameter $p_{hi}$ sich mit der Orientierung des Koordinatensystems ändern, auf welches die Funktion $S$ bezogen ist. Als ein Hauptkoordinatensystem ist im I. Kapitel je ein solches bezeichnet worden, dessen Achsen in möglichst nahen Beziehungen zu den Symmetrieelementen der Kristallgruppe stehen, insbesondere, soweit angängig, in Symmetrieachsen fallen. Die auf dieses Hauptachsensystem bezogenen Parameter $p_{hi}$ werden demgemäß die geometrischen Verhältnisse des Tensortripels der $p_k$ am anschaulichsten darstellen. Für ihre Aufstellung genügt außer dem schon Gesagten die Bemerkung von S. 134, daß bei Zusammenfallen einer Koordinatenachse mit einem Tensor des Tripels die zu ihr parallele Komponente erster Art zu dem betreffenden Tensor selbst wird, die zu ihr normalen Komponenten zweiter Art aber verschwinden.

Nach diesen Regeln ergeben sich sofort für die elf Obergruppen bei zentrisch symmetrischen Vorgängen die folgenden Schemata der Parameter $p_{hi}$ für das Hauptkoordinatensystem:

I.  (1), (2) Keine Symmetrieachse: $p_{11}, p_{22}, p_{33}, p_{23}, p_{31}, p_{12}$.

II.  (3), (4), (5) $(A_s^{(2)})$: $\qquad\qquad p_{11}, p_{22}, p_{33}, \; 0, \; 0, \; p_{12}$.

III.  (6), (7), (8) $(A_s^{(2)}, A_x^{(2)})$: $\qquad p_{11}, p_{22}, p_{33}, \; 0, \; 0, \; 0$.

IV.  (9), (10), (11) $(A_s^{(3)}, A_x^{(2)})$:
(12), (13) $(A_s^{(3)})$:

V.  (14), (15), (16), (19) $(A_s^{(4)}, A_x^{(2)})$:
(17), (18), (20) $(A_s^{(4)})$: $\qquad\qquad\left. \begin{array}{} \\ \\ \\ \\ \end{array}\right\} p_{11}, p_{11}, p_{33}, \; 0, \; 0, \; 0$.

VI.  (21), (22), (23), (26) $(A_s^{(6)}, A_x^{(2)})$:
(24), (25), (27) $(A_s^{(6)})$:

VII.  (28), (29), (30) $(A_x^{(4)}, A_y^{(4)})$:
(31), (32) $(A_x^{(2)} \sim A_y^{(2)} \sim A_s^{(2)})$: $\left. \begin{array}{} \\ \\ \end{array}\right\} p_{11}, p_{11}, p_{11}, \; 0, \; 0, \; 0$.

Verschwindet $p_{23}$ und $p_{31}$, so wird hierdurch $p_{33}$ mit dem Tensor $p_{\mathrm{III}}$ des Tripels parallel $Z$ identisch; verschwindet auch noch $p_{12}$, so wird gleichzeitig $p_{11}$ zu $p_{\mathrm{I}}$, $p_{22}$ zu $p_{\mathrm{II}}$, wobei ersteres parallel $X$, letzteres parallel $Y$ liegt.

Die Tabelle zeigt, daß die elf Obergruppen, die im allgemeinen bei zentrisch symmetrischen Vorgängen auftreten, sich bei den durch ein bloßes Tensortripel charakterisierten noch weiter auf nur fünf zusammenziehen.

Da die Verschiedenheiten zwischen Skalar und Pseudoskalar, zwischen polarem und axialem Tensor sich nur bei den (mit Inversion verknüpften) Deckbewegungen zweiter Art geltend machen, so kommen sie bei den Beziehungen der Art $\beta$) auf S. 268 nicht zur Geltung. Denn da es sich hier um zentrisch symmetrische Vorgänge handelt, können die Kristallgruppen allein durch Symmetrieachsen, d. h. durch Deckbewegungen erster Art charakterisiert werden.

Die Parametersysteme der vorstehenden Tabelle sind hiernach also auch auf die Beziehungen zwischen einem Pseudoskalar und einem axialen Tensor anwendbar.

§ 147. Ein axiales Tensortripel. Wirkung der verschiedenen Symmetrieelemente. Während der Fall $\alpha$), daß $S$ ein gewöhnlicher Skalar und das Tensortripel der $P_h$ polar ist, sich durch eine geometrische Überlegung direkt erledigen ließ, kann man für den Fall $\gamma$), daß bei gleichem Skalar das Tensortripel axial ist, nur weniges allgemein aussagen. Allerdings kommt das Resultat von § 54 in Betracht, wonach in bezug auf azentrische Vorgänge von der Art des hier vorliegenden alle zentrisch symmetrischen Kristallgruppen ausfallen. Im übrigen läßt sich aber nur behaupten, daß bei allen denjenigen Gruppen, deren Symmetrieformeln ausschließlich Symmetrieachsen enthalten, die Werte der Parameter von dem Fall $\alpha$) Geltung behalten. Denn, wie soeben in Erinnerung gebracht, den Deckbewegungen erster Art gegenüber kommt die Verschiedenheit der polaren oder axialen Natur irgendeiner gerichteten Größe und somit auch eines Tensors nicht zur Geltung.

Weiteres aus den geometrischen Verhältnissen abzuleiten, ist hier schwieriger und unvorteilhaft. Es erweist sich sonach angemessen, hier zum ersten Male das methodische Verfahren zur Spezialisierung eines Ansatzes auf die verschiedenen Kristallgruppen, das in § 55 skizziert ist, zur Anwendung zu bringen. Dies Verfahren ging dahin, daß der zu spezialisierende Ausdruck von dem zugrunde gelegten Hauptkoordinatensystem auf alle, diesem nach der Symmetrieformel der Kristallgruppe gleichwertigen Koordinatensysteme transformiert werden sollte, und daß die Bedingungen dafür aufgestellt werden sollten, daß er sich in bezug auf jedes dieser Systeme in gleicher Form mit den gleichen Parametern darstellt, wie ursprünglich. Nach diesem Schema soll nunmehr hier verfahren werden.

Um die Fälle $\alpha$) und $\gamma$) auseinander zu halten, wollen wir jetzt eine neue Bezeichnung einführen und statt (1) schreiben

$$S = n_{11} N_{11} + n_{22} N_{22} + n_{33} N_{33} + 2(n_{23} N_{23} + n_{31} N_{31} + n_{12} N_{12}), \qquad (2)$$

wobei die $N_{hk}$ die axialen Tensorkomponenten darstellen.

Das Hauptkoordinatensystem $X, Y, Z$ mag mit einem der ihm gleichwertigen $X', Y', Z'$ verbunden sein durch das System der Richtungskosinus

$$\begin{array}{c|ccc} & x' & y' & z' \\ \hline x & \alpha_1 & \beta_1 & \gamma_1 \\ y & \alpha_2 & \beta_2 & \gamma_2 \\ z & \alpha_3 & \beta_3 & \gamma_3 . \end{array} \qquad (3)$$

Es lauten dann die allgemeinen Transformationsformeln für gewöhnliche Tensorkomponenten nach dem System (22) auf S. 137

$$N_{11} = \alpha_1^2 N'_{11} + \beta_1^2 N'_{22} + \gamma_1^2 N'_{33} + 2\,\beta_1 \gamma_1 N'_{23} + 2\,\gamma_1 \alpha_1 N'_{31} + 2\,\alpha_1 \beta_1 N'_{12},$$

. . . . . . . . . . . . . . . . . . . . . . . . . .

$$\begin{aligned} N_{23} = \alpha_2 \alpha_3 N'_{11} + \beta_2 \beta_3 N'_{22} + \gamma_2 \gamma_3 N'_{33} + (\beta_2 \gamma_3 + \gamma_2 \beta_3) N'_{23} \\ + (\gamma_2 \alpha_3 + \alpha_2 \gamma_3) N'_{31} + (\alpha_2 \beta_3 + \alpha_3 \beta_2) N'_{12}, \end{aligned} \qquad (4)$$

. . . . . . . . . . . . . . . . . . . . . . . . . .

Wir beginnen damit, zu untersuchen, welche Bedingungen durch die $n_{hk}$ erfüllt sein müssen, damit die $Z$-Achse eine irgendwievielzählige Symmetrieachse sei.

In diesem Falle muß bei einer Drehung des Koordinatensystems um irgendeinen Winkel um die $Z$-Achse der Ausdruck (2) für $S$ wieder in sich übergehen.

Bezeichnet man kurz den Sinus und den Kosinus des Drehungswinkels mit $s$ und $c$, so wird das System der Richtungskosinus zu

$$\begin{aligned} \alpha_1 &= \phantom{-}c, & \beta_1 &= s, & \gamma_1 &= 0, \\ \alpha_2 &= -s, & \beta_2 &= c, & \gamma_2 &= 0, \\ \alpha_3 &= \phantom{-}0, & \beta_3 &= 0, & \gamma_3 &= 1, \end{aligned}$$

und es transformiert sich das System der $N_{hk}$ auf das gedrehte Koordinatensystem gemäß (4) nach dem Schema

$$\begin{aligned} N_{11} &= N'_{11}c^2 + N'_{22}s^2 + 2N'_{12}sc, \\ N_{22} &= N'_{11}s^2 + N'_{22}c^2 - 2N'_{12}sc, \\ N_{33} &= N'_{33}, \\ N_{23} &= N'_{23}c - N'_{31}s, \quad N_{31} = N'_{23}s + N'_{31}c, \\ N_{12} &= -(N'_{11} - N'_{22})sc + N'_{12}(c^2 - s^2). \end{aligned} \tag{5}$$

Setzt man dies in den Ausdruck (2) für $S$ ein und bezeichnet den so transformierten Wert mit $S'$, so ergibt sich

$$\begin{aligned} S' = {} & N'_{11}(n_{11}c^2 + n_{22}s^2 - 2n_{12}sc) \\ & + N'_{22}(n_{11}s^2 + n_{22}c^2 + 2n_{12}sc) \\ & + N'_{33}n_{33} \\ & + 2N'_{23}(n_{23}c + n_{31}s) + 2N'_{31}(-n_{23}s + n_{31}c) \\ & + 2N'_{12}((n_{11} - n_{22})sc + n_{12}(c^2 - s^2)). \end{aligned} \tag{6}$$

Soll die Drehung eine Deckbewegung sein, so müssen die Parameter von $S'$ mit denen von $S$ übereinstimmen. Dies liefert die Beziehungen

$$\begin{aligned} (-(n_{11} - n_{22})s - 2n_{12}c)s &= 0, \\ ((n_{11} - n_{22})s \quad + 2n_{12}c)s &= 0, \\ -n_{23}(1-c) + n_{31}s &= 0, \\ -n_{23}s - n_{31}(1-c) &= 0, \\ ((n_{11} - n_{22})c \quad - 2n_{12}s)s &= 0. \end{aligned} \tag{7}$$

Die erste und die zweite Bedingung sind identisch. Sie und die fünfte sind durch den Faktor $s = \sin\psi$ erfüllt, wenn der Drehungswinkel $\psi = 180^0$ beträgt, die Symmetrieachse also zweizählig ist. Im andern Falle müssen die Klammern verschwinden, was, da ihre Determinante = Eins ist, also nicht verschwindet, auf $n_{11} = n_{22}$, $n_{12} = 0$ führt. Die dritte und die vierte Gleichung liefert für alle Drehungswinkel $n_{23} = n_{31} = 0$.

Somit ergeben sich für die Parameter $n_{hk}$ die Schemata

$$\begin{array}{ll} \text{für } A_z^{(2)}: & n_{11},\ n_{22},\ n_{33},\ 0,\ 0,\ n_{12}. \\ \text{für } A_z^{(3)}, A_z^{(4)}, A_z^{(6)}: & n_{11},\ n_{11},\ n_{33},\ 0,\ 0,\ 0. \end{array} \tag{8}$$

Durch zyklische Vertauschung folgt hieraus auch

$$\begin{array}{ll} \text{für } A_x^{(2)}: & n_{11},\ n_{22},\ n_{33},\ n_{23},\ 0,\ 0. \\ \text{für } A_x^{(3)}, A_x^{(4)}, A_x^{(6)}: & n_{11},\ n_{22},\ n_{22},\ 0,\ 0,\ 0. \end{array} \tag{9}$$

Diese Resultate stimmen ersichtlich mit den für die Parameter $p_{hk}$ in der Tabelle auf S. 270 enthaltenen überein, entsprechend dem oben Bemerkten, daß bei den Deckbewegungen erster Art sich polare und axiale Tensoren gleichmäßig verhalten müssen. —

Einer Spiegelung in der zur $X$-Achse normalen Ebene entspricht nach S. 36 das System der Richtungskosinus

$$\begin{array}{lll} \alpha_1 = -1, & \beta_1 = 0, & \gamma_1 = 0, \\ \alpha_2 = 0, & \beta_2 = +1, & \gamma_2 = 0, \\ \alpha_3 = 0, & \beta_3 = 0, & \gamma_3 = +1. \end{array}$$

Handelt es sich um ein axiales Tensortripel, so kehren dessen Komponenten bei der Spiegelung die Vorzeichen um; es gelten für diesen Fall also die Beziehungen

$$\begin{array}{lll} N_{11} = -N'_{11}, & N_{22} = -N'_{22}, & N_{33} = -N'_{33}, \\ N_{23} = -N'_{23}, & N_{31} = +N'_{31}, & N_{12} = +N'_{12}. \end{array} \tag{10}$$

Damit diese Transformation $S'$ mit $S$ übereinstimmen lasse, ist erforderlich, daß $n_{11}$, $n_{22}$, $n_{33}$, $n_{23}$ verschwinden. Wir können also weiter schreiben

$$\text{für } E_x:\quad 0,\ 0,\ 0,\ 0,\ n_{31},\ n_{12}. \tag{11}$$

Durch zyklische Vertauschung erhält man hieraus auch

$$\text{für } E_z:\quad 0,\ 0,\ 0,\ n_{23},\ n_{31}.\ 0. \tag{12}$$

Es erübrigt schließlich noch die Behandlung einer in die $Z$-Achse fallenden Spiegelachse. Für die ihr entsprechende Deckbewegung ist zu kombinieren eine Drehung um $90^0$ um die $Z$-Achse und eine Spiegelung in der zur $Z$-Achse normalen Ebene. Dies liefert nach obigem das System der Richtungskosinus

$$\begin{aligned} &\alpha_1 = 0, \quad \beta_1 = 1, \quad \gamma_1 = 0, \\ &\alpha_2 = -1, \quad \beta_2 = 0, \quad \gamma_2 = 0, \\ &\alpha_3 = 0, \quad \beta_3 = 0, \quad \gamma_3 = -1. \end{aligned}$$

Für ein axiales Tensortripel sind außerdem die Vorzeichen aller Komponenten umzukehren.

So gelangt man zu den Transformationsformeln

$$\begin{aligned} &N_{11} = -N'_{22}, \quad N_{22} = -N'_{11}, \quad N_{33} = -N'_{33}, \\ &N_{23} = -N'_{31}, \quad N_{31} = +N'_{23}, \quad N_{12} = +N'_{12}. \end{aligned} \tag{13}$$

Damit nach dieser Substitution $S'$ mit $S$ übereinstimme, muß

$$n_{11} + n_{22} = n_{33} = n_{23} = n_{31} = 0$$

sein. Es ergibt sich demgemäß das Parameterschema

$$\text{für } S_z\text{:} \quad n_{11}, -n_{11}, 0, 0, 0, n_{12}, \tag{14}$$

woraus auch folgt

$$\text{für } S_x\text{:} \quad 0, n_{22}, -n_{22}, n_{23}, 0, 0. \tag{15}$$

§ 148. **Ein axiales Tensortripel. Schemata der Komponenten für die 32 Kristallgruppen.** Durch Vorstehendes ist die Einwirkung jedes einzelnen Symmetrieelements auf die Parameter $n_{hk}$ aufgedeckt, und man kann mit Hilfe der gewonnenen Schemata nun leicht die Parametersysteme für eine jede Symmetrieformel bilden, indem man nur berücksichtigt, daß bei der Kombination verschiedener Symmetrieelemente die Wirkung jedes einzelnen bezüglich des Verschwindens eines Parameters oder aber der Gleichheit von zweien erhalten bleiben muß.

Im folgenden sind die Parametersysteme für die sämtlichen Gruppen, welche kein Symmetriezentrum besitzen und welche nicht von vornherein ausfallen, gemäß den vorstehenden Regeln zusammengestellt.

| | | | | | | | | |
|---|---|---|---|---|---|---|---|---|
| I. | (2) Kein Symmetrieelement: | $n_{11}$, | $n_{22}$, | $n_{33}$, | $n_{23}$, | $n_{31}$, | $n_{12}$. |
| II. | (4) $(E_z)$: | 0, | 0, | 0, | $n_{23}$, | $n_{31}$, | 0. |
| | (5) $(A_z^{(2)})$: | $n_{11}$, | $n_{22}$, | $n_{33}$, | 0, | 0, | $n_{12}$. |
| III. | (7) $(A_z^{(2)}, A_x^{(2)})$: | $n_{11}$, | $n_{22}$, | $n_{33}$, | 0, | 0, | 0. |
| | (8) $(A_z^{(2)}, E_x)$: | 0, | 0, | 0, | 0, | 0, | $n_{12}$. |
| IV. | (10) $(A_z^{(3)}, A_x^{(2)})$: | $n_{11}$, | $n_{11}$, | $n_{33}$, | 0, | 0, | 0. |
| | (11) $(A_z^{(3)}, E_x)$: | 0, | 0, | 0, | 0, | 0, | 0. |
| | (13) $(A_z^{(3)})$: | $n_{11}$, | $n_{11}$, | $n_{33}$, | 0, | 0, | 0. |

| | | |
|---|---|---|
| V. | (15) $(A_z^{(4)}, A_x^{(2)})$: | $n_{11}$, $n_{11}$, $n_{33}$, 0, 0, 0. |
| | (16) $(A_z^{(4)}, E_x)$: | 0, 0, 0, 0, 0, 0. |
| | (18) $(A_z^{(4)})$: | $n_{11}$, $n_{11}$, $n_{33}$, 0, 0, 0. |
| | (19) $(S_z, A_x^{(2)})$: | $n_{11}$, $-n_{11}$, 0, 0, 0, 0. |
| | (20) $(S_z)$: | $n_{11}$, $-n_{11}$, 0, 0, 0, $n_{12}$. |
| VI. | (22) $(A_z^{(6)}, A_x^{(2)})$: | $n_{11}$, $n_{11}$, $n_{33}$, 0, 0, 0. |
| | (23) $(A_z^{(6)}, E_x)$: | 0, 0, 0, 0, 0, 0. |
| | (25) $(A_z^{(6)})$: | $n_{11}$, $n_{11}$, $n_{33}$, 0, 0, 0. |
| | (26) $(A_z^{(3)}, A_x^{(2)}, E_z)$: | 0, 0, 0, 0, 0, 0. |
| | (27) $(A_z^{(3)}, E_z)$: | 0, 0, 0, 0, 0, 0. |
| VII. | (29) $(A_x^{(4)}, A_y^{(4)})$: | |
| | (30) $(S_x, S_y)$: | $n_{11}$, $n_{11}$, $n_{11}$, 0, 0, 0. |
| | (32) $(A_x^{(2)} \sim A_y^{(2)} \sim A_z^{(2)})$: | |

Wie zu der Tabelle auf S. 270 bemerkt, ist, wenn $n_{23}$ und $n_{31}$ verschwinden, $n_{33}$ mit $n_{III}$ identisch; wird außerdem noch $n_{12}$ zu Null, so geht zugleich $n_{11}$ in $n_{I}$, $n_{22}$ in $n_{II}$ über.

Diese Parametersysteme sind sehr mannigfaltig, insofern zu den in der Tabelle von S. 270 enthaltenen und hier bei Anwesenheit bloßer Symmetrieachsen wiederkehrenden eine ganze Reihe neuer getreten sind. Allerdings fallen auch wieder ziemlich viele Gruppen gänzlich aus, nämlich außer den mit einem Symmetriezentrum behafteten auch alle diejenigen, in deren Symmetrieformel die Kombination $A_z^{(n)}, E_x$ für $n > 2$ oder aber $A_z^{(3)}, E_z$ auftritt.

Bemerkenswert ist, wie seltsame Lagen das Tensortripel in dem jetzigen (dritten) Falle $\gamma$) mitunter hat, während es bei dem früheren $\alpha$) der Regel nach mit einer oder mehreren Koordinatenachsen zusammenfiel.

Eine etwas nähere Betrachtung verdienen in dieser Hinsicht die Gruppen (4) und (8), wo das System gilt

$$0,\ 0,\ 0,\ n_{23},\ n_{31},\ 0,$$

resp.

$$0,\ 0,\ 0,\ 0,\ 0,\ n_{12}.$$

Im letzteren Falle liegen zwei der drei Tensoren in den Halbierungslinien der Winkel zwischen *X*- und *Y*-Achse, der dritte in der *Z*-Achse; der letzte Tensor ist aber gleich Null, die beiden andern haben entgegensetzt gleiche Werte. Man erkennt leicht, wie hierdurch die Symmetrie $(A_z^{(2)}, E_x)$ der Gruppe wiedergegeben wird.

Im ersten Falle liegen zwei Tensoren in einer Ebene durch die $Z$-Achse symmetrisch zu dieser Achse, der dritte steht dazu normal; die beiden ersten haben entgegengesetzt gleiche Werte, der dritte ist gleich Null. Auch hier erkennt man leicht die Wahrung der Symmetrie $(E_s)$ der Gruppe.

## II. Abschnitt.

## Die thermische Dilatation.

§ 149. **Allgemeine Vorbemerkungen.** Ähnlich, wie der als Pyroelektrizität bekannte Vorgang, ist auch das kurz als thermische Dilatation bezeichnete Phänomen in Wahrheit ein spezieller Fall eines viel allgemeineren Effektes, nämlich der Zusammenwirkung von Temperatur und Druck bezüglich der Deformation. Das Spezielle des Falles liegt einmal in der auch hier zumeist vorausgesetzten räumlichen Gleichförmigkeit der Temperatur, sodann und hauptsächlich in der Voraussetzung eines bei der Erwärmung konstant gehaltenen allseitig gleichen Druckes, der Regel nach in der Größe des Atmosphärendruckes.

Ebenso wie die Pyroelektrizität im engeren Sinne des Wortes bei der Behandlung der Piezoelektrizität von einem allgemeineren Standpunkte aus besprochen werden wird, soll auch diese spezielle, freie thermische Dilatation später in die allgemeine Thermoelastizität eingereiht werden. Aber dieselben Überlegungen, welche eine Vorwegnahme der Pyroelektrizität empfahlen, haben auch in bezug auf die thermische Dilatation Gewicht. Wiederum stellt die letztere ein Phänomen von so ausgezeichnet leichter Meßbarkeit dar, daß es schon dadurch aus der Reihe der komplizierteren, viel weniger leicht beobachtbaren sehr deutlich heraustritt. Es kommt hinzu, daß diese spezielle, freie thermische Dilatation immer noch ein reiches und dabei in sich abgeschlossenes Gebiet bildet, um seine gesonderte Betrachtung zu rechtfertigen.

§ 150. **Beobachtungen über thermische Winkeländerungen und über thermische kubische Dilatation.** Wie schon in der Einleitung bemerkt, ist das spezifische Verhalten der Kristalle bei einer Erwärmung, nämlich ihre ungleiche Dilatation nach verschiedenen Richtungen, durch Beobachtung der damit zusammenhängenden Erscheinung der thermischen Änderung der Kristallwinkel i. J. 1823 von *Mitscherlich*[1]) entdeckt worden. Die bezüglichen Beobachtungen wurden an Kristallen angestellt, die in einem Quecksilberbade verschiedenen

1) *E. Mitscherlich*, Pogg. Ann., Bd. **1**, p. **125**, **1824**.

Temperaturen ausgesetzt werden konnten. Die Kristalle waren in geeigneter Weise an der Achse eines Reflexionsgoniometers angebracht, und es wurde jeweil die der Beobachtung zu unterwerfende Fläche auf kurze Zeit durch Senken der Quecksilberoberfläche freigelegt.

Die beobachteten Kristallflächen waren die von Rhomboedern (s. Fig. 69 auf S. 94), und die gemessenen Winkel $\Theta$ diejenigen, welche an deren Polkanten liegen. Es ergab sich so bei den nachstehenden Kristallen das folgende System von Winkeländerungen $\mu$, wobei $\Theta$ sich auf die Ausgangstemperatur 10° C, $\mu$ auf eine Steigerung derselben um 100° C bezieht:

| | | |
|---|---|---|
| Kalkspat | $\Theta = 105^0 4',5$ | $\mu = -8'32''$, |
| Dolomit | $\Theta = 106^0 15'$ | $\mu = -4'6''$, |
| Eisenspat | $\Theta = 107^0$ | $\mu = -2'22''$. |

Diese Winkeländerungen sind in Anbetracht der bedeutenden Temperatursteigerung sehr klein.

*Mitscherlich* zog aus seinen Beobachtungen den richtigen Schluß, daß sie auf eine verschieden starke lineare Dilatation der Kristalle nach verschiedenen Richtungen deuteten. Er berechnete aus den Winkeländerungen die Differenzen der thermischen Dilatationen der untersuchten Kristalle parallel und normal zur Hauptachse und bemühte sich auch[1]), diese Differenz bei Kalkspat durch direkte mikroskopische Ausmessung der Längen geeigneter parallel resp. normal zur Hauptachse geschnittener Präparate bei verschiedenen Temperaturen zu bestimmen. Außerdem beobachtete er im Verein mit *Dulong* und *Petit* in Paris die kubische Dilatation von Kalkspat bei Temperatursteigerung.

Die Methode der Messung der thermischen Änderungen von Kristallwinkeln hat vor derjenigen der Messung von Längen gewisse praktische Vorteile, insofern dabei etwaige Temperaturänderungen an den zur Messung dienenden Apparaten kaum störend wirken. Diese Apparate sind aus isotropem Material, und ein solches ändert bei einer gleichförmigen Temperaturänderung zwar seine Längsdimensionen, aber nicht seine Winkel. Allerdings haben die Winkeländerungen den Nachteil, nicht auf absolute Werte der linearen thermischen Dilatationen zu führen, wie das bereits auf S. 175 hervorgehoben ist.

Wegen der praktischen Vorzüge der Methode haben sich nach *Mitscherlich* mehrere Forscher — insbesondere *F. E. Neumann*, *C. Neumann*, *Fletscher*, *Beckenkamp*, *Hecht* — mit derartigen Beobachtungen und der theoretischen Verwertung von deren Resultaten zur Bestim-

1) *E. Mitscherlich*, Pogg. Ann. Bd. **10**, p. 137, 1827.

mung der Parameter der linearen thermischen Dilatation beschäftigt. Die letztere Aufgabe ist eine rein geometrische und soll hier nicht näher erörtert werden.

Dagegen mag kurz einer einfachen Methode zur Demonstration der thermischen Winkeländerung gedacht werden, welche diese interessante Erscheinung einer größeren Hörerschaar zu demonstrieren gestattet. Man schneidet zu diesem Zweck ein plattenförmiges Spaltungsstück von Kalkspat parallel zu dessen langer Diagonale in zwei Hälften (Fig. 113a), die man in verwendeter Lage wieder zusammenkittet (Fig. 113b). Von den Winkeln $\alpha$ und $\beta$ zwischen Platten- und Spaltflächen verhalten sich bei einer Temperaturänderung $\alpha_1$, $\alpha_2$ einerseits, $\beta_1$, $\beta_2$ andererseits untereinander gleich; um so viel, als die $\alpha$ abnehmen, nehmen die $\beta$ zu. Daraus folgt, daß bei einer Temperaturänderung die Plattenflächen des Präparates sich in ihren Hälften gegeneinander neigen müssen (Fig. 113c). Diese kleine Neigung kann man sichtbar machen, indem man die Plattenhälften mit Spiegeln armiert und mittels derselben von einer spaltförmigen Lichtquelle bei Zwischenschaltung einer Linse Bilder auf einen fernen Schirm wirft. Diese Bilder wechseln bei einer Temperaturänderung ihre relative Lage. —

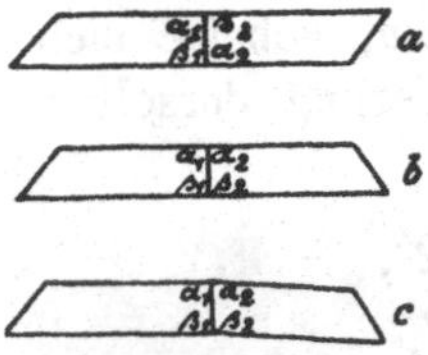

Fig. 113.

Wenn die Beobachtungen über thermische Winkeländerungen nach einer oben gemachten Bemerkung auch nur relative Werte von thermischen Dilatationen zu liefern vermögen, so ergeben sie diese doch, dank dem Umstande, daß man über die Orientierung der den zu messenden Winkel bildenden Ebenen im Kristall frei und mannigfaltig verfügen kann, in Vollständigkeit. Die Beobachtung der kubischen Dilatation liefert hingegen nur einen einzigen Parameter, denn diese Größe ist durchaus unabhängig von der Art und der Orientierung aller Begrenzungselemente der benutzten Kristallpräparate. Immerhin kann die letztere Methode unter Umständen, z. B. wenn wegen Spaltbarkeiten des Kristallmateriales die Herstellung von Präparaten für andere Beobachtungsarten beschränkt ist, zur Ergänzung anderer Methoden von großem Nutzen sein. Sie stellt an die Größe und die regelmäßige Begrenzung der zu beobachteten Präparate keinerlei Ansprüche und ist dadurch gerade für Kristalle sehr bequem.

Die Aeolotropie des Materiales kommt bei der kubischen Dilatation nicht zur Geltung; letztere Größe kann also nach den bei isotropen Körpern anzuwendenden Methoden abgeleitet werden. Diese Methoden kommen bekanntlich darauf hinaus, daß man ein thermometerartiges Gefäß zunächst mit einer Flüssigkeit von anderweit bestimmter thermischer Dilatation füllt und damit deren scheinbare Ausdehnung bei verschiedenen Temperaturen beobachtet, darauf das

Gefäß mit dem zu untersuchenden Körper und der früheren Flüssigkeit füllt und die Beobachtung wiederholt.

Bezeichnet $(A_0)$ die kubische Dilatation der Flüssigkeit, $(A_1)$ diejenige der Substanz des Gefäßes bei einer Temperaturänderung $\tau$, und $V_0$ das von der Flüssigkeit bei der Ausgangstemperatur $\vartheta_0$ eingenommene Volumen, so ist die bei der ersten Beobachtung zur Geltung kommende (scheinbare) Volumenänderung

$$\delta_1 V_0 = V_0((A_0) - (A_1)). \tag{16}$$

Bezeichnet $V$ das Volumen des eingetauchten festen Körpers, $(A)$ seine kubische Dilatation, so gibt die zweite Beobachtung

$$\delta_2 V_0 = (V_0 - V)(A_0) + V(A) - V_0(A_1). \tag{16'}$$

Hieraus folgt

$$\delta_2 V_0 - \delta_1 V_0 = V((A) - (A_0)), \tag{17}$$

was bei bekannten $V$ und $(A_0)$ die Berechnung von $(A)$ gestattet.

Die scheinbaren Volumenänderungen können entweder aus der Veränderung des Standes des Flüssigkeitsmeniskus in dem Rohr des thermometerartigen Gefäßes oder aber durch Wägung des bei anfänglicher Füllung infolge der Temperatursteigerung ausfließenden Flüssigkeitsquantums bestimmt werden.

§ 151. **Beobachtungen lineärer thermischer Dilatationen.** Eine direkte Messung thermischer linearer Dilatationen bietet, wie schon bemerkt, die Schwierigkeit, daß das Meßinstrument leicht durch die Temperaturänderung beeinflußt wird; eine Änderung von dessen Dimensionen ist meist schwer in Rechnung zu setzen, da seine Temperatur der Regel nach nicht genau bestimmt werden kann, und dies ist um so bedenklicher, als die Metalle, aus denen die Meßinstrumente zu bestehen pflegen, sich sehr stark mit der Temperatur dilatieren.

Man hat diese Schwierigkeit dadurch umgangen, daß man sich auf die Messung der Differenzen zwischen der Dilatation des untersuchten Kristalls und eines Normalkörpers von anderweit bestimmtem Verhalten beschränkte; dabei wurde jener Körper genau der gleichen Temperatur, wie der Kristall, ausgesetzt und diente gewissermaßen als Etalon für die am Kristall auszuführende Messung.

Dieser Gedanke ist zuerst von *Pfaff* und dann in vollkommenerer Form von *Fizeau* zur Anwendung gebracht.

*Pfaff*[1]) führte die Messung der Längendifferenz zwischen dem Kristallpräparat und einem Metallstab auf eine Winkelmessung zu-

1) *Fr. Pfaff*, Pogg. Ann. Bd. **104**, p. 171, 1858; Bd. **107**, p. 148, 1859.

rück, indem er (Fig. 114) den Metallstab $m$ als Träger einer Achse $a$ ausbildete, um welche sich ein Hebel drehte, der mit dem einen Ende $b$ auf dem oberen Ende des Kristalls $k$ auflag. Bei einer Temperaturänderung dehnten sich Metallstab und Präparat verschieden stark aus; es trat eine Drehung des Hebels $ab$ ein, die mit Fernrohr und Skala an dem mit dem Hebel verbundenen Spiegel $s$ abgelesen werden konnte.

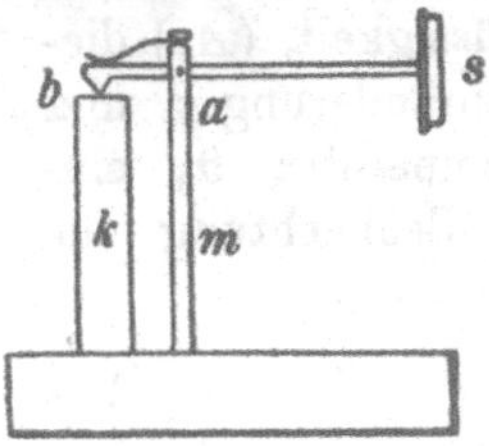

Fig. 114.

*Fizeau*[1]) verwendete (nach dem Vorgang von *Jerichau*[2]) und *Angström*[3])) zur Bestimmung derselben Längendifferenz ein optisches Verfahren, die Beobachtung der *Newton*schen Interferenzerscheinung. Das Prinzip seiner Anordnung ist das folgende (Fig. 115).

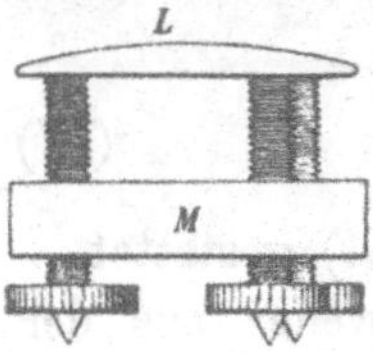

Fig. 115.

Eine plankonvexe Glaslinse $L$ liegt mit ihrer ebenen Fläche auf drei Schrauben auf, die eine Metallplatte $M$ durchsetzen und zugleich sowohl Füße des ganzen Systems, als auch Träger der Linse von veränderlicher Länge bilden. Die obere Fläche der Metallplatte ist hochpoliert. Fällt auf die Linse das Licht einer Natriumflamme aus geeigneter Entfernung nahezu normal auf, so kann man mit einem Fernröhrchen die Interferenzstreifen beobachten, zu welchen die Zusammenwirkung der an der untern Fläche der Linse und an der obern Fläche der Platte reflektierten Wellen Veranlassung gibt. Mit ihrer Hilfe lassen sich dann diese beiden Flächen nahezu parallel stellen, so daß die Streifen eine für die Beobachtung passende Breite besitzen. Auf der Unterfläche der Linse angebrachte punktförmige Marken gestatten die Interferenzstreifen zu lokalisieren.

Bringt man dies System aus Dreifuß und Linse mittels eines Luftbades auf höhere Temperatur, so wird die untere Fläche der Linse infolge der Ausdehnung der sie tragenden Schrauben gehoben. Während dieses Vorganges wandern die Interferenzstreifen; wenn bis zur Erreichung der Temperaturerhöhung $\tau$ eine Anzahl $N_0$ Streifen an den obenerwähnten Marken vorübergewandert ist, — wobei $N_0$ im allgemeinen keine ganze Zahl ist, — so besteht die Beziehung

$$N_0 \frac{\lambda}{2} = L_0 A_0, \tag{18}$$

1) *H. Fizeau,* zahlreiche Arbeiten in den C. R. von 1864—1868, zusammengefaßt z. B. in Pogg. Ann. Bd. 128, p. 564, 1866. Weitere Beobachtungen nach der *Fizeau*schen Methode sind besonders von *R. Benoît* angestellt; Trav. et Mém. du bur. intern. des poids et mes., Paris T. I, p. 1, 1881, T. VI, p. 1, 1888.

2) *E. B. Jerichau,* Pogg. Ann. Bd. 54, p. 139, 1841.

3) *K. Angström*, Pogg. Ann. Bd. 86, p. 228, 1851.

falls $\lambda$ die Wellenlänge des benutzten Lichtes, $L_0$ den anfänglichen Abstand zwischen Platte und unterer Linsenfläche, $A_0$ die thermische lineare Dilatation des Materials der Schrauben bei der vorgenommenen Temperatursteigerung $\tau$ bezeichnet.

Die Beobachtung von $N_0$ gestattet bei bekanntem $\lambda$ (für *Na*-Licht $= 5893 \cdot 10^{-7}$ mm) und bekanntem $L_0$ die thermische Dilatation $A_0$ des Schraubenmaterials zu bestimmen.

Nunmehr wird das Kristallpräparat in der Form einer auf der oberen Seite polierten Platte von angemessener Dicke (1 cm ca.), normal zu der zu untersuchenden Richtung geschnitten, auf die Platte des Tischchens gelegt und durch eine geringe Regulierung der Schrauben wieder das System der Interferenzstreifen in geeigneter Entfaltung hervorgerufen. Die Wiederholung der Beobachtung über die Wanderung der Interferenzstreifen bei Steigerung der Temperatur um $\tau$ gibt dann eine Streifenzahl $N$, bestimmt durch die Formel

$$N\frac{\lambda}{2} = L_0 A_0 - LA, \tag{19}$$

wobei $L$ die Dicke der Platte, $A$ ihre thermische Dickenänderung bezeichnet.

Die Kombination der beiden Beobachtungen gestattet, bei bekanntem $L$ die thermische Dickenänderung $A$ zu berechnen.

Je nach den Werten der Dicken $L_0$ und $L$, der thermischen Dilatationen $A_0$ und $A$ kann in (19) $N$ sowohl positiv als negativ sein; im ersten Falle wandern die Streifen nach der Seite, wo die Dicke der (schwach keilförmigen) Luftschicht zwischen Kristallpräparat und unterer Linsenfläche kleiner, im letzteren Fall nach der Seite, wo sie größer ist. Bei sehr genauen Beobachtungen muß der Umstand berücksichtigt werden, daß die Wellenlängen $\lambda$ ein wenig mit der Temperatur variieren. Einige der zahlreichen von *Fizeau* erhaltenen Resultate sollen unten mitgeteilt werden.

Hier mag nur noch erwähnt werden, daß das *Fizeau*sche Verfahren einige Verbesserungen erfahren hat. *Abbe*[1]) hat einen Apparat konstruiert, bei dem die Beleuchtung des *Fizeau*schen Systems gleichzeitig mit Licht von verschiedenen Wellenlängen stattfindet, und durch Beobachtung der Interferenzerscheinung mit Hilfe eines Prismensystems die Systeme von Interferenzstreifen für die verschiedenen Farben nebeneinander sichtbar werden. Dies Verfahren bietet den Vorteil, daß das Abzählen der während der Erwärmung an den Marken vorüberwandernden Streifen bis zu einem gewissen Grade unnötig wird. Bezeichnet nämlich $N_h$ die Zahl der vorübergegangenen Streifen für die Farbe von der Wellenlänge $\lambda_h$, und ist $N_h = n_h + b_h$,

1) S. *C. Pulfrich*, Zeitschr. f. Instr. Bd. 13, p. 365, 401, 437, 1893.

wobei $n_h$ eine ganze Zahl, $b_h$ ein echter Bruch ist, so muß nach (19) für die verschiedenen Farben 1, 2, ... gelten

$$(n_1 + b_1)\lambda_1 = (n_2 + b_2\lambda_2) = \dots \tag{20}$$

Die $b_h$ bestimmen sich aus der Ruhestellung der Interferenzstreifen nach Erreichung der Temperaturänderung $\tau$, die $\lambda_h$ sind bekannt; man findet dann leicht durch Probieren ein System Zahlwerte $n_h$, welche die Gleichung (20) befriedigen, besonders wenn ein ungefährer Wert $A$ bereits bekannt ist.

Eine weitere Verbesserung, die von *Pulfrich*[1]) angegeben ist, ersetzt den stählernen Tisch des *Fizeau*schen Apparates durch einen Ring von Bergkristall, der so orientiert ist, daß die Ringachse mit der Kristallhauptachse zusammenfällt. Im Interesse sicheren Stehens ist der untere Rand des Ringes so ausgeschliffen, daß drei Füße entstehen. Der Vorteil dieser Neuerung liegt darin, daß die thermische Dilatation von Bergkristall einmal sehr klein ist, daß also nicht, wie bei der alten Anordnung, gelegentlich in Formel (19) $LA$ sich durch die kleine Differenz zweier großer Zahlen ausdrückt. Außerdem und besonders aber ist Bergkristall ein scharf charakterisierter Stoff von konstanten Eigenschaften, während jede Stahlsorte sich anders verhält. Man kann also bei Bergkristall mit einem bekannten Wert von $A_0$ operieren.[2])

Natürlich fällt bei der Verbesserung von *Pulfrich* ein Vorteil der *Fizeau*schen Anordnung fort, die Möglichkeit, die Dicke und den Keilwinkel der Luftschicht zu variieren, in der Interferenzen zustande kommen. An den Planparallelismus der beobachteten Kristallplatten werden demgemäß höhere Anforderungen gestellt.

§ 152. **Das erste thermodynamische Potential der thermischen Dilatation.** Die Vorgänge der thermischen Dilatation können nach allen Erfahrungen mit Sicherheit als reversibel betrachtet werden; denn die hier und da beobachtbaren thermischen Nachwirkungen, d. h. Deformationen, die von einer Erwärmung bei Erreichung der ursprünglichen Temperatur zurückbleiben, sind immer sehr klein gegen die Gesamtdeformation und erscheinen mit dieser nicht notwendig verbunden.

Wir sind sonach berechtigt, die Methode des thermodynamischen Potentials anzuwenden und müssen hierzu von dem Ausdruck (31) auf S. 166 ausgehen, der die an der Volumeneinheit bei einer Änderung

---

1) *C. Pulfrich*, Zeitschr. f. Kristall. Bd. 31, p. 372, 1899.

2) Die neuste Bestimmung ist von *K. Scheel* gegeben, s. Ann. d. Phys., Bd. 9, p. 837, 1902.

der Deformation zu leistende äußere Arbeit angibt. Dieser Ausdruck lautet:

$$d'\alpha = -(X_x dx_x + Y_y dy_y + \cdots + X_y dx_y), \tag{21}$$

und seine Vergleichung mit dem allgemeinen Schema (107) auf S. 188

$$d'\alpha = -\sum X_h dx_h \tag{22}$$

bestimmt die Hauptvariabeln oder verallgemeinerten Koordinaten $x_h$ der Deformation gleich den sechs Deformationsgrößen $x_x, \ldots x_y$, die verallgemeinerten Kräfte $X_h$ gleich den sechs Druckkomponenten $X_x, \ldots X_y$.

Es ist für viele Zwecke bequem, die allgemeinen Bezeichnungen $X_h$ und $x_h$ beizubehalten, weil sich dann die Formeln durch Einführung von Summenzeichen vereinfachen lassen.

Das erste thermodynamische Potential stellen wir gemäß der außerordentlichen Kleinheit der Zahlenwerte, welche die Deformationen $x_h$ in allen praktisch wichtigen Fällen besitzen, durch eine Reihe nach steigenden Potenzen der $x_h$ dar, die wir im allgemeinen immer bereits mit dem linearen Glied abbrechen können.

Wir setzen demgemäß

$$-\xi = Q_0 + \sum Q_h x_h, \quad h = 1, 2, \ldots 6. \tag{23}$$

Die Parameter $Q$ sind dabei jedenfalls Funktionen der Temperatur $\vartheta$, oder bequemer, wie S. 249 in einem ähnlichen Falle ausgeführt, der Temperaturdifferenz $\tau$ gegen eine normale Temperatur $\vartheta_0$; im letzteren Falle kann man über die in den $Q$ vorhandenen Konstanten so verfügen, daß alle $Q$ mit $\tau$ verschwinden. In den $Q$ wird übrigens in diesem Falle (außer dem bei den jetzt betrachteten Vorgängen nach S. 276 konstant zu denkenden Druck) $\vartheta_0$ selbst auftreten.

Nach den allgemeinen Sätzen von § 101 sind dann die Werte der Druckkomponenten $X_h$ und der Betrag $\eta$ der Entropie der Volumeneinheit gegeben durch

$$\left.\begin{aligned} X_h &= -\frac{\partial \xi}{\partial x_h} = Q_h, \qquad \text{für} \quad h = 1, 2, \ldots 6; \\ \eta &= -\frac{\partial \xi}{\partial \tau} = Q_0' + \sum Q_h' x_h, \end{aligned}\right\} \tag{24}$$

wobei die oberen Indizes wieder die Differentiation nach $\tau$ andeuten.

Die ersten Formeln zeigen, daß bei einer gegen die normale geänderten Temperatur im Innern des Körpers Druckkomponenten von den Beträgen $X_x = Q_1, \ldots X_y = Q_6$ entstehen. Die Beschränkung des Ansatzes (23) für $\xi$ auf die in den $x_h$ linearen Glieder läßt diese Drucke als Funktion der Temperatur allein erscheinen; die Einführung höherer Glieder würde die Drucke von den Deformationen abhängig machen — eine Wirkung, deren Untersuchung uns in dem Abschnitt über Elastizität beschäftigen wird.

Die thermischen Drucke $Q_h$ sind die Ursachen der thermischen Deformationen, und es wird gleichfalls später dargelegt werden, wie diese Wirkung zustande kommt.

Der Ausdruck (24) für $\eta$ liefert, konstant gesetzt, die Bedingung einer adiabatischen Zustandsänderung. Da in ihm neben $\tau$ die Deformationsgrößen $x_h$ auftreten, so bedingt die Änderung der letzteren eine solche der ersteren: adiabatische Deformationen bewirken Temperaturänderungen.

Insbesondere gilt für eine adiabatische Veränderung, die von dem Zustand $\tau = 0$, $x_1 = x_2 = \cdots = x_6 = 0$ ausgeht (oder denselben irgendwie erreicht), die Bedingung

$$(Q_0')_{\tau=0} = Q_0' + \sum Q_h' x_h. \tag{25}$$

Es ist möglich, über eine in $Q_0'$ vorhandene Konstante so zu verfügen, daß $(Q_0')_{\tau=0} = 0$ ist; verfährt man demgemäß, so nimmt die Bedingung dieser adiabatischen Veränderung die einfachere Form an

$$0 = Q_0' + \sum Q_h' x_h. \tag{26}$$

Über die Größe $Q_0$ resp. $Q_0'$ können wir nähere Auskunft erhalten durch die allgemeine Formel (112) von S. 189 für die spezifische Wärme $\gamma_x$ bei konstant erhaltenen Deformationen, welche lautete

$$\gamma_x = \vartheta \frac{\partial \eta}{\partial \vartheta} \text{ resp. } \vartheta \frac{\partial \eta}{\partial \tau}.$$

Sie ergibt uns sofort

$$\gamma_x = \vartheta (Q_0'' + \sum Q_h'' x_h), \tag{27}$$

also als spezifische Wärme bei fehlender Deformation auch

$$\gamma_x^0 = \vartheta Q_0''. \tag{28}$$

Es ist sonach

$$Q_0' = \int \frac{\gamma_x^0}{\vartheta} d\tau + \text{konst.},$$

oder nach unserer Verfügung über die Konstante in $Q_0'$

$$Q_0' = \int_0^\tau \frac{\gamma_x^0 d\tau}{\vartheta}. \tag{29}$$

Wir haben bisher über die Abhängigkeit der $Q$ von der Temperaturänderung $\tau$ nichts angenommen, weil hier bei hinreichend großen $\tau$ ziemlich komplizierte Gesetze auftreten können, und weil große $\tau$, wie oben gezeigt, faktisch angewendet werden.

Beschränken wir uns aber auf kleine $\tau$, so können wir für die $Q$ eine Potenzreihe in $\tau$ ansetzen und mit den niedrigsten zulässigen Gliedern abbrechen. Diese sind in $Q_1, \ldots Q_6$ ersichtlich die linearen; wir setzen somit

$$Q_h = q_h \tau, \quad q_h = \frac{d Q_h}{d\tau_0}, \qquad \text{für } h = 1, 2, \ldots 6, \tag{30}$$

d. h. wir nehmen die thermischen Drucke der Temperaturänderung $\tau$ proportional. Die Faktoren $q_h$ heißen die **Konstanten des thermischen Druckes.**

In $Q_0$ müssen wir um ein Glied weiter gehen und schreiben (da $Q_0$ und $Q_0'$ mit $\tau$ verschwinden sollen)

$$Q_0 = \tfrac{1}{2} q_0 \tau^2. \tag{31}$$

Es wird dann nach (28), da innerhalb der eingeführten Annäherung $\vartheta$ mit $\vartheta_0$ zu vertauschen ist,

$$\gamma_x^0 = \vartheta_0 q_0. \tag{32}$$

Aus (27) wird nunmehr

$$\gamma_x = \vartheta_0 q_0; \tag{33}$$

die spezifische Wärme bei beliebig vorgeschriebener konstanter Deformation ist also in der eingeführten Annäherung mit der bei fehlender Deformation identisch, d. h., sie ist von der vorgeschriebenen Deformation unabhängig.

Die Größe $\gamma_x$ geht durchaus der spezifischen Wärme $\gamma_v$ bei konstantem Volumen parallel, die in der Thermodynamik von Körpern, die unter allseitig gleichem Druck stehen, eine so große Rolle spielt; sie ist, wie jene, nicht direkt, sondern nur auf Umwegen mit Hilfe einer großen Zahl von verschiedenartigen Parametern zu berechnen.

Unter Benutzung der eingeführten Annäherung wird nun der Ansatz (23) für $\xi$ zu

$$-\xi = \frac{\gamma_x \tau^2}{2\vartheta_0} + \tau \sum q_h x_h, \tag{34}$$

und die Bedingung der adiabatischen Änderung (26) zu

$$0 = \frac{\gamma_x \tau}{\vartheta_0} + \sum q_h x_h. \tag{35}$$

§ 153. **Das zweite thermodynamische Potential der thermischen Dilatation.** Das zweite thermodynamische Potential $\zeta$ benutzt nach dem Inhalt von § 102 neben der Temperatur die verallgemeinerten Kräfte $X_h$ als unabhängige Variable. Diese Kräfte sind nach obigem für unser Problem die Druckkomponenten $X_x, \ldots X_y$; wir können also in ihnen leicht einen Ansatz für $\zeta$ bilden, wenn wir eine Potenzreihe nach den $X_h$ ansetzen.

Bei Beschränkung auf die Glieder erster Ordnung werden wir schreiben können

$$\zeta = A_0 + \sum A_h X_h, \qquad \text{für} \quad h = 1, 2, \ldots 6, \tag{36}$$

wobei die $A$ (außer von $\vartheta_0$) von $\tau$ abhängen und mit $\tau$ verschwindend angenommen werden dürfen.

Es gilt dann nach (120) auf S. 191

$$\begin{aligned} x_h &= \frac{\partial \zeta}{\partial X_h} = A_h, \qquad \text{für} \quad h = 1, 2, \ldots 6, \\ -\eta &= \frac{\partial \zeta}{\partial \tau} = A_0' + \sum A_h' X_h. \end{aligned} \tag{37}$$

Die $A_h$ deuten sich durch die ersten Formeln als die **thermischen Deformationsgrößen**; unser in den $X_h$ linearer Ansatz entspricht der Beschränkung auf die bloße Temperaturwirkung. Höhere Glieder würden den Einfluß von Drucken auf die Deformationen ausdrücken; sie werden uns in dem Abschnitt über Elastizität beschäftigen.

Der Ausdruck für $\eta$ liefert, konstant gesetzt, die Bedingung einer adiabatischen Zustandsänderung. Geht diese Änderung von dem Zustand $\tau = 0$, $x_h = 0$, $h = 1, \ldots 6$ aus oder erreicht sie denselben, so lautet die betreffende Bedingung, wenn (analog wie S. 284) auch $(A_0')_{\tau=0} = 0$ gemacht wird,

$$0 = A_0' + \sum A_h' X_h. \tag{38}$$

Sie stellt eine Beziehung zwischen $\tau$ und den $X_h$ dar, bestimmt also die bei adiabatischer Erzeugung eines Druckes eintretende Temperaänderung.

Für die spezifische Wärme $\gamma_X$ bei konstanten Drucken ergibt sich nach Formel (123) auf S. 191

$$-\gamma_X = \vartheta(A_0'' + \sum A_h'' X_h); \tag{39}$$

für die spezifische Wärme bei fehlenden Drucken folgt hieraus

$$-\gamma_X^0 = \vartheta A_0'', \tag{40}$$

woraus sich bestimmt

$$A_0' = -\int_0^\tau \frac{\gamma_X^0 \, d\tau}{\vartheta}. \tag{41}$$

Wieder vereinfachen sich die Formeln, wenn man die $A$ nach Potenzen von $\tau$ entwickelt und mit den niedrigsten auftretenden Gliedern abbricht, was eine bestimmte Kleinheit von $\tau$ voraussetzt. Wir können hier schreiben

$$A_h = a_h \tau, \quad a_h = \frac{d A_h}{d\tau}, \qquad \text{für } h = 1, 2, \ldots 6 \qquad (42)$$

und die $a_h$ als **Koeffizienten der thermischen Dilatation** bezeichnen, analog auch

$$A_0 = \tfrac{1}{2} a_0 \tau^2 = -\frac{\gamma_X^0 \tau^2}{2\vartheta_0}, \qquad (43)$$

wobei $\gamma_X^0$ mit $\gamma_X$ nach (39) identisch, d. h. die spezifische Wärme bei konstanten Drucken von der Art und Größe dieser Drucke unabhängig wird.

Diese spezifischen Wärmen gehen genau dem $\gamma_p$ parallel, das in der Thermodynamik von Körpern unter allseitig gleichem Druck eine so große Rolle spielt; ja $\gamma_X$ darf bei der eingeführten Annäherung damit identifiziert werden, da ein allseitig gleicher Druck ein spezieller Fall des hier vorgesehenen ist.

Der Ansatz für das Potential $\zeta$ wird hiernach

$$\zeta = -\frac{\gamma_X \tau^2}{2\vartheta_0} + \tau \sum a_h X_h, \qquad (44)$$

die Bedingung der adiabatischen Änderung (118)

$$0 = -\frac{\gamma_X \tau}{\vartheta_0} + \sum a_h X_h. \qquad (45)$$

§ 154. **Allgemeine Diskussion der thermischen Drucke und Dilatationen.** Die Entwicklungen der vorstehenden beiden Paragraphen gehen einander völlig parallel; das zweite thermodynamische Potential gestattet genau die gleiche Behandlung wie das erste. Indessen ist doch zu betonen, daß eine Unabhängigkeit der Parameter beider Ansätze voneinander, die nach der vorstehenden Darstellung vielleicht zu existieren scheint, in Wirklichkeit nicht vorhanden ist. Dies ergeben schon die allgemeinen Betrachtungen in § 102. Es bestehen zwischen den Variabeln $x_h$ und $X_h$ nebst der Temperatur $\vartheta$ Relationen, die nach den Formeln (116) und (117) auf S. 190 zu schreiben sind

$$X_h = F_h(x_1, x_2, \ldots x_6, \vartheta), \qquad (46)$$

resp.

$$x_h = f_h(X_1, X_2, \ldots X_6, \vartheta), \qquad (47)$$

und durch diese, sowie durch die Beziehung (118)

$$\xi + \sum X_h x_h = \zeta \qquad (48)$$

sind auch die Parameter (resp. die Temperaturfunktionen) $Q_h$ und $A_h$ der beiden Ansätze miteinander verknüpft.

Beziehungen der Form (46) oder (47) aufzustellen, sind wir indessen hier noch nicht in der Lage; der Zusammenhang zwischen Deformationen und Drucken ist der Gegenstand, der uns in den Abschnitten über Elastizität beschäftigen wird; es muß somit auch seine Verwertung bis dorthin vertagt werden. Hier kann es sich nur um Folgerungen aus dem Vorstehenden handeln, die von diesen Beziehungen unabhängig sind. Dergleichen sind in ziemlich weitem Umfange möglich, einmal, weil die geometrische Natur der Parameter unserer Ansätze erkennbar ist, und sodann, weil eine Reihe von ihnen direkte Objekte der Beobachtung sind.

Was das erste angeht, so ergibt sich aus den ersten Formeln (24) und (37), verbunden mit der Tatsache, daß

$$X_x = X_1,\ Y_y = X_2, \ldots\ X_y = X_6$$

sowie

$$x_x = x_1,\ y_y = x_2,\ z_z = x_3,\ \tfrac{1}{2}y_z = \tfrac{1}{2}x_4,\ \tfrac{1}{2}z_x = \tfrac{1}{2}x_5,\ \tfrac{1}{2}x_y = \tfrac{1}{2}x_6,$$

gewöhnliche polare Tensorkomponenten sind, die Folgerung, daß

$$Q_1, Q_2, \ldots Q_6 \text{ und } A_1, A_2, A_3, \tfrac{1}{2}A_4, \tfrac{1}{2}A_5, \tfrac{1}{2}A_6$$

die gleiche Natur haben.

Es ist also sowohl für die thermischen Drucke, die durch die $Q_h$, wie für die thermischen Dilatationen, die durch die $A_h$ gemessen werden, je ein polares Tensortripel charakteristisch, das resp. durch $Q_I, Q_{II}, Q_{III}$ und durch $A_I, A_{II}, A_{III}$ dargestellt sein möge.

Diese Tripel werden nach § 95 als diejenigen der thermischen Hauptdrucke und Hauptdilatationen zu bezeichnen sein.

Hierdurch ist dann sogleich die Art gegeben, wie die Ansätze (23) und (36) für $\xi$ und $\zeta$ bei Benutzung des Hauptkoordinatensystems sich für die verschiedenen Kristallgruppen spezialisieren. Man hat dazu nur in der Tabelle von S. 270 die $p_{hk}$ mit den betreffenden $Q$ oder $A$ zu vertauschen.

Es sei bemerkt, daß nach dieser Tabelle die Orientierung der Tensortripel der $Q$ resp. der $A$ gegen die Hauptkoordinatenachsen bei den Systemen III bis VII völlig fest liegt, daß aber im allgemeinen nicht gleiches bezüglich der Systeme I und II stattfindet. In der Tat sind die $Q$ und $A$ Funktionen der Temperatur, über deren Gesetz im allgemeinen nichts auszusagen ist. Berücksichtigt man dann noch, daß die $Q$ resp. die $A$ die Parameter je einer Tensorfläche von der Gleichung

$$Q_1x^2 + Q_2y^2 + Q_3z^2 + 2(Q_4yz + Q_5zx + Q_6xy) = \pm 1 \qquad (49)$$

resp.

$$A_1x^2 + A_2y^2 + A_3z^2 + A_4yz + A_5zx + A_6xy = \pm 1 \qquad (50)$$

darstellen, sowie daß deren Hauptachsen Größe und Orientierung der Konstituenten des bez. Tensortripels bestimmen, so erkennt man, daß diese Abhängigkeit von der Temperatur eine mit der Temperatur wechselnde Orientierung der beiderseitigen Tensortripel zur Folge hat, sowie einer der Parameter $Q_4$, $Q_5$, $Q_6$ oder $A_4$, $A_5$, $A_6$ von Null verschieden ist.

Hieraus folgt, daß die thermischen Hauptdrucke und Hauptdilatationen bei den Kristallen des monoklinen Systems (II) in der $XY$-Ebene, bei denen des triklinen Systemes (I) unbeschränkt beweglich sind, wenn die Temperatur $\tau$ variiert.[1])

Es mag übrigens bemerkt werden, daß, wenn oben von einem Festliegen eines der Tensortripel gegen die Hauptkoordinatenachsen gesprochen ist, dies eben nur in dem ausgeführten Sinne der Unveränderlichkeit bei wechselnder Temperatur zu verstehen ist. Im übrigen zeigt der Umstand, daß die Tensorflächen im IV., V., VI. System zu Rotationsflächen, im VII. zu Kugeln degenerieren, daß bei diesen Systemen die Lage der beiden Tensoren in der $XY$-Ebene resp. aller drei Tensoren unbestimmt oder willkürlich wird. Diese Art freier Beweglichkeit ist natürlich nicht mit der oben besprochenen infolge wechselnder Temperatur zu konfundieren.

Beschränkt man sich auf kleine Temperaturänderungen $\tau = \vartheta - \vartheta_0$ von einer Anfangstemperatur $\vartheta_0$ aus, so gilt

$$Q_h = q_h \tau, \quad A_h = a_h \tau,$$

und es sind die $q_h$ und $a_h$ Funktionen der Ausgangstemperatur $\vartheta_0$, welche dieselben Tensoreigenschaften haben wie die $Q_h$ und $A_h$ selbst und sich ebenso für die verschiedenen Kristallgruppen spezialisieren wie diese.

Auch ihre Tensortripel bestimmen eine Art thermischer Hauptdrucke und -dilatationen, deren Orientierungen in den Systemen III bis VII festliegen, in den Systemen I und II in der oben beschriebenen Weise mit $\vartheta_0$ variieren können.

**§ 155. Theorie der Beobachtung lineärer thermischer Dilatationen.** Der direkten Beobachtung sind in erster Linie Äußerungen der thermischen Dilationen, in viel niederem Grade Äußerungen der thermischen Drucke zugänglich.

Die theoretisch einfachste Erscheinung der ersten Art ist die thermische lineäre Dilatation; die Größe derselben für eine Richtung,

1) Beobachtungen über derartige Vorgänge sind z. B. von *J. Beckenkamp* an Gips (monoklin) und Anorthit (triklin) angestellt worden. Zeitschr. f. Kristall. Bd. 6, p. 450, 1882, Bd. 5, p. 436, 1881

welche durch die Kosinus $\alpha$, $\beta$, $\gamma$ gegen die willkürlichen Achsen $X$, $Y$, $Z$ definiert ist, wird nach (48) auf S. 172 gegeben durch

$$\varDelta = A_1\alpha^2 + A_2\beta^2 + A_3\gamma^2 + A_4\beta\gamma + A_5\gamma\alpha + A_6\alpha\beta. \qquad (51)$$

Sind die Richtungskosinus $\alpha$, $\beta$, $\gamma$ gegen die Hauptdilatationsachsen gemessen, so wird nach (49) ebenda einfacher

$$\varDelta = A_{\mathrm{I}}\alpha^2 + A_{\mathrm{II}}\beta^2 + A_{\mathrm{III}}\gamma^2. \qquad (52)$$

Die gewöhnlichen Messungsmethoden der lineären Dilatation bei Kristallen betreffen übrigens nicht immer in Strenge die Größe $\varDelta$; insbesondere bezieht sich die Methode von *Fizeau* mit Sicherheit zunächst auf eine andere Größe. Bei der Erwärmung von plattenförmigen Präparaten und der Messung von deren Dickenänderung kommt nicht die lineäre Dilatation in der Richtung der Normalen der Platte, sondern vielmehr die Variation der Länge der Normalen von einem Punkt der unteren auf die obere Fläche zur Geltung, also diejenige Größe, die in § 94 mit $\delta n/n$ bezeichnet und über deren Zusammenhang mit der lineären Dilatation parallel $n$ auf S. 174 u. f. gesprochen ist. Bei der Kleinheit der thermischen Dilatationen von Kristallen finden aber jederzeit die früheren Überlegungen Anwendung, und ist die Vertauschung von $\delta n/n$ mit $\varDelta$ gestattet.

Sind die Lagen der thermischen Dilatationsachsen aus der Symmetrie des Kristallsystems ableitbar, so genügen die Beobachtungen in deren Richtungen zur Ableitung aller Dilatationsparameter. Bei dem rhombischen System sind die Richtungen aller drei Hauptachsen, bei dem trigonalen, tetragonalen, hexagonalen System eine Richtung parallel und eine normal zur Hauptachse, bei dem regulären System ist eine einzige, völlig beliebige Richtung der Beobachtung zu unterwerfen.

Bei den Kristallen des monoklinen Systems genügt die Untersuchung der Dilatation in der $Z$-Achse und in drei Richtungen der $XY$-Ebene, um die Zahlwerte aller Hauptdilatationen und außerdem die Lage der beiden in die $XY$-Ebene fallenden abzuleiten.

Für Richtungen, die in der $XY$-Ebene liegen, reduziert sich die Gleichung (51) auf

$$\varDelta = A_1\alpha^2 + A_2\beta^2 + A_6\alpha\beta \qquad (53)$$

oder, wenn man $\alpha = \cos\psi$, $\beta = \sin\psi$ setzt, auf

$$\varDelta = \tfrac{1}{2}\big((A_1 + A_2) + (A_1 - A_2)\cos 2\psi + A_6 \sin 2\psi\big). \qquad (54)$$

Durch Beobachtung von $\varDelta$ für drei verschiedene Richtungen (z. B. $\psi = 0$, $\psi = \frac{1}{4}\pi$, $\psi = \frac{1}{2}\pi$) bestimmt sich $A_1$, $A_2$, $A_6$ oder $A_1 + A_2$, $A_1 - A_2$, $A_6$. Für die letzteren Größen gilt nach den allgemeinen Transformationsformeln (22) auf S. 137 für Tensorkomponenten, falls der Tensor $A_I$ den Winkel $\psi_0$ mit der $X$-Achse, $\frac{1}{2}\pi - \psi_0$ mit der $Y$-Achse einschließt,

$$A_1 + A_2 = A_I + A_{II}, \quad A_1 - A_2 = (A_I - A_{II}) \cos 2\psi_0, \quad A_6 = -(A_I - A_{II}) \sin 2\psi_0; \tag{55}$$

hieraus bestimmen sich dann leicht die gesuchten Parameter $A_I$, $A_{II}$ und $\psi_0$.

Die ganze Aufgabe geht parallel der Aufsuchung der Hauptachsen eines Kegelschnittes.

Bei den Kristallen des triklinen Systems sind die Richtungen und die Zahlgrößen für alle drei Hauptdilatationen zu bestimmen; es bedarf dazu der Beobachtung von $\Delta$ in sechs unabhängigen Richtungen. Die Ableitung der gesuchten sechs Größen aus den direkten Messungsresultaten ist hier der Aufsuchung der Lage und Größe der Hauptachsen einer zentrischen Oberfläche zweiten Grades aus sechs Radienvektoren analog und im allgemeinen sehr umständlich. Die analytische Aufgabe ist die folgende.

Da die Orientierung des Tripels der Hauptdilatationen unbekannt ist, so hat man von einem willkürlich gewählten Achsensystem $XYZ$ auszugehen; auf dieses bezogen stellt sich die lineäre Dilatation in einer durch $\alpha, \beta, \gamma$ definierten Richtung nach (51) dar als

$$\Delta = A_1\alpha^2 + A_2\beta^2 + A_3\gamma^2 + A_4\beta\gamma + A_5\gamma\alpha + A_6\alpha\beta.$$

Bezeichnen $\alpha_0, \beta_0, \gamma_0$ die Richtungskosinus der gleichen Richtung in bezug auf die Hauptdilatationsachsen, so ist zugleich statt (52)

$$\Delta = A_I\alpha_0^2 + A_{II}\beta_0^2 + A_{III}\gamma_0^2.$$

Legt man die gegenseitige Orientierung der beiden Achsenkreuze fest durch das Schema der Richtungskosinus

| | $X$ | $Y$ | $Z$ |
|---|---|---|---|
| $A_I$ | $\alpha_1$ | $\beta_1$ | $\gamma_1$ |
| $A_{II}$ | $\alpha_2$ | $\beta_2$ | $\gamma_2$ |
| $A_{III}$ | $\alpha_3$ | $\beta_3$ | $\gamma_3$ |

(56)

so ist nach den allgemeinen Formeln (22) von S. 137 für Tensortransformation

$$A_1 = A_I\alpha_1^2 + A_{II}\alpha_2^2 + A_{III}\alpha_3^2, \quad \ldots \quad A_4 = 2(A_I\beta_1\gamma_1 + A_{II}\beta_2\gamma_2 + A_{III}\beta_3\gamma_3), \quad \ldots \tag{57}$$

Um nun die Richtungen und die Größen der Hauptdilatationen abzuleiten, müssen zunächst durch Beobachtungen von sechs Zahlwerten von $\varDelta$ in sechs verschiedenen Richtungen die Parameter $A_1, \ldots A_6$ bestimmt werden.

Diese Bestimmung geschieht möglichst direkt, indem man diese letzteren Richtungen in die $X$-, $Y$-, $Z$-Achsen und die drei Halbierungslinien von deren Winkeln legt. Bezeichnet man die bez. sechs Werte von $\varDelta$ mit $\varDelta_1, \ldots \varDelta_6$, so gilt dann

$$\begin{gathered}\varDelta_1 = A_1,\ \varDelta_2 = A_2,\ \varDelta_3 = A_3,\\ \varDelta_4 = \tfrac{1}{2}(A_2 + A_3 + A_4),\ \varDelta_5 = \tfrac{1}{2}(A_3 + A_1 + A_5),\\ \varDelta_6 = \tfrac{1}{2}(A_1 + A_2 + A_6);\end{gathered} \tag{58}$$

woraus die sechs $A_h$ sich sofort ergeben.

Sind diese $A_h$ berechnet, so müssen die Gleichungen (57) unter Benutzung der allgemeinen Bedingungen von der Form

$$\alpha_1^2 + \alpha_2^2 + \alpha_3^2 = 1,\ \beta_1\gamma_1 + \beta_2\gamma_2 + \beta_3\gamma_3 = 0 \tag{59}$$
$$\cdots\cdots\cdots\cdots\cdots\cdots$$

nach den drei $A_{\mathrm{I}}, A_{\mathrm{II}}, A_{\mathrm{III}}$ und den neun Richtungskosinus $\alpha_h, \beta_h, \gamma_h$ aufgelöst werden. Diese Andeutungen über die Führung der Rechnung müssen hier genügen.

Nur ein Resultat von großer Einfachheit mag erwähnt werden. Nach den allgemeinen Transformationseigenschaften von Tensortripeln, wie auch nach den Formeln (57) ist

$$A_1 + A_2 + A_3 = A_{\mathrm{I}} + A_{\mathrm{II}} + A_{\mathrm{III}}; \tag{60}$$

dies Aggregat der Hauptdilatationen berechnet sich also ohne weiteres. Nach Formel (66) auf S. 176 stellt dasselbe die der betreffenden Temperaturänderung entsprechende kubische Dilatation ($A$) dar.

§ 156. **Numerische Resultate einiger Beobachtungen über lineare thermische Dilatation.** Ausführliche Zusammenstellungen von numerischen Werten der physikalischen Parameter von Kristallen fallen außerhalb des Rahmens dieser Darstellung; dennoch ist die Mitteilung einzelner ausgewählter Zahlwerte zur allgemeinen Charakterisierung der Größenordnung und der Art der betrachteten Vorgänge, wie auch zur Verwertung zwecks Illustration theoretischer Folgerungen nicht zu umgehen. So mag auch hier eine Auswahl aus den zahlreichen Beobachtungsresultaten von *Fizeau* und *Benoit* Platz finden.

Im allgemeinen genügt man den Messungen über thermische Dilatation von Kristallen, indem man die Parameter $A_h$ in der Form ansetzt

$$A_h = \alpha_h \tau + \beta_h \tau^2, \tag{61}$$

und $\tau$ von einer geeigneten mittleren Temperatur aus rechnet; hierdurch sind dann die Koeffizienten $a_h$ der thermischen Dilatation bestimmt zu

$$a_h = \alpha_h + 2\beta_h \tau = \alpha_h + \alpha_h' \tau. \tag{62}$$

Die Konstanten $\alpha_h$ und $\alpha_h'$ sind im folgenden für einige der bekanntesten und für physikalische Untersuchungen wichtigsten Kristalle verschiedener Systeme zusammengestellt.

### Reguläres System.

| | $\alpha \cdot 10^6$ | $\alpha' \cdot 10^8$ |
|---|---|---|
| Diamant | 0,60 | 1,44 |
| Steinsalz | 38,59 | 4,48 |
| Sylvin | 35,97 | 5,14 |
| Flußspat | 17,96 | 3,82 |
| Kupfer | 16,17 | 1,82. |

### Hexagonales System.

| | $\alpha_I \cdot 10^6$ | $\alpha_I' \cdot 10^8$ | $\alpha_{III} \cdot 10^6$ | $\alpha_{III}' \cdot 10^8$ |
|---|---|---|---|---|
| Beryll (F.) | 0,84 | 1,32 | − 1,52 | 1,14 |
| „ (B.) | 0,99 | 0,93 | − 1,34 | 0,81 |
| Jodsilber | 0,10 | 1,38 | − 2,26 | − 4,26 |

### Tetragonales System.

| | $\alpha_I \cdot 10^6$ | $\alpha_I' \cdot 10^8$ | $\alpha_{III} \cdot 10^6$ | $\alpha_{III}' \cdot 10^8$ |
|---|---|---|---|---|
| Rutil | 6,70 | 1,10 | 8,29 | 2,24 |
| Zirkon | 1,57 | 1,90 | 3,87 | 1,40 |
| Vesuvian | 7,72 | 1,66 | 6,70 | 1,74 |

### Trigonales System.

| | $\alpha_I \cdot 10^6$ | $\alpha_I' \cdot 10^8$ | $\alpha_{III} \cdot 10^6$ | $\alpha_{III}' \cdot 10^8$ |
|---|---|---|---|---|
| Quarz (F.) | 13,24 | 2,38 | 6,99 | 2,04 |
| „ (B.) | 13,16 | 2,53 | 7,11 | 1,71 |
| Kalkspat (F.) | − 5,75 | 0,83 | 25,57 | 1,60 |
| „ (B.) | − 5,54 | 0,19 | 24,96 | 2,73 |
| Turmalin | 3,06 | 1,82 | 7,77 | 3,20 |
| Wismut | 10,84 | 3,10 | 15,37 | 2,08 |
| Antimon | 8,28 | 1,34 | 17,30 | − 0,94 |

Rhombisches System.

| | $\alpha_{I} \cdot 10^6$ | $\alpha'_{I} \cdot 10^8$ | $\alpha_{II} \cdot 10^6$ | $\alpha'_{II} \cdot 10^8$ | $\alpha_{III} \cdot 10^6$ | $\alpha'_{III} \cdot 10^8$ |
|---|---|---|---|---|---|---|
| Aragonit | 9,90 | 0,64 | 15,72 | 3,68 | 33,25 | 3,36 |
| Topas | 4,23 | 1,42 | 3,47 | 1,68 | 5,19 | 1,82 |

Zahlen für Kristalle des monoklinen und des triklinen Systems anzugeben, würde umständlich sein, weil die Richtungen der Hauptdilatationsachsen, auf welche dieselben zu beziehen wären, nach S. 289 bei diesen Systemen mit der Temperatur variieren. Diese Variationen sind gar nicht unbeträchtlich, dürfen somit also bei der Charakterisierung des thermischen Verhaltens eines Kristalls jener Systeme nicht übergangen werden. Um hiervon eine Vorstellung zu geben, sei erwähnt, daß nach Beobachtungen von *Beckenkamp*[1]) die Winkel, welche die thermischen Dilatationsachsen in der Symmetrieebene des monoklinen Gipses mit einer daselbst kristallographisch festgelegten Richtung einschließen, bei einer Differenz der Ausgangstemperaturen von 100° C um mehrere Grad variieren.

§ 157. **Diskussion der Zahlwerte.** Die mitgeteilten Zahlwerte der $\alpha_h$ und $\alpha_h'$ zeigen beträchtliche Unterschiede in der absoluten Größe; sehr geringe thermische Dilatationen besitzen Diamant und Beryll, sehr große Steinsalz und Sylvin; die angegebenen Zahlen für metallische Kristalle nehmen keine Ausnahmestellung ein.

Von besonderem Interesse ist, daß bei manchen Kristallen die thermischen Hauptdilatationen nicht sämtlich das gleiche (zumeist positive) Vorzeichen haben, gewisse Kristalle sich vielmehr in bestimmten Richtungen bei Temperatursteigerung zusammenziehen. Hier schneidet das Ellipsoid, das nach S. 180 durch die Deformation aus einer im Kristall konstruierten Kugelfläche entsteht, diese Kugel.

Man möchte zunächst vermuten, daß diejenigen materiellen Linien, welche den Kegel vom Zentrum nach der Schnittlinie von Kugel und Ellipsoid erfüllen, bei der Erwärmung keine Dilatation erleiden. Dem ist indessen nicht so; die Richtungen, die nach der Deformation in jenen Kegel fallen, lagen vor derselben außerhalb, wie dies auch die Konstruktion von S. 181 mit Benutzung des Hilfsellipsoids erkennen läßt.

Genauer übersieht man die Verhältnisse leicht im Falle eines Kristalls der Systeme III bis VI, wo die thermischen Dilatationsachsen festliegen. Hier liefert die bei Zugrundelegung der thermischen Dilatationsachsen geltende Formel (52) bei Einsetzen von $\Delta = 0$ durch

$$0 = A_{I}\alpha^2 + A_{II}\beta^2 + A_{III}\gamma^2 \qquad (63)$$

1) *J. Beckenkamp*, l. c.

die Gleichung des Kegels, welcher die Richtungen fehlender thermischer Dilatation enthält. Im Falle eines Kristalls der Systeme IV bis VI, wo $A_I = A_{II}$, wird der Kegel zu einem Kreiskegel um die $Z$-Hauptachse, und das seine Öffnung bestimmende $\gamma_0$ drückt sich aus durch

$$\gamma_0^2 = \frac{A_I}{A_I - A_{III}}. \tag{64}$$

Gleichzeitig geben die Formeln (75) auf S. 179 für die Änderung der Richtungskosinus einer materiellen Linie **allgemein**

$$\delta\alpha = \alpha(A_I - \varDelta), \quad \delta\beta = \beta(A_{II} - \varDelta), \quad \delta\gamma = \gamma(A_{III} - \varDelta), \tag{65}$$

wobei $\varDelta = A_I\alpha^2 + A_{II}\beta^2 + A_{III}\gamma^2$. Für die Richtungen verschwindender Dilatation $\varDelta$ wird sehr einfach

$$\delta\alpha_0 = \alpha_0 A_I, \quad \delta\beta_0 = \beta_0 A_{II}, \quad \delta\gamma_0 = \gamma_0 A_{III}.$$

Ist $A_I = A_{II}$ und setzt man $\gamma_0 = \cos\vartheta_0$, so ergibt sich

$$\delta\vartheta_0 = A_I \operatorname{tg}\vartheta_0 = - A_{III} \operatorname{ctg}\vartheta_0.$$

Nun ist nach (64)

$$\operatorname{tg}^2\vartheta_0 = -\frac{A_{III}}{A_I}, \tag{66}$$

also wird schließlich

$$\delta\vartheta_0 = \sqrt{-A_I A_{III}}. \tag{67}$$

Im Falle von Kalkspat beträgt nach *Fizeau* für die Temperaturgrenzen 0° und 100° C $A_I = -531 \cdot 10^{-6}$, $A_{III} = +2637 \cdot 10^{-6}$; hieraus ergibt sich dann rund

$$\vartheta_0 = 65^0 50', \quad \delta\vartheta_0 = -6'.$$

Die negativen Werte einzelner thermischer Hauptdilatationen lassen im allgemeinen die kubische thermische Dilatation

$$(A) = A_I + A_{II} + A_{III}$$

positiv, das Volumen also mit wachsender Temperatur gleichfalls wachsend. Eine sehr interessante Ausnahme bildet Jodsilber, für welches nach der obigen Tabelle

$$(A) = -(2{,}06\,\tau + 0{,}0075\,\tau^2) \cdot 10^{-6}$$

wird.

§ 158. **Anwendung der Zahlwerte zur Berechnung thermischer Winkeländerungen.** Bezüglich der thermischen Winkeländerungen von ebenen Flächen sind die Gesetze durch die Formeln (57) und (61) auf S. 174 und 175 gegeben Die ersteren Formeln stellen die

Veränderungen der Richtungskosinus einer Flächennormalen gegen das beliebig gewählte Koordinatensystem dar; legt man dies Koordinatensystem in die Hauptdilatationsachsen und sorgt (durch die Befestigung des Kristalls) dafür, daß eine Drehung dieser Achsen bei der Erwärmung verhindert wird, so nehmen diese Formeln die einfachere Gestalt (84) resp. (85) auf S. 181 an. Bei Einführung der thermischen Hauptdilatationen $A_{\mathrm{I}}, A_{\mathrm{II}}, A_{\mathrm{III}}$ erhält man dann

$$\begin{aligned} \delta\alpha &= \alpha(\beta^2(A_{\mathrm{II}} - A_{\mathrm{I}}) + \gamma^2(A_{\mathrm{III}} - A_{\mathrm{I}})), \\ \delta\beta &= \beta(\gamma^2(A_{\mathrm{III}} - A_{\mathrm{II}}) + \alpha^2(A_{\mathrm{I}} - A_{\mathrm{II}})), \\ \delta\gamma &= \gamma(\alpha^2(A_{\mathrm{I}} - A_{\mathrm{III}}) + \beta^2(A_{\mathrm{II}} - A_{\mathrm{III}})), \end{aligned} \qquad (68)$$

In diesen Ausdrücken tritt besonders anschaulich hervor, daß (wie schon S. 175 bemerkt) nur die Abweichung der Deformation von einer allseitig gleichen die Winkeländerungen bestimmt; die Zufügung einer nach allen Richtungen gleichen Dilatation $A$ zu der gegebenen, d. h. die Vertauschung von $A_{\mathrm{I}}$ mit $A_{\mathrm{I}} + A, \ldots$ ändert den Wert der $\delta\alpha, \delta\beta, \delta\gamma$ nicht.

Reguläre Kristalle, bei denen $A_{\mathrm{I}} = A_{\mathrm{II}} = A_{\mathrm{III}}$, geben für $\delta\alpha, \delta\beta, \delta\gamma$ Null; Kristalle der Systeme IV bis VI, für welche $A_{\mathrm{I}} = A_{\mathrm{II}}$, liefern statt (68)

$$\begin{aligned} \delta\alpha = \alpha\gamma^2(A_{\mathrm{III}} - A_{\mathrm{I}}), \quad \delta\beta = \beta\gamma^2(A_{\mathrm{III}} - A_{\mathrm{I}}), \\ \delta\gamma = \gamma(\alpha^2 + \beta^2)(A_{\mathrm{I}} - A_{\mathrm{III}}). \end{aligned} \qquad (69)$$

Die ersten beiden Formeln drücken aus, daß die Flächennormale sich bei der Erwärmung des Kristalls in dem Meridian durch die Anfangslage bewegt, wie das der Symmetrie des Vorganges entspricht.

Setzt man $\gamma = \cos\vartheta$. $\delta\gamma = -\sin\vartheta\,\delta\vartheta$, $\alpha^2 + \beta^2 = \sin^2\vartheta$, so ergibt sich

$$\delta\vartheta = -\sin\vartheta\cos\vartheta\,(A_{\mathrm{I}} - A_{\mathrm{III}}). \qquad (70)$$

Um ein Beispiel für die Anwendung der vorstehenden Formeln zu geben, benutzen wir, daß die Normalen auf den Flächen eines Spaltungsrhomboeders von Kalkspat einen Winkel von rund $45^0$ mit der $Z$-Hauptachse einschließen, und daß bei diesem Material zwischen $0^0$ und $100^0$ C $A_{\mathrm{I}} = -0{,}00053$, $A_{\mathrm{III}} = +0{,}00264$ ist. Die letzte Formel ergibt dann

$$\delta\vartheta = +\tfrac{1}{2}\,0{,}00317 = +0{,}00158 = +5'26''.$$

Die Formel (61) von S. 175 für die Änderung des Winkels zwischen zwei beliebigen Flächennormalen $n_1$ und $n_2$ lautet bei Einführung der thermischen Hauptdilatationen

$$\begin{aligned}\nu \sin\chi = A_{I}\ &(2\alpha_1\alpha_2 - (\alpha_1^2+\alpha_2^2)\cos\chi)\\ +A_{II}\ &(2\beta_1\beta_2 - (\beta_1^2+\beta_2^2)\cos\chi)\\ +A_{III}&(2\gamma_1\gamma_2 - (\gamma_1^2+\gamma_2^2)\cos\chi).\end{aligned} \tag{71}$$

$\nu$ verschwindet bei regulären Kristallen, wo $A_I = A_{II} = A_{III}$; bei Kristallen der Systeme IV bis VI, wo $A_I = A_{II}$, ergibt sich

$$\nu \sin\chi = (A_{III} - A_I)(2\gamma_1\gamma_2 - (\gamma_1^2+\gamma_2^2)\cos\chi) \tag{72}$$

Handelt es sich um die Winkel $\chi$ zwischen zwei Flächennormalen, die gleichviel gegen die $Z$-Hauptachse geneigt sind, so ist $\gamma_1 = \gamma_2 = \gamma_3$ also

$$\nu \sin\chi = 2\gamma^2(A_{III} - A_I)(1-\cos\chi), \tag{73}$$

oder

$$\nu = 2\gamma^2(A_{III} - A_I)\operatorname{tg}\tfrac{1}{2}\chi.$$

Bei dem Spaltungsrhomboeder von Kalkspat ist $2\gamma^2$ rund gleich Eins, $\chi$ (nach S. 277) $= 75^0$

$$\operatorname{tg}\tfrac{1}{2}\chi = 0{,}767 \quad \text{und} \quad \nu = -0{,}00243 = -503'' = -8'23'',$$

was der Beobachtung von *Mitscherlich* entspricht.

§ 159. **Adiabatische Zustandsänderungen.** Da die direkt der Beobachtung zugänglichen Größen nicht die Parameter der thermischen Drucke, sondern diejenigen der thermischen Dilatationen sind, bietet von den beiden oben abgeleiteten Ausdrücken (24) und (37) für die Entropie $\eta$ der Volumeneinheit derjenige, welcher diese letzteren Größen enthält, für uns Vorteile, und dies um so mehr, als die in ihm als Unabhängige auftretenden Druckkomponenten auch bei eventuellen Beobachtungen die direkt gegebenen Größen sein werden, nicht die in dem anderen auftretenden Deformationen. Wir knüpfen demnach unsere Betrachtungen speziell an die Formel (37) an, oder noch direkter, da es sich für uns speziell um die Diskussion adiabatischer Vorgänge handelt, an die Bedingung (45) hierfür, die sich aus jenem Ausdruck ergibt.

Diese Bedingung sagt aus, daß bei einer adiabatischen Veränderung, welche den durch $X_1 = \cdots = X_6 = 0$ und $\tau = 0$ definierten Zustand berührt, zwischen den hervorgerufenen Drucken und der entstehenden Temperaturänderung die Beziehung besteht

$$\gamma_X \tau = \vartheta_0 \sum a_h X_h, \qquad h = 1, 2, \ldots 6, \tag{74}$$

oder aber ausführlicher

$$\gamma_X \tau = \vartheta_0(a_1 X_x + a_2 Y_y + a_3 Z_z + a_4 Y_z + a_5 Z_x + a_6 X_y). \tag{75}$$

$\gamma_X$ ist dabei mit der spezifischen Wärme der Volumeneinheit bei konstantem Druck $\gamma_p$ praktisch identisch; $\vartheta_0$ ist die Temperatur, von der aus die Änderung $\tau$ gerechnet wird.

Die Formel läßt als Erscheinungen, welche das Verhalten der Kristalle von demjenigen der isotropen Körper unterscheiden, zweierlei erkennen.

Betrachtet man ein Präparat in Form eines rechtwinkligen Parallelepipeds, das in beliebiger Orientierung aus einem Kristall herausgeschnitten ist, wählt dessen Kantenrichtungen zu Koordinatenachsen $X, Y, Z$ und übt auf das zu einer dieser Achsen normale Flächenpaar gleiche normale Drucke aus, so werden hierdurch nach S. 169 die $X_x, \ldots X_y$ in dem Präparat selbst bestimmt. Wird beispielsweise auf die Flächen normal zur $\pm X$-Achse der Druck $P_1$ pro Flächeneinheit ausgeübt, so folgt hieraus

$$X_x = P_1, \quad Y_y = Z_z = Y_z = Z_x = X_y = 0, \tag{76}$$

und wenn diese Druckausübung als adiabatisch betrachtet werden kann, etwa hinreichend schnell stattfindet, nach (75)

$$\gamma_X \tau_1 = \vartheta_0 a_1 P_1. \tag{77}$$

Analog liefern normale Drucke $P_2$ und $P_3$ auf die zur $\pm Y$- und zur $\pm Z$-Achse normalen Flächen

$$\gamma_X \tau_2 = \vartheta_0 a_2 P_2, \quad \gamma_X \tau_3 = \vartheta_0 a_3 P_3. \tag{78}$$

Die in verschiedener Richtung adiabatisch ausgeübten Drucke geben hier also im allgemeinen verschiedene Erwärmungen.

Da bei isotropen Körpern $a_1 = a_2 = a_3$ ist, so stellt diese Verschiedenheit ein speziell kristallphysikalisches Phänomen dar, wobei natürlich die regulären Kristalle, die derselben Relation folgen, ausfallen.

Werden auf Flächenpaare normal zur $\pm Y$- und zur $\pm Z$-Achse tangentiale Drucke in Richtungen ausgeübt, wie sie durch die nach S. 104 geltenden Beziehungen

$$Y_z = Z_y = -Y_{-z} = -Z_{-y} = P_4 \tag{79}$$

angedeutet sind und sich mechanisch gegenseitig zerstören, so entsteht bei adiabatischem Vorgehen eine Temperaturänderung

$$\gamma_X \tau_4 = \vartheta_0 a_4 P_4, \tag{80}$$

und Analoges liefern Drucke gegen die andern Flächenpaare.

Da bei isotropen Körpern $a_4 = a_5 = a_6 = 0$ ist, so stellt diese Temperaturänderung gleichfalls ein speziell kristallphysikalisches Phänomen dar, bei dem wiederum das reguläre System ausfällt.

Eine direkte Realisierung der hierbei vorausgesetzten Anordnung ist nicht wohl möglich; wir haben keine Mittel, auf ein parallelepipedisches Kristallpräparat derartige tangentiale Drucke auszuüben. In dem Kapitel über Elastizität werden wir indessen zeigen, daß derartige Druckverteilungen innerhalb eines tordierten Stabes vorkommen. Der vorstehend festgestellte Unterschied in dem Verhalten isotroper und kristallinischer Körper läßt sich demgemäß auch dahin formulieren:

Stäbe aus isotropen Körpern zeigen bei Torsion keine Temperaturänderung, Stäbe aus kristallisierter Substanz können dergleichen aufweisen.

Hierbei ist die Zulässigkeit einer Beschränkung der Theorie vorausgesetzt, wie sie oben eingeführt ist. Bei Heranziehung von Gliedern höherer Ordnung können kleine Wirkungen der jetzt ausgeschlossenen Art auch bei isotropen Körpern auftreten.

## III. Abschnitt.

## Tensorielle Pyroelektrizität.

§ 160. **Vorbemerkungen.** Es ist bereits an mehreren Stellen darauf hingewiesen worden, daß die früher allein betrachteten elektrischen Erregungen der Dielektrika von vektoriellem Charakter keineswegs die einzig möglichen sind, daß vielmehr auch solche von tensorieller Symmetrie vorkommen können und durch die modernen Vorstellungen über die Konstitution der Moleküle sogar wahrscheinlich gemacht werden.

Man wird daher in Erweiterung der von *W. Thomson* vertretenen und S. 240 u. f. besprochenen Anschauungen vermuten dürfen, daß es Kristalle gibt, die dauernde Momente zweiter Ordnung besitzen, wie sie in § 211 erörtert sind, und daß deren Wirkungen bei konstanter Temperatur nicht merklich werden, weil sich auf der Oberfläche dieser Kristalle durch Influenz eine kompensierende Ladungsverteilung bildet. Variiert aber die Temperatur hinreichend schnell, und ändern sich diese inneren Momente mit der Temperatur, so werden die kompensierenden Schichten nicht Zeit haben, sich vollständig auszubilden, und es wird die Veränderung der Momente in einem nach außen gesandten Feld wirksam werden.

Ersichtlicher Weise kommen in bezug auf die tensorielle pyroelektrische Erregung dieselben allgemeinen Erwägungen in Betracht, die S. 234 u. f. bei der vektoriellen Erregung angestellt worden sind. Ungleichförmige Erwärmung kompliziert das Problem infolge der hier auftretenden Spannungen und Deformationen, die mit ihren speziellen

Symmetrien denjenigen der Kristallsubstanz im allgemeinen widersprechen und eine eigene piezoelektrische Erregung geben; die letztere würde auch dann auftreten, wenn die betreffenden Spannungen und Deformationen auf mechanischem Wege, ohne Temperaturänderung hervorgebracht würden. Wie bei der vektoriellen Pyroelektrizität, so soll dergleichen auch hier ausgeschlossen und die Betrachtung auf eine gleichförmige Erwärmung beschränkt bleiben.

Daß auch eine gleichförmige Erwärmung von einer Deformation begleitet wird, und daß diese Deformation eine Piezoelektrizität zu der eigentlichen und wahren Pyroelektrizität (die als eine Folge der Erwärmung bei aufgehobener Deformation übrig bleiben müßte) hinzufügt, sei im Anschluß an das S. 235 Erörterte hervorgehoben. Wir werden aus den dort besprochenen Gründen auch hier diese Piezoelektrizität in die Pyroelektrizität im gewöhnlichen, weiteren Sinne des Wortes mit einbeziehen.

Wir haben nunmehr darzulegen, welche Erfahrungstatsachen für die Annahme einer merklichen Stärke tensorieller pyroelektrischer Erregung sprechen. Die Verhältnisse liegen hier keineswegs so einfach wie bei der vektoriellen Pyroelektrizität; insbesondere haben wir mit der Möglichkeit zu rechnen, daß stärkere vektorielle Erregungen gelegentlich tensorielle Scheinwirkungen zu üben vermögen.

§ 161. **Anordnungen, welche eine beobachtbare tensorielle elektrische Erregung ermöglichen.** Das Charakteristische der tensoriellen Erregung ist eine zentrische Symmetrie ihrer Wirkung; aber eine zentrische Symmetrie der Erregung eines Kristalles im ganzen ist keineswegs ohne weiteres beweisend für das Vorhandensein einer tensoriellen Erregung jedes Volumenelementes. Zunächst muß, um einen Schluß in letzterer Richtung zu ziehen, die Homogenität und Einheitlichkeit des vorliegenden Kristalles erwiesen sein; in der Tat haben sich in einer ganzen Reihe von fraglichen Fällen zentrischer Erregung die betreffenden Kristalle bei genauer Untersuchung durch die Hilfsmittel der Ätzfiguren oder der Beobachtung im polarisierten Lichte als Zwillingsbildungen, als Aggregate, die nach S. 21 durch Umwandlungen aus einfachen Individuen entstanden sind, oder als inhomogene Gebilde nach Art der S. 22 besprochenen erwiesen.

Indessen reicht der Nachweis der Einheitlichkeit noch nicht aus, um eine zentrisch symmetrische Erregung eines ganzen Kristalles oder eines Präparates als tensoriell in den Volumenelementen zu erweisen. Es muß vielmehr die Erregung auch noch den speziellen Wirkungscharakter haben, der nach den Ausführungen von § 115 u. f. die Folge von tensoriellen Momenten der Volumenelemente ist. Auf diesen

Charakter haben aber die früheren Beobachter, die ohne theoretische Gesichtspunkte vorgingen, nicht geachtet.

Um dies an einem speziellen Beispiel zu erläutern, wollen wir den Fall betrachten, daß ein säulenförmiger Kristall von zentrischer Symmetrie bei gleichförmiger Erwärmung etwa unter Anwendung des Bestäubungsverfahrens an seinen Enden scheinbare positive, auf seiner Mitte scheinbare negative Ladungen zeigt — ein Fall, der in der Tat bei Kalium- und Natriumlithiumsulfatkristallen beobachtet worden ist. Die Theorie läßt erkennen, daß eine solche Ladungsverteilung auf tensorieller Erregung nicht beruhen kann, daß in diesem Falle vielmehr aller Wahrscheinlichkeit nach der scheinbar einfache zentrisch symmetrische Kristall die Verwachsung zweier hemimorpher Kristalle darstellt, bei der die beiden analogen Enden nach außen gewendet sind, die beiden antilogen nach innen, oder umgekehrt. Wir wollen dies etwas näher darlegen.

In dem theoretisch einfachsten Fall, daß der säulenförmige, in der Achsenrichtung erregte Kristall an beiden Enden durch eine Basis begrenzt wird, kommen die Entwickelungen von S. 216 in Betracht, welche zeigen, daß bei wirklicher tensorieller Erregung der Kristall mit zwei Doppelbelegungen seiner Grundflächen äquivalent ist. Diese scheinbaren Ladungen werden nach außen kaum jemals merkliche Wirkungen äußern können, weil das Feld dieser Doppelflächen nur nächst deren Rändern merklich und dort auf sehr kleinem Raum sehr stark ist. Infolge hiervon wird sich dort eine kompensierende Oberflächenladung fast momentan herstellen und jede Wirkung des erregten Kristalles nach außen zerstören.

Ist dagegen der säulenförmige Kristall an den Enden durch Pyramidenflächen begrenzt, so zeigen die Überlegungen von S. 217, daß er in diesem Falle mit Ladungen der Kanten äquivalent ist, die, wie schon S. 231 bemerkt, durch das zumeist bei qualitativen Untersuchungen über pyroelektrische Erregungen angewendete Bestäubungsverfahren kaum nachzuweisen sind.

Weder in dem einen, noch in dem andern Falle können nach der Theorie bei merklich gleichförmiger Erwärmung infolge von molekulartensorieller Erregung auf den Mitten der Säulenflächen scheinbare Ladungen einer Art, auf den die Enden des Kristalles bildenden Flächen Ladungen der zweiten Art auftreten. In der Tat ist es in den Fällen, wo dergleichen beobachtet sind, auch gelungen, durch die Methode der Ätzfiguren den Nachweis der Zusammengesetztheit der scheinbar einfachen Kristalle zu erbringen.

Das Vorstehende läßt deutlich erkennen, wie wesentlich für den experimentellen Nachweis der tensoriellen pyroelektrischen Erregung die exakte Theorie der möglichen Wirkung einer solchen sein muß.

§ 162. **Die Potentialfunktion des tensoriell erregten Kristalles.** Wenn es auch höchst wahrscheinlich ist, daß die tensorielle Pyroelektrizität ebenso wie die vektorielle einen umkehrbaren Vorgang darstellt, so verbietet sich doch die Anwendung der Methode des thermodynamischen Potentiales durch den Umstand, daß, wie es nach dem S. 225 Gesagten scheint, ein Ausdruck für die Arbeit einer tensoriellen Erregung sich nicht ohne Einführung molekularer Vorstellungen gewinnen läßt. Wir können aber auf die Bildung des thermodynamischen Potentiales der tensoriellen Pyroelektrizität um so eher verzichten, als der Hauptnutzen eines solchen, nämlich die Verknüpfung der pyroelektrischen mit reziproken elektrokalorischen Vorgängen, zunächst keinerlei praktische Bedeutung hat. Da der Nachweis der direkten Wirkungen Schwierigkeiten bietet, so ist eine Auffindung der so ungleich delikateren inversen vorerst wenig wahrscheinlich.

Wir begnügen uns also mit der Hypothese, daß in den nichtleitenden Kristallen dauernde tensorielle elektrische Momente $(P_{11}), (P_{22}), \ldots (P_{12})$ existieren, die Funktionen der Temperatur sind. Wir haben dergleichen sowohl in Kristallen mit zentrischer Symmetrie, als in denjenigen ohne eine solche zuzulassen, müssen aber nach den allgemeinen Überlegungen von § 202 erwarten, daß ihre Wirkung in den azentrischen Kristallen durch diejenigen der vektoriellen elektrischen Momente im allgemeinen stark verdeckt sein wird.

Diese Momente $(P_{hk})$ spezialisieren sich durchaus ebenso wie die thermischen Drucke $Q_h$ und die thermischen Dilatationen $\varDelta_h$ auf die verschiedenen Kristallgruppen; die Wertsysteme sind unmittelbar nach der Tabelle auf S. 270 zu bilden. Wir wollen allein an die Resultate anknüpfen, welche diese Tabelle für die Kristalle der Systeme III bis VII liefert. Der allgemeinste Ausdruck für die Potentialfunktion eines tensoriell erregten Kristalles dieser Systeme ist der dem III. (Rhombischen) System entsprechende, der bei Benutzung des Hauptachsensystemes parallel den Konstituenten $(P_{\mathrm{I}}), (P_{\mathrm{II}}), (P_{\mathrm{III}})$ des Tensortripels der $(P_{hk})$ die Form annimmt

$$\varphi = \int \left[ (P_{\mathrm{I}}) \frac{\partial^2 \frac{1}{r}}{\partial x_0^2} + (P_{\mathrm{II}}) \frac{\partial^2 \frac{1}{r}}{\partial y_0^2} + (P_{\mathrm{III}}) \frac{\partial^2 \frac{1}{r}}{\partial z_0^2} \right] dk_0. \tag{81}$$

Da für äußere Punkte

$$\varDelta \frac{1}{r} = 0$$

ist, so ergibt diese Formel im Falle der Systeme IV bis VI, für welche $(P_{\mathrm{I}}) = (P_{\mathrm{II}})$ ist,

$$\varphi = \int [(P_{III}) - (P_I)] \frac{\partial^2 \frac{1}{r}}{\partial z_0^2} dk_0, \tag{82}$$

im Falle des VII. (Regulären) Systemes aber

$$\varphi = 0. \tag{83}$$

Ein regulärer Kristall (und ebenso ein isotroper Körper) gibt also bei gleichförmiger Temperatur niemals eine tensorielle elektrische Wirkung.

Es ist übrigens daran zu erinnern, daß die Ausdrücke (81) und (82) die Potentialfunktion des tensoriell erregten Kristalles nur in dem Falle darstellen, daß die kompensierende Oberflächenschicht fehlt. Infolge von deren Anwesenheit werden in Wahrheit ausschließlich die Veränderungen der Momente $(P_{hk})$ bei Änderung der Temperatur wirksam, z. B. also

$$(P_{hk}) - (P_{hk})_0 = P_{hk},$$

wobei sich $(P_{hk})_0$ auf eine Ausgangstemperatur $\vartheta_0$, $(P_{hk})$ auf eine geänderte $\vartheta = \vartheta_0 + \tau$ bezieht. Bei hinreichend kleinen Werten $\tau$ kann man die $P_{hk}$ mit $\tau$ proportional, also gleich $p_{hk}\tau$ setzen, ebenso $P_I = p_I\tau$, u. s. f.

## § 163. Beobachtungen über tensoriell-pyroelektrische Erregung.

Wie die Beobachtungen über tensorielle Pyroelektrizität mit größter Aussicht auf Erfolg anzustellen sind, ergibt sich aus den auf S. 217 zusammengestellten Resultaten der Theorie. Diese Regeln habe ich bei einer systematischen Nachforschung nach den bezüglichen Effekten in der nachstehenden Weise befolgt.[1])

Aus Kristallen der Systeme IV, V, VI, welche nach ihrer Symmetrie vektorielle Pyroelektrizität nicht zeigen konnten, wurden Prismen von rhombischem Querschnitt hergestellt, so orientiert, daß die eine Querschnittdiagonale in die kristallographische Hauptachse fiel. Die Seitenkanten dieser Prismen, welche nach dem S. 217 Entwickelten bei einer Temperaturänderung des Präparates mit $P_{III} - P_I$ proportionale scheinbare Ladungen erhalten, wurden mit metallischen Belegungen versehen und die Paare einander gegenüberliegender Belegungen je mit einem Quadrantenpaar eines Elektrometers verbunden. Die so armierten Präparate wurden abwechselnd in verschieden temperierte Bäder von gut getrocknetem Paraffinöl eingetaucht, und je die Ausschläge der Elektrometernadel beobachtet. Diese Ausschläge gaben dann ein Maß für die Größen der Differenzen $P_{III} - P_I = \tau(p_{III} - p_I)$

1) *W. Voigt*, Gött. Nachr. 1905, S. 394.

bei den betreffenden Kristallen. Die Beobachtungen an Kalkspat (Gruppe 9), Dolomit (Gruppe 12), Beryll (Gruppe 21) gaben schwache Wirkungen der erwarteten Art, die aber nur bei Beryll nicht sicher konstatierbar waren.

Ferner wurden Präparate von der beschriebenen Form auch aus rhombischen Kristallen (System III) hergestellt, und zwar zu drei aus demselben Kristall mit Achsen parallel der $X$-, der $Y$-, der $Z$-Kristallachse und Querschnittsdiagonalen parallel zu den beiden anderen Achsen. Solche Präparate mit metallischen Belegungen der Seitenkanten lassen nach der Theorie von S. 217 ausschließlich die Ladungen dieser Seitenkanten zur Geltung kommen. Zwar befinden sich scheinbare Ladungen auch in Form von Doppelschichten auf den Grundflächen der Prismen; aber diese Ladungen wirken (wenn überhaupt) auf alle Belegungen im wesentlichen gleichmäßig influenzierend ein und geben für sich allein also keinen Effekt auf das Elektrometer. Die Beobachtungen an Topas, Baryt, Coelestin (Gruppe 6) gaben sehr deutliche, zum Teil sogar außerordentlich große Wirkungen. Die mit den drei verschiedenen Prismen beobachteten Ausschläge des Elektrometers bestimmen Vorzeichen und Größenordnung von $P_{III} - P_{II}$, $P_I - P_{III}$, $P_{II} - P_I$, und es darf als Beweis dafür, daß die beobachtete Wirkung wirklich die gesuchte und durch die Theorie gegebene war, angesehen werden, daß die Vorzeichen und die Größenordnung der beobachteten Wirkungen sich so verhielten, wie aus diesen Ausdrücken folgt, die sich ja in der Summe zu Null ergänzen müssen.

Durch eine Untersuchung im polarisierten Lichte war bei Topas und Baryt die optische Homogenität der benutzten Kristalle festgestellt, ebenso durch Anwendung des *Kundt*schen Bestäubungsverfahrens die elektrische Homogenität und das Fehlen vektorieller Pyroelektrizität. Das Auftreten tensorieller Pyroelektrizität wird demgemäß durch die beschriebenen Beobachtungen sehr wahrscheinlich gemacht.

## VI. Kapitel.

# Wechselbeziehungen zwischen zwei Vektoren. (Elektrizitäts- und Wärmeleitung. Elektrische und magnetische Influenz. Thermoelektrizität.)

## I. Abschnitt.

### Allgemeine Gesetze.

§ 164. **Die Formeln des allgemeinen Strömungsproblemes.** Wenn auch Beziehungen zwischen zwei Vektorgrößen in mehreren Gebieten der Kristallphysik Bedeutung gewinnen, so wollen wir doch bei Entwicklung der allgemeinen Sätze eine einzige Deutung festhalten. Wir wollen den einen Vektor $U$ als eine Strömung, den anderen $V$ als eine die Strömung erhaltende Kraft oder Feldstärke betrachten und zwischen den beiden die Beziehungen ansetzen

$$\begin{aligned} U_1 &= l_{11} V_1 + l_{12} V_2 + l_{13} V_3, \\ U_2 &= l_{21} V_1 + l_{22} V_2 + l_{23} V_3, \\ U_3 &= l_{31} V_1 + l_{32} V_2 + l_{33} V_3, \end{aligned} \tag{1}$$

welche die Proportionalität zwischen den Größen der beiden Vektoren bei Verschiedenheit ihrer Richtungen ausdrücken.

In diesen Formeln können wir die neun Parameter $l_{hi}$ als die Konstanten der Leitfähigkeit des Körpers, in dem der Vorgang stattfindet, für die betreffende Strömung bezeichnen, weil bei gleicher treibender Kraft $V$ die Strömung $U$ zunimmt, wenn die $l_{hi}$ proportional vergrößert werden.

Wir stellen dem System (1) sogleich seine Auflösung nach $V_1$, $V_2$, $V_3$ gegenüber und schreiben diese:

$$\begin{aligned} V_1 &= k_{11} U_1 + k_{12} U_2 + k_{13} U_3, \\ V_2 &= k_{21} U_1 + k_{22} U_2 + k_{23} U_3, \\ V_3 &= k_{31} U_1 + k_{32} U_2 + k_{33} U_3. \end{aligned} \tag{2}$$

Die Parameter $k_{hi}$ lassen sich dabei als die Widerstandskonstanten des Körpers für die betreffende Strömung bezeichnen, da bei gleicher treibender Kraft $V$ die Strömung $U$ abnimmt, wenn die Parameter $k_{hi}$ proportional zunehmen.

Im Interesse der Allgemeinheit wollen wir indessen nicht, wie es die signalisierte Deutung zunächst nahe zu legen scheint, die geometrische Natur der beiden Vektoren beschränken, sondern vielmehr zulassen, daß sowohl $U$ als $V$ polaren oder axialen Charakter besitzt.

Da die Ansätze (1) und (2) die betrachteten Strömungsvorgänge von neun Parametern abhängig machen, so bieten sie die Möglichkeit der Anknüpfung einer Deutung durch *Weber*sche schiefwinkelige Tensortripel, von denen S. 140 gesprochen ist, und es mag hierauf hingewiesen werden. Diese Betrachtungsweise sucht alle neun Parameter $l_{hi}$ resp. $k_{hi}$ als gleichartig zu behandeln und schließt sich damit an den äußeren Habitus der Ansätze. Die folgenden Entwicklungen, welche vielfältige Beziehungen zu den fundamentalen Entwickelungen besitzen, die *Stokes*[1]) an die Theorie der Wärmeleitung angeknüpft hat, zeigen im Gegensatz hierzu, daß jene Ansätze die Superposition zweier sehr verschiedenartiger, einzeln aber leicht faßbarer Vorgänge ausdrücken, und sie erhellen das komplizierte Phänomen gerade durch diese Zerlegung. Hierin liegt die Rechtfertigung für die Wahl der weiterhin benutzten Darstellungsweise.

Es sei übrigens bemerkt, daß in anderen Gebieten der Physik, wo Relationen ähnlicher Form mit neun Parametern auftreten, z. B. in den Bewegungsgleichungen eines Massenpunktes bei Einwirkung einer „quasielastischen Kraft" mit den Komponenten

$$X = -(a_{11}x + a_{12}y + a_{13}z), \ldots$$

oder einer „Widerstandskraft" mit den Komponenten

$$X' = -\left(b_{11}\frac{dx}{dt} + b_{12}\frac{dy}{dt} + b_{13}\frac{dz}{dt}\right), \ldots$$

analoges stattfindet, wie oben bemerkt. Die, mathematisch betrachtet, so homogenen Ausdrücke zerfallen nach ihrer physikalischen Bedeutung in zwei ganz verschiedenartige Teile, die hier nicht charakterisiert werden sollen, und die durch dieselbe Zerlegung voneinander getrennt werden, die wir unten sogleich zur Anwendung bringen werden.

---

1) *G. G. Stokes*, Cambr. and Dublin. Math. Journ. Bd. 6, p. 215, 1857.

§ 165. **Geometrische Deutung der Parameter.** Wir beginnen die allgemeine Untersuchung über den Inhalt der durch (1) oder (2) gegebenen Beziehungen mit der Frage nach der geometrischen Bedeutung der Parameter $l_{hi}$ und $k_{hi}$. Die Entwickelungen von § 81 geben uns hierfür die einfachste Methode. Fassen wir die Beziehungen (1) mit den Faktoren $U_1$, $U_2$, $U_3$, die Beziehungen (2) mit den Faktoren $V_1$, $V_2$, $V_3$ zusammen, so erhalten wir zwei skalare Funktionen $S = U^2$, $Z = V^2$ resp. gegeben durch

$$\begin{aligned} S = U_1(l_{11}V_1 + l_{12}V_2 + l_{13}V_3) + U_2(l_{21}V_1 + l_{22}V_2 + l_{23}V_3) \\ + U_3(l_{31}V_1 + l_{32}V_2 + l_{33}V_3), \end{aligned} \tag{3}$$

$$\begin{aligned} Z = V_1(k_{11}U_1 + k_{12}U_2 + k_{13}U_3) + V_2(k_{21}U_1 + k_{22}U_2 + k_{23}U_3) \\ + V_3(k_{31}U_1 + k_{32}U_2 + k_{33}U_3). \end{aligned} \tag{4}$$

Zur Untersuchung der Bedeutung der Parameter $l$ und $k$ haben wir nun nach S. 152 diese Funktionen so zu ordnen, daß sie linear erscheinen in den orthogonalen oder gewöhnlichen Komponenten irgendwelcher gerichteter Größen. Ist dies erreicht, so haben die Parameter dieser linearen Formen, abgesehen von gewissen Zahlenfaktoren, je dieselbe Natur wie die darein multiplizierten Komponenten.

Nun sind nach S. 145 die Differenzen

$$U_2V_3 - V_2U_3 = W_1, \ldots$$

Vektorkomponenten, zugleich die Aggregate

$$U_1V_1 = P_{11}, \ldots \quad \tfrac{1}{2}(U_2V_3 + V_2U_3) = P_{23}, \ldots$$

gewöhnliche Tensorkomponenten.

Unter Benutzung dieser Bezeichnungen läßt sich aber der Ausdruck (3) schreiben

$$\begin{aligned} S = l_{11}P_{11} + l_{22}P_{22} + l_{33}P_{33} \\ + (l_{23} + l_{32})P_{23} + (l_{31} + l_{13})P_{31} + (l_{12} + l_{21})P_{12} \\ + \tfrac{1}{2}(l_{23} - l_{32})W_1 + \tfrac{1}{2}(l_{31} - l_{13})W_2 + \tfrac{1}{2}(l_{12} - l_{21})W_3. \end{aligned}$$

Wenden wir nun speziell die Sätze von S. 151 an, wonach in einem skalaren Aggregat von der Form

$$p_{11}P_{11} + \cdots + 2p_{23}P_{23} + \cdots$$

die $p_{hk}$ gewöhnliche Tensorkomponenten, in einem andern von der Form

$$w_1W_1 + w_2W_2 + w_3W_3$$

die $w_h$ Vektorkomponenten sind, so ergibt sich folgendes.

Die neun Leitfähigkeitskonstanten bestimmen einerseits ein Tensortripel, dessen gewöhnliche Komponenten lauten

$$\begin{aligned} &l_{11}, l_{22}, l_{33}, \quad \tfrac{1}{2}(l_{23}+l_{32}) = \bar{l}_{23} = \bar{l}_{32}, \\ &\tfrac{1}{2}(l_{31}+l_{13}) = \bar{l}_{31} = \bar{l}_{13}, \quad \tfrac{1}{2}(l_{12}+l_{21}) = \bar{l}_{12} = \bar{l}_{21}, \end{aligned} \tag{5}$$

andererseits einen Vektor mit den Komponenten

$$\tfrac{1}{2}(l_{23}-l_{32}) = l_1, \quad \tfrac{1}{2}(l_{31}-l_{13}) = l_2, \quad \tfrac{1}{2}(l_{12}-l_{21}) = l_3, \tag{6}$$

wobei die $\bar{l}_{hk}$ und $l_h$ neue Bezeichnungen sind.

Der resultierende Vektor mag mit $l$, das resultierende Tensortripel mit $l_{\mathrm{I}}, l_{\mathrm{II}}, l_{\mathrm{III}}$ oder kürzer mit $[l]$ bezeichnet werden. Das letztere Symbol $[l]$ mag auch wieder für die Tensorfläche mit der Gleichung

$$l_{11}x^2 + l_{22}y^2 + l_{33}z^2 + 2(\bar{l}_{23}yz + \bar{l}_{31}zx + \bar{l}_{12}xy) = \pm 1 \tag{7}$$

angewendet werden.

Unterwirft man die Funktion $Z$ in (4) derselben Behandlung, so kommt man zu dem entsprechenden Resultat, daß

$$\begin{aligned} &k_{11}, k_{22}, k_{33}, \quad \tfrac{1}{2}(k_{23}+k_{32}) = \bar{k}_{23} = \bar{k}_{32}, \\ &\tfrac{1}{2}(k_{31}+k_{13}) = \bar{k}_{31} = \bar{k}_{13}, \quad \tfrac{1}{2}(k_{12}+k_{21}) = \bar{k}_{12} = \bar{k}_{21} \end{aligned} \tag{8}$$

gewöhnliche Tensorkomponenten,

$$\tfrac{1}{2}(k_{23}-k_{32}) = k_1, \quad \tfrac{1}{2}(k_{31}-k_{13}) = k_2, \quad \tfrac{1}{2}(k_{12}-k_{21}) = k_3 \tag{9}$$

Vektorkomponenten darstellen.

Die Konstituenten des Tensortripels $[k]$ bezeichnen wir mit $k_{\mathrm{I}}$, $k_{\mathrm{II}}, k_{\mathrm{III}}$, den Vektor mit $k$. Die Gleichung der dem Tensortripel zugeordneten Tensorfläche $[k]$ lautet

$$k_{11}x^2 + k_{22}y^2 + k_{33}z^2 + 2(\bar{k}_{23}yz + \bar{k}_{31}zx + \bar{k}_{12}xy) = \pm 1. \tag{10}$$

Das Tensortripel $[l]$ und der Vektor $l$ charakterisieren den Kristall vollständig und erschöpfend bezüglich seiner Leitfähigkeitseigenschaften, das Tensortripel $[k]$ und der Vektor $k$ ebenso bezüglich seiner Widerstandseigenschaften, wobei diese beiden Wirkungen als durch die fundamentalen Ansätze (1) und (2) definiert zu gelten haben.

Da wir für $U$ und $V$ ausdrücklich polare und axiale Natur zugelassen haben, so sind bezüglich des Verhaltens dieser Tensoren und Vektoren verschiedene Fälle möglich.

Haben die beiden Vektoren $U$ und $V$ den gleichen (polaren oder axialen) Charakter, so ist das Tensortripel $[P]$ nach seiner Definition polar, der Vektor $W$ axial. Da nun $S$ und $Z$ nach ihrer Definition stets gewöhnliche Skalare sind, so haben hier auch die Tensortripel $[l]$ und $[k]$ polaren, die Vektoren $l$ und $k$ axialen Charakter. Im Falle, daß $U$ und $V$ verschiedenartig sind, gilt das Umgekehrte.

Die Richtungen der Tensoren $l_I, l_{II}, l_{III}$ bezeichnet man als die Hauptachsen der Leitfähigkeit oder kurz als die Leitfähigkeitsachsen des Kristalles, die Zahlwerte $l_I, l_{II}, l_{III}$ als die ihnen zugeordneten Hauptleitfähigkeiten. Analog werden die Richtungen der Tensoren $k_I, k_{II}, k_{III}$ als die Hauptachsen des Widerstandes oder kurz als die Widerstandsachsen des Kristalles bezeichnet, die Zahlwerte $k_I, k_{II}, k_{III}$ als die ihnen zugeordneten Hauptwiderstandskoeffizienten.

Die Richtungen und Zahlwerte von $[l]$ und $l$ einerseits, von $[k]$ und $k$ andererseits hängen in einer später darzustellenden, im allgemeinen keineswegs einfachen Weise zusammen; hier sei nur vorausgenommen, daß durchaus nicht etwa allgemein die Richtungen der Tensoren der beiden Tripel $[l]$ und $[k]$ und die der beiden Vektoren $l$ und $k$ je untereinander übereinstimmen.

Denkt man sich Richtungen und Größen für das Tensortripel $[l]$ und für den Vektor $l$ gegeben, dann berechnen sich die Tensorkomponenten $l_{hh}$, $\bar{l}_{hi}$ und die Vektorkomponenten $l_h$ nach den allgemeinen Transformationsformeln für Tensor- und Vektorkomponenten von S. 137 u. 127 zu

$$l_{11} = l_I \cos^2(l_I, x) + l_{II} \cos^2(l_{II}, x) + l_{III} \cos^2(l_{III}, x),$$

$$\cdots\cdots\cdots\cdots\cdots$$

$$\bar{l}_{23} = l_I \cos(l_I, y) \cos(l_I, z) + l_{II} \cos(l_{II}, y) \cos(l_{II}, z) \quad (11)$$
$$+ l_{III} \cos(l_{III}, y) \cos(l_{III}, z),$$

$$\cdots\cdots\cdots\cdots\cdots$$

$$l_1 = l \cos(l, x), \quad l_2 = l \cos(l, y), \quad l_3 = l \cos(l, z).$$

Hieraus folgen dann nach (5) und (6) auch die Parameter $l_{hh}, l_{hi}$. Um diese letzteren Größen dann auf ein anderes Achsensystem $X'Y'Z'$ zu transformieren, bildet man umgekehrt zunächst aus ihnen die Tensor- und Vektorkomponenten $l_{hh}, \bar{l}_{hi}$ und $l_h$, transformiert diese auf das neue System und geht von den so gewonnenen Werten schließlich zu den bezüglichen $l'_{hh}, l'_{hi}$ über.

Den Parametern der Leitfähigkeit verhalten sich diejenigen des Widerstandes durchaus analog.

§ 166. **Der Fall der Existenz eines thermodynamischen Potentiales** Es mag bereits hier auf einen wichtigen und immerhin noch sehr allgemeinen Spezialfall hingewiesen werden. Bei Vorgängen, für die ein thermodynamisches Potential existiert, die also umkehrbaren Charakter haben, stellen sich die Komponenten des Vektors $U$ als die partiellen Differentialquotienten dieses Potentiales nach den Komponenten von $V$ dar, d. h., es wird

$$U_1 = -\frac{\partial \xi}{\partial V_1}, \quad U_2 = -\frac{\partial \xi}{\partial V_2}, \quad U_3 = -\frac{\partial \xi}{\partial V_3}. \tag{12}$$

Hier muß dann gelten

$$\frac{\partial U_2}{\partial V_3} = \frac{\partial U_3}{\partial V_2}, \quad \frac{\partial U_3}{\partial V_1} = \frac{\partial U_1}{\partial V_3}, \quad \frac{\partial U_1}{\partial V_2} = \frac{\partial U_2}{\partial V_1},$$

und dies liefert bei unserem Ansatz sogleich

$$l_{23} = l_{32}, \quad l_{31} = l_{13}, \quad l_{12} = l_{21}, \tag{13}$$

woraus dann auch folgt

$$k_{23} = k_{32}, \quad k_{31} = k_{13}, \quad k_{12} = k_{21}. \tag{14}$$

In diesen Fällen verschwinden nach (6) und (9) die beiden Vektoren $l$ und $k$; für Vorgänge von der betrachteten Art mit einem Potential sind demgemäß die Kristalle allein durch ein Tensortripel charakterisiert.

Führt man die Richtungen der Tensoren von $[l]$ als Koordinatenachsen ein, so werden die $l_{23} = l_{32}, \ldots$ gleich Null, und die Formeln (1) nehmen die Gestalt an

$$U_1 = l_\text{I} V_1, \quad U_2 = l_\text{II} V_2, \quad U_3 = l_\text{III} V_3.$$

Es ergibt sich hieraus, daß gleichzeitig in den Formeln (2) auch die $k_{23} = k_{32}, \ldots$ verschwinden müssen. In dem vorausgesetzten Falle liegen also die Tensortripel $[l]$ und $[k]$ in denselben Richtungen. Da überdies gleichzeitig das System (2) die Form annimmt

$$V_1 = k_\text{I} U_1, \quad V_2 = k_\text{II} U_2, \quad V_3 = k_\text{III} U_3,$$

so ergibt sich, daß jetzt

$$l_\text{I} k_\text{I} = l_\text{II} k_\text{II} = l_\text{III} k_\text{III} = 1$$

ist, die bezüglichen Tensoren also reziprok zueinander sind.

Für die Tensorflächen $[l]$ und $[k]$ liefert dies das Resultat, daß ihre Achsen in dieselben Richtungen fallen und zueinander reziproke Längen besitzen.

Die vorstehenden speziellen Resultate haben eine größere Tragweite als zunächst stattzufinden scheint, weil auch in denjenigen

Fällen, wo ein thermodynamisches Potential **nicht** existiert, für zahlreiche Kristallgruppen nach deren Symmetrien stets die Beziehungen

$$l_{hi} = l_{ih}, \quad k_{hi} = k_{ih}$$

streng gelten und für andere nach der Erfahrung merklich genau erfüllt sind.

§ 167. **Die Parameter der 32 Kristallgruppen bei zentrischer Symmetrie.** Die Aufgabe der Spezialisierung der Ansätze (1) und (2) für die 32 Kristallgruppen ist implizite in den Betrachtungen von Kapitel IV und V bereits gelöst. Während es sich in Kapitel IV um Eigenschaften der Kristalle handelte, die durch einen **Vektor** bestimmt sind, handelte es sich in Kapitel V um solche, die durch ein **Tensortripel** repräsentiert werden. Für beide Fälle, und zwar sowohl unter der Annahme eines polaren, als eines axialen Verhaltens ist die Spezialisierung für die verschiedenen Kristallgruppen oben durchgeführt.

Jetzt handelt es sich um Eigenschaften, deren Darstellung einen Vektor **und** ein Tensortripel verlangt, und zwar ist ein axialer Vektor mit einem polaren Tensortripel, ein polarer Vektor mit einem axialen Tensortripel verbunden. Wir erhalten die hierauf bezüglichen Beziehungen, indem wir die früheren Resultate einfach kombinieren.

Wenden wir uns zunächst zu dem Fall, wo der Vorgang zentrisch symmetrisch ist, und die 32 Gruppen sich demgemäß auf elf nur durch Symmetrieachsen charakterisierte Obergruppen zusammenziehen, so gibt uns die Übertragung des Schemas auf S. 264 und des andern von S. 270 sogleich folgende Tabelle für die Tensor- und Vektorkomponenten.

| | | |
|---|---|---|
| I. | (1), (2) | $l_{11}, l_{22}, l_{33}, \bar{l}_{23}, \bar{l}_{31}, \bar{l}_{12}; l_1, l_2, l_3.$ |
| II. | (3), (4), (5) | $l_{11}, l_{22}, l_{33}, 0, 0, \bar{l}_{12}; 0, 0, l_3.$ |
| III. | (6), (7), (8) | $l_{11}, l_{22}, l_{33}, 0, 0, 0; 0, 0, 0.$ |
| IV. | (9), (10), (11) | $l_{11}, l_{11}, l_{33}, 0, 0, 0; 0, 0, 0.$ |
| | (12), (13) | $l_{11}, l_{11}, l_{33}, 0, 0, 0; 0, 0, l_3.$ |
| V. | (14), (15), (16), (19) | $l_{11}, l_{11}, l_{33}, 0, 0, 0; 0, 0, 0.$ |
| | (17), (18), (20) | $l_{11}, l_{11}, l_{33}, 0, 0, 0; 0, 0, l_3.$ |
| VI. | (21), (22), (23), (26) | $l_{11}, l_{11}, l_{33}, 0, 0, 0; 0, 0, 0.$ |
| | (24), (25), (27) | $l_{11}, l_{11}, l_{33}, 0, 0, 0; 0, 0, l_3.$ |
| VII. | (28) bis (32) | $l_{11}, l_{11}, l_{11}, 0, 0, 0; 0, 0, 0.$ |

Dabei ist, wie früher, in den Fällen, wo die beiden Tensorkomponenten $\bar{l}_{23}$ und $\bar{l}_{31}$ verschwinden, $l_{33}$ mit dem Tensor $l_{III}$ identisch, und werden, falls außerdem noch $\bar{l}_{12}$ gleich Null ist, zugleich $l_{11}$ und $l_{22}$ zu $l_{I}$ und $l_{II}$. Ähnlich ist $l_3$ mit dem Vektor $l$ identisch, wenn $l_1$ und $l_2$ verschwinden.

Dem vorstehenden Schema entspricht genau dasjenige der $k_{hh}$, $\bar{k}_{hi}$ und $k_h$.

Berücksichtigt man die Bedeutung der Bezeichnungen $\bar{l}_{hi}$ und $l_h$ nach (5) und (6), aus welcher folgt

$$l_{23} = \bar{l}_{23} + l_1, \quad l_{32} = \bar{l}_{23} - l_1, \ldots,$$

so kann man ohne weiteres das definitive System der Parameter des Ansatzes (1) resp. (2) bilden. Dasselbe lautet, wenn man die Parameter jetzt in derjenigen Reihenfolge schreibt, in der sie in jenen Ansätzen auftreten, folgendermaßen.[1])

I. Triklines System.

(1), (2) Keine Symmetrieachse: $l_{11}, l_{12}, l_{13}; \quad l_{21}, l_{22}, l_{23}; \; l_{31}, l_{32}, l_{33}$.

II. Monoklines System.

(3), (4), (5) $(A_z^{(2)})$: $l_{11}, l_{12}, 0; \quad l_{21}, l_{22}, 0; \; 0, 0, l_{33}$.

III. Rhombisches System.

(6), (7), (8) $(A_z^{(2)}, A_x^{(2)})$: $l_{11}, 0, 0; \quad 0, l_{22}, 0; \; 0, 0, l_{33}$.

IV. Trigonales System.

(9), (10), (11) $(A_z^{(3)}, A_x^{(2)})$: $l_{11}, 0, 0; \quad 0, l_{11}, 0; \; 0, 0, l_{33}$.

(12), (13) $(A_z^{(3)})$ $l_{11}, l_{12}, 0; \; -l_{12}, l_{11}, 0; \; 0, 0, l_{33}$.

V. Tetragonales System.

(14), (15), (16), (19) $(A_z^{(4)}, A_x^{(2)})$: $l_{11}, 0, 0; \quad 0, l_{11}, 0; \; 0, 0, l_{33}$.

(17), (18), (20) $(A_z^{(4)})$: $l_{11}, l_{12}, 0; \; -l_{12}, l_{11}, 0; \; 0, 0, l_{33}$.

VI. Hexagonales System.

(21), (22), (23), (26) $(A_z^{(6)}, A_x^{(2)})$: $l_{11}, 0, 0; \quad 0, l_{11}, 0; \; 0, 0, l_{33}$.

(24), (25), (27) $(A_z^{(6)})$: $l_{11}, l_{12}, 0; \; -l_{12}, l_{11}, 0; \; 0, 0, l_{33}$.

VII. Reguläres System.

(28), (29), (30) $(A_x^{(4)}, A_y^{(4)})$:
(31), 32) $(A_x^{(2)} \sim A_y^{(2)} \sim A_z^{(2)})$: } $l_{11}, 0, 0; \quad 0, l_{11}, 0; \; 0, 0, l_{11}$.

1) Auf anderem Wege abgeleitet von *B. Minnigerode*, N. Jahrb. f. Min. Bd. I, p. 1, 1886.

Die Systeme IV, V, VI verhalten sich durchaus gleichartig, überhaupt erscheinen nur sechs voneinander verschiedene Obergruppen. Das reguläre System VII verhält sich isotrop.

Der vorstehenden Tabelle entspricht eine analoge für die Widerstandskonstanten $k_{hh}$ und $k_{hi}$.

§ 168. **Die Parameter der Kristallgruppen bei azentrischer Symmetrie.** Der zweite Fall, in dem die Ansätze (1) und (2) einen azentrischen Vorgang ausdrücken, behandeln wir in analoger Weise unter Heranziehung der Schemata von S. 251 und 274. Indem wir hier von vornherein die Gruppen fortlassen, die nach ihrer zentrischen oder sonstigen Symmetrie für die vorliegenden Vorgänge ausfallen, gelangen wir zu folgender ersten Tabelle für die Tensor- und die Vektorkomponenten.

| | | |
|---|---|---|
| I. | (2) | $l_{11},\ l_{22}, l_{33},\ \bar{l}_{23}, \bar{l}_{31}, \bar{l}_{12};\ l_1, l_2, l_3.$ |
| II. | (4) | $0,\ 0,\ 0,\ \bar{l}_{23},\ \bar{l}_{31}, 0;\ l_1, l_2,\ 0.$ |
| | (5) | $l_{11},\ l_{22}, l_{33},\ 0,\ 0,\ \bar{l}_{12};\ 0, 0, 0.$ |
| III. | (7) | $l_{11},\ l_{22}, l_{33},\ 0,\ 0,\ 0;\ 0, 0, 0.$ |
| | (8) | $0,\ 0,\ 0,\ 0,\ 0,\ \bar{l}_{12};\ 0, 0, l_3.$ |
| IV. | (10) | $l_{11},\ l_{11}, l_{33},\ 0,\ 0,\ 0;\ 0, 0, 0.$ |
| | (11) | $0,\ 0,\ 0,\ 0,\ 0,\ 0;\ 0, 0, l_3.$ |
| | (13) | $l_{11},\ l_{11}, l_{33},\ 0,\ 0,\ 0;\ 0, 0, l_3.$ |
| V. | (15) | $l_{11},\ l_{11}, l_{33},\ 0,\ 0,\ 0;\ 0, 0, 0.$ |
| | (16) | $0,\ 0, 0,\ 0,\ 0,\ 0;\ 0, 0, l_3.$ |
| | (18) | $l_{11},\ l_{11}, l_{33},\ 0,\ 0,\ 0;\ 0, 0, l_3.$ |
| | (19) | $l_{11}, -l_{11}, 0, 0,\ 0,\ 0;\ 0, 0, 0.$ |
| | (20) | $l_{11}, -l_{11}, 0, 0,\ 0,\ \bar{l}_{12};\ 0, 0, 0.$ |
| VI. | (22) | $l_{11},\ l_{11}, l_{33},\ 0,\ 0,\ 0;\ 0, 0, 0.$ |
| | (23) | $0,\ 0, 0,\ 0,\ 0,\ 0;\ 0, 0, l_3.$ |
| | (25) | $l_{11},\ l_{11}, l_{33},\ 0,\ 0,\ 0;\ 0, 0, l_3.$ |
| VII. | (29), (32) | $l_{11},\ l_{11}, l_{11},\ 0,\ 0,\ 0;\ 0, 0, 0.$ |

Eine analoge Tabelle gilt für die Widerstandskonstanten $k_{hh}$, $\bar{k}_{hi}$, $k_i$. Bezüglich der Fälle, in denen Tensor- oder Vektorkomponenten zu Tensoren oder Vektoren werden, mag auf das zu der Tabelle auf S. 211 Gesagte verwiesen werden.

Benutzt man nunmehr die Beziehungen (5) und (6), so gelangt man zu dem folgenden System der Parameter $l_{hi}$, das wir in der Anordnung ihres Auftretens in dem Ansatz (1) schreiben:

I. Triklines System.

(1) $(C)$: alle $l_{hk} = 0$.

(2) Kein Symmetrieelement: $l_{11}, l_{12}, l_{13};\ l_{21}, l_{22}, l_{23};\ l_{31}, l_{32}, l_{33}$.

II. Monoklines System.

(3) $(C, A_z^{(2)}$ oder $C, E_z)$: alle $l_{hk} = 0$.

(4) $(E_z)$: $0, 0, l_{13};\ 0, 0, l_{23};\ l_{31}, l_{32}, 0$.

(5) $(A_z^{(2)})$: $l_{11}, l_{12}, 0;\ l_{21}, l_{22}, 0;\ 0, 0, l_{33}$.

III. Rhombisches System.

(6) $(C, A_z^{(2)}, A_x^{(2)}$ oder $C, A_z^{(2)}, E_x)$: alle $l_{hk} = 0$.

(7) $(A_z^{(2)}, A_x^{(2)})$: $l_{11}, 0, 0;\ 0, l_{22}, 0;\ 0, 0, l_{33}$.

(8) $(A_z^{(2)}, E_x)$: $0, l_{12}, 0;\ l_{21}, 0, 0;\ 0, 0, 0$.

IV. Trigonales System.

(9) $(C, A_z^{(3)}, A_x^{(2)}$ oder $C, A_z^{(3)}, E_x)$: alle $l_{hk} = 0$.

(10) $(A_z^{(3)}, A_x^{(2)})$: $l_{11}, 0, 0;\ 0, l_{11}, 0;\ 0, 0, l_{33}$.

(11) $(A_z^{(3)}, E_x)$: $0, l_{12}, 0; -l_{12}, 0, 0;\ 0, 0, 0$.

(12) $(C, A_z^{(3)})$: alle $l_{hk} = 0$.

(13) $(A_z^{(3)})$: $l_{11}, l_{12}, 0; -l_{12}, l_{11}, 0;\ 0, 0, l_{33}$.

V. Tetragonales System.

(14) $(C, A_z^{(4)}, A_x^{(2)}$ oder $C, A_z^{(4)}, E_x)$: alle $l_{hk} = 0$.

(15) $(A_z^{(4)}, A_x^{(2)})$: $l_{11}, 0, 0;\ 0, l_{11}, 0;\ 0, 0, l_{33}$.

(16) $(A_z^{(4)}, E_x)$: $0, l_{12}, 0; -l_{12}, 0, 0;\ 0, 0, 0$.

(17) $(C, A_z^{(4)})$: alle $l_{hk} = 0$.

(18) $(A_z^{(4)})$: $l_{11}, l_{12}, 0; -l_{12}, l_{11}, 0;\ 0, 0, l_{33}$.

(19) $(S_z, A_x^{(2)})$: $l_{11}, 0, 0;\ 0, -l_{11}, 0;\ 0, 0, 0$.

(20) $(S_z)$: $l_{11}, l_{12}, 0;\ l_{12}, -l_{11}, 0;\ 0, 0, 0$.

### VI. Hexagonales System.

(21) $(C, A_z^{(6)}, A_x^{(2)}$ oder $C, A_z^{(6)}, E_x)$: alle $l_{hk} = 0$.

(22) $(A_z^{(6)}, A_x^{(2)})$: $l_{11}, 0, 0;\ 0, l_{11}, 0;\ 0, 0, l_{33}$.

(23) $(A_z^{(6)}, E_x)$: $0, l_{12}, 0;\ -l_{12}, 0, 0;\ 0, 0, 0$.

(24) $(C, A_z^{(6)})$: alle $l_{hk} = 0$.

(25) $(A_z^{(6)})$: $l_{11}, l_{12}, 0;\ -l_{12}, l_{11}, 0;\ 0, 0, l_{33}$.

(26) $(A_z^{(3)}, E_z, A_x^{(2)})$: alle $l_{hk} = 0$.

(27) $(A_z^{(3)}, E_z)$: alle $l_{hk} = 0$.

### VII. Reguläres System.

(28) $(C, A_x^{(4)}, A_y^{(4)})$: alle $l_{hk} = 0$.

(29) $(A_x^{(4)}, A_y^{(4)})$: $l_{11}, 0, 0;\ 0, l_{11}, 0;\ 0, 0, l_{11}$.

(30) $(S_x, S_y)$: alle $l_{hk} = 0$.

(31) $(C, A_x^{(2)} \sim A_y^{(2)} \sim A_z^{(2)})$: alle $l_{hk} = 0$.

(32) $(A_x^{(2)} \sim A_y^{(2)} \sim A_z^{(2)})$: $l_{11}, 0, 0;\ 0, l_{11}, 0;\ 0, 0, l_{11}$.

Diese Tabelle, der eine genau gleiche für die Parameter $k_{hi}$ des Widerstandes entspricht, zeigt, verglichen mit der S. 312 gegebenen und im Falle gleichartiger Vektoren $U$ und $V$ gültigen, einen überraschenden Reichtum von Typen, obwohl (was im Fall gleichartiger Vektoren $U$ und $V$ nicht eintritt) eine ziemliche Anzahl von Gruppen gänzlich ausfallen.

Die Schemata der Tabelle finden unmittelbare Anwendung in der Kristalloptik bei der Theorie der zirkularen Polarisation[1]) und signalisieren hier eine große Mannigfaltigkeit von Erscheinungen, die sich mangels geeigneten Materiales noch nicht im vollen Umfang haben nachweisen lassen. Außerhalb des Gebietes der Optik haben sie bisher noch keine Anwendung gestattet. Es ist höchst wahrscheinlich, daß Vorgänge von der Symmetrie, die durch den Ansatz (1) bei verschiedenartigen $U$ und $V$ dargestellt wird, existieren; aber eine systematische Forschung nach dergleichen stößt auf ungemeine Schwierigkeiten.

Der einzige axiale Vektor, der für bezügliche Vorgänge in Betracht käme, wäre ein magnetisches Feld oder ein magnetisches Moment. Von polaren Vektoren wäre an ein elektrisches Feld, an ein elektrisches Moment, an einen elektrischen oder einen Wärmestrom zu denken. Ein Vorgang der fraglichen Art wäre also z. B. die Er-

1) *W. Voigt*, Ann. d. Phys. Bd. 18, p. 645, 1905.

regung eines (spezifischen) magnetischen Momentes durch einen im Kristall fließenden elektrischen oder Wärmestrom. Es ist ohne weiteres einzusehen, daß derartige vermutlich äußerst kleine Wirkungen nur sehr schwierig der Beobachtung zugänglich zu machen sein würden.

Immerhin haben die Schemata der Tabelle auf S. 314 u. 315 großes Interesse wegen der Aufklärung, die sie über die Möglichkeit derartiger Erscheinungen und über die Umstände und Formen, unter denen dieselben allein auftreten können, gewähren.

§ 169. **Der methodische Weg zur Einführung der Symmetrieeigenschaften.** Die Spezialisierung der Ansätze (1) und (2) ist im vorstehenden auf die kürzeste Weise durch Übertragung und Kombination der Resultate der vorigen Kapitel durchgeführt. Wir wollen uns aber mit dieser Ableitung nicht begnügen, sondern nun auch noch den direkten methodischen Weg, wie er in § 55 angedeutet ist, wenigstens so weit gehen, daß die neuen Fragen, die auf ihm begegnen, erledigt sind. Diese Fragen betreffen das Verhalten von polaren und axialen Vektorkomponenten den verschiedenen Deckbewegungen gegenüber und haben ein selbständiges Interesse.

Wir gehen aus von der skalaren Funktion (3)

$$\begin{aligned} S = l_{11}U_1V_1 + l_{22}U_2V_2 + l_{33}U_3V_3 \\ + l_{23}U_2V_3 + l_{32}U_3V_2 + l_{31}U_3V_1 + l_{13}U_1V_3 \\ + l_{12}U_1V_2 + l_{21}U_2V_1, \end{aligned} \tag{15}$$

die wir auf das Hauptachsensystem bezogen denken, und transformieren dieselbe auf ein dem Ausgangssystem nach den vorausgesetzten Deckbewegungen gleichwertiges Achsensystem. Es muß dann die neue Form dieselben Parameter aufweisen, wie die alte; die Bedingungen hierfür enthalten die der bez. Deckbewegung entsprechende Spezialisierung.

Zunächst wollen wir die Deckbewegungen erster Art in Angriff nehmen, die aus dem Vorhandensein von Symmetrieachsen resultieren, und wiederholen hierfür, was schon mehrfach benutzt ist, daß diesen Deckbewegungen gegenüber polare und axiale gerichtete Größen beliebiger Ordnung sich gleichmäßig verhalten.

Wir nehmen an, die $Z$-Achse sei eine irgendwievielzählige Symmetrieachse, es müsse also eine Substitution von der Form

$$U_1 = U_1'c + U_2's, \quad U_2 = -U_1's + U_2'c, \quad U_3 = U_3' \tag{16}$$

und die analoge für $V$, wobei $c$ den Kosinus, $s$ den Sinus des Drehungswinkels $\varphi$ bezeichnet, die Funktion $S$ mit sich zur Deckung bringen.

Die durch Substitution erhaltene Form lautet

$$\begin{aligned} S' = & U_1' V_1'(l_{11} c^2 + l_{22} s^2 - (l_{12} + l_{21}) cs) \\ & + U_2' V_2'(l_{11} s^2 + l_{22} c^2 + (l_{12} + l_{21}) cs) \\ & + U_3' V_3' l_{33} \\ & + U_2' V_3'(l_{23} c + l_{13} s) + U_3' V_2'(l_{32} c + l_{31} s) \\ & + U_3' V_1'(- l_{32} s + l_{31} c) + U_1' V_3'(- l_{23} s + l_{13} c) \\ & + U_1' V_2'((l_{11} - l_{22}) cs + l_{12} c^2 - l_{21} s^2) \\ & + U_2' V_1'((l_{11} - l_{22}) cs - l_{12} s^2 + l_{21} c^2). \end{aligned}$$

Die Vergleichung der Faktoren von $U_1 V_1$, $U_2 V_2$, $U_1 V_2$ und $U_2 V_1$ in $S$ und $S'$ liefert nur zwei Beziehungen

$$((l_{11} - l_{22}) s + (l_{12} + l_{21}) c) s = 0,$$
$$((l_{11} - l_{22}) c - (l_{12} + l_{21}) s) s = 0.$$

Dieselben sind identisch erfüllt, wenn $s = \sin \varphi = 0$, die Achse also zweizählig ist; in anderen Fällen führen sie auf

$$l_{11} = l_{22}, \quad l_{21} = - l_{12}.$$

Die Faktoren von $U_2 V_3$ und $U_1 V_3$ liefern stets

$$l_{23} = l_{13} = 0,$$

die von $U_3 V_2$ und $U_3 V_1$ analog

$$l_{32} = l_{31} = 0.$$

Somit ergeben sich die folgenden Schemata

$$\left.\begin{array}{ll} \text{für } A_z^{(2)}: & l_{11}, l_{12}, 0; \quad l_{21}, l_{22}, 0; \; 0, 0, l_{33}, \\ \text{für } A_z^{(3)}, A_z^{(4)}, A_z^{(6)}: & l_{11}, l_{12}, 0; \; - l_{12}, l_{11}, 0; \; 0, 0, l_{33}, \end{array}\right\} \quad (16)$$

woraus durch zyklische Vertauschung folgt

$$\left.\begin{array}{ll} \text{für } A_x^{(2)}: & l_{11}, 0, 0; \; 0, l_{22}, l_{23}; \; 0, \quad l_{32}, l_{33}; \\ \text{für } A_x^{(3)}, A_x^{(4)}, A_x^{(6)}: & l_{11}, 0, 0; \; 0, l_{22}, l_{23}; \; 0, - l_{23}, l_{22}. \end{array}\right\} \quad (17)$$

Durch die Kombination dieser Schemata, wobei jederzeit das Nullwerden eines oder das einander Gleichwerden zweier Parameter bestehen bleibt, erhält man sogleich die Parametersysteme für alle Gruppen, die nur durch Symmetrieachsen definiert sind, und somit auch die ganze Tabelle von S. 312. —

Wir wenden uns nun den Deckbewegungen zweiter Art zu und untersuchen zunächst, welche Bedingungen die Annahme einer zu einer Koordinatenachse normalen Symmetrieebene zur Folge hat.

Steht die Symmetrieebene normal zur $Z$-Achse, so entspricht ihr bei polaren Vektoren eine einfache Spiegelung in der $XY$-Ebene, somit, wenn $U$ den polaren Vektor bezeichnet, das System von Transformationsformeln

$$U_1 = U_1', \quad U_2 = U_2', \quad U_3 = -U_3'. \tag{18}$$

Bei axialen Vektoren ist mit der Spiegelung eine Umkehrung des Vorzeichens des Vektorwertes verbunden, denn die Spiegelung verwandelt ein direktes in ein inverses Koordinatenkreuz. Bezeichnet somit $V$ den axialen Vektor, so gilt jetzt

$$V_1 = -V_1', \quad V_2 = -V_2', \quad V_3 = V_3'. \tag{19}$$

Hieraus ergibt sich für den transformierten Skalar $S$, falls $U$ und $V$ verschiedenartige Vektoren sind,

$$\begin{aligned} S' = & -l_{11}U_1'V_1' - l_{22}U_2'V_2' - l_{33}U_3'V_3' \\ & + l_{23}U_2'V_3' + l_{32}U_3'V_2' + l_{31}U_3'V_1' + l_{13}U_1'V_3' \\ & - l_{12}U_1'V_2' - l_{21}U_2'V_1'. \end{aligned}$$

Die Vergleichung mit dem Wert (15) von $S$ liefert als Bedingung für die Existenz der zur $Z$-Achse normalen Symmetrieebene

$$l_{11} = l_{22} = l_{33} = l_{12} = l_{21} = 0,$$

also das Schema

$$\text{für } E_z\text{: } 0, 0, l_{13};\ 0, 0, l_{23};\ l_{31}, l_{32}, 0. \tag{20}$$

Eine zyklische Vertauschung ergibt

$$\text{für } E_x\text{: } 0, l_{12}, l_{13};\ l_{21}, 0, 0;\ l_{31}, 0, 0. \tag{21}$$

Endlich ist noch das Vorkommen einer mit der $Z$-Achse zusammenfallenden Spiegelachse zu berücksichtigen. Die dieser Spiegelachse zugehörige Deckbewegung ist eine Drehung um $\pm 90^0$ um die $Z$-Achse mit darauf folgender Spiegelung in einer zur $Z$-Achse normalen Ebene.

Führen wir ein intermediäres Komponentensystem $U_1''$, $V_1''$, ... nach dem um $\pm 90^0$ gedrehten Achsenkreuz ein, so ergibt sich, zunächst für polare und axiale Vektoren noch übereinstimmend, nach (16)

$$U_1 = \pm U_2'', \quad U_2 = \pm U_1'', \quad U_3 = U_3'', \quad V_1 = \pm V_2'', \ldots$$

Für das polar angenommene $U$ gilt dann weiter nach (18)

$$U_1'' = U_1', \quad U_2'' = U_2', \quad U_3'' = -U_3'.$$

also

$$U_1 = \pm U_2', \quad U_2 = \mp U_1', \quad U_3 = -U_3'. \tag{22}$$

Hingegen gilt für das axial gedachte $V$ nach (19)

$$V_1'' = -V_1', \quad V_2'' = -V_2', \quad V_3'' = V_3',$$

also

$$V_1 = \mp V_2', \quad V_2 = \pm V_1', \quad V_3 = V_3'. \tag{23}$$

Die Kombination dieser Formeln ergibt im Falle, daß $U$ und $V$ verschiedene Natur besitzen,

$$\begin{aligned} S' = &- l_{11} U_2' V_2' - l_{22} U_1' V_1' - l_{33} U_3' V_3' \\ &\mp l_{23} U_1' V_3' \pm l_{32} U_3' V_1' \pm l_{31} U_3' V_2' \pm l_{13} U_2' V_3' \\ &+ l_{12} U_2' V_1' + l_{21} U_1' V_2'. \end{aligned}$$

Die Vergleichung mit (15) liefert als Bedingungen für die in die $Z$-Achse fallende Spiegelachse

$$l_{11} = -l_{22}, \quad l_{33} = 0, \quad l_{23} = l_{32} = l_{31} = l_{13} = 0, \quad l_{12} = l_{21}.$$

Hieraus ergibt sich schließlich das Parametersystem

$$\text{für } S_z\text{: } l_{11}, l_{12}, 0;\; l_{12}, -l_{11}, 0;\; 0, 0, 0, \tag{24}$$

und durch zyklische Vertauschung

$$\text{für } S_x\text{: } 0, 0, 0;\; 0, l_{22}, l_{23};\; 0, l_{23}, -l_{22}. \tag{25}$$

Die Kombination der vorstehend für den Fall eines azentrischen Vorganges abgeleiteten Beziehungen führt zu den Parametersystemen der Tabelle auf S. 314 u. 315 zurück.

§ 170. **Zerlegung des Strömungsvorganges; Eigenschaften der einzelnen Teile.** Wir wenden uns nunmehr einer allgemeinen Betrachtung der physikalischen Bedeutung der Ansätze (1) und (2) zu, wobei wir der Anschaulichkeit halber die Interpretation des Vektors $U$ als einer Strömung, des Vektors $V$ als der sie treibenden Kraft oder Feldstärke beibehalten.

Der oben nachgewiesenen Bedeutung der Parameter $l_{hi}$ resp. $k_{hi}$ tragen wir dadurch Rechnung, daß wir die rechten Seiten der Systeme (1) und (2) in zwei Teile zerlegen, von denen der erste nur von den bezüglichen Tensorkomponenten, der zweite nur von den entsprechenden Vektorkomponenten abhängt.

Das Schema (1) läßt sich dann folgendermaßen schreiben

$$U_1 = \overline{U}_1 + \overline{\overline{U}}_1, \quad U_2 = \overline{U}_2 + \overline{\overline{U}}_2, \quad U_3 = \overline{U}_3 + \overline{\overline{U}}_3; \tag{26}$$

$$\begin{aligned} \overline{U}_1 &= l_{11} V_1 + \overline{l}_{12} V_2 + \overline{l}_{13} V_3, \\ \overline{U}_2 &= \overline{l}_{21} V_1 + l_{22} V_2 + \overline{l}_{23} V_3, \\ \overline{U}_3 &= \overline{l}_{31} V_1 + \overline{l}_{32} V_2 + l_{33} V_3, \quad \text{wobei } \overline{l}_{hi} = \overline{l}_{ih}; \end{aligned} \tag{27}$$

$$\begin{aligned}\overline{\overline{U}}_1 &= l_2 V_3 - l_3 V_2,\\ \overline{\overline{U}}_2 &= l_3 V_1 - l_1 V_3,\\ \overline{\overline{U}}_3 &= l_1 V_2 - l_2 V_1.\end{aligned} \tag{28}$$

Wir untersuchen nunmehr die Eigenschaften dieser beiden Strömungsteile gesondert.

Zur Deutung von $\overline{U}$ knüpfen wir an die zentrische Fläche zweiten Grades an, die oben als Tensorfläche $[l]$ bezeichnet wurde, und deren Gleichung nach (7) lautet

$$l_{11}x^2 + l_{22}y^2 + l_{33}z^2 + 2(\overline{l}_{23}yz + \overline{l}_{31}zx + \overline{l}_{12}xy) = \pm 1. \tag{29}$$

Wir legen in diese Flächen einen Radiusvektor $r$, der die Fläche in einem Punkte $\xi, \eta, \zeta$ trifft, und konstruieren in diesem Punkte eine Tangentenebene an die Fläche. Die Gleichung derselben lautet dann

$$(l_{11}\xi + \overline{l}_{12}\eta + \overline{l}_{13}\zeta)x + (\overline{l}_{21}\xi + l_{22}\eta + \overline{l}_{23}\zeta)y + (\overline{l}_{31}\xi + \overline{l}_{32}\eta + l_{33}\zeta)z = 1 \tag{30}$$

und ist zu vergleichen mit der allgemeinen Gleichung einer Ebene, deren Normale die Länge $n$ und die Richtungskosinus $\alpha, \beta, \gamma$ besitzt, nämlich mit

$$\alpha x + \beta y + \gamma z = n.$$

Man erhält so

$$l_{11}\xi + \overline{l}_{12}\eta + \overline{l}_{13}\zeta = \frac{\alpha}{n}, \ldots \tag{31}$$

Legt man nun den Radiusvektor $r$ parallel der Richtung der treibenden Kraft $V$, so ist

$$\xi : \eta : \zeta = V_1 : V_2 : V_3,$$

oder wenn $c$ eine Konstante bezeichnet,

$$\xi = cV_1, \quad \eta = cV_2, \quad \zeta = cV_3. \tag{32}$$

Die Gleichungen (31) und (27) liefern hiermit

$$c\overline{U}_1 = \frac{\alpha}{n}, \quad c\overline{U}_2 = \frac{\beta}{n}, \quad c\overline{U}_3 = \frac{\gamma}{n} \tag{33}$$

oder auch

$$\overline{U}_1 : \overline{U}_2 : \overline{U}_3 = \alpha : \beta : \gamma. \tag{34}$$

Diese Beziehung gibt einen anschaulichen, durch die Tensorfläche $[l]$ vermittelten Zusammenhang zwischen der treibenden Kraft $V$ und dem Strömungsanteil $\overline{U}$ Ausdruck.

Legt man einen Radiusvektor $r$ parallel zu der Kraft $V$ in die Tensorfläche $[l]$, dann liegt der auf $V$ beruhende Strömungsanteil $\overline{U}$ parallel zu der Normalen $n$ auf derjenigen Ebene, welche die Fläche im Endpunkte von $r$ berührt.

Weiter folgt aus (33)

$$c^2 \overline{U}^2 = \frac{1}{n^2}, \tag{35}$$

oder, da nach (32) $r^2 = c^2 V^2$ ist, auch

$$r^2 \overline{U}^2 = \frac{V^2}{n^2}. \tag{36}$$

**Läßt man sonach $V$ in allen möglichen Richtungen mit gleicher Stärke wirken, so variiert $\overline{U}$ indirekt proportional mit dem Produkt aus dem zu $V$ parallelen Radiusvektor $r$ in die Normale $n$ auf der Tangentenebene in seinem Endpunkt. Variiert dagegen hierbei $V$ proportional mit $r$, so $\overline{U}$ proportional mit $1/n$.**

Da, wie oben gesagt, in vielen Fällen der Anteil $\overline{\overline{U}}$ an der Strömung eine streng verschwindende Größe besitzt und in andern zu klein ist, um sich der Wahrnehmung zu bieten, so besitzen die vorstehenden beiden Regeln eine sehr weitgehende Bedeutung. Wir gehen auf eine Diskussion derselben erst weiter unten ein und wenden uns jetzt sogleich der Betrachtung des anderen Teiles $\overline{\overline{U}}$ von $U$ zu, der einem sehr einfachen Gesetz folgt. Nach bekannten allgemeinen Resultaten sagt das System (28) nämlich über ihn aus:

**Der Strömungsanteil $\overline{\overline{U}}$ steht normal auf der Ebene der Vektoren $l$ und $V$ nach derjenigen Seite hin, in bezug auf welche eine positive Drehung den Vektor $l$ in $V$ überführt, und hat die Größe**

$$\overline{\overline{U}} = l V \sin(l, V). \quad — \tag{37}$$

Genau dieselben Überlegungen kann man auch an den Ansatz (2) anknüpfen und bilden

$$V_1 = \overline{V}_1 + \overline{\overline{V}}_1, \quad V_2 = \overline{V}_2 + \overline{\overline{V}}_2, \quad V_3 = \overline{V}_3 + \overline{\overline{V}}_3; \tag{38}$$

$$\begin{aligned} \overline{V}_1 &= k_{11} U_1 + \overline{k}_{12} U_2 + \overline{k}_{13} U_3, \\ \overline{V}_2 &= \overline{k}_{21} U_1 + k_{22} U_2 + \overline{k}_{23} U_3, \\ \overline{V}_3 &= \overline{k}_{31} U_1 + \overline{k}_{32} U_2 + k_{33} U_3, \text{ wobei } \overline{k}_{hi} = \overline{k}_{ih}; \end{aligned} \tag{39}$$

$$\begin{aligned} \overline{\overline{V}}_1 &= k_2 U_3 - k_3 U_2, \\ \overline{\overline{V}}_2 &= k_3 U_1 - k_1 U_3, \\ \overline{\overline{V}}_3 &= k_1 U_2 - k_2 U_1. \end{aligned} \tag{40}$$

Durch diese Formeln ist die, eine bestimmte Strömung $U$ bewirkende Kraft $V$ in zwei Teile $\overline{V}$ und $\overline{\overline{V}}$ zerlegt, die je nur von dem Tensortripel resp. dem Vektor der Widerstandskonstanten $k_{hi}$ abhängen. In bezug auf den ersten Teil $\overline{V}$ gelten den obigen analoge Sätze, die an die Tensorfläche $[k]$ von der Gleichung

$$k_{11}x^2 + k_{22}y^2 + k_{33}z^2 + 2(\bar{k}_{23}yz + \bar{k}_{31}zx + \bar{k}_{12}xy) = \pm 1 \tag{41}$$

anknüpfen und lauten:

Legt man parallel zu der Strömung $U$ einen Radiusvektor $r$ in die Tensorfläche $[k]$, dann fällt der zu $U$ gehörige Anteil $\overline{V}$ der treibenden Kraft in die Richtung der Normalen $n$ auf derjenigen Ebene, welche die Fläche $[k]$ im Endpunkt von $r$ berührt.

Läßt man $U$ bei konstanter Größe alle möglichen Richtungen annehmen, so variiert hierbei $\overline{V}$ indirekt proportional mit dem Produkt aus dem Radius $r$ in die Normale $n$.

Wiederum besitzen diese Sätze eine besondere Tragweite deshalb, weil in vielen Fällen der zweite Kraftanteil $\overline{\overline{V}}$ nicht existiert, $\overline{V}$ also die Gesamtkraft darstellt. In diesen Fällen kehrt man den zweiten der obigen Sätze passend so um, daß man $\overline{V}$ bei konstanter Stärke alle möglichen Richtungen annehmen läßt. Es variiert dann $U$ direkt proportional mit $rn$.

Bezüglich des zweiten Anteiles $\overline{\overline{V}}$ gilt nach (40) der Satz:

Der Kraftanteil $\overline{\overline{V}}$ steht normal auf der Ebene durch die Vektoren $k$ und $U$ nach der Seite hin, um die eine positive Drehung $k$ in $U$ überführt, und hat die Größe

$$V = kU \sin(k, U). \tag{42}$$

§ 171. **Diskussion spezieller Fälle.** Die Tensorflächen $[l]$ und $[k]$ bestimmen sich vollständig durch die Größe und Lage der Tensoren $l_{\mathrm{I}}, l_{\mathrm{II}}, l_{\mathrm{III}}$ resp. $k_{\mathrm{I}}, k_{\mathrm{II}}, k_{\mathrm{III}}$, welche die Hauptleitfähigkeits- resp. die Hauptwiderstandskonstanten des Kristalles darstellen. Die Hauptachsen der beiden Tensorflächen fallen in die Richtungen dieser Tensoren und sind in ihren Größen mit den reziproken Wurzeln aus den betreffenden Tensoren identisch.

Über die Lage der Tensoren gegen die Kristalle ist in §§ 146 bis 148 gehandelt, und die bezüglichen Resultate sind in den Tabellen S. 270 und 274 zusammengestellt. Letztere ergeben, daß häufig, aber keineswegs immer, die Tensoren $[l]$ in dieselben Richtungen fallen wie die $[k]$. Allgemeine Beziehungen zwischen ihren Lagen werden im nächsten Abschnitt abgeleitet werden.

Was den Habitus der Tensorflächen angeht, so sind dieselben nach (29) und (41) Ellipsoide in dem Fall, daß alle drei Tensoren $l_{\mathrm{I}}, l_{\mathrm{II}}, l_{\mathrm{III}}$ resp. $k_{\mathrm{I}}, k_{\mathrm{II}}, k_{\mathrm{III}}$ das gleiche Vorzeichen besitzen, dagegen Kombinationen von ein- und zweischaligen Hyperboloiden in dem Fall, daß bei ihnen eine Verschiedenheit der Vorzeichen statthat. Diese beiden Typen ergeben bezüglich des Winkels zwischen $V$ und $\overline{U}$ resp. zwischen $U$ und $\overline{V}$, wie auch bezüglich der Größen von $\overline{U}$ und $\overline{V}$, auf die sich die Sätze von S. 321 und 322 beziehen, merklich verschiedene Resultate.

Im Falle gleicher Vorzeichen aller Tensoren erreicht der Winkel zwischen $V$ und $\overline{U}$ resp. zwischen $U$ und $\overline{V}$ niemals $\frac{1}{2}\pi$, bleibt vielmehr im allgemeinen erheblich darunter. Die Länge des Radiusvektors $r$ und der Normale $n$ behalten beide endliche Werte. Im Falle verschiedener Vorzeichen kann der Winkel zwischen $V$ und $\overline{U}$ resp. zwischen $U$ und $\overline{V}$ bis auf $\pi$ ansteigen, $r$ den Wert Unendlich, $n$ den Wert Null annehmen.

Die Figuren 116 und 117, welche je einen $XY$-Hauptschnitt der [$l$] Fläche in den genannten beiden Fällen darstellen, erläutern dies.

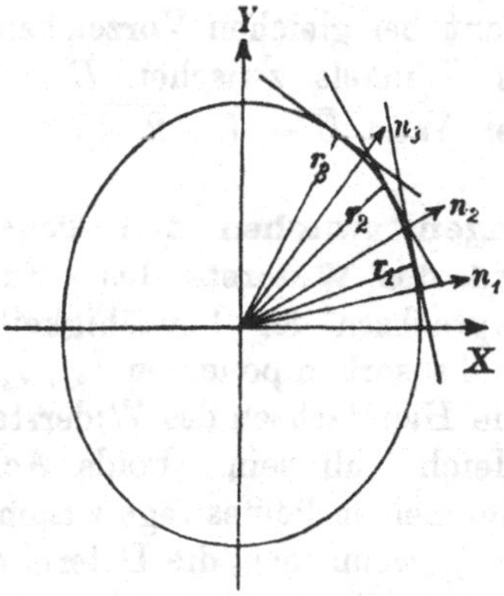


Fig. 116.

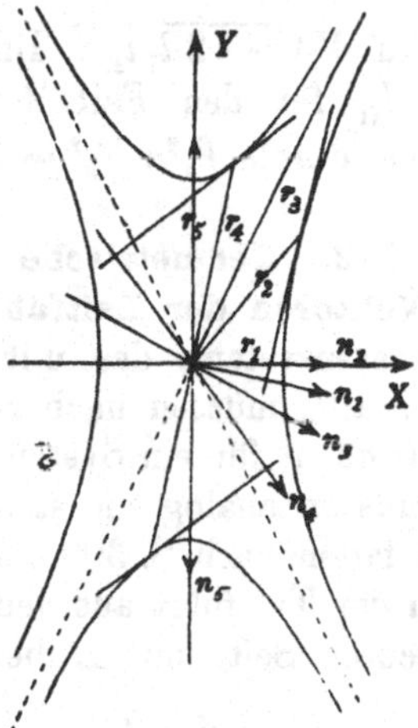


Fig. 117.

Fallen die Hauptachsen in die Koordinatenachsen, so wird aus (27)

$$\overline{U}_1 = l_{\rm I}\, V_1, \quad \overline{U}_2 = l_{\rm II}\, V_2.$$

Sind dabei $l_{\rm I}$ und $l_{\rm II}$ beide positiv, ist also die Schnittkurve eine Ellipse mit den Halbachsen $a = 1/\sqrt{l_{\rm I}}$, $b = 1/\sqrt{l_{\rm II}}$, so sind die relativen Lagen von $r$ und $n$ die in Fig. 116 in drei speziellen Fällen (1, 2, 3) dargestellten. Ist hingegen $l_{\rm I} > 0$, $l_{\rm II} < 0$, ist also die Schnittkurve ein Hyperbelpaar mit den Halbachsen

$$a = 1/\sqrt{l_{\rm I}}, \quad b = 1/\sqrt{-\,l_{\rm II}},$$

so sind die Verhältnisse die komplizierteren in Figur 117 für fünf Lagen (1 bis 5) dargestellten.

Im Falle (1) liegen $r$ und $n$ in der $X$-Achse, und zwar beide nach der positiven Seite, wenn $l_{\text{I}} > 0$; bei positiver Drehung von $r$ dreht sich $n$ in negativer Richtung (Fall 2); der Winkel zwischen beiden ist ein rechter, wenn $r$ mit der Asymptote parallel wird (Fall 3). Hier ist dann $r = \infty$, $n = 0$. Bei weiterer Drehung von $r$ ist, um einen stetigen Fortgang der Richtung von $n$ zu erhalten, dieses nach der entgegengesetzten Seite als vorher positiv zu rechnen oder die zu $r$ gehörige Tangente in dem zweiten Schnittpunkt von $r$ zu konstruieren (Fall 4). Erreicht schließlich $r$ die $+Y$-Ache, so $n$ die $-Y$-Achse gemäß der Formel $\overline{U} = l_{\text{II}} V_2$ bei $l_{\text{II}} < 0$. (Fall 5).

Der Wert von $\overline{U}$ im Falle (3), wo $nr$ die Form $0 \cdot \infty$ zeigt, bestimmt sich mit Hilfe der für die Richtung der Asymptote charakteristischen Beziehung

$$V_1^2 : V_2^2 = -l_{\text{II}} : l_{\text{I}}$$

leicht zu $V\sqrt{-2\, l_{\text{I}}\, l_{\text{II}}}$. Ihm entspricht bei gleichen Vorzeichen von $l_{\text{I}}$ und $l_{\text{II}}$ für den Fall des größten Winkels zwischen $\overline{U}$ und $V$ (gegeben durch $V_1^2 : V_2^2 = l_{\text{II}} : l_{\text{I}}$) der Wert $\overline{U} = V\sqrt{2 l_{\text{I}} l_{\text{II}}}$.

§ 172. **Geometrische Beziehungen zwischen den Tensoren resp. Vektoren der Leitfähigkeit und des Widerstandes.** Für ein Koordinatensystem, das mit den Hauptachsen der Leitfähigkeit zusammenfällt, müssen nach S. 309 die Tensorkomponenten $\overline{l}_{23}, \overline{l}_{31}, \overline{l}_{12}$ verschwinden; für ein System, das in die Hauptachsen des Widerstandes fällt, müssen analog die $\overline{k}_{23}, \overline{k}_{31}, \overline{k}_{12}$ gleich Null sein. Beide Achsenkreuze fallen nach S. 309 aber im allgemeinen keineswegs zusammen.

In der Tat folgt aus dem Ansatz (1), wenn man die Determinante der rechten Seite mit $\Delta$ bezeichnet, ganz allgemein

$$k_{23}\Delta = l_{13} l_{21} - l_{23} l_{11}, \quad k_{32}\Delta = l_{31} l_{12} - l_{32} l_{11}, \qquad (43)$$
$$\cdots\cdots\cdots\cdots\cdots$$

somit also z. B.

$$\begin{aligned} \overline{k}_{23} = \overline{k}_{32} = \tfrac{1}{2}(k_{23} + k_{32}) &= [(l_{13} l_{21} + l_{31} l_{12}) - l_{11}(l_{23} + l_{32})]/2\Delta \\ &= (\overline{l}_{31}\overline{l}_{12} + l_2 l_3 - l_{11}\overline{l}_{23})/\Delta. \end{aligned} \qquad (44)$$

Bei Voraussetzung eines mit den Leitfähigkeitsachsen zusammenfallenden Achsenkreuzes, für welches die $\overline{l}_{hi}$ verschwinden, ergibt dies

$$\overline{k}_{23} = \overline{k}_{32} = l_2 l_3 / \Delta, \ldots \qquad (45)$$

und dies ist im allgemeinen von Null verschieden, d. h., das Tensortripel $[k]$ hat eine von derjenigen des Tripels $[l]$ abweichende Lage.

Von Ausnahmen führt diejenige, daß alle $l_1, l_2, l_3$ (und somit $l$ selbst) verschwinden, auf den in § 166 erörterten Fall zurück. Ein anderer tritt ein, wenn zwei der $l_h$ gleich Null sind, und somit der Vektor $l$ in einer Koordinatenachse liegt. Dieser Fall kommt, wie die Tabelle auf S. 311 lehrt, sehr häufig vor, und auch bei ihm stimmen die Richtungen der Tensortripel $[l]$ und $[k]$ überein.

Was den aus gegebenen $l_{hi}$ folgenden Vektor $k$ anbetrifft, so gelten für seine Komponenten nach (9) und (44) Formeln von der Gestalt

$$\begin{aligned} k_1 &= \tfrac{1}{2}(k_{23} - k_{32}) \\ &= -[(l_{31}l_{12} - l_{13}l_{21}) + l_{11}(l_{23} - l_{32})]/2\Delta \qquad (46) \\ &= -(l_1 l_{11} + l_2 \bar{l}_{12} + l_3 \bar{l}_{13})/\Delta. \end{aligned}$$

Bei Einführung der Leitfähigkeitsachsen liefert dies

$$k_1 = -l_1 l_1/\Delta, \ldots, \qquad (47)$$

und diese Formeln zeigen nicht nur — was von vornherein einleuchtet —, daß mit dem Vektor $l$ auch $k$ verschwindet, sondern außerdem, daß, wenn der Vektor $l$ in eine Leitfähigkeitsachse fällt, der Vektor $k$ in derselben Achse liegt. Dieser letzte Fall ist nach den früheren Tabellen sehr häufig.

§ 173. **Die lineare Leitfähigkeit.** Die Komponente der Kraft $V$ nach einer beliebigen Richtung $s$ ist gegeben durch

$$V_s = V_1 \cos(s, x) + V_2 \cos(s, y) + V_3 \cos(s, z),$$

also, wenn $s$ in die Richtung der Strömung $U$ gelegt wird, durch

$$V_u = (V_1 U_1 + V_2 U_2 + V_3 U_3)/U.$$

Setzen wir für die $V_h$ ihre Werte aus (1) und führen die Richtungskosinus

$$U_1/U = \alpha, \quad U_2/U = \beta, \quad U_3/U = \gamma$$

der Strömung ein, so ergibt dies

$$V_u = (k_{11}\alpha^2 + \cdots + (k_{23} + k_{32})\beta\gamma + \cdots)U. \qquad (48)$$

Schreibt man diese Formel

$$U = L_u V_u, \qquad (49)$$

so drückt sie die Strömung $U$ durch die ihr parallele Kraftkomponente $V_u$ und einen Faktor $L_u$ aus, der die Rolle einer Leitfähigkeit spielt, da bei gleicher Kraft $V_u$ die Strömung zugleich mit diesem Faktor wächst. Man nennt $L_u$, welches außer von den für den Kristall charakteristischen Parametern $k_{hi}$ nur von der Richtung der Strömung $U$ abhängt, gelegentlich die lineare Leitfähigkeit in der Richtung von $U$.

Die Größe von $L_u$ konstruiert sich leicht geometrisch mit Hilfe der Tensorfläche $[k]$. Wir haben nämlich nach (48) und (8)

$$L_u = \frac{1}{k_{11}\alpha^2 + \cdots + 2\bar{k}_{23}\beta\gamma + \cdots}, \tag{50}$$

und dieser Nenner ist nach (41) das reziproke Quadrat des Radiusvektors $r_u$ parallel zu $U$ in der Tensorfläche $[k]$. Man hat somit

$$L_u = r_u^2. \tag{51}$$

Es ist bemerkenswert, daß die lineare Leitfähigkeit sich mit Hilfe der Tensorfläche der Widerstände bestimmt. Der Vektor $k$ spielt dabei gar keine Rolle.

Der vorstehenden Betrachtung kann man eine analoge zur Seite stellen, bei der nur Kraft und Strömung, Widerstands- und Leitfähigkeitskonstanten vertauscht sind. Man erhält so statt (49)

$$V = K_v U_v, \tag{52}$$

wobei $U_v$ die Komponente der Strömung in der Richtung der treibenden Kraft $V$ und $K_v$ einen Faktor bezeichnet, der die Rolle einer Widerstandskonstanten spielt. $K_v$ stellt sich dabei dar als das Quadrat des zu $V$ parallelen Radiusvektors $r_v$ in der Tensorfläche $[l]$. Indessen hat diese Beziehung geringere praktische Bedeutung, als die vorhergehende.

§ 174. **Strömung unter der Wirkung eines Potentiales.** Wir haben bei der Entwickelung der allgemeinen Eigenschaften unserer Ansätze (1) und (2) im Interesse der Anschaulichkeit den Vektor $U$ als eine Strömung, $V$ als die sie treibende Kraft gedeutet. Unter dieser Voraussetzung hat

$$\operatorname{div} U = \frac{\partial U_1}{\partial x} + \frac{\partial U_2}{\partial y} + \frac{\partial U_3}{\partial z}$$

bekanntlich die Bedeutung des Überschusses der Ausströmung über die Einströmung, bezogen auf die Volumen- und Zeiteinheit. Dieser Überschuß wird den Zustand an der betrachteten Stelle verändern, und der Ausdruck für diese Änderung liefert im allgemeinen eine partielle Differentialgleichung des betreffenden Vorganges.

Ein spezieller Fall, den wir zunächst etwas eingehender betrachten wollen, ist der, daß jener Überschuß verschwindet, daß also in jedem Volumenelement die Einströmung durch die Ausströmung vollständig kompensiert wird. Hier kann der Zustand stationär, d. h. die Strömung zeitlich konstant sein.

Wir wollen demgemäß jetzt $U$ als von der Zeit unabhängig und der Gleichung

$$\frac{\partial U_1}{\partial x} + \frac{\partial U_2}{\partial y} + \frac{\partial U_3}{\partial z} = 0 \tag{53}$$

genügend annehmen.

Setzen wir in diese Beziehung die Ausdrücke (1) für $U_1, U_2, U_3$, so resultiert eine partielle Differentialgleichung für $V$, die sich besonders einfach darstellt, wenn $V$ ein Potential hat, nämlich geschrieben werden kann

$$V_1 = -\frac{\partial \Phi}{\partial x}, \quad V_2 = -\frac{\partial \Phi}{\partial y}, \quad V_3 = -\frac{\partial \Phi}{\partial z}.$$

Hier erhält man unter Rücksicht auf (5)

$$\begin{aligned} l_{11}\frac{\partial^2 \Phi}{\partial x^2} + l_{22}\frac{\partial^2 \Phi}{\partial y^2} + l_{33}\frac{\partial^2 \Phi}{\partial z^2} \\ + 2\left(\bar{l}_{23}\frac{\partial^2 \Phi}{\partial y\,\partial z} + \bar{l}_{31}\frac{\partial^2 \Phi}{\partial z\,\partial x} + \bar{l}_{12}\frac{\partial^2 \Phi}{\partial x\,\partial y}\right) = 0. \end{aligned} \tag{54}$$

Hat die treibende Kraft $V$ ein Potential, so enthält also die für dasselbe geltende Differentialgleichung nur die Tensorkomponenten der Leitfähigkeiten, nicht aber die Vektorkomponenten.

Ist das Medium unbegrenzt, d. h. tritt keine Nebenbedingung zu der Differentialgleichung (54), so verhält sich das Potential $\Phi$ ganz so, als wenn der Vektor $l$ der Leitfähigkeiten gar nicht existierte.

Wählt man die Hauptachsen der Leitfähigkeit zu Koordinatenachsen, so wird $\bar{l}_{23} = \bar{l}_{31} = \bar{l}_{12} = 0$, und man erhält

$$l_{\mathrm{I}}\frac{\partial^2 \Phi}{\partial x^2} + l_{\mathrm{II}}\frac{\partial \Phi^2}{\partial y^2} + l_{\mathrm{III}}\frac{\partial^2 \Phi}{\partial z^2} = 0. \tag{55}$$

Haben $l_{\mathrm{I}}, l_{\mathrm{II}}, l_{\mathrm{III}}$ dasselbe (positiv gewählte) Vorzeichen, so kann man die Faktoren der Differentialquotienten beseitigen durch die Substitution

$$x = \mathfrak{x}\sqrt{\frac{l_{\mathrm{I}}}{L}}, \quad y = \mathfrak{y}\sqrt{\frac{l_{\mathrm{II}}}{L}}, \quad z = \mathfrak{z}\sqrt{\frac{l_{\mathrm{III}}}{L}}, \tag{56}$$

wobei $L$ noch verfügbar ist und in den Formeln nur den Zweck hat, $\mathfrak{x}, \mathfrak{y}, \mathfrak{z}$ die gleiche physikalische Dimension zu geben, wie $x, y, z$. Man kann etwa setzen

$$l_{\mathrm{I}}\, l_{\mathrm{II}}\, l_{\mathrm{III}} = L^3; \tag{57}$$

dann bezeichnet die Substitution (56) nach S. 170 u. f. Dehnungen bzw. Kontraktionen des Mediums nach den Koordinatenachsen, bei denen ein Parallelepiped mit Kanten parallel diesen Achsen sein Volumen beibehält, und bei der somit allgemein die Dichte nicht geändert wird.

Die Formel (55) lautet nunmehr

$$\frac{\partial^2 \Phi}{\partial \mathfrak{x}^2} + \frac{\partial^2 \Phi}{\partial \mathfrak{y}^2} + \frac{\partial^2 \Phi}{\partial \mathfrak{z}^2} = 0. \tag{58}$$

§ 175. **Das Potential eines Quellpunktes.** Eine partikuläre Lösung dieser Gleichung für den ganzen Raum mit Ausnahme des auszuschließenden Koordinatenanfangs ($\mathfrak{x} = \mathfrak{y} = \mathfrak{z} = 0$) ist gegeben durch

$$\Phi = \frac{m}{\mathfrak{r}}, \tag{59}$$

wobei $\mathfrak{r}^2 = \mathfrak{x}^2 + \mathfrak{y}^2 + \mathfrak{z}^2$; sie entspricht in dem $\mathfrak{x}\mathfrak{y}\mathfrak{z}$-Raume dem Vorhandensein eines Repulsionszentrums für die Kraft $V$ an der Stelle $\mathfrak{x} = \mathfrak{y} = \mathfrak{z} = 0$, welches nach allen Seiten eine gleich starke Wirkung übt. In der Tat sind bei dieser Lösung in dem $\mathfrak{x}\mathfrak{y}\mathfrak{z}$-Raume die Flächen konstanten Potentiales Kugeln um den Anfangspunkt.

In dem $xyz$-Raume gilt

$$\Phi = \frac{m}{\sqrt{L\left(\frac{x^2}{l_{\mathrm{I}}} + \frac{y^2}{l_{\mathrm{II}}} + \frac{z^2}{l_{\mathrm{III}}}\right)}}; \tag{60}$$

hier sind also die Potentialflächen Ellipsoide von der Gleichung

$$\frac{x^2}{l_{\mathrm{I}}} + \frac{y^2}{l_{\mathrm{II}}} + \frac{z^2}{l_{\mathrm{III}}} = \text{konst.}$$

Die spezielle Fläche von der Gleichung

$$\frac{x^2}{l_{\mathrm{I}}} + \frac{y^2}{l_{\mathrm{II}}} + \frac{z^2}{l_{\mathrm{III}}} = 1 \tag{61}$$

bezeichnet man nach *Lamé* gelegentlich als das „Hauptellipsoid der Leitfähigkeit. Die Tensorfläche $[l]$ der Leitfähigkeit besitzt bei Benutzung derselben Achsen die Gleichung

$$l_{\mathrm{I}} x^2 + l_{\mathrm{II}} y^2 + l_{\mathrm{III}} z^2 = 1, \tag{62}$$

die beiden Ellipsoide liegen also gleichmäßig, und die Hauptachsen des einen sind reziprok zu den Hauptachsen des anderen.

Wäre kein Vektor $l$ resp. $k$ vorhanden, fielen also nach S. 310 die Tensortripel $[l]$ und $[k]$ in dieselben Richtungen, und besäße die Gleichung $k_{\mathrm{I}} l_{\mathrm{I}} = \cdots = 1$ Gültigkeit, so würde die durch (61) gegebene Oberfläche mit der Tensorfläche $[k]$ identisch sein. Im allgemeinen ist dies aber keineswegs der Fall.

§ 176. **Allgemeiner Charakter der Strömung infolge eines Quellpunktes.** Wir wollen nunmehr die Strömung betrachten, die dem Potentialwert (59) resp. (60) entspricht. Für deren Komponenten gelten bei Einführung der Hauptleitfähigkeitsachsen die Formeln

$$U_1 = l_{\mathrm{I}} V_1 - l_3 V_2 + l_2 V_3, \qquad (63)$$
$$\cdots\cdots\cdots$$

und bei Existenz eines Potentiales

$$U_1 = -\left(l_{\mathrm{I}} \frac{\partial \Phi}{\partial x} - l_3 \frac{\partial \Phi}{\partial y} + l_2 \frac{\partial \Phi}{\partial z}\right), \qquad (64)$$
$$\cdots\cdots\cdots$$

Diese Formeln wollen wir auf das $\mathfrak{x}\mathfrak{y}\mathfrak{z}$-System transformieren. Dabei ist einerseits zu berücksichtigen, daß nach (56)

$$\frac{\partial \Phi}{\partial x} = \frac{\partial \Phi}{\partial \mathfrak{x}} \sqrt{\frac{L}{l_{\mathrm{I}}}}, \quad \frac{\partial \Phi}{\partial y} = \frac{\partial \Phi}{\partial \mathfrak{y}} \sqrt{\frac{L}{l_{\mathrm{II}}}}, \quad \frac{\partial \Phi}{\partial z} = \frac{\partial \Phi}{\partial \mathfrak{z}} \sqrt{\frac{L}{l_{\mathrm{III}}}} \qquad (65)$$

ist; andererseits ist zu bedenken, daß die Strömung als das Produkt aus Geschwindigkeit in Dichte sich gleichfalls an der Transformation beteiligen wird. Denken wir nach dem am Schluß von § 174 Gesagten die Dichte als bei der Transformation ungeändert, so wird, den Formeln (56) entsprechend,

$$U_1 = \mathfrak{U}_1 \sqrt{\frac{l_{\mathrm{I}}}{L}}, \quad U_2 = \mathfrak{U}_2 \sqrt{\frac{l_{\mathrm{II}}}{L}}, \quad U_3 = \mathfrak{U}_3 \sqrt{\frac{l_{\mathrm{III}}}{L}} \qquad (66)$$

zu setzen und werden die $\mathfrak{U}_h$ als Strömungskomponenten im $\mathfrak{x}\mathfrak{y}\mathfrak{z}$-Raume zu bezeichnen sein.

Kürzt man nun noch ab

$$\frac{l_1}{\sqrt{l_{\mathrm{II}} l_{\mathrm{III}}}} = \mathfrak{l}_1, \quad \frac{l_2}{\sqrt{l_{\mathrm{III}} l_{\mathrm{I}}}} = \mathfrak{l}_2, \quad \frac{l_3}{\sqrt{l_{\mathrm{I}} l_{\mathrm{II}}}} = \mathfrak{l}_3, \qquad (67)$$

so erhält man schließlich

$$\mathfrak{U}_1 = -L\left(\frac{\partial \Phi}{\partial \mathfrak{x}} - \mathfrak{l}_3 \frac{\partial \Phi}{\partial \mathfrak{y}} + \mathfrak{l}_2 \frac{\partial \Phi}{\partial \mathfrak{z}}\right) \qquad (68)$$
$$\cdots\cdots\cdots$$

Diese Ausdrücke für die Strömung bleiben also auch im Raum $\mathfrak{x}\mathfrak{y}\mathfrak{z}$ von dem Vektor $l$ der Leitfähigkeit abhängig. Die Rolle, welche derselbe spielt, erkennt man, wenn man vorübergehend $l$ und somit die $\mathfrak{l}_h$ gleich Null nimmt. In diesem Falle verläuft im Raum $\mathfrak{x}\mathfrak{y}\mathfrak{z}$ die Strömung $\mathfrak{U}$ normal zu den Flächen $\Phi =$ konst. Das Auftreten des Vektors $l$ bedingt somit eine Abweichung von dieser Richtung.

Der Sinn dieser Abweichung läßt sich in dem oben betrachteten Falle, daß die Kraft $V$ ein Repulsionszentrum im Koordinatenanfang besitzt, leicht anschaulich machen.

Da $\Phi$ eine Funktion nur von $\mathfrak{x}^2 + \mathfrak{y}^2 + \mathfrak{z}^2 = \mathfrak{r}^2$ ist, so wird

$$\frac{\partial \Phi}{\partial \mathfrak{x}} = \frac{\partial \Phi}{\partial \mathfrak{r}} \frac{\mathfrak{x}}{\mathfrak{r}} = -\frac{m}{\mathfrak{r}^3}\mathfrak{x}, \ldots, \tag{69}$$

und die Ausdrücke (68) lauten

$$\mathfrak{U}_1 = \frac{mL}{\mathfrak{r}^3}(\mathfrak{x} - \mathfrak{k}_3 y + \mathfrak{k}_2 \mathfrak{z}), \tag{70}$$

$$\ldots\ldots\ldots\ldots$$

Drücken wir die Strömung $\mathfrak{U}$ durch das Produkt aus der Dichte $\varrho$ in die Geschwindigkeit aus, so können wir setzen $\mathfrak{U}_1 = \varrho\, d\mathfrak{x}/dt, \ldots$ und erhalten so die Beziehungen

$$\begin{aligned} \varrho\, d\mathfrak{x} &= \frac{mL\,dt}{\mathfrak{r}^3}(\mathfrak{x} - \mathfrak{k}_3 \mathfrak{y} + \mathfrak{k}_2 \mathfrak{z}), \\ \varrho\, d\mathfrak{y} &= \frac{mL\,dt}{\mathfrak{r}^3}(\mathfrak{y} - \mathfrak{k}_1 \mathfrak{z} + \mathfrak{k}_3 \mathfrak{x}), \\ \varrho\, d\mathfrak{z} &= \frac{mL\,dt}{\mathfrak{r}^3}(\mathfrak{z} - \mathfrak{k}_2 \mathfrak{x} + \mathfrak{k}_1 \mathfrak{y}). \end{aligned} \tag{71}$$

Diese Formeln haben eine sehr einfache Bedeutung, die am leichtesten zu erkennen ist, wenn man je alle Stellen, die auf derselben Kugelfläche um den Koordinatenanfang liegen, für die Betrachtung zusammenfaßt, für dieselbe also $\mathfrak{r}$ konstant annimmt.

Dann stellen die ersten Glieder der Formeln (71) nach S. 179 eine allseitige Dilatation jeder dieser Kugeln mit der Geschwindigkeit $mL/\mathfrak{r}^3$ dar, die übrigen Glieder aber nach S. 159 eine Drehung jeder dieser Kugeln um eine Achse, deren Richtung mit dem aus den Komponenten $\mathfrak{k}_1, \mathfrak{k}_2, \mathfrak{k}_3$ zu bildenden Vektor $\mathfrak{k}$ zusammenfällt, und zwar mit einer Geschwindigkeit, die durch $mL\mathfrak{k}/\mathfrak{r}^3$ gegeben wird. Der Vektor $\mathfrak{k}$ ist der Substanz individuell; und da nach (67) gilt

$$\mathfrak{k}_1 : \mathfrak{k}_2 : \mathfrak{k}_3 = l_1 \sqrt{l_{\mathrm{I}}} : l_2 \sqrt{l_{\mathrm{II}}} : l_3 \sqrt{l_{\mathrm{III}}},$$

so fällt seine Richtung nicht mit derjenigen $\mathfrak{l}$ zusammen, die durch die Transformation aus $l$ wird, und für welche nach (56) gilt

$$l_1 : l_2 : l_3 = \mathfrak{l}_1 \sqrt{l_{\mathrm{I}}} : \mathfrak{l}_2 \sqrt{l_{\mathrm{II}}} : \mathfrak{l}_3 \sqrt{l_{\mathrm{III}}}.$$

Die Richtung des Vektors $\mathfrak{k}$ geht vielmehr bei der Transformation von dem System $\mathfrak{x}\mathfrak{y}\mathfrak{z}$ in das $xyz$ über in die Richtung des Vektors $k$ der Widerstände, sie entspricht also dieser Richtung in dem System $\mathfrak{x}\mathfrak{y}\mathfrak{z}$.

In der Tat ergibt sich aus (67)

$$\mathfrak{k}_1 \sqrt{l_{\mathrm{I}}} : \mathfrak{k}_2 \sqrt{l_{\mathrm{II}}} : \mathfrak{k}_3 \sqrt{l_{\mathrm{III}}} = l_1 l_{\mathrm{I}} : l_2 l_{\mathrm{II}} : l_3 l_{\mathrm{III}},$$

und dies ist nach (47)

$$= k_1 : k_2 : k_3 .$$

Wir haben demgemäß folgende komplizierte Beziehung.

Bildet man durch die Substitution

$$x = \mathfrak{x}\sqrt{\frac{l_{I}}{L}}, \quad y = \mathfrak{y}\sqrt{\frac{l_{II}}{L}}, \quad z = \mathfrak{z}\sqrt{\frac{l_{III}}{L}}, \qquad L^3 = l_I l_{II} l_{III}$$

den physikalischen Raum $xyz$ in einen Raum $\mathfrak{x}\mathfrak{y}\mathfrak{z}$ ab, so stellt sich in diesem Raum die durch (60) bedingte Strömung an jeder Stelle dar als die Superposition einer Verschiebung in der Richtung des Radiusvektors vom Koordinatenanfangspunkt und einer Drehung um diejenige Achse, welche im Raume $\mathfrak{x}\mathfrak{y}\mathfrak{z}$ dem Vektor $k$ im Raume $xyz$ entspricht.

Es ist klar, daß die Verbindung dieser beiden Bewegungsarten eine Art von schraubenförmig verlaufenden Stromlinien im Raume $\mathfrak{x}\mathfrak{y}\mathfrak{z}$ ergeben muß. Das Genauere erkennt man durch die folgende einfache Rechnung.

§ 177. **Bestimmung der Stromlinien.** Da die Gleichungen (71) die Geschwindigkeitskomponenten für die Strömung darstellen, so liefert die Elimination der Zeit aus ihnen direkt die Differentialgleichungen der Stromlinien in dem $\mathfrak{x}\mathfrak{y}\mathfrak{z}$-Raume. Zum Zwecke der Integration ist es bequem, die $\mathfrak{Z}$-Achse in den Vektor $\mathfrak{k}$ zu legen, somit $\mathfrak{k}_1 = \mathfrak{k}_2 = 0$ und $\mathfrak{k}_3 = \mathfrak{k}$ zu setzen.

Auf den ersten Blick scheint es allerdings, als hätten wir zu einer solchen Verfügung keine Freiheit mehr, da nach S. 327 die $Z$-, und somit die $\mathfrak{Z}$-Achse dem Tensor $l_{III}$ parallel angenommen ist. Indessen läßt uns die frühere Verfügung über die Koordinatenachsen noch immer die Möglichkeit, das Achsenkreuz $\mathfrak{X}\mathfrak{Y}\mathfrak{Z}$ zu drehen.

In der Tat, wir haben eine Transformation des $xyz$- in dem $\mathfrak{x}\mathfrak{y}\mathfrak{z}$-Raum ausgeführt, bei dem, durch bloße Änderung der Achsenlängen, das Tensorellipsoid $[l]$ in die Kugel $[\mathfrak{l}]$ übergeführt ist. Diese Transformation gestaltete sich am einfachsten, wenn wir die Achsen $X, Y, Z$ den Tensoren $l_I$, $l_{II}$, $l_{III}$ parallel legten, und darum sind wir so verfahren. Wir hätten aber auch von einer beliebigen anderen Lage der Achsen $X, Y, Z$ ausgehen können. Dann hätten die Transformationsformeln allerdings nicht die einfache Gestalt (56) resp. (66) angenommen, aber das Resultat wäre das gleiche Formelsystem (70) gewesen, denn dieses spricht ja für den Raum $\mathfrak{x}\mathfrak{y}\mathfrak{z}$ die Eigenschaft der Isotropie bezüglich des Tensortripels aus. Somit dürfen wir auch nachträglich das Achsenkreuz $\mathfrak{X}\mathfrak{Y}\mathfrak{Z}$ beliebig drehen und doch die Formeln (70) resp. (71) benutzen.

Verfährt man nun, wie oben gesagt, so erhält man für das neue, entsprechend orientierte System $\mathfrak{X}'\mathfrak{Y}'\mathfrak{Z}'$, dessen Achsen $\mathfrak{X}'$ und $\mathfrak{Y}'$ beliebig sind, die zwei Gleichungen

$$d\mathfrak{x}' : d\mathfrak{y}' : d\mathfrak{z}' = (\mathfrak{x}' - \mathfrak{k}\mathfrak{y}') : (\mathfrak{y}' + \mathfrak{k}\mathfrak{x}') : \mathfrak{z}'. \tag{72}$$

Die erste von ihnen schreiben wir

$$(\mathfrak{y}' + \mathfrak{k}\mathfrak{x}')d\mathfrak{x}' = (\mathfrak{x}' - \mathfrak{k}\mathfrak{y}')d\mathfrak{y}',$$

resp.

$$\mathfrak{k}(\mathfrak{x}'d\mathfrak{x}' + \mathfrak{y}'d\mathfrak{y}') = \mathfrak{x}'d\mathfrak{y}' - \mathfrak{y}'d\mathfrak{x}'. \tag{73}$$

Die Einführung von Polarkoordinaten in der $\mathfrak{X}'\mathfrak{Y}'$-Ebene durch die Beziehungen

$$\mathfrak{x}' = \mathfrak{r}'\cos\mathfrak{p}', \quad \mathfrak{y}' = \mathfrak{r}'\sin\mathfrak{p}'$$

liefert hieraus

$$\mathfrak{k}d\mathfrak{r}' = \mathfrak{r}'d\mathfrak{p}', \quad \text{also} \quad \mathfrak{k}\ln(\mathfrak{r}') = \mathfrak{p}' + \text{konst.} \tag{74}$$

Diese Gleichung sagt aus, daß die Projektionen der Stromlinien auf die $\mathfrak{X}'\mathfrak{Y}'$-Ebene logarithmische Spiralen sind.

Die zweite aus (73) folgende Gleichung

$$\frac{d\mathfrak{x}'}{\mathfrak{x}' - \mathfrak{k}\mathfrak{y}'} \text{ oder } \frac{d\mathfrak{y}'}{\mathfrak{y}' + \mathfrak{k}\mathfrak{x}'} = \frac{d\mathfrak{z}'}{\mathfrak{z}'}$$

ergibt mit Hilfe der letzten Resultate

$$\frac{d\mathfrak{r}'}{\mathfrak{r}'} = \frac{d\mathfrak{z}'}{\mathfrak{z}'}, \quad \text{also} \quad \ln(\mathfrak{r}') = \ln(\mathfrak{z}') + \text{konst.} \tag{75}$$

Diese Gleichung stellt eine Schar von Kreiskegeln um die $\mathfrak{Z}'$-Achse dar, deren Spitzen im Koordinatenanfang liegen.

Die Stromlinien in dem $\mathfrak{x}'\mathfrak{y}'\mathfrak{z}'$- und somit auch dem $\mathfrak{x}\mathfrak{y}\mathfrak{z}$-Raume stellen sich also dar als schraubenförmige, auf Kreiskegeln um die $\mathfrak{Z}'$-Achse verlaufende Kurven, die, auf die $\mathfrak{X}'\mathfrak{Y}'$-Ebene projiziert, logarithmische Spiralen liefern. Um zu den wirklichen Stromlinien im $xyz$-Raume überzugehen, hat man nur die durch die Formeln (56) gegebene Abbildung rückgängig zu machen, resp. also den Raum $\mathfrak{x}\mathfrak{y}\mathfrak{z}$ gemäß diesen Formeln zu deformieren.

Da diese Formeln eine gleichförmige Streckung des Raumes $\mathfrak{x}\mathfrak{y}\mathfrak{z}$ oder $\mathfrak{x}'\mathfrak{y}'\mathfrak{z}'$ nach den Achsen $\mathfrak{X}'$, $\mathfrak{Y}'$, $\mathfrak{Z}'$ darstellen, bei der der Koordinatenanfang seine Stelle innebehält, so macht man sich leicht eine Vorstellung von dem Verlaufe der Stromlinien in dem (physikalischen) $xyz$-Raume. Sie stellen hier schraubenförmige Kurven dar, die auf elliptischen Kegeln aufgewunden sind, welche letztere ihre Spitzen sämtlich im Koordinatenanfang haben. Alle Stromlinien gehen vom Koordinatenanfang aus, welcher das Repulsionszentrum für die treibende Kraft darstellt; dieser Punkt ist sonach ein Quellpunkt für die Strömung.

Ist der Vektor $l = 0$ und somit $k = 0$, so degenerieren nach (74) alle Stromlinien zu Geraden vom Quellpunkt aus; die schraubenförmige Krümmung beruht also auf diesem Vektor. Man nennt daher wohl die ihn bestimmenden Parameter

$$l_1 = \tfrac{1}{2}(l_{32} - l_{23}), \quad l_2 = \tfrac{1}{2}(l_{31} - l_{13}), \quad l_3 = \tfrac{1}{2}(l_{21} - l_{12})$$

die rotatorischen Glieder des Ansatzes (1).

So wenig sich auch eine punktförmige Quelle einer Strömung in Strenge realisieren läßt, so besitzt die vorstehende Überlegung wegen der großen Anschaulichkeit, in der sie die Wirkung der rotatorischen Parameter darstellt, doch ein beträchtliches Interesse.

§ 178. **Berechnung der Hauptkonstanten aus Beobachtungen.** Zum Abschluß dieser allgemeinen Entwicklung wollen wir die Frage erörtern, wie aus Beobachtungen über Parameter $l_{hi}$ resp. $k_{hi}$ für irgendwelche Koordinatensysteme die Lage und Form der Tensorfläche $[l]$ resp. $[k]$ abgeleitet werden kann. Diese Frage hat große praktische Bedeutung, denn, wie die speziellen Anwendungen der vorstehenden allgemeinen Überlegungen zeigen werden, führen die Beobachtungen der Regel nach auf die Zahlwerte irgendwelcher dieser Parameter. Hauptsächlich liefern sie die $l_{hh}$ resp. $k_{hh}$, die mit den rotatorischen Qualitäten des Kristalls und daher auch mit dem Vektor $l$ resp. $k$ nichts zu tun haben, also allein von den Tensortripeln $[l]$ und $[k]$ abhängen, somit also auch direkt zu diesen letzteren hinleiten.

In diesem Falle hat die Berechnung der Hauptkonstanten $l_{I}$, $l_{II}$, $l_{III}$ resp. $k_{I}$, $k_{II}$, $k_{III}$ und der Orientierung ihrer Richtungen durchaus nach den S. 290 u. f. auseinandergesetzten Grundsätzen zu erfolgen, denn die dort als Ausgangspunkt benutzte Größe $\varDelta$ hat die Eigenschaften einer Tensorkomponente erster Art, geht also den $l_{hh}$ und $k_{hh}$ völlig parallel.

Um größte Analogie in der Behandlung des neuen und des alten Problems herzustellen, wollen wir zunächst einen triklinen Kristall betrachten und uns vorstellen, es sei in demselben willkürlich ein Achsensystem $XYZ$ festgelegt, und wollen die Tensorkomponenten in bezug hierauf mit $l_{hh}$, $l_{hi}$ resp. $k_{hh}$, $k_{hi}$ bezeichnen. Die Beobachtung gebe eine Komponente erster Art $l'$ resp. $k'$ in einer Richtung, welche durch die Kosinus $\alpha, \beta, \gamma$ gegen die Achsen $X, Y, Z$ bestimmt ist. Dann gilt ganz entsprechend der Formel (51) auf S. 290

$$l' = l_{11}\alpha^2 + l_{22}\beta^2 + l_{33}\gamma^2 + \bar{l}_{23}\beta\gamma + \bar{l}_{31}\gamma\alpha + \bar{l}_{12}\alpha\beta, \tag{76}$$

und die Beobachtung von $l'$ in sechs unabhängigen Richtungen gestattet die Bestimmung von $l_{11}, \ldots \bar{l}_{12}$. Sind die Hauptleitfähigkeitsachsen in ihrer Orientierung gegen die Achsen $X, Y, Z$ bestimmt durch das Schema

$$\begin{array}{c|ccc} & x & y & z \\ \hline l_I & \alpha_1 & \beta_1 & \gamma_1 \\ l_{II} & \alpha_2 & \beta_2 & \gamma_2 \\ l_{III} & \alpha_3 & \beta_3 & \gamma_3, \end{array} \tag{77}$$

so bestehen dann zwischen den $l_{11}, \ldots l_{12}$ und den $l_I, l_{II}, l_{III}$ die Beziehungen

$$\begin{aligned} l_{11} &= l_I\alpha_1^2 + l_{II}\alpha_2^2 + l_{III}\alpha_3^2, \\ &\cdot\ \cdot\ \cdot\ \cdot\ \cdot\ \cdot\ \cdot\ \cdot\ \cdot\ \cdot \\ \bar{l}_{23} &= 2(l_I\beta_1\gamma_1 + l_{II}\beta_2\gamma_2 + l_{III}\beta_3\gamma_3), \\ &\cdot\ \cdot\ \cdot\ \cdot\ \cdot\ \cdot\ \cdot\ \cdot\ \cdot\ \cdot \end{aligned} \tag{78}$$

mit denen zu verfahren ist, wie S. 292 zu dem System (51) bemerkt.

Bei einem monoklinen Kristall liegt der Tensor $l_{III}$ fest in der $Z$-Achse; er ist also durch eine Beobachtung in dieser Richtung direkt zu gewinnen. Um Größe und Orientierung von $l_I$ und $l_{II}$ zu bestimmen, ist davon auszugehen, daß für eine in die $XY$-Ebene fallende Richtung

$$l' = l_{11}\alpha^2 + l_{22}\beta^2 + \bar{l}_{12}\alpha\beta \tag{79}$$

ist, oder, wenn $\alpha = \cos\psi$, $\beta = \sin\psi$,

$$l' = \tfrac{1}{2}((l_{11} + l_{22}) + (l_{11} - l_{22})\cos 2\psi + \bar{l}_{12}\sin 2\psi). \tag{80}$$

Durch Beobachtung von $l'$ in drei unabhängigen Richtungen der $XY$-Ebene lassen sich die Parameter der Gleichung (79) oder (80) bestimmen.

Schließt dann $l_I$ mit $X$ den Winkel $\psi_0$, mit $Y$ den Winkel $\frac{1}{2}\pi - \psi_0$ ein, so ergibt sich wie S. 291

$$\begin{aligned} l_{11} + l_{22} = l_I + l_{II}, \quad l_{11} - l_{22} &= (l_I - l_{II})\cos 2\psi_0, \\ \bar{l}_{12} &= -(l_I - l_{II})\sin 2\psi_0, \end{aligned} \tag{81}$$

woraus sich $l_I$, $l_{II}$ und $\psi_0$ sogleich berechnen.

Bei Kristallen des rhombischen Systems liegen alle drei Tensoren $l_I, l_{II}, l_{III}$ fest; sie bestimmen sich also direkt durch Beobachtung von $l'$ in diesen drei Richtungen.

Für die Kristalle des trigonalen, des tetragonalen, des hexagonalen Systems wird $l_{III}$ durch eine Beobachtung von $l'$ parallel der Hauptachse gefunden, $l_I = l_{II}$ durch eine in einer beliebigen Richtung, die hierzu normal steht. Bei regulären Kristallen liefert die Beobachtung in jeder beliebigen Richtung $l' = l_I = l_{II} = l_{III}$.

Genau Entsprechendes gilt für die Parameter $k$.

§ 179. **Singuläre Fälle von Beobachtungen.** Das vorstehend über die Bestimmung der Lage und Größe der Tensoren $l_{I}, l_{II}, l_{III}$ resp. $k_{I}, k_{II}, k_{III}$ aus einer Tensorkomponente erster Art Gesagte entspricht durchaus dem in § 155 über die Berechnung der thermischen Hauptdilatationen Entwickelten. Es kommt aber bei den im folgenden zu besprechenden Vorgängen noch ein Fall vor, der bei dem Problem der thermischen Dilatation kein in Betracht kommendes Analogon besitzt, und der deshalb noch erörtert werden soll.

Gewisse Beobachtungen, besonders im Gebiet der Wärmeleitung, die an Strömungsvorgänge in ebenen Platten anknüpfen, führen auf Tensorkomponenten erster Art der $[l]$ resp. $[k]$ nicht in willkürlich vorgegebenen Richtungen, wie eben angenommen, sondern in durch die kristallographische Symmetrie der Platte und des Kristalls, aus dem sie hergestellt ist, bestimmten Richtungen. Das ist, wie sich zeigen wird, ein für die Verwertung der Beobachtungen ganz wesentlicher Unterschied.

Wir wollen eine Platte normal zu einer beliebigen $Z$-Achse betrachten und darin willkürlich ein $XY$-Achsenkreuz festlegen, auf welches sich die Tensorkomponenten $l_{11}, l_{22}, \bar{l}_{12}$ beziehen. Für ein anderes Achsenkreuz $X'Y'$ in derselben Ebene gelten andere Tensorkomponenten $l'_{11}, l'_{22}, \bar{l}'_{12}$; schließt die $X'$-Achse mit $X$ den Winkel $\varphi$, mit $Y$ den Winkel $\frac{1}{2}\pi - \varphi$ ein, so gilt nach den allgemeinen Transformationsformeln auf S. 137

$$\begin{aligned} l'_{11} &= l_{11} \cos^2\varphi + l_{22} \sin^2\varphi + 2\bar{l}_{12} \cos\varphi \sin\varphi, \\ l'_{22} &= l_{11} \sin^2\varphi + l_{22} \cos^2\varphi - 2\bar{l}_{12} \cos\varphi \sin\varphi, \\ \bar{l}'_{12} &= -(l_{11} - l_{22}) \cos\varphi \sin\varphi + \bar{l}_{12}(\cos^2\varphi - \sin^2\varphi). \end{aligned} \tag{82}$$

Nun wollen wir das Achsenkreuz $X'Y'$ dadurch bestimmt denken, daß $\bar{l}'_{12} = 0$ ist, und annehmen, die Beobachtungsmethode lieferte die zugehörigen $l'_{11}, l'_{22}$; wir wollen sehen, was sich hieraus für eine Bestimmung von $l_{11}, l_{22}, \bar{l}_{12}$ ergibt.

Aus der Bedingung $\bar{l}'_{12} = 0$ folgt

$$(l_{11} - l_{22}) \sin 2\varphi = 2\bar{l}_{12} \cos 2\varphi,$$

und da zugleich nach (82)

$$\begin{aligned} 2l'_{11} &= (l_{11} + l_{22}) + (l_{11} - l_{22}) \cos 2\varphi + 2\bar{l}_{12} \sin 2\varphi, \\ 2l'_{22} &= (l_{11} + l_{22}) - (l_{11} - l_{22}) \cos 2\varphi - 2\bar{l}_{12} \sin 2\varphi, \end{aligned} \tag{83}$$

so ergibt sich folgendes.

Ist außer $l'_{11}$ und $l'_{22}$, d. h. also außer den Tensorkomponenten in den der Bedingung $\bar{l}'_{12} = 0$ entsprechenden Hauptrichtungen, auch deren Winkel $\varphi$ gegen das willkürliche $XY$-System meßbar, so liefern diese drei Gleichungen durch die Beziehungen

$$\begin{aligned} l'_{11} + l'_{22} &= l_{11} + l_{22}, \\ (l'_{11} - l'_{22}) \cos 2\varphi &= l_{11} - l_{22}, \\ (l'_{11} - l'_{22}) \sin 2\varphi &= 2\,\bar{l}_{12} \end{aligned} \tag{84}$$

sogleich $l_{11}$, $l_{22}$, $\bar{l}_{21}$.

Handelt es sich um einen monoklinen Kristall, und ist die $XY$-Ebene diejenige, welche die beiden Tensoren $l_{\mathrm{I}}$ und $l_{\mathrm{II}}$ enthält, so ist damit das Problem von deren Aufsuchung auf diejenige Stufe gebracht, von der wir im vorigen Paragraphen (S. 334) ausgingen; es ist das Problem dann auf die dort gezeigte Weise zu Ende zu führen.

Handelt es sich um einen triklinen Kristall, und stellt man die vorstehende Betrachtung für alle drei Koordinatenebenen $XY$, $YZ$, $ZX$ an, so ergibt sich, daß die Beobachtungen an mit ihnen parallel orientierten Platten alle sechs Tensorkomponenten $l_{11}$, $l_{22}$, $l_{33}$, $\bar{l}_{23}$, $\bar{l}_{31}$, $\bar{l}_{12}$ (die ersten drei sogar je zweimal) abzuleiten gestatten. Es wird hierdurch das Problem der Bestimmung der Tensoren $l_{\mathrm{I}}$, $l_{\mathrm{II}}$, $l_{\mathrm{III}}$ nach Größe und Richtung wiederum auf die Stufe gebracht, von der oben S. 333 ausgegangen war.

Es muß aber betont werden, daß die Beobachtung des Winkels $\varphi$ nicht immer mit Genauigkeit ausführbar ist. Wenn man darauf verzichtet, ihn zu benutzen, so ergeben die Formeln (83) nur die beiden Relationen

$$l'_{11} + l'_{22} = l_{11} + l_{22}, \quad (l'_{11} - l'_{22})^2 = (l_{11} - l_{22})^2 + 4\,\bar{l}^2_{12}. \tag{85}$$

Handelt es sich um einen monoklinen Kristall, so kann man mit einer Platte parallel der $XZ$- und einer parallel der $YZ$-Ebene, in denen die Richtungen $X$ und $Z$ resp. $Y$ und $Z$ nach Symmetrie mit den Hauptrichtungen $X'$ und $Z'$, $Y'$ und $Z'$ zusammenfallen müssen, $l_{11}$ und $l_{33}$, $l_{22}$ und $l_{33}$ direkt bestimmen. Hier ist dann $\bar{l}_{12}$ mit Hilfe der letzten Formel (85) ohne Benutzung einer Messung von $\varphi$ berechenbar.

Bei einem triklinen Kristall liefern drei Platten parallel der $XY$-, der $YZ$-, der $ZX$-Ebene je ein Formelpaar der obigen Art, die dann rechnerisch zu kombinieren sind.

In den Fällen der Wärmeleitung, auf welche oben (S. 335) Bezug genommen ist, ergibt die Beobachtung für jede der beobachteten Platten nicht die Absolutwerte der $l'_{11}$, $l'_{22}$, $l'_{33}$, sondern nur ihr Verhältnis. Man kann diesem Falle am einfachsten dadurch Rechnung tragen, daß man die auf eine Platte bezüglichen Gleichungen je mit einem für die betreffende Platte charakteristischen Faktor $f_h$ multipliziert, der als unbekannte Größe zu führen ist. Man erkennt so leicht, welche Wirkung der genannte Umstand auf die Berechnungen übt.

Bei den Kristallen des rhombischen Systems sind die Richtungen $X'Y'$, ..., für welche $\bar{l}'_{12}$, ... verschwindet, in Platten parallel irgendeiner der Hauptkoordinatenebenen, welche die Symmetrieformeln voraussetzen, sogleich nach Symmetrie anzugeben; es sind eben die Hauptkoordinatenachsen selbst. Für Kristalle der Systeme IV bis VI findet dasselbe für jede beliebig orientierte Platte nach der herrschenden Symmetrie statt; die bezüglichen Richtungen liegen hier parallel und normal zu der durch die $Z$-Achse gehenden Meridianebene. Hier wird also die vorstehend behandelte Problemstellung nicht aktuell. —

Mit dem Vorstehenden wollen wir die allgemeine Diskussion der fundamentalen Ansätze (1) und (2) abschließen und uns nun der Betrachtung der einzelnen speziellen Erscheinungsgebiete zuwenden, in denen dieselben Anwendung finden. Nur bei einigen von ihnen wird sich die vorstehend benutzte Deutung mit Hilfe einer Strömung und einer dieselbe erhaltenden Kraft direkt aufdrängen; aber auch in andern Fällen erweist sie sich gelegentlich nützlich.

## II. Abschnitt.

## Elektrizitätsleitung.

§ 180. **Die Grundgleichungen.** Von allen Phänomen, die auf der Wechselwirkung zwischen zwei Vektorgrößen beruhen, entspricht dasjenige der elektrischen Strömung in einem metallisch-leitenden Kristall am vollständigsten dem im vorstehenden behandelten Schema. Innerhalb eines isotropen metallischen Leiters verlangen die Symmetrieverhältnisse den Parallelismus zwischen Strömung $U$ und treibender elektrischer Feldstärke $E$, zugleich gestattet die Erfahrung (Gesetz von *Ohm*), die Strömung der Kraft proportional zu setzen. Die einfachste Erweiterung dieses Ansatzes auf Körper von kristallinischer Struktur geschieht durch Aufgabe der ersteren Beziehung unter Beibehaltung der letzteren; sie scheint nahezu gleichzeitig von verschiedenen Autoren angewendet worden zu sein und führt direkt zu dem Ansatz (1) aus § 164. In der Regel, insbesondere bei den meisten stationären Vorgängen, besitzt die elektrische Kraft eine Potentialfunktion $\varphi$; in diesem Falle nehmen die Systeme (1) und (2) von S. 305 die Formen an

$$U_1 = l_{11}E_1 + l_{12}E_2 + l_{13}E_3 = -\left(l_{11}\frac{\partial\varphi}{\partial x} + l_{12}\frac{\partial\varphi}{\partial y} + l_{13}\frac{\partial\varphi}{\partial z}\right), \ldots \quad (86)$$

resp.

$$E_1 = -\frac{\partial\varphi}{\partial x} = k_{11}U_1 + k_{12}U_2 + k_{13}U_3, \ldots \quad (87)$$

Die Parameter dieser Formeln sind die elektrischen Leitfähigkeits- resp. Widerstandskonstanten. Irgendeine beschränkende Beziehung findet zwischen ihnen nicht statt; der Vorgang ist im thermodynamischen Sinne irreversibel, es existiert für ihn kein thermodynamisches Potential. Die Arbeit der treibenden Kraft besteht nicht in elektrischer Energie weiter, sondern setzt sich in Wärme (Joule-Wärme) um, aber es gibt zu dieser Umwandlung keinen reziproken Vorgang.

Die Ansätze (86) und (87) sind also im allgemeinen mit neun voneinander unabhängigen Parametern behaftet; die letzteren bestimmen nach dem Inhalt des vorigen Abschnitts je ein Tensortripel $[l]$ resp. $[k]$ und einen Vektor $l$ resp. $k$, welche die physikalischen Eigenschaften des Kristalls bezüglich der Elektrizitätsleitung ausdrücken. Da Potentialgradient und Strömung beide polare Vektoren sind, so ist der durch (86) resp. (87) dargestellte Vorgang zentrisch-symmetrisch; das Tensortripel $[l]$ resp. $[k]$ ist also in unserm Falle polar, der Vektor $l$ resp. $k$ axial. Die Existenz der Vektoren $l$ resp. $k$ ist nach § 177 der Ausdruck für die Möglichkeit rotatorischer Vorgänge, und die Tabellen auf S. 311 u. 312 lassen erkennen, bei welchen Kristallgruppen dergleichen im Prinzip möglich sind.

Wie sich die Parameter $l_{hi}$ und $k_{hi}$ durch die Bestimmungsstücke der Tensoren und Vektoren ausdrücken, ist S. 308 auseinandergesetzt. Ihre Werte hängen ab von der Orientierung des Koordinatensystems (auf das sie sich beziehen) gegen die Tensoren und Vektoren.

Von diesen Koordinatensystemen sind, wie früher, zwei Arten zu unterscheiden. Einmal kommt das Hauptachsensystem in Betracht, das möglichst gesetzmäßig gegen das charakteristische Tensortripel (und damit auch gegen den Vektor) gelegt ist; auf dieses beziehen sich die Werte der Parameter in den Tabellen auf S. 311 u. 312. Dies System wird bei allgemeinen Betrachtungen durch $XYZ$ bezeichnet.

Sodann wird gelegentlich ein willkürlich gegen das Hauptsystem orientiertes Koordinatensystem $X'Y'Z'$ zur Anwendung gelangen, dessen Achsen durch die Form des der Untersuchung unterworfenen Kristallpräparats an die Hand gegeben, z. B. bei einem rechtwinkligen Parallelepiped dessen Kanten parallel gelegt werden. Wir wollen die auf das willkürliche System $X'Y'Z'$ bezogenen Parameter weiterhin durch $l'_{hi}$ und $k'_{hi}$ bezeichnen. —

Die Beobachtungen über Elektrizitätsleitung in Kristallen beziehen sich ausschließlich auf den stationären Zustand, wo die Strömung nach Größe und Richtung zeitlich konstant ist, und in jedem Volumenelement die Einströmung durch die Ausströmung kompensiert wird. Hier gilt nach S. 326 die Bedingung

$$\operatorname{div} U = \frac{\partial U_1}{\partial x} + \frac{\partial U_2}{\partial y} + \frac{\partial U_3}{\partial z} = 0, \tag{88}$$

d. h. nach (86)

$$l_{11}\frac{\partial^2\varphi}{\partial x^2}+l_{22}\frac{\partial^2\varphi}{\partial y^2}+l_{33}\frac{\partial^2\varphi}{\partial z^2}$$

$$+(l_{23}+l_{32})\frac{\partial^2\varphi}{\partial y\partial z}+(l_{31}+l_{13})\frac{\partial^2\varphi}{\partial z\partial x}+(l_{12}+l_{21})\frac{\partial^2\varphi}{\partial x\partial y}=0. \quad (89)$$

Diese Formeln sind ebensowohl auf das Hauptachsensystem $XYZ$ als auch auf das beliebige $X'Y'Z'$ anzuwenden. Wie schon S. 327 bemerkt, kommen in diesen Formeln die rotatorischen Qualitäten des Kristalls nicht zur Geltung; ihre Parameter sind ausschließlich die Komponenten des Tensortripels $[l]$.

Den vorstehenden Hauptgleichungen ordnen sich Oberflächenbedingungen zu.

In der Grenze gegen einen Nichtleiter muß, wenn $n$ die Richtung der Normalen auf dem Flächenelement bezeichnet,

$$\overline{U}_n=0 \quad (90)$$

sein, resp. bei Einführung der Komponenten nach den Koordinatenachsen

$$\overline{U}_1\cos(n,x)+\overline{U}_2\cos(n,y)+\overline{U}_3\cos(n,z)=0. \quad (91)$$

Der Strich über dem Symbol $U$ soll dabei andeuten, daß der bezügliche Wert in der Oberfläche des Körpers genommen werden soll; er hat hier also eine andere Bedeutung als in § 170 u. f.

In der Grenze zwischen zwei Leitern $a$ und $b$ muß bei stationärem Zustand die Summe der von der Grenze abfließenden Strömungen gleich Null sein, also gelten

$$(\overline{U}_n)_a+(\overline{U}_n)_b=0, \quad (92)$$

wobei $n$ je nach dem Innern des betreffenden Leiters gerichtet zu denken ist. Außerdem folgt aus der Beobachtung, daß die Potentialfunktion $\varphi$ beim Passieren einer Zwischengrenze um einen der Kombination der beiden Körper $a$ und $b$ individuellen Betrag springt. Dieser Betrag muß bei Kristallen von der Orientierung des Elements der Zwischengrenze gegen die Kristalle unabhängig sein. Denn im andern Falle könnte man aus einem leitenden Kristall und einem Metalldraht, den man in zwei ungleichwertigen Flächen an den Kristall legt, ein galvanisches Element bilden, das bei konstanter Temperatur einen Strom und somit eine Arbeitsleistung liefert. Eine solche Anordnung muß aber nach dem in § 98 auseinandergesetzten *W. Thomson*schen Prinzip als unmöglich gelten.

Es sei bemerkt, daß die Hauptgleichung (88) resp. (89) in Verbindung mit den Grenzbedingungen (90) und (92) (in denen die in

(91) angegebene Bedeutung von $U_n$ und die Definitionen (86) der Strömungskomponenten zu berücksichtigen sind) und mit dem soeben geschilderten Verhalten von $\varphi$ selbst in den Zwischengrenzen das Problem der stationären elektrischen Strömung eindeutig bestimmen. Dies läßt sich leicht mit Hilfe der allgemeinen Methoden der Potentialtheorie beweisen, soll aber hier nicht näher ausgeführt werden.

Bezüglich der Verwendung der vorstehend entwickelten Haupt- und Grenzbedingungen wollen wir uns ausschließlich auf Probleme beschränken, welche praktische Bedeutung besitzen, nämlich entweder die Theorie wichtiger Beobachtungsmethoden liefern oder aber den Inhalt der vorstehenden Gleichungen anschaulich machen. Betrachtungen von wesentlich mathematischem Interesse liegen außerhalb der Ziele dieser Darstellung. Bezüglich dergleichen kann u. a. auf Abhandlungen von *Stokes*[1]), *Boussinesq*[2]) und *Minnigerode*[3]) verwiesen werden, die ebenso mit der thermischen wie der elektrischen Stromverzweigung in Beziehung stehen. —

Abschließend sei daran erinnert, daß in neuerer Zeit eine kinetische Theorie der Elektrizitätsleitung in der Entwicklung begriffen ist[4]), welche mit der Vorstellung von zwischen den festliegenden ponderabeln Molekülen frei beweglichen Elektronen operiert und im übrigen die Methoden der kinetischen Gastheorie benutzt. Bisher erstrecken sich diese Bestrebungen nur auf isotrope Körper, geben aber dort einen höchst bemerkenswerten Einblick in die inneren Beziehungen, welche die Elektrizitätsleitung mit der Wärmeleitung, sowie mit thermoelektrischen und verwandten Erscheinungen verknüpfen.

Es würde sich gewiß lohnen, eine Übertragung jener Betrachtungsweise auf Kristalle zu versuchen und zuzusehen, wie jene Zusammenhänge sich bei ihnen gestalten. Obgleich in dieser Richtung nur erst sehr wenig Beobachtungsmaterial vorliegt, scheinen die Kristalle, auch bei Vorgängen, bei denen ihre spezifischen Symmetrieverhältnisse nicht zur Geltung kommen, sich keineswegs ohne weiteres den für isotrope Medien geltenden Regeln zu fügen. Wir werden die wichtigsten der sich hier bietenden Fragen unten kurz berühren.

Außer diesen Fragen des inneren Zusammenhanges verschiedener Erscheinungsgebiete kommt noch eine ganz spezielle für das einzelne

1) *G. G. Stokes*, Cambr. and Dubl. Math. Journ. T. **6**, p. 215, 1851.

2) *J. Boussinesq*, mehrere Abh. in den C. R. seit 1865; Thèse, Paris 1867; Journ. de Math. (2) T. **14**, p. 265, 1869.

3) *B. Minnigerode*, Diss. Götting. 1862.

4) Vgl. z. B. *E. Riecke*, Wied. Ann. Bd. **66**, p. 353, 545, 1199, 1898; *P. Drude*, Ann. d. Phys., Bd. **1**, p. 566; Bd. **3**, p. 370, 1900; *A. H. Lorentz*, Amsterd. Proc., T. **7**, p. 438; Versl. Amst. T. **13**, p. 493, 1904.

Gebiet der Elektrizitäts- (und ebenso der Wärme-) Leitung in Betracht, nämlich diejenige, ob die kinetische Theorie das Vorkommen rotatorischer Vorgänge in den genannten Gebieten zuläßt oder aber ausschließt. Diese Frage hat angesichts der Vergeblichkeit der bisherigen Versuche, diese prinzipiell so interessanten Vorgänge in der Natur aufzufinden, nicht unerhebliches Interesse.

§ 181. **Strömung in einem dünnen Zylinder.** Die Einfachheit der Probleme der stationären elektrischen Stromleitung beruht bekanntlich hauptsächlich darauf, daß man die Stromleiter in großer Genauigkeit nach außen hin elektrisch isolieren kann. Insbesondere kann man deshalb die Strömung innerhalb eines dünnen, in beliebiger Orientierung aus einem Kristall ausgeschnittenen Stabes von beliebigem Querschnitt, an dessen Enden eine Spannung angelegt ist, als sehr vollständig parallel der Stabachse verlaufend betrachten.

Fällt die Stabachse in die $Z'$-Achse des willkürlichen Koordinatensystemes, so ist in einem solchen Falle $U_1' = U_2' = 0$, $U_3' = U$ zu setzen, und die Formeln (87) liefern hier sogleich

$$E_1' = -\frac{\partial\varphi}{\partial x'} = k_{13}' U, \quad E_2' = -\frac{\partial\varphi}{\partial y'} = k_{23}' U, \quad E_3' = -\frac{\partial\varphi}{\partial z'} = k_{33}' U. \tag{93}$$

Bei einem gegen die Länge kleinen Querschnitt des Stabes darf man die Flächen $\varphi =$ konst. innerhalb des Stabes als eben, $\partial\varphi/\partial x'$, $\partial\varphi/\partial y'$, $\partial\varphi/\partial z'$ also als konstant annehmen. Es ist dann auch die Strömung $U$ innerhalb des Querschnittes konstant.

Da im Falle einer stationären Strömung nach (88) $U$ auch längs $z'$ konstant sein muß, so ergibt die letzte Formel (93) durch Integration nach $z'$

$$\begin{aligned} -\varphi &= k_{33}' U z' + C \\ &= U(k_{13}' x' + k_{23}' y' + k_{33}' z') \quad (x' \text{ und } y' \text{ klein gegen } z') \end{aligned} \tag{94}$$

falls die Werte des Potentiales an den Stabenden durch $\varphi_1$ und $\varphi_2$, die Stablänge durch $L$ bezeichnet werden, liefert dies

$$\varphi_1 - \varphi_2 = k_{33}' U L. \tag{95}$$

Da die Stromstärke $J$ durch das Produkt $UQ$ der Strömung in den Querschnitt gegeben ist, so resultiert als der Ausdruck des *Ohm*schen Gesetzes für unsern Fall

$$J = \frac{\varphi_1 - \varphi_2}{k_{33}' L/Q}; \tag{96}$$

$k_{33}' L/Q$ stellt dabei den Widerstand des Stabes dar, und es ist bemerkenswert, daß diese Größe sich ausschließlich durch den Parameter $k'_{33}$ bestimmt. Durch die Leitfähigkeitskonstanten drückt sich $k'_{33}$ aus gemäß der Formel

$$\Delta' k'_{33} = \begin{vmatrix} l'_{11} & l'_{12} \\ l'_{21} & l'_{22} \end{vmatrix} \tag{97}$$

wobei $\Delta'$ die Determinante der Parameter des Systemes (86) bezeichnet.

Da nach (93)

$$E_1' : E_2' : E_3' = \frac{\partial \varphi}{\partial x} : \frac{\partial \varphi}{\partial y} : \frac{\partial \varphi}{\partial z} = k'_{13} : k'_{23} : k'_{33}, \tag{98}$$

so liegen die Potentialflächen im allgemeinen geneigt gegen die Stabquerschnitte und fallen mit denselben nur dann zusammen, wenn die Parameter $k'_{13}$ und $k'_{23}$ verschwinden. Die allgemeinen Bedingungen, unter denen letzteres stattfindet, sind ziemlich kompliziert, da nach § 165 $k'_{13}$ und $k'_{23}$ sich als Aggregate einer Komponente des Tensortripels $[k]$ und der parallelen Komponente des Vektors $k$ darstellen. Spezielle Fälle sind dagegen leicht erkennbar. —

Beobachtungen des elektrischen Widerstandes an Stäben, die in verschiedenen Richtungen aus einem leitenden Kristall geschnitten sind, liefern nach (96) den Parameter $k'_{33}$ für die Richtung der Längsachse $Z'$ des Stabes. Soweit es sich um einen Kristall handelt, bei dem die Symmetrieverhältnisse die Lage der Hauptleitfähigkeitsachsen erkennen lassen, können die Hauptwiderstandskonstanten $k_{\mathrm{I}}$, $k_{\mathrm{II}}$, $k_{\mathrm{III}}$ direkt beobachtet werden, indem man drei Stäbe anwendet, deren $Z'$-Längsachse je einer der drei Hauptachsen parallel liegt; denn bei diesen Orientierungen wird $k'_{33}$ mit $k_{\mathrm{I}}$, $k_{\mathrm{II}}$ oder $k_{\mathrm{III}}$ identisch. Dies findet bei Kristallen des rhombischen Systemes statt; bei solchen des trigonalen, tetragonalen, hexagonalen genügt, da hier $k_{\mathrm{I}} = k_{\mathrm{II}}$ ist, die Beobachtung nur eines Stabes parallel und eines normal zu der kristallographischen Hauptachse.

Bei monoklinen und triklinen Kristallen, wo außer den Zahlwerten der Parameter $k_{\mathrm{I}}$, $k_{\mathrm{II}}$, $k_{\mathrm{III}}$ auch noch die Richtungen von zwei oder allen drei Widerstandsachsen bestimmt werden müssen, ist eine größere Zahl von Stäben und Beobachtungen notwendig, wie dies in § 178 ausgeführt ist.

Über die rotatorischen Parameter $k_1$, $k_2$, $k_3$ geben Beobachtungen der Widerstände von Stäben in keinem Falle Aufschluß; auch lassen diese Beobachtungen in den Fällen monokliner und trikliner Kristalle, wo diese Parameter existieren, keinen Schluß auf die Größe der Hauptleitfähigkeiten $l_{\mathrm{I}}$, $l_{\mathrm{II}}$, $l_{\mathrm{III}}$, noch auf die Lage der Leitfähigkeitsachsen zu, wie dies sowohl Formel (97), als insbesondere die Resultate des § 172 erkennen lassen.

**§ 182. Messungen der Widerstände dünner Stäbe.** Widerstandsbestimmungen von Stäben, die an sich, dank der gegenwärtig erreichten Vollkommenheit der dazu dienenden Hilfsmittel, zu den leichtesten physikalischen Beobachtungen gehören, werden bei Kristallen durch Schwierigkeiten des Materiales sehr beeinträchtigt. Einmal kommt die notwendig stets sehr geringe Größe der Präparate in Betracht; sodann und hauptsächlich ändern sich wenig andere physikalische Konstanten in ähnlichem Maße durch geringe Beimengungen fremder Stoffe zur Kristallsubstanz, wie die elektrischen Widerstände, und da die Natur als Kristallzüchterin keineswegs immer sehr sauber arbeitet, so ist das von ihr erhältliche Material für Widerstandsbestimmungen außerordentlich gering. Künstliche Züchtungen bieten hier nur wenig Ersatz, da metallisch leitende Kristalle wohl nur aus Schmelzen zu gewinnen sind, und diese der Behandlung große Schwierigkeiten entgegensetzen.

Diese letzteren Schwierigkeiten sind, wie es scheint, am geringsten bei dem trigonal in Gruppe (9) kristallisierenden Wismut; dies Mineral bildet bei sehr langsamem Erkalten gelegentlich sehr große Individuen, welche sich durch ihre Spaltungsflächen normal zur Hauptachse in dem zertrümmerten Guß ankündigen und mitunter herauslösen lassen. Dies Verfahren ist zuerst von *Matteucci*[1]) und neuerdings von *Perrot*[2]) angewendet worden, von ersterem speziell zum Zweck der Gewinnung von Material für relative Widerstandsbestimmungen; die Beobachtungen von *Perrot* betrafen ein anderes Problem und werden weiter unten besprochen werden.

*Matteucci* hat das Verhältnis der elektrischen Widerstände parallel und normal zur Hauptachse durch Beobachtung an nach diesen Richtungen orientierten Stäbchen bestimmt und $k_{I} : k_{III} = 1 : 1{,}6$ gefunden.

Absolute Werte von Widerstandskonstanten $k'_{33}$ hat *Bäckström*[3]) an Stäben von Eisenglanz beobachtet. Dieses gleichfalls trigonal in der Gruppe (9) kristallisierende Mineral kommt in Norwegen in großen sehr homogenen Platten normal zur $Z$-Hauptachse vor und hat *Bäckström* auch noch für andere, weiterhin zu besprechende wichtige Messungen vorzügliches Material geliefert. Die Grundflächen der Platten zeigen häufig eine Streifung nach gleichseitigen Dreiecken, die der Dreizähligkeit der Hauptachse entsprechen und die Festlegung der durch diese Achse gehenden Symmetrieebenen $(E_x)$ gestatten.

Der Messung unterzogen wurden durch *Bäckström* Stäbchen von rechteckiger Form von 1 bis 3 cm Länge und 2 bis 3 mm² Quer-

1) *Ch. Matteucci*, C. R. T. **40**, p. 541, 913. 1855; T. **42**, p. 1133, 1856; Anm. de Chim. (3) T. **43**, p. 467, 1855.

2) *F. L. Perrot*, Arch. des Scienc. (4) T. **6**, p. 105, 1898.

3) *H. Bäckström*, Öfvers. Akad. Stockholm 1888, Nr. 8, p. 533.

schnitt. Da das Ziel der Beobachtung nicht allein die Bestimmung der Hauptkonstanten des Widerstandes, sondern auch die Verifikation der Theorie war, so wurden nicht nur Stäbe parallel zur Hauptachse und parallel zu einer zur Achse normalen Richtung der Messung unterworfen, sondern einerseits zwei Richtungen normal zur Achse — äquivalent den in dieser Darstellung mit $x$ und $y$ bezeichneten — und andererseits mehrere um andere Winkel, als $0^0$ und $90^0$ gegen die Hauptachse geneigte untersucht.

Die Messungen gaben für die beiden zur Hauptachse normalen Richtungen mit großer Genauigkeit die gleichen Widerstandskonstanten, wie dies der Theorie entspricht; die Hauptkonstanten fanden sich bei Ohm als Widerstands-, Zentimeter als Längen-, Quadratmillimeter als Querschnittseinheit für die beigeschriebenen Temperaturen $\tau$ nach Celsius-Graden:

| $\tau$ | $k_{\mathrm{I}}$ | $k_{\mathrm{III}}$ |
|---|---|---|
| $0^0$ | 40,8 | 80,8 |
| $17^0$ | 35,1 | 68,7 |
| $100^0$ | 18,3 | 33,1. |

Um diese Zahlen auf $CGS$-Einheiten zu reduzieren, sind sie mit $10^7$ zu multiplizieren.

Die große Verschiedenheit der bei derselben Temperatur in den beiden Hauptrichtungen, wie auch die starke Veränderlichkeit der auf dieselbe Hauptrichtung bei verschiedenen Temperaturen gültigen Zahlen ist gleich bemerkenswert.

Um die Theorie bezüglich der Abhängigkeit des Widerstandes von dem Winkel $\Theta$ der Stromrichtung gegen die Hauptachse zu verifizieren, wurden Beobachtungen bei drei verschiedenen Winkeln angestellt und sämtlich auf die Temperatur $\tau = 17^0$ reduziert. Der Zusammenhang des beobachteten $k'_{33}$ mit den Hauptkonstanten $k_{\mathrm{I}}$ und $k_{\mathrm{III}}$ ist nach S. 309 gegeben durch die Formel

$$k'_{33} = k_{\mathrm{I}} \sin^2\Theta + k_{\mathrm{III}} \cos^2\Theta.$$

Berechnet man die Hauptkonstanten aus sämtlichen Beobachtungen, indem man den einzelnen Zahlen Gewichte gibt gleich der Anzahl der bei ihrer Bestimmung benutzten Stäbchen, nämlich 4, 2, 1, 3, so ergibt sich die folgende Gegenüberstellung der beobachteten und der berechneten Werte

| | | beob. | ber. |
|---|---|---|---|
| $\Theta = 0^0$ | $k_{\mathrm{III}}$ | $= 68{,}7$ | 68,25 |
| $27^0\,50'$ | $(k'_{33})_1$ | $= 60{,}5$ | 60,97 |
| $38^0\;\,6'$ | $(k'_{33})_2$ | $= 54{,}7$ | 55,54 |
| $90^0$ | $k_{\mathrm{I}}$ | $= 35{,}1$ | 34,86. |

Die Übereinstimmung ist gegenüber den vorliegenden Beobachtungsschwierigkeiten sehr befriedigend und kann als eine Bestätigung der Theorie betrachtet werden. —

Mit einem Teil des von *Perrot* hergestellten *Wismut*-Materiales hat neuerdings *van Everdingen*[1]) galvanische Beobachtungen verschiedener Art ausgeführt, darunter auch die Bestimmung des Widerstandes von dünnen, in verschiedenen Richtungen orientierten Stäbchen in absolutem Maße und *CGS*-Einheiten. Die von ihm benutzten Präparate waren parallel, normal und unter 60° zur Hauptachse orientiert; die letzteren lagen in 2 resp. 3 verschiedenen Meridianen durch die Hauptachse, die nach der Theorie für die Elektrizitätsleitung einander gleichwertig sind.

Gibt man den auf jede Gattung bezüglichen, unter sich nicht sehr gut übereinstimmenden Zahlen Gewichte (1, 3, 3), welche der Anzahl der für ihre Bestimmung benutzten Präparate entsprechen — gemäß der Auffassung, daß die Hauptfehlerquellen in der Inhomogenität des Materiales, resp. in der Wirkung kleiner, schwer zu vermeidender Sprünge liegen —, so erhält man die folgende Zusammenstellung der beobachteten und der berechneten Zahlen

| | | beob. | ber. |
|---|---|---|---|
| $\Theta = 0^0$ | $k_{III}$ | $= 3{,}48$ | 3,62 |
| $= 60^0$ | $k'_{33}$ | $= 2{,}72$ | 2,65 |
| $= 90^0$ | $k_I$ | $= 2{,}23$ | 2,32. |

Auch diese Beobachtung kann als Bestätigung der Theorie gelten.

Das Verhältnis $k_{III}/k_I$ würde sich aus den obigen Zahlen zu 1,55 ergeben, während *Matteucci* (nach S. 343) 1,6 gefunden hatte. *Van Everdingen* selbst hält den aus zwei einzelnen Stäbchen parallel und normal zur Hauptachse geschlossenen Wert 1,68 für den besten.

*Lownds*[2]) hat nach einer (vielleicht prinzipiell nicht so sichern) Methode, welche eine quadratische *Wismut*platte parallel zu einer Meridianebene bei Strömen parallel und normal zur Hauptachse benutzte, $k_{III}/k_I = 1{,}78$ gefunden. Es herrscht über die bezüglichen Daten also noch große Unsicherheit.

§ 183. **Strömung in einer dünnen ebenen Platte.** Weniger praktisches als theoretisches Interesse besitzt das Problem der elektrischen Strömung in einer dünnen ebenen kristallinischen Platte. Kann hier (ähnlich wie beim dünnen Stab) die Strömung durchaus der Begrenzung parallel angenommen werden, und legt man die $Z'$-Achse

1) *L. van Everdingen*, Leiden Comm. Nr. 61. 1900; Supl. Nr. 2, 1901.
2) *L. Lownds*, Ann. d. Phys. Bd. 9, p. 677, 1902.

normal zur Plattenebene, so ergeben sich aus (87) die Grundgleichungen, indem man $U_3' = 0$ setzt, zu

$$\begin{aligned} E_1' &= -\frac{\partial \varphi}{\partial x'} = k'_{11} U_1' + k'_{12} U_2', \quad E_2' = -\frac{\partial \varphi}{\partial y'} = k'_{21} U_1' + k'_{22} U_2', \\ E_3' &= -\frac{\partial \varphi}{\partial z'} = k'_{31} U_1' + k'_{32} U_2'. \end{aligned} \tag{99}$$

Hierin kann man weiter $U_1'$ und $U_2'$ auch noch als unabhängig von $z'$ betrachten. Die letzte der vorstehenden Gleichungen bestimmt dann $\varphi$ als lineäre Funktion von $z'$, z. B. $\varphi = \varphi_0 + z'\varphi_1$, wobei $\varphi_0$ und $\varphi_1$ allein von $x'$ und $y'$ abhängen. Rechnet man $z'$ von der Mittelfläche der Platte aus, so kommt das Glied $z'\varphi_1$ wegen des äußerst kleinen $z'$ in den beiden ersten Gleichungen (99) nicht zur Geltung. In diesen tritt vielmehr nur $\varphi_0$, in der letzten Formel (99) dagegen nur $\varphi_1$ auf.

Besitzt der Kristall keine rotatorischen Qualitäten, so ist $k'_{12} = k'_{21}$; in diesem Falle läßt sich der Zusammenhang zwischen der treibenden Kraft mit den Komponenten $E_1' = -\partial\varphi/\partial x'$, $E_2' = -\partial\varphi/\partial y'$ und der Strömung durch eine geometrische Darstellung veranschaulichen, die eine Übertragung der räumlichen Konstruktion von S. 322 auf die Ebene ist.

Bildet man nämlich die Ellipse von der Gleichung

$$k'_{11} x'^2 + (k'_{12} + k'_{21}) x' y' + k'_{22} y'^2 = 1, \tag{100}$$

welche nichts anderes ist als die Schnittellipse der Tensorfläche $[k]$ mit der $X'Y'$-Ebene, dann liegen $E$ und $U$ gegeneinander, wie die Normale $n$ auf einer Tangente an diese Ellipse einerseits und der Radiusvektor $r$ nach der Berührungsstelle andererseits. Läßt man $E$ bei konstanter Größe alle möglichen Richtungen annehmen, so variiert dabei $U$ proportional mit dem Produkt aus $n$ und $r$.

Wir wollen aber die oben beiläufig gemachte Annahme fehlender rotatorischer Qualitäten weiterhin nicht beibehalten, sondern zu dem allgemeinen Fall zurückkehren. —

Soll die Strömung stationär sein, so muß nun (da $U_3' = 0$ ist) nach (88) gelten

$$\frac{\partial U_1'}{\partial x'} + \frac{\partial U_2'}{\partial y'} = 0. \tag{101}$$

Es ist, um diese Formel zu entwickeln, aus den ersten beiden Gleichungen (99) $U_1'$ und $U_2'$ zu berechnen. Wir schreiben kurz

$$\begin{aligned} U_1' &= L_{11} E_1' + L_{12} E_2' = -\left(L_{11}\frac{\partial \varphi}{\partial x'} + L_{12}\frac{\partial \varphi}{\partial y'}\right), \\ U_2' &= L_{21} E_1' + L_{22} E_2' = -\left(L_{21}\frac{\partial \varphi}{\partial x'} + L_{22}\frac{\partial \varphi}{\partial y'}\right), \end{aligned} \tag{102}$$

wobei

$$kL_{11} = k'_{22}, \quad kL_{12} = -k'_{12}, \quad kL_{21} = -k'_{21}, \quad kL_{22} = k'_{11}$$

und

$$k = \begin{vmatrix} k'_{11} & k'_{12} \\ k'_{21} & k'_{22} \end{vmatrix}; \tag{103}$$

es ergibt sich dann die Bedingung (101) in der Form

$$L_{11}\frac{\partial^2\varphi}{\partial x'^2} + (L_{12}+L_{21})\frac{\partial^2\varphi}{\partial x'\,\partial y'} + L_{22}\frac{\partial^2\varphi}{\partial y'^2} = 0, \tag{104}$$

oder auch

$$k'_{22}\frac{\partial^2\varphi}{\partial x'^2} - (k'_{12}+k'_{21})\frac{\partial^2\varphi}{\partial x'\,\partial y'} + k'_{11}\frac{\partial^2\varphi}{\partial y'^2} = 0. \tag{105}$$

Man erkennt, daß diese Differentialgleichung ebenso, wie die allgemeinere (89) für die räumliche elektrische Strömung, von den rotatorischen Parametern frei ist. Eine Einwirkung dieser Glieder auf die Verteilung des elektrischen Potentiales findet also jedenfalls nicht statt, solange auf die seitliche Begrenzung der Platte nicht Rücksicht genommen zu werden braucht.

Dieser letztere Fall hat natürlich bei Kristallen, die in jedem Falle nur Platten von sehr geringer Größe liefern, keine praktische Bedeutung; immerhin mag er gewisser anschaulicher theoretischer Folgerungen wegen noch etwas weiter verfolgt werden.

Die Gleichung (105) wird frei von dem Glied mit $\partial^2\varphi/\partial x\,\partial y$, wenn man das Achsenkreuz in eine solche Lage bringt, daß dafür $k'_{12} + k'_{21} = 0$ wird. Das hierdurch bestimmte $X^0 Y^0$-System ist identisch mit dem Kreuz der Hauptachsen der obenerwähnten Ellipse, in der die Tensorfläche $[k]$ von der $X'Y'$-Ebene geschnitten wird.

Für dieses Koordinatensystem schreiben wir Gleichung (105)

$$k^0_{22}\frac{\partial^2\varphi}{\partial x^{0\,2}} + k^0_{11}\frac{\partial^2\varphi}{\partial y^{0\,2}} = 0, \tag{106}$$

und dazu die Gleichung der Schnittellipse

$$k^0_{11}x^{0\,2} + k^0_{22}y^{0\,2} = 1. \tag{107}$$

Die Substitution

$$x^0 = \mathfrak{x}\sqrt{\frac{k^0_{22}}{K}}, \qquad y^0 = \mathfrak{y}\sqrt{\frac{k^0_{11}}{K}}, \tag{108}$$

wobei $K$ beliebig ist, z. B. $K^2 = k^0_{11}k^0_{22}$ gesetzt werden kann, führt auf

$$\frac{\partial^2\varphi}{\partial \mathfrak{x}^2} + \frac{\partial^2\varphi}{\partial \mathfrak{y}^2} = 0. \tag{109}$$

Eine partikuläre Lösung dieser Gleichung, die einen Pol im Koordinatenanfang besitzt, ist

$$\varphi = - m \ln \sqrt{\mathfrak{x}^2 + \mathfrak{y}^2}, \tag{110}$$

sie liefert als Kurven konstanten Potentiales in der $\mathfrak{X}\mathfrak{Y}$-Ebene Kreise, in der $X'Y'$-Ebene hingegen ein System ähnlicher Ellipsen von der Gleichung

$$\frac{x^{0\,2}}{k^0_{22}} + \frac{y^{0\,2}}{k^0_{11}} = \text{konst.}$$

resp. (111)

$$k^0_{11} x^{0\,2} + k^0_{22} y^{0\,2} = \text{Konst.}$$

Zu diesen Ellipsen gehört nach (107) auch die Schnittellipse der $X'Y'$-Ebene mit der Tensorfläche $[k]$.

Was die Stromlinien angeht, so folgen diese leicht durch Anwendung des in § 176 benutzten Verfahrens. Wegen der Werte der $L_{hi}$ liefern die Formeln (108) bei geeignet gewähltem $K$ auch

$$x^0 = \mathfrak{x}/\sqrt{L^0_{22}}, \quad y^0 = \mathfrak{y}/\sqrt{L^0_{11}}, \tag{112}$$

und den Stromkomponenten $U_1^0, U_2^0$ entsprechen in der $\mathfrak{X}\mathfrak{Y}$-Ebene die Komponenten

$$\mathfrak{U}_1 = U_1^0 \sqrt{L^0_{22}}, \quad \mathfrak{U}_2 = U_2^0 \sqrt{L^0_{11}}; \tag{113}$$

zugleich wird wegen $k^0_{12} + k^0_{21} = 0$ auch $L^0_{12} + L^0_{21} = 0$. Kürzt man noch ab

$$L^0_{11} L^0_{22} = \mathfrak{L}, \qquad \frac{L^0_{21}}{\sqrt{L^0_{11} L^0_{22}}} = \mathfrak{k}, \tag{114}$$

so erhält man sogleich aus (102)

$$\begin{aligned} \mathfrak{U}_1 &= - \mathfrak{L}\left(\frac{\partial \varphi}{\partial \mathfrak{x}} - \mathfrak{k}\frac{\partial \varphi}{\partial \mathfrak{y}}\right), \\ \mathfrak{U}_2 &= - \mathfrak{L}\left(\frac{\partial \varphi}{\partial \mathfrak{y}} + \mathfrak{k}\frac{\partial \varphi}{\partial \mathfrak{x}}\right), \end{aligned} \tag{115}$$

Indem man nun, wie in § 177,

$$\mathfrak{U}_1 = \varrho \frac{d\mathfrak{x}}{dt}, \quad \mathfrak{U}_2 = \varrho \frac{d\mathfrak{y}}{dt}$$

setzt und die Lösung (110) für $\varphi$ benutzt, gelangt man zu

$$\begin{aligned} \varrho \frac{d\mathfrak{x}}{dt} &= - \frac{m\mathfrak{L}}{\mathfrak{r}^2}(\mathfrak{x} - \mathfrak{k}\mathfrak{y}), \\ \varrho \frac{d\mathfrak{y}}{dt} &= - \frac{m\mathfrak{L}}{\mathfrak{r}^2}(\mathfrak{y} + \mathfrak{k}\mathfrak{x}). \end{aligned} \tag{116}$$

Die Differentialgleichung der Stromlinien in der $\mathfrak{X}\mathfrak{Y}$-Ebene wird hiernach zu

$$(\mathfrak{y} + \mathfrak{k}\mathfrak{x})d\mathfrak{x} = (\mathfrak{x} - \mathfrak{k}\mathfrak{y})d\mathfrak{y}; \tag{117}$$

sie stimmt mit Formel (73) überein und gibt, wie diese, logarithmische Spiralen, die von dem Koordinatenanfang ausgehen. Der Übergang in die $X^0Y^0$- resp. die $X'Y'$-Ebene geschieht mit Hilfe der Formeln (112), welche eine gleichförmige Dilatation nach der $\mathfrak{X}$- und $\mathfrak{Y}$-Richtung ausdrücken. Die wirklichen Stromlinien stellen sich also gleichfalls als (elliptische) Spiralen vom Koordinatenanfang aus dar, der somit die Natur einer Quelle für die elektrische Strömung erhält. Man kann bekanntlich eine solche punktförmige Quelle in großer Annäherung realisieren, indem man der dünnen Platte durch einen aufgesetzten dünnen Draht elektrischen Strom zuführt.

Die Ableitung des Stromes sollte, um die obigen Resultate verwenden zu können, eigentlich im Unendlichen geschehen; statt dessen kann man sie durch einen möglichst großen, etwa amalgamierten und auf die Platte leitend aufgelegten Kupferring realisieren. Hat der innere Rand die Form der Ellipse $\mathfrak{r} =$ Konst., so ist die Realisierung der Voraussetzungen der Theorie eine sehr vollständige.

Fehlen die rotatorischen Parameter, so ist $\mathfrak{k} = 0$, und die Stromlinien werden zu Geraden von der Zuleitungsstelle aus; die spiralige Form ist also auch hier die Folge der Existenz der rotatorischen Parameter. Aber die elektrischen Stromlinien sind kein Objekt der Beobachtung, und somit sind die vorstehenden Resultate in keinem Falle verifizierbar.

Was im Falle der ebenen elektrischen Strömung überhaupt der Beobachtung zugänglich ist, sind Potentialdifferenzen zwischen verschiedenen Punkten der stromdurchflossenen Platte. Ihre Messung geschieht, um das Problem der Stromverteilung nicht zu komplizieren, prinzipiell am einfachsten elektrostatisch. Aber der praktischen Verwendung derartiger Messungen sind doch bei kristallinischen Platten viel engere Grenzen gesetzt, als bei isotropen, zumal das Stromverzweigungsproblem im ersten Falle in noch weniger Fällen theoretisch überhaupt oder in handlicher Form lösbar ist, als im zweiten.

Selbst wenn man, was bisher kaum bedenklich ist, die Existenz rotatorischer Glieder ausschließt, entstehen aus der Äolotropie der Substanz meist wesentliche Schwierigkeiten.

So kommt es, daß für die Bestimmung von Widerstandskomponenten im wesentlichen nur die Beobachtungen an dünnen Stäben — ausnahmsweise auch einmal die prinzipiell nicht verschiedenen an einer rechteckigen Platte bei Stromlinien parallel einer Kante, d. h. bei Zuleitung längs zwei ganzen, einander gegenüberliegenden Kanten — zur Anwendung gekommen sind. —

Wir haben uns im vorstehenden durchaus auf das Problem der Stromverzweigung in einem homogenen Körper beschränkt, aus mehreren Teilen zusammengesetzte (bis auf die Angabe der Grenzbedingungen) ausgeschlossen. In der Tat haben diese Fälle im Gebiet der Elektrizitätsleitung kaum praktische Bedeutung. Im Gebiet der Wärmeleitung liegt die Sache ein wenig anders, und dort soll das Nötigste dazu beigebracht werden.

§ 184. **Allgemeines über beobachtbare Wirkungen rotatorischer Qualitäten.** Mehr noch, als die vorstehenden interessanten theoretischen Überlegungen, zieht die praktisch wichtige Frage an, durch welche beobachtbare Erscheinungen sich die Existenz der rotatorischen Parameter betätigen kann, welche Beobachtungen also zu deren Nachweis führen könnten.

Die Objekte der Messung sind in dem Falle einer flächenhaften Strömung, die hier ausschließlich in Frage kommen kann, nur allein die elektrischen Potentiale der Strömung; der Verlauf der Stromlinien entzieht sich, wie bemerkt, der Wahrnehmung. Daß das Gesetz des Potentials bei einer Platte, deren Begrenzung außer acht bleiben kann, von den rotatorischen Parametern unabhängig ist, ergab die Formel (105), — es wird also für unsern Zweck unumgänglich sein, Probleme begrenzter Platten zu erörtern.

Hierbei beschränken wir uns zunächst auf den Fall, daß die Begrenzung durch einen freien Rand gegeben wird, daß also die Platte ringsum isoliert ist. Die Bedingung, welche an dem Rande zu erfüllen ist, lautet nach (91), wenn $n$ eine zur Randlinie normale Richtung darstellt, für alle Randpunkte:

$$\overline{U}_1 \cos(n,x') + \overline{U}_2 \cos(n,y') = 0. \tag{118}$$

Führt man hier die Ausdrücke (102) für $U_1$ und $U_2$ ein und setzt für $\cos(n,x')$ und $\cos(n,y')$ resp. $dx'/dn$ und $dy'/dn$ ein, wobei $dx'$ und $dy'$ die Projektionen des Normalenelementes $dn$ bezeichnen, so erkennt man sogleich, daß die Substitution (108) resp. (112), welche die Hauptgleichung von den $L_{hi}$ resp. $k_{hi}$ befreite und sie isotrop machte, die analoge Wirkung auf die Grenzbedingung nicht ausübt. Man erhält vielmehr, da für das gewählte Koordinatensystem $X^0 Y^0$ nach S. 347 $k_{12}^0 + k_{21}^0 = 0$, also $L_{12}^0 = -L_{21}^0$ ist,

$$\left(L_{11}^0 \frac{\partial \varphi}{\partial \mathfrak{x}} + L_{12}^0 \sqrt{\frac{L_{11}^0}{L_{22}^0}} \frac{\partial \varphi}{\partial \mathfrak{y}}\right) d\mathfrak{x}$$
$$+ \left(L_{22}^0 \frac{\partial \varphi}{\partial \mathfrak{y}} - L_{12}^0 \sqrt{\frac{L_{22}^0}{L_{11}^0}} \frac{\partial \varphi}{\partial \mathfrak{x}}\right) d\mathfrak{y} = 0;$$

der Unterschied der $L_{11}^0$ und $L_{22}^0$ bleibt also sogar dann wirksam, wenn rotatorische Parameter fehlen, also $L_{12}^0$ verschwindet. Da zugleich die Substitution (112) in der $\mathfrak{X}\mathfrak{Y}$-Ebene ein Abbild der wirklichen Begrenzung gibt, das im allgemeinen komplizierter sein wird, als die wirkliche Begrenzung der Platte (ein Kreis wird zu einer Ellipse, ein Quadrat zu einem Rhomboid), so erhellt, daß diese Probleme flächenhafter Strömung erhebliche analytische Schwierigkeiten bieten.

Wie in früheren Paragraphen gezeigt, reichen zur Bestimmung der Konstanten und zur Prüfung der Theorie, so weit es sich nicht um die rotatorischen Parameter handelt, die Beobachtungen stabförmiger Präparate aus; demgemäß genügt es für unsern Zweck, nur diejenigen Fälle flächenhafter Strömung in Betracht zu ziehen, bei denen die Wirkung rotatorischer Qualitäten sich am einfachsten geltend macht. Es sind dies die Fälle, wo $L_{11} = L_{22}$ resp. $k'_{11} = k'_{22}$ ist, also insbesondere nach der Tabelle auf S. 312, die Fälle, wo die Platte normal zu einer drei-, vier oder sechszähligen Symmetrieachse orientiert ist, also auch das System $X'Y'Z'$ mit dem Hauptsystem $XYZ$ zusammengelegt werden kann. Hier kommen bei Kristallen der Gruppen 12, 13, 17, 18, 20, 24, 25, 27 rotatorische Parameter zur Geltung, und die Formeln (102) nehmen die Gestalt an

$$\begin{aligned} U_1 &= L_{\mathrm{I}} E_1 - L E_2 = -\left(L_{\mathrm{I}} \frac{\partial \varphi}{\partial x} - L \frac{\partial \varphi}{\partial y}\right), \\ U_2 &= L E_1 + L_{\mathrm{I}} E_2 = -\left(L \frac{\partial \varphi}{\partial x} + L_{\mathrm{I}} \frac{\partial \varphi}{\partial y}\right), \end{aligned} \tag{119}$$

wobei

$$L_{11} = L_{22} = L_{\mathrm{I}}, \quad L_{21} = -L_{12} = L$$

gesetzt ist. Es gilt beiläufig wegen

$$k'_{11} = k'_{22} = k_{\mathrm{I}}, \quad -k'_{21} = k'_{12} = k$$

nach (103)

$$L_{\mathrm{I}} = k_{\mathrm{I}}/(k_{\mathrm{I}}^2 + k^2), \quad L = k/(k_{\mathrm{I}}^2 + k^2), \tag{120}$$

und die Gleichung (105) für $\varphi$ lautet jetzt

$$\frac{\partial^2 \varphi}{\partial x^2} + \frac{\partial^2 \varphi}{\partial y^2} = 0. \tag{121}$$

Die Formeln (119) stimmen überein mit denjenigen des *Hall*-Effektes, nämlich denjenigen, die den Einfluß eines normalen Magnetfeldes auf die elektrische Strömung in einer dünnen, isotropen Platte darstellen; $L$ ist dort mit der magnetischen Feldstärke normal zur Platte proportional. Man kann daher auch den durch die Formeln (115) gegebenen Vorgang als einen natürlichen (nicht magnetischen) *Hall*-Effekt bezeichnen.

Führt man die Richtung der Strömung $U$ und die Richtung der Normalen $N$ auf der Kurve $\varphi =$ konst. durch den betrachteten Punkt ein, so ergibt der Quotient der beiden Formeln (119)

$$\operatorname{tg}(U, x) = \frac{L_{\mathrm{I}} \sin(N, x) + L \cos(N, x)}{L_{\mathrm{I}} \cos(N, x) - L \sin(N, x)},$$

oder, wenn man durch

$$L/L_{\mathrm{I}} = \operatorname{tg} \chi = \tau \qquad (122)$$

einen Hilfswinkel einführt, auch

$$(U, x) = (N, x) + \chi. \qquad (123)$$

**Die Stromlinien schließen hiernach also mit den Normalen auf den Potentialkurven an jeder Stelle den durch (122) definierten Winkel $\chi$ ein.** (Ein ähnliches Verhalten zeigen im allgemeinen Falle nach den Formeln (115) die Abbilder der Strom- und Potentiallinien in der $\mathfrak{X}\mathfrak{Y}$-Ebene.)

Mit Hilfe dieses Satzes ergibt sich in allen Fällen, wo die Stromlinien durch die Natur der Begrenzung der Platte vorgeschrieben sind, direkt der Verlauf der Potentiallinien.

§ 185. **Einfachste spezielle Fälle.** Der einfachste Fall ist der eines gegen seine Länge schmalen Streifens, wo die Stromlinien den Randlinien parallel verlaufen müssen. Hier liefert der obige Satz für die Potentialkurven Gerade, die um den Winkel $\frac{1}{2}\pi - \chi$ gegen die Stromlinien geneigt sind, wie das Fig. 118 veranschaulicht. Gegenüberliegende Stellen $\alpha$ und $\beta$ der beiden Randlinien haben hiernach verschiedene Potentiale, und es ist bekannt, daß die Messung der betreffenden Potentialdifferenz die klassische Methode zur Beobachtung des (magnetischen) *Hall*-Effektes darstellt.

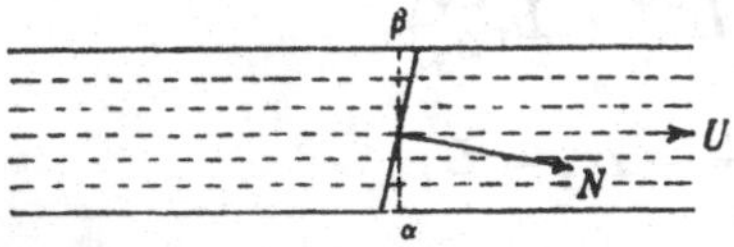

Fig. 118.

Durch unsere Parameter drückt sich diese Potentialdifferenz folgendermaßen aus. Findet die Strömung parallel der $X$-Achse statt, so ist in (119) $U_2 = 0$ zu setzen, wodurch sich

$$\frac{\partial \varphi}{\partial y} = -\frac{L}{L_{\mathrm{I}}} \frac{\partial \varphi}{\partial x}$$

bestimmt. Da innerhalb des Streifens, wie schon S. 341 benutzt, $\varphi$ in $x$ und $y$ linear ist, kann man $\partial\varphi/\partial y$ mit $(\varphi_\beta - \varphi_\alpha)/b$ vertauschen, unter $b$ die Breite des Streifens verstanden; ferner läßt sich, da die Stromdichte $U = U_{\mathrm{I}}$ in erster Annäherung $= -L_{\mathrm{I}} \partial\varphi/\partial x$ ist, hierfür

$J/bd$ setzen, wobei $J$ die Stromstärke, $d$ die Dicke des Streifens bezeichnet. Man erhält so

$$\varphi_\beta - \varphi_\alpha = \frac{JL}{dL_1}.$$

Es mag bemerkt werden (was bei manchen Beobachtungen sehr außer acht gelassen ist), daß die Anwendung der vorstehenden Formeln eine gegen die Länge des Streifens kleine Breite voraussetzt. Messungen unter anderen Verhältnissen, z. B. mit nahezu quadratischen Platten angestellt, sind zur Ableitung absoluter Werte durchaus ungeeignet.

Bei der Beobachtung des magnetischen *Hall*-Effekts ist es von großem Nutzen, daß man durch Erregen, Kommutieren und Ausschalten des Magnetfeldes die Wirkung des Feldes von derjenigen störender Nebenumstände sondern kann. Dieser Vorteil entfällt bei dem natürlichen *Hall*-Effekt, und hierin liegt eine Erschwerung der bezüglichen Beobachtungen. Doch könnte man vielleicht die Kommutation des Magnetfeldes durch eine mechanische Umklappung der Kristallplatte ersetzen, die ähnlich, wenn auch nicht so exakt wirkt. —

Ein anderer durch Einfachheit ausgezeichneter Fall ist der, daß die Stromlinien mit Radienvektoren von einem Punkt zusammenfallen; hier sind nach dem Satz von S. 352 die Potentialkurven Spiralen von jenem Punkt aus. Geht man längs einer dieser Spiralen etwa von der X-Achse aus, so trifft man diese Achse nach jedem erneuten Umlauf stets in einem andern Punkte: das elektrische Potential, das den radialen Stromlinien entspricht, würde somit unendlich vielwertig sein. Da ein solches Verhalten physikalisch nicht möglich ist, so können auch radiale Stromlinien nur dann stattfinden, wenn eine Mehrwertigkeit des Potentiales durch die Begrenzung aufgehoben, nämlich ein voller Umlauf um den Ausgangspunkt der Stromlinien unmöglich gemacht ist. Da die Begrenzung der Platte eine Stromlinie sein muß, so ergibt sich, daß die Platte von zwei Radien begrenzt sein, also einen Sektor darstellen muß, in dessen Spitze die Stromzuführung stattfindet. Einen Grenzfall stellt die volle Ebene dar, die längs eines Radius aufgeschnitten ist, und der im Endpunkt des Schnittes der elektrische Strom zugeführt wird. Bei dieser Anordnung befinden sich (wegen der Spiralform der Potentiallinien) die einander unmittelbar gegenüberliegenden Punkte beiderseits des Schnittes auf einer Potentialdifferenz, welche eine direkte Wirkung der rotatorischen Qualität des Materiales darstellt. (Fig. 119.)

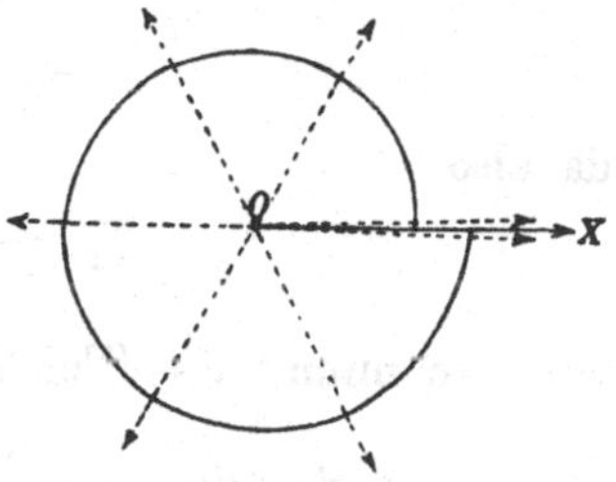

Fig. 119.

Ist dieser Fall — weil von einer anderen Begrenzung des Sektors zunächst noch abgesehen, die zugeführte Strömung vielmehr ins Unendliche abfließend gedacht ist — auch nicht streng realisierbar, so illustriert er doch von einer neuen Seite die Wirkungsweise der rotatorischen Parameter.

§ 186. **Analytische Hilfsmittel zur Behandlung weiterer Fälle.** Bezüglich der allgemeinen Behandlung der Gleichungen (119) mag hier folgendes erwähnt werden.

Der Fall, daß $L = 0$ und

$$U_1 = -L_{\mathrm{I}}\frac{\partial\varphi}{\partial x},\quad U_2 = -L_{\mathrm{I}}\frac{\partial\varphi}{\partial y}$$

ist, während die Gleichung für $\varphi$ die Form

$$\frac{\partial^2\varphi}{\partial x^2} + \frac{\partial^2\varphi}{\partial y^2} = 0 \tag{121}$$

behält, stellt ein viel behandeltes Problem der Potentialtheorie dar. Hier spielt insbesondere der Umstand eine Rolle, daß sowohl der reelle wie der imaginäre Teil einer Funktion von $x + iy$ der Gleichung (121) genügt. Setzt man also für eine beliebige Funktion $f$

$$f(x + iy) = \varphi + i\psi, \tag{124}$$

so stellt $\varphi(x, y)$ eine partikulare Lösung der obigen Gleichung dar.

Da weiter zwischen $\varphi$ und $\psi$ die Beziehungen bestehen

$$\frac{\partial\varphi}{\partial x} = \frac{\partial\psi}{\partial y},\quad \frac{\partial\varphi}{\partial y} = -\frac{\partial\psi}{\partial x},$$

da also (125)

$$U_1 = -L_{\mathrm{I}}\frac{\partial\psi}{\partial y},\quad U_2 = +L_{\mathrm{I}}\frac{\partial\psi}{\partial x}$$

wird, so nimmt die Gleichung der Stromlinien die Form

$$dx : dy = -\frac{\partial\psi}{\partial y} : \frac{\partial\psi}{\partial x} \quad \text{resp.} \quad \frac{\partial\psi}{\partial x}dx + \frac{\partial\psi}{\partial y}dy = 0$$

an, welche integriert auf

$$\psi = \text{konst.} \tag{126}$$

führt. $\psi$ nennt man deshalb die $\varphi$ entsprechende Strömungsfunktion.

Im Falle $L = 0$ liefert also jede Funktion $f(x + iy)$ in ihrem reellen Teil einen partikulären Wert für das Potential, in ihrem imaginären einen solchen für die zugehörige Strömungsfunktion. Und da $if(x + iy)$ auch eine Funktion von $x + iy$ ist, so kann auch $-\psi$ als Potential, $+\varphi$ als Strömungsfunktion dienen.

An diese bekannten Verhältnisse kann man nun bei der Durchführung des vorliegenden Problemes anknüpfen. Wir schreiben gemäß (119) und (122)

$$\begin{aligned} -U_1 &= L_{\mathrm{I}}(E_1 - \tau E_2) = L_{\mathrm{I}}\left(\frac{\partial \varphi}{\partial x} - \tau \frac{\partial \varphi}{\partial y}\right) \\ -U_2 &= L_{\mathrm{I}}(E_2 + \tau E_1) = L_{\mathrm{I}}\left(\frac{\partial \varphi}{\partial y} + \tau \frac{\partial \varphi}{\partial x}\right) \end{aligned} \tag{127}$$

und ziehen die mit $\varphi$ durch die Gleichungen (125) konjugierte Funktion $\psi$ heran. Setzen wir dann

$$\varphi + \tau\psi = \varphi_0, \tag{128}$$

so wird

$$U_1 = -L_{\mathrm{I}}\frac{\partial \varphi_0}{\partial x}, \quad U_2 = -L_{\mathrm{I}}\frac{\partial \varphi_0}{\partial y};$$

setzen wir dagegen

$$\psi - \tau\varphi = \psi_0, \tag{129}$$

so wird

$$U_1 = -L_{\mathrm{I}}\frac{\partial \psi_0}{\partial y}, \; U_2 = +L_{\mathrm{I}}\frac{\partial \psi_0}{\partial x}.$$

Es stellt somit

$$\varphi_0 + i\psi_0 = f_0(x + iy) \tag{130}$$

eine Funktion von $x + iy$ dar, deren reeller Teil $\varphi_0$ nur eine Art von Hilfspotential, deren imaginärer Teil $\psi_0$ aber die wirkliche Strömungsfunktion des Problemes liefert.

Man kann nun folgendermaßen verfahren. Ist für irgend eine Begrenzung das gewöhnliche Strömungsproblem mit $L = 0$ (resp. $\tau = 0$) gelöst, so ist damit die ihm entsprechende Funktion $f_0 = \varphi_0 + i\psi_0$ bestimmt. Der imaginäre Teil $\psi_0$ gibt auch in dem neuen Problem noch die Strömungsfunktion; das zugehörige elektrische Potential aber folgt aus (128) und (129) zu

$$\varphi = \frac{\varphi_0 - \tau\psi_0}{1 + \tau^2}. \tag{131}$$

Durch diese Formel ist in vielen Fällen aus der bekannten Lösung des gewöhnlichen Stromverzweigungsproblems die Lösung des Problemes des *Hall*-Effektes ohne weiteres zu bilden. Eine Vorbedingung der Anwendbarkeit ist indessen zu betonen, auf welche die Resultate von S. 353 deutlich hinweisen: Die Zuleitungsstellen des elektrischen Stromes müssen auf dem Rande der Platten liegen, da im andern Falle der Ausdruck (131) für $\varphi$ eine Mehrdeutigkeit liefert.

Ein in sehr vielen Fällen nützlicher Ansatz für $f_0$ ist

$$f_0 = -\sum m_h \ln\left((x + iy) - (x_h + iy_h)\right), \tag{132}$$

dem

$$\varphi_0 = -\sum m_h \ln r_h, \quad \psi_h = -\sum m_h \vartheta_h$$

entspricht, falls

$$r_h^2 = (x - x_h)^2 + (y - y_h)^2, \quad \vartheta_h = \operatorname{arctg} \frac{y - y_h}{x - x_h}. \tag{133}$$

Die Punkte $x_h, y_h$ stellen dabei Zuleitungsstellen oder Quellen der elektrischen Strömung dar, über deren Realisierung S. 349 gesprochen ist.

Sind nun zwei Quellen $x_1, y_1$ und $x_2, y_2$ vorhanden, und ist $m_1 + m_2 = 0$, so sind die durch $\vartheta_1 - \vartheta_2 =$ konst. gegebenen Stromlinien des gewöhnlichen Problemes Kreise durch die beiden Quellen, und man kann einen von ihnen zur Begrenzung der Platte wählen, die dann die Zuleitungsstellen am Rande zeigt.

Das Potential $\varphi$ für dieselbe Platte bei Wirksamkeit einer rotatorischen Konstanten ist dann nach (131) durch

$$\varphi = -m_2 \frac{\ln (r_2/r_1) - \tau(\vartheta_2 - \vartheta_1)}{1 + \tau^2} \tag{134}$$

gegeben. Diese ganz strenge Formel enthält eine einfache Methode zur Aufsuchung und quantitativen Bestimmung des rotatorischen Parameters $\tau$.

Liegen z. B. (Fig. 120) die Zuleitungsstellen an den Enden eines Durchmessers $\overline{1, 2}$ der Kreisplatte, so sind die Potentialwerte für die Endpunkte $\alpha$ und $\beta$ eines zu ihm normalen Durchmessers $\overline{\alpha\beta}$ resp.

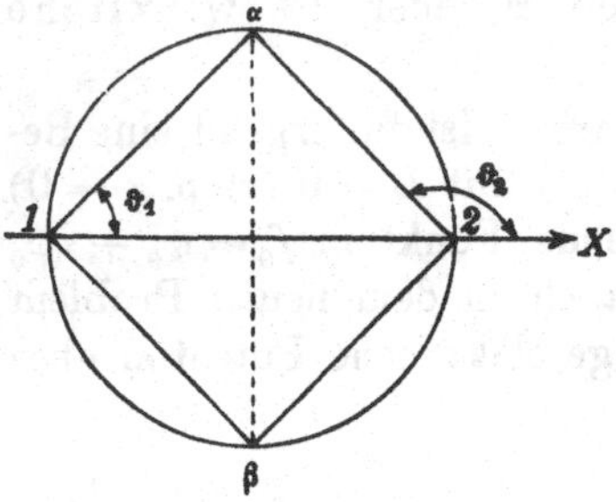

Fig. 120.

$$\varphi_\alpha = \frac{m_2 \pi \tau}{2(1 + \tau^2)} = -\varphi_\beta;$$

die Potentialdifferenz, welche ein Beobachtungsobjekt darstellt, wird demgemäß

$$\varphi_\alpha - \varphi_\beta = \frac{m_2 \pi \tau}{1 + \tau^2}.$$

Über die Schwierigkeiten derartiger Beobachtungen (abgesehen von dem Mangel geeigneten Materiales) ist S. 353 gesprochen worden.

Die Lösung (134) für $\varphi$ ist, wie schon bemerkt, nicht auf die volle Ebene mit zwei aufgesetzten Zuleitungen anwendbar, weil sie bei jeder Umlaufung eines der Pole um $\pm \frac{2\pi m_2 \tau}{1 + \tau^2}$ zunimmt, also vieldeutig wird. Doch bleibt sie brauchbar, wenn man die Ebene entweder längs der Geraden $\overline{1, 2}$ oder aber längs deren beiden äußeren Verlängerungen aufschneidet; auch gilt sie für die Halbebene mit zwei am Rande befindlichen Zuleitungsstellen.

Platten, die als unendlich gelten können, lassen sich natürlich von Kristallen nicht herstellen. Aber die vorstehenden allgemeinen Resultate gestatten in Fällen endlicher Platten, wo eine strenge Behandlung umständlich wäre, mit Leichtigkeit wenigstens qualitative Schlüsse. So ergibt sich z. B. ohne weiteres, daß, wenn man zwei streifenförmige Platten *a* und *b*, die aus demselben Kristall in gleicher Orientierung geschnitten sind, einander parallel in sehr kleinem Abstand befestigt, und, wie Figur 121 zeigt, in den benachbarten Ecken 1 und 2 Zuleitungen anbringt, dann in der Mitte der Trennungslinie $\overline{1,2}$ beiderseitig derselben eine Potentialdifferenz herrschen muß. Denn die Potentiallinien liegen gegen die (punktiert eingetragenen und von den rotatorischen Effekten unbeeinflußten) Stromlinien um den Winkel $\frac{1}{2}\pi - \chi$ geneigt. Trägt man also, wie das in der Figur je in der Mitte der Hälften *a* und *b* angedeutet ist, zwei gleichem Potential entsprechende Linien ein, so treffen dieselben die Zwischengrenze in verschiedenen Punkten.

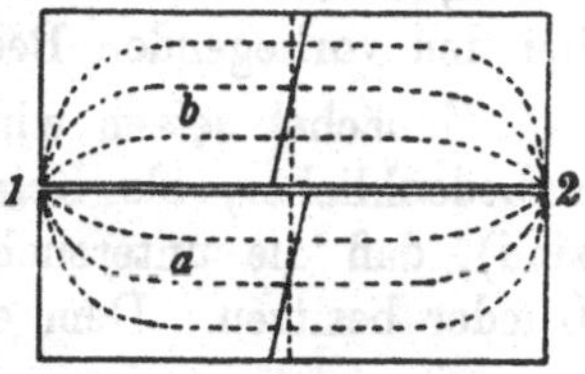

Fig. 121.

Eine solche relativ einfach herstellbare Anordnung, die, wie wir sehen werden, von *Soret* zu andern Zwecken benutzt ist, könnte auch zur Aufsuchung rotatorischer elektrischer Effekte dienen. Die Hauptschwierigkeit derartiger Beobachtungen liegt wohl aber in dem Mangel geeigneten Materials.

§ 187. **Die allgemeinen Formeln für den Hall-Effekt in Kristallen.** Der magnetische *Hall*-Effekt erscheint zunächst nicht als ein Vorgang, der eine Wechselbeziehung zwischen nur zwei Vektoren darstellt; in der Tat besteht er in der Erregung eines Stromes $U$ bei gleichzeitiger Einwirkung eines elektrischen Feldes $E$ und eines Magnetfeldes $H$, — es stehen bei ihm also drei Vektoren in Beziehung. Indessen liegen die Verhältnisse so, daß uns bisher nur Fälle interessieren, wo diese komplizierte Einwirkung sich auf den früher behandelten Fall der Wechselbeziehung zwischen zwei Vektoren reduzieren läßt; demgemäß stellt sich die Anfügung einiger Bemerkungen über den magnetischen *Hall*-Effekt in Kristallen hier als organisch vermittelt dar.

Die einfachste Auffassung des *Hall*-Effekts ist bekanntlich die einer Beeinflussung der elektrischen Leitfähigkeiten durch das Magnetfeld. Da jedenfalls in Annäherung diese Wirkungen lineäre Funktionen der Feldstärke sind, so kommt diese Theorie darauf hinaus, daß man die Leitfähigkeitskonstanten $l_{hi}$ des Ansatzes (86) durch Ausdrücke von der Form

$$L_{hi} = l_{hi} + l_{hi}^{(1)} H_1 + l_{hi}^{(2)} H_2 + l_{hi}^{(3)} H_3 \tag{135}$$

ersetzt, unter den $H_i$ die Komponenten des wirkenden Magnetfeldes verstanden, und demgemäß schreibt

$$U_1 = E_1 L_{11} + E_2 L_{12} + E_3 L_{13}, \ldots \tag{136}$$

Diese sehr komplizierten Ansätze, die jetzt an Stelle von (86) treten, wollen wir durch zwei Annahmen vereinfachen, die jedenfalls bei den vorliegenden Beobachtungen als erfüllt zu betrachten sind.

Zunächst setzen wir voraus (und dies ist ganz allgemein um so unbedenklicher, als Kristalle anderer Art noch nicht nachgewiesen sind), daß die untersuchten Kristalle keine natürlichen rotatorischen Glieder besitzen. Dem entspricht die Annahme $l_{hi} = l_{ih}$.

Die zweite Annahme knüpfen wir an den Ausdruck für den Skalar

$$A = U_1 E_1 + U_2 E_2 + U_3 E_3, \tag{137}$$

welcher die Arbeit der elektrischen Feldstärke an der Strömung in der Volumeneinheit darstellt. Diese Größe erhält jetzt die Form

$$A = E_1(L_{11}E_1 + L_{12}E_2 + L_{13}E_3) + E_2(L_{21}E_1 + \cdots) + E_3(L_{31}E_1 + \cdots).$$

Handelt es sich um einen isotropen Körper, so genügt man der Erfahrung, indem man annimmt, daß der in die magnetischen Feldkomponenten multiplizierte, d. h. durch das Magnetfeld bedingte Anteil dieser Arbeit verschwindet. Wir wollen diese Annahme auch auf den Fall der Kristalle ausdehnen. Ihr entspricht, daß die Beziehungen gelten

$$l_{hh}^{(k)} = 0, \quad l_{hi}^{(k)} + l_{ih}^{(k)} = 0, \qquad \text{für } i, h, k = 1, 2, 3. \tag{138}$$

Diese Spezialisierung kommt darauf heraus, daß man den Ansatz (136) gemäß dem § 170 Gezeigten in zwei Teile

$$\overline{U}_1 = E_1 L_{11} + \tfrac{1}{2} E_2 (L_{12} + L_{21}) + \tfrac{1}{2} E_3 (L_{31} + L_{13}), \ldots$$
$$\overline{\overline{U}}_1 = \tfrac{1}{2} E_2 (L_{12} - L_{21}) - \tfrac{1}{2} E_3 (L_{31} - L_{13}), \ldots$$

zerlegt und die in den Teilen $\overline{U}_h$ vom Magnetfeld abhängigen Terme gleich Null setzt. Daß eine Zerlegung nach diesem Schema immer zwei Teile von wesentlich verschiedenen Eigenschaften liefert, ist § 164 u. f. dargetan. Wir werden dieselbe unten nochmals zu gleichen Zwecken anwenden.

Nach dem Vorstehenden nehmen die aus (86) gewonnenen verallgemeinerten Formeln (136) bei Einführung bequemerer Bezeichnungen $m_{hk}$ für die Parameter die Gestalt an

$$\begin{aligned}
U_1 &= E_1 l_{11} + E_2(l_{12} + m_{31}H_1 + m_{32}H_2 + m_{33}H_3)\\
&\quad + E_3(l_{13} - m_{21}H_1 - m_{22}H_2 - m_{23}H_3),\\
U_2 &= E_1(l_{21} - m_{31}H_1 - m_{32}H_2 - m_{33}H_3) + E_2 l_{22}\\
&\quad + E_3(l_{23} + m_{11}H_1 + m_{12}H_2 + m_{13}H_3),\\
U_3 &= E_1(l_{31} + m_{21}H_1 + m_{22}H_2 + m_{23}H_3)\\
&\quad + E_2(l_{32} - m_{11}H_1 - m_{12}H_2 - m_{13}H_3) + E_3 l_{33},
\end{aligned} \tag{139}$$

wobei

$$l_{hi} = l_{ih}.$$

Um diesen Ansatz auf die verschiedenen Kristallgruppen zu spezialisieren, betrachten wir wieder die skalare Funktion

$$S = U_1^2 + U_2^2 + U_3^2,$$

beschränken uns aber auf die in die Feldkomponenten $H_i$ multiplizierten Teile (die mit $S'$ bezeichnet werden mögen), da die übrigen bereits früher erledigt sind. Für sie ergibt sich bei Zusammenfassung der drei Formeln (139) mit den Faktoren $U_1$, $U_2$, $U_3$ der Ausdruck

$$S' = (U_2 E_3 - U_3 E_2)(m_{11}H_1 + m_{12}H_2 + m_{13}H_3) + \cdots,$$

d. h., wenn wir einen neuen Vektor $K$ mit den Komponenten

$$K_1 = U_2 E_3 - U_3 E_2, \ldots$$

einführen,

$$\begin{aligned}
S' = K_1(m_{11}H_1 + m_{12}H_2 + m_{13}H_3) + K_2(m_{21}H_1 + m_{22}H_2 + m_{23}H_3)\\
+ K_3(m_{31}H_1 + m_{32}H_2 + m_{33}H_3).
\end{aligned} \tag{140}$$

Dieser Ausdruck ist durchaus dem in (3) enthaltenen gleichgestaltet. Er entspricht einem zentrisch-symmetrischen Vorgang, denn wie die magnetische Feldstärke $H$, so ist auch der Hilfsvektor $K$ axial, daneben $S'$ ein gewöhnlicher Skalar.

Demgemäß können wir alles, was für diesen Fall oben in § 164 u. f. entwickelt ist, auf unser neues Problem übertragen; insbesondere ist die Spezialisierung des Ansatzes auf die 32 Gruppen durch die Tabelle auf S. 312 bereits im voraus erledigt.

§ 188. **Anwendung auf spezielle Fälle.** Da wir Kristalle mit natürlichen rotatorischen Qualitäten ausschließen, so spezialisiert sich der Ansatz (139) durch die Beziehungen

$$m_{hi} = m_{ih}, \tag{141}$$

und die noch übrigen sechs Parameter $m_{11}, m_{22}, m_{33}, m_{23}, m_{31}, m_{12}$ sind die gewöhnlichen Komponenten eines Tensortripels $m_{I}, m_{II}, m_{III}$, für welches die den 32 Kristallgruppen (bei Benutzung des Hauptachsensystems) entsprechenden Spezialisierungen aus der Tabelle auf S. 270 zu entnehmen sind.

So wird z. B. für einen Kristall des rhombischen Systems bei Voraussetzung des Hauptachsensystems $X, Y, Z$ gelten

$$\begin{aligned} U_1 &= E_1 l_I + E_2 H_3 m_{III} - E_3 H_2 m_{II}, \\ U_2 &= E_2 l_{II} + E_3 H_1 m_I - E_1 H_3 m_{III}, \\ U_3 &= E_3 l_{III} + E_1 H_2 m_{II} - E_2 H_1 m_I. \end{aligned} \qquad (142)$$

Die Einführung eines andern Koordinatensystems $X', Y', Z'$ erledigt sich ohne weiteres durch die Bemerkung, daß die Parameter $l'_{hi}$ und $m'_{hi}$ die Komponenten der beiden Tensortripel nach den neuen Koordinatenachsen $X', Y', Z'$ darstellen; es gelten für sie also Formeln der S. 309 angegebenen Art.

Für ein Achsensystem $X', Y', Z'$, das gegen $X, Y, Z$ um die $X$-Achse um den Winkel $\Theta$ gedreht ist, liefern diese Formeln bei Benutzung der Abkürzungen $\cos\Theta = c$, $\sin\Theta = s$ die Ausdrücke

$$\begin{aligned} &l'_{11} = l_I, \quad l'_{22} = l_{II}c^2 + l_{III}s^2, \quad l'_{33} = l_{II}s^2 + l_{III}c^2, \\ &l'_{23} = -(l_{II} - l_{III})cs, \quad l'_{31} = 0, \quad l'_{12} = 0, \end{aligned} \qquad (143)$$

und analoge für die $m'_{hi}$.

Wird nun eine Platte normal zur $Z'$-Achse der Untersuchung bei einem dieser Achse parallelen Magnetfelde unterworfen, so ist in den Formeln (139) $H'_1 = H'_2 = 0$ und $H'_3 = H$ zu setzen. Man erhält so

$$\begin{aligned} U_1' &= E_1' l_I + E_2' H(m_{II}s^2 + m_{III}c^2) + E_3' H(m_{II} - m_{III})cs, \\ U_2' &= E_2'(l_{II}c^2 + l_{III}s^2) - E_1' H(m_{II}s^2 + m_{III}c^2) - E_3'(l_{II} - l_{III})cs, \\ U_3' &= E_3'(l_{II}s^2 + l_{III}c^2) - E_2'(l_{II} - l_{III})cs - E_1' H(m_{II} - m_{III})cs. \end{aligned} \qquad (144)$$

Für eine dünne Platte kann dann (wie S. 346) $U_3' = 0$ gesetzt und hieraus $E_3'$ bestimmt werden.

Bei Einführung dieses Wertes liefern die zwei ersten Gleichungen

$$\begin{aligned} U_1' &= E_1'\left(l_I + \frac{H^2(m_{II} - m_{III})^2 c^2 s^2}{l_{II}s^2 + l_{III}c^2}\right) + E_2' H \frac{m_{II}l_{II}s^2 + m_{III}l_{III}c^2}{l_{II}s^2 + l_{III}c^2}, \\ U_2' &= E_2' \frac{l_{II}l_{III}}{l_{II}s^2 + l_{III}c^2} - E_1' H \frac{m_{II}l_{II}s^2 + m_{III}l_{III}c^2}{l_{II}s^2 + l_{III}c^2}, \end{aligned} \qquad (145)$$

was sich schreiben läßt

$$\begin{aligned} U_1' &= E_1' L_{\mathrm{I}} + E_2' H L', \\ U_2' &= E_2' L_{\mathrm{II}} - E_1' H L'. \end{aligned} \tag{146}$$

§ 189. **Beobachtungen über den Hall-Effekt an kristallisiertem Wismut.** Diese Formeln haben ein direktes Interesse, weil von *van Everdingen*[1]) Beobachtungen über den *Hall*-Effekt in verschieden orientierten Platten aus kristallinischem Wismut vorliegen. Auf den Fall dieses trigonalen oder rhomboedrischen Kristalls reduzieren sich die Formeln bei Einführung der Bedingungen

$$l_{\mathrm{I}} = l_{\mathrm{II}}, \quad m_{\mathrm{I}} = m_{\mathrm{II}}.$$

Drückt man noch die Feldstärken $E_1'$, $E_2'$ durch das elektrostatische Potential $\varphi$ aus, so erhält man analog zu (119)

$$\begin{aligned} U_1' &= -\frac{\partial \varphi}{\partial x'} L_{\mathrm{I}} - \frac{\partial \varphi}{\partial y'} H L', \\ U_2' &= -\frac{\partial \varphi}{\partial y'} L_{\mathrm{II}} + \frac{\partial \varphi}{\partial x'} H L', \end{aligned} \tag{147}$$

wobei (unter Vernachlässigung der Glieder zweiter Ordnung in bezug auf die $m$)

$$L_{\mathrm{I}} = l_{\mathrm{I}}, \quad L_{\mathrm{II}} = \frac{l_{\mathrm{I}} l_{\mathrm{III}}}{l_{\mathrm{I}} s^2 + l_{\mathrm{III}} c^2}, \quad L' = \frac{m_{\mathrm{I}} l_{\mathrm{I}} s^2 + m_{\mathrm{III}} l_{\mathrm{III}} c^2}{l_{\mathrm{I}} s^2 + l_{\mathrm{III}} c^2}.$$

*Van Everdingen* benutzte zur Untersuchung des *Hall*-Effekts die S. 352 beschriebene Methode des Streifens. Für ihre Berechnung ist das S. 353 Erörterte heranzuziehen, wobei $- L'H$ an die Stelle des dortigen $L$ tritt. Das Resultat für die Potentialdifferenz lautet jetzt

$$\varphi_\beta - \varphi_\alpha = -\frac{H L' J}{d L_{\mathrm{I}} L_{\mathrm{II}}}, \quad \text{wobei} \quad \frac{L'}{L_{\mathrm{I}} L_{\mathrm{II}}} = \frac{m_{\mathrm{I}} l_{\mathrm{I}} s^2 + m_{\mathrm{III}} l_{\mathrm{III}} c^2}{l_{\mathrm{I}}^2 l_{\mathrm{III}}}.$$

*Van Everdingen* folgerte aus seinen Beobachtungen, daß bei Wismut die Konstante $m_{\mathrm{III}}$ sehr viel größer wäre als $m_{\mathrm{I}}$. In diesem Falle würde bei nicht zu kleinem $c/s$ der Parameter des *Hall*-Effekts gegeben sein durch

$$\frac{L'}{L_{\mathrm{I}} L_{\mathrm{II}}} = \frac{m_{\mathrm{III}} c^2}{l_{\mathrm{I}}^2}.$$

Die Beobachtungen *van Everdingens* an zwei um 60° gegen die Hauptachse des Kristalls geneigten Streifen ließen sich durch den Ansatz

$$L' = L_0' c^2$$

1) *E. van Everdingen*, Leiden, Comm. Nr. 61, 1900, Supl. 2, 1901.

befriedigend darstellen, was mit der durch die Theorie gegebenen Formel übereinstimmt. –

Beobachtungen über den *Hall*-Effekt, die *Lownds*[1]) an einer einzigen, einer Meridianebene parallelen quadratischen Wismutplatte angestellt hat, liefern zur Aufklärung der bezüglichen kristallphysikalischen Verhältnisse nur wenig. Da bei ihnen die Normale der Platte senkrecht zur Hauptachse lag, ist für sie

$$c=0,\quad s=1,\quad x'=x,\quad y'=z,\quad U_1'=U_1,\quad U_2'=U_3$$

zu setzen, wodurch die Formeln (147) die Gestalt erhalten

$$\begin{aligned} U_1 &= -l_{\text{I}}\frac{\partial\varphi}{\partial x} - Hm_{\text{I}}\frac{\partial\varphi}{\partial z},\\ U_3 &= -l_{\text{III}}\frac{\partial\varphi}{\partial z} + Hm_{\text{I}}\frac{\partial\varphi}{\partial x}. \end{aligned} \tag{148}$$

Dies ergibt, daß nach der Theorie die Konstante des *Hall*-Effekts in den beiden von *Lownds* beobachteten Fällen einer zur $X$- und einer zur $Z$-Achse parallelen Strömung den gleichen Wert besitzt, vorausgesetzt, daß (wie *Lownds* tat) die Stromstärke und nicht das dieser parallele Potentialgefälle gemessen wird.

Tatsächlich führten auch die *Lownds*schen Beobachtungen in jenen beiden Fällen auf merklich gleiche Werte des Parameters.

Eine auffallende Dissymmetrie des *Hall*-Effekts, die *Lownds* bemerkt hat, derart, daß bei Umkehrung des Magnetfeldes andere Absolutwerte des Parameters resultierten, scheint sekundäre Ursachen gehabt zu haben, da die Abweichungen unregelmäßigen Charakter hatten. Die Symmetrieverhältnisse des Wismutkristalls, wie auch eines Magnetfeldes geben in der Tat auch keinerlei Mittel, solche Abweichungen in einem Sinne zu erklären.

§ 190. **Widerstandsänderungen von Kristallen im Magnetfeld.** Die obigen Gleichungen des *Hall*-Effekts verlangen neben der Ablenkung der Potentialflächen oder -kurven auch eine Einwirkung des Magnetfeldes auf die Leitfähigkeit des der Beobachtung unterworfenen Metallstreifens. Liegt letzterer normal zur Meridianebene ($U_2'=0$), so gilt nämlich nach (146) bei der früheren Lage des magnetischen Feldes

$$U_1' = E_1'\left(L_{\text{I}} + \frac{H^2L'^2}{L_{\text{II}}}\right), \tag{149}$$

liegt er dazu parallel ($U_1'=0$), so gilt

$$U_2' = E_2'\left(L_{\text{II}} + \frac{H^2L'^2}{L_{\text{I}}}\right). \tag{150}$$

1) *L. Lownds*, l. c.

Hierbei ist die aus (145) zu ersehende Bedeutung von $L_I$ zu beachten. In beiden Fällen ergeben die Formeln eine Vergrößerung der Leitfähigkeit, eine Verkleinerung des Widerstandes. Da nun die Beobachtung in diesen Fällen eine Vergrößerung des Widerstandes durch die Einwirkung des Feldes erwiesen hat, so ist ganz ohne Rücksicht auf Zahlwerte zu schließen, daß die Widerstandsänderungen von Wismut im Magnetfelde sich nicht aus den Gleichungen des *Hall*-Effekts ableiten lassen. Es mag bemerkt werden, daß auch die Größe der durch (149) und (150) ausgedrückten Wirkungen weit unter den beobachteten Werten bleibt.

Es liegt nun am nächsten, die im vorstehenden (S. 358) ausdrücklich vernachlässigten Glieder des benutzten Ansatzes, nämlich diejenigen, welche zu der Arbeit $A$ des elektrischen Feldes nach (137) einen Anteil liefern, zur Erklärung der Beobachtung heranzuziehen, d. h. also diejenigen, die man erhält, wenn man die $l_{hh}^{(k)}$ nicht verschwinden läßt und $l_{hi}^{(k)} = l_{ih}^{(k)}$ setzt. Indessen zeigt die genauere Untersuchung, daß diese Glieder zur Darstellung der Beobachtungen nicht geeignet sind; insbesondere liefern sie, auf die Symmetrie des kristallisierten Wismut spezialisiert, keinen Einfluß eines zur Hauptachse parallelen Magnetfeldes auf den Widerstand, während die Beobachtung einen solchen Einfluß festgestellt hat.

Dies drängt dazu, die Ausdrücke für die Leitfähigkeiten durch höhere Glieder bezüglich der magnetischen Feldkomponenten zu erweitern, also die früheren $l_{hi}$ jetzt durch Funktionen von der Form

$$\Lambda_{hi} = l_{hi} + \lambda_{hi}^{(1)} H_1^2 + \cdots + \lambda_{ih}^{(4)} H_2 H_3 + \cdots \tag{151}$$

zu ersetzen und dann wie früher zu schreiben

$$U_1 = E_1 \Lambda_{11} + E_2 \Lambda_{12} + E_3 \Lambda_{13}, \ \ldots \tag{152}$$

Wieder kann man den Ansatz in zwei Teile zerlegen, von denen der eine zu der Arbeit

$$A = U_1 E_1 + U_2 E_2 + U_3 E_3$$

des elektrischen Feldes an dem Strom einen Beitrag liefert, der andere nicht. Der zweite Teil, der durch die Bedingungen

$$\lambda_{hh}^{(k)} = 0, \quad \lambda_{hi}^{(k)} + \lambda_{ih}^{(k)} = 0$$

charakterisiert wird, erweist sich zur Darstellung der Erfahrung schon deshalb ungeeignet, weil er, auf die Symmetrie des Wismutkristalls angewendet, keine Wirkung eines zur Hauptachse parallelen Feldes zuläßt.

Wir beschränken uns also auf denjenigen, der nach Beseitigung dieses Anteiles übrig bleibt, und der durch die Beziehungen

$$\lambda_{hi}^{(k)} = \lambda_{ih}^{(k)}. \tag{153}$$

charakterisiert ist. Schließen wir wieder Kristalle mit natürlichen rotatorischen Qualitäten aus, so wird nun auch

$$\Lambda_{hi} = \Lambda_{ih}, \tag{154}$$

und wir können in einfacher Bezeichnung schreiben

$$\Lambda_{11} = l_{11} + n_{11}H_1^2 + n_{12}H_2^2 + n_{13}H_3^2 + n_{14}H_2H_3 + n_{15}H_3H_1 + n_{16}H_1H_2 \tag{155}$$

usf.

Zur Spezialisierung des Ansatzes auf die Kristallgruppen ist wieder an die Funktion

$$S = U_1^2 + U_2^2 + U_3^2$$

anzuknüpfen, d. h. an

$$S = U_1E_1\Lambda_{11} + U_2E_2\Lambda_{22} + U_3E_3\Lambda_{33} + (U_2E_3 + U_3E_2)\Lambda_{23} + \cdots.$$

Hierin sind die Faktoren der $\Lambda_{hi}$ durch Tensorkomponenten $P_{hi}$ ausdrückbar; ersetzt man ebenso die Produkte $H_1^2, \ldots H_2H_3, \ldots$ durch die Tensorkomponenten $T_{11}, \ldots T_{23}, \ldots$, so erhält man bei Beseitigung der früher erledigten, in die $l_{hi}$ multiplizierten Glieder und bei Benutzung der neuen Symbole $n_{hi}$ folgenden Ausdruck für den uns interessierenden Teil $S''$ von $S$

$$\begin{aligned} S'' = \; & P_{11}(n_{11}T_{11} + n_{12}T_{22} + \cdots + n_{16}T_{12}) \\ & \cdot\;\cdot\;\cdot\;\cdot\;\cdot\;\cdot\;\cdot\;\cdot\;\cdot\;\cdot\;\cdot\;\cdot\;\cdot\;\cdot\;\cdot\;\cdot\;\cdot\;\cdot \\ & + 2P_{23}(n_{41}T_{11} + n_{42}T_{22} + \cdots + n_{46}T_{12}) \\ & \cdot\;\cdot\;\cdot\;\cdot\;\cdot\;\cdot\;\cdot\;\cdot\;\cdot\;\cdot\;\cdot\;\cdot\;\cdot\;\cdot\;\cdot\;\cdot\;\cdot\;\cdot \end{aligned} \tag{156}$$

Diese skalare Funktion $S''$ ist bilinear (nicht wie die in § 187 behandelte Funktion $S'$ in zwei Systemen von Vektorkomponenten, sondern) in zwei Systemen von Tensorkomponenten. Ähnliche Funktionen werden uns in dem Kapitel über Elastizität beschäftigen, und wir werden dort auch sehen, in welcher Weise dieselben sich auf die verschiedenen Kristallgruppen spezialisieren lassen.

Von vornherein ist erkennbar, daß diese Funktionen, dank der sehr großen Zahl in ihr auftretender Parameter, den Symmetrien der verschiedenen Gruppen erheblich weitergehenden Ausdruck zu geben vermögen, als die in diesem Abschnitt auftretenden (3) und (140). Demgemäß wird z. B. $S''$ bei Kristallen der Systeme IV bis VI mit einer drei-, vier-, sechszähligen Symmetrieachse keineswegs so, wie früher $S$ und $S'$, die Symmetrie eines Rotationskörpers um jene

Achse annehmen; es werden also bezüglich der magnetischen Widerstandsänderung keineswegs Stäbe, die unter dem gleichen Neigungswinkel gegen die $Z$-Hauptachse, aber in verschiedenen Meridianebenen aus einem dieser Kristalle hergestellt sind, einander gleichwertig sein.

Diesen Umstand hat *van Everdingen*[1]) bei seinen Beobachtungen an Wismut nicht erkannt; er hat demgemäß auch auf die Feststellung der Meridianebenen, in denen seine Präparate lagen, nicht Wert gelegt, und seine Resultate gestatten deshalb keine strenge Vergleichung mit der Theorie. Ob die Abweichungen, welche seine Beobachtungen bei Stäben gleicher Neigung gegen die Hauptachse zeigen, ganz auf die Verschiedenartigkeit der verschiedenen Meridiane zurückgeführt werden können, ist nicht sicher, da ähnliche Abweichungen sich auch bei den Bestimmungen des Widerstandes außerhalb des Magnetfeldes gezeigt haben, und diese sehr wahrscheinlich auf Inhomogenitäten des Materials oder Beeinflussung der Leitfähigkeit durch (wohl sehr häufige) kleine Sprünge beruhen.

Davon, daß eine allgemeine qualitative Übereinstimmung der *van Everdingen*schen Beobachtungen mit der Theorie vorhanden ist, kann man sich leicht überzeugen. Es soll hier aber die betreffende Überlegung nicht mitgeteilt werden, und dies um so mehr, als die Mittel zur Spezialisierung des Ansatzes (156) auf die Symmetrie des Wismutkristalls erst später behandelt werden können.

Beobachtungen über die magnetische Änderung des elektrischen Widerstandes für die Richtungen parallel und normal zur Hauptachse, die *Lownds*[2]) mit der S. 345 erwähnten quadratischen Wismutplatte angestellt hat, geben gar keine Möglichkeit einer Vergleichung mit der Theorie. Nur die Tatsache, daß die Widerstandsänderung sich für mäßige Felder proportional mit dem Quadrat der magnetischen Feldstärke ergeben hat, mag erwähnt werden, weil dieser Zusammenhang in dem Ansatz (151) zum Ausdruck gebracht ist.

Für Anwendung und Prüfung der Theorie liegt nach vorstehendem also bisher kein Material vor.

Zweck dieser Darlegung war in erster Linie der Hinweis darauf, wie notwendig schon allein für die richtige Problemstellung bezüglich eines kristallphysikalischen Vorgangs die Erkenntnis der für diesen charakteristischen Symmetrieverhältnisse ist; daneben auch der Hinweis darauf, wie notwendig in diesem für das tiefere Verständnis der Stromleitung, resp. für deren molekulare Theorie, gewiß wichtigen Gebiete neue Beobachtungen unter Berücksichtigung der von der Theorie gegebenen Direktiven sein würden.

1) *E. van Everdingen*, l. c.
2) *L. Lownds*, l. c.

§ 191. **Die Frage zentrisch dissymmetrischer Elektrizitätsleitung.** Die Ansätze (86), welche die direkte Erweiterung des *Ohm*schen Gesetzes darstellen, drücken, wie schon S. 338 bemerkt, einen zentrisch symmetrischen Vorgang aus; azentrische Symmetrien können also, soweit diese Ansätze sich zulässig erweisen, in keinem Falle wirksam werden. Dagegen würden Abweichungen von der Proportionalität zwischen Strömung und treibender Kraft die Möglichkeit azentrischer Elektrizitätsleitung eröffnen.

Das *Ohm*sche Gesetz ist nun in den letzten Dezennien gelegentlich des Ausbaues der Theorie der elektrischen Schwingungen in metallischen Leitern unter sehr verschiedenen Umständen bei großen und kleinen, langsam und schnell wechselnden Kräften angewandt worden, ohne daß aus diesen Anwendungen Folgerungen entstanden wären, die mit der Beobachtung nicht im Einklang gewesen wären. Insbesondere hat seine Anwendung auf ultrarote Schwingungen von immerhin noch ungemein großen Frequenzen zu einer der wundervollsten Bestätigungen der *Maxwell*schen Theorie geführt. Es ist somit wahrscheinlich, daß die Ansätze zur Darstellung der Erscheinungen der Ergänzungen durch Glieder mit höheren Potenzen oder mit Differentialquotienten der treibenden Kräfte nicht bedürfen.

In gleicher Richtung liegen die Resultate einiger von *Thompson* und *Lodge*[1]) angestellten Beobachtungen über die Leitfähigkeit des Turmalin parallel den beiden ungleichwertigen Richtungen seiner Hauptachse. In der Tat würden Ergänzungsglieder in den Ansätzen (86), welche rechts Quadrate und Produkte oder aber erste Differentialquotienten der elektrischen Feld-Komponenten $E_1$, $E_2$, $E_3$ enthielten, ein azentrisches Phänomen ausdrücken, das in azentrischen Kristallen existieren könnte, und die Beobachtung azentrischer Leitfähigkeiten würde umgekehrt zu ihrer Erklärung die Annahme derartiger Ergänzungsglieder verlangen.

Bei den erwähnten Messungen, die, um größere Leitfähigkeiten zu erzielen, bei erhöhten Temperaturen angestellt wurden, bildete die pyroelektrische Erregung, die den Kristall bei steigender oder fallender Temperatur einer elektromotorischen Kraft von entgegengesetzter Richtung ähnlich wirken läßt, eine wichtige Fehlerquelle, die berücksichtigt werden mußte, um sichere Resultate zu erhalten. Die genannten Forscher fanden aber bei Anwendung dieser Vorsicht für beide Richtungen der Hauptachse dieselben Leitfähigkeiten.

Die Vermutung von *Fitzgerald*, daß bei zeitlich veränderlichen Strömen sich eine Verschiedenwertigkeit der beiden Richtungen der Hauptachse geltend machen möchte, ist bisher nicht weiter verfolgt

1) *S. P. Thompson* und *O. J. Lodge*, Phil. Mag. (5), 8, p. 18, 1879.

worden; sie hat aber nach dem oben über die Gültigkeit des *Ohm*schen Gesetzes im Falle der ultraroten Schwingungen Gesagten nicht eben viel Wahrscheinlichkeit, — wenn anders es sich im Turmalin noch um eine metallische Leitung handelt, was freilich nicht sicher ist.

Noch nicht ganz aufgeklärt scheint eine äußerlich hierhergehörige Wirkung, die neuerdings von *Pierce*[1]) zuerst an Karborund, sodann an Molybdänit, Anatas und Brookit aufgefunden worden ist. Platten dieser Kristalle, zwischen metallische Elektroden gefaßt, zeigten gegen elektrische Kräfte in der einen Richtung einen viel (bis zu 4000 Mal) größeren Widerstand, als in der anderen. Die kristallographische Symmetrie dieser sämtlich holoedrischen Kristalle kann derartige Wirkungen nicht bedingen — sie müßte denn aus den Formelementen unrichtig abgeleitet sein. Da die Wirkung mit der Ungleichartigkeit der Elektroden zunimmt, z. B. besonders stark ist, wenn die eine durch eine Platte, die andere durch eine Spitze gebildet ist, so spielen offenbar sekundäre Einflüsse eine sehr große Rolle, und es ist keineswegs ausgeschlossen, daß ähnliche Effekte sich auch bei isotropen Körpern nachweisen lassen.

§ 192. **Elektrolytische und andere singuläre Leitungsvorgänge an Kristallen.** Mit der Erwähnung der an Turmalin angestellten Beobachtungen haben wir uns schon an die Grenze des Bereiches begeben, auf das man die Erweiterung des *Ohm*schen Gesetzes unter allen Umständen anwenden kann. Sowie die metallische Leitung, d. h. also der Ladungstransport durch freie Elektronen, aufhört, oder neben ihr elektrolytische Leitung, d. h. also Ladungstransport durch Ionen, einsetzt, können (insbesondere auch bei schnellen elektrischen Schwingungen) ganz andere Verhältnisse Platz greifen.

Bei seinen später zu besprechenden Versuchen über dielektrische Erregung fand *J. Curie*[2]) an den meisten der von ihm untersuchten Kristallen spurenweise Elektrizitätsleitung, welche der Beobachtung der dielektrischen Vorgänge ein großes Hindernis entgegensetzte. Diese Leitung erschien im allgemeinen als aus elektrolytischer und metallischer zusammengesetzt. Auf eine rein elektrolytische Leitung wird man schließen, wenn ein Präparat mit Metallbelegungen infolge einer angelegten Spannung eine Polarisation von einem Betrage annehmen kann, daß die bei deren Entladung bewegte Strommenge derjenigen gleich ist, welche bei Erregung der Polarisation floß. Reine metallische Leitung wird man annehmen, wenn keinerlei Polarisation nachweisbar ist.

---

1) *C. W. Pierce*, Phys. Rev. T. **25**, p. 31, 1907; **28**, p. 153, 1908.
2) *J. Curie*, Thèses, Paris 1888.

Die von *Curie* beobachteten Erscheinungen waren sehr mannigfaltig und lagen zwischen den Grenzen, daß einerseits bei konstanter angelegter Spannung der Strom schließlich auf Null herabsank, andererseits sich zeitlich nicht merklich änderte. Da verschiedene Vorkommen desselben Minerales sich mitunter außerordentlich verschieden verhielten, so wirkten offenbar bei den Erscheinungen sekundäre Ursachen, wie spurenweise Beimengungen fremder Stoffe oder Flüssigkeitseinschlüsse, wesentlich mit. Quantitative Zusammenhänge mit der Richtung des Stromes im Kristall wurden demgemäß auch nur wenig gefunden. Von Interesse ist, daß bei einigen Kristallen sich große Differenzen zwischen den Leitvermögen in verschiedenen Richtungen fanden. Insbesondere ergab sich Quarz für Richtungen normal zur Hauptachse sehr vollkommen isolierend, parallel zur Hauptachse dagegen relativ gut leitend. Diese Leitfähigkeit steigt mit wachsender Temperatur rapide an.

*Warburg* und *Tegetmeier*[1]) haben nachgewiesen, daß Quarz bei einer Temperatur von 200 bis 300° C ausgeprägt elektrolytisches Leitvermögen besitzt. War eine normal zur Hauptachse geschliffene Platte zwischen zwei Quecksilberreservoiren befestigt, welche die Stromzuleitung vermittelten, und enthielt das als Anode dienende etwas Natrium, so behielt die Stromstärke ihre Größe unverändert bei, während ein dem *Faraday*schen Gesetz entsprechendes Natriumquantum durch die Platte wanderte und in dem als Kathode dienenden Quecksilber aufgelöst wurde. Fehlte das Natrium in der anodischen Quecksilbermasse, so nahm bei konstanter angelegter Spannung die Stromstärke allmählich ab; die Substanz des Quarzes erlitt durch die jetzt nicht rückgängig gemachte Wirkung der Elektrolyse (offenbar Erschöpfung der die elektrolytische Leitung bedingenden Natriumverbindung) eine dauernde Verminderung der Leitfähigkeit.

Diese Erscheinungen sind bisher noch nicht unter dem Gesichtspunkt der gesetzmäßigen Beziehungen zu den Symmetrieverhältnissen untersucht und fallen somit außerhalb des Kreises der hier in erster Linie zu behandelnden. —

Einige Beobachtungen[2]) bezüglich einer orientierten Oberflächenleitung auf Kristallflächen haben zwar Beziehungen zu den kristallographischen Symmetrieverhältnissen; sie gestatten aber nicht, den Anteil, welchen innere Leitung an der Erscheinung hat, zu sondern, und sind daher einer Theorie noch nicht zugänglich. Das methodische Verfahren zur Sonderung dürfte die Beobachtung lamellenartiger Präparate von verschiedener Dicke und verschiedener Orientierung der Seitenflächen bei

1) *E. Warburg* u. *F. Tegetmeier,* Wied. Ann. **32**, 442, 1887; **35**, 455, 1888.
2) *G. Wiedemann,* Pogg. Ann. Bd. **76**, p. 404, **77**, p. 534, 1849; *de Senarmont*, C. R. T. **29**, p. 750, 1849.

unveränderter Längs- oder Stromrichtung sein. Derartige Beobachtungen würden großes Interesse verdienen, weil es sich dabei um einen flächenhaften Vorgang handelt, bei dessen Theorie die Symmetrieverhältnisse des Kristalles in einer, von der hier dargelegten abweichenden Weise in Rechnung zu setzen wären. Freilich würde es einige Schwierigkeit bieten, die Einflüsse fremder Schichten auf der Kristallfläche auszuschließen. —

Einigermaßen den magnetischen Wirkungen auf den elektrischen Widerstand gehen parallel Effekte, die früher in Selen, Tellur und neuerdings in Antimonit[1]) bei Bestrahlung gefunden worden sind. Die Verhältnisse scheinen aber noch nicht soweit geklärt zu sein, daß eine Beziehung zu den Symmetrieverhältnissen der Kristalle erkennbar wäre.

Schließlich sei auf einen vereinzelten, aber nicht völlig geglückten Versuch[2]) hingewiesen, Unterschiede der elektromotorischen Kraft für verschiedene Flächen eines leitenden Kristalles gegen dieselbe leitende Flüssigkeit aufzufinden. Auch diese Versuche verdienen durchaus die Wiederholung und Ergänzung, um so mehr, als die vorliegenden Versuche sich besonders auf einen regulären Kristall (Magnetit) bezogen, und es keineswegs sicher ist, daß mit dessen Symmetrie die gesuchte Erscheinung überhaupt vereinbar ist.

## III. Abschnitt.

## Wärmeleitung.

§ 193. **Historisches. Die fundamentalen Ansätze.** Die Wärmeleitung bildet eine zweite Anwendung der allgemeinen Betrachtungen des I. Abschnitts dieses Kapitels, bei der sich die Vorstellung einer von einer Kraft getriebenen Strömung leicht bietet. Aber die „Kraft" hat hier nicht mehr dieselbe greifbare Realität, wie im Falle der Elektrizitätsleitung, wo eine Einwirkung in Aktion tritt, die sich auch ponderomotorisch als Kraft betätigt. Die bei der Wärmebewegung treibend wirkende Kraft ist ausschließlich thermomotorisch. Sie besitzt ein Potential, die Temperatur, besteht also in deren Gefälle.

Die Grundgleichungen für die Wärmebewegung in Kristallen sind zum ersten Male von *Duhamel*[3]) aufgestellt, der dabei von der Hypothese eines molekularen Wärmeaustausches ausging. Diese Hypo-

1) *F. M. Jäger*, Versl. K. Akad. v. Wet. T. **15**, p. 725, 1907; Zeitschr. f. Krist. Bd. **44**, p. 45, 1907.
2) *De Hansen*, Arch. des Sc. Phys. T. **24**, p. 670, 1890.
3) *J. M. C. Duhamel*, Journ. de l'école polyt. T. **21**, p. 356, 1832.

these führte ihn auf sechs Konstanten der Wärmeleitung, die mit den in § 165 eingeführten Tensorkomponenten identisch sind.

Zu der Ableitung der Gesetze beobachtbarer Erscheinungen aus seinen Gleichungen wurde *Duhamel*[1]) später durch die Beobachtungen *De Senarmonts*[2]) über den Verlauf von Isothermen auf dünnen Kristallplatten veranlaßt. Er fand durch diese Beobachtungen die Resultate seiner Theorie bezüglich der Symmetrieverhältnisse des Wärmeleitungsvorganges bestätigt.

*Lamé*[3]) versuchte die Grundlagen der *Duhamel*schen Theorie zu verallgemeinern, indem er annahm, daß der Wärmeaustausch zwischen zwei Molekülen $M$ und $M'$ eines Kristalls (absolut) verschiedene Größe besitze, wenn die Temperaturdifferenz $\tau - \tau'$ ihr Zeichen wechselte. Er glaubte hierdurch bei azentrischen Kristallen in entgegengesetzten Richtungen verschiedene Leitfähigkeiten als möglich erweisen zu können. Aber diese Interpretation seiner Endformeln ist, wie *Minnigerode*[4]) gezeigt hat, nicht richtig.

*Stokes*[5]) hat die fundamentalen Ansätze der Theorie der Wärmeleitung ohne Hypothese über den Mechanismus des Vorganges aus der plausibeln Hypothese entwickelt, daß die Wärmebewegung in einem Punkte nur von der örtlichen Veränderlichkeit der Temperatur $\tau$ in der nächsten Umgebung dieses Punktes abhängt und verschwindet, wenn die Temperatur in dieser Umgebung konstant ist. Die Konsequenz dieser Hypothese sind Ausdrücke für die Strömungskomponenten $W_h$ der Wärme von der Form

$$-W_1 = \lambda_{11}\frac{\partial\tau}{\partial x} + \lambda_{12}\frac{\partial\tau}{\partial y} + \lambda_{13}\frac{\partial\tau}{\partial z}, \qquad (157)$$

$$\cdots\cdots\cdots\cdots\cdots$$

mit neun Konstanten der Leitfähigkeit $\lambda_{hi}$, welche nach § 165 ein Tensortripel $\lambda_{I}, \lambda_{II}, \lambda_{III}$ resp. eine Tensorfläche $[\lambda]$ und einen Vektor $\lambda$ bestimmen. Da die Strömung und das Temperaturgefälle beide polare Vektoren repräsentieren, ist das Tensortripel polar, der Vektor axial.

Die Auflösung der Gleichungen nach $\partial\tau/\partial x, \ldots$ usf. führt zu

$$-\frac{\partial\tau}{\partial x} = \varkappa_{11}W_1 + \varkappa_{12}W_2 + \varkappa_{13}W_3, \qquad (158)$$

$$\cdots\cdots\cdots\cdots\cdots$$

1) *J. M. C. Duhamel*, ib. T. 32, p. 155, 1848.
2) *H. de Senarmont*, mehrere Abh. in den Ann. de chimie et phys. aus dem Jahre 1848.
3) *G. Lamé*, Leçons sur la theorie au de la chaleur, Paris 1861.
4) *B. Minnigerode*, Gött. Diss. 1862. Art. II.
5) *G. G. Stokes*, Cambr. and Dubl. Math. Journ. T. 6, p. 215, 1851; Coll. Papers T. 3, p. 203.

wobei an die Widerstandskonstanten $\varkappa_{hi}$ die analogen Bemerkungen anzuknüpfen sind, wie an die $\lambda_{hi}$. Die Temperatur $\tau$ kann in den Formeln (157) und (158) von einem beliebigen Anfangspunkt aus gerechnet werden; zu der Einführung der absoluten Temperatur $\vartheta$ liegt eine Veranlassung nicht vor.

Wegen der zentrisch-symmetrischen Natur der durch die Ansätze (157) und (158) ausgedrückten Vorgänge spezialisieren sich dieselben gemäß der Tabelle auf S. 312 auf die 32 Kristallgruppen. Die Gruppen, denen nach dieser Zusammenstellung ein Vektor $\lambda$ resp. $\varkappa$ zukommt, können nach der S. 333 eingeführten Bezeichnungsweise rotatorische Qualitäten besitzen, deren experimenteller Nachweis ein wichtiges Problem darstellt, auf das wir unten ausführlich eingehen werden. —

Es mag schon hier betont werden, daß eine soweit gehende Prüfung und Bestätigung der fundamentalen Ansätze (157) und (158), wie sie nach S. 366 bei den analogen Formeln der Elektrizitätsleitung ausgeführt ist, hier bisher nicht stattgefunden hat. Die vorliegenden Messungen ergeben jedenfalls, daß die Parameter $\lambda_{hi}$ und $\varkappa_{hi}$ beträchtlich mit dem „Potential" $\tau$ variieren, während das Analoge bezüglich der elektrischen Parameter $l_{hi}$ und $k_{hi}$ nicht gilt, sondern dort eine merklich vollständige Unabhängigkeit nachgewiesen ist. In dieser Abhängigkeit der $\lambda_{hi}$ und $\varkappa_{hi}$ von der Temperatur liegt eine erste Komplikation der Theorie der Wärmeleitung. Man darf die Ansätze (157) und (158) mit konstant gedachten $\lambda_{hi}$ und $\varkappa_{hi}$ im Grunde nur auf Körper anwenden, in denen die Temperatur innerhalb sehr enger Grenzen variiert; wenn man hiervon in der Praxis vielfach abweicht, so rechtfertigt sich dies nur durch die Ungenauigkeit der recht schwierigen Beobachtungen über Wärmeleitung.

§ 194. **Hauptgleichung und Grenzbedingungen.** Wichtige Methoden der Beobachtung knüpfen in der Wärmelehre nicht an den stationären Zustand an (der für die Untersuchung der Elektrizitätsleitung nahezu einzig in Betracht kam), sondern an den zeitlich veränderlichen.

Um für derartige Vorgänge die Hauptgleichung aufzustellen, berücksichtigen wir, daß

$$\operatorname{div} W = \frac{\partial W_1}{\partial x} + \frac{\partial W_2}{\partial y} + \frac{\partial W_3}{\partial z} = Q$$

den auf die Volumen- und Zeiteinheit bezogenen Überschuß der Ausströmung über die Einströmung darstellt. Nach der Definition der spezifischen Wärme $c$ muß dann gelten, wenn eine räumliche Wärmeentwicklung (z. B. elektrischen Ursprungs) ausgeschlossen wird,

$$c\varrho \frac{\partial \tau}{\partial t} = -Q = -\left(\frac{\partial W_1}{\partial x} + \frac{\partial W_2}{\partial y} + \frac{\partial W_3}{\partial z}\right), \tag{159}$$

wobei $\varrho$ die Dichte der Materie bezeichnet. Dies ist die gesuchte Hauptgleichung, in welche nur noch die Ausdrücke (157) für die Strömungskomponenten $W_h$ einzusetzen sind.

Es bedingt einen beträchtlichen Unterschied unseres Problems gegenüber der Theorie der Elektrizitätsleitung, daß zwar gegenüber der elektrischen Leitung ein Körper isoliert werden kann, nicht aber gegenüber der Wärmeleitung. Man darf demgemäß eigentlich in Strenge das letztere Problem überhaupt für kein abgeschlossenes System stellen, sondern muß jederzeit dessen ganze Umgebung mit in Rechnung setzen. Ist diese Umgebung ein Luftraum, so begnügt man sich im allgemeinen damit, dessen Einfluß summarisch zu berücksichtigen durch die schon von *Newton* gemachte Annahme, daß aus einem Oberflächenelement $do$ des Körpers mit der Temperatur $\bar{\tau}$ in der Zeiteinheit in eine gasförmige Umgebung von der Temperatur $\tau_u$ eine Wärmemenge austritt, gegeben durch

$$Q = \bar{\lambda}(\bar{\tau} - \tau_u)do,$$

wobei $\bar{\lambda}$ einen Parameter, die äußere Leitfähigkeit des Körpers, darstellt. Bei Kristallen wäre dann $\bar{\lambda}$ als abhängig von der Orientierung der Grenzfläche gegen den Kristall zu betrachten, — es sei denn, daß die Oberfläche künstlich, etwa durch Versilberung, isotrop gemacht wäre.

Die Bedingung für die Grenze des Körpers nach einem Gasraum liefert die Erwägung, daß die innerhalb des Körpers gegen die Grenze laufende Strömung $W_n$ der durch die Grenze in die Umgebung austretenden gleich sein muß, was zu der Beziehung führt

$$\overline{W}_n = \overline{W}_1 \cos(n, x) + \overline{W}_2 \cos(n, y) + \overline{W}_3 \cos(n, z) = \bar{\lambda}(\bar{\tau} - \tau_u). \tag{160}$$

Hierin bezeichnen die $\overline{W}_h$ die Werte der $W_h$ in dem Oberflächenelement, $n$ ist die äußere Normale.

Aber abgesehen davon, daß $\bar{\lambda}$ sich von der Temperatur $\bar{\tau}$ abhängig findet, bewährt sich das Gesetz der Proportionalität mit $\bar{\tau} - \tau_u$ nur für kleine Temperaturdifferenzen. Die Ungenauigkeit des Gesetzes kann nicht überraschen, denn der Wärmeaustausch eines Körpers mit einem umgebenden Gas vollzieht sich offenbar auf sehr komplizierte Weise unter starker Beteiligung mechanischer Strömung in dem Gas. Exakte Beobachtungen, bei denen die Oberflächenableitung nicht streng aus den Resultaten eliminiert werden kann, sollten deshalb möglichst nur in hochevakuierten Räumen angestellt werden, wo wenigstens jene unregelmäßigen Konvektionen in Wegfall kommen.

Außer der Bedingung (160) kommt für die Begrenzung des betrachteten Kristallpräparats besonders noch die andere in Frage, daß ein Teil der Oberfläche auf einer vorgeschriebenen oder aber als durch Messung bekannt zu betrachtenden Temperatur erhalten wird. Bei veränderlichen Zuständen läßt sich eine Konstanz der Oberflächentemperatur durch Berührung der Oberfläche mit einem schmelzenden oder verdampfenden Körper erzielen, dergleichen auch bei Wärmezufuhr oder -abgabe ihre eigene Temperatur nicht ändern.

Dieser Fall vorgeschriebener Oberflächentemperatur kann unter den durch die Bedingung (160) ausgedrückten subsummiert werden, insofern bei unendlich großer äußerer Leitfähigkeit $\bar{\lambda}$ die Bedingung (160) die Form annimmt

$$\bar{\tau} = \tau_u.$$

Für die Zwischengrenze zwischen zwei festen Körpern $a$ und $b$ wird eine Bedingung geliefert durch die Forderung, daß (bei Ausschluß flächenhafter Wärmeentwicklung von der Art z. B. des *Peltier*-Effekts) die von beiden Seiten gegen die Grenze laufenden Wärmemengen $(W_n)_a$ und $(W_n)_b$ sich zu Null ergänzen müssen, was wir kurz in das Symbol fassen

$$(\overline{W}_n)_a + (\overline{W}_n)_b = 0. \tag{161}$$

Die Bedeutung der $W_n$ erhellt dabei aus (160). Außerdem kommt in Betracht, daß nach der Erfahrung die Temperatur beim Durchgang durch die Grenze stetig bleibt, was durch

$$\bar{\tau}_a = \bar{\tau}_b \tag{162}$$

ausgedrückt werden mag.

Infolge dieser letzten Bedingung kann man in manchen Fällen, insbesondere auch solchen stationärer Wärmeströmung, eine konstante und bekannte Temperatur eines Teiles der Oberfläche des zu untersuchenden Körpers dadurch hervorbringen, daß man denselben mit einem andern Körper von beträchtlich höherer Leitfähigkeit in Berührung bringt und diesen letzteren durch eine Flamme oder einen darum geführten Strom auf konstanter Temperatur $\tau_0$ erhält. Es ist dann

$$\bar{\tau} = \tau_0.$$

Das Eintauchen eines Körpers in ein konstant temperiertes und gut umgerührtes Flüssigkeitsbad wirkt anders; hier gewinnt die Gleichung (160) mit einem endlichen $\bar{\lambda}$ wieder (wenigstens angenäherte) Gültigkeit; aber $\bar{\lambda}$ ist dabei nicht der Kombination von Körper und Flüssigkeit individuell, sondern variiert mit dem Bewegungszustand der letzteren. Dieser letztere Umstand macht die Benutzung von Flüssigkeitsbädern für exakte Messungen ziemlich ungeeignet.

Es läßt sich zeigen, daß die Hauptgleichung (159), bei Benutzung der Werte (157) und in Verbindung mit den Oberflächenbedingungen (160), (161), (162) und mit einer Angabe über die anfängliche Temperaturverteilung, die Temperatur für jede folgende Zeit eindeutig bestimmt. Auch auf diesen durch die Hilfsmittel der Potentialtheorie leicht zu erbringenden Beweis soll hier nicht eingegangen werden. —

Für die Anwendungen der vorstehenden allgemeinen Gleichungen, die wiederum nur praktisch bedeutungsvolle, im übrigen sehr einfache Probleme betreffen werden, sei erinnert, daß wir neben dem zu den Symmetrieelementen des Kristalls in Beziehung stehenden Koordinatenkreuz $XYZ$ in vielen Fällen vorteilhaft ein weiteres $X'Y'Z'$ einführen, das im bequemen Anschluß an die Form des bei jenen Anwendungen jeweils vorausgesetzten Kristallpräparats steht. Bezüglich der Transformation der Parameter $\lambda_{hi}$ und $\varkappa_{hi}$ von dem Hauptsystem auf ein derartiges Hilfssystem ist auf die allgemeinen Bemerkungen von S. 309 zu verweisen.

§ 195. **Wärmeleitung in einem dünnen Zylinder.** Um die Hauptgleichung für einen dünnen zylindrischen Stab aus kristallinischer Substanz mit freier Mantelfläche zu gewinnen, dessen Achse durch die $Z'$-Koordinatenachse dargestellt wird, geht man von der Formel (159) aus, multipliziert dieselbe mit dem Element $dx'dy' = dq$ des Querschnittes $q$ und integriert über den ganzen Querschnitt. So ergibt sich, wenn man die ersten zwei Glieder rechts in ein Integral über den Rand $s$ des Querschnittes verwandelt,

$$c\varrho\frac{\partial}{\partial t}\int\tau dq = -\int(\overline{W}_1'\cos(n,x') + \overline{W}_2'\cos(n,y'))ds - \frac{\partial}{\partial z'}\int W_3' dq.$$

$n$ bezeichnet dabei die Richtung der äußeren Normale auf der Randkurve $s$. Da $\cos(n,z') = 0$, so ist das Element des Randintegrals nach (160) auszudrücken, und man erhält bei gleichzeitiger Einführung des Wertes $W_3'$ nach (157)

$$c\varrho\frac{\partial}{\partial t}\int\tau dq = -\int\bar{\lambda}(\bar{\tau} - \tau_u)ds$$
$$+ \frac{\partial}{\partial z'}\int(\lambda_{31}'\cos(n,x') + \lambda_{32}'\cos(n,y'))\bar{\tau}ds + \lambda_{33}'\frac{\partial^2}{\partial z'^2}\int\tau dq.$$

Hierin ist

$$\int\tau dq = Tq, \tag{163}$$

unter $T$ den mittleren Wert von $\tau$ auf $q$ verstanden. Ist $\bar{\lambda}$ nicht merklich von der Orientierung des Oberflächenelements gegen den

Kristall abhängig, und ist der Querschnitt des Stabes hinreichend klein gegen seine Länge, so daß gegenüber der vorkommenden Änderung von $\tau$ mit $s'$ diejenige mit $x'$ und $y'$ als klein betrachtet werden kann, so ist merklich

$$\int \bar{\lambda} \bar{\tau} ds = \bar{\lambda} T s,$$

wobei $s$ die Länge der Randlinie von $q$ bezeichnet.

Unter den gleichen Umständen werden die Integrale $\int \bar{\tau} \cos(n, x') ds$ und $\int \bar{\tau} \cos(n, y') ds$ sehr kleine Werte besitzen und in Annäherung neben den übrigen Gliedern vernachlässigt werden können. (Dieser letztere Teil der eingeführten Annäherung ist der bedenklichste, während der vorige insbesondere dann, wenn durch Versilberung der Oberfläche $\bar{\lambda}$ streng konstant gemacht ist, zu größeren Einwänden kaum Anlaß gibt.)

Die vorstehenden Überlegungen führen zu der definitiven Form der Hauptgleichung

$$c\varrho \frac{\partial T}{\partial t} = \lambda_{33}' \frac{\partial^2 T}{\partial s'^2} - \frac{\bar{\lambda} s}{q} (T - \tau_u). \tag{164}$$

Die Eigenart des Kristalls bezüglich der thermischen Leitung gewinnt hier nur in dem Parameter der Leitfähigkeit $\lambda_{33}'$ Ausdruck; es ist bemerkenswert, daß darin ein wesentlicher Unterschied von dem Problem der Elektrizitätsleitung in einem dünnen Stabe ausgedrückt ist, bei dem sich einzig der entsprechende Parameter des Widerstandes $k_{33}'$ wirksam erwies. Allerdings beruht der jetzt gezogene Schluß wesentlich auf einer nicht ganz unbedenklichen Annäherung.

Die Gleichung (164) hat im übrigen durchaus die Form der für einen isotropen Stab geltenden Hauptgleichung, wird also (insbesondere bei konstanter Temperatur $\tau_u$ der Umgebung), wie jene, durch Exponentialgrößen integriert. Für den Fall des stationären Zustandes gilt, wenn man $T$ von der Temperatur $\tau_u$ der Umgebung aus zählt,

$$T = C_1 e^{\alpha s'} + C_2 e^{-\alpha s'}, \quad \alpha^2 = \frac{\bar{\lambda} s}{\lambda_{33}' q}. \tag{165}$$

Die Integrationskonstanten $C_h$ bestimmen sich durch Bedingungen für die Enden des Stabes, an denen die Temperaturen vorgeschrieben sind. $T$ findet sich als nur von dem Quotienten $\bar{\lambda}/\lambda_{33}'$ der äußern und der innern Leitfähigkeit abhängig; die letztere Konstante läßt sich also nur dann isolieren, wenn die erstere, etwa durch Versilbern der Oberfläche, eine bekannte Größe erhalten hat.

Die Methode der Beobachtung an dünnen Stäben, die im Falle der elektrischen Leitung die hauptsächliche Methode der Konstantenbestimmung darstellte, ist im Falle der Wärmeleitung ungleich weniger empfehlenswert. Um den bei den obigen Vernachlässigungen gemachten Annahmen einigermaßen zu entsprechen, muß man bei der geringen Länge, in der sich Kristallstäbe im allgemeinen herstellen lassen, die Querschnitte sehr klein wählen, und dieser Umstand macht die Temperaturbestimmung in den einzelnen Querschnitten sehr schwierig, zumal die meisten Kristalle schlechte Wärmeleiter sind, und demgemäß ein angebrachtes Thermoelement durch Ableitung der Wärme starke Störungen bewirken würde.

§ 196. **Bestimmungen von relativen Leitfähigkeiten mit Hilfe von transversaler Strömung in Platten.** Die vorstehend erwähnten Übelstände der Methode der „linären Leiter“ bei dem Wärmeproblem haben dazu geführt, die Bestimmung der Konstanten auf einem in mancher Hinsicht entgegengesetzten Wege, nämlich mit Hilfe von gegen den Querschnitt sehr kurzen Zylindern, d. h. mit dünnen Platten, zu versuchen.

In der Tat, wenn es gelingt, den beiden Grenzebenen einer dünnen Platte durch Berührung mit geeigneten Heizkörpern in ihrer ganzen Ausdehnung konstante Temperaturen zu erteilen, so werden auch im Innern (abgesehen von sehr kleinen Bereichen am Rande) die Temperaturen längs zu den Grenzen paralleler Ebenen konstant sein. Liegen die Grenzebenen der $X'Y'$-Ebene parallel, so ist dann $\tau$ nur von $Z'$ abhängig, und die Grundformeln (157) werden zu

$$-W_1' = \lambda'_{13}\frac{\partial\tau}{\partial z'}, \quad -W_2' = \lambda'_{23}\frac{\partial\tau}{\partial z'}, \quad -W_3' = \lambda'_{33}\frac{\partial\tau}{\partial z'}, \tag{166}$$

die Hauptgleichung (159) zu

$$c\varrho\frac{\partial\tau}{\partial t} = \lambda'_{33}\frac{\partial^2\tau}{\partial z'^2}. \tag{167}$$

Sind $\lambda'_{13}$ und $\lambda'_{23}$ gleich Null, so geht die Strömung parallel der $Z'$-Achse; dies tritt nach S. 317 u. 318 ein, wenn die $Z'$-Achse eine Symmetrie- oder Spiegelachse des Kristalles ist; in andern Fällen hat die Strömung eine Komponente normal zur $Z'$-Achse.

Diese Verhältnisse sind von Einfluß auf das Verhalten der Wärmeströmung in der nächsten Nähe des Plattenrandes. Dort wird man am bequemsten die Wärmeableitung nach außen durch Umhüllung mit einem schlechten Wärmeleiter möglichst klein machen. Im Falle $\lambda'_{13} = \lambda'_{23} = 0$ weicht dann auch am Rande die Wärmeströmung nicht merklich von der im Innern der Platte ab. Ist dagegen $\lambda'_{13}$ und $\lambda'_{23}$ von Null verschieden, so werden sich die Isothermenflächen nächst dem Rande derart krümmen müssen, daß dort die Strömung der zylindrischen Mantelfläche der Platte merklich parallel ist. Figur 122 gibt hiervon eine Anschauung. Die Platte ist horizontal liegend gedacht, $\overline{ab}$ und $\overline{cd}$ stellen die Schnitte ihrer Grundflächen, $\overline{bc}$ und $\overline{da}$ diejenigen ihrer Mantelfläche mit der Figurenebene dar. Die ausgezogenen Kurven geben schematisch die Stromlinien, die punktierten die Schnitte der Isothermenflächen wieder. Ist die Temperatur an der unteren Grenze $\overline{ab}$ niedriger, als an der oberen $\overline{cd}$, so wird durch die Wirkung der Strömung am Rande die Temperatur bei $a$ und $d$ etwas gesteigert, bei $b$ und $c$ etwas heruntergedrückt werden; entsprechend wird sich die Temperatur in den an $\overline{ab}$ und $\overline{cd}$ anliegenden Heizkörpern einstellen.

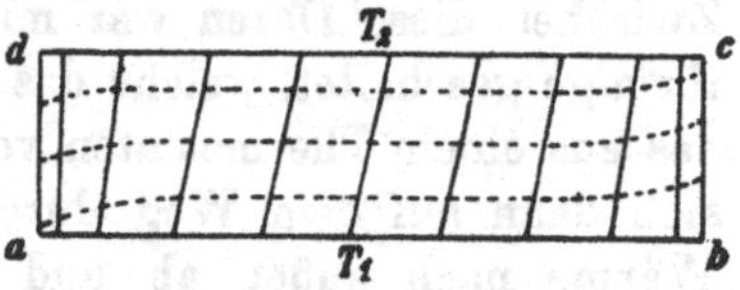

Fig. 122.

Der Einfluß einer derartigen Abweichung der Isothermenflächen von der ebenen Gestalt wird bei genauen Beobachtungen schätzungsweise in Rechnung gesetzt werden müssen.

Um die oben gemachten Voraussetzungen konstanter Temperaturen auf den Grenzflächen wenigstens bei schlechtleitenden Kristallplatten möglichst zu realisieren, kann man die Platten nach einem Vorschlag von *Lodge*[1]), der ähnlich von *Christiansen*[2]) gemacht und auch ausgeführt ist, zwischen die Grundflächen zweier Zylinder aus einem gut leitenden Metall (Kupfer) fassen und die Metallzylinder so mit Wärmequellen in Verbindung bringen, daß in ihnen die Isothermenflächen praktisch mit Querschnitten zusammenfallen. Dies letztere wird bei nicht großen Querschnitten (also bei den in unserm Falle vorliegenden Verhältnissen) nur dann einigermaßen erfüllt sein, wenn das ganze System aus Zylindern und Platten nach außen recht vollkommen gegen Wärmeabgabe geschützt ist.

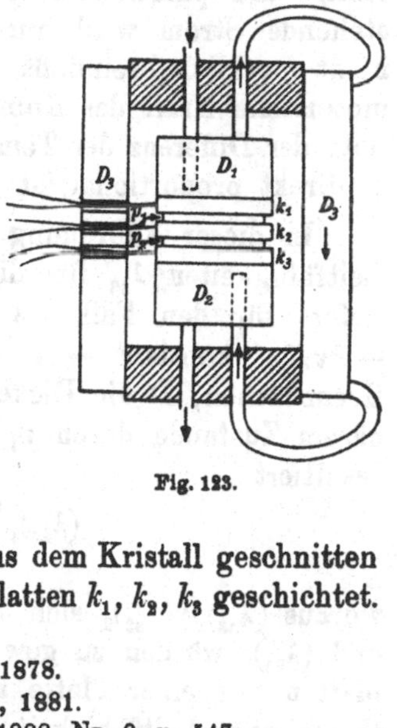

Fig. 123.

*Bäckström*[3]), der die vorstehend skizzierte Methode bei Platten des rhomboedrisch kristallisierenden Eisenglanzes angewendet hat, bediente sich der folgenden Anordnung (Fig. 123).

Zwei Platten $p_1$, $p_2$, die in verschiedener Orientierung und in gleicher Größe aus dem Kristall geschnitten waren, wurden zwischen drei gleiche Kupferplatten $k_1$, $k_2$, $k_3$ geschichtet.

1) *O. J. Lodge,* Phil. Mag. (5) T. 5, p. 110, 1878.
2) *C. Christiansen,* Wied. Ann. Bd. 14, p. 23, 1881.
3) *H. Bäckström,* Öfvers. Akad. Stockholm 1888, Nr. 8, p. 547.

Durch Verkupferung und Amalgamierung der Grundflächen der Kristallplatten war für gute Berührung zwischen ihnen und den Kupferplatten gesorgt. An die äußeren Kupferplatten legten sich zwei Dosen $D_1$ und $D_2$ von Kupfer an, durch die ein Wasserstrom geschickt werden konnte. Zwischen diese Dosen war mittels zweier Schläuche eine dritte ringförmige geschaltet, welche das ganze System umgab. Warmes Wasser, das aus einem Thermostaten von oben her in die Dose $D_1$ eintrat, kühlte sich dann auf dem Weg durch den Zylinder $D_3$ durch Abgabe von Wärme nach außen ab und kam mit niedrigerer Temperatur nach $D_2$ und von da nach dem Thermostaten zurück. Nach einiger Zeit der Zirkulation stellte sich in dem inneren System eine stationäre Temperaturverteilung ein.

Zur Messung der Temperaturen in den Grenzebenen der Kristallplatten $p_1$ und $p_2$ wurden in die Kupferplatten Thermoelemente eingefügt; es wurde dann angenommen, daß das Temperaturgefälle innerhalb der Kupferplatten, dank deren guter Leitfähigkeit, vernachlässigt werden könnte. Noch zuverlässiger erwies sich die Methode, direkt die Temperaturdifferenz zwischen den beiden Grenzebenen derselben Kristallplatte aus den elektromotorischen Kräften der Kombinationen $(k_1 p_1 k_2)$ resp. $(k_2 p_2 k_3)$ zu erschließen, wobei die Resultate der später zu besprechenden *Bäckström*schen Beobachtungen über die thermoelektrische Erregung von Eisenglanz zur Anwendung kamen. Zu diesem Zweck wurden an den Kupferplatten nur Kupferdrähte befestigt und paarweis durch ein Galvanometer geschlossen. Der entstehende Strom wird durch den Widerstand in den Kristallplatten nicht merklich beeinflußt, ist also ein direktes Maß für die elektromotorische Kraft der Kombination $(k_1 p_1 k_2)$ resp. $(k_2 p_2 k_3)$, die ihrerseits der Differenz der Temperaturen in den Grenzflächen von $p_1$ resp. $p_2$ direkt proportional ist.

In dieser Anordnung gibt die Methode nur die Quotienten der Leitfähigkeiten $\lambda'_{33}$ für die beiden Platten; denn die Formel (167) liefert für den Fall des stationären Zustandes $\partial^2\tau/\partial z'^2 = 0$, also $-\partial\tau/\partial z'$ konstant $= (\tau' - \tau'')/D$, wo $\tau'$, $\tau''$ die Temperaturen der Grenzflächen, $D$ die Dicke der Platte bezeichnet. Da nun bei stationärem Zustande durch $p_1$ und $p_2$ der gleiche Strom gehen muß, so resultiert

$$(\lambda'_{33})_1 \frac{\tau'_1 - \tau''_1}{D_1} = (\lambda'_{33})_2 \frac{\tau'_2 - \tau''_2}{D_2},$$

woraus $(\lambda'_{33})_1 : (\lambda'_{33})_2$ sich bestimmt. (Die absoluten Werte von $(\lambda'_{33})_1$ und $(\lambda'_{33})_2$ würden zu gewinnen sein, wenn man je eine der Kristallplatten mit einer Platte aus einem isotropen Körper von bekannter thermischer Leitfähigkeit kombiniert beobachtete.)

*Bäckström* benutzte zwei Platten, von denen die eine normal zu der $Z$-(Haupt-)Achse des Kristalles geschnitten war, die andere zu ihr parallel lag.

Bezeichnet man die bezüglichen Hauptleitfähigkeiten mit $\lambda_{III}$ und $\lambda_I$, so ergab die Beobachtung

$$\lambda_I : \lambda_{III} = 1{,}113.$$

Es ist bekannt, daß Beobachtungen an isotropen metallischen Leitern für den Quotienten aus der thermischen und der elektrischen Leitfähigkeit einen in Annäherung universellen, d. h. vom benutzten Material unabhängigen Wert ergeben haben (Gesetz von *G. Wiedemann* und *Franz*). Zugleich muß es als eines der schönsten Resultate der S. 340 erwähnten kinetischen Theorie der Wärme- und und Elektrizitätsleitung bezeichnet werden, daß sich aus ihr derselbe Zusammenhang ergeben hat. Nach diesen Resultaten war es von Interesse, zu untersuchen, ob ein metallisch leitender Kristall für verschiedene Richtungen sich dem gleichen Gesetz fügte. In der Tat wäre zu erwarten, daß ein Stab, parallel einer Symmetrieachse geschnitten, sich gegen einen longitudinalen Wärme- und Elektrizitätsstrom ebenso verhielte, wie ein Stab aus einem isotropen Metall. In diesem Falle müßte das Verhältnis der Leitfähigkeiten für Elektrizität $l_I : l_{III}$ dem oben angegebenen für Wärme $\lambda_I : \lambda_{III}$ gleich sein. Nach S. 344 fand aber *Bäckström*

$$l_I : l_{III} = 1 : 1{,}8;$$

es besteht also keine Übereinstimmung mit dem oben angegebenen Resultat über $\lambda_I : \lambda_{III}$.

§ 197. **Beobachtungen zur Ableitung absoluter Zahlwerte.** Um mit der obigen Methode der transversalen Strömung durch Platten direkt absolute Werte der Wärmeleitfähigkeiten zu bestimmen, muß man im Falle des stationären Zustandes den absoluten Wert $W_3'$ der in der Zeiteinheit durch die Querschnittseinheit strömenden Wärmemenge meßbar machen. Da aber Wärmemengen am bequemsten aus den durch sie bewirkten Temperaturerhöhungen erschlossen werden, so liegt es näher, die Benutzung des stationären Zustandes aufzugeben und zu der Beobachtung eines zeitlich veränderlichen überzugehen.

Eine einfache Anordnung zu letzterem Zwecke, zunächst für Untersuchung von Flüssigkeiten bestimmt, hat *H. F. Weber*[1]) angegeben und *Tuchschmidt*[2]) in einer Modifikation auf einige Kristalle ange-

1) *H. F. Weber*, Wied. Ann. Bd. **10**, p. 103, 1880.
2) *A. Tuchschmidt*, Diss. Zürich 1888.

wendet. Die zu untersuchende dünne Schicht oder Platte $p$ wird zwischen zwei dicke Kupferplatten $k_1$ und $k_2$ gefaßt (Fig. 124) und das System, nachdem es Zimmertemperatur angenommen hat, auf einen oben ebenen Eisklotz aufgelegt, das Ganze darnach schnell mit einer durch Schnee gekühlten Kappe überdeckt.

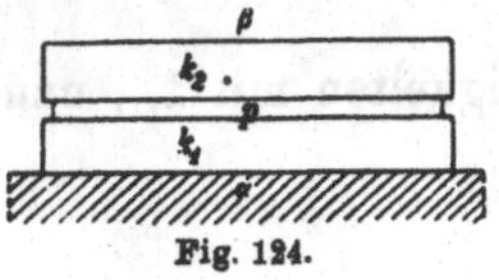

Fig. 124.

Das Problem ist dann theoretisch die Wärmebewegung in einem geschichteten Medium, dessen eine Grundfläche $\alpha$ konstant auf der Temperatur $0^0$ C erhalten wird, während die andere $\beta$ Wärme gegen eine Umgebung von der konstanten Temperatur $0^0$ abgibt. Der beträchtliche Mangel der Methode ist der große, ja entscheidende Einfluß, den bei ihr die Wärmeabgabe an der Fläche $\beta$ gegen den Luftraum erhält — ein Vorgang, dessen Gesetze nach S. 372 keineswegs sicher sind.

Es mag daher genügen, die Theorie der Methode in einer Annäherung zu entwickeln, welche die Annahme benutzt, daß in dem System der Vorgang des Temperaturausgleiches bereits so weit vorgeschritten ist, daß von der Exponentialreihe, welche die Veränderlichkeit mit der Zeit darstellt, nur noch das Glied mit kleinstem Exponenten wirksam ist.

Wir nehmen die drei Platten $k_1, p, k_2$ von den Dicken $D, d, D$, den Dichten $P, \varrho, P$, den spezifischen Wärmen $C, c, C$, den inneren Leitfähigkeiten $\Lambda, \lambda = \lambda'_{33}, \Lambda$ und bezeichnen die in ihnen herrschenden Temperaturen mit $T_1, \tau, T_2$. Dann gelten die Hauptgleichungen

$$CP\frac{\partial T_1}{\partial t} = \Lambda\frac{\partial^2 T_1}{\partial z'^2}, \quad c\varrho\frac{\partial \tau}{\partial t} = \lambda\frac{\partial^2 \tau}{\partial z'^2}, \quad CP\frac{\partial T_2}{\partial t} = \Lambda\frac{\partial^2 T_2}{\partial z'^2}, \tag{168}$$

oder, wenn man die Temperaturen mit $e^{-kt}$ proportional nimmt,

$$-Q^2 T_1 = \frac{\partial^2 T_1}{\partial z'^2}, \quad -q^2\tau = \frac{\partial^2 \tau}{\partial z'^2}, \quad -Q^2 T_2 = \frac{\partial^2 T_2}{\partial z'^2}, \tag{169}$$

wobei

$$Q^2 = kCP/\Lambda, \quad q^2 = kc\varrho/\lambda.$$

Wir genügen dem durch die Ansätze

$$\begin{aligned} T_1 &= e^{-kt}(A_1 \sin Qz' + B_1 \cos Qz'), \\ \tau &= e^{-kt}(a \sin qz' + b \cos qz'), \\ T_2 &= e^{-kt}(A_2 \sin Qz' + B_2 \cos Qz'). \end{aligned} \tag{170}$$

Rechnen wir die $z'$ in jeder Platte von deren unterer Grundfläche aus, so liefert die Forderung der Stetigkeit der Temperaturen in den Grenzen (162) die Bedingungen

$$\begin{aligned} B_1 = 0, \quad A_1 \sin QD = b, \\ a \sin qd + b \cos qd = B_2. \end{aligned} \tag{171}$$

Aus der Forderung der Stetigkeit der Strömung (161) folgt

$$\begin{aligned} \Lambda Q A_1 \cos QD &= \lambda a q, \\ \lambda q(a \cos qd - b \sin qd) &= \Lambda A_2 Q, \\ \Lambda Q(A_2 \cos QD - B_2 \sin QD) &= \overline{\Lambda}(A_2 \sin QD + B_2 \cos QD), \end{aligned} \tag{172}$$

wobei $\overline{\Lambda}$ die äußere Leitfähigkeit der Platte $k_2$ bezeichnet.

Dies sind sechs Bedingungen, aus denen die Quotienten der $A, B, a, b$ und außerdem $k$ sich bestimmen. Die transszendente Gleichung für $k$ ist sehr kompliziert, und wir schreiben sie passend zunächst in den Abkürzungen

$$\lambda q = \lambda', \quad \Lambda Q = \Lambda', \quad \cos qd = \gamma, \quad \sin qd = \sigma,$$
$$\cos QD = \Gamma, \quad \sin QD = \Sigma,$$

wo sie lautet

$$\begin{aligned} \lambda' \Lambda'^2 \gamma(\Gamma^2 - \Sigma^2) = \lambda' \sigma \Gamma \Sigma(\Lambda'^2 + \lambda'^2) + 2\lambda' \Lambda' \overline{\Lambda} \gamma \Gamma \Sigma \\ + \overline{\Lambda} \sigma(\Lambda'^2 \Gamma^2 - \lambda'^2 \Sigma^2). \end{aligned} \tag{173}$$

$k$ tritt hierin auf vermittelst $q$ und $Q$. Die Gleichung hat unendlich viele Wurzeln; nach der oben gemachten Annahme beschränken wir uns auf die kleinste von ihnen, die nach deren Vorkommen in (170) ein kleiner echter Bruch sein wird.

Die in vorstehender Formel auftretenden Glieder haben nun in praxi sehr verschiedene Größe. $c\varrho$ ist für schlecht leitende Kristalle von der Größenordnung von 0,5, für Kupfer von etwa 1; $\lambda$ liegt in der Nähe von 1, $\Lambda$ von 55, $\overline{\Lambda}$ bei 0,005.

Hieraus folgt rund $q = 0{,}7\sqrt{k}$, $Q = 0{,}2\sqrt{k}$, und wenn $d$ wenige Millimeter, $D$ nicht mehr als 1 cm beträgt, so sind $qd$ und $QD$ kleine echte Brüche. Ferner wird $\lambda'$ etwa $0{,}7\sqrt{k}$, $\Lambda'$ etwa $7{,}5\sqrt{k}$. Die vorstehenden Zahlen setzen als Einheiten Gramm, Zentimeter, Minute voraus.

Nach diesen Größenverhältnissen kann man $\gamma$ und $\Gamma$ gleich Eins setzen, $\sigma$ mit $qd$, $\Sigma$ mit $QD$ vertauschen und $\Sigma^2$ neben $\Gamma^2$, $\lambda'^2$ neben $\Lambda'^2$ vernachlässigen.

Macht man das Entsprechende mit $\cos qz'$, $\cos Qz'$ und $\sin qz'$, $\sin Qz'$ in (170), so nehmen die Ausdrücke für $T_1, \tau, T_2$ die Form lineärer Funktionen von $z'$ an, welche, in die Gleichungen (168) eingeführt, die rechten Seiten zu Null machen.

Die eingeführten Vernachlässigungen kommen also darauf hinaus, daß man annimmt, die Änderungsgeschwindigkeit der Temperaturen in dem System sei im Laufe der Zeit bereits so klein geworden, daß die Temperaturverteilung in jeder Platte merklich dem (lineären) Gesetz des stationären Zustandes entspricht, allerdings mit zeitlich veränderlichen Parametern.

Unter Einführung der Werte von $\lambda'\ \varLambda', q, Q$ erhält man nunmehr aus (173) leicht

$$k^2 = \frac{\lambda\varLambda - \overline{\varLambda}(\varLambda d + 2\lambda D)}{P^2 C^2 d D}. \tag{174}$$

$k$ ist direkter Beobachtung zugänglich, indem man die Temperatur irgend einer Stelle des Systemes, am besten einer Stelle der oberen Kupferplatte, in ihrer zeitlichen Veränderlichkeit verfolgt. Ist ein Zustand erreicht, wo der Verlauf dieser Temperatur durch ein einziges Exponentialglied $T_2 = T_2^0 e^{-kt}$ merklich vollständig dargestellt wird, so kann man aus der Messung von $T_2$ sogleich $k$ gewinnen. Die gesuchte innere Leitfähigkeit der Kristallplatte ist dann durch die Formel

$$\lambda'_{33} = \lambda = d\,\frac{Dk^2P^2C^2 + \varLambda\overline{\varLambda}}{\varLambda - 2D\overline{\varLambda}} \tag{175}$$

berechenbar, falls außer den Dimensionen der Platten noch für Kupfer $C, P, \varLambda, \overline{\varLambda}$ bekannt ist, Zahlen, die durch eigene Beobachtung gefunden werden können.

*Tuchschmidt* hat Steinsalz, Kalkspat, Quarz der Beobachtung unterworfen. Steinsalz, als Kristall des regulären (VII.) Systemes, verhält sich thermisch isotrop; es lieferte in absoluten Einheiten (g, cm, min)[1] $\lambda'_{33} = \lambda_I = 0{,}6$. Kalkspat und Quarz gehören dem trigonalen (IV.) System an, und zwar den Gruppen (9) und (10), welche rotatorische Qualitäten nicht besitzen können. Die Beobachtung gab für Platten normal und parallel der $Z$-(Haupt-)Achse

$$\text{Kalkspat}\quad \lambda_I = 0{,}472,\quad \lambda_{III} = 0{,}576,$$
$$\text{Quarz}\quad \lambda_I = 0{,}957,\quad \lambda_{III} = 1{,}576.$$

Die Leitfähigkeit für eine beliebige andere Richtung $Z'$, welche einen Winkel $\Theta$ mit der $Z$-Achse einschließt, ist nach (11) durch die Formel gegeben

$$\lambda'_{33} = \lambda_I \sin^2\Theta + \lambda_{III}\cos^2\Theta.$$

Für eine Richtung, die um 45° gegen die $Z$-Achse geneigt ist, liefert dies

$$\lambda'_{33} = \tfrac{1}{2}(\lambda_I + \lambda_{III}).$$

*Tuchschmidt* hat für diese Richtung gleichfalls Beobachtungen angestellt und die Werte 0,518 für Kalkspat, 1,272 für Quarz erhalten. Berechnet man aus allen seinen Beobachtungen bei Erteilung gleicher Gewichte die Hauptkonstanten $\lambda_I$, $\lambda_{III}$ und daraus $\lambda_{II}$, so erhält man die folgende Gegenüberstellung:

1) Im g-cm-sec-System wäre die folgende Zahl mit $60^{-1}$ zu multiplizieren. Die Temperatureinheit ist der Celsiusgrad.

| | | Kalkspat | | Quarz | |
|---|---|---|---|---|---|
| | | beob. | ber. | beob. | ber. |
| $\Theta = 0^0$ | $\lambda_{III} =$ | 0,576 | 0,574 | 1,576 | 1,573 |
| $= 45^0$ | $\lambda'_{33} =$ | 0,518 | 0,522 | 1,272 | 1,268 |
| $= 90^0$ | $\lambda_I =$ | 0,472 | 0,470 | 0,957 | 0,963 |
| | $\lambda_I : \lambda_{III} =$ | 0,820 | | 0,612. | |

Die Übereinstimmung zwischen Theorie und Beobachtung ist sehr befriedigend.

Immerhin ist die Methode (auch abgesehen von der Rolle, die bei ihr die äußere Leitfähigkeit spielt) wie jede Methode, welche die transversale Strömung in einer dünnen Platte benutzt, gerade bei den von *Tuchschmidt* untersuchten Kristallen noch deswegen bedenklich, weil bei ihr die Strahlung zwischen den durch die dünnen Kristallplatten getrennten Kupfermassen ignoriert ist, die bei so diathermanen Körpern einen nicht unbedeutenden Einfluß auf den Vorgang haben wird.

In dem einfachsten Falle, daß die Kristallplatte nicht merklich absorbiert und demgemäß auch nicht merklich emittiert, geht die Wirkung der Strahlung dahin, daß die Gleichung (161) für die Stetigkeit der Wärmeströmung in den Grenzflächen der Kristallplatte ihre Gültigkeit verliert. Die im Kupfer verlaufende Strömung ist jetzt gleich der im Kristall stattfindenden eigentlichen Strömung plus der Strömung, die infolge von Strahlung die Grenzfläche durchsetzt. Diese gestrahlte Menge ist unter den hier vorliegenden Umständen merklich der Temperaturdifferenz der einander zugewandten Kupferflächen proportional und von deren Entfernung, d. h. also von $l$, unabhängig. Sie folgt also einem andern Gesetz, als die Wärmeströmung im Kristall, deren Stärke mit der Dicke der Platte variiert, und hierauf beruht die Möglichkeit, durch Kombination von Beobachtungen mit verschieden dicken Kristallplatten beide Wirkungen zu sondern und $\lambda$ trotz der störenden Einwirkung zu bestimmen.

Wenn der Kristall merklich absorbiert und demgemäß auch merklich emittiert, so können die Verhältnisse erheblich kompliziert werden; es kann auf diesen Fall hier nicht näher eingegangen werden. —

Eine der vorstehend besprochenen verwandte Methode hat *Thoulet*[1]) angegeben. Bei dieser wird die zu untersuchende, auf Zimmertemperatur gebrachte Platte auf einen erhitzten Metallklotz gelegt und die zeitliche Veränderung der Temperatur der freien Oberfläche beobachtet. Zur Markierung einiger bestimmter Temperaturen dieser Fläche sind

1) *Thoulet*, Ann. de Chin. (5); T. 26, p. 261, 1882.

auf derselben kleine Proben von Substanzen mit verschieden hohen Schmelzpunkten angebracht; es wird angenommen, daß, sowie eine dieser Substanzen schmilzt, die Temperatur der Oberfläche deren Schmelzpunkt gleich gesetzt werden darf. Beobachtet wird die Zeit, die zwischen der Erreichung zweier jener festen Oberflächentemperaturen verstreicht.

Um absolute Werte für die normale Leitfähigkeit $\lambda$ der Platten zu erhalten, bedarf es der Kenntnis von deren äußerer Leitfähigkeit $\bar{\lambda}$; in Ermangelung derselben kann man für verschieden orientierte Platten aus derselben Substanz, bei Annahme gleicher äußerer Leitfähigkeit, wenigstens relative Werte für $\lambda$ erhalten.

*Perrot*[1]) hat diese theoretisch offenbar etwas bedenkliche Methode mit drei Probesubstanzen ($\alpha$-Naphthylamin, $o$-Nitroanilin, Naphthalin) von den Schmelzprodukten bei 50°, 66°, 79° zur Ableitung relativer Werte der Leitfähigkeiten von kristallisiertem Wismut angewendet und $\lambda_{III} : \lambda_I = 1{,}37$ gefunden. —

Die in den beiden letzten Paragraphen beschriebenen Beobachtungen bezogen sich auf Kristalle, bei denen die thermischen Leitfähigkeitsachsen direkt aus deren Symmetrieelementen folgten, wo demgemäß also auch die Hauptleitfähigkeiten direkter Beobachtung zugänglich waren. Bei monoklinen und triklinen Kristallen würden die Verhältnisse weniger einfach liegen und für die Berechnung der Hauptkonstanten aus den für beliebige Richtungen $Z'$ beobachteten $\lambda'_{33}$ die in § 178 auseinandergesetzten Gesichtspunkte zur Anwendung zu bringen sein.

§ 198. **Flächenhafte Strömung in einer dünnen unbegrenzten Platte. Der Fall einer punktförmigen Quelle.** Der Fall einer Kristallplatte mit freien Grundflächen parallel der $X'Y'$-Ebene wird behandelt mit Hilfe der auf das $X'Y'Z'$-Achsenkreuz bezogenen Hauptgleichung (159)

$$c\varrho\frac{\partial\tau}{\partial t} = -\left(\frac{\partial W_1'}{\partial x'} + \frac{\partial W_2'}{\partial y'} + \frac{\partial W_3'}{\partial z'}\right) \tag{176}$$

unter Zuhilfenahme der Bedingungen für die beiden Grundflächen $z = 0$ und $z = d$, die nach (160) lauten

$$\begin{aligned} z = 0 :& \; -(W_3')_o = \bar{\lambda}(\tau_o - \tau_u), \\ z = d :& \; \quad (W_3')_d = \bar{\lambda}(\tau_d - \tau_u). \end{aligned} \tag{177}$$

Dabei ist die Temperatur der Umgebung auf beiden Seiten der Platte gleich $\tau_u$ angenommen; $\bar{\lambda}$ bezeichnet die äußere Leitfähigkeit der Grundflächen.

1) *F. L. Perrot*, Arch. de Genève, (2) T. 18, p. 445, 1904.

Multipliziert man die Hauptgleichung mit $dz'$ und integriert sie über die Dicke $d$ der Platte, bezeichnet auch den Mittelwert von $\tau$ auf der Dicke $d$ mit $T$, so erhält man unter Benutzung von (157) und (177) leicht die Beziehung

$$c\varrho\frac{\partial T}{\partial t}=\lambda'_{11}\frac{\partial^2 T}{\partial x'^2}+(\lambda'_{12}+\lambda'_{21})\frac{\partial^2 T}{\partial x'\partial y'}+\lambda'_{22}\frac{\partial^2 T}{\partial y'^2}$$
$$+\frac{\lambda'_{13}}{d}\frac{\partial}{\partial x'}(\tau_d-\tau_0)+\frac{\lambda'_{23}}{d}\frac{\partial}{\partial y'}(\tau_d-\tau_0)-\frac{\bar{l}}{d}(\tau_0+\tau_d-2\tau_u).$$

Können hierin infolge der geringen Dicke $d$ der Platte die Glieder, welche $(\tau_d-\tau_0)$ enthalten, trotz des bei ihnen auftretenden Nenners $d$ vernachlässigt werden, und kann zugleich $\tau_0+\tau_d$ mit $2T$ identifiziert werden, so ergibt sich hieraus die Hauptgleichung in der Form

$$c\varrho\frac{\partial T}{\partial t}=\lambda'_{11}\frac{\partial^2 T}{\partial x'^2}+(\lambda'_{12}+\lambda'_{21})\frac{\partial^2 T}{\partial x'\partial y'}+\lambda'_{22}\frac{\partial^2 T}{\partial y'^2}-\frac{2\bar{l}}{d}(T-\tau_u). \tag{178}$$

Es ist wichtig zu beachten, auf welcher wesentlichen und nicht eben leicht zu begründenden Vernachlässigung diese Formel beruht.

Gibt man dem $X'Y'$-Achsenkreuz eine solche Lage $X^0Y^0$, daß darauf bezogen $\lambda^0_{12}+\lambda^0_{21}=0$ ist, d. h., daß dasselbe zusammenfällt mit den Hauptachsen derjenigen Ellipse, in welcher die Tensorfläche $[\lambda]$ von der $X'Y'$-Ebene geschnitten wird, so ergibt (178)

$$\varrho c\frac{\partial T}{\partial t}=\lambda^0_{11}\frac{\partial^2 T}{\partial x^{0\,2}}+\lambda^0_{22}\frac{\partial^2 T}{\partial y^{0\,2}}-\frac{2\bar{l}}{d}(T-\tau_u). \tag{179}$$

Die Substitution

$$x^0=\mathfrak{x}\sqrt{\frac{\lambda^0_{11}}{\Lambda}},\quad y^0=\mathfrak{y}\sqrt{\frac{\lambda^0_{22}}{\Lambda}},\quad \Lambda^2=\lambda^0_{11}\lambda^0_{22} \tag{180}$$

führt dann, wenn man noch $T$ von $\tau_u$ aus zählt, auf

$$\varrho c\frac{\partial T}{\partial t}=\Lambda\left(\frac{\partial^2 T}{\partial\mathfrak{x}^2}+\frac{\partial^2 T}{\partial\mathfrak{y}^2}\right)-\frac{2\bar{l}}{d}T. \tag{181}$$

Diese Gleichung läßt sich durch eine Funktion von $t$ und $\mathfrak{r}=\sqrt{\mathfrak{x}^2+\mathfrak{y}^2}$ befriedigen; denn für eine solche wird

$$\frac{\partial^2 T}{\partial\mathfrak{x}^2}+\frac{\partial^2 T}{\partial\mathfrak{y}^2}=\frac{1}{\mathfrak{r}}\frac{\partial T}{\partial\mathfrak{r}}+\frac{\partial^2 T}{\partial\mathfrak{r}^2}. \tag{182}$$

Insbesondere kann eine solche partikuläre Lösung in den Fällen zur Anwendung kommen, wo die seitliche Begrenzung der Platte außer Betracht bleiben darf, wo nämlich die Temperatur $\tau$ in der Nähe des Randes sich nur unmerklich von derjenigen $\tau_u$ der Umgebung, $T$ also unmerklich von Null unterscheidet. Nach dem S. 348 u. f. Entwickelten gehört hierher der Fall, daß sich in der Mitte einer einigermaßen ausgedehnten Kristallplatte eine punktförmige Wärmequelle befindet, die entweder, weil sie zu schwach ist, oder weil sie nur eine sehr kurze Zeit zur Wirkung gekommen ist, nächst dem Rande der Platte eine merkliche Temperaturänderung nicht bewirkt hat.

In diesem Falle sind sowohl für den stationären, wie für den veränderlichen Zustand bei anfänglich konstant gegebener Temperatur die Bilder der Isothermen in der $\mathfrak{X}\mathfrak{Y}$-Ebene Kreise $\mathfrak{r} =$ konst., somit die Isothermen selbst Ellipsen von der Gleichung

$$\frac{x^{0\,2}}{\lambda_{11}^0} + \frac{y^{0\,2}}{\lambda_{22}^0} = \text{konst.} \tag{183}$$

Nimmt man hinzu, daß die Tensorfläche $[\lambda]$ von der $X'Y'$-Ebene in der Kurve

$$\lambda_{11}^0 x^{0\,2} + \lambda_{22}^0 y^{0\,2} = 1 \tag{184}$$

geschnitten wird, so sieht man, daß die Isothermen mit dieser Ellipse gleichliegende Achsen von reziprokem Längenverhältnis besitzen.

§ 199. **Berücksichtigung resp. Elimination der Wirkung einer seitlichen Begrenzung.** Das Problem der flächenhaften Wärmeströmung in einer ebenen dünnen Kristallplatte hat aus dem Grunde eine große praktische Bedeutung erhalten, weil es möglich ist, die Kurven konstanter Temperatur direkt sichtbar zu machen und auf die Ausmessung ihrer Achsen eine Methode zur Bestimmung relativer Werte von thermischen Leitfähigkeiten zu gründen. Da nun aber die Annahme unendlicher Ausdehnung der untersuchten Platten bei Kristallen besonders stark auch einer nur roh angenäherten Realisierung widerstrebt, so ist es nützlich, den Einfluß einer seitlichen Begrenzung zu diskutieren, um daraus womöglich Mittel zu dessen Herabdrückung abzuleiten.

Der Rand der Platte mag durch eine zur $Z'$-Achse parallele, nach außen freie Zylinderfläche gebildet sein. Für jedes Element dieser Fläche gilt dann nach (160)

$$\overline{W}_1{}' \cos(n, x') + \overline{W}_2{}' \cos(n, y') = \overline{\lambda}(\overline{\tau} - \tau_u), \tag{185}$$

wobei $\overline{\lambda}$ und $\overline{\tau}$ sich jetzt auf die Randfläche beziehen. Multipliziert man auch hier mit $dz'$ und integriert über die Dicke der Platte, so resultiert

$$\begin{aligned} &-\left(\lambda_{11}' \frac{\overline{\partial T}}{\partial x'} + \lambda_{12}' \frac{\overline{\partial T}}{\partial y'} + \frac{\lambda_{13}'}{d}(\overline{\tau}_d - \overline{\tau}_0)\right) \cos(n, x') \\ &-\left(\lambda_{21}' \frac{\overline{\partial T}}{\partial x'} + \lambda_{22}' \frac{\overline{\partial T}}{\partial y'} + \frac{\lambda_{23}'}{d}(\overline{\tau}_d - \overline{\tau}_0)\right) \cos(n, y') = \frac{\overline{\lambda}}{d}(\overline{T} - \tau_u), \end{aligned} \tag{186}$$

also bei der in (178) eingeführten Vernachlässigung auch

$$-\left(\lambda_{11}'\frac{\overline{\partial T}}{\partial x'}+\lambda_{12}'\frac{\overline{\partial T}}{\partial y'}\right)\cos(n,x')$$
$$-\left(\lambda_{21}'\frac{\overline{\partial T}}{\partial x'}+\lambda_{22}'\frac{\overline{\partial T}}{\partial y'}\right)\cos(n,y')=\frac{\overline{\lambda}}{d}(\overline{T}-\tau_u). \qquad (187)$$

Mit Hilfe dieser Gleichung wollen wir nun die Frage untersuchen, ob man Form und Art der seitlichen Begrenzung der Platte so zu wählen vermag, daß die partikuläre Lösung von S. 385 auch im Falle der begrenzten Platte anwendbar bleibt. In diesem Falle würde man bei der Beobachtung auch Isothermenellipsen, welche nicht klein gegen die Gesamtausdehnung der Platte sind, der Messung unterwerfen können.

Für diese Untersuchung wollen wir von dem (wie sich unten zeigen wird, sehr zweifelhaften) Vorkommen rotatorischer Glieder absehen, also $\lambda_{12}'=\lambda_{21}'$ setzen; dann bringt die Einführung des in (179) benutzten Achsenkreuzes $X^0Y^0$ und die Annahme $\tau_u=0$ die Randbedingung (187) auf die Form

$$-\lambda_{11}^0\frac{\overline{\partial T}}{\partial x^0}\cos(n,x^0)-\lambda_{22}^0\frac{\overline{\partial T}}{\partial y^0}\cos(n,y^0)=\frac{\overline{\lambda}}{d}\overline{T}. \qquad (188)$$

Enthält nun $T$ die Koordinaten nur in der Verbindung

$$\mathfrak{r}^2=\left(\frac{x^{0\,2}}{\lambda_{11}^0}+\frac{y^{0\,2}}{\lambda_{22}^0}\right)\Lambda, \qquad (189)$$

und kürzt man $\partial T/\partial\mathfrak{r}^2$ in $T'$ ab, so resultiert aus (185)

$$-2\Lambda(\overline{x}^0\cos(n,x^0)+\overline{y}^0\cos(n,y^0))\overline{T}'=\frac{\overline{\lambda}}{d}\overline{T}. \qquad (190)$$

Diese Gleichung zeigt, daß der naheliegende Ausweg, zur Randkurve eine der Isothermen $\mathfrak{r}^2=$ konst. zu wählen (welche hierzu in Annäherung bereits bestimmt sein müßten), im allgemeinen auch dann nicht zur Erfüllung der Randbedingung führt, wenn man sich auf den stationären Zustand beschränkt. Denn es müßte dann die Klammer $(\overline{x}^0\cos(n,x^0)+\overline{y}^0\cos(n,y^0))$ eine Funktion von $\mathfrak{r}$ allein werden, und dies findet nicht statt. Die Klammer hat vielmehr den Wert $\frac{\mathfrak{r}^2}{\Lambda}\Big/\sqrt{\left(\frac{x^0}{\lambda_{11}^0}\right)^2+\left(\frac{y^0}{\lambda_{22}^0}\right)^2}$, der nicht von $\mathfrak{r}$ allein abhängt.

Indessen ist ein spezieller Fall bemerkenswert, in dem die Isotherme als Randkurve mit der benutzten partikulären Lösung verträglich ist; es ist der einer verschwindenden äußern Leitfähigkeit $\overline{\lambda}$, da dann die Gleichung (186) sich auf die Bedingung

$$\overline{T}'=0$$

reduziert. In der Praxis genügt, wenn dafür gesorgt ist, daß die Randtemperatur $\overline{T}$ klein ist, d. h., $\bar{\tau}$ sich wenig von der Temperatur der Umgebung unterscheidet, überhaupt ein kleiner Wert von $\overline{\lambda}$, d. h. die Bekleidung des nach einer Isothermen geformten Plattenrandes mit einem schlechten Wärmeleiter, um die störende Randwirkung herabzudrücken.

§ 200. **Die Isothermenmethode von De Senarmont.** Wärmeströmungen der vorstehend betrachteten Art in Platten sind das erste Objekt der Untersuchungen über Wärmeleitung in Kristallen gewesen. *De Senarmont*[1]) kam 1847 auf den glücklichen Gedanken, die Isothermen in einer Platte direkt sichtbar und meßbar zu machen. Hierzu überzog er die Platte mit einer dünnen Schicht Wachs, das bei einer allmählichen ungleichförmigen Erwärmung der Platte in dem Bereich, wo die Temperatur etwa 63° C. übersteigt, schmilzt. Die Grenze, bis zu der bei gesteigerter Erwärmung das Schmelzen fortgeschritten ist, bleibt auch nach erfolgter Abkühlung sichtbar und stellt die Isotherme $\tau = 63^0$ für einen gewissen stationären oder veränderlichen Zustand der Wärmebewegung dar.

Die Erwärmung bewirkte *De Senarmont* von einer feinen Durchbohrung der Kristallplatte aus; durch diese war ein Draht geführt, der an seinem freien Ende mit einer Flamme erhitzt wurde. Während der Steigerung der Temperatur entsteht eine Wärmeströmung von der Bohrung aus, eine Schmelzgrenze schreitet in elliptischer Form über die Platte fort. Hat die Kurve nahezu die gewünschte Größe erreicht, so wird die Wärmezufuhr zur Platte unterbrochen. Es dilatiert sich dann im allgemeinen zunächst die Schmelzgrenze noch ein wenig infolge der höheren Temperatur innerhalb des von der Isotherme umschlossenen Gebietes. Dann schreitet das Erstarren von außen nach innen allmählich fort, wobei die äußerste Grenze, welche die Schmelzung erreicht hatte, durch einen kleinen Wulst von Wachs markiert bleibt. Es ist für die Anwendung der Theorie auf diesen Vorgang wesentlich, zu beachten, daß die durch die äußerste Schmelzgrenze gegebene Isotherme sich im allgemeinen nicht auf einen stationären Zustand der Wärmeströmung in der Platte bezieht. Letzteres findet nur statt, wenn die Schmelzgrenze vor Unterbrechung der Wärmezufuhr zum Stehen kommt, also eine konstante Temperaturverteilung erreicht war.

*De Senarmont* hat eine sehr große Zahl von verschiedenen Kristallen nach dieser Methode untersucht und aus den erhaltenen Resultaten Schlüsse über die Symmetrieverhältnisse dieser Kristalle hinsichtlich

1) *H. de Senarmont,* C. R. T. **21**, p. 457, 1847; T. **22**, p. 179, **23**, p. 257, 1848; T. **28**, p. 279, 1850.

des Vorganges der Wärmeleitung gezogen. Er erkannte das Vorkommen jener fünf Gruppen, die nach S. 312 auch die Theorie bei solchen thermischen Vorgängen fordert, welche die rotatorischen Qualitäten nicht zur Geltung kommen lassen.

Eine zahlenmäßige Verwertung der an den elliptischen Isothermen angestellten Messungen wurde erst möglich, nachdem durch *Duhamel* in Verfolgung seines allgemeinen Ansatzes (157) die Theorie des Vorganges in der vorstehend geschilderten Weise gegeben war.

Die Theorie zeigt, daß die Halbachsen der beobachteten Ellipsen mit den Quadratwurzeln aus den ihren Richtungen zugeordneten Leitfähigkeiten $\lambda_{11}^0$ und $\lambda_{22}^0$ proportional sind, wobei diese Parameter sich auf solche Richtungen der $XY'$-Ebene beziehen, für welche $\lambda_{12}^0 + \lambda_{21}^0$ —, also bei fehlenden Rotationsqualitäten $\lambda_{12}^0 = \lambda_{21}^0$ verschwindet. Die Messung der Durchmesser der Isothermenellipsen bei der *De Senarmont*schen Methode liefert also zunächst $\sqrt{\lambda_{11}^0/\lambda_{22}^0}$ und daraus erst $\lambda_{11}^0/\lambda_{22}^0$.

In betreff der Bestimmung der Hauptleitfähigkeiten $\lambda_{I}, \lambda_{II}, {}_{III}$ bei Kristallen niedriger Symmetrie (System I und II) liegt hier somit der Fall des § 179 in der Komplikation vor, daß die Beobachtung nur das Verhältnis $\lambda_{11}^0/\lambda_{22}^0$ ergibt; daneben ist die Lage der Hauptachsen der Isothermen, d. h. also der Winkel $\varphi$ in der Bezeichnung von § 179, nicht eben genau beobachtbar, denn dieser Winkel ist ersichtlich kein gutes Messungsobjekt. Die Methode ist also im allgemeinsten Falle trikliner Kristalle nicht vorteilhaft. Betrachtet man immerhin $\varphi$ als meßbar und geht von einem willkürlich gewählten Hauptkoordinatensystem $XYZ$ aus, so gibt die Beobachtung einer Platte in der $XY$-Ebene $\lambda_{11} : \lambda_{22} : \lambda_{12}$, die in der $YZ$-Ebene $\lambda_{22} : \lambda_{33} : \lambda_{23}$, die in der $ZX$-Ebene $\lambda_{33} : \lambda_{11} : \lambda_{31}$. Es sind somit die sämtlichen fünf Verhältnisse der sechs Parameter zu gewinnen.

Bei monoklinen Kristallen liefert die Beobachtung in der $XY$-Ebene $\lambda_{11} : \lambda_{22} : \lambda_{12}$, diejenige in der $YZ$- und der $ZX$-Ebene resp. $\lambda_{22} : \lambda_{III}$ und $\lambda_{11} : \lambda_{III}$. Bei den höher symmetrischen Kristallen finden sich direkt die Quotienten $\lambda_{I} : \lambda_{II} : \lambda_{III}$. —

§ 201. **Modifikationen der Methode von De Senarmont. Numerische Resultate.** Die Methode von *De Senarmont* hat kleine technische Vervollkommnungen erfahren. *v. Lang*[1]) erwärmte den durch die Bohrung der Kristallplatte gesteckten Draht statt mit einer Flamme durch einen elektrischen Strom; *Jannetaz*[2]) ließ die Kristallplatte undurchbohrt und brachte die nahezu punktförmige Wärmequelle auf deren einer Grundfläche an. *Röntgen*[3]) verfuhr analog und ersetzte

1) *V. v. Lang*, Pogg. Ann. Bd. **85**, p. 29, 1868.
2) *E. Jannetaz* zahlreiche Arbeiten in den C. R. seit 1872.
3) *Röntgen*, Pogg. Ann. Bd. **151**, p. 603. 1874.

außerdem den Wachsüberzug (mit dem die Vorgänger operierten) durch ein Behauchen der gut polierten und gereinigten Kristallfläche. Bei Aufsetzen einer erhitzten metallischen Spitze verdunstet dann in der Umgebung der Spitze die Hauchschicht in einem allmählich sich erweiternden Gebiet; die Grenze des Gebietes fixierte *Röntgen* durch Bestreuen der Fläche mit Lycopodium, das nur an noch feuchten Teilen haftet, von den übrigen aber leicht abfällt. Diese beliebt gewordene Methode hat indessen doch ein prinzipielles Bedenken, insofern an sich nicht sicher ist, daß das Verschwinden der Hauchschicht überhaupt eine Isotherme definiert. Immerhin scheint die Methode Werte zu liefern, die ungefähr mit den von anderen Beobachtern gefundenen übereinstimmen.

Zwei prinzipielle Schwierigkeiten der *De Senarmont*schen Methode mögen hervorgehoben werden. Die in § 198 entwickelte Theorie setzt voraus, daß die Isothermen sehr groß gegen die Dicke der Kristallplatten und dabei klein gegen deren seitliche Ausdehnung sind. Diese Bedingungen sind bei den im allgemeinen mäßigen Dimensionen der meisten verfügbaren Kristalle schwer zu erfüllen, und es scheint, daß die Beobachtungen häufig unter Umständen ausgeführt sind, die diesen Voraussetzungen wenig entsprechen. Durchaus bedenklich ist das mehrfach empfohlene Verfahren, die Isothermen auf den Flächen massiver Kristalle hervorzubringen. Hier können infolge der, statt flächenhaft, räumlich verlaufenden Wärmeströmung sehr wohl beträchtliche Abweichungen der Isothermen von den theoretischen Gestalten eintreten, deren Sinn und Größe schwierig abzuschätzen ist.

Daß auch bei den *De Senarmont*schen Beobachtungen die Voraussetzung genügend kleiner Dicken der Kristallplatten nicht stets erfüllt war, geht aus der Notiz dieses Forschers hervor, daß, wenn die Platten nicht normal zu einer Symmetrieachse hergestellt waren, dann die Isothermen auf den beiden Seiten der Platten deutlich einseitig gegeneinander verschoben waren, obgleich die Wärmequelle die ganze Platte normal durchsetzte. Es ist klar, daß ein solches Verhalten mit den Vernachlässigungen bezüglich $\tau_d - \tau_0$, welche auf S. 385 in der Theorie benutzt sind, nicht vereinbar ist. Wir kommen hierauf unten zurück.

Weiter sei darauf hingewiesen, daß, wenn man der Forderung äußerst dünner Kristallplatten möglichst weit entgegenkommt, in der Benutzung der Schmelzung eines Überzuges von Wachs oder dergleichen zur Markierung der Isothermen eine prinzipielle, wenn auch bei sehr geringer Dicke des Überzuges vielleicht praktisch nicht sehr wesentliche Fehlerquelle liegt. Die Schmelzung geschieht ja auf Kosten der in der Kristallplatte fortgepflanzten Wärme, und der hier in Anspruch genommene Anteil, der gerade bei sehr dünnen Platten ins Gewicht fallen kann, müßte eigentlich in Rechnung gezogen werden.

Der Sinn der Wirkung dieser Fehlerquelle geht offenbar dahin, die Unterschiede in den Leitfähigkeiten $\lambda_{11}^0$ und $\lambda_{22}^0$ zu klein erscheinen zu lassen, insofern in der Richtung der größeren Leitfähigkeit mehr Wachs geschmolzen werden muß, also mehr Wärme verbraucht wird, als in der Richtung der kleineren. In gleichem Sinne wirken übrigens auch zwei andere, vielleicht nicht ganz unbedenkliche Fehlerquellen der Methode: die endliche Ausdehnung der direkt erhitzten Stelle und die Strahlung des erhitzenden Körpers. —

Um eine Vorstellung von den Zahlenverhältnissen zu geben, die bei dem Vorgang der Wärmeleitung zur Geltung kommen, seien hier einige Achsenverhältnisse beobachteter Isothermenellipsen $\alpha:\beta:\gamma$ und daraus folgende Verhältnisse der Hauptleitfähigkeiten $\lambda_I:\lambda_{II}:\lambda_{III} = \alpha^2:\beta^2:\gamma^2$ nach den Beobachtungen von *Jannetaz* zusammengestellt.

Hexagonales System.

| | | |
|---|---|---|
| Beryll | $\alpha:\gamma = 0{,}90$ | $\lambda_I:\lambda_{III} = 0{,}81$, |
| Apatit | $= 0{,}96$ | $= 0{,}92$. |

Tetragonales System.

| | | |
|---|---|---|
| Rutil | $\alpha:\gamma = 0{,}80$ | $\lambda_I:\lambda_{III} = 0{,}64$, |
| Zirkon | $= 0{,}90$ | $= 0{,}81$. |

Trigonales System.

| | | |
|---|---|---|
| Kalkspat | $\alpha:\gamma = 0{,}913$ | $\lambda_I:\lambda_{III} = 0{,}835$, |
| Quarz | $= 0{,}762$ | $= 0{,}580$, |
| Turmalin | $= 1{,}15$ ca. | $= 1{,}32$. |

Die Quotienten $\lambda_I:\lambda_{III}$ für Kalkspat und Quarz weichen von den aus *Tuchschmidts* Messungen S. 382 abgeleiteten stärker ab, als bei der guten Definiertheit des betreffenden Materiales stattfinden sollte.

Wir fügen zu nach einer Beobachtung von *Perrot*

| | | |
|---|---|---|
| Wismut | $\alpha:\gamma = 1{,}18$, | $\lambda_I:\lambda_{III} = 1{,}39$. |

Rhombisches System.

| | | |
|---|---|---|
| Baryt | $\alpha:\beta:\gamma = 1{,}064:1:1{,}027$, | $\lambda_I:\lambda_{II}:\lambda_{III} = 1{,}13:1:1{,}05$, |
| Cölestin | $= 1{,}037:1:1{,}083$, | $= 1{,}075:1:1{,}17$. |

Monoklines System.

(Die Richtung $\lambda_{III}$ ist wie früher in die Symmetrieachse gelegt.)

| | | |
|---|---|---|
| Hornblende | $\alpha:\beta:\gamma = 0{,}706:1:0{,}80$; | $\lambda_I:\lambda_{II}:\lambda_{III} = 0{,}50:1:0{,}64$, |
| Epidot | $= 0{,}934:1:1{,}088$; | $= 0{,}87:1:1{,}18$, |
| Gips | $= 0{,}80:1$ $0{,}65$; | $= 0{,}64:1:0{,}423$. |

Diese Zahlen ergeben, daß die verschiedenen Hauptleitfähigkeiten desselben Kristalles sich gelegentlich sehr stark unterscheiden, die Äolotropie der Substanz also bei den thermischen Vorgängen sehr kräftig hervortritt. In vielen Fällen findet *Jannetaz*, daß die Maxima der thermischen Leitfähigkeiten parallel den Hauptspaltungsrichtungen der Kristalle liegen. Natürlich kann hierin kein allgemeines Gesetz liegen; z. B. können Kristalle mehrere gleichwertige Spaltungsflächen besitzen, während ihnen stets nur eine Richtung maximaler Leitfähigkeit zukommt.

§ 202. **Methode der Zwillingsplatten. Allgemeine Darstellung.** Bei den mancherlei prinzipiellen Schwierigkeiten, welche dem *De Senarmont*schen Verfahren anhaften, erscheint eine weitere Methode zur Bestimmung relativer Werte der Hauptleitfähigkeiten von Kristallen nicht überflüssig, eine Methode, welche die Eigenart besitzt, streng zu sein, insofern ihre Theorie gar nicht die Integration der Differentialgleichungen der Wärmebewegung bei gegebenen Oberflächenbedingungen voraussetzt, sondern unmittelbar aus den Differentialgleichungen fließt. Diese Methode,[1]) die nachstehend auseinandergesetzt werden soll, knüpft an die Betrachtung der Wärmebewegung innerhalb der $XY$-Ebene des Hauptkoordinatensystems an und läßt die dazu normale Komponente völlig beliebig; sie beschränkt allerdings die Wahl der $XY$-Ebene dahin, daß die Parameter $\lambda_{13}$ und $\lambda_{23}$ verschwinden.

Der wichtigste Fall, der hier in Frage kommt, ist der eines Kristalls mit einer in die $Z$-Achse fallenden Symmetrieachse, wenn gleichzeitig die rotatorischen Parameter des Kristalls entweder gleich Null sind, oder aber der rotatorische Vektor $\lambda$ in die $Z$-Achse fällt. Da die $XY$-Ebene hiernach in eine Hauptebene (obgleich nicht notwendig in die $XY$-Ebene der Tabelle S. 312) fallen soll, wollen wir die Bezeichnungen $x'$, $y'$ im folgenden nicht anwenden.

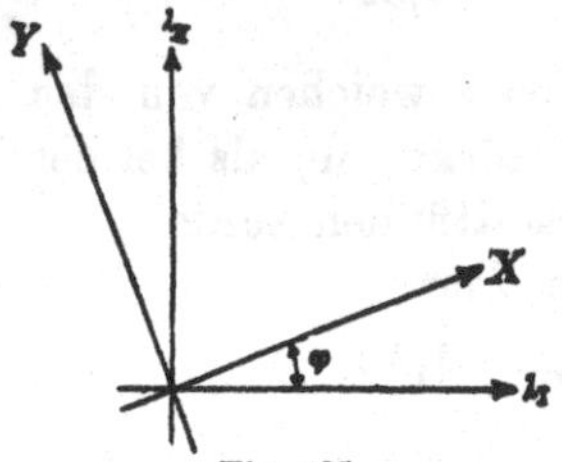

Fig. 125.

Wir verfolgen hier zunächst die Annahme durchaus fehlender rotatorischer Qualitäten, wo dann gilt $\lambda_{hi} = \lambda_{ih}$ für $h$ und $i = 1, 2, 3$. Es ist dann nach (157)

$$-W_1 = \lambda_{11}\frac{\partial \tau}{\partial x} + \lambda_{12}\frac{\partial \tau}{\partial y}, \quad -W_2 = \lambda_{21}\frac{\partial \tau}{\partial x} + \lambda_{22}\frac{\partial \tau}{\partial y}; \quad (191)$$

dabei gilt, wenn die X-Achse mit der Richtung $\lambda_{\mathrm{I}}$ den Winkel $\varphi$,

1) *W. Voigt*, Gött. Nach. 1896, p. 236; Wied. Ann Bd. **60**, p. 350, 1897.

mit der Richtung $\lambda_{II}$ den Winkel $\frac{1}{2}\pi - \varphi$ einschließt (Fig. 125), nach (11)

$$\lambda_{11} = \lambda_I \cos^2\varphi + \lambda_{II} \sin^2\varphi, \quad \lambda_{22} = \lambda_I \sin^2\varphi + \lambda_{II} \cos^2\varphi, \\ \lambda_{12} = \lambda_{21} = -(\lambda_I - \lambda_{II}) \sin\varphi \cos\varphi. \tag{192}$$

Wird nun eine Wärmeströmung erzeugt, die keine Komponenten nach der $Y$-Achse besitzt, im übrigen aber beliebig ist, so gilt für diese

$$-W_2 = 0 = \lambda_{21} \frac{\partial\tau}{\partial x} + \lambda_{22} \frac{\partial\tau}{\partial y};$$

hieraus bestimmt sich der ($< \frac{1}{2}\pi$ gerechnete) Neigungswinkel $\psi$ der Isothermen in der $XY$-Ebene gegen die $Y$-Achse gemäß der Formel

$$\operatorname{tg}\psi = -\frac{\lambda_{21}}{\lambda_{22}}. \tag{193}$$

Setzt man hier hinein die Werte (188) für $\lambda_{21}$ und $\lambda_{22}$, so ergibt sich leicht[1])

$$\frac{\lambda_I}{\lambda_{II}} = \operatorname{ctg}\varphi \operatorname{tg}(\varphi + \psi). \tag{194}$$

Kennt man also (was zunächst angenommen sein mag) die Lagen der Hauptleitfähigkeitsachsen $\lambda_I$ und $\lambda_{II}$ in der $XY$-Ebene, d. h. den Winkel $\varphi$, bringt man eine Wärmeströmung hervor, deren $Y$-Komponente verschwindet, und mißt den Winkel $\psi$ der Isotherme gegen die $Y$-Achse, so bestimmt die vorstehende Formel den Quotienten $\lambda_I : \lambda_{II}$.

Um eine Wärmeströmung von dem vorausgesetzten Charakter hervorzurufen und die bezüglichen Isothermen zu messen, hat man dann folgendermaßen zu verfahren.

Man stellt eine rechteckige Platte mit Kanten parallel der $X$- und der $Y$-Achse her und halbiert dieselbe durch einen zur $X$-Achse parallelen Schnitt; darauf dreht man die eine Hälfte um eine zu $X$ parallele Achse und kittet die beiden Hälften wieder zusammen.

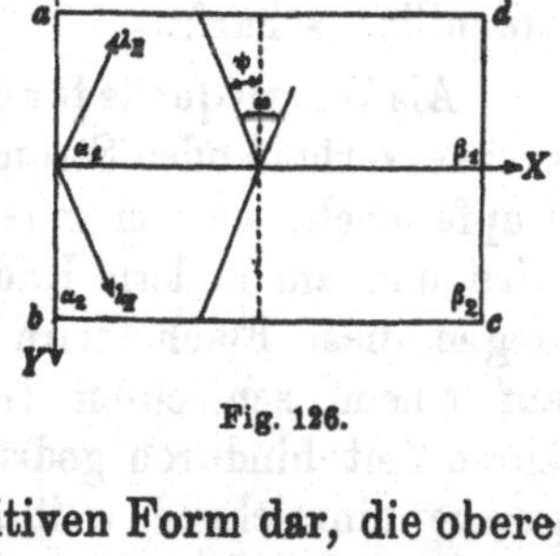

Fig. 126.

Stellt Fig. 126 die Zwillingsplatte in der definitiven Form dar, die obere Hälfte etwa in der ursprünglichen, die untere in der veränderten Stellung, so sind $\alpha_1$, $\alpha_2$ und $\beta_1$, $\beta_2$ Punkte, die ursprünglich einander benachbart waren.

1) Diese bequeme Form gegeben von *F. M. Jaeger*, Amsterd. Proc. T. 8, p. 793, 1906.

Bringt man nun eine der Schmalseiten $\overline{ab}$ oder $\overline{cd}$ in Berührung mit einem Körper von höherer und zwar längs der Berührungsfläche konstanter oder wenigstens zur Mitte symmetrischer Temperatur, so entsteht in der Platte ein Wärmestrom, der nach Symmetrie in der Nähe des Schnittes diesem parallel verlaufen muß. Die ihm entsprechenden Isothermen auf der Oberfläche der Platte müssen demgemäß in der Schnittlinie einen Knick zeigen, dessen Betrag $\omega = 2\psi$ ist. Wir haben sonach auch

$$\frac{\lambda_I}{\lambda_{II}} = \operatorname{ctg} \varphi \operatorname{tg} (\varphi + \tfrac{1}{2} \omega). \tag{195}$$

Hierin ist $\omega$ nach dem Obigen positiv zu rechnen, wenn bei einem Wärmestrom im Sinne der $+X$-Achse die gebrochene Isotherme die Spitze voranschiebt. Bei der Strömung im Sinne der $-X$-Achse findet je das Entgegengesetzte statt. $\omega > 0$ setzt $\lambda_I > \lambda_{II}$ voraus.

Um die Messung von $\omega$ auszuführen, müssen zunächst die Isothermen sichtbar gemacht werden, und es bietet sich hier wieder die Methode der Schmelzung einer auf die Kristallplatte aufgetragenen dünnen Schicht. Statt des Wachses oder eines Gemisches von Wachs und Terpentin, welche ziemlich verschwommene Grenzkurven liefern, erwies sich eine Mischung von Elaidin-Säure mit etwas Wachs oder Wachsterpentin vorteilhafter. Kühlt man den auf die erhitzte Platte aufgetragenen Überzug schnell ab (durch Auflegen der Platte auf ein kaltes Metall), so kristallisiert die Elaidinsäure in äußerst kleinen Körnchen; läßt man nach Einwirkung der Wärmeströmung von einer der Kanten $\overline{ab}$ oder $\overline{cd}$ aus recht langsam erstarren, so entstehen große Kristalle. Die Grenze zwischen beiden Bereichen ist bei geeignetem Mischungsverhältnis der aufgetragenen Substanz außerordentlich scharf.

Als Wärmequelle für die Hervorbringung einer parallel zur Zwischengrenze verlaufenden Strömung wählt man passend einen Streifen dickes Kupferblech, der an einem Ende mit einer kleinen Flamme erwärmt wird und am andern Ende auf der Querschnittfläche amalgamiert ist. Gegen diese Fläche wird das auf Zimmertemperatur befindliche und auf einem schlechten Leiter (Samt) liegende Kristallpräparat eine kurze Zeit hindurch gedrückt und wieder entfernt, wenn die Schmelzgrenze hinreichend weit auf dem Präparat vorgeschritten ist. Unter Benutzung gewisser kleiner, hier nicht zu schildernder Kunstgriffe erhält man leicht bei der Erwärmung von der einen wie von der andern Seite her Schmelzkurven, die auf jeder Hälfte des Präparates nahezu geradlinig verlaufen.

§ 203. **Methode der Zwillingsplatten; Spezielles zur Anwendung.** Der oben vorausgesetzte Fall, daß die Richtungen der Leitfähigkeitsachsen bekannt wären, setzt einen Kristall der Systeme III bis VI und eine Platte parallel einer der thermischen Symmetrieebenen voraus. Je nach der Wahl derselben sind dabei die Hauptkonstanten $\lambda_{I}$, $\lambda_{II}$ eventuell mit $\lambda_{II}$, $\lambda_{III}$ resp. $\lambda_{III}$, $\lambda_{I}$ zu vertauschen.

Hier hat man noch Freiheit, über den Winkel $\varphi$ so zu verfügen, daß der Knickwinkel $\omega$ der Isothermen möglichst groß wird. Man erkennt leicht, daß bei kleinen Winkeln $\omega$ der günstigste Wert von $\varphi$ in der Nähe von $45^{0}$ liegt, $\varphi$ somit also passend $= 45^{0}$ gemacht wird. In diesem Falle nimmt die Formel (191) die Gestalt an

$$\frac{\lambda_{I}}{\lambda_{II}} = \operatorname{tg}(45^{0} + \tfrac{1}{2}\omega). \tag{196}$$

Um den einfachsten Fall eines Kristalles der Systeme IV bis VI näher zu betrachten, so hätte man also die künstliche Zwillingsplatte hier so herzustellen, daß eine rechteckige Platte parallel einer Meridianebene mit Kanten, die Winkel von $45^{0}$ mit $\lambda_{I}$ und $\lambda_{III}$ einschließen, parallel einer dieser Kanten halbiert würde.

Die Formel (196) und die Figur 126 behalten dann bei Vertauschung von $\lambda_{II}$ mit $\lambda_{III}$ ihre Anwendbarkeit.

Liegen die Isothermen bei einer Erwärmung von $\overline{ab}$ oder $\overline{cd}$ aus so, wie Figur 126 zeigt, so ist $\omega > 0$ zu rechnen, im entgegengesetzten Falle $< 0$.

Bei einer künstlichen Zwillingsplatte von Quarz, die in obiger Weise orientiert ist, erhält man für den Knickungswinkel einen Betrag von über $30^{0}$.

Die beschriebene Erscheinung ist demgemäß bei Quarz ein beachtenswertes Demonstrationsobjekt. Sie ergänzt die gemeinhin in Vorlesungen vorgeführte Erzeugung elliptischer Isothermen nach *De Senarmont*, insofern jene die Lage der Stromlinien gegen die Isothermen nicht direkt zur Anschauung bringt, also die Möglichkeit zuläßt, daß die Stromlinien in die krummlinigen (orthogonalen) Trajektorien der Isothermen fallen; hier stellt sich bei nahezu parallelen Stromlinien die Abweichung der Isothermen von der zu jenen normaler Richtung höchst drastisch dar. —

Bei Kristallen des monoklinen Systemes ist die Lage der Achsen $\lambda_{I}$ und $\lambda_{II}$ in der $XY$-Ebene nicht bekannt, die Methode in der obigen einfachsten Gestalt also nicht anwendbar. Man hat vielmehr den Winkel $\varphi$ in Formel (194) als unbekannt zu führen, und es bedarf zweier verschieden in der $XY$-Ebene orientierter Zwillingsplatten, um $\lambda_{I}/\lambda_{II}$ und $\varphi$ zu bestimmen.

Wählt man neben der oben vorausgesetzten Platte mit der Halbierungslinie $X$ eine zweite mit der Halbierungslinie $Y$, so ergibt die Formel (193), indem man dort die Werte (192) erst für den Winkel $\varphi$, dann für $\varphi + \frac{1}{2}\pi$ einsetzt,

$$\operatorname{tg} \psi_1 = \frac{(\lambda_{I} - \lambda_{II}) \sin 2\varphi}{(\lambda_{I} + \lambda_{II}) + (\lambda_{I} - \lambda_{II}) \cos 2\varphi},$$

$$\operatorname{tg} \psi_2 = \frac{-(\lambda_{I} - \lambda_{II}) \sin 2\varphi}{(\lambda_{I} + \lambda_{II}) - (\lambda_{I} - \lambda_{II}) \cos 2\varphi},$$

oder kürzer

$$t_1 = \frac{\mu \sin 2\varphi}{1 + \mu \cos 2\varphi}, \quad t_2 = \frac{-\mu \sin 2\varphi}{1 - \mu \cos 2\varphi}. \tag{197}$$

Hieraus berechnet sich leicht

$$\mu^2 = \left(\frac{\lambda_{I} - \lambda_{II}}{\lambda_{I} + \lambda_{II}}\right)^2 = \frac{4 t_1^2 t_2^2 + (t_1 + t_2)^2}{(t_1 - t_2)^2}, \tag{198}$$

$$\operatorname{tg} 2\varphi = \frac{2 t_1 t_2}{t_1 + t_2},$$

und die erste Formel führt auf $\lambda_{I}/\lambda_{II}$.

In Figur 127 sind die bezüglichen Verhältnisse genauer dargestellt; die Plattenhälften $a$ sind in der ursprünglichen Position liegend, $b$ verwendet gedacht.

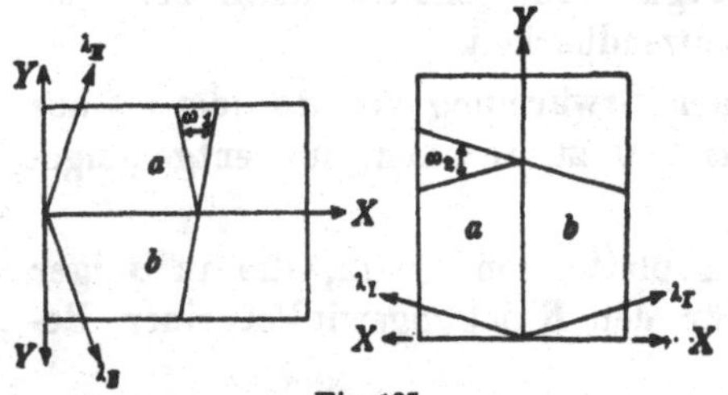

Fig. 127.

Ist so durch die Beobachtung mit zwei Platten der Quotient $\lambda_{I}/\lambda_{II}$ und die Orientierung von $\lambda_{I}$ und $\lambda_{II}$ gefunden, so läßt sich dann mit Hilfe einer Platte parallel der Ebene $\overline{\lambda_{I} \lambda_{III}}$ oder $\overline{\lambda_{II} \lambda_{III}}$ auch $\lambda_{I}/\lambda_{III}$ oder $\lambda_{II}/\lambda_{III}$ gewinnen.

Es ist ein wesentlicher Vorzug der vorstehend entwickelten Beobachtungsmethode, daß ihre Theorie keinerlei Voraussetzungen über die Größe und die Dicke der Kristallpräparate macht; auch spielt die aufgetragene fremde Schicht keine störende Rolle; denn die Ausdrücke (191) für die Strömungskomponenten, welche zur Theorie einzig und allein benutzt sind, werden durch eine solche Schicht nicht geändert.

Im übrigen bietet die Methode praktische Vorteile. Einerseits bedarf sie, um beträchtliche Verschiebungen der Isothermen zu bewirken, viel kleinerer Höchsttemperaturen, als die *De Senarmont*sche Methode, bei der die nahezu punktförmige Wärmequelle relativ hoch temperiert werden muß; und dies ist insbesondere bei Beobachtung mancher Salze, die beträchtliche Erwärmungen nicht ertragen, ein

Vorteil. Sodann stehen die gesuchten Quotienten der Wärmeleitung mit den beobachtbaren Winkeländerungen in einem Zusammenhang, der die Beobachtungsfehler weniger wirksam werden läßt, als dies bei den Durchmessern der *De Senarmont*schen Isothermenellipse stattfindet. Es kann darauf hier aber nicht näher eingegangen werden.

Bestimmungen von relativen Hauptleitfähigkeiten nach dieser Methode sind bisher nur von *Jäger*[1]) publiziert. An einer Wismutzwillingsplatte aus Material von *Perrot* (s. S. 343) erhielt *Jäger* als Mittel vieler Bestimmungen

$$\omega = +22^0 12',$$

woraus folgt

$$\lambda_I / \lambda_{III} = 1{,}489.$$

An Platten von Quarz und von Eisenglanz, die dem Verfasser bei der Ausarbeitung seiner Methode gedient hatten, maß *Jäger*

| | | |
|---|---|---|
| Quarz | $\omega = -30^0 30'$ | $\lambda_I/\lambda_{III} = 0{,}571$ |
| Eisenglanz | $\omega = +10^0 30'$ | $\lambda_I/\lambda_{III} = 1{,}202.$ |

Diese Kristalle sind sämtlich dem IV. System angehörig. Für den dem VI. System zugeordneten Apatit fand *Jäger*

| | | |
|---|---|---|
| Apatit | $\omega = -17^0$ | $\lambda_I/_{III} = 0{,}74.$ |

Die nach der vorstehenden Methode gewonnenen Werte $\lambda_I/\lambda_{III}$ weichen sämtlich mehr von der Einheit ab, als die nach dem *De Senarmont*schen Verfahren erhaltenen. Bei den theoretischen Schwierigkeiten des letzteren Verfahrens, bei dem nach S. 391 wichtige Fehlerquellen stets in dem Sinne wirken, die Abweichungen zwischen $\lambda_I$ und $\lambda_{III}$ zu klein erscheinen zu lassen, und bei der größeren theoretischen Strenge der neuen Methode ist aber wohl zu schließen, daß die nach ihr gefundenen Werte der Wahrheit näher kommen.

Das eine Ziel, das *Jäger* bei seinen Untersuchungen verfolgte, war die Prüfung des *Wiedemann-Franz*schen Gesetzes über die Universalität des Quotienten aus thermischer und elektrischer Leitfähigkeit bei Kristallen. Wie das S. 379 bereits bezüglich Eisenglanz bemerkt ist, fand er auch bei Wismut keine Übereinstimmung der Beobachtungsresultate mit jenem Gesetz.

## § 204. Aufsuchung rotatorischer Parameter. Methode des Hall-Effekts.

Die Frage nach dem Vorkommen von Kristallen mit rotatorischer Qualität bezüglich der elektrischen Leitfähigkeit ist

1) *F. M. Jäger,* Versl. Amsterd. T. 14, p. 799; T. 15, p. 27, 1906; Arch. des Scienc. (4) T. 22, p. 240, 1906.

bisher wegen des Mangels von metallisch leitenden Kristallen mit den erforderlichen Symmetrieeigenschaften kaum noch in Angriff genommen. Für die analoge Frage im Gebiet der Wärmeleitung liegen die Verhältnisse günstiger, weil eine zu Messungen ausreichende Leitfähigkeit für Wärme einem jeden Kristall zu eigen ist. *Ch. Soret* hat eine Reihe von Beobachtungen publiziert, die zum Zweck des Nachweises rotatorischer Parameter angestellt worden sind. Bezüglich der allgemeinen Theorie der in Frage kommenden Methoden kann auf das in § 184 u. f. über die Wirkungen rotatorischer Parameter der Elektrizitätsleitung Entwickelte verwiesen werden.

Tritt auch bei der Wärmeleitung in Platten (abweichend von dem Fall der Elektrizitätsleitung) eine Strömung durch die Grundflächen in Aktion, so spielt dieselbe bei den hier vorliegenden Problemen, wo es sich ausschließlich um die Bewirkung von Temperaturdifferenzen unter Umständen handelt, wo ohne rotatorische Glieder Temperaturgleichheit herrschen würde, keine Rolle. Die in § 185 beschriebenen Anordnungen können deshalb im Prinzip auch zur Untersuchung über das Vorkommen rotatorischer Effekte bei der Wärmeleitung benutzt werden.

Man könnte also z. B. (in direkter Analogie zu der gebräuchlichen Methode der Untersuchung des magnetischen *Hall*-Effektes) eine dünne Platte in Streifenform $abcd$ (Fig. 128) benutzen, deren Fläche normal zu einer Hauptleitfähigkeitsachse $\lambda_{III}$, deren Längskante parallel zu einer zweiten Achse $\lambda_I$, ist und in dem Streifen eine Wärmeströmung erzeugen, die symmetrisch zur Mitte der Breite des Streifens verläuft. (Letzteres wäre einfach durch Anlegen einer zu $\lambda_I$ normalen Endfläche $ab$ an einen gleichförmig erwärmten Körper zu bewirken.) Unter diesen Voraussetzungen würden bei Vorhandensein rotatorischer Parameter die Isothermen nicht symmetrisch zur Längsmittellinie des Streifens verlaufen, insbesondere die Seitenkanten in verschiedenen Entfernungen $\overline{aa'}$ und $\overline{bb'}$ von dem erwärmten Endquerschnitt erreichen.

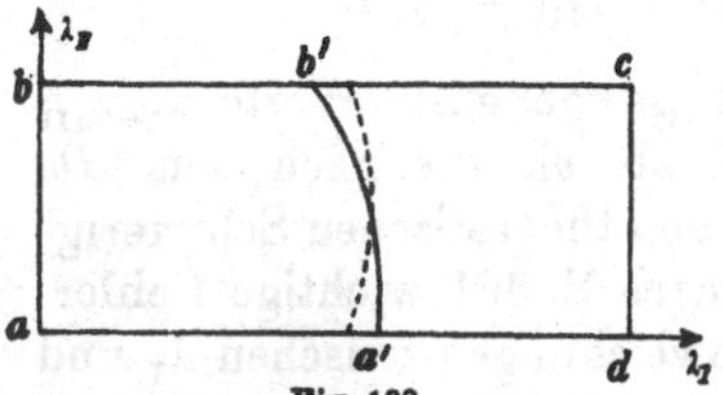

Fig. 128.

*Soret*[1]) hat zu seinen ersten Beobachtungen die auf S. 353 besprochene Methode der von einem Punkt $o$ aus erwärmten und von diesem Punkt aus geradlinig aufgeschnittenen Platte benutzt, bei der infolge der spiraligen Krümmung der Stromlinien bei Vorhandensein rotatorischer Qualität zu beiden Seiten des Schnittes verschiedene Temperaturen herrschen müssen. Dieser Sprung der Temperatur muß

1) *Ch. Soret*, Arch. des Scienc. (4) **29**, p. 355, 1893.

eintreten, gleichviel, ob die Isothermen auf der nicht aufgeschnittenen Platte Kreise (wie S. 353 vorausgesetzt) oder Ellipsen sind.

*Soret* hat die bezügliche Beobachtung einfach so angestellt, daß er eine Kristallplatte längs einer Geraden durchschnitt und die beiden Hälften in sehr kleinem Abstand voneinander befestigte (Fig. 129), sie dann nach *De Senarmont* mit einer dünnen Wachsschicht bedeckte und von einer Stelle *o* des Spaltes aus durch einen heißen Draht eine Wärmeströmung in das System schickte. Hierbei müßten nach der Theorie die Isothermen beim Übergang über den Spalt eine Unstetigkeit zeigen, die halb so groß ist, wie in dem früher betrachteten Fall, wo der Spalt nur von der Wärmequelle ausging, nicht dieselbe durchsetzte.

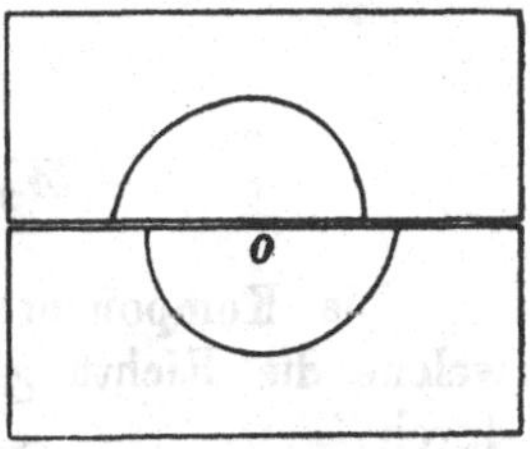

Fig. 129.

Nach den Tabellen von S. 311 oder 312 können rotatorische Parameter bei allen monoklinen Kristallen auftreten, und zwar liegt bei ihnen der rotatorische Vektor in der zur $Z$-Achse gewählten Symmetrieachse. *Soret* unterwarf der Beobachtung den im monoklinen System kristallisierenden Gips, der nach Ebenen normal zu $Z$ sehr vollkommene Spaltbarkeit besitzt, derart, daß Platten nach dieser Ebene leicht herstellbar sind. Die Beobachtungen gaben indessen keine Andeutungen für eine Unstetigkeit der Isothermen beim Überschreiten des Spaltes.

Man wird diesen Beobachtungen eine abschließende Bedeutung selbst für die eine untersuchte Substanz kaum zugestehen dürfen, denn die Methode erscheint recht wenig empfindlich. In der Tat, je näher man im Interesse genauerer Feststellung einer Unstetigkeit in den Isothermen die beiden Plattenhälften einander bringt, um so mehr muß eine thermische Wechselwirkung zwischen ihnen einsetzen, welche die beiderseitigen Temperaturen ausgleicht. *Soret* hat auch selbst das Bedürfnis gefühlt, sein negatives Resultat auf einem anderen Wege zu kontrollieren und zu ergänzen.

§ 205. **Aufsuchung rotatorischer Effekte. Dissymmetrie der Isothermen auf Kristallflächen.** Die zweite von *Soret* angewendete Methode zur Aufsuchung rotatorischer Parameter[1]) beruht auf einer Tatsache, die bisher noch nicht besprochen ist und als von allgemeinerem Interesse eine Erwähnung verdient. Die Lage der elliptischen Isothermen, die auf einer beliebigen, an einem (vollständigen) Kristall angeschliffenen ebenen Fläche nach dem *De Senarmont*schen Verfahren hervorgerufen und sichtbar gemacht werden, wird durch die rotatorischen Qualitäten des Kristalles beeinflußt.

Um dies zu zeigen, beschränken wir uns auf den Fall eines

Kristalles des trigonalen, tetragonalen oder hexagonalen Systemes, bei denen $\lambda_{I} = \lambda_{II}$ ist, und der rotatorische Vektor nur in der $Z$-(Haupt-) Achse liegen kann. Hier lauten die Grundformeln nach (157) bei Voraussetzung des Hauptachsensystems

$$\begin{gathered} -W_1 = \lambda_{I}\frac{\partial\tau}{\partial x} - \lambda\frac{\partial\tau}{\partial y}, \\ -W_2 = \lambda\frac{\partial\tau}{\partial x} + \lambda_{I}\frac{\partial\tau}{\partial y}, \quad -W_3 = \lambda_{III}\frac{\partial\tau}{\partial z}. \end{gathered} \tag{199}$$

Die Komponente $W_3'$ der Strömung nach einer Richtung $Z'$, welche die Richtungskosinus $\gamma_1, \gamma_2, \gamma_3$ besitzt, wird dann gegeben durch

$$W_3' = W_1\gamma_1 + W_2\gamma_2 + W_3\gamma_3.$$

Bezeichnen noch $\alpha_1, \alpha_2, \alpha_3$ und $\beta_1, \beta_2, \beta_3$ die Richtungskosinus der zu $Z'$ gehörigen $X'$- und $Y'$-Richtungen, so ergibt sich leicht

$$\begin{aligned} -W_3' = &((\lambda_{III} - \lambda_{I})\alpha_3\gamma_3 - \lambda\beta_3)\frac{\partial\tau}{\partial x'} \\ &+ ((\lambda_{III} - \lambda_{I})\beta_3\gamma_3 + \lambda\alpha_3)\frac{\partial\tau}{\partial y'} \\ &+ ((\lambda_{III} - \lambda_{I})\gamma_3^2 + \lambda_{I})\frac{\partial\tau}{\partial z'}. \end{aligned} \tag{200}$$

Liegt nun die $X'Y'$-Ebene parallel der beobachteten Grenzfläche des Kristalles, so liefert die Bedingung für die durch sie hindurch stattfindende Wärmebewegung

$$\overline{W}_3' = \overline{\lambda}(\overline{\tau} - \tau_u),$$

unter $\tau_u$ wieder die Temperatur der Umgebung verstanden.

Wir wollen nun die $X'Z'$-Ebene mit der $XZ$-Ebene zusammenfallen lassen, also

$$\beta_2 = 1, \quad \alpha_2 = \beta_1 = \beta_3 = \gamma_2 = 0, \quad \alpha_1 = \gamma_3 \quad \text{und} \quad \gamma_1 = -\alpha_3$$

setzen. Dann wird, wenn wir wieder $\tau$ von $\tau_u$ an rechnen, die Grenzbedingung zu

$$\begin{aligned} \overline{\lambda}\overline{\tau} - (\lambda_{III} - \lambda_{I})\gamma_1\gamma_3\overline{\frac{\partial\tau}{\partial x'}} - \lambda\gamma_1\overline{\frac{\partial\tau}{\partial y'}} \\ + (\lambda_{I}\gamma_1^2 + \lambda_{III}\gamma_3^2)\overline{\frac{\partial\tau}{\partial z'}} = 0. \end{aligned} \tag{201}$$

Hierin ist

$$\gamma_1 = \cos(z', x), \quad \gamma_3 = \cos(z', z).$$

Wird jetzt das $X'Y'$-Achsenkreuz um die $Z'$-Achse um $180^0$ gedreht, so ändern die $\gamma_h$ sich nicht, aber $x'$ und $y'$ kehren ihre

Vorzeichen um, werden zu $-x_1'$, $-y_1'$, während $z' = z_1'$ ist, so daß nun die Gleichung lautet

$$\begin{aligned} \overline{\lambda\bar{\tau}} + (\lambda_{III} - \lambda_I)\gamma_1\gamma_3 \overline{\frac{\partial\tau}{\partial x_1'}} + \lambda\gamma_1 \overline{\frac{\partial\tau}{\partial y_1'}} \\ + (\lambda_I\gamma_1^2 + \lambda_{III}\gamma_3^2)\overline{\frac{\partial\tau}{\partial z_1'}} = 0. \end{aligned} \tag{202}$$

Die Hauptgleichung (159) wird dagegen durch diese Operation nicht geändert; hat also der Kristall keine anderen in Betracht kommenden Begrenzungen als die $X'Y'$-Ebene, d. h., liegen die anderen von der Beobachtungsstelle so weit ab, daß ihre Wirkung vernachlässigt werden kann, so läßt sich die Asymmetrie der Isothermen durch die alleinige Diskussion der Grenzbedingung (201) resp. (202) erkennen.

Die Vergleichung der beiden Formeln zeigt, daß infolge der Oberflächenbedingung die $+X'$- und die $-X'$-, die $+Y'$- und die $-Y'$-Achse bei unserem Problem einander nicht gleichwertig sind, daß also die Isothermen auf der $X'Y'$-Ebene bei einer Erwärmung von dem Punkt $x'=0$, $y'=0$ aus nicht zur $Y'$- und zur $X'$-Achse symmetrisch verlaufen, solange die Parameter

$$(\lambda_{III} - \lambda_I)\gamma_1\gamma_3 \quad \text{und} \quad \lambda\gamma_1$$

von Null verschieden sind.

Sehen wir zunächst von rotatorischen Qualitäten ab, setzen also $\lambda = 0$, so ergibt sich, daß die Isothermen zur $Y'$-Achse unsymmetrisch verlaufen, sowie $\gamma_1\gamma_3$ von Null verschieden ist, d. h., sowie die Begrenzungsebene des Kristalles nicht normal oder parallel zur $Z$-Hauptachse liegt.

Dies Resultat illustriert das S. 390 über die Wichtigkeit sehr geringer Dicke der Kristallplatten bei Anwendung der Formeln (178) Gesagte; es erklärt auch die von *De Senarmont* gemachte Beobachtung über die gegenseitige Verschiebung der Isothermen auf den beiden Seiten einer nicht unendlich dünnen Platte. In der Tat kompensiert sich in dem Glied $(\lambda_{III} - \lambda_I)\gamma_1\gamma_3$ eine Umkehrung der $+X'$- und der $+Z'$-Richtung; auf einer Kristallfläche mit der äußeren Normale $+Z'$ spielt also die $+X'$-Richtung dieselbe Rolle, wie auf einer Fläche mit der äußern Normale $-Z'$ die $-X'$-Richtung.

Fassen wir nun das rotatorische Glied $\mp \lambda\gamma_1 \partial\tau/\partial y'$ in (201) und (202) ins Auge, so erkennen wir, daß dasselbe eine Dissymmetrie der Isothermen bezüglich der $X'$-Achse signalisiert, welche am größten sein muß, wenn $\gamma_1 = 1$ ist, die Normale der Kristallfläche also normal zur Hauptachse steht.

Diese Dissymmetrie suchte *Soret* bei der zweiten Reihe seiner Beobachtungen aufzufinden. Er benutzte dabei Kristalle von Dolomit, die der Gruppe (12), von Erythrit, die der Gruppe (17), von Apatit, die der Gruppe (24) angehören, konnte aber keine Andeutung der gesuchten Erscheinung finden.

Indessen sind auch diese negativen Resultate wenig entscheidend; da die Beobachtungen nicht einmal die unzweifelhaft vorhandenen Dissymmetrien erster Art (die bei schiefer Orientierung der Begrenzungsebene auf dem Glied $(\lambda_{III} - \lambda_I)\gamma_1\gamma_3$ beruhen) haben hervortreten lassen, ist die ganze Methode offenbar wenig empfindlich gewesen.

**§ 206. Aufsuchung rotatorischer Effekte. Methode der Zwillingsplatten.** Bei der großen prinzipiellen Bedeutung der Frage des Vorkommens von rotatorischen Effekten im Gebiete der Wärmeleitung schien es erwünscht, eine Methode von noch größerer Leistungsfähigkeit in Anwendung zu bringen, als die von *Soret* benutzten. Eine solche Methode ist aber unzweifelhaft die in § 202 auseinandergesetzte der Zwillingsplatten.

Für einen Kristall des trigonalen, des tetragonalen oder des hexagonalen Systems gelten die Gleichungen (199); eine Strömung, die keine Komponente nach der X-Achse hat, also $W_1$ zu Null macht, liefert statt (193) jetzt

$$\operatorname{tg}\psi = \frac{\partial\tau}{\partial x}\bigg/\frac{\partial\tau}{\partial y} = \frac{\lambda}{\lambda_I}$$

Isothermen, die auf einer zur *Z*-Achse normalen Doppelplatte in der S. 394 beschriebenen Weise hervorgebracht sind, müßten also bei Vorhandensein des rotatorischen Vektors $\lambda$ in der Zwischengrenze einen Knickwinkel $\omega$ zeigen, gegeben durch

$$\operatorname{tg}\tfrac{1}{2}\omega = \lambda/\lambda_I,$$

oder da $\omega$ hier unzweifelhaft sehr klein ist, durch

$$\omega = 2\lambda/\lambda_I.$$

Diese Beziehung gilt für den stationären wie für den veränderlichen Zustand und ist von der äußeren Leitfähigkeit vollständig unabhängig.

Bei den Beobachtungen[1]) wurden die Isothermen durch Auftragen einer dünnen gleichmäßigen Schicht eines Gemisches von Elaidinsäure und Wachs sichtbar gemacht, in der sich die Schmelzgrenze überaus scharf markiert. Über die Art der Erzeugung der Wärmeströmung ist S. 394 gesprochen.

1) *W. Voigt*, Gött. Nachr. 1903, p. 87.

Gibt man dem Heizkörper einigermaßen hohe Temperatur, so daß ein starkes Temperaturgefälle in der Kristallplatte entsteht, so sind die Isothermen in jeder Plattenhälfte in sehr großer Annäherung gerade Linien.

Der Beobachtung unterworfen wurden zwei Apatite aus Kanada, der eine rot, der andere grün, ein wasserheller Apatit aus Tirol und ein ebensolcher Dolomit aus Traversella. Bei keinem von ihnen ließen die Isothermen einen Knick an der Kittstelle erkennen, und die Beobachtung war ziemlich scharf, da die Isothermen meist über die ganze Doppelplatte hinweg streng geradlinig erschienen.

Um über die obere Grenze, die sich hieraus für das Verhältnis $\lambda/\lambda_I$ ergibt, ein Urteil zu gewinnen, wurde untersucht, wie genau sich nach Augenmaß zwei Stücke von Geraden, die von einem Punkt ausgehen, in dieselbe Richtung legen lassen, d. h. also, wie groß die Unsicherheit der Beurteilung eines gestreckten Winkels ist. Um die Verhältnisse denjenigen bei der Isothermenbeobachtung möglichst ähnlich zu gestalten, wurde auf zwei kleinen Stücken Karton von der Form  je eine feine Linie gezogen, die den stumpfen Winkel oben ungefähr halbierte; das eine Stück wurde auf den drehbaren Kreis eines Spektrometers, das andere an dessen Gestell befestigt, derart, daß die Scheitel der beiden stumpfen Winkel in der Drehungsachse zusammenstießen, und es wurde durch Drehung von der einen oder von der anderen Seite her die Position aufgesucht, in der die beiden Striche in eine Gerade zu fallen schienen. Die Ablesung ergab Abweichungen vom Mittel, die niemals 4′ erreichten. Es ist daher wahrscheinlich, daß der Knickungswinkel der Isothermen gleichfalls 4′ nicht merklich übertroffen hat.

Hieraus würde folgen, daß bei den untersuchten Apatiten und dem Dolomit das Verhältnis der rotatorischen Konstanten $\lambda$ zur thermischen Leitfähigkeit $\lambda_I$ in der Richtung normal zur Hauptachse den Wert 1/2000 nicht übertrifft, was praktisch der Null gleich zu achten ist.

Immerhin wird man sich hüten müssen, durch diese Beobachtungen den Nachweis als definitiv erbracht anzusehen, daß thermische Rotationseffekte nicht vorkommen. Es ist durchaus nicht ausgeschlossen, daß diese Effekte in den meisten Kristallen unmerklich und trotzdem in einigen wenigen beträchtlich sind. Gerade die Erfahrungen bezüglich des ihnen so verwandten magnetischen *Hall*-Effekts sind in dieser Richtung lehrreich. Hier überragt Wismut alle übrigen Metalle so außerordentlich an Wirksamkeit, daß der Effekt vielleicht bis heute noch unentdeckt wäre, wenn *Hall* zufällig Wismut nicht der Beobachtung unterworfen hätte. —

Wir haben in dem Abschnitt über Elektrizitätsleitung an die Behandlung der zur Aufsuchung (natürlicher) rotatorischer Effekte geeigneten Methoden eine Entwicklung der Gesetze für die magnetischen rotatorischen Wirkungen, d. h. für den *Hall*-Effekt geschlossen. Die Anregung, gleiches hier im Gebiete der Wärmeleitung zu tun, liegt unzweifelhaft vor, denn einige Beobachtungen an isotropen Körpern machen derartige Wirkungen wahrscheinlich, und die S. 340 erwähnte kinetische Theorie der Elektrizitäts- und Wärmeleitung fordert sie.

Indessen fehlt es in diesem Gebiete, wie es scheint, noch durchaus an Beobachtungen, die sich auf Kristalle beziehen; überdies sind die für den thermischen *Hall*-Effekt geltenden fundamentalen Ansätze den für den galvanischen Effekt in § 187 entwickelten völlig konform; so wird es genügen, auf jene hinzuweisen. Gleiches gilt bezüglich etwa nachzuweisender Einwirkungen eines Magnetfeldes auf die thermische Leitfähigkeit, wozu die Ansätze des § 190 in Betracht kommen würden.

§ 207. **Brechung der Isothermenflächen und der Wärmeströmung in Zwischengrenzen.** Das Problem des Übergangs von einem Medium in ein anderes, das im vorigen Abschnitt, als bei Elektrizitätsleitung praktisch ohne Interesse, ausdrücklich beiseite gelassen wurde, hat im Falle der Wärmeleitung eine größere Bedeutung. Dies beruht darauf, daß hier nach dem Inhalt der § 199 u. f. Mittel existieren, um die Kurven konstanten Potentials, d. h. konstanter Temperatur, auf der Oberfläche des durchströmten Systems sichtbar zu machen.

Wir beschränken uns, da andere Fälle bei Beobachtungen nicht leicht vorkommen werden, auf den Übergang der Wärme über die Grenze zwischen einem isotropen und einem kristallinischen Körper. Die $X'Y'$-Ebene legen wir in die Grenzfläche resp. in das betrachtete Element derselben und haben dann nach S. 373 die Grenzbedingungen

$$\overline{\tau}_0 = \overline{\tau}, \qquad (\overline{W}_3)_0 = \overline{W}_3',$$

wobei sich der Index $_0$ auf den isotropen Körper beziehen mag. Unter Benutzung des Wertes von $W_3$ schließen wir hieraus

$$\left(\overline{\frac{\partial \tau}{\partial x'}}\right)_0 = \overline{\frac{\partial \tau}{\partial x'}}, \qquad \left(\overline{\frac{\partial \tau}{\partial y'}}\right)_0 = \overline{\frac{\partial \tau}{\partial y'}},$$
$$\lambda_0 \left(\overline{\frac{\partial \tau}{\partial z'}}\right)_0 = \lambda_{31}' \overline{\frac{\partial \tau}{\partial x'}} + \lambda_{32}' \overline{\frac{\partial \tau}{\partial y'}} + \lambda_{33}' \overline{\frac{\partial \tau}{\partial z'}}. \tag{203}$$

Die Parameter $\lambda_{3i}'$ hängen, wie oft benutzt, von der Lage des $X'Y'Z'$-Koordinatensystems ab.

Die ersten beiden Formeln zeigen, daß die Normalen auf den an der betrachteten Stelle der Grenze zusammentreffenden Isothermenflächen in derselben Ebene durch die $Z'$-Achse liegen. Setzt man $\partial\tau/\partial y' = 0$, so wählt man die $X'Z'$-Ebene zur „Einfallsebene" und erhält

$$\left(\overline{\frac{\partial\tau}{\partial x'}}\right)_0 = \overline{\frac{\partial\tau}{\partial x'}}, \quad \lambda_0\left(\overline{\frac{\partial\tau}{\partial z'}}\right)_0 = \lambda'_{31}\overline{\frac{\partial\tau}{\partial x'}} + \lambda'_{33}\overline{\frac{\partial\tau}{\partial z'}}, \tag{204}$$

oder durch Bildung des Quotienten

$$\operatorname{tg}(n_0, z') = \frac{\lambda_0 \operatorname{tg}(n, z')}{\lambda'_{31}\operatorname{tg}(n, z') + \lambda'_{33}}; \tag{205}$$

hierin bezeichnet $n$ resp. $n_0$ die Normale auf der Isothermenfläche im Kristall und im isotropen Körper.

Sehr einfach werden die Verhältnisse, wenn die Platte oder die einfallende Isothermenfläche so orientiert ist, daß $\lambda_{31} = 0$, d. h. also, daß die $X'$- oder die $Z'$-Achse eine Symmetrieachse ist. Dann resultiert das „Brechungsgesetz der Isothermennormalen"

$$\operatorname{tg}(n_0, z') = \frac{\lambda_0}{\lambda'_{33}}\operatorname{tg}(n, z'), \tag{206}$$

welches dem optischen sehr ähnlich ist; daß an Stelle der dort auftretenden Sinus hier die Tangenten des Einfalls- und des Brechungswinkels stehen, hat bekanntlich den Effekt, daß es zu jeder einfallenden Isothermenfläche eine gebrochene gibt, daß somit das Analogon zur totalen Reflexion in der Optik hier fehlt.

Wir haben bisher Folgerungen nur über die Richtung des gebrochenen Temperaturgradienten gezogen; indessen geben die Bedingungen (203) resp. (204) offenbar auch Auskunft über seine Größe. Ferner liefern die aus diesen Bedingungen folgenden Komponenten $\partial\tau/\partial x, \ldots$ mit Hilfe der fundamentalen Gleichungen (157) auch Richtung und Stärke des gesamten Wärmestromes im Kristall, wenn dieselben im ersten isotropen Medium gegeben sind.

Dieselben Betrachtungen, denen wir hier den Eintritt des Wärmestromes aus dem isotropen in den kristallinischen Körper unterworfen haben, kann man natürlich auch an den umgekehrten Vorgang anknüpfen. —

Wenn man das Kristallpräparat durch zwei zur $X'Z'$-Ebene parallele einander nahe Ebenen begrenzt, also eine zusammengesetzte Platte betrachtet, die von irgendeiner Seite her erwärmt wird, so kann man die Brechung der Isothermenflächen in der Grenze zwischen den Teilen der Platte sichtbar machen und darauf eine Methode der Bestimmung von Leitfähigkeitskonstanten gründen. In der Tat, verbindet man einen Kristall mit einem isotropen Körper von bekannter Leitfähigkeit $\lambda_0$, so führt die Beobachtung der Brechung nach (205) zu $\lambda'_{33}$ und $\lambda'_{31}$, und durch Variation der Orientierung des Kristallpräparats kann man daraus Schlüsse auf die Hauptkonstanten ziehen.

Diese Methode, die im Göttinger Institut zunächst an verschiedenen miteinander kombinierten Glassorten[1]) erprobt worden ist, leidet an der Schwierigkeit hinreichend fester Verbindung der beiden verschiedenartigen Teile. Bei der Erwärmung des Präparats deformieren sich die beiden Teile in verschiedener Weise und reißen auch einen Teil der verkitteten Grenzflächen voneinander los. Bei der oben besprochenen Methode der Zwillingsplatten, wo gleiche Körper in gleichwertigen Orientierungen miteinander verkittet sind, auch die Wärmeströmung die Kittfläche nicht durchsetzt, entstehen ähnliche Schwierigkeiten nicht in nennenswerter Weise. —

Im vorstehenden ist das Verhalten der Isothermenflächen und der Temperaturgradienten in der Grenzfläche zwischen zwei Wärmeleitern behandelt, weil die Isothermen in gewissem Umfange der Beobachtung zugänglich sind. An sich hat eine parallelgehende Betrachtung des Verhaltens der Wärmeströmung in einer Zwischengrenze die gleiche Bedeutung.

Die Bedingungen (161) und (162) lassen sich nämlich für ein der $X'Y'$-Ebene paralleles Grenzelement zwischen zwei Körpern $a$ und $b$ schreiben

$$\left(\frac{\partial \tau}{\partial x'}\right)_a = \left(\frac{\partial \tau}{\partial x'}\right)_b, \quad \left(\frac{\partial \tau}{\partial y'}\right)_a = \left(\frac{\partial \tau}{\partial y'}\right)_b, \quad (\overline{W}_3')_a = (\overline{W}_3')_b,$$

und wenn man darin die Differentialquotienten von $\tau$ mit Hilfe der Ausdrücke (158) durch die Strömungskomponenten ersetzt, so erhält man ein Formelsystem, das die allgemeinen Brechungsgesetze des Wärmestromes enthält und bei Anwendung auf die Grenze zwischen einem isotropen Körper und einem Kristall zu (203) in Parallele tritt.

Wir wollen dasselbe nicht verfolgen, da es geringere praktische Bedeutung hat, schon dadurch, daß die Strömungslinien der Wärme nicht in analoger Weise sichtbar zu machen sind, wie dies die Isothermenkurven gestatten. Es genüge zu bemerken, daß die Gesetze der Brechung für die Wärmeströmung viel komplizierter sind, als für die Temperaturgradienten, und daß insbesondere das oben für die letzteren abgeleitete erste Gesetz, wonach der gebrochene Gradient in der Einfallsebene liegt, ein Analogon für die Strömung nicht besitzt. Die gebrochene Strömung weicht sowohl beim Eintritt in einen Kristall, wie beim Austritt aus demselben aus der Einfallsebene ab.

1) *Th. M. Focke*, Wied. Ann. Bd. 67, p. 132, 1899.

Hatte der Temperaturgradient sein optisches Analogon in der Wellennormale, so entspricht der Wärmeströmung in der Optik das Verhalten des Strahles. Diese Beziehungen sind immerhin von Interesse.

§ 208. **Die Frage zentrisch dissymmetrischer Wärmeleitung.** Die fundamentalen Ansätze (157) für die Theorie der Wärmeleitung sind, wie schon S 370 bemerkt worden, wesentlich phänomenologisch eingeführt, — eine Art höherer Interpolationsformeln, die ersten Glieder unendlicher Reihen, welche zur Darstellung der Erfahrungen im allgemeinen ausreichend erscheinen. Man kann fragen, in welcher Weise diese Ansätze fortgeführt werden müssen, wenn die aus ihnen geschlossenen Gesetze mit der Erfahrung nicht übereinstimmen, und welche neuen Erscheinungen durch solche Erweiterungen signalisiert werden.

Zwei Wege bieten sich offenbar für eine derartige Erweiterung. Einmal können Glieder mit den nächst höheren Differentialquotienten oder aber solche mit den nächst höheren Potenzen der ersten Differentialquotienten von $\tau$ zu den in (157) enthaltenen Ansätzen für $W_1$, $W_2$, $W_3$ gefügt werden.

Glieder der ersten Art, welche ausdrücken, daß nicht die Temperaturverteilung in der allernächsten Umgebung eines Punktes allein die Wärmeströmung bestimmt, sondern weitere Bereiche mitwirken, erscheinen zunächst nicht unwahrscheinlich. Es ist indessen zu bemerken, daß solche Glieder die Ordnung der Hauptgleichung

$$c\varrho \frac{\partial \tau}{\partial t} = -\left(\frac{\partial W_1}{\partial x} + \frac{\partial W_2}{\partial y} + \frac{\partial W_3}{\partial z}\right)$$

erhöhen und somit auch eine Ergänzung der Oberflächenbedingungen verlangen. Die Festsetzung der Temperatur für die Oberfläche des Körpers würde hiernach z. B. den stationären Temperaturzustand in ihm nicht ehr bestimmen. Ein solches Verhalten scheint im Widerspruch mit der Erfahrung zu stehen; die erste Art der Erweiterung ist somit also nicht empfehlenswert.

Ergänzungsglieder, welche höhere Potenzen der ersten Differentialquotienten enthalten, würden aussagen, daß bei stärkeren Temperaturgefällen die Strömungskomponenten diesen nicht mehr proportional sind Diese Glieder unterliegen den soeben ausgesprochenen Bedenken nicht und bieten sich somit näherer Betrachtung.

Im Falle isotroper Körper ist die nach der ersten zunächst in Betracht kommende Potenz die dritte; denn da hier entgegengesetzte Richtungen einander gleichwertig sein müssen, so sind gerade Potenzen ausgeschlossen. Eine gerade Potenz liefert ja bei zwei Temperaturgefällen von entgegengesetztem Vorzeichen die gleichen Strömungsanteile. Bei Kristallen jedoch sind gerade Potenzen zulässig, und wir werden somit für die **ersten** Ergänzungsglieder $W_1'$, $W_2'$, $W_3'$ der Strömungskomponenten die Ansätze machen können

$$\begin{aligned} -W_1' = \mu_{11}\left(\frac{\partial\tau}{\partial x}\right)^2 + \mu_{12}\left(\frac{\partial\tau}{\partial y}\right)^2 + \mu_{13}\left(\frac{\partial\tau}{\partial z}\right)^2 \\ + \mu_{14}\frac{\partial\tau}{\partial y}\frac{\partial\tau}{\partial z} + \mu_{15}\frac{\partial\tau}{\partial z}\frac{\partial\tau}{\partial x} + \mu_{16}\frac{\partial\tau}{\partial x}\frac{\partial\tau}{\partial y}, \end{aligned} \tag{207}$$

. . . . . . . . . . . . . . . . . . .

Die Faktoren $(\partial\tau/\partial x)^2, \ldots (\partial\tau/\partial x)(\partial\tau/\partial y)$ sind nach S. 131 u. 145 gewöhnliche Tensorkomponenten; der Ansatz ist somit in geometrischer Hinsicht durchaus verschieden von dem früheren (157), — er stimmt im wesentlichen überein mit dem zur Darstellung der piezoelektrischen Erscheinungen eingeführten, der im VIII. Kapitel ausführlich behandelt werden wird.

Hier genügt zunächst die Bemerkung, daß er einen wesentlich azentrischen Vorgang darstellt, daß also nur bei Kristallgruppen ohne Symmetriezentrum seine Parameter $\mu_{hi}$ von Null verschieden sein können. Wie die $\mu_{hi}$ sich bei verschiedenen Gruppen spezialisieren, wird später gezeigt werden. Indessen sieht man auch ohne Rechnung ein, daß in den Fällen des Vorkommens einer drei-, vier- oder sechszähligen Symmetrieachse ohne dazu normale zweizählige Achse (Gruppen (11), (13), (16), (18), (23), (25) die **gesamte** Strömung parallel der Hauptachse durch den Ausdruck gegeben sein muß

$$-W_3 = \lambda_{33}\frac{\partial\tau}{\partial z} + \mu_{31}\left(\frac{\partial\tau}{\partial x}\right)^2 + \mu_{32}\left(\frac{\partial\tau}{\partial y}\right)^2 + \mu_{33}\left(\frac{\partial\tau}{\partial z}\right)^2. \tag{208}$$

Sind noch, wie in den Fällen der transversalen Strömung durch dünne Platten, die in § 196 u. f. behandelt sind, die Isothermen Ebenen normal zur $Z$-Achse, so wird einfacher

$$-W_3 = \lambda_{33}\frac{\partial\tau}{\partial z} + \mu_{33}\left(\frac{\partial\tau}{\partial z}\right)^2. \tag{209}$$

Die Formel läßt erkennen, in welcher Weise eine Wärmeströmung parallel der Hauptachse bei Umkehrung des Temperaturgefälles sich wandeln müßte, und zeigt zugleich, wie diese Wandelung bedingt ist durch das Aufgeben der Proportionalität zwischen Strömung und Gefälle.

Da bei den azentrischen Kristallen schon die in den $\partial\tau/\partial x, \ldots$ **quadratischen** Terme zur Geltung kommen, so verspricht deren Untersuchung **eher** die Aufdeckung einer Differenz zwischen der Erfahrung und dem Ansatz (157), als die Untersuchung isotroper Körper, bei denen das erste Korrektionsglied bereits vom **dritten** Grade ist.

Ohne Bezugnahme auf Überlegungen von der Art der vorstehenden ist wiederholt nach einer zweiseitig verschiedenen Wärmeleitung gesucht worden. Als nächstliegendes Material bot sich dabei der Turmalin (Gruppe 11), der in großen Individuen erhältlich ist und daneben in der äußerst starken pyroelektrischen Erregbarkeit eine ausgeprägte physikalische Verschiedenartigkeit der beiden Seiten der Hauptachse bekundet. Erst *Thompson*[1]) und *Lodge*, sodann *Stenger*[2]) haben unter Benutzung von Modifikationen der Weberschen Methode der Bestimmung von Leitfähigkeiten (s. S. 379) Beobachtungen an normal zur Hauptachse geschliffenen Turmalinplatten angestellt. Indessen gaben Messungen, bei denen in derselben Platte das Temperaturgefälle einmal parallel der e i n e n, sodann parallel der a n d e r n Seite der Hauptachse verlief, auch bei der genaueren Untersuchung *Stengers* nicht merklich verschiedene Vorgänge, so daß also auf gleiche Leitfähigkeit in beiden Richtungen geschlossen werden muß.

Beobachtungen über Asymmetrie der *De Senarmont*schen Isothermen auf Turmalinplatten, die parallel der Hauptachse geschliffen waren, angestellt von *Thompson* und *Lodge*, sind durch spätere Untersuchungen von *Jannetaz* nicht bestätigt worden.

Die beschriebenen Beobachtungen benutzten Methoden, welche anscheinend nicht das höchste erreichbare Maß von Schärfe besitzen; die Ausmessung der Isothermen gestattet keine sehr große Genauigkeit, und die wohl größere Genauigkeit der *Weber*schen Methode kommt nur unvollkommen zur Geltung, wenn sie benutzt wird, um die s e h r k l e i n e D i f f e r e n z zwischen zwei Leitfähigkeiten festzustellen. In solchen Fällen ist es bekanntlich jederzeit rationell, eine Methode anzuwenden, die direkt auf die gesuchte Differenz führt, d. h., eine Veränderung zu beobachten, die verschwindet, wenn die Differenz Null ist.

Unter Anlehnung an die S. 383 erwähnte Methode *Thoulets* könnte man zur Erreichung eines solchen Zieles etwa so verfahren: Eine Platte normal zu einer polaren Symmetrieachse wird in zwei Hälften geschnitten und durch Zusammenfügen der Hälften in v e r w e n d e t e n Stellungen wieder hergestellt. Quer über die Trennungslinie wird auf der einen Grundfläche ein dünner und schmaler Streifen einer Substanz mit wohl definiertem Schmelzpunkt gezogen und nun die sorgsam horizontal gerichtete Platte auf die Oberfläche einer erwärmten Quecksilbermasse gelegt, die einen innigen Kontakt bewirkt.

Der Wärmestrom durchfließt die eine Plattenhälfte in dem Sinne der positiven, die andere im Sinne der negativen polaren Achse. Entspricht beiden Richtungen die gleiche Leitfähigkeit, so muß die Probe-

1) *S. P. Thompson* und *O. G. Lodge*, Phil. Mag. (5) T. 8, p. 18, 1879.
2) *F. Stenger*, Wied. Ann. Bd. 22, p. 522, 1884.

substanz auf beiden Plattenhälften genau gleichzeitig schmelzen; ein Nachbleiben der einen Hälfte würde auf eine azentrische Leitfähigkeit hinweisen.

## IV. Abschnitt.

## Dielektrische Influenz.

§ 209. **Ältere Beobachtungen.** Die elektrische Erregbarkeit der Dielektrika durch Influenz ist von *Faraday*[1]) entdeckt worden, und die Methode, deren er sich zum Nachweis der Erscheinung bediente, bietet auch für exakte numerische Bestimmungen selbst bei Kristallen hervorragende Vorteile.

*Faraday* brachte zwischen die Platten eines geladenen Kondensators eine Schicht eines Dielektrikum und beobachtete, daß hierdurch die Potentialdifferenz zwischen den Platten herabgesetzt wurde. In gleichem Sinne wirkte auch eine leitende, aber gegen die Platten isolierte Schicht durch die in ihr stattfindende Influenz; es lag somit nahe, auch die von dem Dielektrikum geübte Wirkung auf eine Influenzierung desselben zurückzuführen.

Die Theorie des Vorganges, der der Influenzierung in einem magnetischen Felde parallel geht, war durch die Theorie der Magnetisierung, die *Poisson* 1822 entwickelt hatte, bereits gegeben. *Poisson* hatte auch schon gewisse spezielle Wirkungen der kristallinischen Struktur auf den Vorgang der Magnetisierung vorausgesagt. Die vollständige Erweiterung der *Poisson*schen Theorie auf Kristalle lieferte indessen erst *W. Thomson* 1850 veranlaßt durch die *Plücker*schen Beobachtungen über die Einstellung von beweglich aufgehangenen Kristallen im Magnetfelde. *Knoblauch*, der 1850 die magnetischen Beobachtungen von *Plücker* fortsetzte, suchte dann als Erster nach dem Analogon dieser Erscheinung auf elektrischem Gebiete, d. h. also nach spezifischen kristallphysikalischen Wirkungen im Gebiete der Influenz von Dielektrika.

Die Methode von *Knoblauch*[2]) war die, daß zwischen den Platten eines Kondensators Kreisscheiben von verschiedenen Kristallen horizontal aufgehängt wurden, und zugesehen wurde, ob dieselben bei Erregung des Kondensators eine Tendenz zur Einstellung zeigten. Nach diesem Verfahren wurden von Vertretern der Systeme IV und VI, (insbesondere Kalkspat, Eisenspat, (Wismut), Turmalin, Beryll) Platten, welche die drei- oder sechszählige Achse in ihrer Ebene enthielten, untersucht, ebenso von Vertretern des Systems III (insbesondere Baryt,

1) *M. Faraday*, Exp. Res. Ser. XI, 1836.
2) *H. Knoblauch*, Pogg. Ann. Bd. 83, p. 289, 1851.

Aragonit, Kaliumnitrat) Platten, welche zwei zweizählige Symmetrieachsen in ihrer Ebene enthielten. Bei allen diesen stellte sich eine Symmetrielinie in die Richtung der Kraftlinien des elektrischen Feldes ein, es ergaben sich aber zugleich Anzeichen von starken Störungen des Vorganges durch die Wirkung meist vorhandener geringer (innerer oder oberflächlicher) Leitfähigkeiten dieser Kristalle.

Daß dergleichen die Erscheinungen der dielektrischen Erregung wesentlich stören können, ergibt eine einfache Überlegung. Hat die kreisrunde Kristallplatte eine kleine Zeit in irgend einer Position zwischen den Kondensatorplatten geruht, so wird in ihr durch die Feldstärke $E$ infolge der Leitfähigkeit positive Ladung nach der Seite von $+E$, negative nach der Seite von $-E$ geführt sein, welche im Innern der Platte dem äußeren Felde entgegenwirkt und dasselbe, falls der Gleichgewichtszustand vorhanden ist, völlig vernichtet. In dem letzteren Extremfalle käme in der Platte gar keine dielektrische Influenz zustande, im allgemeinen Falle noch nicht erreichten Gleichgewichts unterlägen der Feldwirkung, außer der durch dielektrische Influenz erregten scheinbaren Ladungen, auch die durch Leitung transportierten.

Bei hinreichender Stärke der durch Leitung an die Ränder der Platte transportierten Ladung kann der Fall eintreten, daß bei einer Umkehrung des Feldes die Kristallplatte sich einfach um 180° dreht, weil die Drehung der ponderabeln Masse schneller vor sich geht, als die Umlagerung der Ladung in der Platte durch innere Leitung. In diesem Falle verhält sich die Platte also wie mit einem dauernden Moment in der Richtung der ersten Erregung behaftet.

Es mag übrigens hervorgehoben werden, daß eine genauere Analyse des Vorganges, namentlich wenn es sich nicht um Gleichgewichtszustände handelt, darauf Rücksicht nehmen muß, daß nach dem Inhalt des II. Abschnittes die Strömung der Elektrizität innerhalb der Kristallplatte nicht genau in der Richtung des elektrischen Feldes stattfindet.

§ 210. **Elimination der störenden Leitungseffekte.** Nach diesen Erfahrungen *Knoblauchs* und den sie bestätigenden späterer Beobachter mußte es bei Messungen weiterhin immer eine Hauptaufgabe sein, die störenden Wirkungen der elektrischen Leitung zu eliminieren oder wenigstens bis zur Unschädlichkeit herabzudrücken. Das einzige Mittel zu diesem Zweck ist die Anwendung einer sehr häufigen Kommutierung der Feldrichtung, im Grenzfall die Benutzung elektrischer Schwingungen.

Eine Umkehr der Feldrichtung ist, soweit es sich um den rein dielektrischen Vorgang handelt, ohne Einfluß auf Größe und Richtung der resultierenden Kräfte und Drehungsmomente, welche das im Felde befindliche Dielektrikum seitens des Feldes erfährt, sowie die Erregungen der Volumenelemente ungerade Funktionen der Feldkomponenten sind. Die bisherigen Beobachtungen haben eine merklich vollständige Proportionalität zwischen Erregung und Feld ergeben, und da die ponderomotorische Kraft, die ein Volumenelement im elektrischen Felde erfährt, durch das Produkt aus dessen scheinbarer Ladungsdichte in die Feldstärke gegeben ist, so sind die Gesamtkräfte und -momente, welche auf das Dielektrikum ausgeübt werden, als streng dem Quadrat der Feldstärke proportional zu betrachten. Hierauf beruht die Möglichkeit, in diesem Gebiete elektrostatische Messungen mit schnell kommutierten Feldern oder gar mit elektrischen Schwingungen anzustellen. Finden die Kommutierungen in Zeiten statt, die klein sind gegen die Schwingungsdauer des beweglich aufgehängten Dielektrikum, so kommt bei demselben eine scheinbare Ruhelage zustande, insofern die kleinen Bewegungen während der Umkehrung oder des Wechsels der Feldstärke sich der Wahrnehmung entziehen. Diese Ruhelage ist dann dieselbe, als wenn statt der variabeln eine konstante Feldstärke wirkte von einem Betrag, dessen Quadrat gleich ist dem zeitlichen Mittelwert des Quadrats der variabeln Feldstärke. Handelt es sich z. B. um kommutierte Feldstärken, derart, daß immer eine Zeit $T_1$ hierdurch das Feld den Wert $\pm E$ und dazwischen die Zeit $T_0$ hindurch den Wert Null besitzt, so ist das mittlere Feldstärkenquadrat

$$E_m^2 = \frac{T_1}{T_1 + T^0} E^2.$$

Handelt es sich dagegen um eine sinusförmige Schwingung zwischen den größten Feldstärken $\pm \overline{E}$, dann ist

$$E_m^2 = \tfrac{1}{2} \overline{E}^2.$$

Im übrigen ist allgemein bezüglich der Anwendung kommutierter Felder folgendes zu sagen:

Wenn bei gesteigerten Frequenzzahlen der Kommutierungen oder Schwingungen eine Frequenz erreicht wird, von der aus eine weitere Steigerung keine merkliche Änderung in den auf das Dielektrikum ausgeübten Kräften mehr gibt, so darf man schließen, daß die Leitungsvorgänge auf eine unmerkliche Größe herabgedrückt sind. Andererseits gibt der Wert, bei dem, von höheren zu niederen Frequenzen herabsteigend, ein Einfluß der Frequenz merklich wird, und die Größe der ferneren Änderung der auf das Dielektrikum wirkenden Kräfte einen Anhalt über die Größe der Leitfähigkeit des Dielektrikum. Auf eine Schwierigkeit, die bei der Anwendung allerschnellster elektrischer Schwingungen durch molekulare Resonanzwirkungen entsteht, wird später eingegangen werden. —

Die ersten systematischen Beobachtungen über die Einstellung von Kristallpräparaten (Kreisscheiben, wie sie auch *Knoblauch* benutzt hatte) in kommutierten Feldern sind von *Root*[1]) angestellt worden. Die Anordnung war im übrigen der *Knoblauch*schen analog, nur war zwischen den Kondensatorplatten und der sie ladenden Batterie ein Kommutator eingeschaltet, der bis etwa 6000 Umkehrungen des Feldes in der Sekunde gestattete.

Die Resultate, welche *Root* erhielt, stellten die Wirkung, die schnelle Kommutierungen des Feldes bezüglich der Elimination der Vorgänge der Leitung in den Kristallplatten üben, in helles Licht. Am drastischsten zeigte sich diese Wirkung bei einer Scheibe von Kalkspat, welche die Hauptachse in ihrer Ebene enthielt und (wie gewöhnlich) horizontal zwischen den Platten des Kondensators aufgehängt wurde. War die Anfangslage etwa eine solche, daß die Hauptachse 45° mit den Kraftlinien des Feldes einschloß, so bewirkte ein konstantes Feld eine Einstellung dieser Achse in die Kraftlinien, und eine Umkehrung des Feldes eine Umdrehung der Scheibe gemäß der S. 411 besprochenen Leitungswirkung. Bei schnellen Kommutationen des Feldes stellte sich umgekehrt die Hauptachse normal zu den Kraftlinien ein; die andersartige Influenzwirkung überwog hier den Effekt der Leitung.

Später hat *Righi*[2]) die Methode der Einstellung einer Kreisscheibe zwischen Kondensatorplatten bei schnellen elektrischen Schwingungen in einem speziellen Falle (Selenit) benutzt und dabei eine andere Orientierung der Platte erhalten, als sie *Knoblauch* bei statischen Ladungen gefunden hatte. Auch hier werden im letzteren Falle Leitungsvorgänge wirksam gewesen sein.

§ 211. **Das thermodynamische Potential der dielektrischen Influenz.** Es liegen keinerlei Bedenken dagegen vor, die (vektorielle) dielektrische Influenz als ein umkehrbares Phänomen zu betrachten; demgemäß können wir auch auf dieselbe die Methode des thermodynamischen Potentials anwenden. Die einzuführenden elektrischen Hauptvariabeln ergeben sich, wie in § 136, aus dem Ausdruck für die Influenzierungsarbeit $\delta'\alpha$ an der Volumeneinheit. Bezeichnen nämlich wieder $E_1, E_2, E_3$ die Komponenten der elektrischen Feldstärke, $P_1, P_2, P_3$ diejenigen des dielektrischen Moments der Volumeneinheit, so gilt

$$\delta'\alpha = -(P_1\delta E_1 + P_2\delta E_2 + P_3\delta E_3).$$

Hiernach sind, neben der absoluten oder relativen Temperatur $\vartheta$ und $\tau$, die Feldkomponenten als normale unabhängige Variable zu führen.

1) *E. Root*, Berliner Diss. 1876; Pogg. Ann. **158**, p. 1, 425, 1876.

2) *A. Righi*, Rend. Acad. Bologna, T. **1**, p. 174, 1897.

Wir entwickeln das erste thermodynamische Potential der Volumeneinheit $\xi$ wieder nach Potenzen dieser Größen und berücksichtigen, daß die Glieder ersten Grades in dem Abschnitt über Pyroelektrizität bereits behandelt sind, also hier gemäß dem S. 249 allgemein Bemerkten fortbleiben können. Wir behalten jetzt also nur die Glieder nullten und zweiten Grades bei und schreiben

$$-2\xi = \Theta + \eta_{11}E_1^2 + \eta_{22}E_2^2 + \eta_{33}E_3^2 \\ + 2(\eta_{23}E_2E_3 + \eta_{31}E_3E_1 + \eta_{12}E_1E_2) \qquad (210)$$

Hierin sind $\Theta$ und die $\eta_{hi}$ Funktionen der Temperatur, von denen die $\eta_{hi}$ in erster Annäherung als Konstanten gelten können. Da $E_1^2, \ldots E_2E_3, \ldots$ nach S. 145 gewöhnliche Tensorkomponenten sind, so stellen die sechs Parameter $\eta_{hk}$ der skalaren Funktionen

$$S = -(2\xi + \Theta)$$

nach dem allgemeinen Satz von S. 150 gleichfalls Tensorkomponenten dar. Der Ausdruck hat dieselbe Form, wie das thermodynamische Potential $\xi$ in § 152, und verhält sich bei Anwendung auf die verschiedenen Kristallgruppen, wie jenes.

Durch Übertragung der Tabelle von S. 270 ergibt sich demgemäß für die den 32 Kristallgruppen entsprechenden Parameter $\eta_{hk}$ bei Benutzung des Hauptkoordinatensystems das nachstehende Schema:

| | |
|---|---|
| I. (1), (2) | $\eta_{11}, \eta_{22}, \eta_{33}, \eta_{23}, \eta_{31}, \eta_{12}$. |
| II. (3), (4), (5) | $\eta_{11}, \eta_{22}, \eta_{33}, 0, 0, \eta_{12}$. |
| III. (6), (7), (8) | $\eta_{11}, \eta_{22}, \eta_{33}, 0, 0, 0$. |
| IV. (9) bis (13) } V. (14) bis (20) } VI. (21) bis (27) } | $\eta_{11}, \eta_{11}, \eta_{33}, 0, 0, 0$. |
| VII. (28) bis (32) | $\eta_{11}, \eta_{11}, \eta_{11}, 0, 0, 0$. |

Die Funktion $\Theta$ kann man bei kleinen Temperaturänderungen $\tau$ von einer Anfangstemperatur $\vartheta_0$ aus nach Potenzen von $\tau$ entwickeln. Das konstante Glied hat für Eins kein Interesse, weil $\xi$ nur durch seine Differentialeigenschaften definiert ist; das lineäre nicht, weil die Entropie, welche durch $-\partial\xi/\partial\tau$ gegeben ist, nur bis auf eine additive Konstante definiert ist. Wir behalten also als niedrigstes das in $\tau^2$ multiplizierte Glied; dessen Faktor bestimmt sich nach S. 257 durch die spezifische Wärme $\gamma_p$ bei konstantem Druck und fehlender Feldwirkung derart, daß

$$\Theta = \gamma_p \tau^2/\vartheta_0. \qquad (211)$$

Die dielektrischen (vektoriellen) Momente $P_1, P_2, P_3$ folgen aus $\mathfrak{k}$ gemäß S. 189 durch Differentiation nach den Feldkomponenten, und wir erhalten

$$\begin{aligned} P_1 &= -\frac{\partial \mathfrak{k}}{\partial E_1} = \eta_{11} E_1 + \eta_{12} E_2 + \eta_{13} E_3, \\ P_2 &= -\frac{\partial \mathfrak{k}}{\partial E_2} = \eta_{21} E_1 + \eta_{22} E_2 + \eta_{23} E_3, \\ P_3 &= -\frac{\partial \mathfrak{k}}{\partial E_3} = \eta_{31} E_1 + \eta_{32} E_2 + \eta_{33} E_3, \end{aligned} \tag{212}$$

wobei $\eta_{hk} = \eta_{kh}$. Diese Formeln fallen unter das in § 164 u. f. behandelte Schema: sie stellen lineäre Beziehungen zwischen zwei Tripeln von Vektorkomponenten dar. Dabei hat aber die Existenz des thermodynamischen Potentials die Folge, daß die im allgemeinen neun Parameter derartiger Relationen sich durch Bestehen der Beziehungen $\eta_{hk} = \eta_{kh}$ auf sechs reduzieren. Rotatorische Qualitäten kommen also bei der dielektrischen Influenz der Kristalle von vornherein nicht in Frage.

Die Ansätze (212) sind von *W Thomson* gemacht worden, auch ist von ihm bereits aus der Annahme, die dielektrische Influenz sei ein umkehrbarer Vorgang, die Reduktion der neun Parameter des Ansatzes auf sechs gefolgert worden. *Thomson* bedient sich hierzu des S. 185 auseinandergesetzten Prinzips, daß bei isothermen Vorgängen durch einen Kreisprozeß nicht Arbeit gewonnen werden kann. Dies Prinzip ist, wie schon S. 188 bemerkt, durch die Annahme eines thermodynamischen Potentials generell erfüllt.

§ 212. **Diskussion der Ausdrücke für die dielektrischen Momente.** Die Parameter $\eta_{hk}$ der Beziehungen (212) messen die Größe des dielektrischen Moments, insofern dieses bei gleicher Feldstärke wächst, wenn die $\eta_{hk}$ sämtlich proportional zunehmen. Man nennt sie nach *Thomson* die Konstanten der dielektrischen Suszeptibilität des Kristalls, oder auch kürzer seine Elektrisierungszahlen. Es ist für ihre Definition, wie wir weiterhin sehen werden, wesentlich, innerhalb welches Mediums die Influenzierung des Kristalls stattfindet. Wir wollen festsetzen, daß dies der leere Raum oder, was praktisch meist gleichwertig, die Atmosphäre sein soll.

Das dielektrische Verhalten des Kristalls ist dann völlig bestimmt durch das Tensortripel der Hauptelektrisierungszahlen $\eta_{I}, \eta_{II}, \eta_{III}$, dessen Komponenten die $\eta_{hk}$ darstellen, oder anders ausgedrückt durch die Tensorfläche $[\eta]$ von der Gleichung

$$\eta_{11} x^2 + \eta_{22} y^2 + \eta_{33} z^2 + 2(\eta_{23} yz + \eta_{31} zx + \eta_{12} xy) = \pm 1, \tag{213}$$

die sich bei Einführung eines (dielektrischen) Hauptachsensystems reduziert auf

$$\eta_I x^2 + \eta_{II} y^2 + \eta_{III} z^2 = \pm 1. \tag{214}$$

Die Tensoren $\eta_I$, $\eta_{II}$, $\eta_{III}$ sind in allen bekannten Fällen positiv; es kommt also in den letzten beiden Gleichungen nur das positive Vorzeichen in Frage, und die betreffenden Flächen sind Ellipsoide.

Bezüglich der Verwendung der Tensorfläche $[\eta]$ können wir das in § 165 allgemein Bemerkte verwerten. Hieraus ergibt sich für unsern Fall folgendes Resultat:

Legt man in dem Ellipsoid der Elektrisierungszahlen einen Radiusvektor $r$ parallel zu der Feldstärke $E$, dann liegt das auf $E$ beruhende dielektrische Moment $P$ parallel zu der Normalen $n$ auf derjenigen Ebene, welche das Ellipsoid in dem Schnittpunkt von $r$ berührt.

Läßt man weiter $E$ sukzessive in allen möglichen Richtungen mit gleicher Stärke wirken, so variiert $P$ indirekt proportional mit dem Produkt aus $r$ und $n$.

Bei Einführung der Hauptachsen der dielektrischen Influenz nehmen die Formeln (212) die einfachere Gestalt an

$$P_1 = \eta_I E_1, \quad P_2 = \eta_{II} E_2, \quad P_3 = \eta_{III} E_3. \tag{215}$$

Wir werden diese Form bei den speziellen Problemen weiterhin meist zugrunde legen.

Dies setzt zunächst voraus, daß die Lage der Hauptachsen im Kristall bestimmt ist, daß also ein Kristall der Systeme III bis VII der Betrachtung unterworfen wird. In der Tat beziehen sich auf solche Kristalle die bei weitem meisten der bisher angestellten Beobachtungen.

Es hindert aber nichts, nachdem die allgemeinen Influenzgesetze eines Körpers von bestimmter, z. B. ellipsoidischer Form für das Hauptachsensystem entwickelt sind, die Resultate auf ein willkürliches Koordinatensystem zu transformieren. Wenn die betreffenden Formeln als Theorie einer Beobachtungsmethode gelten sollen, müssen dann die Winkel, welche die Lage der Hauptachsen $\eta_I$, $\eta_{II}$, $\eta_{III}$ gegen die willkürlichen Koordinatenachsen bestimmen, als Unbekannte geführt werden.

Allgemein sei noch daran erinnert, daß nach S. 203 die Momente $P_1$, $P_2$, $P_3$ als Komponenten einer in dem influenzierten Körper verlaufenden Strömung gedeutet werden können, die ihre Quellen in den räumlichen und den flächenhaften scheinbaren Ladungen von den Dichten $\varrho$ und $\sigma$ besitzen. Da aber diese Ladungen niemals gegebene Größen sind, so ist mit dieser Deutung weder für die Veranschaulichung der Verteilung der Momente, noch für die Lösung eines Influenzproblems ein Vorteil verbunden.

§ 213. **Die Grundgleichungen des Influenzproblemes in ihrer ersten Form.** Das Problem der dielektrischen Influenz eines Kristalls ist nach den in § 119 angegebenen allgemeinen Regeln nunmehr folgendermaßen zu formulieren:

Das influenzierende Feld $E$, dessen Komponenten in den Ausdrücken (212) resp. (215) für die dielektrischen Momente auftreten, setzt sich zusammen aus dem Feld $E^0$ des influenzierenden Systems, z. B. eines geladenen Kondensators, und aus dem Feld $\mathfrak{E}$ des influenzierten Kristalls.

Für die Komponenten des letzteren gilt

$$\mathfrak{E}_1 = -\frac{\partial \varphi}{\partial x}, \quad \mathfrak{E}_2 = -\frac{\partial \varphi}{\partial y}, \quad \mathfrak{E}_3 = -\frac{\partial \varphi}{\partial z}, \tag{216}$$

wobei

$$\varphi = \int \left( P_1 \frac{\partial \frac{1}{r}}{\partial x_0} + P_2 \frac{\partial \frac{1}{r}}{\partial y_0} + P_3 \frac{\partial \frac{1}{r}}{\partial z_0} \right) dk_0 \tag{217}$$

die Potentialfunktion des Kristalls darstellt.

Die Gleichungen (194) aus § 119 nehmen dann die Form an

$$P_1 = \eta_{\mathrm{I}} \left( E_1^0 - \frac{\partial \varphi}{\partial x} \right), \quad P_2 = \eta_{\mathrm{II}} \left( E_2^0 - \frac{\partial \varphi}{\partial y} \right), \quad P_3 = \eta_{\mathrm{III}} \left( E_3^0 - \frac{\partial \varphi}{\partial z} \right), \tag{218}$$

und das Grundproblem der Influenz geht dahin, diese Formeln in Verbindung mit der Definition (217) von $\varphi$ durch Werte von $P_1$, $P_2$, $P_3$ zu befriedigen. Seine Eindeutigkeit läßt sich nach bekannten Methoden beweisen, was hier nur erwähnt werden soll.

Die strenge Lösung des Problems gelingt nur in wenigen Fällen, deren wichtigste uns unten beschäftigen werden. Eine angenäherte Lösung würde sich dann stets bilden lassen, wenn die $\eta_{\mathrm{I}}$, $\eta_{\mathrm{II}}$, $\eta_{\mathrm{III}}$ sehr kleine Zahlwerte hätten. Man könnte hier, da $\varphi$ aus drei Gliedern besteht, die je ein $\eta_n$ als Faktor haben, in den Formeln (217) $\eta_{\mathrm{I}} \partial \varphi / \partial x$, $\eta_{\mathrm{II}} \partial \varphi / \partial y$, $\eta_{\mathrm{III}} \partial \varphi / \partial z$ als Glieder zweiter Ordnung betrachten und als Lösung in erster Annäherung schreiben

$$M_1 = \eta_{\mathrm{I}} E_1^0, \quad M_2 = \eta_{\mathrm{II}} E_2^0, \quad M_3 = \eta_{\mathrm{III}} E_3^0. \tag{219}$$

Diese Werte entsprechen der Vernachlässigung des Feldes, welches der influenzierte Körper auf sich selber ausübt, d. h. der sogenannten Selbstinfluenz, und lassen nur das äußere Feld wirksam werden.

Die Annahme kleiner Zahlwerte $\eta_h$ ist in Wirklichkeit bei Kristallen niemals erfüllt; die $\eta_h$ sind vielmehr hier immer beträchtliche echte Brüche, die gelegentlich der Einheit ziemlich nahe kommen und sie in seltenen Fällen noch übertreffen.

Indessen gibt es spezielle Formen der Kristallpräparate, bei denen, geeignete Orientierung gegen das Feld vorausgesetzt, die Selbstinfluenz nur unbedeutend ist. Letzteres findet in hervorragendem Maße statt bei dünnen Stäbchen, falls deren Moment der Stabachse parallel ist; es ist hierauf S. 208 u. 209 hingewiesen worden; an letzterer Stelle, wo derartige Stäbchen durch sehr gestreckte Rotationsellipsoide approximiert sind, finden sich für das innere Feld eines solchen auch quantitative Angaben.

Bei genügender Feinheit der Stäbchen lassen sich demgemäß die Beziehungen (219), welche die Selbstinfluenz vernachlässigen, für die Orientierung der Stabachse parallel einer Hauptachse der Fläche $[\eta]$ in beträchtlicher Annäherung zur Anwendung bringen. Der Beobachtung zugänglich wären in solchem Falle etwa die Frequenzen sehr kleiner Schwingungen derartiger Stäbchen um eine Ruhelage, bei der die Stabachse in die Richtung der Kraftlinien fällt.

Wichtiger sind für uns die Fälle dünner Kreisscheiben, über die nach S. 410 u. f. Beobachtungen vorliegen, und auf die wir daher etwas näher eingehen wollen.

§ 214. **Um die Figurenachse drehbare Rotationsellipsoide und Kreisscheiben im elektrischen Felde.** Es kommen hier die Betrachtungen zur Anwendung, die in § 111 und 113 über die Potentialfunktion homogen erregter Ellipsoide angestellt worden sind; denn für Fragen der bloßen Größenordnung irgendwelcher Effekte lassen sich dünne, kreisrunde Platten durch sehr stark abgeplattete Rotationsellipsoide ersetzen.

Übertragen wir die Resultate von S. 205 u. f. auf unsern Fall, so ergibt sich folgendes: Das Potential eines homogen erregten Ellipsoides mit Achsen parallel den willkürlichen Koordinatenachsen $X'Y'Z'$ auf einen inneren Punkt hat die Form

$$\varphi_i = \frac{4\pi}{3}(p_1' P_1' x' + p_2' P_2' y' + p_3' P_3' z'), \qquad (220)$$

wobei die $P_h'$ die Momente der Erregung und die $p_h'$ Konstanten bezeichnen. Handelt es sich um ein Rotationsellipsoid um die $Z'$-Achse, dessen Halbachse $c$ parallel $z'$ sehr klein neben der dazu normalen $a$ ist, derart, daß

$$(a^2 - c^2)/c^2 = \varepsilon^2$$

eine sehr bedeutende Größe ist, so wird der obige allgemeine Ausdruck für $\varphi_i$ zu

$$\varphi_i = \frac{\pi^2}{\varepsilon}(P_1' x' + P_2' y') + 4\pi P_3' z'. \qquad (221)$$

Hieraus folgt dann für die Komponenten des inneren Feldes des Ellipsoides nach (216)

$$\mathfrak{E}_1' = -\pi^2 \frac{P_1'}{s}, \quad \mathfrak{E}_2' = -\pi^2 \frac{P_2'}{s}, \quad \mathfrak{E}_3' = -4\pi P_3'; \tag{222}$$

im Falle einer Erregung parallel zur $X'Y'$-Ebene, wo $P_3' = 0$ ist, ergibt sich sonach die von der Erregung des Ellipsoides herrührende innere Feldstärke $\mathfrak{E}$ als klein von der Ordnung $1/s$; sie kann demgemäß bei genügend großem $s$ neben dem äußern Feld $E^0$ vernachlässigt werden. Man gelangt in diesem Falle trotz beträchtlicher Werte der $\eta_n$ zu den vereinfachten Gleichungen (219), welche das Influenzproblem hier völlig lösen.

Die Voraussetzung $P_3' = 0$ — die übrigens bei allen Anwendungen unnötig ist, welche nur an die Werte von $P_1'$ und $P_2'$ anknüpfen — ist nun insbesondere in dem praktisch wichtigen Falle erfüllt, daß die $Z'$- resp. Rotations-Achse in eine kristallographische Symmetrieachse fällt und das Feld normal zu dieser wirkt; erstere Bedingung reduziert nämlich die dritte Gleichung (212) auf $P_3 = \eta_{33} E_3$, letztere macht $E_3$ zu Null. Die erste und die zweite Formel (212) aber werden bei beliebiger Lage des $XY$-Kreuzes zu

$$P_1 = \eta_{11} E_1 + \eta_{12} E_2, \quad P_2 = \eta_{21} E_1 + \eta_{22} E_2,$$

wobei $\eta_{12} = \eta_{21}$, und führen bei Benutzung der Hauptachsen zu den ersten beiden Formeln (215).

Der vorstehend erörterte spezielle Fall, in dem die Selbstinfluenz des Kristallpräparates zu vernachlässigen und die Lösung des Influenzproblems direkt anzugeben ist, enthält die Theorie der qualitativen Versuche von *Knoblauch* und *Rodt*, die oben beschrieben worden sind. Die Verhältnisse liegen hier so einfach, daß sie sich am anschaulichsten geometrisch darstellen lassen. (Fig. 130.)

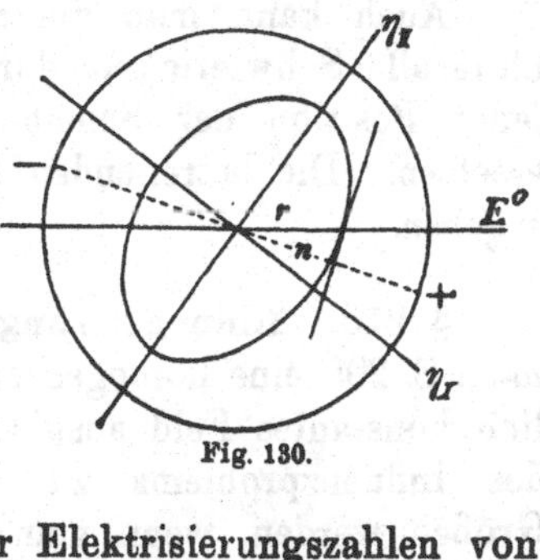

Fig. 130.

Um dies zu zeigen, konstruieren wir auf dem Bilde der Kreisscheibe neben der Richtung der äußeren homogenen Feldstärke $E^0$ die Schnittkurve der Ebene der Scheibe mit dem Tensor-Ellipsoid $[\eta]$ der Elektrisierungszahlen von der Gleichung (213); wir nehmen dabei in Übereinstimmung mit der Anordnung der genannten Experimente an, daß die Plattenebene in einer Symmetrieebene jenes Ellipsoides liegt, wobei die Hauptachsen der Schnittellipse in die Richtungen $\eta_{\mathrm{I}}$ und $\eta_{\mathrm{II}}$ fallen und der Länge nach mit $1/\sqrt{\eta_{\mathrm{I}}}$ und $1/\sqrt{\eta_{\mathrm{II}}}$ proportional sind.

Wenden wir dann die Konstruktion von S. 416 an, welche mit

einem Radius $r$ parallel zu $E^0$ operiert, so ergibt sich in der zugehörigen Normale $n$ die Richtung des erregten Momentes. Da dies Moment bei Vernachlässigung der Selbstinfluenz als in der Platte konstant betrachtet wird, so ist die Erregung der Platte nach S. 204 äquivalent mit einer Ladung des Plattenrandes von einer Dichtigkeit, die proportional ist mit dem Kosinus des Winkels zwischen Normale und Radiusvektor für den betrachteten Randpunkt, die also auf der mit + bezeichneten Seite positiv, auf der mit — bezeichneten negativ, sich symmetrisch zu der Richtung von $n$ anordnet.

In dem homogenen elektrischen Felde von der Richtung $E^0$ erleidet somit die Platte ein Drehungsmoment, welches die kleine Achse der aufgezeichneten Ellipse in die Richtung der Kraftlinien zu bringen sucht. Diese Position ist eine stabile Gleichgewichtslage; bei einer Ablenkung aus derselben führt die Platte Oszillationen um die bez Position aus. Die Richtung der kleinen Ellipsenachse ist aber, da die Achsen indirekt proportional mit den Quadratwurzeln aus den Elektrisierungszahlen sind, die Richtung der größten in der Ebene der Platte vorhandenen Hauptelektrisierungszahl. Soweit nicht Störungen durch Leitfähigkeiten eintreten, haben sonach um die Figurenachse drehbare kreisförmige dünne Platten, die parallel zu einer Symmetrieebene hergestellt sind, im homogenen Felde die Tendenz, sich mit der Achse der größeren Elektrisierungszahl parallel zu den Kraftlinien einzustellen.

Was vorstehend für eine Platte parallel zur Ebene $\overline{\eta_{I}\,\eta_{II}}$ durchgeführt ist, läßt sich natürlich ganz entsprechend für die Ebenen $\overline{\eta_{II}\,\eta_{III}}$ und $\overline{\eta_{III}\,\eta_{I}}$ erweisen.

Auch kann man die rein qualitative geometrische Betrachtung ohne alle Schwierigkeit durch eine quantitative Berechnung der bei jeder Position der Scheibe auf diese wirkenden Drehungsmomente ersetzen. Die betreffenden Formeln werden sich uns unten beiläufig ergeben.

§ 215. **Influenzierung einer Kugel im homogenen Feld.** Da nach S. 205 eine homogen erregte Kugel auf innere Punkte ein räumlich konstantes Feld ausübt, so erkennt man, daß die Formeln (218) des Influenzproblems zu Beziehungen zwischen lauter konstanten Größen werden, wenn man diese Annahme konstanter Erregung auf eine Kugel anwendet, die der Influenz durch ein räumlich konstantes äußeres Feld $E^0$ unterliegt. Aus dem Ausdruck (158) auf S. 205 für die Potentialfunktion der homogen erregten Kugel folgt in unserer Bezeichnung und für die Hauptachsen $X$, $Y$, $Z$

$$\frac{\partial \varphi_i}{\partial x} = \frac{4\pi}{3} P_1, \quad \frac{\partial \varphi_i}{\partial y} = \frac{4\pi}{3} P_2, \quad \frac{\partial \varphi_i}{\partial z} = \frac{4\pi}{3} P_3; \qquad (223)$$

somit nehmen die Formeln (218) die Gestalt an

$$P_1 = \eta_{\mathrm{I}}\left(E_1^0 - \frac{4\pi}{3}P_1\right), \quad P_2 = \eta_{\mathrm{II}}\left(E_2^0 - \frac{4\pi}{3}P_2\right),$$

$$P_3 = \eta_{\mathrm{III}}\left(E_3^0 - \frac{4\pi}{3}P_3\right),$$

woraus folgt

$$P_1 = \frac{E_1^0\eta_{\mathrm{I}}}{1 + \frac{4\pi}{3}\eta_{\mathrm{I}}}, \quad P_2 = \frac{E_2^0\eta_{\mathrm{II}}}{1 + \frac{4\pi}{3}\eta_{\mathrm{II}}}, \quad P_3 = \frac{E_3^0\eta_{\mathrm{III}}}{1 + \frac{4\pi}{3}\eta_{\mathrm{III}}} \tag{224}$$

Bei Benutzung der dielektrischen Hauptachsen bestimmt sich also $P_1$ ausschließlich durch $E_1^0$, $P_2$ ausschließlich durch $E_2^0$, $P_3$ ausschließlich durch $E_3^0$. Liegt demgemäß die influenzierende Feldstärke $E^0$ parallel einer dieser Achsen, so gilt gleiches von dem influenzierten Moment. In diesem Falle macht sich die kristallinische Natur der Kugel nicht geltend; die Influenz verläuft ebenso, als wäre die Kugel isotrop mit derjenigen Elektrisierungszahl, welche der betreffenden Hauptachse zugehört.

Da bei Vernachlässigung der Selbstinfluenz die Formeln (219) gelten, so geben die Glieder $\frac{4\pi}{3}\eta_n$ $(n = \mathrm{I}, \mathrm{II}, \mathrm{III})$ in den jetzt erhaltenen Ausdrücken die (schwächende) Wirkung der Selbstinfluenz an. Diese Wirkung ist sonach im Falle der influenzierten Kugel, da die $\eta_n$ bis zu einer Einheit betragen können, außerordentlich groß, und es ist nicht daran zu denken, den Wert, der sich ohne Rücksicht auf die Selbstinfluenz ergibt, hier als einen Näherungswert zu behandeln.

Es ist bemerkenswert, daß die stets schwächende Wirkung der Selbstinfluenz nur von der Substanz der Kugel abhängt, aber gar nicht von deren Größe. Schreibt man die Formeln (224)

$$P_1 = (\eta_{\mathrm{I}})E_1^0, \quad P_2 = (\eta_{\mathrm{II}})E_2^0, \quad P_3 = (\eta_{\mathrm{III}})E_3^0, \tag{225}$$

dann sind sie mit (219) gleichgestaltet, und die $(\eta_n)$ sind ebenso bloße Parameter der Kristallsubstanz, wie die $\eta_n$.

Man kann demgemäß zur geometrischen Bestimmung der Lage und Größe des Momentes $P$ in der Kugel die S. 416 erwähnte Konstruktion anwenden, wenn man dabei nur, statt von dem durch (214) gegebenen Ellipsoid, ausgeht von dem anderen von der Gleichung

$$(\eta_{\mathrm{I}})x^2 + (\eta_{\mathrm{II}})y^2 + (\eta_{\mathrm{III}})z^2 = 1. \tag{226}$$

Ferner kann man auch, wenn die Kugel um eine der dielektrischen Hauptachsen drehbar befestigt ist, und die äußere Feldstärke $E^0$ zu dieser Achse normal liegt, durch Heranziehung der zu dieser Achse normalen Schnittkurve des Ellipsoides und der geometrischen Überlegungen von S. 419 erkennen, daß die so bewegliche Kugel die Tendenz hat, sich mit der Richtung des in jener Ebene liegenden größeren Tensors $\eta_n$ parallel den Kraftlinien des Feldes einzustellen.

Da die gesamten Feldkomponenten im Innern der Kugel durch

$$E_h = E_h^0 - \frac{4\pi}{3} P_h, \qquad \text{für } h = 1, 2, 3$$

gegeben werden, und da die Werte der $P_h$ in (224) bestimmt sind, so erhält man für die Gesamtkomponenten

$$E_1 = \frac{E_1^0}{1 + \frac{4\pi}{3}\eta_{\mathrm{I}}}, \quad E_2 = \frac{E_2^0}{1 + \frac{4\pi}{3}\eta_{\mathrm{II}}}, \quad E_3 = \frac{E_3^0}{1 + \frac{4\pi}{3}\eta_{\mathrm{III}}}. \tag{227}$$

Dies sind abermals Beziehungen von der Form (219); es läßt sich also Größe und Richtung der gesamten Feldstärke $E$ im Innern der Kugel durch eine Konstruktion der mehrfach besprochenen Art mit Hilfe des Ellipsoides von der Gleichung

$$\frac{x^2}{1 + \frac{4\pi}{3}\eta_{\mathrm{I}}} + \frac{y^2}{1 + \frac{4\pi}{3}\eta_{\mathrm{II}}} + \frac{z^2}{1 + \frac{4\pi}{3}\eta_{\mathrm{III}}} = 1 \tag{228}$$

anschaulich bestimmen.

Abgesehen von diesen Beziehungen haben die Ausdrücke (227) für $E_1, E_2, E_3$ noch das Interesse, zu zeigen, daß mit immer wachsenden Elektrisierungszahlen das Feld im Innern der Kugel abnimmt und schließlich zu Null wird. Da nun ein verschwindendes inneres Feld die Bedingung für das Gleichgewicht der Elektrizität auf einem Leiter ist, so ergibt sich, daß man für die Influenz einer Kugel in einem homogenen Felde die leitende Substanz als ein Dielektrikum von unendlich großen Elektrisierungszahlen betrachten kann. Wir werden später sehen, daß dies in viel größerer Allgemeinheit zulässig ist. —

Für den Außenraum ist die homogen erregte Kugel nach S. 205 einem in ihrem Zentrum liegenden Polpaar von einem Moment gleich dem Gesamtmoment der Kugel äquivalent. Ihr Potential dort ist also, wenn $K$ das Volumen der Kugel bezeichnet, und deren Zentrum im Koordinatenanfang liegt, nach (161) auf S. 205 gegeben durch

$$\varphi_a = \frac{K}{r^3}\left((\eta_{\mathrm{I}}) x E_1^0 + (\eta_{\mathrm{II}}) y E_2^0 + (\eta_{\mathrm{III}}) z E_3^0\right). \tag{229}$$

Hieraus bestimmen sich sogleich die von der Kugel in den Außenraum gesandten Feldkomponenten, die sich dort den influenzierenden Komponenten $E_1^0, E_2^0, E_3^0$ superponieren.

Liegt die Kugel mit einer der dielektrischen Hauptachsen der influenzierenden Feldstärke parallel, so reduziert sich der Ausdruck für $\varphi_a$ auf das eine betreffende Glied. Es verhält sich dann die Kugel auch bezüglich des von ihr ausgehenden elektrischen Feldes nicht verschieden von einer isotropen Kugel mit einer Elektrisierungszahl, die derjenigen für die betreffende Hauptachse entspricht.

§ 216. **Einführung eines beliebigen Koordinatensystems.** Im vorstehenden ist gemäß dem S. 416 Gesagten der Vorgang auf das Hauptachsensystem bezogen gedacht, das mit den Richtungen der Tensoren $\eta_{I}, \eta_{II}, \eta_{III}$ zusammenfällt. Die so gewonnenen Formeln sind unmittelbar anwendbar in allen den Fällen, wo dies Achsensystem aus den Symmetrieverhältnissen des Kristalles ableitbar ist. Findet solches nicht statt, so muß man ein willkürlich gelegtes Koordinatensystem $X'Y'Z'$ benutzen und bei praktischen Anwendungen der Formeln dessen Orientierungswinkel gegen die Hauptachsen als Unbekannte führen.

Um von den vorstehenden Resultaten auf dies Achsenkreuz überzugehen, knüpft man am besten an die Formeln (225) an, in denen $(\eta_{I}), (\eta_{II}), (\eta_{III})$ als Konstituenten eines Tensortripels parallel $\eta_{I}, \eta_{II}, \eta_{III}$ betrachtet werden können. Aus ihnen folgt dann, wenn man die auf das Achsensystem $X'Y'Z'$ bezogenen Größen gleichfalls durch einen oberen Index charakterisiert,

$$P_1' = (\eta_{11}')E_1^{0\prime} + (\eta_{12}')E_2^{0\prime} + (\eta_{13}')E_3^{0\prime}, \cdots \qquad (230)$$

wobei

$$(\eta_{hk}') = (\eta_{kh}').$$

Die $(\eta_{hk}')$ bestimmen sich dabei nach den Transformationsformeln für gewöhnliche Tensorkomponenten, z. B. den Gleichungen (11).

Beobachtungen, die auf eines der $(\eta_{hk}')$ führen, können dann in der S. 333 u. f. auseinandergesetzten Weise zur Bestimmung der Größen und Lagen der $(\eta_{I}), (\eta_{II}), (\eta_{III})$ führen, womit dann auch die Elektrisierungszahlen $\eta_{I}, \eta_{II}, \eta_{III}$ selbst bestimmt sind.

Nehmen wir die Kugel um die willkürliche $Z'$-Achse drehbar an und setzen ein zu dieser Achse normales Feld, somit $E_3^{0\prime} = 0$ voraus, so sind für die Einstellung der Kugel im Felde nur die Momente

$$P_1' = (\eta_{11}')E_1^{0\prime} + (\eta_{12}')E_2^{0\prime}, \quad P_2' = (\eta_{21}')E_1^{0\prime} + (\eta_{22}')E_2^{0\prime} \qquad (231)$$

maßgebend. Das Moment $P_3'$ gibt nämlich nach (150) S. 204 zu entgegengesetzten Ladungen solcher Flächenelemente Veranlassung, die bei gleichen $x'$ und $y'$ entgegengesetzte $z'$ besitzen; und die vom Felde auf diese Ladungen ausgeübten Drehungsmomente kompensieren sich.

Hieraus folgt durch Anwendung der Betrachtungen von S. 419, daß die drehbare Kugel sich so einstellen wird, daß die kleine Achse der Ellipse von der Gleichung

$$(\eta'_{11})x'^2 + (\eta'_{22})y'^2 + 2(\eta'_{12})x'y' = 1 \qquad (232)$$

in die Richtung der Kraftlinien fällt. Da diese Ellipse zugleich die Schnittellipse des Ellipsoids von der Gleichung (226) mit der $X'Y'$-Ebene darstellt, so kann man durch Beobachtung der Einstellung der Kugel bei verschiedenen geeignet gewählten Drehungsachsen die Orientierung des Hauptachsen-Systemes der $(\eta_I)$, $(\eta_{II})$, $(\eta_{III})$ resp. $\eta_I$, $\eta_{II}$, $\eta_{III}$ ableiten. —

§ 217. **Allgemeines über die Kräfte und Drehungsmomente, welche die Kugel im Felde erfährt.** Um Genaueres über die Kräfte und Drehungsmomente zu ermitteln, welche die influenzierte Kugel im homogenen Felde erfährt, kann man an die von ihr in den Außenraum ausgehende Potentialfunktion $\varphi_a$ anknüpfen, für welche der Ausdruck in (229) angegeben ist. Aus ihr folgt das Potential $\Phi$ auf eine Ladung $-e$ an der Stelle $x, y, z$ nach der Formel

$$\Phi = -e\varphi_a.$$

Nun kann das homogene Feld mit den Komponenten $E_1^0, E_2^0, E_3^0$ selbst durch einen solchen Pol von genügender Stärke in sehr großer Entfernung hervorgebracht gedacht werden; es muß dazu nur gelten

$$\frac{ex}{r^3} = E_1^0, \quad \frac{ey}{r^3} = E_2^0, \quad \frac{ez}{r^3} = E_3^0,$$

wobei $x, y, z$ die Koordinaten des Pols bezeichnen, und $r^2 = x^2 + y^2 + z^2$ ist. Nimmt man dies an, so erhält man

$$\Phi = -K\left((\eta_I)E_1^{0\,2} + (\eta_{II})E_2^{0\,2} + (\eta_{III})E_3^{0\,2}\right). \qquad (233)$$

Ein solches Potential bestimmt nun nach S. 194 nicht nur die Wirkung der influenzierten Kugel auf den influenzierenden Pol, sondern auch umgekehrt die Wirkung, welche die Kugel im Felde des Poles erleidet.

Es gewinnen hier die allgemeinen Formeln (133) von S. 195 Anwendung, wonach die Gesamtkomponenten, welche ein starrer Körper erfährt, sich aus dem Potential durch die Änderungen desselben bei gewissen Verrückungen, die Drehungsmomente durch die Änderungen des Potentials bei gewissen Drehungen bestimmen, gemäß den Formeln

$$\begin{aligned} \Xi &= -\frac{\partial_e \Phi}{\partial \xi}, & H &= -\frac{\partial_e \Phi}{\partial \eta}, & Z &= -\frac{\partial_e \Phi}{\partial \zeta}, \\ \Lambda &= -\frac{\partial_e \Phi}{\partial \lambda}, & M &= +\frac{\partial_e \Phi}{\partial \mu}, & N &= -\frac{\partial_e \Phi}{\partial \nu}. \end{aligned} \tag{234}$$

Der Index $e$ (statt des früheren $m$) deutet hierin an, daß bei den genannten Bewegungen die Ladungen in unveränderter Stärke an dem Körper haftend zu denken sind.

Die Ladungen sind hier ausgedrückt in den Momenten

$$(\eta_{\mathrm{I}})E_1^0, \quad (\eta_{\mathrm{II}})E_2^0, \quad (\eta_{\mathrm{III}})E_3^0;$$

diese Produkte sind somit bei den in den Formeln (234) angedeuteten Differentiationen konstant zu halten, und diese Differentiationen beziehen sich sonach nur auf den einen Faktor in den Quadraten $E_1^{0\,2}, E_2^{0\,2}, E_3^{0\,2}$. Es ist klar, daß man zu denselben Resultaten gelangt, ob man nur den einen Faktor differentiiert, oder aber die Hälfte nimmt von den Differentialen der Quadrate, denn es ist z. B.

$$E_1^0 \frac{\partial E_1^0}{\partial \lambda} = \frac{1}{2} \frac{\partial E_1^{0\,2}}{\partial \lambda}.$$

Hieraus ergibt sich nun auch, daß man in unserm Falle an Stelle von (234) schreiben kann

$$\begin{aligned} \Xi &= -\frac{1}{2}\frac{\partial \Phi}{\partial \xi}, & H &= -\frac{1}{2}\frac{\partial \Phi}{\partial \eta}, & Z &= -\frac{1}{2}\frac{\partial \Phi}{\partial \zeta}, \\ \Lambda &= -\frac{1}{2}\frac{\partial \Phi}{\partial \lambda}, & M &= -\frac{1}{2}\frac{\partial \Phi}{\partial \mu}, & N &= -\frac{1}{2}\frac{\partial \Phi}{\partial \nu}, \end{aligned} \tag{235}$$

wobei die Differentiationen jetzt im Sinne der vollständigen Änderungen von $\Phi$ bei Verschiebung und Drehung zu nehmen sind.

§ 218. **Berechnung der wirkenden Drehungsmomente.** Für die wirkliche Ausführung dieser Differentiationen ist zu bedenken, daß unser Koordinatenachsensystem $XYZ$ dem Kreuz der dielektrischen Hauptachsen parallel liegend angenommen ist. Eine Drehung der Kugel drückt sich also durch eine Drehung dieses Achsenkreuzes gegen den festgehaltenen influenzierenden Pol aus. Da aber $\Phi$ nur von der relativen Lage von Kugel und Pol abhängt, so kann man, statt die Kugel um irgendeine Achse in positivem Sinne zu drehen, mit demselben Effekt auch den Pol um dieselbe Achse in negativer Richtung drehen — eine Operation, die sich analytisch etwas einfacher ausdrückt, als die erstere, und deshalb hier benutzt werden soll.

Um das Drehungsmoment um die $X$-Achse zu berechnen, drücken wir $E_1^0, E_2^0, E_3^0$ durch die gesamte Feldstärke $E^0$ folgendermaßen aus:

$$E_1^0 = E^0 \cos \vartheta, \quad E_2^0 = E^0 \sin \vartheta \cos \alpha, \quad E_3^0 = E^0 \sin \vartheta \sin \alpha, \tag{236}$$

wobei $\vartheta$ den Winkel zwischen $E^0$ und der $X$- oder $\eta_I$-Achse, $\alpha$ den Winkel zwischen den Ebenen $(X, E^0)$ und $(X, Y)$ resp. $(\eta_I, \eta_{II})$ bezeichnet. Eine Drehung des influenzierenden Poles um die $X$-Achse wird dann durch eine Variation von $\alpha$ dargestellt, und zwar entspricht ein Wachsen von $\alpha$ einer **positiven Drehung**. Bei einer positiven Drehung der **Kugel** würde umgekehrt $\alpha$ abnehmen. (S. Fig. 131.)

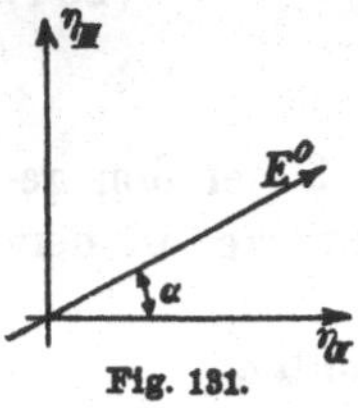

Fig. 131.

Wir schreiben somit

$$\Phi = -K E^{02} \left((\eta_I) \cos^2\vartheta + (\eta_{II}) \sin^2\vartheta \cos^2\alpha + (\eta_{III}) \sin^2\vartheta \sin^2\alpha\right) \quad (237)$$

und erhalten, da das Drehungsmoment $\Lambda_p$ in der Richtung **wachsender** $\alpha$ auf den Pol durch $-\partial\Phi/\partial\alpha$ gegeben wird, das auf die Kugel wirkende Moment $\Lambda$ durch $+\partial\Phi/\partial\alpha$ bestimmt, somit also

$$\begin{aligned} \Lambda &= K E^{02} \sin^2\vartheta \cos\alpha \sin\alpha \left((\eta_{II}) - (\eta_{III})\right) \\ &= K E_2^0 E_3^0 \left((\eta_{II}) - (\eta_{III})\right). \end{aligned} \quad (238)$$

Diese Formel zeigt in Übereinstimmung mit der S. 422 erwähnten geometrischen Betrachtung, daß die Wirkung des Feldes stets dahin geht, die Achse größerer Elektrisierungszahl $(\eta_{II})$ oder $(\eta_{III})$ resp. $\eta_{II}$ oder $\eta_{III}$ in die Richtung der Kraftlinien zu bringen, und daß diese Position somit die stabile Gleichgewichtslage der um die $X$- resp. $\eta_I$-Achse drehbaren Kugel darstellt. —

Die Formel (238) für $\Lambda$, die hier auf methodischem Wege aus dem Potential $\Phi$ gewonnen ist, läßt sich bei der Einfachheit der in unserm Falle vorliegenden Verhältnisse **direkt** ableiten. Es ist nützlich, auch diesen zweiten, kürzeren Weg zu gehen.

Die Gesamtmomente $(P_1)$, $(P_2)$, $(P_3)$ einer Ladungsverteilung nach den Richtungen der Koordinatenachsen $X, Y, Z$ sind nach S. 196 gegeben durch

$$(P_1) = \sum e_i x_i, \quad (P_2) = \sum e_i y_i, \quad (P_3) = \sum e_i z_i,$$

wobei $e_i$ eine Ladung an der Stelle $x_i, y_i, z_i$ bezeichnet. Das Drehungsmoment $\Lambda$ um die $X$-Achse, welches diese Verteilung in einem beliebigen Felde mit den Komponenten $X, Y, Z$ erfährt, bestimmt sich nach dessen allgemeiner Definition durch

$$\Lambda = \sum e_i (y_i Z_i - z_i Y_i).$$

Ist das Feld homogen und

$$X_i = E_1^0, \quad Y_i = E_2^0, \quad Z_i = E_3^0,$$

so gibt dies nach der Definition der $(P_h)$

$$\Lambda = (P_2) E_3^0 - (P_3) E_2^0. \quad (239)$$

Bei der Ableitung dieser Formel ist nichts weiter benutzt, als die Homogenität des wirkenden Feldes $E^0$; die Beziehung hat also eine sehr allgemeine Bedeutung.

In dem speziellen Falle eines homogen erregten Körpers vom Volumen $K$ wird

$$(P_h) = KP_h, \quad \text{für } h = 1, 2, 3,$$

also

$$\Lambda = K(P_2 E_3^0 - P_3 E_2^0).$$

Hierunter fällt einmal die durch das homogene Feld erregte Kugel, für welche spezieller galt

$$P_2 = (\eta_{II}) E_2^0, \quad P_3 = (\eta_{III}) E_3^0;$$

dies liefert dann

$$\Lambda = K E_2^0 E_3^0 ((\eta_{II}) - (\eta_{III}))$$

in Übereinstimmung mit (238).

Darunter fällt aber auch eine dünne, um ihre Figurenachse drehbare, durch das homogene Feld influenzierte Kreisscheibe, bei der die Selbstinfluenz vernachlässigt werden darf. Fällt die Figurenachse in die Richtung $\eta_I$, so gilt hier

$$P_2 = \eta_{II} E_2^0, \quad P_3 = \eta_{III} E_3^0$$

und

$$\Lambda = K E_2^0 E_3^0 (\eta_{II} - \eta_{III}).$$

Hiermit ist die S. 420 angekündigte numerische Bestimmung des vom homogenen Felde auf die Kreisscheibe ausgeübten Drehungsmoments geliefert.

§ 219. **Diskussion der Resultate.** Die vorstehenden Entwickelungen gestatten die unmittelbare Übertragung von einer Drehung um die $\eta_I$-Achse auf eine solche um die $\eta_{II}$- und $\eta_{III}$-Achse. Legt man jedesmal die Feldstärke $E^0$ in die zur Drehungsachse normale Ebene und bestimmt ihre Lage resp. durch den Winkel $\alpha$ gegen $\eta_{II}$, $\beta$ gegen $\eta_{III}$, $\gamma$ gegen $\eta_I$, die jetzt bequemer bei einer Drehung der Kugel gemäß Figur 132 in positivem Sinne wachsend gerechnet werden mögen, so gelangt man zu dem folgenden Wertsystem

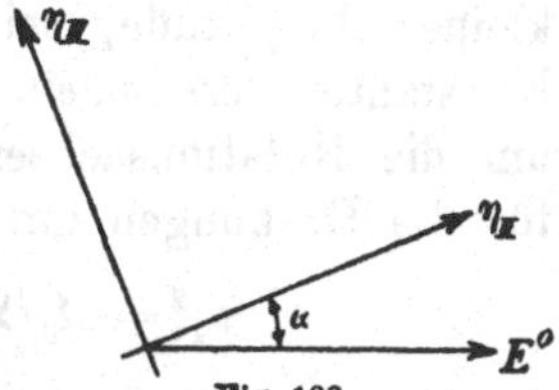

Fig. 132.

$$\begin{aligned} \Lambda &= -KE^{02} \sin\alpha \cos\alpha \,((\eta_{II}) - (\eta_{III})), \\ M &= -KE^{02} \sin\beta \cos\beta \,((\eta_{III}) - (\eta_I)), \qquad (240) \\ N &= -KE^{02} \sin\gamma \cos\gamma \,((\eta_I) - (\eta_{II})). \end{aligned}$$

Vergleicht man diese Formeln mit dem Ausdruck für das Drehungsmoment, welches die Schwerkraft auf einen um eine horizontale Achse drehbaren Körper ausübt, und welcher lautet

$$D = -Msg \sin \psi,$$

(unter $M$ die Masse, $s$ den Schwerpunktsabstand, $\psi$ die Elongation verstanden), so ergibt sich bei kleinen Elongationen formale Übereinstimmung, da die $\cos \alpha$, $\cos \beta$, $\cos \gamma$ hier mit Eins vertauscht werden können. Im übrigen nimmt $\frac{1}{2} \sin 2\alpha$, $\frac{1}{2} \sin 2\beta$, $\frac{1}{2} \sin 2\gamma$ deshalb die Stelle von $\sin \psi$ ein, weil im Gegensatz zu dem Schwerependel hier nicht nur die Positionen $\alpha = 0$, $\beta = 0$, $\gamma = 0$, sondern auch $\alpha = \pi$, $\beta = \pi$, $\gamma = \pi$ stabile Gleichgewichtslagen darstellen.

Die treibende Kraft tritt bei dem Pendel linear auf; $g$ repräsentiert bei ihm die wirkende Feldstärke. Bei der influenzierten Kugel erscheint die Feldstärke hingegen quadratisch. Es hängt dies damit zusammen, daß in dem ersteren Falle die Masse, auf welche die Feldstärke wirkt, unabhängig von dieser vorhanden ist, im letzteren Falle hingegen erst als Folge der wirkenden Feldstärke in der Kugel entsteht.

Was den Einfluß der Substanz der Kugel angeht, so treten die Parameter $(\eta_n)$ nur in den Differenzen $(\eta_n) - (\eta_m)$ für $n$ und $m = \text{I, II, III}$ auf. Bei Gleichheit zweier $(\eta_n)$ verschwindet eines der drei Drehungsmomente; bei Gleichheit aller $(\eta_n)$ verschwinden alle drei Momente. Die drehende Wirkung, welche die Kugel im Felde erfährt, ist also nicht nur bei isotropen Körpern, wo dies nach Symmetrie unmittelbar einleuchtet, sondern auch bei regulären Kristallen gleich Null.

Da die $(\eta_n)$ nur in jenen Differenzen in die Formeln (240) eingehen, können auch Beobachtungen über Drehungserscheinungen an Kugeln im homogenen Felde nur jene Differenzen, aber niemals absolute Werte der $(\eta_n)$ liefern. Das günstigste Objekt der Messung sind die Frequenzen $\nu$ ($= 2\pi$ durch die Schwingungsperiode) von Schwingungen kleiner Amplitude, bei denen $\Lambda = -\Lambda_0 \alpha, \cdots$ wird, unter $\Lambda_0, \cdots$ Konstanten verstanden. Bezeichnen noch $\mathfrak{L}, \mathfrak{M}, \mathfrak{N}$ die Trägheitsmomente um die Rotationsachsen, so ergeben sich drei Frequenzen $\nu_1$, $\nu_2$, $\nu_3$ für die Drehungen um die Achsen der $\eta_{\text{I}}, \eta_{\text{II}}, \eta_{\text{III}}$ von den Beträgen

$$\nu_1^2 = \Lambda_0 / \mathfrak{L}, \quad \nu_2^2 = M_0 / \mathfrak{M}, \quad \nu_3^2 = N_0 / \mathfrak{N}. \tag{241}$$

Im Falle der Kugel vom Radius $R$ und der Dichte $\varrho$ ist das Trägheitsmoment für jede Achse $= \frac{2}{5} K R^2 \varrho$, im Falle einer zur Drehungsachse normalen Scheibe von der Dicke $D$, dem Radius $R$, der Dichte $\varrho$ beträgt es $\frac{1}{2} K R^2 \varrho$.

Im vorstehenden haben wir uns ausschließlich auf die Berechnung der Drehungsmomente auf eine Kugel oder Kreisscheibe um eine der Hauptachsen $\eta_n$ beschränkt. Für das allgemeine Problem einer Drehung um eine beliebige Achse sind die Formeln mit Hilfe der S. 423 gegebenen Direktiven in analoger Weise ohne Schwierigkeit zu entwickeln. Da dieselben indessen bisher praktische Bedeutung nicht besitzen, so wollen wir auf sie nicht näher eingehen.

§ 220. **Translatorische Kräfte im inhomogenen Felde.** Was die Gesamtkomponenten $\Xi, H, Z$ angeht, die eine Kugel im homogenen Felde erfährt, so folgen diese nach (235) durch Berechnung der Änderungen, die $\frac{1}{2}\Phi$ bei Verschiebungen der Kugel parallel der $X$-, der $Y$-, der $Z$-Achse erfährt. Nun ist aber unter den hier gemachten Annahmen in der neuen, der ersten parallelen Position das Feld und somit das Potential $\Phi$ das gleiche, wie in der ursprünglichen; es finden sich demgemäß auch $\Xi, H, Z$ zu Null.

Translatorische Kräfte erfährt sonach die Kugel (und ebenso irgendein anders gestaltetes Präparat) nur im inhomogenen Felde, auf welches unsere Formeln im allgemeinen nicht anwendbar sind. Ein spezieller Fall läßt sich indessen mit ihrer Hilfe behandeln, nämlich derjenige einer so kleinen Kugel, daß in dem von ihr erfüllten Bereich das äußere inhomogene Feld für den speziellen Zweck der Berechnung der Influenz als konstant betrachtet, etwa dem im Kugelzentrum wirkenden gleichgesetzt werden darf.

Wieder ist zu bedenken, daß die von uns benutzten Koordinatenachsen den Hauptachsen der dielektrischen Influenz parallel sind. Ihnen parallel sind also die Verschiebungen der Kugel auszuführen, welche die Formeln (235) für die auf die Kugel wirkenden Gesamtkomponenten voraussetzen. Das Kugelzentrum gelangt durch dieselben an eine Stelle anderer Feldstärke und die Formeln (235) ergeben demgemäß einen von Null verschiedenen Wert von $\Xi, H, Z$.

Das Resultat läßt sich noch etwas anders ausdrücken, indem man ein skalares Feld dadurch herstellt, daß man jedem Raumpunkt $a, b, c$ denjenigen Potentialwert $\Phi$ zuordnet, dem die Kugel in der vorgeschriebenen Orientierung im äußeren Felde $E^0$ unterliegt, wenn ihr Zentrum in jenem Punkt $a, b, c$ liegt. Die Kraftkomponenten, welche die Kugel im Felde erfährt, sind dann gegeben durch

$$\Xi = -\frac{1}{2}\frac{\partial \Phi}{\partial a}, \quad H = -\frac{1}{2}\frac{\partial \Phi}{\partial b}, \quad Z = -\frac{1}{2}\frac{\partial \Phi}{\partial c}. \tag{242}$$

Die Gesamtkraft $F$ fällt hiernach in das Gefälle von $\Phi$ und ist dessen halbem Betrag gleich; aber $\Phi$ und somit $F$ variieren bei einer Änderung der Orientierung der Kugel.

Die Formeln (242) enthalten, auf eine Kugel aus einem isotropen Dielektrikum angewendet, die Theorie dessen, was man gewöhnlich die Abstoßungs- und Anziehungswirkung der das Feld erzeugenden Ladungen auf die Kugel nennt. Da hier nach (233) gilt

$$\Phi = -K(\eta)E^{02},$$

so liegt die auf die Kugel ausgeübte Kraft $F$ normal zu den Flächen konstanter Feldstärke. Diese Richtung kann völlig von derjenigen der Kraft $eE^0$ abweichen, welche ein elektrischer Pol $e$ in demselben Felde erfährt. Wird z. B. das Feld durch zwei entgegengesetzt gleiche Pole $\pm e'$ hervorgebracht, so liegt in der Symmetrieebene dieses Polpaares die Kraft $F$ parallel dieser Ebene, $eE^0$ steht zu ihr normal.

Bei einer Kristallkugel liegen die Verhältnisse viel komplizierter, weil, wie schon bemerkt, das Potential

$$\Phi = -K((\eta_{I})E_1^{02} + (\eta_{II})E_2^{02} + (\eta_{III})E_3^{02})$$

urd somit auch das bei den Formeln (242) vorausgesetzte Feld von der Orientierung der Kugel abhängt.

Ein für praktische Anwendung wichtiger, auch durch Einfachheit ausgezeichneter spezieller Fall ist der, daß die Kugel mit einer der dielektrischen Hauptachsen $\eta_n$ in die Richtung der äußeren Feldstärke $E^0$ fällt, eines der $E_h^0$ also mit $E^0$ identisch, die beiden andern gleich Null werden. Hier ist die Kraft $F$ in einer beliebigen Richtung $s$ bestimmt durch die Formel

$$F_s = +\frac{1}{2}K(\eta_n)\frac{\partial E^{02}}{\partial s}, \quad n = \text{I, II, III}; \tag{243}$$

denn obwohl aus dem Verschwinden zweier Komponenten $E_h^0$ in der betrachteten Lage der Kugel nicht das Verschwinden der bezüglichen $\partial E_h^0/\partial s$ folgt, so kommen diese Differentialquotienten in (243) doch nicht zur Geltung, da sie nach dem Werte von $\Phi$ in $E_h^0$ selbst multipliziert auftreten.

Die translatorischen Kräfte, welche eine kleine Kugel in einem inhomogenen elektrischen Felde erfährt, stehen nach (243) mit den absoluten Werten der Parameter $(\eta_n)$ in engstem Zusammenhang; ihre Messung liefert eine wichtige Methode zur Bestimmung dieser Parameter.

§ 221. **Boltzmanns Methode zur Bestimmung von Elektrisierungszahlen.** Beobachtungen dieser Art sind von *Boltzmann*[1]) an Kugeln des rhombisch kristallisierenden Schwefels ausgeführt worden. Der Grundgedanke der hierbei zur Anwendung kommenden Methode war die Elimination des aus direkten Beobachtungen schwierig

1) *L. Boltzmann*, Wien. Ber. Bd. 70 (2), p. 342, 1874; Pogg. Ann. Bd. 153, p. 531, 1874.

zu erschließenden Faktors $\partial E^{02}/\partial s$ in Formel (243) durch die Kombination von Messungen an einer dielektrischen und an einer gleich großen an dieselbe Stelle desselben Feldes gebrachten leitenden Kugel. Nach S. 421 ist

$$(\eta_n) = \frac{\eta_n}{1 + \frac{4\pi}{3}\eta_n}, \qquad \text{für } n = \text{I, II, III},$$

unter $\eta_n$ die bez. Hauptelektrisierungszahl verstanden, und man kann eine leitende Kugel als den Grenzfall einer dielektrischen Kugel mit unendlich großer Elektrisierungszahl betrachten. Es ist demgemäß für die leitende Kugel

$$(\eta_{no}) = \frac{3}{4\pi}$$

und die in dem oben vorausgesetzten Felde auf sie wirkende Kraft

$$F_{so} = -\frac{3K}{4\pi}\frac{\partial E^{02}}{\partial s}. \tag{244}$$

Demgemäß resultiert in

$$\frac{F_s}{F_{so}} = \frac{4\pi}{3}(\eta_n) \tag{245}$$

eine von $\partial E^{02}/\partial s$ freie und zur Berechnung von $(\eta_n)$ aus der Beobachtung geeignete Relation.

Die Messungen der Kräfte $F_s$ und $F_{so}$ geschahen mit Hilfe einer Drehwage ($D_1$ in Figur 133), an der bei $L$ abwechselnd die dielektrische und die gleich große leitende Kugel befestigt wurde. Das auf diese Kugeln wirkende Feld war durch eine fest aufgestellte leitende und geladene Kugel $M$ hervorgebracht. Bei gleicher Ladung ist dann das Feld im Bereiche der Kugel $L$ immer das gleiche. Die an der Drehwage gemäß den Formeln (243) bis (245) zur Geltung kommende Richtung $s$ ist die Verbindungslinie der Zentra von $L$ und $M$; in die gleiche Richtung fällt im Mittel die Feldrichtung, ist also auch die Achse desjenigen $\eta_n$ zu bringen, welches durch die Beobachtung bestimmt werden soll.

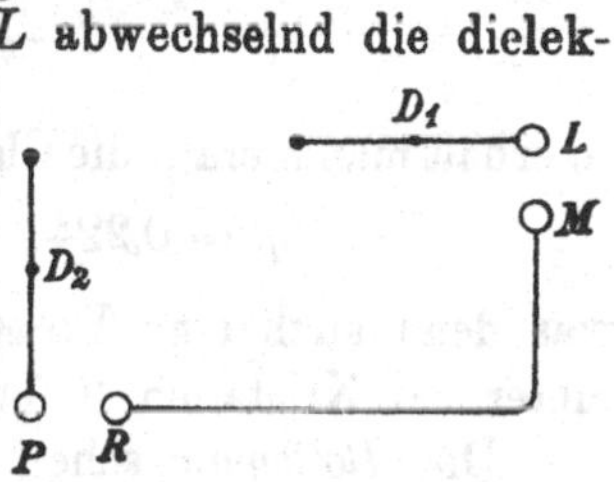

Fig. 133.

Der absolute Wert der Feldstärke $E^0$ ist der Ladung der Standkugel $M$ proportional, die Kräfte $F_s$ und $F_{so}$ sind deren Quadrat proportional. Es war somit erforderlich, um die einzelnen Beobachtungen vergleichbar zu machen, relative Werte der Ladungen von $M$ bei denselben zu bestimmen. Dies geschah mit Hilfe einer zweiten Drehwage ($D_2$), deren beweglicher Teil zur Erde abgeleitet war, während die auf die Kugel $P$ wirkende Standkugel $R$ mit der Standkugel $M$ leitend verbunden war und somit ein dieser gleiches Potential besaß. Wenn die Abstände der Kugeln $M$ und $L$ einerseits, $R$ und $P$ andererseits groß gegen die Kugelradien und gegen die infolge der Ladungen auftretenden Ablenkungen $\alpha_1$ und $\alpha_2$ der beiden Hebelarme sind, so können diese Ablenkungen als Maße der je auf die beweglichen Kugeln ausgeübten Kräfte gelten. Der Quotient $F_s/F_{s0}$ ist dann durch den Quotienten $\alpha_1 \alpha_{20}/\alpha_2 \alpha_{10}$ dargestellt.

Um zu erkennen, ob bei dem untersuchten Kristall die elektrische Leitfähigkeit einen merklichen Anteil an der Erscheinung lieferte, benutzte *Boltzmann* neben Dauerladungen ($\frac{1}{2}$ — $1\frac{1}{2}$ Minute) kurz anhaltende und auch Wechselladungen (mit Hilfe einer oszillierenden Stimmgabel kommutiert), dergleichen bereits in § 210 erörtert sind.

Bei dem von *Boltzmann* untersuchten Schwefel (von dem zwei Kugeln von 14,5 und 17,5 mm Durchmesser zur Anwendung kamen) ergab sich kein merklicher Einfluß der Ladungsdauer; dem Material ist somit eine hohe Isolation eigen. Die durch die Messung der Quotienten $F_s/F_{s0}$ erhaltenen Zahlwerte für die drei Hauptachsen sind

$$\frac{4\pi}{3}(\eta_{\mathrm{I}}) = 0{,}483, \quad \frac{4\pi}{3}(\eta_{\mathrm{II}}) = 0{,}497, \quad \frac{4\pi}{3}(\eta_{\mathrm{III}}) = 0{,}557$$

und haben eine Sicherheit von etwa einem Prozent.

Da nach der Definition von $(\eta_n)$ auf S. 431

$$\eta_n = \frac{(\eta_n)}{1 - \frac{4\pi}{3}(\eta_n)} \quad \text{für } n = \mathrm{I, II, III},$$

so erhält man hieraus die Elektrisierungszahlen des rhombischen Schwefels

$$\eta_{\mathrm{I}} = 0{,}224, \quad \eta_{\mathrm{II}} = 0{,}236, \quad \eta_{\mathrm{III}} = 0{,}300,$$

was denn auch eine Vorstellung von der Größenordnung dieser Parameter bei Kristallen liefert.

Die *Boltzmann*schen Apparate sind von *Romich* und *Nowak*[1]) zu Beobachtungen an einigen anderen Kristallen benutzt worden. Die Kugeln aus dem betreffenden Material wurden einerseits einem Wechselfeld ausgesetzt, das in jeder Sekunde etwa einmal kommutiert wurde, sodann einem solchen mit einer Umkehrung nach je rund 40 Sekunden.

Für drei Kugeln aus dem regulären Flußspat ergaben sich durch die Quotienten $F_s/F_{s0}$ nach (245) bei diesen beiden Erregungsarten im Mittel die Zahlwerte

$$\frac{4\pi}{3}(\eta_{\mathrm{I}}) = 0{,}660 \text{ resp. } 0{,}703,$$

woraus folgt

$$\eta_{\mathrm{I}} = 0{,}463 \quad \text{resp.} \quad 0{,}565.$$

1) *Romich* und *Nowak*, Wien. Ber. Bd. **70**, (2) p. 380, 1874.

Hiernach polarisiert sich Flußspat bei länger andauerndem Felde erheblich stärker, als bei schneller kommutiertem; es ist demgemäß neben der dielektrischen Erregung noch eine zweite Wirkung von der Art einer Elektrizitätsleitung als vorhanden anzunehmen.

Für Kalkspat normal und parallel zur Hauptachse fanden sich bei schneller und langsamer Kommutation des Feldes die Zahlen

$$\frac{4\pi}{3}(\eta_{\mathrm{I}}) = 0{,}692 \quad \text{resp.} \quad 0{,}748;$$

$$\frac{4\pi}{3}(\eta_{\mathrm{III}}) = 0{,}684 \quad \text{resp.} \quad 0{,}715;$$

es ist also eine starke Wirkung in demselben Sinne, wie bei Flußspat vorhanden. Für die Elektrisierungszahlen würde hieraus folgen

$$\eta_{\mathrm{I}} = 0{,}523 \quad \text{resp.} \quad 0{,}710, \qquad \eta_{\mathrm{III}} = 0{,}517 \quad \text{resp.} \quad 0{,}600.$$

Bei Quarz erwies sich die Leitfähigkeit so stark, daß bei der längeren Feldwirkung ein Unterschied zwischen $F_s$ und $F_{s0}$ kaum merklich war.

Später hat *Borel*[1]) nach der *Boltzmann*schen Methode (in Kombination mit derjenigen der Einstellung drehbarer Kugeln) eine Reihe von in den Systemen II und III kristallisierenden Salzen untersucht.

§ 222. **Die Methode von Graetz und Fomm.** Diejenige Eigenschaft der Potentialfunktionen einer homogen erregten Kugel, welche die Lösung des Influenzproblems für diesen Körper im homogenen Felde durch die Annahme einer homogenen Erregung gestattete, ist nach § 215 einzig die Konstanz der innern Feldkomponenten unter diesen Umständen. Da nun die gleiche Eigenschaft außer der Kugel auch das dreiachsige Ellipsoid besitzt, so kann man die vorstehend benutzte Methode der Lösung in weitem Umfange auf das Problem der Influenzierung eines Ellipsoides im homogenen Felde übertragen.

Es treten hier an die Stelle der Formeln (223) für die innern Feldkomponenten jetzt nach (163) auf S. 205 nur die wenig abweichenden

$$\frac{\partial \varphi_i}{\partial x} = \frac{4\pi}{3} p_1 P_1, \quad \frac{\partial \varphi_i}{\partial y} = \frac{4\pi}{3} p_2 P_2, \quad \frac{\partial \varphi_i}{\partial z} = \frac{4\pi}{3} p_3 P_3, \tag{246}$$

wobei die $p_h$ allein Funktionen der Achsenverhältnisse des Ellipsoides darstellen. Hieraus folgen dann die Bedingungen (218) für die Momente $P_h$ in der Form

$$P_1 = \eta_{\mathrm{I}}\left(E_1^0 - \frac{4\pi}{3} p_1 P_1\right), \ldots$$

1) *C. Borel,* C. R. T. **116**, p. 1509; Arch. d. Sc. (3) T. **30**, p. 131, 219, 327 422, 1893.

woraus sich ergibt

$$P_1 = \frac{\eta_I E_1^0}{1 + \frac{4\pi}{3} p_1 \eta_I}, \quad P_2 = \frac{\eta_{II} E_2^0}{1 + \frac{4\pi}{3} p_2 \eta_{II}}, \quad P_3 = \frac{\eta_{III} E_3^0}{1 + \frac{4\pi}{3} p_3 \eta_{III}}. \quad (247)$$

Um die Drehungsmomente zu berechnen, welche ein so erregtes Ellipsoid im homogenen Feld erfährt, kann man an die Bemerkung von S. 426 anknüpfen und einfach den Ausdruck (239)

$$\Lambda = (P_2)E_3^0 - (P_3)E_2^0$$

wie die analogen für $M$ und $N$ auf den vorliegenden Fall übertragen. Dabei ist $(P_h) = KP_h$ und $K$ bezeichnet das Volumen des betrachteten Ellipsoides.

Die Gesetze dieser Drehungsmomente unterscheiden sich wesentlich von denjenigen der früher betrachteten, auf Kugeln ausgeübten dadurch, daß sie nicht allein von den Differenzen der Elektrisierungszahlen abhängen. In der Tat erfahren ja auch isotrope Körper von ellipsoidischer Form in einem homogenen Felde Drehungsmomente, was bei Kugeln nicht stattfindet. Der Grund für diese auf isotrope Ellipsoide ausgeübte Wirkung liegt in letzter Instanz darin, daß bei diesen, wie bei allen nicht kugeligen Körpern, die Selbstinfluenz von der Orientierung des Körpers gegen das Feld abhängt. Infolge hiervon sind auch die Momente $P_h$, und damit das Potential $\Phi$, welches der isotrope Körper im Felde erfährt, von dessen Orientierung abhängig; die Drehungen, welche in den Quotienten $\partial\Phi/\partial\lambda, \ldots$ zum Ausdruck kommen, veranlassen also eine Änderung des Potentials, und dem entspricht die Wirksamkeit der Drehungsmomente $\Lambda, M, N$.

Im Prinzip ist somit in der Beobachtung des Drehungsmomentes, welches ein ellipsoidischer Körper im homogenen elektrischen Feld erfährt, eine Methode zur Bestimmung absoluter Werte der Elektrisierungszahlen gegeben. Eine praktische Schwierigkeit liegt nur in der Herstellung einer ellipsoidischen Form der zu untersuchenden Körper.

*Graetz* und *Fomm*[1]), welche den vorstehend entwickelten Gedanken zunächst für isotrope Körper zur Ausführung zu bringen suchten, haben auf die Herstellung derartiger Formen verzichtet und dünne Kreisscheiben und feine Kreiszylinder durch abgeplattete und gestreckte Rotationsellipsoide approximiert. Ebenso ist *Fellinger*[2]) bei einer an

1) *L. Graetz* u. *L. Fomm*, Münch. Ber. v. 8. Juli u. 4. Nov 1903; Wied. Ann Bd. 53, p. 84, 1894.

2) *R. Fellinger*, Ann. d. Phys. Bd. 7, p. 333, 1902.

die vorgenannte Arbeit angeschlossenen Untersuchungsreihe, welche sich auch auf Kristalle erstreckte, verfahren.

Unzweifelhaft liegt hier eine Ursache nicht unbeträchtlicher Unsicherheit, die um so größer ist, je größer das Verhältnis der kleinsten zur größten Dimension des Präparates ist. Nach den in den genannten Untersuchungen benutzten Formen der Präparate dürften gelegentlich die für die $\eta_n$ abgeleiteten Zahlwerte beträchtliche Fehler besitzen.

Beide Beobachtungsreihen benutzten, um die Wirkung zufälliger (etwa pyroelektrischer) statischer Ladungen und etwaiger Leitfähigkeiten auszuschließen, Wechselfelder, bei denen nach S. 412 der Mittelwert des Quadrates der Feldstärke zur Geltung kommt. Die Präparate wurden zwischen den Platten eines Kondensators in gewünschter (etwa um 45° gegen die Normale der Platten geneigter) Orientierung ihrer größten Dimension aufgehängt, und ihre Stellung mit Spiegel und Fernrohr abgelesen. Die Platten waren mit den Klemmen einer Wechselstrommaschine verbunden, welche durch einen angemessenen Widerstand und durch ein Hitzdrahtvoltmeter geschlossen war. Beim Arbeiten der Maschine erhielten die Kondensatorplatten eine periodisch wechselnde Potentialdifferenz $V$; das Voltmeter gestattete die unmittelbare Ablesung von $\sqrt{\overline{V^2}}$.

Gemessen wurde die Drehung der Präparate unter der Wirkung des erregten Wechselfeldes. Die neue Gleichgewichtslage ist durch das Gleichgewicht zwischen dem Drehungsmoment des Feldes und demjenigen der Aufhängung definiert.

Von den Resultaten *Fellingers* seien folgende angegeben:

| | | |
|---|---|---|
| Quarz | $\eta_{I} = 0{,}294$, | $\eta_{III} = 0{,}323$; |
| Turmalin | $= 0{,}488$, | $= 0{,}441$; |
| Kalkspat | $= 0{,}597$, | $= 0{,}522$; |
| Baryt | $\eta_{II} = 0{,}868$, | $\eta_{III} = 0{,}488$. |

Diese Beobachtungen waren mit dünnen zylindrischen Stäbchen parallel den Hauptachsen angestellt. Eine Beobachtungsreihe mit kreisrunden Platten parallel einer Hauptebene, die um eine Hauptachse drehbar befestigt waren, lieferte für

$$\text{Baryt}\quad \eta_{I} = 0{,}477, \quad \eta_{II} = 0{,}723, \quad \eta_{III} = 0{,}475.$$

Ob die Abweichungen gegen die Werte von S. 433 mehr durch die Verschiedenheiten des Materiales oder durch die ungenügende Erfüllung der Voraussetzungen der Theorie bedingt sind, ist nicht zu entscheiden.

§ 223. **Die zweite Form des Influenzproblems. Die dielektrische Induktion.** Das Vorstehende gibt ein Beispiel für die erste Art der Behandlung von Influenzproblemen, die in § 119 allgemein auseinandergesetzt ist. Die zweite Art, die sich in § 120 skizziert findet, bringt die bez. Aufgaben in direkte Beziehung zu den Strömungsproblemen, insofern sie davon ausgeht, daß die Resultante aus der gesamten Feldstärke $E$ und dem $4\pi$fachen des vektoriellen Momentes $P$, die sogenannte dielektrische Induktion oder Polarisation $J$, sich als eine Strömung darstellt, deren Quellen in den wahren Ladungen des Systemes liegen. Die Grundformeln für diese Betrachtungsweise sind nach S. 220

$$\begin{aligned} \frac{\partial J_1}{\partial x}+\frac{\partial J_2}{\partial y}+\frac{\partial J_3}{\partial z}&=4\pi\varrho^0, \\ (J_n)_a+(J_n)_b&=4\pi\sigma^0, \end{aligned} \tag{248}$$

wobei $\varrho^0$ und $\sigma^0$ die räumlichen und flächenhaften wahren Ladungsdichten bezeichnen, und die erste Formel im Innern eines stetigen Körpers, die zweite in der Grenzfläche zwischen zwei dergleichen Körpern $a$ und $b$ gilt.

Nun ist in unserm Falle nach (212)

$$P_1=\eta_{11}E_1+\eta_{12}E_2+\eta_{13}E_3,\ldots$$

somit läßt sich schreiben

$$\begin{aligned} J_1&=\varepsilon_{11}E_1+\varepsilon_{12}E_2+\varepsilon_{13}E_3, \\ J_2&=\varepsilon_{21}E_1+\varepsilon_{22}E_2+\varepsilon_{23}E_3, \\ J_3&=\varepsilon_{31}E_1+\varepsilon_{32}E_2+\varepsilon_{33}E_3, \end{aligned} \tag{249}$$

wobei

$$\varepsilon_{hh}=1+4\pi\eta_{hh},\quad \varepsilon_{hk}=\varepsilon_{kh}=4\pi\eta_{hk}. \tag{250}$$

Die Ausdrücke für die Komponenten $J_h$ gehen denjenigen für die $P_h$ ganz parallel; beide lassen sich in gleicher Weise als Strömungskomponenten deuten, also zu dem Ansatz (1) in Parallele bringen. Die weit größere Fruchtbarkeit dieser Deutung in dem neuen Fall liegt darin, daß die wahren Ladungen, und damit die Quellen der $J$-Strömung häufig gegebene Größen sind, was von den Quellen der $P$-Strömung (die, nach dem S. 203 allgemein über vektorielle Momente Gesagten) in den scheinbaren Ladungen liegen, niemals gilt.

Wird die Induktion oder Polarisation $J$ als Strömung unter der Wirkung der Feldstärke $E$ gedeutet, so nehmen die $\varepsilon_{hh}$, $\varepsilon_{hk}$ die Stelle der Leitfähigkeiten ein. *W. Thomson* hat sich bemüht, diesen Parallelismus dadurch auszudrücken, daß er die Parameter $\varepsilon_{hh}$, $\varepsilon_{hk}$ als die Konstanten der dielektrischen Permeabilität bezeichnete. Außerdem wird für sie auch der Name der allgemeinen Dielektrizitätskonstanten benutzt.

Diese Parameter $\varepsilon_{hh}$, $\varepsilon_{hk}$ können die Elektrisierungszahlen $\eta_{hh}$, $\eta_{hk}$, die aus ihnen nach den Formeln

$$\eta_{hh} = \frac{\varepsilon_{hh} - 1}{4\pi}, \quad \eta_{hk} = \frac{\varepsilon_{hk}}{4\pi}, \quad \text{für } h \text{ und } k = 1, 2, 3, \tag{251}$$

folgen, in jeder Hinsicht ersetzen. Sie repräsentieren, wie jene, die Komponenten eines Tensortripels $[\varepsilon]$, das mit dem der $\eta_n$ der Lage nach zusammenfällt, während seine Konstituenten, die dielektrischen Hauptpermeabilitäten oder die Hauptdielektrizitätskonstanten $\varepsilon_{\mathrm{I}}$, $\varepsilon_{\mathrm{II}}$, $\varepsilon_{\mathrm{III}}$ mit den Hauptelektrisierungszahlen $\eta_{\mathrm{I}}$, $\eta_{\mathrm{II}}$, $\eta_{\mathrm{III}}$ durch die Beziehungen

$$\varepsilon_n = 1 + 4\pi\eta_n, \quad \eta_n = \frac{\varepsilon_n - 1}{4\pi}, \quad n = \mathrm{I}, \mathrm{II}, \mathrm{III} \tag{252}$$

verbunden sind.

Es fällt auf, daß nach (250) und (251) die Komponenten erster Art $\varepsilon_{hh}$ und $\eta_{hh}$ durch andere Beziehungen miteinander verknüpft werden, als diejenigen zweiter Art $\varepsilon_{hk}$ und $\eta_{kh}$; man möchte nach den Formeln (252) für die Konstituenten beider Tripel vielleicht erwarten, daß die Beziehungen für die Komponenten zweiter Art analog denen für die Komponenten erster Art lauten müßten.

Die Sache klärt sich durch die Überlegung auf, daß die ersten Formeln (252) die Konstituenten $\varepsilon_n$ in zwei Teile 1 und $4\pi\eta_n$ zerlegen, von denen der erste ein Tensortripel mit drei gleichen Konstituenten darstellt; derartige Tripel haben aber nach S. 138 verschwindende Komponenten zweiter Art. Ganz Analoges gilt bezüglich der zweiten Formeln (252), und hierdurch erklärt sich die abweichende Form der Beziehungen (250) und (251) für die Komponenten erster und diejenigen zweiter Art.

Bezüglich des gegenseitigen Verhältnisses von Feldstärke $E$ und Induktion $J$ ergeben sich die anschaulichen geometrischen Gesetze in der S. 416 gezeigten Weise durch die Betrachtung der Tensorfläche $[\varepsilon]$, d. h. des Ellipsoides von der auf die Hauptachsen bezogenen Gleichung

$$\varepsilon_{\mathrm{I}} x^2 + \varepsilon_{\mathrm{II}} y^2 + \varepsilon_{\mathrm{III}} z^2 = 1\,. \tag{253}$$

Die Spezialisierung der Parameter $\varepsilon_{hk}$ auf die verschiedenen Kristallgruppen geschieht nach dem auf S. 414 gegebenen Schema, in dem einfach die $\eta_{hk}$ durch die $\varepsilon_{hk}$ ersetzt werden.

Für die Parameter $(\eta_n)$, welche nach S. 421 bei der Influenzierung der Kugel im homogenen Felde auftreten, ergibt sich in den Permeabilitäten $\varepsilon_n$ der Ausdruck

$$(\eta_n) = \frac{\eta_n}{1 + \frac{4\pi}{3}\eta_n} = \frac{3}{4\pi}\frac{\varepsilon_n - 1}{\varepsilon_n + 2}, \quad \text{für } n = \text{I, II, III}. \tag{254}$$

§ 224. **Dielektrizitätskonstanten und Brechungsindizes.** Da die Messung der translatorischen Kräfte, die eine kleine Kugel in einem nicht zu schnell mit dem Orte variierenden Felde erfährt, zu einer Bestimmung der Absolutwerte der Hauptelektrisierungszahlen $\eta_n$ führt, so liefert sie auch dergleichen für die Hauptdielektrizitätskonstanten $\varepsilon_n$.

Die Bestimmung dieser Größen war das eigentliche Ziel der *Boltzmann*schen Beobachtungen, über die in § 221 berichtet ist. *Maxwell* hatte bekanntlich in seinem Entwurf einer elektromagnetischen Lichttheorie für isotrope Körper einen Zusammenhang zwischen dem Brechungsindex $\bar{n}$ für sehr große Wellenlängen und der Dielektrizitätskonstante $\varepsilon$ abgeleitet, derart, daß

$$\bar{n}^2 = \varepsilon$$

sein sollte; analoge Beziehungen sollten bei Kristallen zwischen den drei Hauptbrechungsindizes $\bar{n}_1, \bar{n}_2, \bar{n}_3$ und den drei Hauptdielektrizitätskonstanten $\eta_\text{I}, \eta_\text{II}, \eta_\text{III}$ bestehen, so daß also

$$\bar{n}_n^2 = \varepsilon_n.$$

Eine Prüfung dieser Relation wünschte *Boltzmann*, nachdem er sie für Gase durchgeführt hatte, nun auch für einen Kristall zu erbringen.

Aus vorhandenen Beobachtungen über die Hauptbrechungsindizes des rhombischen Schwefels schloß *Boltzmann* durch Extrapolation auf unendliche Wellenlängen

$$\bar{n}_1^2 = 3{,}591, \quad \bar{n}_2^2 = 3{,}886, \quad \bar{n}_3^2 = 4{,}596,$$

während seine Beobachtungen von S. 432 bei Benutzung der Beziehungen (252) lieferten

$$\varepsilon_\text{I} = 3{,}811, \quad \varepsilon_\text{II} = 3{,}970, \quad \varepsilon_\text{III} = 4{,}773.$$

Die hierin ausgedrückte angenäherte Übereinstimmung beider Zahlenreihen galt lange Zeit als eine glänzende Bestätigung der *Maxwell*schen Theorie. Wir wissen jetzt, daß die Übereinstimmung auf einem glücklichen Zufall beruht. Es ist nicht zulässig, in der von *Boltzmann* angewendeten Weise auf unendlich lange Wellen zu extrapolieren, falls das Medium Absorptionsstreifen im Ultraroten besitzt;

die Frage nach dergleichen hat sich *Boltzmann* nicht gestellt, sie ist auch nur sehr schwierig auf Grund von Beobachtungen genügend zu beantworten. Gegenwärtig benutzt man gelegentlich umgekehrt Beobachtungen über die Dielektrizitätskonstanten, um den Wert des Brechungsindex für unendlich lange Wellen zu finden und damit Schlüsse über sein allgemeines Verhalten im ultraroten Gebiete zu ziehen.

§ 225. **Diskussion der allgemeinen Gesetze der dielektrischen Induktionen.** Die Darstellung der dielektrischen Erregung durch die Momente $P$ einer-, durch die Induktionen $J$ andererseits und damit im Zusammenhang die Behandlung des Influenzproblems in der ersten und der zweiten Form gestaltet sich wesentlich verschieden, besonders aus dem Grunde, daß die Momente auf die ponderabeln Dielektrika beschränkt, die Induktionen aber auch für den äußern Raum definiert sind. In der Tat verschwinden die Elektrisierungszahlen für den leeren Raum; die Hauptdielektrizitätskonstanten $\varepsilon_I$, $\varepsilon_{II}$, $\varepsilon_{III}$ nehmen dort aber den übereinstimmenden Wert Eins an, und hieraus folgen dann auch die $\varepsilon_{hh} = 1$, die $\varepsilon_{hk} = 0$.

Die Induktionsströmung verläuft also nicht nur innerhalb der Dielektrika, sondern erstreckt sich im allgemeinen allseitig ins Unendliche; sie fehlt nur allein innerhalb etwa vorhandener Leiter, wo im Falle des Gleichgewichts das Feld, und somit auch die Induktion verschwindet. Letzteres ist nicht im Widerspruch mit der Bemerkung von S. 422, daß Leiter bei Gleichgewichtsproblemen als Dielektrika mit unendlichen Elektrisierungszahlen, und somit unendlichen Dielektrizitätskonstanten betrachtet werden dürfen, wenn man nur annimmt, daß in den Ausdrücken (249) für die Induktionskomponenten die Feldkomponenten von höherer Ordnung unendlich klein werden, als die Dielektrizitätskonstanten unendlich groß. —

In den uns interessierenden Fällen hat die elektrische Feldstärke $E$ jederzeit eine Potentialfunktion $\varphi$; dies darf sogar bei den nach S. 413, 432 und 435 zur Ausschaltung der Leitfähigkeit wiederholt angewandten elektrischen Schwingungen angenommen werden; bei statischen Ladungen versteht es sich von selbst.

Die Hauptgleichung ($248^1$) und die Grenzbedingung ($248^2$) werden in diesem Falle zu Bedingungen für die Potentialfunktion. Diese zwei Bedingungen genügen indessen noch nicht zur vollständigen Bestimmung des Problems, denn sie beziehen sich nur auf das Verhalten der Differentialquotienten von $\varphi$; es bedarf für die Zwischengrenzen noch einer Bedingung für $\varphi$ selbst. Die einfachste Annahme, die bisher, wie es scheint, nicht zu Widersprüchen mit der Erfahrung geführt hat, ist die, $\varphi$ in Grenzen zwischen zwei Dielektrika stetig anzunehmen. Durch diese Annahme wird ein vollständiger Parallelismus zwischen der Theorie der dielektrischen Influenz und derjenigen der Wärmeleitung hergestellt; die Potentialfunktion hier entspricht der Temperatur dort. Selbst die Bedingung ($248^2$) für eine Zwischengrenze, die sich zunächst von der entsprechenden Bedingung (161) durch das Auftreten einer von Null verschiedenen Funktion ($4\pi$ mal der Flächendichte $\sigma^0$ einer wahren Ladung) auf der rechten Seite unterscheidet, findet ein Analogon im Gebiete der Wärmeleitung: die flächenhafte Wärmeentwickelung, die sich als *Peltier*-Wärme beim Durchgang eines elektrischen Stromes durch die Grenze zwischen zwei Leitern einstellt. Indessen sind die beiden einander entsprechenden Fälle ohne praktische Bedeutung und können außer acht bleiben.

Sollten weitere Beobachtungen bestätigen, daß bei der Berührung zweier Dielektrika ein Potentialsprung in der Zwischengrenze entsteht[1]), der nur von der Kombination der beiden in Berührung befindlichen Dielektrika abhängt, so käme dadurch das Influenzproblem in nächste Parallele zu dem der Elektrizitätsleitung.

In dem einen, wie dem andern Falle können wir das früher erwähnte Resultat herübernehmen, daß die vorstehend mitgeteilten Bedingungen den Vorgang eindeutig bestimmen.

Die Bedingung, daß die Potentialfunktion $\varphi$ in einer Zwischengrenze stetig verläuft oder aber um eine, der Kombination der bezüglichen Körper $a$ und $b$ individuelle Konstante springt, liefert für die Feldstärke $E$ (nach deren Definition durch die Potentialfunktion) die Bedingung, daß deren Komponenten tangential zur Grenze diese letztere stetig passieren müssen. Diese neue Form der Grenzbedingung ersetzt dann die frühere Bedingung für die Potentialfunktion in denjenigen Fällen schnellster elektromagnetischer Schwingungen, in denen die Feldstärke keine Potentialfunktion besitzt. —

Ferner mag darauf hingewiesen werden, daß die in § 207 entwickelten Gesetze für den Übergang von Isothermenflächen resp. Temperaturgradienten durch die Grenzen zwischen zwei die Wärme leitenden Körpern die Übertragung auf das Problem der dielektrischen Influenz gestatten und auch hier, trotz der Unmöglichkeit, die Potentialflächen und Potentialgradienten resp. Feldstärken sichtbar zu machen, ein gewisses Interesse zur Veranschaulichung des Vorganges haben.

Noch näher liegt zu dem genannten Zweck die Betrachtung der Induktionsströmung, weil die Strömung nach ihrem oben beschriebenen Charakter etwas leichter Vorstellbares ist, als ein Potentialgradient. Es kommt hier das Analogon derjenigen Betrachtungsweise zur Anwendung, die am Schluß von § 207 kurz geschildert ist.

1) *A. Coehn*, Wied. Ann. Bd. **64**, p. 217, 1898: *A. Coehn* und *U. Raydt*, Gött. Nachr. 1909, Nr. 11.

Legen wir die $X'Y'$-Ebene in das betrachtete Element der Grenze zwischen zwei Körpern $a$ und $b$, dann lassen sich die dort gültigen Grenzbedingungen schreiben

$$(\overline{E}_1')_a = (\overline{E}_1')_b, \quad (\overline{E}_2')_a = (\overline{E}_2')_b, \quad (\overline{J}_3')_a = (\overline{J}_3')_b. \tag{255}$$

Zum Zwecke der Verwendung dieser Bedingungen sind $E_1'$, $E_2'$ durch $J_1'$, $J_2'$, $J_3'$ auszudrücken, was mit Hilfe der Umkehrung der Formeln (246) geschieht. Wir schreiben diese neuen Beziehungen

$$E_1' = \vartheta_{11}' J_1' + \vartheta_{12}' J_2' + \vartheta_{13}' J_3', \ldots; \tag{256}$$

es stellen dann die $\vartheta_{hk}$ Analoga zu den Widerstandskonstanten dar und könnten im Anschluß an die *W. Thomson*sche Bezeichnung der $\varepsilon_{hk}$ als Konstanten der dielektrischen Impermeabilität bezeichnet werden. Der Tensorfläche $[\varepsilon]$ der $\varepsilon_{hk}$ entspricht eine Fläche $[\vartheta]$ für die $\vartheta_{hk}$.

Für die Grenze zwischen einem isotropen Körper (0) und einem kristallinischen Dielektrikum gilt dann nach (255) bei Fortlassung der Indizes $a$ und $b$.

$$\begin{aligned} \vartheta_0 \overline{J}_{10}' &= \vartheta_{11}' \overline{J}_1' + \vartheta_{12}' \overline{J}_2' + \vartheta_{13}' \overline{J}_3', \\ \vartheta^0 \overline{J}_{20}' &= \vartheta_{21}' \overline{J}_1' + \vartheta_{22}' \overline{J}_2' + \vartheta_{23}' \overline{J}_3', \\ \overline{J}_{30}' &= \overline{J}_3'. \end{aligned} \tag{257}$$

Legt man die $X'$-Achse in die Einfallsebene, macht also $\overline{J}_{20}' = 0$, so verschwindet damit nicht zugleich $\overline{J}_2'$; für die Induktionsströmung gilt also das erste optische Brechungsgesetz der Wellennormalen nicht. Diese Strömung verhält sich vielmehr analog der Energieströmung resp. dem Lichtstrahl in der Optik.

Man wird demgemäß zur Untersuchung der Brechung der Induktionsströmung passend ein Verfahren anwenden, das dem in der Optik geübten parallel geht, nämlich die Brechung der Strömung mit Hilfe der Brechung der Kraftlinien, resp. der Potentialgradienten behandeln.

Im Falle des Eintritts der Strömung aus einem isotropen Medium in den Kristall liegen die Verhältnisse relativ einfach; da im isotropen Körper Feldstärke und Induktion einander parallel liegen, so ist mit der Richtung der einen sofort diejenige der andern gegeben. Die Anwendung der Brechungsgesetze für die Feldstärke liefert direkt die Richtung der letzteren Größe im Kristall. Der Übergang von der gebrochenen Feldstärke wird durch jene geometrischen Beziehungen vermittelt, die nach S. 416 und 437 zwischen der Strömung und der treibenden Kraft mit Hilfe der Tensorflächen $[\varepsilon]$ oder $[\vartheta]$ anschaulich zu machen sind.

Beim Austritt aus einem Kristall in ein isotropes Medium ist zunächst mit Hilfe dieser geometrischen Beziehung zu der gegebenen

Induktion die entsprechende Feldstärke aufzusuchen und auf diese das Brechungsgesetz anzuwenden. Die so gefundene Feldstärke gibt dann sogleich die Richtung der gebrochenen Induktion. —

Bei der Anwendung der neuen Auffassung erscheint das Problem der Influenzierung einer Kugel im homogenen Felde unter dem Bilde einer Strömung von der Art der Wärme- oder Elektrizitätsströmung in einem unendlichen homogenen isotropen Medium (dem leeren Raum), in dem eingefügt ist eine Kugel von äolotroper Leitfähigkeit. Die Induktions-Strömung verläuft im Unendlichen mit konstanter Intensität in parallelen Stromlinien und erfährt im Endlichen eine Ablenkung durch die Wirkung der Kugel.

Ist die Kugel mit einer ihrer Hauptachsen der Permeabilität parallel dem unendlichen Strom orientiert, so verläuft nach den Resultaten von § 215 der Strom innerhalb und außerhalb der Kugel ebenso, als wäre die Kugel isotrop und mit derjenigen Permeabilität behaftet, welche der betreffenden Hauptachse entspricht. Es fallen demgemäß hier auch im Innen- wie im Außenraum die Induktionslinien mit den Kraftlinien zusammen.

Befindet sich die Kugel im leeren oder im Luftraum, so ist ihre Permeabilität größer, als die der Umgebung, sie zieht demgemäß die Kraft- resp. Induktionslinien heran, die in ihrem Inneren dichter gedrängt verlaufen, als im Unendlichen, von woher sie kommen. Befindet sich die Kugel in einer Umgebung (etwa einer Flüssigkeit) von höherer Permeabilität, so findet das Entgegengesetzte statt.

Bei schiefer Orientierung der dielektrischen Hauptachsen gegen das influenzierende Feld werden die Verhältnisse komplizierter. Noch immer verlaufen die Induktionslinien im Innern parallel und enger oder weiter, je nach der Größe der Permeabilitäten $\varepsilon_{I}$, $\varepsilon_{II}$, $\varepsilon_{III}$, aber sie sind weder dem influenzierenden Feld, noch einer Hauptachse parallel, und ihre Brechung an der Grenzfläche geschieht in der S. 406 erörterten komplizierten Weise. —

Eine besondere Bemerkung erfordert der Fall, daß die Grenzfläche sich zwischen einem (z. B. äolotropen) Dielektrikum und einem Leiter erstreckt. Hier knüpft man am einfachsten direkt an die Tatsache an, daß die Oberfläche eines Leiters eine Potentialfläche darstellt. Die Feldstärke steht somit normal auf einer derartigen Grenze, und damit ist die Richtung der zugehörigen Induktion gleichfalls bestimmt.

§ 226. **Ein Kristall innerhalb einer dielektrischen Flüssigkeit.** Die im vorstehenden skizzierte zweite Methode zur Behandlung von Influenzproblemen gestattet u. a. sehr einfach, zu übersehen, in welcher Weise die Verhältnisse sich ändern, wenn der influenzierte Körper sich nicht im leeren (oder lufterfüllten) Raum, sondern in einer sehr ausgedehnten, gegenüber dem Körper als unendlich zu betrachtenden dielektrischen Flüssigkeit von einer Dielektrizitätskonstante $\varepsilon_a$ befindet.

Um dies zu zeigen, nehmen wir an, die Influenzierung geschehe durch räumlich mit der Dichte $\varrho^0$ in der Flüssigkeit verteilte Ladungen. Dann sind die Gleichungen des Problems die folgenden.

In der Flüssigkeit gilt nach (248[1])

$$\varepsilon_a\left(\frac{\partial E_{a1}}{\partial x}+\frac{\partial E_{a2}}{\partial y}+\frac{\partial E_{a3}}{\partial z}\right)=4\pi\varrho^0, \tag{258}$$

in dem influenzierten Kristall bei Benutzung des Hauptachsensystems

$$\varepsilon_{\mathrm{I}}\frac{\partial E_1}{\partial x}+\varepsilon_{\mathrm{II}}\frac{\partial E_2}{\partial y}+\varepsilon_{\mathrm{III}}\frac{\partial E_3}{\partial z}=0; \tag{259}$$

an der Grenze zwischen beiden Körpern muß nach S. 441 gelten, wenn $n$ die Normale auf dem Oberflächenelement des Kristalls, $t$ eine beliebige in dem Oberflächenelement liegende tangentiale Richtung bezeichnet

$$\begin{aligned}\varepsilon_a\overline{E}_{an}-(\varepsilon_{\mathrm{I}}\overline{E}_1\cos(n,x)+\varepsilon_{\mathrm{II}}\overline{E}_2\cos(n,y)+\varepsilon_{\mathrm{III}}\overline{E}_3\cos(n,z))&=0,\\ \overline{E}_{at}-(\overline{E}_1\cos(t,x)+\overline{E}_2\cos(t,y)+\overline{E}_3\cos(t,z))&=0.\end{aligned} \tag{260}$$

Aus allen diesen Gleichungen verschwindet $\varepsilon_a$, wenn man einführt

$$\frac{\varepsilon_n}{\varepsilon_a}=\varepsilon_n{}', \qquad \frac{\varrho^0}{\varepsilon_a}=\varrho^{0\prime}; \tag{261}$$

in den Größen $\varepsilon_n{}'$, $\varrho^{0\prime}$ drücken sich also die Bedingungen des Problems ebenso aus, als wäre die dielektrische Flüssigkeit mit dem leeren Raum vertauscht.

Im Falle der Kugel im leeren Raum und bei Benutzung der dielektrischen Hauptachsen als Koordinatenachsen erhielten wir gemäß (225) und (254) für die influenzierten Momente

$$P_1=(\eta_{\mathrm{I}})E_1{}^0=\frac{3E_1{}^0}{4\pi}\,\frac{\varepsilon_{\mathrm{I}}-1}{\varepsilon_{\mathrm{I}}-2},\ \ldots$$

Für die Kugel innerhalb einer dielektrischen Flüssigkeit würde nach dem Vorstehenden folgen

$$P_1=(\eta_{\mathrm{I}}{}')E_1{}^0=\frac{3E_1{}^0}{4\pi}\,\frac{\varepsilon_{\mathrm{I}}-\varepsilon_a}{\varepsilon_{\mathrm{I}}+2\varepsilon_a},\ \ldots \tag{262}$$

wobei $(\eta_n{}')$ eine dem $(\eta_n)$ entsprechende Abkürzung ist. Wegen (252) gilt übrigens auch

$$(\eta_n{}')=\frac{\eta_n-\eta_a}{1+\frac{4\pi}{3}(\eta_n+2\eta_a)}, \qquad \text{für } n=\mathrm{I},\mathrm{II},\mathrm{III}.$$

Die zweite Beziehung (261) kommt hierbei gar nicht zur Geltung, da bei der früheren Formulierung des Problems die influenzierenden Feldkomponenten $E_h^0$ als vorgeschrieben gedacht sind; sie spielt erst dann eine Rolle, wenn das äußere Feld nicht direkt, sondern durch irgendwelche wahre Ladungen charakterisiert ist.

Die Potentialfunktion $\varphi_a$ einer Kugel vom Volumen $K$ im homogenen Felde, genommen auf einen äußern Punkt im Zentralabstand $r$, erhält nunmehr nach (229) den Wert

$$\varphi_a = \frac{K}{r^3}((\eta_I')xE_1^0 + (\eta_{II}')yE_2^0 + (\eta_{III}')E_3^0)$$

und das Potential auf einen Pol $-e$ wird wieder zu

$$\Phi = -e\varphi,$$

da sich $\varphi$ immer auf die wahre Ladung Eins bezieht.

Ist dieser Pol der influenzierende, so liefert er, als innerhalb der Flüssigkeit befindlich, nach dem zu (261) Gesagten durch deren Wirkung geschwächte Feldkomponenten

$$\frac{ex}{\varepsilon_a r^3} = E_1^0, \ldots$$

Somit nimmt $\Phi$ die Form an

$$\Phi = -K\varepsilon_a((\eta_I')E_1^{0\,2} + (\eta_{II}')E_2^{0\,2} + (\eta_{III}')E_3^{0\,2}), \tag{263}$$

in der ein Einfluß der dielektrischen Flüssigkeit gegenüber dem Ausdruck (233) sich nur noch in der Vertauschung von $(\eta_n)$ mit $\varepsilon_a(\eta_n')$ geltend macht.

Wendet man auf diesen Ausdruck die Betrachtungen von § 217 u. f. an, welche zu der Bestimmung der Drehungsmomente und der Translationskräfte führten, welche die Kugel erfährt, so ergibt sich, daß die Drehungsmomente um die $X$, $Y$, $Z$-Achsen jetzt von den Parametern

$$\varepsilon_a[(\eta_{II}') - (\eta_{III}')], \ldots$$

abhängen, die nach (262) durch

$$\frac{9\varepsilon_a^2(\varepsilon_{II} - \varepsilon_{III})}{4\pi(\varepsilon_{II} + 2\varepsilon_a)(\varepsilon_{III} + 2\varepsilon_a)}, \ldots$$

ausgedrückt werden. Man erkennt, daß die Wirkung der umgebenden dielektrischen Flüssigkeit wohl den absoluten Betrag dieser Parameter, nicht aber ihr Vorzeichen zu ändern vermag. Die Drehungsmomente, die eine kristallinische Kugel im homogenen elektrischen Felde erfährt, behalten also ihren Drehungssinn auch dann bei, wenn die Kugel, in eine dielektrische Flüssigkeit eingetaucht, dem Felde ausgesetzt wird.

Translatorische Kräfte treten nur innerhalb inhomogener elektrischer Felder auf und werden hier durch die $\varepsilon_a(\eta_n')$ selber gemessen. Da nun

$$\varepsilon_a(\eta_n') = \frac{3\,\varepsilon_a(\varepsilon_n - \varepsilon_a)}{4\pi(\varepsilon_n + 2\,\varepsilon_a)}$$

ist, so kann hier der Sinn der Kräfte durch die Wirkung der umgebenden dielektrischen Flüssigkeit umgekehrt werden.

§ 227. **Die elektrische Energie eines dielektrisch erregten Systems.** Wir wollen die Ergebnisse der bisherigen Betrachtungen noch von einer andern Seite beleuchten, und zwar unter Heranziehung des Begriffs der elektrischen Energie.

Als mechanische Energie eines ruhenden Systems ist auf S. 158 sein inneres Potential bezeichnet, d. h. die Summe der Potentiale aller auf seine Teile wirkenden Kräfte, soweit dieselben von dem System selbst herrühren. Erfährt z. B. ein Massenelement $h$ von einem Massenelement $k$ ein Potential $\Phi_{hk}$, und gilt für die umgekehrte Wirkung $\Phi_{kh}$, so wird das innere Potential durch

$$\Phi = \frac{1}{2} \mathrm{S} (\Phi_{hk} + \Phi_{kh})$$

dargestellt, die Summe über alle Kombinationen $(hk)$ erstreckt. Bei mechanischen Kräften ist dann

$$\Phi_{hk} = \Phi_{kh}, \quad \text{also} \quad \Phi = \mathrm{S}\, \Phi_{hk}.$$

Man kann nach der Erfahrung dieser mechanischen Energie ein elektrisches Analogon geben, indem man für $\Phi_{hk}$ das Potential aller (wahren und scheinbaren) Ladungen in dem Raumelement $k$ auf die wahren Ladungen in dem Raumelement $h$ einsetzt und analog mit $\Phi_{kh}$ verfährt. Auf diese Weise ergibt sich für die elektrische Energie $\Pi$ eines Systems der Ausdruck

$$\Pi = \frac{1}{2} \int de \int \frac{d(e)}{r}, \tag{264}$$

wobei das zweite Integral die Potentialfunktion $(\varphi)$ der gesamten (wahren und freien) Ladungen darstellt, das erste sich über alle wahren Ladungen erstreckt.

Unterscheiden wir noch die Fälle, daß wahre Ladungen räumlich und daß sie flächenhaft verteilt sind, so resultiert für die elektrostatische Energie schließlich der Ausdruck

$$\Pi = \frac{1}{2}\int \sigma^0(\overline{\varphi})\,do + \frac{1}{2}\int \varrho^0(\varphi)\,dk. \tag{265}$$

wobei das erste Integral über alle Ladungen tragenden Flächen, das zweite über den ganzen unendlichen Raum zu erstrecken ist.

Führt man hierin die Werte von $\varrho^0$ und $\sigma^0$ aus (248) ein und nimmt an, daß die wahren Ladungen sämtlich im Endlichen liegen, so liefert eine teilweise Integration des Raumintegrals einerseits ein Oberflächenintegral, welches das obenstehende Flächenintegral hinweghebt, und außerdem ein Raumintegral, das wegen $-\partial(\varphi)/\partial x = E_1, \ldots$ folgendes Endresultat liefert

$$\Pi = \frac{1}{8\pi}\int_{\infty} (E_1 J_1 + E_2 J_2 + E_3 J_3)\,dk. \tag{266}$$

Diese Formel wird bekanntlich nach *Maxwell* dahin gedeutet, daß jedem Raumelement $dk$ des unendlichen Raumes ein Betrag an elektrischer Energie

$$d\Pi = \frac{1}{8\pi}(E_1 J_1 + E_2 J_2 + E_3 J_3)\,dk$$

innewohnt; der Faktor von $dk$ stellt dabei die Energiedichte, d. h. die Energie der Volumeneinheit dar. Die Übereinstimmung der aus dieser Auffassung fließenden Folgerungen mit der Erfahrung kann rückwärts zur Stütze der Bildung des Ausdruckes (264) dienen.

§ 228. **Energie und Arbeit.** Wir wollen nun annehmen, es sei eine unendliche dielektrische Flüssigkeit gegeben mit irgendwelchen darin befindlichen wahren Ladungen, etwa durch Reibung elektrisierten Körpern. Diese Ladungen mögen ein Feld $E^0$, eine Induktion $J^0$ und eine Gesamtenergie $\Pi^0$ bewirken.

Nun werde in die Flüssigkeit ein dielektrischer Kristall getaucht und hierdurch das Feld auf $E$, die Induktion auf $J$, die Energie auf $\Pi$ gebracht. Wir betrachten die Energieänderung $\Pi - \Pi^0$, die dieser Operation entspricht und — soweit hierbei keine anderen Änderungen eintreten — der Arbeit $A$ der Einführung des Kristalls in das Feld gleich sein muß. Eine Dislokation des Kristalls verlangt dann eine äußere Arbeit, gegeben durch

$$d'A = d(\Pi - \Pi^0). \tag{267}$$

Hier ist rechts $d\Pi^0 = 0$, da $\Pi^0$ sich auf den Zustand vor Einführung des Kristalls bezieht; indessen ist es nützlich, mit der Differenz $\Pi - \Pi^0$ zu operieren, da dieselbe gewisse bequeme Transformationseigenschaften besitzt.

Es gilt nach (266)

$$\Pi - \Pi^0 = \frac{1}{8\pi}\int\limits_\infty [(E_1 J_1 + \cdot\cdot) - (E_1^0 J_1^0 + \cdot\cdot)]\, dk$$

$$= \frac{1}{8\pi}\left\{\int\limits_\infty [E_1(J_1 - J_1^0) + \cdot\cdot]\, dk + \int\limits_\infty [J_1^0(E_1 - E_1^0) + \cdot\cdot)]\, dk\right\}. \quad (268)$$

Das erste dieser Integrale verschwindet, denn durch das Umgekehrte der Operation, die von (265) zu (266) führte, gelangt man von ihm zu

$$\frac{1}{2}\int(\sigma_0 - \sigma_0^0)(\overline{\varphi})\, do + \frac{1}{2}\int(\varrho_0 - \varrho_0^0)(\varphi)\, dk;$$

da aber die wahren Ladungen des Systems nach Annahme unveränderlich sein sollen, so ist

$$\sigma_0 = \sigma_0^0, \quad \varrho_0 = \varrho_0^0.$$

Wir haben sonach

$$\Pi - \Pi^0 = \frac{1}{8\pi}\int\limits_\infty (J_1^0(E_1 - E_1^0) + J_2^0(E_2 - E_2^0) + J_3^0(E_3 - E_3^0))\, dk. \quad (269)$$

Dies über den unendlichen Raum erstreckte Integral zerlegen wir in eines über den Außenraum ($a$) und eines über den influenzierten Kristall ($i$), setzen also

$$\int\limits_\infty = \int\limits_a + \int\limits_i .$$

Im Außenraum wollen wir eine homogene Flüssigkeit von der Permeabilität $\varepsilon_a$ annehmen, in die wir den Kristall eingetaucht denken. Dann ist dort

$$J = \varepsilon_a E, \quad J^0 = \varepsilon_a E^0,$$

also

$$J_h^0(E_h - E_h^0) = E_h^0(J_h - J_h^0); \quad \text{für } h = 1, 2, 3$$

und

$$\int\limits_a = \int\limits_a [E_1^0(J_1 - J_1^0) + E_2^0(J_2 - J_2^0) + E_3^0(J_3 - J_3^0)]\, dk.$$

Das Integral $\int\limits_a$ hat somit dieselbe Form, wie das erste Integral in (268), dessen Verschwinden wir nachwiesen, falls es über den unendlichen Raum erstreckt ist. Man kann somit das Integral über ($a$) mit dem negativen Integral über ($i$) vertauschen und erhält so aus (269)

$$\Pi - \Pi^0 = \frac{1}{8\pi}\int_i [(J_1^0(E_1 - E_1^0) + \cdot\cdot) - (E_1^0(J_1 - J_1^0) + \cdot\cdot)]dk$$

$$= \frac{1}{8\pi}\int_i [(J_1^0 E_1 + \cdot\cdot) - (E_1^0 J_1 + \cdot\cdot)]dk. \qquad (270)$$

Es erscheint nach dieser Formel die Energiedifferenz $\Pi - \Pi_0$ ganz im Innern des Kristalls lokalisiert.

Zieht man nun die Werte für $J_1^0, \ldots$ und $J_1, \ldots$ heran, so erhält man

$$\Pi - \Pi^0 = -\frac{1}{8\pi}\int_i [E_1^0((\varepsilon_{11} - \varepsilon_a)E_1 + \varepsilon_{12}E_2 + \varepsilon_{13}E_3)$$
$$+ E_2^0(\varepsilon_{21}E_1 + (\varepsilon_{22} - \varepsilon_a)E_2 + \varepsilon_{23}E_3)$$
$$+ E_3^0(\varepsilon_{31}E_1 + \varepsilon_{32}E_2 + (\varepsilon_{33} - \varepsilon_a)E_3)]dk, \qquad (271)$$

oder bei Benutzung der Formeln (251) auch

$$\Pi - \Pi^0 = -\frac{1}{2}\int [E_1^0((\eta_{11} - \eta_a)E_1 + \eta_{12}E_2 + \eta_{13}E_3) + \cdots]dk. \qquad (272)$$

Hierin bezeichnet $\eta_a$ die Elektrisierungszahl der Flüssigkeit. Die Klammerausdrücke lassen sich nach (212) als die Momente $P_h'$, bezogen auf die umgebende Flüssigkeit, statt auf den leeren Raum, auffassen. Dann wird noch einfacher

$$\Pi - \Pi^0 = -\frac{1}{2}\int (E_1^0 P_1' + E_2^0 P_2' + E_3^0 P_3')dk. \qquad (273)$$

Von diesen Formeln läßt sich zunächst eine Verbindung mit dem Ausdruck auf S. 413 für die Arbeit $\delta'\alpha$ herstellen, die eine Veränderung der Influenz erfordert. Wir haben dazu nur den Kristall derartig zu begrenzen, nämlich in Form eines unendlich dünnen Zylinderelements $k$ parallel zu $P'$ zu wählen, daß seine Erregung keinen Anteil zum innern Feld gibt. Dann ist $E_h^0$ mit $E_h$ merklich identisch, und wir erhalten

$$\Pi - \Pi^0 = -\tfrac{1}{2}(E_1 P_1' + E_2 P_2' + E_3 P_3')k.$$

Eine Veränderung der Influenz ist durch Verschieben des Elements im Felde zu bewirken, was eine Arbeit

$$\delta' A = \delta(\Pi - \Pi^0)$$

erfordert. Dies gibt

$$\delta' A = -\tfrac{1}{2}(P_1'\delta E_1 + E_1 \delta P_1' + \cdots)k$$

und die Werte der $P_h'$ lassen sogleich erkennen, daß dies auch geschrieben werden kann

$$\delta' A = -(P_1'\delta E_1 + P_2'\delta E_2 + P_3'\delta E_3)k. \tag{274}$$

Bezieht man den Ausdruck auf die Volumeneinheit und nimmt als Umgebung des Kristalls den leeren Raum, d. h. $P' = P$, so resultiert

$$\delta'\alpha = -(P_1\delta E_1 + P_2\delta E_2 + P_3\delta E_3).$$

Dies ist aber die Formel, von der wir in § 211 dieses Abschnitts ausgingen.

Für eine weitere Anwendung wollen wir die Formel (271) auf die dielektrischen Hauptachsen beziehen, also schreiben

$$\Pi - \Pi^0 = -\frac{1}{8\pi}\int[(\varepsilon_\mathrm{I}-\varepsilon_a)E_1E_1^0+(\varepsilon_\mathrm{II}-\varepsilon_a)E_2E_2^0+(\varepsilon_\mathrm{III}-\varepsilon_a)E_3E_3^0]dk. \tag{275}$$

Dieser Ausdruck ist gleichwertig mit dem, was in § 217 als $\frac{1}{2}\Phi$ bezeichnet ist; der Unterschied liegt nur in der Substitution der Flüssigkeit an Stelle des leeren Raumes und verschwindet, wenn man

$$\varepsilon_a \text{ mit } 1, \quad \frac{\varepsilon_n - 1}{4\pi} \text{ mit } \eta_n$$

vertauscht. In der Tat stellen jetzt ebenso, wie früher, $E_1^0$, $E_2^0$, $E_3^0$ die influenzierenden, $E_1$, $E_2$, $E_3$ die gesamten Feldkomponenten dar.

Letztere bestimmen sich im Falle einer Kugel im leeren Raum für das Innere der Kugel nach (227) und (252) zu

$$E_1 = \frac{E_1^0}{1 + \frac{4\pi}{3}\eta_\mathrm{I}} = \frac{3E_1^0}{\varepsilon_\mathrm{I} + 2}, \ldots$$

Befindet sich die Kugel in der Flüssigkeit, so ist $\varepsilon_n$ mit $\varepsilon_n/\varepsilon_a$ zu vertauschen; es wird also jetzt

$$E_1 = \frac{3\varepsilon_a E_1^0}{\varepsilon_\mathrm{I} + 2\varepsilon_a}, \ldots$$

und die Formel (275) läßt sich nach (262) schreiben, da unter dem Integral alles konstant ist,

$$\Pi - \Pi^0 = -\tfrac{1}{2}K\varepsilon_a((\eta_\mathrm{I}')E_1^{02} + (\eta_\mathrm{II}')E_2^{02} + (\eta_\mathrm{III}')E_3^{02}),$$

was mit der Hälfte des Ausdruckes (263) für $\Phi$ übereinstimmt.

Die Beziehung (267)

$$d(\Pi - \Pi^0) = d'A$$

führt nun aber auch zu den früheren Ausdrücken für die Translationskräfte und Momente. Es gilt nämlich, wenn $\Xi_a, H_a, Z_a, \Lambda_a, M_a, N_a$ äußere Einwirkungen bezeichnen, die den Kristall im Gleichgewicht halten,

$$dA = \Xi_a d\xi + \cdots + \Lambda_a d\lambda + \cdots,$$

also auch

$$\frac{\partial(\Pi - \Pi_0)}{\partial \xi} = \Xi_a, \ldots, \quad \frac{\partial(\Pi - \Pi_0)}{\partial \lambda} = \Lambda_a, \ldots,$$

und dabei ist $\Xi_a = -\Xi, \ldots, \Lambda_a = -\Lambda, \ldots,$ wenn $\Xi, \ldots, \Lambda, \ldots$ wie früher die Gesamtkomponenten und Momente der innern Kräfte bezeichnen.

§ 229. **Eine Schicht eines dielektrischen Kristalls zwischen zwei Kondensatorplatten. Beobachtungen von J. Curie.** Besonders einfach behandelt sich in dem Bilde der Induktions- oder Polarisationsströmung der Fall eines dielektrischen Mediums, welches den Raum zwischen zwei (praktisch) unendlichen, einander parallelen Kondensatorplatten gerade ausfüllt.

Hier sind nach Symmetrie die Potentialflächen Ebenen parallel zu den Kondensatorplatten; legt man diesen parallel die $X'Y'$-Ebene, so folgt dann

$$E_1' = 0, \quad E_2' = 0, \quad E_3' = -\frac{\partial \varphi}{\partial z'}.$$

Für die Induktionsströmung parallel $z'$ ergibt sich hieraus nach (249)

$$J_3' = \varepsilon_{33}' E_3'$$

und nach der ersten Formel (248)

$$J_3' = \text{konst.}$$

Die zweite Formel (248) liefert zugleich für die Ladungsdichten $\sigma$ der innern Flächen der Kondensatoren

$$4\pi\sigma = \pm J_{33}' = \pm \varepsilon_{33}' E_3' = \mp \varepsilon_{33}' \frac{\partial \varphi}{\partial z'}. \tag{276}$$

Wegen der Konstanz von $J_3'$ ergibt sich weiter, falls $\varphi_1$ und $\varphi_2$ die Werte der Potentialfunktion auf den beiden Kondensatorplatten, $D$ ihren Abstand bezeichnen,

$$-\frac{\partial \varphi}{\partial z'} = \frac{\varphi_1 - \varphi_2}{D}.$$

Somit resultiert schließlich

$$\varepsilon_{33} \frac{\varphi_1 - \varphi_2}{D} = \pm 4\pi\sigma. \tag{277}$$

Für ein auf der Schicht beiderseits abgegrenztes Flächenstück $F$ gibt $F\sigma = e$ die Ladung der angrenzenden Teile der Kondensatorplatten, und, da der Quotient aus Ladung und Potentialdifferenz der Platten als die Kapazität $C$ des Kondensators bezeichnet wird, so findet sich

$$C = \varepsilon_{33}' \frac{F}{4\pi D}. \tag{278}$$

Wird die Schicht des Dielektrikums beseitigt, so daß nun zwischen den Platten leerer Raum (oder, diesem praktisch gleichwertig, Luft) ist, so ergibt sich die Kapazität zu

$$C_0 = \frac{F}{4\pi D};$$

der Quotient beider Ausdrücke liefert

$$\frac{C}{C_0} = \varepsilon_{33}', \tag{279}$$

wodurch die Erweiterung der bekannten *Faraday*schen Beziehung zwischen der Kapazität eines Kondensators und der Dielektrizitätskonstante eines isotropen Zwischenmediums auf Kristalle gegeben wird.

Wie bei isotropen Körpern, so hat sich auch bei Kristallen die Beobachtung der Kapazität eines Kondensators, der eine Platte des betreffenden Körpers einschließt, als eine wichtige Methode zur Bestimmung dielektrischer Parameter erwiesen.

Es kommt hier zunächst eine Messungsreihe von *J. Curie*[1]) in Betracht, bei der statische Ladungen von wechselnder Dauer angewendet worden sind. Der Kondensator wurde hier direkt durch die zu untersuchende Kristallplatte mit versilberten oder aber mit Stanniol bedeckten Grundflächen dargestellt. Der Grundgedanke der benutzten Beobachtungsmethode war im übrigen der folgende.

Die eine Belegung des Kristalls wurde mit dem Pol einer elektrischen Batterie verbunden; diese influenzierte dann das Dielektrikum und die andere mit dem Elektrometer verbundene Belegung. Die letztere Influenzierung wurde durch Kompensierung in der Weise gemessen, daß das Potential der zweiten Belegung durch Verbinden mit einer Elektrizitätsquelle von meßbar veränderlicher Ergiebigkeit auf Null herabgesetzt, also der Ausschlag des Elektrometers rückgängig gemacht wurde.

Aus Formel (277) folgt bei $\varphi_2 = 0$, $\varphi_1 = V$ als Ausdruck für die auf der zweiten Belegung influenzierte Gesamtladung

$$e = F\sigma = \frac{FV\varepsilon_{33}'}{4\pi D}; \tag{280}$$

1) *J. Curie*, Thèses, Paris 1888; Ann. de Chim. (6) T. 17, p. 385; 18, p. 203, 1889.

ist also $e$ durch die zur Kompensation nötige Ladung bestimmt, $V$, sowie $F$ und $D$ gemessen, so läßt sich aus dieser Formel $\varepsilon'_{33}$ berechnen.

Die vorstehenden Formeln gelten nur für Kondensatoren, deren Platten relativ zum Abstand als unendlich groß betrachtet werden können. Ein derartiges Verhältnis lag bei den *Curie*schen Messungen nun keineswegs vor. Um den durch diesen Umstand bedingten Fehler herabzusetzen, bediente sich *Curie* des von *W. Thomson* erdachten Schutzringverfahrens. Er isolierte zu diesem Zweck durch eine in die zweite Belegung des Kristalls eingerissene Kreislinie ein zentrales kreisförmiges Bereich von dem übrigen und verband nur dieses mit dem Elektrometer, während er den äußern (Schutzring-) Teil zur Erde ableitete. Die kleine Kreisscheibe wird dann sehr nahe ebenso influenziert, als wenn sie ein Teil eines unendlichen Kondensators wäre; auf sie durfte also die Formel (280) mit viel größerer Annäherung angewendet werden, wie auf die zweite Belegung im ganzen.

Als Elektrizitätsquelle von beliebig veränderlicher Ergiebigkeit diente *Curie* ein mechanischen Kräften ausgesetztes Quarzpräparat, dessen Theorie uns in dem Abschnitt über Piezoelektrizität beschäftigen wird. Um die piezoelektrische Konstante des Quarzes nicht als bekannt voraussetzen zu müssen, kombinierte *Curie* die Beobachtungen an den Kristallkondensatoren mit solchen an einem Luftkondensator von bekannten Dimensionen.

Die piezoelektrische Erregung ist der Belastung $G$ des Quarzpräparats proportional. Man kann also die Formel (280) auf die Beobachtung mit dem Luftkondensator in der Form anwenden

$$G_0 d = \frac{F_0 V}{4\pi D_0},$$

wobei die auf diese Beobachtung bezüglichen Größen mit dem Index 0 versehen sind, und $\varepsilon'_{33}$ mit Eins vertauscht ist; $d$ stellt die piezoelektrische Konstante des Quarzes dar. Aus (280) folgt für die Beobachtung am Kristallkondensator

$$G d = \frac{F V \varepsilon'_{33}}{4\pi D}$$

der Quotient beider Formeln gibt eine Bestimmung von $\varepsilon'_{33}$, die von $d$ unabhängig ist.

*Curie* hat vollständige Beobachtungen nur für einige Kristalle der Systeme IV, VI und VII durchgeführt, an Repräsentanten anderer Systeme dagegen nur einzelne Zahlen bestimmt. Nachstehend sind seine vollständigen Parametersysteme mitgeteilt:

Reguläres System.

| | | |
|---|---|---|
| Steinsalz | $\varepsilon_I = 5{,}85$ | |
| Alaun | $= 6{,}4$ | |
| Flußspat | $= 6{,}8$ | |

Hexagonales und trigonales System.

| | | |
|---|---|---|
| Beryll | $\varepsilon_I = 7{,}58$ | $\varepsilon_{III} = 6{,}24$ |
| Quarz | $= 4{,}49$ | $= 4{,}55$ |
| Kalkspat | $= 8{,}48$ | $= 8{,}03$ |
| Turmalin | $= 7{,}10$ | $= 6{,}05.$ |

Die Werte der Parameter erwiesen sich nur bei Beryll und Turmalin von der Ladungsdauer abhängig; die angegebenen Zahlen beziehen sich auf kleinste Dauern; größeren Dauern entsprechen größere Erregungen. Abweichungen werden durch die elektrischen Leitfähigkeiten bedingt, die, wie es scheint, ihrerseits sehr stark von sekundären Einflüssen (Wassergehalt, Flüssigkeitseinschlüssen) abhängen. Auf diese Leitfähigkeiten ist bereits S. 367 hingewiesen worden.

Beiläufig sei erwähnt, daß *Braun*[1]) die dielektrische Isotropie von Steinsalz durch eine besondere Beobachtungsreihe festgestellt hat und dabei eine Verschiedenheit der Leitfähigkeit in der Richtung der Hauptachsen und in derjenigen der Mittellinie ihrer Oktanten gefunden hat. Letzteres scheint gleichfalls auf die Wirkung sekundärer Umstände bei dem Leitungsvorgang hinzuweisen, denn für metallische Leitung sind reguläre Kristalle nach S. 313 isotrop.

Geschähe z. B. die Elektrizitätsleitung wesentlich mit Hilfe eines Systems von Kanälen, welche im Steinsalz den Hauptachsen parallel verlaufen, so würde sich die Leitfähigkeit parallel einer dieser Gattungen Kanäle größer finden müssen, als in anderen Richtungen. Derartiges drücken die Beobachtungen von *Braun* in der Tat aus.

§ 230. **Der Kondensator in der Wheatstoneschen Brückenkombination.** Das Bestreben, die störenden Wirkungen der Leitfähigkeiten durch immer weiter getriebene Abkürzung der Ladungsdauer des Kondensators herabzudrücken, hat zu Anordnungen geführt, bei denen mit Wechselströmen und schließlich mit schnellen elektrischen Schwingungen gearbeitet wird.

---

1) *F. Braun*, Wied. Ann. Bd. 31, p. 855, 1887.

Eine Methode, die zunächst zur Beobachtung der Dielektrizitätskonstanten von Flüssigkeiten bestimmt war, hat *Nernst*[1]) ausgearbeitet. Sie benutzt die *Wheatstone*sche Brückenkombination (Fig. 134) unter Anwendung von vier (von Selbstinduktion nahezu freien) Flüssigkeitswiderständen $w_1$, $w_2$, $w_3$, $w_4$, so gewählt, daß die Bedingung für das Verschwinden des Stromes in der Brücke

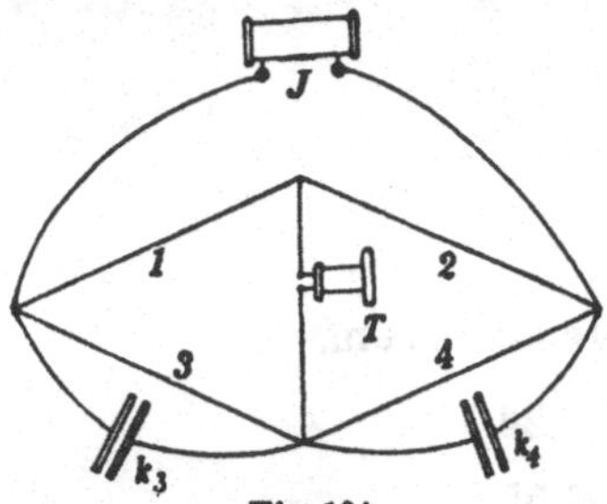

Fig 134.

$$w_1 : w_2 = w_3 : w_4$$

erfüllt ist. Nun werden den Widerständen $w_3$ und $w_4$ zwei Kondensatoren $k_3$, $k_4$ mit den Kapazitäten $C_3$ und $C_4$ (die eine in meßbarer Weise veränderlich), parallel geschaltet; weiter wird, statt Gleichstrom, mit Hilfe eines kleinen Induktoriums $J$ Wechselstrom in das System geschickt und das Verschwinden des Brückenstromes mit Hilfe eines Telephons $T$ beobachtet. Die Bedingung des Verschwindens ist

$$w_3 : w_4 = C_4 : C_3.$$

Der unveränderliche Kondensator besteht aus der Kombination zweier paralleler rechteckiger Messingplatten, zwischen die eine Glasplatte beliebig tief eingeschoben werden kann. Eine Skala gestattet die jeweilige Stellung der Glasplatte abzulesen; die Graduierung kann durch Vergleichung mit Luftkondensatoren erfolgen, deren Kapazitäten aus ihren Dimensionen zu berechnen sind.

Ist $C_4$ die meßbar veränderliche Kapazität, so gibt obige Formel ein Mittel zur Bestimmung von $C_3$, damit also, wenn die Platten des bezüglichen Kondensators sich in einer Flüssigkeit befinden, zur Ableitung von deren Dielektrizitätskonstante. Die Anordnung gestattet auch, im Falle die Flüssigkeit eine geringe Leitfähigkeit besitzt, diese letztere Größe zu messen.

Später hat *Nernst*[2]) die Brückenkombination, statt direkt mit einem Induktorium, mit einem elektrischen Schwingungskreis betrieben, um zu wesentlich höheren Schwingungsfrequenzen zu gelangen.

Die erste *Nernst*sche Anordnung hat *Starke*[3]) für die Bestimmung der Dielektrizitätskonstanten einiger fester Körper (darunter auch einiger Kristalle) angewendet, und zwar in einer Modifikation, die methodisch interessant ist. *Starke* stellte sich eine Reihe von Gemischen zweier geeigneter Flüssigkeiten her, deren Dielektrizitätskonstanten stetig

1) *W. Nernst*, Wied. Ann. Bd. **57**, p. 209, 1896.
2) *W. Nernst*, Wied. Ann. Bd. **60**, p. 600, 1897.
3) *H. Starke*, Wied. Ann. Bd. **60**, p. 627, 1897.

wachsen, und suchte durch Probieren dasjenige Gemisch aus, dessen Dielektrizitätskonstante mit derjenigen des festen Körpers übereinstimmt. Auf diese Weise ist dann auch die Dielektrizitätskonstante des Körpers gefunden.

Das Kriterium der Gleichheit zwischen der Dielektrizitätskonstante des festen Körpers und der Flüssigkeit liefert dabei die Unveränderlichkeit der Kapazität des mit der Flüssigkeit erfüllten Kondensators, wenn man in die Flüssigkeit eine geeignete Platte des festen Körpers eintaucht.

Demgemäß kommt die Methode darauf hinaus, daß man die Kapazität des Kondensators erst bei Füllung mit einer Reihe der bekannten Flüssigkeitsgemische bestimmt, und dann nach Eintauchen der zu untersuchenden Platte in dieselben. Man erhält so, wenn man die Mischungsverhältnisse als Abszissen, die gemessenen Kapazitäten als Ordinaten aufträgt, zwei Kurven, die sich in einem Punkte schneiden müssen, wenn anders die Dielektrizitätskonstante des Körpers zwischen diejenigen der beiden gemischten Flüssigkeiten fällt. Die dem Schnittpunkt entsprechende Abszisse gibt die Zusammensetzung des Gemisches an, welches in seiner Dielektrizitätskonstante mit derjenigen des festen Körpers übereinstimmt.

Die Methode besitzt den Vorteil, daß sie die Kenntnis der Dimensionen der Platten aus dem festen Körper nicht voraussetzt, daß diese Platte also ziemlich roh bearbeitet sein kann; ja eine Summe von kleinen losen Brocken ist bei einem isotropen Körper nahezu ebenso brauchbar, wie eine zusammenhängende Platte. Erwünscht ist nur eine möglichst vollständige Erfüllung des Raumes zwischen den Kondensatorplatten, weil die obenerwähnten beiden Kurven um so näher zusammenfallen, sich also unter einem um so spitzeren Winkel schneiden und einen um so schwerer zu bestimmenden Schnittpunkt liefern, je geringer die eingebrachte Menge des festen Körpers ist. Bei Platten aus Kristallen ist deren Orientierung normal zu einer dielektrischen Hauptachse und eine seitliche normale Begrenzung nötig, um Fehler durch die Brechung der Induktionslinien an der Grenze Flüssigkeit—Kristall in Strenge zu vermeiden.

*Starke* benutzte Gemische von Benzol und Äthylenchlorid, mit den resp. Dielektrizitätskonstanten von rund 2,284 und 11,31 bei 0° *C.* Er konnte somit Konstanten innerhalb der hierdurch bezeichneten Grenzen bestimmen. Die von ihm und unter Benutzung derselben Methode von *Pirani*[1]) für einige Kristalle gefundenen Zahlen sind die folgenden.

1) *M. v. Pirani*, Berl. Diss. 1903.

### Reguläres System.

| | | |
|---|---|---|
| Steinsalz $\varepsilon_I = 6{,}29$ | | (6,12), |
| Alaun | 6,67, | |
| Flußspat | 6,92 | (7,36), |
| Sylvin | 4,94 | (5,03). |

### Hexagonales und trigonales System.

| | | | |
|---|---|---|---|
| Beryll $\varepsilon_I = 7{,}44$ | | $\varepsilon_{III} = 7{,}85$[1]) | |
| Quarz $= 4{,}73$ | (4,85) | $= 4{,}73$ | (4,98), |
| Kalkspat $= 8{,}54$ | (8,78) | $= 8{,}28$ | (8,29). |

Die Abweichungen von den Resultaten von *Curie* sind zum Teil recht bedeutend und bei der guten Definiertheit der betreffenden Mineralien kaum aus deren Verschiedenheit zu erklären.

§ 231. **Beobachtung von Dielektrizitätskonstanten mit schnellsten elektrischen Schwingungen.** Die vorstehend beschriebene Ausgleichungsmethode *Starkes* ist später von *W. Schmidt*[2]) in Verbindung mit einer von *Drude* angegebenen Anordnung zur Erzeugung und Beobachtung sehr schneller elektrischer Schwingungen zu einer ausgedehnten Beobachtungsreihe benutzt worden. Der Grundgedanke der *Schmidt*schen Methode ist demgemäß der folgende.

Ein Primärkreis I (Fig. 135), bestehend aus Kapazität und Selbstinduktion mit Funkenstrecke, wird in bekannter Weise durch ein Induktorium zu Eigenschwingungen angeregt. Er wirkt induzierend auf einen sekundären Kreis II, dessen Dimension (und somit Selbstinduktion) durch Verschieben einer Brücke $b$ auf zwei Schienen verändert werden kann, so daß Resonanz zwischen beiden Kreisen erreichbar ist.

Fig. 135.

Die Resonanz wird an dem maximalen Leuchten einer kleinen *Geißler*-Röhre erkannt, die ziemlich nahe dem Kondensator $k_2$ über die beiden Drähte des Kreises II gelegt ist. Mit Hilfe veränderter Kapazität des Kondensators $k_1$ des Kreises I kann man die Frequenz der erzeugten Schwingungen in ziemlich großen Bereichen verändern. Der Kondensator $k_2$ des Kreises II bestand aus zwei kleinen runden Platinelektroden von 4—5 mm Durchmesser, die in ein Glaskölbchen so eingeschmolzen waren, daß die Zuleitungsdrähte

1) Vielleicht ist hier $\varepsilon_I$ und $\varepsilon_{III}$ verwechselt.

2) *W. Schmidt*, Ann. d. Phys. Bd. 9, p. 919, 1902; Bd. 11, p. 114, 1903.

leitend mit den Drähten des Schwingungskreises verbunden werden konnten.

Wird nun der Kondensator $k_2$ mit einem der Flüssigkeitsgemische von bekannten Dielektrizitätskonstanten beschickt und darnach der Primärkreis erregt, so tritt Resonanz mit dem Sekundärkreis bei einer bestimmten Stellung der Brücke $b$ ein Wird dann zwischen die Platinscheibchen die zu untersuchende Kristallplatte gebracht, so erfordert die Wiederherstellung der Resonanz eine Verschiebung der Brücke.

Die Darstellung der Position der Brücke als Funktion des Mischungsverhältnisses, einmal bei Benutzung der Flüssigkeit allein, sodann bei derjenigen von Flüssigkeit und Kristall, liefert (ähnlich wie oben S. 455) zwei Kurven, die sich dort schneiden, wo die Dielektrizitätskonstante des Kristalls derjenigen der Flüssigkeit gleich wird. Aus der bekannten Konstante des Gemisches folgt dann die gesuchte des Kristalls in der Richtung normal zu der Kondensatorplatten.

Der Vorteil der Methode ist, neben der Benutzung sehr großer Schwingungsfrequenzen, das Auskommen mit sehr wenig Material; *Schmidt* beobachtete mit Kristallplättchen von 0,5 bis 1,2 mm Dicke und Querdimensionen von 5 mm aufwärts. Als Flüssigkeitsgemische benutzte *Schmidt* solche aus Benzol-Azeton und aus Azeton-Wasser, deren Konstanten das ganze Bereich von 2,26 bis 80,9 bestreichen.

Einige untersuchte Kristalle besaßen so hohe Dielektrizitätskonstanten, daß die mit ihnen beobachteten Kurven nicht zum Schneiden mit der Kurve der Flüssigkeitsgemische gelangten; es war da, um zu angenäherten Werten der Konstanten zu gelangen, ein Extrapolationsverfahren nötig, das hier nicht erörtert werden kann.

Von den durch *Schmidt* gewonnenen Resultaten sind nachstehend einige der wichtigsten zusammengestellt. Auf ein spezielles Interesse dieser Zusammenstellung ist bereits in § 224 hingewiesen worden. Die statischen Dielektrizitätskonstanten sind nach der *Maxwell*schen Theorie die Grenzwerte, denen sich die Quadrate der Brechungsindizes mit wachsender Schwingungsperiode nähern; sie geben den Endpunkt der Dispersionskurven, von denen wir wegen der Schwierigkeiten der Beobachtungen immer noch im allgemeinen nur ein kleines Stück kennen,

**Reguläres System.**

| | |
|---|---|
| Steinsalz | $\varepsilon_I = 5{,}55$ |
| Alaun | $= 6{,}32$ |
| Flußspat | $= 6{,}70$ |
| Sylvin | $= 4{,}70$ |

Hexagonales System.

| | | |
|---|---|---|
| Beryll | $\varepsilon_I = 6{,}05$ | $\varepsilon_{III} = 5{,}51$, |
| Apatit | $= 9{,}50$ | $= 7{,}41$. |

Tetragonales System.

| | | |
|---|---|---|
| Zirkon | $\varepsilon_I = 12{,}8$ | $\varepsilon_{III} = 12{,}6$, |
| Rutil | $= 89$ | $= 174$. |

Trigonales System.

| | | |
|---|---|---|
| Quarz | $\varepsilon_I = 4{,}34$ | $\varepsilon_{III} = 4{,}60$, |
| Kalkspat | $= 8{,}58$ | $= 8{,}02$, |
| Turmalin | $= 6{,}77$ | $= 5{,}60$. |

Rhombisches System.

| | | | |
|---|---|---|---|
| Schwefel | $\varepsilon_I = 3{,}59$ | $\varepsilon_{II} = 3{,}82$ | $\varepsilon_{III} = 4{,}61$, |
| Topas | $= 6{,}68$ | $= 6{,}71$ | $= 6{,}28$, |
| Baryt | $= 7{,}62$ | $= 12{,}25$ | $= 7{,}63$. |

Von Interesse ist die Vergleichung der vorstehenden Zahlen mit den von *Curie* und *Starke* erhaltenen und oben angegebenen. Im allgemeinen sind die von *Schmidt* erhaltenen Zahlen etwas kleiner, als die früheren, und man wird vermuten dürfen, daß dies durch die noch weiter herabgedrückte Wirkung der Leitfähigkeit bedingt ist.

Erwähnt werde, daß *Schmidt* von Quarz, Kalkspat, Schwefel, Baryt je noch eine schief gegen die Hauptachse orientierte Platte beobachtet und dabei eine gute Übereinstimmung mit dem Gesetz für $\varepsilon_{33}'$ als Funktion der Lage der $Z'$-Achse erhalten hat Dies ist besonders auch deshalb bemerkenswert, weil bei schiefer Orientierung der Platten die Induktionslinien dieselben nicht in normaler Richtung passieren und hierdurch am Rande der Platten Unregelmäßigkeiten entstehen. Die Übereinstimmung der beobachteten und der berechneten Zahlwerte für $\varepsilon_{33}'$ beweist, daß diese Unregelmäßigkeiten auf die Beobachtung nicht merklich influiert haben.

Nachdem dies festgestellt ist, hat es auch kaum Bedenken, die geschilderte Methode auf hinreichend dünne und große Platten aus monoklinen Kristallen anzuwenden, wo zwei der dielektrischen Hauptachsen nur nach der Lage ihrer Ebene bestimmt sind, und somit Präparate normal zu diesen Achsen nicht herstellbar sind. Die Bestimmung der Größe und der Lage aller dreier Konstituenten $\varepsilon_I$, $\varepsilon_{II}$, $\varepsilon_{III}$ des dielektrischen Tensortripels erfordert nach dem S. 333 u. f. Gezeigten die Beobachtung einer Platte normal zur (bekannten) Richtung $\varepsilon_{III}$ und dreier parallel zu dieser Richtung in verschiedenen Orientierungen. Diese letzteren Platten werden von den Induktionslinien im Kondensator im allgemeinen schief durchsetzt; für sie ist also die obige Feststellung von Bedeutung.

Eine Beobachtungsreihe an einem monoklinen Kristall (Gips) hat *Schmidt* durchgeführt, andere, noch nicht ausführlich publizierte, sind im hiesigen Institut mit Hilfe einer verbesserten Anordnung von *Colley*[1]) durch *Dubbert* angestellt. Die Untersuchungen monokliner Kristalle bieten das besondere Interesse, daß sie uns nicht nur von der Veränderung der Brechungsindizes mit unendlich wachsender Schwingungsperiode eine Vorstellung verschaffen, sondern auch von dem gleichzeitigen Wandern der optischen Symmetrieachsen, — ein Vorgang, der in den Kristallen höherer Symmetrie mit festliegenden optischen und dielektrischen Achsen völlig fehlt.

Eben darum wird ein kurzes Eingehen auf die hier vorliegenden Verhältnisse gerechtfertigt erscheinen. Über die Lage der von uns benutzten Hauptkoordinatenachsen ist S. 99 gesprochen worden. Wir wollen hier diejenige der beiden in der $XY$-Ebene liegenden Konstituenten des Tripels ($\varepsilon$) mit $\varepsilon_I$ bezeichnen, welche den größeren Zahlwert besitzt. Verstehen wir dann unter $\chi$ noch den Winkel zwischen der $X$-Achse und der Richtung $\varepsilon_I$, so ergibt die Berechnung der Beobachtungen von *Schmidt* und *Dubbert* die folgende Zusammenstellung.

| | | | | |
|---|---|---|---|---|
| Gips | $\varepsilon_I = 9{,}92$, | $\varepsilon_{II} = 5{,}04$, | $\chi = 102^0{,}5$, | $\varepsilon_{III} = 5{,}15$. |
| Adular | $\varepsilon_I = 5{,}33$, | $\varepsilon_{II} = 4{,}54$, | $\chi = 42^0{,}5$, | $\varepsilon_{III} = 5{,}50$, |
| Augit | $\varepsilon_I = 8{,}57$, | $\varepsilon_{II} = 7{,}07$, | $\chi = -55^0{,}6$, | $\varepsilon_{III} = 6{,}90$, |
| Rohrzucker | $\varepsilon_I = 3{,}49$, | $\varepsilon_{II} = 3{,}16$, | $\chi = -58^0{,}7$, | $\varepsilon_{III} = 3{,}32$. |

In den Figuren 136 bis 139 sind diese Resultate durch eine Zusammenstellung der dielektrischen mit den optischen Symmetrierichtungen für *Na*-Licht veranschaulicht. Die Figuren beziehen sich auf die $XY$-Ebene und geben in derselben zunächst die den bezüglichen Kristallen zugehörigen Achsen $a$ und $c$ wieder, von denen $c$ nach S. 100 mit der $X$-Achse zusammenfällt, während $a$ mit $c$ einen Winkel $> 90^0$ einschließt. Diesen Achsen $a$ und $c$ parallel sind die langen Begrenzungsgeraden des gezeichneten Polygon gezeichnet. Die kurzen sind erhalten, indem auf $a$ und $c$ mit den Achseneinheiten $u$ und $w$ von S. 79

1) *A. R. Colley*, Phys. Zeitschr. Bd. **10**, p. 329, 1909.

**proportionale Strecken abgetragen und deren Endpunkte verbunden sind; senkrecht zur Figurenebene durch sie liegen die Flächen mit den Indizes $(\bar{1}, 0, 1)$.**

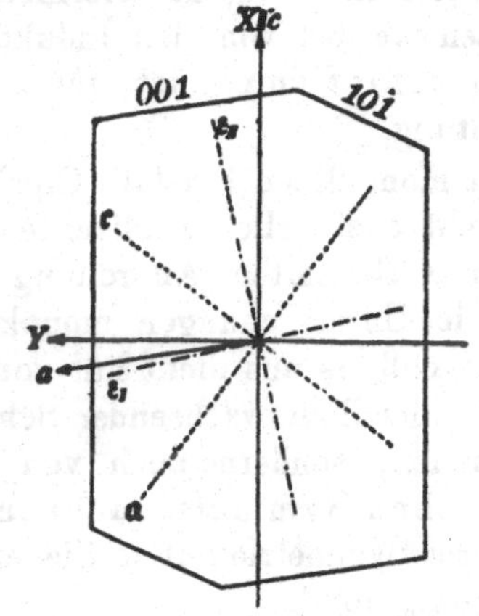


**Gips.**
**Fig 136.**

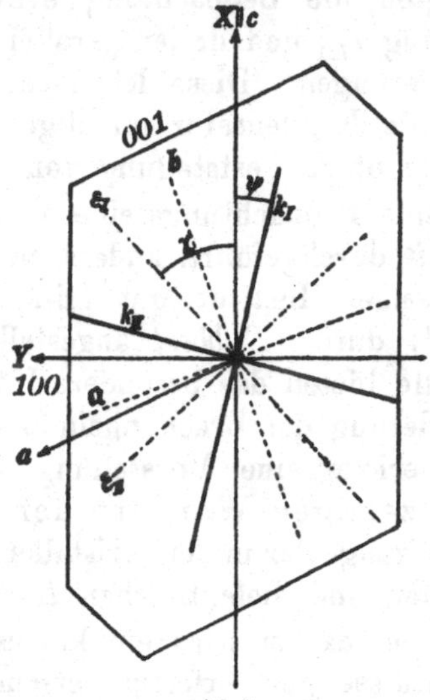


**Adular.**
**Fig. 137.**

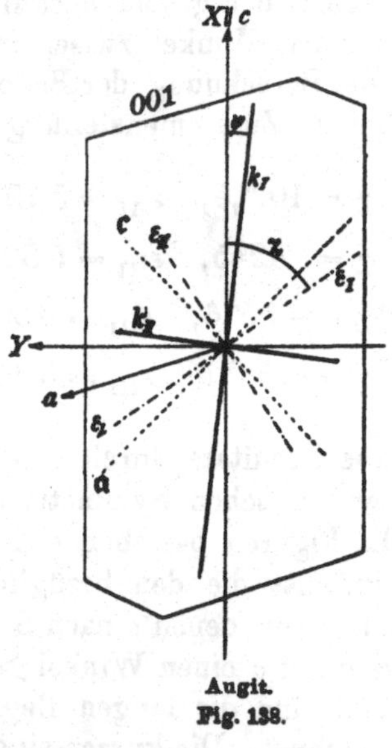


**Augit.**
**Fig. 138.**

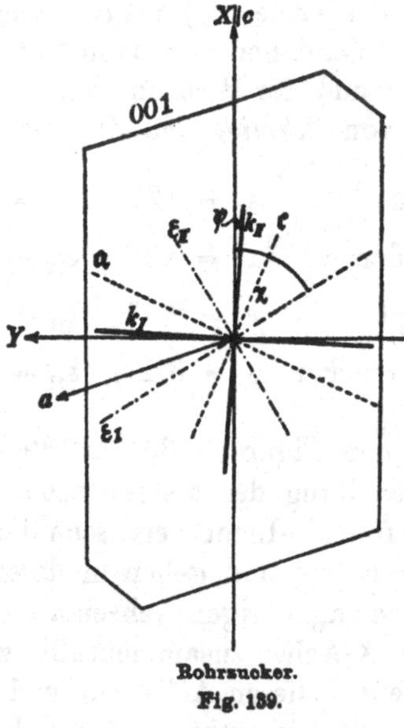


**Rohrzucker.**
**Fig. 139.**

**Außer den Richtungen der dielektrischen Hauptachsen $\varepsilon_I$ und $\varepsilon_{II}$ (—·—·—) finden sich eingetragen die in der $XY$-Ebene liegenden optischen Symmetrieachsen $\mathfrak{a}$, $\mathfrak{b}$, $\mathfrak{c}$ (·····), und zwar bezeichnet**

$a$ die Halbierungslinie des spitzen, $c$ diejenige des stumpfen Winkels der sogenannten optischen Achsen.

Endlich finden sich in den letzten drei Figuren auch die Richtungen der magnetischen Hauptachsen $k_I, k_{II}$, welche in der $XY$-Ebene liegen, nach später zu besprechenden Beobachtungen eingetragen.

Es ist sehr auffallend, wie stark die dielektrischen und die optischen Symmetrieachsen bei den zitierten Kristallen voneinander abweichen.

§ 232. **Molekulartheorie der dielektrischen Influenz. Möglichkeit azentrischer Erregung.** Die ältere Molekulartheorie der dielektrischen Influenz knüpfte an eine Hypothese an, die *Poisson* ursprünglich zur Erklärung der magnetischen Influenz gebildet hatte, und die von *Faraday*, *Mosotti*, *Clausius* auf die dielektrische Erregung übertragen worden ist, die Annahme molekularer Konduktoren, die in einem absoluten Isolator eingebettet sind. Aus dieser Vorstellung kann man bei Heranziehung gewisser Hilfsannahmen folgern, daß der Ausdruck

$$\frac{s-1}{s+2}\,\frac{1}{\varrho},$$

unter $\varrho$ die Dichte der ponderablen Masse verstanden, eine universelle Konstante sein müßte; *Pirani* hat gelegentlich der S. 456 erwähnten Untersuchung eine teilweise Bestätigung dieser Beziehung gefunden. *Lampa*[1]) hat die genannte Vorstellung für Kristalle erweitert.

Die moderne Auffassung der elektrischen Erscheinungen, die mit der Hypothese elektrischer Elementarteilchen oder Atome (Elektronen) arbeitet, steht mit ihrer Erklärung der Vorgänge der dielektrischen Influenz der älteren Fluidum-Theorie nicht allzufern. Auch sie denkt sich in jedem ponderabeln Molekül während des unelektrischen Zustandes die Schwerpunkte der positiven und der negativen Ladungen zusammenfallend und nimmt an, daß ein äußeres Feld deren Trennung zu bewirken vermag. Wie S. 190 erörtert ist, entsteht dadurch ein molekulares elektrisches Moment.

Damit diese Scheidung innerhalb einer mit der Feldstärke proportionalen Grenze bleibt, d. h., das Moment dem Felde proportional wird, muß der Trennung der beiderseitigen Schwerpunkte eine Kraft entgegenwirken, die ihrerseits der Größe der Trennung proportional ist. Man nennt dieselbe „quasielastisch“, weil sie ähnlich, wie elastische, und ungleich sonstigen molekularen Wirkungen mit wachsendem Abstand zunehmen muß.

Diese Vorstellung erhält noch spezielle Züge durch die Annahme, daß die Lichterscheinungen auf den Schwingungen negativer Elek-

1) *A. Lampa*, Wien. Ber. Bd. **104**, IIa, p. 681 u. 1179, 1895.

tronen im Molekülverbande beruhen, eine Annahme, die durch die Entdeckungen *Zeemans* im Gebiete der Magnetooptik kräftig gestützt wird. Die positiven Ladungen erscheinen hiernach an schwere träge Massen gebunden, vielleicht den ponderabeln Atomen untrennbar verkettet so daß sie an den elektrischen Schwingungen nicht wirklich teilnehmen können. Wir werden demgemäß auch bei der dielektrischen Influenz, wo die Bewegung der Schwerpunkte der positiven und der negativen Ladungen dem Gesetz von der Erhaltung der Bewegung des Gesamtschwerpunktes folgen muß, die positiven Ladungen als merklich festliegend zu betrachten haben.

Die elektrostatischen, wie die optischen Vorgänge lehren, daß die negativen Elektronen im unerregten Zustand eine stabile Gleichgewichtslage besitzen; nach den allgemeinen Lehren der Potentialtheorie folgt hieraus, daß, wenn man die quasielastische Kraft elektrisch erklären will, diese Gleichgewichtslage sich innerhalb der positiven Ladungen befinden muß. Die Erfahrungstatsache, daß diese Kraft dem Abstand von der Ruhelage proportional ist, verlangt, daran anschließend, die Vorstellung, daß die positiven Ladungen räumlich ausgedehnt sind und die molekular gebundenen Elektronen sich in ihrem Innern befinden. Sind die positiven Ladungen homogen in Räumen von der Gestalt dreiachsiger Ellipsoide verteilt, und enthält jedes Ellipsoid nur ein Elektron, so besitzt letzteres seine stabile Gleichgewichtslage im Zentrum des Ellipsoids und erfährt bei einer Elongation $x$, $y$, $z$ eine Wirkung, welche bei Voraussetzung der Hauptachsen des Ellipsoids nach S. 205 Komponenten hat von der Form

$$-k_{\mathrm{I}}x, \quad -k_{\mathrm{II}}y, \quad -k_{\mathrm{III}}z.$$

Hierin bezeichnen die $k_n$ Konstanten, die nur von der räumlichen Dichte der positiven Ladungen und von den Verhältnissen der Ellipsoidachsen abhängen.

Wirkt auf das Elektron mit der Ladung $e$ ein äußeres Feld $E$, so ist die Gleichgewichtslage definiert durch die Bedingungen

$$eE_1 - k_{\mathrm{I}}x = 0, \quad eE_2 - k_{\mathrm{II}}y = 0, \quad eE_3 - k_{\mathrm{III}}z = 0; \qquad (281)$$

die Elongationen, und damit die elementaren dielektrischen Momente werden hiernach den äußeren Feldkomponenten proportional, und die so resultierenden Beziehungen sind den in (215) enthaltenen unmittelbar äquivalent, wenn man annimmt, daß das Medium lauter identische und parallel orientierte Ellipsoide enthält.

Aber auch wenn man die letztere spezielle Voraussetzung aufgibt und verschiedenartige Ellipsoide in geeigneten gegenseitigen Orientierungen (welche natürlich der kristallographischen Symmetrie entsprechen müssen) zuläßt, gelangt man von der angedeuteten Vorstellung aus zu unsern der obigen Theorie zugrunde gelegten Ansätzen, und zwar dann zunächst zu (212), und erst von dort aus zu (215).

Die Vorstellung, daß die positiven elektrischen Ladungen ellipsoidische Räume homogen erfüllen, ist die denkbar einfachste, welche zu den Grundformeln der dielektrischen Influenz führt; indessen kann irgendeine andere stetige räumliche Verteilung für dieselbe substituiert werden, wenn man nur die Annahme damit verbindet, daß die praktisch vorkommenden Dislokationen sehr klein sind gegen die Entfernungen, in denen die Ladungsdichte merklich variiert. In diesem Falle erscheinen für die Komponenten der quasielastischen Kräfte Ausdrücke von der Form

$$-(k_{11}x + k_{12}y + k_{13}z), \cdots \qquad \text{wobei } k_{hi} = k_{ih},$$

als die ersten Glieder einer Entwicklung nach Potenzen der Elongationen.

Eine solche Auffassung wird nahegelegt durch die bekannte Erscheinung, daß ein isotropes Dielektrikum im elektrischen Feld doppelbrechend wird. Dieser Vorgang läßt sich aus der Elektronenhypothese nicht erklären, solange man die quasielastische Kraft in Strenge dem linearen Gesetz folgend annimmt; er wird sofort verständlich, wenn man in der soeben erörterten Weise durch Fortführung der Entwicklung Glieder mit höheren Potenzen der Entwicklung heranzieht[1]).

Dabei ergeben die Glieder zweiten Grades, analog wie S. 407 bei einem verwandten thermischen Problem dargetan, eine azentrische dielektrische Influenz, die nicht bei isotropen Körpern, sondern nur bei Kristallen ohne Symmetriezentrum auftreten kann, die deshalb also ein ganz spezifisch kristallphysikalisches Phänomen darstellt.

Knüpfen wir an die Formeln (210) an, so würde der durch Glieder dritten Grades erweiterte Ansatz für das thermodynamische Potential zu schreiben sein

$$-2\xi = \eta_{11}E_1^2 + \cdots + 2\eta_{23}E_2E_3 + \cdots + \eta_{111}E_1^3 + \cdots + 3\eta_{122}E_1E_2^2$$
$$+ 3\eta_{133}E_1E_3^2 + \cdots + 6\eta_{123}E_1E_2E_3. \qquad (282)$$

Ausdrücke von der Form der Ergänzungsglieder, in denen die $\eta_{ihk}$ nach S. 150 als Komponenten eines Trivektorsystems aufgefaßt werden können, werden uns später beschäftigen und dort auf die verschiedenen, des Symmetriezentrums entbehrenden Kristallgruppen spezialisiert werden. Die so resultierenden speziellen Ansätze sind von Bedeutung zur Ableitung der Bedingungen, unter denen derartige Wirkungen azentrischer Influenz zu erwarten sind. Die betreffenden

1) *W. Voigt,* Ann. d. Phys. Bd. 4, p. 197, 1901; Magneto- und Elektrooptik, Leipzig 1908, p. 352 f.

Wirkungen sind, nach der Geringfügigkeit der elektrooptischen Doppelbrechung zu schließen, sehr klein und bei der Ungenauigkeit der Beobachtungen über dielektrische Influenz wahrscheinlich sehr schwer nachweisbar.

Bisher scheint übrigens auch noch nicht systematisch nach ihnen gesucht worden zu sein. Es wäre immerhin möglich, daß eine empfindliche Differenzmethode zum Ziele führte. Natürlich ist die Benutzung von Wechselfeldern ausgeschlossen, wenn die Aufdeckung azentrischer Symmetrie der Erregung das Ziel der Untersuchung ist.

Jedenfalls erübrigt für den Augenblick ein näheres Eingehen auf die azentrische Influenz um so mehr, als die Grundformeln mit Hilfe der später vorzunehmenden Spezialisierung des Ansatzes (282) jederzeit leicht zu bilden sind.

Ergänzungsglieder vierten Grades in dem Ansatz für das thermodynamische Potential geben zentrisch symmetrische Anteile zu den Momenten, können also bei allen Kristallgruppen auftreten. Sie machen sich allein in der Abweichung der Momente von dem Gesetz der Proportionalität mit dem erregenden Felde resp. der Abweichung der Dielektrizitätsparameter von der Konstanz geltend und bleiben wirksam, auch wenn die Erregung durch Wechselfelder stattfindet. Als Glieder höherer Ordnung werden sie voraussichtlich noch kleiner sein, als die oben betrachteten azentrischen Zusatzglieder. *Mattenklodt*[1]) hat für Glimmer in der Richtung normal zur Spaltungsebene die Dielektrizitätskonstante bei sehr verschiedenen Feldstärken (bis $6.10^5$ Volt pro cm) untersucht und keine merkliche Abweichung (größer als den $10^5$ten Teil) von der Konstanz gefunden.

Auch die nähere Betrachtung der Glieder vierter Ordnung hat somit vorläufig noch keinen Zweck.

§ 233. **Eine prinzipielle Schwierigkeit bei der Messung von Dielektrizitätskonstanten.** So große Vorteile der Bestimmung der Dielektrizitätskonstanten auch nach früher Gesagtem aus der hochgesteigerten Frequenz der benutzten elektrischen Schwingungen durch die Zurückdrängung eines Einflusses der Ladungs- und Leitungsvorgänge erwachsen, so entstehen aus ihnen doch auch andererseits prinzipielle Schwierigkeiten, auf die seinerzeit bereits *Drude* und neuerdings *Colley* hingewiesen haben. Bei hohen Frequenzen machen sich nämlich die Wirkungen der Eigenschwingungen der Elektronen in den ponderabeln Molekülen geltend, die nach der modernen Auffassung die Erscheinungen der Dispersion und Absorption bedingen.

Die Erklärung der genannten optischen Vorgänge verlangt die

1) *E. Mattenklodt,* Ann. d. Phys., Bd. 27, p. 359, 1908.

Annahme, daß die Elektronenbewegungen einer dämpfenden Kraft (vielleicht auf Zusammenstößen beruhend) unterliegen, und man erweitert demgemäß zu dem genannten Zweck die Gleichgewichtsformeln (281) in der folgenden Weise

$$m \frac{d^2x}{dt^2} = -k_1 x - h_1 \frac{dx}{dt} + eE_1, \ldots; \tag{283}$$

hierin bezeichnet $m$ die Masse des Elektrons, die $h_n$ sind die Parameter der dämpfenden Kraft.

Für eine periodische Bewegung integriert man diese Formeln durch Lösungen, die mit

$$e^{i\nu t}$$

proportional sind — unter $\nu$ die Frequenz der Schwingungen verstanden — und erhält daraus

$$eE_1 - (k_1 + ih_1\nu - m\nu^2)x = 0, \ldots \tag{284}$$

Verglichen mit (281) zeigen diese Formeln, daß bei periodischen Schwingungen $k_n$ durch $k_n + ih_n\nu - m\nu^2$ ersetzt wird; dem entspricht, daß an Stelle einer Dielektrizitäts**konstante** eine **Funktion der Frequenz** tritt, die obenein infolge der Dämpfungen **komplex** ist, was zu gewissen Absorptionswirkungen Anlaß gibt.

Die Eigenfrequenzen $\nu_n^0$ des Elektrons nach den Koordinatenachsen sind nach (283) gegeben durch

$$k_n = m\nu_n^{02}; \tag{285}$$

liegen die Frequenzen $\nu$ der benutzten elektrischen Schwingungen von diesem $\nu_n^0$ weit ab, so wird das (immer nur kleine) imaginäre Dämpfungsglied vernachlässigt werden können; es resultiert aber, wenn nicht $\nu$ sehr klein ist, eine reelle Dielektrizitätskonstante, welche **eine Funktion der Frequenz** $\nu$ **ist**.

Die Angabe eines Zahlwertes für eine mit Hilfe sehr schneller Schwingungen gefundene Dielektrizitätskonstante hat also einen verständigen Sinn nur unter gleichzeitiger Bezeichnung der Frequenz $\nu$, auf welche derselbe sich bezieht.

Dies ist indessen, da sich jene Frequenzen beobachten lassen, nur eine Komplikation, aber keine prinzipielle Schwierigkeit. **Letztere** entsteht aber durch den Umstand, daß die bisher einzig verwendeten elektrischen Schwingungen keineswegs rein periodisch sind, sondern dargestellt werden durch einzelne getrennte Reihen sehr stark gedämpfter Wellen; jede einzelne Reihe empfängt den Anstoß durch eine Entladung des den Schwingungskreis erregenden Induktoriums und ist infolge von Ausstrahlung und von Widerständen schon längst unmerklich schwach geworden, bevor die neue Erregung einsetzt.

Eine strenge Behandlung derartiger aperiodischer oder unvollkommen periodischer Schwingungen innerhalb des zwischen die Kondensatorplatten gebrachten Körpers bietet große Schwierigkeiten. Über den Sinn der Einwirkung der zeitlichen Dämpfung kann man sich indessen eine Vorstellung verschaffen, wenn man die Gleichungen der Absorption und Dispersion mit Lösungen von der Form

$$e^{(i\nu-\mu)t}$$

behandelt, in denen $\mu$ die zeitliche Dämpfung mißt. Eine solche Lösung ignoriert die immer erneut einsetzende endliche Erregung und stellt die Wirkung einer einzigen, vor unendlich langer Zeit in unendlicher Stärke bewirkten Erregung dar.

An Stelle von (284) tritt jetzt

$$eE_1 - (k_1 + h_1(i\nu - \mu) - m(\nu^2 - \mu^2 + 2i\mu\nu))x = 0, \qquad (286)$$

. . . . . . . . . . . . . . . . . . . .

die zeitliche Dämpfung $\mu$ der Schwingungen influiert also auch auf den reellen Teil der Dielektrizitätskonstanten.

Wieder darf man schließen, daß bei Frequenzen, die von Eigenschwingungen der Elektronen des Körpers hinreichend entfernt sind, wo also die Hauptglieder der Klammer links, nämlich $k_n$ und $m\nu^2$, sich nicht in der Hauptsache fortheben, bei kleinem $\mu$ die Wirkung der zeitlichen Dämpfung unbedeutend ist. Sie muß aber sehr groß werden können, wenn $k_n - m\nu^2$ klein wird, d. h., wenn die Frequenz $\nu$ einer Eigenfrequenz des Elektrons nahe kommt. Die Beobachtungen von *Colley* über die Dielektrizitätskonstante des Wassers bestätigen diesen Schluß.

Im Bereiche von Eigenfrequenzen hängt nach diesen Messungen die mit Hilfe von sehr schnellen elektrischen Schwingungen beobachtete Dielektrizitätskonstante derartig stark von der Dämpfung der in das Dielektrikum eintretenden Schwingungen ab, daß verschiedene Anordnungen — mit vermutlich verschiedener Dämpfung — Resultate liefern, die sich nicht befriedigend miteinander in Beziehung setzen lassen, solange jene Dämpfung nicht für eine jede von ihnen genau angebbar ist. Für eine wirklich exakte Messung dieser Dämpfungen fehlen aber bisher anscheinend noch die Mittel.

Sonach sind auch die aus den *Schmidt*schen Beobachtungen folgenden Zahlen in ihrer Bedeutung noch keineswegs völlig aufgeklärt. Für Kristalle, deren Elektronen ausschließlich Eigenschwingungen besitzen, deren Frequenzen weit abliegen von denen der benutzten

Schwingungen, dürfen sie mit einiger Wahrscheinlichkeit als durch letztere Frequenzen völlig definierte Parameter betrachtet werden; im andern Falle werden sie noch durch die Dämpfung der benutzten Schwingungen bestimmt sein. Aber wir wissen von der Lage jener Eigenschwingungen ebenso wenig, wie von der Größe jener Dämpfungen.

§ 234. **Die Entropie eines dielektrisch influenzierten Kristalls.** Alle Betrachtungen dieses Abschnittes knüpften an die durch (212) gegebenen Werte der dielektrischen Momente, resp. an die aus ihnen gewonnenen Ausdrücke (249) für die dielektrischen Polarisationen oder Induktionen an. Die Rolle der Thermodynamik erschöpfte sich dabei in dem Nachweis einer gewissen Beziehung zwischen den Parametern der einen oder der andern Funktion, welche das Vorkommen rotatorischer Effekte ausschließt.

Indessen liefert die Anwendung der Thermodynamik doch auch noch weitere Resultate, wenn man an den Ausdruck anknüpft, welchen dieselbe nach den allgemeinen Formeln des § 101 für die Entropie $\eta$ der Volumeneinheit liefert.

Schreibt man den Ansatz (210) für das erste thermodynamische Potential bei Rücksicht auf (211) und bei Einführung der dielektrischen Hauptachsen

$$-2\,\xi = \frac{\gamma_p \tau^2}{\vartheta_0} + \eta_{\mathrm{I}} E_1^2 + \eta_{\mathrm{II}} E_2^2 + \eta_{\mathrm{III}} E_3^2, \tag{287}$$

so ergibt sich daraus für die Entropie $\eta$ die Beziehung

$$\eta = -\frac{\partial \xi}{\partial \tau} = \frac{\gamma_p \tau}{\vartheta_0} + \tfrac{1}{2}(\eta'_{\mathrm{I}} E_1^2 + \eta'_{\mathrm{II}} E_2^2 + \eta'_{\mathrm{III}} E_3^2); \tag{288}$$

hierin bezeichnen die $\eta_n'$ die Differentialquotienten der $\eta_n$ nach $\tau$, und es ist die Temperatur $\tau$ von einem beliebigen Nullpunkt $\vartheta_0$ aus gerechnet.

Adiabatische Zustandsänderungen sind solche, bei denen $\eta$ konstant bleibt; insbesondere sind solche Änderungen, welche den Zustand gleichzeitigen Verschwindens von $\tau$ und $E$ berühren, durch $\eta = 0$ definiert.

Für letztere gilt dann zwischen der Temperatur $\tau$ und dem Felde $E$ die Beziehung

$$\tau = -\frac{\vartheta_0}{2\gamma_p}(\eta'_{\mathrm{I}} E_1^2 + \eta'_{\mathrm{II}} E_2^2 + \eta'_{\mathrm{III}} E_3^2). \tag{289}$$

Dieselbe ergibt, daß, wenn die Elektrisierungszahlen vo- hängen, dann die Erregung eines Feldes in dem Diel- dessen Temperatur ändert. Diese Temperaturänderu- der Richtung des Feldes abhängig, falls $\eta'_{\mathrm{I}}, \eta'_{\mathrm{II}}, \eta'$

Werte besitzen, nicht aber von dessen Richtungssinn, insofern die Erregung eines Feldes in der entgegengesetzten Richtung den Wert von $\tau$ nicht ändert; sie ist negativ, wenn die $\eta_n$ mit wachsender Temperatur zunehmen, positiv, wenn sie abnehmen.

Beobachtungen über diese Erscheinungen liegen bisher nicht vor.

## IV. Abschnitt.

## Magnetische Influenz.

### 1. Teil. Para- und Diamagnetismus.

§ 235. **Allgemeines.** Die magnetische Erregbarkeit durch Influenz, auf der die Anziehung des Eisens durch einen Magneten beruht, ist eine der am frühesten beobachteten physikalischen Erscheinungen. Ihre allseitige Deutung empfing sie aber erst durch die von *Poisson*[1]) aufgestellte Theorie, welche den Akt der Magnetisierung in Parallele stellte zu demjenigen der Influenzierung eines Leiters im elektrischen Felde. *Poisson* dachte sich den magnetisierbaren Körper als ein System von molekularen Leitern für den Magnetismus, welche durch ein nichtleitendes Zwischenmedium getrennt sind. Wie ein ursprünglich unelektrischer isolierter Leiter dadurch Angriffspunkte für ein elektrisches Feld erhält, daß in ihm das positiv und das negativ elektrische Fluidum geschieden werden, ebenso sollte der Vorgang sich in den Leiterelementen des Eisens abspielen, und es sollten sich die Gesamteffekte, die der endliche Körper erfährt, aus den Elementarkräften nach den Regeln der Mechanik zusammensetzen. Die schließlichen Grundformeln der *Poisson*schen Theorie sind diejenigen, die in § 109 u. 119 zusammengestellt sind, ergänzt durch die Annahme der Proportionalität zwischen den magnetischen Momenten $M_1$, $M_2$, $M_3$ nach den Koordinatenachsen und den parallelen Feldstärken.

Das Hauptproblem, mit dem *Poisson* sich beschäftigte, war die Influenzierung einer Eisenkugel in einem homogenen Felde und die von der Kugel ausgeübten Kräfte. *Poisson* erkannte, daß eine isotrope Kugel in einem homogenen Felde weder translatorische noch drehende Kräfte erfährt, daß aber anders gestaltete Körper im homogenen Felde infolge der mit der Orientierung wechselnden Selbstinfluenz Drehungsmomente erfahren und sich demgemäß orientiert einstellen müssen. Translatorische Kräfte entstehen nur in inhomogenen Feldern.

*Poisson* war sich klar darüber, daß die Beziehungen, welche die magnetischen Momente mit den magnetisierenden Feldstärken ver-

1) *S. D. Poisson*, Mém. de l'Inst. T. V, p. 247, 1826; Pogg. Ann. Bd. 1, p. 301, 1824.

knüpfen, bei Anwendung der Theorie auf magnetisierbare Kristalle modifiziert werden müßten, und signalisierte bereits, ohne ausführliche theoretische Begründung, singuläre Erscheinungen, welche Kristalle im Magnetfeld zeigen könnten, insbesondere die orientierte Einstellung einer aus dem Kristall gefertigten Kugel im homogenen Felde. Die experimentelle Untersuchung der magnetischen Influenz von Kristallen eröffnete dann geraume Zeit später (1847) *Plücker*; er widmete ihr nicht nur selbst zahlreiche Beobachtungsreihen, sondern gab auch damit den Anstoß zu dergleichen von andern Autoren. Vorerst handelte es sich um die Konstatierung der von *Poisson* vermuteten Tatsachen und um die Gewinnung qualitativer Regeln für dieselben.

Verglichen mit den analogen elektrischen Beobachtungen bieten Untersuchungen über magnetische Influenz von Kristallen ungleich geringere Schwierigkeiten durch das Fortfallen der so überaus störenden Leitungserscheinungen. Auch kommt als in mancher Hinsicht günstiger Umstand in Betracht, daß die ganz überwiegende Mehrzahl der Kristalle außerordentlich schwach influenziert wird, so daß das Feld, das sie sich selbst schaffen, als nahezu unmerklich gelten kann. Dies hat zur Folge, daß man bei der Beobachtung im allgemeinen nicht an Formen der Präparate gebunden ist, für welche die Theorie der Influenz streng — d. h. unter Rücksicht auf die Selbstinfluenz — durchführbar ist, nämlich an Kugeln oder Ellipsoide, sondern irgend andere bequeme Gestalten benutzen kann, z. B. auch natürliche Kristalle — vorausgesetzt nur, daß sie klein genug sind, um innerhalb des von ihnen eingenommenen Raumes das äußere Magnetfeld als homogen ansehen zu können. Im homogenen Felde sind nämlich bei Vernachlässigung der Selbstinfluenz die Drehungsmomente, welche der magnetisch influenzierte Körper erfährt, von seiner Form unabhängig.

Der Übelstand, welchen die schwache Influenzierbarkeit mit sich führt, daß die absolute Größe der Kraftwirkungen gering bleibt, fällt dabei um so weniger ins Gewicht, als diese Kräfte außer von der Influenzierung noch (direkt) von der Feldstärke abhängen, und diese sich (verglichen mit der erreichbaren elektrischen Feldstärke) auf eine sehr beträchtliche Höhe steigern läßt.

Dagegen entsteht aus der geringen Influenzierbarkeit der meisten Kristalle indirekt eine nicht unbedeutende Schwierigkeit dadurch, daß gelegentliche minimale Beimischungen von stark magnetisch erregbarer Substanz, insbesondere also von Eisenverbindungen, die Erscheinungen stark beeinflussen, ja vollständig entstellen können. In dieser Richtung ist bei magnetischen Untersuchungen an Kristallen in allererster Linie Vorsicht zu üben. Die größte Zahl der Widersprüche, die zwischen den Resultaten der ersten Beobachter über Kristallmagnetismus hervortraten, haben sich durch chemische Analyse der Kristall substanz auf Störungen der Erscheinungen durch die Anwesenheit von Eisenverbindungen zurückführen lassen.

§ 236. **Die ersten Beobachtungen über Kristallmagnetismus.** Die Beobachtungen *Plückers*[1]) lieferten von allem Anfang die von *Poisson* erwartete orientierte Einstellung eines um eine Achse drehbaren Kristalles im Magnetfeld. Schwierigkeiten ergaben sich erst bei dem Versuch, die Tatsachen in Regeln zu fassen; hier verliefen insbesondere die Bestrebungen, einen Zusammenhang zwischen dem magnetischen und dem optischen Verhalten eines Kristalles aufzufinden, im wesentlichen ergebnislos. Nur das ließ sich zeigen, daß die Symmetrie der Kristalle in magnetischer Hinsicht mit der optischen Symmetrie übereinstimmt, derart, daß reguläre Kristalle sich isotrop verhalten, trigonale, tetragonale, hexagonale auch magnetisch die Symmetrie eines Rotationskörpers besitzen, während die übrigen die Symmetrie eines dreiachsigen Ellipsoides liefern.

*Faraday*[2]), der, an die *Plücker*schen Beobachtungen anknüpfend, von 1849 an viele Versuchsreihen dem Kristallmagnetismus widmete, suchte die hier stattfindenden Vorgänge mit Hilfe seiner Vorstellung von einem längs der Kraftlinien stattfindenden Kraftfluß dem Verständnis näher zu bringen. Seine Auffassung ging bekanntlich dahin, daß alle Körper diesem magnetischen Kraftfluß einen Widerstand entgegensetzen, ähnlich wie dies ein Metall dem elektrischen Strom gegenüber tut.

Die paramagnetischen Körper sind solche, bei denen dieser Widerstand kleiner ist, als im leeren Raum; sie wirken, in ein Magnetfeld gebracht, in dem Sinne, den Kraftfluß in den Körper hineinzulenken, derart, daß derselbe in ihnen eine größere Dichtigkeit erhält, als bei Abwesenheit des Körpers an derselben Stelle herrschen würde.

Die diamagnetischen Körper sind im Gegensatz hierzu solche, in denen der magnetische Widerstand größer ist, als im leeren Raum. Sie wirken, in ein Magnetfeld gebracht, verdrängend auf die Kraftlinien ein, derart, daß in ihnen der Kraftfluß eine geringere Dichte erhält, als an demselben Orte bei Abwesenheit des diamagnetischen Körpers herrschen würde.

Auf die Größe des Widerstandes schloß *Faraday* aus dem Sinn und der Stärke der translatorischen Kraft, die ein kleines Präparat aus dem bez. Körper in einem inhomogenen Magnetfeld erfuhr. Eine „anziehende“ Kraft, die den Körper aus dem Bereiche kleinerer in das

1) *J. Plücker*, zahlreiche Arbeiten in Pogg. Ann. von Bd. 72, 1847, bis Bd. 82, 1851; Ges. Abhandl. Bd. II, 1. Abteilung.

2) *M. Faraday*, Exp. Res. Ser. 22, 1848; 26, 1850; 30, 1856.

Bereich größerer Feldstärke zu transportieren suchte, deutete er auf eine Leitfähigkeit, größer, als die des leeren Raumes, und um so viel mehr größer, je stärker diese Kraft war. Eine „abstoßende" Kraft, welche den Körper aus dem Bereiche größerer Feldstärke in dasjenige kleinerer zu transportieren suchte, deutete er auf eine Leitfähigkeit, kleiner, als die des leeren Raumes, und um so viel mehr kleiner, als die Kraft stärker war.

In Ausbildung dieser Vorstellung nahm dann *Faraday* an, daß Kristalle in verschiedenen Richtungen dem magnetischen Kraftfluß verschieden großen Widerstand entgegensetzen, und daß sie im homogenen magnetischen Felde diejenige Orientierung anzunehmen suchen, in welcher sie dem Kraftfluß den geringsten Widerstand, die größte Leitfähigkeit darbieten.

Es gelang *Faraday*, diese Anschauung durch die Beobachtung zu stützen; letztere zeigte z. B., daß kristallisiertes Wismut in der Tat parallel seiner Hauptachse, welche sich in die Kraftlinien einzustellen sucht, die größte magnetische Leitfähigkeit (in dem obigen Sinne) besitzt.

Die Theorie, der wir uns im nächsten Paragraphen zuwenden wollen, vermag diesen *Faraday*schen Ideen einen präzisen Ausdruck zu verleihen. Es erscheint vorteilhaft, die Besprechung einer Reihe schöner spezieller Resultate von Beobachtungen, bei denen *Faraday* sich von den oben dargestellten Anschauungen leiten ließ, bis nach der Entwickelung der Theorie zu vertagen und sie mit der Schilderung späterer experimenteller Untersuchungen zusammenzuschließen. Die Folgerungen der Theorie können dabei als die präziseste Fassung der Ergebnisse jener Vorstellungen betrachtet werden.

**§ 237. Das thermodynamische Potential der magnetischen Influenz.** Auf wirklich exakten Boden gestellt wurde das Problem der magnetischen Influenz der Kristalle durch die theoretischen Arbeiten von *W. Thomson*[1]), der zwar durchaus das Werk von *Poisson* fortsetzte, aber die spezielle molekulare Hypothese fallen ließ, von der *Poisson* ausgegangen war.

*W. Thomson* macht die Annahme, daß jedes (nach S. 208 u. 223 fadenförmig zu denkende) Volumenelement eines Kristalls ein Moment erhält, das lineär von dem magnetischen Feld abhängt, welches in dem Volumenelement wirkt. Er gelangt so zu Beziehungen zwischen den Komponenten $M_1$, $M_2$, $M_3$ des magnetischen Moments und $H_1$, $H_2$, $H_3$ der magnetischen Feldstärke, welche unsern Grundgleichungen (1) konform sind; durch die Annahme, daß die magnetische Influenz ein

1) *W. Thomson*, Brit. Assoc. Rep. 1850 (2) p. 23; Phil. Mag. T. 1, p. 177, 1851.

umkehrbarer Vorgang sei, schließt er dann die rotatorischen Effekte in der S. 415 erörterten Weise aus und reduziert das System der Parameter von neun auf sechs.

Wir wollen hier der Konsequenz halber wieder von einem Ansatz für das thermodynamische Potential der Volumeneinheit ausgehen. Die bei demselben zu benutzenden magnetischen Variabeln ergeben sich, wie früher, aus dem Ausdruck für die Influenzierungsarbeit, der S. 223 abgeleitet ist. Bezeichnen nämlich $H_1$, $H_2$, $H_3$ die Komponenten der magnetischen Feldstärke in dem erregten Volumenelement, $M_1$, $M_2$, $M_3$ diejenigen seines magnetischen Moments, so gilt für die auf die Volumeneinheit bezogene Influenzierungsarbeit

$$\delta'\alpha = -(M_1 \delta H_1 + M_2 \delta H_2 + M_3 \delta H_3).$$

Es sind demgemäß neben der absoluten oder relativen Temperatur $\vartheta$ oder $\tau$ die magnetischen Feldkomponenten $H_i$ als Unabhängige einzuführen.

Entwickelt man das thermodynamische Potential $\xi$ der Volumeneinheit nach Potenzen der $H_i$ und beschränkt sich auf die niedrigsten in Betracht kommenden Glieder, so ergibt sich

$$\begin{aligned} -2\xi = \Theta + \varkappa_{11} H_1^2 + \varkappa_{22} H_2^2 + \varkappa_{33} H_3^2 \\ + 2(\varkappa_{23} H_2 H_3 + \varkappa_{31} H_3 H_1 + \varkappa_{12} H_1 H_2). \end{aligned} \tag{290}$$

Hierin bezeichnen $\Theta$ und die $\varkappa_{hi}$ Funktionen der Temperatur, wobei die Veränderlichkeit der $\varkappa_{hi}$ in erster Annäherung vernachlässigt werden kann. Bei kleinen Temperaturänderungen $\tau$ von einer Anfangstemperatur $\vartheta_0$ aus kann man $\Theta$ nach Potenzen von $\tau$ entwickeln und erhält, da das konstante und das lineäre Glied nicht interessieren, als niedrigstes Glied

$$\Theta = \gamma_p \tau^2 / \vartheta_0, \tag{291}$$

wobei der Faktor von $\tau^2$ bereits gemäß S. 414 bestimmt ist.

Die skalare Funktion $S = -(2\xi + \Theta_0)$ erscheint als lineär in den gewöhnlichen Tensorkomponenten $H_1^2, \ldots, H_2 H_3, \ldots$; die Parameter $\varkappa_{hi}$ haben demgemäß nach dem Satz von S. 150 die gleiche Eigenschaft. $S$ hat die Form des thermodynamischen Potentials $\xi$ in § 152 und gestattet eine ähnliche Behandlung. Insbesondere geschieht die Spezialisierung des Parametersystems $\varkappa_{hi}$ auf die verschiedenen Kristallgruppen nach dem auf S. 414 gegebenen Schema, das wir der Vollständigkeit halber hier wiederholen wollen:

| | | |
|---|---|---|
| I. | (1), (2) | $\varkappa_{11}, \varkappa_{22}, \varkappa_{33}, \varkappa_{23}, \varkappa_{31}, \varkappa_{12}$. |
| II. | (3), (4), (5) | $\varkappa_{11}, \varkappa_{22}, \varkappa_{33}$, 0, 0, $\varkappa_{12}$. |
| III. | (6), (7), (8) | $\varkappa_{11}, \varkappa_{22}, \varkappa_{33}$, 0, 0, 0. |
| IV. | (9) bis (13) | |
| V. | (14) bis (20) | $\varkappa_{11}, \varkappa_{11}, \varkappa_{33}$, 0, 0, 0. |
| VI. | (21) bis (27) | |
| VII. | (28) bis (32) | $\varkappa_{11}, \varkappa_{11}, \varkappa_{11}$, 0, 0, 0. |

Für die magnetischen Momente ergibt sich nach den allgemeinen Regeln aus § 101

$$\begin{aligned} M_1 &= -\frac{\partial \xi}{\partial H_1} = \varkappa_{11} H_1 + \varkappa_{12} H_2 + \varkappa_{13} H_3, \\ M_2 &= -\frac{\partial \xi}{\partial H_2} = \varkappa_{21} H_1 + \varkappa_{22} H_2 + \varkappa_{23} H_3, \\ M_3 &= -\frac{\partial \xi}{\partial H_3} = \varkappa_{31} H_1 + \varkappa_{32} H_2 + \varkappa_{33} H_3, \end{aligned} \tag{292}$$

was mit dem *W. Thomson*schen Ansatz übereinstimmt, da die Beziehungen

$$\varkappa_{hi} = \varkappa_{ih}$$

bestehen.

Die Parameter $\varkappa_{hi}$ nennt *Thomson* die **Konstanten der magnetischen Suszeptibilität**; einfacher ist der Name der **Magnetisierungszahlen**. Wieder ist zu betonen, daß für die Definition dieser Parameter eine Festsetzung darüber nötig ist, **innerhalb welches Mediums sich der influenzierte Körper befindet**; wir nehmen an, daß dies Medium der leere Raum ist, dem in manchen Fällen der Luftraum praktisch gleichwertig gesetzt werden kann.

Die sechs Größen $\varkappa_{hi}$ stellen nach obigem ein Tensortripel dar, dessen Konstituenten $\varkappa_{I}, \varkappa_{II}, \varkappa_{III}$ alle Eigenschaften des Kristalls gegenüber dem influenzierenden Magnetfeld bestimmen und seine **Hauptmagnetisierungszahlen** heißen mögen. Rotatorische Qualitäten kommen, wie schon oben bemerkt, bei der magnetischen Influenz nicht in Frage.

Zur Veranschaulichung der magnetischen Eigenschaften des Kristalls zieht man vorteilhaft die Tensorfläche $[\varkappa]$ von der Gleichung

$$\varkappa_{11} x^2 + \varkappa_{22} y^2 + \varkappa_{33} z^2 + 2(\varkappa_{23} yz + \varkappa_{31} zx + \varkappa_{12} xy) = \pm 1 \tag{293}$$

heran, die, auf ihre Hauptachsen — die **Hauptmagnetisierungsachsen** — bezogen, die Form annimmt

$$\varkappa_{I} x^2 + \varkappa_{II} y^2 + \varkappa_{III} z^2 = \pm 1. \tag{294}$$

Das doppelte Vorzeichen ist hier, im Gegensatz zu dem Fall der elektrischen Influenz, nötig, weil nach der Erfahrung die $\varkappa_n$ nicht stets positiv sind.

In der Tat führt die Anwendung des *Thomson*schen Ansatzes auf einen isotropen Körper dazu, daß $\varkappa_I = \varkappa_{II} = \varkappa_{III} = \varkappa$ und die Tensorfläche $[\varkappa]$ zur Kugel wird. Es gilt dann (konform mit *Poissons* Ansatz)

$$M_1 = \varkappa H_1, \quad M_2 = \varkappa H_2, \quad M_3 = \varkappa H_3, \tag{295}$$

und die Existenz isotroper diamagnetischer Körper, bei denen die Erregung des Volumenelements dahin geht, daß der negative Pol in der Richtung der positiven Feldstärke liegt und umgekehrt, beweist, daß $\varkappa$ negativ sein kann. Man muß von vornherein erwarten, daß es auch Kristalle von analogem Verhalten gibt, und die Erfahrung bestätigt dies. Es sei erwähnt, daß die bekannten Kristalle, im leeren Raume (oder Luft) beobachtet, sich fast sämtlich so verhalten, daß entweder alle Parameter $\varkappa$ positiv oder aber alle negativ sind; die Tensorflächen $[\varkappa]$ haben demgemäß in diesen Fällen stets ellipsoidische Gestalt.[1])

Im allgemeinen erweisen sich durch die Beobachtung die $\varkappa_h$ als kleine und selbst sehr kleine echte Brüche. Ausnahmen bilden, wie die Metalle Eisen, Nickel, Kobalt, auch eine Reihe ihrer Verbindungen. Bei diesen weichen aber im allgemeinen die Momente selbst bei nur wenig gesteigerten Feldstärken bald so wesentlich von dem in (292) enthaltenen Gesetz der Proportionalität ab, daß dasselbe auf sie kaum anzuwenden ist. Diese Körper verlangen eine gesonderte Betrachtung, und dies um so mehr, als bei ihnen der Vorgang der magnetischen Influenz keineswegs reversibel verläuft. Wir schließen diese als ferromagnetisch bezeichneten Influenzerscheinungen vorläufig von der Betrachtung aus.

Der Vollständigkeit halber wiederholen wir auch hier, was sich nach den allgemeinen Darlegungen von S. 416 für die Veranschaulichung des geometrischen Zusammenhanges von Feldstärke und Moment mit Hilfe der Tensorfläche von der Gleichung (293) resp. (294) ergibt.

Legt man in der Fläche der Magnetisierungszahlen einen Radiusvektor $r$ parallel zu der Feldstärke $H$, so liegt das auf $H$ beruhende magnetische Moment parallel zu der

1) Den vereinzelten Fall eines Kristalls, der sich abweichend zu verhalten scheint, signalisiert *G. Meslin* (C. R. T. 141, p. 1006, 1905), es ist der ferromagnetische Pyrrhotin, der nach § 263 in mehrfacher Hinsicht anormales Verhalten zeigt und für die Entwicklungen der nächsten Paragraphen als Beispiel nicht in Betracht kommt.

Normalen $n$ auf derjenigen Ebene, welche die Fläche im Endpunkt von $r$ berührt.

Läßt man weiter $H$ sukzessive in allen möglichen Richtungen mit gleicher Stärke wirken, so variiert $M$ indirekt proportional mit dem Produkt aus $r$ und $n$.

**§ 238. Die erste Form des Influenzproblems. Eine Kugel in einem homogenen Felde.** Das Problem der magnetischen Influenz läßt sich ebenso in zwei verschiedenen Weisen formulieren, wie dasjenige der dielektrischen Influenz. Die erste Form wird erhalten durch Übertragung der Gleichungen des § 213.

Wir nennen die äußere (gegebene) influenzierende Feldstärke $H^0$, die von dem influenzierten Körper ausgehende $\mathfrak{H}$; letztere bestimmt sich aus dem Potential des Körpers

$$\varphi = \int \left( M_1 \frac{\partial \frac{1}{r}}{\partial x_0} + M_2 \frac{\partial \frac{1}{r}}{\partial y_0} + M_3 \frac{\partial \frac{1}{r}}{\partial z_0} \right) dk_0 \tag{296}$$

gemäß den Formeln

$$\mathfrak{H}_1 = -\frac{\partial \varphi}{\partial x}, \quad \mathfrak{H}_2 = -\frac{\partial \varphi}{\partial y}, \quad \mathfrak{H}_3 = -\frac{\partial \varphi}{\partial z}. \tag{297}$$

Die gesamte influenzierende Feldstärke $H$ ist die Resultante aus $H^0$ und $\mathfrak{H}$.

Legt man den Formeln das magnetische Hauptachsensystem des Kristalls zugrunde, so geht das Influenzproblem dahin, die Gleichungen

$$M_1 = \varkappa_{\mathrm{I}}\left(H_1^0 - \frac{\partial \varphi}{\partial x}\right), \quad M_2 = \varkappa_{\mathrm{II}}\left(H_2^0 - \frac{\partial \varphi}{\partial y}\right), \quad M_3 = \varkappa_{\mathrm{III}}\left(H_3^0 - \frac{\partial \varphi}{\partial z}\right) \tag{298}$$

bei Rücksicht auf die Beziehung (295) durch geeignete Werte von $M_1$, $M_2$, $M_3$ zu befriedigen.

Bei kleinen Magnetisierungszahlen $\varkappa_n$, die nach dem S. 469 Gesagten bei Kristallen häufig vorkommen, erhält man eine meist genügende Annäherung, wenn man in diesen Formeln die Wirkung der Selbstinfluenz, d. h. also die Glieder $\partial \varphi / \partial x, \ldots$ vernachlässigt.

Der einfachste streng durchführbare Fall ist derjenige einer Kugel im homogenen Felde, der sich, wie der analoge bei dielektrischer Influenz, durch die Annahme homogener Erregung der Kugel lösen läßt. Die bezüglichen Formeln sind aus § 215 zu entnehmen.

Für die (homogenen) Momente liefert (224) die Werte

$$M_1 = \frac{H_1^0 \varkappa_{\mathrm{I}}}{1 + \frac{4\pi}{3}\varkappa_{\mathrm{I}}}, \quad M_2 = \frac{H_2^0 \varkappa_{\mathrm{II}}}{1 + \frac{4\pi}{3}\varkappa_{\mathrm{II}}}, \quad M_3 = \frac{H_3^0 \varkappa_{\mathrm{III}}}{1 + \frac{4\pi}{3}\varkappa_{\mathrm{III}}}; \tag{299}$$

die Nenner drücken dabei wieder den Einfluß der Selbstinfluenz der Kugel aus. Es ist bemerkenswert, daß im Falle eines diamagnetischen Kristalls die Selbstinfluenz nicht im Sinne der Schwächung, sondern vielmehr der Verstärkung der magnetischen Erregung wirkt; doch werden wegen der Kleinheit der $\varkappa_n$ die Nenner in (298) niemals gleich Null oder negativ.

Schreibt man die Formeln (299)

$$M_1 = (\varkappa_{\mathrm{I}}) H_1^0, \quad M_2 = (\varkappa_{\mathrm{II}}) H_2^0, \quad M_3 = (\varkappa_{\mathrm{III}}) H_3^0, \tag{300}$$

so sind die $(\varkappa_n)$ ebensowohl dem Kristall individuelle Parameter, wie die $\varkappa_n$, und man kann den geometrischen Zusammenhang zwischen der Feldstärke $H$ und dem Moment $M$ mit Hilfe des Ellipsoids von der Gleichung

$$(\varkappa_{\mathrm{I}}) x^2 + (\varkappa_{\mathrm{II}}) y^2 + (\varkappa_{\mathrm{III}}) z^2 = \pm 1 \tag{301}$$

in der S. 421 erörterten Weise darlegen.

Bei Körpern von starker Magnetisierbarkeit kommen die Verschiedenheiten der $\varkappa_n$ immer weniger zur Geltung, je größer die $\varkappa_n$ sind. Die für die Erregung der Kugel in letzter Instanz maßgebenden $(\varkappa_n)$ werden bei wachsenden $\varkappa_n$ sämtlich immer näher gleich $3/4\pi$.

Die gesamten Feldkomponenten im Innern der Kugel haben nach (227) die Werte

$$H_1 = \frac{H_1^0}{1 + \frac{4\pi}{3}\varkappa_{\mathrm{I}}}, \quad H_2 = \frac{H_2^0}{1 + \frac{4\pi}{3}\varkappa_{\mathrm{II}}}, \quad H_3 = \frac{H_3^0}{1 + \frac{4\pi}{3}\varkappa_{\mathrm{III}}}; \tag{302}$$

da die Nenner auch bei diamagnetischen Körpern immer positiv sind, so fällt $H$ im Innern jederzeit in denselben Oktanten, wie das influenzierende Feld $H^0$. Im übrigen läßt sich auch der geometrische Zusammenhang zwischen $H$ und $H^0$ ähnlich, wie S. 422 angedeutet, veranschaulichen.

Im vorstehenden ist der Einfachheit halber das Koordinatenkreuz den magnetischen Hauptachsen parallel angenommen; die Einführung eines beliebig orientierten Koordinatensystems kann leicht in der § 216 erörterten Weise vorgenommen werden. Auch läßt sich der Übergang zu dem Problem der Influenz eines Ellipsoids im Anschluß an § 222 ausführen.

§ 239. **Drehungsmomente und Translationskräfte, welche die Kugel im homogenen Felde erfährt.** Die Potentialfunktion der erregten Kugel auf äußere Punkte ergibt sich nach (229) zu

$$\varphi_a = \frac{K}{r^3}\left((\varkappa_{\mathrm{I}}) x H_1^0 + (\varkappa_{\mathrm{II}}) y H_2^0 + (\varkappa_{\mathrm{III}}) z H_3^0\right), \tag{303}$$

wobei $K$ das Volumen der Kugel, $r$ den Abstand des Aufpunktes vom Kugelzentrum resp. dem Koordinatenanfang bezeichnet. Für das Potential, welches die Kugel im homogenen Felde erfährt, folgt aus (233)

$$\Phi = -K((\varkappa_I) H_1^{0\,2} + (\varkappa_{II}) H_2^{0\,2} + (\varkappa_{III}) H_3^{0\,2}); \tag{304}$$

aus ihm erhält man die Translationskräfte und die Drehungsmomente, denen die Kugel unterliegt, nach den Formeln (235) zu

$$\begin{aligned} \Xi &= -\frac{1}{2}\frac{\partial \Phi}{\partial \xi}, \quad H = -\frac{1}{2}\frac{\partial \Phi}{\partial \eta}, \quad Z = -\frac{1}{2}\frac{\partial \Phi}{\partial \zeta}, \\ \Lambda &= -\frac{1}{2}\frac{\partial \Phi}{\partial \lambda}, \quad M = -\frac{1}{2}\frac{\partial \Phi}{\partial \mu}, \quad N = -\frac{1}{2}\frac{\partial \Phi}{\partial \nu}, \end{aligned} \tag{305}$$

wobei die $\partial \xi, \ldots$ Verschiebungen parallel den Koordinatenachsen bezeichnen, $\partial \lambda, \ldots$ Drehungen um dieselben.

Für den Fall, daß die äußere Feldstärke sukzessive normal zur $X$-, $Y$-, $Z$-Achse liegt, ergeben sich für die Drehungsmomente um diese Achsen gemäß (240) die Werte

$$\begin{aligned} \Lambda &= -KH^{0\,2} \sin\alpha \cos\alpha\,((\varkappa_{II}) - (\varkappa_{III})), \\ M &= -KH^{0\,2} \sin\beta \cos\beta\,((\varkappa_{III}) - (\varkappa_{I})), \\ N &= -KH^{0\,2} \sin\gamma \cos\gamma\,((\varkappa_{I}) - (\varkappa_{II})); \end{aligned} \tag{306}$$

dabei bestimmen die Winkel $\alpha, \beta, \gamma$ die resp. Lage der $XY$-, der $YZ$-, der $ZX$-Ebene gegen die $XH^0$-, $YH^0$-, $ZH^0$-Ebene. Für die Deutung dieser Resultate kommt das S. 427 Gesagte zur Anwendung. Insbesondere bestimmen sich die Frequenzen $\nu_1, \nu_2, \nu_3$ der Drehschwingungen der Kugel um die $X$-, $Y$-, $Z$-Achse in der S. 428 erörterten Weise.

Beobachtungen der Schwingungsfrequenzen in den bezeichneten Fällen gestatten hiernach die Ableitung der Zahlwerte

$$((\varkappa_{II}) - (\varkappa_{III})), \quad ((\varkappa_{III}) - (\varkappa_{I})), \quad ((\varkappa_{I}) - (\varkappa_{II})).$$

Die Translationskräfte $\Xi$, $H$, $Z$ verschwinden im wirklich homogenen Felde; doch lassen sich die obigen Betrachtungen auf den Fall einer sehr kleinen Kugel in einem hinreichend allmählich variierenden Felde anwenden. Sie liefern hier, wenn man ein skalares Feld dadurch hervorgebracht denkt, daß jedem Raumpunkt $a, b, c$ derjenige Zahlwert beigelegt wird, den $\Phi$ annimmt, wenn man bei immer sich selbst parallel gehaltenen magnetischen Achsen das Zentrum der Kugel in den bezüglichen Punkt $a, b, c$ bringt, nach (242)

$$\Xi = -\frac{1}{2}\frac{\partial \Phi}{\partial a}, \quad H = -\frac{1}{2}\frac{\partial \Phi}{\partial b}, \quad Z = -\frac{1}{2}\frac{\partial \Phi}{\partial c}. \tag{307}$$

Hieraus folgt speziell in den drei Fällen, daß die äußere Feldstärke $H^0$ sukzessive in der $X$-, $Y$-, $Z$-(Haupt-)Achse liegt, und die translatorische Kraft $F$ parallel einer beliebigen Richtung $s$ bestimmt werden soll, nach (244)

$$F_s = -K(\varkappa_n)\frac{\partial H^{0\,2}}{\partial s}, \qquad n = \mathrm{I, II, III}. \tag{308}$$

Bei bekanntem räumlichen Gesetz der influenzierenden äußern Feldstärke $H^0$ führt hiernach eine Beobachtung der translatorischen Kräfte in den bezeichneten drei Fällen zur absoluten Bestimmung der Parameter $(\varkappa_n)$, aus denen dann die Magnetisierungszahlen $\varkappa_n$ folgen gemäß dem Schema

$$\varkappa_n = \frac{(\varkappa_n)}{1 - \frac{4\pi}{3}(\varkappa_n)}, \qquad n = \mathrm{I, II, III}. \tag{309}$$

Es mag hervorgehoben werden, daß bei gleichem äußern Feld die Wirkung auf die kleine Kugel um so stärker ist, je größer das in die Feldrichtung fallende $(\varkappa_n)$ ist. Wenn also dieselbe Kugel sukzessive mit ihren verschiedenen magnetischen Hauptachsen in die Feldrichtung gebracht wird, so ist die auf sie in der Feldrichtung ausgeübte Kraft um so größer, je größer das in Wirkung tretende $(\varkappa_n)$ ist. Paramagnetische Kristalle, für welche $(\varkappa_n) > 0$, erfahren die Kraft im Sinne wachsender, diamagnetische, für welche $(\varkappa_n) < 0$, im Sinne abnehmender Feldstärke. Erstere werden daher von einem einzelnen Magnetpol angezogen, letztere abgestoßen.

§ 240. **Die zweite Form des Influenzproblems.** Auch die Betrachtungen der § 223 u. f. über eine zweite Methode der Behandlung der Influenz gestatten unmittelbar die Übertragung von dem elektrischen auf das magnetische Problem.

Die Resultante aus magnetischer Feldstärke $H$ und dem $4\pi$-fachen magnetischen Moment $M$, die sogenannte magnetische Induktion oder Polarisation $B$, läßt sich als eine Strömung betrachten, die ihre Quellen nur in den wahren magnetischen Ladungen hat. Als solche wahre Ladungen kann man für unsere Zwecke die Magnetismen in permanenten Magneten betrachten.

Bezeichnet man deren Raum- und Flächendichten (da auf ihnen direkt die äußere Feldstärke $H^0$ beruht) durch $\varrho^0$ und $\sigma^0$, dann sind die Grundgleichungen der Magnetoinduktion

$$\begin{gathered}\frac{\partial B_1}{\partial x} + \frac{\partial B_2}{\partial y} + \frac{\partial B_3}{\partial z} = 4\pi\varrho^0,\\ (B_n)_a + (B_n)_b = 4\pi\sigma^0\end{gathered} \tag{310}$$

Die erste Formel bezieht sich auf das Innere jedes stetigen Körpers des Systems, die zweite auf die Grenzfläche $o_{ab}$ zwischen einem Körper $a$ und einem $b$. Die $\varrho^0$ und $\sigma^0$ sind dabei in der S. 203 gezeigten Weise aus den Momenten des etwa influenzierenden permanenten Magneten abzuleiten. Geschlossene lineäre elektrische Ströme lassen sich durch magnetische Lamellen ersetzen, wobei diesen letzteren die wahren Ladungen beizulegen sind.

Für die Komponenten der magnetischen Induktion $B$ folgt aus ihrer oben gegebenen Definition im Zusammenhang mit den Ansätzen (292) für die magnetischen Momente

$$\begin{aligned} B_1 &= \mu_{11} H_1 + \mu_{12} H_2 + \mu_{13} H_3, \\ B_2 &= \mu_{21} H_1 + \mu_{22} H_2 + \mu_{23} H_3, \\ B_3 &= \mu_{31} H_1 + \mu_{32} H_2 + \mu_{33} H_3, \end{aligned} \tag{311}$$

wobei

$$\mu_{hh} = 1 + 4\pi\varkappa_{hh}, \quad \mu_{hk} = \mu_{kh} = 4\pi\varkappa_{hk}. \tag{312}$$

Die Parameter $\mu$ werden nach *W. Thomson* als die **Konstanten der magnetischen Permeabilität** bezeichnet, um den Parallelismus anzudeuten, der zwischen den Komponenten der Induktion und den Komponenten einer Strömung besteht. Sie können statt der Magnetisierungszahlen $\varkappa$ zur Charakterisierung der magnetischen Eigenschaften des Kristalls benutzt werden; für letztere gilt nämlich

$$\varkappa_{hh} = \frac{\mu_{hh} - 1}{4\pi}, \quad \varkappa_{hk} = \frac{\mu_{hk}}{4\pi}. \tag{313}$$

Da $\mu_{hk} = \mu_{kh}$, so bestimmen auch die Permeabilitäten ein Tensortripel $[\mu]$, dessen Konstituenten der Lage nach mit denjenigen des Tripels der Magnetisierungszahlen $[\varkappa]$ zusammenfallen, während die Größen der beiderseitigen Konstituenten $\mu_{\mathrm{I}}, \mu_{\mathrm{II}}, \mu_{\mathrm{III}}$ und $\varkappa_{\mathrm{I}}, \varkappa_{\mathrm{II}}, \varkappa_{\mathrm{III}}$ zusammenhängen durch die Formel

$$\mu_n = 1 + 4\pi\varkappa_n, \quad \text{für } n = \mathrm{I, II, III}. \tag{314}$$

Bezüglich der gegenseitigen geometrischen Beziehung von Induktion $B$ und Feldstärke $H$ gibt die S. 437 erwähnte Konstruktion mit Hilfe der Tensorfläche $[\mu]$ von der Gleichung

$$\mu_{\mathrm{I}} x^2 + \mu_{\mathrm{II}} y^2 + \mu_{\mathrm{III}} z^2 = 1 \tag{315}$$

Aufschluß.

Die Permeabilitäten $\mu_n$ sind wegen der Kleinheit der $\varkappa_n$ auch bei diamagnetischen Körpern erfahrungsgemäß jederzeit positiv; es genügt also in dieser letzten Gleichung rechts das positive Vorzeichen.

Die Spezialisierung der Parameter $\mu_{hk}$ auf die verschiedenen Kristallgruppen geschieht nach dem Schema auf S. 473, in welchem nur die $\varkappa$ durch die $\mu$ zu ersetzen sind. —

Zu den Bedingungen ($310^2$) für die magnetische Induktion in einer Zwischengrenze tritt noch eine weitere, die sich auf die magnetische Potentialfunktion bezieht und deren stetiges Verhalten in der Grenzfläche fordert. Aus ihr ergibt sich die Stetigkeit der zu dem Grenzelement parallelen Komponenten der magnetischen Feldstärke, und diese letztere Bedingung bleibt bestehen, wenn es sich um solche Zustände handelt, bei denen die Feldstärke $H$ kein Potential besitzt.

Liegen alle wahren Magnetismen im Endlichen, so läßt sich mit Hilfe bekannter Methoden die Eindeutigkeit des durch die erörterten Bedingungen definierten Problems der magnetischen Influenz erweisen.

Die zweite Methode der Behandlung der magnetischen Influenzprobleme mit Hilfe der magnetischen Induktion kann als ein exakter Ausdruck für die in § 236 geschilderte Auffassung *Faradays* gelten. Die Induktion steht an Stelle des dort benutzten Kraftflusses, die Permeabilität an Stelle der Leitfähigkeit. Analytisch ist das neue Problem demjenigen der Wärme- oder Elektrizitätsleitung bei Anwesenheit gewisser Quellensysteme konform. Speziell erscheint das Problem der Influenz eines Körpers in einem homogenen Felde als Analogon zu demjenigen der genannten Strömung in einem unendlichen homogenen isotropen Medium, in das ein Körper von anderer aeolotroper Leitfähigkeit eingebettet ist; dabei verläuft die Strömung im Unendlichen in parallelen Geraden mit konstanter Stärke. Gegenüber dem analogen Problem der elektrischen Influenz besteht nur der nicht wesentliche Unterschied, daß es in unserm Gebiet, verglichen mit dem leeren Raum, Medien sowohl größerer, als kleinerer Leitfähigkeit resp. Permeabilität gibt (repräsentiert durch die para- und diamagnetischen Körper), dafür aber Körper mit unendlicher Leitfähigkeit, die den Elektrizitätsleitern (statisch) entsprechen, fehlen.

Der erste Unterschied kommt um so weniger als maßgebend in Betracht, als es ja nach § 226 möglich ist, die dielektrische Erregung innerhalb einer dielektrischen Flüssigkeit vorzunehmen. Körper mit kleineren dielektrischen Permeabilitäten verhalten sich dann in der Flüssigkeit wie diamagnetische Körper im leeren Raum

§ 241. **Ein Kristall innerhalb einer magnetisierbaren Flüssigkeit.** Was die magnetische Influenzierung eines Kristalls innerhalb einer magnetisierbaren Flüssigkeit von der Permeabilität $\mu_a$ angeht, so lassen sich hierauf die Betrachtungen des § 226 über das analoge elektrische Problem übertragen. Die Gleichungen des Problems behalten dieselbe Form, wie im leeren Raum, nur tritt

$$\frac{\mu_n}{\mu_a} = \mu_n', \quad \frac{\varrho^0}{\mu_a} = \varrho^{0\prime} \tag{316}$$

an die Stelle von $\mu_n$ und $\varrho^0$.

Die Ausdrücke (298) für die magnetischen Momente der Influenzierung einer Kugel innerhalb des leeren Raumes, die bei Einführung der Permeabilitäten lauten

$$M_1 = (\varkappa_{\mathrm{I}}) H_1^0 = \frac{3 H_1^0}{4\pi} \frac{\mu_{\mathrm{I}} - 1}{\mu_{\mathrm{I}} + 2}, \ldots$$

erhalten demgemäß bei Influenzierung innerhalb der Flüssigkeit die Werte

$$M_1 = (\varkappa_{\mathrm{I}}') H_1^0 = \frac{3 H_1^0}{4\pi} \frac{\mu_{\mathrm{I}} - \mu_a}{\mu_{\mathrm{I}} + 2\mu_a}, \ldots \tag{317}$$

wobei die $(\varkappa_{\mathrm{I}}')$ neue Bezeichnungen sind.

Für das Potential, welches die Kugel innerhalb der Flüssigkeit seitens dieses Feldes erfährt, ergibt sich gemäß (263)

$$\Phi = - K\mu_a \big((\varkappa_{\mathrm{I}}') H_1^{02} + (\varkappa_{\mathrm{II}}') H_2^{02} + (\varkappa_{\mathrm{III}}') H_3^{02}\big) \tag{318}$$

Dieser Ausdruck ist mit dem für die Influenz in Luft geltenden (304) identisch bis auf den Faktor $\mu_a$ und die Vertauschung von $(\varkappa_n)$ mit $(\varkappa_n')$, d. h. von $\mu_n$ mit $\mu_n' = \mu_n / \mu_a$.

Setzt man für $\mu_n$ und $\mu_a$ die Werte in den $\varkappa_n$ und $\varkappa_a$ ein, welche nach (313) lauten

$$\mu_n = 1 + 4\pi\varkappa_n, \quad \mu_a = 1 + 4\pi\varkappa_a,$$

so erhält man zunächst

$$(\varkappa_n') = \frac{\varkappa_n - \varkappa_a}{1 + \frac{4\pi}{3}(\varkappa_n + 2\varkappa_a)}.$$

In den Fällen sehr kleiner Magnetisierungszahlen $\varkappa_n$ und $\varkappa_a$ ist dies praktisch identisch mit

$$(\varkappa_n') = \varkappa_n - \varkappa_a;$$

da zugleich in derselben Annäherung $\mu_a = 1$ ist, so kann man sagen, daß bei der Influenzierung einer schwach magnetischen Kugel innerhalb einer ebensolchen Flüssigkeit das Potential, welches die Kugel seitens des Feldes erfährt, gegeben wird durch

$$\Phi = - K\big((\varkappa_{\mathrm{I}} - \varkappa_a) H_1^{02} + (\varkappa_{\mathrm{II}} - \varkappa_a) H_2^{02} + (\varkappa_{\mathrm{III}} - \varkappa_a) H_3^{02}\big). \tag{319}$$

Diese Annäherung kommt, wie die Vergleichung des zu Formel (297) Gesagten ergibt, auf die Vernachlässigung der Selbstinfluenz heraus; hieraus folgt auch, daß bei Erfüllung der Voraussetzung kleiner Parameter $\mu_n$ resp. $\mu_a$ die Formel (319) für $\Phi$ auf beliebig gestaltete Präparate an Stelle der Kugel angewandt werden kann, wenn man nur an Stelle des Volumens $K$ der Kugel dasjenige des bezüglichen Präparats einsetzt.

Es ergibt sich somit aus (305) für die Drehungsmomente um die Hauptachsen, die der innerhalb der Flüssigkeit befindliche Kristall im homogenen Felde erfährt, in Parallele zu (306)

$$\begin{aligned} \Lambda &= -KH^{02} \sin\alpha \cos\alpha\,(\varkappa_{II} - \varkappa_{III}), \\ M &= -KH^{02} \sin\beta \cos\beta\,(\varkappa_{III} - \varkappa_{I}), \\ N &= -KH^{02} \sin\gamma \cos\gamma\,(\varkappa_{I} - \varkappa_{II}), \end{aligned} \tag{320}$$

wobei die Bedeutung der Buchstaben nach S. 427 zu ersehen ist. Diese Formeln sind frei von $\varkappa_a$; die Drehungsmomente sind sonach merklich dieselben, wenn der Kristall sich in einer magnetisierbaren Flüssigkeit, als wenn er sich im leeren Raume befindet.

Ferner folgt aus (305) für die translatorischen Kräfte in einer beliebigen Richtung $s$, die der sehr klein angenommene Kristall innerhalb eines örtlich variierenden Feldes erfährt, falls die Achse der Magnetisierungszahl $\varkappa_n$ in die Richtung der Kraftlinien fällt, in Parallele zu (308)

$$F_s = \frac{1}{2} K(\varkappa_n - \varkappa_a) \frac{\partial H^{02}}{\partial s}, \qquad n = \mathrm{I, II, III}. \tag{321}$$

Die translatorischen Kräfte sind hiernach von der Magnetisierbarkeit des den Kristall umgebenden Mediums abhängig, also innerhalb einer magnetisierbaren Flüssigkeit andere, als innerhalb des leeren Raumes. Die Abhängigkeit ist derart, daß bei hinreichend großer Magnetisierbarkeit der umgebenden Flüssigkeit die translatorische Kraft gegenüber der im leeren Raume wirkenden umgekehrt werden kann.

§ 242. **Energie und Arbeit.** Wie in dem Falle der dielektrischen Influenz kann man auch hier die Resultate, welche für die auf einen Kristall ausgeübten Momente und Translationskräfte erhalten sind, mit allgemeineren Sätzen in Beziehung bringen, indem man ausgeht von dem Ausdruck für die magnetische Energie eines Systems von wahren Magnetismen und magnetisierbaren Körpern.

Die Übertragung der Betrachtungen des § 227 auf das magnetische Gebiet ergibt als den zu (266) parallelen Ausdruck für diese magnetische Energie

$$T = \frac{1}{8\pi} \int_\infty (H_1 B_1 + H_2 B_2 + H_3 B_3)\,dk. \tag{322}$$

Das Integral ist über den ganzen Raum zu erstrecken; der Faktor von $dk$ stellt die magnetische Energie der Volumeneinheit an der Stelle von $dk$ dar.

Betrachtet man nun ein durch wahre (unveränderliche) Magnetismen hervorgebrachtes Feld erst für sich, wo seine Energie durch

$$T^0 = \frac{1}{8\pi}\int_\infty (H_1^0 B_1^0 + H_2^0 B_2^0 + H_3^0 B_3^0)\, dk$$

gegeben sein mag, und dann nach Einbringung des Kristalls, so kann die Differenz der Gesamtenergien in den beiden Zuständen

$$T - T^0 = \frac{1}{8\pi}\int_\infty [(H_1 B_1 + \cdot\cdot) - (H_1^0 B_1^0 + \cdot\cdot)]\, dk \tag{323}$$

zur Berechnung der Arbeit $d'A$ dienen, welche eine Translation erfordert, gemäß der Formel

$$d(T - T^0) = d'A. \tag{324}$$

Der Ausdruck für $T - T^0$ läßt sich dann, wie in § 228 ausführlich gezeigt ist, in ein Integral über den Kristall allein verwandeln, welches durch Übertragung der Formel (275) gewonnen wird zu

$$T - T_0 = -\frac{1}{8\pi}\int_i [(\mu_{\mathrm{I}} - \mu_a) H_1 H_1^0 + (\mu_{\mathrm{II}} - \mu_a) H_2 H_2^0 + (\mu_{\mathrm{III}} - \mu_a) H_3 H_3^0]\, dk; \tag{325}$$

hierbei sind bereits die Hauptachsen der magnetischen Influenz als eingeführt vorausgesetzt.

Dieser Ausdruck gestattet analoge Verwendungen, wie der parallelgehende für die Differenz $\Pi - \Pi^0$ der elektrischen Energien in § 228. Insbesondere kann man durch die Beziehungen (314) die Magnetisierungszahlen $\varkappa_n$ einführen und schreiben

$$T - T^0 = -\tfrac{1}{2}\int [(\varkappa_{\mathrm{I}} - \varkappa_a) H_1 H_1^0 + \cdot\cdot]\, dk \tag{326}$$

oder bei Einführung der magnetischen Momente $M_h'$ relativ zur magnetisierbaren Umgebung auch

$$T - T^0 = -\tfrac{1}{2}\int (H_1^0 M_1' + H_2^0 M_2' + H_3^0 M_3')\, dk. \tag{327}$$

Hieraus läßt sich dann gemäß S. 448 ein Ausdruck für die Influenzierungsarbeit an einem Volumenelement $k$ ableiten

$$\delta' A = -(M_1'\delta H_1 + M_2'\delta H_2 + M_3'\delta H_3)\, k,$$

der zu der Ausgangsformel der theoretischen Betrachtungen in § 237 zurückleitet.

Andererseits lassen sich die früheren Ausdrücke für die Drehungsmomente und Translationskräfte, welche ein magnetisierbarer Kristall im Felde erfährt, zurückgewinnen. Wir wollen dies letztere nur für den uns besonders interessierenden Fall kleiner Magnetisierbarkeit verfolgen, wo das Feld $H$ im Innern des Kristalls von dem gegebenen magnetisierenden Feld $H^0$ nicht merklich abweicht. Hier nimmt (326) die Gestalt an

$$T - T^0 = -\tfrac{1}{2}\left\{(\varkappa_{\mathrm{I}} - \varkappa_a)\int H_1^{0 2} dk + \cdots\right\}; \tag{328}$$

die Integrale bedeuten dabei die $K$-fachen Mittelwerte der Komponentenquadrate $H_h^{0 2}$ innerhalb des vom Kristall eingenommenen Raumes $K$. Bezeichnen wir dieselben mit $\mathsf{H}_h^2$ und kürzen auch $\varkappa_n - \varkappa_a$ in $k_n$ ab, so gibt (328)

$$T - T^0 = -\tfrac{1}{2} K(k_{\mathrm{I}} \mathsf{H}_1^2 + k_{\mathrm{II}} \mathsf{H}_2^2 + k_{\mathrm{III}} \mathsf{H}_3^2). \tag{329}$$

Dieser Ausdruck ist dann in die aus (324) folgenden Formeln für die Komponenten der Translationskräfte und der Drehungsmomente einzusetzen, und zu bilden

$$\Xi = -\frac{\partial(T - T^0)}{\partial \xi}, \cdots, \quad \Lambda = -\frac{\partial(T - T^0)}{\partial \lambda}, \cdots \tag{330}$$

Schreibt man kurz

$$T - T^0 = -\tfrac{1}{2} K \Omega, \tag{331}$$

so gibt dies auch

$$\Xi = +\tfrac{1}{2} K \frac{\partial \Omega}{\partial \xi}, \cdots, \quad \Lambda = +\tfrac{1}{2} K \frac{\partial \Omega}{\partial \lambda}, \cdots \tag{332}$$

§ 243. **Qualitative Beobachtungen über orientierte Einstellung im Magnetfelde.** Die in den vorstehenden Paragraphen abgeleiteten Formeln enthalten die Erklärung aller vorliegenden qualitativen Beobachtungen über Magnetisierung von Kristallen und die Theorie aller quantitativen Bestimmungen darüber, bei Ausschluß der ferromagnetischen Erregungen.

Im nachstehenden wollen wir zunächst auf die qualitativen Beobachtungsresultate eingehen, soweit sie zur Illustration der Aussagen der Theorie geeignet scheinen. Wir ziehen zu ihrer Erklärung die angenäherten Formeln vom Ende des vorigen Paragraphen heran, welche die Selbstinfluenz vernachlässigen; strenge Formeln sind für diese Beobachtungen, die meist beliebige Formen der Präparate, z. B. ganze Kristalle benutzen, nicht zu erhalten, und bei der meist geringen Magnetisierbarkeit der untersuchten Körper im allgemeinen auch entbehrlich.

Die Gleichgewichtslage des Kristalls ist durch die Bedingung $\delta' A = 0$ gegeben, d. h. durch $\delta(T - T^0) = 0$, und es ist bekannt, daß das stabile Gleichgewicht in derjenigen Position stattfindet, welche $T - T^0$ zu einem Minimum, also die Funktion

$$\Omega = k_{\mathrm{I}} \mathsf{H}_1^2 + k_{\mathrm{II}} \mathsf{H}_2^2 + k_{\mathrm{III}} \mathsf{H}_3^2 \tag{333}$$

zu einem Maximum macht.

Bei der Diskussion dieser Bedingung ist zu berücksichtigen, daß die Gleichung (333) die Hauptachsen der magnetischen Influenz voraussetzt, und daß die Komponenten $\mathsf{H}_1, \ldots$ nach diesen Richtungen zu nehmen sind. Die Resultante $\mathsf{H}$ aus den $\mathsf{H}_i$ kann kurz als das mittlere Feld bezeichnet werden; in Wahrheit stellen die $\mathsf{H}_i$ nach S. 484 die Quadratwurzeln aus den Mittelwerten der Quadrate der Feldkomponenten $H_i^0$ im Bereich des Kristalls dar; $\mathsf{H}$ ist also ziemlich kompliziert definiert.

Bezeichnet man die Richtungskosinus von $\mathsf{H}$ gegen die magnetischen Hauptachsen durch $\alpha, \beta, \gamma$, so nimmt $\Omega$ die Form an

$$\Omega = \mathsf{H}^2 (k_{\mathrm{I}} \alpha^2 + k_{\mathrm{II}} \beta^2 + k_{\mathrm{III}} \gamma^2). \tag{334}$$

Ist durch die Umstände $\mathsf{H}^2$ unveränderlich vorgeschrieben, so kann der Maximalwert von $\Omega$ nur durch $\alpha, \beta, \gamma$, d. h. durch die Orientierung des Kristalls gegen das mittlere Feld erreicht werden.

Dieser Fall findet z. B. statt, wenn der Kristall in einem homogenen Felde $H^0$ um einen Punkt frei drehbar befestigt ist; hier wird er daher diejenige Orientierung einnehmen, wo das Feld $\mathsf{H} \equiv H^0$ mit der Richtung des größten $k_n$ zusammenfällt; bei paramagnetischen ist dies die Richtung absolut stärkster, bei diamagnetischen diejenige absolut schwächster Erregbarkeit.

Derselbe Fall findet auch weiter statt, wenn zwar der drehbar aufgehängte Kristall sich in einem inhomogenen Feld befindet, dabei aber Kugelgestalt besitzt, und die Drehachse durch das Kugelzentrum geht; auch hier ändert sich $\mathsf{H}$ bei einer Drehung des Kristalls nicht, da der vom Kristall bedeckte Raum immer derselbe bleibt. Die Einstellung geschieht demgemäß auch hier so, daß die Richtung des mittleren Feldes $\mathsf{H}$ mit derjenigen des größten $k_n$ zusammenfällt.

Hat der im inhomogenen Feld befindliche Kristall nicht Kugelgestalt, so ändert sich bei einer Drehung um seinen Schwerpunkt im allgemeinen $\mathsf{H}$; die Einstellung kann daher hier auch durch die Form des Kristalls bedingt werden. Ist beispielsweise die Achse von $k_{\mathrm{III}}$ Drehungsachse, und hat der Kristall zylindrische Form, mit der Zylinderachse parallel $k_{\mathrm{I}}$, dann kann, je nach dem Verhältnis von Länge zu Dicke an dem Zylinder und je nach der Art der Inhomogenität des Feldes, die Zylinderachse sich verschieden gegen das Feld einstellen.

Wir wollen annehmen, die mittlere Feldstärke H liege normal zur Drehungsachse $k_{III}$ und habe für den vom Zylinder eingenommenen Raum ein Maximum $H_I$, wenn die Zylinderachse $k_I$ in die Richtung von H fällt, ein Minimum $H_{II}$, wenn sie dazu normal steht. Dies würde z. B. dann der Fall sein, wenn es sich um eine Position des Zylinders in der Mitte zwischen zwei zugespitzten Magnetpolen handelte (s. Fig. 140). Hier ist für die axiale Position $\overline{\alpha\alpha}$ des Zylinders $H^2$ größer, als für die transversale $\overline{\beta\beta}$, wo Teile des Zylinders außerhalb des Bereiches größter Feldstärken liegen. Schreiben wir für diese beiden Positionen:

$$\Omega_I = k_I H_I^2, \qquad \Omega_{II} = k_{II} H_{II}^2,$$

so ist die stabile Gleichgewichtslage diejenige, bei welcher $k_n H_n^2$ das größere ist; dies kann aber bei $H_{II}^2 < H_I^2$ je nach dem Verhältnis von $k_{II}$ und $k_I$ sowohl die axiale, als die transversale sein. Erstere erfordert $k_I/k_{II} > H_{II}^2/H_I^2$, letztere $k_I/k_{II} < H_{II}^2\; H_I^2$

Wäre der Zylinder isotrop paramagnetisch ($k_n > 0$), so würde er sich hiernach unter allen Umständen axial, wäre er isotrop diamagnetisch, hingegen transversal einstellen; der kristallinische Zylinder kann sich, obwohl paramagnetisch, unter gegebenen Umständen transversal, ebenso, obwohl diamagnetisch, axial einstellen.

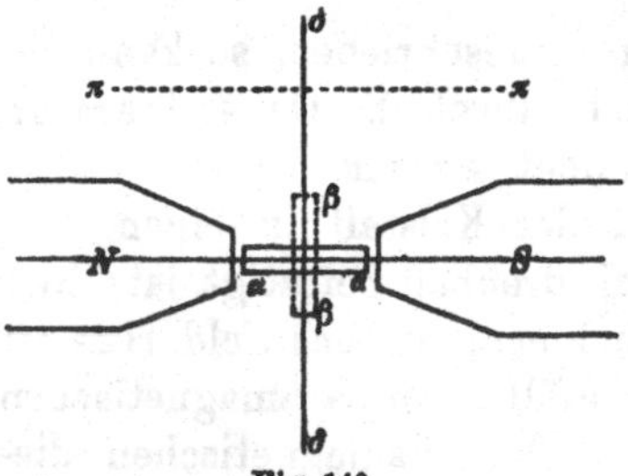

Fig. 140.

Dabei mag noch erwähnt werden, daß sogar derselbe kristallinische Zylinder sich in verschiedenen Teilen desselben Feldes verschieden verhalten kann. Fällt z. B. auf einem äquatorialen Durchmesser $\overline{\vartheta\vartheta}$ die Feldstärke von der Mitte nach den Seiten so wesentlich ab, daß $k_{II} H_{II}^2 < k_I H_I^2$ ist, obwohl $k_{II} > k_I$, so stellt sich dort der Zylinder in der Mitte des Feldes axial ein. Entfernt man den Zylinder innerhalb der Äquatorialebene nach oben oder nach der Seite aus dem axialen Bereich des Feldes, so nimmt die Verschiedenheit von $H_I$ und $H_{II}$ im allgemeinen ab, und es kann $k_{II} H_{II}^2 > k_I H_I^2$ werden, was die transversale Einstellung verlangt. *Tyndall* hat derartige Vorgänge experimentell verfolgt. —

Wir haben bisher nur den Fall einer Feldstärke H verfolgt, die normal zur Drehungsachse steht; es können aber im inhomogenen Felde auch Drehungsmomente entstehen infolge von Feldstärken, die der Drehungsachse $k_{III}$ parallel liegen. Hier nimmt der Ausdruck (333) die Form

$$\Omega = k_{III} H^2$$

an; dieselbe ergibt stets einen mit der Orientierung des Kristalls um die Drehungsachse wechselnden Wert, wenn das Feld und der Kristall beide nicht rotatorische Symmetrie um die Drehungsachse besitzen. Es wird sich demgemäß z. B. der oben betrachtete Kristallzylinder, wenn er in der Äquatorebene des Feldes um eine Parallele $\overline{\pi\pi}$ zu dessen Achse (s. Fig. 140) drehbar befestigt ist, so einstellen, daß $\Omega$ seinen größten Wert annimmt.

Die vorstehenden Überlegungen sind, wie der Vollständigkeit halber wiederholt werden mag, ganz unabhängig davon, ob der drehbar befestigte Kristall sich im leeren Raum (resp. in Luft) oder in einer magnetisierbaren Flüssigkeit befindet; denn die Wirkung des umgebenden Mediums kommt nur in dem subtraktiv mit allen Magnetisierungszahlen $\varkappa_n$ verbundenen Parameter $\varkappa_a$ zur Geltung ($k_n = \varkappa_n - \varkappa_a$), welcher die Größenfolge der Konstanten $k_{I}$, $k_{II}$, $k_{III}$ nicht beeinflußt. Die Einstellung drehbar befestigter Kristallpräparate vollzieht sich also ganz unabhängig von dem umgebenden Medium; auch sind die Drehungsmomente, welche den abgelenkten Kristall in seine Ruhelage zurückführen, von dem umgebenden Medium unabhängig. Bezügliche Beobachtungen sind von *Faraday* angestellt worden.

Die Beobachtung der orientierten Einstellung im homogenen Magnetfeld innerhalb des leeren oder des Luftraumes gibt bei Kristallen, deren Symmetrie die Lagen der magnetischen Hauptachsen unmittelbar erkennen lassen, das bequemste Mittel, die Aufeinanderfolge der den Achsen entsprechenden Hauptparameter $\varkappa_{I}$, $\varkappa_{II}$, $\varkappa_{III}$ ihrer Größe nach zu bestimmen. Ist der Kristall um eine der Hauptachsen drehbar befestigt, so stellt sich die Achse mit dem größten dazu normalen Tensor $\varkappa_n$ in die Kraftlinie. Bei monoklinen Kristallen hat man zunächst durch Beobachtung der Einstellung bei Drehbarkeit um die ausgezeichnete $Z$-Achse die Lage der dazu normalen magnetischen Achsen aufzusuchen, ehe man dieselben dann selbst als Drehachsen benutzen kann.

Auf diese Weise haben *Plücker*, *Faraday*, *Tyndall*, *Grailich* und *von Lang*[1]) für zahlreiche Kristalle die magnetischen Achsen charakterisiert; eine Mitteilung der bezüglichen Resultate liegt aber außerhalb der Ziele dieser Darstellung. Ebenso kann auf die Beobachtungen *Meslins*[2]) über magnetischen Pleochroismus von Flüssigkeiten mit Suspensionen und deren Deutung durch die Annahme einer Orientierung der suspendierten Teilchen im Magnetfeld nur hingewiesen werden.

Bei den vorstehenden Überlegungen ist die Wirkung der Selbstinfluenz des beobachteten Kristallpräparates ausdrücklich außer Betracht

1) *Grailich* und *V. v. Lang*, Wien. Ber. Bd. 32, IIª, p. 43, 1858; *V. v. Lang*, Bd. 109, IIª, p. 557, 1899.

2) *G. Meslin*, mehrere Arbeiten in den C. R. von 1903 ab.

gelassen; indessen gibt es doch singuläre Fälle, wo dieselbe bestimmend in Aktion tritt. Dies findet besonders bei Kristallen statt, deren Hauptmagnetisierungszahlen $\varkappa_{I}, \varkappa_{II}, \varkappa_{III}$ sich nur sehr wenig voneinander unterscheiden — ein Fall, der ziemlich häufig vorkommt. Hier kann dann die Einstellung im homogenen Felde gelegentlich entscheidend gerade durch die Selbstinfluenz, d. h. durch die Gestalt des Kristallpräparates bestimmt werden.

Auskunft hierüber gibt der Ausdruck (326)

$$T - T^0 = -\tfrac{1}{2}\left[(\varkappa_{I} - \varkappa_{a})\int H_1 H_1^0 dk + \cdots\right],$$

in dem jetzt die $H_i$ infolge der Selbstinfluenz sich von den $H_i^0$ unterscheiden. Dabei mag wieder $\varkappa_n - \varkappa_a = k_n$ gesetzt werden.

Betrachten wir etwa als Beispiel wieder ein zylindrisches Kristallstäbchen mit der Achse parallel $k_{I}$ gelegen und um die Achse $k_{III}$ im homogenen Feld drehbar. Für die axiale Position ist dann

$$T - T^0 = -\tfrac{1}{2} k_{I} H^0 \int H_1 \, dk,$$

für die transversale

$$T - T^0 = -\tfrac{1}{2} k_{II} H^0 \int H_2 \, dk$$

maßgebend. In ersterer ist $H_1$ merklich gleich $H^0$, in der letzteren ist bei paramagnetischem Verhalten $H_2 < H^0$, bei diamagnetischem $H_2 > H^0$ Hier kann dann die Verschiedenheit der beiden Integralwerte die Verschiedenheit der Faktoren $k_n$ überwiegen, also die Einstellung nicht durch die magnetischen Parameter, sondern durch die Gestalt des Präparates bestimmt werden.

Indessen ist bei ähnlichen Dimensionen des Präparates nach den Richtungen von $k_{I}$ und $k_{II}$ und bei sehr schwacher Magnetisierbarkeit diese Wirkung als Störung der Beobachtungen wenig zu fürchten.

§ 244. **Qualitative Beobachtungen über Translationswirkungen im Magnetfeld.** Auch für einen translatorisch beweglichen Kristall ist die stabile Ruhelage durch die Bedingung bestimmt, daß dieselbe $\Omega$ zu einem Maximum machen muß. Die translatorischen Kräfte parallel den Hauptachsen sind dabei, wenn

$$\xi \parallel k_{I}, \quad \eta \parallel k_{II}, \quad \zeta \parallel k_{III}$$

gerechnet wird, durch die Formeln (332) bestimmt. Wird speziell das mittlere äußere Feld sukzessive parallel diesen drei Richtungen zur Wirkung gebracht und dann mit $\mathsf{H}_{I}, \mathsf{H}_{II}, \mathsf{H}_{III}$ bezeichnet, so ergibt sich für die bezüglichen translatorischen Komponenten

$$\Xi = \tfrac{1}{2} K k_{I} \frac{\partial \mathsf{H}_{I}^2}{\partial \xi}, \quad H = \tfrac{1}{2} K k_{II} \frac{\partial \mathsf{H}_{II}^2}{\partial \eta}, \quad Z = \tfrac{1}{2} K k_{III} \frac{\partial \mathsf{H}_{III}^2}{\partial \zeta} \qquad (335)$$

Diese Formeln erklären das von *Faraday* experimentell erhaltene Resultat, daß innerhalb des leeren oder Luftraumes ($k_n = \varkappa_n$) Kristalle parallel ihren magnetischen Hauptachsen Kräfte in der Richtung wachsender Feldstärke erfahren, wenn sie paramagnetisch sind, in der Richtung abnehmender, wenn diamagnetisch, und daß diese Kräfte bei paramagnetischen Kristallen am stärksten sind in den Richtungen, die sich im homogenen Feld axial einstellen, bei diamagnetischen in den Richtungen, die sich transversal orientieren.

Übrigens sind die Formeln (335) keineswegs so zu verstehen, als ob ein inhomogenes Feld auf einen Kristall nur Kräfte in der Richtung seiner mittleren Feldstärken H ausübte. Denkt man eine Drehung des Kristalles verhindert, so kann man jeder Position $a, b, c$ seines Schwerpunktes einen (und nur einen) Wert von $H^2$ und somit von $\Omega$ zuordnen. Man erhält hierdurch für $H^2$ und für $\Omega$ ein Feld, und die Formeln (332), in die Gestalt

$$\Xi = \tfrac{1}{2} K \frac{\partial \Omega}{\partial a}, \quad H = \tfrac{1}{2} K \frac{\partial \Omega}{\partial b}, \quad Z = \tfrac{1}{2} K \frac{\partial \Omega}{\partial c} \tag{336}$$

gebracht, zeigen, daß die translatorische Kraft hier in den Gradienten des Feldes von $\Omega$ fällt und demselben proportional ist. Diese Richtung fällt aber, wie S. 430 in dem ähnlichen Falle eines elektrischen Feldes erörtert ist, keineswegs stets mit derjenigen von H zusammen, kann sogar zu ihr senkrecht stehen.

Wie schon S. 482 in bezug auf den speziellen Fall eines kugelförmigen Kristallpräparates bemerkt, spielt bezüglich der translatorischen Kräfte die Magnetisierbarkeit des den Kristall umgebenden Mediums eine sehr wesentliche Rolle. Insbesondere zeigen die Formeln (335) für die Kräfte, welche bei einem parallel zu einer Hauptachse wirkenden Felde parallel dieser Achse auftreten, in Verbindung mit der Definition $k_n = \varkappa_n - \varkappa_a$, daß nicht nur der Zahlwert, sondern sogar das Vorzeichen der translatorischen Kraft durch die Einwirkung des umgebenden Mediums gewechselt werden kann. Ein paramagnetischer Kristall verhält sich in einer Flüssigkeit von höherer Magnetisierbarkeit diamagnetisch, ein diamagnetischer in einer solchen von höherer diamagnetischer Erregbarkeit paramagnetisch.

Besonderes Interesse bieten die Fälle, wo ein Kristall in eine Flüssigkeit eingetaucht wird, deren $\varkappa_a$ zwischen den verschiedenen $\varkappa_n$ des Kristalles liegt. Hier erhält dann der Kristall für gewisse Hauptachsen diamagnetischen, für andere paramagnetischen Charakter; es läßt sich hierdurch leicht der interessante Fall realisieren, der in der Natur kaum vorkommt, in dem die drei Magnetisierungszahlen eines Kristalles nicht sämtlich gleiches Vorzeichen besitzen.

Auch hierzu liegen Versuche *Faradays* vor. Kristalle von rotem Blutlaugensalz (Ferrizyankalium), welche dem monoklinen System angehören, zeigen eine mittlere paramagnetische Erregbarkeit parallel der ausgezeichneten $Z$-Achse, größte und kleinste dagegen in zwei dazu normalen Richtungen $X$ und $Y$ Die letzteren extremen Werte sind beträchtlich voneinander verschieden.

Ein Kristall, der mit der $Y$-Achse parallel den Kraftlinien des Feldes orientiert und längs derselben beweglich war, verhielt sich paramagnetisch in einer Eisenvitriollösung, die unterhalb 11/17 = 0,65 konzentriert war, diamagnetisch innerhalb einer konzentrierteren. Wurde die $X$-Achse in die analoge Position gebracht, so erwies sich der Kristall paramagnetisch in Lösungen, deren Konzentration unterhalb 18/24 = 0,75 blieb. Für Lösungen von zwischen diesen Grenzen liegenden Konzentrationen war dann $k_{II} < 0$, $k_I > 0$, der Kristall also zugleich para- und diamagnetisch.

Es mag hier auf die Betrachtungen von S. 323 hingewiesen werden, die dartun, wie in einem solchen Fall hyperbolischer Gestaltung der Tensorfläche $[k]$ die Richtungen von Moment und Feldstärke sehr weit voneinander abweichen können; Figur 117 veranschaulicht, wie dabei der Winkel zwischen beiden alle Werte zwischen $0^0$ und $180^0$ annehmen kann.

§ 245. **Methoden zur Bestimmung relativer Werte von Magnetisierungszahlen. Ableitung absoluter Werte durch Kombination.** Alle in den letzten beiden Paragraphen besprochenen Beobachtungen sind qualitativer Art. Wir wenden uns jetzt den Untersuchungen zu, die quantitative Bestimmungen bezweckten.

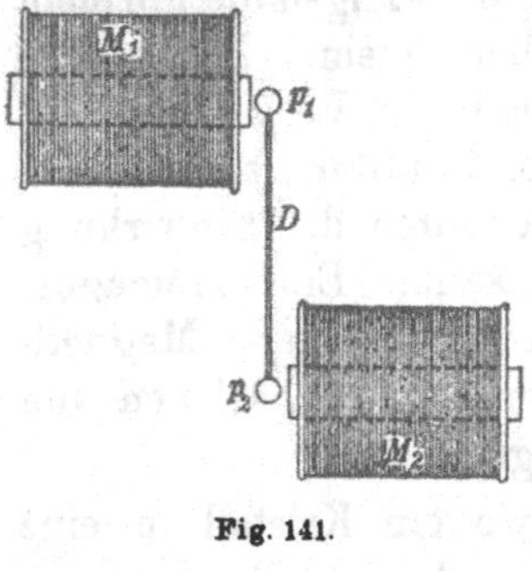

Fig. 141.

Im unmittelbaren Anschluß an die Ableitung des Gesetzes der translatorischen Kräfte durch *W Thomson* unternahm es *Tyndall*[1]), das Verhältnis dieser Kräfte für die S. 488 betrachteten verschiedenen Orientierungen desselben Kristalles zu bestimmen. Zwei identische Präparate desselben Kristalles wurden an den Enden des Hebels einer Drehwage $D$ befestigt und der Wirkung identischer Elektromagnete $M_1$, $M_2$ ausgesetzt (s. Fig. 141). Bei Erregung der letzteren erfuhr jedes Präparat eine Kraft normal zu dem Hebel $D$, der Hebel selbst also ein Drehungsmoment. Durch Drehung der Aufhängung des Hebels

1) *J Tyndall*, Pogg. Ann. Bd. 83, p. 384, 1851; Phil. Mag. (4) T. 2, p. 174, 1851.

wurden die Präparate in ihre ursprüngliche Position zurückgeführt, also das magnetische Drehungsmoment durch dasjenige der Aufhängung kompensiert. Da das Gesetz der magnetischen Feldstärke in dem vom Kristall eingenommenen Raumbereich nicht bekannt war, so gestattete die Messung nicht die Ableitung von Absolutwerten der magnetischen Parameter. Es ließen sich aber Quotienten verschiedener $k_s$ bestimmen, indem ein Präparat von Kugel- oder Würfelform sukzessive in verschiedener Orientierung der Messung unterworfen und zugleich Sorge getragen wurde, daß sein Volumen bei den verschiedenen Beobachtungen genau dasselbe Raumbereich des immer wieder auf genau die frühere Stärke gebrachten Feldes erfüllte. Bei der Bestimmung dieser Quotienten war dann auch die Kenntnis des absoluten Wertes für das Drehmoment der Aufhängung nicht erforderlich.

*Tyndall* erhielt so für Kugeln aus dem in Gruppe (9) kristallisierenden Eisenspat

$$k_{I} : k_{III} = 20{,}7 : 25{,}5\,,$$

für Kugeln aus dem ebenso kristallisierenden Kalkspat

$$k_{I} : k_{III} = 49{,}5 : 55 = 91 : 100,$$

für Würfel des zur gleichen Gruppe gehörenden Wismut

$$k_{I} : k_{III} = 153 : 110 = 100 : 71.$$

Eine gleichzeitige Messung *Hankels*[1]) an einem Zylinder aus Wismut, dessen Achse normal zur ausgezeichneten $Z$-Achse lag, nach einem verwandten Verfahren, bei dem der vertikal aufgehängte Zylinder sukzessive in verschiedenen Richtungen von den Kraftlinien durchsetzt wurde, lieferte

$$k_{I} : k_{III} = 100 : 67\,,$$

was mit dem Resultate *Tyndalls* befriedigend übereinstimmt.

Während die Beobachtungen von translatorischen Kräften nach *Tyndall* und *Hankel* Quotienten von Hauptmagnetisierungszahlen eines Kristalles lieferten, lassen sich aus Messungen von Drehungsmomenten nach S. 482 Werte für die Differenzen dieser Größen ableiten. In dieser Richtung bewegen sich die Untersuchungen von *Stenger*[2]) und *König*[3]).

Beide Autoren unterwarfen der Messung die Schwingungsdauern von Kugeln aus Kalkspat, die in einem merklich homogenen Felde um eine zur Hauptachse normale Achse drehbar aufgehängt waren.

---

1) *H. Hankel.* Leipz. Ber. 1851, p. 99.
2) *Fr. Stenger,* Wied. Ann. Bd. 20, p. 304, 1883; Bd. 35, p. 331, 1888.
3) *W. König,* Wied. Ann. Bd. 31, p. 273, 1887.

Da die Aufhängung selbst eine, wenngleich kleine Direktionskraft besitzen mußte, so war es erforderlich, die Kugeln zunächst ohne, dann mit wirkendem Magnetfeld schwingen zu lassen.

Die stabile Ruhelage einer wie beschrieben drehbaren Kugel aus Kalkspat ist die, daß die Hauptachse sich normal zu den Kraftlinien einstellt; es ist nämlich

$$\varkappa_{\mathrm{I}} < 0, \quad \varkappa_{\mathrm{III}} < 0$$

und

$$|\varkappa_{\mathrm{I}}| < |\varkappa_{\mathrm{III}}|$$

Das Drehungsmoment, das die Kugel bei einer sehr kleinen Ablenkung $\psi$ aus dieser Position erfährt, bestimmt sich nach (306) zu

$$N = -KH^{0\,2}\psi((\varkappa_{\mathrm{I}}) - (\varkappa_{\mathrm{III}})); \tag{337}$$

schreibt man das Moment der Aufhängung

$$N_0 = -D\psi$$

und nennt das Trägheitsmoment der Kugel $\mathfrak{M}$, so ergibt sich für die Schwingungsfrequenzen $\nu_0$ und $\nu$ ohne und mit Einwirkung des Feldes

$$\nu_0^2 = \frac{D}{\mathfrak{M}}, \quad \nu^2 = \frac{1}{\mathfrak{M}}[D + KH^{0\,2}((\varkappa_{\mathrm{I}}) - (\varkappa_{\mathrm{III}}))].$$

Die Kombination der beiden Formeln gestattet, $D$ zu eliminieren. Da für eine Kugel $\mathfrak{M} = \frac{2}{5}\varrho K R^2$, unter $\varrho$ die Dichte, unter $R$ den Radius verstanden, so erhält man schließlich zur Berechnung der Beobachtungen

$$\nu^2 - \nu_0^2 = \frac{5H^{0\,2}}{2\varrho R^2}((\varkappa_{\mathrm{I}}) - (\varkappa_{\mathrm{III}})). \tag{338}$$

Wegen der Kleinheit der $\varkappa_n$ kann man nach der Definition der $(\varkappa_n)$ von S. 476 letztere Größen mit den $\varkappa_n$ vertauschen; überdies ist $\varkappa_{\mathrm{I}} - \varkappa_{\mathrm{III}}$ mit $k_{\mathrm{I}} - k_{\mathrm{III}}$ identisch, wenn die $k_n$ sich auf Beobachtungen in Luft, die $\varkappa_n$ auf solche im Vakuum beziehen.

Die Resultate der Messungen von *Stenger* und *König* bezüglich des Zahlwertes von $(\varkappa_{\mathrm{I}} - \varkappa_{\mathrm{III}})$ für Kalkspat weichen auffallend voneinander ab, während die von jedem Autor an verschiedenen Kugeln erhaltenen Zahlen ziemlich gut miteinander übereinstimmen. *Stenger* erhielt Werte zwischen 7,9 und 9,0 $10^{-8}$, *König* zwischen 10,8 und 11,6 $10^{-8}$ Obgleich nun feststeht, daß Kalkspate verschiedenen Herkommens offenbar infolge spurenweiser Beimengung eines Eisenkarbonates sich stark verschieden verhalten, befremden diese starken Abweichungen bei wahrscheinlich derselben (isländischen) Herkunft des Materials.

Da die beiden Autoren sich verschiedener Methoden zur Bestimmung der von ihnen benutzten magnetischen Feldstärke bedienten, und da die betreffenden Messungen nicht ohne Schwierigkeiten sind, die Größe $H^0$ überdies in dem Ausdruck für das Drehungsmoment quadratisch auftritt, so erscheint es nicht unmöglich, daß die starke Differenz der Resultate auf einer Unsicherheit der Bestimmung von $H^0$ beruht.

Beobachtungen, die *König* an Quarzkugeln nach der bei Kalkspat angewendeten Methode durchgeführt hat, ergaben ein singuläres magnetisches Verhalten dieser Substanz, das sich nach *Tumlirz*[1]) aus dem Entstehen dauernder magnetischer Polaritäten zu erklären scheint. —

Statt das Drehungsmoment, welches ein Kristallpräparat im homogenen Magnetfelde erfährt (wie oben), aus dessen Schwingungsdauer abzuleiten, kann man dasselbe auch direkt messen, indem man durch eine Drehung der Aufhängung das Präparat in die ursprüngliche Position zurückführt. Handelt es sich z. B. um einen Kristall, der um die $\varkappa_{III}$-Achse drehbar aufgehängt und ursprünglich so orientiert ist, daß die Kraftlinien des erregten Feldes den Winkel zwischen den Achsen $\varkappa_I$ und $\varkappa_{II}$ halbieren, dann ergibt sich für das bei Erregung des Feldes entstehende Drehungsmoment nach (320)

$$N = -\tfrac{1}{2} K H^{0\,2}(\varkappa_I - \varkappa_{II}). \qquad (339)$$

Ist eine Drehung der Aufhängung um einen Winkel $\chi$ erforderlich, um den Kristall in die Anfangslage zurückzubringen, so ergibt sich die Beziehung

$$D\chi = \tfrac{1}{2} K H^{0\,2}(\varkappa_I - \varkappa_{II}). \qquad (340)$$

Diese Methode ist von *Lutteroth*[2]) angewendet worden, um die Veränderung der Differenzen $\varkappa_h - \varkappa_i$ zwischen den Hauptmagnetisierungszahlen mit wachsender Temperatur für eine Reihe von Kristallen zu messen. —

Da die Beobachtungen von *Tyndall* für Kalkspat den Wert des Quotienten $k_I/k_{III} = 0{,}91$ geliefert haben, und da die Messungen von *Stenger* und *König* $\varkappa_I - \varkappa_{III}$ oder, da in der Differenz der Einfluß der umgebenden Luft herausfällt, (im Mittel)

$$k_I - k_{III} \text{ resp.} = 8{,}20 \cdot 10^{-8} \text{ und } 11{,}3 \cdot 10^{-8}$$

ergaben, so gestattet die Kombination dieser Zahlen eine Berechnung der absoluten Werte von $k_I$ und $k_{III}$ für diesen Kristall. Es ergibt sich aus der *Stenger*schen Zahl

1) *O. Tumlirz*, Wied. Ann. Bd. **27**, p. 133, 1886.
2) *A. Lutteroth*, Wied. Ann. Bd. **60**, p. 1081, 1898.

$$k_I = -8{,}6 \cdot 10^{-7}, \quad k_{III} = -9{,}4 \cdot 10^{-7};$$

aus dem *König*schen Resultat folgt

$$k_I = -11{,}1 \cdot 10^{-7}, \quad k_{III} = -12{,}2 \cdot 10^{-7}.$$

Diese Ergebnisse haben keine große Sicherheit, einmal wegen der starken Abweichung zwischen der *Stenger*schen und der *König*schen Zahl und der Verschiedenheit der Präparate, mit denen wiederum *Tyndall* gearbeitet hatte; sodann auch, weil die *Tyndall*sche Zahl an sich nicht allzu genau sein kann und ihre Unsicherheit sich auf die berechneten $k_I$ und $k_{III}$ sehr ungünstig überträgt. Da nämlich

$$k_I - k_{III} = k_{III}\left(\frac{k_I}{k_{III}} - 1\right)$$

ist, so kommt nur der Unterschied der *Tyndall*schen Zahl von Eins zur Geltung. Ein Fehler in $k_I/k_{III}$ von 1% bedingt demgemäß einen Fehler in $k_I$ und $k_{III}$ um 11%.

So bedeutungsvoll somit auch die erstmalige Ableitung von Absolutwerten der $k_h$ für einen Kristall ist, so kann das Resultat doch nur wenig befriedigen, und es sind andere Methoden dringend erwünscht, welche in direkterer Weise diese absoluten Zahlwerte ergeben.

§ 246. **Benutzung von Drehungsmomenten zur Ableitung absoluter Parameterwerte.** Eine solche Methode zur Bestimmung absoluter Werte von Magnetisierungszahlen von Kristallen ist von *Rowland*[1]) angegeben worden. Dieselbe ist prinzipiell interessant und soll deshalb hier besprochen werden, obgleich die einzigen nach ihr angestellten Messungen durch ein nicht aufgeklärtes Versehen entstellt und deshalb von *Rowland* selbst später aufgegeben worden sind.

Die Methode beruht auf der Messung der Dauer der Oszillationen, welche Stäbe aus kristallinischer Substanz in einem bekannten inhomogenen Feld um ihre stabile Ruhelage ausführen. Das Feld wurde durch einen Elektromagneten hervorgebracht und konnte als von der Symmetrie eines Rotationskörpers betrachtet werden. Nach einem Satze aus der Theorie der einfachen Kugelfunktionen kann man das allgemeine Gesetz des magnetischen Potentiales in einem solchen Felde berechnen, wenn man dessen spezielles Gesetz längs der Achse des Feldes kennt. Dies letztere Gesetz ist aber bekannt, wenn man die Feldstärke längs der Achse kennt. Die Messung der hier herrschenden Feldstärke mit Hilfe ihrer Induktionswirkung auf eine kleine Drahtrolle, die aus der axialen Position schnell herausgezogen wurde — eine

1) *H. A. Rowland* u. *W. W. Jacques*, Amer. Journ. (3), T. 18, p. 360, 1879.

Methode, auf die wir unten zurückkommen werden —, vermittelte sonach die Kenntnis des ganzen Feldes.

Ist das allgemeine Gesetz des Feldes bekannt, so lassen sich auch für jeden innerhalb desselben abgegrenzten Raum die **mittleren** Feldkomponentenquadrate $\mathsf{H}_1^2$, $\mathsf{H}_2^2$, $\mathsf{H}_3^2$ berechnen. Führt man diese Rechnung für das Volumen aus, welches der beliebig aus der Ruhelage abgelenkte Kristallstab einnimmt, so gestattet das Resultat auch die Ableitung des Drehungsmomentes, welches dieser Stab um seine Drehungsachse in dieser Position erfährt.

Um wenigstens die Form des Resultates zu erkennen, nehmen wir an, die Drehungsachse falle mit der Richtung von $k_{II}$ zusammen, die Stabachse mit $k_I$; und in der Ruhelage sei $k_I$ der Achse des Magnet-Drehungsfeldes parallel.

Für einen sehr kleinen Ablenkungswinkel $\psi$ kann man dann $\mathsf{H}_1^2$ und $\mathsf{H}_3^2$ nach Potenzen von $\psi$ entwickeln und schreiben

$$\mathsf{H}_1^2 = p - p'\psi^2 + \cdots, \quad \mathsf{H}_3^2 = q + q'\psi^2 + \cdots, \tag{341}$$

denn nach Symmetrie müssen $\mathsf{H}_1^2$ und $\mathsf{H}_3^2$ gerade Funktionen von $\psi$ sein; auch wird $\mathsf{H}_1^2$ mit wachsendem $\psi$ abnehmen, $\mathsf{H}_3^2$ zunehmen. Die Parameter $p, p'$ und $q, q'$ sind bei bekanntem Feld aus diesem zu berechnen.

Wir erhalten somit

$$\Omega = k_I(p - p'\psi^2) + k_{III}(q + q'\psi^2) \tag{342}$$

und daraus für das Drehungsmoment um die Achse $k_{II}$

$$N_1 = \tfrac{1}{2} K \frac{\partial \Omega}{\partial \psi} = -K\psi(k_I p' - k_{III} q'). \tag{343}$$

Ein zweites Präparat von gleichen Dimensionen, für welches die Stabachse mit $k_{III}$ zusammenfällt, liefert, wenn seine Ruhelage gleichfalls axial ist, ein Moment

$$N_2 = -K\psi(k_{III} p' - k_I q') \tag{344}$$

Wird also mit Hilfe der Messung von Schwingungsdauern $N_1$ und $N_2$ bestimmt, so kann man bei bestimmten $p'$ und $q'$ aus den vorstehenden Formeln $k_I$ und $k_{III}$ getrennt und nach ihren absoluten Werten berechnen.

Die Beobachtungen von *Jacques* bezogen sich auf je zwei Stäbe vorgenannter Orientierung aus Kalkspat und Wismut. Wie schon bemerkt, sind die betreffenden Resultate infolge eines Versehens nicht brauchbar; wir gehen daher auf dieselben nicht ein. Eine prinzipielle Schwierigkeit der *Rowland*schen Methode muß aber noch Erwähnung finden, nämlich die, welche in der dabei benutzten Bestimmung des mittlern Feldes H resp. $H^2$ innerhalb des von seinen Kristallpräparaten überdeckten Raumbereiches liegt.

Die Methode der Induktion einer Rolle, wie auch alle anderen Methoden zur experimentellen Bestimmung einer magnetischen Feldstärke liefern diese Größe nicht für einen einzelnen Punkt, sondern sie integrieren über einen Raum; sie ergeben demgemäß für diesen Raum mittlere Werte, und man muß von diesen räumlichen Mittelwerten erst durch Rechnung Punktwerte ableiten, um das wirkliche Gesetz des Feldes zu erhalten. Dies Verfahren ist nicht nur umständlich, sondern auch unsicher; die schließlich gefundenen Punktwerte sind viel ungenauer als die direkten Messungen.

Da nun aber das untersuchte Kristallpräparat seinerseits auch die Feldwirkungen über einen Raum integriert, so entsteht hier eine neue Ungenauigkeit; diese ist offenbar besonders groß, wenn, wie bei *Rowland*, nicht allein das Integrationsgebiet bei der Ausmessung des Feldes ganz verschieden ist von demjenigen, das bei der Benutzung des Feldes zur Anwendung kommt, sondern auch die Ausmessung des Feldes an das Verhalten von $H^0$ selbst anknüpft, während für die schließlich beobachtete Wirkung des Feldes $H^{0 2}$ maßgebend ist.

§ 247. **Benutzung translatorischer Kräfte zur Ableitung absoluter Werte.** Die vorstehenden Bemerkungen weisen darauf hin, daß bei dem Arbeiten mit inhomogenen Feldern, welches die Bestimmung absoluter Werte $\varkappa_n$ erfordert, Sorge zu tragen ist, daß einerseits die Ausmessung des Feldes sich nicht auf $H^0$, sondern auf $H^{0 2}$ bezieht, und daß sie weiter über denselben Raum integriert, den später das beobachtete Kristallpräparat einnimmt.

Dieser Gedanke ist in der nachstehend angegebenen und angewandten Methode[1]) verfolgt, dabei auch Rücksicht genommen auf die Kleinheit der bei kristallphysikalischen Untersuchungen im allgemeinen verfügbaren Substanzmengen.

Als Effekt eines Magnetfeldes, der vom Quadrat der Feldstärke abhängt und demnach zu einer direkten Bestimmung des Mittelwertes von $H^{0 2}$ benutzt werden kann, bietet sich die Wirkung auf den Widerstand eines Wismutdrahtes; dieser Widerstand erfährt im Felde eine Zunahme, die nach Symmetrie jedenfalls eine gerade Funktion der Feldstärke sein muß und bei mäßigen Feldstärken auch angenähert durch deren Quadrat gemessen wird.

Die Apparate, in denen die genannte Wirkung zur Bestimmung von Feldstärken angewendet wird, sind ebene Spiralen von dünnem

1) *W. Voigt* und *S. Kinoshita*, Gött. Nachr. 1907, p. 123; Ann. d. Phys., Bd. 24, p. 492, 1907.

Wismutdraht, die durch Beobachtungen in der Achse eines Feldes von der Symmetrie eines Rotationskörpers und von geringer örtlicher Veränderlichkeit geeicht werden, während die Kraftlinien des Feldes normal zur Ebene der Wismutspirale verlaufen.

Die Wismutspirale bestimmt hiernach den Mittelwert des Quadrates der Feldstärke innerhalb einer kleinen kreisrunden ebenen Scheibe, die normal zur Richtung der Feldstärke liegt. Indem man bei Festhaltung dieser Orientierung die Position der Spirale im Felde variiert, kann man die örtliche Veränderung dieses Mittelwertes in einem beliebigen Bereiche bestimmen.

Gibt man dann noch dem Kristallpräparat eine Form und Größe, die mit derjenigen der Wismutspirale übereinstimmt, und bringt das Präparat in dieselben Positionen, die zuvor die Wismutspirale innehatte, so ist der Anforderung von S. 496 entsprochen: die Bestimmung der Feldstärke operiert mit derselben Funktion $H^{0\,2}$ und demselben Raum, mit der das Feld bei der Beobachtung der Translationskraft wirksam wird.

Nach diesen Gesichtspunkten ist die betreffende Beobachtungsmethode in folgender Weise ausgearbeitet.

Das benutzte Magnetfeld hatte eine horizontale Achse $\overline{NS}$; die Kraftlinien durchsetzten seine Äquatorialebene in horizontaler Richtung. Figur 142 stellt einen horizontalen Meridian des Feldes dar.

Auf dem horizontalen Radius $\overline{oa}$ wurde nun der Mittelwert $\overline{H^{0\,2}} = \mathsf{H}^2$ des Feldstärkequadrates im Bereiche der Wismutspirale als Funktion der Entfernung $s$ von der Achse des Feldes dadurch bestimmt, daß der Widerstand der Spirale in einer Reihe von Positionen gemessen wurde, bei denen ihre Ebene im Äquator des Feldes, ihr Mittelpunkt auf dem Radius $\overline{oa}$ lag. Durch Wiederholung der Messung nach einer Umklappung der Spirale um eine vertikale Achse wurde eine etwaige Dissymmetrie der Spirale eliminiert.

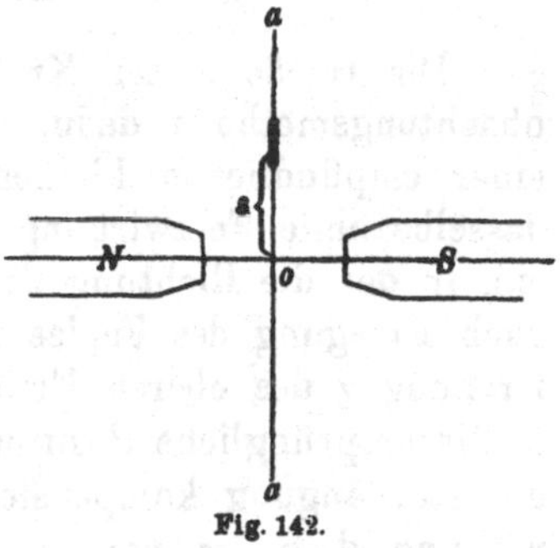

Fig. 142.

Die gefundenen Werte von $\overline{H^{0\,2}}$ wurden durch eine Interpolationsformel vereinigt, die durch

$$\mathsf{H}^2 = f(s)$$

angedeutet werden mag; sie gestattete die Berechnung von

$$\frac{\partial}{\partial s}\mathsf{H}^2 = f'(s).$$

Die Wismutspirale hatte einen Durchmesser von etwa 5 mm; demgemäß waren auch die Kristallpräparate in die Form von flachen Scheibchen von 5—5,5 mm Durchmesser bei etwa 1 mm Dicke gebracht Eines dieser Präparate, in eine der Positionen der Wismutspirale gebracht, erfährt dann eine translatorische Kraft parallel $s$, die mit $f'(s)$ proportional ist.

Um diese Kraft allgemein und bequem zu berechnen, schreiben wir den Ausdruck (328) für $T - T^0$, der das System der magnetischen Hauptachsen voraussetzt, für ein beliebiges Koordinatensystem und bei Vertauschung von $\varkappa_a$ mit $\varkappa$

$$T - T^0 = -\tfrac{1}{2}\Big\{(\varkappa_{11} - \varkappa)\int H_1^{0\,2}\,dk + \cdots \\ + 2\varkappa_{23}\int H_2^0 H_3^0\,dk + \cdots\Big\}; \tag{345}$$

lassen wir dann die $Z$-Achse in die Richtung der Kraftlinien fallen, setzen also $H_1^0$ und $H_2^0$ gleich Null und vertauschen $H_3^0$ mit $H^0$, so ergibt sich

$$T - T^0 = -\tfrac{1}{2}K(\varkappa_{33} - \varkappa)\overline{H^{0\,2}} = -\tfrac{1}{2}K(\varkappa_{33} - \varkappa)\,\mathsf{H}^2, \tag{346}$$

und für die translatorische Kraft in der Richtung von $s$ folgt

$$F_s = \tfrac{1}{2}K(\varkappa_{33} - \varkappa)\frac{\partial}{\partial s}\mathsf{H}^2 = \tfrac{1}{2}K(\varkappa_{33} - \varkappa)f'(s). \tag{347}$$

Die Größe dieser Kraft wurde nun bei der beschriebenen Beobachtungsmethode dadurch gemessen, daß das Kristallpräparat an einer empfindlichen kleinen Drehwage aufgehangen wurde. Nahm dasselbe ohne Feldwirkung eine bestimmte verlangte Position ($s = s^0$) ein, in der die Richtung des Hebelarmes $h$ normal zu $s$ stand, so trat nach Erregung des Feldes eine Ablenkung ein. Durch eine meßbare Drehung $\chi$ des oberen Endes der Aufhängung ließ sich das Präparat in die ursprüngliche Position zurückführen. Das Drehungsmoment $D\chi$ der Aufhängung kompensierte dann das Drehungsmoment der Feldwirkung, d. h., es war

$$D\chi = hF_s = \tfrac{1}{2}hK(\varkappa_{33} - \varkappa)f'(s) \tag{348}$$

Hiermit ist $\varkappa_{33} - \varkappa$ durch lauter in einfacher Weise meßbare Größen ausgedrückt. Bei Beobachtungen in Luft ist $\varkappa$ die Magnetisierungszahl für Luft., d. h. etwa gleich $0{,}24 \cdot 10^{-7}$

$$\varkappa_{33} - \varkappa = k_{33}$$

bezieht sich auf die Volumeneinheit. Schreibt man bei Einführung der Dichte $\varrho$ der Kristallsubstanz

$$K(\varkappa_{33} - \varkappa) = K\varrho\,\frac{k_{33}}{\varrho} = m\,h_{33}, \tag{349}$$

so stellt $m$ die Masse des Präparates dar, und $h_{33}$ ist die Magnetisierungszahl für die $Z$-Achse, bezogen auf Luft als umgebende Flüssigkeit und auf die Masseneinheit.

§ 248. **Beobachtungsresultate.** Nach der im vorstehenden skizzierten Methode hat im Göttinger Institut *Kinoshita* Beobachtungen an einer Reihe von Kristallen der hochsymmetrischen Systeme III bis VII angestellt.

Bei den regulären Kristallen (System VII) sind alle Orientierungen der Präparate gleichwertig; das System verhält sich magnetisch isotrop. Bei den Kristallen des trigonalen, tetragonalen und hexagonalen Systems (IV—VI), welche magnetisch die Symmetrie von Rotationskörpern besitzen, erhält man die Hauptmagnetisierungszahlen $k_{\mathrm{I}}$ und $k_{\mathrm{III}}$ mit Hilfe zweier Platten, von denen die eine parallel, die andere normal zur $Z$-Achse geschnitten ist. Bei den rhombischen Kristallen (System III) ergeben sich die drei Hauptmagnetisierungszahlen $k_{\mathrm{I}}$, $k_{\mathrm{II}}$, $k_{\mathrm{III}}$ mit Hilfe dreier Platten normal zu den Hauptachsen $X, Y, Z$.

Im folgenden sind die von *Kinoshita* für einige der bekanntesten Kristalle erhaltenen Resultate zusammengestellt. Es sei in bezug darauf erinnert, daß die $k_n$ und $h_n$ sich auf die Beobachtung in Luft beziehen, $k_n$ überdies auf die Volumen-, $h_n$ auf die Masseneinheit. $k_n > 0$ entspricht Para-, $k_n < 0$ Diamagnetismus relativ zu Luft.

Reguläres System.

| | | |
|---|---|---|
| Steinsalz | $h_{\mathrm{I}} = -3{,}76 \cdot 10^{-7}$, | $k_{\mathrm{I}} = -\ 8{,}16 \cdot 10^{-7}$; |
| Alaun | $= -5{,}79$ „ | $= -10{,}14$ „ |
| Bleiglanz | $= -3{,}50$ „ | $= -26{,}3$ „ |
| Flußspat | $= -6{,}27$ „ | $= -20{,}0$ „ |
| Pyrit | $= +6{,}66$ „ | $= +33{,}7$ „ |

Hexagonales System.

| | | |
|---|---|---|
| Beryll | $h_{\mathrm{I}} = +\ 8{,}27 \cdot 10^{-7}$, | $h_{\mathrm{III}} = +\ 3{,}86 \cdot 10^{-7}$; |
| | $k_{\mathrm{I}} = +22{,}3$ „ | $k_{\mathrm{III}} = +10{,}4$ „ |
| Apatit | $h_{\mathrm{I}} = -\ 2{,}64$ „ | $h_{\mathrm{III}} = -\ 2{,}64$ „ |
| | $k_{\mathrm{I}} = -\ 8{,}45$ „ | $k_{\mathrm{III}} = -\ 8{,}45$ „ |

Tetragonales System.

| | | |
|---|---|---|
| Rutil | $h_{\mathrm{I}} = +19{,}6 \cdot 10^{-7}$, | $h_{\mathrm{III}} = +20{,}9\ 10^{-7}$, |
| | $k_{\mathrm{I}} = +83{,}3$ „ | $k_{\mathrm{III}} = +88{,}9$ „ |
| Zirkon | $h_{\mathrm{I}} = -1{,}70$ „ | $h_{\mathrm{III}} = +7{,}32$ „ |
| | $k_{\mathrm{I}} = -7{,}84$ „ | $k_{\mathrm{III}} = +33{,}7$ „ |

Der benutzte Zirkonkristall war von zahlreichen Sprüngen durchsetzt; die auf ihn bezüglichen Zahlen sind demgemäß unsicher. Immerhin darf als wahrscheinlich gemacht gelten, daß Zirkon sich parallel der Hauptachse para-, normal dazu diamagnetisch verhält.

Trigonales System.

Kalkspat $h_I = -\ 3{,}64 \cdot 10^{-7}$, $h_{III} = -\ 4{,}06\ 10^{-7}$;
$k_I = -\ 9{,}87$ „ $k_{III} = -11{,}0$ „

Dolomit $h_I = +\ 7{,}88$ „ $h_{III} = +12{,}1$ „
$k_I = +22{,}6$ „ $k_{III} = +35{,}0$ „

Quarz $h_I = -\ 4{,}61$ „ $h_{III} = -\ 4{,}66$ „
$k_I = -12{,}2$ „ $k_{III} = -12{,}4$ „

Turmalin $h_I = +11{,}2$ „ $h_{III} = +\ 7{,}48$ „
$k_I = +34{,}7$ „ $k_{III} = +23{,}2$ „

Rhombisches System.

Coelestin $h_I = -3{,}42 \cdot 10^{-7}$, $h_{II} = -3{,}14 \cdot 10^{-7}$,
$h_{III} = -\ 3{,}59 \cdot 10^{-7}$;
$k_I = -13{,}5 \cdot 10^{-7}$, $k_{II} = -12{,}5 \cdot 10^{-7}$,
$k_{III} = -14{,}2 \cdot 10^{-7}$;

Aragonit $h_I = -3{,}92 \cdot 10^{-7}$, $h_{II} = -3{,}87 \cdot 10^{-7}$,
$h_{III} = -4{,}44 \cdot 10^{-7}$;
$k_I = -11{,}5 \cdot 10^{-7}$, $k_{II} = -11{,}4 \cdot 10^{-7}$,
$k_{III} = -13{,}0 \cdot 10^{-7}$.

Topas erwies sich nicht merklich magnetisch äolotrop; die $h_n$ fanden sich sämtlich $= -4{,}20 \cdot 10^{-7}$, die $k_n = -14{,}7 \cdot 10^{-7}$. —

Auf das spezielle Interesse, das Beobachtungen an monoklinen Kristallen (System II) besitzen, ist bereits früher einmal hingewiesen worden. Handelt es sich um Vorgänge, welche durch ein Tensortripel bestimmt werden, so sind bei den höher symmetrischen Systemen die Lagen der Konstituenten des Tripels im voraus bestimmt, bei dem monoklinen System ist dies nur für die eine der Fall, die in die ausgezeichnete $Z$-Achse fallen muß; über die andern beiden ist aus Symmetrierücksichten nichts zu schließen, als daß sie sich in der zur $Z$-Achse normalen Ebene befinden müssen, und es bietet sich nun die Frage, wie die Tensoren, die für verschiedene Erscheinungsklassen charakteristisch sind, in dieser Ebene gegeneinander gruppiert sind. Bei Vorgängen, die auf dieselben wirkenden Elemente (Elektronen z. B.) zurückzuführen sind, entsteht dann die Aufgabe, eine Theorie zu konstruieren, die den beobachteten Verhältnissen Rechnung trägt.

Magnetische Beobachtungen an Kristallen des monoklinen Systems hat nach der in § 247 geschilderten Methode *Finke*[1]) im hiesigen Institut angestellt. Dieselben beziehen sich auf einige Mineralien und außerdem auf künstliche Züchtungen, besonders von Eisen-, Kobalt-, Nickeldoppelsalzen. Da es sich um die Bestimmung von vier Größen handelt, nämlich der drei Hauptmagnetisierungszahlen und eines Winkels, der die Lage der magnetischen Hauptachsen in der $XY$-Ebene festlegt, so waren jedesmal vier Präparate der Messung zu unterwerfen.

Die Magnetisierungszahl $k_{III}$ ergibt sich unmittelbar mit Hilfe einer Platte normal zur ausgezeichneten $Z$-Achse; Lage und Größe von $k_I$ und $k_{II}$ läßt sich durch die Beobachtung dreier durch die $Z$-Achse gehenden und im übrigen verschieden orientierter Platten bestimmen. Über die Lagen, die wir im Anschluß an die Verfügungen der Kristallographen der $X$- und der $Y$-Achse in der zur ausgezeichneten $Z$-Achse normalen Ebene geben, ist S. 99 gesprochen worden. Gegen diese willkürlich gewählten Achsen sind dann zunächst die Orientierungen der drei durch die $Z$-Achse gehenden Platten und ebenso die durch ihre Beobachtung bestimmten Richtungen der $k_I$ und $k_{II}$ festzulegen. Betreffend die Berechnung dieser Größen ist S. 334 das Nötige gesagt worden.

Nachstehend sind einige der von *Finke* an monoklinen Kristallen erhaltenen Resultate für die Magnetisierungszahlen $h_n$ der Masseneinheit mitgeteilt; es sind dabei solche Kristalle gewählt, für welche nach S. 459 *Dubbert* die Hauptdielektrizitätskonstanten $\varepsilon_n$ bestimmt hatte, um die bezüglichen Zahlen und Richtungen zusammenstellen zu können. Wie oben bei den $\varepsilon_n$ ist auch hier das größere der in der $XY$-Ebene liegenden $k_n$ oder $\varkappa_n$ mit dem Index I ausgezeichnet. Der von der bezüglichen Hauptmagnetisierungsachse und der $+X$-Achse eingeschlossene Winkel ist mit $\psi$ bezeichnet.

Adular $h_I = -27{,}8 \cdot 10^{-7}$, $h_{II} = -25{,}0 \cdot 10^{-7}$,
$\psi = -13^0 20'$, $h_{III} = -20{,}6 \cdot 10^{-7}$;

Augit $h_I = +266 \cdot 10^{-7}$, $h_{II} = +129 \cdot 10^{-7}$,
$\psi = -7^0 0'$, $h_{III} = +227 \cdot 10^{-7}$;

Rohrzucker $h_I = -6{,}0 \cdot 10^{-7}$, $h_{II} = -5{,}5 \cdot 10^{-7}$,
$\psi = -1^0 50'$, $h_{III} = -5{,}7 \cdot 10^{-7}$.

1) *W. Finke*, Gött. Diss. 1909; Ann. d. Phys. Bd. 31, p. 149, 1910.

Die großen Zahlwerte, die Augit zukommen, beruhen jedenfalls auf dem Eisengehalt dieses Minerals.

Die Richtungen der Achsen $k_{I}$ und $k_{II}$ sind in den Figuren 137 bis 139 auf S. 460 nach den vorstehenden Angaben eingetragen; sie geben mit den dort ebenfalls verzeichneten Richtungen der dielektrischen Hauptachsen $\varepsilon_{I}$, $\varepsilon_{II}$ und den Richtungen der Hauptgeschwindigkeiten des *Na*-Lichtes eine gute Anschauung von der Mannigfaltigkeit der Erscheinungen, die in monoklinen Kristallen stattfinden. Beziehungen zwischen den Lagen der magnetischen und der dielektrischen Hauptachsen lassen sich bisher noch nicht gewinnen, dazu bedarf es einer viel größeren Zahl von Beobachtungen, als bisher vorliegen.

§ 249. **Über die Molekulartheorie der magnetischen Influenz.** Während für eine molekulare Theorie der dielektrischen Influenz auf Grundlage der Elektronenhypothese nach § 232 immerhin ein Anfang zu verzeichnen war und gewisse optische Vorgänge Stützen und Ergänzungen liefern, stößt eine molekulare Theorie der magnetischen Influenz, die den modernen elektronentheoretischen Vorstellungen Rechnung trägt, auf größere Schwierigkeiten.

Auf den ersten Blick möchte man meinen, daß, nachdem vor geraumer Zeit auf der Grundlage der Vorstellung drehbarer Molekularmagnete, resp. auf derjenigen molekularer orientierbarer Kreiströme, eine Deutung der magnetischen Vorgänge in isotropen und kristallinischen Körpern gelungen ist, die Anpassung dieser Deutung an die Elektronenhypothese sich sozusagen von selbst machen müßte. Eine Ladung, die eine geschlossene Bahn durchläuft oder rotiert, ist (im Mittel) einem Kreisstrom äquivalent, es bedarf also keiner andern Modifikation der älteren Theorie, als der Ersetzung der molekularen Magnete und Ströme durch umlaufende oder rotierende Elektronen.

Indessen ist diese Vorstellung trugerisch, da der Einfluß eines Magnetfeldes auf eine bewegte elektrische Ladung durch die *Maxwell*schen Gleichungen und die daran geschlossenen Ansätze von *H. A. Lorentz* ganz anders bestimmt wird, wie derjenige auf einen Elementarmagneten. Es ist unumgänglich nötig, diese Grundlagen der Elektronentheorie wirklich zur Anwendung zu bringen und zuzusehen, was dieselben betreffs der Erregung eines magnetischen Moments innerhalb eines Körpers infolge der Einwirkung eines magnetischen Feldes aussagen. Eine Darstellung der bezüglichen Untersuchung fällt natürlich außerhalb des Rahmens dieser Darstellung; doch mögen einige Resultate[1]) Erwähnung finden, die für das Verständnis des Mechanismus der magne-

1) *W. Voigt,* Ann. d. Phys. Bd. 9, p. 115, 1902; etwas anders bei *P. Langevin,* Ann. de Chim. (8) T. 5, p. 70, 1905.

tischen Influenz vom Standpunkt der Elektronentheorie aus eine gewisse Bedeutung haben.

Nach den in § 232 entwickelten Gedankengängen scheint es gegenwärtig das Naturgemäße zu sein, in den ponderabeln Körpern negative Elektronen um Gleichgewichtslagen oszillierend zn denken. In Isolatoren sind alle Elektronen derartig gebunden, in Leitern ist eine relativ kleine Zahl frei beweglich. Wir beschränken uns hier auf die Rolle, welche die gebundenen Elektronen beim Vorgang der Influenz spielen. Die Gleichgewichtslagen der negativen Elektronen denken wir uns passend innerhalb räumlich ausgedehnter positiver Ladungen befindlich, die, irgendwie mit den ponderabeln Massen der Moleküle verknüpft, durch die Reaktionen der umlaufenden Elektronen nicht merklich mitbewegt werden. Indessen können rotatorische Bewegungen der positiven Ladungen zugelassen werden.

Rotationen und Umlaufsbewegungen elektrischer Ladungen geben zu magnetischen Feldern Veranlassung; im natürlichen Zustand müssen diese molekularen Felder aber derartig regellos orientiert sein, daß auch ein einzelnes Volumenelement keine merkliche Wirkung nach außen übt. Die Aufgabe der Theorie ist nun, die Beeinflussung dieser Rotationen und Umlaufsbewegungen durch ein äußeres Magnetfeld rechnerisch zu verfolgen und das Feld zu bestimmen, welches ein Volumenelement infolge des modifizierten Bewegungszustandes seiner Ladungen aussendet. Dies Feld läßt sich dann nach dem in § 106 Entwickelten jederzeit auf Momente der Volumenelemente zurückführen, welche durch das äußere Feld erregt sind.

Betrachten wir zunächst die Umlaufsbewegungen der Elektronen, so ergibt die Theorie, daß, wenngleich diese Bewegung durch das äußere Feld geändert wird, doch das von ihnen ausgehende Feld ungeändert bleibt. Die nächstliegende Erwartung, daß nach der Theorie eine „Orientierung der Molekularströme“ und hierdurch ein magnetisches Moment der Volumenelemente einträte, erfüllt sich also nicht.

Um eine magnetische Wirkung zu erhalten, muß man die oben geschilderte Vorstellung dahin modifizieren, daß man die Umlaufsbewegung der Elektronen nicht ungestört verlaufend denkt, sondern annimmt, daß sie ab und an durch Zusammenstöße beeinflußt wird, derart, daß in jeder meßbaren Zeit Elektronen in allen möglichen Richtungen und mit höchst verschiedenen Geschwindigkeiten Umlaufsbewegungen beginnen. Die so bewegten Elektronen eines Volumenelementes senden dann in der Tat ein Magnetfeld aus, geradeso, als besäße das Volumen ein mit der äußeren Feldstärke proportionales Moment $M$; und zwar kann je nach dem Verhältnis der mittleren potentiellen und der mittleren kinetischen Energie aller Elektronen beim Beginn ihrer Bewegungen das Moment ebensowohl para-, als diamagnetisch sein.

Um die hierdurch gelieferte Erklärung der magnetischen Influenz von isotropen Körpern auf äolotrope zu übertragen, hat man sich nur noch vorzustellen, daß bei den oben eingeführten Zusammenstößen nicht alle Richtungen der resultierenden Bewegungen gleichmäßig bedacht werden, wie dies der Verschiedenartigkeit der Richtungen in einem Kristall entspricht.

Auch für die Bestimmung der Einwirkung des äußeren Feldes auf die Rotationsbewegungen gibt die allgemeine Theorie die vollständigen Hilfsmittel. Allgemein lehrt sie, daß eine ruhende räumlich ausgedehnte Ladung bei Entstehung eines äußeren Magnetfeldes in Rotation gerät, eine bereits rotierende eine Änderung ihrer Rotation erfährt. Diese Wirkungen scheinen jederzeit ein Feld des Volumenelementes zu veranlassen, welches einer diamagnetischen Erregung entspricht. Um paramagnetische Erregungen zu erhalten, bedarf es ergänzender Annahmen über (den Bewegungen entgegenwirkende) orientierte Widerstandskräfte, die naturgemäß etwas Willkürliches haben müssen. Die Erklärung äolotroper magnetischer Erregungen würde überdies verlangen, daß jene Einwirkungen bestimmte Symmetrien besäßen.

Man findet, wie es scheint, immer noch weniger Schwierigkeiten in der Erklärung der magnetischen Influenz, wenn man dieselbe ausschließlich in der Beeinflussung der Umlaufsbewegungen der Elektronen durch das äußere Feld sucht, als wenn man rotierende Ladungen dafür verantwortlich macht.

§ 250. **Die Entropie eines magnetisch influenzierten Kristalls.** Genau parallel gehend dem in § 234 bezüglich der dielektrischen Influenz Entwickelten läßt sich auch einiges über thermisch-magnetische Vorgänge sagen.

Bei Benutzung der Hauptachsen der magnetischen Influenz und bei Beschränkung auf kleine Temperaturänderungen nimmt der Ausdruck (290) für das thermodynamische Potential $\xi$ unter Rücksicht auf (291) die Form an

$$-2\xi = \frac{\gamma_p \tau^2}{\vartheta_0} + \varkappa_{\mathrm{I}} H_1^2 + \varkappa_{\mathrm{II}} H_2^2 + \varkappa_{\mathrm{III}} H_3^2; \tag{350}$$

aus ihm folgt für die Entropie der Volumeneinheit

$$\eta = \frac{\gamma_p \tau}{\vartheta_0} + \tfrac{1}{2}(\varkappa'_{\mathrm{I}} H_1^2 + \varkappa'_{\mathrm{II}} H_2^2 + \varkappa'_{\mathrm{III}} H_3^2), \tag{351}$$

wobei die $\varkappa_n'$ kurz für $d\varkappa_n/d\tau$ gesetzt sind.

Bei adiabatischer Zustandsänderung ist $\eta$ konstant; die Formel (351) gibt also in diesem Falle die Temperaturänderung, die eine Änderung des Magnetfeldes $H$ begleitet. Besonders einfach wird das Resultat, wenn die adiabatische Veränderung den Zustand gleichzeitigen Verschwindens von $\tau$ und $H$ berührt; hier gibt dann z. B.

$$\tau = -\frac{\vartheta_0}{2\gamma_p}(\varkappa'_{I} H_1^2 + \varkappa'_{II} H_2^2 + \varkappa'_{III} H_3^2) \tag{352}$$

die Temperaturänderung $\tau$, welche die **Erregung** des Feldes $H$ bewirkt. Diese Größe $\tau$ ist im allgemeinen von der **Richtung** von $H$ abhängig, nicht aber von dessen **Richtungssinn**; sie hat negatives Vorzeichen, wenn die Magnetisierungszahlen mit steigender Temperatur wachsen, positives, wenn sie dabei abnehmen.

Beobachtungen über die hierdurch signalisierten Erscheinungen an Kristallen liegen bisher noch nicht vor.

## 2. Teil. Ferromagnetismus.

§ 251. **Allgemeines über ferromagnetische Erregung.** Die einfache Proportionalität zwischen magnetischem Moment und magnetischer Feldstärke, welche der *Poisson*sche Ansatz und seine Erweiterung (292) durch *W. Thomson* ausspricht, findet bei isotropen Körpern bekanntlich nicht ausnahmslos statt. Insbesondere verläuft das Gesetz der Magnetisierung bei den Metallen Eisen, Nickel, Kobalt ganz anders.

Trägt man das Moment $M$ als Ordinate zu der Feldstärke $H$ als Abszisse auf, so ergibt sich für die Erregung dieser Körper bei Ausgang von dem unmagnetischen Zustand eine Kurve von dem Typus $\overline{OA}$ in der Figur 143, die anfangs langsam, dann schneller und später wieder langsamer ansteigt. Läßt man $H$ weiter und weiter wachsen, so nähert sich $M$ einer endlichen oberen Grenze $\overline{M}$, die man als den **Sättigungswert** des Moments bezeichnet.

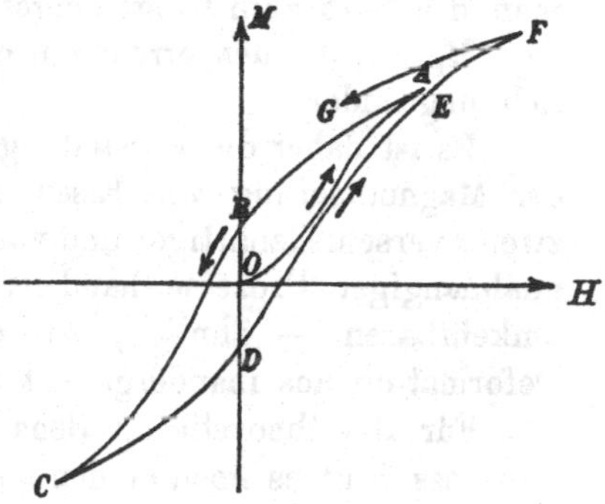

Fig. 143.

Läßt man nach Erreichung irgendeines Wertes $H_1$ nun $H$ wieder abnehmen, so durchläuft $M$ nicht dieselbe Wertreihe, die es beim Ansteigen von $H$ passierte, sondern es nimmt bei gleichem $H$ jetzt **größere** Werte an, wie das die Kurve $\overline{AB}$ andeutet. Die Ordinate $\overline{OB}$ stellt ein Moment dar, welches nach völligem Verschwinden des Feldes zurückbleibt. Bei Umkehrung der Feldrichtung nimmt $M$ den durch den Kurvenzweig $\overline{BC}$ dargestellten Verlauf, wobei $C$ ungefähr symmetrisch zu $A$ liegt. Ein Wachsen der (links von $O$ negativen) Feldstärke durch Null hindurch bis auf den zuvor erreichten größten Betrag $H_1$ führt das Moment auf der Kurve $\overline{CDE}$ bis in die Nähe des Punktes $A$. Wiederholtes Oszillieren der Feldstärke zwischen den Grenzen $+H_1$ und $-H_1$

läßt $M$ nahezu geschlossene Kurven beschreiben, den ferromagnetischen Körper somit also Kreisprozesse durchlaufen.

Überschreitet man den Wert $H_1$ und läßt das Feld etwa bis $H_2$ wachsen, so ergibt die Durchlaufung der Wertreihe bis $-H_2$ und zurück eine der Schleife $ABCDE$ analoge, die jene umschließt.

Die Verschiedenheit der Momente $M$, welche derselben Feldstärke $H$ entsprechen, je nach dem Wege, auf welchem diese Werte $H$ erreicht werden, — die sogenannte Hysteresis —, zeigt unverkennbar, daß es sich bei der magnetischen Erregung der genannten Metalle um einen irreversibeln Vorgang handelt. In der Tat gelingt es bei ihnen nicht, eine unter Arbeitsaufwand hervorgerufene Erregung durch einen gleich großen und entgegengesetzten Aufwand rückgängig zu machen. Die Durchlaufung eines Hysteresiszyklus, also eines Kreisprozesses, erfordert einen Arbeitsaufwand, und die Erfahrung zeigt, daß dieser Aufwand zu einer Erwärmung des magnetisierten Körpers dient.

Die Weite der Hysteresisschleifen, die im wesentlichen durch den Betrag des nach Fortfall des Feldes remanenten Momentes (gemessen durch $\overline{OB}$) bestimmt wird, hängt nach der Erfahrung sehr von der Form des magnetisierten Präparates ab. Magnetisiert man z. B. einen Stab aus weichem Eisen durch ein System darum gewundener stromdurchflossener Drähte, so wächst die Remanenz außerordentlich, wenn man den Stab zum Ringe umgestaltet. Dabei bleiben die Extremwerte $M_1, M_2, \ldots$, die den erreichten größten Feldstärken entsprechen, merklich ungeändert.

Es ist daher die Vorstellung zulässig, daß es sich bei dem Vorgang der Magnetisierung von Eisen, Nickel, Kobalt um die Superposition zweier verschiedenartiger und voneinander bis zu einem gewissen Grade unabhängiger Prozesse handelt: eines umkehrbaren und eines nicht umkehrbaren — ähnlich, wie das S. 192 bezüglich der elastischen Deformation auseinandergesetzt ist.

Für die theoretische Behandlung des nicht umkehrbaren Teilprozesses fehlt es noch an den nötigen Grundlagen.[1]) Es bleibt demnach nichts übrig, als den umkehrbaren Teil für sich der Theorie zu unterwerfen, die mit Hilfe des thermodynamischen Potentials sogleich zu gewinnen ist. Dieser Teil umfaßt das Verhalten in dem Idealfall verschwindender Hysterese, also das Gesetz für $M$, wie es bei unendlich feinen Hysteresisschleifen resultieren würde und wie es in Annäherung durch die Spitzen $A, F, \ldots$ der Hysteresisschleifen in Fig. 143 dargestellt wird. Charakteristisch für den so gewonnenen Zusammenhang zwischen Feldstärke $H$ und Moment $M$ ist ein langsameres Ansteigen von $M$ bei von Null an wachsendem $H$, das von einem stärkeren

1) S. hierzu übrigens die während des Druckes dieses Werkes erscheinende Abhandlung von *R. Gans*, Gött. Nachr. 1910.

Ansteigen bei größerem $H$ abgelöst wird. Weiterhin nimmt die Geschwindigkeit des Wachsens allmählich wieder ab und schließlich entsteht ein asymptotisches Anschmiegen an den S. 505 erwähnten Sättigungswert.

Für metallisches Eisen, Nickel, Kobalt lagen seit Dezennien bereits zahlreiche Untersuchungen über die Gesetze der ferromagnetischen Erregung vor; auch für verschiedene Eisenverbindungen, die in der Natur als dichte Gesteine vorkommen, war das ferromagnetische Verhalten, d. h. also Hysteresis und Abweichung von der Proportionalität zwischen Feld und Moment konstatiert[1]), als endlich (1896) *P. Weiß*[2]) das spezielle Problem der Kristallphysik erkannte, welches der Ferromagnetismus liefert. In der That entsteht mit dem Nachweis der Unanwendbarkeit des *W. Thomson*schen Ansatzes sogleich die Frage nach dem Ersatz für denselben. *Weiß* nahm zunächst die experimentelle Untersuchung der quantitativen und der Symmetrieverhältnisse in Angriff.

§ 252. **Theorie der Beobachtung magnetischer Erregung nach der Induktionsmethode.** Die erste Beobachtungsreihe von *P. Weiß* bezieht sich auf Magnetit ($Fe_3 O_4$), der im regulären System kristallisiert und besonders in den Formen des Oktaeders und des Rhombendodekaeders vorkommt. Sie verwendet die Methode der Magnetoinduktion, die auch in der Technik bei der Bestimmung der Magnetisierbarkeit von Eisen- und Stahlsorten üblich ist.

Der Ausgangspunkt für ihre Theorie ist die Grundformel der Magnetoinduktion, nach welcher das Linienintegral $L$ der in einem geschlossenen Leiter induzierten elektromotorischen Kraft sich durch die zeitliche Änderung des virtuellen magnetischen Potentials $\Gamma$ bestimmt, d. h. desjenigen, welches der Leiter von dem induzierenden Magneten erfahren würde, wenn in ihm die Stromstärke Eins flösse. Es gilt nämlich die Formel

$$L = \frac{d\Gamma}{dt}. \tag{353}$$

Für die gesamte Strommenge $J$, welche während einer Änderung von $\Gamma$ den Leiter vom Widerstand $W$ durchfließt, ergibt sich dann

$$WJ = (\Gamma_2 - \Gamma_1), \tag{354}$$

wobei $\Gamma_1$ und $\Gamma_2$ die Werte von $\Gamma$ im Anfangs- und Endzustand der Veränderung bezeichnen.

---

1) Literatur hierzu findet sich bei *H. du Bois*, Rapports Congr. int. d. Phys. 1900, T. II, p. 460.

2) *P. Weiß*, Écl. électr. T. 7, p. 487, T. 8, p. 56, 105, 1896; Journ. d. phys. (3) T. 5, p. 435, 1896; Thèse, Paris 1896.

Wir wollen von diesen Formeln zunächst eine Anwendung machen zur Erläuterung der S. 494 zitierten Methode, eine magnetische Feldstärke $H^0$ durch ihre Induktionswirkung zu bestimmen. Es empfiehlt sich dazu, an die Äquivalenz eines vom Strom $J$ durchflossenen geschlossenen lineären Leiters mit einer magnetischen Lamelle vom Moment $N = J$ und von einer mit dem lineären Leiter zusammenfallenden Umrandung anzuknüpfen. $J$ ist dabei elektrostatisch gemessen.

Die Potentialfunktion einer Lamelle vom spezifischen Moment $N$ wird nach (173) auf S. 207 dargestellt durch

$$\varphi = \int N \frac{\partial \frac{1}{r}}{\partial n} do;$$

ihr Potential auf einen Pol $-m$ ist somit

$$\Phi = -m \int N \frac{\partial \frac{1}{r}}{\partial n} do.$$

Nun sei die Lamelle eben, mit der Ebene normal zur $Z$-Achse und außerdem homogen erregt, der Pol aber sei längs der $Z$-Achse, unendlich weit; dann kann man schreiben

$$\Phi = -mN \frac{\partial \frac{1}{r}}{\partial z} q,$$

wobei $q$ die Fläche der Lamelle bezeichnet, und $z$ die Position der Lamelle bestimmt. Dabei ist

$$m \frac{\partial \frac{1}{r}}{\partial z} = H^0$$

die von dem Pol $-m$ gelieferte, innerhalb der Lamelle als homogen zu betrachtende Feldstärke, deren Richtung normal zur Ebene der Lamelle steht.

Die Lamelle vom spezifischen Moment $N$ ist nun einem in ihrer Peripherie fließenden Strom von der Stärke $N$ äquivalent. Das virtuelle Potential $\Gamma$, das der mit dieser Peripherie zusammenfallende lineäre Leiter erfährt, geht also nach obigem aus $\Phi$ hervor, wenn man $N$ mit Eins vertauscht, und ist gegeben durch

$$\Gamma = -qH^0. \tag{355}$$

Ist also eine Drahtrolle von der Windungsfläche $q$ innerhalb eines merklich homogenen Magnetfeldes mit der Windungsfläche normal zu den Kraftlinien aufgestellt, und transportiert man die Rolle sehr schnell in das Feld Null, so wird nach (354) bei einem Gesamtwiderstand der Schließung $W^0$ in dieser ein Strom $J^0$ induziert, gegeben durch

$$W^0 J^0 = q H^0. \tag{356}$$

Man kann hiernach $H^0$ durch die Beobachtung von $J^0$ bei bekanntem $W^0$ bestimmen. Dies ist die früher zitierte Methode.

Wir wollen ferner die Grundformeln (353) und (354) zur Ableitung des Gesetzes für die Induktion eines beliebigen linearen Leiters durch einen im Endlichen befindlichen nach Stärke oder Lage veränderlichen Magneten benutzen, wie dergleichen bei den *Weiß*schen Beobachtungen zur Anwendung kam.

Aus der Potentialfunktion des Magneten (0)

$$\varphi = \int \left( M_1 \frac{\partial \frac{1}{r}}{\partial x_0} + M_2 \frac{\partial \frac{1}{r}}{\partial y_0} + M_3 \frac{\partial \frac{1}{r}}{\partial z_0} \right) dk_0$$

von S. 203 ergibt sich das auf einen Pol $+m$ wirksame Potential

$$\Phi = + m\varphi,$$

d. h.

$$\Phi = -\int (M_1 H_1 + M_2 H_2 + M_3 H_3)\, dk_0,$$

wobei die Komponenten $H_1$, $H_2$, $H_3$ das Feld des Poles $m$ in $dk_0$ bestimmen. Diese Formel behält ihre Gestalt bei, wenn an Stelle des einen Poles $m$ ein beliebiges Polsystem oder auch ein endlicher Magnet (1) gesetzt wird; $H$ nimmt dann nur eben die Bedeutung des von diesem Magneten in $dk_0$ bewirkten Feldes an. Endlich können wir den Magneten (1) auch durch einen Stromleiter ersetzen und unter $H$ dessen Feld verstehen, ohne daß die Formel ihre Anwendbarkeit verliert.

Verstehen wir nun unter $h_1$, $h_2$, $h_3$ die Feldkomponenten, welche das Leitersystem bei der Stromstärke Eins nach $dk_0$ aussenden würde, so erhalten wir für das virtuelle Potential des Leiters im Felde des Magneten den Ausdruck

$$\Gamma = -\int (M_1 h_1 + M_2 h_2 + M_3 h_3)\, dk_0, \tag{357}$$

das Integral, wie zuvor, über den Magneten (0) erstreckt.

Für die Anwendung dieser Formel kommen insbesondere zwei spezielle Fälle in Betracht, die wir nacheinander erörtern wollen.

Kann zunächst die Erregung des Magneten (d. h. sein Moment $M$) als räumlich konstant angesehen werden, so reduziert sich die letzte Formel auf

$$\Gamma = -\left( M_1 \int h_1\, dk_0 + M_2 \int h_2\, dk_0 + M_3 \int h_3\, dk_0 \right). \tag{358}$$

Hat überdies das virtuelle Feld des Leiters innerhalb des Magneten die Eigenschaft einer solchen Symmetrie nach der $X$- und $Y$-Achse, daß die zwei ersten Integrale, d. h. die Summen der diesen Achsen parallelen virtuellen Feldkomponenten über den vom Magneten eingenommenen Raum, verschwinden, so ist

$$\Gamma = -M_3 \int h_3 dk_0. \tag{359}$$

Wenn schließlich bei der induzierenden Veränderung, wie der Leiter, so auch der von dem Magneten erfüllte Raum ungeändert bleibt, so ist das Integral konstant und die Formel (354) ergibt

$$WJ = ((M_3)_1 - (M_3)_2) \int h_3 dk_0. \tag{360}$$

Die Beobachtung von $J$ gestattet also direkt Relativwerte von Änderungen des Moments $M_3$, und bei Kenntnis von $W$ und $\int h_3 dk_0$ auch Absolutwerte dieser Größen abzuleiten; sind die Verhältnisse überdies derart, daß man $M_3$ am Anfang oder am Ende zu Null machen kann, so sind analoge Bestimmungen auch von $M_3$ selbst möglich. —

In dem allgemeinen Falle, daß die Erregung des Magneten nicht homogen ist, kann man ferner die Formel (357) vereinfachen, indem man den induzierten Leiter so anordnet, daß er ein im Bereiche des Magneten homogenes virtuelles Feld liefert. Ein solches würde z. B. in sehr großer Annäherung dadurch erreichbar sein, daß man den Leiter in äquidistanten Windungsebenen auf eine Kugel oder ein Ellipsoid wickelte; derartige Rollen, die mit homogen erregten Magneten gleicher Form äquivalent sind, liefern bekanntlich auf innere Punkte homogene Felder, deren Richtung bei der Kugel stets normal zu den Windungsebenen ist, bei dem Ellipsoid nur dann, wenn diese Ebenen selbst einer Symmetrieebene des Ellipsoids parallel sind. In geringerer Annäherung läßt sich ein homogenes Feld auch durch einzelne geeignet aufgestellte Kreisströme erzeugen.

Legt man die $Z$-Achse in die Richtung der Kraftlinien dieses Feldes, so ist $h_1 = 0$, $h_2 = 0$, $h_3$ konstant, und die Formel (357) liefert

$$\Gamma = -h_3 \int M_3 dk_0. \tag{361}$$

In diesem Falle kann man also aus der Induktionsbeobachtung den arithmetischen Mittelwert von $M_3$ innerhalb des Magneten ableiten.

§ 253. **Beobachtung an Stäben.** Die erste Beobachtungsreihe von *Weiß* betraf prismatische Stäbchen von Magnetit, die axial in der

Induktionsrolle befestigt waren. Ihre magnetische Erregung fand durch eine zweite, weitere Drahtrolle statt, welche das ganze System umgab. Es wurde die Induktion beim Hindurchsenden eines Stromes durch die äußere Rolle beobachtet, einmal ohne, sodann mit eingelegtem Kristallpräparat; die Differenz rührte von der Wirkung der magnetischen Influenz des Kristallpräparats her.

Die Kristallstäbchen waren resp. parallel zu einer vier-, einer zwei- oder einer dreizähligen Symmetrieachse des Kristalls geschnitten; man kann demgemäß ihre Richtungskosinus resp. gleich $(1, 0, 0)$, $(0, 1/\sqrt{2}, 1/\sqrt{2})$, $(1/\sqrt{3}, 1/\sqrt{3}, 1/\sqrt{3})$ setzen. Die an ihnen angestellten Beobachtungen dienten hauptsächlich zur Untersuchung des Gesetzes, welches die Magnetisierung parallel diesen drei Hauptrichtungen mit der erregenden Feldstärke verbindet.

Die Stäbchen wurden einem longitudinalen Magnetfeld ausgesetzt; nach ihrer Symmetrie mußten sie dann auch longitudinal magnetisiert werden. In der Tat gestattet die Lage der Längsachse parallel irgendeiner Symmetrieachse, wie man leicht einsieht, in diesem Falle keine andere Lage des erregten Moments. Da die tangentialen Komponenten der magnetischen Feldstärke beim Durchgang durch eine Fläche, welche zwei Medien trennt, jederzeit stetig verlaufen, so konnte die Feldstärke $H_3$ im Innern des Stäbchens als derjenigen merklich gleich behandelt werden, die gleichzeitig im Außenraum nächst dem Stäbchen beobachtet wurde.

Wegen der geringen Selbstinfluenz eines longitudinal erregten zylindrischen Stabes ist in diesem Falle $M_3$ merklich konstant, und da nach der Symmetrie der Anordnung $\int h_1 dk = \int h_2 dk = 0$ und überdies $\int h_3 dk$ zeitlich konstant war, so sind die Vorbedingungen zur Anwendung der Gleichung (360) erfüllt.

Bezüglich der Resultate der bez. Beobachtungen genüge es zu bemerken, daß die Magnetisierung bei allen drei Arten von Stäbchen sich durchaus „ferromagnetisch“, also keineswegs der Feldstärke proportional, überdies bei den drei Arten verschieden erwies, womit die Anwendbarkeit des *Thomson*schen Ansatzes (292) hinfällig wird. Die Hysteresis fand sich bei verschiedenen Vorkommen von Magnetit verschieden und bei einigen so gering, daß ein Schluß auf einen Idealzustand ohne Hysteresis (s. S. 506) zulässig erscheint.

Was den mit wachsendem Feld schließlich erreichbaren Sättigungszustand angeht, so ließen die Beobachtungen hierüber keinen sichern Schluß zu, da sie nur mäßige Feldstärken (maximal 500 Gauß) benutzten. Von vornherein ist gar nichts darüber zu sagen, ob ein regulärer Kristall sich im Sättigungszustand isotrop oder äolotrop erweisen wird. Die Tatsache, daß magnetische Sättigung eintritt, stellt sich analytisch so dar, daß die Ausdrücke für die Momente $M_1$, $M_2$, $M_3$ nach den Koordinatenachsen mit wachsender Feldstärke bei konstanter Richtung derselben von deren Größe unabhängig werden; hierbei kann deren Richtung noch in sehr komplizierter Weise wirksam bleiben, denn da der Ansatz (292) bei ferromagnetischen Kristallen seine Anwendbarkeit verliert, ist die Wirkung der gesamten Feldstärke $H$ nicht mehr mit der Superposition der Wirkungen ihrer Komponenten $H_1$, $H_2$, $H_3$ äquivalent.

§ 254. **Beobachtungen an Kreisscheiben.** Von besonderem Interesse sind die von *Weiß* in einer zweiten Beobachtungsreihe an Kristallscheiben erhaltenen Resultate. Bei diesen Beobachtungen wurde das äußere Magnetfeld (durch einen hufeisenförmigen Stahlmagneten hervorgerufen) zeitlich konstant erhalten; seine Kraftlinien verliefen horizontal. Die beobachtete Kreisscheibe von Magnetit war in horizontaler Lage innerhalb des merklich homogenen Feldes um eine vertikale Achse $a$ durch ihr Zentrum in meßbarer Weise drehbar angebracht.

Bei einer solchen Drehung wirkte sie durch die Veränderung ihres Momentes induzierend auf zwei feine Drahtröllchen $R_1$, $R_2$, welche feststehend, die Scheibe zu beiden Seiten eines ihrer Durchmesser sehr dicht umschlossen (Fig. 144).

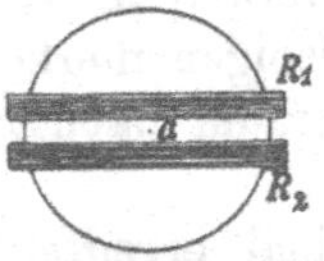

Fig. 144.

Der hier vorliegende Fall gehört zu den durch Formel (359) resp. (360) umfaßten. Die Erregung der sehr dünnen Scheibe in einem homogenen Felde darf nach § 214 als merklich homogen betrachtet werden. Ferner ist, wenn wir die $X$-Achse in die Drehachse legen, die $XY$-Ebene der Windungsebene der Induktionsrollen parallel annehmen, nach Symmetrie $\int h_1 dk_0$ und $\int h_2 dk_0$ gleich Null; endlich ändert sich bei einer Drehung der von der Kreisscheibe erfüllte Raum nicht, wohl aber, wenn die Scheibe gegen radiale Felder sich nicht isotrop verhält, das Moment $M_3$ in der Richtung normal zur Windungsfläche. Der in den Drahtröllchen induzierte Gesamtstrom $J$ wird also in der Tat durch die Formel (360) gegeben, und man kann durch seine Beobachtung bei einer Drehung der Scheibe die Änderung von $M_3$ infolge jener Drehung nach dieser Formel bestimmen.

Sukzessive Drehungen (etwa um immer gleiche Bruchteile von $2\pi$) führen dann zu dem Gesetz der Veränderung von $M_3$, wenn immer andere Durchmesser der Kreisscheibe in die Richtung der Feldstärke resp. der Normalen auf der Windungsebene von $R_1$ und $R_2$ (Fig. 144) gebracht werden; unbestimmt bleibt dabei aber zunächst der Zahlwert des Faktors

$$f = \int h_3 dk_0.$$

Um für irgendeine Position der Kreisscheibe den Absolutwert von $M_3 f$ zu bestimmen, beobachtete *Weiß* die Induktion bei einer Drehung der Röllchen $R_1, R_2$ um die Achse $a$ um 180°. Hierbei wirken zwei Umstände induzierend; einmal die Umkehrung des induzierenden Magnetfeldes $H^0$, die zu $\Gamma$ nach (355) den Anteil $2\,qH^0$ liefert, sodann die Umkehrung des Momentes $M_3$, die nach (359) den Anteil $2\,M_3 f$ ergibt. Man kann die beiden Anteile sondern, also $M_3 f$ bestimmen, indem man die letztere Beobachtung nach Entfernung der Kristallscheibe wiederholt; hier kommt nur der Teil $2\,qH^0$ zur Geltung.

Die Vorteile der Methode der Kreisscheiben sind mannigfaltig. Einerseits liefert dieselbe eine Reihe von Zahlwerten für ein und das selbe Präparat, befreit also in weitem Maße von etwaigen Inhomogenitäten der Kristallsubstanz. Sodann gestattet sie, die influenzierten Momente nicht nur in der Richtung der influenzierenden Feldstärke, sondern nach jeder beliebigen Richtung in der Scheibenebene zu messen. Es genügt hierzu, die Normale $Z$ auf der Windungsebene in die betreffende Lage gegen die Kraftlinien zu bringen, denn in jedem Falle wird nach (360) die Komponente $h_3$ normal zur Windungsebene der Röllchen $R_1, R_2$ induzierend wirksam.

*Weiß* beschränkte sich auf die Untersuchung der beiden Momentkomponenten, die resp. parallel und normal zu den Kraftlinien des äußeren Feldes waren, d. h. auf Beobachtungen, bei denen die Normale $Z$ der Induktionsrollen parallel oder normal zu den Kraftlinien des permanenten Magneten lag; diese Messungen lieferten resp. das longitudinale und das transversale Moment $M_l$ und $M_t$. Hiermit war dann auch die Gesamtkomponente des Momentes parallel der Scheibenebene bestimmt; — die zu dieser Ebene normale Komponente kommt bei Drehungen um deren Richtung natürlich überhaupt nicht zu induzierender Wirkung.

Die von *Weiß* beobachteten Magnetitscheiben hatten Durchmesser bis zu 2 cm bei gelegentlich nur 0,3 mm Dicke. In einem solchen Falle, wo die Scheiben als sehr abgeplattete Rotationsellipsoide angesehen werden können, kommt nach § 214 ihre Selbstinfluenz relativ wenig zur Geltung.

Zur Anwendung gelangten die drei Orientierungen, wo die Scheibennormale in eine vier-, eine zwei- oder eine dreizählige Symmetrieachse fiel, die Plattenebene also resp. einer Würfel-, einer Dodekaeder- oder einer Oktaederfläche parallel war. In den beiden ersten Fällen, wo die Plattenebene eine kristallographische Symmetrieebene darstellt, muß eine parallel dieser Ebene wirkende Feldstärke notwendig ein Moment veranlassen, welches gleichfalls in diese Ebene fällt; im letzten Falle ist dies nicht nötig, das erregte Moment kann bei Drehung der Feldstärke in der Scheibenebene abwechselnd darüber oder darunter fallen, wobei die Dreizähligkeit der Scheibennormale zum Ausdruck kommen muß.

§ 255. **Beobachtungsresultate an Magnetit.** In Figur 145 ist das Resultat einer Beobachtungsreihe schematisch wiedergegeben, das *Weiß* an einer Scheibe normal zu einer vierzähligen Achse, also parallel einer Würfelfläche erhalten hat; die mit $X$ und $Y$ bezeichneten Richtungen entsprechen den in der Scheibenebene liegenden vierzähligen Achsen oder Würfelkanten, die mit $D$ bezeichneten den in dieser Ebene liegenden zweizähligen Achsen oder Würfelflächendiagonalen. Die äußere Kurve gibt durch ihre Radien für jede Richtung das longitudinale Moment $M_l$, die innere das transversale $M_t$ wieder. Man erkennt, daß die Abweichung des magnetischen Verhaltens der betreffenden Kristallscheibe von dem einer isotropen sehr beträchtlich ist. In letzterem Falle wäre die äußere Kurve ein Kreis, die innere ein Punkt. Die Schleifen der Kurve für $M_t$ sind nicht äquidistant, sondern drängen sich je gegen die vierzähligen Achsen mehr zusammen, als gegen die zweizähligen.

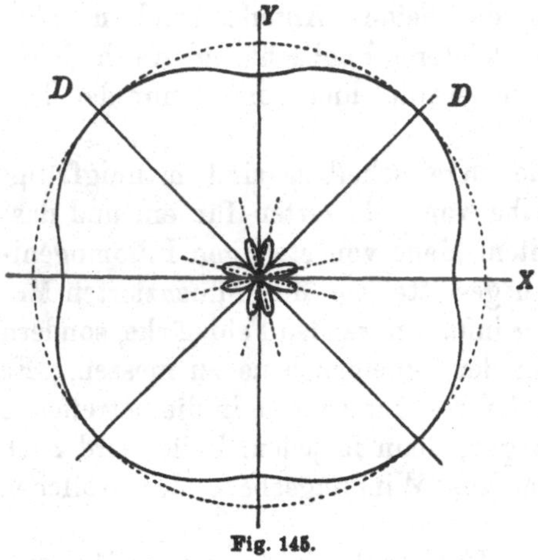

Fig. 145.

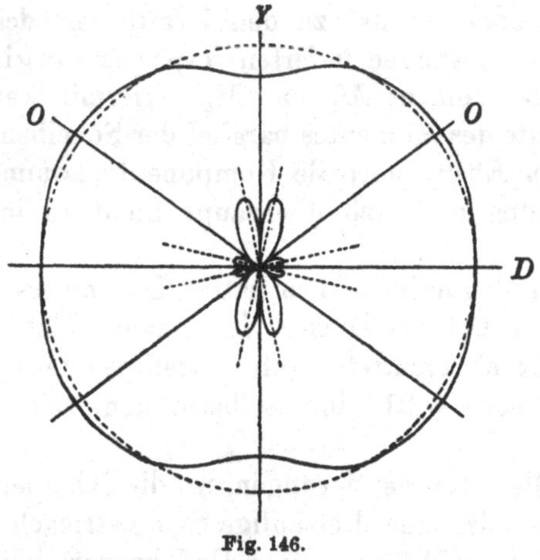

Fig. 146.

Figur 146 veranschaulicht ebenso die Resultate, die *Weiß* an einer Scheibe normal zu einer zweizähligen Achse, also parallel einer Dodekaederfläche erhielt; die mit $Y$, $D$, $O$ bezeichneten Richtungen geben die in der Scheibenebene liegenden vier-, zwei- und dreizähligen Achsen an. Die äußere Kurve stellt wieder $M_l$, die innere $M_t$ dar; erstere Größe hat Maxima in den Richtungen der dreizähligen, Minima in den Richtungen der vier- und der zweizähligen Achsen.

Die Beobachtungen an Platten normal zu einer dreizähligen Achse, also parallel einer Oktaederfläche, lieferten für $M_l$ Zahlen, die innerhalb der Fehlergrenzen konstant, für $M_t$ Zahlen, die als unmerklich gelten konnten.

Die an den verschiedenen Platten für $M_l$ erhaltenen Resultate lassen sich kombinieren, da es sich bei ihnen ja nur um eine Richtung handelt, in welche zugleich Feld und Moment fällt. Denjenigen Richtungen, welche den verschiedenen Scheibenebenen gemeinsam sind, wie insbesondere den Symmetrieachsen, muß in den verschiedenen Diagrammen dieselbe Länge des Radius zugehören. Dementsprechend kann man auch Abbilder der Kurven für jede der drei Ebenenarten normal zu den betreffenden Symmetrieachsen mit gemeinsamem Zentrum ineinander gesteckt denken, um so das Gerippe einer Oberfläche zu gewinnen, die nun für jede beliebige Richtung das derselben entsprechende Moment $M_l$ bei festgehaltener Größe der äußeren Feldstärke durch den parallelen Radiusvektor liefert. Diese Oberfläche ähnelt einem Würfel mit abgerundeten Kanten und Ecken sowie in den Mitten eingedrückten Flächen; ihre Zentralschnitte normal zu den dreizähligen Achsen haben in Annäherung Kreisform.

Spätere auf Veranlassung von *Weiß* durch *Quittner*[1]) an Magnetit angestellte Beobachtungen haben ergeben, daß das Material sich in den meisten Fällen nicht völlig regelmäßig seiner kristallographischen Symmetrie entsprechend verhält, so daß die Möglichkeit vorliegt, daß seine scheinbar einfachen Individuen Konglomerate von in gewisser Regelmäßigkeit gruppierten Kristallfragmenten niedrigerer Symmetrie darstellen. Über derartige Fälle ist § 13 allgemein gesprochen. Die nachstehenden theoretischen Erörterungen tragen dieser Möglichkeit nicht Rechnung, sondern behandeln Magnetit als Beispiel für einen in Wahrheit einfachen ferromagnetischen Kristall des regulären Systems.

Es sei schließlich eines hübschen Vorlesungsexperimentes gedacht, das *Weiß* angegeben hat, um die magnetische Äolotropie von Magnetitscheiben, parallel zu einer Würfelfläche geschnitten, zu demonstrieren (Fig. 147). Ein kräftiger Hufeisenmagnet ist horizontal gelegt, so daß die Kraftlinien zwischen seinen Polen vertikal stehen. In diesem Feld kommt eine kreisförmige Magnetitscheibe der angegebenen Art zu stabilem Gleichgewicht nur dann, wenn eine der Richtungen maximaler Erregbarkeit in die Kraftlinien fällt, also vertikal steht. Man kann die Scheibe durch einen horizontalen Antrieb zum Rollen auf dem untern (mit einer dünnen Glasplatte bedeckten) Schenkel des Magneten bringen; das

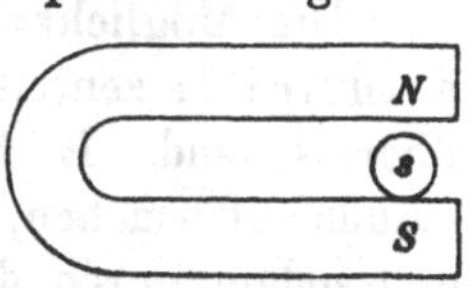

Fig. 147.

1) *V. Quittner*, Diss. Zürich; Arch. d. Scienc. T. 27, p. 358, 455, 585, 1908.

Feld wirkt so kräftig, daß die Scheibe hierbei nicht umfällt. Überläßt man sie darnach sich selbst, so geht sie in die nächste Lage über, in welcher wieder eine Richtung stärkster Erregbarkeit vertikal steht.

§ 256. **Höhere Glieder im thermodynamischen Potential der magnetischen Influenz.** Die Theorie der umkehrbaren ferromagnetischen Erregung wird man am einfachsten in der Weise bilden, daß man den Ansatz (290) für das thermodynamische Potential $\xi$ durch Hinzufügen höherer Potenzen der Feldkomponenten ergänzt. Es sei zunächst in einem durchsichtigen Symbol geschrieben

$$-2\xi = \Theta + \Xi_2 + \Xi_3 + \Xi_4 + \cdots \tag{362}$$

wobei

$$\Xi_2 = \varkappa_{11} H_1^2 + \cdots + 2\varkappa_{23} H_2 H_3 + \cdots \tag{363}$$

ist, und $\Xi_n$ eine analog gebildete homogene Funktion $n^{\text{ten}}$ Grades der Feldkomponenten andeutet. Die Funktionen $\Xi_n$ sind den Symmetrieverhältnissen entsprechend auf die verschiedenen Kristallgruppen zu spezialisieren; dabei kommt wesentlich in Betracht, daß wegen des axialen $H$ alle $\Xi_n$ gegenüber einer Inversion des Koordinatensystems zentrisch-symmetrischen Charakter haben, also die 32 Gruppen sich nach S. 101 in die 11 Obergruppen zusammenziehen.

Wir bemerken zunächst generell, daß nach den Formeln

$$M_k = -\frac{\partial \xi}{\partial H_k}, \quad k = 1, 2, 3 \tag{364}$$

alle Funktionen $\Xi_n$ mit ungeradem Index für die Momente $M_k$ Ausdrücke liefern, die mit geraden Potenzen der Komponenten $H_k$ proportional sind. Diese Glieder kehren bei einer Umkehrung des Feldes ihr Vorzeichen nicht um, sie drücken somit eine azentrische magnetische Erregung aus, da der zentrischen Symmetrie ein gleichzeitiges Umklappen von Feld und Moment entspricht

Die Möglichkeit einer solchen azentrischen Wirkung bei einem prinzipiell zentrisch-symmetrischen Vorgang erscheint einigermaßen überraschend. Es bietet ein besonderes Interesse, theoretisch die Umstände aufzusuchen, unter denen derartige Wirkungen auftreten können, und sodann durch das Experiment festzustellen, ob dieselben bei verfügbaren Kristallen von der nötigen Symmetrie auch nachweisbar sind. In bezug auf letzteres ist nochmals im allgemeinen daran zu erinnern, daß Symmetriebetrachtungen zwar die Möglichkeit einer Erscheinung erweisen können, aber niemals ihre Notwendigkeit, oder ihr Vorkommen in beobachtbarer Stärke.

Wegen der ausführlichen Beobachtungen, die an einem regulären Kristall angestellt sind, mag zunächst das erweiterte Potential für die

Kristalle dieses Systems etwas eingehender besprochen werden. Daran mögen sich Bemerkungen über die Potentiale für andere Gruppen reihen.

§ 257. **Spezialisierung auf den Fall des regulären Systems.**[1]) Die dem regulären System angehörigen Kristallgruppen zerfallen nach S. 101 resp. der Tabelle am Schluß des Buches für zentrisch-symmetrische Vorgänge in die zwei Abteilungen

1. Abt. (28) (29) (30) $A_x^{(4)}, A_y^{(4)}$;

2. Abt. (31) (32) $A_x^{(2)} \sim A_y^{(2)} \sim A_z^{(2)}$.

Betrachten wir zunächst die erste Abteilung, so verlangen die für sie charakteristischen Symmetrieelemente, daß das Potential $\xi$ den Bedingungen entsprechen muß

$$\xi(H_1, H_2, H_3) = \xi(H_1, -H_3, H_2) = \xi(H_3, H_2, -H_1). \qquad (365)$$

Diese Bedingungen sagen aus, daß die Drehung um $+90^0$ um die $X$- resp. die $Y$-Achse eine Deckbewegung ist, woraus dann von selbst das Gleiche für Drehungen um $180^0$ und $270^0$ folgt.

Den Formeln (265) genügt eine jede symmetrische Funktion

$$F_1(H_1^2 \parallel H_2^2 \parallel H_3^2) \quad \text{von} \quad H_1^2, H_2^2, H_3^2,$$

die also eine gerade Funktion der Feldkomponenten ist. Um noch eine ungerade Funktion dieser Komponenten zu erhalten, welche den gestellten Anforderungen genügt, beachte man, daß, wenn $F_2$ eine zweite symmetrische Funktion von $H_1^2, H_2^2, H_3^2$ bezeichnet, dann $H_1 H_2 H_3 \cdot F_2(H_1^2 \parallel H_2^2 \parallel H_3^2)$ bei den in (365) vorkommenden Substitutionen seinen Wert behält, aber sein Vorzeichen wechselt. Dieser Wechsel wird aufgehoben durch Hinzufügung des Faktors $(H_2^2 - H_3^2)(H_3^2 - H_1^2)(H_1^2 - H_2^2)$, welcher bei den bez. Substitutionen gleichfalls bei ungeändertem Absolutwert seine Vorzeichen umkehrt.

Hiernach ist

$$-\xi = F_1(H_1^2 \parallel H_2^2 \parallel H_3^2)$$
$$+ H_1 H_2 H_3 (H_2^2 - H_3^2)(H_3^2 - H_1^2)(H_1^2 - H_2^2) F_2(H_1^2 \parallel H_2^2 \parallel H_3^2) \qquad (3$$

bei beliebigen $F_1$ und $F_2$ eine Lösung der Bedingungen (365), die ein in den Feldkomponenten gerades und ein ungerades Glied enthält; sie stellt die allgemeine Lösung dar, wenn man für $\xi$ die Form einer Potenzreihe in $H_1, H_2, H_3$ vorschreibt.

---

1) *W. Voigt*, Gött. Nachr. 1900, p. 331; *S. Sano*, Phys. Zeitschr. 4, p. 8, 1902; *W. Voigt*, ib. p. 136; Gött. Nachr. 1903, p. 17.

Die Symmetrieeigenschaften der **zweiten** Abteilung fordern die Erfüllung der Bedingungen

$$\mathfrak{x}(H_1, H_2, H_3) = \mathfrak{x}(H_2, H_3, H_1) = \mathfrak{x}(H_1, -H_2, -H_3). \qquad (367)$$

Die erste drückt die zyklische Vertauschbarkeit der drei Argumente aus, die zweite die Existenz einer zweizähligen Symmetrieachse in der $X$-Achse.

Die Bedingungen werden befriedigt durch jede Funktion

$$f_1(H_1^2 \sim H_2^2 \sim H_3^2) \text{ von } H_1^2, H_2^2, H_3^2,$$

die sich bei zyklischer Vertauschung der drei Argumente nicht ändert. Dieser **geraden** Funktion kann man dann als **ungerade** eine Funktion $f_2$ von demselben Charakter beifügen, multipliziert in $H_1 H_2 H_3$, da der Faktor $H_1 H_2 H_3$ bei den Substitutionen in den Formeln (367) in sich selbst übergeht.

Wir gelangen so zu der Lösung von (367)

$$-\mathfrak{x} = f_1(H_1^2 \sim H_2^2 \sim H_3^2) + H_1 H_2 H_3 f_2(H_1^2 \sim H_2^2 \sim H_3^2), \qquad (368)$$

und diese Lösung ist allgemein, wenn man vorschreibt, daß $\mathfrak{x}$ durch eine Potenzreihe dargestellt werden soll.

Um den verschiedenen Charakter der beiden Ansätze (366) und (367) für die beiden Abteilungen des regulären Systems hervortreten zu lassen, sei zunächst darauf aufmerksam gemacht, daß ein Ausdruck von der Form

$$\varkappa_{pq}(H_2^{2p} H_3^{2q} + H_3^{2p} H_1^{2q} + H_1^{2p} H_2^{2q}) \text{ für } p \gtrless q$$

zwar der Anforderung der zyklischen Vertauschbarkeit, aber nicht derjenigen der Symmetrie bezüglich der Argumente $H_1^2, H_2^2, H_3^2$ entspricht. Letztere Anforderung wird erst durch den komplizierteren Ausdruck

$$\varkappa_{pq}(H_2^{2p} H_3^{2q} + H_3^{2p} H_2^{2q} + H_3^{2p} H_1^{2q} + H_1^{2p} H_3^{2q} + H_1^{2p} H_2^{2q} + H_2^{2p} H_1^{2q})$$

erfüllt.

Ferner sei darauf hingewiesen, daß das niedrigste Glied von ungeradem Grade in (366) durch

$$\varkappa' H_1 H_2 H_3 (H_2^2 - H_3^2)(H_3^2 - H_1^2)(H_1^2 - H_2^2)$$

gegeben ist, hingegen in (368) durch

$$\varkappa' H_1 H_2 H_3.$$

Beachtet man, daß nach S. 516 die ungeraden Glieder in $\mathfrak{x}$ einen azentrischen Magnetisierungsvorgang bedingen, so erkennt man, daß ein solcher bezüglich der Ausdrücke (364) für die Momente bei den Kristallen der ersten Abteilung erst in Gliedern von mindestens achtem Grade, dagegen bei Kristallen der zweiten Abteilung bereits in solchen zweiten Grades zur Geltung kommen kann. Da die Glieder der Potenzreihen im allgemeinen mit wachsender Ordnungszahl abnehmen werden, so darf man viel eher hoffen, azentrische Magnetisierung bei Vertretern der zweiten Abteilung zu finden, als bei solchen der ersten. —

Beide Abteilungen des regulären Systems enthalten eine Gruppe, zu deren Symmetrieelementen ein Zentrum ($C$) zählt; in der ersten ist es die holoedrische Gruppe (28), in der zweiten die paramorph-hemiedrische Gruppe (31). Es erscheint sehr sonderbar, daß sie beide eine azentrische Magnetisierung zulassen sollten. Man kann sich die Möglichkeit einer solchen Erregung indessen bei Berücksichtigung des rotatorischen Charakters der magnetischen Vektoren folgendermaßen klarmachen.

Das zweite Glied des Ausdruckes (366) verschwindet in jedem Oktanten außer auf den Begrenzungsebenen noch in den Halbierungsebenen der Kantenwinkel, d. h. bei einer Darstellung auf der Kugel auf den in der nebenstehenden Figur 148a verzeichneten Kurven. Diese Kurven begrenzen Felder von zweierlei Habitus, die durch $\alpha$ und $\beta$ unterschieden sind. In den Feldern $\alpha$ besitzt das betrachtete Glied des Ausdruckes (366) das entgegengesetzte Vorzeichen wie in $\beta$; dies ist begreiflich, da es sich um einen rotatorischen Vorgang handelt, und die Felder $\alpha$ sich zu den Feldern $\beta$ verhalten wie eine positive zu einer negativen Rotation. Den Feldern $\alpha$ liegen aber Felder $\beta$ diametral gegenüber, und so erklärt sich die Möglichkeit einer azentrischen Magnetisierung bei den zentrischen Kristallen der holoedrischen Gruppe.

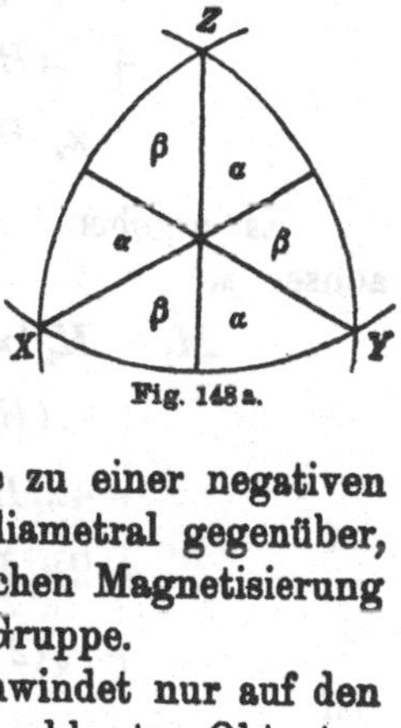

Fig. 148a.

Das zweite Glied des Ausdruckes (368) verschwindet nur auf den Grenzen der Oktanten und besitzt im Innern benachbarter Oktanten $\alpha$ und $\beta$ entgegengesetztes Vorzeichen. Aber auch hier haben die Felder $\alpha$ und $\beta$ entgegengesetzten Rotationscharakter. Um dies zu erkennen, hat man zu berücksichtigen, daß bei der in Betracht kommenden Gruppe der paramorphen Hemiëdrie die Koordinaten- oder Hauptachsen zweizählig sind, wie das in Figur 148b die eingetragenen Pfeile andeuten. Dieser entgegengesetzte Rotationscharakter erklärt ein verschiedenes magnetisches Verhalten der Felder $\alpha$

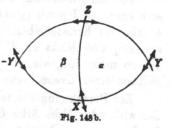

Fig. 148b.

und $\beta$, und, da wiederum je Oktanten $\alpha$ und $\beta$ einander diametral gegenüberliegen, auch die azentrische Magnetisierbarkeit.

§ 258. **Anwendung der Theorie auf die Beobachtungen.** Man kann sich von der Bedeutung und dem Zusammenhang der *Weiß*schen Resultate bezüglich der Erregung von Magnetit Rechenschaft geben, wenn man für das thermodynamische Potential $\xi$ eine Reihe nach steigenden Potenzen der Feldkomponenten einsetzt. Da Magnetit holoedrisch in der Gruppe (28) kristallisiert, so kommt für ihn das Schema (366) zur Anwendung. Beschränkt man sich dabei auf niedrigere Glieder, als solche neunten Grades, so genügt für $\xi$ eine symmetrische Funktion in $H_1^2, H_2^2, H_3^2$. Deutet man die zwei durch zyklische Vertauschung aus einem hingesetzten Gliede hervorgehenden Glieder wieder nur durch Punkte an, so kann man hiernach schreiben

$$\begin{aligned}-2\xi = \Theta &+ \varkappa(H_1^2+\cdots) + \varkappa_1(H_1^4+\cdots) + \varkappa_2(H_2^2H_3^2+\cdots)\\ &+ \varkappa_3(H_1^6+\cdots) + \varkappa_4(H_2^2H_3^4 + H_3^2H_2^4+\cdots)\\ &+ \varkappa_5 H_1^2H_2^2H_3^2 + \varkappa_6(H_1^8+\cdots)\\ &+ \varkappa_7(H_2^2H_3^6 + H_3^2H_2^6+\cdots) + \varkappa_8(H_2^4H_3^4+\cdots)\\ &+ \varkappa_9(H_1^4H_2^2H_3^2+\cdots).\end{aligned} \tag{369}$$

Es ergeben sich hieraus die Momente nach den Koordinatenachsen zu

$$\begin{aligned}M_1 = H_1\,[\varkappa &+ 2\varkappa_1H_1^2 + \varkappa_2(H_2^2+H_3^2) + 3\varkappa_3H_1^4\\ &+ \varkappa_4(H_2^4+H_3^4+2H_1^2(H_2^2+H_3^2)) + \varkappa_5H_2^2H_3^2\\ &+ 4\varkappa_6H_1^6 + \varkappa_7(H_2^6+H_3^6+3H_1^4(H_2^2+H_3^2))\\ &+ 2\varkappa_8H_1^2(H_2^4+H_3^4)\\ &+ \varkappa_9(2H_1^2H_2^2H_3^2 + H_2^2H_3^4 + H_3^2H_2^4)]\end{aligned} \tag{370}$$

usf.

Für die Diskussion, die nach der Lage der Dinge nur qualitativ sein kann, wollen wir (gemäß S. 513) von der geringen Selbstinfluenz, welche die Kreisscheibchen bei den *Weiß*schen Versuchen erfuhren, absehen, also direkt an die Werte (370) anknüpfen. Wir dürfen dies um so mehr tun, als die Symmetrieverhältnisse durch die Selbstinfluenz einer Kreisscheibe nicht geändert werden können.

Zur Berechnung des longitudinalen Momentes $M_{\shortparallel}$, das parallel der wirkenden Feldstärke $H$ liegt, kann man direkt von dem Ausdruck für $\xi$ ausgehen. Denn da das Moment nach einer beliebigen Richtung durch den negativen Differentialquotienten von $\xi$ nach der in derselben Richtung liegenden Komponente von $H$ gegeben ist, so ergibt sich $M_t$, wenn man $\xi$ bei konstanter Richtung nach $H$ selbst differentiiert; wir stellen dies durch die Bezeichnung dar:

$$M_t = -\frac{\partial \xi}{\partial H}. \tag{371}$$

Bezeichnet man also die Richtungskosinus von $H$ durch $\alpha, \beta, \gamma$, so folgt aus (369) direkt

$$\begin{aligned} M_t = H[\varkappa &+ 2H^2(\varkappa_1(\alpha^4 + \cdots) + \varkappa_2(\beta^2\gamma^2 + \cdots)) \\ &+ 3H^4(\varkappa_3(\alpha^6 + \cdots) + \varkappa_4(\beta^2\gamma^4 + \gamma^2\beta^4 + \cdots) + \varkappa_5\alpha^2\beta^2\gamma^2) \\ &+ 4H^6(\varkappa_6(\alpha^8 + \cdots) + \varkappa_7(\beta^2\gamma^6 + \gamma^2\beta^6 + \cdots) \\ &+ \varkappa_8(\beta^4\gamma^4 + \cdots) + \varkappa_9(\alpha^4\beta^2\gamma^2 + \cdots))]. \end{aligned} \tag{372}$$

Hierbei lassen sich wegen der Beziehungen

$$\begin{aligned} (\alpha^2 + \cdots)^2 &= 1 = \alpha^4 + \cdots + 2(\beta^2\gamma^2 + \cdots) \\ (\alpha^2 + \cdots)^3 &= 1 = \alpha^6 + \cdots + 3(\alpha^2(\beta^4 + \gamma^4) + \cdots) + 6\alpha^2\beta^2\gamma^2 \\ (\alpha^2 + \cdots)^4 &= 1 = \alpha^8 + \cdots + 4(\alpha^2(\beta^6 + \gamma^6) + \cdots) \\ &\qquad + 6(\beta^4\gamma^4 + \cdots) + 9(\alpha^4\beta^2\gamma^2 + \cdots) \end{aligned} \tag{373}$$

die Glieder gleicher Ordnung auch auf andere Weise zusammenfassen.

Die Definition von $M_t$ verlangt die Festlegung einer Ebene, in der neben $H$ noch die Richtung liegt, nach der $M_t$ zu nehmen ist Hat man in den Ausdruck für das Potential $\xi$ diejenige Beziehung zwischen $\alpha, \beta, \gamma$ eingeführt, welche $H$ an die betreffende Ebene bindet, so kann man, von diesem Ausdruck ausgehend, $M_t$ in folgender Weise direkt berechnen.

Es sei in dieser Ebene ein beliebiges Achsenkreuz $X'Y'$ gewählt und die Lage von $H$ durch einen Winkel $\psi$ gegen die Richtung $X'$ bestimmt; ferner sei

$$\cos\psi = \alpha', \quad \sin\psi = \beta'$$

gesetzt. Dann ist $\xi$ eine Funktion von

$$H_1' = H\alpha' \quad \text{und} \quad H_2' = H\beta',$$

und es sind

$$M_1' = -\frac{\partial \xi}{\partial H_1'}, \quad M_2' = -\frac{\partial \xi}{\partial H_2'}$$

die Komponenten des Momentes nach der Richtung von $X'$ und $Y'$. Demgemäß wird nun gelten

$$M_t = -M_1'\beta' + M_2'\alpha';$$

dies ist aber identisch mit

$$M_t = -\frac{1}{H}\frac{\partial \xi}{\partial \psi}, \tag{374}$$

denn es gilt

$$\frac{\partial \xi}{\partial \psi} = \frac{\partial \xi}{\partial H_1'}\frac{\partial H_1'}{\partial \psi} + \frac{\partial \xi}{\partial H_2'}\frac{\partial H_2'}{\partial \psi} = -H\left(\frac{\partial \xi}{\partial H_1'}\beta' - \frac{\partial \xi}{\partial H_2'}\alpha'\right).$$

§ 259. **Spezielle Ergebnisse.** Die vorstehenden allgemeinen Resultate wollen wir nun auf die speziellen Fälle anwenden, die *Weiß* untersucht hat.

Für die Scheiben erster Art, normal zu einer vierzähligen Achse, die wir als $Z$-Achse wählen wollen, ist

$$\gamma = 0, \quad \alpha = \cos\vartheta, \quad \beta = \sin\vartheta$$

zu setzen. Wir können für diesen Fall das Potential (369) also schreiben

$$\begin{aligned}-2\xi = \Theta + H^2\varkappa + H^4(\varkappa_1 + (\varkappa_2 - 2\varkappa_1)\alpha^2\beta^2) + H^6(\varkappa_3 + (\varkappa_4 - 3\varkappa_3)\alpha^2\beta^2) \\ + H^8(\varkappa_6 + (\varkappa_7 - 4\varkappa_6)\alpha^2\beta^2 + (2(\varkappa_6 - \varkappa_7) + \varkappa_8)\alpha^4\beta^4).\end{aligned} \tag{375}$$

Hieraus folgt dann direkt nach (371) für das longitudinale Moment

$$\begin{aligned}M_l = H[(\varkappa + 2\varkappa_1 H^2 + 3\varkappa_3 H^4 + 4\varkappa_6 H^6) \\ + (2(\varkappa_2 - 2\varkappa_1)H^2 + 3(\varkappa_4 - 3\varkappa_3)H^4 + 4(\varkappa_7 - 4\varkappa_6)H^6)\alpha^2\beta^2 \\ + 4(2(\varkappa_6 - \varkappa_7) + \varkappa_8)H^6\alpha^4\beta^4],\end{aligned} \tag{376}$$

in Übereinstimmung mit (372).

Bei konstant gehaltener Feldstärke hat dieser Ausdruck die Form

$$M_l = L_0 + L_1\sin^2 2\vartheta + L_2\sin^4 2\vartheta, \tag{377}$$

wobei die Parameter $L_h$ in ihrer Bedeutung aus (376) erkennbar sind.

Um für dieselbe Scheibe das transversale Moment zu bilden, haben wir die Formel (374) heranzuziehen, wobei $\psi$ mit $\vartheta$ zu identifizieren ist; dieselbe ergibt

$$\begin{aligned}M_t = H\alpha\beta(\alpha^2 - \beta^2)[H^2(\varkappa_2 - 2\varkappa_1) + H^4(\varkappa_4 - 3\varkappa_3) + H^6(\varkappa_7 - 4\varkappa_6) \\ + 2H^6(2\varkappa_6 + \varkappa_8 - 2\varkappa_7)\alpha^2\beta^2].\end{aligned} \tag{378}$$

Bei konstant gehaltener Feldstärke liefert dies die Form

$$M_t = \sin 2\vartheta\cos 2\vartheta\,(T_1 + T_2\sin^2 2\vartheta), \tag{379}$$

wobei die Werte von $T_1$ und $T_2$ dem vorstehenden Ausdruck zu entnehmen sind.

Die in (377) und (379) enthaltenen Ausdrücke für $M_l$ und $M_t$ bei der ersten Gattung von Kreisscheiben decken den Zusammenhang auf, in dem die über diese Größen von *Weiß* gewonnenen Resultate stehen, und zeigen zugleich, welche Rolle die Glieder verschiedener Ordnung in dem Gesetz der magnetischen Erregung spielen.

Schon die in $H^3$ multiplizierten Glieder heben die Isotropie des Verhaltens auf und ergeben einen mit der Figur 145 qualitativ übereinstimmenden Verlauf; aber die beiden Funktionen $M_l$ und $M_t$ erscheinen hier in der Theorie enger verknüpft, als es der Beobachtung entspricht: die Faktoren $L_1$ und $T_1$ der variabeln Glieder werden durch die Theorie einander gleich geliefert, während nach der Beobachtung $L_1 < T_1$ ist. Außerdem erreicht nach der Theorie $M_t$ die Maxima und Minima bei $\vartheta = (2h - 1)\pi/8$, was der Beobachtung nicht entspricht. Die Hinzufügung der in $H^5$ multiplizierten Glieder hebt den einen Widerspruch, die der in $H^7$ multiplizierten den anderen auf. Bis zu Gliedern von dieser Ordnung zu gehen, verlangt also direkt der Verlauf der Kurven für $M_l$ und $M_t$. Die starke Veränderung des Quotienten $M/H$ mit $H$ nach den Beobachtungen an Stäbchen (§ 253) stimmt hiermit überein.

Um zu den Ausdrücken für $M_l$ und $M_t$ zu gelangen, die bei den Beobachtungen mit Scheiben zweiter Art, normal einer zweizähligen Achse, Anwendung findet, hat man nur in (369)

$$H_1 = H\alpha, \cdots \quad \text{und} \quad \beta^2 = \gamma^2 = \tfrac{1}{2}\sigma^2$$

zu setzen, wo nun

$$\alpha = \cos\psi, \quad \sigma = \sin\psi$$

ist, und $\psi$ den Winkel bezeichnet, den $H$ mit der $X$-Achse einschließt. Es können dann ohne weiteres die Formeln (371) und (374) angewendet werden, und man erhält auf diese Weise Gesetze für $M_l$ und $M_t$, die mit den in Figur 146 dargestellten Beobachtungen in analogem Zusammenhang stehen, wie die oben für Scheiben erster Art abgeleiteten Formeln (376) und (378) mit den in Figur 145 wiedergegebenen Beobachtungen. Da hierbei keine neuen Gesichtspunkte hervortreten, mag von der Durchführung dieser Betrachtungen abgesehen werden.

Für die dritte Art von Scheiben, normal zur dreizähligen Achse, ist zu bemerken, daß eine solche Achse in der Mitte jedes Oktanten des $XYZ$-Systemes liegt. Die drei Richtungskosinus der Achse im ersten Oktanten sind sämtlich $= 1/\sqrt{3}$; für die zu ihr normalen, also der Scheibe parallelen Lagen der Feldstärke muß also gelten woraus mit Hilfe von

$$\left.\begin{aligned}\alpha+\beta+\gamma&=0,\\ \alpha^2+\beta^2+\gamma^2&=1\end{aligned}\right\} \tag{380}$$

leicht folgt:

$$\beta\gamma+\gamma\alpha+\alpha\beta=-\tfrac{1}{2},\quad \beta^2\gamma^2+\gamma^2\alpha^2+\alpha^2\beta^2=\tfrac{1}{4},$$
$$\alpha^4+\beta^4+\gamma^4=\tfrac{1}{2}. \tag{381}$$

Die letzten beiden Beziehungen ergeben, daß in dem Ausdruck (372) für $M_l$ das in $H^3$ multiplizierte Glied von der Richtung unabhängig wird. Die Veränderlichkeit von $M_l$ ist also bei den Scheiben der dritten Art erst von den Gliedern fünften und höheren Grades bedingt, die um so geringere Beträge liefern, als die in ihnen zur sechsten und höheren Potenzen auftretenden Richtungskosinus selbst jederzeit ziemlich klein bleiben.

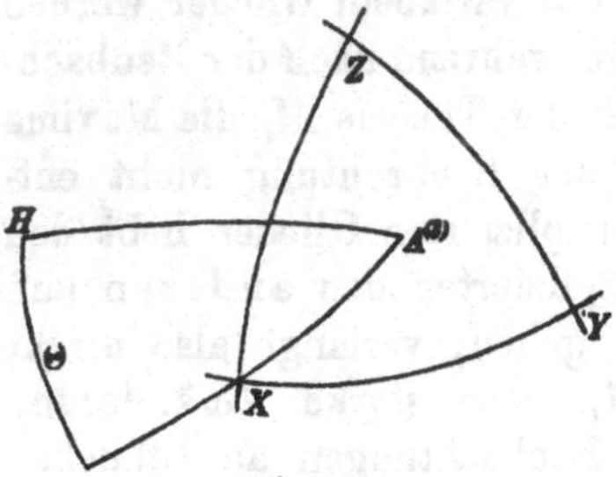

Fig. 149.

Bestimmt man nämlich die Lage von $H$ innerhalb der. Ebene normal zu der dreizähligen Achse $A^{(3)}$ durch den Winkel $\Theta$, welchen die Ebene $\overline{A^{(3)}H}$ mit der Ebene $\overline{A^{(3)}X}$ einschließt (Fig. 149), so ist, wie leicht zu zeigen,

$$\alpha=\sqrt{\frac{2}{3}}\cos\Theta,\quad \beta=-\frac{\cos\Theta}{\sqrt{6}}+\frac{\sin\Theta}{\sqrt{2}},$$
$$\gamma=-\frac{\cos\Theta}{\sqrt{6}}-\frac{\sin\Theta}{\sqrt{2}}. \tag{382}$$

Da jetzt außer der Gleichung ($373^2$) nach ($380^2$) und ($381^3$) noch die Beziehung besteht

$$\alpha^6+\cdots+\alpha^2(\beta^4+\gamma^4)+\cdots=\tfrac{1}{2},$$

so läßt sich in dem Ausdruck (372) für $M_l$ der variable Teil der in $H^5$ multiplizierten Glieder ganz auf $\alpha^2\beta^2\gamma^2$ reduzieren, was nach (382) den Wert hat

$$\alpha^2\beta^2\gamma^2=\tfrac{1}{54}\cos^2\Theta\,(\cos^2\Theta-3\sin^2\Theta)^2=\tfrac{1}{54}\cos^2 3\Theta. \tag{383}$$

Das Auftreten von $3\Theta$ entspricht dabei der Dreizähligkeit der Symmetrieachse, die normal zur Plattenebene steht.

Wie schon S. 515 bemerkt, versteckte sich bei den *Weiß*schen Beobachtungen die sehr geringe Veränderlichkeit von $M_l$ bei den Platten normal zur dreizähligen Achse in den Beobachtungsfehlern;

es ist später anscheinend *Bavink*[1]) gelungen, dieselbe im Einklang mit der obigen Formel nachzuweisen.

§ 260. **Azentrische Erregung bei Anwesenheit einer dreizähligen Achse.** Eine systematische Untersuchung des erweiterten thermodynamischen Potentiales (362) für die wichtigsten Kristallgruppen hat auf meine Veranlassung *Bavink*[2]) durchgeführt, und auf die von ihm gegebenen Ausdrücke ist für alle etwaigen experimentellen Untersuchungen zu verweisen. Da Beobachtungen bisher nur in äußerst kleiner Zahl vorliegen, so ist ein ausführlicheres Eingehen auf jene Resultate nicht angezeigt. Nur ein Punkt von allgemeinem Interesse mag hier hervorgehoben werden.

Es ist bereits auf S. 516 betont worden, daß das verallgemeinerte Potential nach der Symmetrie der magnetischen Vektoren auch Glieder ungeraden Grades enthalten kann, und daß diese ein azentrisches Verhalten des betreffenden Kristalles gegenüber magnetisierenden Kräften ausdrücken. Die Auffindung derartiger Wirkungen in der Natur ist eine Aufgabe von großer prinzipieller Bedeutung, und ihre Lösung würde den Theorien des Magnetisierungsvorganges eine ganz bestimmte Direktive geben.

Für die Auffindung sind aber naturgemäß solche Kristallgruppen am aussichtsreichsten, wo das Potential ungerade Glieder bereits von sehr niedrigem Grade zuläßt. Wie S. 519 bemerkt, erweist sich in dem regulären System die zweite Abteilung in dieser Hinsicht erheblich aussichtsreicher als die erste, insofern in der zweiten Abteilung das niedrigste ungerade Glied vom dritten, in der ersten Abteilung aber vom neunten Grade ist.

Bezüglich anderer Systeme kann man zunächst allgemein behaupten, daß ein azentrisches Verhalten in allen Ebenen, die normal zu einer geradzähligen Symmetrieachse stehen, ausgeschlossen ist; das ergibt in der Tat die Symmetrie. Da man aber für die Beobachtung nach der *Weiß*schen Scheibenmethode oder einer äquivalenten, die die Feldstärke in einer Ebene rotieren läßt, in erster Linie Platten normal zu einer Symmetrieachse wählen wird, so werden Kristalle mit dreizähligen Symmetrieachsen ganz besonderes Interesse erwecken. Derartige Kristalle finden sich aber außer in dem regulären auch in dem trigonalen oder rhomboedrischen Systeme.

Dieses System zerfällt nach S. 101 resp. der Tabelle am Schluß des Buches in die beiden Abteilungen

1) *B. Bavink*, Gött. Diss., abgedruckt im N. Jahrb. f. Min. Beil. Bd. **19**, p. 377, 1904; s. insbesondere p. 425.

2) *B. Bavink*, s. übrigens auch *B. Wallerant*, C. R. T. **133**, p. 630, 1902

1. Abt. (9), (10), (11) $A_s^{(3)} A_x^{(2)}$,

2. Abt. (12), (13) $A_s^{(3)}$.

Nach *Bavink* hat in beiden $\Xi_3$ einen von Null verschiedenen Wert, es kommen also in beiden Abteilungen ebenso, wie in der 2. Abt. des regulären Systems, azentrische Glieder bereits vom dritten Grade vor. Wir wollen diese Glieder einer kurzen Betrachtung unterwerfen.

Für die zweite Abteilung des regulären Systemes kann das Glied $\Xi_3$ nach S. 518 geschrieben werden

$$\Xi_3 = 2\varkappa_3' H_1 H_2 H_3 = 2\varkappa_3' H^3 \alpha\beta\gamma,$$

wobei der Parameter $\varkappa_3'$ nichts mit dem in dem Ansatz (369) auftretenden $\varkappa_3$ zu tun hat.

Benutzen wir die Formeln (382), welche sich auf den Fall beziehen, daß die Feldstärke in einer Ebene normal zu einer dreizähligen Achse wandert, so wird dies zu

$$\Xi_3 = \tfrac{1}{3}\sqrt{\tfrac{2}{3}}\,\varkappa_3 H^3 \cos 3\Theta.$$

Völlig konform hiermit findet *Bavink* für die erste Abteilung des rhomboedrischen Systems

$$\Xi_3 = \frac{2\varkappa'}{3} H^3 \cos 3\vartheta, \tag{384}$$

wobei $\varkappa'$ den Parameter bezeichnet, und der Winkel $\vartheta$ gegen die X-Achse gerechnet ist.

Knüpfen wir hieran an, so folgt gemäß (371) und (374) für die Anteile, welche dies Glied zu $M_l$ resp. $M_t$ liefert,

$$\varkappa' H^2 \cos 3\vartheta \quad \text{resp.} \quad -\varkappa' H^2 \sin 3\vartheta,$$

welche die azentrische Natur des durch sie ausgedrückten Vorganges deutlich erkennen lassen.

Versuche, die *Bavink*[1]) bei verschiedenen zu den besprochenen Gruppen gehörigen Kristallen nach der *Weiß*schen Scheibenmethode angestellt hat, um diese azentrische Wirkung aufzufinden, sind ergebnislos verlaufen. Es ist aber nicht unwahrscheinlich, daß diese Methode den voraussichtlich sehr feinen Effekten gegenüber zu unempfindlich ist.

§ 261. **Bestimmung der Transversalerregung nach der Methode der Drehungsmomente.** Eine größere Genauigkeit, als die oben beschriebene, gewährt eine Methode, welche an die Drehungsmomente

1) *B. Bavink* l. c. p. 420.

anknüpft, die ein magnetisierter Körper im erregenden Magnetfeld erfährt, und die gleichfalls von *Weiß* angegeben ist.

Nach dem S. 427 Bemerkten kann man auch in dem hier vorliegenden Falle, daß das magnetische Moment der Feldstärke nicht proportional ist, für das Drehungsmoment $N$ auf einen homogen erregten Körper um irgendeine Achse bei Einwirkung eines zu dieser Achse normalen und homogenen Feldes $H$ schreiben

$$N = -KHM_n,$$

worin $K$ das Volumen des Körpers und $M_n$ das spezifische magnetische Moment nach der Richtung normal zur Drehachse und zur Feldstärke $H$ bezeichnet.

Handelt es sich um eine solche dünne Kreisscheibe, deren Selbstinfluenz vernachlässigt werden darf, und um eine Drehung um deren Achse, so fällt dies $M_n$ mit dem oben berechneten $M_t$ zusammen; das Gesetz für $N$ ist also in den oben besprochenen Fällen ohne weiteres anzugeben.

Am exaktesten würde voraussichtlich die Messung von $N$ durch Kompensation des magnetischen Momentes durch ein Torsionsmoment geschehen. Man hat hierzu die Kristallscheibe an einem Draht in möglichst horizontaler Lage zwischen den Polen eines vertikal aufgestellten (am einfachsten permanenten) Hufeisenmagneten aufzuhängen und bei einer Drehung des Magneten um eine mit dem Draht zusammenfallende Achse die Scheibe durch eine Drehung $\tau$ des obern Drahtendes dauernd in der ursprünglichen Position zu erhalten. Die Änderung des Drehungswinkels $\tau$ ist dann der Änderung des auf die Scheibe ausgeübten mechanischen Drehungsmomentes proportional.

Beobachtet man $\tau$ für eine Anzahl von Positionen des Magneten, zwischen denen derselbe immer um denselben Bruchteil von $2\pi$ gedreht ist, so erhält man eine Wertreihe, die einen Schluß auf das magnetische Drehungsmoment gestattet, welches die Scheibe in den verschiedenen Positionen erfährt. Die nicht genaue Orientierung und Befestigung der Scheibe, wie auch die nicht genaue Koinzidenz der Drehungsachse des Magneten mit derjenigen der Scheibe werden allerdings Störungen hervorbringen, die möglicherweise von gleicher Größenordnung sind mit dem gesuchten Effekt. Bei dem speziellen (übrigens von *Weiß* nicht verfolgten) Problem der Aufsuchung einer dreizähligen Achse der Magnetisierung lassen sie sich aber von dieser letzteren sondern, da sie eine andere Symmetrie besitzen, als jene.

Stellt man nämlich nach bekannten Methoden die beobachteten Werte $\tau$ durch eine *Fourier*sche Reihe dar, die nach Vielfachen des Orientierungswinkels $\chi$ des Magneten fortschreitet, so können Glieder, welche $3\chi$ enthalten, nicht durch die oben angeführten Störungen bedingt sein; ihr Auftreten würde vielmehr gemäß dem S. 526 Entwickelten notwendig auf das Vorhandensein eines azentrischen Magnetisierungseffektes deuten.

Statt das Drehungsmoment, welches die Kristallscheibe im Magnetfeld erfährt, durch die Aufhängung zu kompensieren, kann man auch, wie dies *Weiß* getan hat, bequemer seine Wirkung aus der Ablenkung erschließen, welche die Scheibe durch das Feld und gegen das Moment der Aufhängung erfährt. Es ist hierbei nur gelegentlich zu berücksichtigen, daß jetzt die Orientierungen der Scheibe gegen die Kraftlinien nicht von einer zur nächsten Beobachtung wirklich so, wie oben angenommen, um den gleichen Bruchteil von $2\pi$ wechseln. Findet zum Beispiel bei einer Drehung des Magneten um $2\pi/n$ eine Drehung der Kristallscheibe um den Winkel $\delta$ in dem gleichen Sinne statt, so hat sich die Lage der Scheibe gegen die Kraftlinien des Feldes nur um den Winkel $2\pi/n - \delta$ geändert. Dieser Einfluß ist bei der Berechnung der Beobachtungen mit Hilfe einer *Fourier*-Reihe in Rechnung zu ziehen.

Um ein Beispiel für die Verwendung dieser Methode anzugeben, will ich eine Beobachtungsreihe besprechen, die im hiesigen Institut mit einem Präparat aus tiefgrünem brasilianischen Turmalin angestellt ist. Turmalin zählt zur Gruppe (11), besitzt also eine dreizählige Symmetrieachse. Das Präparat war in Form eines Kreiszylinders um diese Achse von etwa 8 mm Länge und 6 mm Durchmesser hergestellt; die Form einer dünnen Scheibe, welche die magnetischen Wirkungen sehr reduziert, ist bei bloßen Symmetriefragen einzuhalten nicht nötig.

Der bei der Beobachtung benutzte Magnet war ein Stahlmagnet in Hufeisenform, der mit seinen Schenkeln vertikal um die Mittellinie drehbar aufgestellt war. Das Präparat hing an einem dünnen Draht in der Mitte des Feldes zwischen den Polschuhen. Die Feldstärke durfte wegen der ziemlich starken magnetischen Erregbarkeit des Turmalin nicht über 700 Gauß gesteigert werden, andernfalls die Gleichgewichtslage des Präparats labil zu werden anfing. Die Ablesung der Orientierung des Präparats geschah mit Fernrohr an einer 180 cm entfernten Millimeterskala. Zwischen je zwei Beobachtungen wurde der Magnet um 30° gedreht.

Turmalin zeigt eine merkliche magnetische Remanenz; um diese zu eliminieren, wurde einerseits die Beobachtung bei derselben Drehungsrichtung so lange fortgesetzt, bis nach dem vollen Umgang der Anfangswert wieder erreicht wurde, die Remanenzwirkung also stationär geworden war. Andrerseits wurde die Beobachtung einmal bei positivem, einmal bei negativem Drehungssinn angestellt und aus den Resultaten das Mittel genommen.

Die so erhaltenen und in der oben erörterten Weise korrigierten Ablesungen an der Skala lauteten

26,91; 24,49; 23,53; 24,09; 26,02; 28,90;

32,21; 34,91; 36,31; 35,84; 33,59; 30,24.

Sie enthalten noch die Wirkung mehrerer Fehlerquellen in sich, so insbesondere die einer Abweichung zwischen den Drehungsachsen des Magneten und des Präparats, ferner die einer Abweichung der magnetischen Achse des Präparats aus dessen Drehungsachse. Aber alle derartigen Fehlerquellen haben, wie gesagt, nicht die Symmetrie einer dreizähligen Achse, sondern sich also bei der Berechnung der Beobachtungen von selbst aus.

Macht man nun für obige Ablesungen den Ansatz

$$A = a_0 + a_1 \cos\varphi + a_2 \cos 2\varphi + a_3 \cos 3\varphi + \cdots$$
$$+ b_1 \sin\varphi + b_2 \sin 2\varphi + b_3 \sin 3\varphi + \cdots,$$

so erhält man $6a_3$, indem man obige Zahlen mit den Faktoren

$$1, 0, -1, 0, \ldots$$

zusammenfaßt, $6b_3$ wenn man die Faktoren

$$0, 1, 0, -1, \ldots$$

benutzt.

Das Resultat ist für $a_3 = -0{,}01$, für $b_3 = 0$. Da die Genauigkeit der Ablesungen 0,01 nicht übersteigt, so ist die magnetische Dreizähligkeit der Hauptachse bei Turmalin nicht merklich ausgeprägt.

§ 262. **Beobachtungen an Magnetkies.** Beobachtungen über Ferromagnetismus bei nicht regulären Kristallen sind von *Westmann*[1]), *Weiß*[2]), *Kunz*[3]), *Bavink*[4]) angestellt worden; dieselben beziehen sich aber nur zum Teil auf die umkehrbaren Vorgänge, um die es sich hier handelt, und lassen auch da zumeist die nach theoretischer Seite interessanten Symmetriefragen beiseite.

Die von den Genannten untersuchten Kristalle gehören verschiedenen Systemen an, bei denen aber stets eine ausgezeichnete Symmetrieachse vorhanden war. Der von *Westmann* beobachtete Eisenglanz (Eisenoxyd) gehört der Gruppe (9) mit der Symmetrieformel $CA_z^{(3)} A_x^{(2)}$

1) *J. Westmann*, Diss. Upsala, 1897.
2) *P. Weiß*, Bull. Soc. franc. de Phys. 1905, p. 335.
3) *P. Weiß* und *J. Kunz* l. c. p. 392.
4) *B. Bavink* l. c.

an, der von *Bavink* behandelte Ilmenit (Titaneisenerz) der Gruppe (12) mit der Formel $CA_z^{(3)}$. Pyrrhotin oder Magnetkies, von *Weiß* und *Kunz* untersucht, stellt sich hexagonal mit der Formel $CA_z^{(6)} A_x^{(2)}$ dar; es ist aber schon früher vermutet und von *Weiß* aus dem magnetischen Verhalten zuverlässig sicher erwiesen, daß die scheinbar einfachen Kristalle dieses Minerals Anhäufungen von rhombischen Individuen darstellen. Wahrscheinlich handelt es sich dabei wiederum um eine der S. 21 u. f. erwähnten umkehrbaren Umwandlungen einer Modifikation der Substanz in eine andere, derart, daß sich der Kristall unter Temperatur- und Druckverhältnissen gebildet hat, denen eine hexagonal kristallisierende Modifikation entsprach, während bei den gegenwärtigen Bedingungen die rhombische Modifikation stabil ist.

Der von *Weiß* geführte Nachweis hat prinzipielles Interesse und mag daher in Kürze geschildert werden.

Präparate von Magnetkies, einem Felde normal zu der Hauptachse ausgesetzt, zeigten Magnetisierungen $M_l$ und $M_t$ parallel und normal zu den Richtungen der Kraftlinien, deren Verlauf bei Drehung der Feldrichtung um die Hauptachse keinerlei Andeutung der sechszähligen Symmetrieachse erkennen ließ; ein Symmetriezentrum war ausgeprägt, daneben erschienen bei $M_t$ zweimal drei Maxima und drei Minima von $M_t$ in unregelmäßigen Abständen und Größen, die überdies von Präparat zu Präparat wechselten. Durch Verkleinerung der Präparate bis auf eine Masse von wenigen Milligramm gelang es *Weiß*, zweimal zwei dieser Maxima und Minima nahezu vollständig zu beseitigen. Die übrigbleibenden entsprechen der Existenz einer in die Hauptachse fallenden zweizähligen Symmetrieachse.

Es war hiernach anzunehmen, daß die Magnetkieskristalle aus rhombischen Individuen zusammengesetzt waren, und in der Tat ließen sich alle bei größeren Präparaten gefundenen Gesetzmäßigkeiten für $M_l$ und $M_t$ durch die Annahme ableiten, daß diese Kristalle aus rhombischen Individuen zusammengesetzt wären, die mit der einen (Haupt-) Achse parallel, mit den beiden andern (Neben-) Achsen in drei um 120° gegenseitig verdrehten Positionen orientiert wären.

Die von den genannten Forschern im übrigen erhaltenen Resultate zeigen insofern eine auffällige Verwandtschaft, als sich bei allen drei untersuchten Mineralien eine ganz außerordentliche Verschiedenheit des magnetischen Verhaltens der Richtungen parallel und normal zur Hauptachse ergab. Parallel der Hauptachse war Hysteresis und Abweichung von der Proportionalität zwischen Moment und Feldstärke gering, gelegentlich kaum vorhanden; normal dazu war beides sehr stark ausgebildet, in Verbindung mit einer um das Vielfache größeren Erregbarkeit.

*Weiß* hat die Verschiedenheit in der Größenordnung der magnetischen Erregbarkeit von Magnetkies in den Richtungen parallel und normal zur Hauptachse in einem einfachen Vorlesungsexperiment demonstriert. Eine Kugel aus dieser Substanz ist vor einem Magnetpol an einem Universalgelenk aufgehängt, so daß die Hauptachse des Kristalls horizontal liegt, überdies die Kugel sich in jeder vertikalen Ebene bewegen, aber nicht um die vertikale Achse drehen kann (Fig. 150). Fällt die Hauptachse in die Richtung der Kraftlinien, so verharrt die Kugel in Ruhe, selbst wenn man ihr den Magneten bis fast zur Berührung nähert; steht die Hauptachse normal zu den Kraftlinien, so tritt bereits bei größerem Abstande des Magneten eine kräftige Ablenkung ein. Im ersteren Falle ist die Erregung parallel, im zweiten diejenige normal zur Hauptachse wirksam.

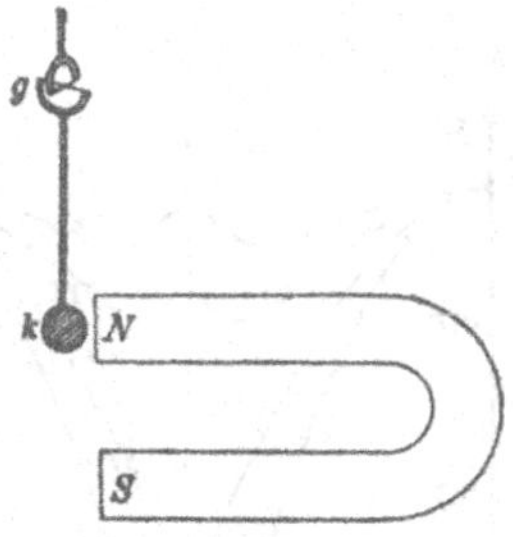

Fig. 150.

Die allgemeinen quantitativen Verhältnisse sind gleichfalls von *Weiß* am Magnetkies untersucht worden, und die rhombische Symmetrie dieses Minerals gibt Veranlassung zu einer ausnahmsweisen Mannigfaltigkeit der Erscheinungen.

Parallel zur Hauptachse findet Paramagnetismus statt, d. h. also merkliche Proportionalität zwischen Feld und Moment und merklich vollständige Umkehrbarkeit des Magnetisierungsvorganges. Die Stärke der Erregbarkeit ist von der Größenordnung der bei andern paramagnetischen Eisenverbindungen beobachteten.

Normal zur Hauptachse zeigt sich eine Richtung geringerer und senkrecht zu dieser eine solche stärkerer ferromagnetischer Erregbarkeit; in diesen beiden Nebenachsen findet die Erregung aber nach ganz verschiedenen Gesetzen statt.

In der Achse geringerer Erregbarkeit besteht bei kleineren Feldstärken angenäherte Proportionalität zwischen Moment und Feld, die erst in der Nähe von 7300 Gauß einer schnellen Wendung zu konstanten Momentwerten, d. h. also zu Sättigung, weicht. Die letztere ist bei 12000 Gauß merklich erreicht.

Im Gegensatz hierzu findet in der Achse stärkerer Erregbarkeit ein konstanter Wert von analogem Betrage schon bei äußerst kleinen Feldstärken statt; die Kurve, welche das Moment als Funktion der Feldstärke darstellt, steigt vom Nullpunkt aus so steil bis zu der weiterhin konstant bleibenden größten Ordinate an, daß der Aufstieg der Beobachtung fast unzugänglich ist.

Diesem äußerst verschiedenen Verhalten der Momentkomponenten nach den beiden Nebenachsen entspricht ein sehr merkwürdiger Verlauf der Erscheinungen in zwischen den beiden Achsen liegenden

Richtungen. Figur 151 reproduziert die *Weiß*schen Kurven für das longitudinale Moment $M_l$ als Funktion der Richtung bei den Feldstärken I 1992, II 4000, III 7310, IV 11 140 Gauß. Figur 152 gibt Analoges in größerem Maßstab der Ordinaten für das transversale

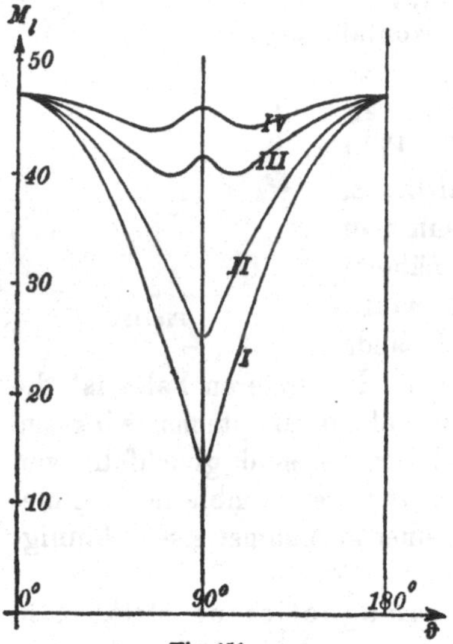


Fig. 151.

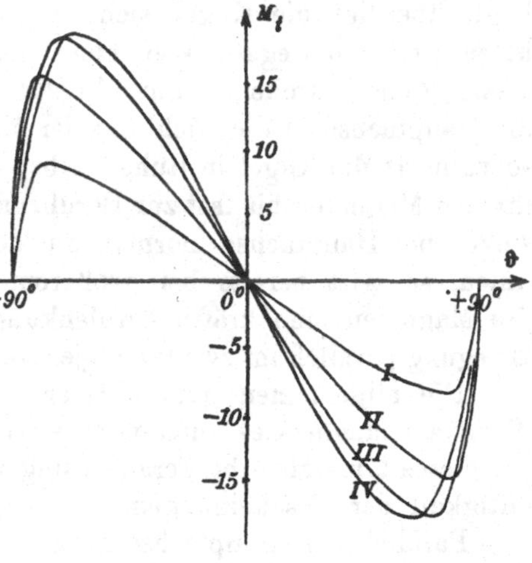


Fig. 152.

Moment $M_t$. Der Winkel $\vartheta$ ist von einer Achse stärkerer Erregung aus gerechnet. Da die Erregung zentrisch symmetrisch ist, so entspricht einem vollen Umlauf der Feldstärke um die Hauptachse eine zweimalige Wiederholung der Kurve.

Aus den beiden Komponenten $M_l$ und $M_t$ bestimmt sich das resultierende Moment durch Zusammensetzung. Man erkennt ohne weiteres, daß in der Nähe der Achsen stärkerer Erregung das resultierende Moment sich erheblich langsamer, in der Nähe der Achsen schwächerer Erregung aber schneller dreht als die Feldstärke; diese Wirkung ist besonders bei schwachen Feldstärken sehr auffallend.

Außerdem ist hervorzuheben, daß das transversale Moment $M_t$ keineswegs mit Annäherung an den Sättigungszustand abnimmt, sondern vielmehr maximalen Amplituden zustrebt. Dies hat zur Folge, daß auch im Sättigungszustand, bei dem die Größe des resultierenden Momentes relativ wenig mit der Richtung in der Ebene normal zur Hauptachse variiert, seine Richtung doch noch beträchtlich von derjenigen des erregenden Feldes abweicht.

Der Raum gestattet nicht, auf die Einzelheiten der schönen *Weiß*schen experimentellen Untersuchung näher einzugehen; auch kann auf das molekulare Modell, durch welches er seine Resultate dem

Verständnis näherzubringen sucht, nur eben hingewiesen werden. Ebenso können die Beobachtungen von *Kunz*[1]) an Hämatit, welche für dies Material dem Magnetkies verwandte Eigenschaften erwiesen haben, nur erwähnt werden.

§ 263. **Theoretische Gesichtspunkte.** Die Versuchsresultate über Pyrrhotin lieferten die Anregung zu einer neuen Theorie des Ferromagnetismus[2]) auf kinetischer Grundlage, die hier kurz besprochen werden soll, weil sie ihrerseits auf die Anschauungen über Kristallmagnetismus eingewirkt hat. Diese Theorie ist eine Erweiterung einer von *Langevin*[3]) gegebenen kinetischen Theorie des Paramagnetismus, auf welche S. 502 Bezug genommen ist, durch Einführung der magnetischen Wechselwirkung zwischen den Molekularmagneten, ähnlich wie *van der Waals* die kinetische Theorie der idealen Gase zu derjenigen der Flüssigkeiten überhaupt durch Einführung des sogenannten innern Druckes erweiterte.

Nach *Langevin* ist der Paramagnetismus das Resultat des statischen Gleichgewichts unter der gleichzeitigen Wirkung eines die Molekularmagnete parallelrichtenden Feldes und der Wärmebewegung. Wegen des Vorhandenseins dieses Feldes ist die potentielle Energie eines Moleküls von seiner Richtung abhängig. Durch Anwendung des *Maxwell-Boltzmann*schen Verteilungsgesetzes ergibt sich das Moment der Substanz als eine Funktion des Quotienten des wirkenden Feldes durch die absolute Temperatur. Und zwar ist, solange dieser Quotient $\frac{H}{T}$ klein ist, das Moment mit ihm proportional. Die *Langevin*sche Theorie gibt also zwanglos die von *Curie* beim Sauerstoff und einer Reihe von andern paramagnetischen Substanzen beobachtete Temperaturabhängigkeit der magnetischen Erregung.

*Weiß* fügt die Voraussetzung hinzu, daß die Wirkung sämtlicher Molekularmagnete auf einen von ihnen gleichwertig ist mit derjenigen eines molekularen Feldes von einer mit dem lokalen magnetischen Moment proportionalen Stärke, so daß gesetzt werden kann

$$H_m = N \cdot M.$$

Man kann mit einer solchen Annahme die meisten Erscheinungen des Ferromagnetismus erklären. Namentlich läßt sich daraus ein Gesetz für die Abhängigkeit des Sättigungsmoments von der Temperatur ableiten, welches mit den Beobachtungen am geschmolzenen, feinkörnig-kristallinischen Magnetit in auffallender Weise übereinstimmt.

---

1) *J. Kunz*, Neues Jahrb. f. Min. Bd. **100**, p. 62, 1907.
2) *P. Weiß*, Journ. de Phys. (4) **6**, 661, 1907 und Phys. Zeitschr. **9**, 358, 1908.
3) *Langevin*, Ann. de Chim. (8) T. **5**, p. 70, 1905.

Mit einer sehr einfachen Anpassung gibt nun diese Voraussetzung auch die komplizierte beobachtete Abhängigkeit des Moments vom Feld beim Pyrrhotin in Größe und Richtung wieder. Es genügt, statt des einzigen Koeffizienten $N$ für das molekulare Feld drei charakteristische Koeffizienten $N_1$, $N_2$, $N_3$ einzuführen, von denen jeder die Proportionalität der Komponente des Feldes nach einer von drei aufeinander senkrechten Achsen mit den entsprechenden Komponenten des Moments ausdrückt. Diese Fähigkeit, weitere Tatsachen zu umfassen, dient unzweifelhaft zur Empfehlung der *Weiß*schen theoretischen Ansätze.

## VI. Abschnitt.

## Thermoelektrizität.

§ 264. **Allgemeines.** Das Problem der Thermoelektrizität, d. h. die Erregung von elektromotorischen Kräften in einem System metallischer Leiter infolge von Temperaturdifferenzen, fällt unter das Schema der Wechselbeziehungen zwischen zwei Vektoren, insofern sich die Gesetze der beobachteten Erscheinungen aus der Vorstellung ableiten lassen, daß der eigentliche Sitz der elektromotorischen Kräfte das Innere der homogenen Leiter ist, wo Temperaturgefälle stattfinden, und daß diese Temperaturgefälle die unmittelbare Veranlassung jener Kräfte sind. Diesen räumlichen elektromotorischen Kräften muß man dabei zur Erklärung der Tatsachen Reversibilität zuschreiben, derart, daß eine Umkehrung des Temperaturgefälles eine Umkehr der elektromotorischen Kraft zur Folge hat.

Es ist natürlich nicht ausgeschlossen, daß neben diesen Wirkungen sich noch spezifische Vorgänge in den Grenzschichten zwischen zwei verschiedenen Leitern abspielen, aber die Sonderung der beiden Arten von Wirkungen ist schwierig und bisher nicht befriedigend geglückt. Wir lassen jene Oberflächeneffekte hier um so mehr außer Betracht, als die wenigen quantitativen Beobachtungen, die über thermoelektrische Erregungen von Kristallen bisher vorliegen, ohne Annahme spezifischer Vorgänge in Grenzflächen verständlich zu sein scheinen.

Den thermoelektrischen Wirkungen entsprechen bekanntlich bei isotropen Körpern reziproke, elektrothermische Effekte, nämlich Wärmewirkungen eines elektrischen Stromes in einem metallischen Leiter, die, wie die thermoelektrischen Effekte, reversibel sind, nämlich bei Umkehrung des Stromes sich in entgegengesetztem Sinne abspielen. Dieselben superponieren sich dem irreversibeln Effekt, der als *Joule*-Wärme bezeichnet wird und stets eine Wärmeentwicklung darstellt, gleichviel, ob der Strom den Leiter in dem einen oder in dem andern Sinne durchläuft. Die reversibeln Wärmeeffekte finden nachweisbar zum Teil in den Zwischengrenzen, zum Teil im Innern der Leiter statt; die beiden Teile werden nach ihren Entdeckern als *Peltier*- und *Thomson*-Wärme bezeichnet.

Auch diese elektrothermischen Wirkungen lassen sich in Übereinstimmung mit der obigen Hypothese über den eigentlichen Sitz der thermoelektrischen Kräfte erklären. Sie erscheinen nach dieser Theorie als die Folge einer räumlichen Wärmeentwicklung, deren Effekte sich aber zum Teil in singulärer Weise in den Grenzflächen geltend machen.

Die vorliegenden Beobachtungen an Kristallen beziehen sich ausschließlich auf die thermoelektrischen Effekte; die reziproken Phänomene haben sich wegen technischer Schwierigkeiten, die aus der Geringfügigkeit des zur Beobachtung geeigneten Materials entstehen, bisher bei Kristallen nicht nachweisen lassen.

§ 265. **Methoden zur Beobachtung thermoelektrischer Kräfte. Die Theorie von W. Thomson.** Die Beobachtungen über thermoelektrische Kräfte in Kristallen sind in wesentlich derselben Weise angestellt, wie die analogen Beobachtungen an isotropen Körpern. Ein mehr oder weniger stabförmiges Präparat wird in den, im übrigen meist homogenen Schließungskreis eines Galvanometers eingefügt, etwa zwischen Kupferklötze geklemmt, die mit den Polen des Galvanometers verbunden sind; es werden die beiden Endflächen des Präparats auf verschiedene Temperaturen gebracht, und es wird aus dem Ausschlag des Galvanometers in Verbindung mit dem zuvor bestimmten Widerstand der ganzen Schließung auf die Größe der thermoelektrischen Kraft der eingeschalteten Substanz gegen die Substanz der Schließung, z. B. also Kupfer, geschlossen.[1]) Das Gesetz derselben wird passend durch eine Reihe nach steigenden Potenzen der zwischen den beiden Endflächen bestehenden Temperaturdifferenz dargestellt; bei kleinen Werten dieser Differenz genügt die Beschränkung auf das lineäre Glied.

Sind in die Schließung $C$ zwei Körper $A$ und $B$ eingeschaltet, und werden die Verbindungsstellen $AC$ und $BC$ auf derselben Temperatur $\vartheta_0$ erhalten, während die Verbindungsstelle $AB$ die Temperatur $\vartheta$ besitzt, so ergibt die Messung Aufschluß über die thermoelektrische Kraft zwischen $A$ und $B$. Bezeichnet man nämlich die elektromoto-

1) Die Widerstandsbestimmung wird natürlich überflüssig, wenn man die thermoelektrische Kraft nicht galvanometrisch, sondern elektrometrisch mißt.

rischen Kräfte zwischen zwei Körpern durch die Symbole der bez. Substanzen mit als Index beigefügter Temperatur, so läßt die beschriebene Anordnung die gesamte elektromotorische Kraft

$$(A, B)_\vartheta + (B, C)_{\vartheta_0} + (C, A)_{\vartheta_0}$$

wirksam werden. Da aber nach dem *Volta*schen Spannungsgesetz für metallische Leiter bei gleicher Temperatur $\vartheta_0$

$$(A, B)_{\vartheta_0} + (B, C)_{\vartheta_0} + (C, A)_{\vartheta_0} = 0$$

gilt, so ist die wirksame elektromotorische Kraft identisch mit

$$(A, B)_\vartheta - (A, B)_{\vartheta_0}.$$

In dieser Weise sind sogleich die ersten Messungen ausgeführt, die sich auf Kristalle bezogen, und die von *Svanberg*[1]) an rhomboedrisch kristallisiertem Wismut und Antimon, sowie später von *Franz*[2]) an Wismut angestellt worden sind. Dieselben stellten fest, daß Stäbe, aus diesen Substanzen in verschiedener Orientierung herausgeschnitten, verschiedene elektromotorische Kräfte lieferten; die Veränderung fand in gleichbleibendem Sinne statt, wenn der Neigungswinkel der Stabachse gegen die Hauptachse des Kristalles von $0^0$ bis zu $90^0$ zunahm.

Der Sinn der thermoelektrischen Kraft erhellt aus der Angabe, daß, wenn gemäß der zweiten oben geschilderten Anordnung ein der Hauptachse paralleler und ein gegen die Hauptachse geneigter Stab hintereinander in die Schließung eingeschaltet werden, und $\vartheta > \vartheta_0$ ist, dann der positive Strom in der Zwischengrenze $AB$ von dem ersten zum zweiten Stab fließt.

Neben diesem qualitativen Resultat beider Beobachter ist noch zu erwähnen, daß nach *Franz* zwischen zwei Stäben, die in verschiedener Richtung normal zur Hauptachse liegen, eine thermoelektrische Differenz nicht besteht. Analoge Resultate erhielt wenig später *Matteucci.*[3])

Unterdessen hatte *W. Thomson*[4]) die von ihm gewonnenen allgemeinen Grundlagen der Thermodynamik bereits zum Ausgangspunkt für eine Theorie der thermoelektrischen Phänomene und ihrer Reziproken bei isotropen Körpern gemacht und schließlich seine Betrachtungen auch auf Kristalle übertragen. Die von ihm gewonnenen

---

1) *J. Svanberg,* C. R. T. **31**, p. 250, 1850; Pogg. Ann. Erg. Bd. **3**, p. 153, 1853.

2) *R. Franz*, Pogg. Ann. Bd. **83**, p. 374, 1851; Bd. **85**, p. 388, 1852.

3) *Ch. Matteucci,* Ann. d. Chimie, T. **43**, p. 470, 1855.

4) *W. Thomson*, Edinb. Proc. T. **3**, p. 255, 1854; Edinb. Transact. T. **21**, p. 153, 1857, Phil. Mag. (4) T. **11**, p. 379, 433, 1856. S. auch Math. and phys. Pap. T. I, p. 232, insbes. p. 266 u. f., Cambr. 1882.

Resultate gaben nicht nur die quantitativen Gesetze für die schon beobachteten Erscheinungen, sie signalisierten auch neue, bis dahin noch nicht wahrgenommene Effekte.

*W. Thomson* bedient sich bei seiner Theorie der Methode der Kreisprozesse bei Anwendung der beiden Hauptsätze der Thermodynamik. Entsprechend der in dieser Darstellung durchweg benutzten Methode soll hier eine (etwas allgemeinere) Behandlung des Problems[1]) mitgeteilt werden, welche an das thermodynamische Potential anknüpft.

§ 266. **Erweiterung der Grundgleichungen der Thermodynamik für den Fall stationärer thermoelektrischer Wirkungen.** Erleidet unter der Wirkung einer elektrischen Feldstärke $E$ mit den Komponenten $E_1, E_2, E_3$ die in einem Leiter befindliche Ladung eine Verschiebung, so leistet die Feldstärke hierbei eine gewisse Arbeit.

Wir betrachten ein parallelepipedisches Volumenelement $dk$ mit Flächen parallel zu den Koordinatenebenen und nehmen an, daß eine in dem Element befindliche Ladung $\varrho dk$ eine Verschiebung $\delta s$ erfahre. Sind $\delta x, \delta y, \delta z$ die Komponenten von $\delta s$, so ist die Arbeit von $E$ an dem Volumenelement

$$dk\delta'\alpha = \varrho(E_1\delta x + E_2\delta y + E_3\delta z)dk;$$

werden die auf die Flächeneinheit bezogenen Elektrizitätsmengen

$$\delta e_1 = \varrho\delta x, \quad \delta e_2 = \varrho\delta y, \quad \delta e_3 = \varrho\delta z \tag{385}$$

eingeführt, welche durch die Begrenzungsflächen des Elementes geschoben werden, so ergibt sich hieraus für die auf die Volumeneinheit bezogene Arbeit $\delta'\alpha$ auch

$$\delta'\alpha = E_1\delta e_1 + E_2\delta e_2 + E_3\delta e_3. \tag{386}$$

Denken wir uns etwa in dem ganzen Körper eine Anfangsverteilung der Ladung gegeben und von dieser aus durch alle Flächenelemente normal zu den Achsen beliebig im Körper wechselnde Beträge $e_1, e_2, e_3$ geschoben, so wird dadurch ein neuer elektrischer Zustand bestimmt sein. Die $e_1, e_2, e_3$ können somit gemäß S. 188 als die verallgemeinerten Koordinaten des elektrischen Zustandes in dem Körper betrachtet und demgemäß für thermodynamische Schlüsse benutzt werden. Die Übertragung der Formel (105) von S. 188 läßt sich dann für reversible thermoelektrische Vorgänge schreiben

$$\delta\xi = E_1\delta e_1 + E_2\delta e_2 + E_3\delta e_3 - \eta\delta\vartheta, \tag{387}$$

1) *W. Voigt*, Gött. Nachr. 1898, p. 325; Wied. Ann. Bd. 67, p. 717, 1899; Thermodynamik, Bd. II. p. 325, Leipzig 1904.

unter $\xi$ das erste thermodynamische Potential, unter $\eta$ die Entropie der Volumeneinheit verstanden.

Es gilt dann nach Formel (109) auf S. 189

$$\frac{\partial \xi}{\partial e_h} = E_h \text{ für } h = 1, 2, 3, \quad \frac{\partial \xi}{\partial \vartheta} = -\eta. \tag{388}$$

Handelt es sich um einen reversibeln Vorgang, der nicht nur von der Temperatur selbst, sondern auch von deren Gradienten abhängt, so muß auch $\xi$ diese Größen, d. h. also die Komponenten

$$\frac{\partial \vartheta}{\partial x} = \vartheta_1, \quad \frac{\partial \vartheta}{\partial y} = \vartheta_2, \quad \frac{\partial \vartheta}{\partial z} = \vartheta_3 \tag{389}$$

enthalten. Um diesen Fall zu umfassen, erfordern unsere Grundformeln eine Erweiterung.

Ein auch von $\vartheta_1, \vartheta_2, \vartheta_3$ abhängiges $\xi$ würde für die Variation $\delta\xi$ ergeben

$$\delta\xi = \sum \frac{\partial \xi}{\partial e_h} \delta e_h + \sum \frac{\partial \xi}{\partial \vartheta_h} \delta \vartheta_h + \frac{\partial \xi}{\partial \vartheta} \delta \vartheta, \tag{390}$$

die Summen über $h = 1, 2, 3$ erstreckt.

Dieser Ausdruck läßt sich in einem gewissen Sinne auf (387) zurückführen. Multipliziert man nämlich mit dem Volumenelement $dk$ und integriert über ein beliebiges Bereich, in dem die nötigen Stetigkeitseigenschaften erfüllt sind, so erhält man

$$\int \delta\xi\, dk = \int \Big[\sum \frac{\partial \xi}{\partial e_h} \delta e_h + \Big(\frac{\partial \xi}{\partial \vartheta} - \frac{\partial}{\partial x}\frac{\partial \xi}{\partial \vartheta_1} - \frac{\partial}{\partial y}\frac{\partial \xi}{\partial \vartheta_2} - \frac{\partial}{\partial z}\frac{\partial \xi}{\partial \vartheta_3}\Big)\delta\vartheta\Big] dk$$
$$- \int \Big[\overline{\frac{\partial \xi}{\partial \vartheta_1}} \cos(n, x) + \overline{\frac{\partial \xi}{\partial \vartheta_2}} \cos(n, y) + \overline{\frac{\partial \xi}{\partial \vartheta_3}} \cos(n, z)\Big] \overline{\delta\vartheta}\, do. \tag{391}$$

Das zweite Integral ist über die Oberfläche des Bereiches erstreckt; $n$ bezeichnet die innere Normale auf dem Flächenelement $do$.

Dieser Ausdruck hat die Form von (387), wenn man nur nicht allein den Volumenelementen, sondern auch den Flächenelementen, die sie begrenzen und die von den ersteren bei der Betrachtung nicht zu trennen sind, Entropien zuschreibt, also statt (387) ansetzt

$$\int \delta\xi\, dk = \int [\Sigma E_h \delta e_h - \eta\, \delta\vartheta]\, dk - \int \bar{\eta}\, \overline{\delta\vartheta}\, do. \tag{392}$$

Wie $\eta$ auf die Volumen-, so ist $\bar{\eta}$ hierbei auf die Flächeneinheit bezogen.

Die Vergleichung mit (391) ergibt dann in Erweiterung von (388)

$$\frac{\partial \xi}{\partial e_h} = E_h \text{ für } h = 1, 2, 3,$$
$$\frac{\partial \xi}{\partial \vartheta} - \frac{\partial}{\partial x}\frac{\partial \xi}{\partial \vartheta_1} - \frac{\partial}{\partial y}\frac{\partial \xi}{\partial \vartheta_2} - \frac{\partial}{\partial z}\frac{\partial \xi}{\partial \vartheta_3} = -\eta, \tag{393}$$
$$\overline{\frac{\partial \xi}{\partial \vartheta_1}}\cos(n,x) + \overline{\frac{\partial \xi}{\partial \vartheta_2}}\cos(n,y) + \overline{\frac{\partial \xi}{\partial \vartheta_3}}\cos(n,z) = -\bar{\eta}.$$

Zerlegt man ein Volumen, innerhalb dessen die $\partial\xi/\partial\vartheta_1 \ldots$ stetig sind, in Volumenelemente und wendet auf diese die soeben gebildeten Beziehungen an, so ist zu bedenken, daß jede Zwischengrenze zwischen zwei Elementen der Oberfläche beider Volumenelemente zuzurechnen ist. Infolge hiervon heben sich die von beiden Seiten herrührenden Anteile $\bar{\eta}$ hinweg, und es bleibt die Flächenentropie nur für die Außengrenze des Volumens wirksam.

Um die Entropie für ein Volumen bei der zeitlich konstanten Temperatur $\vartheta$ von Null auf den faktischen Wert $\eta$ und $\bar{\eta}$ zu bringen, würde nach der Grundformel (95) auf S. 185 die Wärmemenge nötig sein

$$\Omega = \int \eta\vartheta\, dk + \int \bar{\eta}\bar{\vartheta}\, do. \tag{394}$$

Die Einsetzung der Werte $\eta$ und $\bar{\eta}$ aus (393) liefert hieraus nach einfacher Umformung

$$\Omega = -\int\left(\frac{\partial \xi}{\partial \vartheta}\vartheta + \sum \frac{\partial \xi}{\partial \vartheta_h}\vartheta_h\right) dk, \tag{395}$$

was auf die Volumeneinheit bezogen ergibt

$$\omega = -\left(\frac{\partial \xi}{\partial \vartheta}\vartheta + \sum \frac{\partial \xi}{\partial \vartheta_h}\vartheta_h\right). \tag{396}$$

Wir wollen uns nun die Verschiebungen $e_1, e_2, e_3$ durch einen die Zeit $t$ hindurch andauernden konstanten Strom von der Dichte $U$ mit den Komponenten $U_1, U_2, U_3$ bewirkt denken; dann ist

$$e_h = U_h t, \quad \delta e_h = U_h \delta t. \tag{397}$$

Zugleich nehmen jetzt

$$\xi/t = \xi', \quad \eta/t = \eta', \quad \bar{\eta}/t = \bar{\eta}', \quad \omega/t = \omega' \tag{398}$$

die Bedeutung der auf die Zeiteinheit bezogenen Zuwachse der bez. Funktionen an, und die Formeln (393) gewinnen die Gestalt

$$\frac{\partial \xi'}{\partial U_h} = E_h \text{ für } h = 1, 2, 3,$$
$$\frac{\partial \xi'}{\partial \vartheta} - \frac{\partial}{\partial x}\frac{\partial \xi'}{\partial \vartheta_1} - \frac{\partial}{\partial y}\frac{\partial \xi'}{\partial \vartheta_2} - \frac{\partial}{\partial z}\frac{\partial \xi'}{\partial \vartheta_3} = -\eta', \tag{399}$$
$$\frac{\partial \xi'}{\partial \vartheta_1}\cos(n,x) + \frac{\partial \xi'}{\partial \vartheta_2}\cos(n,y) + \frac{\partial \xi'}{\partial \vartheta_3}\cos(n,z) = -\bar{\eta}',$$

während (396) für die in der Zeiteinheit zur Erhaltung der Temperatur pro Volumeneinheit notwendige Wärmeaufnahme liefert

$$\omega' = -\left(\frac{\partial \xi'}{\partial \vartheta}\,\vartheta + \sum \frac{\partial \xi'}{\partial \vartheta_h}\,\vartheta_h\right). \tag{400}$$

Es mag hervorgehoben werden, daß diese notwendige Wärmezufuhr auf eine Wärmeabsorption innerhalb des Körpers hinweist, welche pro Zeit- und Volumeneinheit den Betrag $\omega'$ besitzt. Ist $\omega' < 0$, so findet eine analoge Wärmeentwicklung von der Größe $-\omega'$ statt.

Da es praktisch nicht möglich ist, Bereichen im Innern eines Körpers beliebig Wärme zuzuführen oder zu entziehen, so wird der stationäre Temperaturzustand, der theoretisch durch Zufuhr von $\omega'$ hervorgebracht werden kann, sich praktisch im allgemeinen nicht realisieren lassen; es werden vielmehr Temperaturänderungen eintreten, wie sie die Absorption oder Entwicklung von Wärme gemäß dem oben Gesagten bedingt. Eine einfache Ausnahme bilden lineäre Leiter, deren Volumenelemente sämtlich direkten äußeren Einwirkungen zugänglich sind.

§ 267. **Das thermodynamische Potential der thermoelektrischen Vorgänge.** Um die in den Formeln (399) und (400) enthaltenen fundamentalen Gesetze der thermoelektrischen Erscheinungen zu entwickeln, bedarf es noch eines Ansatzes für $\xi'$ als Funktion von $U_1$, $U_2$, $U_3$, $\vartheta$, $\vartheta_1, \vartheta_2, \vartheta_3$.

Wir benutzen hierzu zunächst die Erfahrungstatsache, daß die thermoelektrischen Kräfte von den in den Leitern fließenden Strömen unabhängig sind; dieselbe verlangt nach (399[1]), daß $\xi'$ linear ist in $U_1$, $U_2$, $U_3$. Ferner denken wir $\xi'$ nach Potenzen von $\vartheta_1, \vartheta_2, \vartheta_3$ entwickelt und brechen, da wir auf diese Weise den Beobachtungen anscheinend gerecht zu werden vermögen, mit den lineären Gliedern ab. Über das Gesetz, in welchem die Temperatur $\vartheta$ selbst auftritt, brauchen wir ähnlich, wie in § 136, 152, 153, eine Annahme von vornherein nicht zu machen.

Auf diese Weise gelangen wir zu dem Ansatz

$$\begin{aligned}
\xi' = \;& \vartheta_1\,(U_1 T_{11} + U_2 T_{12} + U_3 T_{13}) \\
&+ \vartheta_2\,(U_1 T_{21} + U_2 T_{22} + U_3 T_{23}) \\
&+ \vartheta_3\,(U_1 T_{31} + U_2 T_{32} + U_3 T_{33}),
\end{aligned} \tag{401}$$

wobei die $T_{hk}$ in homogenen Körpern Funktionen von $\vartheta$ allein bezeichnen. Es ist vorteilhaft, durch

$$T_{hk} = \frac{d\Theta_{hk}}{d\vartheta} \tag{402}$$

noch eine zweite Funktionenreihe $\Theta_{hk}$ einzuführen.

Der Ausdruck (401) hat die Form der in § 165 u. f. gebildeten und diskutierten skalaren Funktionen $S$ und $Z$ zweier Vektoren. Er enthält neun Parameter $T_{hk}$, zwischen denen Beziehungen der Form

$$T_{hk} = T_{kh}$$

aus thermodynamischen Gründen nicht stattzufinden brauchen. Es sind somit rotatorische Effekte mit den Symmetrieverhältnissen der thermoelektrischen Vorgänge vereinbar.

Die Spezialisierung des Ansatzes (401) auf die 32 Kristallgruppen geschieht gemäß der Tabelle auf S. 314, wobei die $T_{hk}$ an Stelle der Leitfähigkeitskonstanten $l_{hk}$ stehen. Daß erstere Größen Funktionen der Temperatur sind, spielt bei den Symmetriebetrachtungen ebensowenig eine Rolle, als eine thermische Veränderlichkeit der $l_{hk}$ früher ausgeschlossen werden mußte.

Der Ansatz (401) umfaßt die *Thomson*sche Theorie der thermoelektrischen und elektrothermischen Vorgänge als speziellen Fall; letztere geht aus ihm hervor, wenn man die verfügbar gehaltenen Funktionen der Temperatur $\Theta_{hk}$ linear in $\vartheta$, die $T_{hk}$ also konstant annimmt.

Bisher mag ein Hauptachsensystem $XYZ$ vorausgesetzt sein; der Ansatz (401) läßt sich aber, wie alle ähnlichen, auch für ein beliebig orientiertes System $X'Y'Z'$ bilden. In letzterem Falle sollen, wie früher, alle Vektorkomponenten und Parameter durch den obern Index ausgezeichnet werden.

Für die Komponenten der thermoelektrischen Kraft liefert die Kombination der Formeln (401) und (399¹)

$$E_1 = \vartheta_1 T_{11} + \vartheta_2 T_{21} + \vartheta_3 T_{31}, \tag{403}$$

. . . . . . . . . . .

Diese Beziehungen sind den Ansätzen (1), von denen wir bei Behandlung der allgemeinsten linearen Beziehungen zwischen zwei Vektoren in § 164 ausgingen, völlig konform und gestatten die Übertragung aller der dort gewonnenen Folgerungen. Insbesondere gelten die in § 165 entwickelten geometrischen Beziehungen zwischen den (an Stelle der treibenden Kraftkomponenten $V_h$ stehenden) Temperaturgradienten $\vartheta_h$ und den (an Stelle der Strömungskomponenten $U_h$ stehenden) Feldkomponenten $E_h$ unverändert auch in unserm Fall. Da obenein bisher nicht der mindeste Anlaß vorliegt, rotatorische thermoelektrische Qualitäten der Kristalle in Betracht zu ziehen, und da somit die Annahme der Beziehungen $T_{hk} = T_{kh}$ fürs erste zulässig erscheint, so gewinnen nach S. 320 die einfachen, durch die Konstruktion mit der Tensorfläche $[T]$ dargestellten Verhältnisse zwischen dem Temperaturgefälle und der thermoelektrischen Kraft Gültigkeit.

In homogenen Körpern sind, wie oben gesagt, die $T_{hk}$ nur Funktionen der Temperatur; bei Benutzung der Bezeichnungen (402) und der Bedeutung der $\vartheta_h$ liefert dies dann

$$E_1 = \frac{\partial \Theta_{11}}{\partial x} + \frac{\partial \Theta_{21}}{\partial y} + \frac{\partial \Theta_{31}}{\partial z} \tag{404}$$

. . . . . . . . . . .

§ 268. **Die Hauptgleichungen.** Zu diesen thermoelektrischen Kräften treten in Wirklichkeit noch die Feldstärken, herrührend von den Ladungen, die auf dem Leitersystem entstehen. Bezeichnet $\varphi$ die Potentialfunktion, die von diesen Ladungen ausgeht, so stellen sich die vollständigen elektromotorischen Kräfte des Systems dar durch

$$\begin{aligned} (E_1) &= \frac{\partial(\Theta_{11} - \varphi)}{\partial x} + \frac{\partial \Theta_{21}}{\partial y} + \frac{\partial \Theta_{31}}{\partial z}, \\ (E_2) &= \frac{\partial \Theta_{12}}{\partial x} + \frac{\partial(\Theta_{22} - \varphi)}{\partial y} + \frac{\partial \Theta_{32}}{\partial z}, \\ (E_3) &= \frac{\partial \Theta_{13}}{\partial x} + \frac{\partial \Theta_{23}}{\partial y} + \frac{\partial(\Theta_{33} - \varphi)}{\partial z}. \end{aligned} \tag{405}$$

Mit ihrer Hilfe berechnen sich die Komponenten der faktisch eintretenden elektrischen Strömung, die mit demselben Symbol $U$ bezeichnet werden mag, wie die in (401) enthaltene beliebig gedachte Strömung, nach den Grundformeln (86) der Elektrizitätsleitung

$$U_1 = l_{11}(E_1) + l_{12}(E_2) + l_{13}(E_3), \ldots \tag{406}$$

in denen die $l_{hk}$ die Konstanten der elektrischen Leitfähigkeit bezeichnen.

$\varphi$ gilt in dem Formelsystem (405) als Unbekannte, zu deren Bestimmung die Hauptgleichung und die Grenzbedingungen der Stromleitung aus § 180 heranzuziehen sind.

Die Hauptgleichung (88) lautete

$$\frac{\partial U_1}{\partial x} + \frac{\partial U_2}{\partial y} + \frac{\partial U_3}{\partial z} = 0; \tag{407}$$

an einer Grenze gegen einen Isolator galt nach (90)

$$\overline{U}_n = 0, \tag{408}$$

an einer Zwischengrenze zwischen zwei Leitern $a$ und $b$ nach (92)

$$\overline{(U_n)_a} + \overline{(U_n)_b} = 0. \tag{409}$$

Hierzu kommt, wenn man, wie wir hier, nur die elektromotorischen Kräfte berücksichtigt, welche im Innern der Leiter liegen, die Bedingung der Stetigkeit der Potentialfunktion in der Grenze, d. h.

$$\overline{\varphi}_a = \overline{\varphi}_b . \tag{410}$$

Für die auf die Volumen- und Zeiteinheit bezogene Wärmeabsorption $\omega'$ liefert die Kombination von (400) und (401), da innerhalb eines homogenen Körpers

$$\vartheta \frac{\partial T_{hk}}{\partial \vartheta} + T_{hk} = \frac{d T_{hk} \vartheta}{d \vartheta}$$

ist,

$$\begin{aligned} \omega' = -\Big[ & U_1 \left( \frac{\partial T_{11}\vartheta}{\partial x} + \frac{\partial T_{21}\vartheta}{\partial y} + \frac{\partial T_{31}\vartheta}{\partial z} \right) \\ & + U_2 \left( \frac{\partial T_{12}\vartheta}{\partial x} + \frac{\partial T_{22}\vartheta}{\partial y} + \frac{\partial T_{32}\vartheta}{\partial z} \right) \\ & + U_3 \left( \frac{\partial T_{13}\vartheta}{\partial x} + \frac{\partial T_{23}\vartheta}{\partial y} + \frac{\partial T_{33}\vartheta}{\partial z} \right) \Big]. \end{aligned} \tag{411}$$

Diese Wärmeabsorption ist in die Differentialgleichungen der Wärmeleitung aus § 194 einzuführen. Die Komponenten $W_1, W_2, W_3$ der Wärmeströmung haben demgemäß hier statt der Gleichung (159) der Beziehung

$$c\varrho \frac{\partial \vartheta}{\partial t} = -\omega' - \left( \frac{\partial W_1}{\partial x} + \frac{\partial W_2}{\partial y} + \frac{\partial W_3}{\partial z} \right) \tag{412}$$

zu genügen, die im Innern eines jeden homogenen Körpers gilt; dazu treten für Außengrenzen gültig die Bedingung

$$\overline{W}_n = \bar{\lambda}(\bar{\vartheta} - \vartheta_u), \tag{413}$$

für Zwischengrenzen aber

$$(\overline{W}_n)_a + (\overline{W}_n)_b = 0, \quad \bar{\vartheta}_a = \bar{\vartheta}_b . \tag{414}$$

Hierbei ist eine selbständige flächenhafte Wärmeentwicklung in der Grenze nicht in Rechnung gesetzt.

Die Gleichungen (405) bis (414) geben ein simultanes System von Bedingungen zur Bestimmung von $\varphi$ und $\vartheta$, das der Behandlung erst zugänglich wird, wenn die Abhängigkeit der thermoelektrischen Funktionen $T_{hk}$ (resp. $\Theta_{hk}$) von der Temperatur vorgeschrieben ist. Das Problem ist im allgemeinen überaus kompliziert.

§ 269. **Anwendung auf einen linearen Leiter. Das Gesetz der thermoelektrischen Kraft.** Die Verhältnisse vereinfachen sich außerordentlich, wenn es sich um ein System von zwei linearen Leitern handelt, unter denen der eine durch einen dünnen Kristallzylinder dargestellt ist, der andere durch einen Draht aus isotropem Metall.

Die Achse des Kristallstabes sei die willkürlich gegen die Hauptachsen orientierte $Z'$-Achse. Dann ist in dem Kristall

$$U_1' = 0, \quad U_2' = 0, \quad U_3' = U \tag{415}$$

und $U$ in dem Zylinder konstant. Zugleich wollen wir, in Übereinstimmung mit dem S. 375 Gesagten, die zumeist für lineäre Leiter gemachte, obwohl nicht ganz unbedenkliche Annahme einführen, daß die Temperatur über den Querschnitt hinweg als konstant betrachtet werden kann. In diesem Falle ist $\vartheta_1' = \vartheta_2' = 0$, und es verschwinden in (405) bei Einführung des Systems $X'Y'Z'$ auch die anderen Differentialquotienten der $\Theta_{hk}'$ resp. $T_{hk}'$ nach $x'$ und $y'$.

Für die elektromotorischen Kräfte $(E_k)$ folgt demgemäß

$$(E_1') = \frac{\partial \Theta_{31}'}{\partial z'} - \frac{\partial \varphi}{\partial x'}, \quad (E_2') = \frac{\partial \Theta_{32}'}{\partial z'} - \frac{\partial \varphi}{\partial y'}, \quad (E_3') = \frac{\partial (\Theta_{33}' - \varphi)}{\partial z'}. \tag{416}$$

Diese Werte wären in die Umkehrung der Formeln (406), nämlich in

$$(E_1') = k_{11}' U_1' + k_{12}' U_2' + k_{13}' U_3', \ldots \tag{417}$$

einzusetzen, in denen die $k_{ih}'$ die Widerstandskonstanten darstellen. Da die Stromkomponenten den Formeln (415) genügen sollen, so ergibt sich aus der dritten dieser Formeln

$$(E_3') = \frac{d(\Theta_{33}' - \varphi)}{dz'} = k_{33}' U. \tag{418}$$

Hiermit ist die Formel für den isotropen Leiter, der die Schließung bildet, zu kombinieren, nämlich

$$(E_0) = \frac{d(\Theta_0 - \varphi_0)}{ds} = k_0 U_0, \tag{419}$$

wobei der Index $_0$ den isotropen Körper charakterisieren und $s$ die Richtung seiner Achse bezeichnen mag.

Bezeichnen $Q$ resp. $Q_0$ den Querschnitt des Kristallzylinders und des isotropen Leiters, so ist

$$UQ = U_0 Q_0 = J \tag{420}$$

die Stärke des elektrischen Stromes, die in dem ganzen System konstant ist. Man kann somit durch Zusammenfassung der Formeln (418) und (419) mit den Faktoren $dz'$ und $ds$ und Integration über die Längen der bezüglichen Leiter bilden

$$J\left(\int_\alpha^\beta \frac{k_{33}' dz'}{Q} + \int_\beta^\alpha \frac{k_0 ds}{Q_0}\right) = \Big| \Theta_{33}' - \varphi \Big|_\alpha^\beta + \Big| \Theta_0 - \varphi_0 \Big|_\beta^\alpha, \tag{421}$$

wobei die Buchstaben $\alpha$ und $\beta$ sich auf die Verbindungsstellen des Kristallzylinders mit dem isotropen Leiter beziehen. Die Klammer links stellt hier, auch wenn $Q_0$ mit $s$ variiert, nach S. 341 den Widerstand $R$ der ganzen Schließung dar.

Wenn wir elektromotorische Kräfte in den Verbindungsstellen ausschließen, ist dort nach (410) $\bar{\varphi} = \bar{\varphi}_0$. Die Gleichung (421) nimmt in diesem Falle die Form an

$$JR = (\Theta_{33}' - \Theta_0)_\beta - (\Theta_{33}' - \Theta_0)_\alpha. \tag{422}$$

Die rechte Seite stellt das Linienintegral der elektromotorischen Kräfte in dem System, resp die wirkende elektromotorische Gesamtkraft $L$ dar; letztere ergibt sich nach diesem Resultat durch die Theorie als unabhängig von dem Gesetz, nach dem die Temperatur in den homogenen Leitern variiert, bestimmt sich vielmehr ausschließlich durch die Temperaturen in den Verbindungsstellen $\alpha$ und $\beta$.

Dies entspricht bekanntlich durchaus der bei isotropen Medien gemachten Erfahrung und wird unzweifelhaft ebenso bei Kristallen gelten. Im übrigen tritt die thermoelektrische Funktion $\Theta_{33}'$ nicht isoliert auf, sondern mit derjenigen $\Theta_0$ des Schließungsdrahts subtraktiv verbunden; die elektromotorische Gesamtkraft $L$ des Systems ist somit der Kombination der beiden in demselben enthaltenen Leiter individuell. Beobachtet man verschiedene Kristallstäbe, z. B. aus demselben Kristalle in verschiedener Orientierung herausgeschnitten, innerhalb derselben Schließung bei gleichen Temperaturen der Verbindungsstellen $\alpha$ und $\beta$ und berechnet die entsprechenden $L$, so sind die Differenzen derselben von der Substanz der Schließung, also von $\Theta_0$, unabhängig.

Die ersten beiden Formeln (417) liefern unter unseren Voraussetzungen

$$(E_1') = k_{13}' U, \quad (E_2') = k_{23}' U \tag{423}$$

d. h. nach (416)

$$\frac{\partial \Theta_{31}'}{\partial z'} - \frac{\partial \varphi}{\partial x'} = k_{13}' U, \quad \frac{\partial \Theta_{32}'}{\partial z'} - \frac{\partial \varphi}{\partial y'} = k_{23}' U. \tag{424}$$

Bei längs des Zylinders konstanter Temperatur fallen die Glieder mit $\Theta_{31}'$ und $\Theta_{32}'$ hinweg; es resultieren dann auf den Flächen des Kristallzylinders Potentialdifferenzen, die nur auf der Äolotropie des elektrischen Widerstandes beruhen. Die Veränderlichkeit der Temperatur gibt nach (424) noch weitere Anteile thermoelektrischen Ursprungs hinzu.

Hat z. B. der Kristallzylinder die Form eines Parallelepipedes mit Kanten $m$, $n$, $l$ parallel $X'$, $Y'$, $Z'$, und verbindet man zwei gegenüberliegende Punkte der zur $X'$-Achse normalen Fläche mit den

Quadranten eines Elektrometers, so würde auf denselben die Potentialdifferenz

$$m\left(\frac{\partial \Theta_{31}'}{\partial z'} - k_{13}' U\right)$$

entstehen. Thermokräfte infolge der Temperaturdifferenz zwischen den Quadranten und den berührten Stellen des Zylinders würden dabei nicht zur Geltung kommen, da die Temperatur längs des Querschnitts konstant und somit an beiden Berührungsstellen gleich angenommen ist.

§ 270. **Beobachtungsresultate.** Messungen der thermoelektromotorischen Kräfte an Kristallen, die eine Vergleichung mit der Theorie gestatten, liegen bisher nur in sehr geringer Zahl vor. Das Hauptinteresse bietet bei ihnen das gefundene Gesetz der Abhängigkeit jener Kräfte von der Orientierung der benutzten Kristallpräparate gegen die Hauptachsen.

Die Aussage der Theorie über dies Gesetz wird sehr einfach, wenn man, wie schon S. 541 bemerkt, von rotatorischen thermoelektrischen Effekten absieht, sich z. B. auf Kristalltypen beschränkt, wo dergleichen nach Symmetrie nicht eintreten können. In diesem Falle gelten zwischen den neun Parametern $\Theta_{hk}$ des Ansatzes (405) die Beziehungen $\Theta_{hk} = \Theta_{kh}$; infolge hiervon werden diese Parameter nach S. 310 zu gewöhnlichen Komponenten eines Tensortripels $[\Theta]$, dessen Konstituenten $\Theta_{I}$, $\Theta_{II}$, $\Theta_{III}$ stets nach ihrer Größe, und in den Fällen, wo sich ihre Orientierungen nicht aus den Symmetrien des Kristalltyps bestimmen, auch nach ihrer Richtung Funktionen der Temperatur sind.

Uns interessiert hier in erster Linie die Komponente $\Theta_{33}'$ nach der $Z'$-Achse, die in dem Ausdruck (422) für die thermoelektromotorische Kraft auftritt und mit dieser Gegenstand der Beobachtung ist. Schließt die Richtung $Z'$ mit den thermoelektrischen Hauptachsen $\Theta_{I}$, $\Theta_{II}$, $\Theta_{III}$ Winkel mit den Kosinus $\alpha$, $\beta$, $\gamma$ ein, so ergibt sich aus den allgemeinen Transformationseigenschaften der Tensortripel die Formel

$$\Theta_{33}' = \Theta_{I}\alpha^2 + \Theta_{II}\beta^2 + \Theta_{III}\gamma^2. \tag{425}$$

Der Beobachtung zugänglich ist nach (422) das Aggregat

$$\Theta_{33}' = (\Theta_{33}' - \Theta_0)_{\vartheta_2} - (\Theta_{33}' - \Theta_0)_{\vartheta_1}, \tag{426}$$

wobei $\Theta_0$ sich auf den isotropen Körper bezieht, der mit dem Kristall den thermoelektrischen Kreis bildet, und $\vartheta_2$, $\vartheta_1$ die Temperaturen in den Lötstellen $\beta$ und $\alpha$ bezeichnen.

Definiert man drei Funktionen $\Theta_I$, $\Theta_{II}$, $\Theta_{III}$ durch die Werte, die $\Theta'_{33}$ annimmt, wenn bei gleichen Werten $\vartheta_2$ und $\vartheta_1$ die $Z'$-Achse einmal zu $\Theta_I$, einmal zu $\Theta_{II}$, einmal zu $\Theta_{III}$ parallel ist, so gilt

$$\Theta'_{33} = \Theta_I \alpha^2 + \Theta_{II} \beta^2 + \Theta_{III} \gamma^2, \tag{427}$$

womit die Abhängigkeit der beobachtbaren thermoelektromotorischen Kraft von der Orientierung des Kristallpräparates gegeben ist.

Bei Kristallen des Systems III sind alle drei Richtungen $\Theta_n$ durch die Symmetrie festgelegt; bei denjenigen der Systeme IV bis VI liegt $\Theta_{III}$ in der $Z$-Hauptachse, und ist $\Theta_I = \Theta_{II}$, somit

$$\Theta'_{33} = \Theta_I + (\Theta_{III} - \Theta_I)\gamma^2. \tag{428}$$

Bei Kristallen des regulären Systems ist $\Theta_I = \Theta_{II} = \Theta_{III}$, somit auch $\Theta'_{33}$ konstant $= \Theta_I$.

Die ersten vollständigen Beobachtungen über Werte von $\Theta'_{33}$ in einem Kristall sind von *Bäckström*[1]) an Eisenglanz durchgeführt; dies Mineral kristallisiert (wie schon wiederholt benutzt) holoedrisch in dem trigonalen System (Formel $C$, $A_z^{(3)}$, $A_x^{(2)}$) und gestattet sonach die Anwendung der Formel (428).

*Bäckström* faßte verschieden orientierte Stäbe von Eisenglanz zwischen zwei Dosen von Kupferblech, die durch einen Wasser- resp. Dampfstrom auf verschiedenen konstanten Temperaturen erhalten wurden. In einer Schließung zwischen den beiden Dosen würde somit ein Strom entstanden sein, dessen Messung nach § 265 einen Schluß auf $\Theta'_{33}$ für den benutzten Stab gestattet hätte. *Bäckström* zog es vor, die Dosen voneinander isoliert zu halten und mittels eines (Kapillar-) Elektrometers die thermoelektrische Potentialdifferenz zwischen ihnen direkt zu messen.

Die Resultate der Beobachtung sind nach zwei Hinsichten zu einer Vergleichung mit den Aussagen der Theorie zu benutzen. Einmal zeigen sie, daß bei Eisenglanz alle Richtungen normal zur $Z$-Hauptachse thermoelektrisch einander gleichwertig sind, was mit (428) übereinstimmt; ferner ergeben sie auch das in (428) ausgedrückte Gesetz für den Einfluß der Neigung gegen die Hauptachse.

*Bäckström* fand nämlich durch Benutzung mehrerer Stäbe normal und parallel zur Hauptachse für $\vartheta_2 - \vartheta_1 = 1^0$ C als mittlere Werte in Volt

$$\Theta_I = 3{,}138 \cdot 10^{-4}, \quad \Theta_{III} = 2{,}865 \cdot 10^{-4}.$$

Ein Stab, dessen Längsachse um $27^0 15'$ gegen die Hauptachse geneigt war, lieferte

$$\Theta'_{33} = 2{,}928 \cdot 10^{-4},$$

1) *H. Bäckström*, Öfvers. K. Akad. Förh. 1888, Nr. 8, p. 553.

während die Formel (428) $2{,}922 \cdot 10^{-4}$ ergibt. Die Übereinstimmung ist sehr gut, doch beweist sie nicht allzuviel für die Theorie, weil die Abweichung der Hauptwerte $\Theta_{I}$ und $\Theta_{III}$ voneinander sehr gering ist, und daher jedes zwischen ihnen stetig fallende Gesetz in nahe Übereinstimmung mit dem beobachteten Wert gelangen muß. In der Tat hat *Bäckström* selbst seine Beobachtungen mit einem andern Gesetz als (428) verglichen und verträglich gefunden.[1])

Eisenglanz ist der einzige Kristall, für den *Bäckström* eine vollständige Parameterbestimmung gelang. Doch ist auch der von ihm geführte Nachweis, daß bei dem regulär kristallisierten Kobaltglanz die Richtungen der vierzähligen (Haupt-) und der dreizähligen Symmetrieachsen thermoelektrisch gleichwertig sind, als eine Bestätigung der oben entwickelten Theorie bemerkenswert. Eine Abweichung von dieser Gleichwertigkeit würde eine Erweiterung des Ansatzes (401) durch Hinzuziehung von Gliedern höherer Ordnung in den $\vartheta_{h}$ und $U_{h}$ verlangen, und dies würde nach dem im Eingang von § 267 Gesagten andere nicht unbedenkliche Konsequenzen haben.

Von späteren Beobachtungen über thermoelektrische Kräfte kommen für uns wohl nur einige an der Kombination von kristallisiertem Wismut und Kupfer angestellte Messungen in Betracht. *Perrot*[2]) ordnete diese Körper in ähnlicher Weise an, wie dies *Bäckström* mit Eisenglanz und Kupfer getan hatte, führte aber die Messung der elektromotorischen Kräfte nicht elektrostatisch, sondern galvanometrisch, hauptsächlich nach der Kompensationsmethode aus, die Messung der Temperaturen mit Thermoelementen, statt mit Thermometern.

Es ergab sich bei einer Temperatur von 10° C für die kältere Grenzfläche bis zu einer Temperatur von 100° C für die wärmere eine angenäherte Proportionalität der thermoelektrischen Kraft mit der Temperaturdifferenz; doch steigt der Differentialquotient der ersteren nach der letzteren ein wenig mit steigender Mitteltemperatur. Für eine Temperaturdifferenz von 90° fand *Perrot* bei vier Präparaten in Volt die Werte

$$
\begin{array}{ll}
\Theta_{I} = 4{,}81 \cdot 10^{-3} & \Theta_{III} = 9{,}65 \cdot 10^{-3} \\
\quad\;\; 4{,}60 \quad " & \qquad\;\; 9{,}19 \quad " \\
\quad\;\; 5{,}25 \quad " & \qquad\;\; 9{,}69 \quad " \\
\quad\;\; 5{,}00 \quad " & \qquad\;\; 10{,}57 \quad ". 
\end{array}
$$

Die beträchtlichen Abweichungen beruhen vielleicht auf Spannungen im Innern der benutzten Kristalle; wenigstens erklärt sich

1) Siehe dazu *Th. Liebisch*, Gött. Nachr. 1889, Nr. 20.

2) *F. L. Perrot*, Arch. d. Scienc. (4) T. 6, p. 105, 1898.

durch dergleichen am einfachsten die Beobachtung[1]), daß dieselben Prismen nach oft wiederholtem Erwärmen und Abkühlen wechselnde Resultate ergaben.

*Perrot* hat auch das Gesetz (428) für die thermoelektrische Kraft nach verschiedenen Richtungen innerhalb des Kristalls einer Prüfung unterworfen, indem er ein und dasselbe geeignet begrenzte Präparat in den Richtungen parallel, normal und um $40^0$ geneigt gegen die Hauptachse der Beobachtung unterwarf.

Die bezüglichen Zahlen für $\Theta_{33}'$ in willkürlichen Einheiten waren

$$\Theta_I = 7{,}21, \quad \Theta_{III} = 14{,}34, \quad \Theta_{33}' = 11{,}45.$$

Die Berechnung der letzten Zahl aus den beiden ersten ergibt 11,39, also eine vollständige Übereinstimmung.

Die Beobachtungen, die *Lownds*[2]) über die thermoelektrische Kraft derselben Kombination kristallisiertes Wismut-Kupfer angestellt hat, bezogen sich in erster Linie auf die Abhängigkeit der Größen $\Theta_I$ und $\Theta_{III}$ von der Temperatur. Die bezüglichen Resultate gestatten bisher noch kaum eine theoretische Verwertung.

§ 271. **Thomson- und Peltier-Wärme in Kristallen.** Der allgemeine Ausdruck (411) für die Wärmeabsorption gestattet keine einfache Deutung. Man gelangt zu einer solchen aber leicht in dem speziellen Falle, daß das Feld der elektrischen Strömung $U$ homogen ist, $U_1$, $U_2$, $U_3$ also von den Koordinaten unabhängig sind. Das Resultat kann dann in Annäherung auch auf die Fälle nicht allzustark örtlich variierender Strömung angewendet werden.

In dem signalisierten Falle legen wir die $Z'$-Achse der Strömung $U$ parallel und erhalten dann aus (411)

$$-\omega' = \frac{\partial U T_{13}' \vartheta}{\partial x'} + \frac{\partial U T_{23}' \vartheta}{\partial y'} + \frac{\partial U T_{33}' \vartheta}{\partial z'}. \tag{429}$$

Vergleichen wir diesen Ausdruck mit

$$q = \frac{\partial w_1'}{\partial x'} + \frac{\partial w_2'}{\partial y'} + \frac{\partial w_3'}{\partial z'},$$

was den Überschuß der Aus- über die Einströmung in der Volumeneinheit bei einer Strömung $w$ darstellt, also bei stationärem Zustand eine Wärmeentwicklung im Körper bedingt, so erkennt man, daß nach der Formel (429) die Wärmeabsorption in dem ungleich temperierten Kristall sich ebenso vollzieht, als wenn die

1) *F. L. Perrot*, Arch. d. Scienc. (4) T. 7, p. 149, 1899.
2) *L. Lownds*, Ann. d. Phys. Bd. 6, p. 146, 1901.

elektrische Stömung $U$ eine von der Wärmeleitung unabhängige Wärmeströmung mit den Komponenten

$$w_1' = UT'_{13}\vartheta, \quad w_2' = UT'_{23}\vartheta, \quad w_3' = UT'_{33}\vartheta \tag{430}$$

bewirkte.

Die Voraussetzung einer räumlich konstanten elektrischen Strömung ist am einfachsten in einem dünnen Kristallzylinder parallel der $Z'$-Achse, der als ein linearer Leiter betrachtet werden kann, realisiert. Hier finden denn die vorstehenden Formeln unmittelbar Verwendung.

Denken wir den Zylinder wieder durch einen linearen Leiter aus isotropem Metall elektrisch geschlossen, so entspricht den Formeln (430) für letzteren eine einzige Gleichung, welche eine axiale Wärmeströmung $w_0$ bestimmt und lautet

$$w_0 = U_0 T_0 \vartheta. \tag{431}$$

Diese Strömung bedingt eine Wärmeabsorption

$$\omega_0' = -\frac{\partial U_0 T_0 \vartheta}{\partial s} = -U_0 \frac{\partial T_0 \vartheta}{\partial s} \tag{432}$$

innerhalb der homogenen Schließung, die mit der sogen. *Thomson*-Wärme identisch ist. Als *Thomson*-Wärme allgemeinerer Art ist somit auch der in Formel (429) dargestellte Effekt innerhalb des Kristallzylinders zu bezeichnen.

Außerdem findet eine singuläre Wirkung der Strömungen $w$ resp. $w_0$ in den Grenzflächen zwischen Kristall und isotropem Metall statt. Die gewöhnliche auf Leitung beruhende Wärmeströmung, welche die Grenze erreicht, tritt nach S. 373 (bei Ausschluß flächenhafter Wärmeentwicklung in der Grenzfläche) glatt durch dieselbe hindurch. Dagegen ist die gegen die Grenze treffende *Thomson*-Strömung einer ähnlichen Bedingung nicht unterworfen. Es findet demgemäß in der oberen Grenze $\beta$ des Zylinders dauernd eine Wärmeentwicklung

$$(w_3' - w_0)_\beta$$

pro Zeit- und Flächeneinheit statt, in der unteren eine solche von dem Betrage

$$(w_0 - w_3')_\alpha;$$

denn das erste Glied in jeder dieser Differenzen gibt die nach der Grenze hin, das zweite die von der Grenze ab strömende Wärmemenge. Das Gesetz derselben resultiert durch Einsetzen der Ausdrücke (430³) und (431) für $w_3'$ und $w_3$ zu

$$-\overline{\omega}_\beta = U_\beta \vartheta_\beta (T'_{33} - T_0)_\beta, \quad -\overline{\omega}_\alpha = U_\alpha \vartheta_\alpha (T_0 - T'_{33})_\alpha, \tag{433}$$

d. h. wegen (402) zu

$$-\overline{\omega}_\beta = U_\beta \vartheta_\beta \left(\frac{d(\Theta'_{33} - \Theta_0)}{d\vartheta}\right)_\beta, \quad -\overline{\omega}_\alpha = U_\alpha \vartheta_\alpha \left(\frac{d(\Theta_0 - \Theta'_{33})}{d\vartheta}\right)_\alpha. \quad (434)$$

Diese Ausdrücke stehen in sofort erkennbarer Beziehung zu der thermoelektrischen Kraft, die sich nach (422) bei dem in § 269 betrachteten Strom geltend macht. Der bezügliche thermische Effekt ist die *Peltier*-Wärme in ihrer Verallgemeinerung auf Kristalle.

Außer ihm findet aber nach der vorstehenden Theorie eine weitere nur bei Kristallen mögliche Wärmeentwicklung statt, auf die zuerst *W. Thomson* aufmerksam gemacht hat. Nach (430) hat der durch den elektrischen Strom $U$ in dem Kristallzylinder veranlaßte Wärmestrom $w$ auch transversale Komponenten $w_1'$ und $w_2'$. Wenn also der Stab die Form eines Parallelepipedes mit Kanten parallel $X'$ und $Y'$ besitzt, so findet nach (430') infolge des elektrischen Stromes $U$ eine Wärmeströmung von der nach $-x'$ gelegenen zu der nach $+x'$ gelegenen Grenzfläche von dem Betrage $w_1' = UT'_{13}\vartheta$ statt. Dieser Strom würde bei $T'_{13} > 0$ an der ersten Fläche eine immer wachsende Abkühlung, an der letzten eine ebensolche Erwärmung bewirken, wenn nicht die innere und die äußere Leitfähigkeit des Präparats eine Gegenwirkung übten, derart, daß sich schließlich ein stationärer Zustand einstellt. Effekte ähnlicher Art bewirkt die Strömungskomponente $w_2' = UT'_{23}\vartheta$ an den nach $\pm y'$ liegenden Grenzflächen.

Diese eigentümliche auf Kristalle beschränkte transversale *Peltier*-Wärme ist bisher noch nicht untersucht worden. An ihrer Existenz zu zweifeln liegt aber keine Veranlassung vor.

§ 272. **Die thermomagneto-elektrischen und galvanomagneto-thermischen Effekte sind nicht reversibel.** Es ist bekannt, daß *v. Ettinghausen* und *Nernst*[1]) einen Einfluß eines Magnetfeldes auf die thermoelektrischen Kräfte entdeckt haben. In einer rechteckigen Platte aus quasi-isotropem Wismut z. B., deren zwei gegenüberliegende Kanten auf konstanten, aber verschiedenen Temperaturen erhalten werden, gewinnt die thermoelektrische Kraft eine transversale Komponente, wenn ein Magnetfeld normal zur Ebene der Platte erregt wird. Der thermomagneto-elektrischen Wirkung geht parallel eine galvanomagneto-thermische, die Erregung einer transversalen Wärmeströmung in der Platte, wenn sie einem normalen Magnetfeld ausgesetzt ist und zugleich von einem elektrischen Strom durchflossen wird.

---

1) *A. v. Ettinghausen* und *W. Nernst*, Wied. Ann. Bd. **29**, p. 343, 1886; Bd. **31**, p. 737, 760, 1887; Bd. **33**, p. 475, 1888.

Diese beiden Erscheinungen haben eine gewisse Ähnlichkeit mit den durch die Formeln (423) und (430) ausgedrückten Transversaleffekten, und man kann daher versuchen, ihre allgemeinen Gesetze für Kristalle durch eine Erweiterung des Ansatzes (401) für das thermodynamische Potential $\xi'$ darzustellen. Da nach der Erfahrung beide Effekte in Annäherung dem Magnetfeld $H$ proportional sind, so wird das Potential lineär in den dreimal drei Komponenten $\vartheta_1$, $\vartheta_2$, $\vartheta_3$, $U_1$, $U_2$, $U_3$, $H_1$, $H_2$, $H_3$ anzusetzen sein.

Für einen isotropen Körper ist die bezügliche Erweiterung $S$ von $\xi'$ leicht zu bilden. Da $\xi'$ ein gewöhnlicher Skalar ist, und die $H_i$ axiale Vektorkomponenten sind, so müssen in der nach den $H_i$ lineären Form

$$S = H_1 A_1 + H_2 A_2 + H_3 A_3$$

die $A_h$ axiale Vektorkomponenten sein. Die einzigen in den $\vartheta_h$ und $U_h$ bilinearen Ausdrücke, die dergleichen geben, sind nun nach S. 145

$$B_1 = \vartheta_2 U_3 - \vartheta_3 U_2, \quad B_2 = \vartheta_3 U_1 - \vartheta_1 U_3, \quad B_3 = \vartheta_1 U_2 - \vartheta_2 U_1, \tag{435}$$

und hieraus ergibt sich unter Rücksicht auf die Symmetrie des isotropen Körpers als Ergänzung $S$ von $\xi'$

$$S = \Pi[H_1(\vartheta_2 U_3 - \vartheta_3 U_2) + H_2(\vartheta_3 U_1 - \vartheta_1 U_3) + H_3(\vartheta_1 U_2 - \vartheta_2 U_1)], \tag{436}$$

wobei $\Pi$ eine Funktion von $\vartheta$ bezeichnet.

Die direkte Erweiterung dieses Ansatzes auf Kristalle wird gegeben durch

$$\begin{aligned} S = {} & H_1[\Pi_{11}(\vartheta_2 U_3 - \vartheta_3 U_2) + \cdots] \\ & + H_2[\Pi_{21}(\vartheta_2 U_3 - \vartheta_3 U_2) + \cdots] \\ & + H_3[\Pi_{31}(\vartheta_2 U_3 - \vartheta_3 U_2) + \cdots], \end{aligned} \tag{437}$$

worin die neun Parameter $\Pi_{hk}$ Funktionen der Temperatur bezeichnen. Der Ausdruck (437) ist eine bilineare Funktion der Vektorkomponenten $B_h$ und $H$; er fällt somit genau unter das Schema, dem sich die übrigen in diesem Abschnitt behandelten Erscheinungsgebiete fügen. Natürlich stellt er nicht die allgemeinste in den $B_h$, $H_i$, $\vartheta_k$ trilineare Funktion dar; man kann aber aus der allgemeinsten einen Ausdruck von dieser Form aussondern. Der Rest hat ganz andere Symmetrieeigenschaften und läßt sich mit den bisher erörterten Hilfsmitteln nicht behandeln; er muß in jedem Fall separat betrachtet werden. Wegen der oben erwähnten Beziehung zu dem allgemeinsten für isotrope Körper gültigen Ansatz (436) wird man zunächst versuchen, mit ihm bei Kristallen auszukommen.

Die durch $S$ gelieferten Anteile an den thermomagnetisch erregten elektrischen Kräften wären nach (339[1]), die an der Wärmeabsorption nach (400) leicht zu berechnen; die letzteren lassen sich dann ähnlich, wie S. 549 gezeigt, auf galvanomagnetische Wärmeströmungen deuten.

Nach den in § 101 entwickelten Prinzipien geben nun aber, wenn ein thermodynamisches Potential $\mathfrak{x}$ die magnetischen Feldkomponenten enthält, die Ausdrücke

$$-\frac{\partial \mathfrak{x}}{\partial H_i} = M_i \quad \text{für} \quad i = 1, 2, 3$$

die bei dem Vorgang auftretenden magnetischen Momente. In unserem Falle einer stationären Strömung war $\mathfrak{x}$ mit der Zeit $t$ lineär veränderlich, und wir operierten demgemäß mit $\mathfrak{x}/t = \mathfrak{x}'$, d. h. der Änderungsgeschwindigkeit von $\mathfrak{x}$ bei dem stationären Zustand; dementsprechend würde die letzte Formel auf ein gleichförmig wachsendes magnetisches Moment, und

$$-\frac{\partial \mathfrak{x}'}{\partial H_i} = \frac{M_i}{t} = M_i',$$

auf seine zeitliche Änderungsgeschwindigkeit führen. Ein solches magnetisches Phänomen hat aber keinen erkennbaren physikalischen Sinn, und man wird hieraus wohl schließen müssen, daß der *v. Ettinghausen-Nernst*-Effekt weder ein umkehrbarer Vorgang ist, noch auch einen umkehrbaren Anteil enthält, auf den sich die Methode des thermodynamischen Potentials anwenden läßt. Hiermit stimmt überein, daß die bei isotropen Körpern angestellten Beobachtungen über Richtung und Größe der beiden beschriebenen Vorgänge Resultate ergeben haben, die den Folgerungen aus der Annahme einer Reversibilität nicht entsprechen.

§ 273. **Der vektorielle Ansatz für diese Effekte.** Trotz des vorstehend Erörterten können wir die weiteren Betrachtungen an den Ansatz (437) anknüpfen; nur haben wir dabei dem Ausdruck für $S$ nicht die Bedeutung des thermodynamischen Potentials zu geben, sondern ihn analog, wie das in § 165 ausgeführt ist, nur als eine skalare Hilfsfunktion zu betrachten, in der die Faktoren der $U_h$ die Feldkomponenten $E_h$ liefern, und die gebildet ist, um die Symmetrieverhältnisse bequemer zu übersehen.

Wir erhalten so für die Zusatzglieder der elektromotorischen Kräfte, die dem thermomagnetischen Effekt entsprechen,

$$E_1 = \vartheta_3(H_1 \Pi_{12} + H_2 \Pi_{22} + H_3 \Pi_{32}) - \vartheta_2(H_1 \Pi_{13} + H_2 \Pi_{23} + H_3 \Pi_{33}), \quad (438)$$

. . . . . . . . . . . . . . . . . . . . . . . . . . . . . .

Ein analoger Ansatz, wie (437) mit anderen Temperaturfunktionen $P_{hi}$ statt $\Pi_{hi}$ könnte als Ausgangspunkt für die galvanomagnetisch erregten Wärmeströmungen dienen, deren Komponenten dann durch die Koeffizienten von $\vartheta_1$, $\vartheta_2$, $\vartheta_3$ gegeben werden. Wir schreiben für dieselben demgemäß

$$W_1 = U_2(H_1 P_{13} + H_2 P_{23} + H_3 P_{33}) - U_3(H_1 P_{12} + H_2 P_{22} + H_3 P_{32}), \quad \ldots \tag{439}$$

wobei nun die $P_{hk}$ völlig den $\Pi_{hk}$ oben entsprechen.

Auf die Parameter $P_{hk}$ und $\Pi_{hk}$ lassen sich wegen der formalen Übereinstimmung des Ausdrucks (437) für $S$ mit (3) alle Betrachtungen aus § 165 u. f. über die Leitfähigkeiten anwenden.

Bei Kristallen ohne rotatorische Qualitäten gelten die Beziehungen $P_{hk} = P_{kh}$, $\Pi_{hk} = \Pi_{kh}$; beide Gattungen von Parametern werden sonach (wie früher die $\Theta_{hk}$) gewöhnliche Komponenten von Tensortripeln $[P]$ resp. $[\Pi]$.

Legen wir die $Z'$-Achse in die Richtung der magnetischen Feldstärke, setzen also $H_1' = H_2' = 0$, $H_3' = H$, und führen das entsprechende $X'Y'Z'$-Achsensystem ein, so nehmen die Gleichungen (438) die Form an

$$E_1' = H(\vartheta_3' \Pi_{32}' - \vartheta_2' \Pi_{33}'), \quad E_2' = H(\vartheta_1' \Pi_{33}' - \vartheta_3' \Pi_{31}'),$$
$$E_3' = H(\vartheta_2' \Pi_{31}' - \vartheta_1' \Pi_{32}'), \tag{440}$$

und ebenso wird aus (439)

$$W_1' = H(U_2' P_{33}' - U_3' P_{32}'), \quad W_2' = H(U_3' P_{31}' - U_1' P_{33}'),$$
$$W_3' = H(U_1' P_{32}' - U_2' P_{31}'). \tag{441}$$

Wird noch spezieller der thermomagnetische Effekt in einer Platte untersucht, deren Ebene mit der $X'Y'$-Ebene zusammenfällt, und liegt der Temperaturgradient parallel der $X'$-Achse, so ist $\vartheta_2' = 0$, $\vartheta_3' = 0$, also

$$E_1' = 0, \quad E_2' = H\vartheta_1' \Pi_{33}', \quad E_3' = -H\vartheta_1' \Pi_{32}'. \tag{442}$$

Für den galvanomagnetischen Effekt in derselben Platte, der durch eine elektrische Strömung parallel der $X'$-Achse entsteht, gilt analog wegen $U_2' = 0$, $U_3' = 0$

$$W_1' = 0, \quad W_2' = -HU_1' P_{33}', \quad W_3' = HU_1' P_{32}'. \tag{443}$$

Da die Gesetze der Transformation der hierin auftretenden Tensorkomponenten bekannt sind, ist auch sofort angebbar, wie sich die beiden Effekte verändern, wenn man aus ein und demselben Kristall verschieden orientierte Platten der Beobachtung unterwirft.

Einige Beobachtungen über den transversalen thermomagnetischen Effekt in einer Platte aus kristallinischem Wismut hat *Lownds*[1]) angestellt, leider ohne Rücksicht auf die interessanten Fragen, zu welchen die Theorie Veranlassung gibt, nehmen zu können.

Die Heranziehung seiner Resultate zur Vergleichung mit der Theorie ist schon deshalb nur in sehr geringem Umfange möglich. Es kommt hinzu, daß *Lownds* zum Teil mit sehr großen Temperaturgefällen arbeitet, wo eine Beschränkung auf die in den $\vartheta_1, \vartheta_2, \vartheta_3$ linearen Ansätze sehr zweifelhaft wird. Bei den kleinsten von ihm benutzten Temperaturgefällen erweist sich die elektromotorische Kraft mit der magnetischen Feldstärke befriedigend proportional; hier scheint also auch die oben benutzte Annäherung auszureichen.

Die wichtigste Frage ist für uns, ob die Beschränkung auf den bivektoriellen Ansatz sich bei Wismut zulässig erweist, weil ihre Entscheidung einen allgemeinen Punkt der Theorie klarstellt. Hierbei ist zu benutzen, daß nach der Symmetrieformel $(C, A_z^{(3)}, A_x^{(2)})$ des kristallisierten Wismut für dies Mineral $\Pi_I = \Pi_{II}$ resp. $P_I = P_{II}$ ist, die bezüglichen Tensorflächen sich also in Rotationsflächen verwandeln.

Die Beobachtungen von *Lownds* betrafen nur eine Platte, welche die ausgezeichnete $Z$-Achse in ihrer Ebene enthielt, und die einem transversalen Felde ausgesetzt wurde. Gemessen wurde die thermomagnetisch erregte elektromotorische Kraft normal zum Felde und normal zur Wärmeströmung, wenn letztere einmal parallel (Fall 1), einmal normal (Fall 2) zur Hauptachse in der Platte verlief.

Für diese speziellen Fälle erhält man die Formeln am bequemsten direkt aus (438) durch Voraussetzung der Hauptachsen $\Pi_I, \Pi_{II}, \Pi_{III}$, wodurch entsteht

$$E_1 = \vartheta_3 H_2 \Pi_{II} - \vartheta_2 H_3 \Pi_{III}, \quad E_2 = \vartheta_1 H_3 \Pi_{III} - \vartheta_3 H_1 \Pi_I,$$
$$E_3 = \vartheta_2 H_1 \Pi_I - \vartheta_1 H_2 \Pi_{II}. \tag{444}$$

Für Wismut ist dabei, wie gesagt, $\Pi_I = \Pi_{II}$.

Legt man in den beiden Fällen, auf die sich die Beobachtungen von *Lownds* beziehen, das magnetische Feld parallel der $\Pi_I$-Achse, so ist im ersten Falle $E$ parallel $\Pi_{II}$ beobachtet, während $\vartheta_1 = \vartheta_2 = 0$ war; hier gilt also

$$E_2 = -\vartheta_3 H_1 \Pi_I. \tag{445}$$

Im zweiten Falle ist $\vartheta_1 = \vartheta_3 = 0$, und es wird $E$ parallel $\Pi_{III}$ beobachtet; es gilt demgemäß

$$E_3 = \vartheta_2 H_1 \Pi_I. \tag{446}$$

1) *L. Lownds*, Ann. d. Phys. Bd. 6, p. 146, 1901.

Die Beschränkung auf den Ansatz (437) liefert also bei diesen Anordnungen für gleiche wirksame Temperaturgefälle und Magnetfelder gleiche Effekte in entgegengesetzter Richtung. Die Beobachtungen von *Lownds* sind hiermit nicht in Übereinstimmung; es erweist sich somit nötig, über den einfachsten Ansatz (437) hinauszugehen.

**§ 274. Der tensorielle Ansatz.** Die oben ausgeschlossenen Glieder der trilineären Funktion der $\vartheta_h$, $H_i$, $U_k$ lassen sich in der Form schreiben

$$\begin{aligned} S' = H_1[&\vartheta_1 U_1 \pi_{11} + \vartheta_2 U_2 \pi_{12} + \vartheta_3 U_3 \pi_{13} + \tfrac{1}{2}(\vartheta_2 U_3 + \vartheta_3 U_2)\pi_{14} \\ &+ \tfrac{1}{2}(\vartheta_3 U_1 + \vartheta_1 U_3)\pi_{15} + \tfrac{1}{2}(\vartheta_1 U_2 + \vartheta_2 U_1)\pi_{16}] \\ &+ H_2[\vartheta_1 U_1 \pi_{21} + \cdots] + H_3[\vartheta_1 U_1 \vartheta_{31} + \cdots]. \end{aligned} \tag{447}$$

Hierin sind die Aggregate der $\vartheta_h$ und $U_k$, die in die $\pi$ multipliziert sind, gewöhnliche Tensorkomponenten, und die Funktion (447) hat die Form desjenigen thermodynamischen Potentials, das uns bei der Theorie des Piezomagnetismus beschäftigen wird.

Wegen der vorliegenden speziellen Frage, die sich auf einen Kristall mit der Symmetrieformel $C$, $A_z^{(3)}$, $A_x^{(2)}$ bezieht, genügt es gegenwärtig, die spezielle Form anzugeben, welche der Ausdruck (447) infolge dieser Symmetrieelemente annimmt; dieselbe lautet für das Hauptachsensystem

$$\begin{aligned} S' = H_1&[(\vartheta_1 U_1 - \vartheta_2 U_2)\pi_{11} + \tfrac{1}{2}(\vartheta_2 U_3 + \vartheta_3 U_2)\pi_{14}] \\ &+ H_2[\tfrac{1}{2}(\vartheta_3 U_1 + \vartheta_1 U_3)\pi_{14} + (\vartheta_1 U_2 + \vartheta_2 U_1)\pi_{11}] \end{aligned} \tag{448}$$

und liefert zu den elektromotorischen Kräften die Anteile

$$\begin{aligned} E_1 &= (H_1\vartheta_1 + H_2\vartheta_2)\pi_{11} + \tfrac{1}{2}H_2\vartheta_3\pi_{14}, \\ E_2 &= (H_2\vartheta_1 - H_1\vartheta_2)\pi_{11} + \tfrac{1}{2}H_1\vartheta_3\pi_{14}, \\ E_3 &= \tfrac{1}{2}(H_1\vartheta_2 + H_2\vartheta_1)\pi_{14}. \end{aligned} \tag{449}$$

Die Gesetze dieser Anteile weichen in bemerkenswerter Weise von den in (438) enthaltenen ab. Besonders auffallend ist das Auftreten von elektromotorischen Kräften in der Richtung des Temperaturgefälles, welche durch das mit $\vartheta_1$ proportionale Glied in $E_1$, das mit $\vartheta_2$ proportionale in $E_2$ signalisiert werden. Ferner ist beachtenswert, daß der Kristall in bezug auf diese neuen Wirkungen nicht mehr die Symmetrie eines Rotationskörpers besitzt.

Der letztere Umstand macht eine Vergleichung der Formeln mit den Beobachtungen von *Lownds* leider unmöglich, da die Meridianebene, in welcher die von diesem benutzte Wismutplatte liegt, nicht bekannt ist. Dürfte man annehmen, wofür mancherlei spricht, daß die Platte einer kristallographischen Symmetrieebene parallel geschnitten war, so würden die beiden von *Lownds* beobachteten Fälle auf die Anteile

$$E_2 = \tfrac{1}{2} H_1 \vartheta_3 \pi_{14} \quad \text{und} \quad E_3 = \tfrac{1}{2} \vartheta_1 H_1 \pi_{14}$$

führen, welche unter gleichen Einwirkungen gleiche Größe und gleiches Vorzeichen besitzen, während die Anteile (445) und (446) entgegengesetztes Zeichen aufwiesen. Die Kombination beider Ausdrücke würde also die Verschiedenheit der von *Lownds* in den beiden Fällen erhaltenen elektromotorischen Kräfte erklären.

§ 275. **Die longitudinalen Effekte.** Neben den vorstehend besprochenen transversalen elektromotorischen Kräften sind bereits von *v. Ettingshausen* und *Nernst* und später vielfach wieder longitudinale beobachtet worden, d. h. also Änderungen in der Potentialdifferenz zwischen zwei in der Richtung des Temperaturgefälles liegenden Punkten eines Metallstreifens bei Erregung eines transversalen Magnetfeldes.

Diese longitudinalen Wirkungen sind durchaus verschieden von den durch die Formeln (449) bei Kristallen signalisierten, da sie mit Umkehrung des Magnetfeldes ihr Vorzeichen nicht wechseln, während jene es tun. Wir haben es bei den longitudinalen Effekten in Metallen ebenso, wie bei der magnetischen Widerstandsänderung, mit einer Wirkung zu tun, die eine gerade Funktion der Feldstärke ist und in erster Annäherung deren Quadrat proportional gesetzt werden kann.

Für isotrope Körper ergibt sich nach Symmetrie als entsprechender einfachster Ansatz

$$E_1 = \vartheta_1 [\sigma_0 H_1^2 + \sigma (H_2^2 + H_3^2)], \ldots,$$

worin $\sigma_0$ und $\sigma$ Funktionen der Temperatur bezeichnen, und eine Erweiterung, welche die Isotropie aufgibt, aber die ersten Potenzen der $\vartheta_h$ und die zweiten der $H_i$ beibehält, gewinnt bei Kristallen Gültigkeit. Die Spezialisierung auf die verschiedenen Kristallgruppen wird am bequemsten wieder an die skalare Funktion

$$S = E_1 U_1 + E_2 U_2 + E_3 U_3$$

angeknüpft, die homogen linear ist in den $\vartheta_h$, den $U_k$ und quadratisch in den $H_i$.

Der allgemeine Ausdruck $S$ ist außerordentlich kompliziert; er läßt sich übersichtlicher gestalten durch jene Gruppierung, welche die Produkte zweier Vektorkomponenten $\vartheta_h$ und $U_k$ in eine Vektor- und eine Tensorkomponente zerlegt nach dem Schema

$$\vartheta_2 U_3 = \tfrac{1}{2}(\vartheta_2 U_3 + \vartheta_3 U_2) + \tfrac{1}{2}(\vartheta_2 U_3 - \vartheta_3 U_2).$$

Die Produkte $H_i H_j$ sind nach S. 145 von selbst Tensorkomponenten. Auf diese Weise kann man $S$ in zwei Teile zerspalten, von denen der erste bilinear ist in einem Vektor- und einem Tensorkomponentensystem, der zweite in zwei Tensorkomponentensystemen. Derartige Funktionen treten uns in den beiden folgenden Kapiteln entgegen, und wir werden dort ihre Spezialisierung auf die verschiedenen Kristallgruppen durchführen.

Bei speziellen Werten ihrer Parameter reduziert sich die Funktion $S$ auf einen der vorgenannten beiden Teile. Es ist eine wichtige Aufgabe der Beobachtung, zuzusehen, ob in der Wirklichkeit eine solche Vereinfachung stattfindet. Die vereinzelten Beobachtungen von *Lownds* geben hierüber keine Aufklärung und da sonstige Messungen über longitudinale thermomagnetische Effekte bei Kristallen nicht vorliegen, so wollen wir auch die bezüglichen Formeln nicht weiter entwickeln.

Wir haben uns in diesem Paragraphen nur mit den thermomagnetisch erregten elektromotorischen Kräften beschäftigt; alles was über diese gesagt ist, gilt aber ebenso für den reziproken galvanomagnetischen Wärmeeffekt. Hier fehlt es sogar an den ersten Ansätzen zu Beobachtungen, die sich auf Kristalle beziehen.

Die kinetische Theorie der Wärme- und Elektrizitätsleitung sucht von den vorgenannten Wirkungen bei isotropen Metallen Rechenschaft zu geben — bisher noch nicht mit durchgreifendem Erfolg; eine Übertragung ihrer Methode auf Kristalle ist noch nicht in Angriff genommen. —

Wie in andern Gebieten der Kristallphysik, geben die Untersuchungen der Symmetrieverhältnisse der bezüglichen Erscheinungen auch hier die wichtigsten Gesichtspunkte für eine rationelle Anstellung der Beobachtungen. Beobachtungen ohne die bezügliche Anleitung laufen Gefahr, unfruchtbar zu bleiben. Bei dem großen Interesse, welches diese Untersuchungen besitzen, ist es dringend erwünscht, daß die Beobachtungen an Wismut wieder aufgenommen werden. Vom theoretischen Standpunkt ist dabei die Beschränkung auf kleine Temperaturgefälle erwünscht, um die noch so wenig aufgeklärten Verhältnisse nicht unnötigerweise zu komplizieren. Dagegen sind Platten verschiedener Orientierung mit verschieden gerichteten Einwirkungen der Beobachtung zu unterwerfen. Durchaus nötig ist die sorgfältige Trennung derjenigen Teile der longitudinalen und der transversalen Effekte, welche mit einer Umkehr der Feldrichtung den Sinn umkehren, von denen, die den Sinn bewahren; denn, wie schon zu (449) bemerkt, haben bei Kristallen im allgemeinen sowohl die longitudinalen, als die transversalen Effekte Anteile von dem einen, wie von dem andern Charakter.

Eine kinetische Theorie kann (wie schon früher bemerkt) nicht zu Resultaten führen, welche außerhalb des durch die Symmetriebetrachtungen gezogenen Rahmens liegen; ihre Resultate können aber spezieller sein, als die durch jene gelieferten, und es erwächst dann der Messung die Aufgabe, jene Folgerungen zu prüfen.

## VII. Kapitel.

# Wechselbeziehungen zwischen zwei Tensortripeln. (Elastizität und innere Reibung.)

## I. Abschnitt.

### Die allgemeinen Ansätze für isothermische elastische Veränderungen.

§ 276. **Historisches.** Wie in andern Gebieten der Kristallphysik, so hat auch in der Elastizität die Theorie zunächst an molekulare Vorstellungen angeknüpft. *Navier*[1]), der Eröffner des ersten Zuganges zu dem neuen Problem, hat allerdings trotz der Benutzung hinreichend allgemeiner Grundlagen Folgerungen nur für isotrope Medien gezogen; dagegen haben *Cauchy*[2]) und *Poisson*[3]) der Elastizität der Kristalle umfängliche Abhandlungen gewidmet. Die von ihnen benutzte Grundvorstellung ist die, daß ein fester Körper aus einem System materieller Punkte besteht, die unter der Wirkung von Zentralkräften Gleichgewichtslagen annehmen, und daß durch die Einwirkung von körperlichen und von Oberflächenkräften diese Gleichgewichtslagen Änderungen erleiden. Die Wechselwirkung zwischen den Massenpunkten diesseits und jenseits eines im Innern des Körpers gelegenen Flächenelementes geben zu einem (scheinbaren) Druck gegen dies Flächenelement Veranlassung, der, in die allgemeinen Formeln der Mechanik eingeführt, zu den Bewegungs- und Gleichgewichtsbedingungen führt.

Bei Beschränkung auf Deformationen von bestimmter Kleinheit ergibt sich zwischen deren Bestimmungsstücken — den sechs Deformationsgrößen $x_x, y_y, \ldots x_y$ von § 89 — und den Bestimmungsstücken des molekularen Druckes — den sechs Druckkomponenten $X_x, Y_y, \ldots X_y$ aus § 87 — ein System linearer Beziehungen, dessen im allgemeinen 36 Parameter sich infolge der benutzten Grundannahme auf 15 reduzieren.

1) *Navier*, Mém. de l'Acad. T. 7, p. 375, 1827. (Die Abhandl. stammt aus dem Jahr 1821.)

2) *A. Cauchy*, versch. Abhandl. seit 1822, veröffentlicht in den Exerc. de Math., insbes. T. 3, p. 188, 1828; T. 4, p. 129, 1829.

3) *S. D. Poisson*, Mém. de l'Acad. T. 8, p. 357, 1829; Journ. de l'Éc. Pol. T. 13, p. 1, 1831.

*Cauchy*[1]) hat indessen gezeigt, daß man die Theorie der Elastizität ohne Heranziehung einer molekularen Vorstellung begründen kann durch eine bloße Verallgemeinerung des Begriffes des hydrostatischen Druckes und die auf die Erfahrung gegründete Annahme der Proportionalität zwischen den Deformationen und den Drucken. Bei Benutzung dieses Weges verschwindet die Vereinfachung, welche die molekulare Hypothese bewirkt; die Beziehungen zwischen den Druck- und den Deformationskomponenten behalten zunächst ihre 36 unabhängigen Parameter.

Ein neues Prinzip zur Vereinfachung jener Beziehungen hat später *Green*[2]) herangezogen in der Annahme, daß die Kräfte, welche in einem elastischen Körper durch eine Deformation erregt werden, konservative Natur hätten, derart, daß ihre Arbeit die Form eines vollständigen Differentiales haben müßte. Dieser Annahme, welche die Zahl der unabhängigen elastischen Parameter von 36 auf 21 reduziert, liegt offenbar die Vorstellung zugrunde, daß rein mechanische Wirkungen zwischen den kleinsten Teilchen der Körper stets konservativ sein müßten, wie dies bei deren einfachsten Formen, den eigentlichen Zentralkräften, in der Tat stattfindet.

Nach dieser *Green*schen Arbeit ist *Poisson*[3]) noch einmal zu einer molekularen Theorie der Kristallelastizität zurückgekehrt, bei der er verallgemeinerte Zentralkräfte zugrunde legte; die von ihm benutzte neue Grundlage, wie auch die auf ihr gewonnenen Resultate, erscheinen aber kaum haltbar.

Das von *Green* erstrebte Ziel der Reduktion der Zahl der elastischen Parameter mit Hilfe eines allgemeinen physikalischen Prinzipes wurde von *W. Thomson*[4]) vollständig erreicht durch Anwendung der Hauptgleichungen der Thermodynamik unter der Annahme der Reversibilität der elastischen Vorgänge. Auf diesem Wege ergibt sich, daß die *Green*sche Annahme im allgemeinen nicht richtig ist, daß sie aber in zwei wichtigen Fällen als eine Folgerung aus den Prinzipien der Thermodynamik erscheint, nämlich einmal dann, wenn die elastische Deformation ohne Wärmeaustausch, und sodann, wenn sie ohne Temperaturänderung stattfindet. Den letzteren Fall hatten die älteren Theoretiker in der Regel als den in Wirklichkeit stets realisierten betrachtet; dies ist bekanntlich nicht der Fall, aber man darf behaupten, daß die statischen Beobachtungen im Gebiete der Elastizität meist sehr nahe isothermische, die dynamischen (Schwingungs-) Be-

1) *A. Cauchy*, l. c. T. 4, p. 293.
2) *G. Green*, Cambr. Trans. T. 7, p. 121, 1839.
3) *S. D. Poisson*, Mém. de l'Ac. T. 18, p. 3, 1842.
4) *W. Thomson*, Quart. Journ. of. Math. T. 5, p. 57, 1855; Math. u. Phys. Papers T. 1, p. 291, Cambridge 1882.

obachtungen meist sehr nahe adiabatische Vorgänge betreffen. Demgemäß kann man der Regel nach mit der *Green*schen Annahme, daß die Arbeit der elastischen Kräfte ein Potential habe, operieren; doch muß man hinzunehmen, daß dieses Potential ein anderes ist bei statischen, ein anderes bei dynamischen Vorgängen.

Die 21-konstantige Elastizitätstheorie ist durch die Überlegungen von *W. Thomson* fest begründet, ohne Bezugnahme auf molekulare Vorstellungen. Immerhin bietet die Frage ein Interesse, ob man von molekularen Vorstellungen aus zu denselben Grundgleichungen gelangen kann. Die betreffende Untersuchung gestattet daneben einen Einblick in Einzelheiten des Vorganges der Deformation, über die nach der Methode von *Green-Thomson* keinerlei Auskunft gegeben wird; wir wollen daher in einem späteren Abschnitt auf dieselbe etwas näher eingehen.

§ 277. **Das thermodynamische Potential für isothermische Deformationen.** Die allgemeinste Fassung aller Aussagen, welche die Thermodynamik über die Gesetze irgendeines reversibeln Vorganges liefert, wird durch die Aufstellung des bezüglichen thermodynamischen Potentiales erhalten; wir schlagen diesen bei den früheren Problemen benutzten Weg daher auch in dem Falle der Elastizität ein.

Für die einzuführenden Grundvariabeln entnehmen wir die nötige Anweisung, wie früher, aus dem Ausdruck für die bei einer Zustandsänderung an der Volumeneinheit (von außen) zu leistende Arbeit, für den wir S. 166 gefunden haben

$$\delta'\alpha = -(X_x\delta x_x + Y_y\delta y_y + \cdots X_y\delta x_y). \qquad (1)$$

In dem Aggregat rechts bezeichnen, wie in Erinnerung gerufen werden mag, $X_x$, $Y_x$, $Z_x$ die Komponenten des innern Druckes gegen ein Flächenelement mit der innern Normale $x$, auf die Flächeneinheit bezogen; $X_y$, $Y_y$, $Z_y$ resp. $X_z$, $Y_z$, $Z_z$ haben analoge Bedeutung für ein Flächenelement mit der innern Normale $y$ resp. $z$. Dabei gilt

$$Y_z = Z_y, \quad Z_x = X_z, \quad X_y = Y_x.$$

$x_x$, $y_y$, $z_z$ stellen die linearen Dilatationen parallel $X$, $Y$, $Z$ dar,

$$y_z = z_y, \quad z_x = x_z, \quad x_y = y_x$$

die Änderungen der Winkel zwischen Flächenelementen, die vor der Deformation normal zu $Y$ und $Z$, $Z$ und $X$, $X$ und $Y$ lagen.

Die $X_x$, .. $Y_x$ nennen wir kurz die innern Druckkomponenten, die $x_x$, ... $x_y$ die Deformationsgrößen an der betrachteten Stelle des deformierten Körpers. Wie schon S. 283 bemerkt, sollen bei allgemeinen Überlegungen (um Summenzeichen $\sum$ anwenden zu können)

$$\text{die } X_x, Y_y \dots X_y \quad \text{in} \quad X_1, X_2, \dots X_6,$$
$$\text{die } x_x, y_y, \dots x_y \quad \text{in} \quad x_1, x_2, \dots x_6$$

abgekürzt werden; es wäre in diesem Falle also statt (1) zu schreiben

$$\delta' \alpha = -\sum_h X_h \delta x_h.$$

Der Ausdruck (1) für $\delta'\alpha$ zeigt, daß wir (außer der von einem beliebigen Anfang zu zählenden Temperatur $\tau$) die Deformationsgrößen $x_x, \dots x_y$ resp. $x_h$ als unabhängige Hauptvariable zu führen haben: in diesen Größen ist also das Potential $\xi$ auszudrücken.

Die Deformationsgrößen $x_h$ sind nach S. 166 allgemein und besonders bei Kristallen jederzeit sehr kleine echte Brüche. Wir werden daher in der Potenzentwicklung des Potentiales nach ihnen nur die niedrigsten in Betracht kommenden Glieder beibehalten. Nachdem von den $x_h$ unabhängige und in ihnen lineäre Glieder früher verwertet worden sind, können wir jetzt diejenigen zweiten Grades für sich betrachten und schreiben

$$2\xi = \sum_h \sum_k c_{hk} x_h x_k, \quad \text{für } h \text{ und } k = 1, 2, \dots 6; \tag{2}$$

dabei darf ohne Beschränkung der Allgemeinheit

$$c_{hk} = c_{kh} \tag{3}$$

gesetzt werden, denn beide Parameter treten in dasselbe Produkt $x_h x_k$ multipliziert, also durch Addition verbunden auf.

Die Parameter $c_{hk}$ sind Funktionen der Temperatur, die in erster Annäherung als konstant betrachtet werden können; wir nennen sie die Elastizitätskonstanten des Körpers, genauer zur Unterscheidung von andern, uns später begegnenden, seine isothermischen Elastizitätskonstanten. Ihre Anzahl ist nach dem Bau von $\xi$ gleich 21.

Die thermodynamischen Grundformeln (109) von S. 189 liefern für die Druckkomponenten $X_h$ die Ausdrücke

$$X_i = -\frac{\partial \xi}{\partial x_i} = -\sum_h c_{ih} x_h, \quad \text{für } i \text{ und } h = 1, 2 \dots 6; \tag{4}$$

dieselben stimmen mit den Ansätzen von *Green* überein, während aus der *Cauchy-Poisson*schen molekularen Theorie, die auf gewöhnlichen Zentralkräften ruht, wie wir das später zeigen werden, folgende sechs Relationen zwischen zwölf von den 21 Parametern folgen

$$c_{44} = c_{23}, \quad c_{55} = c_{31}, \quad c_{66} = c_{12},$$

$$c_{56} = c_{14}, \quad c_{64} = c_{25}, \quad c_{45} = c_{36}. \tag{5}$$

Lösen wir die Formeln (4) nach den Deformationsgrößen $x_h$ auf, so können wir das Resultat schreiben

$$x_h = -\sum_i s_{hi} X_i, \quad \text{für } i \text{ und } h = 1, 2, \ldots 6; \tag{6}$$

die Parameter $s_{hi}$ dieser Formeln mögen die isothermischen Elastizitätmoduln des Kristalles heißen; wegen der aus (3) folgenden Beziehung

$$s_{hk} = s_{kh} \tag{7}$$

ist ihre Anzahl im allgemeinen gleichfalls 21.

Geht man mit den Beziehungen (4) in den Ausdruck (2) für $2\xi$, so erhält man aus ihm sogleich

$$2\xi = -\sum_h x_h X_h, \tag{8}$$

und wenn man nun die Formeln (6) benutzt, auch

$$2\xi = \sum_h \sum_i s_{hi} X_h X_i. \tag{9}$$

Hieraus ergeben sich die Deformationsgrößen $x_h$ durch die Beziehungen

$$x_h = -\frac{\partial \xi}{\partial X_h}; \tag{10}$$

es ist also für den betrachteten isothermischen Vorgang $-\xi$ dem zweiten thermodynamischen Potential äquivalent.

Nach ihrer Einführung drücken sich die Moduln $s_{hk}$ durch Determinantenquotienten der $c_{mn}$, die $c_{mn}$ durch Determinantenverhältnisse der $s_{hk}$ aus. Es bestehen zwischen ihnen folgende symmetrische Gleichungen

$$\sum_h c_{hi} s_{hi} = 1, \quad \sum_h c_{hi} s_{hk} = 0, \quad \text{für } h, i \text{ und } k = 1, 2, \ldots 6 \text{ und } i \gtrless k. \tag{11}$$

Die Form (6) der Beziehungen zwischen Drucken und Deformationen hat den besondern Vorteil, daß sie direkt die Lösung einer Reihe einfacher elastischer Aufgaben ausspricht, die ein gewisses praktisches Interesse haben und daneben zu einer anschaulichen Deutung der Moduln $s_{hk}$ Veranlassung bieten. Wir kommen hierauf unten zurück.

§ 278. **Die allgemeinen Grundgleichungen.** Die Hauptgleichungen für das Gleichgewicht deformierbarer Körper lauten nach S. 164

$$
\begin{aligned}
\varrho X &= \frac{\partial X_x}{\partial x} + \frac{\partial X_y}{\partial y} + \frac{\partial X_z}{\partial z}, \\
\varrho Y &= \frac{\partial Y_x}{\partial x} + \frac{\partial Y_y}{\partial y} + \frac{\partial Y_z}{\partial z}, \\
\varrho Z &= \frac{\partial Z_x}{\partial x} + \frac{\partial Z_y}{\partial y} + \frac{\partial Z_z}{\partial z}.
\end{aligned} \tag{12}
$$

Dabei bezeichnet $\varrho$ die Dichtigkeit der Materie, $X, Y, Z$ sind die Komponenten äußerer, auf die Masseneinheit bezogener (körperlicher) Kräfte.

Diese Gleichungen gelten für jeden Punkt im Innern des deformierten Körpers; für dessen Oberfläche kommen dazu die Beziehungen

$$\overline{X} = \overline{X}_n, \quad \overline{Y} = \overline{Y}_n, \quad \overline{Z} = \overline{Z}_n, \tag{13}$$

wobei allgemein

$$
\begin{aligned}
X_n &= X_x \cos(n, x) + X_y \cos(n, y) + X_z \cos(n, z), \\
Y_n &= Y_x \cos(n, x) + Y_y \cos(n, y) + Y_z \cos(n, z), \\
Z_n &= Z_x \cos(n, x) + Z_y \cos(n, y) + Z_z \cos(n, z).
\end{aligned} \tag{14}
$$

In ihnen bezeichnen $\overline{X}, \overline{Y}, \overline{Z}$ die Komponenten des von außen auf die Oberfläche des Körpers ausgeübten Druckes, letzterer bezogen auf die Flächeneinheit; $n$ ist die Richtung der inneren Normale auf dem Oberflächenelement.

Sind die äußern Druckkomponenten $\overline{X}, \overline{Y}, \overline{Z}$ vorgeschrieben, so stellen die Formeln (13) Bedingungen des elastischen Problems dar. Falls insbesondere die Drucke für die gesamte Oberfläche des Körpers gegeben sind, so genügen diese Angaben zusammen mit den Hauptgleichungen (12) unter einer unten noch zu besprechenden allgemeinen Voraussetzung zur vollständigen Bestimmung der Deformationsgrößen

$$x_x = \frac{\partial u}{\partial x}, \ldots \qquad x_y = \frac{\partial u}{\partial y} + \frac{\partial v}{\partial x}. \tag{15}$$

Um aus ihnen die Verrückungskomponenten $u, v, w$ vollständig zu erhalten, die häufig von Interesse, z. B. auch zur Berechnung der Drehungskomponenten

$$l = \frac{1}{2}\left(\frac{\partial w}{\partial y} - \frac{\partial v}{\partial z}\right), \quad m = \frac{1}{2}\left(\frac{\partial u}{\partial z} - \frac{\partial w}{\partial x}\right), \quad n = \frac{1}{2}\left(\frac{\partial v}{\partial x} - \frac{\partial u}{\partial y}\right) \tag{16}$$

nötig sind, bedarf es noch einer Angabe über die Verbindung des Koordinatensystems mit dem elastischen Körper, resp. über die Befestigung des letzteren. Diese Verbindung kann willkürlich gewählt werden, soweit sie nicht der Deformation des Körpers eine Fessel auferlegt; im andern Falle würde sie implizite äußere Kräfte einführen, die nicht mehr zulässig sind, wenn über die $\overline{X}, \overline{Y}, \overline{Z}$ verfügt ist. Wir werden solche Befestigungsbedingungen bei den speziellen Fällen erörtern, die wir behandeln wollen.

Was die oben erwähnte allgemeine Voraussetzung angeht, die erfüllt sein muß, damit das Problem des elastischen Gleichgewichts eindeutig bestimmt sei, so geht dieselbe auf eine spezielle Natur der durch den Ansatz (2) definierten Elastizitätskonstanten. Aus allgemeinen Prinzipien läßt sich nämlich ableiten, daß die Eindeutigkeit nur dann gewährleistet ist, wenn $\xi$ eine wesentlich positive Funktion ist. Die Bedingung hierfür ist aber folgende:

Bezeichnet man die Determinante aus den Elastizitätskonstanten

$$\begin{vmatrix} c_{11} & c_{12} \cdots & c_{1,m+1} \\ c_{21} & c_{22} \cdots & c_{2,m+1} \\ \cdot & \cdot \quad \cdot & \cdot \\ c_{m+1,1} & c_{m+1,2} \cdots & c_{m+1,m+1} \end{vmatrix}$$

mit $p_m$, so darf in der Reihe der $p_m$ für $0 < m \leqq 5$ kein negativer Zahlwert auftreten.

Es ist von vornherein zu erwarten, daß die in der Natur vorkommenden Kristalle dieser Bedingung entsprechen werden. In der Tat, wäre dieselbe nicht erfüllt, und könnte bei gewissen Werten der Deformationsgrößen $\xi < 0$ werden, so müßte man schließen, daß ein sich selbst überlassener Kristall nicht im stabilen Gleichgewicht sein könnte. Denn die Gleichgewichtsbedingung des § 84 würde hier (wegen $\delta' A_a = 0$) auf

$$\int \delta \xi \, dk = 0,$$

und für stabiles Gleichgewicht auf

$$\int \xi \, dk = \text{Min.}$$

führen; im genannten Falle würde das Integral aber gar kein Minimum besitzen.

Wir haben uns bisher völlig auf Zustände des Gleichgewichts beschränkt, die bei Kristallen auch der Beobachtung faktisch fast ausschließlich unterzogen worden sind. Der Übergang zu dem Fall der Bewegung vollzieht sich nach dem S. 157 Gesagten einfachst dadurch, daß in den Hauptgleichungen (12) die körperlichen Kräfte $X, Y, Z$ durch

$$X - \partial^2 u/\partial t^2, \quad Y - \partial^2 v/\partial t^2, \quad Z - \partial^2 w/\partial t^2$$

ersetzt werden. Zwecks eindeutiger Bestimmung des Bewegungsproblemes müssen dann zu den früheren Bedingungen noch Angaben über die Anfangswerte von $u, v, w$ und $\partial u/\partial t$, $\partial v/\partial t$, $\partial w/\partial t$ an allen Punkten des Körpers kommen.

Wir werden nur wenig Gelegenheit haben, auf das Bewegungsproblem einzugehen.

§ 279. **Ein parallel den Koordinatenachsen orientiertes Parallelepiped bei einfachen Deformationen.** Die Formeln (12) und (13) lassen erkennen, daß bei fehlenden körperlichen Kräften Gleichgewichtszustände möglich sind, bei denen die Drucke $X_x, \ldots X_y$ im Innern des betrachteten Körpers konstante Werte besitzen; in der Tat werden die Hauptgleichungen (12) durch diese Annahme befriedigt. Die Oberflächenbedingungen (13) bestimmen dann die äußeren Drucke, welche auf die Oberfläche des Körpers ausgeübt werden müssen, um willkürlich vorgeschriebene konstante $X_x, \ldots X_y$ im Innern des Körpers zu bewirken.

Der einfachste Fall, auf den diese Überlegungen Anwendung finden, ist der eines rechtwinkligen Parallelepipeds mit Kanten parallel den Koordinatenachsen. Dabei ist daran zu erinnern, daß bisher über die Lage des Achsenkreuzes gegen den Kristall noch keinerlei beschränkende Annahme gemacht ist, daß über dieselbe also ganz frei verfügt werden kann. Es kann somit das Parallelepiped beliebig gegen den Kristall orientiert angenommen werden; nur ist dabei zu bedenken, daß die Parameter des Ansatzes (2) mit der Orientierung des Achsenkreuzes und somit der Parallelepipedkanten gegen den Kristall ihre Werte ändern.

Wenden wir die Bedingungen (13) auf die Fläche mit der innern Normale $+x$ an, so liefern sie hier für die äußere Druckkraft die Komponenten

$$\overline{X}_1 = X_x, \quad \overline{Y}_1 = Y_x, \quad \overline{Z}_1 = Z_x; \tag{17}$$

für die gegenüberliegende Fläche ergibt sich nach (13) eine äußere Druckkraft mit den Komponenten $-\overline{X}_1$, $-\overline{Y}_1$, $-\overline{Z}_1$. Ebenso liefert die Betrachtung der Flächen normal zu $+y$ und zu $+z$ für die äußern Druckkomponenten

$$\begin{aligned} \overline{X}_2 &= X_y, \quad \overline{Y}_2 = Y_y, \quad \overline{Z}_2 = Z_y, \\ \overline{X}_3 &= X_z, \quad \overline{Y}_3 = Y_z, \quad \overline{Z}_3 = Z_z, \end{aligned} \tag{18}$$

sowie die entgegengesetzten für die Flächen normal zu $-y$ und zu $-z$. Wie man sieht, müssen die äußern Drucke den Bedingungen

$$\overline{Y}_3 = \overline{Z}_2, \quad \overline{Z}_1 = \overline{X}_3, \quad \overline{X}_2 = \overline{Y}_1 \tag{19}$$

genügen.

Ziehen wir nun die Formeln (4), d. h. ausführlich geschrieben

$$-X_x = c_{11}x_x + c_{12}y_y + c_{13}z_z + c_{14}y_z + c_{15}z_x + c_{16}x_y,$$
$$\cdots\cdots\cdots\cdots\cdots\cdots\cdots\cdots\cdots$$
$$-X_y = c_{61}x_x + c_{62}y_y + c_{63}z_z + c_{64}y_z + c_{65}z_x + c_{66}x_y, \qquad (20)$$

heran und lassen rechts alle Deformationsgrößen **mit Ausnahme einer einzigen verschwinden**, so erhält man durch die resultierenden Formeln in Verbindung mit (17) und (18) die Antwort auf die Frage: welche äußeren Drucke in jedem Falle erforderlich sind, um dem betrachteten Parallelepiped die verlangte, durch nur **eines** der $x_x, \ldots x_y$ gegebene (**einfache**) Deformation zu erteilen.

Im Falle, daß $y_y, z_z, y_z, z_x, x_y$ verschwinden, ergibt sich z. B.

$$\overline{X}_1 = -c_{11}x_x, \quad \overline{Y}_2 = -c_{21}x_x, \quad \overline{Z}_3 = -c_{31}x_x,$$
$$\overline{Y}_3 = \overline{Z}_2 = -c_{41}x_x, \quad \overline{Z}_1 = \overline{X}_3 = -c_{51}x_x,$$
$$\overline{X}_2 = \overline{Y}_1 = -c_{61}x_x. \qquad (21)$$

Um eine reine Dilatation $x_x$ parallel zur $X$-Achse bei Aufhebung sowohl der Querdilatationen $y_y$ und $z_z$ als auch der Winkeländerungen $y_z, z_x, x_y$ zu erhalten, ist also ein sehr kompliziertes System äußerer Drucke anzuwenden; **die Elastizitätskonstanten** $c_{h1}$ **erscheinen als das Maß dieser Drucke.** In analoger Weise lassen sich die übrigen Konstanten $c_{hk}$ deuten.

Derartige Überlegungen geben den Elastizitätskonstanten $c_{hk}$ die Bedeutung **der Parameter des elastischen Widerstandes** gegen bestimmte Deformationen bei Ausübung bestimmter Drucke. Die Konstanten $c_{hk}$ nehmen in der Tat in der Elastizitätstheorie eine ähnliche Stellung ein, wie die Widerstandskonstanten $k_{hi}$ in der Theorie der Strömungserscheinungen, deren allgemeine Gesetze im 1. Abschnitt des VI. Kapitels entwickelt worden sind.

§ 280. **Ein parallel den Koordinatenachsen orientiertes Parallelepiped bei einfachen Oberflächendrucken.** Während die vorstehende Deutung der Elastizitätskonstanten $c_{hk}$ infolge der Unmöglichkeit einer Realisierung der herangezogenen Deformations- und Druckzustände vielleicht an Anschaulichkeit zu wünschen läßt, führt eine analoge Behandlung der Elastizitätsmoduln $s_{hk}$ zu völlig befriedigenden Ergebnissen.

Wir knüpfen die Betrachtung an die Formeln (6), die ausführlich lauten

$$-x_x = s_{11}X_x + s_{12}Y_y + s_{13}Z_z + s_{14}Y_z + s_{15}Z_x + s_{16}X_y,$$
$$\cdots\cdots\cdots\cdots\cdots\cdots\cdots\cdots\cdots$$
$$-x_y = s_{61}X_x + s_{62}Y_y + s_{63}Z_z + s_{64}Y_z + s_{65}Z_x + s_{66}X_y. \qquad (22)$$

Läßt man hier alle rechtsstehenden Druckkomponenten bis auf eine verschwinden und benutzt die Beziehungen (17) und (18), so geben die Gleichungen die Gesetze von Deformationen des betrachteten Parallelepipedes unter derartigen denkbar einfachsten äußern Einwirkungen.

Bei Ausübung der normalen Druckkräfte auf die beiden Flächen normal zu $\pm x$ erhält man z. B.

$$x_x = -s_{11}\overline{X}_1, \quad y_y = -s_{21}\overline{X}_1, \quad z_z = -s_{31}\overline{X}_1,$$
$$y_z = -s_{41}\overline{X}_1, \quad z_x = -s_{51}\overline{X}_1, \quad x_y = -s_{61}\overline{X}_1. \tag{23}$$

Die Moduln $s_{h1}$ erscheinen als das Maß der hierbei eintretenden Deformationen, und ein jeder von ihnen erhält durch Vorstehendes seine einfache Deutung. Dabei ist in Rücksicht zu nehmen, daß ein positives $\overline{X}_1$ eine Druckkraft, ein negatives eine Zugkraft repräsentiert, ferner, daß positive $x_x, y_y, z_z$ Dilatationen, negative Kontraktionen ausdrücken, positive $y_z, z_x, x_y$ Verkleinerungen, negative Vergrößerungen der Winkel zwischen den positiven Seiten der Koordinatenebenen ergeben.

$s_{11}$ liefert hiernach das Maß der Längsdilatation, $s_{21}$ resp. $s_{31}$ geben je dasjenige der Querdilatation des Parallelepipeds nach der Richtung der *Y*- resp. der *Z*-Achse; $s_{41}, s_{51}, s_{61}$ messen Winkeländerungen in dem Parallelepiped — sämtlich für den Fall der Einwirkung einer Druckkraft parallel der *X*-Achse.

Zu analogen Betrachtungen geben die Formeln Veranlassung, die aus (22) folgen, wenn sich das System der $\overline{X}_x, \ldots \overline{X}_y$ auf eine einzelne andere Komponente reduziert. Dabei sind die Fälle normaler äußerer Drucke auch relativ leicht experimentell zu verwirklichen und würden Methoden zur direkten Bestimmung einzelner Moduln $s_{hk}$ liefern, wenn nicht bei Kristallen nach der Erfahrung für alle erzielbaren Drucke die Deformationsgrößen $x_x, \ldots x_y$ so klein wären, daß eine Messung derselben sehr schwierig sein würde.

Am ehesten beobachtbar würden vermutlich die Änderungen der Winkel des Kristallparallelepipedes bei einseitigem normalem Druck sein, da man hier in der Beobachtung an spiegelnden Flächen mit Fernrohr und Skala oder auch mit *Newton*schen Interferenzstreifen ein sehr feines Meßverfahren hat. Das Experiment würde (in Analogie zu dem S. 278 Bemerkten) am passendsten so eingerichtet werden, daß man zwei identische Präparate herstellte und dieselben mit zwei analogen Flächen, aber in gegen diese Flächen spiegelbildlichen Lagen verkittete. Fig. 153, in der gleichwertige Winkel mit gleichen Buchstaben bezeichnet sind, gibt hiervon eine Anschauung.

Ein Paar benachbarter Flächen $f_1, f_2$ muß dann entweder hochpoliert oder aber mit Spiegeln armiert sein. Ändern sich durch irgend einen Normaldruck gegen ein Flächenpaar die Winkel des Parallelepipeds, so kann man eine dieser Änderungen durch eine Beobachtung an den Flächen $f_1, f_2$ bestimmen. In Betracht kommen hierfür am ersten Drucke, die normal zu den verkitteten Flächen (also parallel mit $P$ in der Figur) wirken, da bei Drucken gegen andere Flächen es schwer sein wird, die nötige Bewegungsfreiheit des Parallelepipeds nicht zu beeinträchtigen.

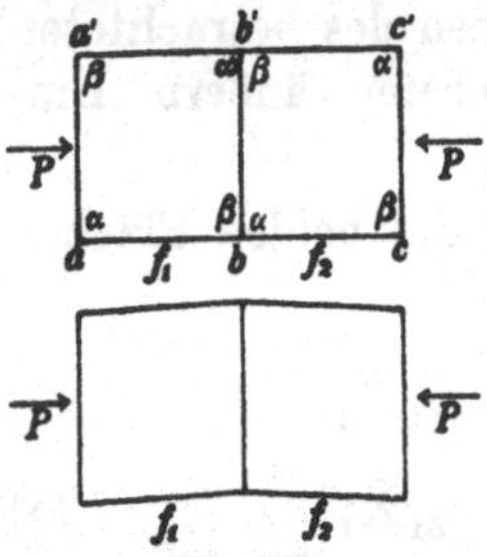

Fig. 153.

Abschließend sei noch bemerkt, daß nach Formel (66) auf S. 176 sich bei dem vorstehend betrachteten Parallelepiped für die kubische Dilatation infolge eines zur X-Achse parallelen Druckes gemäß (23) ergibt

$$o = x_x + y_y + z_z = -(s_{11} + s_{21} + s_{31})\overline{X}_1. \quad — \tag{24}$$

Wie durch die Betrachtungen des vorigen Paragraphen die Elastizitätskonstanten in Parallele zu den Widerständen bei Strömungsvorgängen in Kristallen kamen, so bringen diejenigen dieses Paragraphen die Elastizitätsmoduln ersichtlich in Parallele zu den Leitfähigkeiten $l_{hk}$. Die Effekte der Druckkräfte werden umso größer, je größere Werte die Moduln besitzen; letztere können demgemäß auch anschaulich als Maße der Deformierbarkeiten bezeichnet werden.

§ 281. **Allseitig gleicher normaler Druck. Zwei elastische Hauptachsensysteme.** Ein besonderes Interesse bietet noch ein anderer durch Einfachheit ausgezeichneter Fall, nämlich derjenige gleicher auf die drei Flächenpaare wirkender Normaldrucke, dergleichen z. B. durch Einbringen des kristallinischen Parallelepipeds in ein Piezometer realisiert werden kann. Setzen wir hier

$$\overline{X}_1 = \overline{Y}_2 = \overline{Z}_3 = \Pi, \quad \overline{Y}_3 = \overline{Z}_2 = \cdots = 0,$$

d. h.

$$\left.\begin{array}{l} X_x = Y_y = Z_z = \Pi, \quad Y_z = Z_x = X_y = 0, \\ x_x = -S_1\Pi, \quad y_y = -S_2\Pi, \ldots \quad x_y = -S_6\Pi, \end{array}\right\} \tag{25}$$

so resultiert

wobei

$$S_h = s_{h1} + s_{h2} + s_{h3} \quad \text{für } h = 1, 2, \ldots 6.$$

Diese Formeln zeigen, daß das parallelepipedische Präparat bei allseitig gleichem normalem Druck im allgemeinen seine sämtlichen Kantenwinkel ändert.

Die Beziehungen (25) haben eine sehr weitgehende Bedeutung, weil sich zeigen läßt, daß sie die Werte der Deformationsgrößen nicht nur für den Fall eines den Koordinatenachsen parallel orientierten Parallelepipedes — von dem wir ausgingen — ausdrücken, sondern auch gelten, wenn ein ganz beliebig gestaltetes Präparat einem allseitig gleichen normalen äußern Druck $\Pi$ ausgesetzt wird.

In der Tat sind die Hauptgleichungen (12) bei fehlenden körperlichen Kräften $X, Y, Z$ durch die Werte (25) der $X_x, \ldots X_y$ identisch erfüllt, und die Oberflächenbedingungen (13) reduzieren sich nach (14) auf

$$\overline{X} = \Pi \cos(n, x), \quad \overline{Y} = \Pi \cos(n, y), \quad \overline{Z} = \Pi \cos(n, z);$$

sie verlangen also in der Tat den allseitig gleichen normalen Druck $\Pi$ als wirksam.

Demgemäß gewinnen nun auch hier die Ausdrücke (25) für die Deformationsgrößen Bedeutung: das unter allseitig gleichem normalem Druck $\Pi$ stehende homogene Kristallpräparat wird unabhängig von seiner Gestalt stets homogen, und zwar um die dort angegebenen Beträge deformiert.

Der hiermit gegebene allgemeine Fall hat sowohl theoretisches, wie praktisches Interesse.

Gehen wir zu einem beliebigen Koordinatensystem $X'Y'Z'$ über, so nehmen die Formeln (25) die Gestalt an

$$x_x' = -S_1'\Pi, \quad y_y' = -S_2'\Pi, \ldots x_y' = -S_6'\Pi,$$

wobei

$$S_h' = s'_{h1} + s'_{h2} + s'_{h3}$$

ist und die $s'_{hk}$ die Moduln nach dem Achsensystem $X'Y'Z'$ bezeichnen.

Nun gibt es nach S. 167 jederzeit ein Achsenkreuz $X'Y'Z'$, in bezug auf welches bei einer gegebenen (homogenen) Deformation die Winkeländerungen $y_z', z_x', x_y'$ verschwinden, nach welchem orientiert ein rechteckiges Parallelepiped also seine Winkel bewahrt. Somit ist es auch immer möglich, durch Wahl der Koordinatenachsen die Beziehungen

$$S_4' = 0, \quad S_5' = 0; \quad S_6' = 0, \tag{26}$$

d. h.

$$s'_{41} + s'_{42} + s'_{43} = 0, \quad s'_{51} + s'_{52} + s'_{53} = 0, \quad s'_{61} + s'_{62} + s'_{63} = 0$$

zu erfüllen, die umgekehrt das Koordinatenkreuz definieren.

Dieses Achsenkreuz, dem parallel orientiert ein rechteckiges Parallelepiped bei allseitig gleichem Druck seine Winkel nicht ändert, nimmt für die elastischen Vorgänge offenbar eine ausgezeichnete Stelle ein, und man kann dasselbe als das

Kreuz der elastischen Hauptachsen bezeichnen. Wir werden später sehen, daß die von uns in den höher symmetrischen Kristallsystemen eingeführten allgemeinen Hauptachsen $X, Y, Z$ mit diesen elastischen Hauptachsen übereinstimmen und daß in den niedriger symmetrischen Systemen es uns freisteht, die Hauptachsen demgemäß zu wählen.

Beiläufig sei auf eine weitere Eigenschaft des vorstehend eingeführten Hauptachsensystemes aufmerksam gemacht.

Setzen wir voraus, daß auf ein nach den beliebigen Achsen $X', Y', Z'$ orientiertes Parallelepiped nur tangentiale Drucke wirken, daß also gilt

$$X_x' = Y_y' = Z_z' = 0,$$

aber

$$Y_z' = \overline{Y}_3, \quad Z_x' = \overline{Z}_1, \quad X_y' = \overline{X}_2$$

und berechnen wir nach (66) auf S. 176 die kubische Dilatation

$$\delta = x_x' + y_y' + z_z',$$

so resultiert (wegen $s_{hk} = s_{kh}$)

$$\delta = -(S_4'\overline{Y}_3 + S_5'\overline{Z}_1 + S_6'\overline{X}_2).$$

Hieraus folgt, daß ein den genannten Hauptachsen parallel orientiertes Parallelepiped durch tangentiale Drucke sein Volumen nicht ändert. —

Das vorstehend eingeführte elastische Hauptachsenkreuz ist durch die Elastizitätsmoduln definiert und zeichnet sich durch Anschaulichkeit aus. An sich könnte man natürlich die Definition eines solchen Hauptachsensystemes auch mit Hilfe der Elastizitätskonstanten gewinnen. Um dies ganz dem Vorstehenden parallelgehend zu zeigen, wäre eine Deformation zu betrachten, gegeben für das Koordinatensystem $XYZ$ durch

$$x_x = y_y = z_z = \varkappa, \quad y_z = z_x = x_y = 0. \tag{27}$$

Eine solche liefert nach (48) auf S. 172 in allen Richtungen die gleiche lineäre Dilatation und demgemäß auch für jedes andere Achsenkreuz $X'Y'Z$ die Werte

$$x_x' = y_y' = z_z' = \varkappa, \quad y_z' = z_x' = x_y' = 0.$$

Um diese Deformation hervorzubringen, würden Druckkomponenten erforderlich sein, bestimmt durch

$$X_x' = -C_1\varkappa, \quad Y_y' = -C_2\varkappa, \ldots \quad X_y' = -C_6\varkappa, \tag{28}$$

wobei

$$C_h = c_{h1} + c_{h2} + c_{h3} \text{ für } h = 1, 2, \ldots 6.$$

Dieselben ergeben in Verbindung mit den Grenzbedingungen (13), daß die Erzeugung der Deformationen (27) äußere Drucke erfordert, deren Natur und Verteilung durchaus von der Gestalt des benutzten Kristallpräparates abhängt. Wir wollen der Einfachheit halber ein rechteckiges Parallelepiped, parallel zum Koordinatenkreuz orientiert, voraussetzen, dann geben die Formeln (17) und (18) in Verbindung mit (28) die nötigen äußern Drucke an.

Die Heranziehung des Satzes von S. 167 ergibt nun, daß jederzeit ein Achsensystem existiert, für welches

$$Y_z' = Z_x' = X_y' = 0$$

ist; es muß also auch eines existieren, für welches gilt

$$C_4' = C_5' = C_6' = 0, \tag{29}$$

d. h.

$$c_{41}' + c_{42}' + c_{43}' = c_{51}' + c_{52}' + c_{53}' = c_{61}' + c_{62}' + c_{63}' = 0.$$

Dies System hat die Eigenschaft, daß das ihm parallel orientierte Parallelepiped die allseitig gleiche Dilatation ohne Winkeländerung durch bloße Normaldrucke gegen seine Flächen eingeprägt erhält.

Wir haben damit ein zweites elastisches Hauptachsensystem erhalten, das prinzipiell dem ersten an Bedeutung nicht nachsteht und an sich ebenso neben dem früheren geführt werden kann, wie bei den Strömungsvorgängen im VI. Kapitel ein Hauptachsensystem der Leitfähigkeit neben einem solchen des Widerstandes geführt worden ist. Es liegt hier in der Tat ein weitgehender Parallelismus vor; die Elastizitätskonstanten $c_{hk}$ haben nach früherem den Charakter von Parametern des Widerstandes, die Moduln $s_{hk}$ denjenigen von Parametern der Leitfähigkeit, und man könnte die beiden Hauptachsensysteme ganz analog den bei den Strömungsvorgängen üblichen Bezeichnungen Achsen des elastischen Widerstandes und der elastischen Deformierbarkeit nennen.

Die beiden Achsenkreuze fallen im allgemeinen, d. h. bei Kristallen des triklinen Systems, nicht zusammen; im monoklinen System stimmt nach Symmetrie eine Achse beider Systeme überein; in den höher symmetrischen, wo, wie sich zeigen läßt, alle drei Achsen durch die Symmetrieelemente festgelegt werden, liegen beide Achsensysteme einander parallel und fallen zugleich mit den früher eingeführten allgemeinen kristallographischen Hauptachsen zusammen.

Wegen der größeren Anschaulichkeit des Systemes der Achsen der elastischen Deformierbarkeit, welche durch die Formeln (26) definiert sind, empfiehlt sich deren Bevorzugung.

§ 282. **Weiteres über Deformationen bei allseitig gleichem normalen Druck.** Wegen der großen praktischen Bedeutung des Falles der Deformation infolge eines allseitig gleichen Druckes wollen wir auf denselben noch etwas näher eingehen. Jene Bedeutung liegt, wie schon bemerkt, darin, daß sich die Ausübung eines allseitig gleichen Druckes auf einen Körper mit einer Leichtigkeit und Genauigkeit verwirklichen läßt, wie wenige andere Druckverteilungen. Wir kommen hierauf in dem Abschnitt, der die Beobachtung kristall-elastischer Erscheinungen behandelt, zurück.

Wir kombinieren zunächst die Ausdrücke (25) für die Deformationsgrößen bei allseitig gleichem Druck $\Pi$ mit der allgemeinen Formel (48) auf S. 172 für die lineäre Dilatation in einer durch die Richtungskosinus $\alpha, \beta, \gamma$ gegen die $X$-, $Y$-, $Z$-Achsen bestimmten Richtung und erhalten so

$$\Delta = -\Pi(S_1\alpha^2 + S_2\beta^2 + S_3\gamma^2 + S_4\beta\gamma + S_5\gamma\alpha + S_6\alpha\beta). \quad (30)$$

Bei Annahme der oben eingeführten elastischen Hauptachsen verschwinden die letzten drei Glieder.

Ferner bilden wir mit Hilfe von (66) auf S. 176 den Ausdruck für die kubische Dilatation zu

$$\delta = -(S_1 + S_2 + S_3)\Pi = -(S)\Pi, \quad (31)$$

der sich auch bei Einführung der Hauptachsen nicht vereinfacht. $(S)$ ist hierin eine neue Bezeichnung, die den Modul der kubischen Dilatation oder kürzer die Kompressibilität bei allseitig gleichem Druck darstellt.

Um im Anschluß an Formel (61) auf S. 175 den Ausdruck für die Änderung $\nu$ eines Winkels $\chi$ zwischen zwei Flächen zu bilden, deren Richtungskosinus vor Ausübung des Druckes resp. $\alpha_1, \beta_1, \gamma_1$ und $\alpha_2, \beta_2, \gamma_2$ waren, führen wir der Einfachheit halber von vornherein das elastische Hauptachsensystem von S. 571 ein, setzen also

$$S_4 = S_5 = S_6 = 0.$$

Wir erhalten dann

$$\nu \sin\chi = -2\Pi(S_1\alpha_1\alpha_2 + S_2\beta_1\beta_2 + S_3\gamma_1\gamma_2) - (\Delta_1 + \Delta_2)\cos\chi, \quad (32)$$

wobei nach (49) auf S. 172

$$\Delta_h = -\Pi(S_1\alpha_h^2 + S_2\beta_h^2 + S_3\gamma_h^2).$$

Der Beobachtung am günstigsten würde der Fall $\chi = \frac{1}{2}\pi$ sein, d. h. die Benutzung von rechtwinkligen Parallelepipeden. Kittet man etwa zwei identische Parallelepipede in verwendeter Lage zusammen, wie dies Fig. 153, S. 570 andeutet, so verwandelt sich der gestreckte

Winkel *abc* bei der Einwirkung des allseitig gleichen Druckes in einen stumpfen oder überstumpfen, und diese Änderung kann mit Fernrohr und Skala gemessen werden.

Für $\chi = \frac{1}{2}\pi$ reduziert sich Formel (32) auf

$$\nu = -2\Pi(S_1\alpha_1\alpha_2 + S_2\beta_1\beta_2 + S_3\gamma_1\gamma_2), \tag{33}$$

während zugleich

$$\alpha_1\alpha_2 + \beta_1\beta_2 + \gamma_1\gamma_2 = 0.$$

Vorstehendes gibt sogleich an, wie sich $\nu$ bei verschiedener Orientierung des komprimierten Parallelepipedes gegen die Hauptachsen elastischer Deformierbarkeit ändert.

§ 283. **Der Bettische Satz.** Obgleich, wie schon mehrfach hervorgehoben, in dieser Darstellung die allgemeinen theoretischen Entwicklungen hinter der Behandlung praktisch wichtiger Einzelprobleme zurückstehen sollen, mag doch hier eine allgemeine Folgerung aus den Grundformeln der Elastizität abgeleitet werden, die gewisse Beziehungen aufdeckt, welche zwischen verschiedenen Arten elastischer Deformationen bestehen, und welche deshalb für uns weitergehendes Interesse besitzt.

Wir wollen ein beliebig gestaltetes Präparat aus homogener kristallisierter Substanz im Gleichgewicht unter körperlichen und Oberflächenkräften betrachten, und zwar mögen zwei solche Zustände desselben Präparates herangezogen werden, die durch zwei verschiedene Systeme äußerer Einwirkungen hervorgebracht werden. Alle Funktionen, die dem einem Zustand entsprechen, mögen, wie bisher, mit lateinischen, alle, die dem andern entsprechen, mit deutschen Buchstaben bezeichnet werden. Es gelten für sie somit nach (12) die folgenden beiden Systeme von Hauptgleichungen

$$\varrho X = \frac{\partial X_x}{\partial x} + \frac{\partial X_y}{\partial y} + \frac{\partial X_z}{\partial z}, \ldots$$

$$\varrho \mathfrak{X} = \frac{\partial \mathfrak{X}_x}{\partial x} + \frac{\partial \mathfrak{X}_y}{\partial y} + \frac{\partial \mathfrak{X}_z}{\partial z}, \ldots$$

Fassen wir die Formeln des ersten Systems mit den Faktoren $\mathfrak{u}, \mathfrak{v}, \mathfrak{w}$, die des zweiten mit den Faktoren $u, v, w$ zusammen, subtrahieren die Resultate und integrieren über das ganze Präparat, so erhalten wir zunächst

$$\int \varrho[(X\mathfrak{u} + Y\mathfrak{v} + Z\mathfrak{w}) - (\mathfrak{X}u + \mathfrak{Y}v + \mathfrak{Z}w)]dk$$

$$= \int \left\{ \left[ \left( \frac{\partial X_x}{\partial x} + \cdots \right) \mathfrak{u} + \cdots \right] - \left[ \left( \frac{\partial \mathfrak{X}_x}{\partial x} + \cdots \right) u + \cdots \right] \right\} dk.$$

Integrieren wir das rechts stehende Integral durch Teile, so entsteht unter Berücksichtigung der Oberflächenbedingungen, die nach (13) lauten

$$\overline{X} = \overline{X}_n, \ldots \quad \overline{\mathfrak{X}} = \overline{\mathfrak{X}}_n, \ldots,$$

als Resultat für dasselbe der Ausdruck

$$-\int [(\overline{X}\overline{\mathfrak{u}} + \overline{Y}\overline{\mathfrak{v}} + \overline{Z}\overline{\mathfrak{w}}) - (\overline{\mathfrak{X}}\overline{u} + \overline{\mathfrak{Y}}\overline{v} + \overline{\mathfrak{Z}}\overline{w})]\,do$$
$$-\int \sum_h (X_h \mathfrak{x}_h - \mathfrak{X}_h x_h)\,dk,$$

wobei die abgekürzten Bezeichnungen

$$X_1, X_2, \ldots X_6, \quad x_1, x_2, \ldots x_6, \ldots$$

von S. 563 zur Anwendung gebracht sind.

Da nun nach der Definition (4) der $X_h$ resp. $\mathfrak{X}_h$ das letzte Integral verschwindet, so resultiert die von *Betti*[1]) gegebene Beziehung

$$\int \varrho(X\mathfrak{u} + Y\mathfrak{v} + Z\mathfrak{w})\,dk + \int (\overline{X}\overline{\mathfrak{u}} + \overline{Y}\overline{\mathfrak{v}} + \overline{Z}\overline{\mathfrak{w}})\,do$$
$$= \int \varrho(\mathfrak{X}u + \mathfrak{Y}v + \mathfrak{Z}w)\,dk + \int (\overline{\mathfrak{X}}\overline{u} + \overline{\mathfrak{Y}}\overline{v} + \overline{\mathfrak{Z}}\overline{w})\,do, \qquad (34)$$

die in eigentümlicher Weise zwei Systeme von Kräften und Verrückungen verknüpft, die bei demselben Präparat in Beziehung treten.

Praktisch bedeutungsvoll ist insbesondere der Fall, daß das Präparat nur Oberflächenkräften ausgesetzt ist, wo die beiden Raumintegrale verschwinden.

Um ein einfachstes Beispiel zu geben, so sei ein Präparat von zylindrischer Form mit zur Achse normalen Endflächen betrachtet, einmal unter einem allseitig gleichen normalen Druck $\Pi$, sodann unter einem normalen konstanten Druck $\mathfrak{P}$ nur gegen die beiden Grundflächen. Die Zylinderachse sei zur $Z$-Achse gewählt. Hier nimmt, bei fehlenden körperlichen Kräften, (34) die Gestalt an

$$\Pi \int (\overline{\mathfrak{u}} \cos(n, x) + \overline{\mathfrak{v}} \cos(n, y) + \overline{\mathfrak{w}} \cos(n, z))\,do$$
$$= \mathfrak{P} \int \overline{w} \cos(n, z)\,dq,$$

wobei $n$ die innere Normale bezeichnet und das erste Integral über die ganze Oberfläche des Präparates, das zweite nur über die beiden Grundflächen erstreckt ist.

1) *Betti*, Nuovo Cim. (2), T. 7, p. 89, 1872.

Das erstere Integral hat aber ersichtlich die Bedeutung der Verkleinerung des Volumens $K$ des Präparates infolge des einseitigen Druckes $\mathfrak{P}$, wird also gleich $-K\mathfrak{d}$ zu setzen sein, wenn $\mathfrak{d}$ die betreffende kubische Dilatation bezeichnet. Das letztere stellt die Verkleinerung der Länge des Zylinders infolge des allseitigen Druckes $\Pi$ dar, multipliziert mit dem ursprünglichen Querschnitt $Q$, wird also mit $-LQ\Delta = -K\Delta$ zu vertauschen sein. Somit ergibt sich

$$\Pi\mathfrak{d} = \mathfrak{P}\Delta \quad \text{oder} \quad \mathfrak{d}/\mathfrak{P} = \Delta/\Pi,$$

d. h., die kubische Kompressibilität im Falle einseitigen Druckes ist gleich der longitudinalen Kompressibilität im Falle allseitigen Druckes.

In dem speziellen Falle eines rechteckigen Parallelepipedes ergibt sich dies Resultat auch aus dem Inhalt von § 280 und § 282.

§ 284. **Die geometrische Natur der Elastizitätskonstanten.** Um die geometrische Bedeutung der Elastizitätskonstanten $c_{hk}$ klarzustellen, benutzen wir die Sätze von § 81 Nach diesen handelt es sich zunächst darum, die durch (2) dargestellte Funktion $2\mathfrak{x}$, durch welche jene Parameter eingeführt sind, in eine in den Komponenten gerichteter Größen irgendwelcher Ordnung lineäre Form zu bringen. Ist dies erreicht, so kann man die geometrische Natur der Faktoren, in welche multipliziert jene Komponenten auftreten, unmittelbar angeben.

Da $x_1, x_2, x_3, \frac{1}{2}x_4, \frac{1}{2}x_5, \frac{1}{2}x_6$ nach S. 167 gewöhnliche Tensorkomponenten sind, so stellt sich die ursprüngliche Form von $2\mathfrak{x}$ als quadratisch in bezug auf letztere dar, und es bedarf zunächst der Umgestaltung.

Nach den Sätzen von § 80 sind nun, falls $P_{hk} = Q_{hk}$ gewöhnliche Tensorkomponenten darstellen, die fünfzehn Aggregate

$$P_{11}^2,\ P_{22}^2,\ P_{33}^2,\ \tfrac{1}{3}(P_{22}P_{33}+2P_{23}^2),\ \tfrac{1}{3}(P_{33}P_{11}+2P_{31}^2),\ \tfrac{1}{3}(P_{11}P_{22}+2P_{12}^2),$$
$$\tfrac{1}{3}(P_{11}P_{23}+2P_{12}P_{31}),\quad \tfrac{1}{3}(P_{22}P_{31}+P_{23}P_{12}),\quad \tfrac{1}{3}(P_{33}P_{12}+2P_{31}P_{23}),$$
$$P_{11}P_{12},\ P_{11}P_{31},\ P_{22}P_{23},\ P_{22}P_{12},\ P_{33}P_{31},\ P_{33}P_{23}$$

gewöhnliche Komponenten eines Bitensorsystems, die sich so transformieren, wie die durch die Indizes jedes Aggregrats charakterisierten Produkte aus vier Koordinaten.

Indessen lassen sich nach diesem Schema nicht die sämtlichen 21 Produkte von Tensorkomponenten, die in (2) auftreten, auf Bitensorkomponenten zurückführen. Nimmt man aber hinzu, daß nach § 80 die Aggregate

$$\tfrac{1}{3}(P_{22}P_{33}-P_{23}^2),\quad \tfrac{1}{3}(P_{33}P_{11}-P_{31}^2),\quad \tfrac{1}{3}(P_{11}P_{22}-P_{12}^2),$$
$$\tfrac{1}{3}(P_{12}P_{13}-P_{11}P_{23}),\quad \tfrac{1}{3}(P_{23}P_{21}-P_{22}P_{31}),\quad \tfrac{1}{3}(P_{31}P_{32}-P_{33}P_{12}),$$

bei denen der Faktor $\frac{1}{3}$ der Bequemlichkeit halber zugefügt ist, gewöhnliche Tensorkomponenten sind, so gelingt es leicht, alle 21 Produkte $x_h x_k$ durch Tensor- und Bitensorkomponenten auszudrücken.

Wir wollen nun der Kürze halber diese Bitensor- und Tensorkomponenten durch die Koordinatenprodukte, mit denen sie sich analog transformieren, charakterisieren, d h., wir wollen repräsentieren

$$x_x^{\,2} \text{ durch } (x^4) \text{ usf.,}$$
$$\tfrac{1}{3}(y_y z_z + \tfrac{1}{2} y_z^{\,2}) \text{ durch } (y^2 z^2) \text{ usf.,}$$
$$\tfrac{1}{6}(x_x y_z + x_y z_x) \text{ durch } (x^2 y z) \text{ usf.,}$$
$$\tfrac{1}{2} x_x y_x \text{ durch } (x^3 y) \text{ usf.,}$$

ferner

$$\tfrac{1}{3}(y_y z_z - \tfrac{1}{4} y_z^{\,2}) \text{ durch } (x^2) \text{ usf.,}$$
$$\tfrac{1}{6}(\tfrac{1}{2} x_y z_x - x_x y_z) \text{ durch } (yz) \text{ usf.}$$

Dann läßt sich die Funktion $2\xi$ schreiben

$$\begin{aligned} 2\xi = {} & c_{11}(x^4) + c_{22}(y^4) + c_{33}(z^4) \\ & + 2\{(c_{23} + 2c_{44})(y^2 z^2) + (c_{31} + 2c_{55})(z^2 x^2) + (c_{12} + 2c_{66})(x^2 y^2)\} \\ & + 4\{(c_{14} + 2c_{56})(x^2 yz) + (c_{25} + 2c_{64})(y^2 zx) + (c_{36} + 2c_{45})(z^2 xy)\} \\ & + 4\{c_{15}(x^3 z) + c_{16}(x^3 y) + c_{26}(y^3 x) + c_{24}(y^3 z) + c_{34}(z^3 y) + c_{35}(z^3 x)\} \\ & + 4\{(c_{23} - c_{44})(x^2) + (c_{31} - c_{55})(y^2) + (c_{12} - c_{66})(z^2) \\ & + 2[(c_{56} - c_{14})(yz) + (c_{64} - c_{25})(zx) + (c_{45} - c_{36})(xy)]\}. \end{aligned} \tag{35}$$

Nach dem Satz von S. 150 folgt hieraus, daß

$$\begin{gathered} c_{11},\; c_{22},\; c_{33}, \\ \tfrac{1}{3}(c_{23} + 2c_{44}) = a_{23},\quad \tfrac{1}{3}(c_{31} + 2c_{55}) = a_{31},\quad \tfrac{1}{3}(c_{12} + 2c_{66}) = a_{12}, \\ \tfrac{1}{3}(c_{14} + 2c_{56}) = a_{14},\quad \tfrac{1}{3}(c_{25} + 2c_{64}) = a_{25},\quad \tfrac{1}{3}(c_{36} + 2c_{45}) = a_{36}, \\ c_{15},\; c_{16},\; c_{26},\; c_{24},\; c_{34},\; c_{35} \end{gathered} \tag{36}$$

gewöhnliche Komponenten eines Bitensorsystems und (bei Fortlassung des gemeinsamen Faktors 4)

$$\begin{gathered} (c_{23} - c_{44}) = p_{11},\quad (c_{31} - c_{55}) = p_{22},\quad (c_{12} - c_{66}) = p_{33}, \\ (c_{56} - c_{14}) = p_{23},\quad (c_{64} - c_{25}) = p_{31},\quad (c_{45} - c_{36}) = p_{12} \end{gathered} \tag{37}$$

gewöhnliche Komponenten eines Tensortripels sind.

Nach seinen elastischen Eigenschaften ist hiernach ein Kristall durch ein Bitensorsystem und ein Tensortripel, oder aber, anders ausgedrückt, durch die Kombination einer Bitensor- und Tensorfläche vollständig charakterisiert.

Die Gleichungen der betreffenden beiden Flächen schreiben sich in den durch (36) und (37) eingeführten Abkürzungen

$$\pm 1 = c_{11}x^4 + c_{22}y^4 + c_{33}z^4 + 6(a_{23}y^2z^2 + a_{31}z^2x^2 + a_{12}x^2y^2)$$
$$+ 12(a_{14}x^2yz + a_{25}y^2zx + a_{36}z^2xy)$$
$$+ \ 4(c_{15}x^3z + c_{16}x^3y + c_{26}y^3x + c_{24}y^3z + c_{34}z^3y + c_{35}z^3x) \qquad (38)$$

resp.

$$\pm 1 = p_{11}x^2 + p_{22}y^2 + p_{33}z^2 + 2(p_{23}yz + p_{31}zx + p_{12}xy). \qquad (39)$$

Wie in dem allgemeinsten Falle eines Strömungsvorganges, der in § 164 u. f. behandelt ist, genügt also auch in der Elastizität nicht eine einzige Art gerichteter Größen zur Darstellung der bezüglichen Eigenschaften des Kristalls. —

§ 285. **Die geometrische Natur der Elastizitätsmoduln.** Die vorstehend angewendeten Schlußreihen lassen sich nun auch benutzen, um den geometrischen Charakter der Elastizitätsmoduln $s_{hk}$ abzuleiten. In der Tat kann man den zweiten Ausdruck (9) für $2\xi$ genau ebenso behandeln, wie vorstehend den ersten (2), wenn man nur berücksichtigt, daß nunmehr die $X_h$ selbst (ohne Faktoren $\frac{1}{2}$) Tensorkomponenten darstellen. Es folgt hieraus, daß jetzt

$$s_{14},\ s_{15},\ s_{16},\ s_{24},\ s_{25},\ s_{26},\ s_{34},\ s_{35},\ s_{36}$$

dieselbe Rolle spielen, wie

$$2c_{14},\ 2c_{15},\ 2c_{16},\ 2c_{24},\ 2c_{25},\ 2c_{26},\ 2c_{34},\ 2c_{35},\ 2c_{36}$$

vorher, und

$$s_{44},\ s_{55},\ s_{66},\ s_{56},\ s_{64},\ s_{45}$$

dieselbe Rolle, wie zuvor

$$4c_{44},\ 4c_{55},\ 4c_{66},\ 4c_{56},\ 4c_{64},\ 4c_{45}.$$

Die übrigen Moduln entsprechen direkt den bezüglichen Konstanten.

An die Stelle des Ausdruckes (35) für $\xi$, der in Bitensor- und Tensorkomponenten lineär gemacht ist, tritt jetzt demgemäß der folgende

$$2\xi = s_{11}(x^4) + s_{22}(y^4) + s_{33}(z^4)$$
$$+ 2\{(s_{23} + \tfrac{1}{2}s_{44})(y^2z^2) + (s_{31} + \tfrac{1}{2}s_{55})(z^2x^2) + (s_{12} + \tfrac{1}{2}s_{66})(x^2y^2)\}$$
$$+ 2\{(s_{14} + s_{56})(x^2yz) + (s_{25} + s_{64})(y^2zx) + (s_{36} + s_{45})(z^2xy)\}$$
$$+ 2\{s_{15}(x^3z) + s_{16}(x^3y) + s_{26}(y^3x) + s_{24}(y^3z) + s_{34}(z^3y) + s_{35}(z^3x)\}$$
$$+ \ \{(4s_{23} - s_{44})(x^2) + (4s_{31} - s_{55})(y^2) + (4s_{12} - s_{66})(z^2)$$
$$+ 2[(s_{56} - 2s_{14})(yz) + (s_{64} - 2s_{25})(zx) + (s_{45} - 2s_{36})(xy)]\} \qquad (40)$$

Hieraus folgt, daß

$$s_{11},\ s_{22},\ s_{33},$$
$$\tfrac{1}{3}(s_{23}+\tfrac{1}{2}s_{44})=r_{23},\quad \tfrac{1}{3}(s_{31}+\tfrac{1}{2}s_{55})=r_{31},\quad \tfrac{1}{3}(s_{12}+\tfrac{1}{2}s_{66})=r_{12},$$
$$\tfrac{1}{6}(s_{14}+\ s_{56})=r_{14},\quad \tfrac{1}{6}(s_{25}+\ s_{64})=r_{25},\quad \tfrac{1}{6}(s_{36}+\ s_{45})=r_{36},$$
$$\tfrac{1}{2}s_{15},\ \tfrac{1}{2}s_{16},\ \tfrac{1}{2}s_{26},\ \tfrac{1}{2}s_{24},\ \tfrac{1}{2}s_{34},\ \tfrac{1}{2}s_{35} \tag{41}$$

gewöhnliche Komponenten eines Bitensorsystems darstellen und

$$\begin{aligned} 4s_{23}-s_{44}=t_{11},\quad 4s_{31}-s_{55}=t_{22},\quad 4s_{12}-s_{66}=t_{33},\\ s_{56}-2s_{14}=t_{23},\quad s_{64}-2s_{25}=t_{31},\quad s_{45}-2s_{36}=t_{12} \end{aligned} \tag{42}$$

ebensolche eines Tensortripels.

Die vorstehend aus den Elastizitätsmoduln abgeleiteten gerichteten Größen resp. die ihnen entsprechenden Flächen vermögen die elastischen Eigenschaften eines Kristalls ebenso erschöpfend darzustellen, wie die oben aus den Elastizitätskonstanten abgeleiteten Gebilde.

Die Gleichungen der Bitensor- und Tensorflächen der Moduln nehmen unter Benutzung der Abkürzungen (41) und (42) die Gestalten an

$$\begin{aligned} \pm 1 &= s_{11}x^4+s_{22}y^4+s_{33}z^4+6(r_{23}y^2z^2+r_{31}z^2x^2+r_{12}x^2y^2)\\ &\quad+12(r_{14}x^2yz+r_{25}y^2zx+r_{36}z^2xy)\\ &\quad+2(s_{15}x^3z+s_{16}x^3y+s_{26}y^3x+s_{24}y^3z+s_{34}z^3y+s_{35}z^3x) \end{aligned} \tag{43}$$

resp.

$$\pm 1 = t_{11}x^2+t_{22}y^2+t_{33}z^2+2(t_{23}yz+t_{31}zx+t_{12}xy). \tag{44}$$

Der Zusammenhang zwischen den beiden Darstellungen ist ein sehr komplizierter. Keineswegs etwa läßt sich die Bitensor- (oder Tensor-)fläche der Moduln allein durch diejenigen Kombinationen der Elastizitätskonstanten ausdrücken, welche die Bitensor- (oder Tensor-)fläche der Konstanten bestimmen. Demgemäß ergibt ein Verschwinden der Tensorkomponenten $p_{hk}$ für einen Kristall auch keineswegs das Verschwinden der Komponenten $t_{hk}$.

Die Bedeutung der vorstehenden Überlegungen geht über das zunächst hervorgehobene Resultat der geometrischen Charakterisierung der Konstanten und Moduln, resp. ihrer Aggregate weit hinaus. Sie liegt einmal in der einfachen und anschaulichen Darstellung der Transformationseigenschaften der Konstanten und Moduln, von denen wir sofort Gebrauch machen werden; außerdem in den Beziehungen der Bitensor- und Tensorsysteme zu beobachtbaren Größen, auf welche wir später eingehen werden.

**§ 286. Bedingungen für die Elastizitätskonstanten bei Existenz einer kristallographischen Symmetrieachse.** Zum Zweck der Spezialisierung unseres Ansatzes (2) resp. (9) auf die 32 Kristallgruppen hat man zunächst in Betracht zu ziehen, daß, nach den allgemeinen in § 82 entwickelten Kriterien, der Vorgang der elastischen Deformation zentrisch-symmetrisch ist, die bezüglichen Tensoren und Bitensoren polar sind. Die 32 Gruppen ziehen sich also gemäß § 53 in elf Obergruppen oder Abteilungen zusammen, die sämtlich durch Symmetrieachsen allein charakterisiert werden können. Im übrigen ist die allgemeine Direktive von § 55 zu berücksichtigen, wonach zur Auffindung der jeder Symmetrieformel entsprechenden Beziehungen für die Parameter der Ansätze (2) resp. (9) diese Ansätze auf alle nach jener Formel gleichwertigen Koordinatensysteme anzuwenden sind und sich dann in identischer Form präsentieren müssen.

Zur Ausführung dieser Rechnungen zerlegt man nach (35) resp. (40) passend den Ausdruck für $2\xi$ in seinen tensoriellen und bitensoriellen Anteil, die bei den auszuführenden Transformationen in sich selbst übergehen müssen, da jene Operationen den Grad eines Ausdruckes nicht ändern. Oder anders ausgedrückt, man führt die Deckbewegungen, welche die Symmetrieformel einer Obergruppe verlangt, mit der Tensorfläche und der Bitensorfläche der Konstanten für sich aus.

Die bezüglichen Operationen mit der Tensorfläche sind schon in § 147 ausgeführt worden, und wir können die dort erhaltenen Resultate einfach herübernehmen. Dagegen ist die Rechnung für die Bitensorfläche erstmalig durchzuführen.

Die Gleichung dieser letzteren Fläche schreiben wir gemäß (38)

$$\begin{aligned} c_{11}x^4 + c_{22}y^4 + c_{33}z^4 &+ 6(a_{23}y^2z^2 + a_{31}z^2x^2 + a_{12}x^2y^2) \qquad (38)\\ &+ 12(a_{14}x^2yz + a_{25}y^2zx + a_{36}z^2xy)\\ &+ 4(c_{15}x^3z + c_{16}x^3y + c_{26}y^3x + c_{24}y^3z + c_{34}z^3y + c_{35}z^3x) = \pm 1. \end{aligned}$$

Wir wollen zunächst die Beziehungen entwickeln, die sich ergeben, wenn die $Z$-Achse eine irgendwievielzählige Symmetrieachse ist, d. h., wenn durch eine Drehung um diese Achse um einen zunächst noch unbestimmten Winkel $\varphi$ die Bitensorfläche mit sich zur Deckung gelangt.

Wird kurz gesetzt $\cos\varphi = c$, $\sin\varphi = s$, so ist diese Drehung ausgedrückt durch die Transformationsformeln

$$x = x'c + y's, \quad y = -x's + y'c, \quad z = z'. \qquad (45)$$

Da diese Transformation den Grad in $x$ und $y$ nicht ändert, so können wir für die Deckbewegungen in (38) den Ausdruck links in Teile zerlegen, die als von verschiedenem Grade sich durch die Substitution (45) nur in sich transformieren. Es sind dies die Teile

$$\begin{aligned}
S^{(0)} &= c_{33} z^4,\\
S^{(1)} &= 4(c_{34} y + c_{35} x) z^3,\\
S^{(2)} &= 6(a_{23} y^2 + a_{31} x^2 + 2 a_{36} xy) z^2,\\
S^{(3)} &= 4(c_{15} x^3 + c_{24} y^3 + 3 a_{14} x^2 y + 3 a_{25} y^2 x) z,\\
S^{(4)} &= (c_{11} x^4 + c_{22} y^4 + 6 a_{12} x^2 y^2 + 4(c_{16} x^3 y + c_{26} y^3 x)).
\end{aligned} \tag{46}$$

Hiervon bleibt $S^0$ bei der Substitution ganz ungeändert; $c_{33}$ bleibt somit frei von Bedingungen. Bei den übrigen $S^{(h)}$ bezieht sich die Substitution resp. die durch sie dargestellte Deckbewegung nur auf die Klammerausdrücke; und diese sind zum Teil so einfach, daß man das Resultat ohne alle Rechnung erkennen kann.

Der Faktor von $z^3$ in $S^{(1)}$ wird durch keinerlei Drehung mit sich identisch, d. h. es gilt

$$\text{für } A_z^{(n)},\ n = 2, 3, 4, 6: \quad c_{34} = c_{35} = 0. \tag{47}$$

Der Faktor von $z^2$ in $S^{(2)}$ kommt bei einer Drehung um $180^0$ $(x = -x',\ y = -y')$ von selbst mit sich zur Deckung; bei jeder anderen nur, wenn $a_{23} = a_{31}$ und $a_{36} = 0$. Somit gilt weiter

$$\text{für } A_z^{(n)},\ n = 3, 4, 6: \quad a_{23} = a_{31}, \quad a_{36} = 0. \tag{48}$$

Der Faktor von $z$ in $S^{(3)}$ kann, als von ungeradem Grade, durch eine Drehung um $180^0$ nicht in sich selbst übergeführt werden; es müssen also für alle geraden Zähligkeiten seine sämtlichen Parameter verschwinden. Für die somit einzig übrige Dreizähligkeit der Achse ist

$$x = -\tfrac{1}{2}(x' - y'\sqrt{3}), \quad y = -\tfrac{1}{2}(x'\sqrt{3} + y') \tag{49}$$

zu setzen; damit hierbei $S^{(3)}$ mit sich zur Deckung kommt, ist erforderlich, daß $a_{25} = -c_{15}$, $a_{14} = -c_{24}$ wird. Es gilt sonach

$$\begin{aligned}
&\text{für } A_z^{(n)},\ n = 2, 4, 6: \quad c_{15} = c_{24} = a_{14} = a_{25} = 0;\\
&\qquad\qquad n = 3: \quad a_{25} = -c_{15},\ a_{14} = -c_{24}.
\end{aligned} \tag{50}$$

Der Ausdruck für $S^{(4)}$ ist der komplizierteste. Man kann ihn aber für die Betrachtung noch zerlegen, da aus der Definition einer Deckbewegung folgt, daß sowohl eine positive, wie eine gleiche negative Drehung die Deckung bewirken müssen. Es führt nämlich bei der Substitution (45) $x^4$, $y^4$, $x^2y^2$ in entsprechenden Gliedern auf gerade, $x^3y$ und $xy^3$ auf ungerade Potenzen von $s$, und umgekehrt; erstere behalten bei der Umkehrung der Drehrichtung ihr Vorzeichen, letztere kehren es um, — somit müssen die bezüglichen Glieder sich in sich selbst transformieren. Die Betrachtung kann also an die beiden einzelnen Teile

$$S_1^{(4)} = c_{11}x^4 + c_{22}y^4 + 6\,a_{12}x^2y^2$$

und

$$S_2^{(4)} = 4(c_{16}x^2 + c_{26}y^2)xy \tag{51}$$

anknüpfen.

Eine Drehung um 180° bringt diese beide Ausdrücke jederzeit mit sich zur Deckung; eine zweizählige Achse liefert sonach keine Bedingungen für die in ihnen auftretenden Parameter.

Eine Drehung um 90° ($x = y'$, $x = -y'$) führt $S_1^{(4)}$ in sich über, wenn $c_{11} = c_{22}$ ist; eine Drehung um 60°, die durch

$$x = \tfrac{1}{2}(x' + y'\sqrt{3}),\quad y = -\tfrac{1}{2}(x'\sqrt{3} - y') \tag{52}$$

gegeben ist, sowie die durch (35) ausgedrückte um 120° leisten gleiches, wenn $c_{11} = c_{22} = 3a_{12}$. Für $S_2^{(4)}$ gibt es keine weitere Deckbewegung, als die Drehung um 90°, welche $c_{16} + c_{26} = 0$ erfordert.

Somit ergibt sich schließlich

$$\begin{aligned} &\text{für } A_s^{(n)},\ n = 4: && c_{11} = c_{22},\quad c_{16} = -c_{26},\\ &\qquad\qquad n = 3, 6: && c_{11} = c_{22} = 3a_{12},\quad c_{16} = c_{26} = 0. \end{aligned} \tag{53}$$

Hierzu kommen die Resultate, welche die Tensorfläche von der Gleichung (39)

$$p_{11}x^2 + p_{22}y^2 + p_{33}z^2 + 2\,(p_{23}yz + p_{31}zx + p_{12}xy) = \pm 1$$

liefert. Es gilt nach S. 270

$$\begin{aligned} &\text{für } A_s^{(n)},\ n = 2: && p_{23} = p_{31} = 0,\\ &\qquad\qquad n = 3, 4, 6: && p_{11} = p_{22},\quad p_{23} = p_{31} = p_{12} = 0 \end{aligned} \tag{54}$$

Berücksichtigt man schließlich noch die Bedeutung der Abkürzungen $a_{hk}$ und $t_{hk}$, so gelangt man zu den folgenden Systemen der Elastizitätskonstanten, die der Existenz einer Symmetrieachse in der $Z$-Achse entsprechen:

$$A_s^{(2)}:\quad \begin{matrix} c_{11} & c_{12} & c_{13} & 0 & 0 & c_{16}\\ & c_{22} & c_{23} & 0 & 0 & c_{26}\\ & & c_{33} & 0 & 0 & c_{36}\\ & & & c_{44} & c_{45} & 0\\ & & & & c_{55} & 0\\ & & & & & c_{66} \end{matrix} \qquad A_s^{(3)}:\quad \begin{matrix} c_{11} & c_{12} & c_{13} & c_{14} & -c_{25} & 0\\ & c_{11} & c_{13} & -c_{14} & c_{25} & 0\\ & & c_{33} & 0 & 0 & 0\\ & & & c_{44} & 0 & c_{25}\\ & & & & c_{44} & c_{14}\\ & & & & & \tfrac{1}{2}(c_{11} - c_{12}). \end{matrix}$$

$$A_z^{(4)}:\ \begin{array}{cccccc} c_{11} & c_{12} & c_{13} & 0 & 0 & c_{16} \\ & c_{11} & c_{13} & 0 & 0 & -c_{16} \\ & & c_{33} & 0 & 0 & 0 \\ & & & c_{44} & 0 & 0 \\ & & & & c_{44} & 0 \\ & & & & & c_{66} \end{array} \qquad A_z^{(6)}:\ \begin{array}{cccccc} c_{11} & c_{12} & c_{13} & 0 & 0 & 0 \\ & c_{11} & c_{13} & 0 & 0 & 0 \\ & & c_{33} & 0 & 0 & 0 \\ & & & c_{44} & 0 & 0 \\ & & & & c_{44} & 0 \\ & & & & & \frac{1}{2}(c_{11}-c_{12}). \end{array}$$

Diese Schemata sind so angeordnet, daß, wenn man sie durch die Spiegelbilder zur Hypotenuse $c_{11} \longrightarrow c_{66}$ der dreieckigen Figur ergänzt, die Konstantenschemata für die Druckkomponenten in (20) entstehen. Fügen wir noch hinzu, daß sich aus dem ersten und dem dritten Schema durch eine zyklische Vertauschung ergibt

$$A_x^{(2)}:\ \begin{array}{cccccc} c_{11} & c_{12} & c_{13} & c_{14} & 0 & 0 \\ & c_{22} & c_{23} & c_{24} & 0 & 0 \\ & & c_{33} & c_{34} & 0 & 0 \\ & & & c_{44} & 0 & 0 \\ & & & & c_{55} & c_{56} \\ & & & & & c_{66} \end{array} \qquad A_x^{(4)}:\ \begin{array}{cccccc} c_{11} & c_{12} & c_{13} & 0 & 0 & 0 \\ & c_{22} & c_{23} & c_{24} & 0 & 0 \\ & & c_{22} & -c_{24} & 0 & 0 \\ & & & c_{44} & 0 & 0 \\ & & & & c_{55} & 0 \\ & & & & & c_{55}, \end{array}$$

so haben wir alles, was erforderlich ist, um die Spezialisierung des Potentials $\xi$ für alle Obergruppen der zweiten Tabelle am Schluß des Buches durchzuführen.

Abschließend sei noch folgendes bemerkt. Wir haben uns vorstehend auf die nach S. 84 kristallographisch möglichen Zähligkeiten $n = 2, 3, 4, 6$ der Symmetrieachsen beschränkt. Man kann leicht zeigen[1]), daß sich für alle andern Zähligkeiten $n = 5, 7, \ldots$ dasselbe Konstantenschema ergibt, wie für $n = 6$. Dies ist eine spezielle Folge der Transformationseigenschaften des Ansatzes (2) für unser Potential $\xi$; andere Ansätze, die auf höhere gerichtete Größen, als Bitensoren, führen, würden sich anders verhalten. Irgendwelche allgemeine Folgerungen lassen sich also aus der erwähnten Tatsache nicht ziehen.

§ 287 **Spezialisierung der Elastizitätskonstanten auf die verschiedenen Kristallgruppen.** Die Kombination der vorstehenden Schemata liefert nunmehr für die elf Obergruppen oder Abteilungen der sieben Kristallsysteme folgende Parameterschemata.

---

1) *C. Somigliana*, Rend. Lincei (5) T. 3, p. 290, 1894.

## I. Triklines System.

(1), (2) (keine Symmetrieachse):

$$\begin{array}{cccccc}
c_{11} & c_{12} & c_{13} & c_{14} & c_{15} & c_{16} \\
 & c_{22} & c_{23} & c_{24} & c_{25} & c_{26} \\
 & & c_{33} & c_{34} & c_{35} & c_{36} \\
 & & & c_{44} & c_{45} & c_{46} \\
 & & & & c_{55} & c_{56} \\
 & & & & & c_{66}.
\end{array}$$

(21 Konstanten)

## II. Monoklines System.

(3), (4), (5) ($A_z^{(2)}$):

$$\begin{array}{cccccc}
c_{11} & c_{12} & c_{13} & 0 & 0 & c_{16} \\
 & c_{22} & c_{23} & 0 & 0 & c_{26} \\
 & & c_{33} & 0 & 0 & c_{36} \\
 & & & c_{44} & c_{45} & 0 \\
 & & & & c_{55} & 0 \\
 & & & & & c_{66}.
\end{array}$$

(13 Konstanten)

## III. Rhombisches System.

(6), (7), (8) ($A_z^{(2)}, A_x^{(2)}$):

$$\begin{array}{cccccc}
c_{11} & c_{12} & c_{13} & 0 & 0 & 0 \\
 & c_{22} & c_{23} & 0 & 0 & 0 \\
 & & c_{33} & 0 & 0 & 0 \\
 & & & c_{44} & 0 & 0 \\
 & & & & c_{55} & 0 \\
 & & & & & c_{66}.
\end{array}$$

(9 Konstanten)

## IV. Trigonales System.

(9), (10), (11) ($A_z^{(3)}, A_x^{(2)}$):

$$\begin{array}{cccccc}
c_{11} & c_{12} & c_{13} & c_{14} & 0 & 0 \\
 & c_{11} & c_{13} & -c_{14} & 0 & 0 \\
 & & c_{33} & 0 & 0 & 0 \\
 & & & c_{44} & 0 & 0 \\
 & & & & c_{44} & c_{14} \\
 & & & & & \frac{1}{2}(c_{11}-c_{12}).
\end{array}$$

(6 Konstanten)

(12), (13) $(A_z^{(3)})$:

$$\begin{array}{cccccc}
c_{11} & c_{12} & c_{13} & c_{14} & -c_{25} & 0 \\
 & c_{11} & c_{13} & -c_{14} & c_{25} & 0 \\
 & & c_{33} & 0 & 0 & 0 \\
 & & & c_{44} & 0 & c_{25} \\
 & & & & c_{44} & c_{14} \\
 & & & & & \frac{1}{2}(c_{11}-c_{12}).
\end{array}$$

(7 Konstanten)

## V. Tetragonales System.

(14), (15), (16), (19) $(A_z^{(4)}, A_x^{(2)})$:

$$\begin{array}{cccccc}
c_{11} & c_{12} & c_{13} & 0 & 0 & 0 \\
 & c_{11} & c_{13} & 0 & 0 & 0 \\
 & & c_{33} & 0 & 0 & 0 \\
 & & & c_{44} & 0 & 0 \\
 & & & & c_{44} & 0 \\
 & & & & & c_{66}.
\end{array}$$

(6 Konstanten)

(17), (18), (20) $(A_z^{(4)})$:

$$\begin{array}{cccccc}
c_{11} & c_{12} & c_{13} & 0 & 0 & c_{16} \\
 & c_{11} & c_{13} & 0 & 0 & -c_{16} \\
 & & c_{33} & 0 & 0 & 0 \\
 & & & c_{44} & 0 & 0 \\
 & & & & c_{44} & 0 \\
 & & & & & c_{66}.
\end{array}$$

(7 Konstanten)

## VI. Hexagonales System.

(21), (22), (23), (26) $(A_z^{(6)}, A_x^{(2)})$:
(24), (25), (27) $(A_z^{(6)})$:

$$\begin{array}{cccccc}
c_{11} & c_{12} & c_{13} & 0 & 0 & 0 \\
 & c_{11} & c_{13} & 0 & 0 & 0 \\
 & & c_{33} & 0 & 0 & 0 \\
 & & & c_{44} & 0 & 0 \\
 & & & & c_{44} & 0 \\
 & & & & & \frac{1}{2}(c_{11}-c_{12}).
\end{array}$$

(5 Konstanten)

## VII. Reguläres System.

(28), (29), (30) $(A_x^{(4)}, A_y^{(4)})$:
(31), (32) $(A_x^{(2)} \sim A_y^{(2)} \sim A_z^{(2)})$:

$$\begin{array}{cccccc}
c_{11} & c_{12} & c_{12} & 0 & 0 & 0 \\
 & c_{11} & c_{12} & 0 & 0 & 0 \\
 & & c_{11} & 0 & 0 & 0 \\
 & & & c_{44} & 0 & 0 \\
 & & & & c_{44} & 0 \\
 & & & & & c_{44}.
\end{array}$$

(3 Konstanten)

Die vorstehende Zusammenstellung signalisiert eine Mannigfaltigkeit der Erscheinungen, die alles in den früheren Kapiteln Entwickelte übertrifft. Dies wird sich bei der Behandlung spezieller Deformationsprobleme bestätigen. Auf die scheinbare Ausnahmestellung des IV. und V. Systems, durch den Zerfall in zwei Abteilungen ausgedrückt, gehen wir später näher ein.

Bezüglich der Zählung der Elastizitätskonstanten in der vorstehenden Tabelle ist insofern eine Inkonsequenz vorhanden, als bei dem I. System das Achsenkreuz ganz willkürlich gelassen, bei den übrigen Systemen aber mehr oder weniger bestimmt ist. Wenn man bei den Vorgängen der dielektrischen und der magnetischen Influenz im allgemeinsten Falle von nur drei Hauptkonstanten für die betreffenden Erscheinungen spricht, so würde dem bei dem I. und II. System oben die Anzahl von 18 resp. von 12 Elastizitätskonstanten entsprechen, insofern man durch geeignete Wahl der Achsenkreuze drei resp. eine Konstante durch die übrigen ausdrücken kann.

Das S. 573 definierte Hauptachsenkreuz des elastischen Widerstandes liefert solche Relationen von relativer Einfachheit. Für dasselbe soll nämlich nach (30) gelten

$$c_{41}+c_{42}+c_{43}=0,\quad c_{51}+c_{52}+c_{53}=0,\quad c_{61}+c_{62}+c_{63}=0. \qquad (30)$$

Diese Formeln gestatten bei dem triklinen System drei Konstanten, bei dem monoklinen System eine Konstante zu eliminieren. Bei allen andern Systemen sind dieselben identisch erfüllt.

Um eine bequeme Vergleichung spezieller für Kristalle gültiger Resultate mit den für isotrope Medien stattfindenden zu ermöglichen, wollen wir den Konstantenschemata der obigen Tabelle noch dasjenige für einen isotropen Körper zufügen:

VIII a. Isotrope Körper.

$$\begin{matrix} c & c_1 & c_1 & 0 & 0 & 0 \\ & c & c_1 & 0 & 0 & 0 \\ & & c & 0 & 0 & 0 \\ & & & c_2 & 0 & 0 \\ & & & & c_2 & 0 \\ & & & c_2 = \frac{1}{2}(c-c_1) & & c_2. \end{matrix}$$

(2 Konstanten)

Dies Schema gilt für jedes beliebige Koordinatensystem; die früheren, auf Kristalle bezüglichen, setzen dagegen das in der Symmetrieformel ausgedrückte Hauptkoordinatensystem voraus.

§ 288. **Spezialisierung der Elastizitätsmoduln auf die verschiedenen Kristallgruppen.** Die Spezialisierung der Modulsysteme $s_{hk}$ auf die verschiedenen Symmetrietypen erfordert keine neue Rechnung, denn der Ansatz (2) ist mit (9) ganz analog, und die sich entsprechenden Parameter in beiden sind auf S. 579 ausführlich zusammengestellt. Wo in den vorstehenden Schemata ein $c_{hk}$ verschwindet, gilt demgemäß dasselbe für das bezügliche $s_{hk}$. Abweichungen zwischen den Systemen der Konstanten und der Moduln können nur bei Proportionalitäten zwischen zwei $c_{hk}$ auftreten, denen gelegentlich Proportionalitäten zwischen den entsprechenden $s_{hk}$ mit anderen Faktoren entsprechen. Indessen sind derartige Differenzen äußerst selten. Die mit einer Achse $A_s^{(3)}$ resp. $A_s^{(4)}$ verbundenen Beziehungen $c_{24} = -c_{14}$, $c_{25} = -c_{15}$ resp. $c_{26} = -c_{16}$ liefern ebenso $s_{24} = -s_{14}$, $s_{25} = -s_{15}$, $s_{26} = -s_{16}$.

Auf Abweichungen führen einerseits die mit $A_s^{(3)}$ und $A_s^{(6)}$ verbundenen Beziehung $c_{66} = \frac{1}{2}(c_{11} - c_{12})$, der entspricht

$$\text{für } A_s^{(3)} \text{ und } A_s^{(6)}: \quad s_{66} = 2(s_{11} - s_{12}), \tag{55}$$

andererseits die mit $A_s^{(3)}$ verbundenen Beziehungen $c_{46} = c_{25}$, $c_{56} = c_{14}$, welchen parallel geht

$$\text{für } A_s^{(3)}: \quad s_{46} = 2s_{25}, \quad s_{56} = 2s_{14}. \tag{56}$$

**Mit diesen minimalen Änderungen sind die obigen Schemata der Elastizitätskonstanten zugleich auf die Elastizitätsmoduln anwendbar.**

Auch in bezug auf die Zählung der Moduln gewinnt das S. 587 bezüglich der Zählung der Konstanten Gesagte Bedeutung. Durch Wahl eines Hauptachsensystems können bei dem System I drei Moduln, kann bei dem System II ein Modul durch die übrigen ausgedrückt werden, so daß die Anzahl der unabhängigen Moduln in diesen beiden Systemen zu 18 und 12 wird.

Für dies Hauptachsensystem empfiehlt sich besonders das S. 571 besprochene System der Achsen elastischer Deformierbarkeit, dadurch definiert, daß ein nach demselben orientiertes Parallelepipedon bei allseitig gleichem Druck seine Winkel nicht ändert. Diese Eigenschaft drückt sich nach S. 571 aus in den Bedingungen (26)

$$s_{41} + s_{42} + s_{43} = 0, \quad s_{51} + s_{52} + s_{53} = 0, \quad s_{61} + s_{62} + s_{63} = 0, \tag{26}$$

welche bei den Kristallen des I. Systems voll in Aktion treten würden.

Bei Kristallen des II. Systems sind die Moduln $s_{41}$, $s_{42}$, $s_{43}$, $s_{51}$, $s_{52}$, $s_{53}$ gleich Null; hier bleibt also nur die Bedingung übrig

$$s_{61} + s_{62} + s_{63} = 0.$$

Die Moduln aller andern Kristallsysteme erfüllen alle drei Bedingungen identisch; die in ihnen vorausgesetzten kristallographisch definierten Hauptachsen sind also mit den oben eingeführten Hauptachsen elastischer Deformierbarkeit identisch. —

Zur Vergleichung der theoretischen Resultate für spezielle Probleme mit den in gleichen Fällen für isotrope Medien gültigen sei abschließend hier nun auch das Schema der Moduln für einen isotropen Körper hingestellt:

VIII b. Isotrope Körper.

$$\begin{array}{cccccc} s & s_1 & s_1 & 0 & 0 & 0 \\ & s & s_1 & 0 & 0 & 0 \\ & & s & 0 & 0 & 0 \\ & & & s_2 & 0 & 0 \\ & & & & s_2 & 0 \\ & & & & & s_2 \end{array}$$

$s_2 = 2(s - s_1)$ (2 Moduln)

Es mag wiederum hervorgehoben werden, daß dies letztere Schema für jedes beliebige Koordinatensystem gilt, während diejenigen für die sieben Kristallsysteme das Hauptachsensystem voraussetzen.

§ 289. **Transformation der Elastizitätsmoduln auf beliebige Koordinatensysteme.** Neben diesem Hauptkoordinatensystem $XYZ$, auf das sich die Schemata von S. 585 u. f. beziehen, wird es sich, wie in früheren Fällen, bei der Behandlung spezieller Fälle empfehlen, Nebensysteme $X'Y'Z'$ einzuführen, deren Achsen durch die geometrische Form des betrachteten Kristallpräparates an die Hand gegeben werden. Auch auf dergleichen Achsensysteme sind die Ansätze (2) und (9) anwendbar, nur gelten für ihre Parameter $c'_{hk}$ und $s'_{hk}$ eben nicht die Beziehungen, die in den obigen Schemata Ausdruck gewinnen.

Die Transformationsformeln, welche die Parameter $c'_{hk}$ resp. $s'_{hk}$ mit den Hauptparametern $c_{hk}$ und $s_{hk}$ verbinden, sind sehr kompliziert. Man gewinnt sie wohl am einfachsten, indem man die bitensoriellen und tensoriellen Eigenschaften gewisser Aggregate benutzt, die in § 285 erörtet sind. Aus ihnen folgt für die Moduln, daß sich transformieren:

$$\begin{array}{lcccccc} & s_{11}, \; s_{22}, \; s_{33}, & \tfrac{1}{3}(s_{23} + \tfrac{1}{2}s_{44}), & \tfrac{1}{3}(s_{31} + \tfrac{1}{2}s_{55}), & \tfrac{1}{3}(s_{12} + \tfrac{1}{2}s_{66}), \\ \text{wie} & x^4, \; y^4, \; z^4, & y^2z^2, & z^2x^2, & x^2y^2, \end{array} \tag{57}$$

$$\begin{array}{lccccccccc} & \tfrac{1}{6}(s_{14}+s_{56}), & \tfrac{1}{6}(s_{25}+s_{64}), & \tfrac{1}{6}(s_{36}+s_{45}), & \tfrac{1}{2}s_{15}, & \tfrac{1}{2}s_{16}, & \tfrac{1}{2}s_{26}, & \tfrac{1}{2}s_{24}, & \tfrac{1}{2}s_{34}, & \tfrac{1}{2}s_{35}, \\ \text{wie} & x^2yz, & y^2zx, & z^2xy, & x^3z, & x^3y, & y^3x, & y^3z, & z^3y, & z^3x, \end{array}$$

$$\begin{array}{lcccccc} & (4s_{23}-s_{44}), & (4s_{31}-s_{55}), & (4s_{12}-s_{66}), & (s_{56}-2s_{14}), & (s_{64}-2s_{25}), & (s_{45}-2s_{36}), \\ \text{wie} & x^2, & y^2, & z^2, & yz, & zx, & xy. \end{array} \tag{58}$$

Benutzt man also das Schema der Richtungskosinus

$$\begin{array}{c|ccc} & x' & y' & z' \\ \hline x & \alpha_1 & \beta_1 & \gamma_1 \\ y & \alpha_2 & \beta_2 & \gamma_2 \\ z & \alpha_3 & \beta_3 & \gamma_3 \end{array} \tag{59}$$

und bildet darnach z. B.

$$\begin{aligned} x'^4 &= (\alpha_1 x + \alpha_2 y + \alpha_3 z)^4 \\ &= \alpha_1^4 x^4 + \cdots + 6\alpha_2^2\alpha_3^2 y^2 z^2 + \cdots + 12\alpha_1^2\alpha_3\alpha_2 x^2 yz + \cdot \\ &+ 4\alpha_1^3 x^3(\alpha_2 y + \alpha_3 z) + \cdots, \end{aligned} \tag{60}$$

wobei die Punkte diejenigen Glieder bezeichnen, die sich aus den hingeschriebenen durch zyklische Vertauschung der Koordinaten und Indizes ergeben, so liefert die obige Bemerkung sogleich die Formel

$$\begin{aligned} s_{11} &= \alpha_1^4 s_{11} + \cdots + (2s_{23} + s_{44})\alpha_2^2\alpha_3^2 + \cdots \\ &+ 2(s_{56} + s_{14})\alpha_1^2\alpha_2\alpha_3 + \cdots + 2\alpha_1^3(s_{15}\alpha_3 + s_{16}\alpha_2) + \cdots, \end{aligned} \tag{61}$$

in der nunmehr die Punkte jene Glieder andeuten, die aus den hingeschriebenen durch zyklische Vertauschung der Indizes (1, 2, 3) und (4, 5, 6) entstehen.

Um $s'_{22}$ und $s'_{33}$ zu erhalten, hat man hierin nur die $\alpha_h$ mit den $\beta_h$ und $\gamma_h$ zu vertauschen.

Führt man die Abkürzungen $r_{hk}$ aus (41) ein, so erhält der obige Ausdruck für $s'_{11}$ die Form

$$\begin{aligned} s'_{11} &= \alpha_1^4 s_{11} + \cdots + 6(\alpha_2^2\alpha_3^2 r_{23} + \cdots) \\ &+ 12(\alpha_1^2\alpha_2\alpha_3 r_{14} + \cdots) + 2(\alpha_1^3(\alpha_3 s_{15} + \alpha_2 s_{16}) + \cdots). \end{aligned}$$

Trägt man nun eine Strecke

$$\sqrt[4]{\pm 1/s'_{11}} = r$$

vom Koordinatenanfang auf die $X'$-Achse auf und variiert dann beliebig deren Richtung, so beschreibt der Endpunkt von $r$ die Oberfläche von der Gleichung

$$\begin{aligned} \pm 1 &= s_{11} x^4 + \cdots + 6(r_{23} y^2 z^2 + \cdots) \\ &+ 12(r_{14} x^2 yz + \cdots) + 2(x^3(s_{15} z + s_{16} y) + \cdots), \end{aligned}$$

welche mit (43) völlig übereinstimmt. Analog kann man mit den Ausdrücken für $s'_{22}$ und $s'_{33}$ verfahren.

Hieraus ergibt sich der Satz, daß, wenn man resp.

$$\sqrt[4]{\pm 1/s'_{11}}, \quad \sqrt[4]{\pm 1/s'_{22}}, \quad \sqrt[4]{\pm 1/s'_{33}}$$

als Radiusvektor $r$ auf die dem betreffenden Modul entsprechende Richtung aufträgt, der Endpunkt von $r$ bei Variation dieser Richtung die Bitensorfläche der Moduln bestreicht. Wir werden später zeigen, daß hiermit eine wichtige physikalische Deutung dieser Fläche gegeben ist.

Ähnlich einfach, wie oben der Ausdruck für $s'_{11}$ gewonnen ist, lassen sich die Formeln für $s_{15}, s_{16}, \ldots$ erhalten; dieselben sollen indessen, als für uns minder wichtig, hier nicht aufgeführt werden.

Eine größere Rolle spielen einige derjenigen Moduln, die in der Zusammenstellung auf S. 589 nur kombiniert auftreten, z. B. $s_{23}$ und $s_{44}$, $s_{56}$ und $s_{14}$. Wir wollen wenigstens die ersteren Werte hier noch ableiten.

Aus

$$y'^2 z'^2 = (x\beta_1 + y\beta_2 + z\beta_3)^2 (x\gamma_1 + y\gamma_2 + z\gamma_3)^2$$

folgt wegen

$$\alpha_1 = \beta_2\gamma_3 - \gamma_2\beta_3, \quad \alpha_2 = \beta_3\gamma_1 - \gamma_3\beta_1, \quad \alpha_3 = \beta_1\gamma_2 - \gamma_1\beta_2 \tag{62}$$

leicht

$$\begin{aligned} y'^2 z'^2 = x^4\beta_1^2\gamma_1^2 + \cdots + y^2z^2(\alpha_1^2 + 6\beta_2\gamma_2\beta_3\gamma_3) + \cdots \\ + 2x^2yz(3\beta_1\gamma_1(\beta_2\gamma_3 + \beta_3\gamma_2) - \alpha_2\alpha_3) + \cdots \\ + 2x^3\beta_1\gamma_1(z(\beta_1\gamma_3 + \gamma_1\beta_3) + y(\beta_1\gamma_2 + \gamma_1\beta_2)) + \cdots. \end{aligned}$$

Dies gibt bei Vergleichung mit dem Schema (57)

$$\begin{aligned} 2s'_{23} + s'_{44} = 6s_{11}\beta_1^2\gamma_1^2 + \cdots (2s_{23} + s_{44})(\alpha_1^2 + 6\beta_2\gamma_2\beta_3\gamma_3) + \cdots \\ + 2(s_{56} + s_{14})(3\beta_1\gamma_1(\beta_2\gamma_3 + \beta_3\gamma_2) - \alpha_2\alpha_3) + \cdots \\ + 6\beta_1\gamma_1(s_{15}(\beta_1\gamma_3 + \gamma_1\beta_3) + s_{16}(\beta_1\gamma_2 + \gamma_1\beta_2)) + \cdots. \end{aligned} \tag{63}$$

Zugleich liefert die Beziehung

$$x'^2 = \alpha_1^2x^2 + \cdots + 2\alpha_2\alpha_3yz + \cdots$$

nach Schema (58)

$$4s'_{23} - s'_{44} = \alpha_1^2(4s_{23} - s_{44}) + \cdots + 2\alpha_2\alpha_3(s_{56} - 2s_{14}) + \cdots. \tag{64}$$

Die Summe von (63) und (64) ergibt unter Rücksicht auf (62)

$$\begin{aligned} s'_{23} = s_{11}\beta_1^2\gamma_1^2 + \cdots + s_{23}(\beta_2^2\gamma_3^2 + \beta_3^2\gamma_2^2) + \cdots \\ + s_{44}\beta_2\gamma_2\beta_3\gamma_3 + \cdots + s_{56}\beta_1\gamma_1(\beta_2\gamma_3 + \gamma_2\beta_3) + \cdots \\ + s_{14}(\beta_1^2\gamma_2\gamma_3 + \gamma_1^2\beta_2\beta_3) + \cdots \\ + \beta_1\gamma_1[s_{15}(\beta_1\gamma_3 + \gamma_1\beta_3) + s_{16}(\beta_1\gamma_2 + \gamma_1\beta_2)] + \cdots \end{aligned} \tag{65}$$

Eliminiert man hingegen $s'_{23}$ aus (63) und (64), so folgt ähnlich

$$\begin{aligned} s'_{44} = 4s_{11}\beta_1^2\gamma_1^2 + \cdots + 8s_{23}\beta_2\gamma_2\beta_3\gamma_3 + \cdots \\ + s_{44}(\beta_2\gamma_3 + \gamma_2\beta_3)^2 + \cdots + 2s_{56}(\beta_1\gamma_2 + \gamma_1\beta_2)(\beta_1\gamma_3 + \gamma_1\beta_3) + \cdots \\ + 4s_{14}\beta_1\gamma_1(\beta_2\gamma_3 + \beta_3\gamma_2) + \cdots \\ + 4\beta_1\gamma_1[s_{15}(\beta_1\gamma_3 + \gamma_1\beta_3) + s_{16}(\beta_1\gamma_2 + \gamma_1\beta_2)] + \cdots. \end{aligned} \tag{66}$$

Aus den so gewonnenen Ausdrücken für $s'_{23}$ und $s'_{44}$ erhält man $s'_{31}$, $s'_{12}$ und $s'_{55}$, $s'_{66}$ durch zyklische Vertauschung von $(\alpha, \beta, \gamma)$.

Nach diesem Schema kann man ohne allzugroße Rechnung jeden Modul auf ein beliebiges Koordinatensystem transformieren. Die Resultate sind im allgemeinen deshalb so kompliziert, weil jeder Modul $s'_{hk}$ sich durch alle 21 Hauptmoduln $s_{hk}$ ausdrückt. Indessen vereinfachen sich die Ausdrücke in praxi erheblich, weil man nicht, wie hier zugelassen, an den kompliziertesten (triklinen) Kristallen zu beobachten pflegt, und sich für die höher symmetrischen Gruppen die Anzahl der Hauptmoduln sehr reduziert.

§ 290. **Spezielle Fälle der Transformation und deren Verwertung.** Eine außerordentlich große Vereinfachung erfahren die oben ganz allgemein durchgeführten Rechnungen weiter in den speziellen Fällen, wo das System $X'Y'Z'$, auf welches ein Modul transformiert werden soll, eine Achse mit dem ursprünglichen System gemein hat.

Zur Illustration hiervon und zugleich wegen später zu machender Anwendungen wollen wir sämtliche Moduln so transformieren, wie dies dem Zusammenfallen der $Z$- und der $Z'$-Achse und einem Winkel $\varphi$ zwischen $X'$- und $X$-Achse, von $\frac{1}{2}\pi - \varphi$ zwischen $X'$- und $Y$-Achse enspricht. Setzen wir kurz $\cos\varphi = c$, $\sin\varphi = s$, so erhalten wir das folgende System von Richtungskosinus:

| | $x'$ | $y'$ | $z'$ |
|---|---|---|---|
| $x$ | $c$ | $-s$ | 0 |
| $y$ | $s$ | $c$ | 0 |
| $z$ | 0 | 0 | 1. |

Hieraus ergibt sich durch Anwendung der obigen Regeln leicht das folgende vollständige System von Transformationsformeln

$$s'_{11} = s_{11}c^4 + (2s_{12} + s_{66})s^2c^2 + s_{22}s^4 + 2s_{16}c^3s + 2s_{26}s^3c,$$
$$s'_{22} = s_{11}s^4 + (2s_{12} + s_{66})s^2c^2 + s_{22}c^4 - 2s_{16}s^3c - 2s_{26}c^3s,$$
$$s'_{12} = (s_{11} + s_{22})c^2s^2 + s_{12}(c^4 + s^4) + (s_{16} - s_{26})sc(c^2 - s^2) - s_{66}c^2s^2,$$
$$s'_{66} = 4(s_{11} + s_{22} - 2s_{12})c^2s^2 + 4(s_{16} - s_{26})sc(c^2 - s^2) + s_{16}(c^2 - s^2)^2,$$
$$s'_{16} = -2(s_{11}c^2 - s_{22}s^2)sc + (2s_{12} + s_{66})cs(c^2 - s^2),$$
$$+ s_{16}c^2(c^2 - 3s^2) + s_{26}s^2(3c^2 - s^2), \tag{67a}$$
$$s'_{26} = -2(s_{11}s^2 - s_{22}c^2)sc - (2s_{12} + s_{66})cs(c^2 - s^2),$$
$$+ s_{16}s^2(3c^2 - s^2) + s_{26}c^2(c^2 - 3s^2);$$
$$s'_{33} = s_{33};$$
$$s'_{44} = s_{44}c^2 - 2s_{45}sc + s_{55}s^2, \quad s'_{55} = s_{44}s^2 + 2s_{45}sc + s_{55}c^2,$$
$$s'_{45} = (s_{44} - s_{55})sc + s_{45}(c^2 - s^2),$$
$$s'_{23} = s_{23}c^2 - s_{36}sc + s_{31}s^2, \quad s'_{31} = s_{23}s^2 + s_{36}sc + s_{31}c^2, \tag{67b}$$
$$s'_{36} = (s_{23} - s_{31})cs + s_{36}(c^2 - s^2);$$
$$s'_{34} = s_{34}c - s_{35}s, \quad s'_{35} = s_{34}s + s_{35}c;$$

$$s'_{14} = s_{14}c^3 - (s_{15} - s_{64})c^2s + (s_{24} - s_{56})s^2c - s_{25}s^3,$$
$$s'_{25} = s_{14}s^3 + (s_{15} - s_{64})s^2c + (s_{24} - s_{56})c^2s + s_{25}c^3,$$
$$s'_{24} = s_{24}c^3 - (s_{25} + s_{64})c^2s + (s_{14} + s_{56})s^2c - s_{15}s^3, \tag{67c}$$
$$s'_{15} = s_{24}s^3 + (s_{25} + s_{64})s^2c + (s_{14} + s_{56})c^2s + s_{15}c^3,$$
$$s'_{56} = (s_{25} - s_{15})2c^2s + (s_{24} - s_{14})2s^2c + (s_{56}c + s_{64}s)(c^2 - s^2),$$
$$s'_{64} = -(s_{25} - s_{15})2s^2c + (s_{24} - s_{14})\cdot c^2s + (-s_{56}s + s_{64}c)(c^2 - s^2).$$

Von diesen Beziehungen, die sich durch zyklische Vertauschung der Indizes (1, 2, 3) und (4, 5, 6) auch der Drehung um die $X$- und die $Y$-Achse anpassen lassen, werden wir, wie gesagt, unten wiederholt Anwendung zu machen haben. Hier mögen nur einige allgemeine Folgerungen gezogen werden, die zur Illustrierung der Parameterschemata des § 287 für die verschiedenen Kristallgruppen nützlich sind.

Wie schon S. 587 bemerkt, ist es auffallend, daß von den sieben Kristallsystemen bezüglich der Elastizitätsverhältnisse das IV. (Trigonale) und V. (Tetragonale) in zwei Abteilungen zerfallen. Mit Hilfe der vorstehenden Beziehungen ergibt sich nun leicht das interessante Resultat, daß die Verschiedenheit der bezüglichen beiden Abteilungen nur darauf beruht, daß bei der ersten ein ausgezeichnetes elastisches Achsenpaar in das $XY$-Achsenkreuz fällt, bei der zweiten nicht.

In der Tat, transformiert man mit Hilfe der Beziehungen (67) je die Schemata für die erste Abteilung des IV. und V. Systems auf ein um die $Z$-Hauptachse beliebig gedrehtes Koordinatensystem, so gelangt man je zu den für die zweite Abteilung geltenden.

Führt man dieselbe Transformation bei dem für das VI. (Hexagonale) System geltenden Parameterschema aus, so gelangt man für jeden Drehungswinkel zu dem Ausgangsschema zurück. Kristalle des hexagonalen Systems haben also bezüglich ihrer elastischen Eigenschaften eine unendlich-zählige Symmetrieachse $Z$, resp. die Symmetrie eines Rotationskörpers. Das gleiche Resultat würde sich nach S. 584 bei den kristallographisch nicht möglichen fünf-, sieben-, ... zähligen Hauptachsen ergeben. —

Die Schemata (57) und (58) über die Transformationseigenschaften einzelner Moduln, resp. gewisser Aggregate von dergleichen, lassen auch unmittelbar erkennen, daß diese Größen in sehr verschiedener Weise von den Koordinatenrichtungen abhängen. $s'_{11}$ ist ausschließlich durch die Richtung der $X'$-Achse bestimmt, $s'_{22}$ und $s'_{33}$ ausschließlich durch diejenige der $Y'$- resp. der $Z'$-Achse. $s'_{15}, s'_{16}, \ldots$ hängen von je zwei Achsenrichtungen ab. Da $s'_{23}$ und $s'_{44}$ in zwei Ausdrücken auftreten, die sich wie $x^2$ und wie $y^2z^2$ transformieren, sieht es auf den ersten Blick so aus, als ob die Richtungskosinus aller drei Achsen $X', Y', Z'$ in ihnen auftreten müßten. Da aber $x^2 = r^2 - y^2 - z^2$ und $r^2$ ein Skalar ist, müssen sich $s'_{23}$ und $s'_{44}$ rational durch die Richtungskosinus der Achsen $Y'$ und $Z'$ ausdrücken lassen. Dies ist in den Formeln (65) und (66) in der Tat ausgeführt. —

Die Zusammenstellung in (57) und (58) gestattet ferner leicht, die Transformationseigenschaften irgendwelcher anderer Kombinationen der Moduln zu erkennen, als oben aufgeführt sind. So transformiert sich

$$s_{11} + s_{22} + s_{33} + \tfrac{2}{3}(s_{23} + s_{31} + s_{12}) + \tfrac{1}{3}(s_{44} + s_{55} + s_{66})$$

nach (57) wie

$$x^4 + y^4 + z^4 + 2(y^2z^2 + z^2x^2 + x^2y^2) = (x^2 + y^2 + z^2)^2,$$

d. h., es ist ein Skalar. Ähnlich ergibt sich nach (58), daß

$$4(s_{23} + s_{31} + s_{12}) - (s_{44} + s_{55} + s_{66})$$

einen Skalar darstellt. Hieraus folgt dann die gleiche Eigenschaft für

$$s_{11} + s_{22} + s_{33} + \tfrac{1}{2}(s_{44} + s_{55} + s_{66})$$

resp. für

$$s_{11} + s_{22} + s_{33} + 2(s_{23} + s_{31} + s_{12}).$$

Die Bedeutung der skalaren Eigenschaft des letzten dieser Ausdrücke erhellt deutlich bei Heranziehung der Formeln (31) und (25). Aus ihnen folgt, daß der bezügliche Ausdruck den Modul ($S$) der kubischen Kompressibilität bei allseitig gleichem normalen Druck darstellt — also eine Größe, die nach ihrer physikalischen Natur vom Koordinatensystem unabhängig sein muß.

Ferner transformiert sich nach (57)

$$\tfrac{1}{3}(s_{23} + s_{31} + \tfrac{1}{2}(s_{44} + s_{55})) \quad \text{wie} \quad z^2(x^2 + y^2)$$

und nach (58)

$$4(s_{23} + s_{31}) - (s_{44} + s_{55}) \quad \text{wie} \quad x^2 + y^2.$$

Da nun $x^2 + y^2 = r^2 - z^2$ und $r^2$ ein Skalar ist, so muß sowohl

$$s_{23} + s_{31} \quad \text{als} \quad s_{44} + s_{55}$$

nur von der Richtung der $Z$-Achse abhängen.

Schließlich mag noch daran erinnert werden, daß nach den Formeln (25), in denen $\Pi$ einen Skalar darstellt, die Aggregate

$$S_1,\; S_2,\; S_3,\; \tfrac{1}{2}S_4,\; \tfrac{1}{2}S_5,\; \tfrac{1}{2}S_6,$$

wobei

$$S_h = s_{h1} + s_{h2} + s_{h3},$$

gewöhnliche Tensorkomponenten darstellen müssen. Man kann leicht zeigen, daß dies mit den allgemeinen Schemata (57) und (58) im Einklang ist.

§ 291. **Transformation der Elastizitätskonstanten auf beliebige Koordinatensysteme.** Wir sind vorstehend ausführlich auf das Verhalten der Elastizitätsmoduln $s_{hk}$ eingegangen, da diese bei Anwendungen der Theorie auf Beobachtungen in erster Linie Anwendung finden. Indessen spielen auch ab und zu die Elastizitätskonstanten $c_{hk}$ eine Rolle, und so mag der Vollständigkeit halber, der Tabelle auf S. 589 entsprechend, auch noch zusammengestellt werden, wie sich die Elastizitätskonstanten $c_{hk}$ bei Koordinatentransformationen verhalten.

Es transformieren sich nach S. 578

$$\begin{array}{llllll} & c_{11},\; c_{22},\; c_{33}, & \tfrac{1}{3}(c_{23}+2c_{44}), & \tfrac{1}{3}(c_{31}+2c_{55}), & \tfrac{1}{3}(c_{12}+2c_{66}), \\ \text{wie} & x^4,\; y^4,\; z^4, & y^2z^2, & z^2x^2, & x^2y^2, \\ & \tfrac{1}{3}(2c_{56}+c_{14}), & \tfrac{1}{3}(2c_{64}+c_{25}), & \tfrac{1}{3}(2c_{45}+c_{36}), & c_{15},\, c_{16},\, c_{26},\, c_{24},\, c_{34},\, c_{35}, \\ \text{wie} & x^2yz, & y^2zx, & z^2xy, & x^3z,\, x^3y,\, y^3x,\, y^3z,\, z^3y,\, z^3x, \end{array} \qquad (68)$$

ferner

$$\begin{array}{lcccccc} & (c_{23}-c_{44}), & (c_{31}-c_{55}), & (c_{12}-c_{66}), & (c_{56}-c_{14}), & (c_{64}-c_{25}), & (c_{45}-c_{36}), \\ \text{wie} & x^2, & y^2, & z^2, & yz, & zx, & xy. \end{array} \quad (69)$$

Um wenigstens eine einzige Anwendung dieser Beziehungen zu geben, sei hinzugefügt, wie sich nach ihnen $c_{11}'$ (für ein beliebiges Achsensystem $X'Y'Z'$) durch die Hauptkonstanten $c_{hk}$ ausdrückt. Unter Benutzung des Ausdrucks für $x'^4$ von S. 590 folgt sogleich

$$\begin{aligned} c_{11}' &= \alpha_1^4 c_{11} + \cdots + 2(\alpha_2^2\alpha_3^2(c_{23}+2c_{44}) + \cdots) \\ &\quad + 4(\alpha_1^2\alpha_2\alpha_3(c_{14}+2c_{56}) + \cdots) + 4(\alpha_1^3(\alpha_3 c_{15} + \alpha_2 c_{16}) + \cdots). \end{aligned} \quad (70)$$

Führt man die Abkürzungen $a_{hk}$ aus (36) ein, so gibt dies auch

$$\begin{aligned} c_{11}' &= \alpha_1^4 c_{11} + \cdots + 6(\alpha_2^2\alpha_3^2 a_{23} + \cdots) \\ &\quad + 12(\alpha_1^2\alpha_2\alpha_3 a_{14} + \cdots) + 4(\alpha_1^3(\alpha_3 c_{15} + \alpha_2 c_{16}) + \cdots), \end{aligned}$$

und wenn wir die Strecke

$$\sqrt[4]{\pm 1/c_{11}'} = r$$

von dem Koordinatenanfang aus auf der $X'$-Achse auftragen, so ergibt sich für den geometrischen Ort ihres Endpunktes bei Variation der $X'$-Richtung die Bitensorfläche der Elastizitätskonstanten, über die S. 579 gesprochen ist. Eine analoge Behandlung gestatten die Ausdrücke für $c_{22}'$ und $c_{33}'$, die mit (70) konform und mit der $Y'$- resp. $Z'$-Richtung zu verknüpfen sind.

Aus dem Vorstehenden ergibt sich eine Deutung der Bitensorfläche der Konstanten, die derjenigen der Moduln von S. 590 u. f. durchaus parallel geht, indessen, wie wir sehen werden, eine geringere praktische Bedeutung besitzt.

## II. Abschnitt.

## Eine molekulare Theorie der Kristallelastizität.[1])

§ 292. **Grundannahmen.** Eine molekulare Theorie der elastischen Vorgänge, die Aussicht bietet, alle Beobachtungen zu erklären, wird eine so allgemeine Grundlage verlangen, wie sie etwa die *Bravais*sche Strukturtheorie nach § 61 an die Hand gibt. Der Kristall ist nach ihr aus unter einander identischen und parallel orientierten Bausteinen oder Elementarmassen aufgeführt zu denken, die

1) *W. Voigt*, Gött. Abh. 1887, p. 1; auch Rapports Congr. int. d. Phys. 1900, T. I, p. 277, sowie Gött. Nachr. 1900, p. 117.

so angeordnet sind, daß jeder von diesen innerhalb der Wirkungssphäre in gleicher Weise von anderen umgeben ist. Über die Natur dieser Bausteine braucht man spezielle Annahmen nicht zu machen; dieselben können irgendwie aus den chemischen Molekeln der Substanz zusammengesetzt sein, mit der einzigen Beschränkung, daß das Gebilde die charakteristische Symmetrie des Kristalles aufweisen muß. Wesentlich ist aber eine Annahme über die Kräfte, welche die Elementarmassen aufeinander ausüben, und über die Bewegungen, die eine jede dieser Massen auszuführen vermag.

In bezug auf ersteres wollen wir der Allgemeinheit halber keine andere Beschränkung einführen, als daß die Wechselwirkungen ein Potential haben sollen; in bezug auf letzteres wird es zur Wiedergabe der elastischen Erscheinungen erlaubt sein, die Elementarmassen wie starre Körperchen zu behandeln. Damit ist nicht ausgesagt, daß dieselben sich unter allen Umständen starr verhalten; wir wollen nur ihre Konfigurationsänderungen als bei den uns interessierenden Vorgängen nicht merklich wirksam betrachten.

Die Gesamtwirkung einer Deformation auf das Massensystem des Kristalles besteht hiernach in einer Veränderung der Längen und der Winkel des Raumgitters der Elementarmassen und in einer Änderung der Orientierung der Elementarmassen gegen dasselbe. Wir dürfen annehmen, daß beide Änderungen innerhalb des sehr kleinen Bereiches molekularer Wirkung merklich konstante Größen besitzen, daß also das veränderte System in dem genannten Bereich wieder merklich homogen ist.

Die Lage einer jeden Elementarmasse $(h)$ des Systems werde durch die Koordinaten $x_h, y_h, z_h$ ihres Schwerpunkts und durch die Orientierung dreier mit ihr fest verbundener Achsen $A_h, B_h, C_h$ gegen die absolut festen Achsen $X, Y, Z$ charakterisiert. Im undeformierten, natürlichen Zustand mögen diese Achsen mit den festen Fundamentalachsen $X, Y, Z$ parallel sein. Die Komponenten der Verrückung des Schwerpunktes $x_h, y_h, z_h$ nach $X, Y, Z$ nennen wir $u_h, v_h, w_h$, diejenigen der stets als sehr klein zu denkenden Drehungen des Achsenkreuzes $A_h, B_h, C_h$ um $X, Y, Z$ setzen wir $l_h', m_h', n_h'$. Innerhalb des Bereiches der Wirkungssphäre haben die Achsen $A_h, B_h, C_h$ parallele Lagen, die Winkel $l_h', m_h', n_h'$ also gleiche Werte.

§ 293. **Gesetze der molekularen Wechselwirkungen.** Die zwischen zwei starren Körpern $(h)$ und $(k)$ stattfindenden Wechselwirkungen geben Veranlassung sowohl zu Gesamtkomponenten $X_{hk}, X_{kh}, \ldots$ als auch zu Drehungsmomenten $L_{hk}, L_{kh}, \ldots$, die wir je um den Schwerpunkt des betreffenden Körpers rechnen wollen. Analoge Wirkungen nehmen wir auch zwischen zwei Elementarmassen unseres Kristallmodelles als stattfindend an.

Wird das Potential der Wechselwirkung mit $\Phi_{hk}$ bezeichnet, so muß nach S. 159 u. f. bei jeder zulässigen Dislokation beider Elementarmassen $(h)$ und $(k)$ gelten

$$-\delta\Phi_{hk} = X_{hk}\delta x_h + \cdots + L_{hk}\delta l_h' + \cdots$$
$$+ X_{kh}\delta x_k + \cdots + L_{kh}\delta l_k' + \cdots \quad (71)$$

Zwischen den Komponenten und den Momenten bestehen Relationen, die daraus fließen, daß das Potential eine Funktion nur der relativen Lage der aufeinander wirkenden Massen sein kann, also ungeändert bleiben muß, wenn man beide Elementarmassen in starrer Verbindung miteinander disloziert, d. h., für die Variationen,

$$\delta x_h, \ldots \quad \delta x_k, \ldots \quad \delta l_h', \ldots \quad \delta l_k', \ldots$$

Werte einführt, die eine solche Dislokation ausdrücken.

Derartige Werte sind im Anschluß an das S. 159 Gesagte leicht zu bilden und ergeben folgende sechs allgemeine Relationen:

$$\left.\begin{aligned} X_{hk} + X_{kh} &= 0, \ldots \\ L_{hk} + L_{kh} + Z_{hk}(y_h - y_k) - Y_{hk}(z_h - z_k) &= 0, \ldots \end{aligned}\right\} \quad (72)$$

wobei je nur die erste Gleichung jedes Tripels ausgeschrieben ist. Die letzten Formeln lassen erkennen, daß Drehungsmomente durch die Annahme eines Potentiales der Wechselwirkung immer dann gefordert werden, wenn die Gesamtkräfte nicht in der Verbindungslinie der Schwerpunkte der wechselwirkenden Massen liegen; aus dem Nullsetzen der $L_{hk}, \ldots$ würde nämlich folgen

$$\frac{x_h - x_k}{X_{hk}} = \frac{y_h - y_k}{Y_{hk}} = \frac{z_h - z_k}{Z_{hk}},$$

und dies drückt aus, daß die Wechselwirkung der Verbindungslinie parallel ist.

Setzt man kurz die relativen Schwerpunktskoordinaten der Masse $(h)$ in bezug auf $(k)$

$$x_h - x_k = x_{hk}, \quad y_h - y_k = y_{hk}, \quad z_h - z_k = z_{hk}, \quad (73)$$

so läßt sich unter Benutzung der Resultate (72) schreiben

$$-\delta\Phi_{hk} = X_{hk}\left(\delta x_{hk} + y_{hk}\delta\frac{n_h' + n_k'}{2} - z_{hk}\delta\frac{m_h' + m_k'}{2}\right) + \cdots$$
$$+ (L_{hk} - L_{kh})\delta\frac{l_h' - l_k'}{2} + \cdots \quad (74)$$

Indem wir nun die oben signalisierte Annahme einführen, daß innerhalb der Weite molekularer Wirkung die Elementarmassen sich bei den wirklichen Veränderungen um merklich gleiche Winkel drehen, gelangen wir für dergleichen wegen $l_h' - l_k' = \cdots = 0$ zu

$$- d\Phi'_{hk} = X_{hk}(dx_{hk} + y_{hk}dn' - z_{hk}dm') + \cdots \tag{75}$$

Dabei sind die jetzt gemeinsamen Drehungskomponenten $dl'$, $dm'$, $dn'$ ohne Indizes geführt.

Zugleich wird aus ($72^2$), da bei parallelen Orientierungen von ($h$) und ($k$) nach Symmetrie $L_{hk} = L_{kh}, \ldots$ sein muß

$$2L_{hk} = Y_{hk}z_{hk} - Z_{hk}y_{hk}, \ldots \tag{76}$$

§ 294. **Einführung eines beweglichen Achsensystemes.** Die Faktoren von $X_{hk}, \ldots$ in der Formel (75) gestatten eine anschauliche Deutung.

Wir nehmen, wie schon S. 597 bemerkt, an, daß mit jeder Elementarmasse ($h$) ein Achsensystem $A_hB_hC_h$ fest verbunden ist, und daß diese Achsen für alle merklich aufeinander wirkenden Massen als parallel betrachtet werden dürfen. Wir können also auch die Achsensysteme $A_hB_hC_h$ und $A_kB_kC_k$ als parallel ansehen und beide durch ein einziges, zu beiden paralleles System $ABC$ mit dem Anfangspunkt im Nullpunkt des festen Achsenkreuzes $XYZ$ ersetzen, das sich nun bei Drehungen der Elementarmassen mit diesen dreht.

In bezug auf dieses Achsensystem seien die Schwerpunktskoordinaten der betrachteten beiden Elementarmassen resp. $a_h, b_h, c_h$ und $a_k, b_k, c_k$. Ist das Achsensystem $ABC$ um die sehr kleinen Winkel $l', m', n'$ gegen $XYZ$ verdreht, so kann man zwischen den auf beide Achsenkreuze bezüglichen Koordinaten irgend eines Punktes $p$ die folgenden Gleichungen ansetzen

$$\begin{aligned} a &= x + yn' - zm', & x &= a - bn' + cm',\\ b &= y + zl' - xn', & y &= b - cl' + an',\\ c &= z + xm' - yl', & z &= c - am' + bl'. \end{aligned} \tag{77}$$

Für eine gleichzeitige Bewegung des Punktes $p$ um $\delta x, \ldots$ und Drehung des Achsenkreuzes $ABC$ um $\delta l', \ldots$ ergibt das erste System

$$\delta a = \delta x + y\delta n' - z\delta m' + n'\delta y - m'\delta z, \ldots \tag{78}$$

Fallen ursprünglich beide Achsen zusammen, so ist hierin

$$l' = m' = n' = 0$$

zu setzen, und wir erhalten

$$\delta a = \delta x + y\delta n' - z\delta m', \ldots \tag{79}$$

Wendet man diese Formeln auf die Schwerpunkte der Elementarmassen $(h)$ und $(k)$ an und bildet die Differenz, setzt auch analog zu (73)

$$a_h - a_k = a_{hk}, \quad b_h - b_k = b_{hk}, \quad c_h - c_k = c_{hk}, \tag{80}$$

so ergibt sich

$$\delta a_{hk} = \delta x_{hk} + y_{hk} \delta n' - z_{hk} \delta m', \ldots \tag{81}$$

Die hierin rechts stehenden Glieder stimmen der Form nach mit den Faktoren von $X_{hk}, \ldots$ in (75) überein.

Versteht man also unter $da_{hk}, db_{hk}, dc_{hk}$ die Änderungen der Schwerpunktskoordinaten $a_{hk}, b_{hk}, c_{hk}$ der Elementarmasse $(h)$ gegen die Masse $(k)$ nach den Achsen $A, B, C$, welche bei der faktischen Bewegung dieser Massen eintreten, so kann man die Formel (75) schreiben

$$-d\Phi_{hk} = X_{hk} da_{hk} + Y_{hk} db_{hk} + Z_{hk} dc_{hk}. \tag{82}$$

Die Komponenten $X_{hk}, \ldots$ sind hierbei aber nicht nach beliebigen festen Achsen genommen, sondern nach denjenigen Richtungen, mit denen vor den Drehungen, welche in $da_{hk}, \ldots$ enthalten sind, die Achsen $A, B, C$ zusammenfielen. Wir wollen, um dies deutlich hervortreten zu lassen, diese Kraftkomponenten weiterhin nicht ferner $X_{hk}, \ldots$ sondern $A_{hk}, \ldots$ nennen, demgemäß also, statt wie in (82), nunmehr schreiben

$$-d\Phi_{hk} = A_{hk} da_{hk} + B_{hk} db_{hk} + C_{hk} dc_{hk}. \tag{83}$$

Diese Formel zeigt — was auch der direkten Anschauung entspricht —, daß in dem vorausgesetzten Fall zweier parallel orientierter Elementarmassen $(h)$ und $(k)$ das Potential $\Phi_{hk}$ der Wechselwirkung eine Funktion einzig der relativen Koordinaten

$$a_{hk} = -a_{kh}, \ldots$$

sein kann. Aus $\Phi_{hk}$ folgen dann die Komponenten der auf $(h)$ wirkenden Kraft nach den Formeln

$$A_{hk} = -\frac{\partial \Phi_{hk}}{\partial a_{hk}}, \quad B_{hk} = -\frac{\partial \Phi_{hk}}{\partial b_{hk}}, \quad C_{hk} = -\frac{\partial \Phi_{hk}}{\partial c_{hk}}. \tag{84}$$

Mit ihrer Hilfe bestimmen sich auch die auf $(h)$ wirkenden Drehungsmomente um die Achsen $A, B, C$, indem man in (76) $X_{hk}, \ldots$ und $x_{hk} \ldots$ mit $A_{hk} \ldots$ und $a_{hk} \ldots$ vertauscht.

§ 295. **Verallgemeinerte Kräfte in deformierbaren Kristallen.** Die Einführung der Drehungsmomente und der mit ihnen in Beziehungen stehenden Drehungen der Elementarmassen gibt der hier auseinanderzusetzenden Theorie ihren eigentümlichen Charakter. Dieselbe führt, wie wir sehen werden, zunächst über die früher entwickelten Gleichungen der gewöhnlichen Elastizitätstheorie hinaus; letztere erscheinen als spezielle Folgerungen.

Wir haben früher körperliche Kräfte auf den deformierbaren Körper ausgeübt gedacht, die ähnlich, wie z. B. die Gravitation, von außen her durch eine Fernwirkung die innern Punkte antreiben. Ihre auf die Masseneinheit bezogenen Komponenten waren mit $X, Y, Z$ bezeichnet. Dergleichen Kräfte können auch jetzt als auf die Elementarmassen des Kristalles (und zwar in deren Schwerpunkten angreifend) wirkend angenommen werden. In Konsequenz der in diesem Abschnitt verfolgten Anschauungen können wir nun aber auch körperliche Drehungsmomente zulassen, die ähnlich durch Fernwirkung von außen her auf die Elementarmassen (und zwar um deren Schwerpunkte) wirken. Die auf die Masseneinheit bezogenen Komponenten derselben mögen mit $L, M, N$ bezeichnet werden. Eine Realisierung von dergleichen Momenten könnte dann leicht geschehen, wenn die Elementarmassen elektrisch oder magnetisch permanent polarisiert wären; in diesem Falle würde ein körperliches Drehungsmoment dann entstehen, wenn man das Massensystem einem elektrischen oder einem magnetischen Feld aussetzte.

Neben den körperlichen Kräften haben wir früher flächenhafte eingeführt, etwa auf Molekularwirkungen beruhend, die über ein Element der äußeren Begrenzungsfläche hinweg nur die an diesem unmittelbar anliegenden Massen betreffen. Ihre auf die Flächeneinheit bezogenen Komponenten haben wir mit $\overline{X}, \overline{Y}, \overline{Z}$ bezeichnet. Auch zu ihnen werden wir nach der hier verfolgten Vorstellung ein Analogon zulassen müssen, flächenhafte Drehungsmomente, die, etwa molekularen Ursprungs, über ein Oberflächenelement hinweg nur die diesem unmittelbar anliegenden Elementarmassen angreifen. Ihre auf die Flächeneinheit bezogenen Komponenten mögen $\overline{L}, \overline{M}, \overline{N}$ heißen.

Handelt es sich um ein Bereich innerhalb des elastischen Körpers, dann sind die Oberflächenwirkungen $\overline{X}, \ldots \overline{L}, \ldots$ von den umgebenden Massen ausgeübt; sie mögen in diesem Falle analog zu S. 160 durch $X_n, \ldots L_n, \ldots$ bezeichnet werden, wobei $n$ die innere Normale auf dem Flächenelement $do$ andeutet, gegen welches die betreffenden Komponenten wirken.

Bei Zugrundelegung der molekularen Auffassung lassen sich nun diese innern flächenhaften Komponenten und Momente $X_n \ldots$ und $L_n \ldots$ folgendermaßen auf die Wechselwirkungen der Elementarmassen zurückführen.

Sei an der Stelle $x, y, z$ ein ebenes Flächenstück $F$ mit der Normalen $n$ konstruiert, und sei auf demselben parallel $n$ ein gerader Zylinder mit dem sehr kleinen Querschnitt $f$ und einer Höhe gleich der molekularen Wirkungsweite errichtet. Die innerhalb dieses Zylinders liegenden (äußerst zahlreich gedachten) Elementarmassen mögen mit dem Index $i$, die außerhalb und zwar jenseits $F$, aber in Wirkungsweite von $f$ gelegenen, mit dem Index $a$ bezeichnet werden. Dann stellen die Komponenten- und Momentensummen über die Wirkungen aller Massen $a$ auf alle Massen $i$ die Flächenwirkungen gegen $f$ dar; und da die $X_n, \ldots L_n, \ldots$ auf die Flächeneinheit bezogen sind, so ergibt sich die Definition

$$\begin{aligned} X_n &= \frac{1}{f} \mathop{\mathrm{S}}_i \mathop{\mathrm{S}}_a X_{ia}, \ldots, \\ L_n &= \frac{1}{f} \mathop{\mathrm{S}}_i \mathop{\mathrm{S}}_a L_{ia}, \ldots, \end{aligned} \tag{85}$$

die Summen resp. über alle die oben charakterisierten Massen $i$ und $a$ genommen.

§ 296. **Allgemeine Resultate über die Flächenkräfte.** Nach unsrer Grundannahme sind innerhalb der Wirkungsweite auch nach erfolgter Deformation des Körpers die zuvor gleichen Abstände zwischen den benachbarten Elementarmassen und die Orientierungen der Massen, obwohl geändert, doch untereinander gleich. Dies ist für die Behandlung der Summen in (85) zu verwerten.

Einerseits gewinnt man daraus eine Beurteilung der relativen Größenordnungen der $X_n, \ldots$ und der $L_n, \ldots$ Nach (76) kann man nämlich schreiben

$$L_n = \frac{1}{2f} \mathop{\mathrm{S}}_i \mathop{\mathrm{S}}_a (z_{ia} Y_{ia} - y_{ia} Z_{ia}), \ldots \tag{86}$$

Da nun die relativen Koordinaten $x_{ia}, y_{ia}, z_{ia}$ kleiner als die Wirkungsweite der Molekularkräfte sein müssen, so sind die Summen, welche die $L_n, \ldots$ ausdrücken, im allgemeinen verschwindend klein gegen diejenigen, welche die $X_n, \ldots$ bestimmen.

Die flächenhaften Momente $L_n, \ldots$ könnten also nur unter ganz speziellen Umständen wirksam werden; etwa so, wie in der *Laplace*schen Theorie der Kapillarität von den zwei Anteilen am Kapillardruck der (aus demselben Grunde, der oben vorliegt) unvergleichlich kleinere Anteil wirksam wird und zwar allein zur Geltung kommt, weil der größere in allen Fällen aus den Formeln herausfällt.

Dergleichen singuläre Umstände liegen hier nicht vor; wir wissen, daß die Drucke $X_n, \ldots$ bei den elastischen Erscheinungen zur Geltung kommen, und so wollen wir gleich von Anfang an die flächenhaften Momente $L_n, \ldots$ außer Acht lassen.

Was die Druckkomponenten $X_n, \ldots$ angeht, so gestatten unsere Voraussetzungen, einen Teil der in den Symbolen (85) enthaltenen Summationen ganz allgemein auszuführen. Ist nämlich die Anordnung der Elementarmassen auch nach der Deformation noch regelmäßig, so läßt sich ohne weiteres angeben, wieviele Paare $(i, a)$ eine bestimmte relative Lage zueinander besitzen.

Entspricht nämlich dieser relativen Lage ein parallel $n$ gemessener Abstand $n_{ia}$, dann gehört zu jeder Elementarmasse $(i)$ in einem Abschnitt des oben betrachteten Zylinders von der Höhe $n_{ia}$ eine Masse $(a)$ in der verlangten relativen Lage. Die Elementarmassen $(i)$ aber, welche weiter als $n_{ia}$ von der Grundfläche $F$ des Zylinders entfernt sind, fallen bezüglich der betrachteten Wirkung aus.

Bezeichnet $\zeta$ die Anzahl der Elementarmassen in der Volumeneinheit, so ist hiernach die Anzahl der Massenpaare, welche die verlangte relative Lage besitzen, also Wirkungen der verlangten Art erfahren, gleich $\zeta f n_{ia}$; dabei bezeichnet, wie früher, $f$ die Grundfläche des Zylinders, und es ist von $n_{ia}$ der absolute Wert zu nehmen.

Aus vorstehendem ergibt sich nun, daß man die Ausdrücke (85[1]) schreiben kann

$$X_n = \zeta \mathop{\mathsf{S}} n_{ia} X_{ia}, \quad Y_n = \zeta \mathop{\mathsf{S}} n_{ia} Y_{ia}, \quad Z_n = \zeta \mathop{\mathsf{S}} n_{ia} Z_{ia}, \tag{87}$$

wobei die Summen über alle möglichen relativen Koordinaten $x_{ia}$, $y_{ia}$, $z_{ia}$, resp. über alle ihnen entsprechenden Werte der Kraftkomponenten zu erstrecken sind. Diese Summation zu veranschaulichen, kann man etwa eine einzige Elementarmasse $(i)$, in der Grundfläche $F$ liegend, in Betracht ziehen und die Summe $\mathsf{S}$ über alle Massen $(a)$ in dem Halbraum auf der negativen Seite $(n < 0)$ von $F$ erstrecken.

Läßt man $n$ sukzessive mit $X, Y, Z$ parallel, $n_{ia}$ also mit $x_{ia}, y_{ia}, z_{ia}$ identisch werden, so ergeben sich aus (87) die Ausdrücke für $X_x, \ldots, X_y, \ldots, X_z, \ldots$ Es ist bequem, den Koordinatenanfang mit dem Schwerpunkt der einen ausgewählten Masse $(i)$ zusammenfallen zu lassen. Fällt $n$ in die $+ X$-Achse, so wird dann $n_{ia} = - x_a$, und wir können schreiben, indem wir $X_{ia} = - X_{ai} = - X_a, \ldots$ setzen (unter $X_a, \ldots$ die Wirkungen der einen Masse $(i)$ auf eine Masse $(a)$ verstanden),

$$X_x = \zeta \mathop{\mathsf{S}}_a x_a X_a, \quad Y_x = \zeta \mathop{\mathsf{S}}_a x_a Y_a, \quad Z_x = \zeta \mathop{\mathsf{S}}_a x_a Z_a. \tag{88}$$

Diese Summen sind über die Massen $(a)$ in dem Halbraum $x_a < 0$ zu erstrecken. Man könnte sie ebensogut über den Halbraum $x_a > 0$ nehmen, denn jeder Masse in dem einen entspricht, gegenüberliegend, eine solche in dem andern Bereich mit entgegengesetzten

$x_a, ..$ und $X_a, ..$, also mit gleichen $x_a X_a$, $x_a Y_a$, $x_a Z_a$. Wir wollen der Symmetrie halber die Hälfte der Summen über beide Bereiche einführen.

Indem wir schließlich auch noch die Indizes $a$ als unnötig unterdrücken, gelangen wir zu den Formeln

$$X_x = \tfrac{1}{2}\mathfrak{z} \mathsf{S}\, xX, \quad Y_x = \tfrac{1}{2}\mathfrak{z} \mathsf{S}\, xY, \quad Z_x = \tfrac{1}{2}\mathfrak{z} \mathsf{S}\, xZ, \tag{89}$$

die Summen über alle Elementarmassen genommen, die eine beliebige dieser Massen rings umgeben.

Analoge Formeln gelten für die Druckkomponenten $X_y, ..$ und $X_z, ..$

Um von den Komponenten der Drucke gegen ein Flächenelement mit der (innern) Normale $x$ zu denjenigen bei entgegengesetzten Normalenrichtungen zu kommen, hat man in den vorstehenden Formeln (nach deren Ableitung) nur den Faktor $x$ mit $-x$ zu vertauschen. Es gilt somit

$$X_x + X_{-x} = Y_x + Y_{-x} = Z_x + Z_{-x} = 0 \tag{90}$$

und analoges für die andern Komponenten.

Ferner ergibt die Vergleichung der Ausdrücke (88) und (87) bei Heranziehung der Bemerkung, daß

$$n = x \cos(n, x) + y \cos(n, y) + z \cos(n, z)$$

ist, sogleich die Beziehungen

$$X_n = X_x \cos(n, x) + X_y \cos(n, y) + X_z \cos(n, z), \ldots \tag{91}$$

Es sind dieselben, welche in § 90 ohne Anwendung einer molekularen Hypothese gewonnen waren, und die jetzt aus einer solchen abgeleitet sind.

§ 297. **Berechnung der Druckkomponenten.** Wir haben nun zu beachten, daß die Ausdrücke (84) für die Komponenten der Wechselwirkungen zwischen zwei Elementarmassen ausdrücklich ein Koordinatensystem verlangen, das mit dem beweglichen System $ABC$ zusammenfällt. Andererseits beziehen sich unsere Betrachtungen auf den deformierten Zustand, wo die $A, B, C$ aus den festen Achsen $X$, $Y$, $Z$ abweichen. Indem wir die Annahme kleiner Drehungswinkel $l'$, $m'$, $n'$ zwischen beiden Achsenkreuzen wieder einführen, können wir, anschließend an (77), für die Kraftkomponenten nach den Achsensystemen die folgenden Beziehungen aufstellen

$$X = A - n'B + m'C, \ldots \tag{92}$$

Die Komponenten $A, B, C$ sind aber nach S. 600 Funktionen der relativen Koordinaten der Elementarmassen, auf deren Wechselwirkungen sie sich beziehen; ihre Änderung infolge der Deformation beruht also ausschließlich auf der Veränderung dieser Größen. Die relativen Koordinaten der Massen $(a)$ gegen eine $(i)$ nach den Achsen $A, B, C$ sind jetzt kurz $a, b, c$ zu nennen, ihre Änderungen mögen demgemäß mit $\Delta a, \Delta b, \Delta c$ bezeichnet werden. Wegen der Kleinheit dieser Änderungen kann man setzen

$$A = A^0 + \left(\frac{\partial A}{\partial a}\right)^0 \Delta a + \left(\frac{\partial A}{\partial b}\right)^0 \Delta b + \left(\frac{\partial A}{\partial c}\right)^0 \Delta c, \ldots, \tag{93}$$

wobei die oberen Indizes die auf den ursprünglichen, undeformierten Zustand bezogenen Funktionen charakterisieren.

Bezeichnen noch $\Delta x, \Delta y, \Delta z$ die Änderungen der relativen Koordinaten nach den festen Achsen $X, Y, Z$ infolge der Deformation, so gilt nach (77), da vor der Deformation $x$ mit $a$, $y$ mit $b$, $z$ mit $c$ identisch war,

$$\Delta a = \Delta x + n' y^0 - m' z^0 = \Delta x + n' b^0 - m' c^0,$$
$$\cdots\cdots\cdots\cdots\cdots\cdots$$

Hierin ist aber zu setzen

$$\Delta x = \frac{\partial u}{\partial x} x^0 + \frac{\partial u}{\partial y} y^0 + \frac{\partial u}{\partial z} z^0 = \frac{\partial u}{\partial x} a^0 + \frac{\partial u}{\partial y} b^0 + \frac{\partial u}{\partial z} c^0, \ldots, \tag{94}$$

so daß resultiert

$$\Delta a = \frac{\partial u}{\partial x} a^0 + \left(\frac{\partial u}{\partial y} + n'\right) b^0 + \left(\frac{\partial u}{\partial z} - m'\right) c^0, \ldots \tag{95}$$

Diese Ausdrücke in (93) eingesetzt und das sich ergebende Resultat darnach in (92) eingeführt, liefern die in den Summen (89) auftretenden Komponenten $X, Y, Z$. Für den Faktor $x$ folgt einfach nach (94)

$$x = \left(1 + \frac{\partial u}{\partial x}\right) a^0 + \frac{\partial u}{\partial y} b^0 + \frac{\partial u}{\partial z} c^0, \ldots \tag{96}$$

Endlich ist noch zu berücksichtigen, daß die Anzahl $\zeta$ der in der Volumeneinheit vorhandenen Elementarmassen von der Deformation abhängt, nämlich bei Benutzung des Ausdruckes für die räumliche Dilatation $\delta$ von S. 176 sich reduziert auf

$$\zeta = \zeta^0 \left(1 - \frac{\partial u}{\partial x} - \frac{\partial v}{\partial y} - \frac{\partial w}{\partial z}\right). \tag{97}$$

Hiermit sind alle in den Formeln (89) für $X_x, Y_x, Z_x$ auftretenden Größen durch die Differentialquotienten von $u, v, w$ nach den Koordinaten, durch $l', m'$ $n'$ und durch Parameter, die sich auf den ursprünglichen Zustand beziehen, ausgedrückt. Die gefundenen Werte sind nunmehr einzusetzen und alle Multiplikationen nur bis auf die Glieder erster Ordnung bezüglich der Veränderungen durch die Deformation auszuführen.

Das Resultat dieser Operation ist sehr kompliziert. Es vereinfacht sich erheblich, wenn man einmal berücksichtigt, daß nach unserer Annahme die Deformation von dem natürlichen, spannungsfreien Zustand aus stattfinden soll, daß also bei verschwindenden $u$, $v$, $w$, $l'$, $m'$, $n'$ auch die Druckkomponenten verschwinden müssen. Dies führt nach (89) zu dem Verschwinden aller neun Summen von der Form

$$\mathbf{S}\, a^0 A^0, \quad \mathbf{S}\, a^0 B^0, \ldots$$

und damit der Faktoren einer großen Zahl variabler Glieder.

Weiter wirkt vereinfachend die Bemerkung, daß nach S. 600 die Komponenten $A, \ldots$ sich durch das Potential der Wechselwirkung $\Phi$ ausdrücken gemäß

$$A = -\frac{\partial \Phi}{\partial a}, \quad B = -\frac{\partial \Phi}{\partial b}, \quad C = -\frac{\partial \Phi}{\partial c}. \tag{98}$$

Das so gewonnene Resultat, das man durch Heranziehung der Ausdrücke für $X_y$, $Y_y$, $Z_y$, $X_z$, $Y_z$, $Z_z$ vervollständigen kann, ergibt die sämtlichen Druckkomponenten lineär in den neun Argumenten

$$\begin{aligned}
&\frac{\partial u}{\partial x} = x_x, \quad \frac{\partial u}{\partial y} + n' = x_y', \quad \frac{\partial u}{\partial z} - m' = x_z', \\
&\frac{\partial v}{\partial x} - n' = y_x', \quad \frac{\partial v}{\partial y} = y_y, \quad \frac{\partial v}{\partial z} + l' = y_z', \\
&\frac{\partial w}{\partial x} + m' = z_x', \quad \frac{\partial w}{\partial y} - l' = z_y', \quad \frac{\partial w}{\partial z} = z_z.
\end{aligned} \tag{99}$$

Hierin sind die $x_y', \ldots$ neue Bezeichnungen, bei denen $y_z'$ ebenso wenig gleich $z_y'$ ist, wie jetzt $Y_z$ gleich $Z_y$.

Die Parameter dieser Ausdrücke sind Summen von dem Typ

$$\frac{1}{2}\zeta^0 \mathbf{S}\, a^0 c^0 \left(\frac{\partial^2 \Phi}{\partial b\, \partial c}\right)^0 = C_{23}^{13}, \tag{100}$$

die in der angedeuteten Weise abgekürzt werden sollen; die oberen Indizes der $C$ weisen dabei auf die Koordinaten hin, die im Faktor, die unteren auf diejenigen, die im Nenner auftreten.

Das Parametersystem in den neun Druckkomponenten besitzt folgende Gesetzmäßigkeit:

| | $x_x$ | $x_y'$ | $x_z'$ | $y_x'$ | $y_y$ | $y_z'$ | $z_x'$ | $z_y'$ | $z_z$ |
|---|---|---|---|---|---|---|---|---|---|
| $-X_x$ | $C_{11}^{11}$ | $C_{11}^{12}$ | $C_{11}^{13}$ | $C_{12}^{11}$ | $C_{12}^{12}$ | $C_{12}^{13}$ | $C_{13}^{11}$ | $C_{13}^{12}$ | $C_{13}^{13}$ |
| $-X_y$ | $C_{11}^{21}$ | $C_{11}^{22}$ | $C_{11}^{23}$ | $C_{12}^{21}$ | $C_{12}^{22}$ | $C_{12}^{23}$ | $C_{13}^{21}$ | $C_{13}^{22}$ | $C_{13}^{23}$ |
| $-X_z$ | $C_{11}^{31}$ | $C_{11}^{32}$ | $C_{11}^{33}$ | $C_{12}^{31}$ | $C_{12}^{32}$ | $C_{12}^{33}$ | $C_{13}^{31}$ | $C_{13}^{32}$ | $C_{13}^{33}$ |
| $-Y_x$ | $C_{21}^{11}$ | $C_{21}^{12}$ | $C_{21}^{13}$ | $C_{22}^{11}$ | $C_{22}^{12}$ | $C_{22}^{13}$ | $C_{23}^{11}$ | $C_{23}^{12}$ | $C_{23}^{13}$ |
| $-Y_y$ | $C_{21}^{21}$ | $C_{21}^{22}$ | $C_{21}^{23}$ | $C_{22}^{21}$ | $C_{22}^{22}$ | $C_{22}^{23}$ | $C_{23}^{21}$ | $C_{23}^{22}$ | $C_{23}^{23}$ |
| $-Y_z$ | $C_{21}^{31}$ | $C_{21}^{32}$ | $C_{21}^{33}$ | $C_{22}^{31}$ | $C_{22}^{32}$ | $C_{22}^{33}$ | $C_{23}^{31}$ | $C_{23}^{32}$ | $C_{23}^{33}$ |
| $-Z_x$ | $C_{31}^{11}$ | $C_{31}^{12}$ | $C_{31}^{13}$ | $C_{32}^{11}$ | $C_{32}^{12}$ | $C_{32}^{13}$ | $C_{33}^{11}$ | $C_{33}^{12}$ | $C_{33}^{13}$ |
| $-Z_y$ | $C_{31}^{21}$ | $C_{31}^{22}$ | $C_{31}^{23}$ | $C_{32}^{21}$ | $C_{32}^{22}$ | $C_{32}^{23}$ | $C_{33}^{21}$ | $C_{33}^{22}$ | $C_{33}^{23}$ |
| $-Z_z$ | $C_{31}^{31}$ | $C_{31}^{32}$ | $C_{31}^{33}$ | $C_{32}^{31}$ | $C_{32}^{32}$ | $C_{32}^{33}$ | $C_{33}^{31}$ | $C_{33}^{32}$ | $C_{33}^{33}$ |

Die Gesamtzahl der in diesem Schema auftretenden Parameter ist nicht 81, wie es auf den ersten Blick scheinen möchte, sondern 36, da nach (100) die Relationen bestehen

$$C_{hk}^{mn} = C_{hk}^{nm} = C_{kh}^{mn} = C_{kh}^{nm}, \tag{101}$$

und nur sechs Kombinationen oberer resp. unterer Indizes vorkommen. Immerhin übertrifft diese Zahl erheblich die der Elastizitätskonstanten in dem Ansatz (4). Der Grund dafür liegt in der größeren Allgemeinheit der hier benutzten Voraussetzungen, insbesondere in der Annahme von auf die Elementarmassen auszuübenden Drehungsmomenten, welche die Ungleichheit von $Y_z$ und $Z_y$, von $Z_x$ und $X_z$, von $X_y$ und $Y_x$, sowie das Auftreten von Drehungen $l'$, $m'$, $n'$ bedingen. Wie sich trotzdem die frühere Zahl von 21 elastischen Parametern im engern Sinne ergibt, wird weiter unten gezeigt werden.

§ 298. **Der Fall gewöhnlicher Zentralkräfte.** Zunächst mag ein spezieller Fall von großem Interesse vorausgenommen werden, nämlich der von der älteren Molekulartheorie allein berücksichtigte, bei dem die molekularen Wechselwirkungen gewöhnliche Zentralkräfte sind. Machen wir die entsprechende Annahme über die zwischen den Elementarmassen wirkenden Kräfte, so enthält das Potential $\Phi$ nur die Entfernung $r = \sqrt{a^2 + b^2 + c^2}$ der wechselwirkenden Elementarmassen, es ist also

$$\frac{\partial \Phi}{\partial a} = \frac{a}{r} \frac{\partial \Phi}{\partial r}, \ldots,$$

$$\frac{\partial^2 \Phi}{\partial a \partial b} = \frac{ab}{r} \frac{\partial}{\partial r}\left(\frac{1}{r} \frac{\partial \Phi}{\partial r}\right), \ldots$$

Dies zeigt, daß die in den Summen (100) zuvor im Nenner der Differentialquotienten stehenden Koordinaten bei der gemachten Annahme sich dem Faktor zugesellen. In dem Falle einfacher Zentralkräfte sind also in den Parametern $C_{hk}^{mn}$ alle vier Indizes vertauschbar, ohne daß der bezügliche Wert sich ändert.

Mustert man im Hinblick hierauf das Parameterschema, so erkennt man folgendes: In dem Ausdruck einer jeden Druckkomponente erhalten die Glieder mit $+l'$ und $-l'$, mit $+m'$ und $-m'$, mit $+n'$ und $-n'$ denselben Faktor, die Drehungen fallen also aus den Ausdrücken für die Drucke heraus. Ferner werden $Y_z$ und $Z_y$, $Z_x$ und $X_z$, $X_y$ und $Y_x$ identisch, die neun Ausdrücke reduzieren sich auf sechs, die lineär sind in $x_x, y_y, \ldots x_y$ und nur noch 21 Parameter enthalten. Ordnet man dieselben in der früheren Weise und vergleicht sie mit den Ansätzen (4) von S. 563

$$-X_x = c_{11}x_x + c_{12}y_y + \cdots + c_{16}x_y, \cdots,$$

so ergibt die jetzt erhaltene Bedeutung der Parameter $c_{hk}$ die sechs Beziehungen

$$c_{44} = c_{23}, \quad c_{55} = c_{31}, \quad c_{66} = c_{12},$$
$$c_{56} = c_{14}, \quad c_{64} = c_{25}, \quad c_{45} = c_{36}, \tag{102}$$

auf welche als eine Folge der älteren Molekulartheorie der Elastizität schon S. 564 Bezug genommen ist.

Diese Beziehungen setzen nichts weiteres voraus als die Wirkung gewöhnlicher Zentralkräfte zwischen den Elementarmassen; fernere Beziehungen ergeben sich, wenn man spezielle Annahmen über die Anordnung jener Massen macht.[1]) Da aber die Gleichungen (102) bereits den Beobachtungen nicht entsprechen, so erübrigt ein Eingehen auf derartige Betrachtungen.

Die Beziehungen (102) haben eine sehr eigentümliche Bedeutung für die geometrische Veranschaulichung der elastischen Eigenschaften eines Kristalles, die wir in § 284 erörtert haben. Nach dem dort Auseinandergesetzten geschieht diese Veranschaulichung naturgemäß mit Hilfe einer Oberfläche vierten und einer zweiten Grades, der Bitensor- und der Tensorfläche der Elastizitätskonstanten. Betrachtet man nun die in (37) gegebenen Parameter der letzteren Fläche und vergleicht die Beziehungen (102), so erkennt man, daß bei Gültigkeit dieser Beziehungen jene Parameter sämtlich verschwinden.

Die elastischen Eigenschaften eines Kristalles, zwischen dessen Elementarmassen gewöhnliche Zentralkräfte wirken,

1) S. z. B. Lord *Kelvin* (*W. Thomson*), Proc. Edinb. T. **16**, p. 693, 1890; Proc. Roy. Soc. T. **54**, p. 59, 1893.

werden also erschöpfend durch die Bitensorfläche der Elastizitätskonstanten allein dargestellt.

Nach dem S. 580 Bemerkten verschwinden aber mit den Parametern der Tensorfläche der Konstanten nicht gleichzeitig diejenigen der Moduln. Die Beziehungen (102) liefern also keine entsprechende Vereinfachung in der Darstellung der elastischen Eigenschaften mit Hilfe der Moduln; es bleiben hier Tensor- und Bitensorfläche nebeneinander bestehen, allerdings mit aus (102) fließenden komplizierten Relationen zwischen ihren Parametern. —

Um Mißverständnisse zu vermeiden, sei hervorgehoben, daß der in diesem Abschnitt sonst von uns behandelte allgemeine Fall keineswegs die Wirkung gewöhnlicher Zentralkräfte zwischen den kleinsten Teilen, z. B. den Atomen, derselben oder verschiedener Elementarmassen ausschließt. Aber im allgemeinen Falle reduzieren sich die zwischen zwei ganzen Elementarmassen stattfindenden Wechselwirkungen nicht auf einfache Zentralkräfte zwischen deren Schwerpunkten, was die ältere Theorie annahm.

§ 299. **Verallgemeinerte Gleichgewichtsbedingungen.** Die Gleichgewichtsbedingungen für einen Teil eines deformierbaren Körpers erhält man sehr einfach durch die Überlegung, daß das Gleichgewicht nicht gestört werden kann, wenn man den betreffenden Teil starr werden läßt. Es müssen sonach die auf jenen Teil wirkenden äußern Kräfte jedenfalls die allgemeinen Gleichgewichtsbedingungen für starre Körper aus § 86 erfüllen. Inwieweit die so gewonnenen Bedingungen ausreichend sind, bedarf natürlich der speziellen Untersuchung.

Wendet man diese Überlegung auf ein parallelepipedisches Volumenelement des Kristalles an, dessen Flächen parallel den Ebenen $YZ$, $ZX$, $XY$ liegen, so erhält man leicht die Formeln

$$\varrho X = \frac{\partial X_x}{\partial x} + \frac{\partial X_y}{\partial y} + \frac{\partial X_z}{\partial z}, \ldots, \qquad \varrho L = Z_y - Y_z, \ldots, \tag{103}$$

von denen jede ein Formeltripel repräsentiert.

Unterwirft man einer ähnlichen Überlegung ein flaches zylindrisches Volumenelement, dessen eine Grundfläche durch ein Oberflächenelement des Körpers gebildet wird, so resultieren die Beziehungen

$$\overline{X}_n = \overline{X}, \quad \overline{Y}_n = \overline{Y}, \quad \overline{Z}_n = \overline{Z}; \tag{104}$$

$n$ bedeutet hierin die innere Normale des Körpers.

Diese Formeln gehen in die S. 164 u. f. abgeleiteten über, wenn die körperlichen Drehungsmomente $L, M, N$ verschwinden. Es läßt sich, wie bei den früheren speziellen Bedingungen, zeigen, daß bei gegebenen $X, .., L, ..$ und $\overline{X}, ..$ und bei Anwendung der Formeln (91) die Deformationen und die Drehungen durch obige Formeln eindeutig bestimmt werden, — vorausgesetzt nur, daß die Parameter $C_{hk}^{mn}$ des Schemas auf S. 607 eine ähnliche Bedingung erfüllen, wie sie S. 566 bezüglich der Elastizitätskonstanten $c_{hk}$ besprochen ist.

§ 300. **Verallgemeinerte Potentiale.** Faßt man die sechs Gleichungen (103) mit den Faktoren

$$\delta u, \delta v, \delta w, \delta l', \delta m', \delta n'$$

zusammen und integriert über den ganzen elastischen Körper, so resultiert bei Rücksicht auf (91), (99) und (104)

$$\begin{aligned} 0 = &\int \varrho\, dk (X\delta u + Y\delta v + Z\delta w + L\delta l' + M\delta m' + N\delta n') \\ &+ \int do (\overline{X}\delta \bar{u} + \overline{Y}\delta \bar{v} + \overline{Z}\delta \bar{w}) \qquad (105) \\ &+ \int dk (X_x \delta x_x + \cdots + Y_z \delta y_z' + Z_y \delta z_y' + \cdots). \end{aligned}$$

Nach S. 168 stellt das letzte Integral die Arbeit der innern Kräfte des elastischen Körpers dar, und da diese Kräfte nach unserer Annahme auf Elementarwirkungen beruhen, die ein Potential haben, so muß die Funktion unter dem Integral (die auf die Volumeneinheit bezogene Arbeit $\delta' \alpha_i$) ein vollständiges Differential sein, d. h., es muß gelten

$$\frac{\partial Y_x}{\partial x_x} = \frac{\partial X_x}{\partial y_x'} \text{ usf.} \qquad (106)$$

Für das Parameterschema S. 607 verlangen diese Beziehungen eine zur Diagonale symmetrische Form, die in der Tat vorhanden ist.

Man kann das erhaltene Resultat noch anders ausdrücken. Nach S. 565 sind

$$\frac{1}{2}\left(\frac{\partial w}{\partial y} - \frac{\partial v}{\partial z}\right) = l, \quad \frac{1}{2}\left(\frac{\partial u}{\partial z} - \frac{\partial w}{\partial x}\right) = m, \quad \frac{1}{2}\left(\frac{\partial v}{\partial x} - \frac{\partial u}{\partial y}\right) = n \qquad (107)$$

die Komponenten der Drehung, welche das Volumenelement bei der Deformation erleidet; $(l' - l)$, $(m' - m)$, $(n' - n)$ stellen die relativen Drehungen der Elementarmassen gegen das Volumenelement dar.

Bei Einführung dieser Größen und bei Heranziehung von (99) kann man schreiben

$$\begin{aligned} \delta' \alpha_i = &X_x \delta x_x + Y_y \delta y_y + Z_z \delta z_z \\ &+ \tfrac{1}{2}(Y_z + Z_y)\delta y_z + \tfrac{1}{2}(Z_x + X_z)\delta z_x + \tfrac{1}{2}(X_y + Y_x)\delta x_y. \qquad (108) \\ &+ (Y_z - Z_y)\delta(l' - l) + (Z_x - X_z)\delta(m' - m) + (X_y - Y_x)\delta(n' - n). \end{aligned}$$

Die Anwendung des Satzes von S. 150, verbunden mit der Bemerkung, daß $x_x, y_y, z_z, \frac{1}{2}y_z, \frac{1}{2}z_x, \frac{1}{2}x_y$ gewöhnliche Tensorkomponenten, $(l'-l), (m'-m), (n'-n)$ aber Vektorkomponenten sind, führt zu dem interessanten Resultat, daß in dem (vorliegenden) allgemeinen Fall, wo $Y_z$ von $Z_y$ usf. verschieden sind,

$$X_x, Y_y, Z_z, \quad \tfrac{1}{2}(Y_z+Z_y), \quad \tfrac{1}{2}(Z_x+X_z), \quad \tfrac{1}{2}(X_y+Y_x)$$

gewöhnliche (polare) Tensorkomponenten,

$$Y_z-Z_y, \quad Z_x-X_z, \quad X_y-Y_x$$

aber (axiale) Vektorkomponenten darstellen; letzteres ist in Übereinstimmung mit den letzten Formeln (103).

Da nach unsern Grundannahmen

$$\delta\alpha_i = -\delta\varphi$$

gesetzt werden kann, unter $\varphi$ das auf die Volumeneinheit bezogene Potential der inneren Kräfte verstanden, so erscheint nach (108) das Potential $\varphi$ ebenso, wie die neun Druckkomponenten, als vollständig bestimmt durch die neun Unabhängigen

$$x_x, \ldots x_y, (l'-l), \ldots (n'-n).$$

Zugleich gilt nun

$$\begin{aligned} X_x = -\frac{\partial\varphi}{\partial x_x}, \ldots \quad \frac{1}{2}(Y_z+Z_y) &= -\frac{\partial\varphi}{\partial y_z}, \ldots \\ Y_z - Z_y = -\frac{\partial\varphi}{\partial(l'-l)}, \ldots & \end{aligned} \tag{109}$$

Für das Potential $\varphi$ ergeben die obigen Resultate der Molekulartheorie einen Ausdruck, der **bilinear** sein muß in jenen neun Argumenten, für die wir (im Anschluß an früheres) kurz setzen

$$x_x = x_1, \quad y_y = x_2, \quad z_z = x_3, \quad y_z = x_4, \quad z_x = x_5, \quad x_y = x_6$$

und

$$l'-l = d_1, \quad m'-m = d_2, \quad n'-n = d_3.$$

Wir schreiben demgemäß

$$\varphi = \varphi_\alpha + \varphi_\beta + \varphi_\gamma$$

und

$$\left.\begin{aligned} 2\varphi_\alpha = \sum_h\sum_k \alpha_{hk}x_hx_k, \quad \varphi_\beta &= \sum_h\sum_i \beta_{ih}d_ix_h \\ 2\varphi_\gamma = \sum_i\sum_j \gamma_{ij}d_id_j, & \end{aligned}\right\} \tag{110}$$

wobei $h$ und $k = 1, 2, \ldots 6$, $i$ und $j = 1, 2, 3$.

Ohne Beschränkung der Allgemeinheit kann hierin

$$\alpha_{hk} = \alpha_{kh}, \quad \gamma_{ij} = \gamma_{ji}$$

gesetzt werden, während ein ähnlicherZ usammenhang zwischen $\beta_{hi}$ und $\beta_{ih}$ nicht besteht.

Die Formeln (109) werden hiernach zu

$$\begin{gathered} X_x = -\frac{\partial(\varphi_\alpha + \varphi_\beta)}{\partial x_1}, \ldots, \quad \frac{1}{2}(Y_z + Z_y) = -\frac{\partial(\varphi_\alpha + \varphi_\beta)}{\partial x_4}, \ldots, \\ Y_z - Z_y = -\frac{\partial(\varphi_\beta + \varphi_\gamma)}{\partial d_1}, \ldots \end{gathered} \tag{111}$$

§ 301. **Beziehungen zwischen den Parametern der Potentiale.** Was die Parameter der Ansätze (110) angeht, so ist ihre Anzahl im allgemeinsten Falle 45, und da sie sich sämtlich durch die 36 Fundamentalparameter $C_{hk}^{mn}$ des Schemas auf S. 607 ausdrücken müssen, so erhellt, daß zwischen ihnen neun Beziehungen bestehen.

Der Zusammenhang zwischen den neuen und den alten Konstanten ist übrigens leicht erkennbar. Nach der Definition der $l, m, n$ in (107), derjenigen der $x_x, x_y', \ldots$ in (99) ergibt sich, daß

$$\begin{gathered} y_z' + z_y' = y_z = x_4, \ldots \\ \text{und} \qquad \tfrac{1}{2}(y_z' - z_y') = l' - l = d_1, \ldots \end{gathered} \tag{112}$$

Somit kann man die Ausdrücke der Tabelle S. 607) sogleich in diesen Variabeln ordnen. Z. B. ist

$$\begin{aligned} -X_x = {} & C_{11}^{11} x_x + C_{12}^{12} y_y + C_{13}^{13} z_z \\ & + \tfrac{1}{2}(C_{12}^{13} + C_{13}^{12}) y_z + \tfrac{1}{2}(C_{13}^{11} + C_{11}^{13}) z_x + \tfrac{1}{2}(C_{11}^{12} + C_{12}^{11}) x_y \\ & + (C_{12}^{13} - C_{13}^{12})(l' - l) + (C_{13}^{11} - C_{11}^{13})(m' - m) + (C_{11}^{12} - C_{12}^{11})(n' - n), \end{aligned} \tag{113}$$

und aus dem Ansatz (110) folgt

$$\begin{aligned} -X_x = {} & \alpha_{11} x_x + \alpha_{12} y_y + \alpha_{13} z_z + \alpha_{14} y_z + \alpha_{15} z_x + \alpha_{16} x_y \\ & + \beta_{11}(l' - l) + \beta_{21}(m' - m) + \beta_{31}(n' - n). \end{aligned} \tag{114}$$

Ähnlich ergibt die Tabelle S. 607

$$\begin{aligned} -\tfrac{1}{2}(Y_z + Z_y) = {} & \tfrac{1}{2}(C_{21}^{31} + C_{31}^{21}) x_x + \cdots + \tfrac{1}{4}(C_{22}^{33} + C_{33}^{22} + 2\,C_{23}^{32}) y_z + \cdots \\ & + \tfrac{1}{2}(C_{22}^{33} - C_{33}^{22})(l' - l) + \cdots \\ -\ (Y_z - Z_y) = {} & (C_{21}^{31} - C_{31}^{21}) x_x + \cdots + \tfrac{1}{2}(C_{22}^{33} - C_{33}^{22}) y_z + \cdots \\ & + (C_{22}^{33} + C_{33}^{22} - 2\,C_{23}^{32})(l' - l) + \cdots, \end{aligned} \tag{115}$$

während aus (110) folgt

$$\begin{aligned} -\tfrac{1}{2}(Y_z + Z_y) &= \alpha_{41}x_x + \cdots + \alpha_{44}y_z + \cdots + \beta_{14}(l' - l) + \cdots \\ -\ (Y_z - Z_y) &= \beta_{11}x_x + \cdots + \beta_{14}y_z + \cdots + \gamma_{11}(l' - l) + \cdots \end{aligned} \tag{116}$$

Die Vergleichung der entsprechenden Ausdrücke bestimmt sogleich die $\alpha_{hk}$, $\beta_{ih}$, $\gamma_{ij}$ durch die $C_{hk}^{mn}$.

Um die neuen Parameter auf die verschiedenen Kristallgruppen zu spezialisieren, ist es nicht nötig, auf ihre Definition durch die Summen in (100) zurückzugehen; wir können vielmehr die Symmetriebetrachtungen direkt an die Funktionen $\varphi_\alpha$, $\varphi_\beta$, $\varphi_\gamma$ anknüpfen, welche nach ihren Definitionen sämtlich zentrisch-symmetrisch sind. Dabei ist $\varphi_\alpha$ dem isothermischen Potential $\xi$ der elastischen Kräfte (S. 563), $\varphi_\gamma$ demjenigen der dielektrischen oder magnetischen Influenz (S. 414 u. 472) konform; die über diese Funktionen gewonnenen Resultate lassen sich also ohne weiteres verwerten. $\varphi_\beta$ hat die Gestalt des thermodynamischen Potentials des Piezomagnetismus, über das im nächsten Kapitel zu handeln sein wird; wir wollen auf seine allgemeine Betrachtung nicht eingehen, sondern nur einige uns hier interessierende Resultate der bezüglichen Entwicklungen vorausnehmen.

§ 302. **Spezielle Fälle.** Einwirkungen, welche direkt auf die Elementarmassen der Kristalle Drehungsmomente ausüben, haben sich bisher nicht realisieren lassen; für die Theorie aller ausgeführten Beobachtungen ist somit

$$L = M = N = 0$$

zu setzen, also nach (103) auch

$$Y_z = Z_y, \quad Z_x = X_z, \quad X_y = Y_x. \tag{117}$$

Diese Beziehungen können nach (111) geschrieben werden

$$\frac{\partial(\varphi_\beta + \varphi_\gamma)}{\partial d_1} = \frac{\partial(\varphi_\beta + \varphi_\gamma)}{\partial d_2} = \frac{\partial(\varphi_\beta + \varphi_\gamma)}{\partial d_3} = 0 \tag{118}$$

und liefern in dieser Form Ausdrücke für die Drehungen $d$ durch die Deformationsgrößen $x_h$.

Da zugleich nach (111)

$$X_x = -\frac{\partial(\varphi_\alpha + \varphi_\beta)}{\partial x_1}, \ldots \quad Y_z = Z_y = -\frac{\partial(\varphi_\alpha + \varphi_\beta)}{\partial x_4}, \ldots \tag{119}$$

als lineäre Funktionen der $x_h$ und $d_i$ gegeben werden, so kann man aus ihnen mit Hilfe der Formeln (118) die Komponenten $d_i$ eliminieren; das Resultat dieser Operation sind Ausdrücke für die sechs

Druckkomponenten $X_x, \ldots X_y$ von der Form (4), d. h. mit 21 Konstanten, wie sie den früheren Überlegungen zugrunde gelegt war.

Man kann sonach aus den Druckkomponenten auf die Deformationsgrößen $x_h$, und von diesen auf die Drehungen $d_i$ schließen. Aber die Parameter, welche den letzteren Zusammenhang darstellen, sind nicht aus Elastizitätsbeobachtungen zu erschließen. Letztere können höchstens 21 Parameter liefern, und die Gesamtzahl der in unsern Formeln auftretenden unabhängigen Konstanten ist im allgemeinen 36.

Wir vermögen demnach bisher zwar nach Symmetriegründen feststellen, ob überhaupt und welche molekularen Drehungen $d_i$ bei einer Kristallgruppe auftreten können; es fehlen aber noch die Mittel, deren Größen zahlenmäßig zu bestimmen.

Immerhin sind derartige Resultate von Interesse. Wir wollen, um ihre Eigenart hervortreten zu lassen, dieselben für einige besonders wichtige Kristallgruppen zusammenstellen. Dabei sollen für dieselben die früher definierten Hauptkoordinatenachsen benutzt werden.

Die erste Abteilung des regulären Systems mit der Symmetrieformel $(A_x^{(4)}, A_y^{(4)})$ läßt keinerlei Parameter $\beta_{ih}$ zu; demnach sind hier $l'-l$, $m'-m$, $n'-n$ auch stets gleich Null, d. h. die Moleküle der betreffenden Kristalle drehen sich bei Deformationen nur mit den Volumenelementen, nicht relativ zu diesen.

Für die zweite Abteilung des regulären Systems mit der Formel $(A_x^{(2)} \sim A_y^{(2)} \sim A_z^{(2)})$ besitzen $\varphi_\beta$ und $\varphi_\gamma$ die Formen

$$\begin{aligned} \varphi_\beta &= \beta_{14}(y_z(l'-l) + z_x(m'-m) + x_y(n'-n)), \\ 2\varphi_\gamma &= \gamma_{\mathrm{I}}((l'-l)^2 + (m'-m)^2 + (n'-n)^2). \end{aligned} \tag{120}$$

Die Beziehungen (118) lauten hiernach

$$\beta_{14}y_z + \gamma_{\mathrm{I}}(l'-l) = \beta_{14}z_x + \gamma_{\mathrm{I}}(m'-m) = \beta_{14}x_y + \gamma_{\mathrm{I}}(n'-n) = 0. \tag{121}$$

In dieser Abteilung oder Obergruppe, der nach S. 98 von bekannten Mineralien Pyrit und Natriumchlorat zugehören, bewirken also Deformationen, die mit Winkeländerungen $y_z$, $z_x$, $x_y$ verbunden sind, selbständige Drehungen der Elementarmassen. Das einfachste Beispiel einer solchen Deformation liefert die Drillung eines Kreiszylinders, dessen Achse mit einer kristallographischen Hauptachse zusammenfällt.

Nimmt man hinzu den der Symmetrie entsprechenden Ausdruck

$$2\varphi_\alpha = \alpha_{11}(x_x^2 + y_y^2 + z_z^2) + 2\alpha_{12}(y_y z_z + z_z x_x + x_x y_y) + \alpha_{44}(y_z^2 + z_x^2 + x_y^2), \tag{122}$$

so erhält man

$$\begin{aligned} -X_x &= \alpha_{11}x_x + \alpha_{12}(y_y + z_z), \ldots, \\ -Y_z = -Z_y &= \alpha_{44}y_z + \beta_{14}(l'-l), \ldots \end{aligned} \tag{123}$$

Die Kombination mit (121) ergibt dann

$$-Y_z = -Z_y = (\alpha_{44} - \beta_{14}^2/\gamma_{\rm I})y_z, \ldots \tag{124}$$

Es entsprechen hiernach

$$\alpha_{11}, \alpha_{12}, \alpha_{44} - \beta_{14}^2/\gamma_{\rm I}$$

den früher eingeführten Elastizitätskonstanten $c_{11}$, $c_{12}$, $c_{44}$. —

Für die erste Abteilung des hexagonalen und des tetragonalen Systems mit den Symmetrieformeln $(A_z^{(6)}, A_x^{(2)})$ und $(A_z^{(4)}, A_x^{(2)})$ ergibt sich

$$\begin{aligned} \varphi_\beta &= \beta_{14}(y_z(l'-l) - z_x(m'-m)),\\ 2\varphi_\gamma &= \gamma_{\rm I}((l'-l)^2 + (m'-m)^2) + \gamma_{\rm III}(n'-n)^2. \end{aligned} \tag{125}$$

Die Beziehungen (118) lauten demgemäß

$$\beta_{14}y_z + \gamma_{\rm I}(l'-l) = -\beta_{14}z_x + \gamma_{\rm I}(m'-m) = (n'-n) = 0. \tag{126}$$

Eine se bständige Drehung um die $Z$-Hauptachse ist hier ausgeschlossen; eine Winkeländerung $y_z$ ergibt eine Drehung um die $X$-, eine gleichgroße Winkeländerung $z_x$ ergibt die jener entgegengesetzte Drehung um die $Y$-Achse.

Für die zweite Abteilung dieser Systeme mit den Formeln $(A_z^{(6)})$ resp. $(A_z^{(4)})$ gilt

$$\begin{aligned} \varphi_\beta = \beta_{14}(y_z(l'-l) - z_x(m'-m)) + \beta_{15}(z_x(l'-l) + y_z(m'-m))\\ + (\beta_{31}(x_x + y_y) + \beta_{33}z_z)(n'-n), \end{aligned} \tag{127}$$

während der frühere Ausdruck für $\varphi_\gamma$ bestehen bleibt. Die hierdurch dargestellte Wirkung ist erheblich komplizierter; die Formeln lassen auch eine selbständige Drehung um die $Z$-Achse zu.

Für de erste Abteilung des trigonalen Systems mit der Formel $(A_z^{(3)}, A_x^{(2)})$ gilt endlich

$$\varphi_\beta = (\beta_{11}(x_x - y_y) + \beta_{14}y_z)(l'-l) - (\beta_{14}z_x + \beta_{11}x_y)(m'-m), \tag{128}$$

während $\varphi_\gamma$ den Wert (125) behält. Die Beziehungen (118) lauten hier

$$\begin{aligned} \beta_{11}(x_x - y_y) + \beta_{14}y_z + \gamma_{\rm I}(l'-l) = 0,\\ -(\beta_{14}z_x + \beta_{11}x_y) + \gamma_{\rm I}(m'-m) = 0, \quad n'-n = 0. \end{aligned} \tag{129}$$

§ 303. **Weitere Ausblicke.** Bis hierher hat die Verwendung der molekularen Hypothese für die Theorie der Elastizität wenig mehr geleistet, alsdie phänomenologische Überlegung, welche im 1. Abschnitt auseinandegesetzt ist; immerhin wird man den Gewinn an Anschaulichkeit, den eröffneten Einblick insbesondere auch in die Gesetze der Drehungen der Elementarmassen, nicht ganz gering anschlagen dürfen.

Eine ganz andere Bedeutung würde die molekulare Theorie gewinnen, wenn sie über die Aussagen der Phänomenologie hinausgehen könnte. Die Möglichkeit hierfür ist ohne weiteres zuzugeben. Die Elastizitätskonstanten sind nach den Entwicklungen dieses Abschnittes durch Summen von der Form (100) dargestellt, und diese Ausdrücke lassen sich berechnen, wenn das Elementargesetz der molekularen Kräfte und die räumliche Anordnung der Elementarmassen bekannt sind. Für beides besitzen wir aber ganz bestimmte Anhaltepunkte.

Die einzig möglichen Anordnungen sind durch die *Bravais*schen Raumgitter geliefert, von denen für jedes Kristallsystem nur sehr wenige in Frage kommen. Das Gesetz der Molekularkräfte ist durch symmetrische Kugelfunktionen darstellbar, die so zu wählen sind, daß sie der Symmetrie der Kristallgruppe entsprechen, und man wird versuchsweise mit der niedrigsten der in Frage kommenden Kugelfunktionen vorgehen.

Führt für irgendeine Kristallgruppe eine bestimmte Wahl bezüglich des Raumgitters und des Wirkungsgesetzes zu einer Zahl von Parametern, die geringer ist, als diejenige der Elastizitätskonstanten der phänomenologischen Theorie, so muß sich zwischen den letzteren Konstanten eine Reihe numerischer Beziehungen ergeben. Die Vergleichung derartiger Beziehungen mit der Beobachtung gestattet eine Prüfung der zugrunde gelegten Annahmen.

Gelingt es, eine Wahl zu treffen, die einer beobachteten Relation zwischen den Elastizitätskonstanten entspricht, so beleutet dies einen erheblichen Fortschritt in der Theorie, vergleichbar der Entdeckung, daß das Zahlenverhältnis $c_p/c_v = 5/3$ auf einatonige Moleküle deutet. Ein solches Resultat lehrt zugleich eine beobachtete numerische Beziehung verstehen und wirft Licht auf die Konstitution des Kristalls, auf welchen das Resultat sich bezieht.

Die angedeutete theoretische Untersuchung bietet kenerlei prinzipielle Schwierigkeit, da der Weg streng vorgezeichnet ist; sie wird einigermaßen umständlich sein, da es sich um die Ausvertung von Summen handelt, von denen eine ziemliche Zahl von Gliedrn in Rechnung gezogen werden muß. Besonders aussichtsvoll ercheint eine Bearbeitung des trigonalen und des hexagonalen Systens, da mit jedem von beiden nach S. 114 nur ein *Bravais*sches Raumgitter vereinbar ist. Es kommt hinzu, daß besonders für Kristalle des trigonalen Systems relativ viele Bestimmungen von Elastizitätskonstanten vorliegen. Wir gehen auf alle Beobachtungen weiter unten näher ein.

## III. Abschnitt.

## Ein durch Einwirkungen auf seine Grundflächen längs der Achse gleichförmig gespannter Zylinder.

§ 304. **Allgemeine Vorbemerkungen.** Die einfachsten in § 279 u. f. erörterten Fälle elastischer Deformationen haben, eben ihrer äußersten Einfachheit halber, kein sehr großes theoretisches Interesse; auch als Objekte der Beobachtung kommen sie wegen der in allen Fällen äußerst kleinen Beträge der Veränderungen bisher wenig in Frage. In beiden Hinsichten bedeutungsvoller ist das Problem der Deformation dünner Stäbe durch auf die Endquerschnitte ausgeübte äußere Einwirkungen. Hier entstehen einerseits interessante theoretische Fragen, andererseits haben die eintretenden Deformationen die Eigenschaft, Dislokationen zu bedingen, welche der Beobachtung leicht zugänglich sind. In der Tat sind fast alle exakten Bestimmungen von elastischen Parametern an Kristallen mit Hilfe von Messungen der Biegungen und Drillungen von relativ zur Länge dünnen Stäben durchgeführt.

Formeln für die longitudinale Dehnung eines Stabes, der aus einem Kristall des regulären oder trigonalen Systems (1. Abt.) in beliebiger Orientierung ausgeschnitten ist, hat *Fr. Neumann*[1]) abgeleitet. Aus ihnen lassen sich auch die Gesetze für die Biegung derartiger Stäbe in einer ausreichenden Annäherung gewinnen. Ein Versuch, im Anschluß an *Cauchy*sche Methoden die Drillung eines rechteckigen Prismas aus einem regulären Kristall zu erhalten, ist hingegen nicht geglückt; die hierfür durch *Neumann* erhaltenen Resultate stellen keine genügende Annäherung dar.[2])

Eine exaktere Behandlung des Problems der Deformation eines relativ zur Länge dünnen Zylinders aus isotroper oder in bestimmter spezieller Weise äolotroper Substanz hat in zahlreichen wichtigen Abhandlungen *De Saint Venant*[3]) gegeben. Seine Ausgangspunkte sind die zwei Annahmen: 1. daß in diesem Zylinder die Fäden parallel der Längsachse aufeinander keine Wechselwirkungen transversal zur Achse ausüben, 2. daß die Deformationen auf dem überwiegenden Teil der Länge des Zylinders nicht von den Einzelheiten der Verteilung der äußern Einwirkungen über die Endquerschnitte abhängen, sondern

1) S. hierzu z. B. *Fr. Neumann*, Vorlesungen über die Theorie der Elastizität, Leipzig 1885, p. 164 u. f.; *G. Baumgarten*, Pogg. Ann. Bd. 152, p. 369, 1874; *W. Voigt*, ib. Erg. Bd. 7. p. 1 u. 177, 1875.

2) Ein experimenteller Nachweis der Unzulässigkeit der *Cauchy*schen Methode ist an Glas erbracht von *W. Voigt*, Wied. Ann. Bd. 15, p. 497, 1882.

3) *B. de Saint Venant*, bes. Mem. des Sav. Étrang. T. 14, p. 233, 1855; Journ. de Liouville (2) T. 1, p. 89, 1856; ib. T. 8, p. 257 u. 353, 1863.

nur von den aus ihnen resultierenden Gesamtkomponenten und Drehungsmomenten.

Die erste Annahme erscheint einigermaßen willkürlich und nur durch den bei isotropen Körpern überraschend großen Erfolg gerechtfertigt. In der Tat werden wir sehen, daß bei Kristallen wichtigste Arten der Deformation durch ihre Einführung von der Behandlung ausgeschlossen werden. Wir wollen daher unserer Untersuchung eine andere und, wie wohl gesagt werden darf, eine einfachere und allgemeinere Grundlage geben. Das erste in Angriff zu nehmende Problem wollen wir dahin formulieren, diejenigen Deformationen eines seitlich freien und körperlichen Kräften nicht ausgesetzten Zylinders zu bestimmen, bei denen die Deformationsgrößen und somit auch die Drucke längs der Zylinderachse konstant sind.[1])

Bei dem Ausgehen von dieser Grundlage wird sich dann von selbst die Bedeutung der zweiten *De Saint Venant*schen Annahme für unser Problem ergeben.

Dem in diesem Abschnitt behandelten Problem kann man ein zweites gegenüberstellen, das ihm in mancher Hinsicht parallel geht: die Deformation eines auf den Grundflächen freien und auf der Mantelfläche gedrückten Zylinders bei längs der Achse konstanten Deformationsgrößen und Drucken. Dasselbe ist von *Somigliana*[2]) bearbeitet worden, hat aber kaum Beziehungen zur Beobachtung und muß daher hier unberücksichtigt bleiben.

§ 305. **Festlegung der durch das Problem zugelassenen äußeren Einwirkungen.** Wir legen die $Z$-Achse des willkürlichen Koordinatensystems der Achsenrichtung des Zylinders parallel, den Anfangspunkt in die eine Grundfläche, ohne über den Ort daselbst schon eine Festsetzung zu treffen; ebenso wollen wir die Orientierung des $XY$-Achsenkreuzes zunächst unbestimmt lassen.

Unserem früheren Gebrauch nach hätten wir diese Achsen als $X'$, $Y'$, $Z'$ zu bezeichnen und in Gegensatz zu den $X$-, $Y$-, $Z$-Hauptachsen zu bringen, auf die sich die Schemata S. 585 u. f. beziehen. Da wir aber zunächst über die Symmetrie des Kristalls, aus dem der Stab hergestellt ist, keinerlei Annahme machen, also eigentlich einen Kristall des triklinen Systems voraussetzen, und da bei einem solchen kein kristallographisch ausgezeichnetes Koordinatenachsensystem existiert, so wollen wir, um die sehr große Häufung der Indizes (′) zu vermeiden, bei den folgenden allgemeinen Betrachtungen ein $XYZ$-System benutzen.

---

1) *W. Voigt*, Gött. Abh. Bd. **34**, p. 53, 1887. Hierhergehöriges bei *K. Socknick*, Progr. Königsb. 1904 u. 1905.

2) *C. Somigliana,* Ann. di Mat. pura ed appl. (2) T. 20, p. 1, 1892.

Bei Anwendung unsrer allgemeinen Resultate auf spezielle Kristallgruppen haben wir uns dann nur zu erinnern, daß das benutzte Koordinatensystem ein willkürliches ist, daß also unsre Formeln auch gelten, wenn wir $x$, $y$, $z$ mit $x'$, $y'$, $z'$, sowie $c_{hk}$ und $s_{hk}$ mit $c'_{hk}$ und $s'_{hk}$ vertauschen. —

Da die Druckkomponenten nach unsrer Grundannahme von $z$ unabhängig sein sollen, und da wir körperliche Kräfte ausschließen wollen, so nehmen die Hauptgleichungen (12) die Form an

$$0 = \frac{\partial X_x}{\partial x} + \frac{\partial X_y}{\partial y}, \quad 0 = \frac{\partial Y_x}{\partial x} + \frac{\partial Y_y}{\partial y}, \quad 0 = \frac{\partial Z_x}{\partial x} + \frac{\partial Z_y}{\partial y}. \tag{130}$$

Die Grenzbedingungen für die freie Mantelfläche mit der Normale $n$ lauten nach (13) und (14)

$$0 = \overline{X}_x \cos(n, x) + \overline{X}_y \cos(n, y). \quad 0 = \overline{Y}_x \cos(n, x) + \overline{Y}_y \cos(n, y),$$
$$0 = \overline{Z}_x \cos(n, x) + \overline{Z}_y \cos(n, y). \tag{131}$$

Für die Grundfläche $z = 0$ gilt, wenn $\overline{X}_0, \overline{Y}_0, \overline{Z}_0$ die dort wirkenden äußern Kräfte bezeichnen,

$$\overline{X}_0 - X_z = 0, \quad \overline{Y}_0 - Y_z = 0, \quad \overline{Z}_0 - Z_z = 0; \tag{132}$$

für die Grundfläche $z = l$ dagegen[1]), wenn dort $\overline{X}, \overline{Y}, \overline{Z}$ wirken,

$$\overline{X} + X_z = 0, \quad \overline{Y} + Y_z = 0, \quad \overline{Z} + Z_z = 0. \tag{133}$$

Hierin brauchen die $X_z$, $Y_z$, $Z_z$ für die beiden Grundflächen nicht unterschieden zu werden, da alle Druckkomponenten von $z$ unabhängig sein sollen.

Es sei bemerkt, daß es mitunter anschaulicher ist, die äußern Einwirkungen nur für die Grundfläche $z = l$ direkt vorgeschrieben, für die Grundfläche $z = 0$ aber durch die dort stattfindende Befestigung des Stabes geleistet zu denken. —

Bezeichnen wir die Gesamtkomponenten der Einwirkungen nach den Koordinatenachsen für die beiden Grundflächen mit $A_0$, $B_0$, $C_0$ resp. $A$, $B$, $C$, die Drehungsmomente derselben um die Koordinatenachsen mit $L_0$, $M_0$, $N_0$ resp. $L$, $M$, $N$, so gilt

$$\begin{aligned}
A_0 &= \int X_z dq, & B_0 &= \int Y_z dq, & C_0 &= \int Z_z dq; \\
A &= -\int X_z dq, & B &= -\int Y_z dq, & C &= -\int Z_z dq; \\
L_0 &= \int y Z_z dq, & M_0 &= -\int x Z_z dq, & N_0 &= \int (x Y_z - y X_z) dq; \\
L &= -\int y Z_z dq - Bl, & M &= \int x Z_z dq + Al, & N &= -\int (x Y_z - y X_z) dq;
\end{aligned} \tag{134}$$

1) Eine Verwechselung dieses Symboles $l$ mit dem gleichen, früher für die Drehungskomponente um die $X$-Achse benutzten, ist wohl nicht zu fürchten.

die Integrationen sind über einen beliebigen Querschnitt zu nehmen, da die Druckkomponenten $z$ nicht enthalten.

Nach den allgemeinen mechanischen Gleichgewichtsbedingungen muß nun gemäß der S. 609 gemachten Bemerkung gelten

$$\begin{gathered} A_0 + A = B_0 + B = C_0 + C = 0, \\ L_0 + L = M_0 + M = N_0 + N = 0. \end{gathered} \tag{135}$$

Die vierte und fünfte dieser Bedingungen ergeben nach den Werten aus (134)

$$A = A_0 = B = B_0 = 0, \tag{136}$$

d. h., der verlangte Zustand einer längs der Zylinderachse gleichförmigen Deformation kann nur eintreten, wenn die Einwirkungen auf die Grundflächen des Zylinders keine Gesamtkomponenten nach den Querachsen, sondern neben Drehungsmomenten nur noch Gesamtkomponenten nach der Zylinderachse liefern.

Es sei bemerkt, daß infolge des Verschwindens der Kräfte $A$ und $B$ die Drehungsmomente $L$, $M$ die Natur von Kräftepaaren erhalten, also nun auch um Parallele zur $X$- und $Y$-Achse in dem Querschnitt $z = l$ genommen werden können. Die nach (134) bei $A = B = 0$ für $L$ und $M$ resultierenden Ausdrücke lassen dies direkt erkennen.

§ 306. **Integralsätze für die Druckkomponenten.** Die vorstehenden Bedingungen für die Grundflächen ergeben nunmehr als für jeden Querschnitt gültig die Beziehungen

$$\begin{gathered} \int X_z dq = 0, \quad \int Y_z dq = 0, \quad -\int Z_z dq = C, \\ -\int y Z_z dq = L, \quad +\int x Z_z dq = M, \quad -\int (x Y_z - y X_z)\, dq = N. \end{gathered} \tag{137}$$

Wir ordnen diesen Formeln einige andere nützliche Sätze zu, die sich aus den Hauptgleichungen (130) und den für den Zylindermantel, d. h. für den Rand eines jeden Querschnitts, geltenden Bedingungen (131) ergeben.

Es gilt identisch

$$\int X_x dq = \int dy \left( \Big| x X_x \Big|_{x_0}^{x_1} - \int x \frac{\partial X_x}{\partial x}\, dx \right),$$

oder nach der ersten Hauptgleichung auch

$$= \int dy \Big| x X_x \Big|_{x_0}^{x_1} + \int x dx \int \frac{\partial X_y}{\partial y}\, dy = \int dy \Big| x X_x \Big|_{x_0}^{x_1} + \int x dx \Big| X_y \Big|_{y_0}^{y_1}.$$

Hierin beziehen $x_0$, $x_1$ und $y_0$, $y_1$ sich je auf die Grenzen der Integration, also auf Punkte des Querschnittrandes. Demgemäß gilt nun auch

$$\int X_x dq = \int \bar{x} ds (\overline{X}_x \cos(n, x) + \overline{X}_y \cos(n, y)),$$

und dies ist nach der ersten Randbedingung (131) gleich Null.

Indem man diese Methode auf die analogen Integrale anwendet, erhält man leicht das System

$$\begin{aligned} \int X_x dq &= \int X_y dq = \int Y_y dq = 0, \\ \int x X_x dq &= \int x X_y dq = \int x Y_y dq = 0, \\ \int y X_x dq &= \int y X_y dq = \int y Y_y dq = 0. \end{aligned} \tag{138}$$

Ähnlich gilt auch

$$\int x Z_x dq = \int y Z_y dq = 0, \tag{139}$$

aber $\int y Z_x dq = -\int x Z_y dq$ ist von Null verschieden; vielmehr folgt aus der letzten Formel (137)

$$\int y Z_x dq = -\int x Z_y dq = \tfrac{1}{2} N. \tag{140}$$

Diese Integralformeln sind von großem Nutzen bei der Behandlung der speziellen Probleme, die uns interessieren.

§ 307. **Allgemeinste mit den Bedingungen vereinbare Gesetze der Verrückungen.** Mit den Druckkomponenten sollen nun auch die Deformationsgrößen von $z$ unabhängig sein. Wir werden zeigen, daß sich hierdurch das Gesetz der Verrückungskomponenten $u$, $v$, $w$ ziemlich weitgehend bestimmt.

Da $z_z = \frac{\partial w}{\partial z}$ von $z$ unabhängig sein soll, so muß $w$ die Form haben

$$w = W + z W_1, \tag{141}$$

unter den $W$ Funktionen von $x$ und $y$ verstanden. Die Definitionen

$$y_z = \frac{\partial v}{\partial z} + \frac{\partial w}{\partial y}, \quad z_x = \frac{\partial u}{\partial z} + \frac{\partial w}{\partial x}$$

liefern nunmehr für $\partial v / \partial z$ und $\partial u / \partial z$ in $z$ lineäre Ausdrücke; wir können daher setzen

$$u = U + z U_1 + \tfrac{1}{2} z^2 U_2, \qquad v = V + z V_1 + \tfrac{1}{2} z^2 V_2, \tag{142}$$

wobei alle $U$ und $V$ wieder nur $x$ und $y$ enthalten.

Hiernach haben wir die Formeln

$$x_x = \frac{\partial U}{\partial x} + z\frac{\partial U_1}{\partial x} + \frac{1}{2}z^2\frac{\partial U_2}{\partial x}, \quad y_y = \frac{\partial V}{\partial y} + z\frac{\partial V_1}{\partial y} + \frac{1}{2}z^2\frac{\partial V_2}{\partial y}, \quad z_z = W_1,$$

$$y_z = \left(V_1 + \frac{\partial W}{\partial y}\right) + z\left(V_2 + \frac{\partial W_1}{\partial y}\right), \quad z_x = \left(U_1 + \frac{\partial W}{\partial x}\right) + z\left(U_2 + \frac{\partial W_1}{\partial x}\right),$$

$$x_y = \left(\frac{\partial U}{\partial y} + \frac{\partial V}{\partial x}\right) + z\left(\frac{\partial U_1}{\partial y} + \frac{\partial V_1}{\partial x}\right) + \frac{1}{2}z^2\left(\frac{\partial U_2}{\partial y} + \frac{\partial V_2}{\partial x}\right).$$

Da alle linken Seiten hier von $z$ unabhängig sind, muß gleiches von den rechten Seiten gelten; dies liefert die Beziehungen

$$\begin{gathered} \frac{\partial U_1}{\partial x} = 0, \quad \frac{\partial V_1}{\partial y} = 0, \quad \frac{\partial U_1}{\partial y} + \frac{\partial V_1}{\partial x} = 0, \\ \frac{\partial U_2}{\partial x} = 0, \quad \frac{\partial V_2}{\partial y} = 0, \quad \frac{\partial U_2}{\partial y} + \frac{\partial V_2}{\partial x} = 0, \\ V_2 + \frac{\partial W_1}{\partial y} = 0, \quad U_2 + \frac{\partial W_1}{\partial x} = 0. \end{gathered} \tag{143}$$

Aus dem letzten Gleichungspaar folgt

$$\frac{\partial U_2}{\partial y} = \frac{\partial V_2}{\partial x},$$

und dies ergibt mit dem vorhergehenden Formeltripel, daß $U_2$ und $V_2$ Konstanten sein müssen. Wir setzen

$$U_2 = -g_1, \quad V_2 = -g_2. \tag{144}$$

Das letzte Formelpaar aus (143) liefert nunmehr, wenn $g_3$ eine neue Konstante bezeichnet,

$$W_1 = g_1 x + g_2 y + g_3. \tag{145}$$

Die zwei ersten Gleichungen (143) verlangen, daß $U_1$ nur $y$, $V_1$ nur $x$ enthält, die dritte, daß diese Variabeln linear mit entgegengesetzt gleichen Faktoren auftreten. Wir setzen demgemäß

$$U_1 = f_1 - hy, \quad V_1 = f_2 + hx, \tag{146}$$

wobei $f_1, f_2, h$ Konstanten sind.

Somit erhalten wir als allgemeinste mit der Grundannahme vereinbare Werte

$$\begin{aligned} u &= U + z(f_1 - hy) - \tfrac{1}{2}z^2 g_1, \\ v &= V + z(f_2 + hx) - \tfrac{1}{2}z^2 g_2, \\ w &= W + z(g_1 x + g_2 y + g_3). \end{aligned} \tag{147}$$

Die Funktionen $U, V, W$ von $x$ und $y$ haben dabei gewissen Differentialgleichungen zu genügen, die aus den Hauptgleichungen (130) folgen, und auf die wir unten eingehen werden.

§ 308. **Einführung der Befestigungsbedingungen.** Außer den bisher benutzten Bedingungen kommen nach S. 565 noch solche zur Anwendung, welche die Verbindung des Koordinatensystems mit dem Zylinder, oder, anders ausgedrückt, die Befestigung des Zylinders bestimmen. Da die wirkenden Kräfte bereits alle in Rechnung gesetzt sind, dürfen diese Befestigungsbedingungen die Deformation des Zylinders nicht beeinflussen, sondern nur seine Lage fixieren. Ein bequemes System, welches diesen Anforderungen entspricht, ist das folgende:

1. Der Koordinatenanfangspunkt soll festgehalten, d. h.,

$$\text{für} \quad x = y = z = 0 \quad \text{soll} \quad u = v = w = 0 \tag{148}$$

sein.

2. Der Punkt, in dem die $Z$-Achse die zweite Grundfläche ($z = l$) schneidet, soll nur parallel der $Z$-Achse verschiebbar, d. h.,

$$\text{für} \quad x = y = 0, \quad z = l \quad \text{soll} \quad u = v = 0 \tag{149}$$

sein.

Durch diese zwei Arten von Bedingungen ist ersichtlich die Deformation des Zylinders nicht behindert, aber der Zylinder ist soweit befestigt, daß von Gesamtbewegungen nur noch eine Drehung um die $Z$-Achse möglich bleibt.

3. Das dem Koordinatenanfang anliegende Volumenelement soll keine Drehung um die $Z$-Achse erfahren können, d. h.,

$$\text{für} \quad x = y = z = 0 \quad \text{soll} \quad \frac{\partial v}{\partial x} - \frac{\partial u}{\partial y} = 0 \tag{150}$$

sein. Diese Bedingung hebt die genannte Drehungsmöglichkeit auf, ohne die Deformationsfreiheit zu beschränken.

Die Anwendung dieser Befestigungsbedingungen reduziert die Ausdrücke (147) nunmehr auf

$$\begin{aligned} u &= U + z(\tfrac{1}{2}g_1(l - z) - hy), \\ v &= V + z(\tfrac{1}{2}g_2(l - z) + hx), \\ w &= W + z(g_1 x + g_2 y + g_3) \end{aligned} \tag{151}$$

und liefert für $U, V, W$ die (Neben-)Bedingungen, daß

$$\text{für} \quad x = y = 0$$

gelten muß

$$U = V = W = 0, \qquad \frac{\partial U}{\partial y} = \frac{\partial V}{\partial x}. \tag{152}$$

§ 309. **Deutung der Parameter der Deformation.** Nach den Ausdrücken (151) zerfallen die Verschiebungskomponenten $u, v, w$ in zwei

Teile verschiedenen Charakters; der erste, von $z$ unabhängige, ist zunächst noch nicht angebbar; der zweite, von $z$ abhängige, ist bis auf die Zahlwerte von vier Parametern allgemein bestimmt.

Der erste Teil, d. h. $U$, $V$, $W$, bleibt allein übrig, wenn man $z = 0$ nimmt, und da nach unserer Grundannahme alle Querschnitte gleich deformiert sein sollen, so müssen diese Ausdrücke auch die Deformation aller andern Querschnitte, als desjenigen $z = 0$ bestimmen. $U$, $V$ stellen dabei die flächenhaften, $W$ die transversalen Verschiebungen der Punkte des Querschnitts, und somit $U$, $V$ die Verzerrung, $W$ die Faltung des Querschnitts dar.

Die geometrische Bedeutung der Parameter $g_1$, $g_2$, $g_3$ und $h$ ergibt sich durch die folgenden Überlegungen.

Für die Achsenlinie des Zylinders, d. h. für $x = y = 0$, wird

$$u = u_0 = \tfrac{1}{2} g_1 z(l - z), \qquad v = v_0 = \tfrac{1}{2} g_2 z(l - z),$$

wobei $u_0$, $v_0$ zugleich die neuen Koordinaten $\xi$, $\eta$ des Punktes mit den ursprünglichen Koordinaten $x = 0$, $y = 0$, $z$ bedeuten. Da wegen der Kleinheit von $w$ die neue Koordinate $\zeta$ sich nicht merklich von der ursprünglichen $z$ unterscheidet, so stellen die Beziehungen

$$\xi = \tfrac{1}{2} g_1 \zeta(l - \zeta), \qquad \eta = \tfrac{1}{2} g_2 \zeta(l - \zeta). \tag{153}$$

die Gleichungen der Kurve dar, nach welcher die Achsenfaser des Zylinders durch die Deformation gebogen wird. Nach der Grundannahme gleicher Deformation längs der Zylinderachse kann diese Kurve nur ein Kreisbogen sein, und die Formeln sind hiermit, wegen des neben $l$ sehr kleinen $\xi$ und $\eta$, im Einklang. Die Projektionen der Achsenkurve auf die $XZ$- und die $YZ$-Ebene sind beide als Kreise zu betrachten, und zwar sind die resp. Radien $\varrho_1$ und $\varrho_2$ gegeben durch

$$1/\varrho_1 = g_1, \quad 1/\varrho_2 = g_2; \tag{154}$$

$g_1$ stellt sonach das Maß der Biegung in der $XZ$-, $g_2$ in der $YZ$-Ebene dar.

Das Auftreten von $g_1$ und $g_2$ in dem Ausdruck für $w$ hat dabei die Bedeutung, daß, wenn die Deformationen längs der $Z$-Achse konstant sind, mit der Biegung der Stabachse eine Drehung der Querschnitte von ganz bestimmtem Gesetz notwendig verbunden ist. Um dies einfachst hervortreten zu lassen, fügen wir zu dem Ausdrucke (151) für $w$ den Term

$$\tfrac{1}{2} l(g_1 x + g_2 y)$$

additiv und subtraktiv hinzu und schreiben ihn, indem wir die neue Funktion $W + \tfrac{1}{2} l(g_1 x + g_2 y)$ von $x$ und $y$ allein in $W'$ abkürzen,

$$w = W' - g_1 x(\tfrac{1}{2} l - z) - g_2 y(\tfrac{1}{2} l - z) + g_3 z.$$

Bildet man nun

$$\frac{\partial u_0}{\partial z} = g_1(\tfrac{1}{2}l - z), \quad \frac{\partial v_0}{\partial z} = g_2(\tfrac{1}{2}l - z),$$

$$\frac{\partial w}{\partial x} = \frac{\partial W'}{\partial x} - g_1(\tfrac{1}{2}l - z), \quad \frac{\partial w}{\partial y} = \frac{\partial W'}{\partial y} - g_2(\tfrac{1}{2}l - z),$$

so erkennt man, daß die in $g_1$ und $g_2$ multiplizierten Glieder des letzten Ausdruckes für $w$ eine solche Drehung der Querschnitte des Zylinders darstellen, daß jene auch nach der Biegung normal zur Zylinderachse sind.

$W'$ drückt die eigentliche Faltung des Querschnittes aus, $g_3 z$ seinen Transport parallel der Zylinderachse infolge der Längsdilatation. Da für $x = y = 0$

$$\partial w / \partial z = g_3 \tag{155}$$

ist, so mißt $g_3$ direkt die lineäre Dilatation der Achsenfaser $x = y = 0$.

Für die Drehung $n$ um die $Z$-Achse innerhalb des Zylinders liefern die Formeln (107) in Verbindung mit unsern Resultaten (151)

$$n = \frac{1}{2}\left(\frac{\partial v}{\partial x} - \frac{\partial u}{\partial y}\right) = \frac{1}{2}\left(\frac{\partial V}{\partial x} - \frac{\partial U}{\partial y}\right) + hz. \tag{156}$$

Die relative Drehung an irgendeiner Stelle $x, y, z$ gegen die entsprechende Stelle $x, y, 0$ des ersten Querschnittes ist somit $= hz$; diese Größe ist für alle Teile eines Querschnittes konstant und nimmt von Querschnitt zu Querschnitt proportional mit $z$ zu. Als spezifische Drillung des Zylinders $n_1$ bezeichnen wir die relative Drehung zweier Querschnitte im gegenseitigen Abstand Eins; da nun nach (156)

$$n_1 = \frac{\partial n}{\partial z} = h, \tag{157}$$

so ist hierdurch der vierte Parameter $h$ als die spezifische Drillung des Zylinders anschaulich gedeutet.

Für die Drehung des letzten Querschnittes $z = l$ gegen den ersten $z = 0$ ergibt sich

$$\bar{n} = hl; \tag{158}$$

$\bar{n}$ wird die Gesamtdrillung des Zylinders genannt.

Die gesamte Drehung $n$ an irgendeiner Stelle des Zylinders enthält außer dem von $x$ und $y$ unabhängigen Glied $hz$ noch den mit $x$ und $y$ variierenden Anteil $\frac{1}{2}(\partial V/\partial x - \partial U/\partial y)$. Dieser drückt aus, daß ein Teil der Verzerrung jedes Querschnittes auf innerhalb desselben wechselnde Drehungen um die Zylinderachse zurückgeführt werden kann.

Durch vorstehendes ist nun auch der allgemeine Charakter der mit unserer Grundannahme vereinbaren Deformationen, nämlich im allgemeinsten Falle eine Superposition von Längsdehnung, (gleichförmiger) Biegung und Drillung, klargestellt.

§ 310. **Anwendung der Integralsätze für die Druckkomponenten.** Bis hierher haben wir nichts weiter benutzt, als die Annahme der Unabhängigkeit der Drucke und der Deformationen von $z$ und die allgemeinen Gleichungen für deformierbare Körper; von dem speziellen Gesetz, welches die Drucke mit den Deformationsgrößen verbindet, ist aber noch nicht Gebrauch gemacht worden. Die bisherigen Resultate haben also eine größere Tragweite, als für unser spezielles Problem.

Nunmehr mögen die Beziehungen (4) resp. (6), welche für einen Kristall von beliebiger Symmetrie die Drucke mit den Deformationen verbinden, herangezogen werden. Da weiterhin das verschiedene Verhalten der verschiedenen Druckkomponenten eine Rolle spielt, müssen wir die kurze Darstellung dieser Beziehungen durch Summenzeichen ($\sum$) jetzt aufgeben und an die umständlicheren Formen (20) resp. (22) derselben anknüpfen.

Unter Benutzung unserer Resultate (151) nehmen nunmehr die Gleichungen (22) die Form an

$$\begin{aligned}
-\frac{\partial U}{\partial x} &= s_{11} X_x + \cdots + s_{16} X_y,\\
-\frac{\partial V}{\partial y} &= s_{21} X_x + \cdots + s_{26} X_y,\\
-(g_1 x + g_2 y + g_3) &= s_{31} X_x + \cdots + s_{36} X_y,\\
-\left[\frac{1}{2} l g_2 + \frac{\partial W}{\partial y} + hx\right] &= s_{41} X_x + \cdots + s_{46} X_y,\\
-\left[\frac{1}{2} l g_1 + \frac{\partial W}{\partial x} - hy\right] &= s_{51} X_x + \cdots + s_{56} X_y,\\
-\left(\frac{\partial U}{\partial y} + \frac{\partial V}{\partial x}\right) &= s_{61} X_x + \cdots + s_{66} X_y.
\end{aligned} \tag{159}$$

Es lassen sich nun sehr merkwürdige allgemeine Beziehungen gewinnen durch Integration dieser Formeln resp. nach Multiplikation mit Eins, mit $x$, mit $y$, über den Querschnitt $Q$ des Zylinders Um diese Beziehungen sogleich in einfachster Form zu erhalten, wollen wir jetzt über die Lage des Koordinatenanfangspunktes und über die Orientierung des $XY$-Achsenkreuzes (die bisher noch freigelassen waren) geeignet verfügen.

Wir setzen fest, daß der Koordinatenanfang im Schwerpunkt des ersten Querschnittes, die $X$- und $Y$-Achse je in einer Haupt-

**trägheitsachse** desselben liegen sollen. Diese Festsetzungen sind ausgedrückt in den Beziehungen

$$\int x\,dq = 0, \quad \int y\,dq = 0, \quad \int xy\,dq = 0. \tag{160}$$

Ferner führen wir die Abkürzungen ein

$$\int x^2 dq = Q\varkappa_1^2, \quad \int y^2 dq = Q\varkappa_2^2, \tag{161}$$

wobei wieder $Q$ den Querschnitt des Zylinders, außerdem $\varkappa_1$ und $\varkappa_2$ dessen Trägheitsradien in bezug auf die festgelegte $Y$- und $X$-Achse — die sogenannten **Hauptträgheitsradien** des Querschnittes — bezeichnen.

Unter Rücksicht hierauf liefern die genannten Operationen folgende Resultate:

$$\begin{gathered}
\int \frac{\partial U}{\partial x} dq = s_{13} C, \quad \int \frac{\partial V}{\partial y} dq = s_{23} C, \quad g_3 Q = s_{33} C, \\
\frac{1}{2} g_2 l Q + \int \frac{\partial W}{\partial y} dq = s_{43} C, \quad \frac{1}{2} g_1 l Q + \int \frac{\partial W}{\partial x} dq = s_{53} C, \\
\int \left(\frac{\partial U}{\partial y} + \frac{\partial V}{\partial x}\right) dq = s_{63} C;
\end{gathered} \tag{162}$$

$$\begin{gathered}
\int x \frac{\partial U}{\partial x} dq = -s_{13} M + \frac{1}{2} s_{14} N, \quad \int y \frac{\partial U}{\partial x} dq = s_{13} L - \frac{1}{2} s_{15} N, \\
\int x \frac{\partial V}{\partial y} dq = -s_{23} M + \frac{1}{2} s_{24} N, \quad \int y \frac{\partial V}{\partial y} dq = s_{23} L - \frac{1}{2} s_{25} N, \\
g_1 Q\varkappa_1^2 = -s_{33} M + \frac{1}{2} s_{34} N, \quad g_2 Q\varkappa_2^2 = s_{33} L - \frac{1}{2} s_{35} N, \\
hQ\varkappa_1^2 + \int x \frac{\partial W}{\partial y} dq = -s_{43} M + \frac{1}{2} s_{44} N, \\
\int y \frac{\partial W}{\partial y} dq = s_{43} L - \frac{1}{2} s_{45} N, \\
\int x \frac{\partial W}{\partial x} dq = -s_{53} M + \frac{1}{2} s_{54} N, \\
-hQ\varkappa_2^2 + \int y \frac{\partial W}{\partial x} dq = s_{53} L - \frac{1}{2} s_{55} N, \\
\int x \left(\frac{\partial U}{\partial y} + \frac{\partial V}{\partial x}\right) dq = -s_{63} M + \frac{1}{2} s_{64} N, \\
\int y \left(\frac{\partial U}{\partial y} + \frac{\partial V}{\partial x}\right) dq = s_{63} L - \frac{1}{2} s_{65} N
\end{gathered} \tag{163}$$

§ 311 **Allgemeine Bestimmung einiger Parameter der Deformation.** Unter diesen Formeln sind einige von den bisher noch unbestimmten Funktionen $U$, $V$, $W$ ganz frei und enthalten die vollständige und allgemeine Bestimmung einiger der Parameter unserer Ausdrücke (151) für $u$, $v$, $w$. Es gilt nämlich

$$g_1 = (-s_{33}M + \tfrac{1}{2}s_{34}N)/Q\varkappa_1^2, \quad g_2 = (s_{33}L - \tfrac{1}{2}s_{35}N)/Q\varkappa_2^2, \quad g_3 = s_{33}C/Q. \tag{164}$$

Der vierte Parameter $h$ läßt sich nicht ebenso allgemein ausdrücken; er ist in den zwei Beziehungen

$$\begin{aligned} hQ\varkappa_1^2 &= -s_{43}M + \frac{1}{2}s_{44}N - \int x\frac{\partial W}{\partial y}dq, \\ -hQ\varkappa_2^2 &= s_{53}L - \frac{1}{2}s_{55}N - \int y\frac{\partial W}{\partial x}dq \end{aligned} \tag{165}$$

mit zwei durch die bislang unbekannte Funktion $W$ bestimmten Konstanten verkoppelt, die sich aus denselben nicht ohne weiteres eliminieren lassen. Immerhin gestatten diese Formeln in Verbindung mit (164) einige wichtige allgemeine Schlüsse.

Der Parameter $g_3$ der Längsdehnung des Zylinders bestimmt sich nach (164) allgemein und vollständig durch die Gesamtkomponente $C$ der auf die Endquerschnitte ausgeübten Einwirkungen nach der $Z$-Achse.

Die Parameter $g_1$ und $g_2$ bestimmen sich nach (164) ebenso allgemein und vollständig durch die Drehungsmomente der äußern Einwirkungen. Wirkt nur ein Moment $L$ um die $X$-Achse, so findet (wegen $g_1 = 0$) eine Biegung in der $YZ$-Ebene, wirkt nur ein Moment $M$ um die $Y$-Achse, so findet (wegen $g_2 = 0$) eine Biegung in der $XZ$-Ebene statt. Dies gilt unabhängig von der kristallographischen Symmetrie, setzt aber voraus, daß die $X$- und die $Y$-Achse je in eine Hauptträgkeitsachse durch den Schwerpunkt des Querschnittes fallen.

Wirkt nur ein Drehungsmoment $N$ um die $Z$-Längsachse des Zylinders, so findet im allgemeinen trotzdem eine Biegung statt. Dies ist eine sehr merkwürdige und völlig an kristallinische Struktur gebundene Wirkung; sie verschwindet nur, wenn nach den Symmetrieverhältnissen der Orientierung des Kristallzylinders die Moduln $s_{34}$ und $s_{35}$ gleich Null sind. Einige hierher gehörige Fälle lassen die Parameterschemata auf S. 585 (die nach S. 588 im wesentlichen auch für die $s_{hk}$ gültig sind) erkennen.

Der Parameter $h$ der Drillung bestimmt sich durch alle drei Momente $L$, $M$, $N$; es bringen sonach auch (biegende) Momente um die Querachsen $X$ und $Y$ eine Drillung hervor. Diese Wirkung entspricht genau der vorstehend besprochenen, sie wird durch dieselben Moduln $s_{43} = s_{34}$ und $s_{53} = s_{35}$ gemessen und verschwindet mit diesen.

Das Auftreten derselben Moduln in beiden Fällen wird von einem allgemeineren Standpunkt aus durch den in § 283 entwickelten *Betti*schen Satz verständlich.

Wendet man denselben auf unsern Fall eines körperlichen Kräften nicht unterworfenen und auf der Mantelfläche freien Zylinders an, so ergibt (34)

$$\int(\overline{X}\overline{\mathfrak{u}} + \overline{Y}\overline{\mathfrak{v}} + \overline{Z}\overline{\mathfrak{w}})dq = \int(\overline{\mathfrak{X}}\overline{u} + \overline{\mathfrak{Y}}\overline{v} + \overline{\mathfrak{Z}}\overline{w})dq,$$

wobei die Integrale über **beide** Endquerschnitte zu erstrecken sind, und die lateinischen Buchstaben sich auf den einen, die deutschen auf den andern Deformationszustand beziehen. Entspricht speziell der lateinische nur äußern Kräften parallel, der deutsche nur solchen normal zur $Z$-Achse, so haben wir einfacher

$$\int\overline{Z}\overline{\mathfrak{w}}dq = \int(\overline{\mathfrak{X}}\overline{u} + \overline{\mathfrak{Y}}\overline{v})dq.$$

Nun sind nach S. 619 die auf die entsprechenden Elemente $dq$ beider Endquerschnitte wirkenden Kräfte einander entgegengesetzt gleich. Behalten wir also die auf den **freien** Endquerschnitt $\overline{Q}$ wirkenden unter den Bezeichnungen $\overline{\mathfrak{X}}$, $\overline{\mathfrak{Y}}$, $\overline{Z}$ bei und verstehen unter $u_0$, $v_0$, $\mathfrak{w}_0$ die Verrückungen in der (im Anfangspunkt) befestigten Grundfläche, so ergibt sich

$$\int\overline{Z}(\overline{\mathfrak{w}} - \mathfrak{w}_0)d\overline{q} = \int(\overline{\mathfrak{X}}(\overline{u} - u_0) + \overline{\mathfrak{Y}}(\overline{v} - v_0))\,d\overline{q}.$$

Aus (151) folgt aber, wenn wir auch die Parameter der beiden Deformationszustände durch lateinische und deutsche Buchstaben unterscheiden,

$$\overline{u} - u_0 = -lhy,\quad \overline{v} - v_0 = +lhx,\quad \overline{\mathfrak{w}} - \mathfrak{w}_0 = l(\mathfrak{g}_1 x + \mathfrak{g}_2 y + \mathfrak{g}_3),$$

und das Einsetzen liefert

$$\int\overline{Z}(\mathfrak{g}_1 x + \mathfrak{g}_2 y + \mathfrak{g}_3)d\overline{q} = h\int(\overline{\mathfrak{Y}}x - \overline{\mathfrak{X}}y)d\overline{q},$$

oder bei Anwendung der Beziehungen (133) und (137)

$$-\mathfrak{g}_1 M + \mathfrak{g}_2 L + \mathfrak{g}_3 C = h\mathfrak{N}.$$

In unserm Falle handelt es sich nur um Drehungsmomente, also ist $C = 0$ zu setzen; ferner beruht $\mathfrak{g}_1$ und $\mathfrak{g}_2$ nur auf $\mathfrak{N}$, so daß nach (164)

$$\mathfrak{g}_1 = \tfrac{1}{2}s_{34}\mathfrak{N}/Q\varkappa_1^2,\quad \mathfrak{g}_2 = -\tfrac{1}{2}s_{35}\mathfrak{N}/Q\varkappa_2^2.$$

Hieraus folgt dann für die Abhängigkeit des Parameters $h$ von $L$ und $M$

$$h = -\frac{1}{2Q}\left(M\frac{s_{34}}{\varkappa_1^2} + L\frac{s_{35}}{\varkappa_2^2}\right), \tag{166}$$

eine Formel, die schon über den Inhalt von (165) hinausgeht, insofern sie bereits die Elimination der vorläufig noch nicht bestimmten Funktion $W$ vollzogen zeigt. Dies Resultat wird uns weiter unten wieder begegnen.

§ 312. **Wirkung ausschließlich normaler Drucke auf die Endflächen.** Wir wollen nunmehr spezielle Fälle betrachten, in denen sich die bisher noch verfügbaren Funktionen $U$, $V$, $W$ bestimmen, also die Deformationsprobleme völlig zu Ende führen lassen.

Die Hilfsmittel hierzu bieten die Beziehungen (159), welche diese Funktionen mit den Druckkomponenten verbinden, daneben die allgemeinen elastischen Haupt- und Grenzgleichungen (130) und (131) für den Zylinder. Ein methodisches Verfahren würde sein, die Gleichungen (159) nach den Druckkomponenten $X_x, \ldots X_y$ aufzulösen und die erhaltenen Ausdrücke in jene allgemeinen Bedingungen einzusetzen, die dadurch zu Gleichungen für $U$, $V$, $W$ werden würden. Indessen können wir Lösungen, die zu interessanten Problemen führen, auf dem viel einfacheren Wege erhalten, direkt Werte der Drucke zu bilden, welche den allgemeinen Bedingungen (130) und (131) genügen, und die zugehörigen $U$, $V$, $W$ aus (159) unter Zuhilfenahme der Befestigungsbedingungen (152) zu berechnen.

Die denkbar einfachste Art, den allgemeinen Bedingungen (identisch) zu genügen, ist die Annahme

$$X_x = Y_y = Y_z = Z_x = X_y = 0, \tag{167}$$

wobei $Z_z$ verfügbar bleibt.

Nach den Formeln (137) umfaßt diese Verfügung Fälle der Einwirkung einer äußern Gesamtkomponente $C$ parallel der Zylinderachse und der Drehungsmomente $L$ und $M$ um die Querachsen; sie schließt die Einwirkung eines Drehungsmoments $N$ um die Zylinderachse aus. Dies sind die Fälle, die bei isotropen Medien auf Längsdehnung und gleichförmige Biegung führen.

Geht man mit den Werten (167) in die Beziehungen (159), so liefert die dritte hiervon durch

$$-(g_1 x + g_2 y + g_3) = s_{33} Z_z \tag{168}$$

die Bestimmung von $Z_z$ als eine in $x$ und $y$ lineäre Funktion. Die Benutzung dieses Resultates in den andern Formeln (159) ergibt, daß

$U, V, W$ Funktionen zweiten Grades in $x$ und $y$ sein müssen. Um zugleich die Befestigungsbedingungen (152) zu erfüllen, wollen wir setzen:

$$\begin{aligned} U &= \tfrac{1}{2}a_1x^2 + b_1xy + \tfrac{1}{2}c_1y^2 + d_1x + ey, \\ V &= \tfrac{1}{2}a_2x^2 + b_2xy + \tfrac{1}{2}c_2y^2 + ex + d_2y, \\ W &= \tfrac{1}{2}a_3x^2 + b_3xy + \tfrac{1}{2}c_3y^2 + d_3x + e_3y. \end{aligned} \tag{169}$$

Die 14 Parameter dieser Ausdrücke nebst den vier $g_1, g_2, g_3, h$ bestimmen sich vollständig durch die Formeln (162) und (163), in denen jetzt $N = 0$ zu setzen ist. Die Resultate sind von der Form des Zylinderquerschnitts vollständig unabhängig.

§ 313. **Gleichförmige Längsdehnung.** Wir wollen, um die Resultate nicht unnötig zu komplizieren, die drei Einwirkungen, welche mit dem Ansatz (167) vereinbar sind, nicht gleichzeitig in Aktion treten lassen, sondern die dehnende Kraft $C$ und die biegenden Momente $L, M$ gesondert behandeln. Da nach (164) und (168) $Z_z$ bei ausschließlicher Einwirkung von $C$ konstant wird, werden hier $U, V, W$ lineär in $x$ und $y$; demgemäß kommt die Beschränkung auf $C$ hinaus auf eine Abtrennung der Anteile

$$U = d_1x + ey, \quad V = ex + d_2y, \quad W = d_3x + e_3y$$

und Bestimmung von deren Parametern mit Hilfe nur der Beziehungen (162).

Die bezüglichen Resultate sind

$$\begin{aligned} d_1Q &= s_{13}C, \quad d_2Q = s_{23}C, \quad g_3Q = s_{33}C, \\ e_3Q &= s_{43}C, \quad d_3Q = s_{53}C, \quad 2eQ = s_{63}C, \end{aligned}$$

und ihre Substitution liefert

$$\begin{aligned} u &= (s_{13}x + \tfrac{1}{2}s_{63}y)C/Q, \quad v = (s_{23}y + \tfrac{1}{2}s_{63}x)C/Q, \\ w &= (s_{53}x + s_{43}y + s_{33}z)C/Q. \end{aligned} \tag{170}$$

Diese Ausdrücke stellen die Komponenten der Verschiebung in einem gleichförmig longitudinal gedehnten Zylinder aus beliebiger kristallinischer Substanz und von ganz beliebigem Querschnitt dar.

Die Deformationsgrößen ergeben sich aus (170)

$$x_x = s_{13}C/Q, \quad y_y = s_{23}C/Q, \; \ldots \; x_y = s_{63}C/Q; \tag{171}$$

diese Resultate sind konform mit den für die Wirkung eines einseitigen normalen Druckes auf ein parallelepipedisches Präparat geltenden Formeln (23), wenn man dort die $Z$- für die $X$-Achse substituiert. Wegen der Willkürlichkeit der Querschnittsform des Zylinders umfassen die neuen Resultate die alten. $-C/Q$ hier entspricht $+\bar{Z}_3$ dort.

Wir notieren uns für später, daß der einseitige Zug von einer kubischen Dilatation begleitet ist, nach (66) auf S. 176 gegeben durch

$$\delta = (s_{13} + s_{23} + s_{33})\, C/Q = S_3\, C/Q, \tag{172}$$

wobei $S_3$ die S. 570 eingeführte Abkürzung ist.

Für einen isotropen Zylinder reduzieren sich gemäß dem Schema auf S. 589 die Formeln (170) auf

$$u = s_1 x C/Q, \quad v = s_1 y C/Q, \quad w = s z C/Q. \tag{173}$$

Die Vergleichung der beiden Ausdrücke läßt erkennen, welche Abweichungen auf der kristallinischen Natur beruhen.

Die beiden Werte (173) für $u$ und $v$ zeigen, daß bei einem isotropen Zylinder von beliebigem Querschnitt die Punkte jedes Querschnittes in radialer Richtung um einen Betrag $s_1\sqrt{x^2+y^2}\; C/Q$ verschoben werden. Demgegenüber ergeben die Werte (171) eine Verschiebung normal zu der durch den bezüglichen Punkt gelegten Ellipse

$$s_{13}x^2 + s_{23}y^2 + s_{63}xy = \text{konst.},$$

und zwar um Beträge, die proportional sind mit der Länge der Normalen vom Anfangspunkt auf die Tangente an dieser Kurve.

Infolge hiervon wird bei dem kristallinischen Zylinder ein Kreis vom Radius $R$ um den Anfangspunkt durch die Deformation zu einer Ellipse. Es gilt nämlich fü\i die neuen Koordinaten

$$\xi = x + u = x(1 + s_{13}C/Q) + \tfrac{1}{2} y s_{63}\, C/Q,$$
$$\eta = y + v = y(1 + s_{23}C/Q) + \tfrac{1}{2} x s_{63}\, C/Q,$$

oder auch in zulässiger Annäherung

$$\xi(1 - s_{13}C/Q) - \tfrac{1}{2}\eta s_{63}\, C/Q = x,$$
$$\eta(1 - s_{23}C/Q) - \tfrac{1}{2}\xi s_{63}\, C/Q = y;$$

da aber $x^2 + y^2 = R^2$ war, so folgt hieraus als die Gleichung der betreffenden Ellipse

$$\xi^2(1 - 2s_{13}C/Q) + \eta^2(1 - 2s_{23}\,C/Q) - 2\xi\eta s_{63}\,C/Q = R^2.$$

War der Zylinderquerschnitt ursprünglich von dem Kreis vom Radius $R$ begrenzt, so stellt diese Ellipse die deformierte Querschnittsform dar.

$$x_x = s_{13}\,C/Q, \quad y_y = s_{23}\,C/Q$$

sind die linearen Dilatationen in der Richtung der $X$- und der $Y$-Achse. In einer beliebigen transversalen Richtung, welche den Winkel $\psi$ mit der $X$-Achse einschließt, hat diese Dilatation nach S. 172 den Wert

$$\begin{aligned} \varDelta &= x_x \cos^2\psi + y_y \sin^2\psi + x_y \cos\psi \sin\psi \\ &= (s_{13}\cos^2\psi + s_{23}\sin^2\psi + s_{63}\sin\psi\cos\psi)\,C/Q. \end{aligned}$$

Die Dilatation der Querschnittsfläche ist nach S. 177 durch

$$x_x + y_y = (s_{13} + s_{23})\,C/Q \tag{174}$$

gegeben. Diese Größe kann nach ihrer Bedeutung von der Orientierung der $X$- und der $Y$-Achse gegen den Kristall nicht abhängig sein; also kann auch der Modul $s_{13} + s_{23}$ nur von der Richtung der $Z$-Achse abhängen. Auf diese Eigenschaft ist bereits S. 595 hingewiesen worden.

Der Wert (173) von $w$ drückt aus, daß die Querschnitte des isotropen Zylinders, die ursprünglich normal zur $Z$-Achse lagen, auch nach der Dehnung normal zu ihr bleiben. Dagegen zeigt der entsprechende Wert in (170), daß bei kristallinischer Substanz diese Querschnitte zwar noch eben sind, aber eine schiefe Lage annehmen.

§ 314. **Gleichförmige Biegung.** Bei Beschränkung auf alleinige Einwirkung von Drehungsmomenten $L$ und $M$ kommen von den Ansätzen (169) nur die Anteile

$$\begin{gathered} U = \tfrac{1}{2}a_1x^2 + b_1xy + \tfrac{1}{2}c_1y^2, \quad V = \tfrac{1}{2}a_2x^2 + b_2xy + \tfrac{1}{2}c_2y^2, \\ W = \tfrac{1}{2}a_3x^2 + b_3xy + \tfrac{1}{2}c_3y^2 + d_3x + e_3y \end{gathered} \tag{175}$$

zur Geltung, und die Bestimmung von deren Konstanten wird durch die Beziehungen (163) geliefert, wozu noch die vierte und fünfte Formel (162) zu nehmen ist.

Wir erhalten so ganz allgemein gültig

$$\begin{gathered} \tfrac{1}{2}g_2 l + e_3 = 0, \quad \tfrac{1}{2}g_1 l + d_3 = 0, \\ \begin{aligned} a_1\,Q\varkappa_1^2 &= -s_{13}M, & b_2\,Q\varkappa_1^2 &= -s_{23}M, & g_1\,Q\varkappa_1^2 &= -s_{33}M, \\ b_1\,Q\varkappa_2^2 &= s_{13}L, & c_2\,Q\varkappa_2^2 &= s_{23}L, & g_2\,Q\varkappa_2^2 &= s_{33}L, \\ (b_3+h)\,Q\varkappa_1^2 &= -s_{43}M, & a_3\,Q\varkappa_1^2 &= -s_{53}M, & (b_1+a_2)\,Q\varkappa_1^2 &= -s_{63}M, \\ c_3\,Q\varkappa_2^2 &= s_{43}L, & (b_3-h)\,Q\varkappa_2^2 &= s_{53}L, & (c_1+b_2)\,Q\varkappa_2^2 &= s_{63}L. \end{aligned} \end{gathered} \tag{176}$$

Von den hierin enthaltenen Resultaten heben wir zunächst hervor, daß sich für die spezifische Drillung $h$ des Zylinders ergibt

$$h = -\frac{1}{2Q}\left(M\frac{s_{34}}{\varkappa_1^2} + L\frac{s_{35}}{\varkappa_2^2}\right). \tag{177}$$

Dieser am Ende von § 311 bereits auf anderem Wege abgeleitete Ausdruck gilt, wie nochmals betont werden mag, für jede Form des Querschnittes.

Im übrigen erhalten wir durch Einsetzen der vorstehenden Werte der Parameter in die Ansätze (175) für die beiden auf $M$ und $L$ beruhenden Teile von $u, v, w$ folgende Ausdrücke

$$\begin{aligned} u_1 &= -\frac{M}{2Q\varkappa_1^2}\{x^2 s_{13} - y^2 s_{23} - z[y s_{43} - (l-z)s_{33}]\},\\ v_1 &= -\frac{M}{2Q\varkappa_1^2}\{x^2 s_{63} + 2xy s_{23} + zx s_{43}\},\\ w_1 &= -\frac{M}{2Q\varkappa_1^2}\{x^2 s_{53} + xy s_{43} - (l-2z)x s_{33}\}; \end{aligned} \tag{178}$$

$$\begin{aligned} u_2 &= \frac{L}{2Q\varkappa_2^2}\{2xy s_{13} + y^2 s_{63} + zy s_{53}\},\\ v_2 &= \frac{L}{2Q\varkappa_2^2}\{y^2 s_{23} - x^2 s_{13} - z[x s_{53} - (l-z)s_{33}]\},\\ w_2 &= \frac{L}{2Q\varkappa_2^2}\{xy s_{53} + y^2 s_{43} - (l-2z)y s_{33}\} \end{aligned} \tag{179}$$

Auch hier treten die spezifischen Wirkungen der kristallinischen Substanz am deutlichsten hervor durch Vergleichung dieser Ausdrücke mit den für einen isotropen Zylinder gültigen; es genügt, die dem ersten Formeltripel entsprechenden anzugeben, welche lauten

$$\begin{aligned} u_1 &= -\frac{M}{2Q\varkappa_1^2}[(x^2-y^2)s_1 + z(l-z)s],\\ v_1 &= -\frac{M}{Q\varkappa_1^2}xys_1, \quad w_1 = +\frac{M}{2Q\varkappa_1^2}(l-2z)xs. \end{aligned} \tag{180}$$

Zu diesen Wertsystemen sei folgendes bemerkt:

Was gewöhnlich als Größe der Biegung bezeichnet wird, ist die Krümmung der Zylinderachse, dargestellt durch den Ausdruck für $\partial^2 u/\partial z^2$ in (178) und (180), für $\partial^2 v/\partial z^2$ in (179). Der sie messende Modul ist beim Kristall $s_{33}$, beim isotropen Körper $s$; in beiden Fällen tritt derselbe Modul auf, der nach (171) und (173) für die Längsdehnung maßgebend ist. Mit der Biegung in direktem geometrischen Zusammenhang steht die Neigung der verschiedenen Querschnitte des Stabes, ausgedrückt durch die gleichfalls in $s_{33}$ resp. $s$ multiplizierten Glieder in den $w$. Die übrigen von $z$ abhängigen Glieder in (178) und (179) stellen die Drillung dar, die nach S 628 bei dem Kristallstab mit der Biegung verknüpft ist und die Moduln $s_{43}$ und $s_{53}$ hat.

Alle von $z$ freien Glieder in $u$ und $v$, von $(l-2z)$ freien in $w$ zusammen bestimmen die Deformation der Querschnitte, die für alle Querschnitte dieselbe ist. Hier fällt auf, daß bei einem isotropen Zylinder die Querschnitte bei der Biegung eben bleiben, insofern der Ausdruck (180) für $w_1$ kein von $(l-2z)$ unabhängiges Glied enthält, daß dagegen bei einem Kristall sich die Querschnitte im allgemeinen nach einer Fläche zweiten Grades krümmen. Die Verzerrungen der Querschnitte in ihrer Ebene, ausgedrückt durch die von $z$ freien Glieder in $u$ und $v$, sind bei dem kristallinischen Zylinder nur quantitativ von denjenigen bei isotropen verschieden.

§ 315. **Wirkung ausschließlich tangentialer Drucke gegen die Endflächen.** Eine zweite einfache Verfügung, welche die Hauptgleichungen (130) befriedigt, ist die

$$X_x = Y_y = X_y = 0, \quad Y_z = \frac{\partial \Omega}{\partial x}, \quad Z_x = -\frac{\partial \Omega}{\partial y}, \tag{181}$$

wobei $\Omega$ eine Funktion von $x$ und $y$ bezeichnet, und $Z_z$ noch verfügbar bleibt. Durch sie werden die beiden ersten Randbedingungen identisch erfüllt; die dritte erhält die Form

$$-\frac{\overline{\partial \Omega}}{\partial y}\cos(n,x) + \frac{\overline{\partial \Omega}}{\partial x}\cos(n,y) = 0, \tag{182}$$

oder wenn durch

$$\cos(n,x) = \cos(s,y), \quad \cos(n,y) = -\cos(s,x)$$

die Richtung des Elementes $ds$ der Randkurve des Zylinderquerschnittes eingeführt wird, auch

$$\frac{\overline{d\Omega}}{ds} = 0, \quad \text{d. h.} \quad \overline{\Omega} = \text{konst.}$$

Die Werte (181) stellen also eine Lösung des Problems der gleichförmigen Deformation für einen Zylinder dar, dessen Querschnitt von einer Kurve mit der Gleichung $\overline{\Omega} =$ konst. umrandet ist. Da $\Omega$ nur durch seine Differentialquotienten eingeführt ist, also eine additive unbestimmte Konstante enthält, kann man die Gleichung der Randkurve auch schreiben

$$\overline{\Omega} = 0. \tag{183}$$

Wir wollen die Konsequenzen dieser Verfügung entwickeln.

Die dritte Gleichung (159) nimmt jetzt die Form an

$$-(g_1 x + g_2 y + g_3) = s_{33} Z_z + s_{34} Y_z + s_{35} Z_x. \tag{184}$$

Dies legt nahe, zunächst für $Y_z$ und $Z_z$ lineäre Funktionen von $x$ und $y$ einzuführen und

$$Z_z = 0 \tag{185}$$

zu machen, da die Folgerungen, zu denen die Annahme einer analogen Funktion für $Z_z$ führt, bereits oben entwickelt sind.

Aus dieser Annahme über $Z_z$ folgt nach (137) das Verschwinden von $C, L, M$; nur $N$ bleibt von Null verschieden. Unsre Verfügung führt also auf Fälle der Deformation des Zylinders durch ein Drehungsmoment um seine Längsachse, eine Einwirkung, die bei einem isotropen Zylinder auf eine reine Drillung führt.

§ 316. **Drillung eines Zylinders von elliptischem Querschnitt.** Sollen $Y_z$ und $Z_x$ gemäß unserer Annahme sich lineär in $x$ und $y$ ergeben, so muß $\Omega$ vom zweiten Grade in diesen Größen sein. Da nun $\overline{\Omega} = 0$ die Querschnittskurve des Zylinders liefern soll, und da die allgemeinste geschlossene Kurve zweiten Grades eine Ellipse ist, so ist ersichtlich, daß unsre Verfügung uns zu der Lösung des Deformationsproblems für einen elliptischen Zylinder bei Einwirkung eines drillenden Moments $N$ führen wird. Es bedingt keine wesentliche Beschränkung der Allgemeinheit, daß wir nach ($160^3$) die Ellipsenachsen in die Koordinatenachsen $X$, $Y$ fallen lassen müssen, da über die Lage der letzteren im Kristall nichts festgesetzt ist. Das Zentrum der Ellipse muß nach den Festsetzungen von ($160^1$) und ($160^2$) in die Stelle $x = 0$, $y = 0$ fallen. Demgemäß können wir setzen

$$\Omega = k\left(\frac{x^2}{a^2} + \frac{y^2}{b^2} - 1\right); \tag{186}$$

es bezeichnet $k$ hier eine verfügbare Konstante, $a$ und $b$ sind die Halbachsen der Querschnittsellipse.

Aus (181) folgt sogleich

$$Y_z = \frac{2kx}{a^2}, \quad -Z_x = \frac{2ky}{b^2}, \tag{187}$$

und da nach (140)

$$-\int x Y_z dq = \int y Z_x dq = \tfrac{1}{2} N,$$

außerdem für die Ellipse $\Omega = 0$ auch

$$\varkappa_1^2 = \tfrac{1}{4} a^2, \quad \varkappa_2^2 = \tfrac{1}{4} b^2 \tag{188}$$

ist, so ergibt sich

$$\begin{gathered} -Qk = N, \\ Y_z = -2\frac{Nx}{Qa^2}, \quad Z_x = +\frac{2Ny}{Qb^2}. \end{gathered} \tag{189}$$

Wieder verlangen die in $x$ und $y$ lineären Werte von $Y_z$ und $Z_x$ Funktionen zweiten Grades für $U, V, W$, und wir behalten die Ansätze (175) für diese Größen bei.

Die Anwendung der Formeln (162) und (163) liefert bei

$$C = L = M = 0$$

nunmehr

$$\tfrac{1}{2}g_2 l + e_3 = 0, \quad \tfrac{1}{2}g_1 l + d_3 = 0,$$

$$\begin{array}{lll} a_1 Q\varkappa_1^2 = \tfrac{1}{2}N s_{14}, & b_2 Q\varkappa_1^2 = \tfrac{1}{2}N s_{24}, & g_1 Q\varkappa_1^2 = \tfrac{1}{2}N s_{34}, \\ b_1 Q\varkappa_2^2 = -\tfrac{1}{2}N s_{15}, & c_2 Q\varkappa_2^2 = -\tfrac{1}{2}N s_{25}, & g_2 Q\varkappa_2^2 = -\tfrac{1}{2}N s_{35}, \\ (b_3+h) Q\varkappa_1^2 = \tfrac{1}{2}N s_{44}, & a_3 Q\varkappa_1^2 = \tfrac{1}{2}N s_{54}, & (b_1+a_2) Q\varkappa_1^2 = \tfrac{1}{2}N s_{64}, \\ c_3 Q\varkappa_2^2 = -\tfrac{1}{2}N s_{54}, & (b_3-h) Q\varkappa_2^2 = -\tfrac{1}{2}N s_{55}, & (c_1+b_2) Q\varkappa_2^2 = -\tfrac{1}{2}N s_{65}. \end{array} \qquad (190)$$

Hieraus folgt zunächst als spezielles wichtigstes Resultat für die **spezifische Drillung** des Zylinders

$$n_1 = h = \frac{N}{4Q}\left(\frac{s_{44}}{\varkappa_1^2} + \frac{s_{55}}{\varkappa_2^2}\right);$$

für die **Gesamtdrillung** $\bar{n} = hl$ gilt demgemäß

$$\bar{n} = \frac{Nl}{4Q}\left(\frac{s_{44}}{\varkappa_1^2} + \frac{s_{55}}{\varkappa_2^2}\right) = \frac{Nl}{Q}\left(\frac{s_{44}}{a^2} + \frac{s_{55}}{b^2}\right). \qquad (191)$$

Während die Größe der **Biegung** infolge eines Moments $L$ oder $M$ für alle Querschnittsformen, also auch für die hier behandelten elliptischen, durch den **einen** Modul $s_{33}$ gemessen wird, der nur von der Richtung der Zylinderachse im Kristall abhängt, ergibt sich die **Drillung** für den elliptischen Zylinder von **zwei** Moduln abhängig, deren jeder nach den Bemerkungen auf S. 592 außer durch die Richtung der Zylinderachse noch durch die Richtung der einen Ellipsenachse bestimmt wird.

Für einen Kreiszylinder, wo $a = b$ zum Kreisradius wird, stellt die Summe $s_{44} + s_{55}$ oder passender $\frac{1}{2}(s_{44} + s_{55})$ den Drillungsmodul dar. Da in diesem Falle keine Querrichtung geometrisch vor der andern ausgezeichnet ist, kann dieser Modul (ebensowie $s_{33}$) nur von der Lage der $Z$-Achse gegen den Kristall abhängen. Auf diese Eigenschaft von $s_{44} + s_{55}$ ist bereits S. 595 hingewiesen worden.

Für isotrope Körper nimmt (191) die Form an

$$\bar{n} = \frac{Nls_2}{Q}\left(\frac{1}{a^2} + \frac{1}{b^2}\right), \quad s_2 = 2(s - s_1). \qquad (192)$$

Die Verrückungskomponenten $u, v, w$ für den gedrillten elliptischen Zylinder ergeben sich durch Einführung der Werte (190) in die Ansätze (175) wie folgt

$$\begin{aligned}
u &= \frac{N}{Q}\left\{\frac{x^2}{a^2}s_{14} - \frac{2xy}{b^2}s_{15} - y^2\left(\frac{s_{24}}{a^2}+\frac{s_{56}}{b^2}\right) + z\left[\frac{l-z}{a^2}s_{34} - y\left(\frac{s_{44}}{a^2}+\frac{s_{55}}{b^2}\right)\right]\right\},\\
v &= \frac{N}{Q}\left\{\frac{2xy}{a^2}s_{24} - \frac{y^2}{b^2}s_{25} + x^2\left(\frac{s_{46}}{a^2}+\frac{s_{15}}{b^2}\right) - z\left[\frac{l-z}{b^2}s_{35} - x\left(\frac{s_{44}}{a^2}+\frac{s_{55}}{b^2}\right)\right]\right\},\\
w &= \frac{N}{Q}\left\{\left(\frac{x^2}{a^2}-\frac{y^2}{b^2}\right)s_{45} + xy\left(\frac{s_{44}}{a^2}-\frac{s_{55}}{b^2}\right) - (l-2z)\left(\frac{x}{a^2}s_{34}-\frac{y}{b^2}s_{35}\right)\right\}
\end{aligned} \tag{193}$$

Ihnen entspricht für isotrope Körper das Wertsystem

$$u = -\frac{N}{Q}yzs_2\left(\frac{1}{a^2}+\frac{1}{b^2}\right), \quad v = +\frac{N}{Q}xzs_2\left(\frac{1}{a^2}+\frac{1}{b^2}\right), \quad w = \frac{N}{Q}xys_2\left(\frac{1}{a^2}-\frac{1}{b^2}\right) \tag{194}$$

Die Vergleichung von (193) und (194) ergibt, daß die kristallinische Struktur sich bei der Drillung sehr weitgehend wirksam erweist. Außer daß die spezifische Drillung beim Kristall von zwei, beim isotropen Körper nur von einem Modul abhängt, werden Unterschiede bedingt durch das Auftreten einer Biegung neben einer Drillung (s. S. 628), die sich durch die mit $s_{34}$ und $s_{35}$ multiplizierten Glieder ausdrückt. Ferner dreht sich der einzelne Querschnitt beim isotropen Zylinder ohne Verzerrung in seiner Ebene, bloß mit einer (transversalen) Faltung, welche letztere bei kreisförmigem Querschnitt auch noch verschwindet; beim kristallinischen Zylinder findet eine Verzerrung der Querschnitte in ihrer Ebene statt, und die Faltung bleibt auch dann bestehen, wenn der Querschnitt kreisförmig ist.

§ 317. **Freie und reine Drillung resp. Biegung eines elliptischen Zylinders.** Lassen wir nun auf den Zylinder von elliptischem Querschnitt das Moment $N$ um die Längsachse zusammenwirken mit Momenten $M$, $L$ um die Querachsen, so ergeben sich die Formeln

$$\begin{aligned}
\frac{1}{\varrho_1} &= g_1 = \frac{2}{a^2 Q}(-2Ms_{33}+Ns_{34}),\\
\frac{1}{\varrho_2} &= g_2 = \frac{2}{b^2 Q}(2Ls_{33}-Ns_{35}),\\
n_1 &= h = -\frac{2}{Q}\left(\frac{Ms_{34}}{a^2}+\frac{Ls_{35}}{b^2}\right) + \frac{N}{Q}\left(\frac{s_{44}}{a^2}+\frac{s_{55}}{b^2}\right)
\end{aligned} \tag{195}$$

Dieselben zeigen, daß man durch geeignete Kombinationen von Momenten $L$, $M$, $N$ jederzeit eine reine Biegung nach einer Symmetrieebene des Zylinders ohne Drillung oder auch eine reine Drillung ohne Biegungen hervorbringen kann.

Für den letzteren Fall ($g_1 = g_2 = 0$) gilt z. B.

$$n_1 = h = \frac{N}{Q}\left(\frac{s_{44}}{a^2}+\frac{s_{55}}{b^2}-\frac{s_{34}^2}{a^2 s_{33}}-\frac{s_{35}^2}{b^2 s_{33}}\right) \tag{196}$$

Da die letzten beiden Glieder stets positiv sind, so ergibt die Vergleichung dieses Ausdrucks mit der letzten Formel (195) bei $M = L = 0$ den Satz, daß **die Drillung durch ein gegebenes Moment $N$ bei verhinderter Biegung stets kleiner ist, als diejenige bei frei zugelassener Biegung.**

Den Fall der verhinderten Drillung wollen wir so betrachten, wie er in der Praxis begegnen kann. Wir wollen ein Moment um eine Querachse (z. B. $M$ um die $Y$-Achse) ausgeübt und die Drillung durch die Befestigung (welche das bezügliche Moment $N$ liefert) aufgehoben denken; in Betracht gezogen werde die Biegung in der $XZ$-Ebene, also $g_1 = 1/\varrho_1$ Hier ist zugleich $L = 0$ und $h = 0$ zu setzen, woraus folgt

$$g_1 = \frac{1}{\varrho_1} = -\frac{2M}{a^2 Q}\left(s_{33} - \frac{b^2 s_{34}^2}{b^2 s_{44} + a^2 s_{55}}\right) \tag{197}$$

Man erkennt durch Vergleichung mit der ersten Formel (195) bei $N = 0$, daß **die Biegung bei gehinderter Drillung stets kleiner ist, als die bei frei zugelassener Drillung zustande kommende.**

§ 318. **Allgemeine Untersuchung über andere als elliptische Querschnittsformen** Die überaus einfache Lösung des Problems der Drillung für einen kristallinischen Zylinder von elliptischem Querschnitt legt die Frage nahe, ob auf demselben Wege nicht auch andere Querschnittsformen sich behandeln lassen. Es ist bekannt, daß im Falle isotroper Medien durch *De Saint Venant* eine ganze Reihe schöner Probleme dem des elliptischen Zylinders (das auch dort das einfachste ist) angeschlossen sind. Indessen liegen die Verhältnisse hier erheblich anders.

Um dies zu erkennen, wollen wir eine allgemeine Folgerung aus dem oben benutzten Ansatz (181)

$$X_x = Y_y = X_y = 0, \quad Y_z = \frac{\partial \Omega}{\partial x}, \quad Z_x = -\frac{\partial \Omega}{\partial y} \tag{181}$$

ziehen und dabei jetzt, um jede unnötige Beschränkung zu vermeiden, $Z_z$ nicht gleich Null setzen, sondern verfügbar lassen. Nach der dritten Gleichung (159) ist dann

$$s_{33} Z_z = -(g_1 x + g_2 y + g_3) - s_{34}\frac{\partial \Omega}{\partial x} + s_{35}\frac{\partial \Omega}{\partial y}, \tag{198}$$

und wir wollen diesen Ausdruck neben den in (181) enthaltenen Werten jetzt in die fünf noch unbenutzten Gleichungen des allgemeinen Formelsystems (159) einführen. Diese Gleichungen enthalten dann neben konstanten und in $x$ oder $y$ linearen Gliedern rechts nur $\partial\Omega/\partial y$ und $\partial\Omega/\partial x$.

Wir können aus dem so erhaltenen System $U, V, W$ eliminieren. Dazu differentiieren wir einmal die erste Gleichung (159) zweimal nach $y$, die zweite zweimal nach $x$ und subtrahieren davon die letzte nach Differentiation nach $x$ und $y$. Das Resultat ist, da bei dieser Operation die konstanten und die in $x$ oder $y$ linearen Glieder fortfallen, eine Gleichung, die homogen ist in den vier dritten Differentialquotienten von $\Omega$.

Ferner differentiieren wir die $\partial W/\partial y$ enthaltende Formel nach $x$, die $\partial W/\partial x$ enthaltende nach $y$ und bilden die Differenz. Dies gibt eine Gleichung, die außer einer Konstante drei mit den zweiten Differentialquotienten von $\Omega$ proportionale Glieder enthält. Differentiieren wir diese Formel einmal nach $x$, einmal nach $y$, so fällt die Konstante fort, und wir erhalten zwei weitere Formeln, die homogen linear sind in je drei der vier dritten Differentialquotienten von $\Omega$.

Das Resultat sind also drei Gleichungen von der Form

$$\begin{aligned} p_{11}\Omega_{111} + p_{12}\Omega_{112} + p_{13}\Omega_{122} + p_{14}\Omega_{222} &= 0, \\ p_{21}\Omega_{111} + p_{22}\Omega_{112} + p_{23}\Omega_{122} \qquad\quad &= 0, \\ p_{32}\Omega_{112} + p_{33}\Omega_{122} + p_{34}\Omega_{222} &= 0, \end{aligned} \tag{199}$$

wobei die Indizes an $\Omega$ die Differentialquotienten andeuten. Diese Formeln, deren Parameter $p_{hk}$ von der Substanz des Kristalls abhängen, zwischen denen also Beziehungen nicht willkürlich festgesetzt werden können, verlangen, daß die $\Omega_{ihk}$ sämtlich derselben Funktion ($\psi$) proportional sein müssen. Wir setzen

$$\frac{\partial^3\Omega}{\partial x^3} = a\psi, \quad \frac{\partial^3\Omega}{\partial x^2\partial y} = b\psi, \quad \frac{\partial^3\Omega}{\partial x\partial y^2} = c\psi, \quad \frac{\partial^3\Omega}{\partial y^3} = d\psi; \tag{200}$$

die Formeln (199) werden hierdurch zu Beziehungen für die Parameter $a, b, c, d$.

Beziehungen von der Art (200) verlangen aber, daß $\psi$ **konstant** sei; in der Tat liefern sie bei Elimination von $\Omega$

$$a\frac{\partial\psi}{\partial y} = b\frac{\partial\psi}{\partial x}, \quad b\frac{\partial\psi}{\partial y} = c\frac{\partial\psi}{\partial x}, \quad c\frac{\partial\psi}{\partial y} = d\frac{\partial\psi}{\partial x},$$

und da die $a, b, c, d$ nicht frei verfügbar sind, ergibt dies $\partial\psi/\partial x = 0$, $\partial\psi/\partial y = 0$.

Setzen wir nun (da willkürliche Faktoren schon in (200) eingesetzt sind) $\psi = 1$, so ergibt sich bei Einführung weiterer Konstanten

$$\Omega = \tfrac{1}{6}(ax^3 + 3bx^2y + 3cxy^2 + dy^3 + ex^2 + fxy + gy^2 + hx + iy + k).$$

Der allgemeinste Wert für $\Omega$, der mit den Bedingungen des Problems vereinbar ist, hat also die Form einer ganzen rationalen Funktion dritten Grades.

Da $\overline{\Omega} = 0$ die Gleichung der Querschnittsrandkurve ist, für die der Ausdruck für $\Omega$ das Drillungsproblem löst, so scheinen auf dem eingeschlagenen Wege Zylinder, deren Querschnitte durch Kurven dritten Grades begrenzt sind, behandelt werden zu können. Dagegen ist aber zu bemerken, daß die Parameter der Glieder dritten Grades nicht frei verfügbar, sondern durch Beziehungen miteinander verknüpft sind, welche von den elastischen Konstanten des Materials abhängen. Die betreffenden Glieder kommen sonach für eine Lösung von praktischer Bedeutung nicht in Betracht; sie sind fortzulassen, resp. ihre Parameter sind gleich Null zu setzen, was mit den Bedingungen vereinbar ist. Hiernach ergibt sich also der elliptische Zylinder als der einzige, bei dessen Drillung die Komponenten $X_x$, $Y_y$, $X_y$ verschwinden.

Wie S. 617 erwähnt, ist dieses Verschwinden die eine der Grundannahmen, auf denen *De Saint Venant* bei seiner Behandlung des Drillungsproblems fußt; vorstehendes läßt erkennen, daß diese Annahme zu eng ist, um von ihr aus das allgemeine Drillungsproblem bei Kristallen zu bewältigen.

§ 319. **Differentialgleichungen des allgemeinen Drillungsproblems.** Das Problem des elliptischen Zylinders hat ein großes theoretisches Interesse, insofern seine strenge und einfache Lösung der Diskussion bequem zugänglich ist und die speziellen Wirkungen der kristallinischen Natur des Materials auf den Vorgang der Drillung deutlich hervortreten läßt. Das Problem hat indessen keine praktische Bedeutung, weil die Herstellung von Präparaten derartiger Form für Beobachtungszwecke ernstlich nicht in Frage kommen kann.

Das praktisch wichtigste Problem ist dasjenige des Zylinders von rechteckigem Querschnitt, — ein Problem, das schon bei isotroper Substanz relativ umständlich ist und bei kristallinischer einer strengen Lösung beträchtliche Schwierigkeit zu bieten scheint. Seine große Bedeutung erhellt daraus, daß, wie wir unten zeigen werden, Biegungsbeobachtungen an gleichviel wie zahlreichen und wie orientierten Kristallzylindern oder -stäben bei keinem (auch nicht dem einfachsten) Kristallsystem zur Ableitung sämtlicher für einen Kristall charakteristischen Moduln oder Konstanten ausreichen. Es bedarf also zur Lösung des letzteren Problems der Kombination der Biegungsbeobachtungen mit Messungen anderer Art, und für letztere kommen fast nur Drillungsbeobachtungen an prismatischen Stäben in Betracht; eine Verwertung von dergleichen erfordert aber selbstverständlich die Theorie der betreffenden Deformation.

Allerdings läßt sich der praktische Zweck erreichen ohne Ableitung der vollständigen Theorie. Es genügt eine einzelne — auch angenäherte — Formel, welche die beobachtbaren Daten mit den charakteristischen Parametern in Beziehung setzt und gestattet, Zahlwerte der letzteren aus den ersteren abzuleiten.

Wir wollen demgemäß das Problem der Drillung des rechtwinkligen Prismas ganz allgemein in Angriff nehmen und zunächst eine Formel ableiten, die zwar keine vollständige Theorie der Drillung darstellt, aber selbst im allgemeinsten Falle beliebiger Orientierung des Präparats gegen den Kristall sich zur Verwertung von Messungen nützlich erweist. Danach wollen wir uns speziellen Fällen zuwenden, wo die Theorie bis zu Ende durchgeführt werden kann.[1])

Nach dem Inhalt des vorigen Paragraphen ist für ein Prisma von rechteckigem Querschnitt der spezielle Ansatz (181) nicht zulässig; wir genügen aber den Hauptgleichungen (130) ganz allgemein durch die Verfügung

$$\begin{gathered}X_x = -\frac{\partial^2 \Omega_1}{\partial y^2}, \quad X_y = Y_x = \frac{\partial^2 \Omega_1}{\partial x \partial y}, \quad Y_y = -\frac{\partial^2 \Omega_1}{\partial x^2}, \\ Y_z = \frac{\partial \Omega}{\partial x}, \quad Z_x = -\frac{\partial \Omega}{\partial y},\end{gathered} \tag{201}$$

wobei $\Omega$ und $\Omega_1$ Funktionen von $x$ und $y$ bezeichnen. Die Grenzbedingungen (131) nehmen hiernach die Form an

$$\frac{d}{ds}\overline{\left(\frac{\partial \Omega_1}{\partial y}\right)} = 0, \quad \frac{d}{ds}\overline{\left(\frac{\partial \Omega_1}{\partial x}\right)} = 0, \quad \frac{d\overline{\Omega}}{ds} = 0 \tag{202}$$

und führen, wenn man additive Konstanten in $\partial \Omega_1/\partial y$, $\partial \Omega_1/\partial x$ und $\Omega$ hineinzieht, auf

$$\overline{\frac{\partial \Omega_1}{\partial y}} = 0, \quad \overline{\frac{\partial \Omega_1}{\partial x}} = 0, \quad \overline{\Omega} = 0. \tag{203}$$

Die Komponente $Z_z$ tritt weder in den Hauptgleichungen, noch in den Grenzbedingungen auf; in der Tat ist sie durch die dritte Gleichung (159) unabhängig von $U, V, W$ bestimmt und läßt sich mit deren Hilfe aus den andern Gleichungen (159) fortschaffen.

Man erhält so, wenn man kurz

$$g_1 x + g_2 y + g_3 = G \quad \text{und} \quad s_{hi} s_{33} - s_{h3} s_{i3} = S_{hi} \tag{204}$$

setzt,

1) *W. Voigt*, Wied. Ann. Bd. 29, p. 604. 1886.

$$
\begin{aligned}
s_{13} G - s_{33} \frac{\partial U}{\partial x} &= S_{11} X_x + S_{12} Y_y + S_{14} Y_z + S_{15} Z_x + S_{16} X_y, \\
s_{23} G - s_{33} \frac{\partial V}{\partial y} &= S_{21} X_x + S_{22} Y_y + S_{24} Y_z + S_{25} Z_x + s_{26} X_y, \\
s_{43} G - s_{33} \left(\frac{1}{2} l g_2 + \frac{\partial W}{\partial y} + h x\right) &= S_{41} X_x + \cdots + s_{46} X_y, \qquad (205) \\
s_{53} G - s_{33} \left(\frac{1}{2} l g_1 + \frac{\partial W}{\partial x} - h y\right) &= S_{51} X_x + \cdots + s_{56} X_y, \\
s_{63} G - s_{33} \left(\frac{\partial U}{\partial y} + \frac{\partial V}{\partial x}\right) &= S_{61} X_x + S_{62} Y_y + S_{64} Y_z + S_{65} Z_x + s_{66} X_y.
\end{aligned}
$$

Aus der ersten, zweiten und fünften Gleichung kann man wie S. 640 $U$, $V$ und damit zugleich $G$ eliminieren. Aus der dritten und vierten Gleichung kann man $W$ eliminieren; es bleibt aber ein Rest von $G$ übrig.

Die Resultate lauten bei Benutzung der Ausdrücke (201)

$$
\begin{aligned}
& S_{22} \frac{\partial^4 \Omega_1}{\partial x^4} + S_{11} \frac{\partial^4 \Omega_1}{\partial y^4} - (2 S_{12} + S_{66}) \frac{\partial^4 \Omega_1}{\partial x^2 \partial y^2} \\
& \quad + 2 S_{26} \frac{\partial^4 \Omega_1}{\partial x^3 \partial y} + 2 S_{16} \frac{\partial^4 \Omega_1}{\partial y^3 \partial x} - S_{24} \frac{\partial^3 \Omega}{\partial x^3} + S_{15} \frac{\partial^3 \Omega}{\partial y^3} \\
& \quad + \frac{\partial^3 \Omega}{\partial x^2 \partial y} (S_{25} + S_{64}) - \frac{\partial^3 \Omega}{\partial y^2 \partial x} (S_{14} + S_{65}) = 0, \qquad (206) \\
& S_{24} \frac{\partial^3 \Omega_1}{\partial x^3} - S_{15} \frac{\partial^3 \Omega_1}{\partial y^3} - (S_{25} + S_{64}) \frac{\partial^3 \Omega_1}{\partial x^2 \partial y} + (S_{14} + S_{56}) \frac{\partial^3 \Omega_1}{\partial y^2 \partial x} \\
& \quad - S_{44} \frac{\partial^2 \Omega}{\partial x^2} - S_{55} \frac{\partial^2 \Omega}{\partial y^2} + 2 S_{45} \frac{\partial^2 \Omega}{\partial x \partial y} = 2 h s_{33} - g_1 s_{43} + g_2 s_{53}.
\end{aligned}
$$

Dies sind die Hauptgleichungen für $\Omega$ und $\Omega_1$ bei dem allgemeinsten Problem der Drillung eines kristallinischen Zylinders. Die Randbedingungen sind in (203) enthalten. Die Einführung des wirkenden Drehungsmoments $N$ geschieht mit Hilfe der letzten Gleichung (137), die jetzt lautet

$$
N = -\int \left(x \frac{\partial \Omega}{\partial x} + y \frac{\partial \Omega}{\partial y}\right) dq. \qquad (207)
$$

Nun ist aber

$$
\int x \frac{\partial \Omega}{\partial x} dq = \int dy \left( | x \Omega | - \int \Omega dx \right),
$$

d. h. wegen der dritten Formel (203) $= -\int \Omega dq$; gleiches gilt für das zweite Integral in (207), und wir haben somit

$$
N = + 2 \int \Omega dq. \qquad (208)
$$

Noch sei bemerkt, daß für die in (206) auftretenden Parameter $g_1$ und $g_2$ nach (164) und wegen $M = L = 0$ gilt

$$g_1 = \tfrac{1}{2} s_{34} N/Q\varkappa_1^2, \quad g_2 = -\tfrac{1}{2} s_{35} N/Q\varkappa_2^2. \tag{209}$$

§ 320. **Folgerungen für einen prismatischen Stab.** Wir wenden uns nun speziell dem Fall des rechteckigen Prismas zu und nehmen als Begrenzungen des Querschnitts an

$$x = \pm m, \quad y = \pm n. \tag{210}$$

Da die Orientierung des $XY$-Achsenkreuzes gegen den Kristall beliebig gelassen ist, so liegt in der Annahme, die Seiten des Querschnitts lägen diesen Achsen parallel, keine Beschränkung der Allgemeinheit.

Um die zweite Gleichung (206) homogen zu machen, setzen wir

$$\Omega = \frac{n^2}{S_{55}}(2hs_{33} - g_1 s_{43} + g_2 s_{53})\left(\omega - \frac{1}{2}\left(\frac{y^2}{n^2} - 1\right)\right) \tag{211}$$

Die Randbedingungen für $\omega$ werden dadurch

$$\begin{aligned} &\text{für } x = \pm m \text{ und beliebiges } y\text{:} \quad \omega = \frac{1}{2}\left(\frac{y^2}{n^2} - 1\right), \\ &\text{für } y = \pm n \quad \text{„} \qquad \text{„} \qquad x\text{:} \quad \omega = 0. \end{aligned} \tag{212}$$

Setzt man den obigen Wert von $\Omega$ in die Gleichung (208) ein und benutzt die Ausdrücke (209) für $g_1$, $g_2$, berücksichtigt auch, daß für einen rechteckigen Querschnitt

$$\varkappa_1^2 = \tfrac{1}{3} m^2, \quad \varkappa_2^2 = \tfrac{1}{3} n^2$$

ist, so erhält man

$$NS_{55} = n^2\left[4hs_{33} - 3\left(\frac{s_{43}^2}{m^2} + \frac{s_{53}^2}{n^2}\right)\frac{N}{Q}\right]\left(\int \omega\, dq + \frac{1}{3} Q\right).$$

Dies liefert bei Rücksicht auf $S_{55} = s_{55} s_{33} - s_{53}^2$ für die spezifische Drillung des Prismas den Ausdruck

$$h = \frac{3N\left[\frac{s_{55} s_{33}}{n^2} + \frac{s_{43}^2}{m^2} + \left(\frac{s_{43}^2}{m^2} + \frac{s_{53}^2}{n^2}\right) 3\int \frac{\omega\, dq}{Q}\right]}{4 s_{33}\left(Q + 3\int \omega\, dq\right)} \tag{213}$$

Hierin ist die Funktion $\omega$ noch unbekannt; wir können über dieselbe aber einiges aussagen, was, trotz der Unbekanntschaft mit dem genauen Werte von $\omega$, die Gleichung (213) zu gewissen Verwendungen geeignet macht.

Zunächst bemerken wir, daß, wenn wir $x$ und $y$ mit $x/n = x'$ und $y/n = y'$, $\Omega_1$ mit $n\Omega_1 = \Omega_1'$ vertauschen, die Hauptgleichungen

(206) für $\Omega_1$ und $\omega$ ihre Gestalt beibehalten. Gleiches gilt bezüglich der Randbedingungen für $\Omega_1$, während diejenigen für $\omega$ die Formen annehmen

$$\text{für } x' = \pm \frac{m}{n} \text{ und beliebiges } y'\colon\ \omega = \tfrac{1}{2}(y'^2 - 1),$$

$$\text{für } y' = \pm 1 \quad \text{„} \qquad \text{„} \qquad x'\colon\ \omega = 0.$$

Hieraus folgt, daß $n\Omega_1$ und $\omega$ die Dimensionen $m$ und $n$ nur in dem Quotienten $n/m$ oder $m/n$ enthalten können, denn dieselben kommen in den Bedingungen nur in dieser Verbindung vor. Gleiches gilt somit auch von

$$\int\limits_{-m/n}^{+m/n}\int\limits_{-1}^{+1} \omega\, dx'\, dy' = \frac{1}{n^2}\int \omega\, dq,$$

d. h., wenn man setzt

$$\int \omega\, dq = \frac{4n^2}{8} f, \tag{214}$$

so ist $f$ hierin nur noch eine Funktion von $n/m$. Unser Ausdruck nimmt, wenn wir noch

$$2m = B \text{ (Breite) als die größere,}$$
$$2n = D \text{ (Dicke) als die kleinere}$$

Querdimension des Prismas und wieder

$$\bar{n} = hl$$

als die Gesamtdrillung des Prismas einführen, die Gestalt an

$$\bar{n} = \frac{3Nl\left[s_{55} + \frac{D^2 s_{43}^2}{B^2 s_{33}} + \left(\frac{s_{43}}{B^2} + \frac{s_{53}^2}{D^2}\right)\frac{D^3 f}{B s_{33}}\right]}{D^3 B\left(1 + \frac{Df}{B}\right)} \tag{215}$$

Für isotrope Körper angewendet, ergibt diese Formel

$$\bar{n} = \frac{3Nls_2}{D^3 B\left(1 + \frac{Df}{B}\right)}; \tag{216}$$

dies Resultat stimmt mit dem von *De Saint Venant* in dem genannten Falle abgeleiteten überein. Hier ist die Funktion $f$ bekannt, und *De Saint Venant* hat darauf aufmerksam gemacht, daß dieselbe, wenn $B/D$ nur etwa den Wert 3 übersteigt, als konstant (= — 0,630) betrachtet werden darf.

Dies macht im hohen Grade wahrscheinlich, daß die Funktion $f$ auch in dem vorliegenden allgemeiner Falle eines kristallinischen Prismas von beliebiger Orientierung dieselbe Eigenschaft besitzen wird. Die Beobachtung an Prismen von gleicher Orientierung und von verschiedenen Verhältnissen $D/B$ gestattet, dies zu prüfen und den Wert dieser Konstanten abzuleiten. Ist ein solcher aber erhalten, dann gestattet die Formel (215) eine Verwertung der Messungen von $\bar{n}$ zur Ableitung der Zahlwerte elastischer Moduln.

Der Modul, der dabei in Frage kommt, ist $s_{55}$, — einer derjenigen, die bei der Drillung des elliptischen Zylinders eine Rolle spielten —; die übrigen erscheinen in Potenzen von $D^2/B^2$ multipliziert und brauchen, da diese Faktoren sehr klein zu machen sind, nur in roher Annäherung bekannt zu sein, um die Berechnung von $s_{55}$ zu ermöglichen.

Es sei daran erinnert, daß nach den Bemerkungen von S. 592 u. 594 der Modul $s_{55}$ sich durch die Richtungskosinus der $X$- und der $Z$-Achse ausdrückt. Die $X$-Achse ist im vorliegenden Falle als die Richtung der größeren Querdimension $B$ des Prismas charakterisiert; deren Richtung kann also neben der Orientierung der Längs- resp. Drillungsachse als für die Größe der Drillung in erster Linie maßgebend betrachtet werden.

Für äußerst gestreckte rechteckige Querschnitte reduziert sich die ganz allgemeine Formel (215) auf

$$\bar{n} = \frac{3 N l s_{55}}{D^3 B} = \frac{N l s_{55}}{4 Q \varkappa_2^{\,2}}. \tag{217}$$

Sie stimmt überein mit dem Resultat, welches aus (191) für einen sehr gestreckten elliptischen Querschnitt hervorgeht.

§ 321. **Vereinfachungen, wenn die Prismenachse in eine kristallographische Symmetrieachse fällt.** Die sehr komplizierten Grundformeln (206) des Drillungsproblems vereinfachen sich ungemein, wenn die übrigen Bedingungen gestatten, $\Omega_1 = 0$ zu setzen, d. h., wenn mit dem *De Saint Venant*schen Ansatz (181) und (185) auszukommen ist. Hierzu ist notwendig und hinreichend, daß in der ersten Hauptgleichung (206) $\Omega$ nicht auftritt, d. h., daß gilt

$$S_{24} = S_{15} = S_{25} + S_{64} = S_{14} + S_{65} = 0,$$

oder bei Einsetzen der Werte der $S_{hi}$ nach (204)

$$\begin{aligned} s_{24}s_{33} - s_{23}s_{43} = s_{15}s_{33} - s_{13}s_{53} &= (s_{25} + s_{64})s_{33} - (s_{23}s_{53} + s_{63}s_{43}) \\ &= (s_{14} + s_{65})s_{33} - (s_{13}s_{43} + s_{63}s_{53}) = 0 \end{aligned} \tag{218}$$

Dies findet nach S. 583 (wo in dem Schema für $A_z^{(3)}$ die $c_{hk}$ mit den $s_{hk}$ vertauscht werden dürfen) immer statt, wenn die $Z$-Achse in eine geradzählige Symmetrieachse fällt oder — was bei dem vorliegenden zentrisch-symmetrischen Vorgang damit äquivalent ist — normal zu einer Symmetrieebene steht.

Das Zusammenfallen der $Z$-Achse mit einer dreizähligen Symmetrieachse reicht dazu nicht aus; hier gilt nach S. 583 bei Berücksichtigung, daß für die Moduln in jenem Falle

$$s_{46} = 2s_{25}, \quad s_{56} = 2s_{14}$$

gilt,

$$S_{24} = -s_{14}s_{33}, \quad S_{15} = -s_{25}s_{33}, \quad S_{25} + S_{46} = 3s_{25}s_{33},$$

$$S_{14} + S_{65} = 3s_{14}s_{33}.$$

Es tritt sonach in der ersten Formel (206) $\Omega$ in der Kombination auf

$$\left\{s_{14}\frac{\partial}{\partial x}\left(\frac{\partial^2\Omega}{\partial x^2} - 3\frac{\partial^2\Omega}{\partial y^2}\right) - s_{25}\frac{\partial}{\partial y}\left(\frac{\partial^2\Omega}{\partial y^2} - 3\frac{\partial^2\Omega}{\partial x^2}\right)\right\}$$

Die Durchführung der Theorie ist demgemäß sehr kompliziert. Indessen kann man durch eine Symmetrieüberlegung plausibel machen, daß für die Berechnung des in dem schließlichen Ausdruck für $\bar{n}$ allein in Betracht kommenden Integrals

$$\int \omega\, dq$$

eine dreizählige Achse sich einer sechszähligen äquivalent verhalten muß.

In Figur 154 ist der rechteckige Querschnitt des Prismas dargestellt und in ihn eine beliebige transversale Richtung durch das Zentrum gezeichnet. Ist die $Z$-Achse sechszählig, so sind die beiden Seiten dieser Richtung einander gleichwertig, es liegen also hier an den korrespondierenden Stellen $\alpha$ und $\beta$ entgegengesetzt gleiche Spannungen $Y_z$, $Z_x$. Ist die $Z$-Achse dreizählig, so sind die beiden Seiten ungleichwertig, in $\alpha$ und $\beta$ liegen Spannungen verschiedener absoluter Größe.

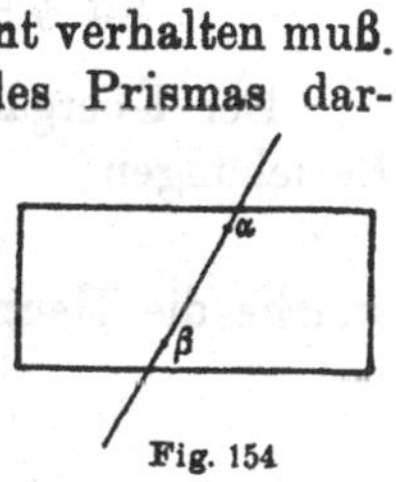

Fig. 154

Nun summiert aber der Ausdruck

$$N = 2\int y Z_x dq = -2\int x Y_z dq = 2\int \Omega dq$$

diese Spannungen über den ganzen zentrisch-symmetrischen Querschnitt. Der Unterschied der (Absolutwerte der) Spannungen in $\alpha$ und $\beta$ kommt also in dem Ausdruck für $N$ und somit auch in dem Integral $\int \omega\, dq$ nicht zur Geltung. Wir können etwa für $\omega$ das Mittel derjenigen beiden Werte einsetzen, die aus der Theorie folgen, wenn einmal X und $Y$ die ursprüngliche und sodann die invertierte Lage besitzen. Dieser Mittelwert ist aber derjenige Wert $\omega$, der sich ergeben würde, wenn die $Z$-Achse sechszählig wäre.

Das so abgeleitete und praktisch wichtige Resultat ist, wie wir sehen werden, der Prüfung durch die Beobachtung zugänglich.

§ 322. **Durchführung des Drillungsproblems, wenn zwei Prismenkanten in elastische Symmetrieachsen fallen.** Für den vorstehend in seiner Wichtigkeit charakterisierten Fall der Koinzidenz der Zylinderachse mit einer geradzähligen Symmetrieachse oder der Normalen auf einer Symmetrieebene bleibt nur die zweite Hauptgleichung (206) übrig und nimmt die Gestalt an

$$2h + \frac{\partial^2 \Omega}{\partial x^2} s_{44} - 2\frac{\partial^2 \Omega}{\partial x \partial y} s_{45} + \frac{\partial^2 \Omega}{\partial y^2} s_{55} = 0. \tag{219}$$

Die Substitution

$$\Omega = \frac{2hn^2}{s_{55}}\left[\omega - \frac{1}{2}\left(\frac{y^2}{n^2} - 1\right)\right] \tag{220}$$

reduziert sie auf

$$\frac{\partial^2 \omega}{\partial x^2} s_{44} - 2\frac{\partial^2 \omega}{\partial x \partial y} s_{45} + \frac{\partial^2 \omega}{\partial y^2} s_{55} = 0. \tag{221}$$

Die Randbedingungen behalten die frühere Form (212)

$$\left.\begin{aligned} &\text{für } x = \pm m \text{ und beliebiges } y\text{: } \omega = \frac{1}{2}\left(\frac{y^2}{n^2} - 1\right), \\ &\text{für } y = \pm n \quad „ \quad „ \quad x\text{: } \omega = 0. \end{aligned}\right\} \tag{222}$$

Der Übergang zu einem isotropen Körper geschieht durch die Beziehungen

$$s_{44} = s_{55} = s_2, \quad s_{45} = 0, \tag{223}$$

welche die Hauptgleichung (221) in

$$\Delta \omega = 0$$

verwandeln. Hier gilt nach *De Saint Venant* für einigermaßen gestreckte Querschnitte die Formel (217) mit $f = -0{,}630$. Ist für den kristallinischen Zylinder $s_{45} = 0$, was z. B. stattfindet, wenn außer der $Z$- auch die $X$-Achse geradzählig ist, oder außer der $XY$- auch die $YZ$-Ebene eine Symmetrieebene ist, so läßt sich das Kristallproblem sofort auf das isotrope reduzieren durch die Substitution

$$s_2 x^2/s_{44} = \mathfrak{x}^2, \quad s_2 y^2/s_{55} = \mathfrak{y}^2, \quad s_2 m^2/s_{44} = \mathfrak{m}^2, \quad s_2 n^2/s_{55} = \mathfrak{n}^2 \tag{224}$$

bei den Randbedingungen

$$\left.\begin{aligned} &\text{für } \mathfrak{x} = \pm \mathfrak{m} \text{ und beliebiges } \mathfrak{y}\text{: } \omega = \frac{1}{2}\left(\frac{\mathfrak{y}^2}{\mathfrak{n}^2} - 1\right), \\ &\text{für } \mathfrak{y} = \pm \mathfrak{n} \quad „ \quad „ \quad \mathfrak{x}\text{: } \omega = 0. \end{aligned}\right\} \tag{225}$$

$\frac{\int \omega\, dq}{Q}$ ist hiernach dasselbe, wie früher, bis auf die Vertauschung von $m$ und $n$ mit $\mathfrak{m}$ und $\mathfrak{n}$. War früher nach (214) der Wert

$$\frac{\int \omega\, dq}{Q} = \frac{n}{3m} f\left(\frac{n}{m}\right),$$

so entsteht jetzt

$$\frac{\int \omega\, dq}{Q} = \frac{n}{3m}\sqrt{\frac{s_{44}}{s_{55}}}\, f\left(\frac{n}{m}\sqrt{\frac{s_{44}}{s_{55}}}\right),$$

und gilt demgemäß

$$\bar{n} = \frac{3Nls_{55}}{D^3B\left(1+\frac{D}{B}\sqrt{\frac{s_{44}}{s_{55}}}f\right)}, \quad f = -0{,}630. \tag{226}$$

Ein noch speziellerer Fall resultiert, wenn die $Z$-Achse in einer vier- oder sechszähligen kristallographischen Symmetrieachse liegt; hier gilt außer $s_{45} = 0$ noch $s_{44} = s_{55}$. Demgemäß sind hier die Bedingungen mit denen des isotropen Prismas identisch, und gilt ohne weiteres für gestreckte Querschnitte

$$\bar{n} = \frac{3Nls_{55}}{D^3B\left(1+\frac{D}{B}f\right)}, \quad f = -0{,}630. \tag{227}$$

Diese Formel darf nach dem S. 647 Entwickelten auch auf den Fall angewendet werden, daß die Zylinderachse in einer dreizähligen Symmetrieachse liegt. Da die Schlüsse, welche dort benutzt sind, vielleicht nicht völlig befriedigen, so ist es von Interesse, daß Beobachtungen, angestellt an Stäben von Quarz und Kalkspat (1. Abteilung des trigonalen Systems) mit Längsrichtungen parallel der dreizähligen Achse, die Anwendbarkeit des Wertes $f = -0{,}630$ mit sehr großer Schärfe bestätigt haben. Wir kommen auf diese Beobachtungen unten zurück.

§ 323. **Die Prismenachse liegt in einer zweizähligen Symmetrieachse.** Der allgemeinere Fall nicht verschwindenden $s_{45}$ und abweichender $s_{55}$ und $s_{44}$ tritt ein, wenn die Prismenachse in einer zweizähligen elastischen Symmetrieachse liegt. Seine strenge Behandlung ist umständlich. Zwar kann man die Differentialgleichung (221) durch eine Substitution auf die isotrope Form $\Delta\omega = 0$ bringen, aber diese Substitution macht aus der rechteckigen Begrenzung eine rhomboidische, die unbequeme Grenzbedingungen liefert. Man gelangt zu einer bei gestreckten Querschnitten ausreichenden Annäherung durch die Überlegung, daß nach den Randbedingungen (131) in den Prismenkanten $Y_z$ und $Z_x$ gleichzeitig verschwinden, somit auch längs einer sehr schmalen Prismenfläche beträchtliche Werte nicht erreichen können. Auf Grund hiervon kann man die wirkliche ebene Begrenzung längs dieser sehr schmalen Prismenfläche durch eine sich ihr nahe anschließende, beliebig gekrümmte ersetzen, ohne fürchten zu müssen, hierdurch in der Formel für die Gesamtdrillung $\overline{n}$ einen merklichen Fehler zu erhalten.

Dadurch wird der Weg gangbar, eine partikuläre Lösung zu benutzen, welche die Hauptgleichung und die für die breiten Prismenflächen geltenden Bedingungen streng erfüllt, aber die eigentlich für die schmalen Prismenflächen geltenden Bedingungen statt dessen für eine sehr benachbarte gekrümmte Fläche befriedigt. Es muß hier genügen, das Resultat anzugeben, zu welchem diese Annäherung führt. Man erhält für hinreichend gestreckte Querschnitte

$$f = -\frac{2}{\pi}\frac{\sqrt{s_{44}s_{55}-s_{45}^2}}{s_{55}}\left(1+\frac{s_{45}^2}{2(s_{44}s_{55}-s_{45}^2)}\right). \tag{228}$$

Da $s_{45}$ in den interessierenden Fällen klein neben $s_{44}$ und $s_{55}$ ist, so unterscheidet sich der betreffende Wert wenig von

$$f = -\frac{2}{\pi}\sqrt{\frac{s_{44}}{s_{55}}},$$

der wiederum praktisch mit dem *De Saint Venant*schen in (226) zusammenfällt. $2/\pi = 0{,}637$ unterscheidet sich nämlich von dem *De Saint Venant*schen 0,630 so wenig, daß die Differenz in dem immer kleinen Glied vernachlässigt werden kann.

Es scheint übrigens, daß man dies Resultat der nicht merklichen Einwirkung des Parameters $s_{45}$ auch durch eine Symmetriebetrachtung stützen kann (s. Fig. 155).

Fig. 155.

Bei fehlendem $s_{45}$ hat $\omega$ nach den dafür geltenden Bedingungen für Punkte $\alpha, \beta, \gamma, \delta$ gleiche Werte; ein vorhandenes $s_{45}$ läßt die Punkte $\alpha$ und $\gamma$ resp. $\beta$ und $\delta$ gleichwertig bleiben, macht aber $\alpha, \gamma$ ungleichwertig $\beta, \delta$. Der Sinn dieser Ungleichwertigkeit kehrt sich mit dem Vorzeichen von $s_{45}$ um. Es erscheint plausibel, daß bei der Integration über den ganzen Querschnitt dasselbe Resultat entsteht, als wenn $s_{45}$ gleich Null wäre, wie dies der andere eingeschlagene Weg ergeben hat.

§ 324. **Das De Saint Venantsche Prinzip.** Die längs der Zylinderachse gleichförmige Deformation erfordert nach den Werten von $Z_z$, $Y_z$, $Z_x$, mit denen wir in den streng durchgeführten Fällen operiert haben, jederzeit eine ganz bestimmte Verteilung der äußeren Einwirkungen $\overline{X}_0$, $\overline{Y}_0$, $\overline{Z}_0$ und $\overline{X}$, $\overline{Y}$, $\overline{Z}$, die mit den obigen Komponenten durch die Bedingungen (132) und (133) verknüpft sind, über die Endquerschnitte $z = 0$ und $z = l$. Für die Parameter $g_1, g_2, g_3$ und $h$, welche das messen, was man kurz als die Biegung, Dehnung und Drillung des Zylinders bezeichnet, ergaben sich dabei ganz allgemein Ausdrücke, welche nicht von den Einzelheiten in der Verteilung der äußeren Flächenkräfte abhängen, sondern nur von deren Gesamtkomponente $C$ nach der Zylinderachse und den Momenten $L$, $M$, $N$ um die im Querschnitt $z = 0$ liegenden Koordinatenachsen oder ihre Parallelen im Querschnitt $z = l$. Auch die übrigen Parameter der Deformation bestimmten sich in den durchgeführten Fällen ausschließlich durch diese Kombinationen der auf die Grundflächen des Zylinders wirkenden Kräfte $\overline{X}_0, \overline{Y}_0, \overline{Z}_0$ resp. $\overline{X}, \overline{Y}, \overline{Z}$. Die Verhältnisse liegen derart, daß man schließen darf, gleiches werde in allen Fällen eintreten, d. h. also, bei allen Querschnittsformen werden die längs der Zylinderachse konstanten Deformationen nur von den vier Aggregaten $C, L, M, N$ dieser Kräfte abhängen.

Wir betrachten nun einen Zylinder von beliebiger Länge $\overline{l}$, auf dessen Endquerschnitte äußere Flächenkräfte $\overline{X}_0, \overline{Y}_0, \overline{Z}_0$ und $\overline{X}, \overline{Y}, \overline{Z}$ in beliebiger Verteilung wirken, doch so, daß sie für die Querschnitte $z = 0$ und $z = \overline{l}$ keine Gesamtkomponenten $A$, $B$ nach den $X$-, $Y$-Querachsen und außerdem entgegengesetzt gleiche $C, L, M, N$ liefern. Der Zylinder (Fig. 156) ist dann im Gleichgewicht.

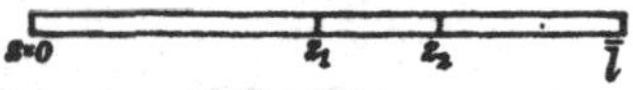

Fig. 156.

Grenzen wir nun auf ihm an einer beliebigen Stelle zwischen zwei Querschnitten $z = z_1$ und $z = z_2$ ein Stück von der Länge $l$ ab, so erfährt dasselbe in seinen Endquerschnitten Drucke von den benachbarten Bereichen des Zylinders. Diese Drucke geben dieselben Resultanten $A = B = 0$, und $\pm C, \pm L, \pm M, \pm N$, wie sie die auf die Endquerschnitte $z = 0$ und $z = \overline{l}$ ausgeübten äußeren Drucke lieferten. Denn, wie schon S. 609 benutzt, müssen sich an jedem im Gleichgewicht befindlichen Bereich eines deformierbaren Körpers die äußeren Kräfte das Gleichgewicht halten. So müssen also die von dem Bereich $z_1 < z < z_2$ auf das Bereich $z_2 < z < \overline{l}$ ausgeübten Drucke diejenigen Einwirkungen kompensieren, welche letzteres Bereich auf dem Querschnitt $z = \overline{l}$ von außen erfährt. Es müssen deshalb auch die (den vorstehenden entgegengesetzten) Drucke, die das Bereich $z_2 < z < \overline{l}$ auf das Bereich $z_1 < z < z_2$ ausübt, denen gleich sein, welche der Querschnitt $z = \overline{l}$ erfährt.

Sonach übt in jedem Querschnitt des Zylinders die auf der positiven Seite liegende Masse dieselben $A = B = 0$, $C, L, M$, wie sie der Querschnitt $z = \overline{l}$ erfährt, auf die an der negativen Seite befindliche Masse aus, und die entgegengesetzten Wirkungen finden im umgekehrten Sinne statt. In bezug auf die resultierenden Wirkungen $A = B = 0$, $C, L, M, N$ ist also der Zylinder in jedem Falle gleichförmig gespannt; er kann somit bei hinreichender Länge, abgesehen von gewissen Bereichen in der Nähe der Endquerschnitte $z = 0$ und $z = l$, auch bezüglich der Elementarwirkungen $X_x$, ... $X_z$ gleichförmig gespannt sein, und da die elastischen Probleme, wie schon S. 565 bemerkt, nur eine Lösung haben, so wird man schließen dürfen, daß diese gleichförmige Spannung sich faktisch einstellt.

Auf diese Weise kann man sich (in Übereinstimmung mit dem Prinzip von *De Saint Venant*) plausibel machen, daß ein Zylinder von einer gegen den Querschnitt hinreichend großen Länge bei beliebig verteilten Einwirkungen auf die Endquerschnitte, welche die Resultanten $A = B = 0$, $\pm C$, $\pm L$, $\pm M$, $\pm N$ ergeben, in dem überwiegenden Teil seiner Länge längs der Achse gleichförmig deformiert wird, und daß diese Deformation sich völlig aus $C, L, M, N$ bestimmt.

## IV. Abschnitt.

### Ungleichförmige Deformationen zylindrischer Stäbe.

§ 325. **Die Grundgleichungen für einen Zylinder, in dem die Spannungen längs der Achse lineär variieren.** Die im vorstehenden Abschnitt benutzte allgemeine Behandlungsweise des Deformationsproblems für einen kristallinischen Zylinder gestattet noch eine Erweiterung, die sowohl theoretisches als praktisches Interesse besitzt, und auf die demgemäß noch etwas eingegangen werden mag Hatten wir oben die Aufgabe so formuliert, daß alle Deformationen eines seitlich freien Zylinders abgeleitet werden sollten, bei denen Drucke und Deformationsgrößen längs der Zylinderachse konstant sind, so mögen jetzt diejenigen untersucht werden, bei welchen sich jene Größen längs der Zylinderachse lineär ändern.[1]) Eine solche Verfügung enthält die frühere als speziellen Fall in sich; um aber die an sich schon umständlicheren Formeln nicht noch unnötig zu komplizieren, wollen wir diejenigen Glieder, die bereits früher behandelt worden sind, soweit angängig, von vornherein dadurch beseitigen, daß wir solche äußeren Einwirkungen, die auf jene konstanten Deformationen führten, d. h. also entgegengesetzt gleiche Längszugkräfte und entgegengesetzt gleiche Drehungsmomente, ausgeübt auf die beiden Endquerschnitte des Zylinders, ausschließen. Es liegt hierin keine bedenkliche Spezialisierung; denn da alle Bedingungen des Problems

1) *W. Voigt*, Gött. Abh. 1887, p. 80.

lineär sind, so kann man durch Superposition der alten und der neuen Lösungen den allgemeinsten Fall ohne weiteres bilden.

Wie im vorigen Abschnitt beginnen wir mit der Aufsuchung der Gesetze für die Druckkomponenten, die sich aus unserer Grundannahme ergeben. Hierzu setzen wir

$$X_x = X_x^0 + zX_x', \ldots X_y = X_y^0 + zX_y', \tag{229}$$

wobei nun die $X_x^0, \ldots$ und $X_z', \ldots$ nur von $x$ und $y$ abhängen.

Indem wir jetzt konstante äußere (körperliche) Kräfte zulassen, erhalten wir nach (12) für die Hauptgleichungen

$$\varrho X = \frac{\partial X_x^0}{\partial x} + \frac{\partial X_y^0}{\partial y} + X_z', \quad 0 = \frac{\partial X_x'}{\partial x} + \frac{\partial X_y'}{\partial y}; \tag{230}$$

. . . . . . . . . . . . . . . . .

die Bedingungen für die Mantelfläche des Zylinders werden

$$0 = \overline{X}_x^0 \cos(n,x) + \overline{X}_y^0 \cos(n,y), \quad 0 = \overline{X}_x' \cos(n,x) + \overline{X}_y' \cos(n,y), \tag{231}$$

. . . . . . . . . . . . . . . . . . . . . . . .

Für die Grundflächen $z = 0$ und $z = l$ gilt, wenn wir die dort wirkenden Komponenten wieder durch $A_0, A, \ldots N_0, N$ bezeichnen,

$$\begin{aligned} A_0 &= \int X_z^0 dq, \quad B_0 = \int Y_z^0 dq, \quad C_0 = \int Z_z^0 dq, \\ A &= -\int X_z^0 dq - l\int X_z' dq, \quad B = -\int Y_z^0 dq - l\int Y_z' dq, \\ C &= -\int Z_z^0 dq - l\int Z_z' dq; \end{aligned} \tag{232}$$

$$\begin{aligned} L_0 &= \int y Z_z^0 dq, \quad M_0 = -\int x Z_z^0 dq, \quad N_0 = \int (x Y_z^0 - y Z_x^0) dq, \\ L &= -\int y Z_z^0 dq - l\int y Z_z' dq - Bl, \quad M = +\int x Z_z^0 dq + l\int x Z_z' dq + Al, \\ N &= -\int (x Y_z^0 - y Z_x^0) dq - l\int (x Y_z' - y Z_x') dq. \end{aligned} \tag{233}$$

Da nun nach den allgemeinen statischen Gleichgewichtsbedingungen sein muß

$$\begin{aligned} &A_0 + A + \varrho l Q X = 0, \quad B_0 + B + \varrho l Q Y = 0, \quad C_0 + C + \varrho l Q Z = 0, \\ &L_0 + L - \tfrac{1}{2}\varrho l^2 Q Y = 0, \quad M_0 + M + \tfrac{1}{2}\varrho l^2 Q X = 0, \quad N_0 + N = 0, \end{aligned} \tag{234}$$

(vorausgesetzt dabei, daß $x = y = 0$ wieder dem Schwerpunkte des Zylinderquerschnitts entspricht), so ergibt sich

$$\varrho Q X = \int X_z' dq, \quad \varrho Q Y = \int Y_z' dq, \quad \varrho Q Z = \int Z_z' dq,$$
$$-\tfrac{1}{2}\varrho l Q Y = \int y Z_z' dq + B, \quad -\tfrac{1}{2}\varrho l Q X = \int x Z_z' dq + A, \tag{235}$$
$$0 = \int (x Y_z' - y Z_x') dq.$$

§ 326. **Integralsätze für die Druckkomponenten.** Die obigen Haupt- und Randbedingungen für die $X_x', \ldots X_y'$ haben genau dieselbe Form, wie die in § 305 für die $X_x, \ldots X_y$ aufgestellten; es gelten für die ersteren somit jetzt die früher für die letzteren gewonnenen Beziehungen (138) und (139), d. h., es ist

$$\begin{gathered} \int X_x' dq = \int X_y' dq = \int Y_y' dq = \int X_z' dq = \int Y_z' dq = 0, \\ \int x X_x' dq = \int x X_y' dq = \int x Y_y' dq = \int x X_z' dq = 0, \\ \int y X_x' dq = \int y X_y' dq = \int y Y_y' dq = \int y Y_z' dq = 0, \\ \int y Z_x' dq = -\int x Y_z' dq. \end{gathered} \tag{236}$$

Die Kombination der vierten und der fünften Formel hieraus mit der ersten und zweiten in (235) liefert

$$X = Y = 0; \tag{237}$$

d. h., mit der Annahme linearer Veränderlichkeit der Drucke sind konstante transversale körperliche Kräfte nicht vereinbar. Demgemäß vereinfachen sich nun auch die andern Beziehungen (235); unter Heranziehung der letzten Formel (236) erhalten wir

$$\begin{gathered} \varrho Q Z = \int Z_z' dq, \quad \int y Z_z' dq + B = 0, \quad \int x Z_z' dq + A = 0, \\ \int y Z_x' dq = \int x Y_z' dq = 0. \end{gathered} \tag{238}$$

Die ersten drei Hauptgleichungen (230) nehmen jetzt die Form an

$$\begin{gathered} 0 = \frac{\partial X_x^0}{\partial x} + \frac{\partial X_y^0}{\partial y} + X_z', \quad 0 = \frac{\partial Y_x^0}{\partial x} + \frac{\partial Y_y^0}{\partial y} + Y_z', \\ \varrho Z = \frac{\partial Z_x^0}{\partial x} + \frac{\partial Z_y^0}{\partial y} + Z_z'. \end{gathered} \tag{239}$$

Wir benutzen sie in Verbindung mit den in (231) enthaltenen Randbedingungen analog, wie dies in § 306 mit den einfacheren Formeln (130) und (131) für $X_x, \ldots$ geschehen ist, zur Auswertung einer Reihe von Integralen über die $X_x^0, \ldots$ selbst und über die Produkte

$xX_x^0, \ldots, yX_x^0, \ldots$ Die Resultate schreiben sich, wenn man wieder die $X$- und $Y$-Achsen in die Hauptträgheitsachsen des Querschnitts legt und

$$\int x^2 dq = Q\varkappa_1^2, \quad \int y^2 dq = Q\varkappa_2^2 \tag{240}$$

setzt, folgendermaßen

$$\begin{gathered}
\int X_x^0 dq = \int X_y^0 dq = \int Y_y^0 dq = 0, \\
\int x X_x^0 dq = \tfrac{1}{2}\int x^2 X_z' dq, \quad \int x Y_x^0 dq = \tfrac{1}{2}\int x^2 Y_z' dq, \\
\int x Z_x^0 dq = \tfrac{1}{2}\int x^2 Z_z' dq - \tfrac{1}{2}\varrho Z Q \varkappa_1^2; \\
\int y X_y^0 dq = \tfrac{1}{2}\int y^2 X_z' dq, \quad \int y Y_y^0 dq = \tfrac{1}{2}\int y^2 Y_z' dq, \\
\int y Y_z' dq = \tfrac{1}{2}\int y^2 Z_z' dq - \tfrac{1}{2}\varrho Z Q \varkappa_2^2; \\
\int x Y_y^0 dq = \int xy Y_z' dq, \quad \int y X_x^0 dq = \int xy X_z' dq, \\
\int (x Z_y^0 + y Z_x^0) dq = \int xy Z_z' dq.
\end{gathered} \tag{241}$$

Zu diesen Beziehungen treten nach (232), (233) und (234) bei Rücksicht auf (238) schließlich noch die folgenden

$$\begin{gathered}
\int X_z^0 dq = A_0 = -A, \quad \int Y_z^0 dq = B_0 = -B, \\
\int Z_z^0 dq = C_0 = -C - \varrho l Q Z; \\
\int y Z_z^0 dq = L_0 = -L, \quad -\int x Z_z^0 dq = M_0 = -M, \\
\int (x Y_z^0 - y Z_x^0) dq = N_0 = -N.
\end{gathered} \tag{242}$$

Das Resultat dieser allgemeinen Überlegungen ist, daß mit der Annahme von längs der Zylinderachse lineär variierenden Druckkomponenten vereinbar sind eine konstante körperliche Kraft parallel der Zylinderachse und Flächenkräfte auf die Endquerschnitte, welche Gesamtkomponenten und -momente nach der Längs- und den Querachsen liefern.

Dabei können wir, wie früher, die Einwirkungen auf den Querschnitt $z = l$, d. h. $A, B, C, L, M, N$ als wirklich gegeben betrachten, die auf den Querschnitt $z = 0$ hingegen als durch die Befestigung des Zylinders geleistet ansehen. Wenn wir die im vorigen Abschnitt bereits erledigten Fälle ausschließen wollen, so haben wir zu setzen

$$C = 0, \quad L = -Bl, \quad M = +Al, \quad N = 0. \tag{243}$$

§ 327. **Die allgemeinen Gesetze der mit den Voraussetzungen vereinbaren Verrückungen.** Die Deformationsgrößen $x_x, \ldots$, die nach unserer Grundannahme lineäre Funktionen von $z$ sein sollen, schreiben wir analog zu (229)

$$x_x = x_x^0 + z x_x' \cdots \quad x_y = x_y^0 + z x_y'. \tag{244}$$

Für die Verrückungskomponenten $u, v, w$ lassen sich dann bei Anwendung des in § 307 auseinandergesetzten Weges leicht die folgenden allgemeinen Ausdrücke gewinnen

$$\begin{aligned} u &= U + zU_1 + \tfrac{1}{2}z^2(f_1' - h'y) - \tfrac{1}{6}z^3 g_1', \\ v &= V + zV_1 + \tfrac{1}{2}z^2(f_2' + h'x) - \tfrac{1}{6}z^3 g_2', \\ w &= W + zW_1 + \tfrac{1}{2}z^2(g_1'x + g_2'y + g_3'). \end{aligned} \tag{245}$$

Hierin bezeichnen $U, V, W, U_1, V_1, W_1$ Funktionen von $x$ und $y$, für welche die Differentialgleichungen aus den beiden Systemen von Hauptgleichungen (230) resp. (239) folgen. Nebenbedingungen ergeben sich für sie aus den Vorschriften der Befestigung des Zylinders.

Um mit gebräuchlichen experimentellen Anordnungen in nahe Beziehung zu treten, wollen wir die Befestigung so wählen, daß

$$\text{für } x = y = z = 0: \quad u = v = w = 0, \quad \frac{\partial u}{\partial z} = \frac{\partial v}{\partial z} = \frac{\partial v}{\partial x} - \frac{\partial u}{\partial y} = 0 \tag{246}$$

ist. Dies bedeutet, daß der Koordinatenanfang unbeweglich bleiben, daß das ihm benachbarte Element der Zylinderachse seine Richtung bewahren und daß das benachbarte Volumenelement keine Drehung um die $Z$-Achse erfahren soll. Eine derartige Befestigung entspricht nahezu den wirklichen Verhältnissen, wenn das Ende $z = 0$ des Zylinders eingespannt oder in eine Fassung eingekittet ist. Das Ende $z = l$ ist jetzt im Gegensatz zu S. 623 frei gelassen, um die an ihm angreifende transversale Kraft zur Wirkung gelangen zu lassen. Aus (245) folgt dann

$$\text{für } x = y = 0: \; U = V = W = 0, \quad \frac{\partial V}{\partial x} - \frac{\partial U}{\partial y} = 0, \; U_1 = V_1 = 0. \tag{247}$$

Die Ansätze (245) enthalten Parameter $f_i', g_i', h'$, die in mancher Hinsicht den Parametern $f_i, g_i, h$ des Ansatzes (145) analog auftreten und demgemäß auch verwandte Bedeutung besitzen, wie das Nachstehende zeigt.

Wendet man die Ausdrücke (245) auf die Achsenfaser $(x = y = 0)$ des Zylinders an, so ergeben sie unter Rücksicht auf (247)

$$u_0 = \tfrac{1}{2}z^2 f_1' - \tfrac{1}{6}z^3 g_1', \quad v_0 = \tfrac{1}{2}z^2 f_2' - \tfrac{1}{6}z^3 g_2'. \tag{248}$$

Da nun $u_0 = \xi$, $v_0 = \eta$, $z = \zeta$ gemäß S. 624 als Koordinaten eines Achsenpunktes nach der Deformation aufgefaßt werden können, so erscheint die Achsenfaser nach einer Kurve dritten Grades gebogen.

$$\frac{\partial^2 u_0}{\partial z^2} = f_1' - z g_1', \quad \frac{\partial^2 v_0}{\partial z^2} = f_2' - z g_2' \tag{249}$$

stellen wegen der vorausgesetzten Kleinheit der Elongationen die reziproken Krümmungsradien $1/\varrho_1'$ und $1/\varrho_2'$ der beiden Projektionen der Achsenkurve auf die $XZ$- und die $YZ$-Ebene dar. $f_1'$ und $f_2'$ sind deren Werte im Befestigungspunkt, $-g_1'$ und $-g_2'$ messen ihre Änderungen längs der Zylinderachse.

$$g_3' = \frac{\partial}{\partial z}\left(\frac{\partial w}{\partial z}\right) \tag{250}$$

mißt die Änderung der lineären Dilatation $z_z$ längs der Zylinderachse. Das Auftreten der $g_1'$ und $g_2'$ in dem Ausdruck für $w$ erklärt sich analog, wie S. 624 bezüglich $g_1$ und $g_2$ dargetan, dadurch, daß bei der Biegung des Zylinders jeder Querschnitt in einer bestimmten Weise gedreht wird.

Die Drehung $n$ um die $Z$-Achse findet sich nach (245) gegeben durch

$$n = \frac{1}{2}\left(\frac{\partial v}{\partial x} - \frac{\partial u}{\partial y}\right) = \frac{1}{2}\left(\frac{\partial V}{\partial x} - \frac{\partial U}{\partial y}\right) + \frac{1}{2} z \left(\frac{\partial V_1}{\partial x} - \frac{\partial U_1}{\partial y}\right) + \frac{1}{2} h' z^2. \tag{251}$$

Das zweite und dritte Glied stellt demnach die Drehung relativ zum (ersten) Querschnitt $z = 0$ dar. Setzt man, wie in (157), die spezifische Drillung

$$\frac{\partial n}{\partial z} = n_1,$$

so wird jetzt

$$n_1 = \frac{1}{2}\left(\frac{\partial V_1}{\partial x} - \frac{\partial U_1}{\partial y}\right) + h' z; \tag{252}$$

$h'$ mißt sonach die Änderung der spezifischen Drillung längs der Zylinderachse.

Die allgemeinen Ansätze (245), die aus der Annahme von längs der Zylinderachse lineär variierenden Deformationsgrößen folgen, drücken nach dem Vorstehenden auch lineär variierende Biegungen, Längsdehnungen und Drillungen des Zylinders aus.

§ 328. **Einführung der Beziehungen zwischen Drucken und Deformationsgrößen.** Die allgemeinen Beziehungen (4) resp. (22) zwischen Drucken und Deformationsgrößen zerfallen nach (229) und (244) in zwei Systeme, deren eines die $x_x^0, \ldots$ und $X_x^0, \ldots$, deren anderes die $x_x', \ldots$ und $X_x', \ldots$ verbindet. Uns interessiert in erster Linie das letztere System, welches genau entsprechend (159) lautet:

$$
\begin{aligned}
-\frac{\partial U_1}{\partial x} &= s_{11} X_x' + \cdots + s_{16} X_y', \\
-\frac{\partial V_1}{\partial y} &= s_{21} X_x' + \cdots + s_{26} X_y', \\
-(g_1' x + g_2' y + g_3') &= s_{31} X_x' + \cdots + s_{36} X_y', \\
-\left(f_2' + h' x + \frac{\partial W_1}{\partial y}\right) &= s_{41} X_x' + \cdots + s_{46} X_y', \\
-\left(f_1' - h' y + \frac{\partial W_1}{\partial x}\right) &= s_{51} X_x' + \cdots + s_{56} X_y', \\
-\left(\frac{\partial U_1}{\partial y} + \frac{\partial V_1}{\partial x}\right) &= s_{61} X_x' + \cdots + s_{66} X_y'.
\end{aligned} \tag{253}
$$

Integriert man diese Gleichungen über den Querschnitt $Q$ und beachtet die Werte der rechts auftretenden Integrale nach (236) und (238), so erhält man

$$
\begin{gathered}
-\int \frac{\partial U_1}{\partial x} dq = \varrho Q Z s_{13}, \quad -\int \frac{\partial V_1}{\partial y} dq = \varrho Q Z s_{23}, \quad -g_3' = \varrho Z s_{33}, \\
-\left(f_2' Q + \int \frac{\partial W_1}{\partial y} dq\right) = \varrho Q Z s_{43}, \quad -\left(f_1' Q + \int \frac{\partial W_1}{\partial x} dq\right) = \varrho Q Z s_{53}, \\
-\int \left(\frac{\partial U_1}{\partial y} + \frac{\partial V_1}{\partial x}\right) dq = \varrho Q Z s_{63}.
\end{gathered} \tag{254}
$$

Integriert man hingegen nach Multiplikation mit $x$ oder $y$, so erhält man

$$
\begin{gathered}
\int x \frac{\partial U_1}{\partial x} dq = A s_{13}, \quad \int x \frac{\partial V_1}{\partial y} dq = A s_{23}, \quad g_1' Q \varkappa_1^2 = A s_{33}, \\
\int y \frac{\partial U_1}{\partial x} dq = B s_{13}, \quad \int y \frac{\partial V_1}{\partial y} dq = B s_{23}, \quad g_2' Q \varkappa_2^2 = B s_{33}, \\
h' Q \varkappa_1^2 + \int x \frac{\partial W_1}{\partial y} dq = A s_{43}, \quad \int x \frac{\partial W_1}{\partial x} dq = A s_{53}, \\
\int y \frac{\partial W_1}{\partial y} dq = B s_{43}, \quad -h' Q \varkappa_2^2 + \int y \frac{\partial W_1}{\partial x} dq = B s_{53}, \\
\int x \left(\frac{\partial U_1}{\partial y} + \frac{\partial V_1}{\partial x}\right) dq = A s_{63}, \quad \int y \left(\frac{\partial U_1}{\partial y} + \frac{\partial V_1}{\partial x}\right) dq = B s_{63}.
\end{gathered} \tag{255}
$$

Wie bei dem früheren Problem bestimmen sich die Konstanten der (ungleichförmigen) Dehnung und Biegung $g_3', g_1'$ $g_2'$ ganz allgemein für jede Querschnittsform; die Konstante $h'$ der (ungleichförmigen) Drillung tritt mit der Funktion $W_1$ verknüpft auf und ist zuvörderst noch nicht angebbar.

Immerhin erkennt man, wie die ungleichförmige Biegung des kristallinischen Zylinders ganz ebenso mit einer Drillung verknüpft erscheint, wie dies bei der gleichförmigen Biegung nach den Formeln (165) stattfand.

Der Vollständigkeit wegen mögen auch noch die zu (253) analogen Beziehungen angeführt werden, die zwischen dem $x_x^0, \ldots$ und dem $X_x^0, \ldots$ bestehen. Dieselben lauten bei Benutzung der Werte (245)

$$-\frac{\partial U}{\partial x} = s_{11} X_x^0 + \cdots, \quad -\frac{\partial V}{\partial y} = s_{21} X_x^0 + \cdots, \quad -W_1 = s_{31} X_x^0 + \cdots,$$
$$-\left(V_1 + \frac{\partial W}{\partial y}\right) = s_{41} X_x^0 + \cdots, \quad -\left(U_1 + \frac{\partial W}{\partial x}\right) = s_{51} X_x^0 + \cdots,$$
$$-\left(\frac{\partial U}{\partial y} + \frac{\partial V}{\partial x}\right) = s_{61} X_x^0 + \cdots \tag{256}$$

§ 329. **Ein allgemeiner Ansatz.** Die weitere Behandlung unsres Problems kann zunächst noch ganz parallel zu der des früheren stattfinden. In der Tat stimmen die Formeln (254) und (255) mit denen (162) und (163) ganz überein; nur stehen $-\varrho Q Z, B, A, O$ an Stelle von $C, L, -M, N$. Für das Problem der einwirkenden $C, L, M$ ließen sich nun früher alle Bedingungen durch die Annahmen (167) erfüllen. Demgemäß werden wir hier setzen

$$X_x' = Y_y' = Y_z' = Z_x' = X_y' = 0 \tag{257}$$

und erfüllen hierdurch die auf die $X_x', \ldots X_y'$ bezüglichen Hauptgleichungen (230) und Randbedingungen (231).

Die dritte Formel (253) liefert nunmehr

$$-(g_1'x + g_2'y + g_3') = Z_z' s_{33}, \tag{258}$$

und wir werden zur Erfüllung der übrigen Gleichungen (253) und der Befestigungsbedingungen annehmen

$$U_1 = \tfrac{1}{2} a_1'x^2 + b_1'xy + \tfrac{1}{2} c_1'y^2 + d_1'x + e_1'y,$$
$$V_1 = \tfrac{1}{2} a_2'x^2 + b_2'xy + \tfrac{1}{2} c_2'y^2 + d_2'x + e_2'y, \tag{259}$$
$$W_1 = \tfrac{1}{2} a_3'x^2 + b_3'xy + \tfrac{1}{2} c_3'y^2 + d_3'x + e_3'y + f_3'.$$

Die Unterschiede dieses Ansatzes von (169) beruhen auf der Verschiedenheit der Befestigungsbedingungen.

Das Einführen dieser Ausdrücke in Formeln (254) und (255) liefert

$$\begin{gathered} d_1' = -\varrho Z s_{13},\quad e_2' = -\varrho Z s_{23},\quad g_3' = -\varrho Z s_{33},\\ f_2' + e_3' = -\varrho Z s_{43},\quad f_1' + d_3' = -\varrho Z s_{53},\quad e_1' + d_2' = -\varrho Z s_{63}; \end{gathered} \tag{260}$$

$$\begin{gathered} a_1' Q \varkappa_1^2 = A s_{13},\quad b_2' Q \varkappa_1^2 = A s_{23},\quad g_1' Q \varkappa_1^2 = A s_{33},\\ b_1' Q \varkappa_1^2 = B s_{13},\quad c_2' Q \varkappa_2^2 = B s_{23},\quad g_2' Q \varkappa_2^2 = B s_{33},\\ (h' + b_3') Q \varkappa_1^2 = A s_{43},\quad a_3' Q \varkappa_1^2 = A s_{53},\quad (b_1' + a_2') Q \varkappa_1^2 = A s_{63},\\ c_3' Q \varkappa_2^2 = B s_{43},\quad (b_3' - h') Q \varkappa_2^2 = B s_{53},\quad (c_1' + b_2') Q \varkappa_2^2 = B s_{63}. \end{gathered} \tag{261}$$

In diesen 18 Gleichungen treten außer den 16 Parametern der Ansätze (259) noch die Parameter $f_1', f_2', g_1', g_2', g_3', h'$ aus (245) auf; die Gleichungen reichen somit zur Bestimmung aller Parameter nicht aus. In der Tat liefert die dritte Gleichung (256) zusammen mit den auf die $X_x^0, \ldots X_y^0$ bezüglichen Integralsätzen (241) und (242) noch weitere Beziehungen, auf die hier noch nicht eingegangen werden soll. Endlich ergibt sich aus der vierten und fünften Gleichung (256) bei Eliminationen von $W$

$$-\left(\frac{\partial V_1}{\partial x} - \frac{\partial U_1}{\partial y}\right) = \frac{\partial}{\partial x}(X_x^0 s_{41} + \cdots) - \frac{\partial}{\partial y}(X_x^0 s_{51} + \cdots), \tag{262}$$

was die letzten zur Bestimmung der Parameter noch erforderlichen Beziehungen enthält.

Nach den Formeln (260) und (261) zerfallen die Parameter des Ansatzes (259) in zwei Gruppen, deren eine sich durch die äußere körperliche Kraft $Z$, deren andere sich durch die auf die (freie) Grundfläche $z = l$ wirkenden Gesamtkräfte $A$ und $B$ bestimmt. Wir werden demgemäß auch passend das allgemeine Problem zerlegen.

§ 330. **Deformation des Zylinders durch eine konstante körperliche Kraft parallel seiner Achse.** Der erste Teil des Problemes, der nach dem oben Bemerkten dem Problem der Längsdehnung durch die Kraft $C$ im vorigen Abschnitt parallel geht, erledigt sich sehr einfach.

Fassen wir die Glieder, welche nach dem Bisherigen von $Z$ abhängen, zusammen, so haben wir

$$\begin{aligned} u &= U + z(d_1' x + e_1' y) + \tfrac{1}{2} z^2 f_1',\\ v &= V + z(d_2' x + e_2' y) + \tfrac{1}{2} z^2 f_2',\\ w &= W + z(d_3' x + e_3' y + f_3') + \tfrac{1}{2} z^2 g_3'. \end{aligned} \tag{263}$$

Hierin treten zehn Parameter auf, für die bisher nur erst die sechs Gleichungen (260) gefunden sind.

Drei weitere Beziehungen liefert wegen $W_1 = d_3'x + e_3'y + f_3'$ die dritte Gleichung (256), vorausgesetzt, daß darin über die $X_x^0, \ldots X_y^0$ verfügt ist. Zu letzterem Zwecke setzen wir zunächst in Analogie zu (257)

$$X_x^0 = Y_y^0 = Y_z^0 = Z_x^0 = X_y^0 = 0; \tag{264}$$

da außerdem jetzt (bei $g_1'$ und $g_2' = 0$) nach (258) und (260)

$$Z_z' = \varrho Z \tag{265}$$

ist, so sind hierdurch die Hauptgleichungen (239) und die Randbedingungen (231) für die $X_x^0, \ldots X_y^0$ identisch erfüllt.

Die dritte Gleichung (256) liefert nunmehr

$$-(d_3'x + e_3'y + f_3') = Z_z^0 s_{33}, \tag{266}$$

und wir haben Freiheit, über $Z_z^0$ zu verfügen.

Da wir hier keine andere Einwirkung voraussetzen, als die äußere körperliche Kraft $Z$, so liegt es nahe, zu versuchen, ob sich nicht für die (freie) Grenzfläche $z = l$ die Grenzbedingungen bei

$$\overline{X} = \overline{Y} = \overline{Z} = 0$$

streng erfüllen lassen. Da $Y_z = Y_z^0 + zY_z'$, $X_z = X_z^0 + zX_z'$ nach unsern Ansätzen allenthalben verschwinden, so bedarf es hierzu nur der Erfüllung der Bedingung

$$Z_z^0 + lZ_z' = 0,$$

d. h., da

$$Z_z' = \varrho Z$$

ist,

$$Z_z^0 = -\varrho l Z. \tag{267}$$

Setzt man dies in (266) ein, so ergibt sich

$$d_3' = e_3' = 0, \quad f_3' = \varrho l Z. \tag{268}$$

Dies sind drei weitere Bedingungen, die zu (260) hinzutreten. Schließlich ergibt sich noch aus (262), da nach unsern Annahmen die rechte Seite verschwindet,

$$e_1' - d_2' = 0, \tag{269}$$

wodurch nun alle Parameter in (263) gewonnen sind. Wir erhalten so die Ausdrücke

$$\begin{aligned} u &= U - \varrho Z \left\{ z(xs_{13} + \tfrac{1}{2} ys_{63}) + \tfrac{1}{2} z^2 s_{53} \right\}, \\ v &= V - \varrho Z \left\{ z(\tfrac{1}{2} xs_{23} + ys_{63}) + \tfrac{1}{2} z^2 s_{43} \right\}, \\ w &= W - \varrho Z z \left\{ l - \tfrac{1}{2} z \right\} s_{33}. \end{aligned} \tag{270}$$

Für die $U, V, W$ ergibt sich aus (256) in Verbindung mit (264) und (267) das System der Bedingungen

$$\frac{\partial U}{\partial x} = \varrho Z l s_{13}, \quad \frac{\partial V}{\partial y} = \varrho Z l s_{23},$$

$$-\varrho Z\left(\tfrac{1}{2} x s_{63} + y s_{23}\right) + \frac{\partial W}{\partial y} = \varrho Z l s_{43}, \tag{271}$$

$$-\varrho Z\left(x s_{13} + \tfrac{1}{2} y s_{63}\right) + \frac{\partial W}{\partial x} = \varrho Z l s_{53}, \quad \frac{\partial U}{\partial y} + \frac{\partial V}{\partial x} = \varrho Z l s_{63}.$$

Berücksichtigt man, daß nach (247) für $x = y = 0$ sowohl $U$ und $V$, als $\frac{\partial V}{\partial x} - \frac{\partial U}{\partial y}$ und $W$ verschwinden sollen, so erhält man Ausdrücke, die, in (270) eingesetzt, die schließlichen Resultate liefern

$$\begin{aligned} u &= \varrho Z\left[(l - z)\left(x s_{13} + \tfrac{1}{2} y s_{63}\right) - \tfrac{1}{2} z^2 s_{53}\right], \\ v &= \varrho Z\left[(l - z)\left(y s_{23} + \tfrac{1}{2} x s_{63}\right) - \tfrac{1}{2} z^2 s_{43}\right], \\ w &= \tfrac{1}{2} \varrho Z\left[x^2 s_{13} + y^2 s_{23} + x y s_{63} + 2l\left(x s_{53} + y s_{43}\right) + z(2l - z) s_{33}\right]. \end{aligned} \tag{272}$$

§ 331. **Diskussion der Resultate.** Berechnet man aus diesen Ausdrücken die Deformationsgrößen, so erhält man

$$x_x = \varrho Z (l - z) s_{13}, \quad y_y = \varrho Z (l - z) s_{23}, \cdots \tag{273}$$

Alle diese Ausdrücke verschwinden in der freien Grenzfläche $z = l$.

Beachtet man, daß für einen Querschnitt $z = z_1$ der Faktor der Ausdrücke für $x_x, \ldots$ in $Q$ multipliziert, nämlich

$$\varrho Z Q (l - z_1) = \Gamma_1, \tag{274}$$

die gesamte (körperliche) Kraft darstellt, welche das zwischen $z = z_1$ und $z = l$ liegende Stück des Zylinders parallel $Z$ erfährt, und zieht die Formeln (171) heran, so erhält man das Resultat, daß das nach dem Nullpunkt hin sich an den Querschnitt $z = z_1$ anschließende Element des Stabes sich ebenso verhält, als würde es durch die Flächenkraft $\Gamma_1 / Q$ parallel $Z$ gedehnt.

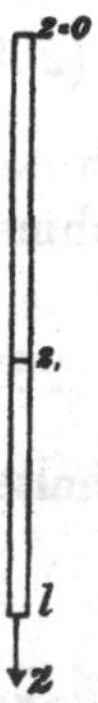

Fig. 157.

Man kann sich diese Verhältnisse durch Anwendung der S. 651 auseinandergesetzten Betrachtungsweise näherbringen (s. Fig. 157). Das Stück des Zylinders für $z_1 < z < l$ bleibt im Gleichgewicht, wenn man es erstarren läßt; es müssen sich somit die äußern auf dasselbe wirkenden Kräfte gegenseitig zerstören. Bezeichnet man daher die im Querschnitt $z = z_1$ auf das genannte Stück wirkende Gesamtkraft mit $\Gamma_1'$, so muß gelten

$$\Gamma_1' + \varrho Z Q (l - z_1) = 0;$$

da aber wegen der Gleichheit von aktio und reaktio die von dem Teil $z_1 < z < l$ auf den Teil $0 < z < z_1$ wirkende Kraft $\Gamma_1$ mit $\Gamma_1'$ entgegengesetzt gleich sein muß, so ergibt sich, wie vorstehend,

$$\Gamma_1 = \varrho Z Q (l - z_1).$$

Im übrigen ist bemerkenswert, daß der nur unter der Wirkung der longitudinalen körperlichen Kraft $Z$ stehende kristallinische Zylinder im allgemeinen nicht geradlinig bleibt, sondern sich nach einer parabolischen Kurve krümmt. In der Tat folgt aus (272) für die Achsenlinie ($x = 0$, $y = 0$)

$$u_0 = -\tfrac{1}{2}\varrho Z z^2 s_{53}, \quad v_0 = -\tfrac{1}{2}\varrho Z z^2 s_{43}. \tag{275}$$

Dies ist ein sehr überraschendes Resultat. Es beruht in letzter Instanz darauf, daß in jedem Element des Stabes eine Neigung der Achse gegen den Querschnitt eintritt, und daß diese Neigung infolge der verschiedenen spannenden Kraft $\Gamma_1$ in den verschiedenen Elementen verschieden ist.

Das vorstehende Problem hat ein bedeutendes theoretisches Interesse, insofern es eines der wenigen auf einen kristallinischen Zylinder bezüglichen ist, die sich mit elementarsten Mitteln streng lösen lassen, und insofern seine Lösung eine unerwartete Erscheinung signalisiert.

Praktische Bedeutung besitzt es nicht, weil die körperlichen Kräfte, die wir ins Spiel zu setzen vermögen — im Grunde nur die Schwere — viel zu schwach sind, um beobachtbare Veränderungen der abgeleiteten Art an den stets nur sehr kleinen Kristallzylindern hervorzurufen.

§ 332. **Deformation des Zylinders durch transversale Kräfte am freien Ende.** Wenden wir uns nun zu der Durchführung des Problemes der Einwirkung von transversalen Kräften $A$, $B$ auf den freien Endquerschnitt, so liefern uns die bisherigen Entwickelungen bei Benutzung der Beziehungen (260) unter der Annahme $Z = 0$ für die Verrückungskomponenten die folgenden Ausdrücke

$$\begin{aligned} u &= U + z(\tfrac{1}{2}a_1'x^2 + b_1'xy + \tfrac{1}{2}c_1'y^2 - hy) + \tfrac{1}{2}z^2(f_1' - h'y) - \tfrac{1}{6}z^3 g_1', \\ v &= V + z(\tfrac{1}{2}a_2'x^2 + b_2'xy + \tfrac{1}{2}c_2'y^2 + hx) + \tfrac{1}{2}z^2(f_2' + h'x) - \tfrac{1}{6}z^3 g_2', \\ w &= W + z(\tfrac{1}{2}a_3'x^2 + b_3'xy + \tfrac{1}{2}c_3'y^2 - f_1'x - f_2'y + f_3') \\ &\quad + \tfrac{1}{2}z^2(g_1'x + g_2'y). \end{aligned} \tag{276}$$

Die Zahl der hierin enthaltenen Parameter ist 18; für sie sind bisher nur die 12 Gleichungen (261) aufgestellt.

Wir haben also zunächst die weiteren nötigen Bedingungen im Anschluß an das S. 661 allgemein Bemerkte zu entwickeln und wollen dies wegen gewisser hierbei auftauchender Fragen auch wirklich ausführen.

Setzen wir den in $w$ enthaltenen Ausdruck für $W_1$, nämlich

$$W_1 = \tfrac{1}{2} a_3' x^2 + b_3' xy + \tfrac{1}{2} c_3' y^2 - f_1' x - f_2' y + f_3', \tag{277}$$

in die dritte Gleichung (256)

$$-W_1 = X_x^0 s_{31} + Y_y^0 s_{32} + \cdots + X_y^0 s_{36} \tag{278}$$

ein und integrieren dies Resultat über den Querschnitt des Zylinders, so resultiert bei Benutzung der Festsetzungen von S. 655 über die Lage des $XY$-Koordinatensystems und der ersten drei Beziehungen aus (241) und (242) bei $C$ und $Z = 0$

$$Q\left(\tfrac{1}{2} a_3' \varkappa_1^2 + \tfrac{1}{2} c_3' \varkappa_2^2 + f_3'\right) = B s_{34} + A s_{35},$$

also nach den Werten $a_3'$ und $c_3'$ aus (261)

$$Q f_3' = \tfrac{1}{2}(B s_{34} + A s_{35}). \tag{279}$$

Bilden wir analog $\int x W_1 dq$ und $\int y W_1 dq$, so kommen in dem Resultat die Integrale über $x^3, x^2 y, y^2 x, y^3$ vor, die bisher noch nicht in den Formeln auftraten, und deren Werte sich nicht durch die früheren Konstanten des Querschnitts ausdrücken. Wir wollen uns der Einfachheit halber auf Querschnitte beschränken, die durch die Koordinatenachsen $X$ und $Y$ symmetrisch geteilt werden; hier sind diese Integrale sämtlich gleich Null.

In der Gleichung (278) erscheinen dann rechts Integrale von der Form $\int x X_x^0 dq, \ldots$ und $\int y X_x^0 dq, \ldots$, die sich alle mit Hilfe von (241) und (242) ausdrücken; die Resultate sind in unserm Falle infolge der Werte (257) und (258) der $X_x', \ldots, X_y'$ und infolge des verschwindenden $N$ sehr einfach. Es resultiert

$$f_1' Q \varkappa_1^2 = A l s_{33}, \quad f_2' Q \varkappa_2^2 = B l s_{33}. \tag{280}$$

Durch die Formeln (261), (279) und (280) sind in den Ansätzen (276) alle Parameter außer $h$ bestimmt. Für diese Größe ist schließlich noch die Bedingung (262) heranzuziehen. Statt auf diese sehr umständliche Formel zurückzugreifen, wollen wir eine Überlegung anstellen, in der die geometrische Bedeutung von $h$ benutzt wird.

Für den Drehungswinkel $n$ des die Zylinderachse enthaltenden Elementarfadens ($x = 0$, $y = 0$) liefert das System (276) den Ausdruck

$$n = \frac{1}{2}\left(\frac{\partial v}{\partial x} - \frac{\partial u}{\partial y}\right) = h z + \frac{1}{2} h' z^2;$$

für die spezifische Drillung folgt also

$$n_1 = \frac{\partial n}{\partial z} = h + h'z. \tag{281}$$

Nun kann man das letzte Element des Zylinders von der Länge $dz$ wieder als einen Zylinder betrachten, der dann, als unendlich kurz, für merklich gleichförmig deformiert gelten kann. Legt man ein Achsenkreuz $X_1$, $Y_1$, $Z_1$ in seine negative Grundfläche, so sind die drei Drehungsmomente $L_1$, $M_1$, um diese Achsen resp. gleich $Adz$, $Bdz$, also unendlich klein, und $N_1$ = Null. Nun wird nach dem Inhalt von § 311 u. f. die spezifische Drillung $n_1$ bei dem gleichförmig deformierten Zylinder gleich Null, wenn diese Momente verschwinden. Hieraus können wir also auch schließen, daß in unserem Falle $n_1$ für das letzte Element des Zylinders verschwinden, d. h., daß

$$h + h'l = 0, \quad h = -h'l \tag{282}$$

sein muß.

Hiermit sind alle Konstanten des Ansatzes (276) bestimmt. Setzen wir die gefundenen Werte ein, so ergibt sich:

$$\begin{aligned} u &= U + \frac{Az}{2Q\varkappa_1^2}\left[x^2 s_{13} - y^2 s_{23} + (l - \tfrac{1}{2}z)\, y s_{43} + z(l - \tfrac{1}{3}z)\, s_{33}\right] + \cdots \\ v &= V + \frac{Az}{2Q\varkappa_1^2}\left[x^2 s_{63} + 2xy\, s_{23} - (l - \tfrac{1}{2}z)\, x s_{43}\right] + \cdots \\ w &= W + \frac{Az}{2Q\varkappa_1^2}\left[(x^2 + \varkappa_1^2) s_{53} + xy s_{43} - x s_{33}(2l - z)\right] + \cdots \end{aligned} \tag{283}$$

Dabei sind die in $B$ multiplizierten Glieder nur durch Punkte angedeutet; das Ausgeschriebene stellt also die bisher abgeleitete Lösung bei alleiniger Einwirkung einer zur $X$-Achse parallelen Kraft $A$ dar.

§ 333. **Die Gesetze der Biegung und Drillung.** So weit gelingt die Lösung des gestellten Problems in Strenge für ganz beliebige Querschnitte des Zylinders. Die Bestimmung der Funktionen $U$, $V$, $W$ bietet größere Schwierigkeiten und wird meist nur in Annäherungen erfolgen können. Der relativ einfachste Fall ist der eines Zylinders, dessen Achse in eine geradzählige Symmetrieachse fällt, resp. normal zu einer Symmetrieebene des Kristalls steht. Hier ist $U$ und $V$ noch streng für jede Querschnittsform angebbar; $W$ hängt von letzterer ab.[1])

Wir brauchen indessen nicht auf die Bestimmung von $U$, $V$, $W$ näher einzugehen, weil die wichtigsten Fragen, die wir an die Lösung

1) *W. Voigt*, l. c. p. 93.

des Problems stellen können, durch die Formeln (283) bereits beantwortet werden. Es handelt sich dabei um die Gesetze für die Biegung der Zylinderachse und für die Drillung um dieselbe.

Wendet man bei ausschließlicher Einwirkung einer zur $X$-Achse parallelen Kraft $A$ im Endquerschnitt $z = l$ die ersten zwei Formeln (283) auf die Zylinderachse an, indem man $x = y = 0$ macht, so erhält man unter Rücksicht auf (247³)

$$u_0' = \frac{Az^2}{2Q\varkappa_1^2}(l - \tfrac{1}{3}z)s_{33}, \quad v_0' = 0. \tag{284}$$

Analog gibt die zur $Y$-Achse parallele Kraft $B$

$$u_0'' = 0, \quad v_0'' = \frac{Bz^2}{2Q\varkappa_2^2}(l - \tfrac{1}{3}z)s_{33}. \tag{285}$$

Die Elongation des Endquerschnitts ($z = l$) bestimmt sich hieraus zu

$$\bar{u}_0' = \frac{Al^3 s_{33}}{3Q\varkappa_1^2}, \quad \bar{v}_0'' = \frac{Bl^3 s_{33}}{3Q\varkappa_2^2}. \tag{286}$$

Für die Drillung der Achsenfaser des Zylinders gilt resp.

$$n_0' = -\frac{Azs_{34}}{2Q\varkappa_1^2}(l - \tfrac{1}{2}z), \quad n_0'' = -\frac{Bzs_{35}}{2Q\varkappa_2^2}(l - \tfrac{1}{2}z), \tag{287}$$

also für die Gesamtdrillung

$$\bar{n}_0' = -\frac{Al^2 s_{34}}{4Q\varkappa_1^2}, \quad \bar{n}_0'' = -\frac{Bl^2 s_{35}}{4Q\varkappa_2^2}. \tag{288}$$

Diese Gesamtbiegungen und -drillungen sind Objekte der Beobachtung; insbesondere sind zahlreiche Bestimmungen von Elastizitätsmoduln mit Hilfe der Beobachtung ungleichförmiger Biegungen durchgeführt. Wenn die Querdimensionen des Zylinders klein gegen die Längen gemacht werden, kann man nämlich die durch (286) und (288) gegebenen Beträge, obwohl sie sich auf die Achsenfaser beziehen, mit den (an Oberflächenfasern) beobachtbaren Veränderungen identifizieren. Letztere unterscheiden sich von den ersteren, da die Querschnitte bei der Deformation in ihrer Ebene verzerrt werden und die verschiedenen Querschnitte sich hierbei verschieden verhalten. Aber die Einflüsse dieser Verzerrungen auf die Beobachtungen sind um so kleiner, je kleiner die Querdimensionen gegen die Länge des Zylinders sind. —

Hiermit ist die in § 325 eröffnete Untersuchung über die Deformationen eines längs seiner Mantelfläche freien Zylinders, wenn längs der Achse Spannungen und Deformationsgrößen lineär variieren, zu Ende geführt. Abschließend sei bemerkt, daß man auf dem eingeschlagenen Wege noch weiter gehen kann, indem man Fälle der Betrachtung unterwirft, bei denen die Spannungen und Deformationen sich längs der Achse nach Funktionen zweiten und höheren Grades ändern. *Somigliana*[1]) hat diese Betrachtungen in großer Allgemeinheit durchgeführt. Von speziellem Interesse ist die Anwendung seiner Resultate auf die Biegung eines Kristallstabes unter seinem eigenen Gewicht. Da aber diese und andere Ergebnisse nur bei äußerst dünnen Stäben praktische Bedeutung gewinnen können, wo eine geringere Strenge der Betrachtung ausreicht, so wollen wir derartige Untersuchungen hier nicht reproduzieren, sondern uns der allgemeinen Theorie der Deformation von derartig äußerst dünnen Stäben zuwenden, die neben jenen auch andere wichtige Resultate zu liefern vermag.

§ 334. **Übergang zu beliebigen Deformationen eines unendlich dünnen Zylinders.** Die Lösung des Zylinderproblems bei der Annahme von längs der Achse gleichförmigen Deformationen hat nicht nur eine große theoretische, sondern auch eine ebensolche praktische Bedeutung; denn die nicht genaue Übereinstimmung der theoretisch vorausgesetzten mit der wirklich herstellbaren Einwirkung auf die Grundflächen des Zylinders spielt, wie schon S. 651 auseinandergesetzt, hier eine geringe Rolle. Nicht so günstig liegen die Verhältnisse bei der vorstehend behandelten Biegung mit der längs der Achse lineär variierenden Deformation, und es scheint, daß dies nicht überall richtig erkannt ist.

Schon die Anwendung der *De Saint Venant*schen Lösung des Problems der ungleichförmigen Biegung auf Beobachtungen an isotropen Stäben, die an einem Ende $z = 0$ eingeklemmt, an dem andern $z = l$ belastet sind, ist nicht ohne Bedenken, weil die Senkung des freien Endes durch das Verhalten der Elemente, die der Befestigungsstelle am nächsten sind, in erster Linie bestimmt wird, und weil die der Regel nach benutzte Art der Befestigung keineswegs die theoretisch vorausgesetzte Spannungsverteilung liefert. In vielleicht noch höherem Maße liegt der analoge Widerspruch vor bei der zweiten, gebräuchlicheren Methode der Beobachtung ungleichförmiger Biegung von Stäben, bei welcher die Stäbe an beiden Enden unterstützt, in der Mitte belastet werden. Man betrachtet dann den mittleren belasteten Querschnitt als den — der Theorie nach — befestigten $z = 0$. Aber die Abweichungen, die hier zwischen dem wirklichen und dem in der Theorie vorausgesetzten Verhalten dieses Querschnitts vorliegen, sind sehr beträchtlich; insbesondere ist hier die nach *De Saint Venant* auftretende Krümmung des Querschnitts $z = 0$ völlig aufgehoben, und nach der Art, wie diese Krümmung mit dem ganzen

1) *C. Somigliana*, s. Fortschr. d. Phys. Bd. **49**, p. 427, 1895.

Biegungsvorgang verknüpft ist, erscheint diese Differenz sehr bedenklich.[1] Die genannte Betrachtungsweise setzt nämlich den in der Mitte belasteten Stab aus zwei Hälften zusammen, die infolge der Krümmung ihrer Endquerschnitte ($s = 0$) zunächst gar nicht aneinander passen und erst durch Drucke, die ihrerseits Biegungen bewirken, passend (nämlich eben) gemacht werden müssen.

Es ist daher nicht unwichtig, daß eine andere Auffassung des Vorgangs der ungleichförmigen Deformation, auf die schon S. 651 hingewiesen ist, ohne die angedeuteten Schwierigkeiten auf im wesentlichen dieselben Endformeln für die der Beobachtung zugänglichen Veränderungen führt, wie die oben verfolgte.

Wenn die Querdimensionen des Zylinders sehr klein gegen die Längsdimensionen sind, so kann man nämlich ein Längenelement des Zylinders als einen längs der Achse gleichförmig deformierten Zylinder betrachten, auf ihn die Formeln des III. Abschnittes anwenden und aus solchen Elementen einen ungleichförmig deformierten Zylinder von beliebiger Länge zusammensetzen.[2] Wenn die Deformationsgrößen innerhalb des ganzen Zylinders dann nach der Stetigkeit variieren, so braucht bei der Zusammenfügung der einzelnen gleichförmig deformierten Elemente zum Ganzen nur ein unendlich kleiner Zwang ausgeübt zu werden.

Um das so skizzierte Problem in ganzer Allgemeinheit anzugreifen, gehen wir aus von dem Prinzip der virtuellen Verrückungen, das in § 84 auseinandergesetzt ist. Wir schreiben die Bedingung des Gleichgewichts

$$\delta' A_k + \delta' A_o + \delta' A_i = 0, \tag{289}$$

wobei die linksstehenden Diminutive die virtuellen Arbeiten der körperlichen Kräfte, der äußern und der innern Drucke bezeichnen.

**§ 335. Berechnung der an dem unendlich dünnen Zylinder geleisteten Arbeiten.** Bei der Berechnung der beiden ersten Arbeiten kann man, wie hier nicht bewiesen werden soll, das einzelne Zylinderelement von der Länge $ds$ wie starr bewegt denken, also die Deformation ignorieren. Bezeichnet man die Komponenten der auf die Längeneinheit des Zylinders bezogenen körperlichen Kräfte und Momente mit $\Xi$, $\mathsf{H}$, $\mathsf{Z}$, $\Lambda$, $\mathsf{M}$, $\mathsf{N}$, diejenigen der Verrückungen und Drehungen in der Zylinderachse mit $\delta u_0$, $\delta v_0$, $\delta w_0$, $\delta l_0$, $\delta m_0$, $\delta n_0$, so ergibt sich direkt nach S. 159

$$\delta' A_k = \int \varrho\, ds (\Xi\, \delta u_0 + \mathsf{H} \delta v_0 + \mathsf{Z} \delta w_0 + \Lambda \delta l_0 + \mathsf{M} \delta m_0 + \mathsf{N} \delta n_0). \tag{290}$$

1) *W. Voigt*, Wied. Ann. Bd. **34**, p. 1023, 1888.
2) *W. Voigt*, Kompendium der theor. Physik, Bd. I, p. 412, Leipzig 1895.

Bezeichnet man ferner die auf die Endquerschnitte $z = 0$ und $z = l$ ausgeübten Kräfte und Momente mit $\overline{\Xi}_0, \ldots \overline{\Lambda}_0, \ldots$ und $\overline{\Xi}_l, \ldots \overline{\Lambda}_l, \ldots$, so gibt dieselbe Überlegung

$$\delta' A_0 = \left(\overline{\Xi}\,\overline{\delta u_0} + \overline{\mathrm{H}}\,\overline{\delta v_0} + \overline{\mathrm{Z}}\,\overline{\delta w_0} + \overline{\Lambda}\,\overline{\delta l_0} + \overline{\mathrm{M}}\,\overline{\delta m_0} + \overline{\mathrm{N}}\,\overline{\delta n_0}\right)_{z=0 \text{ und } z=l}. \tag{291}$$

Die Momente $\Lambda$, $\mathrm{M}$, $\mathrm{N}$ und $\overline{\Lambda}$, $\overline{\mathrm{M}}$, $\overline{\mathrm{N}}$ sind dabei um Parallele zu den Koordinatenachsen durch den Schwerpunkt des Volumenelements oder des Querschnitts zu nehmen. Körperliche Momente um die Querachsen, d. h. $\Lambda$ und $\mathrm{M}$, bieten für uns kein Interesse, wir wollen dieselben also von vornherein ausschließen, d. h.

$$\Lambda = \mathrm{M} = 0 \tag{292}$$

setzen. Die flächenhaften Momente $\overline{\Lambda}$, $\overline{\mathrm{M}}$ hingegen sind beizubehalten.

Für die Arbeit der innern Kräfte gilt nach (1), da $\delta'\alpha_i = -\delta'\alpha_a$,

$$\delta' A_i = \int ds \int dq (X_x \delta x_x + Y_y \delta y_y + \cdots + X_y \delta x_y). \tag{293}$$

Von den Gliedern dieses Integrals verschwindet, wie eine teilweise Integration lehrt, eine ganze Reihe nach den Gleichungen (130) und (131); es bleibt allein übrig

$$\delta' A_i = \int ds \int dq \left(Z_x \frac{\partial \delta u}{\partial z} + Z_y \frac{\partial \delta v}{\partial z} + Z_z \frac{\partial \delta w}{\partial z}\right). \tag{294}$$

Da das Element des Zylinders als gleichförmig gespannt gelten soll, so sind hierin die Ausdrücke (147) für $u$, $v$, $w$ zu benutzen und die Variationen $\delta$ nur auf die Parameter zu beziehen. Demgemäß wird allgemein zu setzen sein

$$\begin{aligned} \frac{\partial \delta u}{\partial z} &= \delta f_1 - y \delta h - z \delta g_1, \\ \frac{\partial \delta v}{\partial z} &= \delta f_2 + x \delta h - z \delta g_2, \\ \frac{\partial \delta w}{\partial z} &= x \delta g_1 + y \delta g_2 + \delta g_3, \end{aligned} \tag{295}$$

wobei, wenn wir die Ausdrücke auf den ersten Querschnitt des Elements anwenden, noch $z = 0$ gesetzt werden darf.

Bei Benutzung der Beziehungen (137) folgt dann

$$\delta' A_i = -\int ds (C \delta g_3 + L \delta g_2 - M \delta g_1 + N \delta h); \tag{296}$$

hierin sind $C$, $L$, $M$, $N$ die Wirkungen, welche der auf der positiven Seite eines Querschnitts $Q$ liegende Teil des Zylinders auf den nach der negativen Seite liegenden Teil ausübt.

Nach (147) ist nun weiter

$$
\begin{aligned}
g_1 &= -\frac{\partial}{\partial z}\frac{1}{2}\left(\frac{\partial u}{\partial z} - \frac{\partial w}{\partial x}\right) = -\frac{\partial m_0}{\partial z} = -\frac{\partial^2 u_0}{\partial z^2},\\
g_2 &= +\frac{\partial}{\partial z}\frac{1}{2}\left(\frac{\partial w}{\partial y} - \frac{\partial v}{\partial z}\right) = +\frac{\partial l_0}{\partial z} = -\frac{\partial^2 v_0}{\partial z^2},\\
g_3 &= \frac{\partial w_0}{\partial z}, \qquad n_0 = \frac{1}{2}\left(\frac{\partial v}{\partial x} - \frac{\partial u}{\partial y}\right),
\end{aligned} \tag{297}
$$

wobei $l_0$, $m_0$, $n_0$ die Drehungswinkel des betrachteten Elements des Zylinders um die Koordinatenachsen darstellen, und die Indizes $_0$ an ihnen nur der Symmetrie halber zugefügt sind.

Man kann demgemäß auch schreiben

$$
\delta' A_i = -\int ds \left(C\frac{\partial \delta w_0}{\partial z} - L\frac{\partial^2 \delta v_0}{\partial z^2} + M\frac{\partial^2 \delta u_0}{\partial z^2} + N\frac{\partial \delta n_0}{\partial z}\right).
$$

Eine teilweise Integration liefert hieraus

$$
\begin{aligned}
\delta' A_i = &- \left| C\delta w_0 - L\frac{\partial \delta v_0}{\partial z} + M\frac{\partial \delta u_0}{\partial z} + N\delta n_0 \right|_0^l\\
&+ \int ds \left(\frac{\partial C}{\partial z}\delta w_0 - \frac{\partial L}{\partial z}\frac{\partial \delta v_0}{\partial z} + \frac{\partial M}{\partial z}\frac{\partial \delta u_0}{\partial z} + \frac{\partial N}{\partial z}\delta n_0\right).
\end{aligned} \tag{298}
$$

Die mittleren Glieder dieses Integrals gestatten die nochmalige derartige Behandlung, so daß das ganze Integral die Form erhält

$$
\begin{aligned}
&- \left| \frac{\partial L}{\partial z}\delta v_0 - \frac{\partial M}{\partial z}\delta u_0 \right|_0^l\\
&+ \int ds \left(\frac{\partial C}{\partial z}\delta w_0 + \frac{\partial^2 L}{\partial z^2}\delta v_0 - \frac{\partial^2 M}{\partial z^2}\delta u_0 + \frac{\partial N}{\partial z}\delta n_0\right).
\end{aligned} \tag{298'}
$$

§ 336. **Die Grundgleichungen für das Gleichgewicht des dünnen Zylinders.** Die vorstehenden Ausdrücke für $\delta' A_k$, $\delta' A_0$, $\delta' A_i$ sind nun in die allgemeine Gleichgewichtsbedingung (289) einzusetzen, und es ist dabei zu berücksichtigen, daß in dem Resultat $\delta u_0$, $\delta v_0$, $\delta w_0$, $\delta n_0$ für jede Stelle des Zylinders und somit auch $\delta u_0$, $\delta v_0$, $\delta w_0$, $\partial \delta u_0/\partial z = +\delta m_0$, $\partial \delta v_0/\partial z = -\delta l_0$, wie auch $\delta n_0$ an den Enden willkürlich gewählt werden können.

Demgemäß zerfällt die Bedingung in vier Hauptgleichungen, die durch das Nullsetzen der Faktoren von $\delta u_0$, $\delta v_0$, $\delta w_0$, $\delta n_0$ erhalten werden, und in Grenzbedingungen, die durch dieselbe Operation mit den auf die Zylinderenden bezüglichen Gliedern entstehen.

Die Hauptgleichungen lauten

$$\varrho \mathsf{Z} + \frac{\partial C}{\partial z} = 0, \quad \varrho \Xi - \frac{\partial^2 M}{\partial z^2} = 0, \quad \varrho \mathsf{H} + \frac{\partial^2 L}{\partial z^2} = 0, \quad \varrho \mathsf{N} + \frac{\partial N}{\partial z} = 0; \tag{299}$$

die Grenzbedingungen ergeben sich folgendermaßen:

Für $z = 0$

$$\begin{aligned} &(\overline{\mathsf{Z}} + \overline{C})_0 = 0, \quad \left(\overline{\mathsf{H}} + \frac{\overline{\partial L}}{\partial z}\right)_0 = 0, \quad \left(\overline{\Xi} - \frac{\overline{\partial M}}{\partial z}\right)_0 = 0, \\ &(\overline{\Lambda} + \overline{L})_0 = 0, \quad (\overline{\mathsf{M}} + \overline{M})_0 = 0, \quad (\overline{\mathsf{N}} + \overline{N})_0 = 0; \end{aligned} \tag{300}$$

für $z = l$

$$\begin{aligned} &(\overline{\mathsf{Z}} - \overline{C})_l = 0, \quad \left(\overline{\mathsf{H}} - \frac{\overline{\partial L}}{\partial z}\right)_l = 0, \quad \left(\overline{\Xi} + \frac{\overline{\partial M}}{\partial z}\right)_l = 0, \\ &(\overline{\Lambda} - \overline{L})_l = 0, \quad (\overline{\mathsf{M}} - \overline{M})_l = 0, \quad (\overline{\mathsf{N}} - \overline{N})_l = 0. \end{aligned} \tag{301}$$

Bei diesen Entwicklungen ist von irgendwelchen speziellen Gesetzen über den Zusammenhang von Drucken und Deformationen nicht Gebrauch gemacht, sondern nur von den Beziehungen der §§ 305 bis 307, die aus der Annahme eines längs des Elements $dz$ des Zylinders gleichförmigen Deformationszustandes folgen.

Jene speziellen Gesetze, die in § 310 u. f. verwendet worden sind, gestatten nun aber, $g_1$, $g_2$, $g_3$ ganz allgemein für jeden Querschnitt mit den $C, L, M, N$ in Verbindung zu bringen. Die Übertragung der Formeln (164) liefert bei Benutzung von (297)

$$\begin{aligned} g_1 &= (-s_{33} M + \tfrac{1}{2} s_{34} N)/Q\varkappa_1^2 = -\frac{\partial^2 u_0}{\partial z^2}, \\ g_2 &= (\phantom{-}s_{33} L - \tfrac{1}{2} s_{35} N)/Q\varkappa_2^2 = -\frac{\partial^2 v_0}{\partial z^2}, \\ g_3 &= s_{33} C/Q = \frac{\partial w_0}{\partial z}. \end{aligned} \tag{302}$$

Dabei ist wieder gesetzt

$$\int x^2 dq = Q\varkappa_1^2, \quad \int y^2 dq = Q\varkappa_2^2.$$

$h = \partial n_0/\partial z$ erweist sich in dem von $N$ abhängigen Teil von der Gestalt des Querschnitts des Zylinders abhängig und ist nur erst für spezielle Fälle gewonnen. Man kann aber nach (182) allgemein setzen

$$h = -\frac{1}{2Q}\left(\frac{M s_{34}}{\varkappa_1^2} + \frac{L s_{35}}{\varkappa_2^2}\right) + \frac{N}{Q} F = \frac{\partial n_0}{\partial z}, \tag{303}$$

wobei $F$ von der Querschnittsform abhängt.

Für einen elliptischen Querschnitt, dessen Achsen $a$ und $b$ in die $X$- und $Y$-Achse fallen, gilt nach (191) wegen $\bar{n} = hl$

$$F = \frac{s_{44}}{a^2} + \frac{s_{55}}{b^2}. \tag{304}$$

Aus diesen Formeln sind $C, L, M, N$ zu berechnen und die bezüglichen Werte in die Gleichungen (299) bis (301) einzusetzen. Letztere bestimmen dann bei Hinzunahme geeigneter Befestigungsbedingungen für das eine Ende ($z = 0$) des Zylinders vollständig $u_0$, $v_0$, $w_0$ und $n_0$ als Funktionen von $z$.

§ 337. **Biegung durch eine am freien Ende wirkende transversale Kraft.** Es mag hier genügen, den speziellen Fall weiter zu verfolgen, wo keine körperlichen Kräfte und Momente vorhanden sind, und auf den Endquerschnitt $z = l$ nur eine Kraft $\Xi$ parallel zur $X$-Achse wirkt. Wir erhalten so auf der neuen Grundlage von § 334 u. f. eine Theorie jener praktisch wichtigsten Art der Biegung eines Kristallzylinders, welche indes direkt nur das Gesetz der Krümmung der Achsenfaser liefert.

Bei den gemachten Annahmen folgt aus de- vierten Formel (299) $N =$ konst., aus der vierten Formel (301) $N = 0$. Infolge hiervon ergibt die erste Formel (302)

$$M = \frac{Q\varkappa_1^2}{s_{33}} \frac{\partial^2 u_0}{\partial z^2}, \tag{305}$$

und die zweite Hauptgleichung (299) lautet, wegen $\Xi = 0$,

$$\frac{\partial^4 u_0}{\partial z^4} = 0; \tag{306}$$

für $z = l$ liefert die dritte und fünfte Bedingung (301) wegen $\overline{M}_l = 0$,

$$\Xi = -\left(\frac{\partial M}{\partial z}\right)_l = -\frac{Q\varkappa_1^2}{s_{33}}\left(\frac{\partial^3 u_0}{\partial z^3}\right)_l, \quad 0 = \frac{Q\varkappa_1^2}{s_{33}}\left(\frac{\partial^2 u_0}{\partial z^2}\right)_l. \tag{307}$$

Als Befestigungsbedingungen für das Ende $z = 0$ führen wir ein

$$u_0 = 0, \quad \frac{\partial u_0}{\partial z} = 0, \tag{308}$$

d. h., denken das ganze erste Linienelement des Zylinders festgehalten, den Zylinder z. B. eingeklemmt.

Es folgt dann aus (306)

$$u_0 = az^3 + bz^2 + cz + d,$$

und die Bedingungen (307) und (308) ergeben

$$-\frac{Q\varkappa_1^2}{s_{33}} 6a = \Xi, \quad \frac{Q\varkappa_1^2}{s_{33}}(6al + 2b) = 0, \quad c = 0, \quad d = 0,$$

somit

$$u_0 = \frac{\Xi z^2}{2 Q \varkappa_1^2}(l - \tfrac{1}{3} z) s_{33}$$

Diese Formel stimmt mit der oben auf anderem Wege abgeleiteten (284) überein.

**§ 338. Differentialgleichungen der Schwingungen dünner kristallinischer Zylinder.** Die vorstehenden Betrachtungen gestatten den direkten Übergang von dem Problem des Gleichgewichts eines unendlich dünnen Stabes zu demjenigen seiner Bewegung, d. h., da nach unsern Grundannahmen nur unendlich kleine Elongationen zulässig sind, seiner Schwingungen. Es bedarf hierzu nach dem in § 84 allgemein Bemerkten nur der Vertauschung der auf die Masseneinheit bezogenen körperlichen Kräfte $X, Y, Z$ mit

$$X - \partial^2 u/\partial t^2, \quad Y - \partial^2 v/\partial t^2, \quad Z - \partial^2 w/\partial t^2.$$

Dies kommt darauf hinaus, daß in den Hauptgleichungen (299) die auf die Masse der Längeneinheit des Stabes bezogenen Komponenten $\Xi$, H, Z durch

$$\Xi - Q\partial^2 u_0/\partial t^2, \quad \mathrm{H} - Q\partial^2 v_0/\partial t^2, \quad \mathrm{Z} - Q\partial^2 w_0/\partial t^2$$

zu ersetzen sind, aber das ähnlich definierte Moment N durch

$$\mathrm{N} - Q\varkappa^2 \partial^2 n_0/\partial t^2,$$

wobei $\varkappa$ den Trägheitsradius des Querschnitts bezüglich der $Z$-Achse darstellt.

Schließt man dann noch, wie das für die Behandlung der Schwingungsprobleme unbedenklich ist, körperliche Kräfte aus, so erhält man als Hauptgleichungen

$$\varrho Q \frac{\partial^2 w_0}{\partial t^2} = \frac{\partial C}{\partial z}, \quad \varrho Q \frac{\partial^2 u_0}{\partial t^2} = -\frac{\partial^2 M}{\partial z^2}, \quad \varrho Q \frac{\partial^2 v_0}{\partial t^2} = \frac{\partial^2 L}{\partial z^2},$$

$$\varrho Q \varkappa^2 \frac{\partial^2 n_0}{\partial t^2} = \frac{\partial N}{\partial z}. \tag{309}$$

Für ein freies Ende des Stabes müssen

$$C = \frac{\partial M}{\partial z} = \frac{\partial L}{\partial z} = 0 \quad \text{und} \quad L = M = N = 0 \tag{310}$$

sein.

Zu diesen Bedingungen kommen, um das Problem vollständig zu bestimmen, im allgemeinen noch Bedingungen der Befestigung und Angaben über den Anfangszustand des Stabes, d. h. über $u_0, v_0, w_0, n_0, \partial u_0/\partial t, \partial v_0/\partial t, \partial w_0/\partial t, \partial n_0/\partial t$ zur Zeit $t = 0$.

Das Eigenartige, was bei dem vorliegenden Problem die kristallinische Struktur des Stabes hervorbringt, ist die im allgemeinen stattfindende Koppelung der Biegungs- und der Drillungsschwingungen.

Kürzt man die Formeln (302) und (303) ab in

$$\frac{\partial^2 u_0}{\partial z^2} = M\sigma_{33}' - N\sigma_{34}, \quad \frac{\partial^2 v_0}{\partial z^2} = -L\sigma_{33}'' + N\sigma_{35},$$

$$\frac{\partial n_0}{\partial z} = -M\sigma_{34} - L\sigma_{35} + N\sigma,$$

so liefern sie

$$\begin{aligned} \Pi L &= \frac{\partial^2 v_0}{\partial z^2}(\sigma\sigma_{33}' - \sigma_{34}^2) - \frac{\partial^2 u_0}{\partial z^2}\sigma_{34}\sigma_{35} - \frac{\partial n_0}{\partial z}\sigma_{33}'\sigma_{35}, \\ \Pi M &= -\frac{\partial^2 u_0}{\partial z^2}(\sigma\sigma_{33}'' - \sigma_{35}^2) + \frac{\partial^2 v_0}{\partial z^2}\sigma_{34}\sigma_{35} - \frac{\partial n_0}{\partial z}\sigma_{33}''\sigma_{34}, \\ \Pi N &= -\frac{\partial n_0}{\partial z}\sigma_{33}'\sigma_{33}'' + \frac{\partial^2 v_0}{\partial z^2}\sigma_{33}'\sigma_{35} - \frac{\partial^2 u_0}{\partial z^2}\sigma_{33}''\sigma_{34}, \\ \Pi &= -\sigma\sigma_{33}'\sigma_{33}'' + \sigma_{33}'\sigma_{35}^2 + \sigma_{33}''\sigma_{34}^2. \end{aligned} \tag{311}$$

Diese Ausdrücke für $L$, $M$, $N$ sind in die drei letzten Gleichungen (309) einzusetzen, und es erhellt, daß dieselben hierdurch zu simultanen partiellen Differentialgleichungen für $u_0$, $v_0$, $n_0$ werden.

Für den Fall periodischer Schwingungen hat man für $u_0$, $v_0$, $n_0$ partikuläre Lösungen von der Form $P(z)\sin \nu t$ und $Q(z)\cos \nu t$ zur Anwendung zu bringen, wobei $\nu$ die Schwingungsfrequenz bezeichnet; die Anfangsbedingungen können dabei meist unberücksichtigt bleiben. Die betreffenden Gleichungen (309) werden hierdurch zu gewöhnlichen simultanen Differentialgleichungen, die sich durch trigonometrische Funktionen und Exponentialgrößen streng integrieren lassen. Das Problem hat bisher noch keine praktische Bedeutung und mag daher unbehandelt bleiben.

Es genügt die Bemerkung, daß bezüglich der longitudinalen Schwingungen sich ein Kristallzylinder genau wie ein isotroper verhält, und daß bezüglich der Biegungs- und Drillungsschwingungen dasselbe gilt, falls nach der Orientierung des Zylinders die Moduln $s_{34}$ und $s_{35}$ verschwinden, worüber S. 628 gesprochen ist.

Das Gleichungssystem nimmt in einem solchen Falle die Form an

$$\begin{gathered} \varrho s_{33}\frac{\partial^2 w_0}{\partial t^2} = \frac{\partial^2 w^0}{\partial z^2}, \quad \frac{\varrho s_{33}}{\varkappa_1^2}\frac{\partial^2 u_0}{\partial t^2} + \frac{\partial^4 u_0}{\partial z^4} = 0, \quad \frac{\varrho s_{33}}{\varkappa_2^2}\frac{\partial^2 v_0}{\partial t^2} + \frac{\partial^4 v_0}{\partial z^4} = 0, \\ \varrho \varkappa^2 F\frac{\partial^2 n_0}{\partial t^2} = \frac{\partial^2 n_0}{\partial z^2}, \end{gathered} \tag{312}$$

wobei $F$ von der Form des Querschnitts abhängt und im Fall der Ellipse durch (304) dargestellt wird.

Der Modul der Dehnungs- und Biegungsschwingungen ist $s_{33}$; die Moduln der Drillung sind nach (304) $s_{44}$ und $s_{55}$. Die Behandlung der Formeln (312) kann als bekannt betrachtet werden.

## V. Abschnitt.

## Deformationen kristallinischer Platten.

§ 339. **Die allgemeinen Gesetze des Druckes in einer gleichförmig gespannten Platte.** Die Theorie der Deformation elastischer Platten hat schon bei isotropem Material eine hinter derjenigen der Stäbe zurückstehende Bedeutung; die Lösung spezieller Probleme bietet größere Schwierigkeiten, und die durchführbaren Fälle stellen nur selten Objekte der Beobachtung dar. Analoges gilt noch in erhöhtem Maße in betreff der Theorie für kristallinische Platten. Da indessen eine kleine Zahl wirklich interessanter Beobachtungen über elastische Vorgänge an Kristallplatten vorliegt, so wollen wir wenigstens einiges zur Theorie dieser Vorgänge beibringen.

Die Behandlung der Deformation von Platten läßt sich bis zu einem gewissen Grad derjenigen parallel gestalten, die wir oben bezüglich der Deformation zylindrischer Stäbe entwickelt haben. Wie dort wollen wir hier von einem Falle gleichförmiger Spannungen ausgehen; da wir einen solchen Zustand bei den allgemeinen Deformationen einer hinreichend dünnen Platte wenigstens in deren Elementen stattfindend annehmen dürfen, so können wir die gefundenen Gesetze dann als Ausgangspunkt für die Theorie der ungleichförmigen Spannungen der Platten benutzen.[1])

Wir legen die $XY$-Ebene in die Mittelfläche der Platte und betrachten diejenigen Zustände, in denen die Druck- und somit auch die Deformationskomponenten von $x$ und $y$ unabhängig sind. In diesen Zuständen möge die Platte als in ihrer Ebene gleichförmig gespannt oder auch kürzer als überhaupt gleichförmig gespannt bezeichnet werden.

Die Orientierung der Koordinatenachsen, und somit der Platte, gegen den Kristall lassen wir zunächst völlig willkürlich; da wir aber über die Symmetrie des Kristalls keine Voraussetzungen machen, so haben wir ebensowenig, wie bei der allgemeinen Theorie der elastischen Zylinder, nötig, das Koordinatensystem von vornherein durch einen Index als willkürlich orientiert zu charakterisieren.

Schließen wir körperliche Kräfte $X, Y, Z$ aus, so nehmen nach

1) *W. Voigt*, Kompendium der theoretischen Physik, Bd. I. p. 436, Leipzig 1894.

der oben eingeführten Annahme die Hauptgleichungen (12) die Gestalt an

$$\frac{\partial X_z}{\partial z}=0, \quad \frac{\partial Y_z}{\partial z}=0, \quad \frac{\partial Z_z}{\partial z}=0. \tag{313}$$

Lassen wir auch die Grundflächen $z=\pm\frac{1}{2}D$ der Platte von äußern Drucken frei, so muß an beiden

$$\overline{X}_z=0, \quad \overline{Y}_z=0, \quad \overline{Z}_z=0 \tag{314}$$

sein und somit auch in der ganzen Platte gelten

$$X_z=0, \quad Y_z=0, \quad Z_z=0. \tag{315}$$

Wir denken nun die Platte seitlich durch eine Zylinderfläche begrenzt und bezeichnen die innere Normale auf einem ihrer Flächenelemente durch $n$; es muß dann in dieser Begrenzung gelten

$$\overline{X}-\overline{X}_n=\overline{Y}-\overline{Y}_n=\overline{Z}-\overline{Z}_n=0. \tag{316}$$

Hierbei bezeichnen $\overline{X},\overline{Y},\overline{Z}$, wie früher, die Komponenten der äußern Flächen- oder Druckkräfte.

Da

$$Z_n=Z_x\cos(n,x)+Z_y\cos(n,y)$$

und nach (315) $Z_x$ und $Z_y$ verschwindet, so muß auch $\overline{Z}$ verschwinden, **die äußern Druckkräfte müssen also, um die verlangte gleichförmige Spannung zu liefern, der Plattenebene parallel liegen.** Sie können dabei für ein Element $Dds$ der Randfläche, welches über dem Linienelement $ds$ der Randkurve konstruiert ist, resultierende Gesamtkomponenten ergeben

$$ds\int\overline{X}dz=Ads, \quad ds\int\overline{Y}dz=Bds, \tag{317}$$

und resultierende Momente

$$ds\int z\overline{X}dz=Mds, \quad ds\int z\overline{Y}dz=-Lds. \tag{318}$$

$A, B, M, L$ beziehen sich dabei auf die Längeneinheit der Randkurve.

Die Benutzung der Bedingungen (316) liefert dann

$$\begin{aligned}
\cos(n,x)\int\overline{X}_x dz+\cos(n,y)\int\overline{X}_y dz&=+A,\\
\cos(n,x)\int\overline{Y}_x dz+\cos(n,y)\int\overline{Y}_y dz&=+B,\\
\cos(n,x)\int z\overline{X}_x dz+\cos(n,y)\int z\overline{X}_y dz&=+M,\\
\cos(n,x)\int z\overline{Y}_x dz+\cos(n,y)\int z\overline{Y}_y dz&=-L.
\end{aligned} \tag{319}$$

Ist speziell die Platte seitlich durch Ebenen parallel zu der $XZ$- und $YZ$-Ebene begrenzt, so sind auf die gegenüberliegenden Flächen entgegengesetzte Einwirkungen auszuüben. Auf die nach $+x$ liegende Fläche wirkt resp.

$$\int \overline{X}_x dz = -A, \quad \int \overline{Y}_x dz = -H, \tag{320}$$
$$\int z\overline{X}_x dz = -M, \quad \int z\overline{Y}_x dz = -K,$$

wobei $H$ und $K$ die Werte bezeichnen, die $B$ und $L$ für diese Fläche annehmen; auf die nach $+y$ liegende Fläche wirkt

$$\int \overline{X}_y dz = -H, \quad \int \overline{Y}_y dz = -B,$$
$$\int z\overline{X}_y dz = -K, \quad \int z\overline{Y}_y dz = +L, \tag{321}$$

wobei jetzt $H$ aus $A$, $K$ aus $M$ entstanden ist.

§ 340. **Die allgemeinen Gesetze der Verrückungen in der gleichförmig gespannten Platte.** Sollen, wie die Spannungen, auch die Deformationsgrößen von $x$ und $y$ unabhängig sein, so bedingt dies gewisse Eigenschaften der Verrückungskomponenten $u, v, w$, mit denen jene durch die Beziehungen

$$x_x = \frac{\partial u}{\partial x}, \dots \quad x_y = \frac{\partial u}{\partial y} + \frac{\partial v}{\partial x} \tag{322}$$

verbunden sind.

Aus der ersten, zweiten und sechsten dieser Formeln folgt, daß $u$ und $v$ lineär in $x$ und $y$ sein müssen, daß also gesetzt werden kann

$$u = U + xU_1 + yU_2, \quad v = V + xV_1 + yV_2, \tag{323}$$

wobei die $U$, $V$ sämtlich nur $z$ enthalten. Für $w$ ergeben sich, wenn $Z_3, Z_4, Z_5$ Funktionen von $z$ allein bezeichnen, durch die dritte, vierte und fünfte Beziehung (322) die Bedingungen

$$\frac{\partial w}{\partial z} = Z_3, \quad \frac{\partial w}{\partial y} = Z_4 - V' - xV_1' - yV_2',$$
$$\frac{\partial w}{\partial x} = Z_5 - U' - xU_1' - yU_2'; \tag{324}$$

dabei sind die Differentiationen der $U$ und $V$ nach $z$ durch obere Indizes angedeutet. Eliminiert man aus diesen drei Gleichungen $w$, so ergeben sich die Formeln

$$V_1' = U_2', \quad 0 = Z_4' - V'' - xV_1'' - yV_2'',$$
$$0 = Z_5' - U'' - xU_1'' - yU_2''.$$

Dieselben fordern, daß $U_1$, $V_1$, $U_2$, $V_2$ in $z$ lineär sind; wir setzen, um sogleich die erste Bedingung zu befriedigen,

$$U_1 = f_1 + g_1 z, \quad 2U_2 = f + hz,$$
$$2V_1 = g + hz, \quad V_2 = f_2 + g_2 z.$$

Es lassen sich dann die Formeln (324) integrieren und ergeben mit den vorstehenden Resultaten zusammen definitiv

$$\begin{aligned} u &= U + x(f_1 + g_1 z) + \tfrac{1}{2} y(f + hz), \\ v &= V + \tfrac{1}{2} x(g + hz) + y(f_2 + g_2 z), \\ w &= W + xg_1' + yg_2' - \tfrac{1}{2}(g_1 x^2 + g_2 y^2 + hxy); \end{aligned} \tag{325}$$

hierbei bezeichnen $g_1'$ und $g_2'$ Integrationskonstanten, $U, V, W$, wie schon bemerkt, Funktionen von $z$ allein.

Von den Parametern $f, g, h$ lassen sich einige durch geeignete Wahl der Befestigung noch beseitigen. Wir wollen annehmen

1. daß der Koordinatenanfang an seiner Stelle bleibt,

$$\text{d. h. für } x = y = z = 0: \quad u = v = w = 0;$$

2. daß das dem Anfangspunkt benachbarte Element der $XY$-Ebene in dieser Ebene verharrt,

$$\text{d. h. für } x = y = z = 0: \quad \frac{\partial w}{\partial x} = \frac{\partial w}{\partial y} = 0;$$

3. daß das dem Anfangspunkt benachbarte Volumenelement keine Drehung um die $Z$-Achse erleidet,

$$\text{d. h. für } x = y = z = 0: \quad \frac{\partial u}{\partial y} = \frac{\partial v}{\partial x}.$$

Diese Bedingungen genügen offenbar der S. 623 präzisierten Forderung, die Freiheit der Deformation nicht zu beeinträchtigen; sie liefern zu den Ausdrücken (325) die ergänzenden Bestimmungen

$$g_1' = g_2' = f - g = 0 \tag{326}$$

und außerdem die Forderung, daß gilt

$$\text{für } z = 0, \quad U = V = W = 0 \tag{327}$$

Um die in (325) noch übrigen Konstanten zu deuten, bemerken wir, daß dieselben sich in folgender Weise ausdrücken lassen: Einerseits ist

$$f_1 = \left(\frac{\partial u}{\partial x}\right)_{z=0}, \quad f_2 = \left(\frac{\partial v}{\partial y}\right)_{z=0}, \quad f = \left(\frac{\partial u}{\partial y} + \frac{\partial v}{\partial x}\right)_{z=0}; \tag{328}$$

es sind also $f_1$, $f_2$ und $f$ die Werte von $x_x$, $y_y$, $x_y$ in der Mittelebene der Platte. Ferner gilt

$$g_1 = \frac{1}{2}\frac{\partial}{\partial x}\left(\frac{\partial u}{\partial z} - \frac{\partial w}{\partial x}\right), \quad g_2 = \frac{1}{2}\frac{\partial}{\partial y}\left(\frac{\partial v}{\partial z} - \frac{\partial w}{\partial y}\right),$$
$$\frac{1}{2}h = \frac{1}{2}\frac{\partial}{\partial y}\left(\frac{\partial u}{\partial z} - \frac{\partial w}{\partial x}\right) = \frac{1}{2}\frac{\partial}{\partial x}\left(\frac{\partial v}{\partial z} - \frac{\partial w}{\partial y}\right); \tag{329}$$

verbindet man hiermit die Definitionen der Drehungswinkel $l$, $m$, $n$ um die Koordinatenachsen, so erhält man

$$g_1 = \frac{\partial m}{\partial x}, \quad g_2 = -\frac{\partial l}{\partial y}, \quad \frac{1}{2}h = \frac{\partial m}{\partial y} = -\frac{\partial l}{\partial x}. \tag{330}$$

$g_1$, $g_2$ und $\frac{1}{2}h$ bestimmen also die Änderungen der Drehungswinkel $l$ und $m$ in den Richtungen der $X$- und der $Y$-Achse.

Was den allgemeinen Charakter der durch die Formeln (325) dargestellten Deformationen der Platte angeht, so ist derselbe offenbar sehr einfach. Für die Mittelfläche ($z = 0$) ergibt sich

$$u = xf_1 + \tfrac{1}{2}yf, \quad v = \tfrac{1}{2}xf + yf_2,$$
$$w = -\tfrac{1}{2}(g_1x^2 + g_2y^2 + hxy).$$

Die Mittelfläche ist also nach einer Oberfläche zweiten Grades gekrümmt, außerdem in ihrer Ebene gleichförmig verzerrt.

§ 341. **Einführung der Beziehungen zwischen Drucken und Verrückungen.** Unter Benutzung der Resultate der vorstehenden Entwicklungen nehmen nun die allgemeinen Gleichungen (22) von S. 568 die Form an

$$\begin{aligned}
-(f_1 + g_1 z) &= s_{11}X_x + s_{12}Y_y + s_{16}X_y,\\
-(f_2 + g_2 z) &= s_{21}X_x + s_{22}Y_y + s_{26}X_y,\\
-\frac{\partial W}{\partial z} &= s_{31}X_x + s_{32}Y_y + s_{36}X_y,\\
-\frac{\partial V}{\partial z} &= s_{41}X_x + s_{42}Y_y + s_{46}X_y,\\
-\frac{\partial U}{\partial z} &= s_{51}X_x + s_{52}Y_y + s_{56}X_y,\\
-(f + hz) &= s_{61}X_x + s_{62}Y_y + s_{66}X_y.
\end{aligned} \tag{331}$$

Drei von diesen Formeln enthalten links keine unbekannten Funktionen, sondern nur unbekannte Parameter; diese lassen sich für den Fall einer rechteckigen Platte mit Hilfe der hier geltenden Beziehungen (320) und (321) unmittelbar bestimmen.

Es ergibt sich nämlich, wenn man die erste, zweite und sechste Formel (331) über die Dicke der Platte integriert:

$$
\begin{aligned}
Df_1 &= s_{11}A + s_{12}B + s_{16}H,\\
Df_2 &= s_{21}A + s_{22}B + s_{26}H,\\
Df &= s_{61}A + s_{62}B + s_{66}H,
\end{aligned}
\tag{332}
$$

und wenn man das Gleiche nach Multiplikation mit $z$ ausführt,

$$
\begin{aligned}
\tfrac{1}{12}D^3 g_1 &= s_{11}M - s_{12}L + s_{16}K,\\
\tfrac{1}{12}D^3 g_2 &= s_{21}M - s_{22}L + s_{26}K,\\
\tfrac{1}{12}D^3 h &= s_{61}M - s_{62}L + s_{66}K.
\end{aligned}
\tag{333}
$$

Hiermit sind die sämtlichen in dem Ansatz (325) noch verfügbaren Parameter durch die auf den Rand der Platte ausgeübten Einwirkungen bestimmt; und zwar drücken sich die $f_1, f_2, f$ allein durch die ausgeübten **Kräfte**, die $g_1, g_2, h$ allein durch die **Momente** aus.

Auch die Werte der $U$, $V$, $W$ lassen sich noch ganz allgemein gewinnen. Hierzu lösen wir die erste, zweite und sechste Gleichung (331) nach $X_x$, $Y_y$, $X_y$ auf und schreiben das Resultat

$$
\begin{aligned}
-X_x &= (f_1 + g_1 z)\gamma_{11} + (f_2 + g_2 z)\gamma_{12} + (f + hz)\gamma_{16},\\
-Y_y &= (f_1 + g_1 z)\gamma_{21} + (f_2 + g_2 z)\gamma_{22} + (f + hz)\gamma_{26},\\
-X_y &= (f_1 + g_1 z)\gamma_{61} + (f_2 + g_2 z)\gamma_{62} + (f + hz)\gamma_{66}.
\end{aligned}
\tag{334}
$$

Setzt man diese Ausdrücke in die dritte, vierte und fünfte Gleichung (331) ein und benutzt die Bedingungen (327), so ergeben sich $U$, $V$, $W$ als Funktionen zweiten Grades in $z$ mit vollkommen bestimmten Parametern. Das Problem der gleichförmig gespannten Platte ist hierdurch vollständig gelöst; die Angabe der Resultate mag indessen unterbleiben.

Dagegen notieren wir uns für die Anwendungen, daß aus (332) folgt

$$
\begin{aligned}
A &= D(\gamma_{11} f_1 + \gamma_{12} f_2 + \gamma_{16} f),\\
B &= D(\gamma_{21} f_1 + \gamma_{22} f_2 + \gamma_{26} f),\\
H &= D(\gamma_{61} f_1 + \gamma_{62} f_2 + \gamma_{69} f)
\end{aligned}
\tag{335}
$$

und aus (333)

$$
\begin{aligned}
+M &= \tfrac{1}{12}D^3(\gamma_{11} g_1 + \gamma_{12} g_2 + \gamma_{16} h),\\
-L &= \tfrac{1}{12}D^3(\gamma_{21} g_1 + \gamma_{22} g_2 + \gamma_{26} h),\\
+K &= \tfrac{1}{12}D^3(\gamma_{61} g_1 + \gamma_{62} g_2 + \gamma_{66} h).
\end{aligned}
\tag{336}
$$

Dabei ist, wenn die Determinante des Systems der Koeffizienten in (332) resp. (333) mit $\Pi$ bezeichnet wird,

$$\Pi\gamma_{11} = s_{22}s_{66} - s_{26}^2, \quad \Pi\gamma_{22} = s_{11}s_{66} - s_{16}^2, \quad \Pi\gamma_{66} = s_{11}s_{22} - s_{12}^2,$$
$$\Pi\gamma_{12} = s_{16}s_{26} - s_{12}s_{66}, \quad \Pi\gamma_{16} = s_{12}s_{26} - s_{22}s_{16}, \quad \Pi\gamma_{26} = s_{12}s_{16} - s_{11}s_{26},$$
$$\Pi = s_{11}s_{22}s_{66} - (s_{11}s_{26}^2 + s_{22}s_{16}^2 + s_{66}s_{12}^2) + 2s_{12}s_{16}s_{26} \qquad (337)$$

**§ 342. Die an den Elementen einer beliebig deformierten dünnen Platte geleisteten Arbeiten.** Abweichend von den Resultaten für den gleichförmig gespannten Zylinder haben diejenigen für die gleichförmig gespannte Platte sehr geringes direktes Interesse, da die in ihnen behandelten Deformationen sich kaum realisieren lassen. Sie gewinnen aber, wie schon S. 675 bemerkt, Bedeutung als Grundlage für die Behandlung des Problems einer sehr dünnen ungleichförmig gespannten Platte, deren Elemente als nach den oben erhaltenen Gesetzen deformiert zu betrachten sind.

Um die Gleichgewichtsbedingungen abzuleiten, knüpfen wir an das Prinzip der virtuellen Verrückungen an, welches hier nach S. 163 die Formel liefert:

$$\delta' A_k + \delta' A_o + \delta' A_i = 0; \qquad (338)$$

unter den drei Symbolen sind wiederum die Arbeiten der körperlichen Kräfte, der äußern und der innern Drucke verstanden.

Für die Berechnung der ersten beiden Arbeiten kann man wie S. 668, was hier nicht bewiesen werden soll, die einzelnen Volumenelemente wie starre Körperchen bewegt denken, also von der Deformation absehen. Äußere körperliche Drehungsmomente wollen wir, als kaum realisierbar, ausschließen und uns auf translatorische Kräfte beschränken, deren Komponenten, bezogen auf die Masse über der Flächeneinheit, mit $\Xi$, H, Z bezeichnet werden mögen. Dann wird

$$\delta' A_k = \int \varrho\, do\, (\Xi \delta u_0 + \mathrm{H} \delta v_0 + \mathrm{Z} \delta w_0), \qquad (339)$$

wobei $u_0, v_0, w_0$ auf die Mittelfläche der Platte bezogen werden können.

Äußere Drucke mögen nur gegen die Randfläche der Platte wirken, und zwar hier für die einzelnen Flächenelemente keine Momente $\overline{\mathrm{N}}$ um die Plattennormale geben. Bezeichnet man die auf die Längeneinheit der Randfläche bezogenen Komponenten und Momente mit $\overline{\Xi}, \overline{\mathrm{H}}, \overline{\mathrm{Z}}, \overline{\Lambda}, \overline{\mathrm{M}}$, so schreibt sich

$$\delta' A_o = \int ds (\overline{\Xi}\, \overline{\delta u_0} + \overline{\mathrm{H}}\, \overline{\delta v_0} + \overline{\mathrm{Z}}\, \overline{\delta w_0} + \overline{\Lambda}\, \overline{\delta l} + \overline{\mathrm{M}}\, \overline{\delta m}) \qquad (340)$$

Da die Platte in jedem Element gleichförmig gespannt sein soll, so kann man auf die Verrückungskomponenten in einem jeden einzelnen

Element die allgemeinen Formeln (325), in denen noch keinerlei Befestigungsbedingungen eingeführt sind, anwenden.

Aus ihnen ergibt sich

$$\frac{\partial u}{\partial z} + \frac{\partial w}{\partial x} = \frac{\partial U}{\partial z} + g_1', \quad \frac{\partial v}{\partial z} + \frac{\partial w}{\partial y} = \frac{\partial V}{\partial z} + g_2',$$

und auf die Mittelfläche ($z = 0$) angewendet, wo $\partial U/\partial z$ und $\partial V/\partial z$ konstant sind,

$$\frac{\partial u_0}{\partial z} + \frac{\partial w_0}{\partial x} = k_1, \quad \frac{\partial v_0}{\partial z} + \frac{\partial w_0}{\partial y} = k_2.$$

Daraus folgt

$$l_0 = \frac{\partial w_0}{\partial y} - \tfrac{1}{2}k_2, \quad m_0 = -\frac{\partial w_0}{\partial x} + \tfrac{1}{2}k_1 \tag{341}$$

und

$$\delta l_0 = \frac{\partial \delta w_0}{\partial y}, \quad \delta m_0 = -\frac{\partial \delta w_0}{\partial x}. \tag{342}$$

Führt man neben der Richtung $n$ der innern Normale die Richtung $s$ des Linienelements $ds$ im Sinne einer positiven Umlaufung der Platte ein, so kann man setzen

$$\begin{aligned} \cos(n,x) &= -\cos(s,y) = \gamma, \\ \cos(n,y) &= +\cos(s,x) = \sigma, \end{aligned} \tag{343}$$

wobei $\gamma$ und $\sigma$ Abkürzungen sind Es ist dann

$$-\delta m_0 = \frac{\partial \delta w_0}{\partial x} = \frac{\partial \delta w_0}{\partial n}\gamma + \frac{\partial \delta w_0}{\partial s}\sigma, \quad \delta l_0 = \frac{\partial \delta w_0}{\partial y} = \frac{\partial \delta w_0}{\partial n}\sigma - \frac{\partial \delta w_0}{\partial s}\gamma, \tag{344}$$

und die letzten beiden Glieder des Integrals (340) für $\delta' A_0$ lassen sich schreiben

$$\int ds \left[ (\overline{\Lambda}\sigma - \overline{\mathsf{M}}\gamma) \overline{\frac{\partial \delta w_0}{\partial n}} - (\overline{\Lambda}\gamma + \overline{\mathsf{M}}\sigma) \overline{\frac{\partial \delta w_0}{\partial s}} \right].$$

Hier kann man das zweite Glied durch Teile über den Rand integrieren und erhält, da $\overline{\Lambda}$ und $\overline{\mathsf{M}}$ einwertig sind, als schließlichen Ausdruck für die Arbeit der äußern Druckkräfte

$$\begin{aligned} \delta' A_0 = \int ds \Big[ & \overline{\Xi}\,\overline{\delta u_0} + \overline{\mathsf{H}}\,\overline{\delta v_0} + \left( \overline{\mathsf{Z}} + \frac{\partial}{\partial s}(\overline{\Lambda}\gamma + \overline{\mathsf{M}}\sigma) \right) \overline{\delta w_0} \\ & + (\overline{\Lambda}\sigma - \overline{\mathsf{M}}\gamma) \overline{\frac{\partial \delta w_0}{\partial n}} \Big]. \end{aligned} \tag{345}$$

Dabei ist aber vorausgesetzt, daß die Randkurve der Plattenebene keine Ecken hat; im andern Fall würden speziell auf sie bezügliche Glieder auftreten.

Endlich ist nach (31) auf S. 166, da $X_z, Y_z, Z_z$ verschwinden sollen,

$$\delta' A_i = \int do \int dz \left( X_x \frac{\partial \delta u}{\partial x} + Y_y \frac{\partial \delta v}{\partial y} + X_y \left( \frac{\partial \delta u}{\partial y} + \frac{\partial \delta v}{\partial x} \right) \right) \tag{346}$$

Hier hinein sind die Werte (325) zu setzen, wodurch resultiert

$$\delta' A_i = \int do \int dz \, (X_x(\delta f_1 + z\delta g_1) + Y_y(\delta f_2 + z\delta g_2) + X_y(\delta f + z\delta h)),$$

oder bei Einführung der Bezeichnungen (320) und (321) auch

$$\delta' A_i = -\int do \, ((A\delta f_1 + B\delta f_2 + H\delta f) + (M\delta g_1 - L\delta g_2 + K\delta h)).$$

Nach (328) gilt nun aber

$$f_1 = \frac{\partial u_0}{\partial x}, \quad f_2 = \frac{\partial v_0}{\partial y}, \quad f = \frac{\partial u_0}{\partial y} + \frac{\partial v_0}{\partial x}. \tag{347}$$

und nach (330) und (341)

$$-g_1 = \frac{\partial^2 w_0}{\partial x^2}, \quad -g_2 = \frac{\partial^2 w_0}{\partial y^2}, \quad h = -2\frac{\partial^2 w_0}{\partial x \partial y}. \tag{348}$$

Hieraus resultiert dann

$$\begin{aligned} \delta' A_i = -\int do \Big[ & \left( A \frac{\partial \delta u_0}{\partial x} + B \frac{\partial \delta v_0}{\partial y} + H \left( \frac{\partial \delta u_0}{\partial y} + \frac{\partial \delta v_0}{\partial x} \right) \right) \\ & - \left( M \frac{\partial^2 \delta w_0}{\partial x^2} - L \frac{\partial^2 \delta w_0}{\partial y^2} + 2K \frac{\partial^2 \delta w_0}{\partial x \partial y} \right) \Big]. \end{aligned} \tag{349}$$

Integrieren wir diesen Ausdruck durch Teile und benutzen die Abkürzungen $\gamma$ und $\sigma$ aus (343), so erhalten wir

$$\begin{aligned} \delta' A_i = \int ds \Big[ & (\overline{A}\gamma + \overline{H}\sigma)\, \overline{\delta u_0} + (\overline{H}\gamma + \overline{B}\sigma)\, \overline{\delta v_0} \\ & - (\overline{M}\gamma + \overline{K}\sigma)\, \overline{\frac{\partial \delta w_0}{\partial x}} - (\overline{K}\gamma - \overline{L}\sigma)\, \overline{\frac{\partial \delta w_0}{\partial y}} \Big] \\ + \int do \Big[ & \left( \frac{\partial A}{\partial x} + \frac{\partial H}{\partial y} \right) \delta u_0 + \left( \frac{\partial H}{\partial x} + \frac{\partial B}{\partial y} \right) \delta v_0 \\ & - \left( \frac{\partial M}{\partial x} + \frac{\partial K}{\partial y} \right) \frac{\partial \delta w_0}{\partial x} - \left( \frac{\partial K}{\partial x} - \frac{\partial L}{\partial y} \right) \frac{\partial \delta w_0}{\partial y} \Big]. \end{aligned} \tag{350}$$

In beiden Integralen gestatten die in $\partial \delta w_0 / \partial x$ und $\partial \delta w_0 / \partial y$ multiplizierten Teile eine weitere Umgestaltung.

Die zweite Hälfte des Randintegrals nimmt nach (344) die Form an

$$-\int ds \left[ (\overline{M}\gamma^2 - \overline{L}\sigma^2 + 2\overline{K}\gamma\sigma) \overline{\frac{\partial \delta w_0}{\partial n}} + \left( (\overline{M} + \overline{L})\gamma\sigma - \overline{K}(\gamma^2 - \sigma^2) \right) \overline{\frac{\partial \delta w_0}{\partial s}} \right]$$

und nach Integration bei Annahme einer stetigen Krümmung des Randes

$$-\int ds\left[(\overline{M}\gamma^2-\overline{L}\sigma^2+2\overline{K}\gamma\sigma)\overline{\frac{\partial\delta w_0}{\partial n}}-\frac{\partial}{\partial s}((\overline{M}+\overline{L})\gamma\sigma-\overline{K}(\gamma^2-\sigma^2))\overline{\delta w_0}\right].$$

Die zweite Hälfte des Flächenintegrals ergibt

$$\int ds\left[\left(\frac{\partial \overline{M}}{\partial x}+\frac{\partial \overline{K}}{\partial y}\right)\gamma+\left(\frac{\partial \overline{K}}{\partial x}-\frac{\partial \overline{L}}{\partial y}\right)\sigma\right]\overline{\delta w_0}$$
$$+\int do\left[\frac{\partial}{\partial x}\left(\frac{\partial M}{\partial x}+\frac{\partial K}{\partial y}\right)+\frac{\partial}{\partial y}\left(\frac{\partial K}{\partial x}-\frac{\partial L}{\partial y}\right)\right]\delta w_0.$$

Hieraus resultiert schließlich

$$\begin{aligned}\delta' A_i = & \int ds\left\{(\overline{A}\gamma+\overline{H}\sigma)\overline{\delta u_0}+(\overline{H}\gamma+\overline{B}\sigma)\overline{\delta v_0}\right.\\ & +\left[\left(\frac{\partial \overline{M}}{\partial x}+\frac{\partial \overline{K}}{\partial y}\right)\gamma+\left(\frac{\partial \overline{K}}{\partial x}-\frac{\partial \overline{L}}{\partial y}\right)\sigma+\frac{\partial}{\partial s}((\overline{M}+\overline{L})\gamma\sigma-\overline{K}(\gamma^2-\sigma^2))\right]\overline{\delta w_0}\\ & \left.-(\overline{M}\gamma^2-\overline{L}\sigma^2+2\overline{K}\gamma\sigma)\overline{\frac{\partial\delta w_0}{\partial n}}\right\} \qquad (351)\\ & +\int do\left\{\left(\frac{\partial A}{\partial x}+\frac{\partial H}{\partial y}\right)\delta u_0+\left(\frac{\partial H}{\partial x}+\frac{\partial B}{\partial y}\right)\delta v_0\right.\\ & \left.+\left[\frac{\partial}{\partial x}\left(\frac{\partial M}{\partial x}+\frac{\partial K}{\partial y}\right)+\frac{\partial}{\partial y}\left(\frac{\partial K}{\partial x}-\frac{\partial L}{\partial y}\right)\right]\delta w_0\right\}.\end{aligned}$$

§ 343. **Gleichgewichtsbedingungen für eine dünne Platte.** Da $\delta u_0$, $\delta v_0$, $\delta w_0$ auf der Mittelfläche der Platte willkürlich vorgeschrieben werden können und gleiches von $\overline{\delta u_0}$, $\overline{\delta v_0}$, $\overline{\delta w_0}$ und $\overline{\partial\delta w_0/\partial n}$ am Rande gilt, so zerfällt die Gleichung (338) nach den abgeleiteten Werten von $\delta' A_k$, $\delta' A_o$, $\delta' A_i$ in folgende Einzelbedingungen. Die Faktoren von $\delta u_0$, $\delta v_0$, liefern die ersten beiden Hauptgleichungen

$$\varrho\,\Xi+\frac{\partial A}{\partial x}+\frac{\partial H}{\partial y}=0,\quad \varrho\,\mathsf{H}+\frac{\partial H}{\partial x}+\frac{\partial B}{\partial y}=0. \qquad (352)$$

Dazu kommen, herrührend von den Faktoren von $\overline{\delta u_0}$ und $\overline{\delta v_0}$, die Randbedingungen

$$\overline{\Xi}+\overline{A}\gamma+\overline{H}\sigma=0,\quad \overline{\mathsf{H}}+\overline{H}\gamma+\overline{B}\sigma=0. \qquad (353)$$

Ferner liefern die Faktoren von $\delta w_0$ die weitere Hauptgleichung

$$\varrho\,Z+\frac{\partial}{\partial x}\left(\frac{\partial M}{\partial x}+\frac{\partial K}{\partial y}\right)+\frac{\partial}{\partial y}\left(\frac{\partial K}{\partial x}-\frac{\partial L}{\partial y}\right)=0; \qquad (354)$$

die Faktoren von $\overline{\delta w_0}$ und $\overline{\partial \delta w_0/\partial n}$ die zugehörigen Grenzbedingungen

$$\overline{Z} + \frac{\partial}{\partial s}[\overline{\Lambda}\gamma + \overline{M}\sigma + (\overline{M} + \overline{L})\gamma\sigma - \overline{K}(\gamma^2 - \sigma^2)]$$

$$+ \left(\frac{\partial \overline{M}}{\partial x} + \frac{\partial \overline{K}}{\partial y}\right)\gamma + \left(\frac{\partial \overline{K}}{\partial x} - \frac{\partial \overline{L}}{\partial y}\right)\sigma = 0 \tag{355}$$

$$\overline{\Lambda}\sigma - \overline{M}\gamma = \overline{M}\gamma^2 - \overline{L}\sigma^2 + 2\overline{K}\gamma\sigma.$$

In diesen Bedingungen stellen

$$\overline{\Lambda}\sigma - \overline{M}\gamma = \overline{\Delta}, \quad \overline{\Lambda}\gamma + \overline{M}\sigma = \overline{N}$$

die auf den Plattenrand wirkenden Momente um die Randkurve und um die dazu normale Richtung dar. Man kann $\overline{N}$ als praktisch nicht in Frage kommend $= 0$ setzen und erhält dann statt (355)

$$\overline{Z} + \frac{\partial}{\partial s}((\overline{M} + \overline{L})\gamma\sigma - \overline{K}(\gamma^2 - \sigma^2)) + \left(\frac{\partial \overline{M}}{\partial x} + \frac{\partial \overline{K}}{\partial y}\right)\gamma + \left(\frac{\partial \overline{K}}{\partial x} - \frac{\partial \overline{L}}{\partial y}\right)\sigma = 0$$

$$\overline{\Delta} = \overline{M}\gamma^2 - \overline{L}\sigma^2 + 2\overline{K}\sigma\gamma. \tag{356}$$

Für die Anwendung der Grenzbedingungen ist daran zu erinnern, daß $\gamma$, $\sigma$ die Richtungskosinus der innern Normale auf der Randkurve der Platte bezeichnen.

Mit diesen Haupt- und Grenzbedingungen sind die Ausdrücke (335) und (336) für die in ihnen auftretenden Komponenten und Momente zu verbinden, die nach (347) und (348) geschrieben werden können

$$\begin{aligned}
A &= D\left(\gamma_{11}\frac{\partial u_0}{\partial x} + \gamma_{12}\frac{\partial v_0}{\partial y} + \gamma_{16}\left(\frac{\partial u_0}{\partial y} + \frac{\partial v_0}{\partial x}\right)\right),\\
B &= D\left(\gamma_{21}\frac{\partial u_0}{\partial x} + \gamma_{22}\frac{\partial v_0}{\partial y} + \gamma_{26}\left(\frac{\partial u_0}{\partial y} + \frac{\partial v_0}{\partial x}\right)\right),\\
H &= D\left(\gamma_{61}\frac{\partial u_0}{\partial x} + \gamma_{62}\frac{\partial v_0}{\partial y} + \gamma_{66}\left(\frac{\partial u_0}{\partial y} + \frac{\partial v_0}{\partial x}\right)\right);
\end{aligned} \tag{357}$$

$$\begin{aligned}
M &= -\frac{1}{12}D^3\left(\gamma_{11}\frac{\partial^2 w_0}{\partial x^2} + \gamma_{12}\frac{\partial^2 w_0}{\partial y^2} + 2\gamma_{16}\frac{\partial^2 w_0}{\partial x\partial y}\right),\\
L &= +\frac{1}{12}D^3\left(\gamma_{21}\frac{\partial^2 w_0}{\partial x^2} + \gamma_{22}\frac{\partial^2 w_0}{\partial y^2} + 2\gamma_{26}\frac{\partial^2 w_0}{\partial x\partial y}\right),\\
K &= -\frac{1}{12}D^3\left(\gamma_{61}\frac{\partial^2 w_0}{\partial x^2} + \gamma_{62}\frac{\partial^2 w_0}{\partial y^2} + 2\gamma_{66}\frac{\partial^2 w_0}{\partial x\partial y}\right).
\end{aligned} \tag{358}$$

Man erkennt, daß in den vorstehenden Gleichungen (352) bis (358) die longitudinaleu Verschiebungen $u_0$, $v_0$ miteinander verkoppelt erscheinen, aber völlig getrennt sind von den transversalen $w_0$. Das

Problem der Deformation der elastischen Platte zerfällt also auch bei Kristallen in dieselben zwei völlig unabhängigen Teile, wie bei isotropen Körpern. Freilich sind beide Probleme erheblich komplizierter, als die analogen bei isotropen Medien, und deshalb noch kaum behandelt.

§ 344. **Die elastischen Parameter einer kristallinischen Platte.** Wir schließen diese allgemeinen Entwicklungen mit einer Überlegung, betreffend die Natur jener sechs Parameter $\gamma_{hk}$, die nach (357) und (358) allein das elastische Verhalten der Platte von gegebener Orientierung bestimmen.

Diese Größen sind durch die Formeln (337) definiert als Quotienten je einer Determinante zweiten und einer dritten Grades in den Moduln $s_{11}, s_{22}, s_{66}, s_{12}, s_{16}, s_{26}$; sie stimmen also ihrer Dimension nach mit den Reziproken der $s_{hk}$, und infolge hiervon mit den Elastizitätskonstanten $c_{hk}$ überein. In der Tat sind nach den Definitionen (320) und (321) $-A/D$, $-B/D$, $-H/D$ Druckkomponenten von der Art von $X_x$, $Y_y$, $X_y = Y_x$, nämlich die Mittelwerte dieser Größen, über die Dicke der Platte genommen, und

$$\partial u_0/\partial x = x_x^0, \quad \partial v_0/\partial y = y_y^0, \quad (\partial u_0/\partial y + \partial v_0/\partial x) = x_y^0 = y_x^0$$

sind die in der $XY$-Ebene liegenden Deformationsgrößen der Mittelfläche der Platte.

Demgemäß lassen sich die Gleichungen (357) in Parallele setzen zu den allgemeinen Ausdrücken (20) für die Druckkomponenten $X_x, \ldots X_y$, welche mit den vorstehenden konform werden, wenn man $w = 0$ nimmt und eine Abhängigkeit der $u$ und $v$ von $z$ ausschließt. Hier erhalten die erste, zweite und sechste Gleichung (20) die Form

$$\begin{aligned} -X_x &= c_{11} x_x + c_{12} y_y + c_{16} x_y, \\ -Y_y &= c_{21} x_x + c_{22} y_y + c_{26} x_y, \\ -X_y &= c_{61} x_x + c_{62} y_y + c_{66} x_y, \end{aligned} \tag{359}$$

die in der Tat mit (357) völlig übereinstimmt.

Aus dieser Parallelisierung können wir ohne alle Rechnung das Verhalten der $\gamma_{hk}$ bei einer Drehung des $XY$-Achsenkreuzes um die $Z$-Achse erschließen. Dasselbe muß mit dem der entsprechenden $c_{hk}$ übereinstimmen, d. h., es muß sich nach S. 595 transformieren

$$\begin{array}{lcccccc} & \gamma_{11}, & \gamma_{22}, & \frac{1}{3}(\gamma_{12} + 2\gamma_{66}), & \gamma_{16}, & \gamma_{26}, & \gamma_{12} - \gamma_{66}, \\ \text{wie} & x^4, & y^4, & x^2 y^2, & x^3 y, & y^3 x, & z^2. \end{array}$$

Das Verhalten „wie $z^2$“ sagt aus, daß $\gamma_{12} - \gamma_{66}$ bei einer Drehung des $XY$-Achsenkreuzes sich nicht ändert. Ferner folgt aus dieser Zusammenstellung, da $x^2 + y^2$ gegenüber einer Drehung um die $Z$-Achse ein Skalar ist, daß

$$\gamma_{11} - \gamma_{22} \quad \text{und} \quad \gamma_{16} + \gamma_{26}$$

sich transformieren wie

$$x^2 - y^2 \quad \text{und} \quad xy.$$

Diese Regeln sind für die unten zu machenden Anwendungen von Bedeutung.

Der Parallelismus zwischen den $\gamma_{hk}$ und $c_{hk}$ ist auf diese eine Koordinatentransformation beschränkt; er erstreckt sich nicht auf andere, weil bei den $\gamma_{hk}$ die (zur Platte normale) $Z$-Richtung den (zur Platte parallelen) $X$- und $Y$-Richtungen ganz wesentlich ungleichwertig ist. Um die $\gamma_{hk}$ auf Koordinatensysteme mit geänderter $Z$-Achse zu transformieren, scheint nichts anderes übrigzubleiben, als an die Definitionen (337) dieser Größen durch die Moduln $s_{hk}$ anzuknüpfen und die auf letztere Größen bezüglichen Transformationsregeln anzuwenden. Die so erzielten Formeln sind von einer erdrückenden Komplikation; sie vereinfachen sich erheblich in den speziellen Fällen, über welche Beobachtungen vorliegen.

§ 345. **Flächenhafte Verrückungen in einer Kristallplatte.** Die Hauptgleichungen (352) liefern, wenn keine körperlichen Kräfte $\Xi$, H wirken, die Beziehungen

$$\frac{\partial A}{\partial x} + \frac{\partial H}{\partial y} = 0, \quad \frac{\partial H}{\partial x} + \frac{\partial B}{\partial y} = 0, \tag{360}$$

und diese nehmen nach (357) die Form an

$$\begin{aligned} &\gamma_{11}\frac{\partial^2 u}{\partial x^2} + \gamma_{66}\frac{\partial^2 u}{\partial y^2} + 2\gamma_{16}\frac{\partial^2 u}{\partial x \partial y} \\ &+ \gamma_{16}\frac{\partial^2 v}{\partial x^2} + \gamma_{26}\frac{\partial^2 v}{\partial y^2} + (\gamma_{12} + \gamma_{66})\frac{\partial^2 v}{\partial x \partial y} = 0, \\ &\gamma_{16}\frac{\partial^2 u}{\partial x^2} + \gamma_{26}\frac{\partial^2 u}{\partial y^2} + (\gamma_{12} + \gamma_{66})\frac{\partial^2 u}{\partial x \partial y} \\ &+ \gamma_{66}\frac{\partial^2 v}{\partial x^2} + \gamma_{22}\frac{\partial^2 v}{\partial y^2} + 2\gamma_{26}\frac{\partial^2 v}{\partial x \partial y} = 0; \end{aligned} \tag{361}$$

dabei ist der Bequemlichkeit halber an $u$ und $v$ der Index $_0$, der diese Größen auf die Mittelfläche der Platte bezog, beseitigt.

Um die vorstehenden Formeln auf isotropes Material anzuwenden, hat man in (359) zu setzen

$$c_{11} = c_{22} = c, \quad c_{12} = c_1, \quad c_{66} = \tfrac{1}{2}(c - c_1), \quad c_{16} = c_{26} = 0,$$

d. h. also in (357)

$$\gamma_{11} = \gamma_{22} = \gamma, \quad \gamma_{12} = \gamma_1, \quad \tfrac{1}{2}(\gamma - \gamma_1) = \gamma_{66}, \quad \gamma_{16} = \gamma_{26} = 0; \tag{362}$$

hierdurch ergibt sich statt (361)

$$\begin{aligned} \gamma \frac{\partial^2 u}{\partial x^2} + \frac{1}{2}(\gamma - \gamma_1)\frac{\partial^2 u}{\partial y^2} + \frac{1}{2}(\gamma + \gamma_1)\frac{\partial^2 v}{\partial x \partial y} = 0, \\ \gamma \frac{\partial^2 v}{\partial y^2} + \frac{1}{2}(\gamma - \gamma_1)\frac{\partial^2 v}{\partial x^2} + \frac{1}{2}(\gamma + \gamma_1)\frac{\partial^2 u}{\partial x \partial y} = 0 \end{aligned} \tag{363}$$

Die Vergleichung zeigt, daß sich die beiden simultanen Hauptgleichungen (361) für die kristallinische Platte im allgemeinen nicht durch eine Koordinatentransformation (die bei einer Gleichung zweiter Ordnung nach S. 327 gute Dienste tut) auf die isotrope Form (363) reduzieren lassen. Dies gelingt auch dann nicht, wenn $\gamma_{16}$ und $\gamma_{26}$ verschwinden, sondern erfordert die Erfüllung der sämtlichen in (362) enthaltenen Bedingungen. Letztere sind nach S. 585 u. 586 von selbst stets dann befriedigt, wenn die Ebene der Platte normal steht zu einer drei- oder sechszähligen Symmetrieachse des Kristalls.

In diesem Falle kommt also bezüglich der flächenhaften Verrückungen die kristallinische Natur der Platte überhaupt nicht zur Geltung. Immerhin hat derselbe ein kristallphysikalisches Interesse, weil die Deformationen und Spannungen, die bei ihm auftreten, in der Kristallplatte elektrische Vorgänge auslösen können, die sich bei der isotropen Platte nicht einstellen. Deshalb werden wir diesen einfachsten Fall weiter unten doch wiederholt etwas näher verfolgen.

Für derartige Zwecke, wo es sich, wie angedeutet, nicht in erster Linie um die Verrückungen $u$, $v$, sondern um die Deformationen und Spannungen handelt, ist es bequem, nicht von den entwickelten Gleichungen (361) auszugehen, sondern an die kurze Form (360) anzuknüpfen. Dieselbe stimmt mit den ersten beiden Hauptgleichungen (130) für den gleichförmig deformierten Zylinder überein, und es liegt nahe, sie durch den Ansatz

$$A = \frac{\partial^2 \Omega}{\partial y^2}, \quad B = \frac{\partial^2 \Omega}{\partial x^2}, \quad H = -\frac{\partial^2 \Omega}{\partial x \partial y} \tag{364}$$

zu befriedigen, der bei dem früheren Problem gute Dienste leistete.

Die Randbedingungen (353) erhalten durch ihn bei Rücksicht auf (343) die Form

$$\overline{\Xi} - \frac{\partial}{\partial s}\left(\overline{\frac{\partial \Omega}{\partial y}}\right) = 0, \quad \overline{\mathsf{H}} + \frac{\partial}{\partial s}\left(\overline{\frac{\partial \Omega}{\partial x}}\right) = 0. \tag{365}$$

Die Hauptgleichung für $\Omega$ ergibt sich durch Einsetzen der Ausdrücke (364) in die Gleichungen (332), die jetzt die Form haben

$$D\frac{\partial u}{\partial x} = s_{11}A + s_{12}B + s_{16}H, \ldots \tag{366}$$

und durch Elimination von $u$ und $v$ aus denselben. Das Resultat lautet

$$s_{11}\frac{\partial^4 \Omega}{\partial y^4} + s_{22}\frac{\partial^4 \Omega}{\partial x^4} + (2s_{12} + s_{66})\frac{\partial^4 \Omega}{\partial x^2 \partial y^2} - 2s_{16}\frac{\partial^4 \Omega}{\partial x \partial y^3} - 2s_{26}\frac{\partial^4 \Omega}{\partial x^3 \partial y} = 0. \tag{367}$$

Für isotrope Medien oder ihnen gleichwertige Orientierungen der Kristallplatte ist nach S. 589 $s_{11} = s_{22} = \frac{1}{2}(2s_{12} + s_{66})$ und $s_{16} = s_{26} = 0$; die Gleichung wird hier also zu

$$\Delta\Delta\Omega = 0, \tag{368}$$

d. h. von jedem Elastizitätsmodul frei.

Funktionen zweiten und dritten Grades in $x$ und $y$, für $\Omega$ eingesetzt, befriedigen diese Gleichungen identisch, sie lassen also auch die Äolotropie des Kristalls in keiner Weise zur Geltung kommen; letzteres geschieht erst bei Funktionen vierten Grades, die demgemäß die einfachsten Lösungen von kristallphysikalischem Interesse darstellen.

§ 346. **Ein spezieller Fall.** Um hier schon wenigstens ein Beispiel der Anwendung der vorstehenden Formeln zu geben, wollen wir einen derartigen Ansatz für $\Omega$ in seinen Konsequenzen verfolgen, dabei aber auch nicht die allgemeinste Form einer Funktion vierten Grades benutzen, sondern eine so spezialisierte, daß sich leicht übersichtliche Spannungsverhältnisse in der Kristallplatte ergeben.

Es sei gesetzt

$$\Omega = (ax^2 - by^2 - c)(x^2 + y^2 - p), \tag{369}$$

was auf einen Spannungszustand deutet, der symmetrisch ist in bezug auf die $X$- und die $Y$-Achse.

Die Hauptgleichung (367) liefert hier die Bedingung

$$a(s_{22} + 2s_{12} + s_{66}) = b(s_{11} + 2s_{12} + s_{66}). \tag{370}$$

$\Omega$ verschwindet also auf einem bestimmten Kreise um den Koordinatenanfang und auf einer bestimmten Hyperbel mit den Koordinatenachsen als Symmetrielinien, deren Achsenverhältnis durch die Hauptgleichung (367) resp. durch die Bedingung (370), also durch das Material der Kristallplatte vorgeschrieben wird.

Für die Druckkomponenten in der Platte ergibt sich

$$A = \frac{\partial^2 \Omega}{\partial y^2} = 2x^2(a-b) - 12y^2 b - 2(c - pb),$$

$$B = \frac{\partial^2 \Omega}{\partial x^2} = 2y^2(a-b) + 12x^2 a - 2(c + pa),$$

$$H = -\frac{\partial^2 \Omega}{\partial x \partial y} = -4xy(a-b).$$

Wir wollen nun die Platte durch einen Kreis vom Radius $R$ um den Koordinatenanfang begrenzt annehmen und die äußern Drucke $\overline{\Pi}$ normal und $\overline{\Sigma}$ tangential zur Randlinie berechnen, welche erforderlich sind, um diesen Spannungszustand zu bewirken.

Bezeichnet $\psi$ den Winkel, welchen die innere Normale mit der X-Achse einschließt, so ist

$$\overline{\Pi} = \Xi \cos\psi + \mathrm{H} \sin\psi; \quad \overline{\Sigma} = -\Xi \sin\psi + \mathrm{H} \cos\psi,$$

und man erhält leicht

$$-\overline{\Pi} = (2R^2 - p)(a-b) - 2c + p(a+b)\cos 2\psi,$$

$$-\overline{\Sigma} = (3R^2 - p)(a+b)\sin 2\psi.$$

Verfügen wir über $p$ so, daß

$$p = 3R^2,$$

so ist $\overline{\Sigma} = 0$; der betreffende Spannungszustand ist dann durch bloße normale Drucke $\overline{\Pi}$ gegen den Rand zu bewirken, die gegeben sind durch

$$\overline{\Pi} = R^2(a-b) + 2c - 3R^2(a+b)\cos 2\psi.$$

Hierin kann nun $\psi$ auch als der Winkel des Radius $R$ gegen die $X$-Achse gedeutet werden, welcher der inneren Normale entgegengesetzt gerichtet ist.

Macht man schließlich noch

$$2c + R^2(a-b) = -3R^2(a+b),$$

so erhält man

$$\overline{\Pi} = -6R^2(a+b)\cos^2\psi, \tag{371}$$

d. h. eine Druckverteilung, die am Ende der zu $\pm X$ parallelen Durchmesser gleiche Maxima, am Ende der zu $\pm Y$ parallelen gleiche Minima Null erreicht.

Bei isotropen Körpern wird nach den hier geltenden Modulwerten $a = b$, die in (369) zum Ausdruck kommende Hyperbel also gleichseitig. Man kann fragen, ob und unter welchen Umständen dasselbe auch bei einer beliebig orientierten Kristallplatte eintreten kann.

Die Bedingung hierfür ist nach (370)

$$s_{11} = s_{22};$$

da aber die Moduln von der Orientierung des $XY$-Koordinatenkreuzes gegen den Kristall abhängen, so ist hierin eine Bestimmung dieser Orientierung enthalten.

Betrachtet man nämlich das bisherige System $XY$, für welches $s_{11}$ nicht gleich $s_{22}$ sein mag, als festliegend und sucht ein System $X^0 Y^0$, das mit dem vorstehenden durch das Schema von S. 592 für $X'Y'$ verknüpft ist, so zu bestimmen, daß für dasselbe $s_{11}^0 = s_{22}^0$ ist, so ergibt sich der Winkel $\varphi^0$ zwischen $X$ und $X^0$ durch die beiden ersten Formeln (67) ausgedrückt zu

$$\operatorname{tg} 2\varphi^0 = \frac{s_{22} - s_{11}}{s_{26} - s_{16}}. \tag{372}$$

Es existiert also stets ein und nur ein Koordinatenkreuz $X^0 Y^0$, in bezug auf welches eine beliebig gegen den Kristall orientierte Kreisplatte durch Einwirkungen auf den Rand von dem Gesetz

$$\overline{\Pi} = -P \cos^2 \psi, \quad \overline{\Sigma} = 0$$

den gleichen Spannungszustand annimmt, als wenn sie isotrop wäre.

Die Deformationsgrößen und Verrückungen der Platte, welche nach (366) aus den Spannungskomponenten $A, B, H$ berechenbar sind, verhalten sich natürlich im allgemeinen auch dann noch in der Kristallplatte anders, als in der isotropen.

§ 347. **Transversale Verrückungen einer Kristallplatte. Eine zweifach-hyperbolische Biegung.** Die Hauptgleichung (354) nimmt, wenn äußere körperliche Kräfte nicht wirken, bei Rücksicht auf (358) die Form an[1])

$$\gamma_{11} \frac{\partial^4 w}{\partial x^4} + 4\gamma_{16} \frac{\partial^4 w}{\partial x^3 \partial y} + 2(\gamma_{12} + 2\gamma_{66}) \frac{\partial^4 w}{\partial x^2 \partial y^2}$$

$$+ 4\gamma_{26} \frac{\partial^4 w}{\partial x \partial y^3} + \gamma_{22} \frac{\partial^4 w}{\partial y^4} = 0. \tag{373}$$

Für isotropes Material ist nach S. 688

$$\gamma_{11} = \gamma_{22} = \gamma_{12} + 2\gamma_{66} \quad \text{und} \quad \gamma_{16} = \gamma_{26} = 0;$$

1) In anderer Weise zuerst von *Gehring* abgeleitet (Diss. Berlin 1860).

hier resultiert dann

$$\Delta\Delta w = 0. \tag{374}$$

Es ist nicht möglich, durch eine lineäre Koordinatentransformation die Gleichung (373) auf die Form (374) zu bringen.

Die Grenzbedingungen (356) sind im allgemeinen sehr kompliziert; wir wollen sie nur für interessierende spezielle Fälle entwickeln.

Jede partikuläre Lösung der Gleichung (373) stellt einen Deformationszustand dar, der durch um die Elemente des Plattenrandes wirkende Momente $\overline{\Delta}$ und gegen sie ausgeübte transversale Kräfte $\overline{Z}$ realisiert werden kann. Setzt man für $w$ eine ganze rationale Funktion $n^{\text{ten}}$ Grades von $x$ und $y$ ein, so geschieht die Biegung der Mittelfläche der Platte nach einer Oberfläche $n^{\text{ten}}$ Grades.

Da Funktionen zweiten und dritten Grades die Hauptgleichung (373) identisch erfüllen, so unterliegen Biegungen nach Oberflächen zweiten und dritten Grades keinerlei Beschränkungen. Eine Beschränkung einfachster Art, eine lineäre Relation zwischen deren Parametern entsteht, wenn die Biegung nach einer Oberfläche vierten Grades stattfindet. Wir wollen einen hierher gehörigen speziellen Fall, der, wie sich zeigen wird, ein besonderes Interesse verdient, etwas näher betrachten.

Die zu untersuchende Biegung möge die Eigenschaft haben, daß sie die Punkte der Platte, welche zwei um 45° gegeneinander gedrehte gleichseitige Hyperbeln erfüllen, unverrückt läßt, also gegeben ist durch

$$w = m(2xy - q)(x^2 - y^2 - p). \tag{375}$$

Setzt man diesen Ausdruck in (373) ein, so ergibt sich die Formel

$$\gamma_{16} - \gamma_{26} = 0. \tag{376}$$

Diese Bedingung ist von den Parametern von $w$ ganz unabhängig und verbindet nur zwei elastische Konstanten $\gamma_{hk}$ der Platte. Da aber diese Konstanten von der Orientierung des $XY$-Achsenkreuzes abhängen, so enthält (376) eine Bedingung, welche diese Orientierung zu erfüllen hat, damit eine Biegung in der angegebenen Form durch auf den Plattenrand ausgeübte $\overline{\Delta}$ und $\overline{Z}$ möglich ist.

Wieder denken wir uns das $XY$-Achsenkreuz willkürlich gewählt, demgemäß also die Bedingung (376) für dasselbe nicht erfüllt. Daneben werde ein gegen $XY$ um den Winkel $\varphi^0$ gedrehtes Achsenkreuz $X^0Y^0$ eingeführt und der Winkel $\varphi^0$ so bestimmt, daß für das neue Achsenkreuz die Bedingung

$$\gamma_{16}^0 = \gamma_{26}^0 \tag{376'}$$

erfüllt ist

Um diese Bedingung zu entwickeln, können wir von den Transformationsformeln (67) für die Moduln $s_{hk}$ ausgehen, welche einer Drehung des Koordinatensystems um die $Z$-Achse entsprechen. Allerdings handelt es sich hier um die Parameter $\gamma_{hk}$, die sich bei solchen Achsenänderungen wie die Konstanten $c_{hk}$ (nicht wie die Moduln) verhalten; nach den S. 579 entwickelten Zusammenhängen zwischen den Transformationsformeln für die $c_{hk}$ und die $s_{hk}$ kann man aber aus den Beziehungen (67) für die letzteren sofort zu solchen für die ersteren gelangen. Zu beachten ist natürlich, daß wir hier das neue Achsenkreuz mit $X^0 Y^0$, statt wie früher mit $X' Y'$ bezeichnen.

Die Bedingung

$$s_{16}^0 = s_{26}^0$$

würde nun nach (67) liefern

$$\operatorname{tg} 4\varphi^0 = \frac{2(s_{16} - s_{26})}{s_{11} + s_{22} - 2 s_{12} - s_{66}}.$$

Da aber nach S. 579 die Moduln

$$s_{16}, \quad s_{26}, \quad s_{11}, \quad s_{22}, \quad s_{12}, \quad s_{66}$$

sich bei Transformationen wie

$$2c_{16}, \quad 2c_{26}, \quad c_{11}, \quad c_{22}, \quad c_{12}, \quad 4c_{66}$$

verhalten, so ergibt sich für unsern Fall ohne alle Rechnung bei Einführung einer weiterhin nützlichen Abkürzung

$$\operatorname{tg} 4\varphi^0 = \frac{\gamma_{26} - \gamma_{16}}{\gamma_{66} - \vartheta}, \tag{377}$$

wobei

$$\gamma_{11} + \gamma_{22} - 2\gamma_{12} = 4\vartheta.$$

Diese Formel bestimmt ein System von Winkeln $\varphi^0$, die sich um $45^0$ voneinander unterscheiden, und die bei der Verfügbarkeit über die Zahlwerte und Vorzeichen von $p$ und $q$ in dem Ansatz (375) zunächst einander gleichwertig sind. Wir können eines dieser Achsenkreuze willkürlich auszeichnen, indem wir fordern, daß, falls $F$ eine positive Größe bezeichnet,

$$F \sin 4\varphi^0 = \gamma_{26} - \gamma_{16}, \quad F \cos 4\varphi^0 = \gamma_{66} - \vartheta. \tag{378}$$

Die mit diesen Beziehungen vereinbaren Orientierungen des $X^0 Y^0$-Achsenkreuzes unterscheiden sich nur noch um Winkel von $90^0$, fallen also geometrisch zusammen.

In Rücksicht hierauf läßt sich dann behaupten:

Bei jeder irgendwie orientierten Kristallplatte gibt es

stets ein und nur ein Achsenkreuz $X^0 Y^0$, in bezug auf welches eine Biegung nach dem Gesetz

$$w = m(2x^0 y^0 - q)(x^{0\,2} - y^{0\,2} - p)$$

durch auf den Rand der Platte geübte Einwirkungen möglich ist.

§ 348. **Zwei spezielle Fälle.** Wir verfolgen nunmehr etwas weiter die speziellen Fälle, daß entweder $p$ oder $q$ in dem Ausdruck (375) unendlich groß wird, während $mp$ resp. $mq$ endlich bleibt. Es sind dies die Fälle

$$w = -P(2x^0 y^0 - q), \quad w = -Q(x^{0\,2} - y^{0\,2} - p), \tag{379}$$

wobei $P$ für $mp$, $Q$ für $mq$ gesetzt ist. Dabei soll das oben definierte Hauptachsenkreuz $X^0 Y^0$ vorausgesetzt sein. Wir wollen die äußern Einwirkungen berechnen, welche erforderlich sind, um die so bestimmten Biegungen bei einer kreisförmigen Platte vom Radius $R$ zu bewirken.

Verfolgen wir zunächst die erste Annahme, so ergeben sich für die Werte der innern Momente $M, L, K$ nach (358) allgemein die Ausdrücke

$$M = \tfrac{1}{3} D^3 P \gamma_{16}, \quad -L = \tfrac{1}{3} D^3 P \gamma_{26}, \quad K = \tfrac{1}{3} D^3 P \gamma_{66}. \tag{380}$$

Die Randbedingungen (356) nehmen die Gestalt an

$$\overline{Z} = -\frac{D^3 P}{3R}[(\gamma_{16} - \gamma_{26}) \cos 2\chi + 2\gamma_{66} \sin 2\chi],$$

$$\overline{\Delta} = \tfrac{1}{3} D^3 P(\gamma_{16} \cos^2 \chi + \gamma_{26} \sin^2 \chi + \gamma_{66} \sin 2\chi),$$

wobei $\chi$ den Winkel ebensowohl der äußern, als der innern Normale auf der Randkurve bezeichnen kann. Bei Einführung des Achsenkreuzes $X^0 Y^0$ ergibt dies wegen $\gamma_{16}^0 = \gamma_{26}^0$

$$\overline{Z} = -\frac{2D^3 P}{3R}\gamma_{66}^0 \sin 2\chi, \quad \overline{\Delta} = \tfrac{1}{3} D^3 P(\gamma_{16}^0 + \gamma_{66}^0 \sin 2\chi). \tag{381}$$

Der zweite Ausdruck (379) für $w$ liefert

$$M = \tfrac{1}{6} Q D^3(\gamma_{11} - \gamma_{12}), \quad -L = \tfrac{1}{6} Q D^3(\gamma_{21} - \gamma_{22}),$$
$$K = \tfrac{1}{6} Q D^3(\gamma_{61} - \gamma_{62}). \tag{382}$$

Hieraus folgt bei Benutzung der Abkürzung $\vartheta$ aus (377) und der neuen Bezeichnung

$$\gamma_{11} - \gamma_{22} = 4\delta \tag{383}$$

auch

$$\overline{Z} = -\frac{QD^3}{3R}\,[2\vartheta \cos 2\chi + (\gamma_{61} - \gamma_{62}) \sin 2\chi],$$

$$\overline{\Delta} = \tfrac{1}{3} QD^3\,[2\delta + 2\vartheta \cos 2\chi + (\gamma_{61} - \gamma_{62}) \sin 2\chi],$$

oder bei Einführung des Achsenkreuzes $X^0 Y^0$

$$\overline{Z} = -\tfrac{2}{3}\,\frac{QD^3}{R}\,\vartheta^0 \cos 2\chi, \quad \overline{\Delta} = \tfrac{1}{3} QD^3(\delta^0 + \vartheta^0 \cos 2\chi). \tag{384}$$

§ 349. **Die Arbeit zur Erzeugung der beiden einfach-hyperbolischen Biegungen.** Wir wollen nun schließlich noch die Arbeit berechnen, welche die am Rand der Platte angreifenden Wirkungen $\overline{Z}$ und $\overline{\Delta}$ bei der Herstellung der Biegung leisten müssen. Da in 379 die Parameter $q$ und $p$ die Form, die Parameter $P$ und $Q$ die Größe der einfach-hyperbolischen Biegungen bestimmen, so werden bei der Herstellung dieser Biegungen die ersteren als konstant gegeben, die letzteren als von Null bis zu dem gewünschten Endwert wachsend zu denken sein. Der allgemeine Ausdruck für das Element dieser Arbeit ist nach (345) bei Rücksicht auf das zu (355) Gesagte

$$d'A_0 = \int ds\left[\overline{Z}\,\overline{dw} + \overline{\Delta} d\left(\overline{\frac{\partial w}{\partial n}}\right)\right]; \tag{385}$$

um die gesamte Arbeit $A_0$ zu erhalten, ist dies über $w$ zu integrieren, von dem Anfangswert Null, der der undeformierten Platte entspricht bis zu dem definitiven Wert, außerdem auch über den in Betracht gezogenen Teil des Umfangs der Platte.

Die erste Lösung (379) liefert bei Einführung des Radiusvektors $r$

$$w = -P(r^2 \sin 2\chi - q),$$

also (bei Berücksichtigung, daß in (385) $n$ die innere Normale bezeichnet)

$$\overline{dw} = (R^2 \sin 2\chi - q)dP, \quad d\,\overline{\frac{\partial w}{\partial n}} = +2R\,dP \sin 2\chi. \tag{386}$$

Die Benutzung dieser Ausdrücke und der Werte (381) für $\overline{Z}$ und $\overline{\Delta}$ liefert

$$A_0' = \tfrac{1}{3} D^3 R^2 P^2 \int\left[2\gamma_{66}^0 \sin^2 2\chi + \left(\gamma_{16}^0 - \frac{q\gamma_{66}^0}{R^2}\right) \sin 2\chi\right] d\chi. \tag{387}$$

Wir erstrecken das Integral zunächst über je einen der Bögen (kurz Quadranten genannt), die zwischen den Hyperbelästen verschwindender Verrückung $w$ liegen. Die Grenzen derselben sind gegeben durch

$$\overline{\chi} < \chi < \tfrac{1}{2}\pi - \overline{\chi} \quad \text{und} \quad \tfrac{1}{2}\pi - \overline{\chi} < \chi < \pi + \overline{\chi},$$

wobei wegen $\overline{w} = - P(R^2 \sin 2\chi - q)$

$$\sin 2\overline{\chi} = q/R^2.$$

Die Integration liefert für die vorstehenden Grenzen resp.

$$A_o' = \tfrac{1}{3} D^3 P^2 R^2 \left\{\gamma_{66}^0 \left[\left(\tfrac{1}{2}\pi \mp 2\overline{\chi}\right) \pm \tfrac{1}{2} \sin 4\overline{\chi}\right] \pm \left(\gamma_{16}^0 - \frac{q\gamma_{66}^0}{R^2}\right) \cos 2\overline{\chi}\right\}. \tag{388}$$

Wenn $\overline{\chi}$ ein kleiner Winkel ist, derart, daß in den Entwicklungen der trigonometrischen Funktionen $\overline{\chi}^3$ vernachlässigt werden kann, gibt dies einfacher

$$A_o' = \tfrac{1}{3} D^3 P^2 R^2 \left\{\tfrac{1}{2}\pi \gamma_{66}^0 \pm \left(\gamma_{16}^0 - \frac{q\gamma_{66}^0}{R^2}\right) \cos 2\overline{\chi}\right\}. \tag{389}$$

Die Biegungen innerhalb der zwei benachbarten Quadranten erfordern also im allgemeinen verschiedene Arbeiten; dieselben würden einander gleich sein, wenn

$$q = R^2 \gamma_{16}^0 / \gamma_{66}^0 \tag{390}$$

gemacht würde.

Summiert man (389) über den ganzen Umfang, so erhält man

$$(A_o') = \tfrac{2}{3}\pi D^3 R^2 P^2 \gamma_{66}^0. \tag{391}$$ —

Die zweite Lösung (379) hingegen liefert

$$w = - Q(r^2 \cos 2\chi - p),$$

also

$$\overline{dw} = -(R^2 \cos 2\chi - p) dQ, \quad d\overline{\frac{\partial w}{\partial n}} = +2R \cos 2\chi \, dQ, \tag{392}$$

und bei Heranziehung der Ausdrücke (384) für $\overline{Z}$ und $\overline{\Delta}$

$$A_o'' = \tfrac{1}{3} D^3 R^2 Q^2 \int \left[2\vartheta^0 \cos^2 2\chi + \left(\delta^0 - \frac{p\vartheta^0}{R^2}\right) \cos 2\chi\right] d\chi; \tag{393}$$

hierin ist das Integral über den Teil des Umfangs zu nehmen, für welchen $A_o''$ berechnet werden soll.

Wiederum nehmen wir zunächst die zwei durch die Lösung für $w$ an die Hand gegebenen Bögen oder Quadranten

$$-\tfrac{1}{4}\pi + \overline{\chi} < \chi < \tfrac{1}{4}\pi - \overline{\chi} \quad \text{und} \quad \tfrac{1}{4}\pi - \overline{\chi} < \chi < \tfrac{3}{4}\pi + \overline{\chi},$$

wobei

$$\cos 2\overline{\chi} = p/R^2.$$

Die Integration liefert analog zu (389)

$$A_o'' = \tfrac{1}{3} D^3 R^2 Q^2 \left\{\vartheta^0 \left[\tfrac{1}{2}\pi \mp 2\overline{\chi} \pm \tfrac{1}{2} \sin 4\overline{\chi}\right] \pm \left(\delta^0 - \frac{p\vartheta^0}{R^2}\right) \cos 2\overline{\chi}\right\}, \tag{394}$$

oder bei kleinem $\bar{\chi}$ einfacher analog zu (389)

$$A_o'' = \tfrac{1}{3} D^3 R^2 Q^2 \left\{ \tfrac{1}{2} \pi \vartheta^0 \pm \left( \delta^0 - \frac{p \vartheta^0}{R^2} \right) \cos 2\bar{\chi} \right\}. \tag{395}$$

Auch hier sind die Arbeiten an den beiden Quadranten verschieden, es sei denn, daß gilt

$$p = R^2 \delta^0 / \vartheta^0 = R^2 (\gamma_{11}^0 - \gamma_{12}^0) / (\gamma_{11}^0 + \gamma_{22}^0 + 2\gamma_{12}^0). \tag{396}$$

Über den vollen Kreis erstreckt liefert (395) als Ausdruck für die Arbeit bei der zweiten hyperbolischen Biegung

$$(A_o'') = \tfrac{2}{3} \pi D^3 R^2 Q^2 \vartheta^0. \tag{397}$$

Bestimmt man durch die Forderung gleicher Biegungsarbeit an den Quadranten die Parameter $q$ und $p$ gemäß (390) und (396), so setzt man damit die Lage der reellen Achsen der beiden Hyperbeln $w = 0$ in (379) fest. $q > 0$ läßt die betreffende Achse der ersten Hyperbel in den ersten Quadranten, $q < 0$ in den vierten Quadranten des Achsenkreuzes $X^0 Y^0$ fallen; $p > 0$ in die $X^0$-, $p < 0$ in die $Y^0$-Achse.

§ 350. **Über die elastischen Parameter der hyperbolischen Biegungen.** Wegen der Anwendungen, die wir von den vorstehenden Entwicklungen im nächsten Abschnitt zur Erklärung interessanter Beobachtungen machen werden, ist es angemessen, die in den Schlußresultaten auftretenden Parameter $\gamma_{hk}^0$, welche sich auf die Symmetrieachsen $X^0 Y^0$ der hyperbolischen Biegungen beziehen, durch die auf das willkürlich in der Plattenebene gewählte Achsenkreuz $XY$ bezüglichen $\gamma_{hk}$ auszudrücken. Die betreffenden Formeln ergeben sich unmittelbar aus den S. 686 erörterten Transformationseigenschaften der $\gamma_{hk}$ in Verbindung mit der Bezeichnung $\varphi^0$ für den durch (376') oder (377) bestimmten Winkel zwischen der $X^0$- und der $X$-Achse, woraus folgt

$$x^0 = x \cos \varphi^0 + y \sin \varphi^0, \quad y^0 = -x \sin \varphi^0 + y \cos \varphi^0.$$

So erhält man zunächst

$$\begin{aligned} \gamma_{66}^0 &= \vartheta \sin^2 2\varphi^0 + (\gamma_{26} - \gamma_{16}) \sin 2\varphi^0 \cos 2\varphi^0 + \gamma_{66} \cos^2 2\varphi^0, \\ \vartheta^0 &= \vartheta \cos^2 2\varphi^0 - (\gamma_{26} - \gamma_{16}) \sin 2\varphi^0 \cos 2\varphi^0 + \gamma_{66} \sin^2 2\varphi^0, \end{aligned} \tag{398}$$

und bei Benutzung von (378) auch

$$\left. \begin{matrix} \gamma_{66}^0 \\ \vartheta^0 \end{matrix} \right\} = \tfrac{1}{2} \left( \gamma_{66} + \vartheta \pm \sqrt{(\gamma_{66} - \vartheta)^2 + (\gamma_{26} - \gamma_{16})^2} \right). \tag{399}$$

Ferner ergibt sich

$$\begin{aligned} \gamma_{16}^0 = \gamma_{26}^0 &= -\delta \sin 2\varphi^0 + \tfrac{1}{2}(\gamma_{26} + \gamma_{16}) \cos 2\varphi^0, \\ \delta^0 = &\quad \delta \cos 2\varphi^0 + \tfrac{1}{2}(\gamma_{26} + \gamma_{16}) \sin 2\varphi^0. \end{aligned} \tag{400}$$

Die Bedeutung der Abkürzungen $\vartheta$ und $\delta$ erhellt aus (377) und (383).

Nach dem Auftreten der Parameter $\gamma_{66}^0$ und $\vartheta^0$ in den Formeln (391) und (397) ist zu schließen, daß diese Größen stets positiv sind; die Vorzeichen von $q$ und $p$ in den Formeln (390) und (396) stimmen hiernach mit denen von $\gamma_{16}^0$ und $\delta^0$ überein.

§ 351. **Differentialgleichungen der Schwingungen dünner kristallinischer Platten.** Der Übergang von den Bedingungen des Gleichgewichts zu denen der Bewegung vollzieht sich nach dem S. 157 allgemein Bemerkten einfach dadurch, daß in den Hauptgleichungen des Gleichgewichts die körperlichen Kräfte $X, Y, Z$ mit $X - \partial^2 u/\partial t^2$, $Y - \partial^2 v/\partial t^2$, $Z - \partial^2 w/\partial t^2$ vertauscht werden.

Zieht man in Betracht, daß $X, Y, Z$ sich auf die Masseneinheit, die in den Hauptgleichungen (352) und (354) auftretenden $\Xi$, H, Z sich aber auf die Masse über der Flächeneinheit der Platte beziehen, so erhält man bei nachträglichem Ausschluß körperlicher Kräfte die Hauptgleichungen für die flächenhafte Bewegung in der Form

$$\varrho D \frac{\partial^2 u_0}{\partial t^2} = \frac{\partial A}{\partial x} + \frac{\partial H}{\partial y}, \quad \varrho D \frac{\partial^2 v_0}{\partial t^2} = \frac{\partial H}{\partial x} + \frac{\partial B}{\partial y}, \tag{401}$$

analog diejenige für transversale Bewegung

$$\varrho D \frac{\partial^2 w_0}{\partial t^2} = \frac{\partial^2 M}{\partial x^2} - \frac{\partial^2 L}{\partial y^2} + 2\frac{\partial^2 K}{\partial x \partial y}. \tag{402}$$

Mit ihnen sind wiederum die Ausdrücke (357) für $A, B, H$ und (358) für $M, L, K$ zu verbinden.

Zur vollständigen Bestimmung des Bewegungsproblems sind außer den Grenzbedingungen (353) und (356) noch Anfangsbedingungen, etwa Angaben über die Werte von $u_0$, $v_0$, $w_0$, $\partial u_0/\partial t$, $\partial v_0/\partial t$, $\partial w_0/\partial t$ zur Zeit $t = 0$ heranzuziehen. Wie im Falle des Gleichgewichts erscheinen auch hier die Verrückungskomponenten $u_0$ und $v_0$ gekoppelt, $w_0$ aber isoliert.

Von Interesse ist ausschließlich das Problem der periodischen Schwingungen, bei welchem die Anfangsbedingungen und damit die Art der Erregung außer Betracht bleibt, nämlich ausschließlich mit gewissen partikulären Lösungen der Gleichungen (401) und (402), welche in Faktoren von der Form $\cos \nu t$ und $\sin \nu t$ multipliziert sind, gearbeitet wird. Die Behandlung derartiger Probleme bietet schon bei begrenzten isotropen Platten große Schwierigkeiten, die auch in den einfachsten Fällen erst in neuester Zeit überwunden sind. Bei kristallinischen Platten sind die Schwierigkeiten noch viel beträchtlicher, und wir werden daher die Interpretation vorhandener merkwürdiger Beobachtungen nicht von einer strengen Behandlung der vorstehend aufgeführten Gleichungen erhoffen können, sondern dieselbe auf einem andern, unstrengen Wege suchen müssen.

## VI. Abschnitt.

## Qualitative Beobachtungen über Kristallelastizität.

§ 352. **Ziel und Methode der Versuche von F. Savart.** Einen Hauptgrund für das ausführlichere Eingehen auf das Problem der Deformation kristallinischer Platten bietet eine ausgedehnte Untersuchung von *F. Savart*[1]) über gewisse Klangfiguren, d. h. Gestalten von Knotenlinien, bei tönenden kreisrunden Platten von Bergkristall, der auch einige Beobachtungen über dergleichen bei Platten von Kalkspat angeschlossen sind. Diese, unter Aufwendung reichsten Materials und bemerkenswerter Experimentierkunst durchgeführten Beobachtungen bieten einer theoretischen Verwertung große Schwierigkeiten und sind daher fast vergessen. Das neueste und umfassendste Lehrbuch über Elastizität von *Love* erwähnt sie z. B. überhaupt nicht. Und doch stellen sie in gewisser Hinsicht einen Markstein in der Geschichte der Kristallelastizität dar.

Die Aufgabe, welche *Savart* in Angriff nahm, war die einer Klarlegung der elastischen Symmetrieverhältnisse von Bergkristall durch das Studium der Klangfiguren einer großen Schar (an vierzig) ihrer Form nach nahezu identischer, ihrer Orientierung nach aber verschiedener Platten. Die Dicke der Platten war 1‴ = 2,26 mm; als Durchmesser werden 23‴ = 52 mm oder 27‴ = 61 mm angegeben.

*Savart* ging bei der Untersuchung von den folgenden Erfahrungstatsachen aus. Bei kreisförmigen Platten von i s o t r o p e r Substanz existiert eine spezielle Klangfigur von der Form zweier zueinander normalen Durchmesser, und es kann diese Figur in allen möglichen Lagen gegen die Platte erzeugt werden. Ist die Isotropie nach einer Richtung gestört, ist z. B. die Platte durch die Bearbeitung parallel einem Durchmesser mit feinen Ritzen bedeckt, oder hat das Material parallel diesem Durchmesser faserige Struktur, so gilt letzteres nicht mehr. Die kreuzförmige Klangfigur entsteht nur in der e i n e n Orientierung, wo ihre Arme parallel und normal zu dem ausgezeichneten Durchmesser liegen. Außer ihr kommt in diesem Falle aber noch eine

1) *F. Savart*, Ann. d. Chim. et de Phys. T. 40, p. 5 u. 113, 1829.

Abart der Kreuzfigur zustande, nämlich ein Paar Kurven, welche gleichseitigen Hyperbeln ähneln, deren Asymptoten Winkel von ungefähr $\pm 45^0$ mit dem ausgezeichneten Durchmesser einschließen; diese Figur entsteht bei einem anderen Ton, als die erstgenannte. Eine dritte Form von Knotenlinien, welche den Rand in vier um ungefähr $90^0$ entfernten Punkten trifft, läßt sich nicht herstellen.

Diese Klangfiguren geben nun ein derartig empfindliches Reagenz auf Äolotropie resp. Störung der Isotropie innerhalb des Materials einer Klangplatte, daß es bekanntlich Schwierigkeiten macht, Platten herzustellen, welche das oben geschilderte Verhalten ideal isotropen Materials in voller Reinheit zeigen. Eben diese Empfindlichkeit hat *Savart* veranlaßt, mit Hilfe von Klangfiguren die elastische Äolotropie von kreisförmigen Platten aus kristallisierter Substanz zu studieren.

Um die Beobachtungen an Kristallen deuten zu können, schickte *Savart* diesen eine ausführliche Untersuchung an verschieden orientierten Holzplatten voraus, deren elastische Symmetrie nach der Lage der Fasern des Materials beurteilt werden konnte. Er betrachtete einen geraden (dünneren) Baumstamm im ganzen als ein Gebilde, dessen elastische Symmetrie der geometrischen Symmetrie eines Rotationsellipsoids gleichzusetzen wäre, ein Stück, nahe aus der Oberfläche eines sehr dicken Stammes ausgeschnitten, als mit der Symmetrie eines dreiachsigen Ellipsoids behaftet Aus Holz beider Art stellte er eine große Zahl kreisförmiger Klangplatten dar und untersuchte, wie sich auf ihnen die hyperbolischen Klangfiguren darstellten.

Die wichtigsten der hierbei von *Savart* erhaltenen und durch Abbildungen der beobachteten Klangfiguren gestützten Resultate sind die folgenden. Jederzeit, wenn die Ebene der Platte eine der „elastischen" Symmetrieachsen enthält, treten (und zwar bei zwei verschiedenen Tönen) die oben geschilderten zwei Formen hyperbolischer Klangfiguren auf: ein Kreuz mit Armen parallel und normal der Symmetrieachse und ein paar hyperbelartiger Kurven mit Achsen, welche denselben beiden Richtungen parallel liegen. Die erste (reelle) Hyperbelachse fällt dabei mit der Richtung des kleineren Biegungswiderstandes zusammen. Enthält die Ebene der Platte keine elastische Symmetrieachse, so ist es nicht möglich, die kreuzförmige Klangfigur zu erzeugen; es treten vielmehr bei zwei verschiedenen Tönen zwei verschiedene Paare hyperbolischer Kurven als Knotenlinien auf.

Mit Hilfe dieser Regeln versuchte darauf *Savart* die Existenz und die Lage von elastischen Symmetrieachsen in kristallinischen Klangplatten zu konstatieren und die Richtungen maximalen und minimalen elastischen Widerstands aufzusuchen.

Die Resultate dieser Beobachtungen bieten mannigfaches Interesse und sollen sogleich in ihren Grundzügen wiedergegeben werden. Die theoretischen Überlegungen *Savarts* können wir hingegen übergehen; dieselben bewegen sich wesentlich in der Richtung der „optischen" Elastizitätstheorie *Fresnels* mit ihren „Elastizitätsachsen" und erscheinen gegenwärtig nicht haltbar. Es ist merkwürdig, daß jene *Fresnel*schen Vorstellungen auch noch Dezennien nach *Savart* fortgewirkt haben, obgleich die Grundlagen der exakten Elastizitätstheorie vorhanden waren und sich aus ihnen ergab, daß der Begriff allgemeiner Elastizitätsachsen eines Kristalls im alten Sinne, nämlich in dem von Richtungen größten und kleinsten elastischen Widerstands, inhaltlos ist, weil jederzeit verschiedene Arten von Deformationen auch verschiedene Widerstände finden. *Savart* (wie auch noch Spätere) glaubte das Verhalten einer kreisförmigen Platte durch die Biegungswiderstände von zwei nach der Plattenebene und zwar normal zueinander orientierten Stäben bestimmen zu können. Die Formeln von § 347 für die Biegung einer Platte, verglichen mit denjenigen von § 314 u. 333 für diejenige eines Stabes, zeigen aber, daß beide Vorgänge von ganz verschiedenen elastischen Parametern abhängen, sich also nicht gegenseitig erklären können.

§ 353. **Die formale Symmetrie des Bergkristalls.** Quarz oder Bergkristall, auf welchen sich die hauptsächlichen Beobachtungen *Savarts* beziehen, kristallisiert in den Formen der Gruppe (10) mit der Symmetrieformel ($A_z^{(3)}, A_x^{(2)}$). Die gewöhnlichste Form, in welcher die betreffenden Kristalle auftreten, ist die einer sechsseitigen Säule, auf welche gleichorientiert beiderseitig gleiche sechsseitige Pyramiden aufgesetzt sind. Diese Formelemente würden die Kristallform zentrischsymmetrisch und die $Z$-Hauptachse sechszählig erscheinen lassen; indessen weisen Aussehen und Ausbildung der abwechselnden Flächen und noch genauer die auf ihnen hervorzubringenden Ätzfiguren (§ 58) daraufhin, daß diese Flächen abwechselnd verschiedenwertig sind, daß die $Z$-Achse also nur dreizählig ist. Unter den Pyramidenflächen entsprechen dabei die drei gleichwertigen am $+ Z$-Ende gelegenen je den um 60° gegen sie verdrehten am $- Z$-Ende. Dies stellt sich besonders drastisch dar bei schneller Abkühlung eines sehr hoch erhitzten Bergkristalls, wobei (unregelmäßige) Spaltung nach einem dieser Ebenensysteme eintritt, die zusammen ein Rhomboeder (s. Fig. 69 auf S. 94) begrenzen. Die so ausgezeichneten Flächen mögen als die des Grundrhomboeders ($+R$) bezeichnet werden.

Die Symmetrieverhältnisse des Kristalls werden weiter noch genauer durch ein System häufig auftretender kleiner Zuschärfungsflächen an dem vorstehend in seinen Hauptzügen geschilderten Polyeder bestimmt. An drei von den sechs Säulenkanten zeigen sich nämlich rechts oben und links unten, oder umgekehrt, dreieckige oder trapezoidische Flächen von dem Typus $\alpha$ und $\beta$, welche mit einer Sechszähligkeit der Hauptachse und außerdem auch mit einem Symmetriezentrum unvereinbar sind, vielmehr die Hauptachse als dreizählige und jede der drei dazu normalen Richtungen durch zwei Säulenkanten als zweizählige Achse erscheinen lassen.

Nach unserer Symmetrieformel $(A_z^{(3)}, A_x^{(2)})$ sind die $Z$- und die $X$-Achse festgelegt. Nur der Richtungssinn von $+X$ ist willkürlich, und wir bestimmen denselben dadurch, daß wir die $+Y$-Achse resp. eine ihr parallele Richtung aus einer der Flächen des Grundrhomboeders austreten lassen, welche die $+Z$-Achse umgeben (s. Fig. 158)

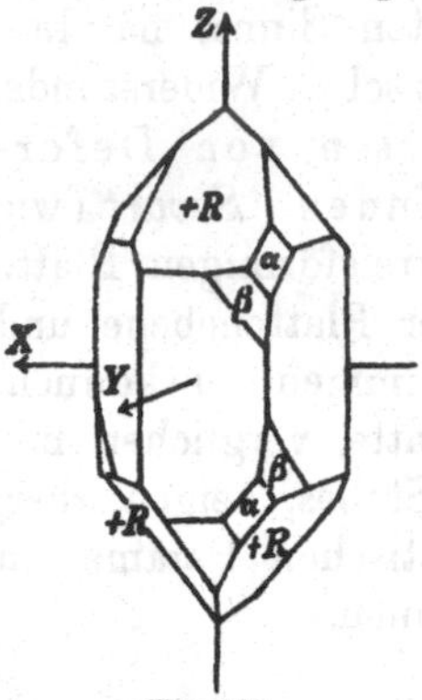

Fig. 158.

Diese Festsetzungen entsprechen **nicht** der *Savart*schen Darstellung; wir wählen sie, um mit den in dieser Darstellung sonst benutzten Orientierungen des Hauptkoordinatensystems in Übereinstimmung zu bleiben.

Wie schon S. 581 allgemein bemerkt, unterscheiden sich die elastischen Symmetrieverhältnisse von den kristallographischen durch das Hinzutreten des Symmetriezentrums, welches allen elastischen Vorgängen eigen ist. Infolge hiervon liegt auch normal zu jeder geradzähligen Symmetrieachse eine elastische Symmetrieebene; in unserm Falle ist also (entgegen dem äußern Habitus des Kristalls) die $YZ$-Ebene eine elastische Symmetrieebene, und dasselbe gilt von den bezüglich der $Z$-Achse um $\pm 120^0$ gegen sie verdrehten Ebenen.

§ 354. **Die allgemeinen Beobachtungsresultate Savarts.** Die *Savart*schen Beobachtungen ordnen sich in drei Reihen, deren Glieder sich auf Plattensysteme beziehen, die sämtlich durch die $Z$-, oder die $X$-, oder die $Y$-Achse gehen.

Bei Aufzählung der erhaltenen Resultate werde ich die hyperbelartigen Klangfiguren der Kürze halber als Hyperbeln bezeichnen, auch von ihrer reellen oder Hauptachse sprechen, obwohl in Wahrheit keine Überstimmung, sondern nur eine mehr oder weniger große Ähnlichkeit der beobachteten Kurven mit Hyperbeln vorliegt.

Die **erste** Reihe, auf dreizehn Platten bezüglich, welche die $Z$-Hauptachse enthalten, beginnt mit einer Platte parallel der $XZ$-Ebene; die Lagen der folgenden elf Platten entstehen daraus durch Drehungen um Vielfache von $15^0$, so daß ihr Azimut gegen die $XZ$-Ebene

$$\gamma = h \cdot 15^0 \qquad (h = 1, 2, \ldots)$$

gesetzt werden kann. Alle Platten, welche (wie die erste) außer der dreizähligen Haupt- noch eine zweizählige Nebenachse enthalten ($\gamma = 0^0, 60^0, 120^0, \ldots$), verhalten sich so, als wenn die eine oder die andere dieser Achsen eine (*Savart*sche) Elastizitätsachse wäre; sie geben als hyperbolische Knotenlinien ein Kreuz parallel diesen Achsen oder ein (mit seinen Asymptoten) um 45⁰ dagegen gedrehtes Hyperbelpaar. Die zwischen diesen Hauptlagen orientierten Platten geben zwei Hyperbelpaare, und zwar die Platten mit den Azimuten

$$\gamma = \omega \quad \text{und} \quad \gamma = 60^0 - \omega, \; \gamma = 120^0 + \omega, \; \gamma = 180^0 - \omega$$

die gleichen; dagegen die Platten mit den Azimuten

$$\gamma = 60^0 + \omega, \quad \gamma = 120^0 - \omega, \quad \gamma = 180^0 + \omega, \quad \gamma = 240^0 - \omega$$

solche, die den vorigen in bezug auf die $Z$-Achse spiegelbildlich entsprechen.

Figur 159 gibt die *Savart*schen Abbildungen für $\gamma = 0^0, 30^0, 60^0, 90^0$ wieder; von $120^0$ ab bis $360^0$ wiederholt sich die mit-

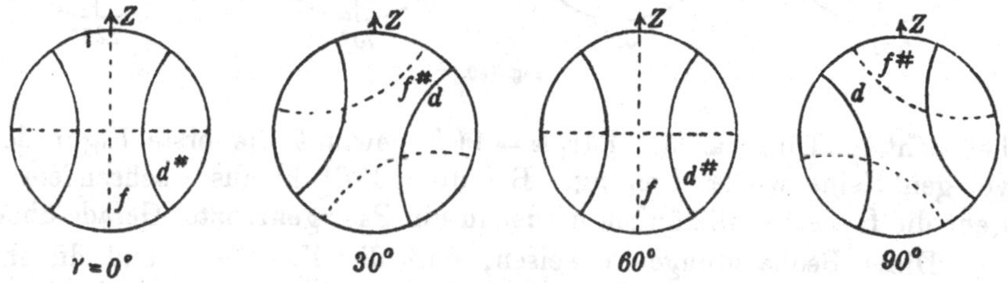


Fig. 159.

geteilte Reihe noch zweimal. Die den Knotenlinien beigesetzten Buchstaben bezeichnen die von *Savart* beobachteten Töne, deren Erklärung natürlich ebenso ein Gegenstand der Theorie ist, wie die Ableitung der Gestalt und der Lage der Knotenlinien.

Diese erste Reihe von Resultaten beweist bereits die Dreizähligkeit der $Z$-Hauptachse des Quarzes in elastischer Hinsicht, — ein für *Savart* sehr überraschendes Resultat, denn nach dem optischen Verhalten des Quarzes hätte man eine unendliche Zähligkeit, nämlich die Symmetrie eines Rotationskörpers erwarten sollen. Die Resultate der akustischen Beobachtungen waren so unzweideutig, daß *Savart* (in der Vorstellung verwandter Natur der elastischen und der optischen Erscheinungen) meinte, an den optischen Resultaten zweifeln zu müssen. Indessen führten bezügliche Beobachtungen zu einer Bestätigung der unendlichen Zähligkeit der Hauptachse in optischer Hinsicht. —

Die zweite Beobachtungsreihe *Savarts*, welche vierzehn Platten durch die $X$-Achse betraf, lieferte für alle Platten das Knotenlinienkreuz parallel und normal zur $X$-Achse; aber es entsprachen den verschieden orientierten Platten hierbei verschiedene Töne. Außerdem ließ sich ein (mit seinen Asymptoten) um $\pm 45^0$ gegen dieses Kreuz gedrehtes Hyperbelpaar erzielen, dessen reelle Achse für eine zusammenhängende Reihe der Platten parallel, für eine andere normal zur $X$-Achse lag. Die Grenzen dieser beiden Reihen bildeten Platten mit dem von $+Y$ zu $+Z$ positiv gerechneten Azimut $\alpha = 0$ und $\alpha = 39^0$ zirka. Platten in Azimuten $\alpha$ und $180^0 - \alpha$ verhielten sich verschieden.

Figur 160 gibt einen Auszug aus den bezüglichen Darstellungen *Savarts*. Für $\alpha = 0$ muß sich die Platte isotrop verhalten; der hier

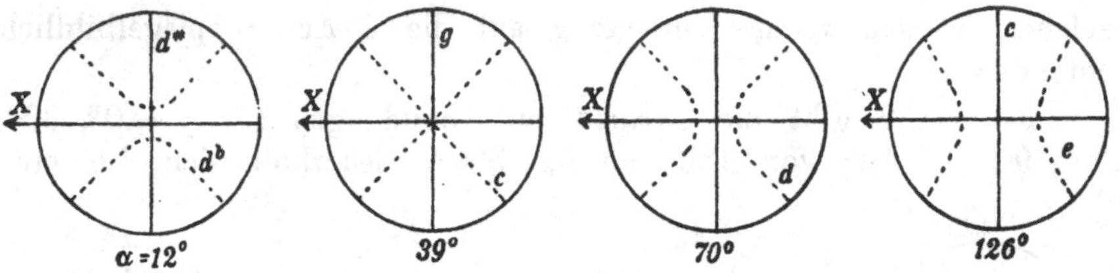


Fig. 160.

beobachtete Ton war $d$. Für $\alpha = 90^0$ gewinnt die erste Figur der vorigen Reihe wieder Geltung. Bei über $126^0$ hinaus wachsendem $\alpha$ geht die Hyperbel allmählich wieder in ein Paar gekreuzter Gerade über.

Diese Beobachtungen erweisen, daß die $YZ$-Ebene und die ihr durch die Dreizähligkeit der $Z$-Achse verbundenen Ebenen elastische Symmetrieebenen sind, daß aber nicht Analoges für die $XZ$-Ebene und die ihr gleichwertigen gilt. —

Die letzte Beobachtungsreihe, welche dreizehn Platten durch die $Y$-Achse benutzte, lieferte unsymmetrisch zur $XZ$-Ebene verlaufende Knotenlinien, der Regel nach Paare von Hyperbeln. Rechnet man das Azimut $\beta$ gegen die $XY$-Ebene, so verhielten sich Platten im Azimut $\beta$ und $180^0 - \beta$ einander gleich. Die Hyperbeln degenerierten zu zwei Systemen Gerade für das Azimut $\beta = 0$ und $\beta = 72^0$ zirka.

Die Figuren 161 geben auch von dieser Beobachtungsreihe einen Auszug; sie erstrecken sich bez. $\beta$ über einen Quadranten. Für $\beta = 0$ stimmt die Orientierung mit derjenigen $\alpha = 0$ der vorigen Reihe überein; hier ist also der beobachtete Ton $d$. Der letzte Fall ($\beta = 90^0$) kommt mit dem zweiten der ersten Reihe überein.

Diese Beobachtungen bestätigen, daß zwar die $YZ$-Ebene, nicht aber auch die $XZ$-Ebene elastische Symmetrieebene ist und stützen so die Resultate der ersten beiden Reihen. —

Mit dem Vorstehenden wird der Inhalt der *Savart*schen Beobachtungsresultate, trotzdem dieselben im wesentlichen nur durch Abbildungen der beobachteten Klangfiguren dargestellt sind, keineswegs erschöpft. Insbesondere enthalten diese Resultate außer dem Nachweis der allgemeinen elastischen Symmetrieverhältnisse des Bergkristalls im ganzen noch spezielle Angaben über gewisse Symmetrieverhältnisse jeder einzelnen Platte, die sich (außer in den Fällen, wo eine elastische Symmetrieebene normal zur Platte liegt) keineswegs unmittelbar aus der elastischen Symmetrieformel des ganzen Kristalls ablesen lassen. Bei beliebig orientierten Platten gibt die Beobachtung im allgemeinen zwei hyperbolische Klangfiguren, von denen jede zwei zueinander normale Symmetrielinien besitzt; die Orientierung derselben, insbesondere auch die Lage der reellen Hauptachse, muß durch die Elastizitätsverhältnisse des Kristalls bedingt sein, aber der betreffende

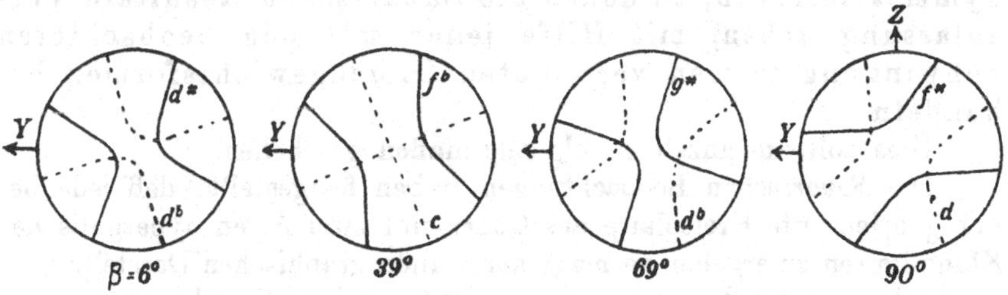


Fig. 161.

Zusammenhang ist keineswegs unmittelbar evident. Für gewisse Orientierungen der Platten degenerieren diese Hyperbeln zu Kreuzen durch den Plattenmittelpunkt, ohne daß eine ersichtliche Beziehung der Orientierung der Platten oder der Kreuzarme zu den Symmetrieachsen des Kristalls vorliegt.

Die Schwingungsfrequenzen, welche den einzelnen Klangfiguren entsprechen, sind von *Savart* durch Beobachtungen der betreffenden Tonhöhen in ungefähren Werten bestimmt. Ob die bei verschiedenen Platten angegebenen Resultate streng vergleichbar sind, ist bei der allgemein gehaltenen Angabe über deren Dimensionen nicht sicher. Unzweifelhaft wird aber der Sinn der Abweichung der beiden an derselben Platte beobachteten Töne, sowie der ungefähre Verlauf der Töne von Platte zu Platte innerhalb derselben Reihe zuverlässig sein. Das sind alles Resultate von großem Interesse, die wir im folgenden etwas genauer betrachten wollen.

§ 355. **Grundgedanken für eine Verwertung der Savartschen Resultate.** Eine strenge und vollständige Theorie der merkwürdigen *Savart*schen Beobachtungen würde sehr schwierig und umständlich sein, auch gegenüber dem im wesentlichen nur qualitativen Charakter nicht voll ausgenutzt werden können. Was unter diesen Umständen erstrebenswert erscheint, ist eine angenäherte theoretische Betrachtung, welche die reichen Beobachtungsresultate verständlich macht.

Für eine solche wollen wir den folgenden Gesichtspunkt zugrunde legen.

Bei allen den *Savart*schen Resultaten sind Symmetriefragen in erster Linie von Interesse. Die Differentialgleichungen für die Schwingungen einer ringsum freien kreisförmigen Platte lassen sich bezüglich dieser Symmetriefragen sehr schwer diskutieren. Dagegen sind gewisse spezielle Gleichgewichtsformen der Platten, die mit den von *Savart* beobachteten Schwingungsformen gleiche Symmetrien haben, und deren Theorie keine Schwierigkeit bietet, einer solchen Diskussion sehr bequem zugänglich. Wir wollen demgemäß die Symmetriefragen, zu denen die *Savart*schen Resultate Veranlassung geben, mit Hilfe jener mit den beobachteten Schwingungsformen verwandten Gleichgewichtsformen behandeln.

Dies soll im einzelnen folgendermaßen geschehen.

Die *Savart*schen Beobachtungen haben festgestellt, daß jede beliebig orientierte Kreisplatte aus Quarz nur zwei Arten hyperbolischer Klangfiguren zu ergeben vermag; aus seinen graphischen Darstellungen ist auch zu schließen, obwohl es nicht ausdrücklich hervorgehoben wird, daß die Achsen dieser Hyperbeln bei den beiden Klangfiguren vielfach nahezu, wenn nicht gar streng um $45^0$ gegeneinander gedreht sind. Ferner ist zu beachten, daß nach der Form der Schwingungsgleichungen für eine ringsum freie Platte alle Eigentöne, somit also auch die zwei betrachteten, zugleich erklingen können.

Nun ist in § 347 gezeigt worden, daß eine Biegung der beliebig gegen den Kristall orientierten kreisförmigen Platte nach einer Oberfläche vierten Grades, welche zwei um $45^0$ gegeneinander verdrehte gleichseitige Hyperbeln als eine Art statischer Knotenlinien fest bleiben läßt, durch Einwirkungen auf den Rand der Platte nur in einer einzigen Orientierung hervorgerufen werden kann. Wir werden annehmen dürfen, daß diese Orientierung angenähert mit derjenigen übereinstimmt, in der die *Savart*schen Knotenlinien auftreten.

Die geschilderte Biegungsform enthält zwei Grenzfälle, bei denen nur je eine Hyperbel als statische Knotenlinie übrig bleibt. Die Achsen dieser Hyperbel sind nach dem soeben Gesagten vorgeschrieben. Je nach dem Gesetz der auf den Rand der Kreisplatte ausgeübten Einwirkungen kann aber die reelle Achse jeder Hyperbel zunächst ebensowohl in dem einen, als in dem andern Quadrantenpaar des Asymptotenkreuzes liegen.

Um nun die Lage der entsprechenden dynamischen Knotenlinien zu beurteilen, stellen wir die folgende angenäherte Überlegung an. Längs der Knotenlinien kann eine schwingende Platte bei geeigneter Unterstützung derselben durchgeschnitten werden; jeder Teil der Platte muß also bei passender Erregung mit dem andern die gleiche Schwingungsfrequenz $\nu$ besitzen.

Einen angenäherten Wert dieser Frequenz können wir nun aber leicht erhalten, wenn wir die Annahme verfolgen, daß die Elongationen der Platte während der Schwingungen in allen Punkten den vorher betrachteten statischen Elongationen ungefähr proportional variieren. Es läßt sich dann nämlich leicht die lebendige Kraft berechnen, mit welcher der betreffende Teil der Platte die Ruhelage passiert; in dieser lebendigen Kraft $\Psi$ besteht die Arbeit $A$ fort, welche zur Erzeugung der Anfangselongation erforderlich war, und die Beziehung

$$A = \Psi$$

gibt die Bestimmung der Frequenz $\nu$. Führt man diese Rechnung für die verschiedenen durch die Knotenlinien begrenzten Plattenteile aus und setzt die Bedingung an, daß die resultierenden Frequenzen die gleichen sind, so ergibt sich daraus eine Bestimmung darüber, in welchem Quadranten die reelle Achse der hyperbolischen Knotenlinien liegen muß.

Nebenbei erhält man einen angenäherten Ausdruck für die resultierende Schwingungsfrequenz der Platte bei dieser Form der Knotenlinien, der, wie ungenau er auch sein möge, doch zur Beurteilung der qualitativen Verhältnisse zwischen den verschiedenen Tönen dienen kann, die einerseits dieselbe Platte bei den beiden hyperbolischen Klangfiguren, und sodann die verschieden orientierten Platten bei entsprechenden Schwingungszuständen liefern.

Nach diesen Gesichtspunkten soll im folgenden verfahren werden.

§ 356. **Die zur Verwertung der Savartschen Beobachtungsresultate nötigen Formeln.** Zunächst ist im Anschluß an das S. 675 allgemein Gesagte in Betracht zu ziehen, daß wir jetzt Platten in verschiedenen Orientierungen vergleichen wollen, daß jetzt also eine Unterscheidung zwischen einem absolut, resp. im Kristall festen und einem in der Platte festen Koordinatensystem zu treffen ist. Wir wählen für ersteres das allgemeine Hauptachsensystem $XYZ$, für letzteres das Hilfssystem $X'\,Y'\,Z'$; die $Z'$-Achse fällt dann in die Richtung der Normale der Platte; das $X'Y'$-Kreuz liegt in willkürlicher Orientierung in deren Ebene.

Alle Parameter und Beziehungen des vorigen Abschnittes haben jetzt für das letztere System Gültigkeit; demgemäß sind auch weiterhin die Parameter $s_{hk}$, $\gamma_{hk}$ aus dem vorigen Abschnitt mit $s'_{hk}$, $\gamma'_{hk}$ vertauscht.

Neben dem $X'Y'$-Achsenkreuz haben wir in § 347 ein zweites, spezielles Hauptachsenkreuz $X^0\,Y^0$ in der Ebene der Platte eingeführt, dessen Achsen mit den Symmetrielinien der zweifach hyperbolischen Biegung zusammenfallen und mit den Achsen $X'\,Y'$ resp. den Winkel $\varphi^0$ einschließen, nach (377) gegeben durch

$$\operatorname{tg} 4\varphi^0 = \frac{\gamma'_{26} - \gamma'_{16}}{\gamma'_{66} - \vartheta'},\; 4\vartheta' = \gamma'_{11} + \gamma'_{22} - 2\gamma'_{12}. \qquad (403)$$

Um hierdurch $\varphi^0$ eindeutig zu bestimmen, setzen wir nach S. 693 fest, daß in

$$F' \sin 4\varphi^0 = \gamma'_{26} - \gamma'_{16},\quad F' \cos 4\varphi^0 = \gamma'_{66} - \vartheta' \qquad (404)$$

$F'$ positiv gerechnet wird.

Nach S. 707 nehmen wir an, die freigelassene Platte bewege sich in Annäherung nach dem Gesetz

$$w' = f(x', y') \cos \nu t,$$

wobei $f(x', y')$, die Ausgangselongation zur Zeit $t = 0$, für die beiden Schwingungsarten durch die Ausdrücke für $w$ in (379) gegeben ist. Für die lebendige Kraft eines Teiles der Platte in der Position $w = 0$ gilt dann

$$\Psi = \frac{1}{2} D\varrho \nu^2 \int\!\!\int f^2 r\,dr\,d\chi,$$

das Integral über den betreffenden Teil der Platte erstreckt.

Wählt man hierfür bei der ersten Schwingungsart die Hyperbelquadranten $\bar{\chi} < \chi < \frac{1}{2}\pi - \bar{\chi}$ und $\frac{1}{2}\pi - \bar{\chi} < \chi < \pi + \bar{\chi}$, wobei, wie S. 695, $\sin 2\bar{\chi} = q/R^2$, und beschränkt sich auf kleine Quotienten $q/R^2$, so erhält man in erster Annäherung

$$\Psi' = \frac{\pi}{48} \varrho \nu'^2 R^6 D P^2 \left(1 \mp \frac{12\, q \cos 2\bar{\chi}}{\pi R^2}\right).$$

Zieht man nun den Ausdruck (389) für die Arbeit heran, welche die Ausbiegung des Quadranten verlangt, und setzt beide einander gleich, so ergibt sich

$$16 D^2 \left[\frac{1}{2}\pi \gamma^0_{66} \pm \left(\gamma^0_{16} + \frac{5 q \gamma^0_{66}}{R^2}\right) \cos 2\bar{\chi}\right] = \pi \varrho \nu'^2 R^4. \qquad (405)$$

Sollen beide Quadranten fähig sein, mit derselben Frequenz zu schwingen, so muß

$$\gamma^0_{16} + \frac{5 q \gamma^0_{66}}{R^2} = 0 \qquad (406)$$

sein, während für die Frequenz selbst die Gleichung resultiert

$$8D^2\gamma_{66}^0 = \varrho\nu'^2 R^4. \tag{407}$$

Stellt man dieselbe Überlegung für die zweite Schwingungsart an, so erhält man die korrespondierenden Formeln

$$\frac{1}{4}(\gamma_{11}^0 - \gamma_{22}^0) + \frac{5p\vartheta^0}{R^2} = 0, \tag{408}$$

$$8D^2\vartheta^0 = \varrho\nu''^2 R^4. \tag{409}$$

Die Formeln (406) und (408) für $q$ und $p$ betrachten wir nach S. 707 als Bedingungen für die Lage der dynamischen Knotenlinien. Bei den Werten $q = 0$, $p = 0$ degenerieren die betreffenden Hyperbeln zu Geraden parallel den Achsen $X^0$ und $Y^0$. $q > 0$ gibt der Hyperbel der ersten Schwingungsart die Lage im ersten und dritten, $q < 0$ im zweiten und vierten Quadranten des $X^0 Y^0$-Achsenkreuzes. Für $p > 0$ liegt die reelle Achse der Knotenlinie der zweiten Schwingungsart in der $X^0$-, für $p < 0$ in der $Y^0$-Achse.

Das Verhältnis der Frequenzen der beiden Schwingungsarten betrachten wir als in Annäherung gegeben durch die Beziehung

$$\nu'^2 : \nu''^2 = \gamma_{66}^0 : \vartheta^0. — \tag{410}$$

Für die Parameter, die in den vorstehenden Formeln auftreten, gelten nach S. 697 die Beziehungen

$$\gamma_{16}^0 = -\tfrac{1}{4}(\gamma_{11}' - \gamma_{22}')\sin 2\varphi^0 + \tfrac{1}{2}(\gamma_{26}' + \gamma_{16}')\cos 2\varphi^0, \tag{411}$$
$$\tfrac{1}{4}(\gamma_{11}^0 - \gamma_{22}^0) = \tfrac{1}{4}(\gamma_{11}' - \gamma_{22}')\cos 2\varphi^0 + \tfrac{1}{2}(\gamma_{26}' + \gamma_{16}')\sin 2\varphi^0$$

und

$$\left.\begin{matrix}\gamma_{66}^0\\ \vartheta^0\end{matrix}\right\} = \tfrac{1}{2}\left[\gamma_{16}' + \vartheta' \pm \sqrt{(\gamma_{66}' - \vartheta')^2 + (\gamma_{26}' - \gamma_{16}')^2}\right]. — \tag{412}$$

Die Parameter $\gamma_{hk}'$ sind dabei definiert durch die Formeln (337), welche jetzt lauten

$$\Pi'\gamma_{11}' = s_{22}'s_{66}' - s_{26}'^2,\quad \Pi'\gamma_{22}' = s_{11}'s_{66}' - s_{16}'^2, \ldots \tag{413}$$
$$\Pi' = s_{11}'s_{22}'s_{66}' - (s_{11}'s_{26}'^2 + s_{22}'s_{16}'^2 + s_{66}'s_{12}'^2) + 2s_{12}'s_{16}'s_{26}'.$$

Die Moduln $s_{hk}'$ folgen aus den Hauptmoduln $s_{hk}'$ nach den in § 289 u. f. entwickelten Regeln. Dabei ist für Bergkristall dasjenige Hauptmodulsystem zu benutzen, welches nach dem in § 353 Gesagten der ersten Abteilung des trigonalen Kristallsystems zugehört und lautet

$$\begin{array}{cccccc} s_{11} & s_{12} & s_{13} & s_{14} & 0 & 0 \\ & s_{11} & s_{13} & -s_{14} & 0 & 0 \\ & & s_{33} & 0 & 0 & 0 \\ & & & s_{44} & 0 & 0 \\ & & & & s_{44} & 2s_{14} \\ & & & & & 2(s_{11}-s_{12}). \end{array} \qquad (414)$$

Wie später erörtert werden soll, haben die Hauptmoduln $s_{kh}$ für Bergkristall in zunächst willkürlichen Einheiten rund die folgenden Zahlenwerte:

$$s_{11} = 12{,}7, \quad s_{33} = 9{,}7, \quad s_{44} = 19{,}7 \qquad (415)$$
$$s_{12} = -1{,}63, \quad s_{13} = -1{,}49, \quad s_{14} = -4{,}23.$$

Hiermit ist alles zusammengestellt, was für eine Verwertung der *Savart*schen Beobachtung zu einer Illustration der Resultate der Theorie nach den in § 355 angegebenen Grundsätzen erforderlich ist. Es erhellt, daß die Verhältnisse auch bei Beschränkung auf im wesentlichen qualitative Überlegungen keineswegs einfach liegen, und es ist nicht daran zu denken, das ganze von *Savart* gelieferte Material zu bearbeiten. Wir werden uns demgemäß mehrfach auf eine Art von Stichproben beschränken, die zeigen, wie die *Savart*schen Resultate durch die hier auseinandergesetzten theoretischen Überlegungen verständlich werden.

§ 357. **Diskussion der ersten Savartschen Beobachtungsreihe an Bergkristallplatten.** Als die bei weitem einfachste der drei großen von *Savart* angestellten Reihen von Beobachtungen, über die in § 354 berichtet ist, stellt sich die erste dar, welche Platten betrifft, die sämtlich durch die $Z$-Hauptachse des Kristalls gehen; sie sei denn auch am eingehendsten diskutiert.

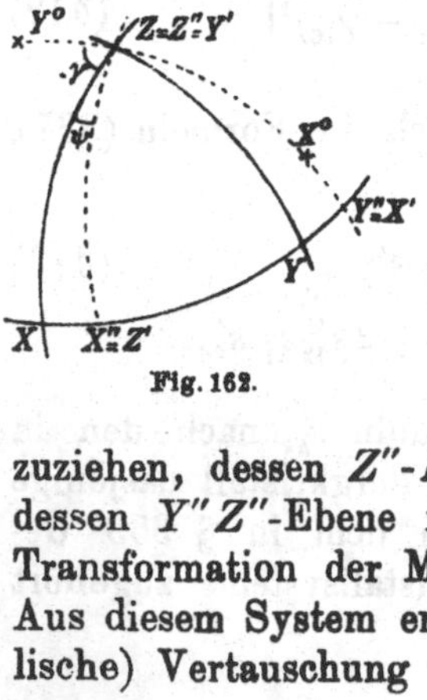

Fig. 162.

Unsere erste Aufgabe ist die Berechnung der für diese Plattenart charakteristischen Parameter $\gamma'_{hk}$, wozu wir die auf das System $X'Y'Z'$ bezogenen Moduln $s'_{hk}$ brauchen.

Es ist hierfür am bequemsten, noch ein intermediäres Achsensystem $X''Y''Z''$ heranzuziehen, dessen $Z''$-Achse mit der $Z$-Hauptachse zusammenfällt und dessen $Y''Z''$-Ebene in die Plattenebene fällt, weil auf dieses die Transformation der Moduln nach S. 593 sehr leicht ausführbar ist. Aus diesem System entsteht das gewünschte durch die (negative zyklische) Vertauschung von

$$X'' \text{ mit } Z', \qquad Y'' \text{ mit } X', \qquad Z'' \text{ mit } Y',$$

der entspricht ein Übergang der Parameter

$$\begin{array}{llllll} \gamma''_{22} & \gamma''_{33} & \gamma''_{44} & \gamma''_{23} & \gamma''_{24} & \gamma''_{34} \end{array}$$

in

$$\begin{array}{llllll} \gamma'_{11} & \gamma'_{22} & \gamma'_{66} & \gamma'_{12} & \gamma'_{16} & \gamma'_{26}. \end{array}$$

Es sind also für das System $X''Y''Z''$ die Parameter der obern Reihe zu berechnen.

Die Anwendung der Formeln (67) und der aus dem Schema (414) ersichtlichen speziellen Werte der Hauptmoduln für die Gruppe $(A_z^{(3)}, A_x^{(2)})$ ergibt

$$s''_{22} = s_{11}, \quad s''_{33} = s_{33}, \quad s''_{44} = s_{44}, \quad s''_{23} = s_{13}, \quad s''_{34} = 0$$

$$s''_{24} = -s_{14} \cos 3\psi,$$

wobei $\psi$ den Winkel zwischen der $X$- und $X''$-Achse bezeichnet.

Hiermit berechnen sich dann die Parameter $\gamma''_{22}, \ldots \gamma''_{34}$ für das System $X''Y''Z''$ nach dem aus (337) folgenden Schema

$$\Pi''\gamma''_{22} = s''_{33}s''_{44} - s''^2_{34}, \ldots$$

und diese Resultate liefern durch zyklische Vertauschung der Indizes die $\gamma'_{hk}$.

Führen wir statt $\psi$ durch die Beziehung

$$\psi = \gamma + \tfrac{1}{2}\pi, \quad \cos 3\psi = \sin 3\gamma = S$$

das Azimut $\gamma$ der Plattenebene $X'Y'$ gegen die $XZ$-Hauptebene ein, so gilt

$$\begin{gathered} \Pi'\gamma'_{11} = s_{33}s_{44}, \quad \Pi'\gamma'_{22} = s_{11}s_{44} - s_{14}^2 S^2, \quad \Pi'\gamma'_{66} = s_{11}s_{33} - s_{13}^2, \\ \Pi'\gamma'_{12} = -s_{13}s_{44}, \quad \Pi'\gamma'_{16} = +s_{14}s_{33}S, \quad \Pi'\gamma'_{26} = -s_{13}s_{14}S, \\ \Pi' = (s_{11}s_{33} - s_{13}^2)s_{44} - s_{33}s_{14}^2 S^2. \end{gathered} \tag{416}$$

Nach den in (415) enthaltenen Zahlwerten der Hauptmoduln gibt dies

$$\begin{gathered} \Pi'\gamma'_{11} = 191, \quad \Pi'\gamma'_{22} = 250 - 18S^2, \quad \Pi'\gamma'_{66} = 121, \\ \Pi'\gamma'_{12} = 29, \quad \Pi'\gamma'_{16} = -41S, \quad \Pi'\gamma'_{26} = -6{,}3S, \end{gathered} \tag{417}$$

und nach (403)

$$\Pi'\vartheta' = 95{,}5 - 4{,}5S^2.$$

Für den Winkel $\varphi^0$, welchen das Symmetrieachsensystem $X^0Y^0$ in der Platte mit dem $X'Y'$-Achsenkreuz einschließt, gilt also nach (403)

$$\operatorname{tg} 4\varphi^0 = \frac{34{,}7\,S}{25{,}5 + 4{,}5\,S^2}. \tag{418}$$

Hiernach wird $\varphi^0 = 0$ für $\gamma = 0^0$, $60^0$, $120^0$, d. h., wenn die Plattenebene eine zweizählige Symmetrieachse enthält, und nimmt für $0 < \gamma < 60^0$, $120^0 < \gamma < 180^0, \cdots$ entgegengesetzten Verlauf, wie für $60^0 < \gamma < 120^0$, $180^0 < \gamma < 240^0, \cdots$ Dies stimmt mit den Beobachtungen überein. Einen maximalen Wert erreicht $\varphi^0$ in der Mitte jedes dieser Bereiche; sein aus der Formel folgender Betrag (ca. $12{,}5^0$) scheint etwas kleiner zu sein, als er aus *Savarts* Figuren zu folgern wäre.

Für $\gamma_{16}^0$ und $\gamma_{11}^0 - \gamma_{22}^0$ ergeben sich nach (411) in runden Zahlen die Beziehungen

$$\gamma_{16}^0 = (15 - 4{,}5\,S^2)\sin 2\varphi^2 - 24\,S\cos 2\varphi^0, \qquad (419)$$
$$\tfrac{1}{4}(\gamma_{11}^0 - \gamma_{22}^0) = -(15 - 4{,}5\,S^2)\cos 2\varphi^0 - 24\,S\sin 2\varphi^0,$$

wobei der Wert für $\varphi^0$ aus (418) zu entnehmen ist. Für die Beurteilung des Vorzeichens genügt es,

$$\sin 2\varphi^0 = 0{,}7\,S, \quad \cos 2\varphi^0 = 1$$

zu setzen.

Man erhält das Resultat, daß für

$$0 < \psi < 60^0 \quad \gamma_{16}^0 \text{ und } \tfrac{1}{4}(\gamma_{11}^0 - \gamma_{22}^0)$$

negativ sind; entgegengesetzt verhalten sich nach (406) und (408) $q$ und $p$. Für $0 > \varphi > -60^0$ sind alle Vorzeichen die umgekehrten. Die hieraus nach S. 709 folgenden Lagen der hyperbolischen Knotenlinien stimmen durchaus mit *Savarts* Beobachtungen überein.

Für $\psi = 0$ entspricht der ersten Schwingung das in die $X'Y'$-Achse fallende Geradensystem, der zweiten die Hyperbel mit der zu $X'$ parallelen reellen Achse.

Für die Parameter $\gamma_{66}^0$ und $\vartheta^0$, nach denen wir das Frequenzverhältnis der beiden Töne der Platte abschätzen, ergibt sich nach (412)

$$\left.\begin{matrix}\gamma_{66}^0\\ \vartheta^0\end{matrix}\right\} = \tfrac{1}{2}\left[317 - 4{,}5\,S^2 \pm \sqrt{(25 + 4{,}5\,S^2)^2 + 35\,S^2}\right].$$

Hiernach würden für $0 < \psi < 2\pi$ sechsmal dieselben Tonreihen auftreten und wegen

$$\gamma_{66}^0 > \vartheta^0$$

der Ton der ersten Klangfigur stets höher sein, als derjenige der zweiten. Schreibt man unter Annahme kleiner $S$ die letzte Formel

$$\left.\begin{matrix}\gamma_{66}^0\\ \vartheta^0\end{matrix}\right\} = \frac{1}{2}\left[317 - 4{,}5\,S^2 \pm \left((25 + 4{,}5\,S^2) + \frac{35\,S^2}{50}\right)\right],$$

so erkennt man, daß, ausgehend von der Normallage $\psi = 0$, d. h. $S = 0$, bei wachsendem oder abnehmendem $\psi$ der erste Ton **steigt**, der zweite **fällt**. Auch dieses stimmt mit der Beobachtung.

§ 358. **Diskussion der zweiten und dritten Savartschen Beobachtungsreihe an Bergkristallplatten.** Für die zweite Beobachtungsreihe *Savarts*, welche Platten betrifft, deren Ebenen die $X$-Achse enthalten, lassen sich die Parameter relativ einfach berechnen, weil das $X'Y'Z'$-System hier durch eine bloße Drehung um die $X$-Achse aus dem Hauptachsensystem $XYZ$ hervorgeht (siehe Fig. 163). Bezeichnet man das Azimut der Plattenebene $X'Y'$ gegen die Äquatorebene $XY$ des Kristalls mit $\alpha$, so erhält man leicht

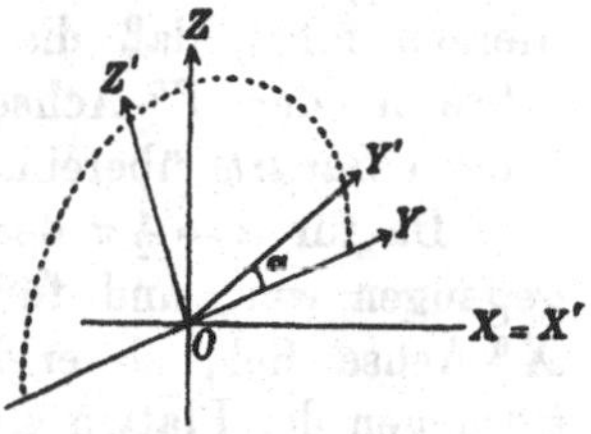


Fig. 163.

$$\begin{aligned}
&s'_{11} = s_{11}, \quad s'_{16} = s'_{26} = 0,\\
&s'_{22} = s_{11}\cos^4\alpha - 2s_{14}\cos^3\alpha\sin\alpha + 2(s_{13} + \tfrac{1}{2}s_{44})\sin^2\alpha\cos^2\alpha + s_{33}\sin^4\alpha,\\
&s'_{12} = s_{12}\cos^2\alpha + s_{14}\cos\alpha\sin\alpha + s_{13}\sin^2\alpha, \qquad (420)\\
&s'_{66} = 2(s_{11} - s_{12})\cos^2\alpha + 4s_{14}\cos\alpha\sin\alpha + s_{44}\sin^2\alpha.
\end{aligned}$$

Die hieraus folgenden Ausdrücke für die Parameter $\gamma'_{hk}$ sind freilich im allgemeinen sehr kompliziert; einzig wird einfach

$$\gamma'_{16} = \gamma'_{26} = 0,$$

woraus gemäß (403) und (404) folgt, daß bei den Platten der zweiten Serie das Achsenkreuz $X^0 Y^0$ jederzeit mit $X'Y'$ zusammenfällt und die eine der beiden hyperbolischen Klangfiguren jederzeit aus zwei zu diesen Achsen parallelen Durchmessern besteht.

Um uns nicht in zu umständliche Formeln zu verlieren, wollen wir uns auf kleine Argumente $\alpha$ beschränken, wofür geschrieben werden kann

$$\begin{aligned}
&s'_{11} = s_{11}, \quad s'_{22} = s_{11} - 2s_{14}\alpha, \quad s'_{16} = s'_{26} = 0,\\
&s'_{12} = s_{12} + s_{14}\alpha, \quad s'_{66} = 2(s_{11} - s_{12}) + 4s_{14}\alpha.
\end{aligned}$$

Hieraus folgt dann, da jetzt $\gamma'_{hk} \equiv \gamma^0_{hk}$,

$$\begin{aligned}
&\Pi^0\gamma^0_{11} = 2s_{11}(s_{11} - s_{12}) + 4s_{12}s_{14}\alpha,\\
&\Pi^0\gamma^0_{22} = s_{11}(2(s_{11} - s_{12}) + 4s_{14}\alpha), \qquad (421)\\
&\Pi^0\gamma^0_{66} = (s_{11} + s_{12})(s_{11} - s_{12} - 2s_{14}\alpha), \quad \gamma^0_{16} = \gamma^0_{26} = 0,\\
&\Pi^0\gamma^0_{12} = -2[(s_{11} - s_{12})s_{12} + (s_{11} + s_{12})s_{14}\alpha),
\end{aligned}$$

und nach (411)

$$\Pi^0 \vartheta^0 = s_{11}^2 - s_{12}^2 + 2(s_{11} + s_{12}) s_{14} \alpha,$$
$$\Pi^0 (\gamma_{11}^0 - \gamma_{22}^0) = -4(s_{11} - s_{12}) s_{14} \alpha. \qquad (421')$$

Bei Rücksicht auf die Werte der $s_{hk}$ in (415) ergibt sich $(\gamma_{11}^0 - \gamma_{22}^0) > 0$ für $\alpha \gtrless 0$, also nach (408) wegen $\vartheta^0 > 0$ $p < 0$; hieraus folgt, daß die zweite hyperbolische Knotenlinie die Hauptachse in der $Y^0$-Achse hat, wie dies wiederum mit den Beobachtungen *Savarts* übereinstimmt.

Da für $\alpha = \frac{1}{2}\pi$ der Fall resultiert, von dem S. 703 resp. 712 ausgegangen war, und für diesen die Hauptachse der Hyperbel in die $X^0$-Achse fiel, so ergibt sich, daß zwischen diesen beiden Orientierungen der Platten eine liegen muß, für welche beide hyperbolische Klangfiguren geradlinig werden. *Savart* hat dies bei ungefähr $\alpha = 40^0$ faktisch beobachtet.

Da $\vartheta^0$ mit wachsendem $\alpha$ ab-, $\gamma_{66}^0$ aber zunimmt, so werden wir nach (410) schließen dürfen, daß die Frequenz des Tones, welcher den geradlinigen Knotenlinien entspricht, steigt, diejenige des Tones mit den hyperbolischen Knotenlinien aber fällt. Dies hat *Savart* in der Tat beobachtet. —

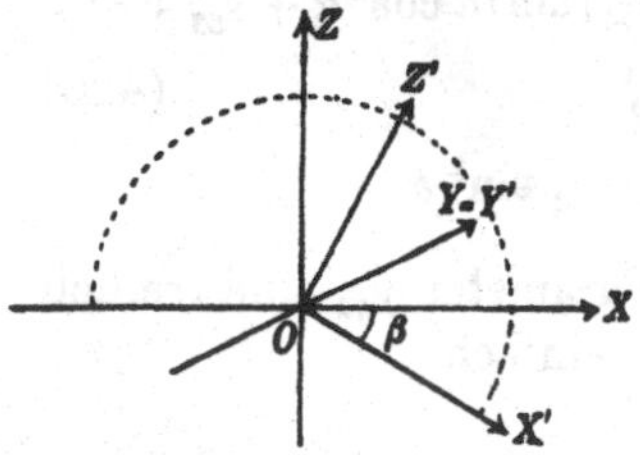

Fig. 164.

Auch für die dritte Beobachtungsreihe *Savarts* mit Platten, deren Ebenen die $Y$-Achse enthalten, berechnen sich die Moduln $s'_{hk}$ leicht, da das $X'Y'Z'$-System durch eine bloße Drehung um die $Y$-Achse aus dem System $XYZ$ hervorgeht (Fig. 164). Man erhält für Quarz, wenn $\beta$ das Azimut der Plattenebene $X'Y'$ gegen die Äquatorebene $XY$ des Kristalls bezeichnet,

$$s'_{11} = s_{11} \cos^4\beta + (2s_{13} + s_{44}) \cos^2\beta \sin^2\beta + s_{33} \sin^4\beta, \quad s'_{22} = s_{11},$$
$$s'_{16} = -3s_{14} \cos^2\beta \sin\beta, \quad s'_{26} = s_{14} \sin\beta, \qquad (422)$$
$$s'_{12} = s_{12} \cos^2\beta + s_{13} \sin^2\beta, \quad s'_{66} = s_{66} \cos^2\beta + s_{44} \sin^2\beta,$$

wobei nach (414).

$$s_{66} = 2(s_{11} - s_{12}).$$

Die Ausdrücke für die $\gamma'_{hk}$ werden recht kompliziert, ausgenommen die Fälle, wo $\beta$ nur wenig von 0 oder $90^0$ abweicht. Z. B. ergibt sich im ersten Falle

$$\Pi'\gamma'_{11} = s_{11}s_{66} = \Pi'\gamma'_{22}, \quad \Pi'\gamma'_{12} = -s_{12}s_{66}, \quad \Pi'\gamma'_{66} = s_{11}^2 - s_{12}^2,$$
$$\Pi'\gamma'_{16} = (3s_{11} + s_{12})\beta, \quad \Pi'\gamma'_{26} = -(s_{11} + 2s_{12})\beta, \qquad (423)$$
$$\Pi'\vartheta' = (s_{11}^2 - s_{12}^2).$$

Hieraus folgt nach (403), und zwar merkwürdigerweise ganz unabhängig von irgendwelchen Parameterwerten, $\operatorname{tg} 4\varphi^0 = \infty$, $\varphi^0 = 22^0{,}5$. Die bezügliche *Savart*sche Figur ist hiermit im Einklang Eine weitere Diskussion, für welche zum Teil höhere Potenzen von $\beta$ herangezogen werden müssen, mag unterbleiben.

Jedenfalls dürfte aus vorstehendem erhellen, daß sich die merkwürdigen *Savart*schen Beobachtungsresultate durch die Theorie vollkommen verständlich machen lassen.

§ 359. **Beobachtungen an Kalkspat- und Gipsplatten.** Wie S. 699 bemerkt, hat *Savart* seinen ausgedehnten Beobachtungsreihen über Bergkristall eine beschränktere über Kalkspat angefügt. Dieselbe bezieht sich auf Platten, welche — wie diejenigen der zweiten Serie für Quarz — sämtlich die $X$-Achse enthielten.

Der Verlauf der Knotenlinien ist ähnlich, wie in Fig. 160 angegeben; dem einen Ton entspricht ein Paar Gerader parallel zur $X'$- und $Y'$-Achse, dem andern ein Hyperbelpaar mit Symmetrielinien in den gleichen Richtungen. Von Interesse ist aber, daß bei kleinen positiven Azimuten $\alpha$ diese Hyperbeln die reelle Achse nicht, wie bei Quarz gefunden, in der $Y'$-, sondern in der $X'$-Achse hatten. Damit war ein Fallen des ersten, ein Steigen des zweiten Tones mit wachsendem $\alpha$ verknüpft.

Diese Abweichung erklärt sich ganz direkt dadurch, daß, wie die später zu besprechenden Beobachtungen ergeben haben, der Parameter $s_{14}$ bei Kalkspat das entgegengesetzte Vorzeichen besitzt, wie bei Bergkristall.

In der Tat kehren die Veränderungen, welche die Parameter $\gamma_{11}^0 - \gamma_{22}^0$, $\gamma_{66}^0$, $\vartheta^0$ mit wachsendem $\alpha$ erleiden, nach (421′) ihr Vorzeichen um, wenn $s_{14}$ das seine wechselt. Die *Savart*sche Beobachtung über abweichendes Verhalten von Bergkristall und Kalkspat wird also durch die Theorie völlig erklärt.

*Savart* hat auch Beobachtungen an gespaltenen Platten von monoklinem Gips (Marienglas) angestellt, die später *Angström*[1]) vervollständigt hat. Da dieselben sich nur auf eine Orientierung der Plattenebene beziehen — parallel der einzigen Symmetrieebene, welche die Gruppe (3) $(C, A_z^2)$ resp. $(C, E_z)$ zeigt — und da die Elastizitätsmoduln des Mediums nicht bestimmt sind, so ist mit ihnen für unsere Zwecke nichts anzufangen. Von Interesse ist, daß *Angström* ausdrücklich bemerkt, daß die zwei an derselben Platte beobachtbaren Knotenhyperbeln um $45^0$ gegeneinander verdreht orientiert waren;

1) *A. J. Angström*, Pogg. Ann. Bd. 86, p. 206, 1850; Ann. de Chim. (3) T. 38, p. 119, 1850.

hierdurch wird das S. 706 nur aus den *Savart*schen Darstellungen abgelesene Resultat kräftig gestützt.

Im übrigen hat *Angström* an Kreisplatten von Gips auch noch höhere Töne, mit komplizierteren Knotenlinien, beobachtet, an Kreisringplatten solche, die aus einer Hyperbel und einer Ellipse zusammengesetzt waren. Dergleichen fällt aus dem Kreis unserer Betrachtungen heraus.

Schließlich gelang es *Angström*, die zwei Paar hyperbolischer Knotenlinien auch mit Kreisplatten von monoklinem Feldspat zu erzielen. Dies Auftreten derselben Klangfigur bei Kristallen mit Symmetrien, die von denjenigen des Kalkspats und Bergkristalls völlig abweichen, ist auch nicht ganz ohne theoretisches Interesse. Die Entwicklungen der §§ 347 u. f. machen über die Symmetrien keinerlei Voraussetzungen, ihre Resultate müssen also ganz allgemein gelten.

## VII. Abschnitt.

## Quantitative Bestimmungen.

§ 360. **Allgemeines über die Beobachtung der Kompressibilität bei allseitig gleichem Druck.** Quantitative Bestimmungen elastischer Parameter haben sowohl theoretisches, als (wissenschaftlich-) praktisches Interesse. Nach der theoretischen Seite liegt die Verwendung der Zahlwerte zur Prüfung und Ausgestaltung der Strukturtheorie kristallisierter Substanz, nach der praktischen ihre Anwendung bei der Berechnung von Beobachtungen, die mit elastischen Deformationen verknüpfte Erscheinungen betreffen. Zu letzteren gehören insbesondere die Vorgänge der Thermoelastizität und der Piezoelektrizität, sowie die zu ihnen reziproken.

Die wichtigsten Messungsmethoden führen direkt zur Bestimmung von Elastizitätsmoduln oder von Aggregaten dieser Größen. Nach ihrer Definition durch das Formelsystem (6) resp. (22) sind die Elastizitätsmoduln reziproke Drucke; es bedarf für ihren zahlenmäßigen Ausdruck also nur der Festsetzung der Druckeinheit. Bei den unten zusammengestellten vollständigen Systemen von Hauptmoduln $s_{hk}$ ist mit Rücksicht auf bequeme praktische Verwendbarkeit ein Druck von einem Grammgewicht auf ein Quadratzentimeter als Einheit vorausgesetzt. Von derartigen Zahlen gelangt man zu den im cm. gr. sec -System gültigen durch Division mit 981.

Viele Beobachter bevorzugen hingegen als Druckeinheit die gewöhnliche (durch 76 cm Quecksilberdruck definierte) Atmosphäre, welche einem Druck von 1033 gr pro $cm^2$ entspricht, oder die technische Atmosphäre von 1000 gr pro $cm^2$. Für den Übergang von einer Einheit zur anderen ist zu beachten, daß die Zahlen bei größerer Druckeinheit größer ausfallen. —

Durch theoretische Einfachheit und durch bemerkenswerte praktische Vorzüge ist die Beobachtung der Volumenänderung bei allseitig gleichem Druck ausgezeichnet. Nach dem in § 280 Ausgeführten bewirkt ein solcher Druck bei demselben Kristall immer dieselben Deformationsgrößen, welche Form und Größe auch das benutzte Präparat besitzt; es können sonach beliebige Bruchstücke von Kristallen der Beobachtung bezüglich der Volumenänderung unterworfen werden. Dividiert man diese Volumenänderung durch das Anfangsvolumen (d. h. durch den Quotienten aus Masse und Dichte der benutzten Kristallbrocken) und durch den wirkenden Druck, so ergibt sich der Modul der kubischen Kompression nach (31) und (25)

$$(S) = s_{11} + s_{22} + s_{33} + 2(s_{23} + s_{31} + s_{12}).$$

Freilich liefert eine solche Beobachtung nur den Zahlwert dieser einzigen Kombination aller Elastizitätsmoduln und vermag daher auch bei Kombination mit Biegungsbeobachtungen im allgemeinen nicht zur Bestimmung sämtlicher Moduln zu helfen. Eine Ausnahme bilden die Kristalle des regulären Systems, welche durch drei Moduln $s_{11}$, $s_{12}$, $s_{44}$ charakterisiert sind. Von ihnen liefern Biegungsbeobachtungen die Kombinationen $s_{11}$ und $2s_{12} + s_{44}$, während die obige Formel für $(S)$ sich auf

$$(S) = 3(s_{11} + 2s_{12})$$

reduziert. Hier führt also die Kombination beider genannten Beobachtungsmethoden in der Tat zur Bestimmung sämtlicher drei Moduln.

Aber die kubische Kompressibilität ist an und für sich eine Konstante von großer praktisch-wissenschaftlicher Anwendbarkeit, und somit hat ihre Bestimmung ihre eigene Wichtigkeit; ferner liefert ihre Kenntnis immer eine nicht unwichtige Ergänzung anderer Methoden der Bestimmung der Modulwerte $s_{hk}$.

Hierbei kommt in Betracht, daß es für die Beobachtung der kubischen Kompressibilität viel leichter ist, normales und gesundes Material zu beschaffen, als für diejenige von Biegung und Torsion, welche immerhin Präparate von einiger Länge erfordert. Zeigt z. B. ein Kristall gestörte Partien, so kann man ihn für Kompressionsbeobachtungen beliebig zerschlagen und so die minderwertigen Stücke aussondern, während man bei der Herstellung stabförmiger Präparate in den verschiedenen zur Beobachtung von Biegung und Drillung erforderlichen Orientierungen solche Partien keineswegs immer völlig vermeiden kann. Ferner lassen die Biegungs- und Drillungsbeobachtungen stets nur eine relativ kleine Quantität der Substanz zur Geltung kommen und unterliegen in ihren Resultaten nicht unwesentlich den Wirkungen vorhandener Inhomogenitäten des Materials; dagegen gestatten die Beobachtungen der kubischen Kompressibilität die Verwendung derartig großer Quantitäten des Materials, daß sie direkte Mittelwerte des betreffenden Moduls liefern.

Es kommt hinzu, wie weiter unten genauer zu zeigen, daß der Modul der kubischen Kompressibilität ein Parameter ist, der sich unter Umständen aus den Moduln $s_{hk}$ sehr ungenau berechnet, insofern sich dieselben in dem Ausdruck für $(S)$ gelegentlich so weit wegheben, daß das Resultat der Berechnung eine zehn- und mehrfache Ungenauigkeit besitzen kann, wie der einzelne Modul $s_{hk}$. Es ist also eine direkte Bestimmung des Moduls $(S)$ in mannigfacher Hinsicht von Wichtigkeit.

§ 361. **Theorie der Kompressibilitätsmessungen.** Gegenüber allem diesen ist freilich geltend zu machen, daß den Beobachtungen der kubischen Veränderungen bei allseitig gleichem Druck auch sehr große technische Schwierigkeiten eigentümlich sind. Die gebräuchliche Anordnung ist bekanntlich die, daß ein thermometerartiges Gefäß (das Piezometer) erst mit einer Flüssigkeit allein und darnach mit dem zu untersuchenden festen Körper und der Flüssigkeit beschickt wird. Das graduierte Rohr des Piezometers wird durch Quecksilber oder durch eine Luftblase abgeschlossen und nunmehr das ganze System innerhalb eines Flüssigkeitsraumes einem allseitigen Druck $\Pi$ ausgesetzt.

Durch diesen Druck ändert sich das innere Volumen des Piezometergefäßes, ferner das Volumen der Flüssigkeit und dasjenige des zu untersuchenden Körpers. Die erste dieser Änderungen ist ebenso groß, wie die eines vollen Körpers von der Gestalt des Hohlraumes aus der Substanz des Gefäßes, demgemäß gelten die nachstehenden Beziehungen. Bezeichnet $V_0$ das anfängliche innere Volumen des Gefäßes, $(S_0)$ die Kompressibilität der Flüssigkeit, $(S_1)$ diejenige der Substanz des Gefäßes, so wird aus der Öffnung des nur mit der Flüssigkeit gefüllten Gefäßes infolge des Druckes $\Pi$ ein Volumen in das graduierte Rohr gedrängt werden

$$\delta_1 V_0 = ((S_0) - (S_1)) \Pi V_0.$$

Befindet sich innerhalb des Gefäßes das Volumen $V$ des zu untersuchenden Körpers, also nur $V_0 - V$ der Flüssigkeit, und bezeichnet $(S)$ die Kompressibilät des Körpers, so wird bei dem gleichen Druck hinausgedrängt werden

$$\vartheta_2 V_0 = ((S_0) V_0 - (S) V - (S_1)(V_0 - V)) \Pi$$
$$= ((S_0) - (S_1)) \Pi V_0 + ((S_1) - (S)) \Pi V.$$

Gemeinhin wird die Verschiebung des Quecksilber- oder Luftmeniskus in dem Rohr des Piezometergefäßes der Beobachtung unterworfen. Bezeichnet dann $q$ den Rohrquerschnitt, $l$ die beobachtete Verschiebung von dem Gefäß hinweg positiv gerechnet, so ist

$$\delta V_0 = lq,$$

und es liefern die vorstehenden beiden Gleichungen

$$ql_1 = ((S_0) - (S_1)) \Pi V_0,$$
$$ql_2 = ((S_0) - (S_1)) \Pi V_0 + ((S_1) - (S)) \Pi V;$$

somit also

$$q(l_2 - l_1) = ((S_1) - (S)) \Pi V,$$
$$q\left(\frac{l_1}{V_0} + \frac{l_2 - l_1}{V}\right) = ((S_0) - (S)) \Pi. \tag{424}$$

Diese Formeln zeigen, daß die Piezometerbeobachtungen direkt stets nur Differenzen von kubischen Moduln liefern; um absolute Werte zu erhalten, hat man sie mit andersartigen Bestimmungen der allgemeinen Moduln $s$, $s_1$ für irgendeinen festen isotropen Körper zu kombinieren, aus denen dann der bezügliche kubische Modul für diesen Körper nach der Formel

$$(S) = 3(s + 2s_1)$$

zu berechnen ist. Am nächsten liegt es offenbar, diese Bestimmungen für diejenige Substanz (z. B. Glas) auszuführen, aus der das Piezometergefäß hergestellt ist, d. h. $(S_1)$ auf solche Weise abzuleiten; indessen zeigt eine nähere Überlegung, daß ein solches Verfahren verschiedenen Schwierigkeiten begegnet. Jedenfalls müßte gefordert werden, daß die Beobachtungen der allgemeinen Moduln $s$, $s_1$ an derselben Glassorte ausgeführt werden, aus denen das Gefäß hergestellt ist. Aber auch wenn dies geschehen ist, bleiben noch Zweifel berechtigt, ob die so, z. B. an einem Glasstab, gefundenen Zahlen die Anwendung auf ein geblasenes Gefäß gestatten, weil nicht feststeht, daß bei letzterem volle Homogenität und Isotropie herrscht.

Wahrscheinlich würde es richtiger sein, das Piezometer mit einem (isotropen) Körper, z. B. Glas, zu graduieren, indem man aus demselben Stück die Präparate für die Beobachtung der einzelnen Moduln $s$, $s_1$ und für diejenige der Kompressibilität $(S)$ herstellt. Die wichtigsten vorliegenden Beobachtungen bestimmen die Kompressibilität der Kristalle relativ zu derjenigen einer Normalflüssigkeit, somit also $(S_0) - (S)$, gemäß der letzten Formel (424).

Noch ist einer ungemein wichtigen Fehlerquelle zu gedenken, die sich bei den piezometrischen Beobachtungen geltend macht, nämlich des überaus großen Einflusses, den Temperaturänderungen üben. Das Piezometergefäß stellt ja ganz direkt ein empfindliches Thermometer dar, und selbst wenn der ganze Apparat in schmelzendem Eis eingebettet ist, entstehen, wie schon S. 297 bemerkt, durch den Vorgang der Kompression selbst Temperaturänderungen.

§ 362. **Beobachtungsresultate.** Beobachtungen über die Kompressibilität von regulär kristallisierendem Steinsalz (NaCl) und Sylvin (KCl) sind von *Röntgen* und *Schneider*[1]) angestellt worden; das Piezometergefäß bestand aus Glas, und die Messungen lieferten für die Kompressibilitäten $(S) - (S_1)$ relativ zu Glas bei Benutzung der Atmosphäre als Druckeinheit

$$\text{bei Steinsalz} \quad (S) - (S_1) = 2{,}10 \cdot 10^{-6},$$
$$\text{„ Sylvin} \quad = 4{,}24 \quad „ \; .$$

Die Differenz dieser Zahlen ergibt

$$2{,}14 \cdot 10^{-6}$$

als relative Kompressibilität von Steinsalz gegen Sylvin, von der Substanz des Piezometergefäßes unabhängig.

Der Modul $(S_1)$ für die Substanz dieses Gefäßes wurde nicht bestimmt; bei der etwas bedenklichen Herübernahme der Zahl $2{,}90 \cdot 10^{-6}$ aus anderweiten Beobachtungen haben die Autoren geschlossen

$$\text{bei Steinsalz} \quad (S) = 5{,}0 \cdot 10^{-6},$$
$$\text{„ Sylvin} \quad = 7{,}14 \quad „ \; .$$

Es kommt dies nach ihren Beobachtungen auf die Annahme hinaus, daß für Wasser bei mittlerer Temperatur $(S_0) = 46{,}7 \cdot 10^{-6}$ ist.

Um von den vorstehenden Zahlen zu solchen überzugehen, welche 1 gr pro $\text{cm}^2$ als Einheit voraussetzen, sind dieselben nach S. 716 durch 1033 zu dividieren.

Beiläufig mag eine Fehlerquelle erwähnt werden, die prinzipielles Interesse besitzt.[2])

Die Flüssigkeiten, innerhalb deren bei den besprochenen Beobachtungen die Kristalle komprimiert wurden, waren konzentrierte Lösungen des bezüglichen Salzes. Nun hängt bekanntlich die Kon-

1) *W. C. Röntgen* u. *J. Schneider*, Wied. Ann. Bd. **31**, p. 1000, 1887; Bd. **34**, p. 531, 1888.

2) S. dazu z. B. *J. Drecker*, Wied. Ann. Bd. **34**, p. 952, 1889.

zentration einer Salzlösung vom Druck ab, es wird also bei Änderungen desselben Salz in Lösung gehen oder ausfallen, und da zur Erzielung des thermischen Gleichgewichts jeder Druckzustand etwa 15 Minuten konstant erhalten werden mußte, so werden hierbei immerhin merkliche Beträge in Bewegung gesetzt worden sein; es sind also dadurch bewirkte Unrichtigkeiten in den Resultaten prinzipiell wohl zuzugeben. Da indessen die Beobachtungen von *Röntgen* und *Schneider* sehr wahrscheinlich machen, daß festes und gelöstes Steinsalz und Sylvin dieselbe Kompressibilität besitzen, so ist ein merklicher Einfluß jenes Umstandes in diesen speziellen Fällen wohl als ausgeschlossen zu betrachten. —

Neuestens sind wichtige Beobachtungen über die Kompressibilität der festen und möglichst rein hergestellten Chloride, Bromide und Jodide von Natrium, Kalium, Thallium und Silber durch *Richards* und *Jones*[1]) publiziert worden. Als Fundamentalkörper diente dabei (wie bei früheren großen Beobachtungsreihen derselben Autoren über die Kompressibilität der chemischen Elemente) Quecksilber. Indem sie hierfür die von Amagat erhaltene Zahl $(S_q) = 3{,}82 \cdot 10^{-6}$ benutzten, erhielten sie die folgenden absoluten Werte:

| | | | |
|---|---|---|---|
| NaCl: | $(S) = 4{,}1\ 10^{-6}$, | KCl: | $(S) = 5{,}0 \cdot 10^{-6}$, |
| NaBr: | $= 5{,}1$ „ , | KBr: | $= 6{,}2$ „ , |
| NaJ: | $= 6{,}9$ „ , | KJ: | $= 8{,}6$ „ , |
| TlCl: | $= 4{,}7$ „ , | AgCl: | $= 2{,}2$ „ , |
| TlBr: | $= 5{,}1$ „ , | AgBr: | $= 2{,}6$ „ , |
| TlJ: | $= 6{,}7$ „ , | AgJ: | $= 3{,}9$ „ . |

Der Druck ist dabei in „Megabar“ $= 10^6$ Dynen pro cm², d. h. 0,988 Atm. ausgedrückt zu denken. Um die Zahlen mit denen von *Röntgen* und *Schneider* vergleichbar zu machen, sind dieselben also eigentlich mit 0,988 zu dividieren; bei der Unsicherheit der Resultate ist aber die dadurch bewirkte Korrektion ohne Belang.

Es ist sehr auffallend und charakterisiert offenbar die Schwierigkeiten derartiger Bestimmungen, daß die Zahlen für NaCl und KCl bei den beiden Beobachtern so stark abweichen. Dabei ist zu beachten, daß die Differenz derselben, die von den Parametern $(S_1)$ der bezüglichen Apparate unabhängig ist, noch mehr differiert, als es die Absolutwerte tun. Ob die Verschiedenheiten der von den verschiedenen Beobachtern angewendeten Druckgrenzen und die Ver-

1) *Th. W. Richards* u. *Gr. Jones,* Journ. Amer. Chem. Soc. Bd. 31, p. 158, 1909.

schiedenheiten des benutzten Materials hierbei eine wesentliche Rolle spielen, ist bisher nicht zu entscheiden.

§ 363. **Längen- und Winkeländerungen bei allseitigem und einseitigem Druck.** Ein allseitig gleicher Druck bewirkt an einem Kristallpräparat auch Längen- und Winkeländerungen, über die in § 281 berichtet ist. Es wäre nicht ohne Bedeutung, wenn es gelänge, diese Größen der Messung zu unterwerfen. Die Moduln dieser sechs Deformationen für ein nach dem Achsenkreuz $X'Y'Z'$ orientiertes parallelepipedisches Präparat sind nach § 281

$$S_1' = s_{11}' + s_{12}' + s_{13}', \cdots \quad S_6' = s_{61}' + s_{62}' + s_{63}';$$

dieselben lassen sich (als Tensorkomponenten) sämtlich durch die sechs entsprechenden Größen für das Hauptachsenkreuz $XYZ$ ausdrücken. Nach dem S. 571 Gesagten verschwinden für das von uns eingeführte Achsenkreuz $XYZ$ die letzten drei Aggregate in den meisten Fällen. Hier würden also die drei ersten durch Beobachtungen der genannten Werte bestimmbar bleiben, am einfachsten durch Messung der Kantendilatationen eines parallel $XYZ$ orientierten Präparates, und das gäbe immerhin drei neue Aggregate der Hauptmoduln, die in speziellen Fällen in Kombination mit den durch Biegungsbeobachtungen bestimmbaren zur Ableitung aller den Kristall charakterisierenden Parametern führen können.

Die Beobachtung würde passend eine Anordnung benutzen, die eine angemessene Abänderung der S. 280 beschriebenen darstellt, durch welche *Fizeau* thermische Ausdehnungskoeffizienten an Kristallen gemessen hat. Dieselbe setzt voraus, daß für einen isotropen Körper der Modul $s + 2s_1$ bereits bekannt ist, was als erfüllbar angenommen werden darf.

An sich kommen als Objekt der Messung auch die Änderungen der Flächenwinkel des parallelepipedischen Präparates bei allseitigem Druck in Betracht, und es ist auf S. 570 bereits eine Anordnung erwähnt, welche bei derartigen Messungen anzuwenden sein würde. Indessen ist wegen der Kleinheit dieser Winkeländerungen vorerst wenig Aussicht dafür, daß derartige Beobachtungen zu brauchbaren Zahlen führen möchten. —

Während die Beobachtung bei *allseitig gleichem* Druck im besten Falle *drei* Modulaggregate für einen Kristall liefert, vermag die Beobachtung parallelepipedischer Präparate in verschiedenen Orientierungen bei *einseitigem* Druck beträchtlich weiter zu führen. Gegenstand der Messung würden hier wohl in erster Linie die Änderungen der Winkel von Flächen sein, welche sich entweder in einer zur Druckrichtung parallelen oder aber zu ihr normalen Achse schneiden, wobei eine ähnliche Anordnung benutzt werden könnte, wie oben erwähnt.

Die Methode kommt mit relativ kleinen Präparaten aus, würde also die Anwendung auf zahlreiche Kristalle gestatten, welche nicht imstande sind, Material für Biegungs- unu Drillungsbeobachtungen zu liefern. Hinderlich ist ihrer Verwendung wiederum die Kleinheit der der Messung zu unterwerfenden Veränderungen. —

Eine von *Auerbach*[1]) angegebene Methode zur Untersuchung der Elastizitätsverhältnisse von Kristallen mit Hilfe der Deformationen, die durch eine gegen eine dicke ebene Platte gepreßte isotrope Kugel erregt werden, läßt sich bisher nicht völlig der Theorie unterwerfen und soll hier wenigstens genannt werden, wenngleich die bezüglichen Deformationen eigentlich kompliziertere Natur besitzen.

**§ 364. Allgemeines über die Bestimmung von Elastizitätsmoduln durch Biegungsbeobachtungen.** Die bequemste Beobachtungsart, die zu der Bestimmung elastischer Parameter führt, ist diejenige der Messung von Biegungen dünner kristallinischer Stäbe; sie hat demgemäß auch die häufigste Anwendung gefunden. Aber es ist zu betonen, daß diese Methode auch bei Verwendung einer beliebig großen Zahl beliebig orientierter Stäbe niemals (auch nicht bei den höchstsymmetrischen Kristallsystemen) ausreicht, um die Gesamtheit der den Kristall charakterisierenden Parameter zu liefern.

In der Tat enthält der allgemeine Ausdruck für den die Biegung messenden Modul $s_{33}'$ (wobei die Stabachse als $Z'$-Achse eines willkürlich orientierten $X'Y'Z'$-Systems vorausgesetzt ist) nach Formel (61) auf S. 590 und dem dazu Gesagten nur 15 Kombinationen der 21 Hauptmoduln $s_{hk}$, und man erkennt bei Heranziehung der Parameterschemata aus § 287 leicht, daß diese Anzahl von Kombinationen auch bei Übergang zu speziellen Kristallsystemen immer kleiner bleibt, als die Anzahl der Hauptmoduln.

Man kann auch nicht sagen, daß diese Kombinationen irgendwie durch praktische Wichtigkeit vor anderen ausgezeichnet wären. Sie bestimmen im allgemeinen für sich allein keine elastische Veränderung (nicht einmal die mit der Biegung verknüpfte Deformation selbst in allen Details) vollständig und reichen auch nicht aus, bei andern Vorgängen die der direkten Beobachtung zugänglichen Veränderungen abzuleiten. Daß z. B. die Biegung einer Platte durch ganz andere Parameter gemessen wird, als die Biegung eines Stabes, ergeben die Ausdrücke (337), verglichen mit (61).

1) *F. Auerbach*, Wied. Ann. Bd. 43, p. 61, 1891; Bd. 58, p. 381, 1896.

So geben denn die bloßen Bestimmungen von Biegungsmoduln — insbesondere wenn dieselben ausschließlich für Stäbe von speziellen, z. B. in einer einzigen Ebene liegenden Orientierungen ausgeführt sind — sehr geringe Verwendungsmöglichkeiten, so interessant die erhaltenen Resultate an sich sein können.

Eine gewisse theoretische Abgeschlossenheit des Systems der Biegungsmoduln ist allerdings zuzugestehen. Nach den allgemeinen Entwicklungen der §§ 284 und 285 können die elastischen Eigenschaften eines jeden Kristalls durch die Kombination einer Bitensor- und einer Tensorfläche dargestellt werden, und lassen sich solche Flächen sowohl für das System der Konstanten, als für dasjenige der Moduln aufstellen. Wie S. 590 gezeigt, steht das allgemeine Gesetz des Biegungsmoduls $s'_{33}$ nun aber in engster Beziehung zu der Bitensor fläche der Moduln, enthält auch dieselben Parameter, so daß die experimentelle Bestimmung der Biegungsmoduln auch diese Bitensorfläche liefert. Freilich bleibt die Tensorfläche der Moduln, und bleiben beide Flächenarten für die Elastizitätskonstanten hierbei unbestimmt.

Die Theorie der gleichförmigen Biegung ist in § 314 für Stäbe von beliebigem Querschnitt und in beliebiger Orientierung gegen den Kristall streng durchgeführt. Wenn es das Material gestattete, wäre daher eine Beobachtungsmethode, welche die gleichförmige Biegung benutzt, die gegebene. Bei dieser Methode läßt man bekanntlich den zu unterstützenden Stab beiderseitig über die unterstützenden Lager herausragen

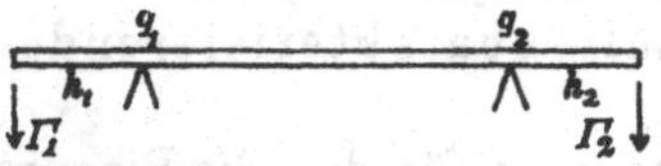

Fig. 165.

(Fig. 165); die biegenden Kräfte $\Gamma_1$, $\Gamma_2$ werden außerhalb der Lager an ihm angebracht und liefern in den unterstützten Querschnitten $q_1$, $q_2$ Drehungsmomente $\Gamma_1 h_1$ resp. $\Gamma_2 h_2$ um die unterstützenden Kanten, die an Stelle von $L$ oder $M$ in § 314 einzusetzen wären. Die Elongation der Mitte des Stabes kann der Messung unterworfen werden.

Aber die im allgemeinen sehr bescheidenen Dimensionen der Kristallstäbe lassen ein solches Verfahren kaum zu; auch wenn man die äußern Hebel $h_1$, $h_2$ von anderem Material machen wollte, würde die Herstellung der Verbindungen mit dem Stab Teile von ihm in Anspruch nehmen, die schwer entbehrlich sind. In der Tat sind die ausgeführten Messungen sämtlich an seitlich unterstützten und in der Mitte belasteten, also ungleichförmig gebogenen Präparaten angestellt.

Über die Schwierigkeiten, welche die Theorie einer solchen Deformation bietet, ist in § 334 ausführlich gesprochen worden. Wir wiederholen, daß sie nur für den Fall befriedigend gelingt, daß die

Länge der untersuchten Stäbe groß ist gegen ihre Dicke. Nur solche Fälle können also auch bei der Beobachtung zuverlässige Parameterwerte liefern.

Im übrigen mag noch des Umstandes gedacht werden, daß nach S. 628 u. 666 biegende Momente oder Belastungen bei Kristallstäben im allgemeinen neben der Biegung auch Drillung bewirken. Dieser Umstand hat praktische Bedeutung, denn die gewöhnliche Beobachtungsart, bei der die zu biegenden Prismen auf zwei schneidenförmigen Unterstützungen liegen, läßt diese Drillungen nicht frei zur Ausbildung kommen; sie gestattet sonach z. B. auch nicht die Anwendung der Grundformeln für die freie Biegung aus § 314, falls gemäß der Orientierung des Präparates die Tendenz zu jener Drillung vorhanden ist.

Wenn die Drillung durch die Befestigung streng aufgehoben wird, so gewinnen die Formeln für die gleichförmige reine Biegung aus § 317, sowie analog zu bildende für die ungleichförmige reine Biegung Anwendbarkeit. Aber auch dieser zweite extreme Fall entspricht nicht der gebräuchlichen Anordnung; letztere läßt vielmehr bei vorhandener Tendenz zur Drillung ein entgegenwirkendes Drehungsmoment wirksam werden, dessen Größe sich (insbesondere bei nicht absolut planen Begrenzungsflächen der Stäbe) keineswegs sicher angeben läßt.

Es folgt hieraus die Regel, daß, soweit als irgend möglich, Orientierungen der zu biegenden Kristallstäbe vermieden werden sollten, bei denen biegende Momente Drillungen hervorrufen. Drillungsfreie Biegung gestatten alle Orientierungen, für welche die Moduln

$$s'_{34} \text{ und } s'_{35}$$

verschwinden; man kann, ohne die Hauptmoduln $s_{hk}$ zu kennen, auf Grund der Symmetrieverhältnisse des Kristalles im allgemeinen Orientierungen finden, welche dieser Anforderung entsprechen. Die vorliegenden Beobachtungen über Biegungen entsprechen aber nicht sämtlich dieser Regel.

§ 365. **Erste Beobachtungen von Biegungsmoduln.** Die ersten überhaupt ausgeführten Messungen von Biegungsmoduln $s'_{33}$ an einem Kristall sind von *Baumgarten*[1]) an Kalkspat angestellt worden. Die stabförmigen Präparate wurden an den beiden Enden unterstützt, in der Mitte mit einem Gewicht belastet, und es wurde die hierdurch bewirkte Senkung des mittleren Querschnittes mikroskopisch gemessen. Die Resultate wurden mit einer von *Fr. Neumann* abgeleiteten Formel

1) *G. Baumgarten*, Pogg. Ann. Bd. **152**, p. 369, 1874.

verglichen, die mit dem Inhalt der Gleichung (61) bei deren Anwendung auf eine $Z'$-Achse und auf die Symmetrie der ersten Abteilung des trigonalen Systems übereinstimmt.

Diese Beobachtungen, welche die Ausführbarkeit quantitativer Bestimmungen von elastischen Parametern an Kristallen erstmalig erwiesen und auch bereits eine befriedigende Übereinstimmung der Resultate mit der Theorie ergeben haben, müssen als bahnbrechend bezeichnet werden, wenngleich die gewonnenen absoluten Zahlwerte infolge der nicht genügend vollkommenen Präparate und eines Versehens bei der Verwertung der Messungen nicht haltbar sind.

Das Versehen besteht in einer Vernachlässigung des Gewichtes der bei der Belastung benutzten Wagschale und hat neben einer Entstellung der absoluten Zahlen auch eine scheinbare Abweichung der beobachteten Biegungen von dem Gesetz der Proportionalität mit der Belastung veranlaßt.

An die *Baumgarten*schen Beobachtungen reihen sich meine ersten Messungen von Steinsalz[1]), weiter diejenigen von *Corromilas*[2]) an Gips und Glimmer, schließlich die von *Klang*[3]) an Flußspat, die sämtlich dieselbe Methode benutzten.[4])

*Corromilas* unterwarf der Messung ausschließlich Stäbchen, die aus gespaltenen Lamellen der genannten Mineralien derartig ausgeschnitten waren, daß ihre Breitseiten in der Spaltungsebene lagen. Die Beobachtungen konnten also bestenfalls nur den Verlauf des Biegungsmoduls innerhalb der Spaltungsebene liefern. Indessen ist es zweifelhaft, ob dieselben auch nur hierfür brauchbare Werte ergeben.

Es kommt hier jene prinzipielle und bedeutungsvolle Schwierigkeit zur Geltung, auf die zuerst S. 628 und dann wieder S. 725 hingewiesen worden ist. Die biegende Kraft veranlaßt bei Präparaten der von *Corromilas* benutzten Orientierung im allgemeinen zugleich eine Drillung, und es ist nicht ohne weiteres zu sagen, inwieweit dieselbe bei den Experimenten behindert gewesen ist. Der Modul $s'_{33}$ bezieht sich auf ungehinderte Drillung.

Um die Richtigkeit dieser Bemerkung zu erweisen, ziehen wir die Formel (177) für die spezifische Drillung $h$ infolge von biegenden Momenten $L'$ und $M'$ um die $X'$- und die $Y'$-Achse heran, welche lautete

$$h = -\frac{1}{2Q}\left(\frac{M' s'_{34}}{\varkappa_1^2} + \frac{L' s'_{35}}{\varkappa_2^2}\right).$$

1) *W. Voigt*, Königsb. Diss. 1874.

2) *S. A. Corromilas*, Diss. Tübingen, 1877.

3) *H. Klang*, Wied. Ann. Bd. 12, p. 321, 1881; das hierbei benutzte Kristallmaterial war nicht störungsfrei.

4) Beobachtungen von *H. Hess* (Ann. d. Phys., Bd. 8, p. 402, 1902) an Eisstäben haben brauchbare Zahlen nicht geliefert.

Hierin bezeichnet $Q$ den Querschnitt, $\varkappa_1$ und $\varkappa_2$ sind die Trägheitsradien desselben in bezug auf die $Y'$- und die $X'$-Achse.

Wir wollen nun annehmen, der Kristall besitze eine einzige zweizählige Symmetrieachse, und das beobachtete Präparat sei so orientiert, daß die $Y'$- und die $Z'$-Achse normal zu dieser Symmetrieachse liege. Dann gilt nach S. 584 für die Moduln $s'_{hk}$ ein Schema, in welchem zwar $s'_{35}$, nicht aber $s'_{34}$ verschwindet. Eine Biegung, bei der Momente $M'$ in Aktion treten, d. h. eine Biegung mit Elongationen normal zur $Y'Z'$-Ebene, ist also nach der obigen Formel von einer Drillung begleitet. Da nun bei Gips die Spaltungsebene normal zu der zweizähligen Symmetrieachse liegt, so ist der vorstehende Fall gerade derjenige der Beobachtungen von *Corromilas* an Gips.

Für den Fall, daß die $Y'$- und die $Z'$-Achse in einer Ebene liegen, welche die zweizählige Achse enthält, ist ein Parameterschema im § 286 u. f. nicht angegeben. Man hat hier von dem (sowohl für die $c_{hk}$, als die $s_{hk}$ gültigen) Schema auf S. 583 auszugehen, welches $A_z^{(2)}$ entspricht, und dasselbe durch eine Drehung des Koordinatensystems um die $X$-Achse auf das $X'Y'Z'$-Achsensystem zu übertragen. Um dies ohne Rechnung auszuführen, kann man an die Formeln (67) anknüpfen, die sich auf eine Drehung um die $Z$-Achse beziehen, die also bei zyklischer Fortschreitung in den Indizes (1, 2, 3) resp. (4, 5, 6) die für eine Drehung um die $X$-Achse geltenden Beziehungen liefern. Die Ausdrücke für $s'_{26}$ und $s'_{24}$ führen so zu den allgemeinen Werten

$$\begin{aligned} s'_{34} = &- 2(s_{22}s^2 - s_{33}c^2)\,sc - (2s_{23} + s_{44})\,sc\,(c^2 - s^2) \\ &+ s_{24}s^2(3c^2 - s^2) + s_{34}c^2(c^2 - 3s^2), \\ s'_{35} = &\; s_{35}c^3 - (s_{36} + s_{45})\,sc^2 + (s_{25} + s_{64})\,s^2c - s_{26}s^3, \end{aligned}$$

die sich im vorausgesetzten Falle von $A_z^{(2)}$ durch das Verschwinden von $s_{24}, s_{25}, s_{34}, s_{35}, s_{64}$ vereinfachen. Dieselben ergeben aber sowohl $s'_{34}$, als $s'_{35}$ von Null verschieden.

Da nun bei Glimmer die Spaltungsebene durch die zweizählige $Z$-Achse hindurchgeht, so sind auch hier Biegungen mit Elongationen normal zu dieser Ebene mit Drillungen verbunden.

Wir sind auf diese Fragen etwas ausführlicher eingegangen, weil sie für etwaige weitere Beobachtungen wichtige Fingerzeige liefern.

§ 366. **Modifikationen der Beobachtungsmethode.** Bei den vorstehend beschriebenen Beobachtungen geschah die Bestimmung der Größe der Biegung durch eine mikroskopische Messung in der Mitte des beiderseitig unterstützten Kristallstabes. Ein solches Verfahren hat ausreichende Genauigkeit, wenn die Biegungen eine Größe von mehreren Hundertsteln oder besser einigen Zehnteln Millimeter erreichen. Bei dem linearen Auftreten der Größe der Biegung in den Formeln (286) ist nämlich eine sehr hoch gesteigerte Genauigkeit derselben für die Bestimmung von $s'_{33}$ ohne Nutzen, wenn ihr nicht eine noch beträchtlich höher gesteigerte Genauigkeit in der Bestimmung der Dicke des beobachteten Stabes — welche nach (286) in der dritten Potenz in die Formel eingeht und deren genaue Definition eine bedeutende Regelmäßigkeit der Gestalt des Stabes voraussetzt — verbunden ist.

Immerhin kommen Fälle vor, bei denen es wünschenswert ist, noch kleinere Biegungen mit einer Genauigkeit von 1 % zu messen; denn das Kristallmaterial gestattet in sehr vielen Fällen die Herstellung nur sehr kurzer Stäbe von gesunder Konstitution, und da die Größe der Biegung ceteris paribus der dritten Potenz der Länge des Stabes proportional ist, die Biegungsfestigkeit aber in kleinerer Proportion wächst, so ist man bei kurzen Stäben an sehr geringe Durchbiegungen gebunden.

In Rücksicht hierauf ist eine Übertragung des zuerst von *Fizeau* benutzten Verfahrens zur Messung geringer Bewegungen durch Beobachtungen von Interferenzstreifen (s. S. 280), die von *Warburg* und *Koch*[1]) ausgeführt worden ist, von unzweifelhaftem Nutzen. Die Methode beruht einfach darauf, daß zwischen der unteren (horizontalen) Fläche des zu biegenden Stabes und der genäherten horizontalen Kathetenfläche eines Glasprismas *Newton*sche Interferenzstreifen hervorgebracht und deren Bewegungen infolge einer Belastung beobachtet werden. Die Biegungen ergeben sich hierdurch direkt in Wellenlängen der benutzten Lichtart ausgedrückt. Der Apparat von *Warburg* und *Koch* ist später von *Groth* und *Beckenkamp*[2]) noch etwas vervollkommnet worden.

Bezüglich seiner Anwendung auf sehr kurze Stäbe ist auf das § 334 über die Theorie der ungleichförmigen Biegung Entwickelte hinzuweisen. Sowie die Dicke der Stäbe nicht klein ist neben ihrer Länge, kommt in die Theorie eine prinzipielle Unsicherheit, und eine Berechnung der Beobachtungen nach den bez. Formeln erscheint um so mehr anfechtbar, wenn die singulären Deformationen an den Unterstützungs- und Belastungsstellen nicht durch eigene Korrektionsbeobachtungen eliminiert werden. In der Tat werden die letzteren Vorgänge bei Stäben, die relativ dick sind zu ihrer Länge, und die daher starke Belastungen erfordern, einen verhältnismäßig großen Einfluß gewinnen. Hieraus ergibt sich, daß eine Reduktion der Länge der Stäbe jederzeit

1) *K. R. Koch,* Wied. Ann. Bd. 5, p. 521, 1878, 18, p. 325, 1883.
2) *J. Beckenkamp,* Zeitschr. f. Krist. Bd. 10, p. 1, 1885.

mit einer analogen von deren Dicke verbunden sein sollte. Die Benutzer des *Warburg-Koch*schen Apparates haben dieser Anforderung keineswegs immer Rechnung getragen. —

Eine wesentlich andere Methode zur Bestimmung der Biegungsgröße hat *Mallock*[1]) bei einer Beobachtungsreihe angewandt, die neben Präparaten aus isotroper Substanz auch einige vereinzelte aus Kristallen hergestellte betraf. Im Anschluß an einen von *Helmholtz* herrührenden Vorschlag befestigte er an den beiden Enden des (wie bei den andern Beobachtern unterstützten) Kristallstabes *s* kleine Spiegel $S_1$ und $S_2$ normal zur Stabachse und beobachtete mit diesen und mit zwei feststehenden Spiegeln $S_3$, $S_4$ das Bild einer festen Skala (siehe Fig. 166). Bei Belastung des Stabes (in der Mitte $\Gamma$) wanderte dieses Bild, und seine Elongation wurde beurteilt gegenüber einem Bild derselben Skala, das durch bloße Reflexion an den festen Spiegeln $S_3$ und $S_4$ gewonnen wurde.

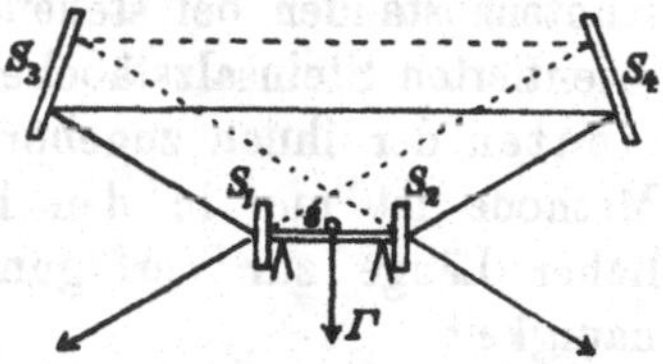

Fig. 166.

Diese Methode vermeidet einen Teil der störenden Effekte an den Unterstützungs- und Belastungsstellen, wiewohl nicht das Ganze. Die vereinzelten Zahlen, die *Mallock* für Korund, Beryll, Turmalin, Topas, Flußspat angibt, gestatten leider keinerlei theoretische Verwendung. —

Um die Schwierigkeit zu umgehen, welche die Seltenheit von zu elastischen Beobachtungen brauchbarem Kristallmaterial bietet, hat *Groth*[2]) den Vorschlag gemacht, Biegungen von kreisförmigen Scheiben zu untersuchen, die längs zweier paralleler Sehnen von gleicher Länge unterstützt und im Zentrum belastet werden. Ein solches Verfahren kann in speziellen Fällen allerdings zur Aufklärung gewisser Symmetriefragen dienen, aber jedenfalls, bevor eine Theorie des Vorganges vorliegt, sichere Zahlwerte nicht liefern. Die theoretische Behandlung des Problems ist um so schwieriger, weil unzweifelhaft die ursprünglich unterstützten Sehnen der Platte bei der Belastung krumm werden und hierdurch eine theoretische Unsicherheit der Unterstützungsart entsteht, die bei der Vergleichbarkeit der Länge der unterstützten Linien mit ihrem Abstand keineswegs unbedenklich ist.

Daß überdies die elastischen Parameter einer Platte ganz andere sind, als die eines Stabes, ist schon S. 723 betont; es ist also die Vergeblichkeit der Versuche, die Beobachtungen an Platten (selbst bei

1) *A. Mallock*, Proc. Roy. Soc. T. **49**, p. 380, 1891.

2) S. hierzu *H. Vater*, Zeitschr. f. Krist. Bd. **11**, p. 549, 1886; *H. Niedmann*, ib. Bd. **13**, p. 362, 1888.

isotropem Material) auf diejenigen an Stäben zu reduzieren, völlig begreiflich.

Eine vollständige Zusammenstellung der nach den vorstehend erörterten Methoden erhaltenen bloßen Biegungsmoduln erübrigt, da sie eben theoretische Verwertung nicht gestatten; doch sollen einige Zahlen weiter unten beiläufig aufgeführt werden.

Abschließend sei noch erwähnt, daß *Groth*[1]) die Beobachtung von Knotenabständen bei stehenden Biegungsschwingungen an verschieden orientierten Steinsalzstäbchen benutzt hat, um für dieselben den Quotienten der ihnen zugehörigen Biegungsmoduln zu bestimmen. Die Methode ist nur in den Fällen anwendbar, wo Stäbchen beträchtlicher Länge zur Verfügung stehen, und gestattet keine große Genauigkeit.

**§ 367. Allgemeines zur Bestimmung von Elastizitätsmoduln durch Drillungsbeobachtungen.** Von Beobachtungsmethoden, die bei Kombination mit Biegungsmessungen zur Kenntnis sämtlicher für einen Kristall charakteristischen Moduln führen, hat bisher eigentlich nur die Messung der Drillung von Stäben mit Querschnitten in gestreckter rechteckiger Form durchgreifende Anwendung gefunden. Diese Kombination hat den großen praktischen Vorteil, daß man für beide Beobachtungsarten dieselben Präparate benutzen kann, und die Bestimmung von deren Querdimensionen nur einmal auszuführen braucht. Außerdem haben beide Methoden das Gemeinsame, daß infolge der Kleinheit der Querdimensionen der Stäbe im Vergleich zur Länge mit sehr geringen Deformationsgrößen merkliche Dislokationen und Drehungen an den Präparaten verbunden sind, die sich mit genügender Genauigkeit bestimmen lassen.

Der Modul, welcher die Drillung eines prismatischen Stabes mißt, der mit seiner Achse in der $Z'$-, mit seiner größeren Querdimension in der $X'$- (resp. $Y'$-) Achse eines beliebig gegen den Kristall orientierten Achsensystems liegt, ist $s'_{55}$ (resp. $s'_{44}$). Die Ausdrücke für diese Größen in den Hauptmoduln $s_{hk}$ ergeben sich aus (66) und dem dazu Bemerkten. Die Vergleichung derselben mit dem Wert (61) des Biegungsmoduls läßt erkennen, daß die Hauptmoduln

$$s_{23},\ s_{31},\ s_{12} \quad \text{und} \quad s_{44},\ s_{55},\ s_{66},$$

wie auch

$$s_{56},\ s_{64},\ s_{45} \quad \text{und} \quad s_{14},\ s_{25},\ s_{36}$$

in den beiden Ausdrücken in der Tat in verschiedenen Kombinationen auftreten, daß also kombinierte Biegungs- und Drillungsbeobachtungen ihre Separation gestatten.

1) *P. Groth*, Berl. Ber. 1875, p. 544.

Die Messung der Drillungen bietet praktisch etwas größere Schwierigkeiten, als diejenige der Biegungen; außerdem stehen der Theorie der Drillung im allgemeinen Hindernisse entgegen, über die in § 319 u. f. gesprochen ist, und die eine Beschränkung der Orientierung des Kantensystems der Präparate auf gewisse durch Symmetrie ausgezeichnete Lagen erwünscht machen. Nebenbei kommt der Umstand in Betracht, daß drillende Momente an einem Kristallstab im allgemeinen auch Biegungen veranlassen, und daß dergleichen wegen praktischer aus ihnen fließenden Unbequemlichkeiten passend durch geeignete Wahl der Orientierung der Präparate vermieden werden. Verhindert man nämlich durch die Versuchsanordnung das Zustandekommen derartiger Nebenänderungen, so werden nach dem in § 317 Auseinandergesetzten die Drillungen gar nicht durch die Moduln $s'_{55}$ resp. $s'_{44}$ gemessen und sind demgemäß theoretisch schwierig zu verwerten. Immerhin würde doch bei streng verhinderten Nebenänderungen eine präzis definierbare „reine" Drillung eintreten; dies findet nicht statt, wenn den Nebenänderungen infolge der Versuchsanordnung nur ein nicht zahlenmäßig bekannter Widerstand entgegenwirkt.

Es mag übrigens daran erinnert werden, daß nach S. 628 Präparate, welche durch biegende Momente nicht gedrillt werden, sich auch bei drillenden nicht biegen, somit also gleichzeitig für beide Arten der Beobachtung geeignet sind.

Bei den von mir durchgeführten Drillungsbeobachtungen waren die Orientierungen der Präparate so gewählt, daß jene Biegungen nicht eintraten; überdies waren die Stäbe bei den Versuchen an beiden Enden zwischen Schneiden gefaßt, so daß eine etwaige Tendenz zur Biegung keinen wesentlichen Widerstand gefunden hätte.

§ 368. **Spezielles über die zu Bestimmungen vollständiger Parametersysteme benutzten Hilfsmittel.** Im nachstehenden soll nunmehr eine Skizze der bisher durchgeführten vollständigen Bestimmungen elastischer Parameter gegeben werden. Soweit die Untersuchungen reichen, erweisen sich alle nach der Theorie möglichen Verschiedenheiten zwischen dem elastischen Verhalten verschiedener Kristallgruppen auch als in Wirklichkeit vorhanden. Hiernach bieten die Erscheinungen der Elastizität eine beträchtlich größere Mannigfaltigkeit, als die im V. und VI. Kapitel besprochenen gleichfalls zentrischsymmetrischen Vorgänge.

Die zur Ableitung der sämtlichen Moduln eines Kristalls benutzten Messungen waren die in den vorstehenden Paragraphen beschriebenen der Biegung und der Drillung prismatischer Stäbe von gegen die Länge $L$ kleiner Dicke $D$, bei mäßiger Breite $B$.

Für die Biegungsbeobachtungen wurden die Stäbe in zwei Querschnitten unterstützt und in der Mitte belastet; die Belastung $\Gamma$ wirkte an einem auf das Stäbchen $ss$ aufgelegten Stahlzylinder $Z$ (Fig. 167). Die Senkung dieses Zylinders bei der Biegung wurde mit Hilfe eines dünnen Drahtes in die (entgegengesetzt gerichtete) Drehung zweier kleiner um scharfe Schneiden drehbarer Röllchen $r_1, r_2$ umgesetzt. An diesen Röllchen waren (durch Gegengewichte $g_1, g_2$ ausbalancierte) Spiegel $S_1, S_2$ angebracht, in denen mit Hilfe von Fernrohr und Skala die Drehung und somit die Durchbiegung des Stäbchens beobachtet werden konnte. Die Graduierung des Apparates geschah durch direkte mikroskopische Ausmessung einer sehr großen Biegung.

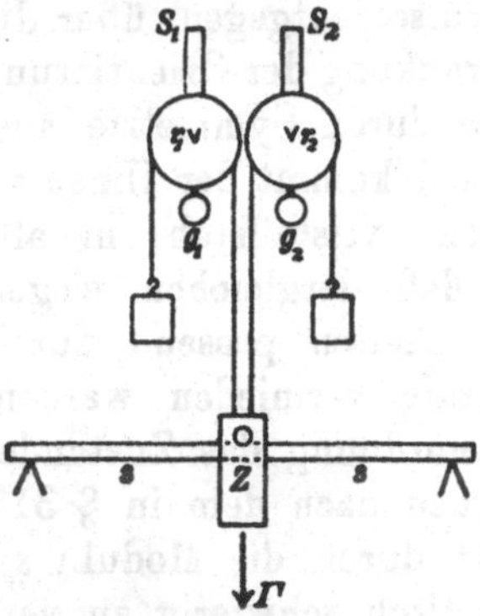

Fig. 167.

Um die Eindrückung der Lagerschneiden zu eliminieren, wurden die Stäbchen bei jeder Belastung sowohl in einer möglichst kleinen, als in einer möglichst großen Länge benutzt; da hierbei die Eindrückung dieselbe ist, die Biegung aber proportional mit der dritten Potenz der Länge variiert, so gelingt es durch die Kombination dieser beiden Beobachtungen, jene sehr wichtige Fehlerquelle unschädlich zu machen.

Für die Drillungsbeobachtungen wurden die Stäbe in einem Endquerschnitt befestigt, auf den anderen wurde ein Drehungsmoment um die Stabachse ausgeübt. Zu diesem Zweck waren, wie die schematische Figur 168 andeutet, auf einem Gestell koaxial zwei sehr leicht bewegliche Rollen $R_1, R_2$ angebracht, welche auf den einander zugewandten Seiten kleine Klemmfutter trugen; in letzteren wurden die Enden der Stäbchen $ss$ eingespannt, ihre Achse genau in die Drehachse des Apparates gebracht, dann die eine Rolle festgestellt und auf die andere mit geeigneten Gewichten $\Gamma$ ein Drehmoment ausgeübt.

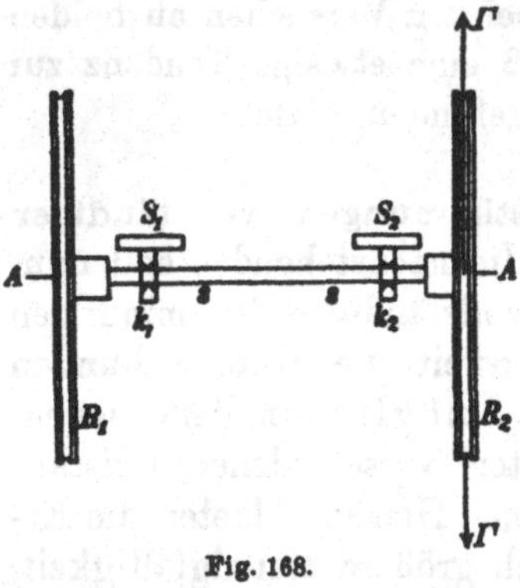

Fig. 168.

Es war keineswegs erlaubt, den befestigten Endquerschnitt als wirklich fest, den bewegten als zusammen mit der Rolle bewegt zu betrachten, da die Verbindung des Stäbchens mit den beiden Rollen nicht völlig starr sein konnte. Die Größe der Drillung mußte demgemäß direkt an dem Stäbchen selbst gemessen werden. Hierzu wurden auf den Stäbchenenden schmale Streifen von Zinnfolie aufgekittet und auf diese mit geeigneten Klemmen $k_1$, $k_2$ leichte Spiegel $S_1$, $S_2$ aufgesetzt. Die Beobachtung der beiden Bilder einer Skala in diesen Spiegeln mit Hilfe eines Fernrohres führte dann auf die relative Drehung der beiden Querschnitte des Stäbchens, auf denen die Spiegelklemmen aufsaßen. Indem diese Klemmen in die Stanniolstreifen feine Linien eindrückten, war auch die Beobachtung der Länge $L$ des Stäbchens möglich, welcher die gemessene relative Drehung entsprach.

Durch eine geeignete Anordnung der Beobachtung gelang es auch, die Achsenreibung, welche der Drehung der Rollen entgegenwirkte, zu eliminieren.

Eine Anzahl untersuchter Kristalle gestattete die Herstellung von Stäbchen in Längen von drei und mehr Zentimetern; hier waren beide Messungsarten relativ leicht und genau ausführbar; nur stellte — namentlich bei leicht spaltbaren Kristallen, wie Flußspat, Kalkspat, Schwerspat —, die Zerbrechlichkeit der Präparate eine Gefahr dar; bei anderen Kristallen, wo die Stäbchenlängen 10 mm wenig überstiegen und die Dicken daher auf ca. 0,5 mm herabgedrückt werden mußten, waren die Messungen recht heikel, und die erreichbaren Genauigkeiten natürlich entsprechend geringer.

§ 369. **Grundformeln für die Berechnung der Elastizitätsmoduln und -konstanten aus Biegungs- und Drillungsbeobachtungen.** Die Formeln, welche zur Berechnung der Elastizitätsmoduln aus gemessenen Biegungen und Drillungen prismatischer Stäbe anzuwenden sind, finden sich in dem III. und IV. Abschnitte abgeleitet. Liegt die Stabachse in der $Z'$-Achse des Hilfskoordinatensystems $X'Y'Z'$, so ist $s'_{33}$ der Biegungsmodul, und die Senkung $\bar{u}$ des mittelsten Querschnittes eines prismatischen Stabes von der Länge $L$ (gemessen durch den Abstand der stützenden Schneiden, also $= 2l$), der Breite $B$, der Dicke $D$ bei der Belastung $\Gamma$ (die je mit der Hälfte in den beiden unterstützten Querschnitten angreift) wird nach S. 666 u. 667 gegeben durch

$$\bar{u} = \frac{\Gamma L^3 s'_{33}}{4BD^3}. \tag{425}$$

Die Drillung eines solchen Stabes hängt nach S. 644 im allgemeinen von mehreren Moduln ab; in den für uns wichtigsten Fällen kommen aber nur die zwei Moduln $s'_{44}$ und $s'_{55}$ in Frage, die sich resp. durch die Orientierung der $Z'$- und $Y'$-Achse und der $Z'$- und $X'$-Achse bestimmen, wobei die $X'$ und $Y'$-Richtungen in die Querdimensionen des prismatischen Stabes fallend angenommen sind.

Für die relative Drehung zweier um $L$ abstehenden Querschnitte gilt allgemein die Formel (215); handelt es sich um einen Stab, der eine Drillung ohne Nebenänderungen gestattet, so nimmt sie die einfachere Form an

$$\bar{n} = \frac{3NLs'_{55}}{D^3B\left(1+\frac{Df}{B}\right)}, \tag{426}$$

wobei jetzt $L$ an Stelle von $l$ gesetzt, ist und $N$ das drillende Moment bezeichnet. $f$ ist eine Funktion des Verhältnisses $D/B$, die bei einigermaßen kleinem $D/B$ als konstant gelten kann und nur von der Orientierung des prismatischen Stabes abhängt.

Fällt die Stabachse in eine elastische Symmetrieachse des Kristalls, d. h., liegt sie in einer kristallographischen Symmetrieachse oder steht sie senkrecht zu einer kristallographischen Symmetrieebene, und ist die parallel $X'$ liegende Querdimension des Prismas die größere (also $B$), so kann nach § 322 streng oder in einer genügenden Annäherung gesetzt werden

$$f = -0{,}630\sqrt{\frac{s'_{44}}{s'_{55}}}. \tag{427}$$

Für eine drei-, vier- oder sechszählige Symmetrieachse ist dabei $s'_{44} = s'_{55}$.

Die allgemeinen Ausdrücke für die $s'_{33}$, $s'_{44}$, $s'_{55}$ sind in § 289 entwickelt; sie haben sehr komplizierte Form, mögen aber hier noch einmal angedeutet werden. Es gilt, wenn $\alpha_1$, $\alpha_2$, $\alpha_3$ die Richtungskosinus der $X'$-Achse (also $B$) gegen das Hauptachsenkreuz $XYZ$ bezeichnen, und $\beta_1$, $\beta_2$, $\beta_3$, $\gamma_1$, $\gamma_2$, $\gamma_3$ Analoges für die $Y'$ und $Z'$-Achse (also $D$ und $L$) geben,

$$\begin{aligned} s'_{33} = \gamma_1^4 s_{11} + \cdots + (2s_{23} + s_{44})\gamma_2^2\gamma_3^2 + \cdots \\ + 2(s_{56} + s_{14})\gamma_1^2\gamma_2\gamma_3 + \cdots \\ + 2(s_{15}\gamma_3 + s_{16}\gamma_2)\gamma_1^3 + \cdots, \end{aligned} \tag{428}$$

$$\begin{aligned} s'_{44} = 4(s_{11}\beta_1^2\gamma_1^2 + \cdots) + 8(s_{23}\beta_2\gamma_2\beta_3\gamma_3 + \cdots) \\ + s_{44}(\beta_2\gamma_3 + \gamma_2\beta_3)^2 + \cdots + 2s_{56}(\beta_1\gamma_2 + \gamma_1\beta_2)(\beta_1\gamma_3 + \gamma_1\beta_3) + \cdots \\ + 4s_{14}\beta_1\gamma_1(\beta_2\gamma_3 + \beta_3\gamma_2) + \cdots \\ + 4(s_{15}(\beta_1\gamma_3 + \gamma_1\beta_3) + s_{16}(\beta_1\gamma_2 + \gamma_1\beta_2))\beta_1\gamma_1 + \cdots; \end{aligned} \tag{429}$$

$s'_{55}$ folgt aus $s_{44}$ durch Vertauschung von $\beta_1$, $\beta_2$, $\beta_3$ mit $\alpha_1$, $\alpha_2$, $\alpha_3$.

Mit Hilfe einer genügenden Zahl von Präparaten in geeigneten Orientierungen lassen sich gemäß den vorstehenden Formeln die sämtlichen Hauptmoduln $s_{hk}$ ableiten. Wie bereits S. 716 bemerkt, sollen die bezüglichen Zahlen auf den Druck von 1 gr pro cm² bezogen werden; bei Division mit 981 erhält man dann aus ihnen die dem (cm. gr. sec.)-System entsprechenden (absoluten) Werte.

Von möglichen Verwendungen der so gewonnenen Moduln $s_{hk}$ sei zunächst die Berechnung des Moduls $\frac{1}{2}(s'_{44} + s'_{55})$ für die Drillung eines Kreiszylinders erwähnt.

Der allgemeine Ausdruck für dieses Aggregat folgt sogleich aus der Formel (429) und dem zu ihr Gesagten bei Berücksichtigung der Beziehungen

$$\alpha_h^2 + \beta_h^2 + \gamma_h^2 = 1 \quad \text{und} \quad \alpha_h\alpha_k + \beta_h\beta_k + \gamma_h\gamma_k = 0$$

zu

$$\begin{aligned}\tfrac{1}{2}(s'_{44} + s'_{55}) = \tfrac{1}{2}\gamma_1^4(s_{55} + s_{66}) + \cdots \\ + \gamma_2^2\gamma_3^2(2(s_{22} + s_{33} - 2s_{23}) + \tfrac{1}{2}(s_{55} + s_{66} - 2s_{44})) + \cdots \\ + \gamma_1^2\gamma_2\gamma_3(2(s_{24} + s_{34} - 2s_{14}) - 3s_{56}) + \cdots \\ + \gamma_1^3(\gamma_3(2(s_{15} - s_{35}) + s_{64}) + \gamma_2(2(s_{16} - s_{26}) + s_{45})) + \cdots \end{aligned} \tag{430}$$

Von andern elastischen Funktionen, die sich mit Hilfe der Hauptmoduln berechnen lassen, kommen insbesondere die Parameter oder Moduln

$$S_h = s_{h1} + s_{h2} + s_{h3} \quad \text{für } h = 1, 2, \ldots 6 \tag{431}$$

in Betracht, welche nach S. 570 die durch allseitig gleichen Druck bewirkten Deformationen messen. Weiter spielt eine besondere Rolle der aus ihnen folgende Modul der kubischen Dilatation oder der Kompressibilität

$$(S) = S_1 + S_2 + S_3 = s_{11} + s_{22} + s_{33} + 2(s_{23} + s_{31} + s_{12}), \tag{432}$$

der nach S. 716 u. f. auch der direkten Beobachtung zugänglich ist. —

Sind die Hauptelastizitätsmoduln $s_{hk}$ aus den Beobachtungen mit Hilfe dieser Formeln abgeleitet, so lassen sich aus ihnen die Hauptkonstanten $c_{hk}$ berechnen, die mit ihnen durch die Beziehungen

$$\begin{aligned} c_{1h}s_{1h} + c_{2h}s_{2h} + \cdots + c_{6h}s_{6h} = 1, \\ c_{1h}s_{1k} + c_{2h}s_{2k} + \cdots + c_{6h}s_{6k} = 0, \end{aligned} \tag{433}$$

$$\text{für } h \text{ und } k = 1, 2, \ldots 6, \text{ sowie } h \gtrless k$$

verknüpft sind. Da die $c_{hk}$ zu ihrer Berechnung im allgemeinen die Kombination mehrerer $s_{hk}$ verlangen, so ist ihre Genauigkeit meist geringer, als diejenige der $s_{hk}$. Dies hat praktisch in der Regel geringe Bedeutung, weil bei Anwendungen die $s_{hk}$ in erster Linie in Betracht kommen. Es fällt dagegen einigermaßen ins Gewicht bei der Beantwortung der S. 608 gestellten theoretischen Frage, ob sich die elastischen Erscheinungen in Kristallen durch die Annahme ungerichteter molekularer Kräfte erklären lassen; denn die Entscheidung hierüber hängt davon ab, ob die aus jener Annahme folgenden sechs Beziehungen

$$\begin{aligned} c_{23} = c_{44}, \quad c_{31} = c_{55}, \quad c_{12} = c_{66}, \\ c_{56} = c_{14}, \quad c_{64} = c_{25}, \quad c_{45} = c_{36} \end{aligned} \tag{434}$$

der Wirklichkeit entsprechen.

Die Elastizitätskonstanten $c_{hk}$ sind nach ihrer in (4) resp. (20) enthaltenen Definition Drucke; sie bestimmen sich also aus den unten angegebenen Zahlwerten der $s_{hk}$ zunächst in Drucken von einem Gramm pro Quadratzentimeter als Einheit. Um sie auf Dynen zu reduzieren, sind die angegebenen Zahlen mit 981 zu multiplizieren.

§ 370. **Geometrische Darstellungen der Elastizitätsverhältnisse eines Kristalls.** Alle elastischen Eigenschaften eines Kristalls lassen sich durch die Kombination einer Bitensor- und einer Tensorfläche darstellen, die ebensowohl für die Konstanten, wie für die Moduln gebildet werden können.

Die bezüglichen Flächen der Elastizitätskonstanten haben nach S. 579 die Gleichungen

$$\begin{aligned} 1 &= c_{11}x^4 + \cdot\cdot + 2(c_{23} + 2c_{44})y^2z^2 + \cdot\cdot \\ &\quad + 4(2c_{56} + c_{14})x^2yz + \cdot\cdot + 4x^3(c_{15}z + c_{16}y) + \cdot\cdot, \\ 1 &= (c_{23} - c_{44})x^2 + \cdot\cdot + 2[(c_{56} - c_{14})yz + \cdot\cdot]; \end{aligned} \tag{435}$$

hierbei bezeichnen die Punkte wieder zwei Glieder, die aus den hingeschriebenen durch zyklische Vertauschung der Indizes (1, 2, 3) und (4, 5, 6) hervorgehen. Die letztere Fläche kommt in Wegfall, wenn die Relationen (434) erfüllt sind.

Die charakteristischen Flächen der Elastizitätsmoduln sind nach S. 580 gegeben durch

$$\begin{aligned} 1 &= s_{11}x^4 + \cdot\cdot + (2s_{23} + s_{44})y^2z^2 + \cdot\cdot \\ &\quad + 2(s_{56} + s_{14})x^2yz + \cdot\cdot + 2x^3(s_{15}z + s_{16}y) + \cdot\cdot, \\ 1 &= (4s_{23} - s_{44})x^2 + \cdot\cdot + 2(s_{56} - 2s_{14})yz + \cdot\cdot \end{aligned} \tag{436}$$

Erstere Gleichung steht, wie schon früher bemerkt, in naher Beziehung zu dem Ausdruck (428) für den Biegungs- (oder Dehnungs-) modul $s'_{33}$. Setzt man $s'_{33} = 1/r^4$ und trägt $r$ als Strecke vom Koordinatenanfang aus auf der Richtung $(\gamma_1, \gamma_2, \gamma_3)$ auf, so gelangt man zu der Bitensorfläche der Moduln.

Für geometrische Konstruktionen zwecks der Veranschaulichung der elastischen Eigenschaften der Kristalle empfehlen sich natürlich aus allgemeinen theoretischen Gesichtspunkten in erster Linie die charakteristischen Bitensor- und Tensorflächen von den Gleichungen (435) oder (436).[1]) Dennoch ist im nachstehenden diesen allgemeinen Gesichtspunkten nicht Folge geleistet.

Einmal kommt dagegen in Betracht, daß diese Flächen keine direkte Darstellung beobachtbarer Deformationen geben. Auch die Bitensorfläche der Moduln, die mit dergleichen noch am nächsten in Beziehung steht, gibt das Gesetz der Biegung und Dehnung nicht unmittelbar, sondern durch das Reziproke der vierten Potenz des Radiusvektors. Sodann fällt ins Gewicht, daß, wenigstens bei den Bitensorflächen, als Folge des hohen (vierten) Grades von deren Gleichung die Unterschiede des elastischen Verhaltens eines Kristalls in verschiedenen Richtungen in ihnen stark abgeschwächt zur Geltung kommen. Bezüglich der Bitensorfläche der Moduln ergibt sich dies aus dem soeben über diese Fläche Gesagten. Handelt es sich etwa um Kristalle mit bezüglich der Richtung nur mäßig veränderlichen elastischen Verhältnissen, so werden diese kleinen Veränderlichkeiten bei einer solchen Konstruktion auf rund den vierten Teil reduziert, also keineswegs besonders klar zur Anschauung kommen.

Aus diesen Gründen sollen im nachstehenden für jedes Kristallsystem die Gesetze der elastischen Vorgänge in erster Linie dadurch wiedergegeben werden, daß für einzelne Repräsentanten der untersuchten Kristallsysteme zunächst die Biegungs- oder Dehnungsmoduln $s_{33}'$ als Funktionen der Richtung im Kristall konstruiert gedacht sind. Von diesen Flächen $s_{33}' = r$ finden sich einige charakteristische Schnitte gezeichnet. Ferner sind für diese Repräsentanten die entsprechenden Schnitte der Flächen $\frac{1}{2}(s_{44}' + s_{55}') = r$ wiedergegeben, deren Radienvektoren den Drillungsmodul eines Kreiszylinders darstellen, wenn dessen Achse in die Richtung von $r$ fällt. Der allgemeine Ausdruck für $\frac{1}{2}(s_{44}' + s_{55}')$ findet sich in (430).

Hierdurch sind die Abhängigkeiten zweier wichtigen Deformationen von der Richtung im Kristall veranschaulicht, und das ist ein Vorteil. Ein Nachteil liegt darin, daß bei dieser Darstellung eine größere Zahl von Aggregaten der Moduln eines Kristalls zur Geltung kommt, als nach der Gesamtzahl der Hauptmoduln $s_{hk}$ voneinander unabhängig sein können. Die letztere Zahl beträgt im Maximum 21, die erstere 30, es sind also neun der Parameter durch die übrigen ausdrückbar; offenbar entspricht eine solche Darstellung der elastischen Eigenschaften nicht demjenigen Ideal von Einfachheit, das durch die Bitensor- und Tensorflächen bezeichnet wird.

---

1) Andere allgemeine Gesichtspunkte und Methoden bei *S. Finsterwalder*, Münch. Ber. 1888, p. 257.

Will man eine der beiden vorstehend herangezogenen Deformationen durch eine andere ersetzen, die nur durch die notwendige Anzahl von sechs Parametern bestimmt wird, so bieten sich in erster Linie[1]) die longitudinale lineäre Dilatation bei allseitig gleichem Druck und die kubische Dilatation eines Zylinders bei einseitigem Druck, deren Gesetze nach S. 577 übereinstimmen und nur gerade die nötige Anzahl neuer unabhängiger Parameter enthalten.

Das Gesetz der Moduln $S'$ für beide Veränderungen ist nach S. 574 u. 632[2]) gegeben durch

$$S' = S_1\alpha^2 + S_2\beta^2 + S_3\gamma^2 + S_4\beta\gamma + S_5\gamma\alpha + S_6\alpha\beta,$$

wobei

$$S_h = s_{h1} + s_{h2} + s_{h3}; \tag{437}$$

dasselbe enthält also sechs Parameter, die zusammen mit den 15 des Dehnungsmoduls $s'_{33}$ oder des Drillungsmoduls $\frac{1}{2}(s'_{44} + s'_{55})$ für den Kreiszylinder gerade die zur Ableitung der 21 Hauptmoduln $s_{hk}$ nötige Zahl liefern.

Ich bin im folgenden auch diesen Weg nicht gegangen, weil es mir besonders daran lag, figürliche Darstellungen zu liefern, welche mit den ausgeführten Beobachtungen in nächster Beziehung stehen; diese Beobachtungen beziehen sich aber auf Biegungen und Drillungen.

Deshalb habe ich neben die Kurven, welche den Verlauf der obengenannten Moduln $s'_{33}$ und $\frac{1}{2}(s'_{44} + s'_{55})$ mit der wechselnden Achsenrichtung des Zylinders veranschaulichen, nur noch eine Reihe anderer gestellt, welche die Abhängigkeit des Drillungsmoduls eines Zylinders mit sehr gestrecktem elliptischen oder rechteckigen Querschnitt und gegebener Achsenrichtung von der Orientierung der größeren Querdimension wiedergeben. Die hierdurch dargestellte Erscheinung ist eine spezifisch kristallphysikalische und bietet somit ein besonderes Interesse, um so mehr, als die Größe der Veränderlichkeit dieses Moduls mit der Orientierung des Zylinderquerschnitts gegen den Kristall eine sehr beträchtliche sein kann.

§ 371. **Spezielle Formeln für Kristalle des regulären Systems.** Die Hauptmoduln für einen Kristall des regulären Systems stellen sich nach S. 586 u. 588 anschaulich in dem Schema

1) *W. Voigt,* Wied. Ann. Bd. **63**, p. 376, 1897.

2) Die Formel (172) auf S. 632 ist dabei auf ein beliebiges Achsenkreuz $X'Y'Z'$ anzuwenden und darnach auf die Hauptachsen zu transformieren.

$$\begin{array}{cccccc} s_{11} & s_{12} & s_{12} & 0 & 0 & 0 \\ & s_{11} & s_{12} & 0 & 0 & 0 \\ & & s_{11} & 0 & 0 & 0 \\ & & & s_{44} & 0 & 0 \\ & & & & s_{44} & 0 \\ & & & & & s_{44} \end{array}$$

dar, das erkennen läßt, welche Moduln $s_{hk}$ untereinander gleich werden, welche verschwinden. Ein gleiches Schema gilt für die Elastizitätskonstanten. Ein regulärer Kristall ist also durch nur drei Moduln

$$s_{11},\quad s_{12},\quad s_{44}$$

oder drei Konstanten

$$c_{11},\quad c_{12},\quad c_{44}$$

bezüglich seines elastischen Verhaltens charakterisiert.

Der Ausdruck (428) für den Biegungsmodul $s'_{33}$ nimmt hiernach die Gestalt an

$$s'_{33} = s_{11} - 2((s_{11} - s_{12}) - \tfrac{1}{2}s_{44})(\gamma_2^2\gamma_3^2 + \gamma_3^2\gamma_1^2 + \gamma_1^2\gamma_2^2); \tag{438}$$

derjenige (429) für den Drillungsmodul $s'_{44}$ wird zu

$$s'_{44} = s_{44} + 4((s_{11} - s_{12}) - \tfrac{1}{2}s_{44})(\beta_1^2\gamma_1^2 + \beta_2^2\gamma_2^2 + \beta_3^2\gamma_3^2),$$

ihm ordnet sich zu

$$s'_{55} = s_{44} + 4((s_{11} - s_{12}) - \tfrac{1}{2}s_{44})(\alpha_1^2\gamma_1^2 + \alpha_2^2\gamma_2^2 + \alpha_3^2\gamma_3^2). \tag{439}$$

Dabei bezeichnen ein für alle Male $\alpha_1, \alpha_2, \alpha_3$ die Richtungskosinus der $X'$- oder $B$-Richtung, $\beta_1, \beta_2, \beta_3$ diejenigen der $Y'$- oder $D$-Richtung gegen die Hauptachsen.

Die Beobachtung von Biegung und Drillung geeignet orientierter prismatischer Stäbe vermag also die drei Aggregate

$$s_{11},\quad s_{44},\quad (s_{11} - s_{12}) - \tfrac{1}{2}s_{44}$$

zu liefern, aus denen dann die drei Hauptmoduln folgen.

Nach dem S. 725 u. 731 Ausgeführten hat man jederzeit solche Orientierungen der prismatischen Stäbe zu wählen, daß störende Nebenänderungen — Drillung bei bezweckter Biegung, Biegung bei bezweckter Drillung — verschwinden, wofür die Bedingungen das Verschwinden von $s'_{34}$ und $s'_{35}$ fordern. Außerdem wird man, soweit angängig, im Interesse direktester und sonach genauester Bestimmung der Moduln für die Präparate Orientierungen bevorzugen, für welche sowohl die Ausdrücke für $s'_{33}$, $s'_{44}$, $s'_{55}$, als auch die Funktion $f$ in (426) einfachste Formen annehmen.

Die eine der Orientierungen, welche diesen Anforderungen entspricht, ist diejenige, wo alle Prismendimensionen $L$, $B$, $D$ in kristallographische (vierzählige) Hauptachsen fallen; hier wird

(I) $$s'_{33} = s_{11}, \quad s'_{44} = s'_{55} = s_{44}.$$

Die andere ist die, wo die $Z'$-Achse (also die Richtung von $L$) den Winkel zweier Hauptachsen halbiert (somit in eine zweizählige Symmetrieachse fällt) und entweder $B$ oder $D$ der dritten Hauptachse parallel wird. Im ersten Falle ist

(II) $$s'_{33} = \tfrac{1}{4}(2(s_{11} + s_{12}) + s_{44}), \quad s'_{44} = 2(s_{11} - s_{12}), \quad s'_{55} = s_{44},$$

im zweiten (II') sind die Werte von $s'_{44}$ und $s'_{55}$ vertauscht. Nach S. 734 liefern diese beiden Orientierungen von Stäben bei sonst gleichen Verhältnissen verschiedene Drillungen.

Außer diesen Orientierungen bietet noch diejenige ein Interesse, wo die Längsrichtung des Präparats gleiche Winkel mit den Hauptachsen einschließt, die Breite in eine zweizählige Symmetrieachse fällt; hier ist

(III) $$s'_{33} = \tfrac{1}{3}(s_{11} + 2s_{12} + s_{44}).$$

Bezeichnet man die Werte von $s'_{33}$ für die drei Orientierungen I, II, III, bei denen die Stabachse resp. in der Normale auf einer Würfel-, einer Rhombendodekaeder- und einer Oktaederfläche liegt, mit $W$, $G$, $O$, so ergibt vorstehendes die Relation

$$W + 3O - 4G = 0.$$

Der Drillungsmodul für einen Kreiszylinder mit einer nach $\gamma_1, \gamma_2, \gamma_3$ orientierten Achse findet sich nach (430) zu

$$\tfrac{1}{2}(s'_{44} + s'_{55}) = s_{44} + 4((s_{11} - s_{12}) - \tfrac{1}{2}s_{44})(\gamma_2^2\gamma_3^2 + \gamma_3^2\gamma_1^2 + \gamma_1^2\gamma_2^2). \quad (440)$$

Das variable Glied hat denselben Faktor, wie das in (439) enthaltene; es ergibt sich daraus, daß sich ein Kreiszylinder aus einem Kristall des regulären Systems bezüglich der Dehnung (oder Biegung) und der Drillung reziprok verhält; Richtungen leichterer Dehnbarkeit sind Richtungen schwererer Drillung.

Die Moduln $S_h$, $(S)$, welche nach S. 570 die Deformationen bei allseitig gleichem Druck messen, sind in unserm Falle außerordentlich einfach; es gilt nämlich

$$S_1 = S_2 = S_3 = s_{11} + 2s_{12}, \quad S_4 = S_5 = S_6 = 0, \quad (441)$$

und der kubische Modul $(S)$ ergibt sich daraus zu

$$(S) = S_1 + S_2 + S_3 = 3(s_{11} + 2s_{12}). \quad (442)$$

Die Gleichungen der beiden für das elastische Verhalten eines regulären Kristalls charakteristischen Modulflächen lauten nach S. 580 folgendermaßen. Für die Bitensorfläche gilt

$$\left.\begin{array}{l}\pm 1 = s_{11}(x^4 + y^4 + z^4) + (2s_{12} + s_{44})(y^2z^2 + z^2x^2 + x^2y^2),\\ \text{für die Tensorfläche}\\ \pm 1 = (4s_{12} - s_{44})(x^2 + y^2 + z^2);\end{array}\right\} \quad (443)$$

letztere Fläche ist also eine Kugel. —

Aus den Hauptmoduln berechnen sich die Hauptkonstanten nach den Formeln

$$c_{11} = \frac{s_{11} + s_{12}}{(s_{11} - s_{12})(s_{11} + 2s_{12})}, \quad c_{12} = \frac{-s_{12}}{(s_{11} - s_{12})(s_{11} + 2s_{12})}, \quad c_{44} = \frac{1}{s_{44}}. \quad (444)$$

Die bezügliche Bitensor- und die Tensorfläche erhalten nach S. 579 die Gleichungen

$$\pm 1 = c_{11}(x^4 + y^4 + z^4) + 2(c_{12} + 2c_{44})(y^2z^2 + z^2x^2 + x^2y^2),$$

$$\pm 1 = (c_{12} - c_{44})(x^2 + y^2 + z^2). \quad (445)$$

§ 372. **Beobachtungsresultate.** Der Beobachtung sind von regulären Kristallen bisher unterworfen: Flußspat (vom Brienzer See), Steinsalz und Sylvin (aus Staßfurt), Natriumchlorat (künstlich gezüchtet) und Pyrit (aus Cornwall).[1])

Von Flußspat und Steinsalz stand reichliches und gesundes Material zur Verfügung; die betreffenden Zahlen können als recht genau gelten. Knapp war das Material bei Natriumchlorat und Pyrit, stellenweise gestört das von Sylvin, wo verschiedene Kristalle nicht unbeträchtlich abweichende Parameter lieferten. Die für diese Kristalle angegebenen Parameter haben demgemäß eine geringere Sicherheit. Über die benutzten Einheiten ist S. 734 gesprochen.

Elastizitätsmoduln:

| | | | |
|---|---|---|---|
| Flußspat | $s_{11} = 6{,}79 \cdot 10^{-10}$, | $s_{12} = -1{,}46 \cdot 10^{-10}$, | $s_{44} = 29{,}02 \cdot 10^{-10}$, |
| Steinsalz | 23,82 „ | − 5,17 „ | 77,29 „ |
| Sylvin | 26,85 „ | − 1,35 „ | 153,0 „ |
| Natriumchlorat | 24,12 „ | + 12,3 „ | 82,1 „ |
| Pyrit | 2,83 „ | + 0,43 „ | 9,30 „ |

1) *W. Voigt*, Pogg. Ann. Erg. Bd. VII, p. 1 und 177, 1875. (Beobachtungen an Steinsalz, bezüglich der Torsion nach den S. 617 erwähnten ungenauen von *Fr. Neumann* herrührenden Formeln berechnet.) Wied. Ann. Bd. 35, p. 642, 1888; Bd. 49, p. 719, 1893.

Wir wollen an die vorstehenden Zahlen einige Bemerkungen anknüpfen. Da die Moduln, mit Druckkomponenten multipliziert, die Deformationsgrößen liefern, so entspricht ein großer (resp. kleiner) Modul einer großen (resp. kleinen) Deformierbarkeit. Die drei untersuchten Salze übertreffen also an Deformierbarkeit erheblich Flußspat und noch mehr Pyrit; letzterer bleibt seinerseits noch unterhalb der widerstandsfähigsten Metalle (Stahl $s_{11} = 5.10^{-10}$ circa).

Der Modul $s_{12}$ mißt nach S. 633 die Querkontraktion eines Zylinders, dessen Achse in eine Hauptachse fällt, bei longitudinalem Zug. Er gilt als der Regel nach negativ: der Querschnitt des Zylinders verkleinert sich bei Längszug. Vorstehende Zusammenstellung ergibt das überraschende Resultat, daß Kristalle vorkommen, bei denen eine Längsdehnung von einer Vergrößerung des Querschnittes begleitet wird.

An Steinsalz, Sylvin, Natriumchlorat hat *Koch*[1]) Beobachtungen von Biegungsmoduln nach der S. 728 beschriebenen Methode mit Stäben von den S. 740 charakterisierten Orientierungen I und II angestellt. Die von ihm erhaltenen Resultate lassen sich, wenn man die bezüglichen Modulwerte in $s_I$ und $s_{II}$ abkürzt, schreiben:

| | | |
|---|---|---|
| Steinsalz | $s_I = 24{,}8.10^{-10}$, | $s_{II} = 29{,}4.10^{-10}$; |
| Sylvin | 24,9 „ | 47,8 „ |
| Natriumchlorat | 24,7 „ | 31,4 „ |

Diese Zahlen liegen den aus obiger Tabelle bei Rücksicht auf die Bedeutung von $s_{II}$ folgenden ziemlich nahe.

*Beckenkamp*[2]) erhielt nach derselben Methode für

| | | |
|---|---|---|
| Kalialaun | $s_I = 55{,}8.10^{-10}$, | $s_{II} = 31{,}4.10^{-10}$, |
| Chromalaun | $= 62{,}3$ „ | $= 56{,}5$ „ — |

Für den Modul $(S)$ der kubischen Kompression erhält man aus den S. 741 zusammengestellten Werten $s_{11}$ und $s_{12}$

| | |
|---|---|
| Flußspat | $(S) = 11{,}61.10^{-10}$, |
| Steinsalz | 40,44 „ |
| Sylvin | 72,45 „ |
| Natriumchlorat | 146,1 „ |
| Pyrit | 11,07 „ |

Der für Steinsalz (NaCl) erhaltene Wert von $(S)$ stimmt mit dem von *Richards* und *Jones* beobachteten und S. 721 aufgeführten

1) *K. R. Koch*, Wied. Ann. Bd. **18**, p. 325, 1883.
2) *J. Beckenkamp*, Zeitschr. f. Krist. Bd. **12**, p. 31, 1887.

sehr gut überein. Um so mehr überrascht die Differenz, die sich bei Sylvin (KCl) ergibt. Etwas besser schließen sich die vorstehenden Zahlen an das S. 720 erwähnte Resultat von *Röntgen* und *Schneider* an, wonach die Differenz der Werte $(S)$ für NaCl und KCl $21{,}4.10^{-10}$ betragen sollte; aber auch hier ist die Übereinstimmung keine voll befriedigende.

Daß natürliche Sylvinkristalle gelegentlich starke elastische Verschiedenheit zeigen, haben direkte Beobachtungen gelehrt.[1]) Es mag also immerhin die Verschiedenartigkeit des bei den verschiedenen Beobachtungen benutzten Materials mitspielen.

Ferner ist daran zu erinnern, daß bei den Kompressionsbeobachtungen von *Richards* und *Jones* enorm starke Drucke, bei den Messungen der Biegungen und Drillung äußerst geringe zur Anwendung kommen, und eine genügende Kontrolle der Proportionalität zwischen Deformationen und Drucken für Sylvin nicht vorliegt.

Wesentlicher kommt aber wohl noch in Betracht, daß sich gemäß der S. 718 allgemein gemachten Bemerkung unter Umständen der Modul $(S)$ aus den Resultaten der Biegungs- und Drillungsbeobachtungen nur sehr ungenau berechnet, und daß ein solcher Fall drastischer Art bei Sylvin vorliegt.

Behält man für die Dehnungsmoduln in zwei speziellen Richtungen die Bezeichnungen $W$ und $G$ von S. 740 bei und nennt den Drillungsmodul für einen parallel einer Hauptachse orientierten Stab $T$, so drückt sich $(S)$ durch diese direkt beobachteten Größen aus, wie folgt,

$$(S) = 3\,(4\,G - (W + T)).$$

Ist nun $4\,G$ nur wenig von $W + T$ verschieden, so ist die Genauigkeit von $(S)$ sehr viel kleiner, als die der direkt beobachteten Größen.

Dieser Fall liegt bei Sylvin vor; hier ist

$$4\,G = 204 \cdot 10^{-10}, \quad W + T = 180 \cdot 10^{-10},$$

die Differenz $24 \cdot 10^{-10}$ ist also nur etwa ein Neuntel von $4\,G$.

Wäre $W$ und $T$ absolut richtig bestimmt, und nur $G$, und nur um ein Prozent unrichtig, so würde hierdurch allein $(S)$ schon um 9% unrichtig; dazu kämen dann die Wirkungen fehlerhafter Bestimmungen von $W$ und $T$, so daß die Unsicherheit von $(S)$ leicht 20% und mehr erreichen könnte. —

Aus den S. 741 angegebenen Moduln $s_{hk}$ folgen gemäß den Formeln (444) nachstehende Werte der

1) *W. Voigt*, Wied. Ann. Bd. 35, p. 655, 1888.

**Elastizitätskonstanten:**

| | | | |
|---|---|---|---|
| Flußspat | $c_{11} = 16{,}7 \cdot 10^8$, | $c_{12} = 4{,}57 \cdot 10^8$, | $c_{44} = 3{,}45 \cdot 10^8$, |
| Steinsalz | 4,77 „ | 1,32 „ | 1,29 „ |
| Sylvin | 3,75 „ | 0,198 „ | 0,655 „ |
| Natriumchlorat | 6,63 „ | − 2,14 „ | 1,22 „ |
| Pyrit | 36,8 „ | − 4,83 „ | 10,75 „ |

Die Konstanten repräsentieren elastische Widerstände, insofern große Zahlwerte kleine Deformierbarkeit ausdrücken, und umgekehrt.

Was die auf der Annahme ungerichteter molekularer Wirkungen beruhenden Relationen (434) angeht, so reduzieren sich dieselben bei dem regulären System auf die einzige

$$c_{12} = c_{44}.$$

Dieselbe ist bei Steinsalz angenähert, bei den andern Kristallen aber ganz und gar nicht erfüllt. Wir haben also bei einer molekularen Theorie auch für das reguläre System von der Richtung abhängige Molekularkräfte zugrunde zu legen; dies leuchtet von vornherein ein, da ohne solche das Wachstum eines Kristalls in seiner individuellen Struktur kaum verständlich ist.

§ 373. **Geometrische Veranschaulichungen.** Gemäß dem S. 737 allgemein Bemerkten soll die Veränderlichkeit des elastischen Verhaltens regulärer Kristalle mit der Richtung durch eine geometrische Konstruktion des allgemeinen Dehnungs- oder Biegungsmoduls $s'_{33}$ und außerdem des Drillungsmoduls $\frac{1}{2}(s'_{44} + s'_{55})$ für einen Kreiszylinder veranschaulicht werden.

Figur 169a stellt für Flußspat den Verlauf von $s'_{33}$ in einer Hauptkoordinatenebene, Figur 169b denjenigen in der Halbierungsebene des Winkels zwischen zwei Koordinatenebenen dar. Gleiches liefern die Figuren 170a u. b für $\frac{1}{2}(s'_{44}+s'_{55})$. Die Kreise sind hinzugefügt, um den Verlauf der Kurven und auch den Maßstab der Darstellung deutlicher zu machen; zu letzterem Zweck ist jeder Figur der Wert des bezüglichen Moduls beigeschrieben, welcher der Länge $R$ des Kreisradius entspricht.

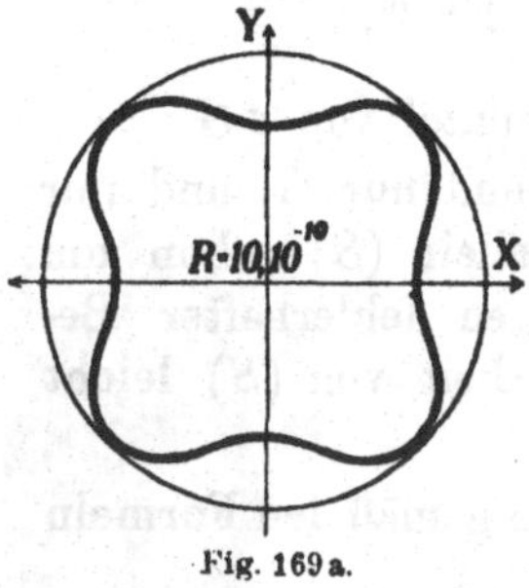

Fig. 169a.

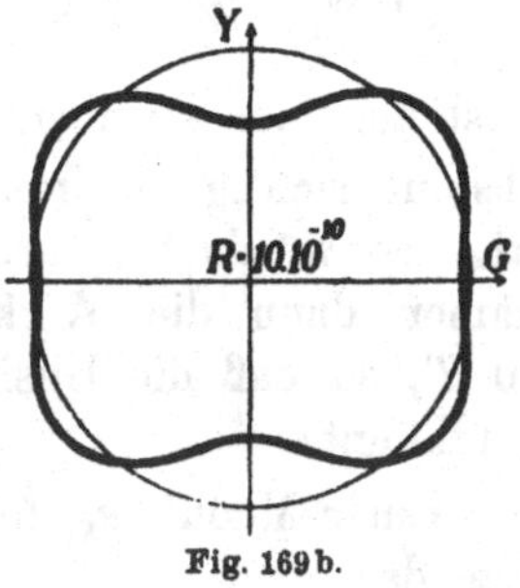

Fig. 169b.

Stellt man von den Kurven (*a*) drei, von denen (*b*) sechs Abbilder dar und fügt sie in den gegenseitigen Positionen der Koordinatenebenen und der Halbierungsebenen der zwischen je zwei von ihnen befindlichen Winkel zusammen, so erhält man dadurch die Gerippe der Oberflächen $s'_{33} = r$ und $\frac{1}{2}(s'_{44} + s'_{55}) = r$. Die erste Oberfläche ähnelt einem abgerundeten Würfel, die zweite einem ebensolchen Oktaeder.

Die Schnitte 169 a u. b haben eine große Ähnlichkeit mit den Kurven für $M_l$ Figur 145 u. 146 auf S. 514, welche nach den Beobachtungen von *Weiß* das ferromagnetische Verhalten von Magnetit

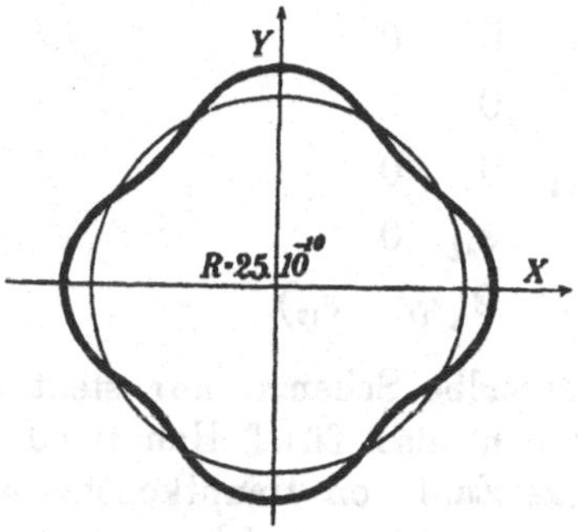


Fig. 170 a.

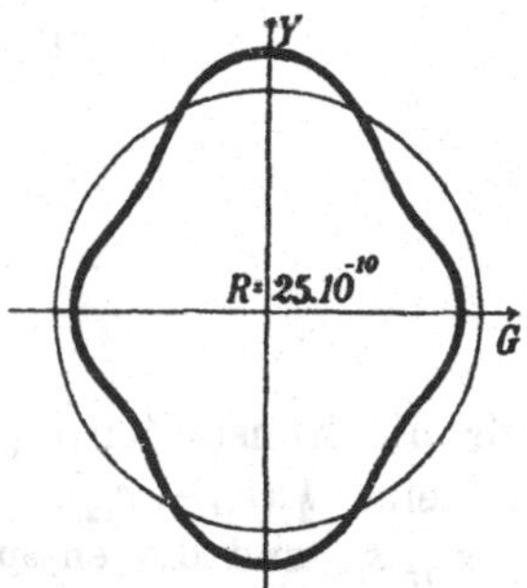


Fig. 170 b.

wiedergeben. Ebenso entspricht die aus ihnen zu bildende Oberfläche unserer Fläche $s'_{33} = r$. Es liegt in der Tat eine innere Verwandtschaft vor. Das longitudinale magnetische Moment folgt nach Formel (372) auf S. 521 in seinen ersten maßgebenden Gliedern bezüglich der Abhängigkeit von der Richtung demselben Gesetz, wie $s'_{33}$.

Endlich ist in Figur 171 die Abhängigkeit des Torsionsmoduls $s'_{55}$ eines Zylinders von sehr gestrecktem elliptischen oder rechteckigen Querschnitt von der Lage der größeren Querdimension dargestellt, falls die Zylinderachse in einer zweizähligen (elastischen) Symmetrieachse des Kristalls, z. B. in der Halbierungslinie des Winkels zwischen der *Y*- und der *Z*-Achse liegt. Der Ausdruck (439) für $s'_{55}$ wird in diesem Falle zu

$$s'_{55} = s_{44} + (2(s_{11} - s_{12}) - s_{44}) \sin^2\varphi,$$

falls $\varphi$ den Winkel zwischen der größeren Querdimension und der *X*-Achse bezeichnet.

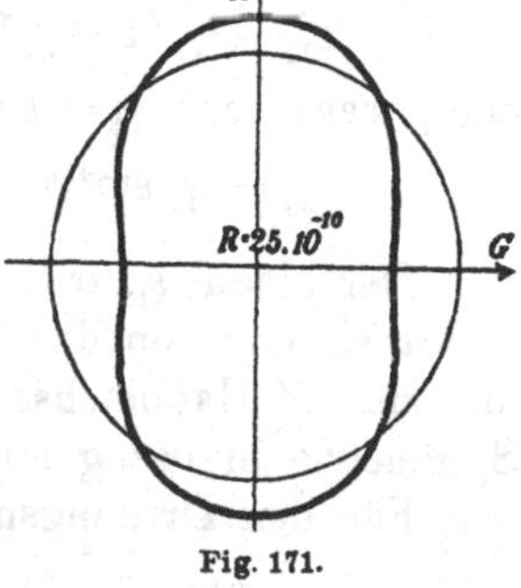


Fig. 171.

Es ist gewiß auffallend, daß die bloße Veränderung der Richtung der größeren Querdimension einen so enormen Einfluß auf den Drillungsmodul übt, wie dies die Figur 171 hervortreten läßt.

Beiläufig mag hervorgehoben werden, daß in dem allgemeinen Ausdruck für $s'_{33}$ und dem vorstehenden speziellen für $s'_{55}$ die drei Hauptmoduln in so viel unabhängigen Kombinationen auftreten, daß das gesamte elastische Verhalten des Kristalls dadurch charakterisiert ist.

§ 374. **Spezielle Formeln für Kristalle des hexagonalen Systems.** Die Hauptmoduln $s_{hk}$ für einen Kristall des hexagonalen Systems bilden nach S. 586 und 588 das Schema

$$\begin{array}{cccccc} s_{11} & s_{12} & s_{13} & 0 & 0 & 0 \\ & s_{11} & s_{13} & 0 & 0 & 0 \\ & & s_{33} & 0 & 0 & 0 \\ & & & s_{44} & 0 & 0 \\ & & & & s_{44} & 0 \\ & & & & & 2(s_{11}-s_{12}). \end{array}$$

Für die Konstanten $c_{hk}$ gilt dasselbe Schema, nur steht in der letzten Reihe $\frac{1}{2}(c_{11}-c_{12})$. Wir haben also fünf Hauptmoduln $s_{11}$, $s_{33}$, $s_{44}$, $s_{13}$, $s_{12}$ und die entsprechende Zahl von Hauptkonstanten.

Wie schon S. 594 bemerkt, und wie unten erneut hervortreten wird, haben die Kristalle des hexagonalen Systems in elastischer Hinsicht rotatorische Symmetrie um die $Z$-Hauptachse; es wäre also an sich gleichgültig, wie man das $XY$-Achsenkreuz in der zur $Z$-Richtung normalen Ebene orientierte. Aus einem bestimmten Grunde wollen wir indessen annehmen, daß die $X$-Achse zwei Kanten der von den Mineralogen eingeführten ersten sechsseitigen Säule verbindet.

Der Ausdruck (428) für den Biegungs- oder Dehnungsmodul in einer Richtung $Z'$ mit den Kosinus $\gamma_1, \gamma_2, \gamma_3$ läßt sich nach dem obigen Schema schreiben

$$s'_{33} = s_{11}(1-\gamma_3^2)^2 + s_{33}\gamma_3^4 + (2s_{13}+s_{44})\gamma_3^2(1-\gamma_3^2)$$

oder, wenn man $\gamma_3 = \cos\psi$ setzt,

$$s'_{33} = s_{11}\sin^4\psi + s_{33}\cos^4\psi + (2s_{13}+s_{44})\cos^2\psi\sin^2\psi. \tag{446}$$

Der Modul $s_{12}$ tritt in diesem Ausdruck gar nicht auf; im übrigen hängt $s'_{33}$ nur von dem Winkel ab, welchen die betrachtete Richtung mit der $Z$-Hauptachse einschließt, entsprechend der rotatorischen Symmetrie in bezug auf diese Achse.

Für den Drillungsmodul $s'_{44}$ ergibt sich nach (429)

$$s'_{44} = s_{44} + (2(s_{11}-s_{12})-s_{44})\alpha_3^2 + 4(s_{11}+s_{33}-2s_{13}-s_{44})\beta_3^2\gamma_3^2,$$

analog auch

$$s'_{55} = s_{44} + (2(s_{11}-s_{12})-s_{44})\beta_3^2 + 4(s_{11}+s_{33}-2s_{13}-s_{44})\alpha_3^2\gamma_3^2. \tag{447}$$

Hierin bezeichnen $\alpha_3$ und $\beta_3$ die Kosinus der Winkel, welche die $B$- und die $D$-Richtung mit der $Z$-Achse einschließen.

Auch in diesen Ausdrücken ist eine rotatorische Symmetrie in bezug auf die $Z$-Achse ausgesprochen; beide Moduln ändern sich nicht, wenn man das $X'Y'Z'$- resp. $BDL$-Achsenkreuz bei ungeänderten Winkeln gegen die $Z$-Achse um diese Achse dreht.

Die störenden Nebenänderungen von S. 725 u. 731 verschwinden für die folgenden, hierdurch zur Beobachtung empfohlenen Orientierungen.

Liegt die Richtung $Z'$ resp. $L$ in der $Z$-Hauptachse, so ist

(I) $$s'_{33} = s_{33}, \quad s'_{44} = s_{44} = s'_{55}.$$

Liegt sie irgendwie normal zur $Z$-Achse, dabei $B$ in der $Z$-Achse, $D$ normal dazu, so wird

(II) $$s'_{33} = s_{11}, \quad s'_{44} = 2(s_{11} - s_{12}), \quad s'_{55} = s_{44};$$

werden die Richtungen von $B$ und $D$ vertauscht (Fall II′), so tauschen auch $s'_{44}$ und $s'_{55}$ ihre Werte aus.

Liegt endlich $L$ um 45° gegen die $Z$-Achse geneigt, $B$ normal dazu, so ergibt sich

(III) $$s'_{33} = \tfrac{1}{4}(s_{11} + s_{33} + s_{44} + 2s_{13}).$$

Werden diese Moduln beobachtet, so genügt das zur Berechnung der Hauptmoduln.

Für den Drillungsmodul eines Kreiszylinders mit einer durch $\gamma_1$, $\gamma_2$, $\gamma_3$ bestimmten Achsenrichtung ergibt sich aus (430)

$$\tfrac{1}{2}(s'_{44} + s'_{55}) = s_{44} + ((s_{11} - s_{12}) - \tfrac{1}{2}s_{44})(1 - \gamma_3^2) + 2(s_{11} + s_{33} - 2s_{13} - s_{44})\gamma_3^2(1 - \gamma_3^2). \tag{448}$$

Die Moduln $S_h$, welche die Wirkung eines allseitig gleichen Druckes messen, nehmen die Werte an

$$S_1 = S_2 = s_{11} + s_{12} + s_{13}, \quad S_3 = s_{33} + 2s_{13}, \quad S_4 = S_5 = S_6 = 0; \tag{449}$$

hieraus folgt als Ausdruck für den kubischen Modul oder die Kompressibilität

$$(S) = 2(s_{11} + s_{12} + 2s_{13}) + s_{33}. \tag{450}$$

Aus den Hauptmoduln berechnen sich die Hauptkonstanten nach den Formeln

$$\left.\begin{aligned} c_{11} + c_{12} &= \frac{s_{33}}{s}, \quad c_{11} - c_{12} = \frac{1}{s_{11} - s_{12}} \\ c_{13} &= \frac{-s_{13}}{s}, \quad c_{33} = \frac{s_{11} + s_{12}}{s}, \quad c_{44} = \frac{1}{s_{44}}, \end{aligned}\right\} \tag{451}$$

wobei
$$s = s_{33}(s_{11} + s_{12}) - 2s_{13}^2.$$

Die Gleichungen für die Bitensor- und die Tensorfläche der Moduln gewinnen nach (436) die Gestalt

$$\pm 1 = s_{11}(x^2 + y^2)^2 + s_{33}z^4 + (2s_{13} + s_{44})z^2(x^2 + y^2),$$
$$\pm 1 = (4s_{13} - s_{44})(x^2 + y^2) + 2(3s_{12} - s_{11})z^2; \qquad (452)$$

beide haben rotatorische Symmetrie um die $Z$-Achse. Für die entsprechenden Flächen der Konstanten gilt analog nach (435)

$$\pm 1 = c_{11}(x^2 + y^2)^2 + c_{33}z^4 + 2(c_{13} + 2c_{44})z^2(x^2 + y^2),$$
$$\pm 1 = (c_{13} - c_{44})(x^2 + y^2) + \tfrac{1}{2}(3c_{12} - c_{11})z^2. \qquad (453)$$

§ 375. **Beobachtungsresultate.** Untersucht wurde bisher von Kristallen des hexagonalen Systemes einzig ein sibirischer Beryll[1]), der knappes, aber im wesentlichen gesundes Material lieferte. Außer der Ableitung der Hauptmoduln und -konstanten wurde eine Prüfung der (zunächst wohl frappierenden) Resultate der Theorie bezüglich der rotatorischen Symmetrie der Ausdrücke (446) und (447) für die Biegungs- und Drillungsmoduln, wie auch bezüglich der Übereinstimmung von $s'_{55}$ in den Fällen (I) und (II) bezweckt. Die Resultate der Beobachtungen entsprachen mit großer Genauigkeit den Forderungen der Theorie.

Die gewonnenen Modulwerte sind

$$s_{11} = 4{,}33.10^{-10}, \quad s_{33} = 4{,}62.10^{-10}, \quad s_{44} = 15{,}00.10^{-10}$$
$$s_{12} = -1{,}34.10^{-10}, \quad s_{13} = -0{,}84.10^{-10};$$

die negativen Werte $s_{12}$ und $s_{13}$ entsprechen einem n o r m a l e n Verhalten der Querdilatation bei einseitigem Druck. Bezüglich der Kleinheit der Deformierbarkeit liegt Beryll in der Nähe von Stahl.

Für seine Kompressibilität ergibt sich nach (450)

$$(S) = 7{,}26.10^{-10}.$$

Die Modulwerte ergeben schließlich für die Hauptkonstanten die folgenden Zahlen:

$$c_{11} = 27{,}5.10^8, \quad c_{33} = 24{,}1.10^8, \quad c_{44} = 6{,}66.10^8$$
$$c_{12} = 9{,}80.10^8, \quad c_{13} = 6{,}74.10^8.$$

Die Molekulartheorie ungerichteter Elementarkräfte würde nach (434) wegen $c_{66} = \frac{1}{2}(c_{11} - c_{12})$ fordern

$$c_{11} = 3c_{12}, \quad c_{13} = c_{44};$$

1) *W. Voigt*, Wied. Ann. Bd. **31**, p. 474, 1887.

die erste Beziehung ist nur roh, die zweite dagegen ziemlich genau erfüllt. Man wird daraus schließen dürfen, daß bei Beryll (ähnlich wie nach S. 744 bei Steinsalz) die molekularen Wechselwirkungen nur in geringem Maße mit der Richtung variieren.

Zur Veranschaulichung des elastischen Verhaltens von Beryll ist in Figur 172 eine Meridiankurve der Oberfläche $s'_{33} = r$, in 173 eine solche der Fläche $\frac{1}{2}(s'_{44} + s'_{55}) = r$ wiedergegeben. Die bezüglichen Oberflächen ergeben sich daraus durch Rotation der Kurven um die $Z$-Achse. Die Kurve, welche das Verhalten des Torsionsmoduls für ein Prisma mit sehr gestrecktem Querschnitt bei Lage der Drillungsachse normal zur $Z$-Hauptachse, aber wechselnder Lage der großen Querdimension darstellt, hat einen ähnlichen Verlauf, wie ihn Figur 171 in einem analogen Falle wiedergibt. —

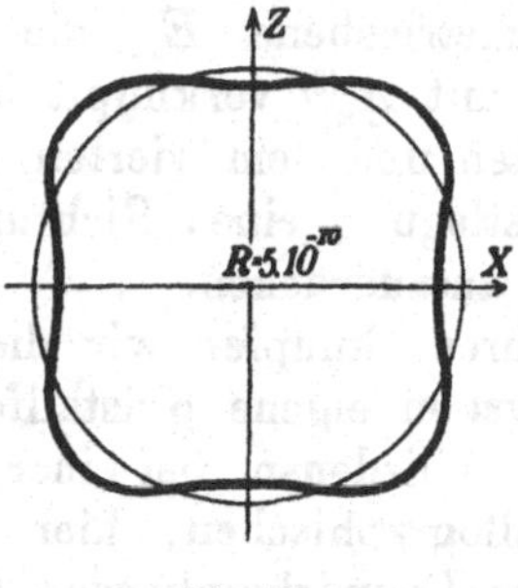

Fig. 172.

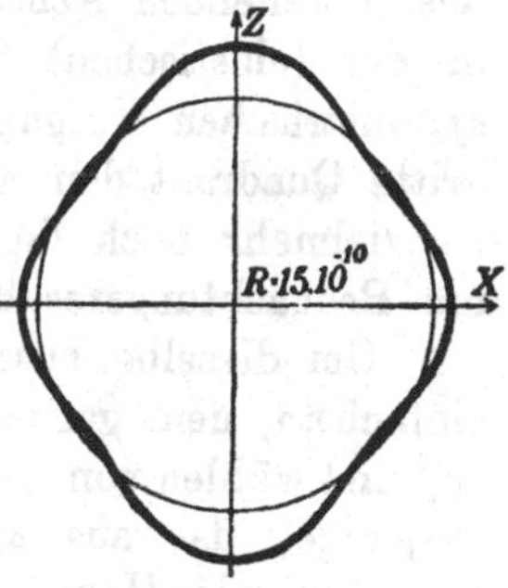

Fig. 173.

Kristalle des **tetragonalen** Systems haben sich bisher noch nicht in der zu elastischen Untersuchungen nötigen Größe und Reinheit auftreiben lassen. Ihre Untersuchung wäre besonders deshalb von Interesse, weil die Theorie bei ihnen im Gegensatz zu den Kristallen des **hexagonalen** Systems **keine** rotatorische Symmetrie des elastischen Verhaltens um die Hauptachse verlangt (nämlich $s_{66}$ von $2(s_{11} - s_{12})$ verschieden zuläßt).

§ 376. **Spezielle Formeln für Kristalle des trigonalen Systems. (I. Abteilung.)** Das Schema der Hauptmoduln für die erste Abteilung des trigonalen Systems ergibt sich nach S. 585 und 588 zu

$$\begin{array}{cccccc} s_{11} & s_{12} & s_{13} & s_{14} & 0 & 0 \\ & s_{11} & s_{13} & -s_{14} & 0 & 0 \\ & & s_{33} & 0 & 0 & 0 \\ & & & s_{44} & 0 & 0 \\ & & & & s_{44} & 2s_{14} \\ & & & & & 2(s_{11}-s_{12}). \end{array}$$

Das Schema der Hauptkonstanten lautet analog, nur steht in den beiden letzten Reihen resp. $c_{44}$, $c_{14}$ und $\frac{1}{2}(c_{11} - c_{12})$.

Die unabhängigen Moduln sind also

$$s_{11},\ s_{33},\ s_{44},\quad s_{12},\ s_{13},\ s_{14};$$

die Konstanten entsprechen ihnen.

Durch die in der Symmetrieformel $(A_z^{(3)}, A_x^{(2)})$ resp. $(CA_z^3 E_x)$ ausgedrückte Verfügung über die Hauptkoordinatenachsen ist die Lage des betreffenden Achsenkreuzes noch nicht eindeutig festgestellt. Da in der (elastischen) Symmetrieebene $E_x$, die wegen des zentrisch symmetrischen Vorganges mit $A_x^{(2)}$ verknüpft ist, der erste und der dritte Quadrant dem zweiten und dem vierten ungleichwertig ist, so ist vielmehr noch die Festlegung eines Richtungssinnes erforderlich, um Beobachtungsresultate auszudrücken.

Um dieselbe auszuführen, knüpfen wir die Betrachtung an die einfachste, dem ganzen System eigene Kristallform, das Rhomboeder an, und wählen von den verschiedenen, bei einer Substanz auftretenden dasjenige, das aus kristallographischen, hier nicht zu erörternden Ursachen als Haupt- oder Grundrhomboeder $(+R)$ hervorgehoben wird. Es ist dies z. B. bei Kalkspat das Spaltungsrhomboeder, bei Quarz das in der gewöhnlichen Kristallform Figur 158 S. 702 der Regel nach hervorragend ausgebildete. Wir denken bei Kristallen mit zweiseitiger $Z$-Achse eine beliebige Seite, bei solchen mit polarer $Z$-Achse die S. 229 definierte analoge Seite der dreizähligen Hauptachse zur $+Z$-Richtung gewählt und legen nun das $XY$-Achsenkreuz so, daß die $+Y$-Richtung aus der Mitte einer der um die $+Z$-Achse gruppierten Rhomboederflächen $(+R)$ austritt.

Diese Orientierung des Hauptachsenkreuzes gegen das Grundrhomboeder wollen wir weiterhin voraussetzen. —

Der Ausdruck (428) für den Biegungsmodul nimmt nach dem Modulschema auf S. 749 nun die Gestalt an

$$\begin{aligned} s'_{33} = s_{11}(1-\gamma_3^2)^2 + s_{33}\gamma_3^4 + (2s_{13}+s_{44})\gamma_3^2(1-\gamma_3^2) \\ + 2s_{14}\gamma_2\gamma_3(3\gamma_1^2-\gamma_2^2); \end{aligned} \tag{454}$$

er unterscheidet sich von dem für das hexagonale System gültigen (446) durch das letzte Glied, welches die dort vorhandene rotatorische Symmetrie aufhebt. Nur für Richtungen normal zur Hauptachse, für welche $\gamma_3 = 0$ ist, bleibt letztere Symmetrie auch jetzt bestehen.

Für die einem rechteckigen (oder elliptischen) Querschnitt entsprechenden Drillungsmoduln ergibt sich aus (429)

$$\begin{aligned} s'_{44} = s_{44} + (2(s_{11}-s_{12})-s_{44})\alpha_3^2 + 4(s_{11}+s_{33}-2s_{13}-s_{44})\beta_3^2\gamma_3^2 \\ + 4s_{14}[(3\beta_1\gamma_1-\beta_2\gamma_2)(\gamma_2\beta_3+\beta_2\gamma_3)-\alpha_2\alpha_3], \end{aligned} \tag{455}$$

$$\begin{aligned} s'_{55} = s_{44} + (2(s_{11}-s_{12})-s_{44})\beta_3^2 + 4(s_{11}+s_{33}-2s_{13}-s_{44})\alpha_3^2\gamma_3^2 \\ + 4s_{14}[(3\alpha_1\gamma_1-\alpha_2\gamma_2)(\gamma_2\alpha_3+\alpha_2\gamma_3)-\beta_2\beta_3]. \end{aligned}$$

Diese Ausdrücke stehen zu den für das hexagonale System geltenden in dem analogen Zusammenhang, wie das bezüglich $s'_{33}$ bemerkt ist.

Was spezielle zur Beobachtung sich empfehlende Orientierungen der Präparate angeht, so ist wieder daran zu erinnern, daß für solche die S. 725 u. 731 besprochenen Nebenänderungen (Biegungen bei Drillung und umgekehrt) verschwinden müssen. Die $YZ$-Ebene ist elastische Symmetrieebene; Stäbe, deren Achsen ihr parallel liegen, und die in dieser Ebene gebogen werden, entsprechen nach S. 727 der gestellten Anforderung.

Liegt die Stabachse in der $YZ$-Ebene, so ist

$$\gamma_1 = 0 \quad \text{und} \quad \gamma_2^2 + \gamma_3^2 = 1.$$

Setzt man also

$$\gamma_3 = \cos\psi, \quad \gamma_2 = \sin\psi$$

so ergibt sich aus (454)

$$s'_{33} = s_{11} \sin^4\psi + s_{33} \cos^4\psi + (2s_{13} + s_{44}) \cos^2\psi \sin^2\psi \qquad (456)$$
$$- 2s_{14} \cos\psi \sin^3\psi.$$

Es lassen sich somit alle überhaupt durch Biegungsbeobachtungen zu gewinnenden Modulaggregate mit Hilfe von Stäben ableiten, deren Achsen in der $YZ$-Symmetrieebene liegen.

Liegt die Stabachse in der zur Symmetrieebene normalen Ebene $XZ$, so ist $\gamma_2 = 0$; hier gilt also die Formel (454) bei Beseitigung des letzten Gliedes. Zu einer Prüfung des oben erwähnten Resultates der Theorie, wonach $s'_{33}$ in der $XY$-Ebene rotatorische Symmetrie besitzt, empfiehlt sich die Beobachtung der Biegung an Präparaten, deren Achse in der $X$-Hauptachse liegt.

Die Fälle, auf welche die Torsionsformel von S. 734 anwendbar ist, sind diejenigen, daß die Stabachse entweder in die dreizählige Hauptachse ($Z$) oder in eine zweizählige Nebenachse ($X$) fällt. Dabei ist in Erinnerung zu bringen, daß in beiden Fällen eine Annäherungsbetrachtung zu jener Formel führte, und letztere demgemäß einer experimentellen Prüfung bedarf.

Diese Prüfung läßt sich dadurch ausführen, daß man mehrere Stäbe in gleicher Orientierung aller drei Kanten $B, D, L$ beobachtet, bei denen das Verhältnis $D/B$ variiert. Diese Prüfung ist bei verschiedenen Kristallen, die reichliches und gesundes Material lieferten, durchgeführt und hat zu einer vollständigen Bestätigung der theoretischen Resultate geführt.

Ist der Stab mit seinen Kanten $B, D, L$ parallel zu $X, Y, Z$ oder zu $Y, X, Z$ orientiert, so wird übereinstimmend

(I) $$s'_{44} = s'_{55} = s_{44}.$$

Liegt $L$ parallel $X$, $D$ parallel $Y$, $B$ parallel $Z$, so ist

(II) $$s_{44}' = 2(s_{11} - s_{12}), \quad s_{55}' = s_{44};$$

liegt $L$ parallel $X$, $B$ parallel $Y$, $D$ parallel $Z$, so gilt

(II') $$s_{44}' = s_{44}, \quad s_{55}' = 2(s_{11} - s_{12}).$$

Man kann hiernach durch Drillungsbeobachtungen der beschriebenen Art $s_{44}$ und $s_{11} - s_{12}$ bestimmen; nimmt man hinzu die durch Biegungsbeobachtungen zu gewinnenden Ausdrücke

$$s_{11}, \quad s_{33}, \quad 2s_{13} + s_{44}, \quad s_{14},$$

so ergibt sich die Möglichkeit der Ableitung sämtlicher sechs Hauptmoduln.

Für den Torsionsmodul eines Kreiszylinders folgt aus (430)

$$\begin{aligned} \tfrac{1}{2}(s_{44}' + s_{55}') = s_{44} &+ ((s_{11} - s_{12}) - \tfrac{1}{2}s_{44})(1 - \gamma_3{}^2) \\ &+ 2(s_{11} + s_{33} - 2s_{13} - s_{44})\gamma_3{}^2(1 - \gamma_3{}^2) \\ &- 4s_{14}\gamma_2\gamma_3(3\gamma_1{}^2 - \gamma_2{}^2). \end{aligned} \tag{457}$$

Die Moduln $S_h$, welche die Einwirkung eines allseitig gleichen Druckes messen, werden zu

$$S_1 = S_2 = s_{11} + s_{12} + s_{13}, \quad S_3 = s_{33} + 2s_{13}, \quad S_4 = S_5 = S_6 = 0; \tag{458}$$

der kubische Modul ist

$$(S) = 2(s_{11} + s_{12} + 2s_{13}) + s_{33}. \tag{459}$$

Diese Ausdrücke unterscheiden sich nicht von den für das hexagonale System gültigen.

Zur Berechnung der Hauptkonstanten aus den Moduln führen die Formeln

$$\begin{aligned} c_{11} + c_{12} &= \frac{s_{33}}{s}, & c_{11} - c_{12} &= \frac{s_{44}}{s'}, \\ c_{13} &= \frac{-s_{13}}{s}, & c_{14} &= \frac{-s_{14}}{s'}, \\ c_{33} &= \frac{s_{11} + s_{12}}{s}, & c_{44} &= \frac{s_{11} - s_{12}}{s'}, \end{aligned} \tag{460}$$

wobei

$$s = s_{33}(s_{11} + s_{12}) - 2s_{13}^2, \quad s' = s_{44}(s_{11} - s_{12}) - 2s_{14}^2.$$

Die Gleichungen der beiden Modulflächen lauten

$$\begin{aligned} \pm 1 = s_{11}(x^2 + y^2)^2 + s_{33}z^4 &+ (2s_{13} + s_{44})z^2(x^2 + y^2) \\ &+ 2s_{14}yz(3x^2 - y^2), \\ \pm 1 = (4s_{13} - s_{44})(x^2 + y^2) &+ 2(3s_{12} - s_{11})z^2; \end{aligned} \tag{461}$$

die der Konstantenflächen hingegen

$$\pm 1 = c_{11}(x^2+y^2)^2 + c_{33}z^4 + 2(c_{13}+2c_{44})z^2(x^2+y^2)$$
$$+ 4c_{14}yz(3x^2-y^2), \tag{462}$$
$$\pm 1 = (c_{13}-c_{44})(x^2+y^2) + \tfrac{1}{2}(3c_{12}-c_{11})z^2.$$

§ 377. **Beobachtungsresultate.** Der Beobachtung sind von Kristallen des trigonalen Systems bisher unterzogen worden[1]): Kalkspat (Isländischer Doppelspat), Quarz (Bergkristall aus brasilianischem Geschiebe), Turmalin (tiefgrün, aus Brasilien), Eisenglanz (aus Norwegen, dasselbe Vorkommen, mit dem *Bäckström* seine S. 344, 377 und 547 beschriebenen thermischen und elektrischen Beobachtungen angestellt hat.) Das Material der drei ersten Mineralien war tadellos und reichlich, das von Eisenglanz war kärglicher und nicht ganz ohne Störungen.

Die Resultate bezüglich der Moduln sind nachstehend zusammengestellt.

Elastizitätsmoduln:

| | | | |
|---|---|---|---|
| Kalkspat | $s_{11} = 11{,}14 . 10^{-10}$, | $s_{33} = 17{,}13 . 10^{-10}$, | $s_{44} = 39{,}52 . 10^{-10}$, |
| Quarz | 12,73 „ | 9,71 „ | 19,66 „ |
| Turmalin | 3,91 „ | 6,12 „ | 14,84 „ |
| Eisenglanz | 4,33 „ | 4,35 „ | 11,70 „ |

| | | | |
|---|---|---|---|
| Kalkspat | $s_{12} = -3{,}67 . 10^{-10}$, | $s_{13} = -4{,}24 . 10^{-10}$, | $s_{14} = +8{,}98 . 10^{-10}$, |
| Quarz | −1,63 „ | −1,49 „ | −4,23 „ |
| Turmalin | −1,01 „ | −0,16 „ | +0,57 „ |
| Eisenglanz | −1,00 „ | −0,23 „ | +0,78 „ |

Für die Deformationsmoduln $S_h$ bei allseitig gleichem Druck und die Kompressibilität $(S)$ ergibt sich hieraus die folgende Tabelle

| | | | |
|---|---|---|---|
| Kalkspat | $S_1 = S_2 = 3{,}23 . 10^{-10}$, | $S_3 = 8{,}65 . 10^{-10}$, | $(S) = 15{,}11 . 10^{-10}$, |
| Quarz | 9,61 „ | 6,73 „ | 25,95 „ |
| Turmalin | 2,74 „ | 5,80 „ | 11,28 „ |
| Eisenglanz | 3,10 „ | 3,89 „ | 10,09 „ |

1) *W. Voigt*, Wied. Ann. Bd. **31**, p. 474, 1887; Bd. **39**, p. 412, 1890 (betrifft Kalkspat unter Heranziehung neuerer Beobachtungen von *G. Baumgarten*); Bd. **41**, p. 712, 1890; Ann. d. Phys. Bd. **22**, p. 129, 1907.

Hieraus würde sich für Quarz eine beträchtlich größere Kompressibilität ergeben, als für Kalkspat, was wohl unerwartet ist und jedenfalls zeigt, daß man von der Härte des Kristalls keinen Schluß auf dessen Deformierbarkeit ziehen darf.

Elastizitätskonstanten:

| | | | |
|---|---|---|---|
| Kalkspat | $c_{11} = 13{,}97 \cdot 10^8$, | $c_{33} = 8{,}12 \cdot 10^8$, | $c_{44} = 3{,}49 \cdot 10^8$, |
| Quarz | 8,68 „ | 10,75 „ | 5,82 „ |
| Turmalin | 27,54 „ | 16,38 „ | 6,80 „ |
| Eisenglanz | 24,7 „ | 23,2 „ | 8,7 „ |

| | | | |
|---|---|---|---|
| Kalkspat | $c_{12} = +4{,}65 \cdot 10^8$, | $c_{13} = +4{,}60 \cdot 10^8$, | $c_{14} = -2{,}12 \cdot 10^8$, |
| Quarz | + 0,71 „ | + 1,44 „ | + 1,72 „ |
| Turmalin | + 7,04 „ | + 0,90 „ | − 0,79 „ |
| Eisenglanz | + 5,6 „ | + 1,6 „ | − 1,3 „ |

Diese Zahlen geben wiederum Aufschluß darüber, inwieweit die Wechselwirkungen zwischen den Molekülen, auf welchen die im II. Abschnitt auseinandergesetzte Theorie der Elastizität beruht, mit der Richtung variieren. Wirkungen von kugeliger Symmetrie würden nach (434) die Beziehungen fordern

$$c_{13} = c_{44}, \quad c_{11} = 3c_{12}.$$

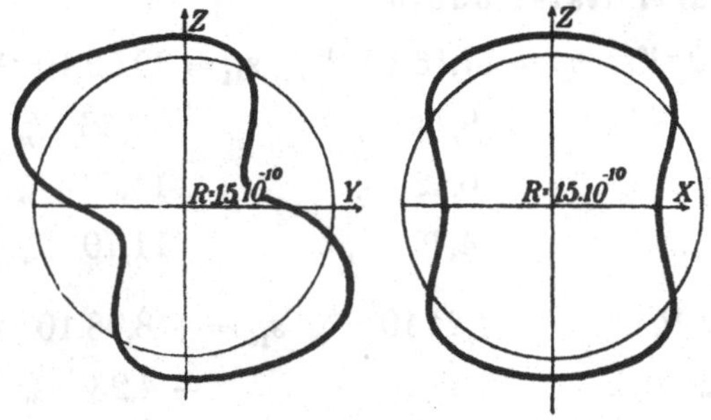


a Fig. 174. b

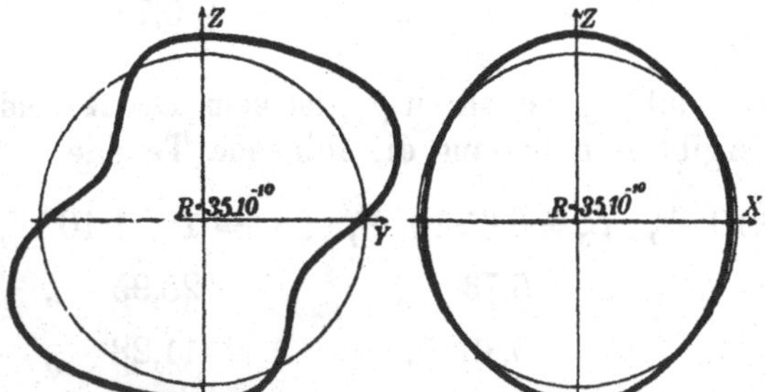


a Fig. 175. b

Die Abweichungen der beobachteten Werte von diesen Formeln sind im allgemeinen sehr stark; doch kommen auch einzelne Fälle angenäherter Übereinstimmung vor; so erfüllt Kalkspat z. B. die Beziehung $c_{11} = 3c_{12}$ sehr genau.

Zur Veranschaulichung der elastischen Eigenschaften von einigen der untersuchten Kristalle werden nachstehend wieder spezielle Schnittkurven von Modulflächen mitgeteilt, und zwar für zwei Kristalle, die sich auffallend verschieden verhalten, nämlich für Kalkspat und Turmalin. Ersterer gibt sehr stark, letzterer relativ schwach mit der Richtung variierende Verhältnisse.

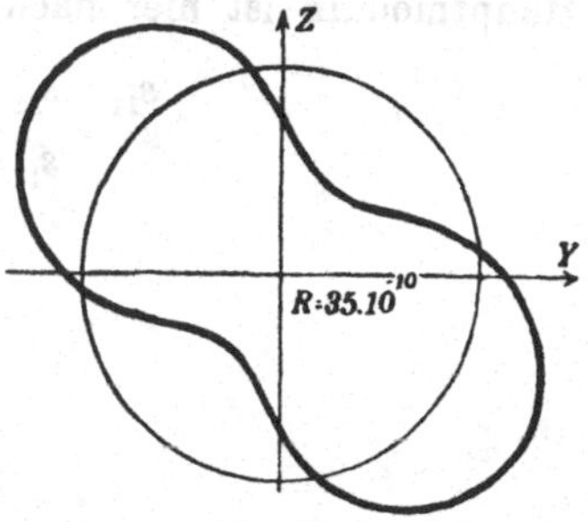

Fig. 176.

Figur 174a u. b stellen für Kalkspat den Verlauf der Funktion $s'_{33} = r$ in der $YZ$- und $XZ$-Ebene dar, Figur 175a u. b analog denjenigen von $\frac{1}{2}(s'_{44} + s'_{55}) = r$. Figur 176 gibt das Gesetz des Drillungsmoduls $s'_{55}$, wenn die Längsachse $Z'$ des Präparates in die $X$-Achse fällt, und die große Querdimension wechselnde Lage gegen den Kristall hat. Figur 177—179 geben das Analoge für Turmalin. Die Gesetze für $s_{33}$ und $\frac{1}{2}(s'_{44} + s'_{55})$ sind in (428) und (430) enthalten; das Gesetz für $s'_{55}$ unter den gemachten Voraussetzungen folgt aus (429) wegen

$$\gamma_1 = 1, \; \gamma_2 = \gamma_3 = 0$$

zu

$$s'_{55} = s_{44} + (2(s_{11} - s_{12}) - s_{44})\beta_3^{\,2} - 4 s_{14}\beta_2\beta_3,$$

wobei $\beta_2$ und $\beta_3$ die Richtungskosinus der $D$-Dimension gegen die $Y$- und die $Z$-Achse bezeichnen.

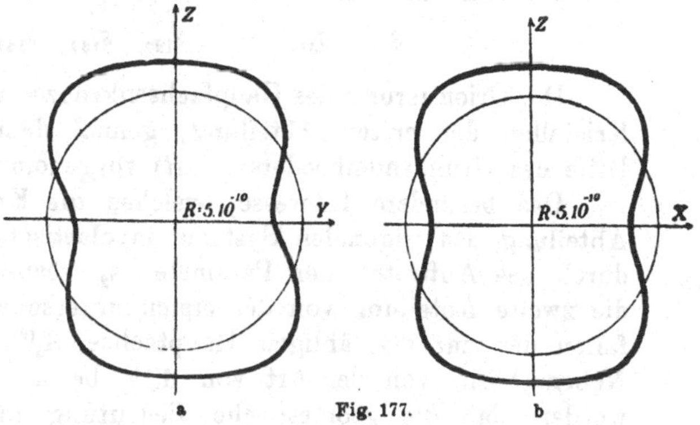

Fig. 177.

Das Gerippe der Oberflächen $s'_{33} = r$ und $\frac{1}{2}(s'_{44} + s'_{55}) = r$ erhält man, indem man von den Kurven $a$ drei Abbilder in um 120° gegeneinander

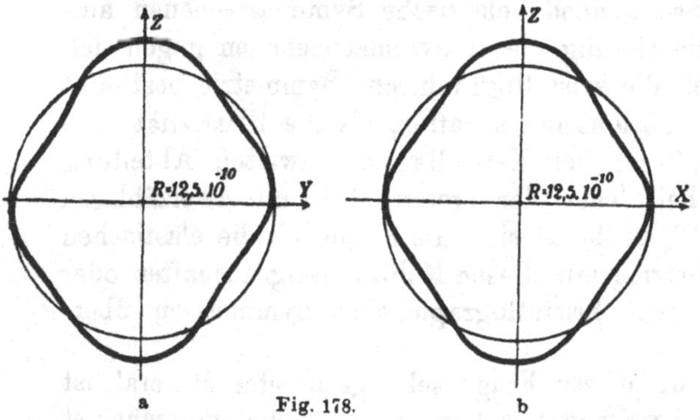

Fig. 178.

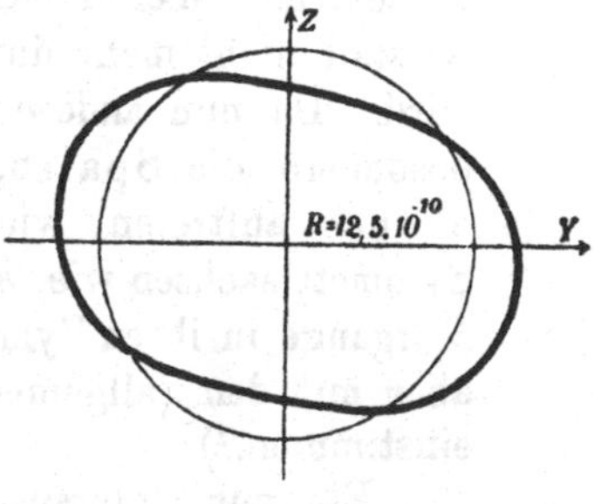

Fig. 179.

gedrehten Positionen zusammenfügt und zwischen sie drei Abbilder der $b$-Kurven bringt. Die Oberflächen ähneln abgerundeten Rhomboedern.

§ 378. **Nachweis der spezifischen elastischen Symmetrien für Kristalle des trigonalen Systems (II. Abteilung).** Das Schema der Hauptmoduln ist hier nach S. 586 und 588

$$\begin{array}{cccccc} s_{11} & s_{12} & s_{13} & s_{14} & -s_{25} & 0 \\ & s_{11} & s_{13} & -s_{14} & s_{25} & 0 \\ & & s_{33} & 0 & 0 & 0 \\ & & & s_{44} & 0 & 2s_{25} \\ & & & & s_{44} & 2s_{14} \\ & & & & & 2(s_{11}-s_{12}). \end{array}$$

Das Schema der Hauptkonstanten ist im wesentlichen dasselbe, nur steht in der letzten Kolonne an Stelle von $2s_{25}$, $2s_{14}$, $2(s_{11}-s_{12})$ resp. $c_{25}$, $c_{14}$, $\frac{1}{2}(c_{11}-c_{12})$.

Die Schemata enthalten sieben Parameter, z. B. also

$$s_{11}, \quad s_{33}, \quad s_{44}, \quad s_{12}, \quad s_{13}, \quad s_{14}, \quad s_{25}.$$

Die Orientierung des Hauptachsenkreuzes mag ebenso, wie bei den Kristallen der ersten Abteilung, gemäß dem S. 750 Gesagten, mit Hilfe des Grundrhomboeders $(+R)$ vorgenommen gedacht werden.

Das besondere Interesse, welches die Kristalle dieser (zweiten) Abteilung des trigonalen Systems in elastischer Hinsicht bieten, ist durch das Auftreten der Parameter $s_{25}$ resp. $c_{25}$ bezeichnet, welches die zweite Abteilung von der ersten unterscheidet und auf dem Ausfallen der zur dreizähligen Hauptachse $A_z^{(3)}$ normalen zweizähligen Nebenachsen (von der Art von $A_x^{(2)}$) beruht. S. 594 ist ausgeführt worden, daß die geometrische Bedeutung dieses Parameters dahin geht, daß die Kristalle der zweiten Abteilung zwar dieselben elastischen Erscheinungen zeigen, wie diejenigen der ersten Abteilung, also auch drei durch die Hauptachse gehende elastische Symmetrieebenen aufweisen, daß aber die Orientierung dieser Symmetrieebenen gegen den Kristall nicht mehr durch die kristallographische Symmetrie bestimmt wird. Da nun andere Kohäsionseigenschaften, als die Elastizität, insbesondere die Spaltbarkeit, bei Kristallen der zweiten Abteilung ebenso auftreten, wie bei denen der ersten, d. h. mit zweizähligen Symmetrieachsen wie $A_x^{(2)}$, so bietet sich die Frage, ob die elastischen Vorgänge in ihren Symmetrien mit diesen Kohäsionseigenschaften oder aber mit den (allgemeineren) kristallographischen Symmetrien übereinstimmen.[1])

Ein zur Untersuchung dieser Frage sehr geeignetes Mineral ist Dolomit, über den S. 265 bereits gesprochen ist. Derselbe unterscheidet

1) *W. Voigt*, Wied. Ann. Bd. **40**, p. 642, 1890.

sich in seinen Spaltungsverhältnissen anscheinend gar nicht von dem der ersten Abteilung zugehörigen Kalkspat; das gelegentliche Auftreten gewisser Zuschärfungsflächen (s. Fig. 110 auf S. 265), wie auch der Habitus der Ätzfiguren (s. S. 109) läßt aber seine Zugehörigkeit zu der zweiten Abteilung erkennen.

Es war nicht möglich, von diesem Mineral Material zu beschaffen, welches zu einer Bestimmung sämtlicher elastischen Parameter ausgereicht hätte; auch war es nicht angängig, Präparate herzustellen, welche nach S. 725 reine Biegungen gestatteten; doch gelang es mit hinreichender Sicherheit, die oben gestellte prinzipielle Frage dahin zu beantworten, daß die elastischen Verhältnisse von Dolomit der Symmetrie des Spaltungsrhomboeders nicht entsprechen.

Über die Methode der Beobachtung ist kurz folgendes zu berichten.

Der allgemeine Ausdruck für den Biegungsmodul lautet hier nach (428)

$$\begin{aligned} s'_{33} = s_{11}(1-\gamma_3^2)^2 + s_{33}\gamma_3^4 + (2s_{13}+s_{44})\gamma_3^2(1-\gamma_3^2) \\ + 2s_{14}\gamma_2\gamma_3(3\gamma_1^2-\gamma_2^2) + 2s_{25}\gamma_1\gamma_3(3\gamma_2^2-\gamma_1^2). \qquad (463) \end{aligned}$$

Das Material gestattete aber nur die Herstellung von Stäben, deren Längsrichtungen sämtlich in einer um $-45^0$ gegen die $XY$-(Äquatorial-) Ebene geneigten und zur $YZ$-Ebene normalen Ebene lagen.

Für alle Richtungen in einer solchen Ebene ist nun

$$\gamma_2 + \gamma_3 = 0 \quad \text{also} \quad \gamma_1^2 + 2\gamma_3^2 = 1,$$

und wenn man den Winkel $\varphi$ einführt, welchen eine dieser Richtungen mit der $X$-Achse einschließt, so gilt

$$\gamma_1 = \cos\varphi, \quad \gamma_3 = \frac{1}{\sqrt{2}}\sin\varphi = -\gamma_2.$$

Hiernach liefert (463) für die in Frage stehenden Richtungen das Gesetz

$$\begin{aligned} s'_{33} = s_{11} - (s_{11} + 3s_{14} - s_{13} - \tfrac{1}{2}s_{44})\sin^2\varphi \\ + (s_{11} + s_{33} - 2s_{13} - s_{44} + 14s_{14})\tfrac{1}{4}\sin^4\varphi \qquad (464) \\ + s_{25}\tfrac{1}{2}\sqrt{2}(5\sin^2\varphi - 2)\cos\varphi\sin\varphi. \end{aligned}$$

Das letzte Glied desselben unterscheidet die Formel von dem für Kristalle der ersten Abteilung geltenden Ausdruck. Die ersten drei Glieder besitzen eine Symmetrie in bezug auf die zur $X$-Achse parallele und die dazu normale Richtung, das letzte Glied zerstört dieselbe; seine Existenz ist also nachgewiesen, wenn zwei Gattungen von Stäben, deren Längsachsen in der beschriebenen Ebene und in zur

X-Achse symmetrischen Orientierungen liegen, verschiedene Biegungsmoduln liefern.

Die an Dolomit angestellten Messungen haben dies Resultat ergeben; somit stimmt in der Tat bei diesem Material die Symmetrie der Spaltungsflächen nicht mit der elastischen Symmetrie überein.

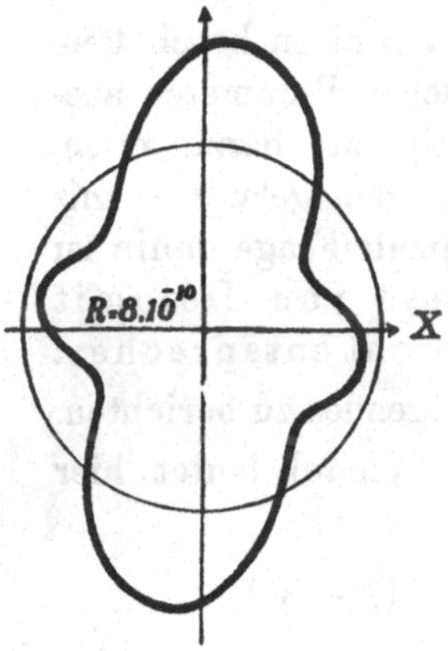


Fig. 180.

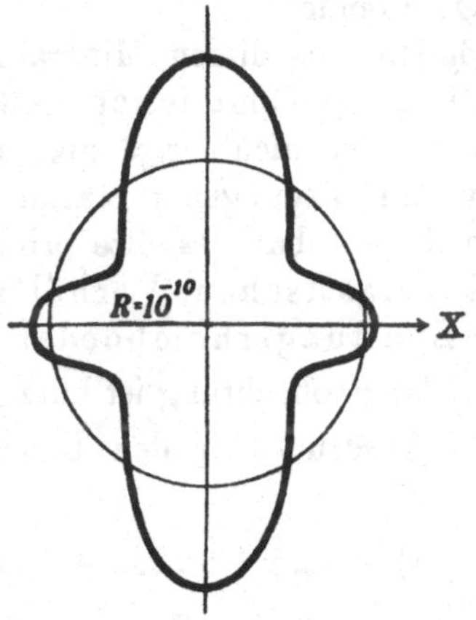


Fig. 181.

Um dies Ergebnis direkt anschaulich zu machen, sind in Fig. 180 u. 181 die Kurven $r = s'_{33}$ nach der Formel (464) zunächst für Dolomit und sodann für Kalkspat mit den aus den Beobachtungen folgenden Parametern konstruiert. Man erkennt, wie die Kurve $r = s'_{33}$ für Kalkspat zwei Symmetrielinien parallel und normal zur $X$-Achse besitzt, diejenige für Dolomit aber nicht.

§ 379. **Spezielle Formeln für Kristalle des rhombischen Systems.** Das System der Hauptmoduln für einen Kristall des rhombischen Systems lautet nach 585 und 588

$$\begin{matrix} s_{11} & s_{12} & s_{13} & 0 & 0 & 0 \\ & s_{22} & s_{23} & 0 & 0 & 0 \\ & & s_{33} & 0 & 0 & 0 \\ & & & s_{44} & 0 & 0 \\ & & & & s_{55} & 0 \\ & & & & & s_{66} \end{matrix}$$

und das der Hauptkonstanten ist ihm genau gleich. Wir haben sonach neun Moduln

$$s_{11},\ s_{22},\ s_{33},\ s_{44},\ s_{55},\ s_{66},\ s_{23},\ s_{31},\ s_{12}$$

und die entsprechenden Konstanten. Trotz der großen Zahl der Parameter liegen hier die Verhältnisse für die Beobachtung relativ einfach.

Das Gesetz des Biegungsmoduls wird nach (428)

$$s'_{33} = s_{11}\gamma_1^4 + s_{22}\gamma_2^4 + s_{33}\gamma_3^4 \tag{465}$$
$$+ (2s_{23} + s_{44})\gamma_2^2\gamma_3^2 + (2s_{31} + s_{55})\gamma_3^2\gamma_1^2 + (2s_{12} + s_{66})\gamma_1^2\gamma_2^2,$$

dasjenige des Drillungsmoduls nach (429)

$$\begin{aligned} s_{44}' = & \, 4\,(s_{11}\beta_1^2\gamma_1^2 + s_{22}\beta_2^2\gamma_2^2 + s_{33}\beta_3^2\gamma_3^2) \\ & + 8\,(s_{23}\beta_2\gamma_2\beta_3\gamma_3 + s_{31}\beta_3\gamma_3\beta_1\gamma_1 + s_{12}\beta_1\gamma_1\beta_2\gamma_2) \qquad (466) \\ & + s_{44}(\beta_2\gamma_3 + \gamma_2\beta_3)^2 + s_{55}(\beta_3\gamma_1 + \gamma_3\beta_1)^2 + s_{66}(\beta_1\gamma_2 + \gamma_1\beta_2)^2, \end{aligned}$$

während $s_{55}'$ hieraus durch Vertauschung von $\beta$ mit $\alpha$ folgt.

Für Beobachtungen von Biegung und Drillung empfehlen sich in erster Linie diejenigen Orientierungen, bei denen die Kanten des prismatischen Präparates sämtlich mit zweizähligen Hauptachsen zusammenfallen, und bei denen die störenden Nebenänderungen verschwinden.

Wir erhalten auf diese Weise sechs Orientierungen, die wir nach der Lage der Längsrichtung des Präparates ordnen. So ergibt sich folgende Tabelle.

(I) $L \parallel X, \quad B \parallel Y, \quad D \parallel Z:$

$$s_{33}' = s_{11}, \quad s_{44}' = s_{66}, \quad s_{55}' = s_{55};$$

(I′) $L \parallel X, \quad B \parallel Z, \quad D \parallel Y:$

$$s_{33}' = s_{11}, \quad s_{44}' = s_{55}, \quad s_{55}' = s_{66};$$

(II) $L \parallel Y, \quad B \parallel Z, \quad D \parallel X:$

$$s_{33}' = s_{22}, \quad s_{44}' = s_{44}, \quad s_{55}' = s_{66};$$

(II′) $L \parallel Y, \quad B \parallel X, \quad D \parallel Z:$

$$s_{33}' = s_{22}, \quad s_{44}' = s_{66}, \quad s_{55}' = s_{44},$$

(III) $L \parallel Z, \quad B \parallel X, \quad D \parallel Y:$

$$s_{33}' = s_{33}, \quad s_{44}' = s_{55}, \quad s_{55}' = s_{44};$$

(III′) $L \parallel Z, \quad B \parallel Y, \quad D \parallel X:$

$$s_{33}' = s_{33}, \quad s_{44}' = s_{44}, \quad s_{55}' = s_{55}.$$

Die Drillungen sind dabei streng nach den Formeln von S. 734 zu berechnen.

Zu Beobachtungen von Biegungen empfehlen sich weiter durch das Fehlen der Nebenwirkungen Orientierungen, bei denen $B$ in eine Hauptachse fällt, und $L$ resp. $D$ in der Ebene der dazu normalen Achsen liegen. Hier gilt

(IV) $B \parallel X, \quad \gamma_2^2 + \gamma_3^2 = 1:$

$$s_{33}' = s_{22}\,\gamma_2^4 + s_{33}\,\gamma_3^4 + (2s_{23} + s_{44})\,\gamma_2^2\gamma_3^2;$$

(V) $B \parallel Y, \quad \gamma_3^2 + \gamma_1^2 = 1:$

$$s'_{33} = s_{33}\,\gamma_3^4 + s_{11}\,\gamma_1^4 + (2s_{31} + s_{55})\,\gamma_3^2\gamma_1^2;$$

(VI) $B \parallel Z, \quad \gamma_1^2 + \gamma_2^2 = 1:$

$$s'_{33} = s_{11}\,\gamma_1^4 + s_{22}\,\gamma_2^4 + (2s_{12} + s_{66})\,\gamma_1^2\gamma_2^2.$$

Die Formeln werden am einfachsten, wenn man dabei resp.

$$\gamma_2 = \gamma_3 = 1/\sqrt{2}, \cdots$$

macht, d. h. die Achsen der Stäbe in die Halbierungslinien der Winkel der Hauptachsen legt; doch ist in bezug hierauf mit dem Material zu rechnen.

Sechs Biegungs- und drei Drillungsbeobachtungen genügen zur Ableitung sämtlicher Hauptmoduln.

Für den Drillungsmodul eines Kreiszylinders mit einer durch $\gamma_1, \gamma_2, \gamma_3$ gegebenen Achsenrichtung liefert (430)

$$\tfrac{1}{2}(s'_{44} + s'_{55}) = \tfrac{1}{2}\big((s_{55} + s_{66})\,\gamma_1^4 + \cdots \\ + (2(s_{22} + s_{33}) - 4s_{23} + \tfrac{1}{2}(s_{55} + s_{66}) - s_{44})\,\gamma_2^2\gamma_3^2 + \cdots \tag{467}$$

Für die Moduln $S_h$ und die Kompressibilität $(S)$ bei allseitig gleichem Druck gilt

$$\begin{gathered} S_1 = s_{11} + s_{12} + s_{13}, \quad S_2 = s_{21} + s_{22} + s_{23}, \quad S_3 = s_{31} + s_{32} + s_{33}, \\ S_4 = S_5 = S_6 = 0, \quad (S) = s_{11} + s_{22} + s_{23} + 2(s_{23} + s_{31} + s_{12}). \end{gathered} \tag{468}$$

Die Gleichungen der Modulflächen werden nach (436)

$$\begin{gathered} \pm 1 = s_{11}\,x^4 + \cdots \quad + (2s_{23} + s_{44})\,y^2z^2 + \cdots \\ \pm 1 = (4s_{23} - s_{44})\,x^2 + \cdots \end{gathered} \tag{469}$$

Aus den Moduln $s_{hk}$ berechnen sich die Konstanten $c_{hk}$ nach den Formeln

$$\sigma c_{11} = \begin{vmatrix} s_{22} & s_{23} \\ s_{32} & s_{33} \end{vmatrix}, \ldots \quad \sigma c_{23} = \begin{vmatrix} s_{31} & s_{32} \\ s_{11} & s_{12} \end{vmatrix}, \ldots \quad c_{44} = 1/s_{44}, \ldots$$

wobei (470)

$$\sigma = \begin{vmatrix} s_{11} & s_{12} & s_{13} \\ s_{21} & s_{22} & s_{23} \\ s_{31} & s_{32} & s_{33} \end{vmatrix}$$

Die Gleichungen der Konstantenflächen werden schließlich nach (435)

$$\begin{gathered} \pm 1 = c_{11}\,x^4 + \cdots \quad + 2(c_{23} + 2c_{44})\,y^2z^2 + \cdots \\ \pm 1 = (c_{23} - c_{44})\,x^2 + \cdots \end{gathered} \tag{471}$$

§ 380. **Beobachtungsresultate.** Der Beobachtung sind bisher für das rhombische System Kristalle von Topas (aus Sibirien), Baryt (aus Cumberland), Aragonit (aus Böhmen) unterworfen worden, sämtlich in gesundem und wenngleich nicht reichlichem, so doch ausreichendem Material.[1])

Elastizitätsmoduln.

| | | | |
|---|---|---|---|
| Topas | $s_{11} = 4{,}34 \cdot 10^{-10}$, | $s_{22} = 3{,}46 \cdot 10^{-10}$, | $s_{33} = 3{,}77 \cdot 10^{-10}$, |
| Baryt | 16,13 „ | 18,57 „ | 10,42 „ |
| Aragonit | 6,84 „ | 12,9 „ | 12,0 „ |
| Topas | $s_{44} = 9{,}06 \cdot 10^{-10}$, | $s_{55} = 7{,}39 \cdot 10^{-10}$, | $s_{66} = 7{,}49 \cdot 10^{-10}$, |
| Baryt | 82,3 „ | 34,2 „ | 35,3 „ |
| Aragonit | 23,8 „ | 38,2 „ | 23,0 „ |
| Topas | $s_{23} = -0{,}65 \cdot 10^{-10}$, | $s_{31} = -0{,}84 \cdot 10^{-10}$, | $s_{12} = -1{,}35 \cdot 10^{-10}$, |
| Baryt | − 2,46 „ | − 1,88 „ | − 8,80 „ |
| Aragonit | − 2,33 „ | + 0,42 „ | − 2,98 „ |

Einige Messungen über Biegungsmoduln von Baryt hat auch *Niedmann* angestellt: seine Zahlen liefern

$$s_{11} = 15{,}4 \cdot 10^{-10}, \quad s_{22} = 18{,}5 \cdot 10^{-10}, \quad s_{33} = 11{,}8 \cdot 10^{-10},$$

in leidlicher, teilweise guter Übereinstimmung mit dem Vorstehenden.

Für die Moduln der Deformationen bei allseitigem Druck erhält man aus den obigen $s_{hk}$

| | | | | |
|---|---|---|---|---|
| Topas | $S_1 = 2{,}15 \cdot 10^{-10}$, | $S_2 = 1{,}46 \cdot 10^{-10}$, | $S_3 = 2{,}28 \cdot 10^{-10}$, | $(S) = 5{,}89 \cdot 10^{-10}$, |
| Baryt | 5,45 „ | 7,31 „ | 6,08 „ | 18,84 „ |
| Aragonit | 4,26 „ | 7,6 „ | 10,1 „ | 22,0 „ |

Endlich lauten die Zahlwerte für die Elastizitätskonstanten

| | | | |
|---|---|---|---|
| Topas | $c_{11} = 28{,}7 \cdot 10^{8}$, | $c_{22} = 35{,}6 \cdot 10^{8}$, | $c_{33} = 30{,}0 \cdot 10^{8}$, |
| Baryt | 9,07 „ | 8,00 „ | 10,7 „ |
| Aragonit | 16,3 „ | 8,9 „ | 8,65 „ |
| Topas | $c_{44} = 11{,}0 \cdot 10^{8}$, | $c_{55} = 13{,}5 \cdot 10^{8}$, | $c_{66} = 13{,}4 \cdot 10^{8}$, |
| Baryt | 1,22 „ | 2,93 „ | 2,83 „ |
| Aragonit | 4,36 „ | 2,61 „ | 4,20 „ |

1) *W. Voigt,* Wied. Ann. Bd. **34**, p. 981, 1888; Ann. d. Phys. Bd. **24**, p. 290, 1907.

| | | | |
|---|---|---|---|
| Topas | $c_{23} = 9{,}0 \cdot 10^8$, | $c_{31} = 8{,}6 \cdot 10^8$, | $c_{12} = 12{,}8 \cdot 10^8$, |
| Baryt | 2,73 „ | 2,75 „ | 4,68 „ |
| Aragonit | 1,60 „ | 0,17 „ | 3,80 „ |

Beruhten die elastischen Erscheinungen auf molekularen Wirkungen von kugeliger Symmetrie, so müßten nach (434) die Beziehungen gelten

$$c_{23} = c_{44}, \quad c_{31} = c_{55}, \quad c_{12} = c_{66}.$$

Wie man sieht, weichen die aus den Beobachtungen gefolgerten Werte fast sämtlich sehr stark von diesen Formeln ab.

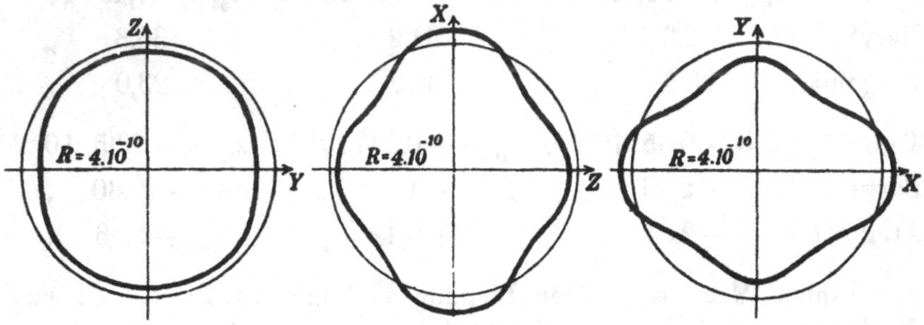

a b c

Fig. 182.

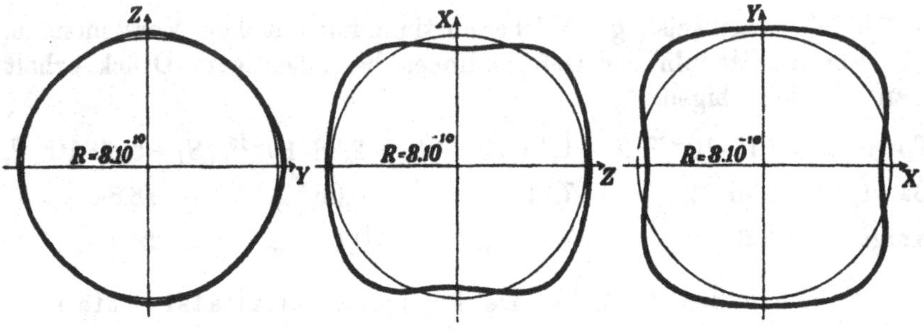

a b c

Fig. 183.

Zur anschaulichen Darstellung der elastischen Verhältnisse rhombischer Kristalle sind wieder die Resultate für zwei Repräsentanten von recht verschiedenem Verhalten gewählt, für Topas, der geringe, für Baryt, der sehr starke Variabilität der Erscheinungen mit der Richtung aufweist.

Figur 182a—c stellt für Topas den Verlauf der Funktion $s_{33} = r$ in den drei Symmetrieebenen dar, Figur 183a—c leistet dasselbe für die Funktion $\frac{1}{2}(s'_{44} + s_{55}) = r$. Figur 184a—c und Figur 185a—c bieten das Analoge für Baryt. Gerippe der bezüglichen Oberflächen erhält man durch Zusammenfügen je der drei Kurven in ihren geforderten Positionen.

## VIII. Abschnitt.

## Thermoelastizität.

§ 381. **Das erste thermodynamische Potential für thermoelastische Umwandlungen.** Die vorstehenden Abschnitte beschränkten sich durchaus auf isothermische Deformationen; wir wollen nun aber die Einwirkung einer Temperaturänderung mit in Betracht ziehen.[1])

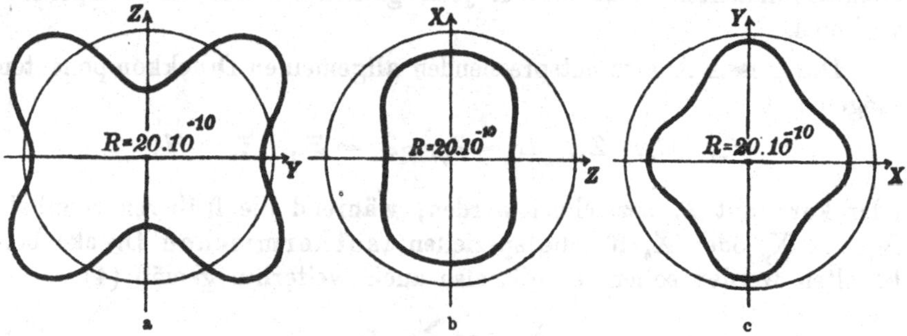


Fig. 184.

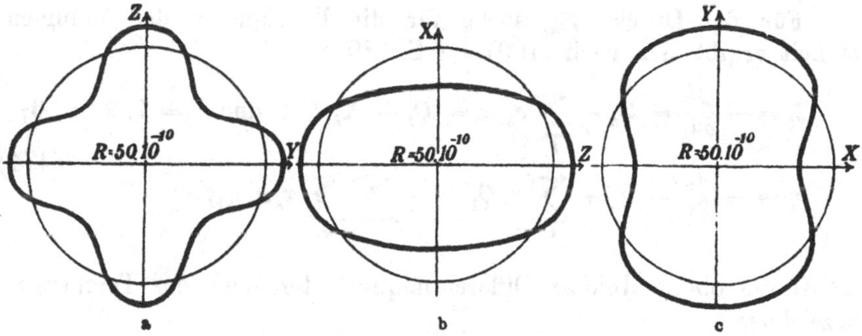


Fig. 185.

Dies geschieht nach dem im Eingang zu dem V. Kapitel Auseinandergesetzten einfachst durch Ergänzung des bisher benutzten isother-

1) Die Grundlagen der Thermoelastizität sind von *W. Thomson* gegeben worden (s. insbesonders Quart. Journ. of Math. T. **1**, p. 57, 1857; Coll. Papers T. **1**, p. 291). Andere Darstellungen der Grundgesetze rühren her von *N. Schiller* (Journ. d. russ. phys. Ges. T. **11**, p. 6, 1879), *M. Planck* (Gleichgewichtszustände isotroper Körper, München 1880), *H. v. Helmholtz* (Berl. Ber. 2. Febr. 1882), *W. Voigt* (Wied. Ann. Bd. **36**, p. 743, 1899). Das oben Gegebene schließt sich nahe an die letztgenannte Arbeit an.

mischen Potentials durch den S. 283 aufgestellten Ansatz für dieselbe Funktion.

Wir gelangen so zu dem umfassenderen Ausdruck für das erste thermodynamische Potential

$$-\xi = Q_0 + \sum_h Q_h x_h - \tfrac{1}{2}\sum_h \sum_k c_{hk} x_h x_k, \quad h \text{ und } k = 1, 2, \ldots 6, \tag{472}$$

in dem neben der Temperatur $\vartheta$ die Deformationsgrößen $x_h$ oder $x_k$ wieder die Rolle der Unabhängigen spielen. Die $Q_h$ stellen die thermischen Drucke dar und sind, wie auch $Q_0$, Funktionen der Temperatur; die $c_{hk}$ haben die frühere Bedeutung der isothermischen Elastizitätskonstanten, mögen aber jetzt gleichfalls mit der Temperatur variieren.

Die diesem Ansatz entsprechenden allgemeinen Druckkomponenten mögen mit

$$\Xi_x, \quad H_y, \quad Z_z, \quad H_z = Z_y, \quad Z_x = \Xi_z, \quad \Xi_y = H_x$$

oder kurz mit $\Xi_h$ bezeichnet werden, während die früheren Symbole $X_x, \ldots X_y$ oder $X_h$ für die speziellen isothermischen Drucke beibehalten werden sollen; es gilt also auch weiterhin gemäß (4)

$$X_h = -\sum_k c_{hk} x_k. \tag{473}$$

Für die Drucke $\Xi_h$, sowie für die Entropie $\eta$ der Volumeneinheit ergibt sich nach (109) auf S. 189

$$\begin{aligned} \Xi_h &= -\frac{\partial \xi}{\partial x_h} = Q_h - \sum_k c_{hk} x_k = Q_h + X_h, \quad h \text{ und } k = 1, 2, \ldots 6; \\ \eta &= -\frac{\partial \xi}{\partial \tau} = Q_0' + \sum_k x_k Q_k' - \frac{1}{2}\sum_h \sum_k x_h x_k c_{hk}', \end{aligned} \tag{474}$$

wobei die oberen Indizes Differentialquotienten nach der Temperatur bezeichnen.

Werden bei Beschränkung auf kleine Temperaturänderungen $\tau$ von einer Anfangstemperatur $\vartheta_0$ aus die $c_{hk}$ als in erster Annäherung konstant betrachtet und die $Q$ gemäß S. 285 spezialisiert zu

$$Q_0 = \tfrac{1}{2} q_0 \tau^2, \quad Q_h = q_h \tau, \tag{475}$$

so ergibt sich

$$\Xi_h = q_h \tau - \sum_k c_{hk} x_k, \quad \eta = q_0 \tau + \sum_k q_k x_k, \tag{476}$$

und man kann schreiben

$$q_0 = \gamma_x / \vartheta_0, \tag{477}$$

unter $\gamma_x$ die spezifische Wärme der Volumeneinheit bei konstanter Deformation verstanden.

§ 382. **Das zweite thermodynamische Potential.** Um das zweite thermodynamische Potential $\zeta$ der Volumeneinheit zu erhalten, hat man nach S. 190 zu bilden

$$\zeta = \xi + \sum_h x_h \Xi_h,$$

d. h. also (478)

$$= \xi + \sum_h x_h (Q_h + X_h).$$

Nun läßt sich nach (472) und (473) schreiben

$$\xi = - Q_0 - \sum_h Q_h x_h - \tfrac{1}{2} \sum_h x_h X_h,$$

somit also auch

$$\zeta = - Q_0 + \tfrac{1}{2} \sum_h x_h X_h. \tag{479}$$

Aus

$$X_h = \Xi_h - Q_h = - \sum_k c_{hk} x_k$$

folgt ferner nach der früheren Definition der isothermischen Elastizitätsmoduln $s_{hk}$ auf S. 564 durch Auflösung nach $x_h$

$$x_h = - \sum_k s_{hk} (\Xi_k - Q_k), \tag{480}$$

und bei Anwendung dieses Resultats ergibt sich

$$\begin{aligned} \zeta &= - Q_0 - \tfrac{1}{2} \sum_h \sum_k s_{hk} (\Xi_k - Q_k)(\Xi_h - Q_h) \\ &= - Q_0 + \sum_h \sum_k s_{hk} \Xi_h Q_k - \tfrac{1}{2} \sum_h \sum_k s_{hk} (\Xi_h \Xi_k + Q_h Q_k). \end{aligned} \tag{481}$$

Um diesen Ausdruck dem in (472) enthaltenen für $\xi$ möglichst konform zu gestalten und den Anschluß an § 153 zu erhalten, setzen wir

$$Q_0 + \tfrac{1}{2} \sum_h \sum_k s_{hk} Q_h Q_k = - A_0, \tag{482}$$

$$\sum_h s_{hk} Q_h = A_k \tag{483}$$

und erhalten so schließlich

$$\zeta = A_0 + \sum_k A_k \Xi_k - \tfrac{1}{2} \sum_h \sum_k s_{hk} \Xi_h \Xi_k. \tag{484}$$

Hieraus folgt für die Deformationsgrößen

$$x_h = \frac{\partial \zeta}{\partial \Xi_h} = A_h - \sum_k s_{kh} \Xi_k, \quad \text{für } h \text{ und } k = 1, 2, \ldots 6, \tag{485}$$

für die Entropie

$$-\eta = \frac{\partial \zeta}{\partial \tau} = A_0' + \sum_k \Xi_k A_k' - \frac{1}{2} \sum_h \sum_k \Xi_h \Xi_k s_{hk}'; \tag{486}$$

dabei bezeichnen die oberen Indizes wiederum Differentialquotienten nach der Temperatur.

Bei Benutzung der Annäherungen (475) ergeben die Formeln (482) und (483)

$$\tfrac{1}{2}\tau^2\left(q_0 + \sum_h \sum_k s_{hk} q_h q_k\right) = -A_0 = -\tfrac{1}{2} a_0 \tau^2, \tag{487}$$

$$\tau \sum_h s_{hk} q_h = A_k = a_k \tau, \tag{488}$$

wobei $a_0$ und $a_k$ neue Bezeichnungen sind. Zugleich wird aus (485) und (486)

$$x_h = a_h \tau - \sum_k s_{kh} \Xi_k, \quad -\eta = a_0 \tau + \sum_k a_k \Xi_k, \tag{489}$$

und man kann nach (43) S. 287 schreiben

$$a_0 = -\gamma_x / \vartheta_0, \tag{490}$$

unter $\gamma_x$ die spezifische Wärme der Volumeneinheit bei konstanten Drucken verstanden.

Die vorstehenden Entwicklungen stellen die Verbindungen zwischen dem ersten und dem zweiten thermodynamischen Potential der thermoelastischen Veränderungen her, welche bei der ersten Einführung dieser Funktionen in § 152 und 153 noch nicht geknüpft werden konnten.

Insbesondere geben die Formeln (483)

$$A_k = \sum_h s_{hk} Q_h, \quad \text{für } h \text{ und } k = 1, 2, \ldots 6$$

und die daraus durch Umkehrung folgenden

$$Q_k = \sum_h c_{hk} A_h \tag{491}$$

den allgemeinen Zusammenhang zwischen den thermischen Drucken und thermischen Deformationsgrößen. Ihnen entspricht in dem speziellen Fall, daß

$$A_k = a_k \tau, \quad Q_h = q_h \tau$$

gesetzt werden kann, das Formelsystem

$$a_k = \sum_h s_{hk} q_h, \quad q_k = \sum_h c_{hk} a_h, \tag{492}$$

welches die Parameter der thermischen Drucke und der thermischen Dilatationen verbindet.

Ferner liefert (487) in Verbindung mit (477) und (490)

$$\gamma_x + \vartheta_0 \sum_h \sum_k s_{hk} q_h q_k = \gamma_X, \tag{493}$$

also eine Beziehung zwischen der spezifischen Wärme bei konstanter Deformation und der bei konstantem Drucke. Drückt man eines oder beide der $q_h$, $q_k$ nach (492²) aus, so erhält man die weiteren Formeln

$$\begin{aligned} \gamma_x + \vartheta_0 \sum_k q_k a_k &= \gamma_X, \\ \gamma_x + \vartheta_0 \sum_h \sum_k c_{hk} a_h a_k &= \gamma_X. \end{aligned} \tag{494}$$

§ 383. **Die allgemeinen Gleichgewichtsbedingungen für thermisch-elastische Deformationen.** Die Hauptgleichungen und Oberflächenbedingungen des Gleichgewichts für deformierbare Körper sind in § 88 u. f. für Drucke beliebiger Herkunft abgeleitet; sie gelten demnach ebenso für die früher benutzten isothermischen, wie für die jetzt eingeführten thermisch-elastischen Komponenten. Wir schreiben sie demgemäß jetzt in der Form

$$\varrho X = \frac{\partial \Xi_x}{\partial x} + \frac{\partial \Xi_y}{\partial y} + \frac{\partial \Xi_z}{\partial z}, \ldots, \tag{495}$$

$$\overline{X} = (\overline{\Xi}_x \cos(n, x) + \overline{\Xi}_y \cos(n, y) + \overline{\Xi}_z \cos(n, z)), \ldots, \tag{496}$$

wobei $n$ wieder die innere Normale auf dem Körper bezeichnet. Die Ausdrücke für die $\Xi_x, \ldots$ sind aus (474) zu entnehmen, und in ihnen ist $\tau$ durch die Gleichungen der Wärmeleitung zu bestimmen. Streng genommen darf man die Gleichungen (495) und (496) nur im Falle einer stationären Temperaturverteilung benutzen, denn bei wechselnder Temperatur findet auch kein mechanisches Gleichgewicht statt. Indessen verlaufen die auf Temperaturänderung beruhenden Bewegungen jederzeit so außerordentlich langsam, daß man die sie ausdrückenden Beschleunigungsglieder, die sich in den Hauptgleichungen (495) mit $X, Y, Z$ verbinden müßten, vernachlässigen kann. Die Gleichungen (495) und (496) können somit auch auf einen zeitlich veränderlichen Temperaturzustand angewendet werden.

Benutzt man die Ausdrücke (474[1]) für die Druckkomponenten, so lassen sich jene Gleichungen schreiben[1])

$$\varrho X - \left(\frac{\partial Q_1}{\partial x} + \frac{\partial Q_6}{\partial y} + \frac{\partial Q_5}{\partial z}\right) = \frac{\partial X_x}{\partial x} + \frac{\partial X_y}{\partial y} + \frac{\partial X_z}{\partial z}, \ldots \tag{497}$$

$$\overline{X} - \overline{Q}_1 \cos(n, x) - \overline{Q}_6 \cos(n, y) - \overline{Q}_5 \cos(n, z)$$
$$= \overline{X}_x \cos(n, x) + \overline{X}_y \cos(n, y) + \overline{X}_z \cos(n, z), \ldots \tag{498}$$

Bei vorgegebener Temperatur $\tau$ lassen sich also die thermischen Drucke in den Hauptgleichungen mit den körperlichen Kräften, in den Oberflächenbedingungen mit den äußern Drucken zusammenziehen und als Anteile an jenen auffassen. Hierdurch erscheint das thermoelastische Problem auf ein rein elastisches reduziert.

Bei homogener Temperatur verschwinden die thermischen Drucke aus den Hauptgleichungen; die Wirkung der Temperaturänderung läßt sich hier vollständig auf diejenige gewisser Oberflächendrucke reduzieren. Umgekehrt verschwinden die thermischen Drucke aus den Grenzbedingungen, wenn in der Oberfläche des Körpers die Temperatur nicht merklich verändert ist, z. B. weil der Körper sehr ausgedehnt ist und nur einem Punkt in seinem Innern Wärme zugeführt wird.

384. **Die allgemeinste spannungsfreie thermische Dilatation.** Schließt man wirkliche körperliche Kräfte aus, setzt also

$$X = Y = Z = 0,$$

so ist eine partikuläre Lösung der Hauptgleichungen gegeben durch $\Xi_x = 0, \ldots \Xi_y = 0$, d. h.

$$X_x + Q_1 = 0, \ldots X_y + Q_6 = 0. \tag{499}$$

Wir wollen untersuchen, unter welchen Bedingungen diese Lösung zulässig ist.

Es kommt hier in Betracht, daß die Druckkomponenten $X_x, \ldots X_y$ nicht beliebig vorgeschrieben werden können, sondern außer den Hauptgleichungen noch Bedingungen zu erfüllen haben, die daraus fließen, daß die sechs Deformationsgrößen $x_x, \ldots x_y$ sich aus nur drei Verrückungskomponenten $u, v, w$ ableiten.

Eliminiert man die $u, v, w$ aus den die $x_x, \ldots x_y$ nach (15) definierenden Ausdrücken, so gelangt man zu den folgenden Beziehungen[2])

1) S. hierzu *Fr. Neumann*, Berl. Abh. 1843, p. 86 u. f.

2) S. z. B. *G. Kirchhoff*, Mechanik, Leipzig 1876, p. 399.

$$
\begin{aligned}
&\frac{\partial^2 y_y}{\partial z^2} + \frac{\partial^2 z_z}{\partial y^2} - \frac{\partial^2 y_z}{\partial y \partial z} = 0, \ldots, \\
&2 \frac{\partial^2 x_x}{\partial y \partial z} + \frac{\partial^2 y_z}{\partial x^2} = \frac{\partial^2 y_x}{\partial z \partial x} + \frac{\partial^2 z_x}{\partial x \partial y}, \ldots,
\end{aligned}
\tag{500}
$$

wobei die zweimal zwei Formeln, die aus den hingeschriebenen durch zyklische Vertauschung von $(x, y, z)$ folgen, nur angedeutet sind.

Dies sind die Bedingungen dafür, daß die sechs Deformationsgrößen $x_x, \ldots x_y$ sich gemäß ihrer Definition durch die drei Verrückungskomponenten ausdrücken; sie liefern die erwähnten Bedingungen für die Druckkomponenten und für die Temperatur, wenn man die $x_x, \ldots x_y$ durch diese Größen ausdrückt.

In unserm Falle werden die Verhältnisse sehr einfach, weil wir mit den partikulären Lösungen $\Xi_x = \cdot\cdot\, \Xi_y = 0$ operieren wollen. Hier liefert $(489^1)$ $x_h = a_h \tau$, d. h.

$$
x_x = a_1 \tau, \ldots x_y = a_6 \tau;
$$

die Bedingungen (500) werden demgemäß zu solchen für $\tau$ allein und lauten

$$
\begin{aligned}
&a_2 \frac{\partial^2 \tau}{\partial z^2} + a_3 \frac{\partial^2 \tau}{\partial y^2} - a_4 \frac{\partial^2 \tau}{\partial y \partial z} = 0, \ldots, \\
&2 a_1 \frac{\partial^2 \tau}{\partial y \partial z} + a_4 \frac{\partial^2 \tau}{\partial x^2} = a_6 \frac{\partial^2 \tau}{\partial z \partial x} + a_5 \frac{\partial^2 \tau}{\partial x \partial y}, \ldots
\end{aligned}
\tag{501}
$$

Diese Beziehungen verlangen ersichtlich im allgemeinen das Verschwinden aller zweiten Differentialquotienten von $\tau$, somit also eine **lineäre Abhängigkeit** der Temperatur von den Koordinaten.

**Im Falle lineär mit den Koordinaten variierender Temperatur genügt man also allen Bedingungen durch die Annahme verschwindender Gesamtspannungen $\Xi_h$, d. h., es deformiert sich jedes Volumenelement des Körpers ebenso, als wäre es völlig frei.**

Um diesen allgemeinsten Fall freier thermischer Deformation noch etwas näher zu untersuchen, wählen wir das Koordinatensystem *XYZ* so, daß die *XY*-Ebene in die Ebene konstanter Temperatur $\vartheta_0$ fällt, also

$$
\tau = n z \tag{502}
$$

gesetzt werden kann. Hier müssen dann die $x_h$ lineär in $z$ sein, ein Fall, der in § 327 behandelt ist. Unter Benutzung der dortigen Resultate gelangt man leicht zu dem allgemeinsten mit obiger Annahme verträglichen System von Verrückungskomponenten

$$u = \alpha + \delta y + nz(a_1 x + \tfrac{1}{2}a_6 y + \tfrac{1}{2}a_5 z - \gamma_1),$$
$$v = \beta - \delta x + nz(a_2 y + \tfrac{1}{2}a_6 x + \tfrac{1}{2}a_4 z - \gamma_2),$$
$$w = \gamma - n(\gamma_1 x + \gamma_2 y + \tfrac{1}{2}(a_1 x^2 + a_2 y^2 - a_3 z^2 + a_6 xy)).$$

**Wählt man die Verbindung des Kristalles mit dem Koordinatensystem gemäß S. 656 so, daß**

$$\text{für } x = y = z = 0: \quad u = v = w = \frac{\partial u}{\partial z} = \frac{\partial v}{\partial z} = \frac{\partial v}{\partial x} - \frac{\partial u}{\partial y} = 0$$

**ist, so gibt dies einfacher**

$$\begin{aligned} u &= nz(a_1 x + \tfrac{1}{2}a_6 y + \tfrac{1}{2}a_5 z),\\ v &= nz(a_2 y + \tfrac{1}{2}a_6 x + \tfrac{1}{2}a_4 z),\\ w &= -\tfrac{1}{2}n(a_1 x^2 + a_2 y^2 - a_3 z^2 + a_6 xy). \end{aligned} \tag{503}$$

**Denken wir uns etwa, um ein anschauliches Beispiel zu besprechen, einen Kristallstab mit der Achse parallel *Z*, also auf eine längs seiner Achse lineär variierende Temperatur gebracht, so ergibt der vorstehende Ausdruck für *w* eine Krümmung aller Querschnitte ($z$ = konst.) nach derselben Oberfläche zweiten Grades; die Ausdrücke für *u* und *v* signalisieren Biegungen aller zur *Z*-Achse parallelen Fasern ($x$ = konst., $y$ = konst.) nach Kurven zweiten Grades. Trotzdem verhält sich jedes Volumenelement auffallenderweise ebenso, als wäre es bei der in ihm herrschenden Temperatur aus dem Zusammenhange der übrigen gelöst.**

**§ 385. Thermische Drucke bei verhinderter Deformation.** **Dem vorstehend behandelten Fall ordnet sich als der nächst allgemeinere derjenige zu, wo die Gesamtdrucke $\Xi_h$ zwar nicht in dem ganzen Körper verschwinden, aber doch konstant sind. Derselbe erfordert nach (495) das Fehlen äußerer körperlicher Kräfte und nimmt seine einfachste Gestalt an, wenn in dem ganzen Kristall die Temperatur und die Deformation konstant sind. Die Realisierung eines solchen Zustandes erfordert außer der konstant gehaltenen Temperatur die Ausübung äußerer Drucke auf die Oberfläche des Kristalls nach dem durch (496) dargestellten Gesetz.**

**Da die $\Xi_h$ nach ($474^1$) in die beiden Teile $X_h$ und $Q_h$ zerfallen, so zerlegen sich auch die äußern Drucke $\overline{X}$, $\overline{Y}$, $\overline{Z}$ in zwei Teile, von denen der eine in den $X_h$ die Wirkung der Deformation, der andere in den $Q_h$ diejenige der Temperaturänderung kompensiert. Es ist demgemäß keine wesentliche Spezialisierung, wenn man den letzteren Anteil allein betrachtet, also die Wirkung der Temperatur-**

änderung bei aufgehobener Deformation untersucht. Hier wird dann (496) zu

$$\overline{X} = (Q_1 \cos(n, x) + Q_6 \cos(n, y) + Q_5 \cos(n, z)), \, . \, , \tag{504}$$

und diese Formeln bestimmen die äußern Drucke, die auszuüben sind, um die Gestalt des Kristalls entgegen der Wirkung der geänderten Temperatur unverändert zu erhalten.

Man sieht, daß diese Drucke gegen das Oberflächenelement keineswegs normal und in von dessen Orientierung unabhängiger Größe wirken. Ein allseitig gleicher normaler Druck vermag also bei einem Kristall die Wirkung einer homogenen Temperaturänderung nicht aufzuheben.

Die Verhältnisse werden am einfachsten, wenn dem Kristallpräparat die Form eines Parallelepipeds mit Kanten parallel den (willkürlichen) Koordinatenachsen gegeben ist. Dann werden die Druckkomponenten auf die Flächen

$$\begin{array}{llll} \text{normal } \pm x: & \overline{X}_1 = \pm Q_1, & \overline{Y}_1 = \pm Q_6, & \overline{Z}_1 = \pm Q_5, \\ \quad \text{„} \quad \pm y: & \overline{X}_2 = \pm Q_6, & \overline{Y}_2 = \pm Q_2, & \overline{Z}_2 = \pm Q_4, \\ \quad \text{„} \quad \pm z: & \overline{X}_3 = \pm Q_5, & \overline{Y}_3 = \pm Q_4, & \overline{Z}_3 = \pm Q_3. \end{array} \tag{505}$$

Eine direkte Bestimmung derartiger thermischer Drucke durch die Beobachtung ist als ausgeschlossen zu betrachten; dieselben können aber abgeleitet werden aus Beobachtungen über die thermischen Dilatationen $A_h$ und die isothermischen elastischen Moduln $s_{hk}$ gemäß den Formeln (491), welche lauten

$$Q_k = \sum_h c_{hk} A_h, \quad \text{für } h \text{ und } k = 1, 2, \ldots 6.$$

Im Falle geringer Temperaturänderungen $\tau$ kann man nach S. 764

$$Q_k = \tau q_k, \quad A_h = \tau a_h$$

setzen und demgemäß nach (492) bilden

$$q_k = \sum_h c_{hk} a_h.$$

Für die thermischen Dilatationsachsen als Koordinatenachsen ist $a_4 = a_5 = a_6 = 0$, für die thermischen Druckachsen analog $q_4 = q_5 = q_6 = 0$. Es ist bemerkenswert, daß diese beiden Achsensysteme im allgemeinen nicht zusammenfallen. Setzt man nämlich das erstere Achsensystem voraus, so ergeben sich aus (492) die Beziehungen

$$q_4 = c_{41} a_1 + c_{42} a_2 + c_{43} a_3,$$
$$q_5 = c_{51} a_1 + c_{52} a_2 + c_{53} a_3, \qquad (506)$$
$$q_6 = c_{61} a_1 + c_{62} a_2 + c_{63} a_3,$$

welche rechts nicht Null ergeben.

Hieraus folgt das auf den ersten Blick befremdliche Resultat, daß, obgleich das betreffende Kristallpräparat bei einer Temperaturänderung nicht die Tendenz hat, seine Winkel zu ändern, dennoch tangentiale Drucke erforderlich sind, um dieselben bei verhinderten Dilatationen ungeändert zu erhalten.

Man wird sich den Vorgang so erklären können, daß man zunächst die freie Dilatation infolge der Temperaturänderung bewirkt und darnach durch ausgeübte Drucke aufgehoben annimmt. Bei diesem letzteren Vorgang würden dann Winkeländerungen eintreten, wenn man ausschließliche normale Drucke gegen die Grenzflächen ausüben wollte, und diese Winkeländerungen zu verhindern, müssen die durch (507) bestimmten tangentialen Drucke dienen.

§ 386. **Zahlwerte für die Parameter des thermischen Druckes.** Um eine Vorstellung von der Größe der Parameter $q_h$ und damit der Drucke, welche Kristalle ausüben, wenn sie bei verhinderter Deformation um 1° C erwärmt werden, zu gewinnen, wollen wir nachstehend einige Zahlen zusammenstellen, die sich gemäß (506) aus beobachteten Elastizitätskonstanten $c_{hk}$ und thermischen Deformationskoeffizienten $a_h$ berechnen.

Beobachtungen, welche die Berechnung gestatten, liegen bisher nur vor für die Systeme III bis VII. Bei diesen allen ist das Hauptkoordinatensystem so gewählt, daß zugleich $a_4$, $a_5$, $a_6$ und $q_4$, $q_5$, $q_6$ verschwinden; zur Anwendung sind also nur allein die Formeln

$$q_h = c_{h1} a_1 + c_{h2} a_2 + c_{h3} a_3, \quad \text{für } h = 1, 2, 3 \qquad (507)$$

zu bringen. Um daran zu erinnern, daß die $q_h$ und $a_h$ sich auf die Hauptachsen beziehen, wollen wir sie, wie früher, mit $q_{I}$, $q_{II}$, $q_{III}$ und $a_{I}$, $a_{II}$, $a_{III}$ bezeichnen.

Zahlwerte $a_h$ ergeben sich nach der Beziehung

$$a_h = \alpha_h + \alpha_h' \tau$$

für einige wichtige Kristalle aus der Tabelle auf S. 293. Wir wollen die $q_h$ für die Temperatur 0° C berechnen, wozu die $a_h$ mit den $\alpha_h$ zu identifizieren sind.

Zahlwerte von Elastizitätskonstanten für die bisher untersuchten

Kristalle finden sich in §§ 372, 375, 377, 380 zusammengestellt.[1]) Bei diesen Zahlen sind die Drucke als in Gramm pro cm² ausgedrückt gedacht. In gleichen Einheiten berechnen sich nach (506) und (507) auch die $q_h$. Der Zahlwert $10^3$ entspricht einer „technischen Atmosphäre".

Für das reguläre System reduzieren sich die Formeln (507) auf

$$q_I = a_I(c_{11} + 2c_{12}) = a_I/(s_{11} + 2s_{12});$$

nach derselben findet sich

$$\text{für Flußspat } q_I = 4{,}65 \cdot 10^4$$
$$\text{Steinsalz } = 2{,}86 \;\text{"}$$
$$\text{Sylvin } = 1{,}49 \;\text{"}$$

Für das hexagonale, das tetragonale und das trigonale System wird aus (507)

$$q_I = q_{II} = a_I(c_{11} + c_{12}) + a_{III}c_{13},$$
$$q_{III} = 2a_I c_{13} + a_{III}c_{33}.$$

Hiernach ergibt sich

| | $q_I = q_{II}$ | $q_{III}$ |
|---|---|---|
| für Beryll[2]) | $= 0{,}24 \cdot 10^4$, | $= -0{,}22 \cdot 10^4$ |
| Quarz[2]) | $= 1.34$ " | $= +1{,}14$ " |
| Kalkspat[2]) | $= 0{,}11$ " | $= +1{,}53$ " |
| Turmalin | $= 1{,}13$ " | $= +1{,}33$ " |

Für das rhombische System bleibt die allgemeine Form (507) bestehen und liefert

| | $q_I$ | $q_{II}$ | $q_{III}$ |
|---|---|---|---|
| für Aragonit | $= 2{,}27 \cdot 10^4$, | $= 2{,}31 \cdot 10^4$, | $= 3{,}15 \cdot 10^4$; |
| Topas | $= 2{,}11$ " | $= 2{,}25$ " | $= 2{,}23$ ". |

Bemerkenswert ist, daß bei Beryll die negative thermische Dilatation parallel der Hauptachse auch einen parallelen (sehr kleinen) negativen thermischen Druck zur Folge hat, während bei Kalkspat bezüglich der Richtung normal zur Hauptachse Analoges nicht gilt.

Die Zahlenwerte der $q_h$ sind sehr verschieden, und der Sinn der Abweichungen widerspricht gelegentlich dem, was man erwarten

1) Die Werte der Elastizitätskonstanten sind bei Zimmertemperatur beobachtet, dürften aber auf 0° C angewandt werden.

2) Es sind hierbei Mittelwerte der auf S. 293 angegebenen Zahlen benutzt, nämlich

| | $a_I \cdot 10^6$ | $a_{III} \cdot 10^6$ |
|---|---|---|
| für Beryll | $= +0{,}915$, | $= -1{,}43$, |
| Quarz | $= +13{,}2$ | $= +7{,}05$, |
| Kalkspat | $= -5{,}65$ | $= +25{,}26$. |

möchte, z. B. bezüglich des Rangierens von Steinsalz und Sylvin neben Topas und Quarz usf. Es hängt dies damit zusammen, daß zwei ganz verschiedenartige Parameter den Zahlwert der $q_k$ bestimmen: der elastische Widerstand und das thermische Dilatationsvermögen.

§ 387. **Zahlwerte für die Differenz der spezifischen Wärmen bei konstanten Drucken und bei konstanten Deformationen.** Mit Hilfe der berechneten Parameter $q_n$ der thermischen Drucke kann man gemäß (493) oder (494) auch Zahlwerte für die Differenz der spezifischen Wärmen bei konstanten Drucken und konstanten Deformationen gewinnen, die oben mit $\gamma_X$ und $\gamma_x$ bezeichnet sind, in der benutzten Annäherung aber mit den Funktionen zusammenfallen, die gewöhnlich mit $\gamma_p$ und $\gamma_v$ bezeichnet werden. Wir schreiben demgemäß die genannte Formel

$$\gamma_p - \gamma_v = \vartheta_0 \sum_k q_k a_k \tag{508}$$

und erinnern dabei daran, daß sich die spezifischen Wärmen $\gamma$ auf die Volumeneinheit beziehen, also mit den spezifischen Wärmen $\Gamma$ für die Masseneinheit nach S. 187 durch die Relation

$$\gamma = \varrho \Gamma$$

verknüpft sind; hierin ist $\varrho$ die Dichte der Substanz.

Ferner sind $\gamma$ und $\Gamma$ in mechanischem Maß gegeben zu denken und liefern die bezüglichen Zahlen $c$ resp. $C$ in kalorischem Maß erst durch Division mit dem mechanischen Wärmeäquivalent. Demgemäß würde die obige Formel liefern

$$C_p - C_v = \frac{\vartheta_0}{\varrho J} \sum_k q_k a_k. \tag{509}$$

Da wir die $q_k$ in Gramm pro Quadratzentimeter ausgedrückt haben, müssen wir $J$ in den gleichen Einheiten geben, d. h. benutzen

$$J = 4{,}27 \cdot 10^4.$$

Nachstehend sind einige mit Hilfe der Parameter von S. 293 und 773, sowie der beigeschriebenen $\varrho$ berechnete Zahlen für $0^0$ C zusammengestellt. Der beigefügte Wert $C_p$ gestattet, daraus auch den Quotienten $\varkappa = C_p/C_v$ zu berechnen.

Für das reguläre System folgt aus (509)

$$C_p - C_v = \frac{3\vartheta_0}{\varrho J} q_I a_I,$$

und man erhält

| | | | |
|---|---|---|---|
| für Flußspat | $\varrho = 3{,}18$, | $C_p - C_v = 0{,}0051$, | $C_p = 0{,}202$, |
| Steinsalz | $= 2{,}17$, | $= 0{,}0099$, | $= 0{,}215$, |
| Sylvin | $= 1{,}99$, | $= 0{,}0053$, | $= 0{,}168$. |

Für das hexagonale, tetragonale und trigonale System gilt

$$C_p - C_v = \frac{\vartheta_0}{\varrho J}(2q_{\mathrm{I}}a_{\mathrm{I}} + q_{\mathrm{III}}a_{\mathrm{III}});$$

dies liefert

| | | | |
|---|---|---|---|
| für Beryll | $\varrho = 2{,}70$, | $C_p - C_v = 0{,}00002$, | $C_p = 0{,}212$, |
| Quarz | $= 2{,}20$, | $= 0{,}00126$, | $= 0{,}175$, |
| Kalkspat | $= 2{,}71$ | $= 0{,}00088$, | $= 0{,}175$, |
| Turmalin | $= 3{,}12$ | $= 0{,}00035$, | $= 0{,}245$. |

Für das rhombische System endlich ergibt (509)

$$C_p - C_v = \frac{\vartheta_0}{\varrho J}(q_{\mathrm{I}}a_{\mathrm{I}} + q_{\mathrm{II}}a_{\mathrm{II}} + q_{\mathrm{III}}a_{\mathrm{III}}),$$

und darnach

| | | | |
|---|---|---|---|
| für Aragonit | $\varrho = 2{,}93$, | $C_p - C_v = 0{,}0036$, | $C_p = 0{,}203$, |
| Topas | $= 3{,}54$, | $= 0{,}0005$, | $= 0{,}204$. |

Diese Tabelle ergibt, daß $C_p - C_v$ bei den untersuchten Kristallen außerordentlich verschiedene Werte besitzt. Der größte Wert findet sich bei Steinsalz, der kleinste bei Beryll

§ 388. **Die Spannungen in einer Kreisplatte bei konzentrischer Temperaturverteilung.** Die Durchführung spezieller Probleme der Deformation von Kristallen bei ungleichförmiger Erwärmung bietet bisher wenig direktes Interesse, da es an der Möglichkeit der Beobachtung dieser Deformationen mangelt. Dazu kommt die große mathematische Komplikation des Problems, welche sich schon bei isotropen Medien geltend macht und in unserem Falle noch erheblich gesteigert ist.

Immerhin haben einige spezielle Fälle für uns Bedeutung wegen vorliegender Beobachtungen über die dabei auftretenden piezoelektrischen Erregungen. So mag eine dieser Aufgaben, — die auch an sich Interesse erweckt — hier erörtert werden, während eine andere in dem Kapitel über Piezoelektrizität behandelt werden mag.

Die erste Aufgabe betrifft die Deformation einer dünnen Platte infolge einer ungleichförmigen, aber normal zur Mittelfläche nicht merklich variierenden Erwärmung.[1])

Wir können hierbei zunächst durchaus die Formeln für die isothermische Deformation aus § 339 u. f. heranziehen, wenn wir nur die dort benutzten isothermischen Druckkomponenten $X_x, \ldots X_y$ jetzt durch die Gesamtkomponenten

$$\Xi_x = X_x + Q_1, \cdots \quad \Xi_y = X_y + Q_6$$

ersetzen, für welche nach (495) und (496) die früheren Gleichungen gelten.

Wird, wie früher, die $XY$-Ebene in die Mittelfläche der Platte gelegt, so ist nach S. 676

$$Z_z = H_z = \Xi_z = 0;$$

von den übrigen Komponenten kommen bei ebenen Deformationen nur die Integrale über die Dicke $D$ der Platte zur Geltung, die wir jetzt nennen

$$\begin{gathered} \int \Xi_x dz = -\mathsf{A}, \quad \int H_y dz = -\mathsf{B}, \\ \int \Xi_y dz = \int H_x dz = -\mathsf{H}. \end{gathered} \tag{510}$$

Die Hauptgleichungen des Gleichgewichts lauten dann

$$0 = \frac{\partial \mathsf{A}}{\partial x} + \frac{\partial \mathsf{H}}{\partial y}, \quad 0 = \frac{\partial \mathsf{H}}{\partial x} + \frac{\partial \mathsf{B}}{\partial y}, \tag{511}$$

die Bedingungen für den Rand der Platte, falls derselbe frei gedacht ist, sind

$$\begin{gathered} \overline{\mathsf{A}} \cos(n, x) + \overline{\mathsf{H}} \cos(n, y) = 0, \\ \overline{\mathsf{H}} \cos(n, x) + \overline{\mathsf{B}} \cos(n, y) = 0. \end{gathered} \tag{512}$$

Man kann denselben genügen, indem man setzt

$$\mathsf{A} = \frac{\partial^2 \Omega}{\partial y^2}, \quad \mathsf{B} = \frac{\partial^2 \Omega}{\partial x^2}, \quad \mathsf{H} = -\frac{\partial^2 \Omega}{\partial x \partial y}, \tag{513}$$

wobei am Rande

$$\frac{\partial \overline{\Omega}}{\partial x} = 0 \quad \text{und} \quad \frac{\partial \overline{\Omega}}{\partial y} = 0$$

sein muß; die letzteren Bedingungen lassen sich auch ersetzen durch

$$\overline{\Omega} = 0 \quad \text{und} \quad \frac{\partial \overline{\Omega}}{\partial n} = 0. \tag{514}$$

---

1) Die erste Behandlung derartiger Probleme auf einen von dem oben gegangenen abweichenden Wege findet sich in der S. 768 zitierten Abhandlung von *Fr. Neumann.*

Nun ist nach (480)

$$x_h = -\sum_k s_{hk}(\Xi_k - Q_k);$$

man kann somit für $\Omega$ in der S. 689 dargelegten Weise die Hauptgleichung bilden und erhält

$$s_{11}\frac{\partial^4\Omega}{\partial y^4} + s_{22}\frac{\partial^4\Omega}{\partial x^4} + (2s_{12} + s_{66})\frac{\partial^4\Omega}{\partial x^2\partial y^2}$$

$$-2s_{16}\frac{\partial^4\Omega}{\partial x\partial y^3} - 2s_{26}\frac{\partial^4\Omega}{\partial x^3\partial y} = \Big[\frac{\partial^2}{\partial y^2}(s_{11}Q_1 + s_{12}Q_2 + s_{16}Q_6) \qquad (515)$$

$$+\frac{\partial^2}{\partial x^2}(s_{21}Q_1 + s_{22}Q_2 + s_{26}Q_6) - \frac{\partial^2}{\partial x\partial y}(s_{61}Q_1 + s_{62}Q_2 + s_{66}Q_6)\Big]D.$$

In dem Fall, daß, wie in (475), $Q_h = q_h\tau$ gesetzt werden kann, gibt die rechte Seite einfacher

$$= \alpha_1\frac{\partial^2\tau}{\partial y^2} + \alpha_2\frac{\partial^2\tau}{\partial x^2} - \alpha_6\frac{\partial^2\tau}{\partial x\partial y},$$

wobei

$$\alpha_h = (s_{h1}q_1 + s_{h2}q_2 + s_{h6}q_6)D \quad \text{für } h = 1, 2, 6.$$

Bei vorgeschriebenem Verlauf von $\tau$ genügen die Formeln (515) und (514) zur Bestimmung von $\Omega$; aus dem Resultat folgen die Spannungen A, B, H nach (513).

Was die mit diesen Spannungen verknüpften Verrückungen und Deformationsgrößen angeht, so sind nach der gemachten Annahme über die Temperaturverteilung in der Platte $u$ und $v$ von $z$ unabhängig; $w$ ist eine ungerade (in Annäherung lineäre) Funktion von $z$, also $\partial w/\partial x$ und $\partial w/\partial y$ gleichfalls.

Integriert man die erste, zweite und sechste Formel (22) über die Dicke der Platte, so liefern sie wegen $\Xi_z = H_z = Z_z = 0$ und wegen der Beziehungen (510)

$$Dx_x = s_{11}\mathsf{A} + s_{12}\mathsf{B} + s_{16}\mathsf{H},$$
$$Dy_y = s_{21}\mathsf{A} + s_{22}\mathsf{B} + s_{26}\mathsf{H}, \qquad (516)$$
$$Dx_y = s_{61}\mathsf{A} + s_{62}\mathsf{B} + s_{66}\mathsf{H}.$$

Aus ihnen gewinnt man durch Integration $u$ und $v$.

Der für uns allein in Betracht kommende Mittelwert für $z_z$ bestimmt sich nach der dritten Formel (22) analog durch

$$Dz_z = s_{31}\mathsf{A} + s_{32}\mathsf{B} + s_{36}\mathsf{H}; \qquad (516')$$

die mittleren Werte von $y_z$ und $z_x$ verschwinden. —

Der Fall, über den Beobachtungen vorliegen, hat die Eigentümlichkeit, daß bei ihm die Plattenebene normal zu einer dreizähligen Symmetrieachse steht, somit nach S. 583 u. 588 $s_{16} = s_{26} = 0$, $s_{11} = s_{22}$, $s_{66} = 2(s_{11} - s_{12})$ und nach S. 270 u. 288 $q_1 = q_2$, $q_6 = 0$ wird.

Die Gleichung (515) nimmt dann die „isotrope" Form an

$$s_{11} \Delta\Delta\Omega = \alpha_1 \Delta \tau, \tag{517}$$

wobei

$$\Delta\varphi = \frac{\partial^2\varphi}{\partial x^2} + \frac{\partial^2\varphi}{\partial y^2} \quad \text{und} \quad \alpha_1 = (s_{11} + s_{12})\, q_1 D.$$

Hier stellt die Verfügung $Q_h = q_h \tau$ keine Vereinfachung des Problems dar; sie mag indessen der Anschaulichkeit halber beibehalten werden.

Eine partikuläre Lösung ist durch eine Funktion $\Omega_1$ gegeben, die der Gleichung

$$s_{11} \Delta \Omega_1 = \alpha_1 \tau \tag{518}$$

genügt; eine allgemeinere durch

$$\Omega = \Omega_1 + \Omega_2,$$

wobei

$$\Delta\Delta\Omega_2 = 0. \tag{519}$$

Wir wollen annehmen, der betrachtete Zustand habe rotatorische Symmetrie um den Koordinatenanfang, es handele sich z. B. um eine Kreisscheibe mit in konzentrischen Ringen konstanter Temperatur. Bezeichnet $r$ den Abstand der betrachteten Stelle vom Nullpunkt, so ist dann

$$\Delta\Omega = \frac{1}{r}\frac{d}{dr}\left(r\frac{d\Omega}{dr}\right).$$

Hieraus ergibt sich, wenn man die Glieder der Lösung, welche für $r = 0$ unendlich werden, von vornherein ausläßt,

$$\Omega = \frac{\alpha_1}{s_{11}}\int_0^r \frac{dr}{r}\int_0^r r\tau\, dr + \beta_1 r^2 + \gamma_1, \tag{520}$$

was in $\beta_1$ und $\gamma_1$ die genügende Zahl Parameter hat, um alle Bedingungen zu befriedigen.

Bezeichnet $r = R$ den Radius der Kreisscheibe, so soll nach (514) gelten

$$0 = \frac{\alpha_1}{s_{11}}\int_0^R \frac{dr}{r}\int_0^r r\tau\, dr + \beta_1 R^2 + \gamma_1,$$

$$0 = \frac{\alpha_1}{s_{11} R}\int_0^R r\tau\, dr + 2\beta_1 R;$$

hierdurch ist $\beta_1$ und $\gamma_1$ bestimmt, und man erhält

$$\Omega = \frac{\alpha_1}{s_{11}}\left[\frac{R^2 - r^2}{2R^2}\int_0^R r\tau dr - \int_r^R \frac{dr}{r}\int_0^r r\tau dr\right]. \tag{521}$$

Dabei ist

$$\frac{2\pi}{\pi R^2}\int_0^R r\tau dr = \overline{T} \tag{522}$$

der Mittelwert von $\tau$ auf der ganzen Platte,

$$\frac{2\pi}{\pi r^2}\int_0^r r\tau dr = T \tag{523}$$

derjenige auf der konzentrischen Kreisfläche vom Radius $r$.

So ergibt sich schließlich

$$\left.\begin{aligned} \Omega &= \frac{D(s_{11}+s_{12})q_1}{2s_{11}}\left[\frac{1}{2}(R^2 - r^2)\overline{T} - \int_r^R Trdr\right],\\ \frac{d\Omega}{dr} &= -\frac{Dr(s_{11}+s_{12})q_1}{2s_{11}}(\overline{T} - T),\\ \frac{d^2\Omega}{dr^2} &= -\frac{D(s_{11}+s_{12})q_1}{2s_{11}}(\overline{T} + T - 2\tau); \end{aligned}\right\} \tag{524}$$

außerdem folgt nach (513), falls $x/r = \alpha, y/r = \beta$ gesetzt wird,

$$\left.\begin{aligned} \mathsf{A} &= \frac{d^2\Omega}{dr^2}\beta^2 + \frac{d\Omega}{rdr}\alpha^2,\\ \mathsf{B} &= \frac{d^2\Omega}{dr^2}\alpha^2 + \frac{d\Omega}{rdr}\beta^2,\\ \mathsf{H} &= -\alpha\beta\left(\frac{d^2\Omega}{dr^2} - \frac{d\Omega}{rdr}\right). \end{aligned}\right\} \tag{525}$$

Hiermit ist die Aufgabe, die Spannungen in der ungleichförmig temperierten Kreisplatte zu bestimmen, gelöst. Auf die Ableitung der Ausdrücke für die Deformationsgrößen und die Verrückungen wollen wir nicht eingehen.

§ 389. **Die Gesetze adiabatischer Änderungen.** Für die Entropie der Volumeneinheit liefern die Formeln (474) und (486) die beiden Ausdrücke

$$\eta = Q_0' + \sum_k x_k Q_k' - \tfrac{1}{2}\sum_h\sum_k x_h x_k c_{hk}'$$

und

$$\eta = -A_0' - \sum_k \Xi_k A_k' + \tfrac{1}{2}\sum_h\sum_k \Xi_h \Xi_k s_{hk}', \tag{526}$$

wobei die oberen Indizes Differentialquotienten nach der Temperatur bezeichnen. Adiabatische Zustandsänderungen sind solche, bei denen $\eta$ einen konstanten Wert bewahrt, bei denen also zwischen den $x_h$ oder den $\Xi_h$ und der Temperatur eine bestimmte Beziehung besteht.

Bei kleinen Temperaturänderungen gilt spezieller nach (475)

$$\eta = q_0 \tau + \sum_k q_k x_k, \quad \text{wobei} \quad q_0 = \gamma_x / \vartheta_0,$$

und

$$\eta = - a_0 \tau - \sum_k a_k \Xi_k, \quad \text{wobei} \quad a_0 = - \gamma_X / \vartheta_0. \tag{527}$$

Berücksichtigt man die allgemeine Definition $\delta' \alpha = - \Sigma X_h \delta x_h$ der Arbeit äußerer Kräfte an der Volumeneinheit eines deformierbaren Körpers und zieht heran, daß die Arbeit der inneren Kräfte $\delta' \alpha_i = - \delta' \alpha$ ist, so lassen sich die in den letzten Formeln auftretenden Summen anschaulich deuten.

$q_k \tau^0 = Q_k^0$ für $k = 1, 2, \ldots 6$ sind die bei der Temperaturänderung um $\tau^0$ eintretenden thermischen Druckkomponenten; die $q_k$ können also als die thermischen Einheitsdrucke bezeichnet werden, die einer Temperaturänderung $\tau^0 = 1^0$ entsprechen. Demgemäß stellt dann $\sum_k q_k x_k$ die Arbeit der thermischen Einheitsdrucke bei dem Deformationssystem $x_k$ dar.

Ferner sind $a_k \tau^0 = A_k^0$ die thermischen Deformationen bei der Temperaturänderung $\tau^0$, somit lassen sich die $a_k$ als die thermischen Einheitsdeformationen für $\tau^0 = 1$ bezeichnen, und ist $\sum_k a_k \Xi_k$ die Arbeit der Gesamtdrucke $\Xi_k$ bei einer thermischen Einheitsdeformation. Diese Funktionen stellen nach (527) den mechanischen Teil von $\eta$ dar, dem sich ein thermischer Teil $q_0 \tau$ resp. $- a_0 \tau$ verbindet.

Adiabatische Zustandsänderungen, die durch den Zustand gleichzeitigen Verschwindens von $\tau, x_x, \ldots x_y$ hindurchführen, sind durch die Bedingung $\eta = 0$ gegeben, d. h. durch

$$\tau = - \frac{\vartheta_0}{\gamma_x} \sum_k q_k x_k; \tag{528}$$

ebenso gilt für Änderungen, bei denen $\tau, \Xi_x, \ldots \Xi_y$ gleichzeitig verschwinden,

$$\tau = \frac{\vartheta_0}{\gamma_X} \sum_k a_k \Xi_k. \tag{529}$$

Diese Formeln geben u. a. die Temperaturänderungen $\tau$ an, welche eintreten, wenn man in dem ursprünglich im natürlichen Zustand befindlichen Körper ohne Wärmeaustausch mit der Umgebung ein

System von Deformationsgrößen $x_k$ oder von Spannungen $\Xi_k$ hervorbringt. Im ersteren Falle dienen die Parameter $q_k$ der thermischen Drucke, im letzteren diejenigen $a_k$ der thermischen Deformationen zur Berechnung von $\tau$.

Nach dem oben Gesagten kann man diese Temperaturänderungen $\tau$ auch durch gewisse (negative oder positive virtuelle) Arbeiten ausgedrückt ansehen, die bei dem Akt der Deformation eine Rolle spielen.

Es mag betont werden, daß die in den Formeln (528) und (529) auftretenden Deformationsgrößen $x_k$ und Spannungen $\Xi_k$ die vollständigen im Kristall hervorgebrachten bezeichnen. Die $x_k$ lassen sich demgemäß in Strenge nicht aus den Drucken nach den Formeln (22) für isothermische Veränderungen, die $\Xi_k$ ebensowenig nach den Formeln (20) aus den Deformationen berechnen, denn es handelt sich um keine isothermischen Vorgänge. Indessen sind die adiabatisch hervorgebrachten Temperaturänderungen in allen Fällen so klein, daß ihre Berücksichtigung auf der rechten Seite der Formeln nur kleine Glieder zweiter Ordnung bringen würde. Betrachtet man überdies in (528) die $x_k$, in (529) die $\Xi_k$ als direkt durch die Beobachtung gegeben, so fällt jede Schwierigkeit hinweg.

§ 390. **Anwendung auf spezielle Fälle.** Die Grundformel (528) ergibt, daß jede Deformationsgröße $x_h$, der ein Anteil $q_h$ am thermischen Druck nicht entspricht, auch keinen Anteil zur adiabatischen Temperaturänderung liefert. Handelt es sich z. B. um ein mit seinen Kanten nach den thermischen Druckachsen orientiertes Parallelepiped, für welches nach S. 288 $q_4$, $q_5$, $q_6$ verschwinden, so bewirken Änderungen seiner Flächenwinkel keine adiabatische Temperaturänderung.

In gleicher Weise verhalten sich nach (529) Druckkomponenten $\Xi_h$, denen keine thermische Deformation $a_h$ entspricht. Bei einem nach den thermischen Dilatationsachsen orientierten Parallelepiped, für welches nach S. 288 $a_4$, $a_5$, $a_6$ gleich Null sind, geben somit tangentiale Drucke keine adiabatische Temperaturänderung.

Auch kompliziertere Fälle, als die hiermit behandelten, haben Interesse; so insbesondere der eines längs seiner Achse gleichförmig gespannten Zylinders, dessen Theorie im III. Abschnitt entwickelt ist. Erinnern wir uns daran, daß Längsdehnung und Biegung durch Werte $Z_z$ bei verschwindenden übrigen Druckkomponenten bewirkt wurde, so erkennen wir, daß diese Deformationen der Regel nach adiabatische Temperaturänderung liefern, da $a_3$ im allgemeinen nicht verschwindet. (Ausnahmen sind in § 157 erwähnt.) Im Falle der Biegung haben allerdings mit den Deformationen auch die Temperaturänderungen für die beiden Hälften eines jeden Querschnittes entgegengesetztes Vorzeichen, so daß in Wirklichkeit die Temperaturen sich sehr schnell ausgleichen, und der ganze Vorgang sich der Beobachtung entziehen wird.

Da weiter die Drillung eines elliptischen Zylinders an von Null verschiedene Werte von $H_z$ und $Z_x$ geknüpft ist, während die übrigen Drucke verschwinden, so hängt die Wirkung einer Drillung auf die Temperatur ganz wesentlich davon ab, ob die thermischen Dilatationskonstanten $a_4$ und $a_5$ von Null verschieden sind, d. h. also, ob der Zylinder so gegen den Kristall orientiert ist, daß bei einer Temperaturänderung die Winkel zwischen den Achsen des elliptischen Querschnitts und der Zylinderachse sich ändern oder nicht.

Einer Änderung dieser Winkel entspricht auch eine adiabatische Temperaturänderung. Beide fehlen bei Kristallen nur bei ganz speziellen Orientierungen des Zylinders; sie fehlen stets bei isotropen Körpern. Die erwärmende oder abkühlende Wirkung einer Drillung ist also eine spezifisch kristallphysikalische Erscheinung.

Wenn dieser Vorgang auch vielleicht der Beobachtung große Schwierigkeiten bietet, so liegen doch bei ihm jene prinzipiellen Hindernisse nicht vor, die oben bei dem Falle der Biegung erwähnt wurden. In der Tat, obwohl auch bei der Drillung die Spannungen und somit die Temperaturänderungen längs eines jeden Querschnitts variieren, so kehren sie doch auf demselben ihr Vorzeichen nicht um. Der Ausgleich der Temperaturen über den Querschnitt führt sonach nicht zu einem verschwindenden Mittelwert für $\tau$. —

Die vorstehenden Überlegungen knüpfen an die vereinfachte Form an, welche die allgemeinen Ausdrücke (526) für die Entropie bei Anwendung auf kleine Temperaturänderungen und bei Annahme der thermischen Unveränderlichkeit der Elastizitätskonstanten annehmen. Gibt man die letztere Annahme auf, so resultieren wesentlich andere Gesetze der adiabatischen Veränderungen, insbesondere tritt in dem Ausdruck für die bezügliche Temperaturänderung ein in den Deformationsgrößen resp. in den Drucken quadratisches Glied auf, das also mit Umkehrung der betreffenden Einwirkungen sein Vorzeichen nicht umkehrt. Es muß genügen, hierauf aufmerksam gemacht zu haben.

§ 391. **Zwei Sätze über das Verhältnis der spezifischen Wärmen bei konstanten Drucken und bei konstanten Deformationen.** Um ein System Deformationsgrößen $x_h$ isothermisch hervorzubringen, bedarf es nach (4) resp. (6) eines Drucksystemes $X_k$, gegeben durch

$$X_h = -\sum_k c_{hk}\, x_k, \quad \text{resp.} \quad x_h = -\sum_k s_{hk}\, X_k;$$

das gleiche System Deformationen adiabatisch bewirkt gibt nach (528) eine Temperaturänderung

$$\tau = -\frac{\vartheta_0}{\gamma_x}\sum_k q_h x_h.$$

Die Kombination beider Formeln liefert bei Rücksicht auf (492[1])

$$\tau\gamma_x = \vartheta_0 \sum_k a_k X_k. \tag{530}$$

Diejenigen Druckkomponenten $\Xi_k$, welche das gleiche System von Deformationen adiabatisch hervorrufen und damit die gleiche Temperaturänderung $\tau$ zu bewirken vermögen, sind mit letzterer nach (529) durch die Beziehung

$$\tau\gamma_X = \vartheta_0 \sum_k a_k \Xi_k$$

verknüpft.

Die Kombination der beiden Formeln liefert

$$\frac{\gamma_X}{\gamma_x} = \frac{\sum_k a_k \Xi_k}{\sum_k a_k X_k}, \tag{531}$$

und bei Benutzung von S. (780) den Satz:

Erfordert an einem Körper ein und dasselbe System Deformationsgrößen adiabatisch die Druckkomponenten $\Xi_k$, isothermisch aber $X_k$, so wird der Quotient aus den beiden spezifischen Wärmen bei konstanten Drucken und bei konstanten Deformationen gegeben durch den Quotienten der Arbeiten, welche die beiden Drucksysteme an der thermischen Einheitsdeformation leisten würden.[1])

Diesem Resultat kann man ein zweites, parallel gehendes zuordnen. Die Druckkomponenten $X_h$ sind mit den Deformationsgrößen $x_k$ bei isothermischen Vorgängen verbunden durch die Beziehungen (22)

$$X_h = -\sum_k c_{hk} x_k.$$

Für den Fall, daß die $X_h$ mit andern Werten von den Beträgen $\Xi_h$ vertauscht werden, entsprechen ihnen auch andere Deformationsgrößen $\xi_h$, derart, daß für diese Funktionen gilt

$$\Xi_h = -\sum_k c_{hk} \xi_k. \tag{532}$$

1) Nach *Duhem* (C. R. T. **143**, S. 373, 1906) gilt dieser Satz in Strenge nur dann, wenn der Körper anfänglich unter allseitig gleichem Druck stand.

Dieses System von Druckkomponenten bewirkt nach (529) bei adiabatischem Verlauf eine Temperaturänderung

$$\tau = \frac{\vartheta_0}{\gamma_X} \sum_h a_h \Xi_h,$$

so daß man bei Benutzung von (492²) auch schreiben kann

$$\tau \gamma_X = -\vartheta_0 \sum_k q_k \xi_k. \tag{533}$$

Ziehen wir weiter ein System von Deformationsgrößen $x_k$ heran, welches bei adiabatischer Einwirkung dieselbe Temperaturänderung zu bewirken vermag, so gilt für diese nach (528)

$$\tau \gamma_x = -\vartheta_0 \sum_k q_k x_k.$$

Die Kombination beider Formeln ergibt

$$\frac{\gamma_X}{\gamma_x} = \frac{\sum_k q_k \xi_k}{\sum_k q_k x_k}, \tag{534}$$

und hierdurch in der Bezeichnung von S. 780 den zweiten Satz:

Steht an einem Körper mit demselben System von Druckkomponenten isothermisch das System der Deformationsgrößen $\xi_k$, adiabatisch das System $x_k$ in Beziehung, so wird der Quotient der beiden spezifischen Wärmen bei konstanten Drucken und bei konstanten Deformationen auch gegeben sein durch den Quotienten der Arbeiten, welche die thermischen Einheitsdrucke bei der Hervorbringung der bezüglichen beiden Deformationen leisten würden.

Beide Sätze erhalten vereinfachte Formen, wenn man bei ihnen das System der thermischen Hauptdilationen resp. der Hauptdrucke voraussetzt, insofern dabei in (531) $a_4$, $a_5$, $a_6$, in (534) $q_4$, $q_5$, $q_6$ verschwinden. Noch weiter wirkt vereinfachend, wenn man die vorausgesetzten Druck- resp. Deformationssysteme spezialisiert.

Nimmt man z. B. nur die Druckkomponente parallel der ersten Hauptdilatationsachse ($a_{\mathrm{I}}$) als wirksam an, so reduziert sich (531) auf

$$\frac{\gamma_X}{\gamma_x} = \frac{\Xi_x}{X_x}, \tag{535}$$

das linksstehende Verhältnis bestimmt sich hier ausschließlich durch den Quotienten der beiden Drucke, die resp. adiabatisch und isothermisch dieselbe Dilatation $x_x$ parallel der ersten Hauptdilatationsachse hervorzubringen vermögen.

Ein ähnlich spezieller Fall scheint zunächst derjenige eines allseitig gleichen normalen Druckes zu sein, wobei nach S. 570

$$\Xi_1 = \Xi_2 = \Xi_3 = \Pi, \quad \Xi_4 = \Xi_5 = \Xi_6 = 0,$$
$$X_1 = X_2 = X_3 = P, \quad X_4 = X_5 = X_6 = 0,$$

zu setzen ist. Indessen fällt diese Verfügbarer allgemeinen nicht unter unsere Voraussetzungen, da bei Kristallen keineswegs immer dieselben Deformationen $x_1, x_2, \ldots x_6$ adiabatisch und isothermisch durch allseitig gleiche Drucke von verfügbarer Stärke hervorgebracht werden können. Natürlich kann man in beiden Fällen dieselbe räumliche Dilatation $\delta = x_1 + x_2 + x_3$ erzielen, — aber dies genügt nicht für die Anwendung der obigen Schlußreihe.

Ähnliche Überlegungen lassen sich an die Formel (534) anknüpfen; wir beschränken uns aber hier auf eine spezielle Anwendung, die reguläre Kristalle oder isotrope Körper, demgemäß also $q_1 = q_2 = q_3$ voraussetzt und sich auf die Einwirkung eines allseitig gleichen Druckes beschränkt. Führt man hier die isothermisch und die adiabatisch bewirkte räumliche Dilatation ein, gemäß den Formeln

$$\xi_1 + \xi_2 + \xi_3 = \delta, \quad x_1 + x_2 + x_3 = d,$$

so liefert (534) bei Vertauschung von $\gamma_X$ und $\gamma_x$ mit den geläufigen $\gamma_p$ und $\gamma_v$

$$\frac{\gamma_p}{\gamma_v} = \frac{\delta}{d},$$

was eine in der allgemeinen Thermodynamik isotroper Körper bekannte Beziehung darstellt.

Abschließend sei bemerkt, daß die Betrachtungen der beiden letzten Paragraphen Verallgemeinerungen des in § 159 vorbereitend Gegebenen darstellen.

§ 392. **Adiabatische Elastizitätskonstanten und -moduln.** Die Ausdrücke (528) und (529) für die adiabatisch bewirkten Temperaturänderungen $\tau$ kann man auch benutzen, um die Formeln (476[1]) und (489[1]), die sich auf beliebige Vorgänge beziehen, auf den Fall adiabatischer Veränderungen zu spezialisieren; denn das in jenen Formeln auftretende, von den Umständen abhängende $\tau$ ist in letzterem Falle eben jenes durch die Bedingungen $\eta = 0$ bestimmte.

Wir erhalten auf diese Weise aus (476[1])

$$(\Xi_i)_\eta = -\frac{q_i}{q_0}\sum_h q_h x_h - \sum_h c_{ih} x_h = -\sum_h \left(c_{ih} + \frac{q_i q_h}{q_0}\right) x_h, \quad (536)$$

wobei $q_0 = \gamma_x/\vartheta_0$, und aus (489[1])

$$(x_i)_\eta = -\frac{a_i}{a_0}\sum_h a_h \Xi_h - \sum_h s_{hi}\Xi_h = -\sum_h \left(s_{hi} + \frac{a_i a_h}{a_0}\right)\Xi_h, \quad (537)$$

wobei $a_0 = -\gamma x/\vartheta_0$.

Stellen wir diesen adiabatischen Werten die früher benutzten isothermischen in analoger Bezeichnung gegenüber, so erhalten wir

$$(\Xi_i)_\tau = -\sum_h c_{ih} x_h, \quad (x_i)_\tau = -\sum_h s_{hi}\Xi_h.$$

Die bezüglichen Ausdrücke (536) und (537) stimmen der Form nach hiermit völlig überein; nur stehen in den neuen an Stelle der isothermischen Konstanten und Moduln $c_{ih}$ und $s_{ih}$ jetzt die adiabatischen Parameter

$$\mathfrak{c}_{hk} = c_{hk} + \frac{q_h q_k}{q_0}, \quad q_0 = \gamma_x/\vartheta_0, \quad (538)$$

$$\mathfrak{s}_{hk} = s_{hk} + \frac{a_h a_k}{a_0}, \quad a_0 = -\gamma x/\vartheta_0. \quad (539)$$

Diese Beziehungen gelten für jede Orientierung des Koordinatensystems gegen den Kristall, also ebensowohl für die bei den verschiedenen Schemata elastischer Parameter vorausgesetzten Hauptachsen $X, Y, Z$, als für ein beliebig dagegen orientiertes Hilfsachsensystem $X'Y'Z'$, wo dann die Bezeichnungen $\mathfrak{c}'_{hk}$, $\mathfrak{s}'_{hk}$, $q_h'$, $a_h'$ Platz greifen.

Die formale Übereinstimmung in den Formeln für die isothermischen und die adiabatischen Deformationen resp. Drucke hat mehrere wichtige Folgen.

Zunächst folgt aus den mit

$$c_{hk} = c_{kh}, \quad s_{hk} = s_{kh}$$

konformen Gleichungen

$$\mathfrak{c}_{hk} = \mathfrak{c}_{kh}, \quad \mathfrak{s}_{hk} = \mathfrak{s}_{kh}, \quad (540)$$

daß auch bei adiabatischen Vorgängen die Arbeit der elastischen Drucke ein Potential besitzt — ein Resultat, das mit den allgemeinen Sätzen von § 98 im Einklang ist.

Ferner ergibt sich, daß für adiabatische Veränderungen die elastischen Haupt- und Oberflächenbedingungen (bis auf die Verschiedenheit der Parameterwerte) identisch werden mit den für isothermische in § 278 aufgestellten. Dabei werden die Voraussetzungen adiabatischer Veränderungen besonders genau erfüllt sein, wenn die Deformationen sehr schnell vor sich gehen. Am strengsten findet dies statt bei schnellen (akustischen) Schwingungen; für derartige Vorgänge gewinnen also die adiabatischen Parameter wesentliche Bedeutung.

Was die spezielle Form der Ausdrücke (538) und (539) für die adiabatischen Parameter angeht, so vereinfacht dieselbe sich erheblich, wenn das Koordinatensystem in das Hauptachsenkreuz der thermischen Drucke oder der thermischen Dilatationen gelegt wird; im ersten Falle ist

$$q_4 = q_5 = q_6 = 0,$$

im zweiten

$$a_4 = a_5 = a_6 = 0,$$

im ersten werden also alle adiabatischen Konstanten, im zweiten alle adiabatischen Moduln, die einen Index 4, 5, 6 haben, mit den bezüglichen isothermischen Parametern identisch.

Um einige spezielle Fälle zu diskutieren, beginnen wir mit der Betrachtung der Wirkung eines einseitigen normalen Druckes auf ein nach den Achsen $X'$, $Y'$, $Z'$ orientiertes Parallelepiped. Wirkt der Druck $\overline{X}'$ auf die zu $\pm x$ normalen Flächen, so wird bei adiabatischem Verfahren

$$-x_x' = \mathfrak{s}_{11}'\overline{X}', \ldots \quad -x_y' = \mathfrak{s}_{16}'\overline{X}'.$$

Sind die Achsen $X'$, $Y'$, $Z'$ thermische Dilatationsachsen, so erhalten die adiabatischen Winkeländerungen $y_z$, $z_x$, $x_y$ dieselben Werte, die bei konstanter Temperatur eintreten würden.

Für die Fortpflanzung einer ebenen Welle längs einer $X'$-Achse liefern die allgemeinen Bewegungsgleichungen nach S. 566 die Beziehungen

$$\begin{aligned}
\varrho \frac{\partial^2 u'}{\partial t^2} &= \mathfrak{c}_{11}' \frac{\partial^2 u'}{\partial x'^2} + \mathfrak{c}_{16}' \frac{\partial^2 v'}{\partial x'^2} + \mathfrak{c}_{15}' \frac{\partial^2 w'}{\partial x'^2}, \\
\varrho \frac{\partial^2 v'}{\partial t^2} &= \mathfrak{c}_{61}' \frac{\partial^2 u'}{\partial x'^2} + \mathfrak{c}_{66}' \frac{\partial^2 v'}{\partial x'^2} + \mathfrak{c}_{65}' \frac{\partial^2 w'}{\partial x'^2}, \\
\varrho \frac{\partial^2 w'}{\partial t^2} &= \mathfrak{c}_{51}' \frac{\partial^2 u'}{\partial x'^2} + \mathfrak{c}_{56}' \frac{\partial^2 v'}{\partial x'^2} + \mathfrak{c}_{55}' \frac{\partial^2 w'}{\partial x'^2}.
\end{aligned} \tag{541}$$

Fällt die $X'$-Achse in eine drei-, vier- oder sechszählige Symmetrieachse, so sind $\mathfrak{c}_{16}'$, $\mathfrak{c}_{15}'$, $\mathfrak{c}_{56}'$ gleich Null, $\mathfrak{c}_{55}' = \mathfrak{c}_{66}'$; die vorstehenden Gleichungen drücken dann die Möglichkeit der Fortpflanzung rein longitudinaler Schwingungen mit der Geschwindigkeit $\omega_l = \sqrt{\mathfrak{c}_{11}'/\varrho}$, rein transversaler mit der Geschwindigkeit $\omega_t = \sqrt{\mathfrak{c}_{55}'/\varrho}$ aus. Da für die vorausgesetzte Orientierung der $X'$-Achse auch $q_5'$ und $q_6'$ verschwinden, so wird $\mathfrak{c}_{55}' = c_{55}'$, d. h., die Geschwindigkeit der transversalen Wellen berechnet sich aus den isothermischen Elastizitätskonstanten, während gleiches für die longitudinale Welle nicht gilt.

Ähnliche Betrachtungen lassen sich für die Schwingungen von Stäben und Platten anstellen, deren Gesetze aus dem in § 338 und § 351 Gegebenen zu gewinnen sind. Auch hier kommen Fälle vor, wo die adiabatischen Moduln mit den isothermischen identisch werden; im allgemeinen findet dies aber nicht statt, und so werden Bestimmungen elastischer Parameter aus akustischen Beobachtungen auch im allgemeinen auf andere Zahlen führen müssen, als solche aus Gleichgewichtsdeformationen.

§ 393. **Zahlwerte für die Differenzen adiabatischer und isothermischer Elastizitätskonstanten und -moduln.** Die Berechnung der Differenzen zwischen adiabatischen und isothermischen Konstanten und Moduln hat gemäß (538) und (539) nach den Formeln zu geschehen

$$\mathfrak{c}_{hk} - c_{hk} = \frac{\vartheta_0 q_h q_k}{\gamma_x}, \quad \mathfrak{s}_{hk} - s_{hk} = -\frac{\vartheta_0 a_h a_k}{\gamma_X},$$

und zwar ist hierin, um die gewöhnlichen spezifischen Wärmen $C_v$ und $C_p$ einzuführen, nach S. 774

$$\gamma_x = \varrho J C_v, \quad \gamma_X = \varrho J C_p$$

zu setzen, wobei $J$ das mechanische Wärmeäquivalent und $\varrho$ die Dichte bezeichnet. Nach den von uns früher benutzten Einheiten für $c_{hk}$ und $s_{hk}$ ist dabei wiederum der Wert $J = 4{,}27 \cdot 10^4$ zu benutzen. Der Unterschied zwischen $C_p$ und $C_v$ kann in Rücksicht auf die nur roh angenäherte Bestimmbarkeit der gesuchten Differenzen ignoriert werden.

Wir können demgemäß ausgehen von den Formeln

$$\mathfrak{c}_{hk} - c_{hk} = \frac{\vartheta_0 q_h q_k}{\varrho J C_p}, \quad \mathfrak{s}_{hk} - s_{hk} = -\frac{\vartheta_0 a_h a_k}{\varrho J C_p}. \tag{542}$$

Nachstehend sind für einige charakteristische Kristalle die bezüglichen Zahlwerte für 0° C zusammengestellt.

Für Kristalle des regulären Systems liefert (542)

$$\mathfrak{c}_{11} - c_{11} = \mathfrak{c}_{12} - c_{12} = \frac{\vartheta_0 q_I^2}{\varrho J C_p}, \quad \mathfrak{c}_{44} - c_{44} = 0;$$

$$\mathfrak{s}_{11} - s_{11} = \mathfrak{s}_{12} - s_{12} = -\frac{\vartheta_0 a_I^2}{\varrho J C_p}, \quad \mathfrak{s}_{44} - s_{44} = 0.$$

Hieraus folgt

für Flußspat $\mathfrak{c}_{11} - c_{11} = \mathfrak{c}_{12} - c_{12} = 0{,}22 \cdot 10^8$

„ Steinsalz $= 0{,}11$ „

„ Sylvin $= 0{,}04$ „

ferner

für Flußspat $\mathfrak{s}_{11} - s_{11} = \mathfrak{s}_{12} - s_{12} = -0{,}032 \cdot 10^{-10}$

„ Steinsalz $= -0{,}20$ „

„ Sylvin $= -0{,}25$ „ .

Für Kristalle des hexagonalen Systems ergibt sich aus (542)

$$\mathfrak{c}_{11} - c_{11} = \mathfrak{c}_{12} - c_{12} = \frac{\vartheta_0 q_{\mathrm{I}}^2}{\varrho J C_p}, \quad \mathfrak{c}_{44} - c_{44} = 0,$$

$$\mathfrak{c}_{13} - c_{13} = \frac{\vartheta_0 q_{\mathrm{I}} q_{\mathrm{III}}}{\varrho J C_p}, \quad \mathfrak{c}_{33} - c_{33} = \frac{\vartheta_0 q_{\mathrm{III}}^2}{\varrho J C_p},$$

und Analoges für die $\mathfrak{s}_{hk} - s_{hk}$. Im tetragonalen System (1. Abt.) tritt noch hinzu

$$\mathfrak{c}_{66} - c_{66} = 0, \quad \mathfrak{s}_{66} - s_{66} = 0,$$

im trigonalen (1. Abt.)

$$\mathfrak{c}_{14} - c_{14} = 0, \quad \mathfrak{s}_{14} - s_{14} = 0.$$

Bei Beryll werden die Unterschiede zwischen den adiabatischen und den isothermischen Parametern ganz unmerklich. Dagegen erhält man

für Quarz $\mathfrak{c}_{11} - c_{11} = \mathfrak{c}_{12} - c_{12} = 0{,}030 \cdot 10^8$,
$\mathfrak{c}_{13} - c_{13} = 0{,}025 \cdot 10^8$, $\mathfrak{c}_{33} - c_{33} = 0{,}022 \cdot 10^8$,

„ Kalkspat $\mathfrak{c}_{11} - c_{11} = \mathfrak{c}_{12} - c_{12} = 0 \cdot 10^8$, d. h. unmerklich,
$\mathfrak{c}_{13} - c_{13} = 0{,}002 \cdot 10^8$, $\mathfrak{c}_{33} - c_{33} = 0{,}031 \cdot 10^8$,

„ Turmalin $\mathfrak{c}_{11} - c_{11} = \mathfrak{c}_{12} - c_{12} = 0{,}001 \cdot 10^8$,
$\mathfrak{c}_{13} - c_{13} = 0{,}001 \cdot 10^8$, $\mathfrak{c}_{33} - c_{33} = 0{,}001 \cdot 10^8$;

weiter

für Quarz $\mathfrak{s}_{11} - s_{11} = \mathfrak{s}_{12} - s_{12} = -0{,}029 \cdot 10^{-10}$,
$\mathfrak{s}_{13} - s_{13} = -0{,}015 \cdot 10^{-10}$, $\mathfrak{s}_{33} - s_{33} = -0{,}008 \cdot 10^{-10}$,

„ Kalkspat $\mathfrak{s}_{11} - s_{11} = \mathfrak{s}_{12} - s_{12} = -0{,}004 \cdot 10^{-10}$,
$\mathfrak{s}_{13} - s_{13} = +0{,}019 \cdot 10^{-10}$, $\mathfrak{s}_{33} - s_{33} = -0{,}085 \cdot 10^{-10}$,

„ Turmalin $\mathfrak{s}_{11} - s_{11} = \mathfrak{s}_{12} - s_{12} = -0{,}001 \cdot 10^{-10}$,
$\mathfrak{s}_{13} - s_{13} = -0{,}002 \cdot 10^{-10}$, $\mathfrak{s}_{33} - s_{33} = -0{,}005 \cdot 10^{-10}$.

Diese Beispiele mögen genügen, um von der Größenordnung der Differenzen $\mathfrak{c}_{hk} - c_{hk}$ und $\mathfrak{s}_{hk} - s_{hk}$ eine Vorstellung zu geben; dabei sind natürlich die Werte der $c_{hk}$ und $s_{hk}$ selbst aus § 372 bis § 377 heranzuziehen.

Der Unterschied zwischen den adiabatischen und den isothermischen Parametern ist hiernach im allgemeinen sehr klein; die Schwingungsvorgänge finden sich bei den betrachteten Kristallen merklich durch dieselben Konstanten bestimmt, wie die Gleichgewichtszustände. Doch gibt es auch Ausnahmen. Insbesondere zeigen die obigen Werte für Steinsalz verglichen mit den Zahlen für die isothermischen Parameter

$$c_{11} = 4{,}77 \cdot 10^8, \quad c_{12} = 1{,}32 \cdot 10^8,$$
$$s_{11} = 23{,}8 \cdot 10^{-10}, \quad s_{12} = -5{,}17 \cdot 10^{-10},$$

daß bei diesem Kristalle die adiabatischen und die isothermischen Parameter sich relativ so merklich unterscheiden, daß eine Verifikation des Resultates durch die Beobachtung nicht unmöglich erscheint.

§ 394. **Die korrigierten Wärmeleitungsgleichungen.** Die Vorgänge der Wärmeleitung sind irreversibel und daher in Strenge mit Hilfe der vorstehend entwickelten Gesetze nicht zu behandeln, denn die Grundlage dieser letzteren ist die Annahme der Gültigkeit der zweiten Hauptgleichung der Thermodynamik, welche Reversibilität voraussetzt. Immerhin liegen die Umstände bei den Wärmeleitungsvorgängen so, daß man die zweite Hauptgleichung als in großer Annäherung erfüllt und demgemäß die auf ihr beruhenden Folgerungen als ebenso anwendbar betrachten muß.

Um dies zu zeigen, knüpfen wir an die Energiegleichung (91), S. 184, an und nehmen an, es sei dieselbe Energieänderung $dE$ sowohl auf einem reversibeln, als einem irreversibeln Wege hervorgerufen, z. B. also eine Formänderung einmal gegen kompensierende äußere Drucke, das andere Mal gegen Unterdrucke erzielt, und zwar je bei so regulierter Wärmezufuhr, daß schließlich die gleiche Temperatur erreicht wird. Dann muß sein, wenn die Indizes $r$ und $i$ den reversibeln und den irreversibeln Vorgang andeuten,

$$d'A_r + d'\Omega_r = d'A_i + d'\Omega_i \tag{543}$$

und

$$d'\Omega_r = \vartheta dH,$$

wobei $d'A$ und $d'\Omega$ die bez. Aufwendungen an Wärme und Arbeit sind, und $dH$ die Entropieänderung bezeichnet, welche bei dem reversibeln Vorgang eintritt.

Nun vollziehen sich die Formänderungen bei den Vorgängen der Wärmeleitung so äußerst langsam, daß, obgleich nicht in Strenge, so doch höchst angenähert, die innern Drucke jederzeit im Gleichgewicht zu den äußern stehen; es ist somit merklich $d'A_i = d'A_r$ und demgemäß auch merklich

$$d'\Omega_i = \vartheta dH.$$

Hieraus ergibt sich die Berechtigung, auf die Vorgänge der Wärme leitung die zweite Hauptgleichung und somit auch die aus ihr fließenden Folgerungen anzuwenden.

Wir dürfen demgemäß nun auch auf diese Vorgänge die Ausdrücke (527) für die Entropie der Volumeneinheit anwenden und mit ihrer Hilfe die diesem Volumen in dem Zeitelement $dt$ zuzuführende Wärme $d'\omega$ berechnen nach der Formel

$$d'\omega = \vartheta d\eta,$$

oder, da es sich dort um kleine Temperaturänderungen $\tau$ von einer Ausgangstemperatur $\vartheta_0$ aus handelt, auch

$$d'\omega = \vartheta_0 d\eta.$$

Wir erhalten so

$$\begin{aligned} d'\omega &= \gamma_x d\tau + \vartheta_0 \sum_k q_k dx_k, \\ &= \gamma_X d\tau - \vartheta_0 \sum_k a_k d\Xi_k, \end{aligned} \tag{544}$$

wobei $d'\omega$ als durch die Wärmeleitung zufließend zu denken ist.

Kombinieren wir hiermit die Resultate von § 193 und 194 für die Gesetze der Wärmeleitung, so ergibt sich

$$\frac{\partial W_1}{\partial x} + \frac{\partial W_2}{\partial y} + \frac{\partial W_3}{\partial z} + \gamma_x \frac{\partial \tau}{\partial t} + \vartheta_0 \sum_k q_k \frac{\partial x_k}{\partial t} = 0 \tag{545}$$

resp.

$$\frac{\partial W_1}{\partial x} + \frac{\partial W_2}{\partial y} + \frac{\partial W_3}{\partial z} + \gamma_X \frac{\partial \tau}{\partial t} - \vartheta_0 \sum_k a_k \frac{\partial \Xi_k}{\partial t} = 0, \tag{546}$$

wobei

$$-W_1 = \lambda_{11} \frac{\partial \tau}{\partial x} + \lambda_{12} \frac{\partial \tau}{\partial y} + \lambda_{13} \frac{\partial \tau}{\partial z} \dots$$

die Strömungskomponenten, die $\lambda_{hk}$ die Leitfähigkeitskonstanten der Wärme darstellen.

Die Formeln (545) und (546) zeigen, welchen Einfluß die Form- und Druckänderungen bei dem Vorgang der Wärmeleitung üben; diese Änderungen selbst sind dabei durch die allgemeinen Gleichungen der Thermoelastizität bestimmt, die sich in § 383 entwickelt finden und die ihrerseits die Temperatur enthalten. Die hierdurch gestellten Probleme sind im allgemeinen sehr kompliziert.

## IX. Abschnitt.

## Innere Reibung.

§ 395. **Fundamentale Ansätze.** Die elastischen Vorgänge sind die einzigen auf Wechselwirkungen zwischen zwei Tensortripeln zurückführbaren, welche bisher bei Kristallen eingehende Bearbeitung gefunden haben. Die ihnen nahe verwandten Erscheinungen der inneren Reibung sind kaum noch bei isotropen Körpern systematisch erforscht, und für ihre Untersuchung bei Kristallen sind erst Anfänge vorhanden. Immerhin verlangt das Problem eine kurze Erwähnung.

Die Grundtatsache ist die Erfahrung, daß Schwingungen innerhalb elastischer Körper dämpfenden Kräften unterliegen, selbst wenn diese mit Amplituden stattfinden, bei denen statische Deformationen noch keine Spur einer Abweichung von der allgemeinen Elastizitätstheorie, also insbesondere keine Hysteresis (d. h. Erscheinungen von der Art der § 251 geschilderten magnetischen) zeigen. Diese Tatsache deutet auf das Vorhandensein von Widerständen von dem Charakter der inneren Reibung der Flüssigkeiten, welche letztere bekanntlich gleichfalls die Gleichgewichtszustände nicht beeinflußt, aber bei Bewegungen mit lokal wechselnden Geschwindigkeiten zur Geltung kommt.

Es liegt daher nahe, für die Gesetze dieser inneren Reibung fester Körper Ansätze zu machen, welche die naturgemäße Erweiterung der für Flüssigkeiten eingeführten darstellen.[1]) Dies kommt darauf hinaus, daß man in den allgemeinen Druckkomponenten im Inneren fester Körper Anteile annimmt, die von den örtlichen Veränderungen der Geschwindigkeit abhängen; da aber Drehungen irgendwelcher Bereiche im ganzen keine inneren Kräfte erregen können, so erhellt, daß nur solche Geschwindigkeitsänderungen wirksam werden können, welche die Deformationen beeinflussen. Die Ergänzungsdrucke müssen also Funktionen der Deformationsgeschwindigkeiten sein.

Im übrigen lassen sich auf diese Drucke die Betrachtungen der § 81 u. f. unmittelbar anwenden. Die Ergänzungsdrucke bestimmen sich vollständig durch sechs Komponenten, die parallel gehend den elastischen $X_x, \ldots X_y$ mit

$$A_x,\ B_y,\ C_z,\quad B_z = C_y,\quad C_x = A_z,\quad A_y = B_x$$

bezeichnet werden mögen. Hauptgleichungen und Grenzbedingungen aus § 88 behalten die frühere Form; nur tritt überall jetzt $X_x + A_x, \ldots$ $X_y + A_y$ an Stelle von $X_x, \ldots X_y$ früher.

1) *W. Voigt,* Gött. Abh. 1890; Wied. Ann., Bd. **47**, p. 671, 1892.

Unserm Ansatz (4) resp. (20) für die elastischen Druckkomponenten parallel gehend können wir als eine erste Näherung für die Komponenten der Reibungsdrucke schreiben

$$\begin{aligned} -A_x &= b_{11}\frac{\partial x_x}{\partial t} + b_{12}\frac{\partial y_y}{\partial t} + \cdots + b_{16}\frac{\partial x_y}{\partial t}, \\ &\ldots\ldots\ldots\ldots\ldots \\ -A_y &= b_{61}\frac{\partial x_x}{\partial t} + b_{62}\frac{\partial y_y}{\partial t} + \cdots + b_{66}\frac{\partial x_y}{\partial t}, \end{aligned} \tag{547}$$

wobei die Beobachtung zu entscheiden hat, innerhalb welcher Genauigkeitsgrenze mit einer solchen Annäherung auszukommen ist. Die Parameter $b_{hk}$ mögen die Reibungskonstanten des betrachteten Körpers heißen.

Während für die Elastizitätskonstanten $c_{hk}$ aus allgemeinen thermodynamischen Prinzipien die Beziehungen

$$c_{hk} = c_{kh} \text{ für } h \text{ und } k = 1, 2, \ldots 6$$

gefolgert werden können, lassen sich analoge Beziehungen für die Reibungskonstanten $b_{hk}$ auf solchem Wege nicht gewinnen. In der Tat ist die Reibung ein irreversibler Vorgang und somit der Methode des thermodynamischen Potentiales nicht zu unterwerfen.

Indessen kann man die analogen Beziehungen auf einem andern Wege begründen. Zerlegt man nämlich die Parameter $b_{hk}$ für $h \gtrless k$ nach dem Schema

$$b_{hk} = b'_{hk} + b''_{hk},$$

wobei

$$b'_{hk} = b'_{kh}, \quad b''_{hk} = -b''_{kh},$$

und bildet gemäß (1) auf S. 562 die Arbeit

$$d'\alpha_i = A_x dx_x + B_y dy_y + \cdots + A_y dx_y$$

der Reibungskräfte, so ergibt sich wegen

$$\frac{\partial x_x}{\partial t} dy_y = \frac{\partial y_y}{\partial t} dx_x, \ldots$$

daß die Glieder mit $b''_{hk}$ zu dieser Arbeit keinen Anteil geben, daß sie also auch keine dämpfenden Wirkungen äußern.

Begrenzt man also die Definition der Reibungsdrucke enger durch die Forderung einer von Null verschiedenen dämpfenden Wirkung, so kommt dies auf die Einführung der Beziehungen

$$b_{hk} = b_{kh} \text{ für } h \text{ und } k = 1, 2, \ldots 6 \tag{548}$$

hinaus.

§ 396. **Reziproke Beziehungen.** Bezeichnet man die aus elastischen und aus Widerstandskräften zusammen entstehenden Drucke gemäß dem Schema

$$X_x + A_x = (X_x), \ldots X_y + A_y = (X_y) \tag{549}$$

und setzt Lösungen vom Charakter gedämpfter Schwingungen, also von der komplexen Form

$$e^{-(\mu - i\nu)t}$$

voraus, so erhält man aus (20) und (547) Ausdrücke von der Gestalt

$$\begin{gathered} -(X_x) = C_{11}x_x + C_{12}y_y + \cdots + C_{16}x_y, \\ \cdot \quad \cdot \quad \cdot \quad \cdot \quad \cdot \quad \cdot \quad \cdot \quad \cdot \quad \cdot \quad \cdot \quad \cdot \quad \cdot \end{gathered} \tag{550}$$

wobei die komplexen Konstanten $C$ gegeben sind durch

$$C_{hk} = c_{hk} - (\mu - i\nu)b_{hk} = C'_{hk} + iC''_{hk}.$$

Diese Formeln, die mit (20) gleich gestaltet sind, kann man nach den Deformationsgrößen auflösen und erhält dann in zu (22) analoger Bezeichnung

$$\begin{gathered} -x_x = S_{11}(X_x) + S_{12}(Y_y) + \cdots + S_{16}(X_y), \\ \cdot \quad \cdot \quad \cdot \quad \cdot \quad \cdot \quad \cdot \quad \cdot \quad \cdot \quad \cdot \quad \cdot \quad \cdot \quad \cdot \end{gathered} \tag{551}$$

wobei

$$S_{hk} = S'_{hk} - iS''_{hk}$$

gesetzt werden mag.

Die Ausdrücke für die reellen „Moduln" $S'_{hk}$ und $S''_{hk}$ sind im allgemeinen überaus kompliziert, so daß man nach einer Annäherung für dieselben suchen wird, welche bei kleinen Widerständen zulässig ist. Eine solche kann man einerseits dadurch erhalten, daß man die Determinanten aus den $C_{hk}$, welche die $S_{hk}$ definieren, nur bis auf die Glieder niedrigster Ordnung in den $b_{hk}$ entwickelt.

Hierbei kommt in Betracht, daß $\mu$, die Dämpfungskonstante der Schwingung, mit den $b_{hk}$ verschwindet, also als von gleicher Größenordnung mit diesen gelten kann. Demgemäß sind in den Ausdrücken für die $C'_{hk}$ die Produkte $\mu b_{hk}$ als kleine Größen zweiter Ordnung neben den $c_{hk}$ fortzulassen. Die Parameter $C''_{hk} = \nu b_{hk}$ sind dagegen als erster Ordnung anzusehen.

Die $S'_{hk}$ erhält man in dieser Annäherung gleich den gewöhnlichen Elastizitätsmoduln $s_{hk}$; die $S''_{hk}$ werden proportional mit $\nu$ und linear in sämtlichen $b_{hk}$, wobei die Koeffizienten durch Quotienten von den Determinanten aus den $c_{hk}$ dargestellt werden. Diese Darstellung, die man in dem Symbol

$$S_{hk} = s_{hk} - i\nu r_{hk} \tag{552}$$

wiedergeben kann, ist also in Wahrheit noch immer sehr kompliziert.

Ein zweiter einfacherer Weg ist der, daß man die Ausdrücke

$$-(X_x) = c_{11}x_x + c_{12}y_y + \cdots + c_{16}x_y$$
$$+ \frac{\partial}{\partial t}(b_{11}x_x + b_{12}y_y + \cdots + b_{16}x_y) \qquad (553)$$
$$\cdots\cdots\cdots\cdots\cdots$$

in Annäherung nach den $x_x, \ldots$ auflöst, nämlich in die mit den $b_{hk}$ multiplizierten Glieder die von der inneren Reibung freien Ausdrücke (22) einsetzt und dann die Berechnung der $x_x, \ldots$ wie oben vornimmt. Auf diesem Wege erhält man direkt

$$-x_x = s_{11}(X_x) + s_{12}(Y_y) + \cdots + s_{16}(X_y)$$
$$-\frac{\partial}{\partial t}(r_{11}(X_x) + r_{12}(Y_y) + \cdots + r_{16}(X_y)) \qquad (554)$$
$$\cdots\cdots\cdots\cdots\cdots,$$

wobei die $r_{ij} = \sum_h \sum_k b_{hk} s_{hi} s_{kj}$ als Reibungsmoduln bezeichnet werden können.

Im Falle komplexer Lösungen von der Form $e^{-(\mu - i\nu)t}$ resultiert dann die Form (551), wobei nun

$$S_{hk} = S'_{hk} - iS''_{hk} = s_{hk} + (\mu - i\nu)r_{hk}; \qquad (555)$$

da aber $\mu r_{hk}$ als klein von zweiter Ordnung neben $s_{hk}$ gelten kann, so liefert dies in formaler Übereinstimmung mit (552)

$$S'_{hk} = s_{hk}, \quad S''_{hk} = \nu r_{hk},$$

wobei nur $r_{hk}$ jetzt etwas anders definiert ist.

Bezüglich der Zulässigkeit der Ableitung dieser letzteren angenäherten Formeln entsteht zunächst das Bedenken, daß es Fälle gibt, wo zu irgendeiner Zeit die Deformationen verschwinden, aber die Deformationsgeschwindigkeiten von Null verschieden sind. Dies gilt u. a. auch bei Schwingungen, wo beim Passieren der Gleichgewichtslage die Deformationsgeschwindigkeiten gerade maximale Beträge erreichen. In solchen Fällen ergeben die umgekehrten Formeln (554) wesentlich anderes, als die ursprünglichen (553). Sie können trotzdem bezüglich der beobachteten Resultate gleichwertig sein, wenn das Bereich, innerhalb dessen die Ungleichartigkeit stattfindet, klein ist gegenüber der ganzen Schwingungsperiode.

Da die Frequenz $\nu$ ein Skalar ist, so haben die Reibungskonstanten $b_{hk}$ dieselben geometrischen Eigenschaften, wie die Elastizitätskonstanten $c_{hk}$, die Reibungsmoduln $r_{hk}$ dieselben, wie die Elastizitätsmoduln $s_{hk}$; es sind also alle mit diesen Eigenschaften zusammenhängenden Resultate aus § 284 u. f. unmittelbar auf die neuen

Parameter zu übertragen. Insbesondere geschehen die Spezialisierungen der Ansätze (547) resp. (550) und (551) resp. (554) auf die verschiedenen Kristallgruppen genau so, wie die der Formelsysteme (20) und (22), d. h. nach den Regeln von § 287 und 288.

§ 397. **Grundformeln für gleichförmige Biegung und Drillung eines Zylinders.** Die Formeln (551) gestatten in einfachster Weise die Theorie der Bewegungen von kristallinischen, auf der Mantelfläche freien Zylindern zu entwickeln, bei denen diese durch Einwirkungen auf die Grundflächen längs der Zylinderachse dauernd gleichförmig gespannt erhalten werden. Es sind dies zugleich diejenigen Bewegungen, welche am ersten Beobachtungsobjekte darstellen.

Um dergleichen zu erzeugen, hat man den Kristallzylinder, dessen Achse wie in § 305 zur $Z$-Achse gewählt werde, im Querschnitt $z = 0$ zu befestigen und im Querschnitt $z = l$ mit einer hinreichend großen trägen Masse zu verbinden, die durch die Elastizität des Kristallstabes in Oszillationen versetzt wird. Bei hinreichend langsamen Schwingungen wird dann der Kristallstab in jedem Moment merklich dieselbe Deformation besitzen, als wenn die zwischen ihm und der trägen Masse stattfindende Wechselwirkung nicht vorübergehend, sondern d a u e r n d stattfände, nämlich die bez. G l e i c h g e w i c h t s deformation. Sind dabei die Bewegungsfreiheiten der trägen Massen so gewählt, daß bei jeder ihrer Lagen der Stab längs seiner Achse im Falle des Gleichgewichts g l e i c h f ö r m i g gespannt ist, so wird letzteres auch während der langsamen Bewegungen stattfinden.

Nach dem im III. Abschnitt Entwickelten tritt eine solche gleichförmige Spannung ein, wenn auf den Endquerschnitt $z = l$ eine longitudinale Kraft $C$ oder aber Drehungsmomente $L$, $M$, $N$ um die Koordinatenachsen wirken. Praktische Bedeutung hat für uns nur der Fall der einwirkenden M o m e n t e, und wir wollen uns auf dessen Betrachtung beschränken.

Eine längs der $Z$-Achse gleichförmige Spannung und Deformation verlangt nach den allgemeinen Formeln (147) bei Einführung der Befestigungsbedingungen (247) die Verrückungskomponenten

$$\begin{aligned} u &= U - z(\tfrac{1}{2}g_1 z + hy), \\ v &= V - z(\tfrac{1}{2}g_2 z - hx), \\ w &= W + z(g_1 x + g_2 y + g_3); \end{aligned} \tag{556}$$

hierin bezeichnen $U$, $V$, $W$ gewisse Funktionen von $x$ und $y$ allein, über deren Bestimmung am angegebenen Orte gesprochen ist, die aber für die uns hier interessierenden Fragen keine Bedeutung haben. $g_1$ und $g_2$ sind die Parameter der gleichförmigen Biegung, $g_3$ ist derjenige der gleichförmigen Längsdehnung, $h$ derjenige der Drillung. Diese Parameter sind in unserem Falle als langsam mit der Zeit veränderlich zu behandeln; bei gedämpften Schwingungen können sie insbesondere in der komplexen Form $pe^{-(\mu - i\nu)t}$ geschrieben werden.

Die übrigen Konstanten des Ansatzes (556) sind so bestimmt, daß gilt

$$\text{für } x = y = z = 0:$$

$$u = v = w = 0, \quad \frac{\partial u}{\partial z} = \frac{\partial v}{\partial z} = \frac{\partial v}{\partial x} - \frac{\partial u}{\partial y} = 0, \tag{557}$$

d. h., daß während der Bewegung des Stabes der Koordinatenanfang fest bleibt, das erste Linienelement der $Z$-Achse seine Richtung bewahrt, und die Umgebung des Anfangspunktes keine Drehung um die $Z$-Achse erfährt. Diese Befestigung läßt sich relativ vollständig realisieren.

Die dritte der Gleichungen (551) lautet nunmehr

$$-(g_1 x + g_2 y + g_3) = S_{31}(X_x) + \cdots + S_{36}(X_y). \tag{558}$$

Sie läßt sich genau wie die einfachere Formel ($159^3$) auf S. 626 behandeln und liefert nach Multiplikation mit $xdq$ resp. $ydq$ und Integration über den Querschnitt $Q$,

$$\text{falls } \int xdq = \int ydq = 0,$$
$$\int x^2 dq = Q\varkappa_1^2, \quad \int y^2 dq = Q\varkappa_2^2, \quad \int xydq = 0, \tag{559}$$

direkt

$$g_1 Q\varkappa_1^2 = -S_{33} M + \tfrac{1}{2} S_{34} N,$$
$$g_2 Q\varkappa_2^2 = \quad S_{33} L - \tfrac{1}{2} S_{35} N. \tag{560}$$

Diese Formeln bestimmen die Parameter $g_1$ und $g_2$ der gleichförmigen Biegung allgemein für jede Querschnittsform.

Eine analoge einfache und allgemeine Bestimmung des Parameters $h$ der gleichförmigen Drillung ist nicht möglich; doch liefert die Übertragung der Entwicklungen von S. 635 u. f. auf unsere Formeln für den Fall eines Zylinders mit elliptischem Querschnitt

$$hQ = \frac{1}{4}\left(\frac{S_{44}}{\varkappa_1^2} + \frac{S_{55}}{\varkappa_2^2}\right) N - \frac{1}{2}\left(\frac{S_{34}}{\varkappa_1^2} M + \frac{S_{35}}{\varkappa_2^2} L\right). \tag{561}$$

Diese Formel darf in Annäherung auch auf rechteckige Querschnitte von hinreichend gestreckter Form angewendet werden.

Beobachtungen wird man nur an Präparaten von solcher Orientierung gegen den Kristall anstellen, daß dadurch die „Nebenänderungen" (Drillung bei biegenden, Biegung bei drillenden Momenten) verschwinden; dies findet statt, wenn die Moduln $s_{34}$, $s_{35}$, $r_{34}$, $r_{35}$ verschwinden. In diesem Falle gilt einfacher

$$g_1 Q \varkappa_1^2 = - S_{33} M, \quad g_2 Q \varkappa_2^2 = + S_{33} L, \qquad (562)$$
$$h Q = \frac{1}{4}\left(\frac{S_{44}}{\varkappa_1^2} + \frac{S_{55}}{\varkappa_2^2}\right) N.$$

§ 398. **Gedämpfte Biegungs- und Drillungsschwingungen.** Um einen Zylinder in gleichförmige langsame Biegungsschwingungen zu versetzen, kann man so verfahren, daß man eine schwere Kreisscheibe $S$ um eine durch ihr Zentrum $C$ gehende horizontale Achse drehbar befestigt und mit ihr das eine (obere) Ende ($z = l$) des zu untersuchenden Zylinders starr verbindet, derart, daß in der Ruhelage ($\alpha\beta$) dessen Längsachse durch die Drehachse geht und von dieser Achse halbiert wird (Fig. 186). Ist dann das Ende $z = 0$ in dem einen Ende $\alpha$ eines hinreichend langen und um eine Achse $A$ drehbaren Hebels $h$ eingespannt, so daß es keinerlei merkliche Drehungen (wohl aber eine nötige sehr kleine Verschiebung parallel $z$) ausführen kann, dann wird, wie die Rechnung zeigt, bei einer kleinen Drehung der Scheibe um ihre Achse der Zylinder nach einem Kreisbogen ($\alpha\gamma$) gekrümmt.

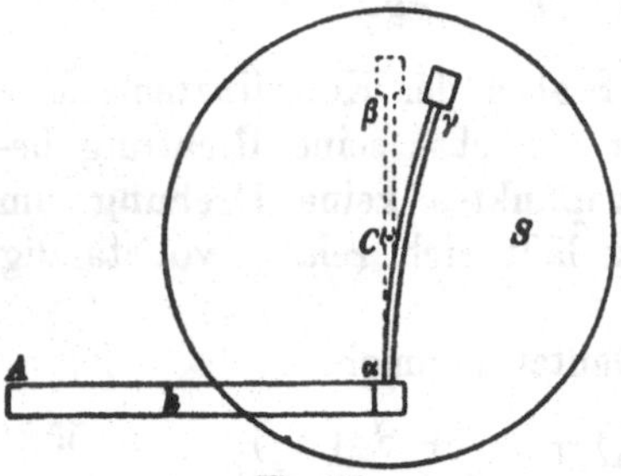

Fig. 186.

Um den Zylinder in gleichförmige langsame Drillungsschwingungen zu versetzen, kann man sein (oberes) Ende $z = 0$ (bei $\alpha$) fest einspannen, sein anderes (unteres) Ende $z = l$ (bei $\beta$) im Zentrum einer horizontalen Kreisscheibe $S$ befestigen (Fig. 187). Bei einer Drehung der Scheibe um ihre Achse wird dann der Zylinder gleichförmig gedrillt. Um den Kristallzylinder von dem Scheibengewicht zu entlasten, kann man dabei die Scheibe mittels eines geeigneten Gestelles durch einen dünnen Draht $d$ tragen lassen.[1])

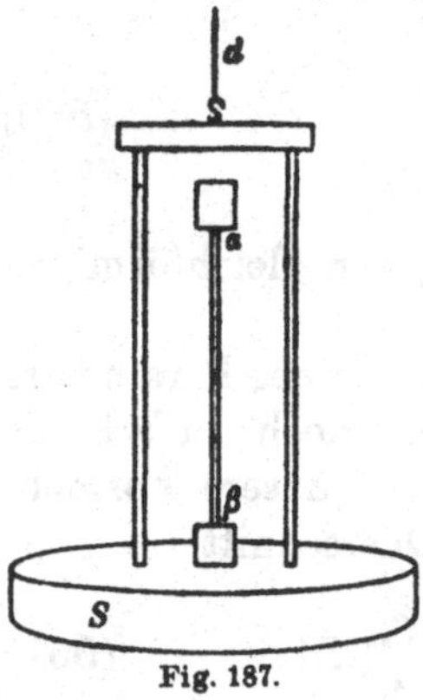

Fig. 187.

Nun sind $-L$, $-M$, $-N$ die Momente, die seitens des Stabes je auf die mit ihm verbundene träge Masse ausgeübt werden. Bezeichnen $\mathfrak{M}_2$, $\mathfrak{M}_1$, $\mathfrak{M}$ die Trägheitsmomente der je um eine zur $X$-, $Y$-, $Z$-Achse parallele drehbaren Massen, $\psi_2$, $\psi_1$, $\psi$ die bezüglichen Drehungswinkel, so ist hiernach

1) *W. Voigt*, Gött. Abh. 1892; Wied. Ann. Bd. 47, p. 671, 1892.

$$\mathfrak{M}_2 \frac{\partial^2 \psi_2}{\partial t^2} = -L, \quad \mathfrak{M}_1 \frac{\partial^2 \psi_1}{\partial t^2} = -M, \quad \mathfrak{M} \frac{\partial^2 \psi}{\partial t^2} = -N, \tag{563}$$

oder auch wegen der vorausgesetzten Form der Lösungen

$$\begin{aligned} \mathfrak{M}_2 \psi_2 (\mu_2 - i\nu_2)^2 &= -L, \\ \mathfrak{M}_1 \psi_1 (\mu_1 - i\nu_1)^2 &= -M, \\ \mathfrak{M} \, \psi \, (\mu - i\nu)^2 &= -N. \end{aligned} \tag{564}$$

Ferner sind die Drehungen des Endquerschnitts $z = l$ des betrachteten Zylinders je gegeben durch

$$g_1 = -\psi_1 / l, \quad g_2 = \psi_2 / l, \quad h = \psi / l, \tag{565}$$

und unsere Gleichungen (562) nehmen hiernach die Gestalt an

$$\begin{aligned} Q \varkappa_1^2 + l S_{33} \mathfrak{M}_1 (\mu_1 - i\nu_1)^2 &= 0, \\ Q \varkappa_2^2 + l S_{33} \mathfrak{M}_2 (\mu_2 - i\nu_2)^2 &= 0, \\ Q + \tfrac{1}{4} l \left( \frac{S_{44}}{\varkappa_1^2} + \frac{S_{55}}{\varkappa_2^2} \right) \mathfrak{M} (\mu - i\nu)^2 &= 0. \end{aligned} \tag{566}$$

Bei Einsetzen von $S_{hk} = S'_{hk} - i S''_{hk}$ ergibt z. B. die erste Formel

$$\begin{aligned} Q \varkappa_1^2 + l \mathfrak{M}_1 (S'_{33} (\mu_1^2 - \nu_1^2) + 2 S''_{33} \mu_1 \nu_1) &= 0, \\ S''_{33} (\mu_1^2 - \nu_1^2) + 2 S'_{33} \mu_1 \nu_1 &= 0. \end{aligned} \tag{567}$$

Im Falle der durch die Formeln (552) resp. (555) charakterisierten Annäherung liefert dies

$$Q \varkappa_1^2 = l \mathfrak{M}_1 s_{33} \nu_1^2, \quad \nu_1^2 r_{33} = 2 s_{33} \mu_1, \tag{568}$$

womit die Frequenz $\nu$ und die Dämpfung $\mu$ der Schwingungen bestimmt sind.

Die zweite Formel (566) führt zu analogen Beziehungen. Die dritte aber ergibt

$$\begin{aligned} 4 Q + l \mathfrak{M} \left( \left( \frac{S'_{44}}{\varkappa_1^2} + \frac{S'_{55}}{\varkappa_2^2} \right) (\mu^2 - \nu^2) + \left( \frac{S''_{44}}{\varkappa_1^2} + \frac{S''_{55}}{\varkappa_2^2} \right) 2 \mu \nu \right) &= 0, \\ \left( \frac{S''_{44}}{\varkappa_1^2} + \frac{S''_{55}}{\varkappa_2^2} \right) (\mu^2 - \nu^2) - \left( \frac{S'_{44}}{\varkappa_1^2} + \frac{S'_{55}}{\varkappa_2^2} \right) 2 \mu \nu &= 0, \end{aligned} \tag{569}$$

und bei Vernachlässigung der Glieder zweiter Ordnung auch

$$4 Q = l \mathfrak{M} \nu^2 \left( \frac{s_{44}}{\varkappa_1^2} + \frac{s_{55}}{\varkappa_2^2} \right), \quad \left( \frac{r_{44}}{\varkappa_1^2} + \frac{r_{55}}{\varkappa_2^2} \right) \nu^2 = \left( \frac{s_{44}}{\varkappa_1^2} + \frac{s_{55}}{\varkappa_2^2} \right) 2 \mu. \tag{570}$$

Es ist daran zu erinnern, daß diese letzteren Formeln zunächst nur für Zylinder von elliptischem Querschnitt gelten, die Formeln (568) hingegen allgemein.

Beobachtungen nach der vorstehend skizzierten Methode sind an isotropen Körpern in ziemlich weitem Umfange durchgeführt worden.[1]) Von Kristallen ist bereits gleichzeitig mit den vorgenannten Messungen mehr orientierend, und neuerdings ausführlicher, Steinsalz bezüglich der innern Reibung bei Biegungsschwingungen untersucht worden; die Resultate sind aber noch nicht publiziert. Es muß genügen zu bemerken, daß die Unterschiede bezüglich der innern Reibung, welche verschieden gegen den Kristall orientierte Stäbe bei Biegungsschwingungen zeigen, sehr beträchtlich sind; Stäbe mit der Längsrichtung parallel einer vierzähligen Hauptachse weisen die größte innere Reibung auf. Es handelt sich also um eine Erscheinung, bei der die Aeolotropie der Kristallsubstanz sich nachdrücklich geltend macht. Leider sind bezügliche Beobachtungen durch die Anforderungen an das Kristallmaterial sehr erschwert.

1) *W. Voigt* l. c.

## VIII. Kapitel.

# Wechselbeziehungen zwischen einem Vektor und einem Tensortripel. (Piezoelektrizität, Piezomagnetismus und ihre Reziproken.)

### I. Abschnitt.

### Erste Beobachtungen über piezoelektrische Erregung und elektrische Deformation.

§ 399. **Erste qualitative Resultate über piezoelektrische Erregung.** Eine Erregung von Elektrizität an Kristallen durch Druck glaubte bereits *Haüy* und später *E. Becquerel* beobachtet zu haben.[1]) Indessen ist es wohl sicher, daß die eigentlich wirkende Ursache bei diesen Experimenten nicht Druck, sondern Reibung gewesen ist. Demgemäß sind als die Entdecker der Piezoelektrizität unzweifelhaft die Brüder *P.* und *J. Curie* zu betrachten, welche um 1880 die fundamentalen Erscheinungen festgestellt und über sie eine Anzahl empirischer Regeln gewonnen haben.

Ihre ersten Untersuchungen[2]) waren wesentlich qualitativer Art. Die beiden Forscher stellten aus Kristallen mit polaren Symmetrieachsen (wozu S. 47 zu vergleichen) prismatische Präparate mit der geometrischen Achse parallel einer solchen polaren Achse her und komprimierten dieselben längs dieser Achse. Waren die Grundflächen mit nach außen isolierten metallischen Belegungen versehen, so entstanden in diesen Belegungen infolge der Kompression freie Ladungen, die sich an einem *Thomson*-Elektrometer nachweisen ließen und bei Aufhebung des Druckes wieder verschwanden. Wurden während des Bestehens des Druckes die Belegungen entladen, dann ergab die Aufhebung des Druckes auf ihnen die entgegengesetzten Ladungen von den bei Ausübung des Druckes entstandenen.

1) S. z. B. *Gehlers* Phys. Wörterb. Bd. 3, p. 255, 1827.

2) *P.* u. *J. Curie,* C. R. T. 91, p. 294, 1880; *P. Curie,* Œuvres, Paris 1908, p. 6.

Die *Curies* untersuchten Turmalin, Kieselzinkerz, Rohrzucker, Weinsäure, ferner Quarz, Zinkblende, Helvin, Natriumchlorat. Die Kristalle der ersten Reihe, welche nach der Tabelle am Ende des Buches dem IV., III., II. Kristallsystem angehören, besitzen sämtlich nur eine polare Achse; diejenigen der zweiten Reihe, die zum IV. und VII. System zählen, weisen deren mehrere auf.

An allen diesen Kristallen waren pyroelektrische Erregungen wahrgenommen worden, und es war natürlich, daß die *Curies* sogleich nach einem Zusammenhang zwischen den beiden Erscheinungsarten suchten. Das Ergebnis ihrer vergleichenden Beobachtungen (bei denen sie bezüglich der pyroelektrischen Erregung die S. 233 geschilderte Methode von *Friedel* benutzten) legten sie in dem Satz nieder, daß die elektrische Erregung eines Kristalls bei Kompression nach einer polaren Achse dem Vorzeichen nach mit derjenigen bei Abkühlung übereinstimme.

Dieser Satz ist weit weniger einfach und klar, als es auf den ersten Blick scheint, weil die Umstände, unter denen bei der *Friedel*schen Methode pyroelektrische Erregungen beobachtet werden, wenig übersichtlich sind. In der Tat wirken bei jenem Verfahren die mit dem Ort stark variierenden Temperaturänderungen keineswegs rein und frei; auch lassen sich von nach ihm erhaltenen Resultaten keinerlei Schlüsse auf die Erregung eines Kristalls bei gleichförmiger Erwärmung ziehen. (Wir kommen auf diesen Punkt später zurück.)

Insbesondere können gemäß dem S. 235 Entwickelten Kristalle mit mehreren polaren Achsen durch gleichförmige Temperaturänderung überhaupt nicht elektrisch erregt werden, und die bei ungleichförmigen Änderungen eintretenden Erregungen sind ausschließlich Folge der mit diesen verbundenen ungleichförmigen Spannungen und Deformationen.

Für solche Kristalle drückt also die *Curie*sche Regel nur die wenig aufklärende Tatsache aus, daß bei dem *Friedel*schen Verfahren ungleichförmige Spannungen auftreten, die im Falle der Erwärmung (resp. Abkühlung) an der untersuchten Grenzfläche dieselbe Erregung veranlassen, wie sie an der gleichwertigen Grundfläche bei einer gleichförmigen Dehnung (resp. Kompression) des Prismas auftritt.

Es ist nicht unwichtig, hierauf hinzuweisen, weil der *Curie*sche Satz anfänglich in dem Sinne verstanden worden ist, als handelte es sich bei ihm um eine gleichförmige Erwärmung (wobei er ja gelegentlich überhaupt seinen Sinn verliert), und weil dieses Mißverständnis auch noch gegenwärtig nachwirkt, obwohl *Friedel* und *Curie*[1]) sich später ganz klar zu der Sache geäußert haben.

1) *C. Friedel* u. *J. Curie*, C. R. T. 97. p. 66, 1883.

**§ 400. Empirische Gesetze für den Fall einfacher gleichförmiger Kompression.** Weitere Untersuchungen der *Curies* haben zu einer Reihe wichtiger Gesetze geführt, die zum Teil Ausgangspunkte, zum Teil Prüfungsobjekte für die allgemeine Theorie des Erscheinungsgebietes geworden sind.

Die nächsten Beobachtungsreihen[1]) beschränkten sich auf Turmalin und maßen an (nach der Hauptachse orientierten) prismatischen Präparaten die Ladungen, welche bei longitudinaler Kompression auf den Belegungen der Grundflächen frei werden; die eine dieser Belegungen war zu diesem Zweck mit der Nadel eines *Thomson-Mascart*schen Elektrometers verbunden, die andere war geerdet. Man konnte dabei die an verschiedenen Präparaten frei werdenden Ladungen unmittelbar dem Ausschlag des Elektrometers proportional setzen, da die Kapazität des durch den Kristall mit seinen Belegungen repräsentierten Kondensators immer klein war gegen die Kapazität des Elektrometers.

Die Resultate ihrer Messungen faßten die *Curies* in folgende Sätze:

Die beiden Enden eines Turmalins entwickeln bei Kompression entgegengesetzt gleiche Ladungen, die dem Druck proportional sind, sich also mit demselben umkehren.

Bei dem nämlichen Gesamtdruck ist die entwickelte Ladung von den Dimensionen des Präparats unabhängig.

Der letzte Satz ist durch Beobachtungen erhalten, bei denen die Längen der Präparate vom 1- bis 30-fachen, die Querschnitte vom 1- bis 50-fachen gesteigert wurden; er kann also trotz der nicht sehr genauen Beobachtungsmethode als vollständig begründet gelten.

Die (je nach dem Vorkommen) stark wechselnde Färbung des Turmalins schien im allgemeinen auf die piezoelektrische Erregung geringen Einfluß zu haben; nur die undurchsichtigen Kristalle verhielten sich infolge merklicher Leitfähigkeit abweichend.

Die vorstehenden Sätze gehen den von *Gaugain* über pyroelektrische Erregung abgeleiteten und S. 240 mitgeteilten nahe parallel; sie deuten auf eine Einwirkung, welche jedem Volumenelement das gleiche elektrische Moment erteilt und dadurch gemäß S. 204 scheinbare Ladungen der Grundflächen der Präparate hervorruft. Der hierdurch vertiefte Parallelismus der für pyro- und piezoelektrische Erregungen geltenden Gesetze ließ die *Curies* zu der Auffassung gelangen, daß es sich bei dem ersteren Vorgang nicht um eine direkte thermische Wirkung handele, sondern daß die Erregung ausschließlich auf den mit den Temperaturänderungen verbundenen Dilatationen beruhe, somit in letzter Instanz jederzeit piezoelektrisch sei.

1) *P.* u. *J. Curie*, C. R. T. **92**, p. 186, 1881; *P. Curie*, Œuvres, p. 15.

Es ist S. 235 darauf hingewiesen, daß diese Auffassung bei allen Kristallen ohne einzelne ausgezeichnete Richtung die notwendige ist; bei denjenigen Kristallen hingegen, die eine derartige Richtung (z. B. eine einzige polare Achse) besitzen, ist ein solcher Schluß keineswegs zwingend, und es ist eine wichtige Aufgabe der Messung, ihn zu prüfen. Wir kommen hierauf unten zurück.

§ 401. **Erste absolute Messungen.** Die Gebrüder *Curie* verfolgten ihre wichtige Entdeckung zunächst in der Richtung auf eine praktische Anwendung.[1])

Nachdem gezeigt war, daß an einem Kristallpräparat, das parallel einer polaren Achse orientiert ist, bei longitudinaler Kompression Elektrizitätsmengen erregt werden, die sich außer durch die Natur des Kristalls nur durch die Größe des ausgeübten Gesamtdruckes bestimmen, so war die Möglichkeit gegeben, hierauf die Konstruktion einer Elektrizitätsquelle von bequem variierbarer Ergiebigkeit zu gründen. Um diese Ergiebigkeit ein für alle Male in absolutem Maße angebbar zu machen, war es nur nötig, für die benutzte Kristallart die piezoelektrische Erregbarkeit in demselben Maßsystem zu bestimmen. Dieser Gesichtspunkt führte die *Curies* zu einigen quantitativen Bestimmungen.

Die hierbei von ihnen benutzte Methode war die folgende.

Die eine Belegung des Kristallpräparats wurde geerdet, die andere mit zwei Quadranten eines *Thomson*-Elektrometers verbunden, bei Nebenschaltung eines Kondensators von bekannter Kapazität. Um von der Annahme der Proportionalität der Elektrometerausschläge mit der zu messenden Ladung frei zu sein, wurde das Elektrometer nur als Nullinstrument benutzt, nämlich das zweite Quadrantenpaar mit einem Pol eines *Daniell*-Elements verbunden und dann der Druck auf das Kristallpräparat so abgeglichen, daß die Nadel auf die Ruhelage zurückging.

Ist die Kapazität des Elektrometers, mit Zuleitungen und Belegungen des Kristalls, gleich $C_0$, so wird eine in der Belegung entwickelte Ladung $e_0$ ein Potential $V$ bewirken, gegeben durch

$$\frac{e_0}{C_0} = V; \tag{1}$$

bei Hinzufügung der bekannten Kapazität $C$ wird eine andere Ladung $e$ nötig sein, um dasselbe Potential zu geben,

$$\frac{e}{C + C_0} = V \tag{2}$$

Nun ist nach den *Curie*schen Beobachtungen die entwickelte Ladung dem Gesamtdruck proportional, d. h., wenn dieselbe durch ein Ge-

1) *P.* u. *J. Curie,* C. R. T. 93, p. 204, 1881; *P. Curie,* Œuvres, p. 22.

wicht $G$ hervorgerufen wird, ist $e = G d_0$, unter $d_0$ eine der Kristallart individuelle Konstante verstanden. Ferner ist $V$ (1 Daniell) als bekannt

$$= 1{,}23 \text{ Volt} = 1{,}23 \cdot 10^8 \text{ cm. gr. sec.}$$

zu betrachten. Man kann somit aus den beiden Gleichungen

$$V = \frac{G_0 d_0}{C_0} = \frac{G d_0}{C - C_0}$$

die unbekannte Kapazität $C_0$ und den piezoelektrischen Parameter $d_0$ bestimmen. Das Resultat für letzteren ist

$$d_0 = \frac{V(C - C_0)}{G}. \tag{3}$$

Nach dieser Methode erhielten die *Curies* für den Parameter $d_0$ bei Voraussetzung von Kilogramm als Gewichtseinheit und von cm. gr. sec. für $V$

im Falle des Turmalins $d_0 = 0{,}0531$,
im Falle des Quarzes $\quad = 0{,}062$.

Voraussetzung ist die Orientierung der Präparate nach einer polaren Achse.

Bei Übergang zu Dynen als Krafteinheit liefert dies für den Parameter, der hier mit $d$ bezeichnet werden mag,

bei Turmalin $d = 5{,}41 \cdot 10^{-8}$ cm. gr. sec.,
bei Quarz $\quad = 6{,}32 \cdot 10^{-8}$ „ „ „

Nachdem die piezoelektrische Konstante bekannt ist, kann man die oben beschriebene Beobachtungsmethode natürlich auch zur Bestimmung von Kapazitäten, z. B. zum Zwecke der Ableitung der Werte von Dielektrizitätskonstanten verwenden. Über bezügliche Beobachtungen ist S. 452 berichtet worden.

§ 402. **Einfluß der Orientierung der Druckrichtung gegen den Kristall.** Die Frage der Abhängigkeit der piezoelektrischen Erregung eines parallelepipedischen Präparats von seiner Orientierung gegen den Kristall haben die *Curies* bei Turmalin, wie es scheint, gar nicht studiert, und auch für Quarz nur in einem ganz speziellen Falle.[1]) Es ist schwer, einzusehen, was sie von dieser naheliegenden und wichtigen Untersuchung abgehalten hat. Vielleicht nahmen sie an, daß die Verhältnisse zu kompliziert lägen, um sich durch Beobachtung allein aufklären zu lassen.

1) *P.* u. *J. Curie*, Journ. d. Phys. (2) T. 8, p. 149, 1889; *P. Curie*, Œuvres, p. 35.

Die an Quarz angestellten Beobachtungen bezogen sich auf das Verhalten eines einzigen, mit seinen Kanten $a, b, c$ nach dem (von uns benutzten) Hauptachsensystem orientierten Parallelepipeds, wobei zu erinnern ist, daß in diesem System die $X$-Achse eine polare Achse darstellt. Untersucht wurden die Ladungen, die bei Kompressionen parallel zur $X$-, $Y$- oder $Z$-Richtung in Belegungen frei wurden, welche die Flächen normal zu $\pm X$ bedeckten.

Bezeichnet man den Gesamtdruck, der zur Anwendung kam, mit $\Gamma$, die Dimensionen des Präparats nach den Achsen $X, Y, Z$ mit $a, b, c$ und versteht unter $d$ eine (piezoelektrische) Konstante, dann ging das Resultat der Beobachtungen dahin, daß die entwickelten Elektrizitätsmengen waren bei Kompression

$$\begin{aligned} &\text{parallel } X \quad && e_1 = \Gamma d, \\ &\text{parallel } Y \quad && e_2 = -\Gamma d(b/a), \\ &\text{parallel } Z \quad && e_3 = 0. \end{aligned} \tag{4}$$

Das zweite Resultat läßt sich auch schreiben

$$e_2 = -\Gamma d(f_x/f_y), \tag{5}$$

wobei $bc = f_x$ die Größe der Fläche normal zu $X$, $ac = f_y$ diejenige der Fläche normal zu $Y$ bezeichnet. Es tritt also die gedrückte Fläche im Nenner, die belegte im Zähler auf. Das erste Resultat fügt sich dieser Regel gleichfalls, weil in dem betreffenden Falle die gedrückte Fläche zugleich die belegte war.

Dies Gesetz scheint, wie bemerkt werden mag, nach seiner Fassung von der speziellen Orientierung des Parallelepipeds unabhängig und allgemein gültig zu sein. Man wird demgemäß erwarten können, daß jederzeit, wenn ein Präparat in Form eines rechtwinkligen Parallelepipeds auf einem Flächenpaar $F$ gedrückt, auf einem andern oder dem gleichen $f$ belegt ist, die frei werdende Ladung mit dem Quotienten $f/F$ proportional ist.

Es ergibt sich hieraus die Regel, daß, um mit kleinen Gesamtdrucken möglichst große Ladungen zu erzielen, $f$ möglichst groß, $F$ möglichst klein zu machen ist.[1])

Eine Art Ergänzung der beschriebenen Beobachtungen der *Curies* stellen einige (frühere) Messungen *Czermaks*[2]) dar, welche zwei verschieden orientierte Parallelepipede von Quarz betrafen, aber die Ladungen nur der gedrückten Flächen selbst feststellten. Wir werden auf dieselben nach Entwicklung der allgemeinen Theorie zurückkommen.

1) Die genaue Beschreibung eines hiernach für Meßzwecke geeignet montierten piezoelektrisch erregbaren Quarzpräparats gab *J. Curie,* Ann. d. Chim. T. **27**, p. 392, 1889; s. auch *P. Curie,* Œuvres, p. 554.

2) *P. Czermak,* Wien. Ber. Bd. **96**, p. 1217, 1887.

§ 403. **Erste Beobachtungen über elektrische Wirkungen ungleichförmiger Deformationen.** Kompliziertere Fälle piezoelektrischer Erregung hat *Kundt*[1]) mit seinem S. 230 beschriebenen Bestäubungsverfahren untersucht. Leider sind die Umstände der Erregung bei jenen Untersuchungen derart, daß diese Beobachtungen sich nur in bescheidenem Maße resp. in roher Annäherung theoretisch behandeln lassen.

Für die Theorie ist im Anschluß an das S. 231 Gesagte daran zu erinnern, daß die Bestäubungsmethode über die Verteilung der erregten Ladungen direkt gar keine Auskunft gibt, sondern einzig anzeigt, wo und in welcher Dichte die elektrischen Kraftlinien in positivem oder negativem Sinne die bestäubte Oberfläche durchsetzen.

Einige Beobachtungen *Kundts* bezogen sich auf Quarzplatten, die normal zur Hauptachse aus den säulenförmigen Teilen der betreffenden Kristalle hergestellt waren und somit die Form regulärer Sechsecke besaßen. Diese Platten wurden in zwei diametral gegenüberliegenden Punkten gedrückt.

Bei der Deutung der von *Kundt* angegebenen Bestäubungsfiguren hat man zu berücksichtigen, daß das Mennigepulver schwerer ist, als das Schwefelpulver, daß es infolgedessen der abstoßenden Wirkung positiver Ladungen weniger folgt, als das Schwefelpulver derjenigen der negativen Ladungen, und daß deshalb die von Mennige bedeckten Bereiche im allgemeinen weiter ausgedehnt sind, als sie bei gleichem Verhalten beider Pulver sein sollten.

Lagen bei den *Kundt*schen Beobachtungen die Druckstellen auf der zweizähligen $X$-Achse, so ergab die Bestäubungsmethode ein sehr kompliziertes Bild, das durch ein System neutraler Kurven charakterisiert wird, wie es Figur 188 durch die punktierten Linien andeutet. Lagen die Druckstellen auf der $Y$-Achse, so markierte sich keine andere neutrale Kurve, als eben diese Gerade (Fig. 189); die Bereiche $x > 0$ und $x < 0$ waren in sich gleichsinnig erregt, und zwar ebenso wie die bez. zentralen Felder bei der vorigen Art der Einwirkung. Diese Erscheinungen werden wir unten aus der allgemeinen Theorie verständlich machen.

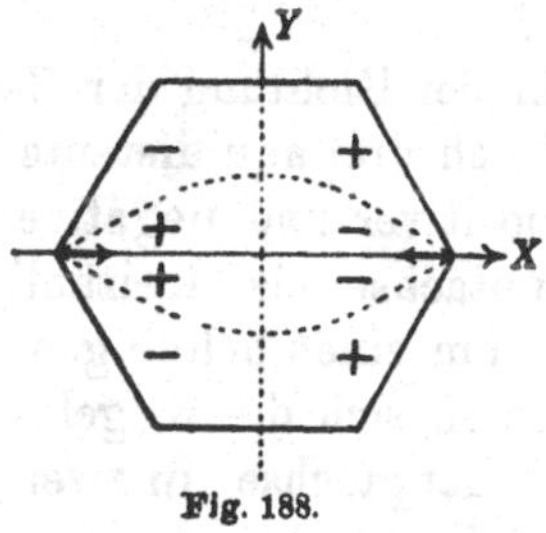

Fig. 188.

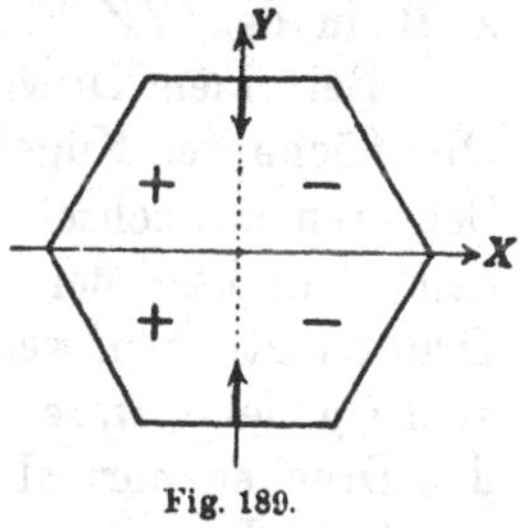

Fig. 189.

Außer rein mechanischen Erregungen verfolgte *Kundt* auch

1) *A. Kundt*, Berl. Ber. Bd. 16, p. 421, 1883; Wied. Ann. Bd. 20, p. 592, 1883.

solche durch ungleichförmige Erwärmung, die er als nicht piezo-, sondern als pyroelektrisch betrachtete. Während von diesen Beobachtungen die Erregungen ganzer natürlicher Kristalle bei einer Abkühlung nach vorhergehender Erwärmung theoretisch kaum faßbar sind, kann man die analogen Vorgänge an Kugeln aus homogenen Kristallen in einer ziemlichen Annäherung behandeln. Wir kommen auf die betreffenden Versuche an Quarzkugeln gleichfalls unten zurück.

Große Schwierigkeiten bieten einer theoretischen Verwertung auch die Beobachtungen *Röntgens*[1]) über die elektrische Erregung einer Quarzkugel durch Kompression längs eines Durchmessers.

Ist zwar das Problem der elastischen Deformation einer isotropen Kugel unter den hier vorliegenden Verhältnissen (wenngleich in sehr komplizierter Form) gelöst, so ist das analoge Problem für die Kristallkugel bisher noch ganz unzugänglich. Und seine Durchführung ist natürlich die Vorbedingung für die Anwendung der allgemeinen Theorie der Piezoelektrizität.

Unter diesen Umständen muß es genügen, einige einfache Resultate hervorzuheben, zu denen *Röntgen* gelangt ist.

Liegt die Druckrichtung normal zur $Z$-Hauptachse (also äquatorial), so teilt sich die Kugeloberfläche jederzeit durch eine die Hauptachse enthaltende diametrale Ebene in zwei Hälften entgegengesetzter scheinbarer Ladungen. Fällt die Druckrichtung speziell in eine polare Nebenachse, z. B. in die $X$-Achse, so liegt die neutrale Ebene normal zur Druckrichtung, also z. B. in der $YZ$-Ebene; fällt sie in die Mitte zwischen zwei polare Achsen, z. B. in die $Y$-Achse, so liegt die neutrale Ebene parallel der Druckrichtung, also wieder z. B. in der $YZ$-Ebene.

Bei einem Druck in der Richtung der $Z$-Hauptachse teilt sich die Oberfläche der Kugel durch drei äquidistante Meridianebenen in sechs Sektoren abwechselnd positiver und negativer Erregung, entsprechend dem Charakter der Hauptachse als dreizählige Symmetrieachse. Bei Druckrichtungen, welche um einen beliebigen Winkel gegen die Hauptachse geneigt waren, schien sich die Kugeloberfläche, ähnlich wie bei den Drucken normal zur Hauptachse, in zwei gleiche Hälften entgegengesetzter Erregung zu teilen. Dies letztere Resultat kann indessen nicht allgemein gelten, weil bei Annäherung der Druckrichtung an die Hauptachse offenbar ein allmählicher Übergang in die dort beobachtete Sechsteilung stattfinden muß.

Beobachtungen *Röntgens* über die Erregung einer normal zur Hauptachse geschnittenen Kreisscheibe von Quarz durch Kompression längs verschiedener Durchmesser würden der Theorie an sich geringere

1) *W. C. Röntgen,* Wied. Ann. Bd. 18, p. 534, Bd. 19, p. 523, 1883.

Schwierigkeiten bieten, weil für diese Orientierung der Platte die elastischen Gleichungen isotrope Gestalt annehmen. Da aber die Beobachtungen sich nur auf die Influenzwirkungen beziehen, welche die komprimierenden Metallteile erfahren, und auch nur qualitativer Art sind, so ist von einer Heranziehung der Theorie hier wenig Vorteil zu erwarten.

Anders verhält es sich mit Beobachtungen *Röntgens* über die Erregung dieser Kreisscheibe durch ungleichförmige Erwärmung mit Isothermen in Form konzentrischer Kreise. Hier kann die Theorie mit Nutzen einsetzen, nicht nur zur Erklärung der beobachteten Verhältnisse, sondern auch zur Präzisierung der aus ihnen gezogenen Folgerungen.

*Röntgen* klebte auf die Quarzplatte einen konzentrischen Kreisring von Stanniol und zerlegte denselben durch Radien, welche die Winkel der polaren Achsen halbierten, in Sektoren. Von diesen Sektoren wurde der 1), 3), 5) mit einem Elektrometer verbunden, der 2), 4), 6) geerdet. Es zeigte sich dann am Elektrometer ein Ausschlag im entgegengesetzten Sinne, wenn die Platte vom Zentrum aus und wenn sie vom Rande aus erwärmt wurde.

*Röntgen* schloß aus dieser Beobachtung, welche ähnliche Temperaturen als ganz entgegengesetzte Wirkungen übend erwies, daß es sich bei der Erregung des Quarzes durch Erwärmung in erster Linie um Piezoelektrizität handeln müsse.

Bezüglich der hier entstehenden Frage ist auf das in § 129 allgemein Bemerkte zu verweisen.

§ 404. **Der elementare reziproke Effekt.** Die von den *Curies* festgestellte Umkehrbarkeit der piezoelektrischen Erregung einseitig gepreßter Kristallpräparate von parallelepipedischer Form hat *Lippmann*[1]) Veranlassung gegeben, durch Anwendung der Grundsätze der allgemeinen Thermodynamik boi Annahme der Unzerstörbarkeit elektrischer Ladungen die Notwendigkeit eines zu der Piezoelektrizität reziproken Vorganges zu erweisen. Er zeigte, daß ein derartiges Präparat, wenn seine Belegungen auf eine Potentialdifferenz $V$ gebracht würden, eine lineäre Gesamtdilatation $\lambda$ von dem Betrage

$$\lambda = Vd \tag{6}$$

erleiden müßte, wobei $d$ dieselbe Konstante bezeichnet, welche nach S. 805 die Erregung des Präparates bei einem in Dynen ausgedrückten Gesamtdruck $\Gamma$ mißt, gemäß der Formel

$$e = \Gamma d. \tag{6'}$$

1) *M. G. Lippmann,* Ann. d. chim. (5) T. 24, p. 145, 1881.

Die Regel über den Sinn, in dem die beiden reziproken Wirkungen einander entsprechen, läßt sich folgendermaßen formulieren.

Wird die Grundfläche $A$ (resp. $B$) einer Kristallplatte durch einen Druck normal gegen diese Fläche positiv (resp. negativ) geladen, so erzeugt eine positive (resp. negative) Ladung dieser Fläche eine Dilatation in der zu ihr normalen Richtung. Die elektrisch erzeugte Dilatation wirkt also der durch den korrespondierenden Druck erzeugten entgegen.

Durch analoge Schlüsse ergibt sich, daß, wenn ein Parallelepiped durch einen Druck $\Gamma$ gegen ein Flächenpaar $F$ auf einem dazu normalen Flächenpaar $f$ Ladungen $\pm e'$ hervorruft, wobei

$$e' = \Gamma d' (f/F), \tag{7'}$$

dann eine Ladung der bezüglichen Belegungen $f$ in gleichem Sinne auf die Potentialdifferenz $V$ normal zu $F$ eine Dilatation hervorruft

$$\lambda' = V d' (f/F). \tag{7}$$

Diese beiden Dilatationen, die man als longitudinal und transversal unterscheiden kann, sind nach der Größe der piezoelektrischen Parameter $d$ und $d'$ stets außerordentlich klein. Zu ihrem Nachweis haben die *Curies*[1]) verschiedene Methoden angewendet, deren Theorie sie allerdings zum Teil nicht vollständig geben, und die sie daher auch nicht zu einer quantitativen, sondern nur zu einer qualitativen Vergleichung mit dem *Lippmann*schen Gesetz verwenden konnten. Wir gehen auf dieselben unten näher ein.

§ 405. **Experimenteller Nachweis des longitudinalen Effekts.** Für eine Quarzplatte normal zu einer polaren Achse ist nach den S. 805 besprochenen Beobachtungen der *Curies* in absoluten Einheiten $d = 6{,}32 \cdot 10^{-8}$. Eine Potentialdifferenz von 3000 Volt = 10 absoluten Einheiten würde also bei der ersten Anordnung für die longitudinale Dilatation $\lambda$ nur $6{,}32 \cdot 10^{-7}$ cm ergeben. Der Nachweis einer solchen Dilatation gelang den *Curies* auf folgendem Wege:

Zwischen zwei nahezu starr miteinander verbundenen Metallplatten $p_1$ und $p_2$ (Fig. 190) schichteten sie unter mäßigem Druck zweimal drei Quarzplatten, sämtlich normal zu einer polaren Achse geschnitten, in abwechselnd verwendeter Position; die mittleren waren beiderseitig mit metallenen Belegungen $\alpha$, $\beta$ und $\alpha'$, $\beta'$ versehen; ein metallischer geerdeter Schirm zwischen den beiden Systemen ver-

1) *P.* und *J. Curie,* C. R. T. **93**, p. 1137, 1881; T. **95**, p. 914, 1882; Journ. d. Phys. (2) T. 8, p. 149, 1882. *P. Curie,* Œuvres, p. 26, 30, 35.

hinderte eine elektrische Wechselwirkung zwischen ihnen; andere Schirme schützten sie gegen direkte Einwirkungen von außen.

Nun wurden die Belegungen $\alpha$ und $\beta$ mit Hilfe einer Influenzmaschine elektrisch entgegengesetzt geladen. Nach dem *Lippmann*schen Satz mußten dann alle drei Platten des obern Systems gleichsinnige Dilatationen erfahren, die sich mit der Richtung der Feldstärke in ihnen umkehrten. Diese Dilatationen konnten aber infolge der äußeren Bedingungen des Systems sich nicht frei ausbilden; sie gaben somit Veranlassung zur Änderung der Druckverhältnisse innerhalb des Systems der sechs Quarzplatten und als Folge hiervon eine piezoelektrische Erregung in demselben. Letztere äußerte sich insbesondere im Auftreten freier Ladungen in den Belegungen $\alpha'$ und $\beta'$ des unteren Systems, die sich an einem Elektrometer nachweisen ließen.

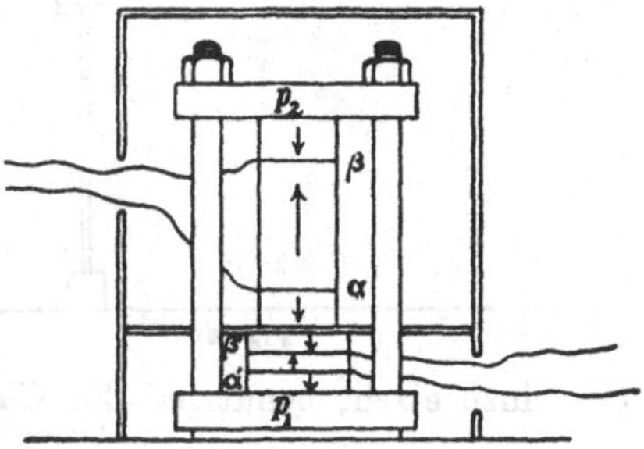

Fig. 190.

Es gelang so, zu zeigen, daß der Sinn der elektrischen Dilatation dem *Lippmann*schen Satze entsprach. Eine quantitative Vergleichung ist, ganz abgesehen von etwaigen technischen Unvollkommenheiten der Einrichtung, dadurch erschwert, daß der genannte Satz über die Größe des bei **unvollständiger Dilatation in dem System auftretenden Druckes** keine genügende Auskunft gibt. Wir kommen auf die vollständige Theorie dieses *Curie*schen Experimentes unten zurück.

§ 406. **Experimenteller Nachweis des transversalen Effekts.** Was die transversalen Dilatationen angeht, so liegen für ihren quantitativen Nachweis die Verhältnisse deswegen günstiger, weil nach der für sie geltenden Formel (7)

$$\lambda' = V d' (f/F)$$

die Möglichkeit vorliegt, den Faktor $f/F$ sehr groß zu machen.

Die *Curies*[1]) stellten die bezüglichen Präparate in der Form von Streifen dar, deren sehr geringe Dicke einer polaren Achse (z. B. $X$) parallel lag, während die Breite in die $Z$-Hauptachse, die Länge in die zu beiden normale (z. B. die $Y$-Achse) fiel. Ein solcher Streifen $\alpha\beta$ wurde mit metallischen Belegungen versehen und so, wie Figur 191 andeutet, mit einer Hebelvorrichtung $ABD$ in Verbindung gebracht.

1) *P.* und *J. Curie,* Journ. d. Phys. (2) T. 6, p. 149, 1882; *P. Curie,* Œuvres p. 44.

Am Ende $A$ befand sich eine geeignete Marke, auf welche ein Mikroskop eingestellt war. Wurden die Belegungen durch Verbindung mit einer Influenzmaschine geladen, so änderte sich die Länge des Streifens gemäß (7), und diese Änderung ließ sich aus der Ablesung an dem Mikroskop und aus den Zahlenverhältnissen der Hebelvorrichtung berechnen.

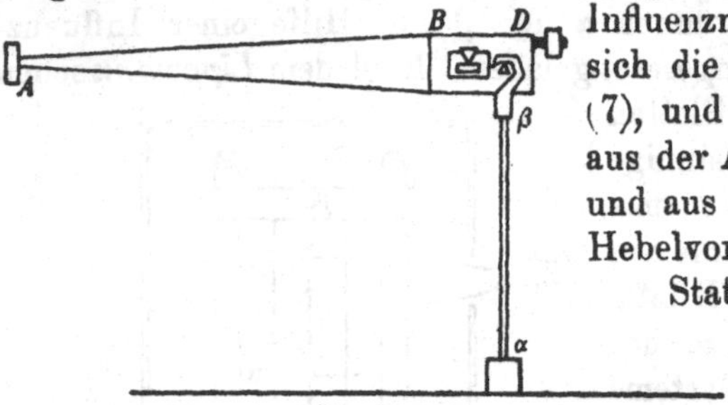

Fig. 191.

Statt die Dimensionen der Platte und die piezoelektrische Konstante $d'$ einzeln zu bestimmen und in Formel (7) einzusetzen, benutzten die *Curies* die Gleichung (7')

$$e' = \Gamma d' (f/F)$$

für die piezoelektrische Erregung derselben Platte, um sogleich das ganze Aggregat $d'(f/F)$ durch eine Beobachtung zu gewinnen. Hierzu war nur nötig, die Platte aus der Hebelvorrichtung herauszunehmen und durch ein bekanntes Gewicht (dem ein $\Gamma < 0$ entspricht) zu strecken. Die Messung der hierbei auftretenden Ladung $e'$ gibt unmittelbar das gesuchte Aggregat.

Da die bei den eigentlichen Versuchen in Aktion tretenden Potentialdifferenzen nur aus der Schlagweite der bei der Influenzmaschine überspringenden Funken erschlossen wurden, so konnte eine Prüfung der Formel (7) nur in mäßiger Schärfe erfolgen. Innerhalb dieser Grenzen ergab sich aber vollständige Bestätigung.

Eine andere, von den *Curies* zur Anwendung gebrachte geistreiche Anordnung zum Nachweis des Transversaleffekts bietet wiederum theoretische Schwierigkeiten. Bei dieser Anordnung wurden zwei äußerst dünne Quarzlamellen der oben geschilderten Orientierung in verwendeter Lage aufeinandergekittet und dann durch angebrachte Belegungen einem elektrischen Felde ausgesetzt. Hierbei erfährt die eine Lamelle parallel der $Y$-Richtung eine Verlängerung, die andere eine Verkürzung, und infolge hiervon muß der Doppelstreifen sich krümmen. Die *Curies* gründeten auf diesen Effekt die Konstruktion eines Elektrometers.

Wie bei dem Verfahren von S. 811 kommen hierbei aber die nach dem *Lippmann*schen Gesetz erforderlichen Dilatationen nicht frei zur Ausbildung; die der Kittfläche anliegenden Schichten beider Streifen sind sogar an jeder Dilatation gehindert. Auf derartige Fälle direkt aus dem genannten Gesetz Schlüsse zu ziehen, ist natürlich bedenklich, und es bedarf zu deren Behandlung der Grundlagen der allgemeinen Theorie, die im nächsten Abschnitt gegeben werden soll.

§ 407. **Spätere Beobachtungen bei ungleichförmigen Deformationen.** *Kundt* und *Röntgen* haben unabhängig voneinander gefunden, daß Quarzpräparate in einem elektrischen Felde ihre optischen Eigenschaften ändern, ähnlich, als wenn sie mechanischen Einwirkungen ausgesetzt werden. Beide Forscher kamen demgemäß zu der Auffassung, daß jene optischen Veränderungen vollständig auf den Deformationen beruhten, welche nach vorstehendem piezoelektrisch erregbare Kristalle in einem elektrischen Felde erfahren, und glaubten aus den ersteren auf die letzteren schließen zu können.

Indessen ist, wie ausführliche Untersuchungen von *Pockels*[1]) gezeigt haben, eine solche Betrachtungsweise unvollständig. Ein elektrisches Feld wirkt nicht nur indirekt in der von *Kundt* und *Röntgen* angenommenen Weise auf das optische Verhalten jener Kristalle, sondern auch direkt, d. h. selbst bei Aufhebung der elektrischen Deformation. Eine Behandlung dieser Vorgänge liegt aber ganz außerhalb der Ziele, welche unsere Darstellung verfolgt.

Hingegen muß eine andere Beobachtungsreihe *Röntgens*[2]) wegen der theoretischen Bedeutung, die sie erhalten hat, etwas ausführlicher besprochen werden. Diese Untersuchung bezog sich einerseits auf die elektrische Erregung eines mit seiner Achse angenähert der Hauptachse parallel orientierten Kreiszylinders aus Quarz durch Torsion und andererseits auf die Torsion dieses Zylinders bei Anwendung eines elektrischen Feldes von angemessener Symmetrie.

Die von *Röntgen* untersuchten Präparate maßen 8 und 10 cm Länge bei 0,71 und 0,76 cm. Dicke. Der eine Endquerschnitt wurde fest eingespannt, auf den andern mit Hilfe eines Torsionskopfes ein Drehungsmoment ausgeübt. Zur Untersuchung der elektrischen Erregung infolge der Torsion diente ein mit einem Elektrometer verbundener gerader Kupferdraht, welcher, der Zylinderachse parallel, dem Zylinder in verschiedenen Meridianen möglichst nahe aufgestellt wurde und so die Influenzwirkung des Zylinders in diesen Meridianen zu beobachten gestattete.

Auf dem Zylinder waren die Meridiane, welche die Halbierungslinien der Winkel zwischen den polaren Achsen enthielten, markiert und dienten zur Charakterisierung der untersuchten Meridiane.

Das Resultat der Beobachtung war ein völlig unerwartetes. Statt einer Teilung des Zylinderumfanges in sechs Teile abwechselnd gleichen elektrischen Verhaltens wurde eine solche in vier Teile gefunden, — ein Ergebnis, das mit der kristallographischen Dreizähligkeit der Hauptachse ganz unvereinbar schien. Seine Aufklärung ist eine der interessantesten Aufgaben der allgemeinen Theorie.

1) *Fr. Pockels*, Gött. Abh. Bd. **39**, 1894.
2) *W. C. Röntgen*, Wied. Ann. Bd. **39**, p. 16, 1889.

*Röntgen* suchte, wie bemerkt, auch nach dem (zu dem beschriebenen) reziproken Phänomen. Er versah hierzu die vier Teile des Zylinderumfanges, die sich abwechselnd entgegengesetzt geladen gezeigt hatten, mit Stanniolbelegungen und erteilte diesen die angemessenen Ladungen. Der (durch Kombination beider Präparate gewonnene, sehr lange) Zylinder wurde an einem Ende befestigt, an dem andern, zwecks der Konstatierung einer etwaigen Drillung, mit einem Spiegel armiert. Durch Beobachtung des Bildes einer Skala mit Hilfe eines Fernrohrs ließ sich bei Entladung der Belegungen in der Tat eine sehr geringe Drehung des Zylinders erkennen, die bei Umkehrung der Ladungen ihr Vorzeichen wechselte, also die von der Theorie verlangte Erscheinung darstellte. —

Nachdem vorstehend über diejenigen Beobachtungen berichtet ist, welche der Aufstellung der allgemeinen Theorie vorausgingen, wollen wir uns nun dieser Theorie selbst zuwenden. An dieselbe wird sich dann die Darstellung neuerer Beobachtungen anreihen.

## II. Abschnitt.

## Entwicklung der Grundgleichungen der Theorie der Piezoelektrizität.

§ 408. **Allgemeines.** Die erst von den Gebrüdern *Curie*, dann mit besonderem Nachdruck von *Röntgen* vertretene Auffassung, daß alle unter dem Namen Piezo- und Pyroelektrizität begriffenen Erregungen in letzter Instanz auf den in den untersuchten Kristallen erzeugten Deformationen und Spannungen beruhten, gab die erste Veranlassung zur Aufstellung der allgemeinen Gesetze elektrischer Wirkungen dieser Ursachen.[1]) Da es sich ganz speziell um eine exakte Verfolgung jener Hypothese handelte, so wurde hierbei zunächst eine direkte Einwirkung der Temperatur auf den elektrischen Zustand eines Kristalles zwar nicht ausgeschlossen, aber auch nicht ausdrücklich berücksichtigt. Ihre nachträgliche Einführung bietet keine Schwierigkeiten und ist später geschehen.

Was die für eine Theorie der piezoelektrischen Erscheinungen maßgebenden Gesichtspunkte angeht, so kam einmal in Betracht, daß es sich um Vorgänge in Dielektrika handelt, deren elektrische Erregung nur in den dielektrischen Momenten Ausdruck findet. Weiter war zu berücksichtigen, daß die Beobachtungen der *Curies* auf eine Proportionalität zwischen diesen Momenten und den erregenden Deformations- oder Druckgrößen deuteten; hierdurch war der Ansatz linearer Ausdrücke für die Komponenten der Momente in den Komponenten jener elastischen Größen an die Hand gegeben.

1) *W. Voigt,* Gött. Abh. 1890.

Diese Ansätze waren dann auf die verschiedenen Kristallsysteme zu spezialisieren und zur Erklärung der bisherigen, wie zur Direktive für weitere piezoelektrische Beobachtungen zu benützen.

*Pockels*[1]) hat durch Anwendung der Grundsätze der Thermodynamik aus obigen Ansätzen die allgemeinen Grundformeln für das reziproke Phänomen, die elektrische Deformation, abgeleitet, welche die *Lippmann*schen Sätze als ganz spezielle Fälle enthalten.

Wir wollen uns hier wiederum der Methode des thermodynamischen Potentiales bedienen, die in der Literatur zuerst, wenngleich in nicht ganz korrekter Weise, von *Duhem*[2]) auf unser Problem angewandt worden ist. Dabei mag im Interesse der Vereinfachung der Darstellung zunächst von Deformationen infolge von Temperaturänderungen, wie auch von direkten Temperaturwirkungen abgesehen werden. Ihre Berücksichtigung wird in einem späteren Abschnitt stattfinden.

Generell mag noch folgendes hervorgehoben werden. Nach dem in § 240 Erörterten können die Kristalle einer Reihe von Gruppen ein permanentes elektrisches Moment besitzen, das eine Funktion der Temperatur ist, aber bei durch längere Zeit konstanter Temperatur infolge der Gegenwirkung einer auf dem Kristall entstehenden Oberflächenladung unwirksam wird. Bei unsern nächsten „isothermischen" Entwicklungen spielt dieses permanente Moment direkt keine Rolle. Wir werden also ebenso verfahren, als wenn es gar nicht existierte, nämlich die Momente der Kristalle als durch die Deformation entstehend und mit derselben verschwindend betrachten.

Immerhin bleibt dabei die Frage offen und bedarf einer (später zu gebenden) Beantwortung, ob nicht eine indirekte Wirkung des permanenten Momentes bei isothermischen Deformationen möglich ist. In der Tat ist zu untersuchen nötig, ob die Oberflächenladung, welche die Wirkung des permanenten Momentes am undeformierten Kristalle kompensierte, das gleiche auch noch bei dem deformierten Kristall leistet.

Wir werden sehen, daß dies im allgemeinen nicht stattfindet, daß aber der hierdurch bedingte Effekt sich derartig mit dem direkten Effekt der Deformation auf jedes Volumenelement kombiniert, daß er von jenem nicht getrennt werden kann und somit als in unserm Ansatz implizite berücksichtigt erscheint.

---

1) *Fr. Pockels,* N. Jahrb. f. Min., Beil. Bd. 7, p. 224. 1890.

2) *P. Duhem,* Leçons sur l'Électr. et le Magn., T. 2, p. 467, 1892; Ann. de l'Éc. Norm. (3) T. 9, p. 167, 1892. Berichtigung dazu von *Pockels,* N. Jahrb. f. Min., Beil. Bd. 8, p. 407, 1892. Weiter *E. Riecke,* Gött. Nachr. 1893, p. 3; *W. Voigt,* Gött. Nachr. 1894, p. 343, Wied. Ann. Bd. 55, p 701. 1895.

Bei Kristallen, die kein permanentes Moment zulassen, fällt natürlich diese ganze Schwierigkeit von vornherein weg.

§ 409. **Das erste thermodynamische Potential der piezoelektrischen Effekte.** Die Umkehrbarkeit der isothermisch piezoelektrischen Vorgänge kann nach den Erfahrungen als festgestellt gelten; die Anwendung der Methode des thermodynamischen Potentials erscheint sonach als gerechtfertigt. Als Hauptvariabeln sind für dessen Bildung nach den früher benutzten Ausdrücken für die bei einer Änderung des elektrischen und des elastischen Zustandes aufzuwendenden Arbeiten von S. 413 u. 562 einerseits die elektrischen Feldkomponenten $E_i$, $i = 1, 2, 3$, andererseits die elastischen Deformationsgrößen $x_h$, $h = 1, 2, \dots 6$ zu benutzen. Bildet man das erste thermodynamische Potential, wie früher, durch eine Potenzentwicklung und beschränkt sich auf die Glieder niedrigster Ordnung, die beide Arten von Variabeln nebeneinander enthalten, so gelangt man zu dem Ansatz

$$\xi = -\sum_i \sum_h e_{ih} E_i x_h, \quad i = 1, 2, 3; \ h = 1, 2, \dots 6. \tag{8}$$

Die achtzehn Parameter $e_{ih}$ nennen wir die piezoelektrischen Konstanten des Kristalls; dieselben sind Funktionen der Temperatur, in dieser Abhängigkeit aber noch wenig untersucht und können im allgemeinen, wie auch besonders bei den folgenden Betrachtungen als konstant gelten.

Nach den Grundformeln des § 101 sind dann

$$-\frac{\partial \xi}{\partial E_j} = P_j = \sum_h e_{jh} x_h, \quad \text{für } j = 1, 2, 3; \ h = 1, 2, \dots 6 \tag{9}$$

die elektrischen Momente der Volumeneinheit, die auf den Deformationen beruhen,

$$-\frac{\partial \xi}{\partial x_k} = \mathfrak{X}_k = \sum_i e_{ik} E_i, \quad \text{für } i = 1, 2, 3; \ k = 1, 2, \dots 6 \tag{10}$$

die elastischen Spannungs- oder Druckkomponenten, die auf dem elektrischen Felde beruhen.

Im Falle isothermischer elastischer Veränderungen gilt nach (6) auf S. 564

$$x_h = -\sum_k s_{hk} X_k, \quad h \text{ und } k = 1, 2, \dots 6, \tag{11}$$

worin die $s_{hk}$ die Elastizitätsmoduln und die $X_k$ diejenigen Druckkomponenten darstellen, welche die Deformationsgrößen $x_h$ bedingen. Benutzt man diese Beziehungen hier, sieht also von den (äußerst kleinen) Einflüssen ab, welche die piezoelektrischen Erregungen auf die elastischen Vorgänge üben, und welche uns im VI. Abschnitt beschäftigen werden, so kann man statt (9) schreiben

$$P_j = -\sum_k d_{jk} X_k, \quad \text{für } j = 1, 2, 3;\ k = 1, 2, \ldots 6, \tag{12}$$

wobei

$$d_{jk} = \sum_h e_{jh} s_{hk}. \tag{13}$$

Diese Formel stellt die piezoelektrischen Momente $P_j$ als Funktionen nicht der Deformationen, sondern der Drucke dar; ihre achtzehn Parameter $d_{jk}$ wollen wir als die **piezoelektrischen Moduln** des Kristalls bezeichnen.

Von den Ausdrücken (12) gelangt man zu (9) zurück mit Hilfe der die Elastizitätskonstanten $c_{hk}$ definierenden Formeln (4) von S. 563

$$X_k = -\sum_h c_{hk} x_h, \tag{14}$$

welche liefern

$$P_j = \sum_k \sum_h d_{jk} c_{hk} x_h, \tag{15}$$

somit also auch die Beziehung ergeben

$$e_{jh} = \sum_k d_{jk} c_{hk}. \tag{16}$$

Faßt man die sechs durch (10) für $k = 1, 2, \ldots 6$ dargestellten Gleichungen mit den Faktoren $s_{hk}$ zusammen und setzt analog zu (11)

$$\mathfrak{x}_h = -\sum_k s_{hk} \mathfrak{X}_k,$$

berücksichtigt auch (13), so erhält man wegen $s_{hk} = s_{kh}$ und bei Einführung der Moduln nach (13)

$$\mathfrak{x}_h = -\sum_i d_{ih} E_i. \tag{17}$$

Diese Formeln geben an, wie groß die Deformationsgrößen sein würden, wenn in dem Kristall elastische Drucke in der Größe der $\mathfrak{X}_h$ aus (10) wirkten.

Man erkennt, daß man für die isothermischen piezoelektrischen Vorgänge eine Art zweiten thermodynamischen Potentials $\zeta'$ durch die Formel

$$\zeta' = \sum_i \sum_h d_{ih} E_i X_h \quad \text{für } i = 1, 2, 3;\ h = 1, 2, \ldots 6 \tag{18}$$

einführen kann, aus welchem die Momente $P_j$ und die Deformationsgrößen $\mathfrak{x}_k$ folgen nach den Beziehungen

$$P_j = -\frac{\partial \zeta'}{\partial E_j}, \quad \mathfrak{x}_k = -\frac{\partial \zeta'}{\partial X_k}. \tag{19}$$

Da $\xi$ und $\zeta'$ nach früher Gesagtem gewöhnliche Skalare sind, und da die $E_i$ bei einer Inversion des Koordinatensystems ihre Vorzeichen wechseln, dagegen die $x_h$ und $X_h$ die ihren bewahren, so entsprechen die Ansätze (8) und (18) nach § 82 azentrischen Vorgängen.

§ 410. **Physikalische Deutung der piezoelektrischen Konstanten und Moduln.** Die physikalische Bedeutung der im vorstehenden eingeführten piezoelektrischen Konstanten $e_{ih}$ und Moduln $d_{ih}$ erhellt am einfachsten aus den Ausdrücken (9) und (12) für die dielektrischen Momente $P_j$. Um dies zu zeigen, schreiben wir zunächst die Formeln (9) ausführlich in folgender Weise

$$\begin{aligned} P_1 &= e_{11}x_x + e_{12}y_y + e_{13}z_z + e_{14}y_z + e_{15}z_x + e_{16}x_y, \\ P_2 &= e_{21}x_x + e_{22}y_y + e_{23}z_z + e_{24}y_z + e_{25}z_x + e_{26}x_y; \\ P_3 &= e_{31}x_x + e_{32}y_y + e_{33}z_z + e_{34}y_z + e_{35}z_x + e_{36}x_y. \end{aligned} \tag{20}$$

Jede Konstante $e_{ih}$ mißt also die piezoelektrische Wirkung einer bestimmten Deformationsgröße, und die Verhältnisse sind die einfachst möglichen, wenn die Deformationsgrößen in dem ganzen betrachteten Kristallpräparat konstant sind; letzteres läßt sich bekanntlich am einfachsten an einem nach den Koordinatenachsen orientierten und auf den sechs Flächen gleichmäßig gedrückten Parallelepiped hervorbringen.

Eine Dilatation $x_x$ nach der $X$-Achse bei aufgehobenen Querdilatationen $y_y$ und $z_z$, sowie aufgehobenen Winkeländerungen $y_z$, $z_x$, $x_y$ bewirkt z. B. ein Moment mit den Komponenten

$$P_1 = e_{11}x_x, \quad P_2 = e_{21}x_x, \quad P_3 = e_{31}x_x. \tag{21}$$

Jede dieser Komponenten ist nach S. 204 mit einer homogenen elektrischen Belegung des zu ihr normalen Flächenpaares äquivalent; und zwar ist die äquivalente Dichte auf den nach $\pm x$ liegenden Flächen gleich $\pm P_1$ usf. Ähnliche Effekte geben die anderen Deformationsgrößen.

Wie schon im ähnlichen Falle S. 568 bemerkt, sind die theoretisch einfachsten Deformationszustände, wo von allen sechs Deformationsgrößen nur eine von Null verschieden ist, keineswegs praktisch leicht zu realisieren, erfordern vielmehr im allgemeinen komplizierte und in Wirklichkeit kaum herstellbare Druckverteilungen auf alle sechs Parallelepipedflächen. Viel einfacher sind diejenigen Zustände herzustellen, wo sich die Druckkomponenten auf nur eine einzige, insbesondere normal wirkende, reduzieren.

Dergleichen Vorgänge können, wie S. 569 im Falle der Elastizität, zur Interpretation der piezoelektrischen Moduln dienen. Schreibt man das System (12) ausführlich

$$\begin{aligned}
-P_1 &= d_{11} X_x + d_{12} Y_y + d_{13} Z_z + d_{14} Y_z + d_{15} Z_x + d_{16} X_y, \\
-P_2 &= d_{21} X_x + d_{22} Y_y + d_{23} Z_z + d_{24} Y_z + d_{25} Z_x + d_{26} X_y, \\
-P_3 &= d_{31} X_x + d_{32} Y_y + d_{33} Z_z + d_{34} Y_z + d_{35} Z_x + d_{36} X_y,
\end{aligned} \tag{22}$$

so sieht man sogleich, welche Moduln die elektrische Wirkung einer jeden Druckkomponente messen.

Ein normaler Druck $X_1$ auf die Flächen normal zur $\pm x$-Richtung gibt $X_x = X_1$, die übrigen Komponenten gleich Null und somit

$$-P_1 = d_{11} X_1, \quad -P_2 = d_{21} X_1, \quad -P_3 = d_{31} X_1. \tag{23}$$

Ähnliches gilt, wenn irgendeine andere Komponente für sich allein den Spannungszustand bestimmt.

Was die Dimensionen angeht, in denen sich nach den definierenden Formeln (20) und (22) die piezoelektrischen Konstanten und Moduln darstellen, so zeigt das erstere System, daß die Konstanten $e_{ih}$ selbst Momentkomponenten sind, da die Deformationsgrößen die Dimension Eins besitzen. Die Moduln ergeben sich nach dem letzteren System als Quotienten aus Momentkomponenten und Drucken; ihre Einheiten hängen demgemäß von denen ab, in denen die Drucke ausgedrückt werden.

Für praktische Zwecke ist es meist bequem, (wie im vorigen Kapitel) als Druckeinheit den Druck von 1 gr pro $\mathrm{cm}^2$ zu führen; für allgemeine theoretische Folgerungen wird man die absolute Druckeinheit von einer Dyne pro $\mathrm{cm}^2$ bevorzugen. Die Moduln erhalten bei dem Übergang von der ersteren zur letzteren Einheit die 1/981-fachen Zahlenwerte.

§ 411. **Piezoelektrische Hauptachsen.** Die Parameter $e_{ih}$ resp. $d_{ih}$ sind Funktionen der Orientierung des Koordinatensystems und somit des oben betrachteten parallelepipedischen Präparats gegen den Kristall; bei jeder andern Orientierung bewirkt dieselbe Deformation oder Spannung im allgemeinen auch eine andere elektrische Erregung. Wir werden uns mit den bezüglichen Gesetzen unten ausführlich beschäftigen.

Ein besonderes Interesse erregt der Fall, daß auf alle drei Flächenpaare des Parallelepipeds der gleiche normale Druck $\Pi$ ausgeübt wird, so daß $X_x = Y_y = Z_z = \Pi$, $Y_z = Z_x = X_y = 0$. Hier gilt nach (22)

$$\begin{aligned} -P_1 = (d_{11} + d_{12} + d_{13})\Pi, \quad -P_2 = (d_{21} + d_{22} + d_{23})\Pi, \\ -P_3 = (d_{31} + d_{32} + d_{33})\Pi. \end{aligned} \tag{24}$$

Wie S. 571 gezeigt ist, entsteht dieselbe Spannungsverteilung, wenn ein beliebig gestaltetes homogenes Präparat dem allseitig gleichen normalen Druck $\Pi$ ausgesetzt ist. Die durch die Formeln (24) für das resultierende elektrische Moment bestimmte Richtung ist also dem Kristall individuell. Hieraus folgt, daß die drei Aggregate

$$(d_{11} + d_{12} + d_{13}), \quad (d_{21} + d_{22} + d_{23}), \quad (d_{31} + d_{32} + d_{33})$$

Komponenten eines gleichfalls dem Kristall individuellen Vektors sind.

Man kann die durch (24) bestimmte Richtung in einem gewissen Sinne als piezoelektrische Achse des Kristalls bezeichnen. Dabei mag nur im voraus bemerkt werden, daß zahlreiche Kristallgruppen für die in (24) auftretenden Modulaggregate den Wert Null ergeben, also durch allseitig gleichen Druck nicht erregbar sind. Diesen Kristallen kann also eine solche piezoelektrische Achse nicht beigelegt werden.

Um analog wie in § 280 eine vollständig parallele Behandlung von Drucken und Deformationsgrößen zu erhalten, kann man dem Vorstehenden den Fall einer Deformation gegenüberstellen, bei der alle Richtungen gleichmäßig dilatiert sind. Eine solche ist nach S. 572 gegeben durch $x_x = y_y = z_z = \pi$, $y_z = z_x = x_y = 0$, und erfordert je nach der Gestalt des Präparats ganz verschiedene äußere Drucke zu ihrer Herstellung.

Die Formeln (20) liefern hier

$$P_1 = (e_{11} + e_{12} + e_{13})\pi, \quad P_2 = (e_{21} + e_{22} + e_{23})\pi,$$
$$P_3 = (e_{31} + e_{32} + e_{33})\pi;$$

die Faktoren von $\pi$ in diesen Ausdrücken stellen die Komponenten eines zweiten dem Kristall individuellen Vektors dar, durch den man eine zweite Art piezoelektrischer Achse definieren kann. Diese Achse fällt mit der oben eingeführten im allgemeinen nicht zusammen und verliert, wie jene, für gewisse Kristallgruppen ihre Bedeutung.

§ 412. **Die geometrische Natur der piezoelektrischen Konstanten.** Zur Beurteilung der geometrischen Natur der piezoelektrischen Konstanten und Moduln hat man das auf S. 152 erörterte Verfahren anzuwenden. Die variabeln Produkte $E_i x_h$ resp. $E_i X_h$ sind an und für sich nicht Komponenten gerichteter Größen, aber es lassen sich aus mehreren derartigen Produkten solche Komponenten aufbauen. Demgemäß lassen sich auch $\xi$ und $\zeta'$ auf Formen bringen, die in solchen Komponenten lineär sind; ist dies geschehen, so gestattet der Satz von S. 150 unmittelbar einen Schluß auf die Natur des in jede dieser Komponenten multiplizierten Parameters.

Für diese Umformung der Potentiale $\xi$ und $\zeta'$ kommen die allgemeinen Regeln des § 79 zur Anwendung. Bezeichnen $T_{11}, \dots T_{12}$ gewöhnliche Tensorkomponenten, $J_1, J_2, J_3$ Vektorkomponenten, so sind nach der dortigen Formel (42)

$$V_1 = J_1(T_{22} + T_{33}) - (J_2 T_{12} + J_3 T_{13}) \tag{25}$$

Vektorkomponenten; nach (43) stellen

$$\begin{aligned} P_{11} &= (J_2 T_{13} - J_3 T_{12}), \dots \\ P_{23} &= \tfrac{1}{2}[J_1(T_{22} - T_{33}) + (J_3 T_{13} - J_2 T_{12})], \dots \end{aligned} \tag{26}$$

gewöhnliche Tensorkomponenten dar; endlich geben

$$\begin{aligned} &H_{111} = J_1 T_{11}, \dots \\ &H_{112} = \tfrac{1}{3}(2 J_1 T_{12} + J_2 T_{11}), \quad H_{113} = \tfrac{1}{3}(2 J_1 T_{13} + J_3 T_{11}), \dots \\ &H_{123} = \tfrac{1}{3}(J_1 T_{23} + J_2 T_{31} + J_3 T_{12}) \dots \end{aligned} \tag{27}$$

gewöhnliche Trivektorkomponenten.

Knüpfen wir zunächst an den Ausdruck (8) für $\xi$ an, in dem die Glieder

$$x_1 = x_x,\ x_2 = y_y,\ x_3 = z_z,\ \tfrac{1}{2}x_4 = \tfrac{1}{2}y_z,\ \tfrac{1}{2}x_5 = \tfrac{1}{2}z_x,\ \tfrac{1}{2}x_6 = \tfrac{1}{2}x_y \tag{28}$$

Tensorkomponenten sind, so gelingt es auf Grund dieser Beziehungen relativ leicht, denselben in eine Form zu bringen, welche lineär ist in den obigen drei Gattungen von Komponenten gerichteter Größen. Der Anschaulichkeit halber mögen, wie in § 284, diese Komponenten durch die Koordinatenaggregate ausgedrückt werden, mit denen sie sich gleich transformieren; d. h., es mag vertreten werden

$$E_1 x_x \text{ durch } (x^3), \dots \quad \tfrac{1}{3}(E_1 y_x + E_2 x_x) \text{ durch } (x^2 y), \dots$$

$$\tfrac{1}{3}(E_1 z_x + E_3 x_x) \text{ durch } (x^2 z), \dots \quad \tfrac{1}{6}(E_1 y_z + E_2 z_x + E_3 x_y) \text{ durch } (xyz);$$

ferner

$$\tfrac{1}{2}(E_2 z_x - E_3 x_y) \text{ durch } (x^2), \dots$$

$$\tfrac{1}{2}(E_1(y_y - z_z) + \tfrac{1}{2}(E_3 z_x - E_2 x_y)) \text{ durch } (yz), \dots,$$

endlich

$$(E_1(y_y + z_z) - \tfrac{1}{2}(E_2 x_y + E_3 z_x)) \text{ durch } (x), \dots$$

Dann nimmt $\mathfrak{z}$ die Form an

$$\begin{aligned}
-\mathfrak{z} = {} & e_{11}(x^3) + e_{22}(y^3) + e_{33}(z^3) \\
& + (e_{21} + 2e_{16})(x^2y) + (e_{31} + 2e_{15})(x^2z) \\
& + (e_{32} + 2e_{24})(y^2z) + (e_{12} + 2e_{26})(y^2x) \\
& + (e_{13} + 2e_{35})(z^2x) + (e_{23} + 2e_{34})(z^2y) \\
& + 2(e_{14} + e_{25} + e_{36})(xyz) \\
& + \tfrac{2}{3}[(e_{25} - e_{36})(x^2) + (e_{36} - e_{14})(y^2) + (e_{14} - e_{25})(z^2) \\
& + ((e_{12} - e_{13}) - (e_{26} - e_{35}))(yz) + ((e_{23} - e_{21}) - (e_{34} - e_{16}))(zx) \\
& + ((e_{31} - e_{32}) - (e_{15} - e_{24}))(zy)] \\
& + \tfrac{1}{3}[((e_{12} + e_{13}) - (e_{26} + e_{35}))(x) + ((e_{23} + e_{21}) - (e_{34} + e_{16}))(y) \\
& + ((e_{31} + e_{32}) - (e_{15} + e_{24}))(z)]
\end{aligned} \tag{29}$$

Die Anwendung der Regel von S. 150 ergibt dann, daß

$$\begin{gathered}
e_{11},\ e_{22},\ e_{33},\ \tfrac{1}{3}(e_{21} + 2e_{16}) = g_{21},\ \tfrac{1}{3}(e_{31} + 2e_{15}) = g_{31},\ \tfrac{1}{3}(e_{32} + 2e_{24}) = g_{32}, \\
\tfrac{1}{3}(e_{12} + 2e_{26}) = g_{12},\quad \tfrac{1}{3}(e_{13} + 2e_{35}) = g_{13},\quad \tfrac{1}{3}(e_{23} + 2e_{34}) = g_{23}, \\
\tfrac{1}{3}(e_{14} + e_{25} + e_{36}) = g
\end{gathered} \tag{30}$$

gewöhnliche Trivektorkomponenten sind, ferner (bei Fortlassung der Faktoren $\frac{2}{3}$ resp. $\frac{1}{3}$)

$$\begin{gathered}
(e_{25} - e_{36}) = q_{11},\quad (e_{36} - e_{14}) = q_{22},\quad (e_{14} - e_{25}) = q_{33}, \\
\tfrac{1}{2}[(e_{12} - e_{13}) - (e_{26} - e_{35})] = q_{23},\quad \tfrac{1}{2}[e_{23} - e_{21}) - (e_{34} - e_{16})] = q_{31}, \\
\tfrac{1}{2}[(e_{31} - e_{32}) - (e_{15} - e_{24})] = q_{12}
\end{gathered} \tag{31}$$

gewöhnliche Tensorkomponenten und

$$\begin{gathered}
(e_{12} + e_{13}) - (e_{26} + e_{35}) = v_1,\quad (e_{23} + e_{21}) - (e_{34} + e_{16}) = v_2, \\
(e_{31} + e_{32}) - (e_{15} + e_{24}) = v_3
\end{gathered} \tag{32}$$

Vektorkomponenten darstellen.

Die Gesamtzahl dieser Komponenten ist 19; da nur 18 piezoelektrische Moduln vorhanden sind, so können diese Komponenten nicht sämtlich voneinander unabhängig sein. In der Tat zeigt sich, daß zwischen den Tensorkomponenten erster Art die Beziehung besteht

$$q_{11} + q_{22} + q_{33} = 0. \tag{33}$$

Dieselbe ergibt nach S. 138, daß auch die Zahlwerte der Konstituenten $p_{\mathrm{I}}, p_{\mathrm{II}}, p_{\mathrm{III}}$ des Tensortripels $[p]$ in Summe Null geben.

Da nach dem S. 818 Bemerkten die piezoelektrischen Vorgänge azentrisch sind, so müssen Vektor und Trivektor polar, der Tensor hingegen axial sein.

Die Gleichung der Trivektorfläche schreiben wir im Anschluß an das § 76 Gesagte

$$\begin{aligned}\pm 1 &= e_{11}x^3 + e_{22}y^3 + e_{33}z^3 \\ &+ 3(g_{21}x^2y + g_{31}x^2z + g_{32}y^2z + g_{12}y^2x + g_{13}z^2x + g_{23}z^2y + 2gxyz),\end{aligned} \tag{34}$$

diejenige der Tensorfläche nach § 72

$$\pm 1 = q_{11}x^2 + q_{22}y^2 + q_{33}z^2 + 2(q_{23}yz + q_{31}zx + q_{12}xy). \tag{35}$$

Wegen der Beziehung $q_{11} + q_{22} + q_{33} = 0$ ist die Tensorfläche stets vom hyperbolischen Typus.

Die vorstehende Darstellung der piezoelektrischen Eigenschaften eines Kristalls ist nicht die einzige; man kann, wenn man statt des oben benutzten Vektors $V$ einen andern, gemäß den Gleichungen (44) auf S. 147 definierten, $U$ einführt, dessen Komponenten lauten

$$U_1 = J_1 T_{11} + J_2 T_{12} + J_3 T_{13}, \ldots$$

noch zu einer andern Zerlegung des Ansatzes (8) für $\xi$ gelangen. Dieselbe führt gleichfalls zu einer Darstellung des Verhaltens des Kristalls mit Hilfe eines polaren Trivektorsystems, eines axialen Tensortripels und eines polaren Vektors; nur sind diese Größen etwas anders definiert. Die vorstehend gewählte Darstellung besitzt gegenüber der andern gewisse praktische Vorteile, auf die später einzugehen sein wird.

§ 413. **Die geometrische Natur der piezoelektrischen Moduln.** Die vorstehenden Überlegungen lassen sich ohne weiteres von den piezoelektrischen Konstanten $e_{ih}$ auf die betreffenden Moduln $d_{ih}$ übertragen. Der Ansatz (18)

$$\zeta' = \sum_i \sum_h d_{ih} E_i X_h$$

tritt hier an die Stelle von (8), und es ist zu berücksichtigen, daß jetzt

$$X_1 = X_x,\ X_2 = Y_y,\ X_3 = Z_z,\ X_4 = Y_z,\ X_5 = Z_x,\ X_6 = X_y \tag{36}$$

Tensorkomponenten darstellen.

Demgemäß spielen jetzt die Moduln „erster Art“

$$d_{ih} \text{ für } i \text{ und } h = 1, 2, 3$$

dieselbe Rolle, wie früher die analogen $e_{ih}$, dagegen stehen bei denjenigen „zweiter Art“

$$\text{die } \tfrac{1}{2} d_{ih} \text{ für } i = 1, 2, 3 \text{ und } h = 4, 5, 6$$

an der Stelle der analogen $e_{ih}$.

Die Resultate von S. 822 ergeben sonach für unser Problem die Folgerung, daß

$$\begin{gathered} d_{11},\ d_{22},\ d_{33},\ \tfrac{1}{3}(d_{21} + d_{16}) = f_{21},\ \tfrac{1}{3}(d_{31} + d_{15}) = f_{31},\ \tfrac{1}{3}(d_{32} + d_{24}) = f_{32}, \\ \tfrac{1}{3}(d_{12} + d_{26}) = f_{12},\ \tfrac{1}{3}(d_{13} + d_{35}) = f_{13},\ \tfrac{1}{3}(d_{23} + d_{34}) = f_{23}, \\ \tfrac{1}{6}(d_{14} + d_{25} + d_{36}) = f \end{gathered} \tag{37}$$

gewöhnliche Trivektorkomponenten sind; ferner

$$\begin{gathered} d_{25} - d_{36} = p_{11},\ d_{36} - d_{14} = p_{22},\ d_{14} - d_{25} = p_{33}, \\ (d_{12} - d_{13}) - \tfrac{1}{2}(d_{26} - d_{35}) = p_{23},\ (d_{23} - d_{21}) - \tfrac{1}{2}(d_{34} - d_{16}) = p_{31}, \\ (d_{31} - d_{32}) - \tfrac{1}{2}(d_{15} - d_{24}) = p_{12} \end{gathered} \tag{38}$$

Tensorkomponenten, und

$$\begin{gathered} 2(d_{12} + d_{13}) - (d_{26} + d_{35}) = u_1,\ 2(d_{23} + d_{21}) - (d_{34} + d_{16}) = u_2, \\ 2(d_{31} + d_{32}) - (d_{15} + d_{24}) = u_3 \end{gathered} \tag{39}$$

Vektorkomponenten darstellen.

Zwischen den Tensorkomponenten besteht die zu (33) analoge Beziehung

$$p_{11} + p_{22} + p_{33} = 0. \tag{40}$$

Die Gleichung der Trivektorfläche schreiben wir

$$\begin{aligned} \pm 1 &= d_{11} x^3 + d_{22} y^3 + d_{33} z^3 \\ &+ 3(f_{21} x^2 y + f_{31} x^2 z + f_{32} y^2 z + f_{12} y^2 x + f_{13} z^2 x + f_{23} z^2 y + 2 f x y z), \end{aligned} \tag{41}$$

die der Tensorfläche

$$\pm 1 = p_{11} x^2 + p_{22} y^2 + p_{33} z^2 + 2(p_{23} y z + p_{31} z x + p_{12} x y). \tag{42}$$

Die Tensorfläche hat wegen (40) stets hyperbolischen Typus.

Auch diese Zerlegung der Parameter $d_{ih}$ ist nicht die einzige; es gilt vielmehr das zu der Zerlegung der Konstanten $e_{ih}$ am Schluß von § 412 Bemerkte auch hier, und es läßt sich demgemäß noch eine zweite analoge Darstellung angeben. Die vorstehende bietet den Vorteil, daß die Trivektorfläche von der Gleichung (41) mit einer beobachteten Größe in engster Beziehung steht, und sie soll deshalb weiterhin allein benutzt werden. —

Wir können die Resultate der letzten beiden Paragraphen in den Satz fassen:

Nach seinen piezoelektrischen Eigenschaften ist jeder Kristall vollständig charakterisiert durch ein polares Trivektorsystem, ein axiales Tensortripel und einen polaren Vektor. Dabei ist die Summe der Zahlwerte für die Konstituenten des Tensortripels gleich Null.

Durch den Umstand, daß die piezoelektrischen Eigenschaften eines Kristalls zur erschöpfenden Darstellung dreier Arten gerichteter Größen bedürfen, während alle früher behandelten Vorgänge mit deren einer oder zwei auskamen, erscheint die Piezoelektrizität als das kompliziorteste Gebiet der Kristallphysik. Wir werden sehen, daß es dementsprechend auch das mannigfaltigste ist.

§ 414. **Spezialisierung der Konstanten- und Modulsysteme für den Fall des Vorkommens einzelner Symmetrieachsen.** Die Spezialisierung unserer allgemeinen Ansätze (8) und (18) auf die verschiedenen Kristallgruppen kann ebenso an die unzerlegte, wie an die zerlegte Form derselben anknüpfen. Beide Wege sind etwa gleich umständlich; der letztere empfiehlt sich durch seine größere Anschaulichkeit, insofern es sich bei ihm darum handelt, einen Vektor, eine Tensor- und eine Trivektorfläche den kristallographischen Symmetrien anzupassen; auch ist ein Teil dieser Aufgabe schon früher gelöst. Als unbequem erweist sich, daß dieser Weg die für die verschiedenen Gruppen charakteristischen Beziehungen zwischen den verschiedenen Moduln resp. Konstanten zunächst in der Form von Gleichungen zwischen den Parametern der bezüglichen Trivektoren, Tensoren, Vektoren ergibt, die sich zum Teil etwas umständlich in den Moduln und Konstanten ausdrücken.

Wir wollen zunächst die Gleichung der Trivektorfläche (34) in Angriff nehmen.

Ist die $Z$-Achse eine Symmetrieachse, soll also die rechte Seite dieser Gleichung bei einer Drehung des Koordinatensystems um diese Achse in sich selbst übergehen, so kann man den umzuformenden Ausdruck in folgende vier Teile zerlegen, die bei der entsprechenden Koordinatentransformation getrennt bleiben:

$$\begin{aligned} S_0 &= e_{33}z^3, \\ S_1 &= 3(g_{13}x + g_{23}y)z^2, \qquad (43)\\ S_2 &= 3(g_{31}x^2 + g_{32}y^2 + 2gxy)z, \\ S_3 &= e_{11}x^3 + e_{22}y^3 + 3(g_{12}xy^2 + g_{21}yx^2). \end{aligned}$$

Diese Ausdrücke stimmen bezüglich des Vorkommens von $x$ und $y$ mit den ersten in § 286 behandelten (46) überein, und die dort erhaltenen Resultate lassen sich daher unmittelbar auf unsern Fall übertragen.

Aus (47) a. a. O. folgt

$$\text{für } A_z^{(n)},\; n = 2, 3, 4, 6: \quad g_{13} = g_{23} = 0,$$

aus (48)

$$\text{für } A_z^{(n)},\; n = 3, 4, 6: \quad g_{31} = g_{32}, \quad g = 0,$$

aus (50)

$$\text{für } A_z^{(n)},\; n = 2, 4, 6: \quad e_{11} = e_{22} = g_{12} = g_{21} = 0,$$

$$n = 3: \quad g_{12} = -e_{11}, \quad g_{21} = -e_{22}.$$

Zugleich liefert die Betrachtung der Tensorfläche nach § 147

$$\text{für } A_z^{(n)},\; n = 2: \quad q_{23} = q_{31} = 0,$$

$$n = 3, 4, 6: \quad q_{11} = q_{22}, \quad q_{23} = q_{31} = q_{12} = 0,$$

und die des Vektors nach § 137

$$\text{für } A_z^{(n)},\; n = 2, 3, 4, 6: \quad v_1 = v_2 = 0.$$

Die Kombination dieser Beziehungen gestattet nun sogleich die Schemata der piezoelektrischen Konstanten für die Fälle zu bilden, daß die $Z$-Achse eine Symmetrieachse ist. Wir stellen diese Schemata im Anschluß an die Formeln (20) so dar, daß wir in die erste Reihe $e_{11}$ bis $e_{16}$, in die zweite $e_{21}$ bis $e_{26}$, in die dritte $e_{31}$ bis $e_{36}$ ordnen.

Es ergibt sich auf diese Weise die folgende Zusammenstellung:

$$\text{für } A_z^{(2)}: \quad \begin{matrix} 0 & 0 & 0 & e_{14} & e_{15} & 0 \\ 0 & 0 & 0 & e_{24} & e_{25} & 0 \\ e_{31} & e_{32} & e_{33} & 0 & 0 & e_{36}; \end{matrix} \tag{44}$$

$$\text{für } A_z^{(3)}: \quad \begin{matrix} e_{11} & -e_{11} & 0 & e_{14} & e_{15} & -e_{22} \\ -e_{22} & e_{22} & 0 & e_{15} & -e_{14} & -e_{11} \\ e_{31} & e_{31} & e_{33} & 0 & 0 & 0; \end{matrix} \tag{45}$$

$$\text{für } A_z^{(4)} \text{ und } A_z^{(6)}: \quad \begin{matrix} 0 & 0 & 0 & e_{14} & e_{15} & 0 \\ 0 & 0 & 0 & e_{15} & -e_{14} & 0 \\ e_{31} & e_{31} & e_{33} & 0 & 0 & 0. \end{matrix} \tag{46}$$

Der Anwendungen wegen fügen wir noch zwei Schemata an, bei denen die Symmetrieachse in die $X$-Achse fallend vorausgesetzt ist,

$$\text{für } A_x^{(2)}:\quad \begin{matrix} e_{11} & e_{12} & e_{13} & e_{14} & 0 & 0 \\ 0 & 0 & 0 & 0 & e_{25} & e_{26} \\ 0 & 0 & 0 & 0 & e_{35} & e_{36}; \end{matrix} \tag{47}$$

$$\text{für } A_x^{(4)} \text{ oder } A_x^{(6)}:\quad \begin{matrix} e_{11} & e_{12} & e_{12} & 0 & 0 & 0 \\ 0 & 0 & 0 & 0 & e_{25} & e_{26} \\ 0 & 0 & 0 & 0 & e_{26} & -e_{25}. \end{matrix} \tag{48}$$

Um von diesen Schemata für die piezoelektrischen Konstanten zu denen für die Moduln zu gelangen, ist die § 413 aufgestellte Regel anzuwenden, wonach in den allgemeinen Formelsystemen (20) und (22) die $e_{ih}$ und $d_{ih}$ erster Art, d. h. bei $i$ und $h = 1, 2, 3$, einander genau entsprechen, dagegen bei den Parametern zweiter Art, d. h. für $i = 1, 2, 3$, $h = 4, 5, 6$, die $\frac{1}{2} d_{ih}$ an der Stelle der $e_{ih}$ stehen.

Das Verschwinden eines $e_{ih}$ hat hiernach das Verschwinden des analogen $d_{ih}$ zur Folge; Beziehungen zwischen Parametern gleicher Art bleiben erhalten, nur solche zwischen Parametern verschiedener Art erleiden eine Modifikation. Die letzteren Beziehungen kommen nun ausschließlich bei der dreizähligen Achse vor. Demgemäß sind alle vorstehenden Schemata ohne Änderung von den Konstanten auf die Moduln übertragbar, nur dasjenige für $A_z^{(3)}$ nimmt die Form an

$$A_z^{(3)}:\quad \begin{matrix} d_{11} & -d_{11} & 0 & d_{14} & d_{15} & -2d_{22} \\ -d_{22} & d_{22} & 0 & d_{15} & -d_{14} & -2d_{11} \\ d_{31} & d_{31} & d_{33} & 0 & 0 & 0. \end{matrix} \tag{49}$$

§ 415. **Spezialisierung der Parametersysteme für den Fall des Auftretens eines Symmetriezentrums, einer Symmetrieebene oder einer Spiegelachse.** Der Fall der Anwesenheit eines kristallographischen Symmetriezentrums ist mit einem Wort erledigt; da die piezoelektrischen Vorgänge ihrer Natur nach azentrisch sind, fallen nach § 54 für sie alle zentrisch-symmetrischen Kristallgruppen aus.

Auch die Fälle einer Symmetrieebene und einer Spiegelachse sind sehr einfach zu behandeln.

Liegt normal zur $Z$-Achse eine Symmetrieebene, so muß die rechte Seite von (34) bei Vertauschung von $z$ mit $-z$ ihren Wert behalten, diejenige von (35) ihren Wert umkehren, da das Tensortripel der $q_h$ axial ist. Der Vektor $v$ muß notwendig in der $XY$-Ebene liegen. Dies ergibt die Bedingungen

$$\text{für } E_z\text{:}\quad e_{33} = g_{31} = g_{32} = g = 0,$$
$$q_{11} = q_{22} = q_{33} = q_{12} = 0,\quad v_3 = 0.$$

Bei Berücksichtigung der Werte aus (30) und (31) folgt hieraus das Verschwinden von $e_{14}, e_{15}, e_{24}, e_{25}, e_{31}, e_{32}, e_{33}$ und somit das Parameterschema

$$\text{für } E_z\text{:}\quad \begin{matrix} e_{11} & e_{12} & e_{13} & 0 & 0 & e_{16} \\ e_{21} & e_{22} & e_{23} & 0 & 0 & e_{26} \\ 0 & 0 & 0 & e_{34} & e_{35} & 0. \end{matrix} \tag{50}$$

Wir fügen hinzu die aus vorstehendem durch zyklische Vertauschung zu gewinnenden Beziehungen

$$\text{für } E_x\text{:}\quad e_{11} = g_{12} = g_{13} = g = 0,$$
$$q_{11} = q_{22} = q_{33} = q_{23} = 0,\quad v_1 = 0,$$

und das entsprechende Schema

$$\text{für } E_x\text{:}\quad \begin{matrix} 0 & 0 & 0 & 0 & e_{15} & e_{16} \\ e_{21} & e_{22} & e_{23} & e_{24} & 0 & 0 \\ e_{31} & e_{32} & e_{33} & e_{34} & 0 & 0. \end{matrix} \tag{51}$$ —

Ist die $Z$-Achse eine Spiegelachse, so muß eine Drehung des Koordinatensystems um 90° und darauffolgende Umkehrung des Vorzeichens von $z$ die rechte Seite von (34) ungeändert lassen, bei der von (35) das Vorzeichen umkehren, da die Umkehrung der $z$-Koordinate einer Inversion äquivalent ist. Ein Vektor ist in keiner Lage mit einer Spiegelachse verträglich.

Hieraus ergibt sich

$$\text{für } S_z\text{:}\quad e_{11} = e_{22} = e_{33} = g_{21} = g_{12} = g_{13} = g_{23} = 0,\quad g_{31} = -g_{32},$$
$$q_{11} = -q_{22},\quad q_{33} = q_{23} = q_{31} = 0,\quad v_1 = v_2 = v_3 = 0.$$

Dies führt nach (30) und (31) auf die Beziehungen

$$e_{11} = e_{12} = e_{13} = e_{16} = e_{21} = e_{22} = e_{23} = e_{26} = 0,$$
$$e_{33} = e_{34} = e_{35} = 0,\quad e_{14} = e_{25},\quad e_{15} = -e_{24},\quad e_{31} = -e_{32},$$

und demgemäß auf das Parameterschema

$$\text{für } S_z\text{:}\quad \begin{matrix} 0 & 0 & 0 & e_{14} & e_{15} & 0 \\ 0 & 0 & 0 & -e_{15} & e_{14} & 0 \\ e_{31} & -e_{31} & 0 & 0 & 0 & e_{36}. \end{matrix} \tag{52}$$

Für die Anwendung fügen wir hinzu das daraus folgende Schema

$$\text{für } S_x\text{:}\quad e_{22} = e_{33} = g_{32} = g_{23} = g_{21} = g_{31} = 0, \quad g_{12} = -g_{13},$$

$$q_{22} = -q_{33}, \quad q_{11} = q_{31} = q_{12} = 0, \quad v_1 = v_2 = v_3 = 0,$$

aus dem dann folgt

$$\text{für } S_x\text{:}\quad \begin{matrix} 0 & e_{12} & -e_{12} & e_{14} & 0 & 0 \\ 0 & 0 & 0 & 0 & e_{25} & e_{26} \\ 0 & 0 & 0 & 0 & -e_{26} & e_{25}. \end{matrix} \tag{53}$$

Die Schemata dieses Paragraphen sind nach dem am Ende des vorigen Gesagten unmittelbar von den piezoelektrischen Konstanten auf die bezüglichen Moduln übertragbar.

§ 416. **Schemata der piezoelektrischen Parameter für sämtliche kristallographische Gruppen.** Auf Grund der vorstehenden Resultate kann man nunmehr leicht die Schemata der piezoelektrischen Konstanten für alle Kristallgruppen bilden. Die Resultate, welche das kristallographische Hauptachsensystem voraussetzen, sind nachstehend aufgeführt.[1])

I. Triklines System.

(1) Holoedrie ($C$): alle $e_{ih} = 0$.

(2) Hemiedrie (0):

$$\begin{matrix} e_{11} & e_{12} & e_{13} & e_{14} & e_{15} & e_{16} \\ e_{21} & e_{22} & e_{23} & e_{24} & e_{25} & e_{26} \\ e_{31} & e_{32} & e_{33} & e_{34} & e_{35} & e_{36}. \end{matrix}$$

II. Monoklines System.

(3) Holoedrie ($C, A_z^{(2)}$): alle $e_{ih} = 0$.

(4) Hemimorphie ($A_z^{(2)}$):

$$\begin{matrix} 0 & 0 & 0 & e_{14} & e_{15} & 0 \\ 0 & 0 & 0 & e_{24} & e_{25} & 0 \\ e_{31} & e_{32} & e_{33} & 0 & 0 & e_{36}. \end{matrix}$$

(5) Hemiedrie ($E_z$):

$$\begin{matrix} e_{11} & e_{12} & e_{13} & 0 & 0 & e_{16} \\ e_{21} & e_{22} & e_{23} & 0 & 0 & e_{26} \\ 0 & 0 & 0 & e_{34} & e_{35} & 0. \end{matrix}$$

1) *W. Voigt*, Gött. Abh. 1890. p. 14.

## III. Rhombisches System.

(6) Holoedrie $(C, A_z^{(2)}, A_x^{(2)})$: alle $e_{ik} = 0$.

(7) Hemiedrie $(A_z^{(2)}, A_x^{(2)})$:

$$\begin{array}{cccccc} 0 & 0 & 0 & e_{14} & 0 & 0 \\ 0 & 0 & 0 & 0 & e_{25} & 0 \\ 0 & 0 & 0 & 0 & 0 & e_{36}. \end{array}$$

(8) Hemimorphie $(A_z^{(2)}, E_x)$:

$$\begin{array}{cccccc} 0 & 0 & 0 & 0 & e_{15} & 0 \\ 0 & 0 & 0 & e_{24} & 0 & 0 \\ e_{31} & e_{32} & e_{33} & 0 & 0 & 0. \end{array}$$

## IV. Trigonales System.

(9) Holoedrie $(C, A_z^{(3)}, A_x^{(2)})$: alle $c_{ik} = 0$.

(10) Enantiomorphe Hemiedrie $(A_z^{(3)}, A_x^{(2)})$:

$$\begin{array}{cccccc} e_{11} & -e_{11} & 0 & e_{14} & 0 & 0 \\ 0 & 0 & 0 & 0 & -e_{14} & -e_{11} \\ 0 & 0 & 0 & 0 & 0 & 0. \end{array}$$

(11) Hemimorphe Hemiedrie $(A_z^{(3)}, E_x)$:

$$\begin{array}{cccccc} 0 & 0 & 0 & 0 & e_{15} & -e_{22} \\ -e_{22} & e_{22} & 0 & e_{15} & 0 & 0 \\ e_{31} & e_{31} & e_{33} & 0 & 0 & 0. \end{array}$$

(12) Paramorphe Hemiedrie $(C, A_z^{(3)})$: alle $e_{ik} = 0$.

(13) Tetartoedrie $(A_z^{(3)})$:

$$\begin{array}{cccccc} e_{11} & -e_{11} & 0 & e_{14} & e_{15} & -e_{22} \\ -e_{22} & e_{22} & 0 & e_{15} & -e_{14} & -e_{11} \\ e_{31} & e_{31} & e_{33} & 0 & 0 & 0 \end{array}$$

## V. Tetragonales System.

(14) Holoedrie $(C, A_z^{(4)}, A_x^{(2)})$: alle $e_{ik} = 0$.

(15) Enantiomorphe Hemiedrie $(A_z^{(4)}, A_x^{(2)})$:

$$\begin{array}{cccccc} 0 & 0 & 0 & e_{14} & 0 & 0 \\ 0 & 0 & 0 & 0 & -e_{14} & 0 \\ 0 & 0 & 0 & 0 & 0 & 0. \end{array}$$

(16) Hemimorphe Hemiedrie ($A_z^{(4)}, E_x$):

$$\begin{matrix} 0 & 0 & 0 & 0 & e_{15} & 0 \\ 0 & 0 & 0 & e_{15} & 0 & 0 \\ e_{31} & e_{31} & e_{33} & 0 & 0 & 0. \end{matrix}$$

(17) Paramorphe Hemiedrie ($C, A_z^{(4)}$): alle $e_{ik} = 0$.

(18) Tetartoedrie ($A_z^{(4)}$):

$$\begin{matrix} 0 & 0 & 0 & e_{14} & e_{15} & 0 \\ 0 & 0 & 0 & e_{15} & -e_{14} & 0 \\ e_{31} & e_{31} & e_{33} & 0 & 0 & 0. \end{matrix}$$

(19) Hemiedrie mit Spiegelachse ($S_z, A_x^{(2)}$):

$$\begin{matrix} 0 & 0 & 0 & e_{14} & 0 & 0 \\ 0 & 0 & 0 & 0 & e_{14} & 0 \\ 0 & 0 & 0 & 0 & 0 & e_{36}. \end{matrix}$$

(20) Tetartoedrie mit Spiegelachse ($S_z$):

$$\begin{matrix} 0 & 0 & 0 & e_{14} & e_{15} & 0 \\ 0 & 0 & 0 & -e_{15} & e_{14} & 0 \\ e_{31} & -e_{31} & 0 & 0 & 0 & e_{36}. \end{matrix}$$

## VI. Hexagonales System.

(21) Holoedrie ($C, A_z^{(6)}, A_x^{(2)}$): alle $e_{ik} = 0$.

(22) Enantiomorphe Hemiedrie ($A_z^{(6)}, A_x^{(2)}$):

$$\begin{matrix} 0 & 0 & 0 & e_{14} & 0 & 0 \\ 0 & 0 & 0 & 0 & -e_{14} & 0 \\ 0 & 0 & 0 & 0 & 0 & 0. \end{matrix}$$

(23) Hemimorphe Hemiedrie ($A_z^{(6)}, E_x$):

$$\begin{matrix} 0 & 0 & 0 & 0 & e_{15} & 0 \\ 0 & 0 & 0 & e_{15} & 0 & 0 \\ e_{31} & e_{31} & e_{33} & 0 & 0 & 0 \end{matrix}$$

(24) Paramorphe Hemiedrie ($C, A_z^{(6)}$): alle $e_{ik} = 0$.

(25) **Tetartoedrie** ($A_z^{(6)}$):

$$\begin{array}{cccccc} 0 & 0 & 0 & e_{14} & e_{15} & 0 \\ 0 & 0 & 0 & e_{15} & -e_{14} & 0 \\ e_{31} & e_{31} & e_{33} & 0 & 0 & 0. \end{array}$$

(26) **Hemiedrie mit dreizähliger Hauptachse** ($A_z^{(3)}$, $A_x^{(2)}$, $E_z$):

$$\begin{array}{cccccc} e_{11} & -e_{11} & 0 & 0 & 0 & 0 \\ 0 & 0 & 0 & 0 & 0 & -e_{11} \\ 0 & 0 & 0 & 0 & 0 & 0 \end{array}$$

(27) **Tetartoedrie mit dreizähliger Hauptachse** ($A_z^{(3)}$, $E_z$):

$$\begin{array}{cccccc} e_{11} & -e_{11} & 0 & 0 & 0 & -e_{22} \\ -e_{22} & e_{22} & 0 & 0 & 0 & -e_{11} \\ 0 & 0 & 0 & 0 & 0 & 0. \end{array}$$

## VII. Reguläres System.

(28) **Holoedrie** ($C$, $A_x^{(4)}$, $A_y^{(4)}$): alle $e_{ih} = 0$.

(29) **Enantiomorphe Hemiedrie** ($A_x^{(4)}$, $A_y^{(4)}$): alle $e_{ih} = 0$.

(30) **Hemimorphe Hemiedrie** ($S_x \sim S_y$):

$$\begin{array}{cccccc} 0 & 0 & 0 & e_{14} & 0 & 0 \\ 0 & 0 & 0 & 0 & e_{14} & 0 \\ 0 & 0 & 0 & 0 & 0 & e_{14}. \end{array}$$

(31) **Paramorphe Hemiedrie** ($C$, $A_x^{(2)} \sim A_y^{(2)} \sim A_z^{(2)}$): alle $e_{ih} = 0$.

(32) **Tetartoedrie** ($A_x^{(2)} \sim A_y^{(2)} \sim A_z^{(2)}$):

$$\begin{array}{cccccc} 0 & 0 & 0 & e_{14} & 0 & 0 \\ 0 & 0 & 0 & 0 & e_{14} & 0 \\ 0 & 0 & 0 & 0 & 0 & e_{14}. \end{array}$$

Alle vorstehenden Schemata, in denen das Symmetrieelement $A_z^{(3)}$ nicht auftritt, gelten auch für die piezoelektrischen Moduln. Bei $A_z^{(3)}$ kommt der S. 827 besprochene Unterschied in dem Verhalten der Konstanten und der Moduln zur Geltung.

Demgemäß sind bei den Moduln für die Gruppen (10), (11), (13), (26), (27) die in der letzten Vertikalreihe der Schemata stehenden $e_{11}$ und $e_{22}$ mit $2d_{11}$ und $2d_{22}$ zu vertauschen. —

Die Mannigfaltigkeit, welche die vorstehende Zusammenstellung bezüglich der piezoelektrischen Erscheinungen signalisiert, ist ungemein groß, obwohl einerseits alle Gruppen mit Symmetriezentrum und außerdem (bemerkenswerterweise) die Gruppe (29) mit der Formel $(A_x^{(4)}, A_y^{(4)})$ ausfallen, und andererseits einige Gruppen (insbesondere solche des V. und VI. Systems) gleiche Parameterschemata liefern.

Eng verknüpft sind ferner die Gruppen (7), (19), (30) resp. (32), von denen die letzten als Spezialisierungen der ersten, bei gleicher Zahl der von Null verschiedenen Parameter erscheinen.

Die Gruppen (4) und (5) weisen **zusammen** die sämtlichen Parameter der Gruppe (2) auf; letztere stellen sich somit in zwei verschiedenartige Gattungen zerlegt dar.

Dasselbe Verhältnis findet statt zwischen den Parametern der Gruppen mit den Formeln $(A_z^{(n)}, A_x^{(2)})$ und $(A_z^{(n)}, E_x)$ bei $n = 3, 4, 6$ einerseits, denjenigen mit den Formeln $(A_z^{(n)})$ andererseits. Ferner erscheint das Schema der Gruppe (10) als Superposition derjenigen der Gruppen (22) und (26); ähnlich dasjenige der Gruppe (11) als Superposition der Schemata (23) und (26), letzteres auf die $Y$- statt auf die $X$-Achse bezogen. Das Schema (27) entsteht aus (26) durch Kombination mit dem gleichen auf die $Y$-Achse bezogenen. —

Schließlich noch eine wichtige allgemeine Bemerkung. Bezüglich der piezoelektrischen Erregung sind jene beiden Kristalltypen, die nach S. 92 u. f. einer jeden enantiomorphen Gruppe entsprechen, einander nicht gleichwertig. Wählt man indessen die Hauptachsen $X, Y, Z$ so, daß der eine Typ durch bloße Inversion in den andern übergeht, so unterscheiden sich (nach dem Ausdruck (8) für das Potential $\mathfrak{z}$) die beiderseitigen Parametersysteme nur durch das Vorzeichen. Dieses Verhalten ist praktisch bedeutungsvoll.

§ 417. **Zusammenstellung der charakteristischen gerichteten Größen für die 32 Kristallgruppen.** Die Schemata für die piezoelektrischen Konstanten und Moduln sind für die Anwendungen auf spezielle Probleme die wichtigsten. Daneben besitzen aber auch diejenigen der Parameter der für die piezoelektrischen Eigenschaften eines Kristalls charakteristischen gerichteten Größen ein eignes Interesse, da diese die lebendige geometrische Anschauung der betreffenden Verhältnisse erleichtern.

Bei den piezoelektrischen Konstanten handelt es sich um eine Triviektorfläche mit den Parametern

$$e_{11},\quad e_{22},\quad e_{33},\quad g_{21},\quad g_{31},\quad g_{32},\quad g_{12},\quad g_{13},\quad g_{23},\quad g,$$

um eine Tensorfläche mit den Parametern

$$q_{11},\quad q_{22},\quad q_{33},\quad q_{23},\quad q_{31},\quad q_{12}$$

und einen Vektor mit den Komponenten $v_1$, $v_2$, $v_3$. Ihnen entsprechen analoge Parameter $d_{ii}$, $f_{ij}$, $p_{ij}$, $n_i$ bei den Moduln.

Übergehen wir jetzt die Kristallgruppen, die bezüglich der piezoelektrischen Erregung ganz ausfallen, und auch Gruppe (2), bei der alle vorstehenden Parameter Geltung behalten, so gelangen wir zu der folgenden Zusammenstellung.

## II. Monoklines System.

(4) $(A_z^{(2)})$: $0, 0, e_{33}, 0, g_{31}, g_{32}, 0, 0, 0, g;$

$q_{11}, q_{22}, q_{33}, 0, 0, q_{12};$

$0, 0, v_3.$

(5) $(E_z)$: $e_{11}, e_{22}, 0, g_{21}, 0, 0, g_{12}, g_{13}, g_{23}, 0;$

$0, 0, 0, q_{23}, q_{31}, 0;$

$v_1, v_2, 0.$

## III. Rhombisches System.

(7) $(A_z^{(2)}, A_x^{(2)})$: $0, 0, 0, 0, 0, 0, 0, 0, 0, g;$

$q_{11}, q_{22}, q_{33}, 0, 0, 0;$

$0, 0, 0,$

(8) $(A_z^{(2)}, E_x)$: $0, 0, e_{33}, 0, g_{31}, g_{32}, 0, 0, 0, 0;$

$0, 0, 0, 0, 0, q_{12};$

$0, 0, v_3.$

## IV. Trigonales System.

(10) $(A_z^{(3)}, A_x^{(2)})$: $e_{11}, 0, 0, 0, 0, 0, -e_{11}, 0, 0, 0;$

$q_{11}, q_{11}, q_{33}, 0, 0, 0;$

$0, 0, 0.$

(11) $(A_z^{(3)}, E_x)$: $0, e_{22}, e_{33}, -e_{22}, g_{31}, g_{31}, 0, 0, 0, 0;$

$0, 0, 0, 0, 0, 0;$

$0, 0, v_3.$

(13) $(A_z^{(3)})$: $e_{11}, e_{22}, e_{33}, -e_{22}, g_{31}, g_{31}, -e_{11}, 0, 0, 0;$

$q_{11}, q_{11}, q_{33}, 0, 0, 0;$

$0, 0, v_3.$

## V. Tetragonales und VI. hexagonales System.

(15) $(A_z^{(4)} A_x^{(2)})$ und (22) $(A_z^{(6)} A_x^{(2)})$:

$$0,\ 0,\ 0,\ 0,\ 0,\ 0,\ 0,\ 0,\ 0,\ 0,$$
$$q_{11},\ q_{11},\ q_{33},\ 0,\ 0,\ 0,$$
$$0,\ 0,\ 0.$$

(16) $(A_z^{(4)}, E_x)$ und (23) $(A_z^{(6)}, E_x)$:

$$0,\ 0,\ e_{33},\ 0,\ g_{31},\ g_{31},\ 0,\ 0,\ 0,\ 0;$$
$$0,\ 0,\ 0,\ 0,\ 0,\ 0;$$
$$0,\ 0,\ v_3.$$

(18) $(A_z^{(4)})$ und (25) $(A_z^{(6)})$:

$$0,\ 0,\ e_{33},\ 0,\ g_{31},\ g_{31},\ 0,\ 0,\ 0,\ 0;$$
$$q_{11},\ q_{11}\cdot\ q_{33},\ 0,\ 0,\ 0;$$
$$0,\ 0,\ v_3.$$

(19) $(S_z, A_x^{(2)})$: $0,\ 0,\ 0,\ 0,\ 0,\ 0,\ 0,\ 0,\ 0,\ g;$

$$q_{11},\ -q_{11},\ 0,\ 0,\ 0,\ 0;$$
$$0,\ 0,\ 0.$$

(20) $(S_z)$: $0,\ 0,\ 0,\ 0,\ g_{31},\ -g_{31},\ 0,\ 0,\ 0,\ g;$

$$q_{11},\ -q_{11},\ 0,\ 0,\ 0,\ q_{12};$$
$$0,\ 0,\ 0.$$

(26) $(A_z^{(3)}, A_x^{(2)}, E_z)$: $e_{11},\ 0,\ 0,\ 0,\ 0,\ 0,\ -e_{11},\ 0,\ 0,\ 0;$

$$0,\ 0,\ 0,\ 0,\ 0,\ 0;$$
$$0,\ 0,\ 0.$$

(27) $(A_z^{(3)}, E_z)$: $e_{11},\ e_{22},\ 0,\ -e_{22},\ 0,\ 0,\ -e_{11},\ 0,\ 0,\ 0;$

$$0,\ 0,\ 0,\ 0,\ 0,\ 0;$$
$$0,\ 0,\ 0.$$

## VII. Reguläres System.

(30) $(S_x \sim S_y)$ und (32) $(A_x^{(2)} \sim A_y^{(2)} \sim A_z^{(2)})$:

$$0,\ 0,\ 0,\ 0,\ 0,\ 0,\ 0,\ 0,\ 0,\ g;$$
$$0,\ 0,\ 0,\ 0,\ 0,\ 0;$$
$$0,\ 0,\ 0$$

Hierzu ist allgemein zu erinnern, daß zwischen den Tensorkomponenten $q_{ii}$ die Beziehungen bestehen

$$q_{11} + q_{22} + q_{33} = 0,$$

also, falls $q_{11} = q_{22}$, auch $2q_{11} + q_{33} = 0$ ist.

Die gleichen Schemata gelten für die Parameter $d_{ii}$, $f_{ij}$, $p_{ij}$, $u_i$, welche die piezoelektrischen Moduln liefern; nur steht bei den Gruppen (10), (11), (13) und (26), (27) mit dreizähliger Hauptachse an vierter resp. sechster Stelle der ersten Linie $-2d_{22}$, $-2d_{11}$ statt $-e_{22}$, $-e_{11}$.

Diese Zusammenstellung beleuchtet die Mannigfaltigkeit der piezoelektrischen Vorgänge von einer neuen Seite. Insbesondere läßt sie erkennen, daß für gewisse Gruppen eine oder zwei der charakteristischen gerichteten Größen ganz ausfallen. Bei allen Gruppen mit der Formel $(A_z^{(n)}, E_x)$ für $n = 3, 4, 6$ fehlt das Tensortripel, bei denen mit der Formel $(A_z^{(n)}, A_x^{(2)})$ fehlt der Vektor, und für $n = 4$ und 6 auch das Trivektorsystem. Bei den Gruppen (26), (27), (30), (32) fehlt Vektor und Tensortripel.

Die Gleichungen der charakteristischen Flächen nehmen vielfach äußerst spezielle und eigenartige Gestalt an; so wird z. B. das gesamte piezoelektrische Verhalten der beiden einzig wirksamen regulären Gruppen (30) und (32) gegeben durch die Triviektorfläche von der Gleichung

$$\pm 1 = 6gxyz,$$

dasjenige der Kristalle der Gruppen (26) und (27) durch die entsprechenden Flächen von den Gleichungen

$$\pm 1 = e_{11}x(x^2 - 3y^2),$$

resp.

$$\pm 1 = e_{11}x(x^2 - 3y^2) + e_{22}y(y^2 - 3x^2),$$

die zu Zylindern mit Achsen parallel $Z$, resp. zu Kurven in der $XY$-Ebene degeneriert sind.

§ 418. **Allgemeine Transformationsformeln für die piezoelektrischen Konstanten und Moduln.** Wie bei den früher behandelten Erscheinungsgebieten erweist es sich auch in dem der Piezoelektrizität häufig vorteilhaft, neben dem durch die Symmetrieelemente des Kristalls bestimmten Hauptkoordinatensystem $XYZ$ (auf das sich die Schemata der § 416 und 417 beziehen), noch ein Hilfssystem $X'Y'Z'$ einzuführen, dessen Achsen in Beziehung stehen zu der Gestalt des Kristallpräparates, das der Betrachtung unterworfen wird. Der einfachste hierhergehörige und dabei sehr wichtige Fall ist wiederum der eines parallelepipedischen Präparates, von dem schon in § 410 und 411 gesprochen ist. In allen solchen Fällen handelt es sich darum, die Konstanten oder Moduln, $e'_{hk}$ oder $d'_{hk}$, für dieses Hilfsachsenkreuz $X'Y'Z'$ auszudrücken durch die auf $XYZ$ bezogenen Hauptkonstanten oder -moduln.

Die Regeln für eine solche Operation sind in § 412 und 413, wo die geometrische Natur der verschiedenen piezoelektrischen Parameter untersucht worden ist, bereits implizite abgeleitet.

Betrachten wir zunächst die piezoelektrischen Konstanten $e_{hk}$, so ergibt sich aus (29), daß bei einer Koordinatentransformation sich verhalten

$$\begin{array}{llllll} & e_{11}, & e_{22}, & e_{33}, & \frac{1}{3}(e_{21}+2e_{16}), & \frac{1}{3}(e_{31}+2e_{15}), \\ \text{wie} & x^3, & y^3, & z^3, & x^2y, & x^2z, \end{array}$$

$$\begin{array}{llll} & \frac{1}{3}(e_{32}+2e_{24}), & \frac{1}{3}(e_{12}+2e_{26}), & \frac{1}{3}(e_{13}+2e_{35}), \\ \text{wie} & y^2z, & y^2x, & z^2x, \end{array} \tag{54}$$

$$\begin{array}{lll} & \frac{1}{3}(e_{23}+2e_{34}), & \frac{1}{3}(e_{14}+e_{25}+e_{36}), \\ \text{wie} & z^2y, & xyz; \end{array}$$

ferner bei Einführung der Abkürzungen

$$\begin{array}{lll} e_{12}-e_{26}=E_{12}, & e_{13}-e_{35}=E_{13}, & e_{23}-e_{34}=E_{23}, \\ e_{21}-e_{16}=E_{21}, & e_{31}-e_{15}=E_{31}, & e_{32}-e_{24}=E_{32}, \end{array} \tag{55}$$

auch

$$\begin{array}{llll} & e_{25}-e_{36}, & e_{36}-e_{14}, & e_{14}-e_{25}, \\ \text{wie} & x^2, & y^2, & z^2. \end{array} \tag{56}$$

$$\begin{array}{llll} & \frac{1}{2}(E_{12}-E_{13}), & \frac{1}{2}(E_{23}-E_{21}), & \frac{1}{2}(E_{31}-E_{32}), \\ \text{wie} & yz, & zx, & xy, \end{array}$$

und endlich

$$\begin{array}{llll} & E_{12}+E_{13}, & E_{23}+E_{21}, & E_{31}+E_{32}, \\ \text{wie} & x, & y, & z. \end{array} \tag{57}$$

An diese Zusammenstellung kann man zunächst einige allgemeine Überlegungen anknüpfen. So erkennt man z. B., welche Aggregate von piezoelektrischen Konstanten nur von der Richtung einer Koordinatenachse abhängen, welche hingegen zur Definition die Angabe von zwei Achsenrichtungen und somit der Orientierung des ganzen Achsenkreuzes verlangen. Insbesondere erweisen sich von einzelnen Konstanten die $e_{11}$, $e_{22}$, $e_{33}$ je der $X$-, der $Y$-, der $Z$-Achse allein zugeordnet.

Aggregate, die vom Koordinatensystem völlig unabhängig sind, also skalare Natur haben (dergleichen im Falle der Elastizität S. 594 erwähnt sind), kommen bei der Piezoelektrizität begreiflicherweise nicht vor; die Summe der drei Aggregate aus (56), die sich wie $x^2$, $y^2$, $z^2$ transformieren, ist gleich Null. Dagegen lassen sich außer den in (57) aufgeführten noch einige weitere Aggregate bilden, die sich wie Vektorkomponenten transformieren; da $x(x^2+y^2+z^2), \cdots$ sich nämlich derartig verhalten, so gilt gleiches von

$$e_{11}+\tfrac{1}{3}(e_{12}+e_{13}+2(e_{26}+e_{35})), \quad e_{22}+\tfrac{1}{3}(e_{23}+e_{21}+2(e_{34}+e_{16})),$$
$$e_{33}+\tfrac{1}{3}(e_{31}+e_{32}+2(e_{15}+e_{24})),$$

Verbindet man die beiden Koordinatenkreuze durch das System der Richtungskosinus

$$\begin{array}{c|ccc} & x' & y' & z' \\ \hline x & \alpha_1 & \beta_1 & \gamma_1 \\ y & \alpha_2 & \beta_2 & \gamma_2 \\ z & \alpha_3 & \beta_3 & \gamma_3, \end{array} \tag{58}$$

so kann man nach der Tabelle (54) bis (57) jedes der oben aufgeführten Aggregate mit Leichtigkeit transformieren.

Bildet man z. B.

$$\begin{aligned} x'^3 &= (\alpha_1 x + \alpha_2 y + \alpha_3 z)^3 \\ &= \alpha_1^3 x^3 + \cdots + 3\alpha_1^2 x^2 (\alpha_2 y + \alpha_3 z) + \cdots + 6\alpha_1\alpha_2\alpha_3 xyz \end{aligned} \tag{59}$$

und benutzt die Beziehungen (54), so erhält man sogleich

$$\begin{aligned} e'_{11} = \alpha_1^3 e_{11} + \cdots &+ \alpha_1^2[(e_{21}+2e_{16})\alpha_2 + (e_{31}+2e_{15})\alpha_3] + \cdots \\ &+ 2\alpha_1\alpha_2\alpha_3(e_{14}+e_{25}+e_{36}). \end{aligned} \tag{60}$$

Hierin deuten die Punkte diejenigen Glieder an, welche aus den hingeschriebenen durch zyklische Vertauschung der Indizes (1, 2, 3) und (4, 5, 6) entstehen.

Um $e'_{22}$ und $e'_{33}$ zu erhalten, hat man in (59) nur die $\alpha_h$ mit den $\beta_h$ resp. $\gamma_h$ zu vertauschen.

Trägt man auf der Richtung von $X'$ vom Koordinatenanfang aus eine Strecke $r$ von der Länge

$$r = \sqrt[3]{\pm 1/e'_{11}}$$

auf und variiert die betreffende Richtung gegen den Kristall beliebig, so beschreibt der Endpunkt von $r$ eine Oberfläche, deren Gleichung bei Benutzung der Abkürzungen (30) gegeben ist durch

$$\pm 1 = e_{11} x^3 + \cdots + 3x^2(g_{21} y + g_{31} z) + \cdots + 6gxyz.$$

Diese Gleichung ist mit (34) identisch, die betreffende Oberfläche ist also auch mit der Oberfläche des Trivektors der piezoelektrischen Konstanten identisch; letztere erfährt hierdurch eine Deutung, insofern ihr Radiusvektor mit dem Wert $\sqrt[3]{\pm 1/e'_{11}}$ für die betreffende Richtung übereinstimmt. Ebenso wie vorstehend mit $e'_{11}$ kann man mit $e'_{22}$ resp. $e'_{33}$ verfahren.

Viel umständlicher als die Transformation der Konstanten $e_{11}$, $e_{22}$, $e_{33}$ ist die irgendeiner der übrigen, welche sämtlich in der Zusammenstellung (54) bis (57) nur mit anderen verkoppelt auftreten. Um z. B. $e_{12}$ oder $e_{26}$ zu transformieren, hat man nach dem Schema (54)

$$(e'_{12} + 2\,e'_{26}),$$

nach dem Schema (56)

$$(e'_{12} - e'_{13}) - (e'_{26} - e'_{35}) = E'_{12} - E'_{13},$$

endlich nach (57)

$$(e'_{12} + e'_{13}) - (e'_{26} + e'_{35}) = E'_{12} + E'_{13}$$

zu berechnen. Die Summe der letzten beiden Ausdrücke gibt den Wert von

$$e'_{12} - e'_{26},$$

und die Kombination mit dem Wert von $e'_{12} + 2e'_{26}$ liefert die Ausdrücke für $e'_{12}$ und $e'_{26}$. Wir wollen die bezüglichen Resultate hier aber nicht entwickeln. —

Der Vollständigkeit halber mögen nun auch die Aggregate der piezoelektrischen Moduln, die sich wie Produkte von Koordinaten transformieren, mit diesen zusammengestellt werden.

Es verhält sich nämlich

$$\begin{array}{llllll} & d_{11}, & d_{22}, & d_{33}, & \tfrac{1}{3}(d_{21} + d_{16}), & \tfrac{1}{3}(d_{31} + d_{15}), \\ \text{wie} & x^3, & y^3, & z^3, & x^2y, & x^2z, \\ & \tfrac{1}{3}(d_{32} + d_{24}), & \tfrac{1}{3}(d_{12} + d_{26}), & \tfrac{1}{3}(d_{13} + d_{35}), & & \\ \text{wie} & y^2z, & y^2x, & z^2x, & & \\ & \tfrac{1}{3}(d_{23} + d_{34}), & \tfrac{1}{6}(d_{14} + d_{25} + d_{36}), & & & \\ \text{wie} & z^2y, & xyz, & & & \end{array} \tag{61}$$

ferner bei Einführung der Bezeichnungen

$$\begin{array}{lll} d_{12} - \tfrac{1}{2}d_{26} = D_{12}, & d_{13} - \tfrac{1}{2}d_{35} = D_{13}, & d_{23} - \tfrac{1}{2}d_{34} = D_{23}, \\ d_{21} - \tfrac{1}{2}d_{16} = D_{21}, & d_{31} - \tfrac{1}{2}d_{15} = D_{31}, & d_{32} - \tfrac{1}{2}d_{24} = D_{32}, \end{array} \tag{62}$$

auch

$$d_{25} - d_{36},\quad d_{36} - d_{14},\quad d_{14} - d_{25}$$

wie

$$x^2,\quad y^2,\quad z^2, \tag{63}$$

$$D_{12} - D_{13},\quad D_{23} - D_{21},\quad D_{31} - D_{32},$$

wie

$$yz,\quad zx,\quad xy;$$

endlich

$$D_{12} + D_{13},\quad D_{23} + D_{21},\quad D_{31} + D_{32}, \tag{64}$$

wie

$$x,\quad y,\quad z.$$

Mit Hilfe dieser Tabelle erhält man sogleich auf dem S. 590 eingeschlagenen Wege die Transformation der Modulaggregate einer der drei Gruppen (61), (63), (64) von einem Koordinatensystem $XYZ$ auf ein anderes $X'Y'Z'$. Insbesondere sei angeführt der mit (60) korrespondierende Ausdruck für $d'_{11}$, welcher lautet

$$d'_{11} = \alpha_1^3 d_{11} + \cdots \quad + \alpha_1^2 [(d_{21} + d_{16})\alpha_2 + (d_{31} + d_{15})\alpha_3] + \cdots$$
$$+ \alpha_1 \alpha_2 \alpha_3 (d_{14} + d_{25} + d_{36}). \tag{65}$$

Aus ihm erhält man die für $d'_{22}$ und $d'_{33}$ geltenden Ausdrücke durch Vertauschung der $\alpha_h$ mit den $\beta_h$ und $\gamma_h$.

Trägt man hier auf der Richtung von $X'$ vom Koordinatenanfang aus eine Strecke von der Länge

$$r = \sqrt[3]{\pm 1/d'_{11}}$$

auf und variiert die betreffende Richtung gegen den Kristall, so beschreibt das freie Ende von $r$ eine Oberfläche, deren Gleichung in den Abkürzungen (37) lautet

$$\pm 1 = d_{11} x^3 + \cdots \quad + 3x^2 (f_{21} y + f_{31} z) + \cdots \quad + 6 f xyz.$$

Diese Oberfläche ist gemäß (41) identisch mit der Trivektorfläche der piezoelektrischen Moduln, welche hierdurch eine physikalische Deutung erfährt. Wie $d'_{11}$ läßt sich auch $d'_{22}$ und $d'_{33}$ behandeln.

§ 419. **Spezielle Fälle.** Die Verhältnisse vereinfachen sich sehr, wenn, wie bei den Anwendungen meistens, die Achsenkreuze $XYZ$ und $X'Y'Z'$ eine Achse gemeinsam haben, die Transformation also nur zwei Achsenrichtungen betrifft. Wir wollen eine solche Transformation der durch (60) nicht erledigten Konstanten für den Fall ausführen, daß die beiden Koordinatensysteme die $Z$-Achse gemeinsam haben, und die $X'$- gegen die $X$-Achse um den Winkel $\varphi$ gedreht ist, also mit der $Y$-Achse den Winkel $\frac{1}{2}\pi - \varphi$ einschließt.

Kürzen wir wieder ab $\cos\varphi = c$, $\sin\varphi = s$, so kommt das Schema

| | $x'$ | $y'$ | $z'$ |
|---|---|---|---|
| $x$ | $c$ | $-s$ | $0$ |
| $y$ | $s$ | $c$ | $0$ |
| $z$ | $0$ | $0$ | $1$ |

(66)

zur Anwendung. Wegen

$$x'y'^2 = x^3s^2c + x^2ys(1-3c^2) + xy^2c(1-3s^2) + y^3sc^2,$$
$$x'z'^2 = z^2(xc + ys)$$

ergibt sich zunächst gemäß (54)

$$e'_{12} + 2e'_{26} = 3e_{11}s^2c + (e_{21} + 2e_{16})s(1-3c^2) + (e_{12} + 2e_{26})c(1-3s^2) + 3e_{22}sc^2,$$
$$e'_{13} + 2e'_{35} = (e_{13} + 2e_{35})c + (e_{23} + 2e_{34})s. \qquad (67)$$

Ferner folgt aus den Beziehungen

$$z'y' = zyc - zxs, \quad x' = xc + ys$$

gemäß (56) und (57)

$$\left.\begin{aligned} E'_{12} - E'_{13} &= (E_{12} - E_{13})c - (E_{23} - E_{21})s, \\ E'_{12} + E'_{13} &= (E_{12} + E_{13})c + (E_{23} + E_{21})s, \end{aligned}\right\} \qquad (68)$$

also auch

$$E'_{12} = E_{12}c + E_{21}s, \quad E'_{13} = E_{13}c + E_{23}s. \qquad (69)$$

Und hieraus resultiert schließlich:

$$\left.\begin{aligned} &e'_{12} = (e_{11} - 2e_{26})s^2c + e_{21}s^3 + e_{12}c^3 + (e_{22} - 2e_{16})sc^2, \\ &e'_{26} = (e_{11} - e_{12})s^2c + (e_{22} - e_{21})c^2s + e_{16}s(1-2c^2) + e_{26}c(1-2s^2), \\ &e'_{13} = e_{13}c + e_{23}s, \quad e'_{35} = e_{35}c + e_{34}s. \end{aligned}\right\} \qquad (70\text{a})$$

Ähnlich ergibt sich

$$\left.\begin{aligned} &e'_{21} = -(e_{11} - 2e_{26})c^2s + e_{21}c^3 - e_{12}s^3 + (e_{22} - 2e_{16})cs^2, \\ &e'_{16} = -(e_{11} - e_{12})c^2s + e_{16}c(1-2s^2) - e_{26}s(1-2c^2) + (e_{22} - e_{21})cs^2, \\ &e'_{23} = -e_{13}s + e_{23}c, \quad e'_{34} = -e_{35}s + e_{34}c; \end{aligned}\right\} \qquad (70\text{b})$$

$$\left.\begin{aligned} &e'_{31} = e_{31}c^2 + e_{32}s^2 + 2e_{36}sc, \qquad e'_{32} = e_{31}s^2 + c_{32}c^2 - 2e_{36}sc, \\ &e'_{15} = e_{15}c^2 + e_{24}s^2 + (e_{14} + e_{25})sc, \quad e'_{24} = e_{15}s^2 + e_{24}c^2 - (e_{14} + e_{25})sc; \end{aligned}\right\} \qquad (70\text{c})$$

$$\left.\begin{aligned} &e'_{11} = e_{11}c^3 + e_{22}s^3 + (e_{21} + 2e_{16})c^2s + (e_{12} + 2e_{26})s^2c, \\ &e'_{22} = -e_{11}s^3 + e_{22}c^3 + (e_{21} + 2e_{16})cs^2 - (e_{12} + 2e_{26})c^2s, \\ &e'_{33} = e_{33}; \end{aligned}\right\} \qquad (70\text{c}')$$

$$
\begin{aligned}
e'_{14} &= (e_{24} - e_{15})cs + e_{14}c^2 - e_{25}s^2, \\
e'_{25} &= (e_{24} - e_{15})cs - e_{14}s^2 + e_{25}c^2, \\
e'_{36} &= (e_{32} - e_{31})cs + e_{36}(c^2 - s^2).
\end{aligned}
\qquad (70\text{d})
$$

Durch zyklische Vertauschung der Indizes (1, 2, 3) und (4, 5, 6) erhält man hieraus sogleich die Transformationsformeln für den Fall er Drehung des Koordinatensystems um die $X$- und um die $Y$-Achse.

Alle vorstehenden Transformationsformeln lassen sich nach dem S. 823 Gesagten in der Weise auf die piezoelektrischen Moduln übertragen, daß man die $e_{ih}$ für $i$ und $h = 1, 2, 3$ mit den bezüglichen $d_{ih}$, dagegen die $e_{ih}$ für $i = 1, 2, 3$ und $h = 4, 5, 6$ mit den bezüglichen $\frac{1}{2}d_{ih}$ vertauscht.

§ 420. **Über die Rolle der permanenten molekularen Momente bei den piezoelektrischen Vorgängen.** Nachdem im vorstehenden allgemeine Grundlagen einer Theorie der piezoelektrischen und der dazu reziproken Vorgänge vollständig gegeben sind, soll nunmehr die im Eingang dieser Darstellung, nämlich am Schluß von § 408 gestellte Frage untersucht werden, ob diese Grundlagen hinreichend allgemein sind. Diese Frage bezieht sich auf Kristallgruppen, die nach Symmetrie ein permanentes elektrisches Moment besitzen können, und nimmt hier besonders die Richtung, ob, wenn anfänglich dieses permanente Moment durch eine auf dem Kristall influenzierte Oberflächenladung kompensiert war, dieses auch nach einer Deformation noch gilt.

Die Frage gewinnt offenbar praktische Bedeutung nur dann, wenn die permanenten Momente sehr groß sind gegen die piezoelektrisch erregten, derart, daß ihre Produkte in Deformationsgrößen mit jenen, bisher allein betrachteten Momenten $P$ gleiche Größenordnung besitzen. Trotzdem die einzige Beobachtung über ein permanentes Moment, die bisher vorliegt, für dieses einen viel kleineren Wert ergeben hat, ist (wie S. 247 erörtert) doch nicht ausgeschlossen, daß der wahre Betrag ein erheblich größerer ist, und so erscheint die Untersuchung der Frage wohl notwendig. Wir wollen dieselbe in voller Allgemeinheit angreifen.

Wir betrachten einen homogenen Kristall mit beliebiger natürlicher oder künstlicher Begrenzung, der im natürlichen Zustand ein Moment $(P)$ besitzt, mit den Komponenten $(P_1), (P_2), (P_3)$ nach den Koordinatenachsen. Diese Komponenten des Moments ändern sich nun durch die Deformation an jeder Stelle auf drei Weisen. Zunächst wird durch die kubische Dilatation $\delta$ der Wert von $(P)$ im Verhältnis $1:(1 - \delta)$ verkleinert, denn es liegen nach der Dilatation weniger Elementarteile in der Volumeneinheit als zuvor; sodann erhält $(P)$ durch die mit der Deformation verbundene Drehung eine andere Richtung, und drittens tritt jene direkte Veränderung infolge der Deformation ein, die wir bisher allein betrachtet haben und auf einen molekularen Vorgang zurückführen können. Die ersten beiden Veränderungen können wir als geometrisch, die letzte als physikalisch bedingt bezeichnen.

Bezeichnen $l, m, n$ die Drehungskomponenten um die Koordinatenachsen, so werden hiernach die Komponenten $(P_1')$, $(P_2')$, $(P_3')$ der Gesamtmomente nach der Deformation sich folgendermaßen ausdrücken

$$\begin{aligned}(P_1') &= (P_1)(1-\delta) - (P_2)n + (P_3)m + P_1,\\ (P_2') &= (P_2)(1-\delta) - (P_3)l + (P_1)n + P_2,\\ (P_3') &= (P_3)(1-\delta) - (P_1)m + (P_2)l + P_3.\end{aligned} \tag{71}$$

Dabei ist noch, wenn wieder $u, v, w$ die Verrückungskomponenten bezeichnen, nach (66) S. 176 und (72) S. 179

$$\begin{gathered}\delta = x_x + y_y + z_z = \frac{\partial u}{\partial x} + \frac{\partial v}{\partial y} + \frac{\partial w}{\partial z},\\ l = \frac{1}{2}\left(\frac{\partial w}{\partial y} - \frac{\partial v}{\partial z}\right), \quad m = \frac{1}{2}\left(\frac{\partial u}{\partial z} - \frac{\partial w}{\partial x}\right), \quad n = \frac{1}{2}\left(\frac{\partial v}{\partial x} - \frac{\partial u}{\partial y}\right);\end{gathered} \tag{72}$$

$P_1, P_2, P_3$ bezeichnen die früher betrachteten molekularen Wirkungen der Deformation, für welche der Ansatz (20) gilt.

Die vorstehenden Formeln zeigen, daß tatsächlich die gesamten piezoelektrisch erregten Momente

$$(P_1') - (P_1), \quad (P_2') - (P_2), \quad (P_3') - (P_3)$$

sich nicht nur durch die Deformationsgrößen $x_x, \ldots x_y$ bestimmen, so daß also die durch die erweiterte Betrachtung auftretenden Anteile

$$-(P_1)\delta - (P_2)n + (P_3)m, \text{ usf.}$$

sich zunächst nicht unter dem früheren Ansatz (20) für $P_1$, $P_2$, $P_3$ subsummieren lassen.

Es ist indessen zu bedenken, daß die Wirkungen der Momente schließlich durch die äquivalenten räumlichen und flächenhaften Dichten bestimmt werden, die wir wieder mit $\rho$ und $\sigma$ bezeichnen wollen; diese werden wir nun berechnen müssen.

Für die Berechnung der wirksamen Raumdichte $\rho$ gehen wir aus von der Definition der effektiven Raumdichte $(\rho')$ nach der Deformation, gegeben durch

$$-(\rho') = \frac{\partial(P_1')}{\partial x} + \frac{\partial(P_2')}{\partial y} + \frac{\partial(P_3')}{\partial z}; \tag{73}$$

ihr entspricht vor der Deformation eine Dichte $(\varrho)$, die durch den gleichen Ausdruck ohne Index $(')$ bestimmt ist. Da wir vom natürlichen homogenen Zustand ausgehen, ist $(\varrho)$ gleich Null, also für die wirksame Dichte zu schreiben

$$-\varrho = \frac{\partial((P_1')-(P_1))}{\partial x} + \frac{\partial((P_2')-(P_2))}{\partial y} + \frac{\partial((P_3')-(P_3))}{\partial z}. \tag{74}$$

Setzt man hier hinein die Werte (71) und gruppiert etwas anders, so läßt sich der Ausdruck schreiben

$$-\varrho = \frac{\partial P_1'}{\partial x} + \frac{\partial P_2'}{\partial y} + \frac{\partial P_3'}{\partial z}, \tag{75}$$

wobei

$$\begin{aligned} P_1' &= P_1 - (P_1)x_x - (P_2)\tfrac{1}{2}x_y - (P_3)\tfrac{1}{2}x_z, \\ P_2' &= P_2 - (P_2)y_y - (P_3)\tfrac{1}{2}y_z - (P_1)\tfrac{1}{2}y_x, \\ P_3' &= P_3 - (P_3)z_z - (P_1)\tfrac{1}{2}z_x - (P_2)\tfrac{1}{2}z_y. \end{aligned} \tag{76}$$

Bezeichnet ferner $n'$ die Richtung der inneren Normale auf dem Oberflächenelement, so ist die Gesamtdichte der äquivalenten Oberflächenladung nach der Deformation gegeben durch

$$-(\sigma') = (P')\cos((P'), n');$$

oder, wenn $\alpha'$, $\beta'$, $\gamma'$ die Richtungskosinus von $n'$ bezeichnen,

$$-(\sigma') = (P_1')\alpha' + (P_2')\beta' + (P_3')\gamma'. \tag{77}$$

Die äquivalente Dichte $(\sigma)$ vor der Deformation ist durch dieselbe Formel ohne Indizes $(')$ gegeben. $(\sigma)$ ist bezüglich seiner Wirkung durch die influenzierte Oberflächenladung von der Dichte $-(\sigma)$ kompensiert.

Die nach der Deformation faktisch wirksame Dichte ist aber nicht $(\sigma') - (\sigma)$, — denn durch die Deformation ist das Flächenelement vergrößert, also die auf der gleichen Fläche befindliche Ladung verkleinert, — sondern vielmehr

$$\sigma = (\sigma') - (\sigma)(1 - \varphi), \tag{78}$$

wobei $\varphi$ die spezifische Flächendilatation in der Oberfläche bezeichnet.

Wir erhalten sonach

$$\begin{aligned} -\sigma = {} & (P_1')\alpha' + (P_2')\beta' + (P_3')\gamma' \\ & - [(P_1)\alpha + (P_2)\beta + (P_3)\gamma](1 - \varphi), \end{aligned}$$

was sich bis auf Glieder erster Ordnung inklusive schreiben läßt

$$\begin{aligned}-\sigma = (P_1)(\alpha' - \alpha) + (P_2)(\beta' - \beta) + (P_3)(\gamma' - \gamma)\\ + [((P_1') - (P_1))\alpha + ((P_2') - (P_2))\beta + ((P_3') - (P_3))\gamma] \quad (79)\\ + [(P_1)\alpha + (P_2)\beta + (P_3)\gamma]\varphi.\end{aligned}$$

Für die Berechnung dieses Ausdruckes kommen die in § 93 und 94 abgeleiteten Werte für $(\alpha' - \alpha), \ldots$ und $\varphi$ in Betracht, nach denen (gemäß S. 174 und 177) gilt

$$\alpha' - \alpha = \alpha\varDelta - \left(\alpha\frac{\partial u}{\partial x} + \beta\frac{\partial v}{\partial x} + \gamma\frac{\partial w}{\partial x}\right), \ldots$$

und

$$\varphi = \delta - \varDelta$$

$$\varDelta = \alpha^2 x_x + \cdots + \beta\gamma y_z + \cdots$$

Die Durchführung der einfachen Rechnung ergibt die Formel

$$-\sigma = P_1'\alpha + P_2'\beta + P_3'\gamma = P' \cos(P', n), \quad (80)$$

wobei die $P_h'$ die in (76) angegebene Bedeutung besitzen und $P'$ ihre Resultante bezeichnet.

Wir erhalten somit das Resultat:

Bei Kristallen mit einem permanenten elektrischen Moment mit den Komponenten $(P_1)$ $(P_2)$, $(P_3)$ wirkt dieses auf die piezoelektrische Erregung ein in Gliedern von der Form

$$-(P_1)x_x - (P_2)\tfrac{1}{2}x_y - (P_3)\tfrac{1}{2}x_z, \ldots,$$

welche unter den in § 409 gegebenen allgemeinen Ansatz (20) fallen und demgemäß als in ihm bereits berücksichtigt betrachtet werden können.

Unser Ansatz genügt hiernach jeder Anforderung an Allgemeinheit. Dies ist das Hauptresultat der vorstehenden Betrachtung. Daneben ist es aber auch von Interesse, gezeigt zu haben, in welchen Gliedern unseres Ansatzes eine Wirkung des permanenten Momentes des Kristalls enthalten ist. Würde die Beobachtung ergeben, daß diese Glieder eine besonders hervorragende Größe besitzen, so würde man hieraus, wenngleich nicht mit Strenge, so doch mit einer gewissen Wahrscheinlichkeit auf eine bedeutende Größe jenes permanenten Momentes schließen dürfen.

Bisher haben die Beobachtungen für die letztere Folgerung noch nicht gar viel Anhalt gegeben, wie das im folgenden Abschnitt hervortreten wird.

§ 421. **Über die molekulare Theorie der piezoelektrischen Erregung.** Die Betrachtungen des vorigen Abschnittes, die zunächst nur die Vollständigkeit des unseren Entwicklungen zugrunde gelegten Ansatzes für die piezoelektrischen Momente erweisen sollten, haben auch eine Bedeutung für jede molekulare Theorie der piezoelektrischen Vorgänge, insofern derjenige Teil der bezüglichen Erregungen, der sich rein geometrisch aus den permanenten Momenten der Volumenelemente des Kristalls erklärt, hierdurch ein für allemal erledigt ist. Einer molekularen Theorie bleibt sonach nur die Aufgabe, den andern Teil auf selbständige Drehungen und Deformationen der Moleküle zurückzuführen.

Für die Berechnung der Wirkungen der molekularen Drehungen finden sich die vollständigen Grundlagen in dem II. Abschnitt des VII. Kapitels, in dem bei Entwicklung einer molekularen Theorie der elastischen Vorgänge S. 610 auch die Gesetze für die durch Deformationen der Volumenelemente bewirkten Drehungen $(l', m', n')$ der Moleküle abgeleitet sind. Da die Drehungen $(l, m, n)$ der Volumenelemente in ihrer Wirkung im vorigen Paragraphen in Rechnung gezogen sind, so bleiben für die molekulare Theorie nur die relativen Drehungen $(d_1 = l' - l,\ d_2 = m' - m,\ d_3 = n' - n)$ zu berücksichtigen. Dieselben lassen sich vollständig nach dem durch (71') gegebenen Schema behandeln, liefern also in $P_1$, $P_2$, $P_3$ Anteile von der Form

$$-(P_2)d_3 + (P_3)d_2, \quad -(P_3)d_1 + (P_1)d_3, \quad -(P_1)d_2 + (P_2)d_1,$$

die sich mit den analogen in (71) enthaltenen zu den Ausdrücken

$$-(P_2)n' + (P_3)m', \ldots$$

zusammenziehen. Da die $d_1$, $d_2$, $d_3$ nach S. 613 sich als lineäre Funktionen der Deformationsgrößen bestimmen, so liefert ihre Berücksichtigung jedenfalls Anteile an den piezoelektrischen Momenten, die unter das Schema des Ansatzes (20) fallen.

Bis hierher bedarf es für die molekulare Theorie keiner neuen speziellen Annahmen; aber die so gewonnenen Resultate lassen für sich allein piezoelektrische Erregungen von Kristallen ohne permanentes Moment nicht zu. Es bedarf somit, um letztere Kristalle einzubeziehen, einer Hypothese über den Mechanismus der Erregung eines molekularen Momentes in solchen Kristallen, die ursprünglich dergleichen nicht besitzen, resp. der Änderungen ursprünglicher Momente, infolge von Deformationen. Und hier bleibt eine beträchtliche Willkür; auch ist vorläufig wenig Aussicht, die bezüglichen Hypothesen auf einem andern Wege zu prüfen. Eine jede zulässige Hypothese muß nach dem Inhalt des vorigen Paragraphen auf Endformeln für die piezoelektrischen Momente führen, die unter den Ansatz (20) fallen; eine experimentelle Prüfung auf piezoelektrischem Wege würde somit erst einsetzen können, wenn die molekulare Theorie speziellere Resultate, also numerische Beziehungen zwischen den Parametern des Ansatzes (20) lieferte, und dies ist bisher nicht geschehen.

Es mag daher genügen, zu berichten, daß *Riecke*[1]) die Vorstellung verfolgt hat, daß die Moleküle einen dielektrisch polarisierbaren kugelförmigen Kern besitzen, der von einer Anzahl elektrischer Pole umgeben ist. Diese Pole, deren Zahl und Anordnung mit der Symmetrie der Kristallgruppen vereinbar sein muß, sollen auf die Kerne influenzierend wirken; die piezoelektrische Erregung würde dann dadurch zustande kommen, daß bei einer Deformation die Nachbarmoleküle relativ zueinander disloziert werden und demgemäß einander geänderte Felder zusenden. *Riecke* nimmt dabei nur fünf spezielle und einfachste Konfigurationen der molekularen Pole als vorkommend an, die im allgemeinen höhere Symmetrie besitzen als die Kristallgruppe, der sie zugeteilt werden, deren Auswahl also erst durch den Erfolg gerechtfertigt wird.

Man kann diese (und andere von *Riecke* eingeführte) Beschränkungen aufgeben und die Theorie in der angegebenen Richtung völlig allgemein ausgestalten[2]), ohne zu anderen Resultaten zu kommen, als in dem Ansatz (20) enthalten sind.

Unsern modernen Anschauungen liegt die Auffassung näher, alle elektrischen Veränderungen auf die Bewegungen von Elektronen zurückzuführen; dieselbe leitet von selbst zu der schon früher von mir vorgeschlagenen Annahme[3]) von mit den ponderabeln Molekülen verbundenen elektrischen Polen, deren Gleichgewichtslagen sich ändern, wenn bei Deformationen die Moleküle ihre gegenseitige Lage verändern. Ein spezielles Beispiel derartiger Polsysteme hat Lord *Kelvin*[4]) näher betrachtet und in der Annahme gewisser (der Elektronentheorie fernliegenden) Bindungen zwischen den verschiedenen Polen ein Modell für das Verhalten von Quarz gegen Drucke normal zur Hauptachse gebildet.

Im engern Anschluß an die anderweit benutzten elektronentheoretischen Vorstellungen könnte man z. B. den einfachsten Fall eines regulären piezoelektrisch erregbaren Kristalls folgendermaßen zu konstruieren suchen. Die Moleküle bestehen aus Kugeln positiver Ladungen, deren Zentra ein reguläres Raumgitter bilden. Innerhalb jeder von ihnen befinden sich die negativen Elektronen in Gleichgewichtslagen, welche durch die Wechselwirkungen zwischen den verschiedenen Ladungen

1) *E. Riecke*, Gött. Nachr. 1891, p. 191; Gött. Abh. 1892.
2) *W. Voigt*, Gött. Nachr. 1893, p. 669; Wied. Ann. Bd. **51**, p. 638, 1894.
3) *W. Voigt*, l. c.
4) Lord *Kelvin*, Phil. Mag. (5) T. **36**, p. 331, 1893.

bestimmt werden. Im undeformierten Zustand werden die Elektronen jedes Moleküls dann die Ecken eines regulären Tetraeders einnehmen und demgemäß kein (vektorielles) Moment liefern. Bei einer (homogenen) Deformation des Raumgitters erleiden die Elektronen Verschiebungen, die ein dielektrisches Moment zur Folge haben, das nach den Symmetrieverhältnissen den für die Gruppen (30) resp. (32) geltenden Gesetzen von S. 832 folgen muß.

Andersartige Modelle, die dazu dienen sollen, den Mechanismus piezoelektrischer Erregungen verständlich zu machen, haben außer Lord *Kelvin*[1]) bereits die Gebrüder *Curie*[2]) angegeben.

## III. Abschnitt.

## Quantitative Bestimmungen bei homogener Deformation.

§ 422. **Erregung eines beliebig orientierten Parallelepipeds durch einseitigen normalen Druck.** Für spezielle Probleme isothermischer piezoelektrischer Erregung bieten im allgemeinen die Ausdrücke (22) der dielektrischen Momente durch die Drucke größere Bequemlichkeit als diejenigen (20) durch die Deformationsgrößen. Insbesondere gilt dies in dem einfachsten und für Messungen wichtigsten Fall eines Präparates in Form eines rechteckigen Parallelepipedes unter der Wirkung normaler Drucke gegen ein Flächenpaar.

Für die Theorie dieser Erregung geht man am bequemsten von den auf die Hauptachsen bezogen gedachten Formeln (22) aus und bestimmt die Orientierung des Parallelepipeds durch die Richtungskosinus

| | $x'$ | $y'$ | $z'$ |
|---|---|---|---|
| $x$ | $\alpha_1$ | $\beta_1$ | $\gamma_1$ |
| $y$ | $\alpha_2$ | $\beta_2$ | $\gamma_2$ |
| $z$ | $\alpha_3$ | $\beta_3$ | $\gamma_3$ |

seiner als $X'$-, $Y'$-, $Z'$-Achsen geführten Kanten.

Für den Fall eines Druckes $\Pi$ gegen die zur $Z'$-Achse normale Flächeneinheit genügt man den Gleichgewichtsbedingungen (12) und (13) nach S. 565 durch die Ansätze

$$X_x = \Pi\gamma_1^2, \quad Y_y = \Pi\gamma_2^2, \cdots \quad \cdots X_y = \Pi\gamma_1\gamma_2; \tag{81}$$

die Ausdrücke (22) auf S. 819 werden demgemäß jetzt zu

1) Lord *Kelvin,* l. c. p. 342 u. 453.

2) *J.* u. *P. Curie,* C. R. T. 92, p. 351, 1881; *P. Curie,* Œuvres, p. 18.

$$
\begin{aligned}
-P_1 &= \Pi(d_{11}\gamma_1^2 + d_{12}\gamma_2^2 + d_{13}\gamma_3^2 + d_{14}\gamma_2\gamma_3 + d_{15}\gamma_3\gamma_1 + d_{16}\gamma_1\gamma_2),\\
-P_2 &= \Pi(d_{21}\gamma_1^2 + d_{22}\gamma_2^2 + d_{23}\gamma_3^2 + d_{24}\gamma_2\gamma_3 + d_{25}\gamma_3\gamma_1 + d_{26}\gamma_1\gamma_2), \quad (82)\\
-P_3 &= \Pi(d_{31}\gamma_1^2 + d_{32}\gamma_2^2 + d_{33}\gamma_3^2 + d_{34}\gamma_2\gamma_3 + d_{35}\gamma_3\gamma_1 + d_{36}\gamma_1\gamma_2).
\end{aligned}
$$

Hieraus folgt speziell für die „longitudinale" Erregung $P_l$ parallel der Druckrichtung

$$
\begin{aligned}
P_l &= P_1\gamma_1 + P_2\gamma_2 + P_3\gamma_3\\
&= -\Pi[d_{11}\gamma_1^3 + d_{22}\gamma_2^3 + d_{33}\gamma_3^3 + \gamma_1^2((d_{21}+d_{16})\gamma_2 + (d_{31}+d_{15})\gamma_3)\\
&\quad + \gamma_2^2((d_{32}+d_{24})\gamma_3 + (d_{12}+d_{26})\gamma_1) + \gamma_3^2((d_{13}+d_{35})\gamma_1 + (d_{23}+d_{34})\gamma_2)\\
&\quad + \gamma_1\gamma_2\gamma_3(d_{14}+d_{25}+d_{36})], \quad (83)
\end{aligned}
$$

was nach S. 840 in der Tat mit $-\Pi d'_{33}$ identisch ist.

Die $P_h$ sind **gerade** Funktionen der Richtungskosinus, wie dies der Zweiseitigkeit des Drucktensors entspricht. Die Formel für das longitudinale Moment ist so zu verstehen, daß eine Seite des Tensors **ausgezeichnet** ist, als diejenige, auf welche $P_l$ bezogen wird. Demgemäß kehrt $P_l$ sein Vorzeichen um, wenn alle $\gamma_h$ mit $-\gamma_h$ vertauscht werden, d. h. die entgegengesetzte Richtung ausgezeichnet wird.

Für die transversale Erregung nach der $X'$- und $Y'$-Richtung ergibt sich analog

$$
\begin{aligned}
P_{t_1} &= P_1\alpha_1 + P_2\alpha_2 + P_3\alpha_3 = -\Pi d'_{13},\\
P_{t_2} &= P_1\beta_1 + P_2\beta_2 + P_3\beta_3 = -\Pi d'_{23},
\end{aligned}
\quad (84)
$$

wofür die allgemeinen Ausdrücke nicht hingeschrieben zu werden brauchen.

Eine homogene Erregung ist nach S. 204 allgemein mit einer Oberflächenbelegung des parallelepipedischen Präparates von der Dichte

$$\sigma = -P\cos(P, n_i)$$

äquivalent; diese Dichten sind in unserem Falle auf den nach $\pm x'$ $\pm y'$, $\pm z'$ gelegenen Flächen, resp.

$$\pm P_{t_1}, \quad \pm P_{t_2}, \quad \pm P_l.$$

Sind diese Flächen von den Größen $f_x'$, $f_y'$, $f_z'$ mit leitenden Belegungen versehen, so werden in denselben Ladungen von den absoluten Beträgen

$$
\begin{aligned}
e_x' = f_x' P_{t_1} = -f_x'\Pi d'_{13}, \quad e_y' &= f_y' P_{t_2} = -f_y'\Pi d'_{23}\\
e_z' = f_z' P_l &= -f_z'\Pi d'_{33}
\end{aligned}
\quad (85)
$$

frei. Drückt man $\Pi$ nach der Formel

$$\Pi = \Gamma / f_z'$$

durch den Gesamtdruck $\Gamma$ gegen die Fläche $f_z'$ aus, so ergibt sich

$$e_x' = -\Gamma d_{13}' (f_x'/f_z'), \quad e_y' = -\Gamma d_{23}' (f_y'/f_z'), \quad e_z' = -\Gamma d_{33}'; \qquad (86)$$

hierdurch ist die S. 806 aus der Beobachtung abgeleitete Regel für die transversalen und die longitudinalen Effekte allgemein theoretisch begründet.

Nach den Formeln (82) bis (84) genügt die Beobachtung der Erregung von einer angemessenen Zahl verschieden orientierter Parallelepipede durch einseitigen normalen Druck bei jeder kristallographischen Symmetrie zur Ableitung der Zahlwerte sämtlicher piezoelektrischer Moduln, und da diese Methode auch die praktisch bequemste ist, so sind fast alle quantitativen Bestimmungen nach ihr angestellt. Die Formeln zeigen auch, daß die alleinige Messung der longitudinalen Erregung nicht sämtliche Moduln getrennt liefert, sondern nur zehn Kombinationen von ihnen; es sind also in jedem Falle auch transversale Erregungen der Beobachtung zu unterwerfen, die aber der Messung keinerlei besondere Schwierigkeiten entgegenstellen.

§ 423. **Drei Fundamentalflächen zweiten Grades.** Zur Veranschaulichung der Resultate der Beobachtung über das allgemeine piezoelektrische Verhalten eines Kristalls bieten sich natürlich in erster Linie die nach S. 825 für jeden Kristall charakteristischen gerichteten Größen, nämlich sein Vektor, seine Tensor- und seine Triviektorfläche. Diese Darstellung ist nach dem in § 76 u. f. über gerichtete Größen verschiedener Ordnung Gesagten unzweifelhaft die methodisch vollkommenste. Dabei muß man indessen als Nachteil zugeben, daß sie sich nicht auf direkt beobachtbare Größen bezieht und eine gewisse Unsymmetrie besitzt, zu der die fundamentalen Gleichungen (22) direkt keine Anregung zu geben scheinen.

Es mag demgemäß noch eine zweite Darstellungsart erwähnt werden, die jene beiden Mängel nicht besitzt, dafür aber freilich auch nicht mit den allgemein bedeutungsvollen Begriffen gerichteter Größen operiert. Dieselbe knüpft direkt an die spezielle, aber wichtigste Erregungsart an, die uns hier beschäftigt.[1])

Schreibt man in den Formeln (82) die Momentkomponenten $P_1$, $P_2$, $P_3$ vor, z. B. einfachst gleich Eins, so enthält jede dieser Gleichungen eine Aussage über Richtung und Größe desjenigen Druckes $\Pi$, welcher die betreffende Komponente $P_i = +1$ macht, während die andern Kom-

1) *W. Voigt*, Wied. Ann. Bd. 63, p. 376, 1897.

ponenten beliebig bleiben. Trägt man $r = \sqrt{\pm \Pi}$ auf der Richtung von $\Pi$ als Vektor auf, setzt also

$$\gamma_1 \sqrt{\pm \Pi} = x_i, \quad \gamma_2 \sqrt{\pm \Pi} = y_i, \quad \gamma_3 \sqrt{\pm \Pi} = z_i, \tag{87}$$

so entstehen die Gleichungen

$$\mp 1 = d_{i1} x_i^2 + d_{i2} y_i^2 + d_{i3} z_i^2 + d_{i4} y_i z_i + d_{i5} z_i x_i + d_{i6} x_i y_i \quad \text{für } i = 1, 2, 3, \tag{87'}$$

in denen die oberen Vorzeichen positiven, die unteren negativen Werten $\Pi$ entsprechen. Diese Gleichungen stellen drei zentrische Oberflächen zweiten Grades dar, die Fundamentalflächen $F_i$, von denen jede einzelne den geometrischen Ort des Endpunktes von $r = \sqrt{\pm \Pi}$ bestimmt für den Fall, daß die Momentkomponente $P_i = 1$ vorgeschrieben ist, und die übrigen beliebig gelassen sind. Die Gleichungen dieser drei Oberflächen enthalten alle 18 piezoelektrischen Moduln separiert; sie stellen also das piezoelektrische Verhalten des Kristalls vollständig dar.

Die Schnittkurven zweier dieser Oberflächen $F_i$ und $F_j$ geben den geometrischen Ort des Endpunktes von $r = \sqrt{\pm \Pi}$, wenn die beiden Momente $P_i$ und $P_j$ gleich Eins vorgeschrieben sind, das dritte Moment willkürlich bleibt, wobei das resultierende Moment in der Mittelebene zwischen den Richtungen $P_i$ und $P_j$ wandert; die Schnittpunkte aller drei Oberflächen bestimmen Größe und Richtung der Drucke $\Pi$, welche $P_1 = P_2 = P_3 = 1$ ergeben. Um zu den Fällen zu gelangen, daß einige Komponenten $P_i$ nicht $= +1$, sondern $= -1$ sind, hat man nur in den betreffenden Gleichungen das Vorzeichen der linken Seite umzukehren.

Allgemeinste Fälle beliebig vorgeschriebener $P_1, P_2, P_3$ werden dadurch erledigt, daß man in den Gleichungen (87) links $P_i$ an Stelle von Eins setzt, d. h. also die betreffende Fundamentalfläche $F_i$ im Verhältnis $1 : \sqrt{\pm P_i}$ vergrößert.

Wenn die Flächen $F_i$ keine Schnittkurven oder Schnittpunkte ergeben, so ist die bezüglich der $P_i$ gestellte Anforderung unerfüllbar.

Ist eine Schnittkurve zweier Flächen $F_i$ und $F_j$ vorhanden, so existiert nach der zentrischen Symmetrie der Fundamentalflächen zugleich noch die durch Inversion in bezug auf den Koordinatenanfang daraus folgende. Wegen der zentrischen Symmetrie des Drucktensors hat dieselbe aber keine selbständige Bedeutung. Das Analoge gilt für die Schnittpunkte dreier Flächen.

Existieren noch weitere Schnittpunkte, so läßt sich dasselbe Moment durch Kompressionen in mehreren Richtungen hervorrufen.

In den (nicht seltenen) Fällen, daß eine Komponente $P_i$ (meist $P_3$) stets verschwindet, kommen nur zwei Oberflächen $F_i$ in Frage. Deren

Schnittkurven geben durch ihre Radienvektoren dann diejenigen Drucke $\Pi$, welche das geforderte Moment hervorzubringen vermögen.

Um ein einfachstes Beispiel zu geben, sei ein Kristall einer der regulären Gruppen (30) oder (32) betrachtet, für den nach dem Schema auf S. 832 gilt

$$-P_1 = d_{14} Y_z, \quad -P_2 = d_{14} Z_x, \quad -P_3 = d_{14} X_y,$$

also

$$\mp P_1 = d_{14} yz, \quad \mp P_2 = d_{14} zx, \quad \mp P_3 = d_{14} xy. \tag{88}$$

Liegt das verlangte Moment im ersten Quadranten, und ist $\Pi > 0$ (d. h. Druck), $d_{14} < 0$, so sind die drei Flächen hyperbolische Zylinder, welche die Koordinatenebenen je in deren erstem und drittem Quadranten normal durchsetzen. Dieselben geben im allgemeinen ein Paar Schnittpunkte, von denen der im ersten Quadranten liegende allein berücksichtigt zu werden braucht.

Für ein Moment in der Mittellinie des ersten Quadranten ($P_1 = P_2 = P_3$) ergibt sich ein in die gleiche Richtung fallendes $\Pi$. Nimmt eines der $P_i$, etwa $P_1$ zu Null, ab, d. h., nähert sich die Richtung von $P$ der zu $P_1$ normalen $YZ$-Ebene, so geht der $P_1$ parallele Zylinder allmählich in die beiden sich in $P_1$ schneidenden Koordinatenebenen $XZ$ und $XY$ über, welche keinen Punkt mit den beiden Zylindern $-P_2 = d_{14} zx$ und $-P_3 = d_{14} xy$ gemeinsam haben.

Ein Moment parallel der $YZ$-Ebene ist also nicht herstellbar. Nur wenn mit $P_1$ zugleich noch eine zweite Komponente verschwindet, z. B. $P_2$, und demgemäß der zweite Zylinder zu der $YZ$- und $XY$-Ebene degeneriert, entstehen Schnittpunkte; sie liegen in der $XY$-Ebene und erfüllen die Hyperbel $-P_3 = d_{14} xy$. Hieraus folgt, daß ein Moment in der Richtung parallel zur $Z$-Achse durch Drucke, die beliebig im ersten Quadranten der $XY$-Ebene liegen, erregt werden kann. Gleiche Momente erfordern dabei Drucke $\Pi$, die durch das Quadrat des Radiusvektors der Hyperbel $-P_3 = d_{14} xy$ gemessen werden. Wird der Druck seiner Größe nach konstant erhalten, so variiert das Moment indirekt proportional mit diesem Quadrat.

Man sieht, daß die geschilderte Betrachtungsweise, und zwar besonders in den Fällen, wo die Symmetrie des Kristalls alle drei Koordinatenachsen auszeichnet, zur Veranschaulichung des Verlaufes der piezoelektrischen Erregung sich nützlich erweist. Bei Kristallen mit einer drei- oder sechszähligen ausgezeichneten Achse besteht ein gewisser Gegensatz zwischen den Symmetrien der Hilfsflächen und derjenigen des Kristalls, der die Verwendung der geschilderten Methode weniger natürlich erscheinen läßt.

§ 424. **Die Fläche des Gesamtmomentes, speziell für reguläre Kristalle.** Während die im vorstehenden benutzten Hilfsflächen durch ihre Radienvektoren die Drucke $\Pi$ (genauer $\sqrt{\pm \Pi}$) darstellen, kann man auch Flächen heranziehen, deren Radien im Zusammenhang mit den Momenten stehen. Von diesen gibt die einfachsten Beziehungen diejenige, welche durch Auftragen des longitudinalen Momentes $P_l$ resp. des Quotienten $-P_l/\Pi = d'_{33}$ (des der Druckeinheit entsprechenden Momentes $-P_l$) auf der mit $P_l$ zusammenfallenden Richtung von $\Pi$ erhalten wird; allerdings gibt sie keine vollständige Darstellung der piezoelektrischen Eigenschaften eines Kristalls, weil der Ausdruck (83) für $P_l$ die 18 Moduln nur in 10 Kombinationen enthält. Es mag daran erinnert werden, daß die Gleichung der Trivektorfläche nach S. 840 geschrieben werden kann $\sqrt[3]{\pm d'_{33}} = 1/r$, wodurch der Zusammenhang dieser Fläche mit derjenigen des longitudinalen Momentes klargestellt ist.

Neben letzterer Fläche bietet auch diejenige ein Interesse, deren Radiusvektor das piezoelektrische Gesamtmoment für die Druckeinheit, d. h. $P/\Pi$, oder meist besser $-P/\Pi$, für die Richtung des Vektors wiedergibt. Man erhält deren Gleichung, wenn man in (82)

$$-P_1/\Pi = x, \quad -P_2/\Pi = y, \quad -P_3/\Pi = z \tag{89}$$

setzt und aus den drei Formeln unter Zuhilfenahme von

$$\gamma_1^2 + \gamma_2^2 + \gamma_3^2 = 1$$

die Richtungskosinus $\gamma_1, \gamma_2, \gamma_3$ eliminiert.

Die so entstehende Fläche des Gesamtmomentes $-P/\Pi = r$ ist vom vierten Grade, während diejenige des longitudinalen Momentes $-P_l/\Pi = r$ den dritten Grad aufweist; es erscheint demgemäß von vornherein wahrscheinlich und wird durch die genauere Untersuchung bestätigt, daß in der betreffenden Gleichung alle 18 piezoelektrischen Moduln separiert erscheinen. Trotzdem gibt die betreffende Fläche ein erschöpfendes Bild von der Gesetzmäßigkeit der Erregung durch einseitigen Druck erst dann, wenn man mit ihr eine Beziehung kombiniert, welche zu jeder Erregungsrichtung die zugehörige Druckrichtung liefert.

Die Fläche des Gesamtmomentes ist von *Bidlingmaier*[1]) ausführlich diskutiert worden. Dabei hat sich herausgestellt, daß jene Fläche für alle Kristallgruppen durch bestimmte einfache geometrische Operationen auf diejenige analoge Fläche reduziert werden kann, welche dem regulären System entspricht, wo-

1) *Fr. Bidlingmaier*, Gött. Diss. 1900.

raus folgt, daß sie auch auf analogem Wege aus letzterer gewonnen werden kann.

Da die Fläche des Gesamtmoments für viele Kristallgruppen schwierig zu diskutieren ist, so hat die hierin liegende Methode der Vergleichung mit einer einzigen, wie wir sehen werden, sehr einfachen Fläche einen praktischen Wert und soll daher im folgenden an einigen Beispielen demonstriert werden.

Die Fläche $-P/\Pi = r$ für das reguläre System entsteht nach dem Schema von S. 832, indem man aus den Formeln

$$-\frac{P_1}{\Pi} = x = d_{14}\gamma_2\gamma_3, \quad -\frac{P_2}{\Pi} = y = d_{14}\gamma_3\gamma_1, \quad -\frac{P_3}{\Pi} = z = d_{14}\gamma_1\gamma_2 \tag{90}$$

die $\gamma_h$ eliminiert. Um die reguläre Normalfläche zu erhalten, also von der Individualität des Kristalls ganz frei zu werden, setzen wir noch $d_{14} = 1$, gehen also aus von den Gleichungen

$$\xi = \gamma_2\gamma_3, \quad \eta = \gamma_3\gamma_1, \quad \zeta = \gamma_1\gamma_2. \tag{91}$$

Wegen $\gamma_1^2 + \gamma_2^2 + \gamma_3^2 = 1$ liefert dies sogleich die gesuchte Gleichung der Normalfläche in der Form[1])

$$\frac{\eta\zeta}{\xi} + \frac{\zeta\xi}{\eta} + \frac{\xi\eta}{\zeta} = 1$$

resp. (92)

$$\eta^2\zeta^2 + \zeta^2\xi^2 + \xi^2\eta^2 = \xi\eta\zeta.$$

Die hierdurch gegebene Fläche wird in der Geometrie als „reguläre *Steiner*sche Fläche" bezeichnet. Zu einer Vorstellung von deren Gestalt gelangt man am einfachsten, indem man das Gerippe eines regulären Tetraeders (Fig. 192) mit einer Gummimembran überkleidet denkt, die ein gewisses Luftvolumen umschließt, und darnach je zwei benachbarte Membrandreiecke, z. B. $ABC$ und $ABD$ in der zur gemeinsamen Kante normalen Hauptachse — hier also in dem Stück $\overline{OZ}$ — zusammenheftet. Es entstehen dann in der Hauptachsen Doppelgrade der Oberfläche, während die nach den ausgezeichneten Ecken $A, B, C, D$ hin liegenden Bereiche durch die umschlossene Luft rundlich aufgeblasen werden.

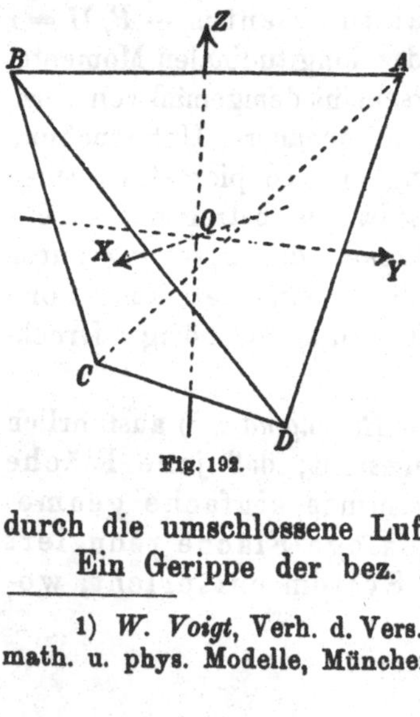


Fig. 192.

Ein Gerippe der bez. *Steiner*schen Fläche erhält man übrigens

1) *W. Voigt*, Verh. d. Vers. deutscher Naturforscher 1891, II. p. 36; Katalog math. u. phys. Modelle, München 1892, p. 385.

auch, wenn man an Stelle jedes der Dreiecke $OAB$, $OAD$, ... der Figur 192 eine Scheibe von der Form Figur 192′ bringt, so daß die Gerade $\overline{OZ}$ in die bez. Koordinatenhalbachse (z. B. $OZ$) und die Geraden $Oa$ und $Ob$ in die bez. Oktantenmittellinien (z. B. $OA$ und $OB$) zu liegen kommen. Die Gleichung der in Figur 192′ dargestellten Kurve ergibt sich aus (92), indem man $\xi = r\cos\vartheta$, $\eta = \zeta = r\sin\vartheta/\sqrt{2}$ setzt, zu $r(1 + 3\cos^2\vartheta) = 2\cos\vartheta$.

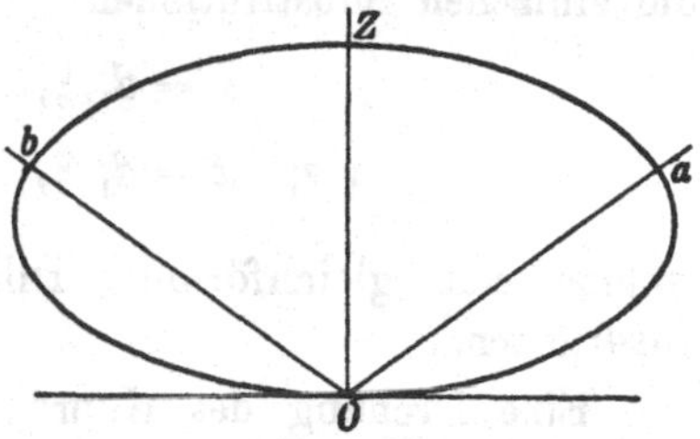

Fig. 192′

Die Zuordnung der Richtungen des Druckes $\Pi$ und des Momentes $P$ geschieht dabei durch die Formeln (90), aus denen auch folgt, wenn $p_1, p_2, p_3$ die Richtungskosinus von $P$ bezeichnen,

$$p_1 : p_2 : p_3 = \frac{1}{\gamma_1} : \frac{1}{\gamma_2} : \frac{1}{\gamma_3}. \tag{93}$$

Bewegt sich $\Pi$ in einer Koordinatenebene, so verharrt $P$ in der zu ihr normalen Koordinatenachse, deren Doppelgeradennatur hierin Ausdruck gewinnt. Sind zwei der $\gamma_i$ einander gleich, so gilt dasselbe für die entsprechenden $p_i$; eine Bewegung von $\Pi$ in der Mittelebene zwischen zwei Koordinatenebenen läßt also $P$ in derselben Ebene verharren. Ist z. B.

$$\gamma_1 = \cos\vartheta, \quad \gamma_2 = \gamma_3 = \frac{1}{\sqrt{2}}\sin\vartheta, \quad p_1 = \cos t, \quad p_2 = p_3 = \frac{1}{\sqrt{2}}\sin t,$$

so ergibt sich

$$\operatorname{tg} t = 2\operatorname{ctg}\vartheta, \quad \operatorname{tg}\vartheta = 2\operatorname{ctg} t.$$

Beginnt etwa $\vartheta$ mit dem Wert 0, d. h., beginnt die Bewegung mit der Lage von $\Pi$ parallel $X$, so beginnt $t$ mit $\frac{1}{2}\pi$, d. h. mit der Lage von $P$ in der $YZ$-Ebene, und bei wachsendem $\vartheta$ bewegt sich $P$ der Druckrichtung entgegen. Beide fallen zusammen für $\vartheta = t$, d. h. für $\operatorname{tg}^2\vartheta = 2$, somit also in der Mitteilinie des Oktanten. Nachdem sie sich hier begegnet haben, gehen sie bei weiter wachsendem $\vartheta$ wieder auseinander. Für $\vartheta = \frac{1}{2}\pi$ wird $t = 0$.

Hiermit dürfte die Art der gegenseitigen Zuordnung für den ganzen Oktanten verständlich sein. Dasselbe Resultat gibt die Betrachtungsweise von S. 852.

§ 425. **Betrachtung der dem regulären System nächstverwandten Gruppen.** Die den piezoelektrisch wirksamen Gruppen des regulären Systems nächstverwandten sind, wie schon S. 835 bemerkt, die Gruppen (19) und (7) mit den Formeln $(S_z, A_x^{(2)})$ und $(A_z^{(2)}, A_x^{(2)})$

Hier ist denn auch der Übergang von dem regulären System höchst einfach. Die für letztere geltenden Formeln resultieren aus (91) durch die einfachen Substitutionen

$$x = d_{14}\xi, \quad y = d_{14}\eta, \quad z = d_{36}\zeta, \tag{94}$$

$$\text{resp. } x = d_{14}\xi, \quad y = d_{25}\eta, \quad z = d_{36}\zeta, \tag{95}$$

welche eine gleichförmige Dilatation nach den Koordinatenachsen ausdrücken.

Eine Drehung des Koordinatensystems um einen Winkel $\varphi$ um die $Z$-Achse führt nach § 418 bei Anwendung der Bezeichnungen $\cos\varphi = c$, $\sin\varphi = s$ zu den Formeln

$$\left.\begin{aligned} x' &= d'_{14}\gamma_2\gamma_3 + d'_{15}\gamma_3\gamma_1, \quad y' = -d'_{15}\gamma_2\gamma_3 + d'_{25}\gamma_3\gamma_1,\\ z' &= d'_{31}(\gamma_1^2 - \gamma_2^2) + d'_{36}\gamma_1\gamma_2,\\ &\text{wobei}\\ d'_{14} &= d_{14}c^2 - d_{25}s^2, \quad d'_{25} = -d_{14}s^2 + d_{25}c^2,\\ d'_{36} &= d_{36}(c^2 - s^2);\\ d'_{15} &= (d_{14} + d_{25})sc, \quad d'_{31} = d_{36}sc. \end{aligned}\right\} \tag{96}$$

Diese Formeln enthalten für $d_{14} = d_{25}$ die nach S. 831 für die Gruppe (20) mit der Formel ($S_z$) charakteristischen Beziehungen in sich; man möchte also zunächst vermuten, daß die Gruppe (20) mit (19) piezoelektrisch gleichwertig wäre und sich von ihr nur durch die Orientierung der bezüglichen Flächen gegen das Achsenkreuz unterschiede.

Indessen ist dies nicht richtig; die Gruppe (20) besitzt vier charakteristische Moduln, während nach den Formeln (96) sein würde

$$d'_{15} : (d'_{14} - d'_{25}) = d'_{31} : d'_{36},$$

d. h. zwischen ihnen eine Beziehung bestände.

Man gelangt zu der nötigen Allgemeinheit aber, wenn man die Substitution

$$x'' = x'\cos\varphi' + y'\sin\varphi',$$
$$y'' = -x'\sin\varphi' + y'\cos\varphi'$$

benutzt, durch welche einer gegebenen Druckrichtung nunmehr eine Momentrichtung zugeordnet wird, die um den Winkel $\varphi'$ um die $z$-Achse gegen die durch (96) gegebene gedreht ist. Die Fläche des Gesamtmomentes erfährt dabei eine gleiche Drehung ohne Gestaltänderung.

Hier gilt dann

$$x'' = d''_{14}\gamma_2\gamma_3 + d''_{15}\gamma_3\gamma_1, \quad y'' = -d''_{15}\gamma_2\gamma_3 + d''_{14}\gamma_3\gamma_1, \qquad (97)$$
$$z'' = d''_{31}(\gamma_1^2 - \gamma_2^2) + d''_{36}\gamma_1\gamma_2,$$

wobei

$$d''_{14} = d'_{14}\cos\varphi' - d_{15}\sin\varphi', \quad d''_{15} = d'_{14}\sin\varphi' + d'_{15}\cos\varphi',$$
$$d''_{31} = d'_{31}, \quad d''_{36} = d'_{36},$$

also zwischen den vier Moduln keine Beziehungen mehr bestehen.

Die im vorstehenden hervortretenden Fragen sind für die richtige Anwendung der Ableitungsmethode der Flächen für kompliziertere Kristallgruppen aus der regulären Normalfläche von Wichtigkeit und eben deshalb hier erörtert.

§ 426. **Betrachtung einiger Gruppen des trigonalen Systems.** Während es in den vorstehenden Fällen höchst einfach gelang, die Verbindung der untersuchten Flächen $-P/\Pi = r$ mit derjenigen des regulären Systems zu knüpfen, bedarf es in den übrigen Fällen komplizierterer geometrischer Hilfsmittel, um diese Beziehungen herzustellen; dieselben werden aber sämtlich umfaßt durch das allgemeine Schema der kollinearen Abbildung, das nach S. 33 dargestellt wird durch drei Formeln von der Gestalt

$$xN = a_1x' + b_1y' + c_1z' + d_1,$$

wobei (98)

$$N = ax' + by' + cz' + 1.$$

Bei Abbildungen nach diesem Schema bleibt der Grad einer Oberfläche erhalten, bleiben somit auch Gerade gerad und Ebenen eben; es finden dabei aber im übrigen inhomogene Drehungen und Deformationen statt.

Diese Umformungen, durch die man schließlich in allen Fällen den Übergang von der Normalfläche (92) zu der einer bestimmten Kristallgruppe individuellen Fläche des Gesamtmomentes bewirken kann, mögen an einem interessanten Beispiel demonstriert werden.[1]

Durch die kollineare Transformation

$$\xi = \frac{c_1x'}{c_2 - (x'+y'+z')}, \quad \eta = \frac{c_1y'}{c_2 - (x'+y'+z')}, \quad \zeta = \frac{c_1z'}{c_2 - (x'+y'+z')} \qquad (99)$$

geht die Gleichung (92) der Normalfläche in die Form über

$$y'^2z'^2 + z'^2x'^2 + x'^2y'^2 = \frac{x'y'z'}{c_1}(c_2 - (x'+y'+z')), \qquad (100)$$

1) *Fr. Bidlingmaier* l. c. p. 47.

die den Beziehungen

$$x' = (\gamma_1' - p\gamma_2')(\gamma_3' - p\gamma_1'), \quad y' = (\gamma_2' - p\gamma_3')(\gamma_1' - p\gamma_2'), \quad z' = (\gamma_3' - p\gamma_1')(\gamma_2' - p\gamma_3') \tag{101}$$

entspricht, falls

$$c_1 = \frac{p^2 - p + 1}{2p}, \quad c_2 = \frac{(1 - p^2)(p^2 + p + 1)}{2p}.$$

Bei dieser Transformation haben die Doppelgeraden der Normalfläche ihre Lagen in den Koordinatenachsen bewahrt, aber die beiden Seiten derselben haben verschiedene Längen erhalten. Den Punkten $\xi = \pm 1, \eta = 0, \zeta = 0$ z. B. entsprechen die Punkte $x' = \pm c_2/(c_1 \mp 1)$, $y' = 0$, $z' = 0$.

Führt man nun ein $XYZ$-Achsenkreuz ein, dessen $Z$-Achse in der Mittellinie des ersten Oktanten liegt, und dessen $YZ$-Ebene durch eine der Doppelgeraden geht, so besitzt dies Gebilde in der $Z$-Achse eine dreizählige Symmetrieachse, in der $YZ$-Ebene eine Symmetrieebene. Es ist aber insofern noch sehr speziell, als es nur erst einen willkürlichen Parameter, nämlich $p$, zuläßt. Wir erhalten ein allgemeineres Gebilde von gleicher Symmetrie, wenn wir erst eine gleichförmige Dehnung um einen Betrag $\Delta_3$ parallel der $Z$-Achse und um einen anderen Betrag $\Delta_1 = \Delta_2$ parallel der $X$- und der $Y$-Achse vornehmen und schließlich das Ganze um eine Strecke $c$ parallel der $Z$-Richtung dislozieren. So gewinnen wir vier verfügbare Parameter. Da die Symmetrie $(A_z^{(3)}, E_x)$ der Gruppe (11) eigen ist, und da diese Gruppe nach S. 830 durch vier piezoelektrische Parameter charakterisiert wird, so kann kein Zweifel sein und wird durch die genaue Rechnung bestätigt, daß die auf die beschriebene Weise erhaltene Fläche tatsächlich die jener Gruppe entsprechende ist.

Es ist klar, daß diese Ableitung der Fläche des Gesamtmomentes aus der (normalen) Fläche des regulären Systemes das Verständnis des komplizierten Gebildes sehr erleichtert.[1]) Freilich ist nicht zu verkennen, daß das Gesetz der gegenseitigen Zuordnung von Druckrichtung und Gesamtmoment hierbei nicht an Klarheit gewinnt, und so werden immer noch ergänzende Betrachtungen zu Hilfe zu nehmen sein, um den physikalischen Vorgang vollständig anschaulich zu machen.

Abschließend sei bemerkt, daß die Fläche $-P/\Pi = r$ für die Gruppe (10) mit der Formel $(A_z^{(3)}, A_x^{(2)})$ aus der soeben betrachteten durch eine Drehung um 90° um die $Z$-Achse und durch einen Grenzübergang gewonnen werden kann, bei dem sie zu einer Lamelle

1) Eine Diskussion der bez. Fläche auf anderem Wege bei *Riecke*, Gött. Nachr. 1891, p. 223.

in der $XY$-Ebene komprimiert wird.[1]) Hier ist indessen eine direkte Diskussion aufklärender, die deshalb auch unten gegeben werden soll.

§ 427. **Ältere Bestätigungen der Theorie.** Von Beobachtungen über die Abhängigkeit der Erregung eines parallelepipedischen Präparates von seiner Orientierung gegen die Hauptachsen sind bisher (S. 806) nur einige auf Quarz bezügliche, durch *Czermak* und durch die Brüder *Curie* angestellte, erwähnt. Wir wollen nunmehr zunächst zeigen, daß dieselben unsern Formeln entsprechen. Zur Orientierung ist dazu nebenstehend noch einmal eine häufig vorkommende Kristallform von Quarz mit Andeutung unseres Hauptachsensystems wiedergegeben.

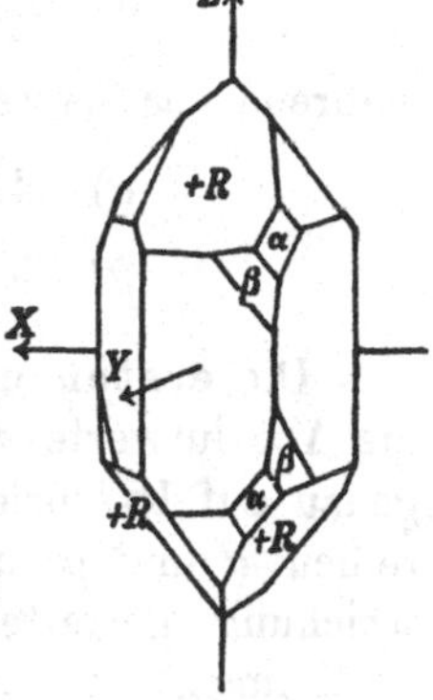

Fig. 193.

Bei den Beobachtungen der *Curies* war das benutzte Präparat nach den Hauptachsen orientiert. Wir können hier direkt an die für diese Achsen geltenden Formeln anknüpfen, welche nach dem Schema auf S. 830 für Gruppe (10) und den Bemerkungen von S. 832 lauten

$$-P_1 = d_{11}(X_x - Y_y) + d_{14} Y_z, \quad -P_2 = -(d_{14} Z_x + 2 d_{11} X_y) \qquad (102)$$
$$P_3 = 0.$$

Normale Drucke gegen die Hauptebenen, d. h. $Y_z = Z_x = X_y = 0$, geben hier nur $P_1$ von Null verschieden; und zwar liefern Drucke $\Pi_1$, $\Pi_2$ oder $\Pi_3$ parallel der $X$-, $Y$- oder $Z$-Achse

$$-(P_1)_1 = d_{11}\Pi_1, \quad -(P_1)_2 = -d_{11}\Pi_2, \quad -(P_1)_3 = 0. \qquad (103)$$

Hieraus ergibt sich für die Ladungen der nach $+x$ gelegenen Fläche bei Einführung der Gesamtdrucke $\Gamma_1 = \Pi_1 f_x$, $\Gamma_2 = \Pi_2 f_y$:

$$e_1 = -d_{11}\Gamma, \quad e_2 = +d_{11}\Gamma(f_y/f_x), \quad e_3 = 0, \qquad (104)$$

was mit dem Resultat der *Curies* von S. 806 übereinstimmt.

Die *Czermak*schen Beobachtungen bezogen sich nur auf longitudinale Erregungen parallel der $XY$-Ebene. Bestimmen wir die bezügliche Richtung $Z'$ durch den Winkel $\varphi$ gegen die $+X$- und $\frac{1}{2}\pi - \varphi$ gegen die $+Y$-Richtung, so erhalten wir aus (83)

$$-P_l = \Pi d_{11} \cos 3\varphi. \qquad (105)$$

*Czermak* benutzte ein erstes Präparat, welches nach unsern Hauptachsen orientiert, ein zweites, welches dagegen um ungefähr 15°

1) *Fr. Bidlingmaier* l. c. p. 51.

gedreht war. Mit dem ersteren beobachtete er bei den Drucken $\Pi$, $\Pi'$, $\Pi''$ gegen die beiden Flächenpaare $\alpha$ und $\beta$ normal zur Hauptachse in willkürlichem Maß die Erregungen

| | $\Pi$ | $\Pi'$ | $\Pi''$ |
|---|---|---|---|
| $\alpha$) | 4.88 | 7.96 | 9.48 Volt, |
| $\beta$) | 0 | 0 | 0 „ |

während das letztere Präparat ergab

| | | | |
|---|---|---|---|
| $\alpha$) | 4.09 | 6.59 | 7.92 „ |
| $\beta$) | 2.91 | 4.65 | 5.54 „. |

Die ersten unter $\alpha$) aufgeführten Zahlen geben nach (105) resp. die Absolutwerte von $\Pi d_{11}$, $\Pi' d_{11}$, $\Pi'' d_{11}$. Wäre das zweite Präparat genau auf $15^0$ orientiert gewesen, so hätten die zwei letzten Zahlenreihen $\alpha$ und $\beta$ untereinander gleich ausfallen müssen. Ihre Abweichung gestattet, die wirkliche Orientierung des Präparates zu bestimmen, insofern das Mittel aus den Quotienten der übereinanderstehenden Zahlen, nämlich $1{,}418 = \operatorname{ctg} 3\varphi_2$ sein muß. Diese Beziehung liefert $\varphi_2 = 11^0 43'$, und bei ihrer Benutzung erhält man aus (105) die für das zweite Präparat nach der Theorie gültigen Zahlen

| | | | |
|---|---|---|---|
| $\alpha$) | 4.00 | 6.50 | 7.75 Volt, |
| $\beta$) | 2.81 | 4.58 | 5.46 „ |

welche mit den beobachteten nahe übereinstimmen.

§ 428. **Ausführlichere Beobachtungen an Quarz.** Weitergehende Prüfungen der Aussagen der Theorie für den obigen Fall einfacher Kompression sind im Göttinger Institut[1]) an Quarz und Turmalin vorgenommen worden.

Die Methode der Beobachtung war dabei im wesentlichen die von den *Curies* angewendete, nur wurde die Elektrometernadel nicht, wie S. 804 beschrieben, durch eine der Erregung des Kristalls entgegenwirkende elektromotorische Kraft auf den Nullpunkt zurückgeführt, sondern es wurden ihre Ausschläge (nach erfolgter Prüfung der Proportionalität) als Maß der entwickelten Ladungen benutzt. Dies geschah zum Teil, weil sich merkliche Ladungsverluste durch Leitung geltend machten, und diese durch Beobachtungen über die Umkehrpunkte der Elektrometernadel bestimmt und somit in Rechnung gesetzt werden konnten.

1) *E. Riecke* und *W. Voigt*, *Wied.* Ann. Bd. **45**, p. 523, 1892.

Die Empfindlichkeit des Elektrometers wurde während der Beobachtungen fortlaufend durch Anlegen eines Poles eines *Clark*-Elementes an das sonst mit dem Kristallpräparat verbundene Quadrantenpaar bestimmt. Durch besondere Beobachtungen wurde kontrolliert, daß die Kapazität der Belegungen des Kristallpräparates neben derjenigen des Elektrometers einschließlich der Zuleitungen vernachlässigt werden konnte.

Die benutzten vier Quarzpräparate waren sämtlich aus einer zu der $YZ$-Ebene parallelen Platte von rund 6 mm Dicke geschnitten, mit Kanten in dieser Ebene, die Winkel von $22\frac{1}{2}{}^0$ und $45^0$ gegen die $Z$-Achse einschlossen. Die belegten Flächen waren in allen Fällen die normal zur polaren $X$-Achse liegenden; die Erregungen sind also stets durch die erste Formel (102) gegeben, welche bei Einführung von (81) lautet

$$-P_1 = \Pi(d_{11}(\gamma_1^2 - \gamma_2^2) + d_{14}\gamma_2\gamma_3). \tag{106}$$

Beobachtet wurde einmal bei Drucken parallel zur $X$-Achse, wo resultiert wegen $\gamma_1 = 1$, $\gamma_2 = \gamma_3 = 0$

$$-P_1 = \Pi d_{11}, \tag{107}$$

sodann bei Drucken in der $YZ$-Ebene, wo bei $\gamma_1 = 0$, $\gamma_2 = \sin\vartheta$, $\gamma_3 = \cos\vartheta$ gilt

$$P_1 = \Pi(d_{11}\sin^2\vartheta - d_{14}\sin\vartheta\cos\vartheta). \tag{108}$$

Für $\vartheta = 90^0$ resultiert der entgegengesetzte Wert von dem bei einem Druck parallel $X$ auftretenden.

Im übrigen ist natürlich wieder zu berücksichtigen, daß die beobachtbare Ladung $e$ aus dem Moment $P_1$ durch Multiplikation mit der Größe der belegten Fläche, der Druck $\Pi$ aus der Gesamtbelastung $\Gamma$ durch Division mit der Größe der gedrückten Fläche folgt.

Nach dem S. 835 Gesagten haben die Moduln $d_{11}$ und $d_{14}$ von Kristallen mit Zuschärfungsflächen $\alpha$ und $\beta$ auf der Seite $+X$ entgegengesetzte Vorzeichen, als von solchen mit Flächen bei $-X$. Im folgenden ist der in Fig. 193 dargestellte erstere Fall vorausgesetzt.

Die Berechnung der Moduln $d_{11}$ und $d_{14}$ aus allen Beobachtungen nach der Methode der kleinsten Quadrate ergab bei 1 kg Belastung, verglichen mit der Wirkung von 1 Clark, folgende Zahlen

$$d_{11} = 0{,}191, \quad d_{14} = -0{,}043$$

und mit deren Hilfe die folgende Vergleichung von Beobachtung und Theorie:

| $\vartheta =$ | $22\frac{1}{2}^0$ | $45^0$ | $90^0$ | $112\frac{1}{2}^0$ | $135^0$ |
|---|---|---|---|---|---|
| beob. | 0,044 | 0,119 | 0,186 | 0,151 | 0,076 |
| ber. | 0,043 | 0,117 | 0,191 | 0,148 | 0,074. |

Die Übereinstimmung ist befriedigend.

Beiläufig werde erwähnt, daß *Lissauer*[1]) Beobachtungen über die Veränderlichkeit des Moduls $d_{11}$ mit der Temperatur angestellt hat und dieselbe bei einer Erniedrigung von $+19^0$ auf $-192^0 C$ innerhalb 2 % des Gesamtwertes liegend gefunden hat. —

Nachdem durch obiges die Theorie bei Quarz bestätigt ist, bietet sich die Frage nach dem allgemeinen Inhalt der für die Gruppe (10) gültigen Formeln (102) betr. die Wirkung der einseitigen Kompression eines parallelepipedischen Präparates.

Die Kombination von (81) und (102) liefert

$$\begin{aligned} -P_1 &= \Pi[d_{11}(\gamma_1^2-\gamma_2^2)+d_{14}\gamma_2\gamma_3], \\ -P_2 &= -\Pi[d_{14}\gamma_3+2d_{11}\gamma_2]\gamma_1, \quad P_3=0, \end{aligned} \tag{109}$$

oder, wenn man in gewohnter Weise setzt

$$\gamma_1=\sin\vartheta\cos\varphi, \quad \gamma_2=\sin\vartheta\sin\varphi, \quad \gamma_3=\cos\vartheta,$$

auch

$$\begin{aligned} -P_1 &= \Pi[d_{11}(\cos^2\varphi-\sin^2\varphi)\sin^2\vartheta+d_{14}\sin\vartheta\cos\vartheta\sin\varphi], \\ -P_2 &= -\Pi[d_{14}\cos\vartheta+2d_{11}\sin\vartheta\sin\varphi]\sin\vartheta\cos\varphi, \quad P_3=0. \end{aligned} \tag{110}$$

Bezeichnet man die Komponente von $P$, die in die Projektion von $\Pi$ auf die $XY$-Ebene fällt, mit $P_\lambda$, so gilt

$$\begin{aligned} -P_\lambda &= -(P_1\cos\varphi+P_2\sin\varphi) \\ &= \Pi d_{11}\cos 3\varphi\sin^2\vartheta. \end{aligned} \tag{111}$$

Analog ergibt sich das Moment $P_\tau$ normal zu jener Projektion

$$\begin{aligned} -P_\tau &= P_1\sin\varphi-P_2\cos\varphi \\ &= \Pi[d_{11}\sin 3\varphi\sin^2\vartheta+d_{14}\sin\vartheta\cos\vartheta]. \end{aligned} \tag{112}$$

Diese Formeln geben eine deutliche Vorstellung von dem Verlauf des Momentes $P$, während die Druckrichtung alle möglichen Richtungen im Kristall annimmt.

Der erste Teil von $P$, durch den Modul $d_{11}$ gemessen, schließt mit der Projektion von $\Pi$ den Winkel $\psi$ ein, bestimmt durch

$$\operatorname{tg}\psi=\operatorname{tg}3\varphi, \qquad \psi=3\varphi;$$

1) *W. Lissauer*, Münch. Diss. 1907.

er dreht sich sonach, wenn man von der Richtung $\Pi$ parallel zur $XZ$-Ebene ausgeht, dreimal so schnell, als $\Pi$, um die $Z$-Achse. Seine Größe $\Pi d_{11} \sin^2 \vartheta$ ist unabhängig von $\varphi$.

Der zweite, durch $d_{14}$ gemessene Teil von $P$ liegt stets normal zur Projektion von $\Pi$ und ändert gleichfalls seine Größe $\Pi d_{14} \sin \vartheta \cos \vartheta$ bei einer Drehung von $\Pi$ um die $Z$-Achse nicht.

Für die Gesamtkomponente $P_l$ in der Richtung von $\Pi$ (die longitudinale Erregung) ergibt sich

$$\begin{aligned} P_l = P_1 \gamma_1 + P_2 \gamma_2 = -\Pi d'_{33} = -\Pi d_{11} (\gamma_1^2 - 3\gamma_2^2)\gamma_1 \\ = -\Pi d_{11} \cos 3\varphi \sin^3 \vartheta = P_\lambda \sin \vartheta. \end{aligned} \tag{113}$$

Trägt man $-P_l/\Pi = d'_{33}$ als Radiusvektor auf der Richtung von $\Pi$ auf, so erhält man eine Fläche dritten Grades mit drei gesonderten ovalförmigen Stücken, die im Koordinatenanfang mit Linienelementen zusammenhängen und durch Drehungen um $\pm 120^0$ um die $Z$-Achse (gemäß deren Dreizähligkeit) miteinander zur Deckung gelangen. Auffallenderweise besitzt die Fläche Symmetrieebenen in der $XY$- und $XZ$-Ebene, sowie in den beiden mit der letzteren Ebene gleichwertigen, was durch die allgemeine Symmetrieformel direkt nicht gefordert, sondern erst durch die speziellen Symmetrieeigenschaften des piezoelektrischen Vorganges bedingt wird. Fig. 194 stellt den Schnitt der Fläche $-P_l/\Pi = d'_{33} = r$ mit der äquatorialen, Fig. 195 den mit einer meridionalen Symmetrieebene dar.

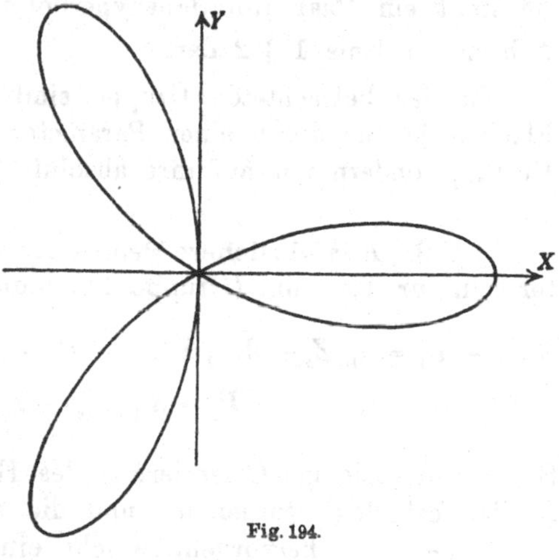

Fig. 194.

Die Oberfläche des longitudinalen Momentes $P_l$ hat für die Veranschaulichung des piezoelektrischen Verhaltens eines Kristalls den großen Vorteil, daß sie eine direkt beobachtbare Größe in ihrem Verlaufe darstellt. Indessen bringt sie, wie schon S. 853 allgemein bemerkt, nicht die sämtlichen unabhängigen Moduln der Gruppe zur Geltung. Letzteres wird nach

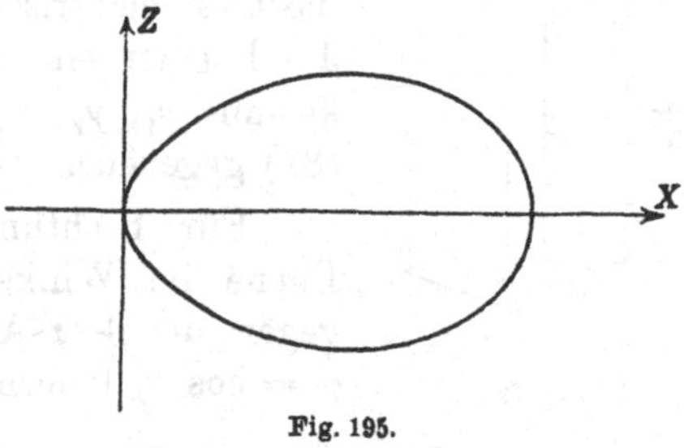

Fig. 195.

S. 850 am angemessensten erst durch die Kombination von Vektor, Tensor- und Trivektorfläche geleistet. In unserm Falle fällt nach dem Schema für Gruppe (10) auf S. 834 der Vektor völlig aus; die Gruppe ist also allein durch die letzten beiden Elemente charakterisiert.

Die Gleichung der Trivektorfläche wird nach (41) zu

$$\pm 1 = d_{11}(x^2 - 3y^2)x; \tag{114}$$

sie stellt einen geraden Zylinder über einer Grundlinie in der $XY$-Ebene dar, deren Radienvektoren die reziproken dritten Wurzeln aus den Radienvektoren in Fig. 194 sind. Die Gleichung der Tensorfläche lautet nach (42)

$$\pm 1 = d_{14}(2z^2 - x^2 - y^2); \tag{115}$$

sie stellt ein Paar Rotationshyperboloide um die $Z$-Achse mit dem Achsenverhältnis $1:\sqrt{2}$ dar.

In der betrachteten Gruppe sind die beiden charakteristischen Flächen je nur durch einen Parameter bestimmt, der nicht auf ihre Gestalt, sondern nur auf ihre absolute Größe influiert.

§ 429. **Ausführlichere Beobachtungen an Turmalin.** Die Grundformeln für Turmalin (Gruppe 11) lauten nach S. 830 und 832

$$\begin{gathered} -P_1 = d_{15}Z_x - 2d_{22}X_y, \quad -P_2 = -d_{22}(X_x - Y_y) + d_{15}Y_z, \\ -P_3 = d_{31}(X_x + Y_y) + d_{33}Z_z. \end{gathered} \tag{116}$$

Sie setzen diejenige Orientierung des Hauptachsenkreuzes voraus, die S. 750 festgelegt worden ist, und die aus der nebenstehenden Figur hervorgeht, welche eine häufig vorkommende Gestalt des Turmalinkristalls darstellt. Das mit + bezeichnete Ende ist dasjenige, das bei Erwärmung eine positive elektrische Ladung zeigt. Bei Erregung durch einen einseitigen Druck $\Pi$ mit den Richtungskosinus $\gamma_1, \gamma_2, \gamma_3$ haben die $X_x, \dots X_y$ die durch (81) gegebenen Werte.

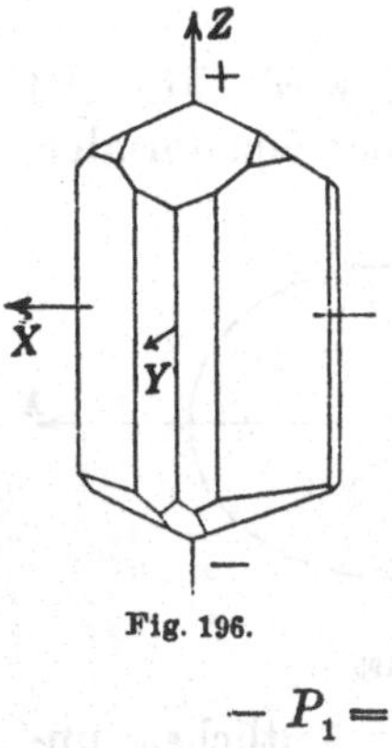

Fig. 196.

Für Richtungen des Druckes $\Pi$ in der $YZ$-Ebene im Winkel $\vartheta$ gegen die $+Z$, um $\frac{1}{2}\pi - \vartheta$ gegen die $+Y$-Achse, d. h. für $\gamma_1 = 0$, $\gamma_2 = \sin\vartheta$, $\gamma_3 = \cos\vartheta$, liefern diese Formeln

$$\begin{gathered} -P_1 = 0, \quad -P_2 = \Pi(d_{22}\sin^2\vartheta + d_{15}\sin\vartheta\cos\vartheta), \\ -P_3 = \Pi(d_{31}\sin^2\vartheta + d_{33}\cos^2\vartheta). \end{gathered} \tag{117}$$

Hieraus ergibt sich für die longitudinale und die transversale Erregung in der $YZ$-Ebene

$$\begin{aligned} -P_l &= \Pi(d_{22}\sin^3\vartheta + (d_{31}+d_{15})\cos\vartheta\sin^2\vartheta + d_{33}\cos^3\vartheta),\\ -P_t &= \Pi(d_{22}\sin^2\vartheta\cos\vartheta - (d_{33}-d_{15})\cos^2\vartheta\sin\vartheta - d_{31}\sin^3\vartheta). \end{aligned} \tag{118}$$

Diese Formeln enthalten die Theorie der über die piezoelektrische Erregung von Turmalin angestellten Messungen.[1])

Die benutzten vier Präparate aus brasilianischem Turmalin waren zum Teil mit ihren Kanten den Hauptachsen parallel hergestellt, zum Teil mit einer Kante parallel zur X-Achse orientiert, mit den andern Kanten um $\pm 45^0$ gegen die $Z$-Achse geneigt.

Beobachtet wurden folgende Erregungsarten mit den in Clark- und kg-Gewicht ausgedrückten Resultaten:

$$\begin{array}{rlll}
\text{I.} & \Pi \parallel Z, & P_z = -\Pi d_{33} & = -\Pi\,0{,}172\\
\text{II.} & \Pi \parallel Y, & P_y = -\Pi d_{22} & = +\Pi\,0{,}020,\\
\text{III.} & \Pi \parallel (Y,Z), & P_l = -\Pi(d_{22}+d_{33}+d_{31}+d_{15})/2\sqrt{2} & = -\Pi\,0{,}500,\\
\text{IV.} & \Pi \parallel (-Y,Z), & P_l = -\Pi(-d_{22}+d_{33}+d_{31}+d_{15})/2\sqrt{2} & = -\Pi\,0{,}539,\\
\text{V.} & \Pi \parallel X, & P_z = -\Pi d_{31} & = -\Pi\,0{,}027,\\
\text{VI.} & \Pi \parallel Y, & P_z = -\Pi d_{31} & = -\Pi\,0{,}025,\\
\text{VII.} & \Pi \parallel (-Y,Z), & P_t = -\Pi(d_{22}+d_{33}-d_{15}+d_{31})/2\sqrt{2} & = +\Pi\,0{,}156,\\
\text{VIII.} & \Pi \parallel (Y,Z), & P_t = -\Pi(d_{22}-d_{33}+d_{15}-d_{31})/2\sqrt{2} & = -\Pi\,0{,}111.
\end{array}$$

Hierin bezeichnen $(Y, Z)$ und $(-Y, Z)$ Richtungen, welche die Winkel zwischen $+Y$, $+Z$ und $-Y$, $+Z$ halbieren; $P_l$ ist wieder das Moment parallel der Druckrichtung, $P_t$ das dazu normale, in der $YZ$-Ebene gelegene.

Gibt man diesen Zahlen Gewichte, welche den zu ihrer Bestimmung dienenden Beobachtungszahlen entsprechen[2]), so erhält man aus ihnen die Parameterwerte

$$d_{22} = -0{,}020_8, \quad d_{15} = +0{,}326_5, \quad d_{31} = +0{,}022_0, \quad d_{33} = +0{,}171_1,$$

und mit ihrer Hilfe ergibt sich die folgende Zusammenstellung zwischen Beobachtung und Berechnung:

| | | | | | | | |
|---|---|---|---|---|---|---|---|
| beob. | 0,172 | 0,020 | 0,500 | 0,539 | 0,026 | 0,156 | 0,111 |
| ber. | 0,171 | 0,020 | 0,499 | 0,540 | 0,022 | 0,154 | 0,113. |

Auch hier ist die Übereinstimmung im allgemeinen eine sehr befriedigende; die drittletzte Zahl bildet die einzige Ausnahme.

1) *E. Riecke* und *W. Voigt*, l. c.

2) *W. Voigt*, Wied. Ann., Bd. 66, p. 1039, 1898.

Es ist indessen zu bemerken, daß die für die piezoelektrischen Moduln zu erhaltenden Zahlen wegen der Schwierigkeiten der Beobachtung immerhin nur eine mäßige Genauigkeit haben können. Es ist deshalb auch von einer möglichen optischen Kontrolle der Orientierung der benutzten Präparate und einer rechnerischen Berücksichtigung etwaiger Fehler derselben abgesehen worden, obwohl Fehler in dieser Richtung nicht ganz ungefährlich sind. Auf eine prinzipielle (aber nicht wesentliche) Ungenauigkeit der ganzen benutzten Methode wird unten ausführlicher eingegangen werden.

Bezüglich der für Turmalin erhaltenen Modulwerte mag darauf aufmerksam gemacht werden, daß keineswegs, wie man nach dem pyroelektrischen Verhalten dieses Kristalls vielleicht vermuten könnte, die Parameter, welche das Moment $P_3$ nach der polaren Hauptachse bestimmen, an Größe dominieren. Im Gegenteil ist der Modul $d_{15}$ nahezu doppelt so groß, wie der für $P_3$ besonders charakteristische $d_{33}$.

*Lissauer*[1]) hat, wie bei Quarz, so auch bei Turmalin Beobachtungen über die Abhängigkeit eines der Moduln (hier $d_{33}$) von der Temperatur angestellt und innerhalb des Bereiches von $+19^0$ bis $-192^0$ C eine Änderung von weniger als $2\,\%$ — d. h. innerhalb der Versuchsfehlergrenze liegend — erhalten. —

Für die Diskussion des allgemeinen Verlaufs der piezoelektrischen Erregung durch einseitigen Druck in der Gruppe (11) bilden wir zunächst durch Kombination von (116) mit (81) die Formeln

$$\begin{aligned} -P_1 &= \Pi(d_{15}\gamma_3 - 2d_{22}\gamma_2)\gamma_1, \\ -P_2 &= \Pi(d_{22}(\gamma_2^2 - \gamma_1^2) + d_{15}\gamma_2\gamma_3), \\ -P_3 &= \Pi(d_{31}(\gamma_1^2 + \gamma_2^2) + d_{33}\gamma_3^2). \end{aligned} \tag{119}$$

Sodann zerlegen wir die erhaltenen Ausdrücke, wie früher, in Teile, die je durch eine kleinere Zahl von Parametern gemessen werden.

Die in $d_{22}$ multiplizierten Glieder stellen eine Erregung dar, welche (unter Vertauschung der $X$- und der $Y$-Achse) der bei Quarz durch den Modul $d_{11}$ gemessenen genau entspricht. Die in $d_{15}$ multiplizierten geben eine Erregung, die stets in der Äquatorialebene liegt, und zwar in dem $\Pi$ enthaltenden Meridian. Ihre Größe ist bei Benutzung der Bezeichnungen aus (117) gleich $-\Pi d_{15}\cos\vartheta\sin\vartheta$; sie kehrt also das Vorzeichen um, wenn die Druckrichtung den Äquator passiert. Die in $d_{31}$ und $d_{33}$ multiplizierten Glieder endlich stellen eine Erregung dar, die stets der Hauptachse parallel liegt und die Größe hat

$$-\Pi(d_{31}\sin^2\vartheta + d_{33}\cos^2\vartheta).$$

1) *W. Lissauer*, Münch. Disc. 1907.

Sämtliche drei Anteile von $P$ haben für sich allein also einfache Gesetze, während ihre Zusammenwirkung ein schwer zu übersehendes Resultat ergibt, zumal hier die Zahlwerte der einzelnen Moduln eine wesentliche Rolle spielen.

Bezüglich der Diskussion der Oberfläche des Gesamtmomentes $P/\Pi = r$ ist auf das in § 424 u. 426 Entwickelte zu verweisen. Das allgemeine Gesetz des longitudinalen Momentes ergibt sich aus (119) gemäß

$$-P_l = \Pi((d_{31} + d_{15})\gamma_3(\gamma_1^2 + \gamma_2^2) + d_{22}\gamma_2(\gamma_2^2 - 3\gamma_1^2) + d_{33}\gamma_3^3). \quad (120)$$

Dies liefert für die $YZ$-Ebene die erste Formel (118), für die $XZ$-Ebene aber wegen $\gamma_1 = \sin\vartheta$, $\gamma_2 = 0$, $\gamma_3 = \cos\vartheta$

$$-P_l = \Pi((d_{31} + d_{15})\cos\vartheta\sin^2\vartheta + d_{33}\cos^3\vartheta) \quad (121)$$

und für die $XY$-Ebene wegen $\gamma_1 = \cos\varphi$, $\gamma_2 = \sin\varphi$, $\gamma_3 = 0$

$$-P_l = -\Pi d_{22}\sin 3\varphi. \quad (122)$$

Hieraus ergeben sich die Schnittkurven der Fläche des longitudinalen Momentes $-P_l/\Pi = d'_{33} = r$ mit der $XZ$- und der $YZ$-Ebene

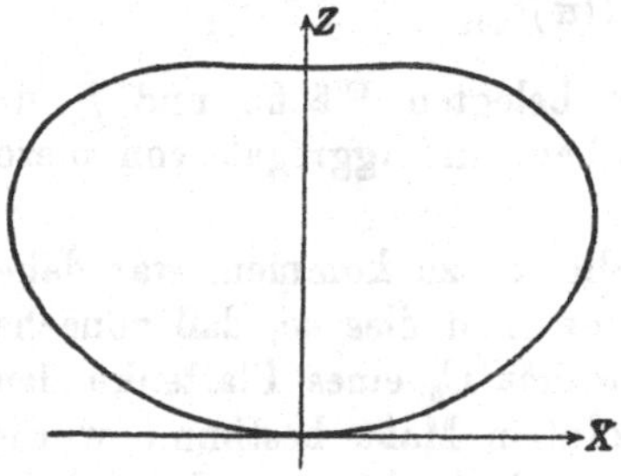

Fig. 197.

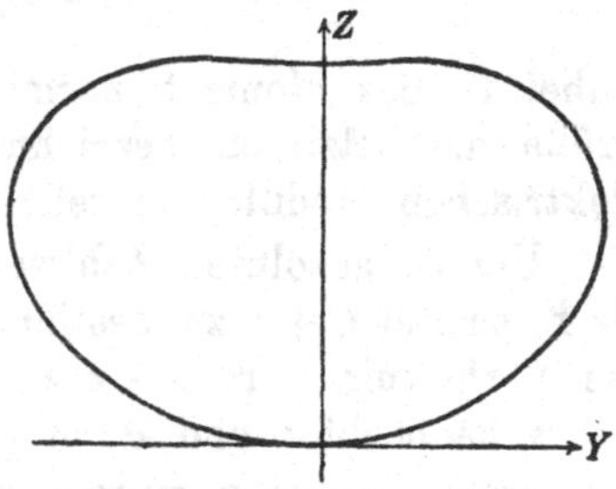

Fig. 198.

für Turmalin so, wie sie durch die Figuren 197 u. 198 dargestellt sind. Denkt man sich je 3 Abbilder dieser Kurven in den durch Figur 199 veranschaulichten Positionen ineinander gesteckt, so erhält man ein Gerippe der gesamten Oberfläche. Die Fläche ist keineswegs eine Rotationsfläche, auch liegt sie nicht durchaus oberhalb der $XY$-Ebene, trotzdem die kleine Durchdringung der letzteren durch die Kurven mit der Gleichung (118¹) im Maßstab der Figur 198 nicht merklich ist. Die betreffenden Verhältnisse werden besonders klar durch die Schnittkurve der Oberfläche mit der $XY$-Ebene, die im dreifachen

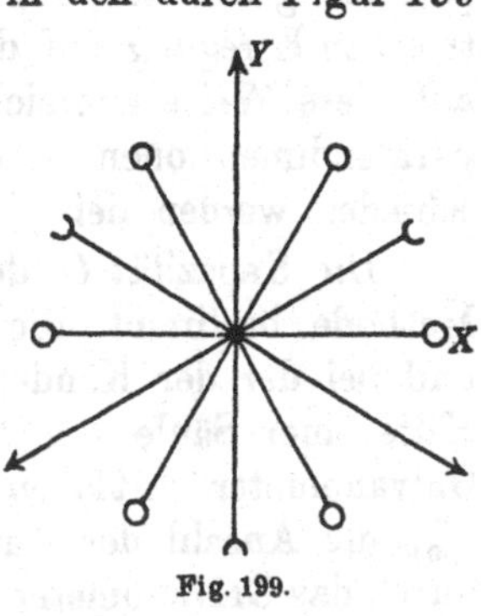

Fig. 199.

Maßstab der Figuren 197 und 198 durch Figur 200 wiedergegeben wird. Innerhalb jeder Schleife dieser Kurven durchsetzt die Oberfläche die $XY$-Ebene. Gemäß ihrer Gleichung (122) stimmt diese Kurve bis auf eine Drehung um $-90^0$ mit der in Figur 194 dargestellten von der Gleichung (105) überein.

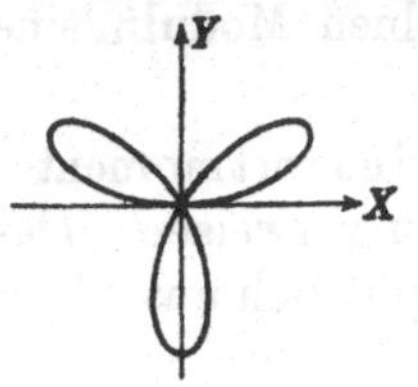

Fig. 200.

§ 430. **Bestimmung der Moduln und Konstanten in absolutem Maße.** Die vorstehenden Resultate für die Moduln $d_{ih}$ von Quarz und Turmalin vergleichen die bei Belastung der bez. Präparate mit 1 kg in dem einen Quadrantenpaar des Elektrometers hervorgerufenen Potentiale $V$ mit dem Potential eines Clark-Elements, das 1,44 Volt, also $0{,}478 \cdot 10^{-2}$ absolute Einheiten beträgt. Bezeichnet $e$ die freiwerdende Ladung, $C$ die Kapazität des Elektrometers mit Zuleitung, $c$ die des armierten Kristalls, so gilt

$$e = (C + c)V,$$

und hat $e$ jederzeit die Form

$$e = P_n f_n = -\Pi(d) f_n,$$

wobei $P_n$ das Moment normal zu der belegten Fläche und $f_n$ die Größe der letzteren bezeichnet, $(d)$ aber ein Aggregat von piezoelektrischen Moduln darstellt.

Um zu absoluten Zahlwerten für die $d_{ih}$ zu kommen, war daher die Kapazität $C + c$ zu bestimmen. Es geschah dies so, daß zunächst das Verhältnis von $C + c$ zu der Kapazität $C_0$ eines Plattenkondensators beobachtet und dann $C_0$ in absolutem Maße bestimmt wurde. Die erste Operation wurde während der Beobachtungen der $(d)$ für jedes benutzte Präparat ausgeführt, indem der Plattenkondensator von Zeit zu Zeit dem mit dem Kristall verbundenen Quadrantenpaar parallel geschaltet und dann erneut die Einwirkung der piezoelektrischen Erregung auf das Elektrometer beobachtet wurde. Es wurde auf diese Weise zugleich festgestellt, daß die Verschiedenheit der Präparatendimensionen u. dgl. die Kapazität $C + c$ nicht merklich verschieden werden ließ.

Die Kapazität $C_0$ des Plattenkondensators wurde dann nach einer Methode bestimmt, die im wesentlichen von Maxwell angegeben ist, und bei der der Kondensator in regelmäßigem schnellen Wechsel mit Hilfe einer Säule von 4 bis 5 Daniell-Elementen auf- und durch ein Galvanometer entladen wurde. War hierbei das erzielte Potential $V_0$, die Anzahl der Entladungen in der Sekunde $n$, dann war die durch das Galvanometer fließende Strömung gleich $J_1 = n V_0 C_0$. Hierauf wurden die benutzten Elemente mit Hilfe eines bekannten Widerstandes $W_0$ geschlossen und von dem entstehenden Strom $V_0/W_0$ ein angebbarer Bruchteil $J_2 = \beta V_0/W_0$ durch das Galvanometer geführt. Es ließ sich dann mit Hilfe des Galvanometers der Quotient $J_1/J_2$ beobachten, welcher durch

$$\frac{J_1}{J_2} = \frac{n C_0 W_0}{\beta}$$

die gesuchte Kapazität liefert.

Die bei dieser Methode anzuwendenden Kommutationen wurden durch einen Stimmgabelunterbrecher bewirkt, und das ihm entsprechende $n = 31{,}5$ auf photographischem Wege bestimmt. Für die gesuchte Kapazität $C_0$ ergab sich hierbei 63,3 cm, für $C + c$ aber 69,3.

Unter Heranziehung der elektromotorischen Kraft des Clark-Elementes $0{,}478 \cdot 10^{-2}$ und des Wertes $9{,}81 \cdot 10^5$ des Kilogrammgewichts in Dynen resultierte schließlich der Reduktionsfaktor der Moduln auf absolutes Maß zu

$$\frac{69{,}3 \cdot 0{,}478}{9{,}81} \cdot 10^{-7} = 3{,}38 \cdot 10^{-7}.$$

Mit Hilfe desselben finden sich die piezoelektrischen Moduln von Quarz

$$d_{11} = -6{,}45 \cdot 10^{-8}, \quad d_{14} = +1{,}45 \cdot 10^{-8},$$

die von Turmalin

$$d_{22} = -0{,}68_6 \cdot 10^{-8}, \quad d_{15} = +11{,}0_4 \cdot 10^{-8}, \quad d_{31} = +0{,}74_4 \cdot 10^{-8},$$
$$d_{33} = +5{,}7_8 \cdot 10^{-8}.$$

Die Moduln $d_{11}$ für Quarz und $d_{33}$ für Turmalin sind die nach S. 805 von den *Curies* bestimmten; beide Zahlen sind durch die vorliegenden Beobachtungen etwas größer gefunden, was vielleicht von der Berücksichtigung der Ladungsverluste während der Beobachtung herrührt.

Spätere Beobachtungen von *Pockels* im hiesigen Institut nach einer nur wenig modifizierten Methode ergaben für Quarz

$$d_{11} = -6{,}27 \cdot 10^{-8}, \quad d_{14} = +1{,}93 \cdot 10^{-8},$$

wobei der zweite Wert von dem obigen beträchtlich abweicht.

*Nachtikal*[1]) hat im Göttinger Institut die Frage der Proportionalität der piezoelektrischen Erregung mit dem Druck bei Quarz und Turmalin in der Weise geprüft, daß er bei der Beobachtung von verschiedenen Anfangsbelastungen ausging. Er benutzte bei beiden Kristallen einen Druck in der Richtung einer polaren Achse und die dadurch bewirkte longi-

1) *Nachtikal*, Gött. Nachr. 1899, p. 109.

tudinale Erregung. Seine Beobachtungen ergaben unter Voraussetzung absoluter Einheiten für den Druck $\Pi$

bei Quarz: $\quad -d_{11} = 6{,}54 \cdot 10^{-8} - 1{,}05 \cdot 10^{-16}\Pi,$

bei Turmalin: $\quad -d_{33} = 5{,}60 \cdot 10^{-8} + 1{,}77 \cdot 10^{-16}\Pi,$

doch übersteigen die hierdurch gegebenen Veränderungen nicht die Beobachtungsfehler. —

Die piezoelektrischen Moduln, zu welchen die besprochenen Beobachtungen direkt führen, sind trotz ihres überwiegenden Hervortretens bei piezoelektrischen Problemen nicht die eigentlichen Fundamentalparameter. Die Grundform des thermodynamischen Potentiales ist die in (8) enthaltene mit den Deformationsgrößen $x_h$ als mechanischen Variabeln und den piezoelektrischen Konstanten $e_{ih}$; nur unter mehrfach beschränkenden Annahmen gelangt man von hier aus zu der Form (18), welche die Druckkomponenten $X_h$ als mechanische Variable und die Moduln $d_{ih}$ als Parameter enthält. Der Übergang von dem einen Parametersystem zu dem andern vollzieht sich nach S. 817 mit Hilfe der Beziehungen

$$d_{ih} = \sum_k e_{ih} s_{hk} \quad \text{und} \quad e_{ih} = \sum_k d_{ik} c_{hk},$$

worin die $s_{hk}$ die Elastizitätsmoduln und die $c_{hk}$ die Elastizitätskonstanten bezeichnen. Nur für Kristalle, für welche diese elastischen Parameter beobachtet sind, lassen sich somit die piezoelektrischen Konstanten $e_{ih}$ gewinnen, und da nach S. 735 die $c_{hk}$ sich aus den direkt beobachtbaren Moduln $s_{hk}$ nur umständlich berechnen, so haben die Konstanten $e_{ih}$ jederzeit eine geringere Genauigkeit, als die Moduln $d_{ih}$.

Für die beiden Kristalle, über deren Untersuchung vorstehend berichtet ist, nehmen die Ausdrücke für die $e_{ih}$ relativ einfache Gestalt an. Es gilt für Quarz

$$e_{11} = d_{11}(c_{11} - c_{12}) + d_{14}c_{14},$$
$$e_{14} = 2d_{11}c_{14} + d_{14}c_{44}.$$

Knüpfen wir an die obigen mittleren Werte $d_{11} = -6{,}36 \cdot 10^{-8}$ und $d_{14} = +1{,}69 \cdot 10^{-8}$ in absolutem Maße an und verbinden ihnen die aus S. 754 folgenden Werte der Elastizitätskonstanten in absolutem Maß, so ergibt sich

$$e_{11} = -4{,}77 \cdot 10^4, \quad e_{14} = -1{,}23 \cdot 10^4.$$

Für Turmalin gilt

$$e_{22} = d_{22}(c_{11} - c_{12}) - d_{15}c_{14},$$
$$e_{15} = d_{15}c_{44} - 2d_{22}c_{14},$$
$$e_{31} = d_{31}(c_{11} + c_{12}) + d_{33}c_{13},$$
$$e_{33} = 2d_{31}c_{31} + d_{33}c_{33}.$$

Aus den Zahlwerten S. 869 in Verbindung mit den S. 754 gegebenen und auf absolutes Maß reduzierten Elastizitätskonstanten des Turmalins erhält man

$$e_{22} = -0{,}53 \cdot 10^4, \quad e_{15} = +7{,}40 \cdot 10^4, \quad e_{31} = +3{,}09 \cdot 10^4,$$
$$e_{33} = +9{,}60 \cdot 10^4.$$

Es sei darauf aufmerksam gemacht, daß die durch Größe hervorragenden Konstanten $e_{15}$ und $e_{33}$ eben diejenigen sind, bei denen sich nach S. 844 das permanente Moment $(P_3)$ des Turmalins geltend machen könnte. Da die S. 247 erwähnten Beobachtungen $(P_3) < 0$ ergeben haben, so stimmt das Vorzeichen von $e_{15}$ und $e_{33}$ auch mit dem überein, welches die Formeln (76) fordern würden. Immerhin spricht gegen einen dominierenden Einfluß des permanenten Momentes $(P_3)$, daß dieses $e_{15} = 0{,}5 \cdot e_{33}$ fordern würde, während die Beobachtung $e_{15} = 0{,}77 \cdot e_{33}$ ergibt.

§ 431. **Beobachtungen an regulären und an rhombischen Kristallen.** Unter den wenigen kristallographischen Gruppen, deren piezoelektrisches Verhalten nur von einem Parameter abhängt, spielen die Gruppen (30) und (32) des VII. (regulären) Systems eine besondere Rolle, da ihnen jedenfalls eine für Beobachtungen wohl geeignete Substanz, nämlich Natriumchlorat (Gruppe 32) angehört.

Die Grundformeln für die genannten beiden Gruppen lauten nach (88)

$$-P_1 = d_{14} Y_z, \quad -P_2 = d_{14} Z_x, \quad -P_3 = d_{14} X_y; \tag{88}$$

sie ergeben also für einen einseitigen Druck $\Pi$ mit den Richtungskosinus $\gamma_1, \gamma_2, \gamma_3$ nach (81)

$$-P_1 = \Pi d_{14} \gamma_2 \gamma_3, \quad -P_2 = \Pi d_{14} \gamma_3 \gamma_1, \quad -P_3 = \Pi d_{14} \gamma_1 \gamma_2. \tag{123}$$

Eine Diskussion des allgemeinen piezoelektrischen Verhaltens der erregbaren Kristalle des regulären Systems ist S. 852 mit Hilfe der Methode der drei Fundamentalflächen ausgeführt, wobei von vorgegebenen Werten des Momentes ausgegangen ist. Über die Fläche des Gesamtmomentes ist S. 854 gesprochen. Wir wollen hier einige spezielle Angaben hinzufügen, bei denen gegebene Richtungen des Druckes den Ausgangspunkt bilden.

Der allgemeine Ausdruck für das longitudinale Moment ist nach (83)

$$P_l = -3 \Pi d_{14} \gamma_1 \gamma_2 \gamma_3 \tag{124}$$

Die Gleichung der bezüglichen Oberfläche $-P_l/\Pi = d'_{33} = r$ lautet hiernach

$$r = d_{14} \gamma_1 \gamma_2 \gamma_3,$$

wobei der Faktor $d_{14}$ für den Verlauf irrelevant ist. Die Oberfläche besteht aus vier ovalen Gebilden, die in den vier nicht benachbarten

Oktanten liegen, im Koordinatenanfang mit Spitzen zusammenhängen und je die Mittellinien des bezüglichen Oktanten zur dreizähligen Symmetrieachse haben. Ihre Gestalt weicht aber nicht sehr stark von Rotationskörpern um diese Achse ab.

$P_l$ erreicht sein Maximum oder Minimum in der Mittellinie der Oktanten; nimmt man etwa

$$\gamma_1 = \gamma_2 = \gamma_3 = 1/\sqrt{3},$$

so wird gleichzeitig $P_l = -\Pi d_{14}/\sqrt{3}$,

$$P_1 = P_2 = P_3 = -\Pi d_{14}/3;$$

d. h. das longitudinale Moment wird mit dem Gesamtmoment identisch, und ein transversales Moment tritt in diesem Falle nicht auf. Dies ist S. 852 bereits auf andere Weise gezeigt.

Liegt die Kompressionsrichtung in der $XY$-Ebene, d. h., ist $\gamma_3 = 0$, so wird nach (123)

$$P_1 = P_2 = 0, \quad P_3 = -\Pi d_{14}\gamma_1\gamma_2,$$

und $P_3$ erhält sein Maximum und Minimum $\overline{P}_3 = \mp \frac{1}{2}\Pi d_{14}$ für $\gamma_1 = \pm\gamma_2$, d. h. für Kompressionsrichtungen, welche die Winkel zwischen den $\pm X$- und $\pm Y$-Achsen halbieren. Drucke parallel einer Koordinatenachse erregen kein Moment. Drucke in benachbarten Quadranten ergeben entgegengesetzte Werte $P_3$.

*Pockels*[1]) hat bei Natriumchlorat diese Forderungen der Theorie sehr genau bestätigt und den Parameter $d_{14}$ in absolutem Maße zu

$$d_{14} = -4{,}84 \cdot 10^{-8}$$

bestimmt. —

Als eine ganz direkte Verallgemeinerung der Beziehungen (88) für die erregbaren Gruppen (30) und (32) des regulären Systems stellen sich die Ausdrücke dar, welche nach S. 830 für die hemiedrische Gruppe (7) des III. (rhombischen) Systemes gelten und lauten

$$-P_1 = d_{14}Y_z, \quad -P_2 = d_{25}Z_x, \quad -P_3 = d_{36}X_y. \qquad (125)$$

Auf sie finden die oben an die Formeln (123) angeknüpften Bemerkungen im wesentlichen gleichfalls Anwendung. Über die Ableitung der Fläche des Gesamtmomentes aus der für das reguläre System gültigen ist S. 856 gesprochen worden. Der Ausdruck für das longitudinale Moment nimmt hier die Form an

$$P_l = -\Pi(d_{14} + d_{25} + d_{36})\gamma_1\gamma_2\gamma_3. \qquad (126)$$

1) *Fr. Pockels*, Gött. Abh. 1893, p. 69.

*Pockels*[1]) hat das zu dieser Gruppe gehörige Seignettesalz (rechtsweinsaures Kali-Natron) auf seine piezoelektrischen Eigenschaften untersucht. Infolge eigentümlicher Leitungs- und Rückstandserscheinungen ließ sich über $d_{14}$ nur zeigen, daß es einen sehr großen positiven Wert in der Ordnung von $1000 \cdot 10^{-8}$ besitzt, während sich bestimmen ließ

$$d_{25} = -165 \cdot 10^{-8}, \quad d_{36} = +35{,}4 \cdot 10^{-8}.$$

§ 432. **Beobachtungen an monoklinen Kristallen.** Für Kristalle der hemimorphen Gruppe (4) des II. (monoklinen) Systems gilt nach S. 829

$$\begin{gathered} -P_1 = d_{14} Y_z + d_{15} Z_x, \quad -P_2 = d_{24} Y_z + d_{25} Z_x, \\ -P_3 = d_{31} X_x + d_{32} Y_y + d_{33} Z_z + d_{36} X_y. \end{gathered} \tag{127}$$

Dabei ist die Orientierung des $XYZ$-Achsenkreuzes nach S. 100 vorgenommen zu denken.

Für die Erregung durch einen einseitigen Druck $\Pi$ mit den Richtungskosinus $\gamma_1, \gamma_2, \gamma_3$ liefert die Kombination dieser Formeln mit (81)

$$\begin{gathered} -P_1 = \Pi(d_{14}\gamma_2 + d_{15}\gamma_1)\gamma_3, \quad -P_2 = \Pi(d_{24}\gamma_2 + d_{25}\gamma_1)\gamma_3, \\ -P_3 = \Pi(d_{31}\gamma_1^2 + d_{32}\gamma_2^2 + d_{33}\gamma_3^2 + d_{36}\gamma_1\gamma_2). \end{gathered} \tag{128}$$

Hier liegen Beobachtungen über Rechtsweinsäure von *Tamaru*[2]) und über Rohrzucker von *Holman*[3]) aus dem Göttinger Institut vor.

Die Verhältnisse werden bei dieser Gruppe infolge der großen Anzahl der Parameter bereits einigermaßen kompliziert, und auch die Natur der genannten beiden Substanzen stellt genauen Beobachtungen Schwierigkeiten entgegen. Immerhin geben die erzielten Resultate in dem noch so wenig angebauten Gebiet wichtige Aufschlüsse.

Ein Präparat, das nach den Hauptachsen $X$, $Y$, $Z$ orientiert ist, gibt bei Kompression nach diesen Richtungen mit den bezüglichen Drucken $\Pi_1$, $\Pi_2$, $\Pi_3$ stets nur eine Erregung nach der $Z$-Achse, und zwar mit den Momenten $P_3$, resp. gleich

$$-\Pi_1 d_{31}, \quad -\Pi_2 d_{32}, \quad -\Pi_3 d_{33}.$$

Für einen Druck $\Pi_4$ parallel der $YZ$-Ebene gilt wegen $\gamma_1 = 0$, $\gamma_2 = \sin\vartheta$, $\gamma_3 = \cos\vartheta$

$$\begin{gathered} -P_1 = \Pi_4 d_{14} \sin\vartheta\cos\vartheta, \quad -P_2 = \Pi_4 d_{24} \sin\vartheta\cos\vartheta, \\ -P_3 = \Pi_4 (d_{32}\sin^2\vartheta + d_{33}\cos^2\vartheta). \end{gathered} \tag{129}$$

1) *Fr. Pockels,* l. c. p. 183.
2) *T. Tamaru,* Phys. Zeitschr. Bd. 6, p. 379, 1905.
3) *W. Fr. Holman,* Gött. Diss. 1908; Ann. d. Phys. Bd. 29, p. 160, 1909.

Dabei läßt sich $P_1$ durch Anbringung einer Belegung an dem Präparat auf den Flächen normal zur $X$-Achse direkt beobachten. Außerdem ist der longitudinale und der in der $YZ$-Ebene transversale Effekt meßbar, für welche gelten

$$\begin{aligned} -P_l &= -(P_2 \sin\vartheta + P_3 \cos\vartheta) \\ &= \Pi_4 ((d_{24} + d_{32}) \sin^2\vartheta + d_{33} \cos^2\vartheta) \cos\vartheta, \\ -P_t &= -(P_2 \cos\vartheta - P_3 \sin\vartheta) \\ &= -\Pi_4 (d_{32} \sin^2\vartheta + (d_{33} - d_{24}) \cos^2\vartheta) \sin\vartheta. \end{aligned} \quad (130)$$

Ein Druck $\Pi_5$ parallel der $XZ$-Ebene bewirkt wegen $\gamma_2 = 0$, $\gamma_1 = \sin\vartheta$, $\gamma_3 = \cos\vartheta$ die Momente

$$\begin{gathered} -P_1 = \Pi_5 d_{15} \sin\vartheta \cos\vartheta, \quad -P_2 = \Pi_5 d_{25} \sin\vartheta \cos\vartheta, \\ -P_3 = \Pi_5 (d_{31} \sin^2\vartheta + d_{33} \cos^2\vartheta), \end{gathered} \quad (131)$$

Ausdrücke, welche die analoge Diskussion zulassen, wie die in (129) enthaltenen.

Für einen Druck $\Pi_6$ parallel der $XY$-Ebene gilt hingegen wegen $\gamma_1 = \cos\varphi$, $\gamma_2 = \sin\varphi$, $\gamma_3 = 0$

$$\begin{gathered} -P_1 = 0, \quad -P_2 = 0, \\ -P_3 = \Pi_6 (d_{31} \cos^2\varphi + d_{32} \sin^2\varphi + d_{36} \sin\varphi \cos\varphi). \end{gathered} \quad (132)$$

Man erkennt, daß die Kombination von Beobachtungen an einem nach den Hauptachsen orientierten Präparat mit solchen an drei Präparaten mit je einer Ebene in einer Hauptebene zur Berechnung aller piezoelektrischen Moduln mehr als ausreichende Zahlen liefert.

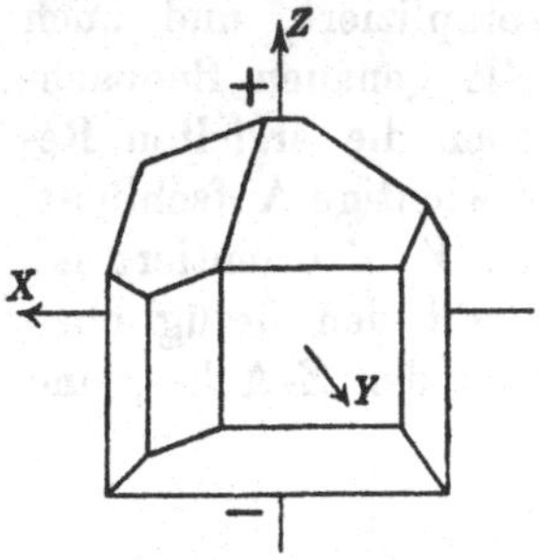

Fig. 201.

*Tamaru* fand für Weinsäure, falls gemäß Figur 201 die $+Z$-Achse nach dem analogen Pol der polaren Achse hin, die $X$-Achse normal zur Spaltungsebene gelegt wird, folgende Modulwerte, bei denen der Faktor $10^{-8}$ der Kürze halber fortgelassen ist:

$$\begin{aligned} &d_{14} = -24, \quad d_{15} = +28, \quad d_{24} = +28{,}5, \quad d_{25} = -36{,}5, \\ &d_{31} = +1{,}9_5, \quad d_{32} = +5{,}9_5, \quad d_{33} = +6{,}4_5, \quad d_{36} = +3{,}8. \end{aligned}$$

*Holman* erhielt für Rohrzucker bei der entsprechenden in Figur 202 dargestellten Orientierung des Hauptkoordinatenkreuzes

$$\begin{aligned} &d_{14} = +1{,}27, \quad d_{15} = -1{,}26, \quad d_{24} = -7{,}2_5, \quad d_{25} = -3{,}7_5, \\ &d_{31} = +2{,}21, \quad d_{32} = +4{,}4_3, \quad d_{33} = -10{,}2_5, \quad d_{36} = -2{,}62. \end{aligned}$$

Bei diesen Zahlen bleiben trotz der wegen vorhandener Orientierungsfehler der Präparate angebrachten Korrektionen Unsicherheiten, die bei den kleineren Moduln selbst 10% erreichen mögen.

Die beiden Kristalle zeigen insofern sehr verschiedene Typen von Erregungen, als bei Rohrzucker der Modul $d_{33}$ an Größe hervorragt, bei Weinsäure dagegen von allen Moduln der ersten Reihe weit überragt wird. Dies ist von Interesse, weil nach S. 844 $d_{33}$ in erster Linie durch ein permanentes Moment beeinflußt wird.

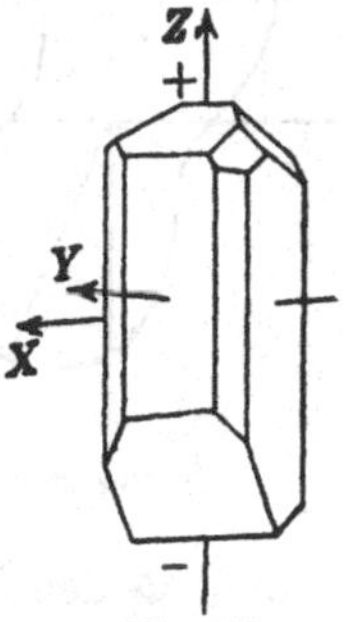

Fig. 202.

Die allgemeine Diskussion des Verlaufes der piezoelektrischen Erregung eines monoklinen Kristalls läßt sich relativ bequem nach der in § 423 auseinandergesetzten Methode ausführen. Von den dort benutzten drei Fundamentalflächen $-P_i/\Pi = r$ sind die beiden ersten hyperbolische Zylinder mit Kanten normal zur $Z$-Achse; die dritte ist für Weinsäure ein dreiachsiges Ellipsoid, für Rohrzucker ein ebensolches Hyperboloid, die je eine Achse in der $Z$-Achse haben. Die *Bidlingmaier*sche Abbildungsmethode aus § 424 u. f. ist gleichfalls ohne besondere Schwierigkeit anwendbar; natürlich sind, um die acht Parameter der Gruppe einzuführen, relativ komplizierte Operationen nötig.[1])

Was die der Gruppe individuellen gerichteten Größen angeht, so tritt hier nach S. 834 die volle Dreizahl (Vektor, Tensor, Trivektor) auf. Die Gleichung der Trivektorfläche lautet

$$\pm 1 = d_{33} z^3 + [(d_{31} + d_{15}) x^2 + (d_{32} + d_{24}) y^2 + (d_{14} + d_{25} + d_{36}) xy] z, \qquad (133)$$

diejenige der Tensorfläche

$$\pm 1 = (d_{25} - d_{36}) x^2 + (d_{36} - d_{14}) y^2 + (d_{14} - d_{25}) z^2 + (d_{31} - d_{32} - \tfrac{1}{2}(d_{15} - d_{24})) xy; \qquad (134)$$

der Vektor liegt parallel der $Z$-Achse.

Analog wie die Tensorfläche besitzt auch die Trivektorfläche zwei zueinander normale, durch die $Z$-Achse gehende Symmetrieebenen; indessen fallen die beiderseitigen Ebenen nicht zusammen.

Am anschaulichsten wirken wieder Darstellungen, die direkt an beobachtbare Größen anknüpfen. Nachstehend teilen wir einige derartige auf Rohrzucker bezügliche Figuren mit.

[1]) *Fr. Bidlingmaier*, l. c. p. 46.

Die Kurve in Figur 203 ist dadurch erhalten, daß im Anschluß an (132) $-P_3/\Pi_6 = r$ konstruiert ist; sie stellt durch ihre Radienvektoren somit den Wechsel der Erregung parallel der $Z$-Achse dar, wenn die Druckrichtung in der $XY$-Ebene wandert. Der enorme Wechsel der Größe dieser Erregung ist sehr auffallend.

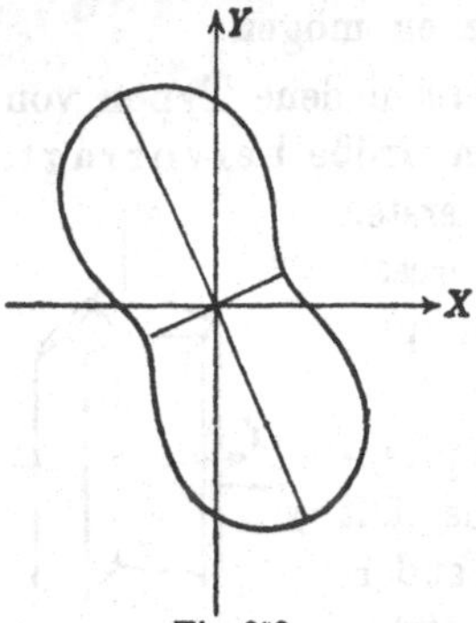

Fig. 203.

Führt man in die zwei ersten Formeln (128) die allgemeinen Werte $\gamma_1, \gamma_2, \gamma_3$ aus (110) ein und bildet den Quotienten der beiden ersten Formeln, so ergibt sich

$$\frac{P_2}{P_1} = \frac{d_{24}\sin\varphi + d_{25}\cos\varphi}{d_{14}\sin\varphi + d_{15}\cos\varphi} = \operatorname{tg}\Phi, \qquad (135)$$

wobei $\Phi$ den Winkel bestimmt, den die Meridianebene von $P$ mit der $XZ$-Ebene einschließt. Dieser Winkel ist von $\vartheta$ unabhängig: alle Druckrichtungen einer Meridianebene veranlassen also Momente, die wieder in einer Meridianebene liegen.

Von der gegenseitigen Lage der Druck- und der Momentmeridiane geben die Figuren 204 eine Anschauung. a) enthält mit 1, 2, ... 5

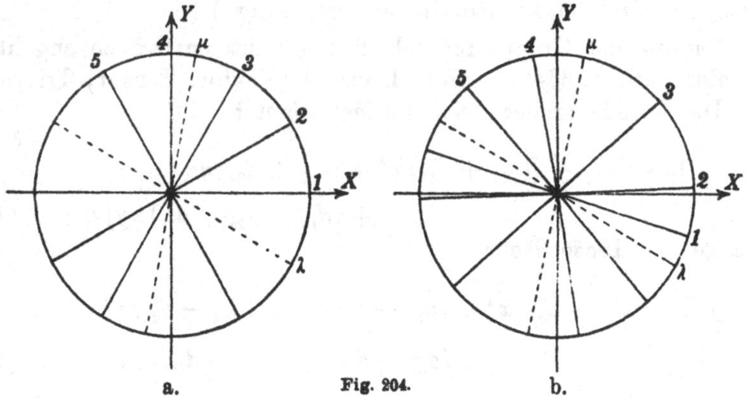

Fig. 204.

bezeichnet die Spuren verschiedener äquidistanter Druckmeridiane, b) mit denselben Bezeichnungen die Spuren der zugehörigen Momentmeridiane. Die zwei mit $\lambda$ und $\mu$ bezeichneten Radien sind durch die Beziehung $\varphi = \Phi$ bestimmt; sie geben diejenigen Meridiane, welche zugleich den Druck und das zugehörige Moment enthalten.

Über die gegenseitige Lage von Druck und Moment in diesen letzteren Meridianen, wie auch über die Größe des Moments bei konstanter Größe des Druckes geben die Figuren 205 Aufschluß. Die Druckrichtungen sind dabei durch punktierte Linien angedeutet; Größe und Richtung $t$ der zugehörigen Momente werden durch die mit denselben Bezeichnungen versehenen Radienvektoren der Kurven veranschaulicht.

Der Ausdruck für das longitudinale Moment lautet nach (83)

$$-P_l = \Pi\gamma_3[\gamma_1^2(d_{15}+d_{31}) + \gamma_2^2(d_{24}+d_{32}) + \gamma_3^2 d_{33} + \gamma_1\gamma_2(d_{14}+d_{25}+d_{36})], \quad (136)$$

wobei die Ausdrücke für $\gamma_1, \gamma_2, \gamma_3$ aus (110) zu benutzen sind. Die Oberfläche $-P_l/\Pi = r \cdot$ hat die Form eines ganz oberhalb der $XY$-Ebene liegenden Ovaloides mit zwei zueinander normalen durch die $Z$-Achse gehenden Symmetrieebenen, welche mit der $XZ$-Ebene Winkel von ca. $-9^0$ und $+81^0$ einschließen. Figur 206 gibt die Gestalt der Meridiankurven in den beiden Symmetrieebenen.

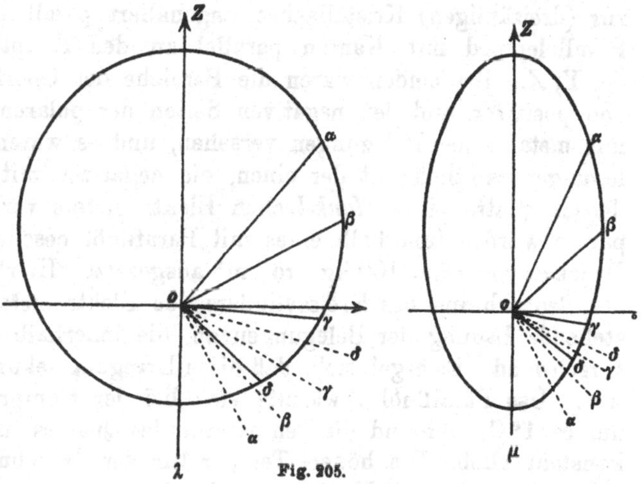

Fig. 205.

§ 433. **Beobachtungen über Erregung durch allseitig gleichen normalen Druck.** Nachdem vorstehend die bisher vorliegenden Bestimmungen von piezoelektrischen Parametern mit Hilfe einseitiger Kompression parallelepipedischer Präparate besprochen sind, mag nun auch noch kurz der wenigen Beobachtungen gedacht werden, die sich auf die Wirkungen eines allseitig gleichen normalen (z. B. hydrostatischen Druckes) beziehen und die von *Koch*[1]) ausgeführt sind.

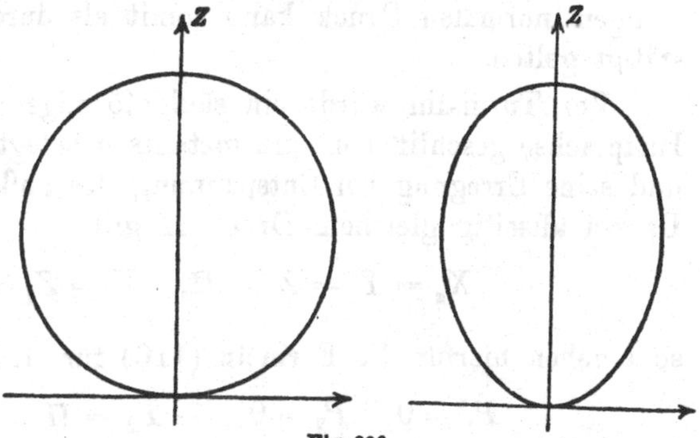

Fig. 206.

1) *P. P. Koch*, Ann. d. Phys. Bd. **19**, p. 567, 1906.

Eine piezoelektrische Erregung durch allseitig gleichen Druck kann nach Symmetrie nur bei solchen Kristallen stattfinden, die eine einzelne kristallographisch ausgezeichnete Richtung besitzen. Der erste Teil der *Koch*schen Untersuchung hatte das Ziel, zu prüfen, inwieweit bei Quarz, der nach dieser Schlußreihe keine Erregung zeigen müßte, die Forderung der Theorie durch das Experiment bestätigt wird.

Die benutzten Quarzpräparate waren ein Kreiszylinder mit einer zur (dreizähligen) Kristallachse angenähert parallelen Achse und ein Parallelepiped mit Kanten parallel zu den Hauptkoordinatenachsen $X, Y, Z$. Bei beiden waren die Bereiche der Oberflächen normal zu den positiven und den negativen Seiten der polaren (Neben-) Achsen mit metallischen Belegungen versehen, und es waren die positiven Belegungen sämtlich mit der einen, die negativen mit der andern Kondensatorplatte eines *Hankel*schen Elektrometers verbunden. Die Präparate wurden innerhalb eines mit Paraffinöl beschickten Piezometers Drucken von rund 100 kg pro cm$^2$ ausgesetzt. Hierbei zeigte im Falle der Beobachtung des Kreiszylinders das Elektrometer eine kleine entstehende Ladung der Belegungen an, die innerhalb ca. 20 Sek. völlig verschwand. Es ergab sich, daß diese Erregung sekundären Ursprunges war. Das Paraffinöl erwärmte sich bei der Kompression adiabatisch um ca. 1° C, während die Temperatur des Quarzes nahezu vollkommen konstant blieb. Die höhere Temperatur der Umgebung gab dann Veranlassung zu einer Erwärmung des Quarzes von außen her und damit (gemäß S. 235) zu „falscher Pyroelektrizität". Bei dem Parallelepiped lieferte dieser Einfluß keine merklichen Ladungen normal zur $\pm X$-Achse, weil hier die falsche Pyroelektrizität in den ihnen anliegenden Teilen nicht durchaus gleichsinnig entsteht. Die Folgerung der Theorie bezüglich der Nichterregbarkeit von Quarz durch allseitigen normalen Druck kann somit als durch die Beobachtung bestätigt gelten.

Von Turmalin wurde ein säulenförmiger Kristall mit normal zur Hauptachse geschliffenen und metallisch belegten Grundflächen benutzt und seine Erregung bei Entspannung des äußern Druckes beobachtet. Da bei allseitig gleichem Druck $\Pi$ gilt

$$X_x = Y_y = Z_z = \Pi, \quad Y_z = Z_x = X_y = 0,$$

so ergeben hierfür die Formeln (116) für Gruppe (9)

$$P_1 = 0, \quad P_2 = 0, \quad -P_3 = \Pi(2d_{31} + d_{33}); \tag{137}$$

die Beobachtungen bei allseitig gleichem Druck liefern sonach die Kombination $2d_{31} + d_{33}$.

Dieser Parameter findet sich aus den S. 869 angegebenen Werten $d_{31}$ und $d_{33}$ für Turmalin gleich $-7{,}3 \cdot 10^{-8}$. Die *Koch*schen Beobachtungen lieferten unkorrigiert den Zahlwert $-8 \cdot 10^{-8}$. Diese Zahl enthält hier aber noch einen Anteil wahrer und falscher Pyroelektrizität infolge der adiabatischen Erwärmung des Paraffinbades, der sich aus den Beobachtungen nur schätzungsweise bestimmen läßt. Innerhalb der hierdurch bedingten Unsicherheit kann das *Koch*sche Resultat als eine Bestätigung der Theorie gelten.

## IV. Abschnitt.

## Piezoelektrische Erregung zylindrischer Stäbe bei längs der Achse gleichförmiger Spannung.

§ 434. **Vorbemerkungen.** Die im vorigen Abschnitt behandelten Fälle der Erregung parallelepipedischer Präparate durch einseitigen oder allseitigen Druck haben bei theoretischer äußerster Einfachheit doch praktische Bedeutung und geben insbesondere die Theorie der wichtigsten Messungsmethoden. Andere Erregungsarten sind zu quantitativen Bestimmungen weniger geeignet, besitzen dafür aber ein höheres theoretisches Interesse. Unter ihnen nehmen eine ausgezeichnete Stellung ein die piezoelektrischen Erregungen von Zylindern aus kristallisierter Substanz infolge von Deformationen, die längs der Zylinderachse konstante Größen besitzen; denn die Theorie dieser Deformationen ist, wie im III. Abschnitt des Kapitels über Elastizität dargelegt, relativ einfach, und zu den durch die genannte spezielle Annahme umfaßten Vorgängen gehören drei von hervorragend leichter Realisierbarkeit, nämlich die gleichförmige longitudinale Dehnung, die gleichförmige Biegung und die gleichförmige Drillung.

Zu ihrer Behandlung beziehen wir wieder den betrachteten und beliebig gegen den Kristall orientierten Zylinder auf ein Achsenkreuz, dessen $Z$-Achse mit der durch den Schwerpunkt des Querschnitts gelegten Zylinderachse zusammenfällt, während die $X$- und die $Y$-Achse je in einer der beiden Hauptträgheitsachsen des Querschnitts durch seinen Schwerpunkt liegen.

Wie in dem betreffenden früheren Abschnitt wollen wir auch jetzt, um die Bezeichnungen nicht zu komplizieren, bei den allgemeinen Entwicklungen dies Achsenkreuz nicht mit $X'Y'Z'$ bezeichnen, da wir zunächst keine Kristalle mit speziellen Symmetrien voraussetzen, da also eine Unterscheidung eines Haupt- und eines Hilfsachsenkreuzes zunächst überflüssig ist. Sowie letztere erforderlich wird, müssen natürlich in den allgemeinen Formeln alle vom Achsensystem abhängigen Größen, also z. B. Kraftkomponenten und piezoelektrische

Moduln, die sich auf das Hilfsachsensystem $X'Y'Z'$ beziehen, durch die oberen Indizes ausgezeichnet werden.

§ 435. **Die piezoelektrischen Momente innerhalb des axial gleichförmig gespannten Zylinders.** Die Probleme der gleichförmigen Dehnung eines Zylinders von beliebigem Querschnitt durch einen Längszug $C$, der gleichförmigen Biegung durch Drehungsmomente $L$ und $M$ um zur $X$ und $Y$ parallele Achsen, — sämtliche Einwirkungen auf den nach $+z$ hin liegenden Endquerschnitt bezogen — werden gelöst durch die Formeln von § 311 und 312.

Für uns kommen besonders die resultierenden Ausdrücke für die Druckkomponenten $X_x, \ldots X_y$ in Betracht, die in die Grundformeln (22) eingesetzt, direkt die Komponenten des piezoelektrisch erregten Moments an jeder Stelle bestimmen.

Diese Ausdrücke lauten nach (167) und (168) auf S. 630

$$\begin{aligned} X_x = Y_y = Y_z = Z_x = X_y = 0, \\ Z_z = -(g_1 x + g_2 y + g_3)/s_{33}; \end{aligned} \tag{138}$$

dabei sind nach (164) die $g_h$ gegeben durch

$$g_1 = -M s_{33}/Q\varkappa_1^2, \quad g_2 = +L s_{33}/Q\varkappa_2^2, \quad g_3 = C s_{33}/Q, \tag{139}$$

wobei $Q$ den Querschnitt bezeichnet und nach (161)

$$Q\varkappa_1^2 = \int x^2 dq, \quad Q\varkappa_2^2 = \int y^2 dq$$

ist, also $\varkappa_1$ und $\varkappa_2$ die Trägheitsradien des Querschnitts in bezug auf die $Y$- und die $X$-Achse darstellen.

Es wird hiernach schließlich

$$QZ_z = \left(\frac{Mx}{\varkappa_1^2} - \frac{Ly}{\varkappa_2^2} - C\right). \tag{140}$$

Für die piezoelektrisch erregten Momente nach den Koordinatenachsen $X, Y, Z$ erhält man hiernach

$$-P_1 = d_{13} Z_z, \quad -P_2 = d_{23} Z_z, \quad -P_3 = d_{33} Z_z; \tag{141}$$

alle drei werden sonach, soweit sie auf der gleichförmigen Dehnung und Biegung beruhen, lineäre Funktionen von $x$ und $y$.

Das Problem der gleichförmigen Drillung eines Zylinders ließ sich nicht ähnlich allgemein für jede beliebige Querschnittsform behandeln; dasselbe bietet vielmehr für alle Querschnittsformen mit Ausnahme der elliptischen erhebliche Schwierigkeiten. In letzterem Falle ist die sehr einfache Lösung in § 315 und 316 entwickelt.

Wieder haben für unsere Zwecke nur die Ausdrücke für die Druckkomponenten Interesse, für welche wir aus (181), (185), (187), (189) auf S. 635 u. f. entnehmen

$$X_x = Y_y = Z_z = X_y = 0,$$

$$QY_z = -\frac{2Nx}{a^2}, \quad QZ_x = +\frac{2Ny}{b^2}; \tag{142}$$

hierin bezeichnen $a$ und $b$ die Halbachsen der Querschnittsellipse parallel $X$ und $Y$.

Für die piezoelektrischen Momente nach $X$, $Y$, $Z$ folgt hieraus

$$-P_1 = d_{14} Y_z + d_{15} Z_x, \quad -P_2 = d_{24} Y_z + d_{25} Z_x,$$
$$-P_3 = d_{34} Y_z + d_{35} Z_x; \tag{143}$$

es liefert sonach auch die gleichförmige Drillung Momente, die lineär sind in $x$ und $y$.

Die prinzipielle Bedeutung der in (141) und (143) enthaltenen Resultate liegt besonders darin, daß, während die früher betrachteten Fälle gleichförmiger Erregung (denen sich hier übrigens die Wirkung der Längsdehnung eines Zylinders von beliebigem Querschnitt anschließt) die Kristallpräparate mit bloßen Oberflächenladungen von der Dichte

$$\sigma = -P \cos (P, n_i) \tag{144}$$

äquivalent werden ließen, die neuen Erregungen auch äquivalente räumliche Ladungen liefern. In der Tat gibt Formel (149) auf S. 203 als Wert der äquivalenten räumlichen Dichte

$$-\varrho = \operatorname{div} P = \frac{\partial P_1}{\partial x} + \frac{\partial P_2}{\partial y} + \frac{\partial P_3}{\partial z}, \tag{145}$$

und dies ist im allgemeinen von Null verschieden, sowie $P$ lokal variiert. Die Wirkungsweise eines Kristallpräparates mit räumlichen Ladungen neben flächenhaften ist aber keineswegs immer ohne Rechnung zu übersehen. So entsteht hier für die Theorie die neue Aufgabe, das Feld zu bestimmen, das von dem ungleichförmig erregten Präparat ausgeht, und es ist das Interessante bei der Erregung des gleichförmig deformierten Zylinders, daß diese Aufgabe sich in wichtigen speziellen Fällen relativ einfach lösen läßt. Diese speziellen Fälle sind einerseits derjenige der Wirkung eines Kreiszylinders auf einen äußeren Punkt unter Umständen, wo der Zylinder nach beiden Längsrichtungen hin als unendlich betrachtet werden kann, sodann die Wirkung eines Zylinders von beliebigem Querschnitt unter Umständen, wo seine Querdimensionen als verschwindend klein gegen den Abstand des Aufpunktes von der Zylinderachse gelten können.[1])

Es ist lehrreich, beide Aufgaben zunächst in zulässiger größter Allgemeinheit in Angriff zu nehmen, d. h. über die piezoelektrischen Momente weiter nichts vorauszusetzen, als daß sie Funktionen von $x$ und $y$ allein sind.

§ 436. **Die Potentialfunktion und das Feld eines sehr langen längs der Achse gleichförmig erregten Kreiszylinders.** Wir gehen aus von dem Ausdruck (147) auf S. 203 für die Potentialfunktion eines vektoriell erregten Körpers, den wir jetzt schreiben

$$\varphi = \int \left( P_1 \frac{\partial \frac{1}{r}}{\partial x_0} + P_2 \frac{\partial \frac{1}{r}}{\partial y_0} + P_3 \frac{\partial \frac{1}{r}}{\partial z_0} \right) dk_0. \tag{146}$$

Wir wenden denselben auf den zur $Z$-Achse parallelen Kreiszylinder vom Radius $R$ an, der sich von $-z_1$ bis $+z_2$ erstrecken möge. Den Aufpunkt können wir ohne Beschränkung der Allgemeinheit in die $XY$-Ebene legen.

Da $P_3$ von $z_0$ unabhängig ist, so läßt sich das letzte Glied in (146) nach $z$ integrieren und gibt nach der Annahme über die große Länge des Zylinders keinen merklichen Anteil zu dem Resultat. Das Übrigbleibende schreiben wir

$$\varphi = -\frac{\partial}{\partial x} \int \frac{P_1 \, dk_0}{r} - \frac{\partial}{\partial y} \int \frac{P_2 \, dk_0}{r}, \tag{147}$$

wobei $x, y$ die Koordinaten des Aufpunktes bezeichnen.

Integrale von der hier vorkommenden Form lassen sich in bekannter Weise nach $z_0$ integrieren; das Resultat lautet

$$\varphi = \frac{\partial}{\partial x} \int P_1 \ln (e^2) \, dq_0 + \frac{\partial}{\partial y} \int P_2 \ln (e^2) \, dq_0, \tag{148}$$

wofür wir kurz schreiben

$$\varphi = \frac{\partial J'}{\partial x} + \frac{\partial J''}{\partial y};$$

hierin bedeutet $dq_0$ das Element des Querschnitts des Zylinders in der $XY$-Ebene an der Stelle $x_0, y_0$ und $e$ dessen Abstand von dem Aufpunkte, d. h., es ist

$$e^2 = (x - x_0)^2 + (y - y_0)^2.$$

Wir führen nun durch die Formeln

$$x = p \cos \chi, \quad y = p \sin \chi, \quad x_0 = p_0 \cos \chi_0, \quad y_0 = p_0 \sin \chi_0,$$
$$dq_0 = p_0 dp_0 d\chi_0 \tag{149}$$

1) *W. Voigt*, Gött. Abh. 1890, p. 55 und 63.

Polarkoordinaten ein und schreiben

$$\ln(e) = \ln(p) - \sum_1^\infty \frac{1}{h}\left(\frac{p_0}{p}\right)^h \cos h(\chi - \chi_0);$$

ferner entwickeln wir $P_1$ und $P_2$ in *Fourier*sche Reihen gemäß den Formeln

$$P_1 = A_0' + \sum_1^\infty (A_n' \cos n\chi_0 + B_n' \sin n\chi_0),$$

$$P_2 = A_0'' + \sum_1^\infty (A_n'' \cos n\chi_0 + B_n'' \sin n\chi_0), \tag{150}$$

wobei die $A$ und $B$ Funktionen von $p_0$ bezeichnen. Dann können wir die Integrale $J'$ und $J''$ ohne Schwierigkeit berechnen.

Kürzen wir ab

$$\int_0^R A_n' p_0^{n+1} dp_0 = \mathsf{A}_n', \quad \int_0^R B_n' p_0^{n+1} dp_0 = \mathsf{B}_n', \cdots, \tag{151}$$

so erhalten wir

$$J' = 2\pi\left[\mathsf{A}_0' \ln(p^2) - \sum_1^\infty \frac{1}{hp^h}(\mathsf{A}_h' \cos h\chi + \mathsf{B}_h' \sin h\chi)\right], \tag{152}$$

und ebenso $J''$.

Nun ist aber

$$\frac{\partial J'}{\partial x} = \frac{\partial J'}{\partial p}\cos\chi - \frac{\partial J'}{p\,\partial\chi}\sin\chi, \quad \frac{\partial J''}{\partial y} = \frac{\partial J''}{\partial p}\sin\chi + \frac{\partial J''}{p\,\partial\chi}\cos\chi, \tag{153}$$

und sonach folgt schließlich relativ einfach

$$\varphi = 2\pi\Big[\frac{2}{p}(\mathsf{A}_0' \cos\chi + \mathsf{A}_0'' \sin\chi) \tag{154}$$

$$+ \sum_1^\infty \frac{1}{p^{h+1}}((\mathsf{A}_h' - \mathsf{B}_h'')\cos(h+1)\chi + (\mathsf{A}_h'' + \mathsf{B}_h')\sin(h+1)\chi)\Big].$$

Hiermit ist die Potentialfunktion des Kreiszylinders bei **beliebiger**, nur längs der Zylinderachse konstanter Erregung berechnet.

Die Ausdrücke für die Feldkomponenten $E_p$ und $E_s$ parallel und normal zum Radiusvektor $p$ folgen hieraus leicht gemäß den Formeln

$$E_p = -\frac{\partial\varphi}{\partial p}, \quad E_s = -\frac{\partial\varphi}{p\,\partial\chi}, \tag{155}$$

während die Komponente parallel der Zylinderachse verschwindet.

Die Komponenten der auf einen Pol von der Stärke $e$ ausgeübten Kraft ergeben sich, soweit man die Influenzierung des Kristallzylinders durch den Pol ignorieren kann, zu $eE_p$, $eE_s$. Man kann die so entstehenden Ausdrücke auf die Bewegung der (schwach elektrisch geladenen) Teilchen bei der *Kundt*schen Bestäubungsmethode anwenden. Diese Bewegung wird wegen des einwirkenden Luftwiderstandes in der Nähe des Zylinders nahezu parallel den Kraftlinien und mit einer der Kraft proportionalen Geschwindigkeit stattfinden. Positiv geladene Teilchen werden nach denjenigen Bezirken der Zylinderfläche getrieben werden, wo Kraftlinien ein-, negative dahin, wo jene austreten.

§ 437. **Der Fall konstanter Momente.** Der einfachste Fall, auf den die vorstehenden Betrachtungen anwendbar sind, und der der Vollständigkeit halber nicht übergangen werden soll, ist der einer räumlich konstanten elektrischen Erregung, d. h. verschwindender $A_n'$, $B_n'$, $A_n''$, $B_n''$ für $n > 0$ und von $p_0$ unabhängiger $A_0'$, $A_0''$. Hier wird nach (151)

$$\mathsf{A}_0' = \tfrac{1}{2} R^2 A_0', \quad \mathsf{A}_0'' = \tfrac{1}{2} R^2 A_0'',$$

also

$$\varphi = \frac{2\pi R^2}{p}(A_0' \cos\chi + A_0'' \sin\chi), \tag{156}$$

oder wenn man

$$A_0' = P_t \cos\chi', \quad A_0'' = P_t \sin\chi'$$

setzt, auch

$$\varphi = \frac{2\pi P_t R^2}{p} \cos(\chi - \chi'). \tag{157}$$

Hieraus folgt gemäß (155)

$$E_p = \frac{2\pi P_t R^2}{p^2} \cos(\chi - \chi'), \quad E_s = \frac{2\pi P_t R^2}{p^2} \sin(\chi - \chi'), \tag{158}$$

also, falls $\alpha$ den Winkel zwischen $E$ und $p$ bezeichnet,

$$\frac{E_s}{E_p} = \operatorname{tg}\alpha = \operatorname{tg}(\chi - \chi'), \quad \text{d. h. } \alpha = \chi - \chi' \pm \pi. \tag{159}$$

Für die äquivalente Oberflächendichte $\sigma$ ergibt sich

$$\sigma = A_0' \cos\chi_0 + A_0'' \sin\chi_0 = P_t \cos(\chi_0 - \chi'). \tag{160}$$

Hiernach wird für die radiale Feldkomponente in der Zylinderfläche

$$\overline{E}_p = 2\pi P_t \cos(\chi - \chi') = 2\pi\sigma, \tag{161}$$

vorausgetzt, daß $\sigma$ sich auf dieselbe Stelle bezieht, wie $\overline{E}_p$.

Wendet man diese Resultate, wie oben angegeben, auf die Theorie der *Kundt*schen Bestäubungsmethode an, so wird Mennigepulver sich in den Bereichen ansammeln, wo $\overline{E}_p < 0$ ist, Schwefelpulver, wo $\overline{E}_p > 0$. Der Umfang des Zylinders teilt sich also in zwei Hälften entgegengesetzter elektrischer Wirkung. Die Wirkung verschwindet gänzlich, wenn $A_0'$ und $A_0''$ und somit das ganze transversale Moment $P_t$ gleich Null ist.

Der Fall homogener Erregung tritt nun nach (140) jederzeit bei der gleichförmigen Längsdehnung des Zylinders ein. Vorstehendes gibt sonach den allgemeinen Satz:

Ein gleichviel wie immer gegen die Kristallachsen orientierter Kreiszylinder, dessen Länge groß ist gegen seinen Durchmesser, wird piezoelektrisch durch gleichförmige Längsdehnung, wenn überhaupt, jederzeit so erregt, daß sein Umfang in zwei gleiche Hälften entgegengesetzter Wirkung auf äußere Punkte zerfällt.

§ 438. **In den Querkoordinaten lineäre Momente.** Der dem einfachsten Falle homogener Erregung sich anschließende nächstkompliziertere, der uns in erster Linie interessiert, ist derjenige, daß die Momente nach den Koordinatenachsen lineär von $x$ und $y$ abhängen; hier setzen wir

$$\begin{aligned} P_1 &= a' x_0 + b' y_0 = p_0 (a' \cos \chi_0 + b' \sin \chi_0), \\ P_2 &= a'' x_0 + b'' y_0 = p_0 (a'' \cos \chi_0 + b'' \sin \chi_0); \end{aligned} \tag{162}$$

es verschwinden dann alle $A$ und $B$ mit Ausnahme von

$$A_1' = p_0 a', \quad B_1' = p_0 b', \cdots,$$

ähnlich alle $\mathsf{A}$ und $\mathsf{B}$ mit Ausnahme von

$$\mathsf{A}_1' = \tfrac{1}{4} a' R^4, \quad \mathsf{B}_1' = \tfrac{1}{4} b' R^4, \cdots \tag{163}$$

Hiernach ergibt sich aus (154) einfachst

$$\varphi = \frac{\pi R^4}{2 p^2} \left((a' - b'') \cos 2\chi + (a'' + b') \sin 2\chi\right), \tag{164}$$

oder wenn man noch setzt

$$\left.\begin{aligned} a' - b'' = P_0 \cos 2\chi', \quad a'' + b' = P_0 \sin 2\chi', \\ \text{auch} \qquad \varphi = \frac{\pi P_0 R^4}{2 p^2} \cos 2(\chi - \chi'). \end{aligned}\right\} \tag{165}$$

Die Feldkomponenten $E_p$ und $E_s$ parallel und senkrecht zum Radiusvektor bestimmen sich hieraus zu

$$\begin{aligned} E_p &= \frac{\pi P_0 R^4}{p^3} \cos 2(\chi - \chi'), \\ E_s &= \frac{\pi P_0 R^4}{p^3} \sin 2(\chi - \chi'). \end{aligned} \tag{166}$$

Ferner wird

$$\frac{E_s}{E_p} = \operatorname{tg} \alpha = \operatorname{tg} 2(\chi - \chi'), \tag{167}$$

wobei unter $\alpha$ der Winkel zwischen der Feldstärke $E$ und dem Radiusvektor $p$ verstanden ist; es gilt somit auch

$$\alpha = 2(\chi - \chi') \pm \pi, \tag{168}$$

was einen einfachen Satz über den Verlauf der Kraftlinien enthält.

Für die äquivalente Raumdichte liefert (145)

$$\varrho = -(a' + b''), \tag{169}$$

für die Oberflächendichte folgt nach (144)

$$\begin{aligned} \sigma &= \tfrac{1}{2} R((a' + b'') + (a' - b'') \cos 2\chi_0 + (a'' + b') \sin 2\chi_0) \\ &= \tfrac{1}{2} R((a' + b'') + P_0 \cos 2(\chi_0 - \chi')). \end{aligned} \tag{170}$$

Hiernach wird die radiale Feldkomponente an der Oberfläche des Zylinders zu

$$\overline{E}_p = \pi P_0 R \cos 2(\chi - \chi') = \pi(2\sigma + R\varrho), \tag{171}$$

falls $\sigma$ sich auf dieselbe Stelle bezieht wie $\overline{E}_p$. Die radiale Feldkomponente in der Oberfläche bestimmt sich also im vorliegenden Falle nicht nur durch die an der besprochenen Stelle liegende Flächendichte.

Man wird nach S. 884 aus der Formel (171) die Theorie des *Kundt*schen Bestäubungsverfahrens (§ 127) für den Kreiszylinder in dem vorausgesetzten speziellen Falle entnehmen und schließen können, daß Mennigepulver sich in den Bereichen ansammelt, wo $\overline{E}_p < 0$, Schwefelpulver, wo $\overline{E}_p > 0$ ist. Der Umfang des Zylinders zerfällt also jetzt in vier Quadranten abwechselnd entgegengesetzter elektrischer Wirkung. Die Grenzen zwischen den betreffenden Bereichen, d. h. die Meridiane verschwindender Wirkung, sind gegeben durch

$$\cos 2(\chi - \chi') = 0, \text{ d. h. } \chi - \chi' = \frac{(2h-1)\pi}{4} \text{ für } h = 1, 2, \cdots, \tag{172}$$

die Meridiane maximaler Wirkung durch

$$\cos 2(\chi - \chi') = \pm 1, \text{ d. h. } \chi - \chi' = \frac{h\pi}{2} \text{ für } h = 0, 1, \cdots \tag{173}$$

Dabei ist nicht ausgeschlossen, daß diese Wirkung verschwindend kleine Stärke haben kann. Die Bedingung hierfür ist, daß zugleich

$$a' - b'' = 0 \text{ und } a'' + b' = 0, \tag{174}$$

was nach (170) zur Folge hat, daß die äquivalente Oberflächenladung konstant, und zwar

$$\sigma = -\tfrac{1}{2}R\varrho \tag{175}$$

ist.

Man kann leicht erkennen, **warum** die Erfüllung der Bedingungen (174) auf eine verschwindende Feldwirkung des deformierten Zylinders führt. Bei ihrer Voraussetzung zerfallen die Momente $P_1$ und $P_2$ nach (162) in zwei Teile

$$P_1' = a'x_0, \quad P_2' = a'y_0 \quad \text{und} \quad P_1'' = b'y_0, \quad P_2'' = -b'x_0.$$

Der erste Teil stellt eine radiale Erregung von in konzentrischen Kreisen konstanter Stärke dar; da aber ein Kreiszylindermantel mit konstanter Oberflächenladung in seiner Wirkung auf äußere Punkte durch die gleiche Gesamtladung seiner Achse ersetzt werden kann, und da die äquivalente **Gesamtladung** eines piezoelektrisch erregten Körpers gleich Null ist, so gibt eine solche Verteilung keine Wirkung auf äußere Punkte.

Der zweite Teil stellt eine zirkulare Erregung mit in konzentrischen Kreisen konstanter Stärke dar, und einer solchen entspricht überhaupt weder eine äquivalente Raum- noch eine Oberflächen**dichte**. —

Der vorstehend vorausgesetzte spezielle Fall lineärer Abhängigkeit der $P_1$ und $P_2$ von $x$ und $y$ findet nach § 435 dann statt, wenn die piezoelektrische Erregung des Zylinders durch eine gleichförmige Biegung oder Drillung bewirkt ist. Wir erhalten sonach den merkwürdigen Satz:

**Ein gleichviel wie immer gegen die Kristallachsen orientierter Kreiszylinder, dessen Länge groß ist gegen seinen Durchmesser, wird piezoelektrisch durch gleichförmige Biegung oder Drillung, wenn überhaupt, jederzeit so erregt, daß sein Umfang in vier gleiche Zonen abwechselnd entgegengesetzter Wirkung auf äußere Punkte zerfällt.**

§ 439. **Diskussion der für den gebogenen Kreiszylinder gültigen Formeln.** Wegen der Möglichkeit der Beobachtung der durch vorstehendes signalisierten Erscheinungen wollen wir die erhaltenen allgemeinen Resultate noch etwas weiter entwickeln und diskutieren.

Für das Problem der **gleichförmigen Biegung** ist nach (140) und (141)

$$-P_1 = (Mx - Ly)\frac{4d_{13}}{QR^2}, \quad -P_2 = (Mx - Ly)\frac{4d_{23}}{QR^2} \tag{176}$$

zu setzen, woraus dann folgt

$$\begin{aligned} -a' &= \frac{4Md_{13}}{QR^2}, \quad b' = \frac{4Ld_{13}}{QR^2}, \\ -a'' &= \frac{4Md_{23}}{QR^2}, \quad b'' = \frac{4Ld_{23}}{QR^2}. \end{aligned} \tag{177}$$

Demgemäß liefert (165)

$$\frac{4(Md_{13} + Ld_{23})}{QR^2} = -P_0 \cos 2\chi', \quad \frac{4(Md_{23} - Ld_{13})}{QR^2} = -P_0 \sin 2\chi', \tag{178}$$

und hieraus ergeben sich unmittelbar $P_0$ und $\chi'$, welche Größen nach (166) in die Ausdrücke der für die Theorie der Beobachtungen wichtigen Feldkomponenten $E_p$ und $E_s$ eingehen.

Wirkt das äußere, biegende Drehungsmoment um die $X$- oder $Y$-Achse, so ist resp. $M$ oder $L$ gleich Null, und die Formeln nehmen vereinfachte Gestalt an.

Es ist nicht möglich, durch Verfügung über den Quotienten $L/M$, d. h. über die Lage der Drehungsachse im Endquerschnitt, den Kreiszylinder in einer Weise zu biegen, daß er kein äußeres elektrisches Feld aussendet. Damit letzteres geschieht, muß vielmehr zugleich $d_{13}$ und $d_{23}$ verschwinden, darf also überhaupt keine piezoelektrische Erregung des Zylinders eintreten. Die wichtigsten Fälle, wo dies statthat, ergeben sich aus den Tabellen in § 414 u. 415; es sind diejenigen, wo die Zylinderachse in eine irgendwievielzählige kristallographische Symmetrieachse oder auch eine Spiegelachse fällt; dagegen schließt die Lage normal zu einer kristallographischen Symmetrieebene eine Erregung durch Biegung nicht aus.

Etwas allgemeinere Fälle erhält man, wenn man die Zylinderachse als die $Z'$-Achse eines Achsenkreuzes $X'Y'Z'$ betrachtet, das durch eine Drehung um die $X$- oder $Y$-Achse aus dem Hauptachsensystem $XYZ$ entsteht.

Die Werte der Moduln $d'_{13}$ und $d'_{23}$, welche hier gelten, ergeben sich leicht aus den Formeln für die $e'_{ih}$ auf S. 841 durch geeignete zyklische Vertauschungen bei Beachtung der S. 842 für den Übergang von den Konstanten $e_{ih}$ zu den Moduln $d_{ih}$ angegebenen Regeln.

Bezeichnen $c$ und $s$ Kosinus und Sinus des Drehungswinkels um die $X$-Achse, so ergibt sich z. B.

$$\begin{aligned} d'_{13} &= d_{12}s^2 + d_{13}c^2 - d_{14}sc, \\ d'_{23} &= (d_{22} - d_{34})s^2c + d_{32}s^3 + d_{23}c^3 + (d_{33} - d_{24})sc^2. \end{aligned} \tag{179}$$

Bei einer Drehung um die $Y$-Achse gilt analog

$$\begin{aligned} d'_{13} &= -(d_{33} - d_{15})c^2 s + d_{13}c^3 - d_{31}s^3 + (d_{11} - d_{35})cs^2, \\ d'_{23} &= d_{23}c^2 + d_{21}s^2 + d_{25}sc. \end{aligned} \tag{180}$$

Für Quarz würde dies gemäß dem Schema (10) auf S. 830 liefern

$$d'_{13} = -d_{11}s^2 - d_{14}sc, \quad d'_{23} = 0; \tag{181}$$

resp.

$$d'_{13} = d_{11}cs^2, \quad d'_{23} = -d_{14}sc. \tag{182}$$

Im ersteren Falle ergibt sich nach (178)

$$\operatorname{tg} 2\chi' = -\frac{L'}{M'},$$

oder, wenn man den Winkel $\psi$ der Achse des biegenden Momentes gegen die $X'$-Achse einführt,

$$\operatorname{tg} 2\chi' = -\operatorname{cotg}\psi, \quad \text{d. h.} \quad 2\chi' = \psi + \frac{2h-1}{2}\pi. \tag{183}$$

§ 440. **Diskussion der für den gedrillten Kreiszylinder gültigen Formeln.** Im Falle der gleichförmigen Drillung ergibt sich aus (142) und (143) für den Kreiszylinder vom Radius $R$

$$P_1 = \frac{2N}{QR^3}(xd_{14} - yd_{15}), \qquad P_2 = \frac{2N}{QR^3}(xd_{24} - yd_{25}), \tag{184}$$

also

$$a' = \frac{2N}{QR^3}d_{14}, \quad b' = -\frac{2N}{QR^3}d_{15}, \quad a'' = \frac{2N}{QR^3}d_{24}, \quad b'' = -\frac{2N}{QR^3}d_{25}. \tag{185}$$

Ferner liefert (165)

$$\frac{2N}{QR^3}(d_{14} + d_{25}) = P_0 \cos 2\chi', \qquad \frac{2N}{QR^3}(d_{24} - d_{15}) = P_0 \sin 2\chi'. \tag{186}$$

Hieraus folgt, daß der gedrillte Zylinder gar kein elektrisches Feld aussendet, wenn seine Orientierung derartig ist, daß zugleich

$$d_{14} + d_{25} = 0 \quad \text{und} \quad d_{24} - d_{15} = 0 \tag{187}$$

ist. Dabei ist er nach (184), wenn nicht die Moduln $d_{14}$, $d_{15}$, $d_{24}$, $d_{25}$ einzeln verschwinden. trotzdem piezoelektrisch erregt. Dieser Fall ist S. 887 allgemein erörtert worden.

Die wichtigsten Fälle, wo die Relationen (187) erfüllt sind, ergeben sich aus den Resultaten von § 414 u. 415; es sind die, wo die Zylinderachse in eine drei-, vier- oder sechszählige kristallographische Symmetrieachse fällt oder normal zu einer Symmetrieebene steht; dagegen gibt die Lage in einer Spiegelachse nach S. 828 die Möglichkeit einer Wirkung.

Von anderen Fällen wollen wir nur diejenigen erwähnen, wo die Zylinderachse die $Z'$-Achse eines Achsenkreuzes $X'Y'Z'$ darstellt, und letzteres System durch eine Drehung um die $X$- oder die $Y$-Achse aus dem Hauptachsenkreuz $XYZ$ hervorgegangen ist. Es kommen hier Ausdrücke für die Moduln $d_{14}, d_{15}, d_{24}, d_{25}$ in Betracht, die aus den Schemata für die $e'_{ih}$ auf S. 841 und 842 und durch eine geeignete zyklische Vertauschung der Indizes gewonnen werden.

Bezeichnen $c$ und $s$ Kosinus und Sinus des Drehungswinkels um die $X$-Achse, so ergibt sich

$$\begin{aligned} d'_{14} &= 2(d_{13} - d_{12})cs + d_{14}(c^2 - s^2), \\ d'_{15} &= - d_{16}s + d_{15}c, \\ d'_{24} &= -2(d_{22} - d_{23})c^2 s + d_{24}c(1 - 2s^2) - d_{34}s(1 - 2c^2) \\ &\qquad + 2(d_{33} - d_{32})cs, \\ d'_{25} &= (d_{35} - d_{26})cs + d_{25}c^2 - d_{36}s^2. \end{aligned} \tag{188}$$

Ähnlich gilt bei einer Drehung um die $Y$-Achse

$$\begin{aligned} d'_{14} &= (d_{16} - d_{34})cs - d_{36}s^2 + d_{14}c^2, \\ d'_{15} &= 2(d_{33} - d_{31})s^2 c + 2(d_{11} - d_{13})c^2 s + d_{35}s(1 - 2c^2) \\ &\qquad + d_{15}c(1 - 2s^2), \\ d'_{24} &= d_{24}c + d_{26}s, \\ d'_{25} &= 2(d_{21} - d_{23})cs + d_{25}(c^2 - s^2). \end{aligned} \tag{189}$$

Wir wollen auch hier die spezielle Gestalt angeben, welche diese Ausdrücke für Quarz annehmen. Nach dem Schema (10) auf S. 830 erhält man sogleich aus (188)

$$\begin{aligned} d'_{14} &= 2d_{11}cs + d_{14}(c^2 - s^2), \\ d'_{15} &= 0, \quad d'_{24} = 0, \quad d'_{25} = 2d_{11}cs - d_{14}c^2, \end{aligned} \tag{190}$$

aus (189)

$$\begin{aligned} d'_{14} &= d_{14}c^2, \quad d'_{15} = 2d_{11}c^2 s, \quad d'_{24} = - 2d_{11}s, \\ d'_{25} &= - d_{14}(c^2 - s^2). \end{aligned} \tag{191}$$

Hieraus ergibt sich im ersten Falle

$$d'_{14} + d'_{25} = 4d_{11}cs - d_{14}s^2, \quad d'_{24} - d'_{15} = 0, \tag{192}$$

im zweiten

$$d'_{14} + d'_{25} = d_{14}s^2, \quad d'_{24} - d'_{15} = - 2d_{11}s(1 + c^2). \tag{193}$$

Vorstehendes enthält nun die Theorie der von *Röntgen* angestellten und S. 813 erwähnten Beobachtungen über die piezoelektrische Erregung eines Kreiszylinders aus Quarz durch Drillung um dessen Längsachse. Der allgemeine Satz von S. 887 sagt aus, daß ein solcher Zylinder, wenn überhaupt, dann stets so erregt wird, daß sein Umfang sich in vier Quadranten abwechselnd entgegengesetzter Wirkung teilt; die zuletzt abgeleiteten Formeln ergeben, daß bei Quarz eine solche Wirkung eintritt, sowie die Achse des gedrillten Zylinders aus der dreizähligen Hauptachse abweicht, d. h., $s$ von Null verschieden ist. Eine solche Abweichung ist aber bei den *Röntgen*schen Beobachtungen, weil in ihrer Bedeutung nicht erkannt, nach des Autors Angaben gar nicht mit Sorgfalt vermieden worden.

§ 441. **Die Potentialfunktion eines längs der Achse gleichförmig gespannten Zylinders auf Punkte in größerer Entfernung.** Der zweite auf S. 881 u. 882 signalisierte Fall, in dem die elektrische Wirkung des längs seiner Achse gleichförmig gespannten Zylinders auf äußere Punkte sich einfach berechnen läßt, ist der, daß seine Querdimensionen klein sind gegen die senkrechte Entfernung $p$ des Aufpunktes von der Zylinderachse.

Wieder gehen wir von dem Ausdruck (146) für die Potentialfunktion an einer Stelle $x, y, z$ aus

$$\varphi = \int \left( P_1 \frac{\partial \frac{1}{r}}{\partial x_0} + P_2 \frac{\partial \frac{1}{r}}{\partial y_0} + P_3 \frac{\partial \frac{1}{r}}{\partial z_0} \right) dk_0, \tag{194}$$

wo wir noch ganz allgemein, da $P_1, P_2, P_3$ von $z_0$ unabhängig sind, in bezug auf $z_0$ integrieren können. Setzt man $dk_0 = dq_0 dz_0$ und $r^2 = a^2 + (z - z_0)^2$, wobei $a^2 = (x - x_0)^2 + (y - y_0)^2$, so erhält man, wenn $z_1$ und $z_2$ die Integrationsgrenzen für $z_0$ bezeichnen,

$$\varphi = \int \left[ -\frac{(z_0 - z)}{a^2 r} (P_1(x_0 - x) + P_2(y_0 - y)) + \frac{P_3}{r} \right]_{z_0 = z_1}^{z_0 = z_2} dq_0. \tag{195}$$

Nun soll nach der Annahme $x^2 + y^2 = p^2$ groß sein gegen $x_0^2$ und $y_0^2$, und wir wollen festsetzen, daß $x_0^2, y_0^2, x_0 y_0$ neben $p^2$ vernachlässigt werden dürfen. Schreiben wir dann noch

$$p^2 + (z - z_0)^2 = e^2,$$

so erhalten wir durch Entwicklung bis auf Glieder der ersten Ordnung in $x_0$ und $y_0$

$$\varphi = \int \Bigg[ -(z_0 - z)\,(P_1(x_0 - x) + P_2(y_0 - y))\left(\frac{1}{p^2 e} - x_0 \frac{\partial \frac{1}{p^2 e}}{\partial x} - y_0 \frac{\partial \frac{1}{p^2 e}}{\partial y}\right)$$

$$+ P_3 \left(\frac{1}{e} - x_0 \frac{\partial \frac{1}{e}}{\partial x} - y_0 \frac{\partial \frac{1}{e}}{\partial y}\right)\Bigg]_{z_0 = z_1}^{z_0 = z_2} dq_0. \tag{196}$$

Ordnet man diesen Ausdruck unter Benutzung der Abkürzungen

$$\frac{x}{p^2 e} = \Xi, \qquad \frac{y}{p^2 e} = H, \tag{197}$$

so ergibt sich

$$\varphi = \int \Bigg[ -(z - z_0)\left(P_1 \left\{\Xi - x_0 \frac{\partial \Xi}{\partial x} - y_0 \frac{\partial \Xi}{\partial y}\right\}\right.$$

$$\left. + P_2 \left\{H - x_0 \frac{\partial H}{\partial x} - y_0 \frac{\partial H}{\partial y}\right\}\right) \tag{198}$$

$$+ P_3 \left\{\frac{1}{e} - x_0 \frac{\partial \frac{1}{e}}{\partial x} - y_0 \frac{\partial \frac{1}{e}}{\partial y}\right\}\Bigg]_{z_1}^{z_2} dq_0.$$

Führt man hierin die kombinierten Ausdrücke (141) und (143) für die Momente $P_h$ ein, so erhält man Integrale von den Formen

$$\int X_x dq_0, \cdot\cdot \quad \int X_x x_0 dq_0, \cdot\cdot \quad \int X_x y_0 dq_0 \cdots$$

Die Werte aller dieser Integrale sind aber nach § 306 allgemein für jede Querschnittsform angebbar; die meisten sind gleich Null, die übrigen drücken sich durch die auf das positive Ende des Zylinders ausgeübten Kräfte und Momente aus gemäß den Formeln (137) und (140) von § 306

$$\begin{gathered} -\int Z_z dq_0 = C, \quad +\int x_0 Z_z dq_0 = M, \quad -\int y_0 Z_z dq_0 = L, \\ -\int x_0 Y_z dq_0 = +\int y_0 Z_x dq_0 = \tfrac{1}{2} N. \end{gathered} \tag{199}$$

Hiernach wird

$$\begin{aligned} \varphi = \Bigg[ & \left\{(z_0 - z)\,(\Xi d_{13} + H d_{23}) + \frac{d_{33}}{e}\right\} C \\ & + \frac{\partial}{\partial x}\left\{(z_0 - z)\,(\Xi d_{13} + H d_{23}) + \frac{d_{33}}{e}\right\} M \\ & - \frac{\partial}{\partial y}\left\{(z_0 - z)\,(\Xi d_{13} + H d_{23}) + \frac{d_{33}}{e}\right\} L \\ & - \left(\frac{\partial}{\partial x}\left\{(z_0 - z)\,(\Xi d_{14} + H d_{24}) + \frac{d_{34}}{e}\right\}\right. \\ & \left. - \frac{\partial}{\partial y}\left\{(z_0 - z)\,(\Xi d_{15} + H d_{25}) + \frac{d_{35}}{e}\right\}\right) \tfrac{1}{2} N \Bigg]_{z_1}^{z_2}. \end{aligned} \tag{200}$$

Da in Wirklichkeit stets nur **eine** der Einwirkungen $C, M, L, N$ stattfinden wird, so ist das erhaltene Resultat von großer Einfachheit. Folgendes mag hervorgehoben werden: Alle elektrischen Wirkungen des deformierten Zylinders gehen unter den vorausgesetzten Umständen scheinbar von den Endquerschnitten $z_0 = z_1$ und $z_0 = z_2$ aus. Die durch die Momente $L$ und $M$ hervorgebrachten Felder stehen in engem Zusammenhang mit dem durch die Zugkraft $C$ bewirkten. Faßt man letzteres als von einem **Polsystem** auf jeder Endfläche ausgehend auf, so stellen sich erstere als durch **Polpaare** gleicher Art mit zu $X$ und $Y$ parallelen Achsen bewirkt dar. Das durch das Moment $N$ bewirkte Feld läßt sich als durch **zwei** ähnliche Systeme von Doppelpolen bewirkt auffassen.

Von den im allgemeinen achtzehn piezoelektrischen Moduln treten nur **neun** in dem Ausdruck für die Potentialfunktion auf. Hat die Zylinderachse eine ausgezeichnete Lage gegen die Kristallachsen, so kann sich diese Anzahl noch beträchtlich reduzieren. Dabei kommt gelegentlich in Betracht, daß nach (197) gilt

$$\frac{\partial \Xi}{\partial y} = \frac{\partial H}{\partial x}.$$

Fällt z. B. die $Z$-Achse in eine dreizählige Symmetrieachse, so ist

$$d_{13} = d_{23} = d_{34} = d_{35} = 0,$$
$$d_{14} = -d_{25}, \quad d_{24} = d_{15},$$

und die Formel reduziert sich auf

$$\varphi = \left[ d_{33} \left( \frac{1}{e} C + \frac{\partial \frac{1}{e}}{\partial x} M - \frac{\partial \frac{1}{e}}{\partial y} L \right) + (z - z_0)\, d_{14} \left( \frac{\partial \Xi}{\partial x} + \frac{\partial H}{\partial y} \right) \tfrac{1}{2} N \right]_{z_1}^{z_2}. \tag{201}$$

Da $\frac{\partial \Xi}{\partial x} + \frac{\partial H}{\partial y}$ die Koordinaten des Aufpunktes $x$ und $y$ nur in der Verbindung $p = \sqrt{x^2 + y^2}$ enthält, so ist die durch eine Drillung bewirkte Feldstärke hier rings um die Zylinderachse gleich und in dem Meridian durch diese Achse gelegen.

Dieser Ausdruck vereinfacht sich auch nicht weiter, wenn die Achse vier- oder sechszählig ist. Dagegen fällt das Glied mit $d_{14}$ fort, wenn (wie bei den Gruppen (11), (16) und (23)) eine Symmetrieebene durch die $Z$-Symmetrieachse geht; das Glied mit $d_{33}$ verschwindet, wenn auf der $Z$-Achse eine zweizählige Symmetrieachse senkrecht steht (wie bei den Gruppen (10), (15) und (22)).

Ersteres findet Anwendung bei einem parallel der Hauptachse orientierten Zylinder von Turmalin, letzteres bei einem solchen von Quarz; der erstere wird also für Punkte in angemessen großer Entfernung nicht durch Drillung, der letztere nicht durch Dehnung oder Biegung piezoelektrisch erregt.

## V. Abschnitt.

## Piezoelektrische Erregung dünner Platten durch ebene Deformationen.

§ 442. **Die elektrischen Grundformeln.** Während nach vorstehendem die Theorie gewisser Deformationen von Zylindern aus kristallisierter Substanz infolge von auf die Enden ausgeübten Einwirkungen sich verhältnismäßig leicht erledigen läßt, bieten die Probleme der ungleichförmigen Deformation anders gestalteter Präparate große Schwierigkeiten. Selbst der Fall der Kugel, der sich bei isotropen Medien glatt erledigen läßt, ist bei Kristallen bisher nicht durchführbar und so kann an eine theoretische Bearbeitung der S. 808 erwähnten piezoelektrischen Beobachtungen von *Röntgen* an einer Quarzkugel vorläufig nicht gedacht werden.

Auch die Theorie der Deformation von dünnen Kristallplatten ist noch keineswegs weit gefördert; doch beziehen sich die über piezoelektrische Erregung derartiger Präparate angestellten Beobachtungen zufällig auf einen Fall, wo das elastische Problem der mit der kristallinischen Natur der Substanz sonst verbundenen Schwierigkeiten entbehrt. Da nun die Beobachtungen der piezoelektrischen Erregung in diesem Falle sehr eigenartige Resultate geliefert haben, auch das Problem der Erregung einer dünnen Platte prinzipielles Interesse besitzt, so mag darauf etwas näher eingegangen werden.

Wählen wir, wie in dem V. Abschnitt des Kapitels über Elastizität, die Ebene der beliebig gegen den Kristall orientierten dünnen Platte zur $XY$-Ebene und unterscheiden dabei, wie im vorigen Abschnitt, zunächst noch nicht ein Haupt- und ein Hilfsachsensystem, so sind von den sechs in der Platte wirkenden Druckkomponenten die drei

$$Z_z,\ Y_z,\ Z_x \text{ gleich Null}$$

von den übrigen kommen nur die Integrale über die Dicke der Platte von der Form

$$\int X_x dz, \ldots \int z X_x dz, \ldots$$

zur Geltung.

Deformationen der Platte, welche deren Form eben belassen,

hängen von den Integralen der ersten Art ab, deren Werte wir gemäß S. 676

$$\int X_x dz = -A, \quad \int Y_y dz = -B, \quad \int X_y dz = \int Y_x dz = -H$$

setzen. $-A, -B, -H$ sind sonach identisch mit den auf die Längeneinheit in der Plattenebene bezogenen Integralwerten von $X_x$, $Y_y$, $X_y$ über die Dicke der Platte.

Multipliziert man die Grundformeln (22) für die piezoelektrischen Momente mit $dz$ und integriert sie gleichfalls über die Dicke $D$ der Platte, setzt auch

$$\int P_h dz = (P_h), \tag{202}$$

(wobei diese Bezeichnung natürlich nichts mit der S. 842 u. f. benutzten zu tun hat), so erhält man

$$\begin{gathered}(P_1) = d_{11}A + d_{12}B + d_{16}H, \quad (P_2) = d_{21}A + d_{22}B + d_{26}H, \\ (P_3) = d_{31}A + d_{32}B + d_{36}H\end{gathered} \tag{203}$$

als die auf die Flächeneinheit der Platte bezogenen Momente.

Die Wirkung der durch sie dargestellten elektrischen Erregung ist äquivalent mit der einer **einfachen** Belegung der Mittelfläche der Platte von der Dichte

$$\mathsf{P} = -\left(\frac{\partial(P_1)}{\partial x} + \frac{\partial(P_2)}{\partial y}\right), \tag{204}$$

einer ebensolchen von deren Randkurve mit der Dichte

$$\Sigma = -\left((\overline{P}_1)\cos(n,x) + (\overline{P}_2)\cos(n,y)\right) \tag{204'}$$

und einer **Doppelbelegung** der Mittelfläche von dem Moment $(P_3)$. Die Wirkung der letzteren kommt bei hinreichend geringer Dicke $D$ neben derjenigen der ersteren im allgemeinen nicht in Betracht.

Nach dem schon wiederholt benutzten Satz, daß die Ladungen die Quellen der elektrischen Feldstärke darstellen, und bei Berücksichtigung der Symmetrie der Wirkung einer ebenen Ladungsverteilung nach beiden Seiten hin erhält man für die zur Platte normale Komponente der Feldstärke direkt

$$E_n = 2\pi \mathsf{P}, \tag{205}$$

und damit die Bestimmung derjenigen Größe, die bei dem *Kundt*schen Bestäubungsverfahren in Aktion tritt.

Während bei völlig gleichförmiger Deformation nur **Oberflächen**ladungen, während bei den längs der Achse gleichförmigen eines Zylinders neben diesen **auch räumliche** Ladungen wirksam wurden, so kommen bei der dünnen und **eben** deformierten Platte nur **räumliche** Ladungen, aber mit einer Flächenladung äquivalent, zur Geltung.

§ 443. **Die elastischen Grundformeln.** Wo es sich bei dem Problem der ebenen Deformation einer Platte (wie hier) in erster Linie um die Werte der Drucke $A$, $B$, $H$ handelt, empfiehlt sich die Behandlung des elastischen Problems mit Hilfe der S. 688 eingeführten Funktion $\Omega$, durch welche die Drucke sich ausdrücken gemäß den Formeln

$$A = \frac{\partial^2 \Omega}{\partial y^2}, \quad B = \frac{\partial^2 \Omega}{\partial x^2}, \quad H = -\frac{\partial^2 \Omega}{\partial x \partial y}. \tag{206}$$

Die Hauptgleichung, welche $\Omega$ zu erfüllen hat, lautet nach S. 689

$$s_{11}\frac{\partial^4 \Omega}{\partial y^4} + s_{22}\frac{\partial^4 \Omega}{\partial x^4} + (2s_{12} + s_{16})\frac{\partial^4 \Omega}{\partial x^2 \partial y^2} - 2s_{16}\frac{\partial^4 \Omega}{\partial x \partial y^3} - 2s_{26}\frac{\partial^4 \Omega}{\partial x^3 \partial y} = 0. \tag{207}$$

Hierzu kommt, wenn auf den Rand der Platte die Komponenten $\Xi$ und $\mathsf{H}$ pro Längeneinheit wirken, das Paar der Randbedingungen

$$\Xi - \frac{\partial}{\partial s}\left(\overline{\frac{\partial \Omega}{\partial y}}\right) = 0, \quad \overline{\mathsf{H}} + \frac{\partial}{\partial s}\left(\overline{\frac{\partial \Omega}{\partial x}}\right) = 0. \tag{208}$$

Die Beobachtungen von *Kundt* von S. 807, deren Erklärung unsere Aufgabe ist, beziehen sich auf eine Quarzplatte, deren Ebene normal zur Hauptachse ($A_z^{(3)}$) orientiert war. Hier gilt nach S. 583

$$s_{11} = s_{22}, \quad 2s_{12} + s_{66} = 2s_{11}, \quad s_{16} = s_{26} = 0,$$

und die Hauptgleichung nimmt die für isotrope Körper geltende Form an

$$\Delta\Delta\Omega = 0, \tag{209}$$

über deren Integration eine große Literatur[1]) existiert.

Bei den zu behandelnden Beobachtungen wurde die Quarzplatte nur an zwei einander diametral gegenüberliegenden Punkten des Randes normalen Drucken ausgesetzt. Derartige Probleme, wo Einwirkungen nur auf einzelne Randpunkte ausgeübt werden, behandeln sich immer am bequemsten so, daß man von Einwirkungen auf einzelne innere Punkte ausgeht, den ganzen Rand dabei als frei annimmt und dann jene Punkte dem Rand beliebig naherücken läßt.

So wollen wir auch hier verfahren. Unsere erste Aufgabe ist, eine partikuläre Lösung für $\Omega$ zu bilden, die — zunächst ohne Rücksicht auf irgendeine Randbedingung — die Wirkung einer zur Plattenebene parallelen Kraft ausdrückt, die in einem beliebigen Punkt angreift; hieraus ergibt sich sogleich die Lösung für den Fall der Wirkung mehrerer derartiger Kräfte durch Superposition. Sodann würde zur Bildung der vollständigen Lösung eine zweite partikuläre

1) S. darüber z. B. *A. Timpe*, Gött. Diss. 1905

Lösung zu finden sein, welche die erste in bezug auf den Rand der Platte kompensiert.

**§ 444. Deformation der unendlichen Platte durch ihr parallele Kräfte, die an einzelnen Punkten angreifen.** Jede Funktion, welche die Gleichung

$$\Delta\Omega = 0$$

erfüllt, genügt auch der Gleichung (209). Ersterer Bedingung entspricht aber der reelle oder der imaginäre Teil jeder Funktion $F$ von $x + iy$. Wählen wir für letztere Funktion

$$F = p(x + iy)\ln(x + iy), \tag{210}$$

wobei $p$ eine Konstante bezeichnet, so liefert deren reeller Teil für $\Omega$ den Ausdruck

$$\Omega = \frac{1}{2} px \ln(x^2 + y^2) - py \operatorname{arctg}\frac{y}{x}. \tag{211}$$

Wir können mit einem solchen Ansatz trotz seiner Mehrwertigkeit operieren, da nach (206) erst die zweiten Differentialquotienten von $\Omega$ direkte physikalische Bedeutung haben und diese einwertig sind.

In der Tat gilt

$$\begin{gathered}\frac{\partial\Omega}{\partial x} = \frac{1}{2} p \ln(x^2 + y^2) + p, \quad \frac{\partial\Omega}{\partial y} = p \operatorname{arctg}\frac{y}{x};\\ \frac{\partial^2\Omega}{\partial x^2} = \frac{px}{x^2+y^2}, \quad \frac{\partial^2\Omega}{\partial y^2} = -\frac{px}{x^2+y^2}, \quad \frac{\partial^2\Omega}{\partial x\partial y} = \frac{py}{x^2+y^2}.\end{gathered} \tag{212}$$

Diese Werte geben, in (208) eingesetzt, die äußern Kräfte $\overline{\Xi}$, $\overline{\mathsf{H}}$, welche an einer Begrenzung der Platte ausgeübt werden müßten, um die betreffenden Deformationen zu bewirken.

Wir wollen die Platte nach innen durch einen Kreis um den Koordinatenanfang als Mittelpunkt begrenzen, nach außen aber zunächst unbegrenzt lassen. Ist dieser Kreis sehr klein, so wird für die Deformation der Platte, mit Ausnahme von seiner unmittelbaren Umgebung, nur die Gesamtkraft maßgebend sein, die aus den auf die Begrenzung ausgeübten Kräften $\overline{\Xi}$ und $\overline{\mathsf{H}}$ resultiert, d. h.

$$(\Xi) = \int \overline{\Xi}\, ds, \quad (\mathsf{H}) = \int \overline{\mathsf{H}}\, ds. \tag{213}$$

Diese Werte finden sich nach (208) zu

$$(\Xi) = \left|\frac{\partial\Omega}{\partial y}\right|, \quad (\mathsf{H}) = -\left|\frac{\partial\Omega}{\partial x}\right|, \tag{214}$$

wobei die Ausdrücke rechts zwischen den Grenzen zu nehmen sind, die der Umlaufung der Randkurve entsprechen. Es folgt somit

$$(\Xi) = -2\pi p, \quad (\mathrm{H}) = 0. \tag{215}$$

Das Spannungssystem, welches der Ansatz (211) ausdrückt, entspricht also einer im Koordinatenanfang (resp. gegen den Rand einer diesen Punkt ausschließenden Bohrung) parallel zur $X$-Achse wirkenden Kraft von der Stärke $F = -2\pi p$.

Soll eine Kraft $F = -2\pi q$ nicht parallel zur $X$-, sondern parallel zur $Y$-Achse wirken, so tritt an Stelle von (212)

$$\frac{\partial^2 \Omega}{\partial x^2} = -\frac{qy}{x^2+y^2} = -\frac{\partial^2 \Omega}{\partial y^2}, \quad \frac{\partial^2 \Omega}{\partial x \partial y} = \frac{qx}{x^2+y^2}. \tag{216}$$

Soll die Kraft an einer andern Stelle $x_i$, $y_i$ angreifen, so sind nur überall $x$ und $y$ mit den relativen Koordinaten $x - x_i$, $y - y_i$ zu vertauschen.

Um die Wirkungen zweier entgegengesetzten Kräfte auf zwei Stellen $x_1$, $y_1$ und $x_2$, $y_2$ in Rechnung zu setzen, deren Verbindungslinie (1, 2) der ausgeübten Kraft parallel ist, hat man nur die bezüglichen partikulären Lösungen mit entgegengesetzt gleichen Parametern $p$ zu addieren.

Die so erhaltenen partikulären Lösungen erledigen den Fall einer unbegrenzten Platte mit Einwirkungen gegen zwei Punkte. Um von hier zu dem Fall einer begrenzten Platte fortzuschreiten, hat man nach S. 897 eine weitere partikuläre Lösung von (209) aufzusuchen, welche mit den obigen zusammen am (äußern) Rande die Bedingungen

$$\overline{\frac{\partial \Omega}{\partial y}} = \text{konst.}, \quad \overline{\frac{\partial \Omega}{\partial x}} = \text{konst.}$$

erfüllt. Für eine kreisförmige Gestalt der Platte gelingt dies mit Hilfe *Fourier*scher Reihen.

§ 445. **Entwicklung der Formeln für den Fall zweier entgegengesetzten Kräfte.** Die zu erklärenden Beobachtungen beziehen sich auf Platten mit denjenigen sechseckigen Begrenzungen, welche die Prismenflächen des Quarzkristalles liefern. Für solche ist eine strenge Theorie kaum möglich; sie scheint auch unnötig, da es sich nur um qualitative Beobachtungen handelt.

Indem wir in Rücksicht nehmen, daß die Spannungen, welche durch die vorausgesetzten Kräfte in der Platte entstehen, nahe der Verbindungslinie von deren Angriffspunkten bei weitem am stärksten sein und nach außen hin schnell abnehmen müssen, dürfen wir schließen, daß auf das Bereich in der Umgebung jener Verbindungslinie (1, 2) das Vorhandensein einer Begrenzung der Platte, sei es nun durch einen Kreis oder durch ein reguläres Sechseck mit dem Zentrum in der Mitte der Verbindungslinie (1, 2), keinen wesentlichen Einfluß haben kann. Wir werden also demgemäß die besprochenen Beobachtungen mit den im vorigen Paragraphen abgeleiteten partikulären Lösungen vergleichen, die streng nur dem Fall der nach außen unbegrenzten Platte entsprechen.

Es handelt sich dabei um die beiden Fälle, daß die Kräfte, welche die Deformation hervorrufen, parallel zur $X$- oder zur $Y$-Achse wirken; ihre Angriffspunkte liegen dabei auf der $X$- oder auf der $Y$-Achse. Da wir Druckkräfte voraussetzen, so legen wir den Angriffspunkt (1) der negativen Kraft je auf die positive Seite der betreffenden Achse, den (2) der positiven Kraft auf die negative.

Die in diesen beiden Fällen gültigen Ausdrücke für $A$, $B$, $H$ ergeben sich nach den Bemerkungen von S. 896 aus den Formeln (212) und (216) und mögen der Kürze halber geschrieben werden

$$-A' = +B' = p\,\frac{\partial \ln(r_1/r_2)}{\partial x}, \quad -H' = p\,\frac{\partial \ln(r_1/r_2)}{\partial y},$$

resp. (217)

$$+A'' = -B'' = q\,\frac{\partial \ln(r_1/r_2)}{\partial y}, \quad -H'' = q\,\frac{\partial \ln(r_1/r_2)}{\partial x}.$$

Hierin bezeichnen $r_1$ und $r_2$ den Abstand des Aufpunktes von den beiden Angriffspunkten (1) und (2).

Für die Momente $(P)$ folgt hiernach aus (203) bei Voraussetzung der für Quarz gültigen Modulwerte $d_{hi}$

$$(P_1)' = -2pd_{11}\,\frac{\partial \ln(r_1/r_2)}{\partial x}, \quad (P_2)' = 2pd_{11}\,\frac{\partial \ln(r_1/r_2)}{\partial y},$$

resp. (218)

$$(P_1)'' = +2qd_{11}\,\frac{\partial \ln(r_1/r_2)}{\partial y}, \quad (P_2)'' = 2qd_{11}\,\frac{\partial \ln(r_1/r_2)}{\partial x}.$$

Dies gibt nach (204) für die äquivalenten Flächendichten

$$\mathsf{P}' = 2pd_{11}\left(\frac{\partial^2 \ln(r_1/r_2)}{\partial x^2} - \frac{\partial^2 \ln(r_1/r_2)}{\partial^2 y}\right),$$

resp. (219)

$$\mathsf{P}'' = -4qd_{11}\,\frac{\partial^2 \ln(r_1/r_2)}{\partial x \partial y}.$$

Setzt man $x - x_h = r_h \cos\vartheta_h$, $y - y_h = r_h \sin\vartheta_h$, so liefert dies

$$\mathsf{P}' = -4pd_{11}\left(\frac{\cos 2\vartheta_1}{r_1^2} - \frac{\cos 2\vartheta_2}{r_2^2}\right),$$

(220)

$$\mathsf{P}'' = +4qd_{11}\left(\frac{\sin 2\vartheta_1}{r_1^2} - \frac{\sin 2\vartheta_2}{r_2^2}\right).$$

**§ 446. Vergleichung der Resultate mit den Beobachtungen.** Charakteristisch für die beobachtbaren Erscheinungen sind nach S. 807 die Kurven verschwindender Ladungen, welche bei dem *Kundt*schen Bestäubungsverfahren die Bereiche trennen, in denen sich das Mennige- und das Schwefelpulver ansammelt. Die genaue Diskussion derselben bietet wegen der Form der Gleichungen (220) einige Schwierigkeit.

In sehr großer Nähe von einem Angriffspunkt überwiegt stets das auf diesen bezügliche Glied weit dasjenige, welches von dem andern Angriffspunkt herrührt. Daher kann man in der direkten Umgebung des Angriffspunktes (1) je nur mit dem ersten Glied der Klammern in (220) operieren.

Man erkennt so, daß die Kurven $P' = 0$ in den Angriffspunkten die Koordinatenachsen unter $\pm 45^0$ schneiden, dagegen die Kurven $P'' = 0$ ihnen parallel verlaufen. Ist $d_{11} > 0$, so haben die $P$ in der Umgebung der beiden Angriffspunkte in den beiden Fällen die Vorzeichenverteilung, die aus Fig. 207 u. 208 ersichtlich ist.

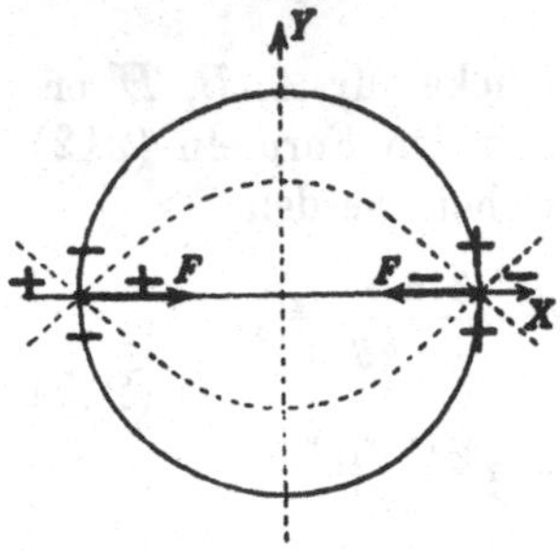


Fig. 207.

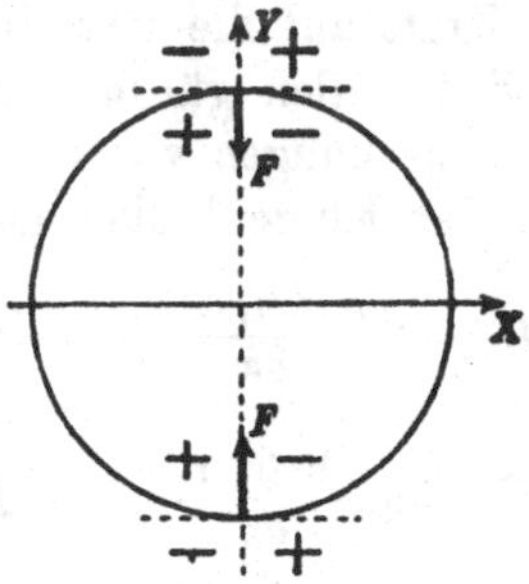


Fig. 208.

Führen wir zu weiterer Diskussion rechtwinklige Koordinaten ein und bezeichnen die Abstände der Angriffspunkte vom Koordinatenanfang mit $a$ resp. $b$, so erhalten wir für $P' = 0$ resp. $P'' = 0$

$$\frac{(a-x)^2 - y^2}{((a-x)^2 + y^2)^2} = \frac{(a+x)^2 - y^2}{((a+x)^2 + y^2)^2}$$

resp. (221)

$$\frac{x(y-b)}{(x^2 + (y-b)^2)^2} = \frac{x(y+b)}{(x^2 + (y+b)^2)^2}$$

Beiden Gleichungen wird durch $x = 0$ genügt, in beiden Fällen bildet also die $Y$-Achse eine neutrale Kurve.

Nimmt man $x$ unendlich klein an, so wird die erste Gleichung (221) zu

$$x(a^2 - 3y^2) = 0; \tag{222}$$

es wird im ersten Falle also die $Y$-Achse bei $y = \pm a/\sqrt{3}$ durch eine weitere neutrale Kurve normal geschnitten; im zweiten Falle gibt es eine derartige zweite Kurve nicht.

Endlich kann man sich leicht Auskunft über das Verhalten von $P'$ und $P''$ auf einem Kreis vom Radius $a$ resp. $b$ um den Koordinatenanfang verschaffen, indem man $x = a\cos\vartheta$, $y = a\sin\vartheta$, resp. $x = b\cos\vartheta$, $y = b\sin\vartheta$ setzt. Man findet beide Male, daß längs eines solchen Kreises ein Zeichenwechsel nur in der $Y$-Achse stattfindet.

Beschränken wir gemäß dem oben Bemerkten die Diskussion auf das Bereich zwischen den Druckstellen, etwa auf das Innere des Kreises vom Radius $a$ resp. $b$ um den Koordinatenanfang, so liefert uns vorstehendes, was in Figur 207 und 208 wiedergegeben ist, bereits genügende Auskunft über den Verlauf der neutralen Kurven und somit über die Verteilung der Ladungen. Die Vergleichung dieser Figuren mit der Darstellung der Beobachtung in Figur 188 und 189 auf S. 807 zeigt eine qualitative Übereinstimmung. Unsere theoretischen Entwicklungen liefern also auch eine Erklärung der merkwürdig verschiedenen Wirkungen einer Kompression parallel der $X$- und einer solchen parallel der $Y$-Achse.

## VI. Abschnitt.

## Elektrische Deformation azentrischer Kristalle.

§ 447. **Die Grundgleichungen.** Die Grundformeln für die durch ein innerhalb des Kristalls erregtes elektrisches Feld hervorgerufenen Spannungen lauten nach (10) in ausführlicher Schreibweise

$$\begin{aligned} \mathfrak{X}_x &= e_{11}E_1 + e_{21}E_2 + e_{31}E_3, \\ \mathfrak{Y}_y &= e_{12}E_1 + e_{22}E_2 + e_{32}E_3, \\ &\cdots\cdots\cdots\cdots \\ \mathfrak{X}_y &= e_{16}E_1 + e_{26}E_2 + e_{36}E_3, \end{aligned} \tag{223}$$

wobei die piezoelektrischen Konstanten sich nach den Schemata von S. 829 u. f. auf die verschiedenen Kristallgruppen spezialisieren und die $\mathfrak{X}_x, \ldots \mathfrak{X}_y$ neue Bezeichnungen sind.

Indem wir die Symbole $X_x, \ldots X_y$ für die elastischen Drucke beibehalten, kommen wir zu Gesamtdrucken mit den Komponenten

$$\Xi_x = X_x + \mathfrak{X}_x, \ldots \quad \Xi_y = X_y + \mathfrak{X}_y. \tag{224}$$

Für diese Gesamtdrucke gelten jetzt die allgemeinen Gleichungen, die in § 383 in einem analogen Falle zusammengesetzter Drucke aufgestellt sind, nämlich einerseits die Hauptgleichungen, die bei Abwesenheit äußerer köperlicher Kräfte lauten

$$0 = \frac{\partial \Xi_x}{\partial x} + \frac{\partial \Xi_y}{\partial y} + \frac{\partial \Xi_z}{\partial z}, \ldots, \tag{225}$$

und sodann die Oberflächenbedingungen

$$\overline{X} = (\overline{\Xi}_x \cos(n, x) + \overline{\Xi}_y \cos(n, y) + \overline{\Xi}_z \cos(n, z)), \ldots, \tag{226}$$

in denen $\overline{X}, \overline{Y}, \overline{Z}$ die äußern Druckkomponenten bezeichnen, und $n$ die innere Normale auf dem Oberflächenelement ist. Aus diesen Gleichungen lassen sich bei in der ganzen Oberfläche gegebenen $\overline{X}, \overline{Y}, \overline{Z}$ die den letzteren entsprechenden Deformationsgrößen $x_x, y_y, \ldots x_y$ ableiten.

Um auch die Verrückungen $u, v, w$ zu bestimmen, muß noch die Verbindung des betrachteten Körpers mit dem Koordinatensystem, d. h. seine Befestigung, vorgeschrieben sein.

Die elektrischen Feldkomponenten sind in der Praxis fast nie direkt gegeben, sondern mit Hilfe vorgeschriebener Ladungen, die sich der Regel nach in Belegungen der Oberfläche des Kristallpräparates befinden, bestimmt.

Wir werden uns ähnlich, wie bisher, auch in diesem Abschnitt zunächst auf die Vorgänge erster Ordnung beschränken, nämlich nur die direkten Wirkungen dieser Ladungen in Rechnung setzen, während in Wahrheit die durch sie bewirkte Deformation eine piezoelektrische Erregung und mit ihr ein elektrisches Feld zweiter Ordnung hervorruft. Gegen Ende des Abschnittes werden wir kurz auf Vorgänge höherer Ordnung eingehen. —

Fehlen äußere Drucke, ist also der Kristall nur der Wirkung des Feldes ausgesetzt, so kann man den Bedingungen (225) und (226) durch die Annahme

$$\Xi_x = H_y = \cdots = \Xi_y = 0 \tag{227}$$

genügen. Damit dies aber eine mögliche Lösung sei, sind noch andere Bedingungen zu erfüllen.

Man erhält nämlich aus (223) und (227) zunächst

$$\begin{aligned} e_{11}E_1 + e_{21}E_2 + e_{31}E_3 &= -X_x, \\ \cdots\cdots\cdots&\cdots \\ e_{16}E_1 + e_{26}E_2 + e_{36}E_3 &= -X_y \end{aligned} \tag{228}$$

und wenn man diese Formeln mit den Faktoren

$$s_{11}, s_{12}, \ldots s_{16};\quad s_{21}, s_{22}, \ldots s_{26};\quad s_{61}, s_{62}, \ldots s_{66}$$

zusammenfaßt und die Beziehungen (11) und (13) beachtet auch

$$\begin{aligned} d_{11}E_1 + d_{21}E_2 + d_{31}E_3 &= +x_x, \\ \cdots\cdots\cdots&\cdots \\ d_{16}E_1 + d_{26}E_2 + d_{36}E_3 &= +x_y. \end{aligned} \tag{229}$$

Diese Formeln scheinen zunächst mit (17) im Widerspruch zu stehen; es ist aber zu bedenken, daß dort wirksame Drucke in der Größe der $\mathfrak{X}_h$, hier der $-\mathfrak{X}_h$ vorausgesetzt sind.

Damit nun der Ansatz (227) zulässig sei, müssen die Deformationsgrößen und somit die nach (229) mit ihnen verknüpften Feldkomponenten die allgemeinen Beziehungen (500) von S. 769 befriedigen. Dies ist stets der Fall, wenn die Feldkomponenten $E_h$ in dem Kristall konstant oder aber lineäre Funktionen der Koordinaten sind.

§ 448. **Homogene Deformation im homogenen Feld.** Der denkbar einfachste Fall der Anwendung dieser Gleichungen ist der einer hinreichend ausgedehnten und beliebig orientierten Platte mit Belegungen der beiden Grundflächen, die auf eine gegebene Potentialdifferenz $(\varphi_1 - \varphi_2)$ geladen sind. Legen wir die $Z'$-Achse eines $X'Y'Z'$-Koordinatensystems in die Normale der Platte, so gilt dann, wenn $D$ die Dicke der Platte bezeichnet,

$$E_1' = 0, \quad E_2' = 0, \quad E_3' = \frac{\varphi_1 - \varphi_2}{D}; \tag{230}$$

zugleich folgt aus (225), da eine Abhängigkeit von $x'$ und $y'$ ausgeschlossen sein mag, $\Xi_z, H_z, Z_z$ konstant, und wenn auf die Grundflächen keine äußern Drucke wirken, nach (226) auch gleich Null. Ist die Platte ringsum frei, so genügen wir den übrigen Bedingungen durch die Annahme, daß auch $\Xi_x, H_y, \Xi_y$ verschwinden, denn es liegt hier der oben hervorgehobene Fall konstanter Feldkomponenten $E_h$ vor.

Es ergibt sich dann nach (228)

$$e_{31}' E_3' = -X_x', \; \ldots \; e_{36}' E_3' = -X_y', \tag{231}$$

und nach (229)

$$d_{31}' E_3' = x_x', \; \ldots \; d_{36}' E_3' = x_y'. \tag{232}$$

Diese Formeln enthalten die Theorie der von den Brüdern *Curie* angestellten Beobachtungen über elektrische Deformationen speziell von Quarz, soweit bei ihnen die letzteren sich frei, d. h. ohne mechanische Gegenkräfte ausbilden konnten.

Bei diesen in § 406 an erster Stelle beschriebenen Versuchen lag die polare $X$-Achse in der Normale der Platte, und es wurde die Dilatation in der Richtung der $Y$-Achse des Hauptachsensystems beobachtet. In diesem Falle gilt nach dem Parameterschema (10) auf S. 830

$$d_{11} E_1 = x_x, \quad -d_{11} E_1 = y_y; \quad 0 = z_z, \quad d_{14} E_1 = y_z, \quad 0 = z_x = x_y; \tag{233}$$

dies Resultat stimmt mit dem Ergebnis der Beobachtungen überein.

Wir wollen indes auch die in § 404 beschriebene Anordnung, welche den *Curies* bei ihren ersten Beobachtungen diente, einer angenäherten theoretischen Überlegung unterziehen, weil sie ein einfaches Beispiel behinderter elektrischer Deformation ergibt. Da die hierbei benutzten Quarzplatten sämtlich normal zur $X$-Achse geschnitten waren, so wollen wir für die Rechnung auch das Hauptachsensystem benutzen.

Es mag in Erinnerung gebracht werden, daß bei diesen Versuchen zwei Systeme von je drei Platten (1, 2, 3) und (1′, 2′, 3′) in Anwendung kamen, die in einer Anordnung, welche Fig. 209 schematisch wiedergibt, durch ein metallenes Gestell aufeinandergepreßt waren. Die mittleren Platten (2) und (2′) waren beiderseits mit metallischen Belegungen $\alpha$, $\beta$ und $\alpha'$, $\beta'$ versehen. Diejenigen $\alpha$, $\beta$ von (2) waren auf eine Potentialdifferenz $\varphi_\alpha - \varphi_\beta$ geladen, diejenigen $\alpha'$, $\beta'$ mit den Quadranten des Elektrometers verbunden.

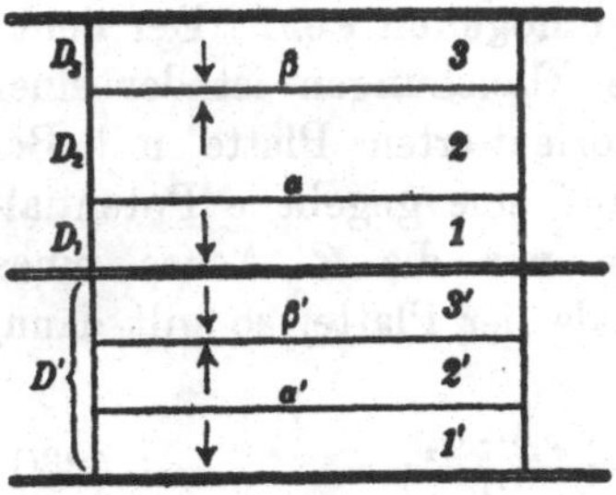

Fig. 209.

Der anfängliche Druck, der seitens der Fassung des Plattensystems auf die oberste und die unterste Platte ausgeübt war, sei $\Pi_0$; bei Erregung der Potentiale $\varphi_\alpha$ und $\varphi_\beta$ in den Belegungen $\alpha$ und $\beta$ verwandle er sich in $\Pi$. Die in der Figur angedeuteten anderen drei Metallplatten seien dauernd auf dem Potential Null erhalten. Werden dann die Dicken der Platten in dem oberen System mit $D_1$, $D_2$, $D_3$ bezeichnet, so entstehen in denselben bei Ladung der Belegungen $\alpha$ und $\beta$ die Feldstärken $E$ in der Richtung der in der Figur durch Pfeile angedeuteten + X-Achsen

$$\frac{\varphi_\alpha}{D_1}, \quad \frac{\varphi_\alpha - \varphi_\beta}{D_2}, \quad \frac{-\varphi_\beta}{D_3}.$$

$\Pi - \Pi_0$ ist der in dem untern System piezoelektrisch wirksame Druck, während die analoge Wirkung im oberen System ignoriert werden darf.

Vor der Ladung der Belegungen $\alpha$ und $\beta$ ist in allen Platten

$$(\Xi_x)_0 = (X_x)_0 = \Pi_0; \tag{234}$$

nach der Ladung gilt in den Platten des unteren Systems, da die Potentiale der Belegungen $\alpha'$ und $\beta'$ bezüglich der Druckwirkung zu vernachlässigen sind, übereinstimmend

$$(\Xi_x) = (X_x) = \Pi, \tag{235}$$

in denen des oberen nach (223) und (224) bei Anwendung auf Quarz

$$(\Xi_x)_h = (X_x)_h + e_{11} E = \Pi, \quad \text{für } h = 1, 2, 3. \tag{236}$$

$H_y, Z_z, \ldots \Xi_y$ sind allenthalben dauernd gleich Null. Hieraus folgt für die Platten des unteren Systems auch das Verschwinden von $Y_y, Z_z, \ldots X_y$, während für diejenigen des oberen nach der Ladung der Belegungen nach (223) und (224) gilt

$$-e_{11}E + (Y_y)_h = (Z_z)_h = e_{14}E + (Y_z)_h = (Z_x)_h = (X_y)_h = 0. \quad (237)$$

Die Differenzen

$$(X_x)_h - (X_x)_0 = (A_x)_h, \quad (Y_y)_h - (Y_y)_0 = (B_y)_h, \ldots$$
$$(X_y)_h - (X_y)_0 = (A_y)_h \quad (238)$$

bestimmen die Deformationen in den verschiedenen Platten. Insbesondere wird die Änderung der linearen Dilatation parallel zu $X$, d. h. $(x_x)_h - (x_x)_0 = (a_x)_h$, für Quarz gegeben sein durch

$$-(a_x)_h = s_{11}(A_x)_h + s_{12}(B_y)_h, \quad (239)$$

da die übrigen Glieder rechts mit $(C_z)_h, \ldots (A_y)_h$ verschwinden. Bezüglich der $(A_x)_h$ und $(B_y)_h$ ergibt sich nun nach (235) und (236) sowie den obigen Werten von $E$ für die Platten des oberen Systems

$$(A_x)_1 = \Pi - \Pi_0 - e_{11}\frac{\varphi_\alpha}{D_1}, \qquad (B_y)_1 = +e_{11}\frac{\varphi_\alpha}{D_1},$$
$$(A_x)_2 = \Pi - \Pi_0 - e_{11}\frac{\varphi_\alpha - \varphi_\beta}{D_2}, \quad (B_y)_2 = +e_{11}\frac{\varphi_\alpha - \varphi_\beta}{D_2}, \quad (240)$$
$$(A_x)_3 = \Pi - \Pi_0 + e_{11}\frac{\varphi_\beta}{D_3}, \qquad (B_y)_3 = -e_{11}\frac{\varphi_\beta}{D_3};$$

für diejenigen des unteren Systems folgt aber

$$(A_x) = \Pi - \Pi_0, \quad (B_y) = 0. \quad (241)$$

Die Vergrößerung $d$ der Gesamtdicke des Systems wird, wenn man die Summe der Dicken des unteren Systems mit $D'$ bezeichnet und die Dicke der metallischen Belegungen vernachlässigt, gegeben sein durch

$$d = (a_x)_1 D_1 + (a_x)_2 D_2 + (a_x)_3 D_3 + (a_x) D'. \quad (242)$$

Bei Einsetzen der Ausdrücke (239) bis (241) erhält man

$$-d = s_{11}(\Pi - \Pi_0)\sum D_h - 2e_{11}(s_{11} - s_{12})(\varphi_\alpha - \varphi_\beta), \quad (243)$$

wobei

$$\sum D_h = D_1 + D_2 + D_3 + D'.$$

Wäre die metallische Fassung des Plattensystems völlig starr, so könnte man hierin $d = 0$ setzen. Dies ist indessen keineswegs der

Fall; kein Metall kann neben Quarz als starr betrachtet werden. Führen wir für die Dilatation der metallischen Fassung einen Modul $S$ ein, der natürlich nicht eine reine Materialkonstante ist, sondern noch den Quotienten der Querschnitte der Quarzplatten und der die Metallplatten zusammenhaltenden Säulen (in Fig. 190 auf S. 811) enthält, und setzen $d = (\Pi - \Pi_0) S \sum D_h$, so wird

$$(s_{11} + S)(\Pi - \Pi_0) \sum D_h = 2 e_{11} (s_{11} - s_{12}) (\varphi_\alpha - \varphi_\beta), \tag{244}$$

wobei nach S. 870

$$e_{11} = d_{11}(c_{11} - c_{12}) + d_{14} c_{14}. \tag{245}$$

Nun entsteht bei einer Druckvermehrung $\Pi - \Pi_0$ nach (22) in Quarz ein elektrisches Moment nach der $X$-Achse von dem Betrage

$$- P_1 = d_{11} (\Pi - \Pi_0);$$

es gilt somit schließlich

$$P_1 (s_{11} + S) \sum D_h = 2 e_{11} d_{11} (s_{11} - s_{12}) (\varphi_\beta - \varphi_\alpha). \tag{246}$$

Die vorstehende Betrachtung bestimmt die Wirkungsweise der *Curie*schen Anordnung (innerhalb der festgesetzten Annäherung) vollständig, aber man erkennt, daß eine Verwertung derselben für eine quantitative Prüfung der Theorie sehr schwierig ist.

Daß sich das in dem unteren Plattensystem schließlich erregte Moment mit $e_{11} d_{11}$ proportional findet, liegt in der Natur der Sache, weil der auf dies System wirkende Druck selbst mit $e_{11}$ proportional ist.

§ 449. **Theorie des Curieschen Zwillingsstreifens.** Die vorstehend behandelten Beispiele elektrischer Deformation waren dadurch ausgezeichnet, daß bei ihnen die Deformationsgrößen durch die Bedingungen zu Konstanten wurden. Größeres theoretisches Interesse besitzen Fälle variabler Deformationsgrößen, und es trifft sich günstig, daß für dergleichen auch Beobachtungen vorliegen.

Wir entwickeln nachstehend zunächst die Theorie der Deformation eines Zwillingsstreifens, wie er nach S. 812 von den *Curies* hergestellt und beobachtet worden ist, in einem homogenen elektrischen Felde. In den nächsten Paragraphen wird die Behandlung einiger Fälle inhomogener Felder folgen.

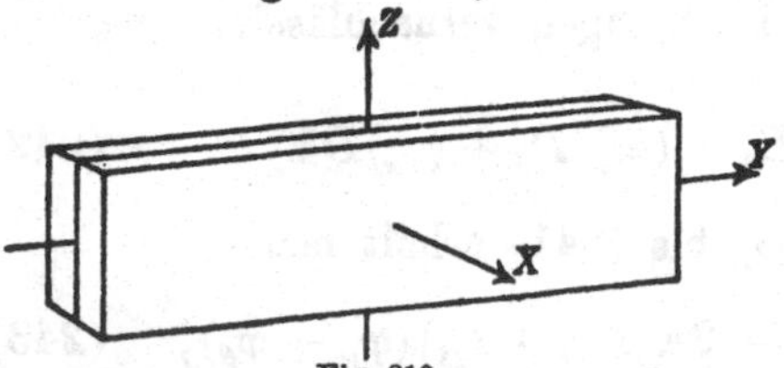


Fig. 210.

Das von den *Curies* benutzte Präparat bestand aus zwei sehr dünnen Quarzblättern, deren Ebenen normal zu einer polaren Achse lagen und die in verwendeten, einander spiegelbildlich entsprechenden Positionen mit zwei ihrer Flächen verkittet waren (s. Fig. 210).

Die größte Erstreckung (die Länge des Präparates) lag parallel der $Y$-Achse, die kleinste parallel der (polaren) $X$-Achse. Die verkittete Mittelfläche entspreche $x = 0$, die beiden Grundflächen $x = \pm d$. Die Hälfte $x > 0$ habe die ursprüngliche, $x < 0$ die verwendete Orientierung. Das Präparat sei keinen mechanischen Einwirkungen, sondern nur einem homogenen Feld $E$ parallel der $+X$-Achse ausgesetzt.

Die strenge Theorie der unter diesen Umständen einsetzenden Deformation bietet wiederum große Schwierigkeiten. Eine beträchtliche Vereinfachung entsteht (wie das schon die *Curies* bei ihrer ohne Kenntnis der allgemeinen Gesetze durchgeführten Behandlung des Problems benutzt haben), wenn man für die Rechnung das bei den Beobachtungen wirklich benutzte Präparat durch ein ihm wahrscheinlich nahe äquivalentes ersetzt, bei dem die lästigen Bedingungen für die Zwischengrenze $x = 0$ vermieden sind.

Die *Curies* betrachten ein Präparat, dessen beide Hälften $x \gtrless 0$ nach Zwischenschaltung einer sehr dünnen metallischen Belegung in der ursprünglichen Position zusammengekittet sind, und nehmen diese innere Belegung auf ein Potential $\varphi_i$, die außen angebrachten auf ein anderes $\varphi_a$ geladen an. Dies Präparat kann dann (da die Kittfläche in dem minimal deformierten Bereich liegt) als homogen, aber in seinen beiden Hälften entgegengesetzten konstanten elektrischen Feldern ausgesetzt betrachtet werden. Wir wollen die Theorie eines derartigen Präparats entwickeln und dabei die parallel $Z$ liegende Breite $2b$ so klein annehmen, daß das Präparat als ein Stab aus kristallisierter Substanz angesehen werden kann.

Da dieser Stab auf seiner ganzen Länge gleiche Einwirkung erfährt, so werden wir ihn als längs seiner Achse gleichförmig deformiert betrachten und die für diesen Fall in dem III. Abschnitt des VII. Kapitels entwickelten Formeln anwenden können. Nach unserer Annahme wirken äußere mechanische Kräfte auf das Präparat nicht ein, es gilt somit

$$\Xi_x = H_y = \cdots = \Xi_y = 0, \tag{247}$$

wobei für diese Druckkomponenten die Ausdrücke (224) zu benutzen sind. Für die $\mathfrak{X}_x, \ldots$ ergeben sich die Werte nach (223) bei Heranziehung des Konstantenschemas (10) auf S. 830 und bei Benutzung der Werte $E_2 = E_3 = 0$ und $E_1 = \pm E$ für $x \gtrless 0$ zu

$$\begin{aligned} \mathfrak{X}_x &= -X_x = \pm e_{11} E, \quad \mathfrak{Y}_y = -Y_y = \mp e_{11} E, \quad \mathfrak{Z}_z = -Z_z = 0, \\ \mathfrak{Y}_z &= -Y_z = \pm e_{14} E, \quad \mathfrak{Z}_x = -Z_x = 0, \quad \mathfrak{X}_y = -X_y = 0. \end{aligned} \tag{248}$$

Die früheren Formeln für den gleichförmig deformierten Stab beziehen sich auf ein Koordinatensystem, dessen $Z$-Achse in die Stabachse fällt, während die $X$ und die $Y$-Achse in den Hauptträgheitsachsen des Stabquerschnitts liegen; sie werden für unsere Aufgabe brauchbar, wenn man an den Moduln $s_{hk}$ und den Parametern $g_h$ die Indizes (1, 2, 3) und (4, 5, 6) um einen Schritt rückwärts zyklisch vertauscht, außerdem die Koordinatenrichtungen $x, y, z$ durch $z, x, y$ ersetzt.

Hiernach werden die Ausdrücke (151) auf S. 623 für die Verrückungskomponenten $u$, $v$, $w$ zu

$$
\begin{aligned}
u &= U + y(\tfrac{1}{2}g_1(l-y) + hz),\\
v &= V + y(g_3 z + g_1 x + g_2),\\
w &= W + y(\tfrac{1}{2}g_3(l-y) - hx);
\end{aligned}
\qquad (249)
$$

dabei ist $l$ die Länge des Stabes, $U$, $V$, $W$ sind Funktionen von $z$ und $x$ allein.

Allerdings sind diese Ausdrücke mit den unstetig über den Querschnitt wechselnden, nämlich bei $x = 0$ springenden Druckkomponenten (248) nicht verträglich. Da aber die Dehnung, Biegung, Drillung des gleichförmig deformierten Stabes nur von den Gesamtkomponenten und -momenten der Drucke gegen die Querschnitte, d. h. von den Integralen

$$
-\int Y_y dq = B, \quad -\int x Y_y dq = N, \quad +\int x Z_y dq = M \qquad (250)
$$

abhängen, so wollen wir uns erlauben, an Stelle der unstetig variierenden Feldstärke $\pm E$ eine stetig variierende einzuführen, welche gleiche Komponenten und Momente liefert. Dies gelingt ersichtlich, indem wir statt $\pm E$ ein Feld

$$
E' = \frac{3xE}{2d} \qquad (251)
$$

parallel $X$ als wirksam annehmen; denn dieses liefert, ebenso wie das gegebene,

$$
B = 0, \quad N = -2e_{11}Ebd^2, \quad M = -2e_{14}Ebd^2. \qquad (252)
$$

Indem wir nun die Gleichungen (159) auf S. 626 gleichfalls durch geeignete zyklische Vertauschungen unserm Fall anpassen, die Werte

$$
\begin{aligned}
X_x &= -\frac{3e_{11}xE}{2d}, \quad Y_y = \frac{3e_{11}xE}{2d}, \quad Z_z = 0,\\
Y_z &= -\frac{3e_{14}xE}{2d}, \quad Z_x = 0, \qquad X_y = 0
\end{aligned}
\qquad (253)
$$

einsetzen und berücksichtigen, daß nach (13) für Quarz

$$
d_{11} = e_{11}(s_{11} - s_{12}) + e_{14}s_{14}, \quad d_{14} = 2e_{11}s_{14} + e_{14}s_{44}, \qquad (254)
$$

erhalten wir leicht

$$
\begin{aligned}
&\frac{\partial U}{\partial x} = \frac{3d_{11}xE}{2d}, \quad g_3 z + g_1 x + g_2 = -\frac{3d_{11}xE}{2d},\\
&\tfrac{1}{2}lg_1 + \frac{\partial V}{\partial x} + hz = 0, \quad \tfrac{1}{2}lg_3 + \frac{\partial V}{\partial z} - hx = -\frac{3d_{14}xE}{2d},\\
&\frac{\partial W}{\partial x} + \frac{\partial U}{\partial z} = 0, \quad \frac{\partial W}{\partial z} = 0,
\end{aligned}
\qquad (255)
$$

wobei $U$, $V$, $W$ sich aus diesen Formeln und den Befestigungsbedingungen (152) von S. 623 bestimmen. $g_2$ mißt die Längsdehnung des Stabes parallel $Y$, $g_1$ ist der reziproke Krümmungsradius $1/R_1$ der Biegung in der $XY$-, $g_3 = 1/R_3$ derselbe in der $ZY$-Ebene, $h$ die spezifische Drillung.

Die Formeln geben

$$g_1 = -\frac{3d_{11}E}{2d}, \quad g_2 = 0, \quad g_3 = 0, \quad h = \frac{3d_{14}E}{4d}, \tag{256}$$

$$U = \frac{3d_{11}x^2E}{4d}, \quad V = -\tfrac{1}{2}l(g_1x + g_3z) - \frac{3d_{14}xzE}{4d}, \quad W = 0, \tag{257}$$

und die Gesetze für die Verrückungskomponenten $u$, $v$, $w$ werden hiernach vollständig bestimmt. Bedeutung haben für uns nach dem S. 908 Bemerkten nur die Werte $g_k$ und $h$. Sie ergeben, daß eine Längsdehnung des Stabes nicht stattfindet, weiter, daß eine gleichförmige Biegung in der $XY$-Ebene stattfindet, und zwar nach einem Kreisbogen mit dem Radius

$$R = \frac{2d}{3d_{11}E}, \tag{258}$$

endlich, daß der Stab neben der Biegung eine gleichförmige Drillung um die $Y$-Achse erfährt von dem Gesamtbetrage

$$\overline{m} = \frac{3d_{11}lE}{4d}. \tag{259}$$

Die Größe der Krümmung stimmt mit dem von den *Curies* auf anderem Wege erhaltenen Werte überein; das Eintreten der Drillung konnten sie nach der Vorstellung, die sie sich über den Mechanismus des Vorganges gebildet hatten, überhaupt nicht erhalten. In bezug hierauf ist es auch bemerkenswert, daß nach der strengeren Theorie die Biegung nur zum Teil auf dem biegenden Moment $N$ um die $Z$-Achse, zum andern auf dem drillenden Moment um die $Y$-Achse beruht; denn nach (250) sind beide von Null verschieden und nach den Resultaten von § 311 auch beide wirksam. —

Was nun das eigentliche bei dem *Curie*schen Zwillingsstreifen vorliegende Problem angeht, so ist hier nach S. 906 die Orientierung der Hälfte $x < 0$ durch eine Drehung um 180° um die $Z$-Achse aus derjenigen der Hälfte $x > 0$ zu gewinnen. Es ist deshalb für $x < 0$ in den früheren Formeln $-s_{14}$ und $-e_{14}$ an Stelle von $+s_{14}$ und $+e_{14}$, zugleich aber $+E$ für $-E$ zu setzen. Hierdurch verändert sich in (248) der Wert von $Y_z$ in $+e_{14}E$, in (250) wird $M = 0$.

Die elastischen Formeln (249) und (255) sind jetzt aber nicht mehr anwendbar, da der Stab nicht mehr homogen ist. Eine plausible Annahme geht dahin, die Kombination einer Hälfte mit $+s_{14}$

und einer mit $-s_{14}$ für die resultierenden Biegungen und Drillungen einem homogenen Stab mit $s_{14}=0$ äquivalent zu setzen. Dann würde aus (256) und (254) folgen

$$g_1 = -\frac{3Ed_{11}}{2d}, \quad g_2 = 0, \quad g_3 = 0, \quad h = 0, \tag{260}$$

wobei $d_{11} = e_{11}(s_{11} - s_{12})$. Es würde somit kein drillendes Moment und auch keine Drillung auftreten.

§ 450. **Biegung und Drillung eines Kreiszylinders durch entgegengesetzte elektrische Ladungen der Quadranten seines Umfanges.** Eines der interessantesten Probleme für die Theorie der elektrischen Deformation liefert die S. 814 erwähnte Beobachtung *Röntgens* über die Drillung eines Kreiszylinders aus Quarz, wenn seine Mantelfläche mit vier je angenähert über einen Quadranten erstreckten Belegungen versehen war und diese Belegungen abwechselnd entgegengesetzt geladen wurden. Da es sich nur um eine qualitative Beobachtung handelt, wird eine angenäherte theoretische Betrachtung, welche das Wesentliche in dem Mechanismus der Erscheinung erkennen läßt, zu ihrer Erklärung ausreichen.

Diese Annäherung wird erhalten durch Vertauschung des bei der *Röntgen*schen Beobachtung vorliegenden theoretischen Problems mit einem ihm bezüglich der Symmetrieverhältnisse der wirkenden Feldstärken gleichwertigen, im übrigen aber nur ähnlichen, das eine strenge Lösung noch unter allgemeineren Bedingungen gestattet, als sie bei dem bez. Experiment vorlagen. Das durchgeführte Problem beleuchtet also die bei dem *Röntgen*schen Experiment vorliegenden Verhältnisse noch von einem höheren Standpunkt aus.

Wir legen die $Z$-Achse in die Zylinderachse und bilden zuvörderst die Potentialfunktion $\varphi$ einer auf der Mantelfläche des Zylinders befindlichen Ladung, deren Dichte nicht von $z$ abhängen soll. $\varphi$ muß dann im Innen-, wie im Außenraum eine reguläre Funktion von $x$ und $y$ sein, die der Gleichung

$$\frac{\partial^2\varphi}{\partial x^2} + \frac{\partial^2\varphi}{\partial y^2} = 0 \tag{261}$$

genügt. An der Mantelfläche $r = R$ kann entweder der Wert von $\varphi = \overline{\varphi}$ oder aber der Sprung vorgeschrieben sein, den (bei stetigem $\varphi$) $\partial\varphi/\partial r$ beim Durchgang durch die Fläche erleidet, d. h. die Dichte $\sigma$ der Oberflächenladung. Ist die Gesamtladung des Zylinders gleich Null, so muß $\varphi$ im Unendlichen verschwinden.

Setzt man

$$x = p\cos\chi, \quad y = p\sin\chi, \tag{262}$$

so ist eine sehr allgemeine Lösung von (261) für das Innere des Zylinders gegeben durch

$$\varphi_i = A_0 + \sum_1^\infty \frac{1}{h} p^h (A_h \cos h\chi + B_h \sin h\chi), \tag{263}$$

eine ebensolche für den Außenraum durch

$$\varphi_a = \sum_1^\infty \frac{1}{h p^h} (M_h \cos h\chi + N_h \sin h\chi), \tag{264}$$

unter $A$, $B$, $M$, $N$ Konstanten verstanden.

Ist auf der Mantelfläche, d. h. für $p = R$, das Potential $\varphi = \overline{\varphi}$ vorgeschrieben, so ist $\overline{\varphi}$ in eine *Fourier*-Reihe zu entwickeln.

$$\overline{\varphi} = m_0 + \sum_1^\infty (m_h \cos h\chi + n_h \sin h\chi), \tag{265}$$

wobei $m_0$ verschwindet, falls die Gesamtladung des Zylinders gleich Null ist. Es gilt dann ohne weiteres

$$A_0 = 0, \quad \frac{1}{h} R^h A_h = m_h = \frac{1}{h R^h} M_h, \quad \frac{1}{h} R^h B_h = n_h = \frac{1}{h R^h} N_h. \tag{266}$$

Ist dagegen $\sigma$ gegeben, so ist dies durch eine analoge Reihe

$$\sigma = a_0 + \sum_1^\infty (a_h \cos h\overline{\chi} + b_h \sin h\overline{\chi}) \tag{267}$$

darzustellen, wobei wieder $a_0$ verschwindet, wenn die Gesamtladung gleich Null ist. Man hat dann

$$\left.\begin{aligned} &A_0 = 0, \quad R^h A_h = \frac{1}{R^h} M_h, \quad R^h B_h = \frac{1}{R^h} N_h \\ &\text{und} \\ &4\pi a_h = R^{h-1} A_h + \frac{1}{R^{h+1}} M_h, \quad 4\pi b_h = R^{h-1} B_h + \frac{1}{R^{h+1}} N_h, \end{aligned}\right\} \tag{268}$$

wodurch abermals alle Konstanten bestimmt sind.

Wir wollen weiterhin zunächst nicht über die Art der Oberflächenbedingungen speziell verfügen; was uns in erster Linie interessiert, ist das Gesetz von $\varphi_i$, resp. das auf ihm beruhende innere elektrische Feld.

Wir schreiben nun, um die Feldkomponenten

$$E_1 = -\frac{\partial \varphi}{\partial x}, \quad E_2 = -\frac{\partial \varphi}{\partial y}, \quad E_3 = -\frac{\partial \varphi}{\partial z}$$

zu bilden,

$$\begin{aligned} \varphi_i = A_0 &+ (A_1 x + B_1 y) + \tfrac{1}{2}(A_2 (x^2 - y^2) + 2 B_2 xy) \\ &+ \tfrac{1}{3}(A_3 x (x^2 - 3y^2) + B_3 y (3x^2 - y^2)) + \cdots \end{aligned} \tag{269}$$

Die Glieder zweiter Ordnung sind hierin die niedrigsten, welche der Symmetrie des von *Röntgen* benutzten Feldes entsprechen, und wir wollen uns auf ihre Betrachtung beschränken. Es ist dann

$$-E_1 = A_2 x + B_2 y, \quad -E_2 = -A_2 y + B_2 x, \quad -E_3 = 0. \tag{270}$$

Die durch diese Ausdrücke dargestellte Feldverteilung auf dem Querschnitt des Kreiszylinders gibt Kraftlinien, deren Gleichung lautet

$$2 A_2 xy + B_2 (y^2 - x^2) = \text{konst.}, \tag{271}$$

die also in gleichseitigen Hyperbeln verlaufen. Die gesamte Feldstärke $E$ hat eine Größe, gegeben durch

$$E^2 = (A_2^2 + B_2^2)(x^2 + y^2). \tag{272}$$

Um ein solches Feld zu bewirken, wären auf der Mantelfläche des Zylinders Ladungen mit einer Dichte $\sigma$ anzubringen, die sich nach (268) und (267) bestimmt zu

$$\sigma = \frac{R}{2\pi}(A_2 \cos 2\bar{\chi} + B_2 \sin 2\bar{\chi}); \tag{273}$$

dieselbe verschwindet in den Meridianen, wo

$$\operatorname{tg} 2\bar{\chi} = -A_2/B_2, \tag{274}$$

sie erreicht maximale Werte in denjenigen, wo

$$\operatorname{tg} 2\bar{\chi} = +B_2/A_2. \text{ —} \tag{275}$$

Nach dem S. 903 allgemein Bemerkten können wir auch hier den fundamentalen Bedingungen (225) und (226) bei Ausschluß mechanischer Einwirkungen auf den Kreiszylinder genügen durch die Annahme

$$\Xi_x = H_y = \cdots = \Xi_y = 0,$$

d. h. die elastischen Drucke resp. Deformationen mit den Feldkomponenten verknüpfen durch die Beziehungen (228) resp. (229).

Nun sind für den Fall einer längs der Zylinderachse gleichförmigen Deformation, wie sie nach Symmetrie bei hinreichender Länge des Zylinders hier vorliegt, in § 307 allgemeine Ausdrücke für die Deformationsgrößen abgeleitet worden. Wir kommen demgemäß ganz direkt zur Lösung unseres Problems, wenn wir diese Ausdrücke (147) von S. 622 in die obigen Formeln (229) einsetzen und dabei die Ausdrücke (270) für die Feldkomponenten benutzen. Wir erhalten so

$$\begin{aligned}
d_{11}(A_2x+B_2y)+d_{21}(B_2x-A_2y) &= -\frac{\partial U}{\partial x},\\
d_{12}(A_2x+B_2y)+d_{22}(B_2x-A_2y) &= -\frac{\partial V}{\partial y},\\
d_{13}(A_2x+B_2y)+d_{23}(B_2x-A_2y) &= -(g_1x+g_2y+g_3),\\
d_{14}(A_2x+B_2y)+d_{24}(B_2x-A_2y) &= -\left(\frac{\partial W}{\partial y}+hx\right),\\
d_{15}(A_2x+B_2y)+d_{25}(B_2x-A_2y) &= -\left(\frac{\partial W}{\partial x}-hy\right),\\
d_{16}(A_2x+B_2y)+d_{26}(B_2x-A_2y) &= -\left(\frac{\partial U}{\partial y}+\frac{\partial V}{\partial x}\right).
\end{aligned} \tag{276}$$

In diesen Ausdrücken mißt $g_1$ und $g_2$ resp. die Biegung des Zylinders in der $XZ$- und der $YZ$-Ebene, $h$ die Drillung um die Längsachse; $g_3$, das Maß der Längsdehnung, findet sich in dem vorliegenden Falle gleich Null.

Im übrigen genügt man diesen Beziehungen durch die Ansätze für $U, V, W$ von S. 633, z. B. also durch

$$U=\tfrac{1}{2}a_1x^2+b_1xy+\tfrac{1}{2}c_1y^2, \text{ usf.}$$

Es ergibt sich hiernach ohne weiteres für die uns in erster Linie interessierenden Parameter

$$-g_1=d_{13}A_2+d_{23}B_2,\quad -g_2=d_{13}B_2-d_{23}A_2; \tag{277}$$

weiter

$$-(h+b_3)=d_{14}A_2+d_{24}B_2,$$

$$-(b_3-h)=d_{15}B_2-d_{25}A_2,$$

also

$$-2h=(d_{14}+d_{25})A_2+(d_{24}-d_{15})B_2. \tag{278}$$

§ 451. **Diskussion der Resultate der Theorie.** Diese Formeln (277) enthalten die (angenäherte) Theorie der Biegung und der Drillung eines hinreichend langen Kreiszylinders durch die Wirkung von elektrischen Oberflächenladungen, die in vier Quadranten mit abwechselnden Vorzeichen angebracht sind. Die Vergleichung mit den Formeln (176) und (184) für die reziproken Phänomene der piezoelektrischen Erregung zeigt, wie in beiden Fällen dieselben Moduln in analogen Verbindungen auftreten, daß also auch beide Vorgänge unter denselben Umständen verschwinden.

Von quantitativen Beziehungen zwischen den beiden reziproken Erscheinungen sei folgendes erwähnt:

Bei mechanischer Biegung des Kreiszylinders sind die Meridiane maximaler Erregungen nach (173) gegeben durch

$$\chi=\chi'+\tfrac{1}{2}h\pi,\quad h=1,2,\ldots,$$

wobei nach (178)

$$\operatorname{tg} 2\chi' = \frac{M d_{23} - L d_{13}}{M d_{13} + L d_{23}};$$

falls also

$$M d_{23} = L d_{13} \tag{279}$$

ist, ergibt sich

$$\chi' = 0, \quad \chi = \tfrac{1}{2} h \pi,$$

was die Koordinatenebenen definiert.

Der Fall, daß bei dem reziproken Vorgang die maximalen Ladungen in den Koordinatenebenen liegen, ist nach S. 912 gegeben durch $B_2 = 0$; hier wird also nach (277)

$$-g_1 = d_{13} A_2, \quad +g_2 = d_{23} A_2,$$

d. h.

$$-g_1 d_{23} = g_2 d_{13}. \tag{280}$$

Da nach den Beziehungen (164) auf S. 628 $g_1$ elastisch ebenso mit $-M$, wie $g_2$ mit $+L$ verknüpft ist, so bestimmt die erhaltene Beziehung (280) die Lage der Biegungsebene bei der elektrischen Deformation in derselben Weise, wie (279) die Lage der Biegungsachse bei der maximalen piezoelektrischen Erregung. Es ergibt sich sonach der Satz:

Bringt man die maximalen Ladungen, welche eine elektrische Deformation bewirken sollen, in denjenigen Meridianen an, in welchen irgend eine gleichförmige Biegung maximale Erregungen lieferte, so entsteht eine Biegung nach einer Ebene normal zu der Achse des zuvor in Aktion gesetzten biegenden Drehungsmomentes. —

Das Gesetz (278) der elektrischen Drillung des Kreiszylinders wollen wir daraufhin diskutieren, in welchen Meridianen die maximalen Ladungen anzubringen wären, um eine maximale Drillung zu bewirken.

Hierfür ist zu berücksichtigen, daß (nach dem S. 912 über das durch (270) gegebene Feld Gesagten) sich dasselbe Feld in wechselnder Orientierung gegen den Zylinderquerschnitt dann ergibt, wenn $A_2$ und $B_2$ so variiert werden, daß dabei $A_2^2 + B_2^2$ konstant bleibt. Die Bedingung, daß bei gleicher Stärke des Feldes die Drillung $h$ durch dessen Orientierung ein Maximum annimmt, lautet somit

$$(d_{14} + d_{25}) B_2 = (d_{24} - d_{15}) A_2. \tag{281}$$

Nun war nach (275) das Azimut $\bar{\chi}$ des Meridians maximaler Ladung bei dem durch (270) gegebenen Feld bestimmt durch

$$\operatorname{tg} 2\bar{\chi} = B_2 / A_2.$$

Wir erhalten somit für das Azimut maximaler Dichte, welches maximaler Drillung entspricht,

$$\operatorname{tg} 2\chi = \frac{d_{24} - d_{15}}{d_{14} + d_{25}}. \tag{282}$$

Weiter sind aber nach (173) und (186) die Meridiane maximaler piezoelektrischer Erregung durch Drillung gegeben durch

$$\operatorname{tg} 2\chi' = \frac{d_{24} - d_{15}}{d_{14} + d_{25}}. \tag{283}$$

Es ergibt sich demgemäß der weitere Satz:

Um eine maximale Drillung durch die elektrische Ladung der Oberfläche eines Kreiszylinders zu bewirken, sind die Maxima der betreffenden Ladungen in denselben Meridianen anzubringen, die bei einer mechanischen Drillung maximale piezoelektrische Erregung zeigen.

Bei den bisherigen Entwicklungen ist ein Koordinatensystem $XYZ$ zugrunde gelegt, das in einem Kristall der allgemeinsten Symmetrie beliebig orientiert zu denken ist. Bei Anwendung der erhaltenen Resultate auf Zylinder, die in bestimmter Orientierung aus einem höher symmetrischen Kristall hergestellt sind, ist dann nach dem S. 880 Bemerkten ein Achsensystem $X'Y'Z'$ zu benutzen, so daß in den erhaltenen Resultaten die Moduln $d_{hk}$ mit $d'_{hk}$ zu vertauschen sind. Ausdrücke für diese $d'_{hk}$ in praktisch wichtigen Fällen sind S. 888 u. 890 mitgeteilt worden. —

Die vorstehenden Betrachtungen können als eine angenäherte Theorie der Beobachtungen *Röntgens* über die elektrische Drillung eines Kreiszylinders von Quarz gelten. Bei diesen waren auf der Mantelfläche des Zylinders streifenförmige Metallbelegungen parallel der Zylinderachse an denjenigen Stellen angebracht, auf denen eine Drillung des Zylinders maximale scheinbare Dichten geliefert hatte. Es waren somit die Symmetrieverhältnisse des durch ihre Ladung bewirkten Feldes gerade die für maximale elektrische Deformation nötigen.

§ 452. **Berücksichtigung der Effekte höherer Ordnung. Eine Kristallplatte ohne Belegungen.** Alle theoretischen Betrachtungen dieses Kapitels sind insofern angenäherte, als sie nur die Effekte erster Ordnung berücksichtigen, während der wirkliche Vorgang eine Superposition von Effekten wachsender Ordnung darstellt. Ein gepreßtes Kristallpräparat gerät durch seine piezoelektrische Erregung in ein elektrisches Feld; dies Feld bewirkt eine Änderung der Spannungen, die ihrerseits die Erregung beeinflußt, usf. Ebenso entstehen bei einem in ein Feld gebrachten Kristall durch die in ihm erregten

Spannungen piezoelektrische Effekte mit einem neuen Feldanteil, der seinerseits Beiträge zu den Spannungen liefert, usf. Wir haben diese Effekte höherer Ordnung bisher vernachlässigt, weil dieselben auf die (nicht eben sehr genau) beobachtbaren Größen im allgemeinen wenig influieren. Der Nachweis der Berechtigung zu dieser Vernachlässigung bleibt aber zu erbringen, und eine strengere theoretische Behandlung der Probleme bietet ja auch an sich prinzipielles Interesse. Diese Behandlung gelingt in der Tat in einer Reihe wichtiger Fälle; hier müssen wir uns auf die Durchführung einiger besonders einfachen Probleme beschränken, die aber genügen, um das Charakteristische der fraglichen Vorgänge zu zeigen.

Wir betrachten eine Platte aus einem piezoelektrisch erregbaren Kristall, die als seitlich unbegrenzt gelten darf und in ihrer transversalen Ausdehnung durch $0 < z < l$ bestimmt ist. Auf ihre Grundflächen wirke ein normaler Druck von der Größe $\Pi$, der etwa durch beiderseitig angrenzende dielektrische, aber durch Druck nicht erregbare (isotrope) Platten ausgeübt wird; auf die Randfläche der Platte mögen keine Drucke stattfinden. Außerdem sei die Kristallplatte einem äußern homogenen transversalen Felde $E_1{}^0 = E_2{}^0 = 0$, $E_3{}^0 = E^0$ ausgesetzt. Metallische Belegungen der Grundflächen seien vorerst nicht vorhanden.

Als Folge des äußern Druckes $\Pi$ entsteht im Innern der Platte ein homogenes Drucksystem

$$\Xi_x = H_y = H_z = Z_x = \Xi_y = 0, \quad Z_z = \Pi; \tag{284}$$

als Folge des äußeren Feldes $E^0$ entsteht ein inneres homogenes Feld $E$, das wegen der Forderung des stetigen Durchganges von $E_1$ und $E_2$ durch die Grenzflächen gleichfalls parallel der $Z$-Achse liegt.

Für die Komponente parallel $Z$, die also $E_3 = E$ ist, gilt dann, wenn $P$ das elektrische Moment in der Platte, $P^0$ dasjenige im Außenraum ist, und die Grundflächen keine wahre Ladung tragen,

$$E - E^0 = -4\pi (P_3 - P_3{}^0); \tag{285}$$

denn in der Grundfläche $z = 0$ ist (nach S. 204) $-4\pi (P_3 - P_3{}^0)$ die scheinbare Ladung, und diese stellt die alleinige Quelle für die Kraftströmungen $E$ und $E^0$ dar. Dieselbe Formel ergibt sich durch die Betrachtung der Grenzfläche $z = l$.

Wir berechnen nun die Deformationsgrößen $x_x = x_1, \ldots$ in der Platte mit Hilfe der bei Vertauschung von $-Z_z$ mit $\Pi - Z_z$ hier anwendbaren Formeln (228) zu

$$x_h = d_{3h} E - s_{3h} \Pi, \quad \text{für} \quad h = 1, 2, \ldots 6, \tag{286}$$

und setzen die Resultate in (20) ein. Indem wir nach S. 415 die auf Influenz beruhenden Anteile an den Momenten hinzufügen, erhalten wir

$$P_i = (\eta_{i3} + \sum_h e_{ih} d_{3h}) E - d_{i3} \Pi = \eta'_{ih} E - d_{i3} \Pi, \text{ für } i = 1, 2, 3; \quad (287)$$

dabei bezeichnet $\eta_{i3}$ eine Elektrisierungszahl des Kristalls, $\eta'_{i3}$ ist eine Abkürzung. Ferner gilt bei Einführung der Elektrisierungszahl $\eta$ des die Platte umgebenden Dielektrikums

$$P_1^0 = 0, \quad P_2^0 = 0, \quad P_3^0 = \eta E^0. \quad (287')$$

Hiernach liefert uns (285)

$$E - E^0 = -4\pi(\eta'_{33} E - d_{33} \Pi - \eta E^0),$$

also

$$E(1 + 4\pi \eta'_{33}) = E^0 (1 + 4\pi\eta) + 4\pi d_{33} \Pi. \quad (288)$$

Das Einsetzen des so bestimmten Wertes $E$ in (287) ergibt dann für die Momente $P_i$ die Ausdrücke

$$P_i = \frac{\eta'_{i3}}{1 + 4\pi\eta'_{33}} (E^0 (1 + 4\pi\eta) + 4\pi d_{33} \Pi) - d_{i3} \Pi \text{ für } i = 1, 2, 3. \quad (289)$$

Zugleich erhalten wir für die Deformationsgrößen in der Platte

$$x_h = \frac{d_{3h}}{1 + 4\pi\eta'_{33}} (E^0 (1 + 4\pi\eta) + 4\pi d_{33} \Pi) - s_{3h} \Pi \text{ für } h = 1, 2, \ldots 6. \quad (290)$$

Bei alleiniger Einwirkung des äußern Druckes gibt dies

$$\left.\begin{aligned} P_i &= -\Pi \left(d_{i3} - \frac{4\pi d_{33} \eta'_{i3}}{1 + 4\pi\eta'_{33}}\right), \\ x_h &= -\Pi \left(s_{3h} - \frac{4\pi d_{33} d_{3h}}{1 + 4\pi\eta'_{33}}\right). \end{aligned}\right\} \quad (291)$$

Man erkennt, daß das erregte Moment $P$ in unserm Falle durch die sekundären Effekte ziemlich stark beeinflußt wird; es hängt dies damit zusammen, daß die ganze piezoelektrisch erzeugte Ladung unter den gemachten Voraussetzungen auch influenzierend wirksam wird.

Bei alleiniger Einwirkung des äußern Feldes resultiert

$$P_i = E^0 \frac{\eta'_{i3}(1 + 4\pi\eta)}{1 + 4\pi\eta'_{33}}, \quad x_h = E^0 \frac{d_{3h}(1 + 4\pi\eta)}{1 + 4\pi\eta'_{33}}; \quad (292)$$

auch diese Ausdrücke sind durch die Sekundärwirkungen stark beinflußt.

§ 453. **Eine Platte mit metallischen Belegungen.** Die Verhältnisse ändern sich beträchtlich, wenn die Kristallplatte metallische Belegungen trägt, die mit (gleichen) Kapazitäten, z. B. den Quadranten eines Elektrometers verbunden sind, so daß sich eine kompensierende Ladung auf den Grundflächen der Platte ausbilden kann.

In diesem Falle kann (durch die Belegungen hindurch) eine äußere Feldstärke $E^0$ nicht wirksam werden; das Feld im Innern der Platte beruht also nur auf dem Potential der Belegungen. Werden die Belegungen für $z = 0$ und $z = l$ durch die Indizes 0 und 1 charakterisiert, so ist jetzt

$$E = (\varphi_0 - \varphi_1)/l \tag{293}$$

und nach (287)

$$P_i = \eta'_{i3} \frac{(\varphi_0 - \varphi_1)}{l} - d_{i3} \Pi, \quad \text{für} \quad i = 1, 2, 3. \tag{294}$$

Nun bestimmen sich die gesamten Dichten $(\sigma)$ in den Grundflächen, welche die Quellen für die nur im Innern der Platte verlaufende Kraftströmung darstellen, durch die Formel

$$(\sigma_0) = -(\sigma_1) = \frac{\varphi_0 - \varphi_1}{4\pi l}. \tag{295}$$

Von diesen Dichten ist ein Teil durch die Erregung des Kristalls bedingt, die mit einer Oberflächenladung von der Dichte $\pm P_3$ äquivalent ist; ein zweiter Teil ist in der Belegung influenziert, so daß wir setzen können

$$(\sigma_0) = -(\sigma_1) = \sigma_0 - P_3, \tag{296}$$

wobei $\sigma_0$ die in der Belegung (0) influenzierte Dichte bezeichnet. In der Belegung (1) entsteht $\sigma_1 = -\sigma_0$. Wir erhalten somit

$$\sigma_0 - P_3 = \frac{\varphi_0 - \varphi_1}{4\pi l} \tag{297}$$

und bei Heranziehung der Gleichung (294) für $i = 3$ auch

$$\sigma_0 = \frac{\varphi_0 - \varphi_1}{4\pi l}(1 + 4\pi\eta'_{33}) - d_{33}\Pi = -\sigma_1. \tag{298}$$

Um die angehängten Kapazitäten in Rechnung setzen zu können, ohne das Problem auf eine andere Grundlage zu stellen, wollen wir dieselben durch zwei zu den Belegungen parallele und zur Erde abgeleitete Metallplatten (0) und (1) repräsentieren, von denen (0) im Abstand $l_0$ von der Belegung $z = 0$, (1) im Abstande $l_1$ von der Belegung $z = l$ entfernt sein mag und je mit der bez. Belegung zusammen einen Kondensator bildet. Es ist dann die Dichte auf den Außenseiten der beiden Belegungen resp.

$$\sigma_0' = \varphi_0/4\pi l_0, \quad \sigma_1' = \varphi_1/4\pi l_1.$$

Bei Einführung der (gegen alle $l_h$ großen) Grundfläche $F$ der Kristallplatte stellen $F/4\pi l_0 = C_0$, $F/4\pi l_1 = C_1$ die Kapazitäten der beiden Kondensatoren dar, und es wird $\sigma_0' = \varphi_0 C_0/F$, $\sigma_1' = \varphi_1 C_1/F$. Wir wollen, wie oben gesagt, $l_0 = l_1$ also $C_0 = C_1$ annehmen.

Sind die Belegungen ursprünglich ungeladen gewesen, so ist

$$\sigma_0 + \sigma_0' = 0, \quad \sigma_1 + \sigma_1' = 0$$

und

$$\sigma_0 = -\varphi_0 C_0/F = -(\varphi_0 - \varphi_1) C_0/2F = -\sigma_1. \tag{299}$$

Dies gibt schließlich bei Einführung in (298), wenn wir $F(1+4\pi\eta_{33}')/4\pi l$ in $C'$ abkürzen,

$$\left(\frac{\varphi_0 - \varphi_1}{F}\right)\left(\tfrac{1}{2} C_0 + C'\right) = d_{33}\Pi. \tag{300}$$

Hierin steht $C'$ an der Stelle der Kapazität $C$ des aus den Belegungen mit der zwischen ihnen liegenden Kristallplatte bestehenden Kondensators; in der Tat ist $1 + 4\pi\eta_{33}$ die Dielektrizitätskonstante $\varepsilon_{33}$ des Kristalls, und es gilt für $C$ die Formel (278) von S. 451.

Die Formel (300) kann als eine angenäherte Theorie der gewöhnlichen Beobachtungsmethode zur Bestimmung piezoelektrischer Moduln gelten, da sie nach der Bedeutung der Parameter $C'$ und $C_0$ mit Wahrscheinlichkeit die Anwendung auch auf solche Fälle gestattet, wo die komprimierte Kristallplatte nicht unendlich breit gegen ihre Dicke ist, und die angehängten Kapazitäten auf andere Weisen, als vorstehend angenommen, hergestellt sind. $\eta_{33}'$ ist dabei $= \eta_{33} + \sum e_{3h} d_{3h}$.

Für die Deformationen ergibt sich, wenn ein äußerer Druck $\Pi$ nicht wirkt, wegen des Verschwindens von $\Xi_x, \ldots \Xi_y$ nach (229)

$$x_h = d_{3h}(\varphi_0 - \varphi_1)/l; \tag{301}$$

im Falle der seitlich hinreichend ausgedehnten Platte, wo das elektrische Feld der Belegung innerhalb derselben als homogen gelten kann, ist somit die einfache Formel, nach der die *Curies* ihre Beobachtungen berechnet haben, in der Tat streng gültig. —

Von anderen Problemen, bei denen homogene Felder in dem Kristall entstehen, bietet das einer durch ein äußeres homogenes Feld influenzierten oder durch homogene Erwärmung erregten Kugel ein besonderes Interesse. Man kann hier trotz der piezoelektrischen Erregbarkeit denselben Weg einschlagen, der S. 421 gegangen ist, und erhält bezüglich der Momente ähnliche Resultate. Daneben bestimmt sich wegen $\Xi_x = \cdots = \Xi_y = 0$ die elektrische Deformation unmittelbar nach den Formeln (229).

In den Fällen inhomogener Erregungen resp. inhomogener Felder wird die vollständige Theorie der piezoelektrischen Vorgänge im allgemeinen kompliziert; doch lassen sich einige Probleme immerhin relativ leicht behandeln, so insbesondere die Erregung eines Kreiszylinders durch Dehnung, Biegung, Drillung. Es ist bemerkenswert, daß auch bei Berücksichtigung der Effekte höherer Ordnung die merkwürdigen Sätze von S. 885 und 887 Gültigkeit bewahren.

## VII. Abschnitt.

## Piezoelektrische Vorgänge bei wechselnder Temperatur.

§ 454. **Das verallgemeinerte thermodynamische Potential.** Unsere bisherigen Entwicklungen bez. der piezoelektrischen Vorgänge beschränkten sich auf Veränderungen bei konstant erhaltener Temperatur; es hat aber großes, sowohl praktisches, als theoretisches Interesse, die hierin liegende Beschränkung aufzugeben. Ein praktisches Interesse liegt vor, weil die Änderung der Temperatur eines Körpers, insbesondere die Hervorbringung einer ungleichförmigen Temperaturverteilung, ein bequemes und im Gebiet der Piezoelektrizität viel benutztes Mittel zur Erzielung von Spannungen und Deformationen innerhalb eines Körpers darstellt. Ein theoretisches Interesse kommt in Betracht durch die schon S. 235 angeregte Frage, ob eine Temperaturänderung an sich, d. h. ohne Vermittlung der erregten Deformationen, z. B. also bei künstlicher Verhinderung derselben, eine elektrische Erregung zu bewirken vermag.

Die Theorie der elektrischen Vorgänge bei wechselnder Temperatur hat au ein angemessen erweitertes thermodynamisches Potential anzuknüpfen. Indessen ist diese Erweiterung nicht etwa durch bloße Kombination des Potentials in (8) auf S. 816 und in (19) auf S. 249 zu gewinnen, denn das letztere Potential bezog sich nicht auf eine pyroelektrische Erregung bei verhinderter Deformation, dergleichen jetzt zur Ergänzung der isothermischen Erregung durch Deformation zu fügen wäre, sondern auf eine pyroelektrische Erregung bei konstantem Druck und bei ungehinderter Deformation.

Wir haben vielmehr für die pyroelektrische Erregung bei verhinderter Deformation einen neuen Ansatz zu machen, der allerdings nach der Natur der Dinge mit dem Ansatz (19) auf S. 249 formal übereinstimmen, aber dabei andere Parameter enthalten muß. Indem wir diese letzteren mit $K_0$, $K_1$, $K_2$, $K_3$ bezeichnen, können wir das vervollständigte Potential schreiben

$$-\xi_p = \sum_i \sum_h e_{ih} E_i x_h + K_0 + \sum_i K_i E_i \text{ für } i = \quad 2, 3, h = 1, 2, \ldots 6. \quad (302)$$

Die $K$ sind sämtlich Funktionen der Temperatur $\vartheta$, die wir passend wieder meist von einem Normalzustand $\vartheta_0$ aus rechnen, d. h. setzen

$\vartheta = \vartheta_0 + \tau$. Bei kleinen Temperaturänderungen $\tau$ sind die $K_i$ proportional mit $\tau$, $K_0$ mit $\tau^2$; wir setzen noch

$$K_i = h_i \tau, \quad K_0 = \frac{\gamma_0 \tau^2}{2\vartheta_0}, \tag{303}$$

wobei die $h_i$ die Konstanten der wahren Pyroelektrizität darstellen und $\gamma_0$ die spezifische Wärme der Volumeneinheit bei fehlenden Deformationen und fehlender Feldwirkung bezeichnet. $\gamma_0$ ist demgemäß mit der gewöhnlichen spezifischen Wärme bei konstantem Volumen ($\gamma_v$) wesentlich gleichwertig.

Die $K_i$ resp. die $h_i$ sind (ebenso wie die verwandten $F_i$ und $p_i$ § 136 u. f.) Komponenten je eines dem bez. Kristall individuellen Vektors, der in einer einzigartigen ausgezeichneten Richtung des Kristalls liegen muß. Der Vektor verschwindet, wenn der Kristall nach seiner Symmetrie eine solche Richtung nicht besitzt, also insbesondere stets bei zentrisch-symmetrischen Kristallen. Bei Kristallen mit einer $Z$-Hauptachse ohne dazu normaler Symmetrieachse oder Symmetrieebene fällt er in diese Hauptachse. Das vollständige Schema der Spezialisierung der $K_i$ und $h_i$ auf die 32 Kristallgruppen ist dem in § 137 gegebenen völlig konform.

Will man alle in Wechselwirkung stehenden Einflüsse in einem Ansatz für $\xi$ umfassen, so hat man mit dem Ausdruck (302) noch diejenigen (472) auf S. 764 für die Thermoelastizität und (210) auf S. 414 für die dielektrische Influenz zu kombinieren. Das vollständige Potential ($\xi$) würde sich aus diesen drei Teilen zusammensetzen gemäß der Formel

$$(\xi) = \xi_p + \xi_e + \xi_i, \tag{304}$$

wobei $\xi_p$ wie oben sich auf die (allgemeine) piezo- und pyroelektrische Erregung bezieht, $\xi_e$ auf die elastischen, $\xi_i$ auf die Influenzvorgänge.

Die Ableitung der vollständigen elektrischen Momente $P_i$ und der vollständigen Druckkomponenten geschieht dann nach den allgemeinen Formeln

$$P_i = -\frac{\partial(\xi)}{\partial E_i}, \tag{305}$$

$$\mathfrak{X}_h = -\frac{\partial(\xi)}{\partial x_h} \tag{306}$$

von S. 189.

Man kann von diesem ersten Potential ($\xi$) in der S. 190 allgemein erörterten Weise zu einem zweiten Potential ($\zeta$) übergehen; da dieser Übergang uns aber keine besonderen Vorteile bietet, mag er hier unterbleiben.

Es entspricht der Beschränkung auf die Effekte erster Ordnung (wie dieselbe im allgemeinen in diesem Kapitel innegehalten ist), die

Rückwirkung der piezoelektrischen Erregung auf die elastischen Deformationen zu vernachlässigen, letztere also in derselben Weise aus den äußeren Kräften und den Temperaturänderungen zu berechnen, als wenn der betrachtete Körper nicht piezoelektrisch erregbar wäre. Wir haben demgemäß also auch zum Zweck der Bestimmung der allgemeinen elektrischen Erregung infolge einer Temperaturänderung die Deformationsgrößen $x_h$ einfach nach den im VIII. Abschnitt des VII. Kapitels entwickelten Regeln zu berechnen und diese in die nach (305) bei Beschränkung auf das Teilpotential $\xi_p$ geltenden Ausdrücke

$$-\frac{\partial \xi_p}{\partial E_i} = P_i = \sum_h e_{ih} x_h + K_i \tag{307}$$

einzusetzen.

Bei Kristallen ohne einzelne ausgezeichnete Richtungen sind die $K_i = 0$, hier reduzieren sich die Formeln (306) auf die zunächst für isothermische Deformationen aufgestellten (9), bleiben ihnen aber insofern ungleichwertig, als die $x_h$ jetzt nicht nur durch mechanische Einwirkungen, sondern auch durch Temperaturänderungen hervorgerufen zu denken sind.

Die Entropie der Volumeneinheit, so weit sie auf dem Teilpotential $\xi_p$ beruht, bestimmt sich nach (302) zu

$$-\frac{\partial \xi_p}{\partial \tau} = \eta = \sum_i \sum_h e'_{ih} E_i x_h + K_0' + \sum_i K_i' E_i, \tag{308}$$

wobei die oberen Indizes Differentialquotienten nach der Temperatur bezeichnen. Die durch diesen Ausdruck signalisierten Erscheinungen haben anscheinend zunächst keine praktische Bedeutung; es soll also auf ihre Diskussion verzichtet werden.

§ 455. **Erregung bei homogener Temperaturänderung. Die Frage der wahren Pyroelektrizität.** Der denkbar einfachste Fall, auf den diese erweiterten Formeln anwendbar sind, ist derjenige eines bei konstantem äußern Druck homogen erwärmten Kristalls; hier werden die Deformationsgrößen $x_h$ nach § 153 zu den $A_h$, und bei geringer Temperaturänderung gilt

$$A_h = a_h \tau, \tag{309}$$

wobei $a_h$ die Konstante der bezüglichen thermischen Dilatation bezeichnet. In diesem Falle ergibt (307)

$$P_i = \sum_h e_{ih} A_h + K_i, \tag{310}$$

und da die Voraussetzungen identisch sind mit den in § 136 u. f. gemachten, so enthält diese Formel die Deutung der früher benutzten Parameter $F_i$ der gewöhnlichen, d. h. bei homogener Erwärmung unter konstantem äußern Druck zu beobachtenden Pyroelektrizität, derart, daß

$$F_i = \sum_h e_{ih} A_h + K_i. \tag{311}$$

Diese Formel zerlegt die gewöhnliche pyroelektrische Erregung gemäß dem S. 235 Gesagten in eine w a h r e Pyroelektrizität (gemessen durch $K_i$) und in eine f a l s c h e, auf der Deformation beruhende (gemessen durch $\sum_h e_{ih} A_h$). Bei kleinern Temperaturänderungen gilt dann

$$p_i = \sum_h e_{ih} a_h + h_i, \tag{312}$$

wodurch die analoge Zerlegung der Konstanten $p_i$ der gewöhnlichen Pyroelektrizität geliefert wird.

Durch die Formeln (311) resp. (312) ist nun die Methode an die Hand gegeben zur Entscheidung der Frage, ob wahre Pyroelektrizität existiert, oder ob alle Pyroelektrizität nur infolge der die Temperaturänderungen begleitenden Deformationen auftritt, also im Grunde Piezoelektrizität darstellt. Man hat hierzu nur experimentell festzustellen, ob das aus piezoelektrischen, elastischen und thermischen Beobachtungen bestimmbare Aggregat $\sum_h e_{ih} a_h$ mit dem gleichfalls beobachtbaren Parameter $p_i$ der gewöhnlichen Pyroelektrizität übereinstimmt.

Die Frage hat, wie schon S. 235 bemerkt, einen Inhalt nur für Kristalle mit einzelnen ausgezeichneten Richtungen. Bei Kristallen, welche derartiger Richtungen entbehren, sind nicht nur die $K_i$ (resp. $h_i$) gleich Null, sondern es verschwinden wegen der für sie geltenden Wertsysteme $e_{ih}$ und $A_h$ (resp. $a_h$) auch die Summen in (311) und (312). Immerhin hat sie eine große prinzipielle Bedeutung.

Wenn man die pyro- und piezoelektrischen Vorgänge mit Hilfe der Elektronenhypothese verständlich zu machen sucht, wie das S. 847 geschehen ist, so wird man als das Wahrscheinliche bezeichnen müssen, daß wahre Pyroelektrizität, also elektrische Erregung durch eine Temperaturänderung bei verhinderter Deformation, v o r k o m m t. Denn wir können uns die Elektronen im Molekül nicht r u h e n d denken; wenn sie aber um Gleichgewichtslagen oszillieren, und diese Bewegung sich bei gesteigerter Temperatur beschleunigt, so erscheint auch eine Veränderung der Gleichgewichtslagen selbst mit der Temperatur durchaus naturgemäß. Da aber die Anordnung der Gleichgewichtslagen der Elektronen das molekulare Moment bestimmt, so ist damit auch eine Veränderung dieses Momentes durch bloße Temperaturänderung gegeben.

Bei den ersten Bestimmungen vollständiger Systeme piezoelektrischer Parameter $d_{ih}$ und $e_{ih}$ ist auch die Frage nach dem Vorkommen wahrer Pyroelektrizität bei Turmalin in Angriff genommen worden[1]), allerdings mehr beiläufig, da nicht alle zur Prüfung der Frage nötigen Parameter für dasselbe Kristallindividuum vorlagen. Zwar waren die elastischen und die piezoelektrischen Moduln $s_{hk}$ und $d_{ih}$ an demselben Kristall bestimmt, aber die Werte der Konstanten $a_h$ der thermischen Dilatation, sowie derjenigen $p_i$ der gewöhnlichen pyroelektrischen Erregung mußten andern Beobachtungen (von *Pfaff* resp. von *Riecke*) entnommen werden; hier hat bei diesen mit dem Herkommen des Turmalin anscheinend beträchtlich variierenden Parametern der Zufall so gewaltet, daß mit dem Resultat der Berechnung ein verschwindender Wert $h_i$, also das Fehlen wahrer Pyroelektrizität vereinbar schien.

Auch abgesehen von den vorgenannten Schwierigkeiten hätte natürlich der Nachweis verschwindender $h_i$ zunächst nur für Turmalin, ja nur für das eine bestimmte Vorkommen dieses Minerales entscheidende Bedeutung gehabt, nämlich dort eine unmerkliche Größe der wahren Pyroelektrizität erwiesen; für andere Kristalle wäre damit nichts entschieden gewesen. Ein allgemeiner Beweis für das Fehlen wahrer Pyroelektrizität ist offenbar überhaupt nicht zu erbringen; das einzige Erreichbare würde hier, wie bei andern ähnlichen Fragen, sein, durch den Nachweis des Fehlens in vielen einzelnen Fällen das allgemeine Fehlen wahrscheinlich zu machen.

Viel günstiger liegt der Nachweis der Existenz wahrer Pyroelektrizität; hier ist der Nachweis in einem einzelnen Falle entscheidend. Ein Fehlen in andern Fällen erscheint dann nur als der Ausdruck eines durch seine Kleinheit der Beobachtung unzugänglichen Effekts.

§ 456. **Nachweis wahrer Pyroelektrizität bei Turmalin.** Die Beobachtungen, welche in diesem Sinne wohl als entscheidend bezeichnet werden können, sind an Turmalin angestellt worden.[2]) Bei diesem Kristall sind nach dem für Gruppe (11) auf S. 251 aufgestellten Schema bei homogener Erwärmung $F_1 = F_2 = 0$, also auch $p_1 = p_2 = 0$, und es bleibt wegen $a_1 = a_2 = a_I$, $a_3 = a_{III}$ und $e_{32} = e_{31}$ aus (312) nur

$$p_3 = 2e_{31}a_I + e_{33}a_{III} + h_3. \tag{313}$$

1) *E. Riecke* und *W. Voigt*, Wied. Ann. Bd. **45**, p. 551, 1892.
2) *W. Voigt*, Gött. Nachr. 1898, p. 166; Ann. d. Phys. Bd. **66**, p. 1030, 1898.

Dabei drücken sich die $e_{ih}$ nach den Formeln (16) durch die direkt beobachtbaren piezoelektrischen Moduln aus gemäß

$$e_{31} = \frac{d_{31} s_{33} - d_{33} s_{13}}{s_{33}(s_{11} + s_{12}) - 2 s_{13}^2}, \quad e_{33} = \frac{d_{33}(s_{11} + s_{12}) - 2 d_{13} s_{13}}{s_{33}(s_{11} + s_{12}) - 2 s_{13}^2}, \tag{314}$$

wobei die Elastizitätskonstanten $c_{hk}$ nach S. 752 bereits durch die gleichfalls direkt beobachteten Moduln $s_{hk}$ ersetzt sind. Wir erhalten somit statt der Formel (313) bei Einführung von lauter gut beobachtbaren Größen

$$p_3 = \frac{2(d_{31} s_{33} - d_{33} s_{13}) a_{\mathrm{I}} + (d_{33}(s_{11} + s_{12}) - 2 d_{13} s_{13}) a_{\mathrm{III}}}{s_{33}(s_{11} + s_{12}) - 2 s_{13}^2} + h_3. \tag{315}$$

Die sehr komplizierte Verbindung, in welcher die Parameter $d_{ih}$, $s_{hk}$, $a_h$ in dem Ausdruck rechts auftreten, zeigt, daß eine Entscheidung der Frage, ob dieser Ausdruck dem beobachteten $p_3$ merklich gleich, also der Parameter $h_3$ der wahren Pyroelektrizität unmerklich ist, eine beträchtliche Genauigkeit der einzelnen Bestimmungen voraussetzt. Insbesondere ist nötig, daß alle Bestimmungen sich auf einen und denselben Kristall beziehen.

Die Elastizitätsmoduln $s_{hk}$ konnten nach der Güte des Materials als erheblich genauer, als bis auf 1 % bestimmt gelten. Die Absolutwerte der piezoelektrischen Moduln $d_{ih}$ waren durch die S. 865 u. f. erörterten Beobachtungen vielleicht weniger genau gefunden.

*Kellner* hat mit den Hilfsmitteln der Firma *Zeiß* in Jena, insbesondere mit dem S. 281 erwähnten *Abbe*schen Dilatometer, die thermischen Dilatationskonstanten $a_{\mathrm{I}}$, $a_{\mathrm{III}}$ für den betreffenden Turmalin bestimmt und für in Celsiusgraden gerechnete $\tau$

$$a_{\mathrm{I}} = (3{,}081 + 0{,}01235\tau) \cdot 10^{-6},$$
$$a_{\mathrm{III}} = (7{,}810 + 0{,}0215\tau) \cdot 10^{-6}$$

gefunden — Werte, die unzweifelhaft eine mehr als ausreichende Genauigkeit besitzen, aber von den bei den früheren Beobachtungen benutzten Zahlen von *Pfaff* beträchtlich abweichen.

Eine der Hauptschwierigkeiten, die der Ableitung absoluter Werte von pyro- und piezoelektrischen Parametern im Wege stehen, ist die Bestimmung der Kapazität des zur Messung benutzten Elektrometers. Es lag demnach nahe, die Frage nach der wahren Pyroelektrizität so zu formulieren, daß eine Bestimmung jener Kapazität vermieden wurde. Dies gelingt nun gemäß Formel (315) ohne weiteres, wenn man nur $p_3$, $d_{31}$, $d_{33}$ bei derselben, unbekannt gelassenen Kapazität beobachtet; es bleibt dann in diesen Größen derselbe Faktor unbekannt, und gleiches gilt bezüglich $h_3$. Der Quotient $h_3/p_3$

aber, d. h. das eigentlich gesuchte Verhältnis der wahren zu der gesamten Pyroelektrizität, wird von diesem Faktor frei.

Die Lösung der gestellten Aufgabe ist demgemäß so in Angriff genommen, daß der Quotient $p_3/d_{33}$ unter möglichst günstigen Umständen, d. h. also insbesondere bei derselben Kapazität direkt bestimmt wurde, daß aber das nach den numerischen Verhältnissen weniger wesentliche $d_{31}/d_{33}$ aus den früheren Beobachtungen, die stets mit demselben Elektrometer arbeiteten, entnommen und mit Hilfe dieser Zahlen schließlich $h_3/p_3$ berechnet wurde.

Um bei der Messung von $p_3/d_{33}$ die Kapazität in Strenge zu eliminieren, wurde so verfahren, daß das piezoelektrische und das pyroelektrische Präparat, dauernd nebeneinander geschaltet, mit dem Elektrometer verbunden waren, und daß nun durch abwechselnde Erregung des einen und des andern Ausschläge bei genau gleicher Kapazität bewirkt wurden. Da man die Größe der Temperaturänderung einesteils, die des Druckes anderenteils in der Hand hatte, so konnte man diese Ausschläge einander so nahe gleichmachen, daß das Gesetz der Angaben des Elektrometers nicht genau bekannt zu sein brauchte.

Das piezoelektrische Präparat war ein parallel den Hauptachsen $X$, $Y$, $Z$ orientiertes Parallelepiped mit Belegungen der zur $Z$-Achse normalen, dem Druck ausgesetzten Flächen; das pyroelektrische ein (von den S. 753 beschriebenen Elastizitätsbeobachtungen herrührendes) Stäbchen von $1 \times 6$ mm Querschnitt bei ca. 50 mm Länge, das an beiden Enden metallische Belegungen trug. Die pyroelektrische Erregung geschah durch abwechselndes Eintauchen des Präparats in zwei Bäder von getrocknetem Paraffinöl; wurde das an einem empfindlichen Thermometer befestigte Stäbchen mit diesem in dem Bade leicht bewegt, so trat der Temperaturausgleich sehr schnell ein. Ladungsverluste durch Ableitung wurden durch die Beobachtung einer Reihe von Umkehrpunkten der schwingenden Elektrometernadel bestimmt und in Rechnung gesetzt.

Das Resultat der Beobachtung ging dahin, daß bei ca. 20° C und in willkürlichen, durch die unbekannte Kapazität bedingten Einheiten die Zahlwerte in Gleichung (315) lieferten

$$645 = 529 + h_3 .$$

Es ist daraus zu folgern, daß bei dem untersuchten Turmalin

$$h_3/p_3 = 116/645 = 0{,}18$$

ist, daß also die wahre Pyroelektrizität bei ihm rund ein Fünftel der gesamten Pyroelektrizität ausmacht.

Es sei bemerkt, daß die S. 865 u. f. erörterten Beobachtungen zu einem ganz ähnlichen Resultat führen, wenn sie (statt mit den früher benutzten *Pfaff*schen) mit den neuen Zahlen für die thermischen Dilatationskonstanten $a_{\mathrm{I}}$ und $a_{\mathrm{III}}$ von Turmalin berechnet werden.

Der nach vorstehendem gefundene erhebliche Betrag des Anteils der wahren Pyroelektrizität an den Erscheinungen läßt eine Erklärung des Resultates durch Beobachtungsfehler nicht wahrscheinlich erscheinen. Die allgemein gehaltenen Einwände von *Lissauer*[1]), dahingehend, daß einerseits die Grenztemperaturen, welche der erregte Turmalin erreicht, ungenau bestimmt sein könnten, und daß andrerseits durch die Bewegung des Kristalls in der Flüssigkeit der Bäder Reibungselektrizität entstanden sein könnte, erscheinen nicht als durchschlagend. Eine falsche Bestimmung der Temperaturen könnte überhaupt wohl nur in dem Sinne stattgefunden haben, daß die Kristalle wegen ihrer geringeren Leitfähigkeit die an den Thermometern abgelesenen Temperaturen zur Zeit der Messungen nicht völlig erreicht hätten. Der hierdurch begangene Fehler würde also die gesamte Pyroelektrizität zu klein ergeben haben; bei seinem Fortfall würde die wahre Pyroelektrizität also nur noch größer ausfallen. (In demselben Sinne würden Ladungsverluste durch Leitung und Konvektion in den Bädern wirken.) Wie aber durch die Reibungswirkung — diese selbst, obwohl bei einer so stark benetzenden Flüssigkeit höchst unwahrscheinlich, einmal zugegeben — an dem ganz symmetrisch bewegten Kristallpräparat, dessen beide Pole mit den Quadrantenpaaren verbunden waren, eine Potentialdifferenz entstehen sollte, ist schwer verständlich.

Noch weniger Gewicht dürften die von *Lissauer* aus eigenen Beobachtungen geschlossenen Einwendungen besitzen. Wie S. 866 erwähnt, haben diese Beobachtungen eine merkliche Unabhängigkeit des piezoelektrischen Moduls $d_{33}$ von der Temparatur ergeben; andere Messungen erwiesen ähnliches bezüglich des elastischen Moduls $s_{33}$. *Lissauer* schließt hieraus unter Bildung ganz willkürlicher Ansätze für die erregten elektrischen Momente auf das Fehlen wahrer Pyroelektrizität.

Die Entwicklungen von § 454 sind nun aber so allgemein gehalten, daß über die Abhängigkeit der Konstanten $e_{ih}$, wie auch der thermischen Dilatationen $A_h$ und der wahren pyroelektrischen Erregungen $K_i$ von der Temperatur nichts Beschränkendes vorausgesetzt ist. Sie setzen überhaupt nur diejenige Kleinheit der Deformationsgrößen voraus, welche eine Beschränkung auf die in ihnen linearen Glieder des thermodynamischen Potentials gestattet und welche völlig den tatsächlichen Verhältnissen entspricht. Man sieht leicht ein, daß aus

1) *W. Lissauer*, Diss. Münch. p. 7.

der angenäherten Konstanz von $s_{33}$ und $d_{33}$ nicht das Geringste über die Existenz oder Nichtexistenz wahrer Pyroelektrizität geschlossen werden kann.

Die prinzipielle Wichtigkeit der Frage rechtfertigt ein kurzes Eingehen auf die gemachten Einwände. Im übrigen ist nochmals auf den Schluß des vorigen Paragraphen zu verweisen.

§ 457. **Ein dünner Zylinder bei längs seiner Achse variierender Temperatur.** Unter den Deformationszuständen infolge inhomogener Temperaturänderungen zeichnet sich nach § 383 derjenige infolge einer lineär mit den Koordinaten wechselnden Temperatur durch große Einfachheit aus: derselbe kann ohne innere Spannungen $\Xi_x, \ldots \Xi_y$ bestehen, liefert also gewöhnliche Pyroelektrizität.

Wir wollen, wie S. 770, einen Zylinder betrachten, in dem die Temperatur $\tau$ eine lineäre Funktion der parallel der Zylinderachse gerechneten $z$-Koordinate ist. Um einfachste Verhältnisse zu haben, sei die Zylinderachse parallel der polaren Hauptachse eines Kristalls der Systeme IV bis VI, z. B. Turmalin, orientiert.

Es ist dann

$$P_1 = P_2 = 0, \quad P_3 = F_3 = p'z,$$

wobei $p'$ eine Konstante bezeichnet. Für die Potentialfunktion des erregten Zylinders gilt dann

$$\varphi = p' \int z_0 \frac{\partial \frac{1}{r}}{\partial z_0} dk_0 = p' \int dq_0 \int z_0 \frac{\partial \frac{1}{r}}{\partial z_0} dz_0$$

$$= p' \int dq_0 \left\{ \left| \frac{z_0}{r} \right|_{z_1}^{z_2} - \int \frac{dz_0}{r} \right\}. \tag{316}$$

Dies zeigt, daß der Zylinder äquivalent ist mit zwei Belegungen der Endflächen mit den homogenen Dichten $p'z_2$ und $-p'z_1$, außerdem mit einer homogenen räumlichen Ladung von der Dichte $-p'$.

Bei hinreichend dünnen Zylindern kann man auch dann von den thermoelastischen Spannungen absehen, wenn die Temperatur nach einem andern, als dem lineären Gesetz, nur aber nicht zu jäh variiert. Die Erregung ist dann äquivalent mit Dichten $(\overline{F}_3)_{z=z_2}$, $-(\overline{F}_3)_{z=z_1}$ auf den Endquerschnitten und räumlichen Dichten $-\partial F_3/\partial z$. Man sieht hieraus z. B., daß dünne, ungleichförmig temperierte Turmalinkristalle keineswegs mit Polen in ihren Endquerschnitten äquivalent sind.

§ 458. **Eine dünne Kreisscheibe mit in konzentrischen Ringen konstanter Temperatur.** Andere Deformationszustände von kristallinischen Präparaten infolge inhomogener Temperaturverteilung bieten der Theorie, wie schon S. 775 bemerkt, zumeist außerordentliche Schwierigkeiten, auch wenn man durch die Annahme einer plattenförmigen Gestalt die Vereinfachung einführt, welche durch die Reduktion der Abhängigkeit von drei auf die von nur zwei Koordinaten entsteht.. Es ist ein glücklicher Umstand, daß eine der wenigen Beobachtungen, die über die elektrische Erregung einer Platte durch ungleichförmige Temperaturverteilung vorliegen, unter Umständen angestellt ist, wo das thermoelastische Problem isotrope Form annimmt, nämlich eine Platte betrifft, die normal zu einer dreizähligen $Z$-Achse orientiert ist. Wir wollen jetzt die piezoelektrischen Folgerungen aus den in § 388 hierfür gewonnenen Resultaten der Thermoelastizität ableiten. Die Platte habe wieder die Dicke $D$, und es sei die $XY$-Ebene in ihre Mittelfläche gelegt.

Wir gehen aus von den Grundformeln (307), multiplizieren dieselben beiderseitig mit dem Element $dz$ der Dicke $D$ und integrieren über die ganze Dicke. Von den so erhaltenen, statt auf die Volumen-, auf die Flächeneinheit bezogenen Momenten

$$\int P_i dz = (P_i) \tag{317}$$

interessiert uns nur $(P_1)$ und $(P_2)$, da die Platte nach ihrer elektrischen Erregung (gemäß S. 895) merklich äquivalent wird mit einer einfachen Belegung ihrer Grundfläche mit der Dichte

$$\mathsf{P} = -\left(\frac{\partial (P_1)}{\partial x} + \frac{\partial (P_2)}{\partial y}\right) \tag{318}$$

und eventuell mit einer der Randkurve von der Dichte

$$\Sigma = -\left((\overline{P}_1)\cos(n, x) + (\overline{P}_2)\cos(n, y)\right), \tag{319}$$

unter $n$ die innere Normale verstanden.

Es gilt dann, da nach S. 777 die Mittelwerte von $y_z$ und $z_x$ über die Dicke der Platte verschwinden,

$$\begin{aligned}(P_1) &= (e_{11} x_x + e_{12} y_y + e_{13} z_z + e_{16} x_y) D,\\ (P_2) &= (e_{21} x_x + e_{22} y_y + e_{23} z_z + e_{26} x_y) D,\end{aligned} \tag{320}$$

wobei für $x_x, \dots$ die Ausdrücke (516) u. (516') von S. 777 zu setzen sind.

Da die einzig vorliegenden Beobachtungen von *Röntgen* sich auf eine normal zur $Z$-Hauptachse orientierte Platte von Quarz beziehen, so wollen wir sogleich die für die Gruppe (10) nach S. 830, 585 und 588 geltenden Parameterwerte einführen. Nach diesen wird aus (320)

$$(P_1) = e_{11}(x_x - y_y) D, \quad (P_2) = -e_{11} x_y D,$$

und aus den früheren Formeln (516) und (516′)

$$Dx_x = s_{11}\mathsf{A} + s_{12}\mathsf{B}, \quad Dy_y = s_{12}\mathsf{A} + s_{11}\mathsf{B},$$
$$Dx_y = 2(s_{11} - s_{12})\mathsf{H}, \quad z_z = 0;$$

die Kombination dieser Ausdrücke liefert

$$(P_1) = e_{11}(s_{11} - s_{12})(\mathsf{A} - \mathsf{B}), \quad (P_2) = -2e_{11}(s_{11} - s_{12})\mathsf{H}. \quad (321)$$

Bezeichnen nun $\alpha$ und $\beta$ die Richtungskosinus eines Radiusvektors in der Kreisscheibe, so wird nach (525) auf S. 779

$$\mathsf{A} - \mathsf{B} = \left(\frac{d\Omega}{r\,dr} - \frac{d^2\Omega}{dr^2}\right)(\alpha^2 - \beta^2),$$
$$\mathsf{H} = +\left(\frac{d\Omega}{r\,dr} - \frac{d^2\Omega}{dr^2}\right)\alpha\beta, \quad (322)$$

und nach (524) ebenda

$$\frac{d\Omega}{r\,dr} - \frac{d^2\Omega}{dr^2} = \frac{D(s_{11} + s_{12})\,q_1}{s_{11}}(T - \tau).$$

Dabei ist $D$ die Dicke der Platte, $q_1$ der Modul des thermischen Druckes nach $X$ und $Y$; $\tau$ ist die Temperatur im Abstand $r$ vom Zentrum, $T$ die mittlere Temperatur auf dem durch den Kreis vom Radius $r$ begrenzten Bereich.

Hiernach wird

$$(P_1) = F(T - \tau)(\alpha^2 - \beta^2); \quad (P_2) = -2F(T - \tau)\alpha\beta, \quad (323)$$

oder bei $r\alpha = x$, $r\beta = y$ auch

$$(P_1) = F\left(\frac{T - \tau}{r^2}\right)(x^2 - y^2), \quad (P_2) = -2F\left(\frac{T - \tau}{r^2}\right)xy, \quad (324)$$

wobei

$$Dq_1(s_{11} + s_{12})(s_{11} - s_{12})\frac{e_{11}}{s_{11}} = F.$$

Die Beobachtungen *Röntgens* beziehen sich nur auf die Wirkung der Dichte $\mathsf{P}$; für diese Funktion liefert (318)

$$\mathsf{P} = -\frac{F}{r}\frac{d}{dr}\left(\frac{T - \tau}{r^2}\right)x(x^2 - 3y^2) = -Fr^2\frac{d}{dr}\left(\frac{T - \tau}{r^2}\right)\cos 3\psi, \quad (325)$$

wobei $\alpha = \cos\psi$, $\beta = \sin\psi$ gesetzt ist.

Dies ergibt, daß bei einer Temperaturverteilung, die in konzentrischen Kreisen konstant ist, die Quarzscheibe sich in sechs gleiche Teile entgegengesetzt gleicher Erregung teilt. Die absoluten Maxima der Erregung liegen bei

$$\cos 3\psi = \pm 1, \quad \text{d. h.} \quad \psi = \tfrac{1}{3}h\pi, \quad \text{für} \quad h = 0, 1, 2 \ldots 6. \quad (326)$$

Das Vorzeichen der Erregung hängt von dem Vorzeichen des Ausdrucks

$$\frac{d}{dr}\left(\frac{T-\tau}{r^2}\right)$$

ab und wechselt mit diesem. Letzteres Vorzeichen bestimmt sich aber keineswegs etwa allgemein für ein Abnehmen oder ein Wachsen von $\tau$ mit $r$ in entgegengesetztem Sinne; die Verhältnisse liegen vielmehr komplizierter.

Denkt man beispielsweise $\tau$ nach Potenzen von $r^2$ entwickelt, so ergibt sich für ein Glied von der Form $a_n r^{2n} = \tau_n$ ein Anteil an $T$

$$T_n = \frac{2}{r^2}\int_0^r \tau_n r\,dr = \frac{a_n r^{2n}}{n+1},$$

also

$$\frac{T_n - \tau_n}{r^2} = -\frac{n a_n r^{2n-2}}{n+1}$$

und

$$\frac{d}{dr}\left(\frac{T_n-\tau_n}{r^2}\right) = -\frac{n(2n-2)\,a_n}{n+1}r^{2n-3}. \tag{327}$$

Somit wird in der Reihe für $\tau$ erst das Glied mit $n = 2$, d. h. $r^4$ wirksam[1]) und liefert für den obigen Ausdruck einen positiven Wert, wenn $a_n < 0$ ist, also jenes Glied mit wachsendem $r$ abnimmt; umgekehrt einen negativen, wenn $a_n > 0$.

Jedenfalls ergibt sich, daß bei gewissen von innen nach außen abnehmenden Temperaturen die Erregung der Quarzplatte im entgegengesetzten Sinne stattfindet, wie bei nach außen zunehmenden, — im Einklang mit den Beobachtungen von *Röntgen*.

Es ist vielleicht angemessen, darauf aufmerksam zu machen, wie eigentlich bei den beschriebenen Versuchen das entgegengesetzte Verhalten gegenüberliegender Sektoren der Kreisscheibe zustande kommt. Diametral gegenüberliegende Sektoren der Kreisscheibe sind bei den gemachten Annahmen in gleichen Spannungszuständen, korrespondierende Elemente werden also gleichsinnig erregt. Dabei kehren sie aber auf der einen Seite des Scheibenzentrums den positiven, auf der andern Seite den negativen Pol nach außen. Wächst die Erregung im Sinne des Radius, so wird an der Grenze zweier sich radial folgenden Elemente im ersten Falle die negative, im zweiten Falle die positive Ladung überwiegen; dadurch entsteht dann das entgegengesetzte Verhalten sich diametral gegenüberliegender Stellen der Platte.

1) In der Tat hat die Gleichung $\mathsf{P} = 0$ die Lösung $a_0 + a_1 r^2$.

§ 459. **Erregung durch oberflächliche Erwärmung oder Abkühlung längs einer begrenzenden Ebene.** Das im vorstehenden behandelte Problem gestaltete sich dadurch relativ einfach, daß das betrachtete Präparat sich in thermoelastischer Hinsicht isotrop verhielt. Ein praktisch bedeutungsvolles Problem, wo Analoges nicht stattfindet, vielmehr auch die Gleichungen der Thermoelastizität äolotropen Charakter haben, knüpft an den Fall eines unendlichen, durch eine Ebene begrenzten Kristalles an, dessen nur bis in endliche Tiefen variierende Temperatur in zu den Grenzen parallelen Ebenen konstant ist, während in unendlicher Entfernung die Temperatur konstant, die Deformation Null ist.

Dieser Fall führt bei Reduktion aller Dimensionen auf den anderen eines endlichen, durch eine Ebene begrenzten Kristalles, bei einer Temperaturverteilung, die nur in verschwindend kleiner Tiefe unter der begrenzenden Ebene von der normalen abweicht, derart, daß die hier entstandenen Spannungen nicht ausreichen, die ferneren Teile des Kristalls zu deformieren. Der geschilderte Zustand kann etwa dadurch hervorgebracht werden, daß der ursprünglich homogen temperierte Kristall plötzlich in eine Umgebung von anderer Temperatur gebracht wird. Es wird dann in der ersten Zeit seine Temperatur nur in unmittelbarer Nähe der Grenzebene merklich verändert sein.

Es ist S. 233 und 802 bemerkt worden, daß mehrere Forscher bei Untersuchung der „Pyroelektrizität" Anordnungen benutzt haben, welche unter das vorstehende Schema fallen und gelegentlich ausschließlich „falsche Pyroelektrizität" erregen. Die Durchführung des jetzt gestellten Problems liefert eine angenäherte Theorie jener Beobachtungsmethoden, welche genügt, die betreffenden Resultate qualitativ aufzuklären, wenngleich bei manchen Beobachtungen die Temperaturänderung tiefer in das Innere des Kristalls fortgeschritten sein wird, als die im folgenden auseinanderzusetzende Theorie annimmt.

Wir legen die Grenzebene in die willkürlich orientierte $XY$-Ebene und haben demgemäß die Oberflächenbedingungen für $z = 0$:

$$\overline{\Xi}_z = \overline{H}_z = \overline{Z}_z = 0 .$$

Sollen die Temperaturen in zur $XY$-Ebene parallelen Ebenen konstant sein, so muß dasselbe von allen Drucken gelten. Die Hauptgleichungen (225) reduzieren sich sonach auf

$$\frac{\partial \Xi_z}{\partial z} = \frac{\partial H_z}{\partial z} = \frac{\partial Z_z}{\partial z} = 0 . \tag{328}$$

Dies ergibt, daß nicht nur in der Grenzebene, sondern überall

$$\Xi_z = H_z = Z_z = 0$$

sein muß. Hieraus folgt dann nach (499) auf S. 768

$$X_z = -Q_5, \quad Y_z = -Q_4, \quad Z_z = -Q_3, \tag{329}$$

wobei die $Q_h$ wieder die Komponenten der thermischen Drucke bezeichnen und in unserm Falle zusammen mit der Temperaturverteilung als Funktionen von $z$ allein gegeben zu denken sind.

Nach unsern Grundannahmen wird die Tendenz der inhomogen temperierten Oberflächenschichten, sich in den Richtungen der $X$- und der $Y$-Achse zu deformieren, durch den Widerstand des unterhalb liegenden homogen temperierten Massives des Kristalls paralysiert. Wir dürfen daher im ganzen Bereich des Kristalls

$$x_x = y_y = x_y = 0 \tag{330}$$

annehmen. Die sechs Beziehungen (329) und (330) stellen die sechs ersten Integrale unseres Problems dar. Es ist nur noch zu zeigen, daß sie mit den S. 769 erörterten Bedingungen (500) verträglich sind.

Der Nachweis gestaltet sich sehr einfach; da alle Deformationsgrößen nur von $z$ abhängen, reduzieren sich die sechs Gleichungen (500) auf die drei

$$\frac{d^2 x_x}{dz^2} = \frac{d^2 y_y}{dz^2} = \frac{d^2 x_y}{dz^2} = 0,$$

und diese sind durch (330) identisch erfüllt. Unsere Integrale sind also brauchbar.

Die Kombination von (329), (330) mit den Definitionen (20) der $X_x, \ldots$ von S. 568 liefert nunmehr das System

$$\begin{aligned} c_{33} z_z + c_{34} y_z + c_{35} z_x &= Q_3, \\ c_{43} z_z + c_{44} y_z + c_{45} z_x &= Q_4, \\ c_{53} z_z + c_{54} y_z + c_{55} z_x &= Q_5. \end{aligned} \tag{331}$$

Wir denken dasselbe nach den Deformationsgrößen aufgelöst und schreiben das Resultat

$$\begin{aligned} z_z &= Q_3 S_{33} + Q_4 S_{34} + Q_5 S_{35} = \frac{dw}{dz}, \\ y_z &= Q_3 S_{43} + Q_4 S_{44} + Q_5 S_{45} = \frac{dv}{dz}, \\ z_x &= Q_3 S_{53} + Q_4 S_{54} + Q_5 S_{55} = \frac{du}{dz}, \end{aligned} \tag{332}$$

wobei

$$\begin{aligned} \Sigma S_{33} &= c_{44} c_{55} - c_{45}^2, \ldots \\ \Sigma S_{45} &= \Sigma S_{54} = c_{34} c_{35} - c_{33} c_{45}, \ldots \\ \Sigma &= c_{33} c_{44} c_{55} - (c_{33} c_{45}^2 + \cdots) + 2 c_{45} c_{53} c_{34}. \end{aligned} \tag{333}$$

In den letzten Formeln bezeichnen die Punkte Gleichungen oder Ausdrücke, die aus den hingeschriebenen durch zyklische Vertauschung von (3, 4, 5) entstehen. Die Formeln (332) gestatten bei gegebenen $Q_h$ die Berechnung von $u, v, w$; doch kommen die bez. Ausdrücke für uns nicht in Betracht.

Für das Problem der elektrischen Erregung haben direkt die erhaltenen Ausdrücke für die Deformationsgrößen Bedeutung, die, mit vorgeschriebenen $Q_h$ in die Fundamentalformeln (20) eingesetzt, in der Tat sogleich die elektrischen Momente $P_i$ liefern. Es ist ohne weiteres zu erkennen, daß nach den so gewonnenen Resultaten auch diejenigen azentrischen Kristalle bei oberflächlicher Temperaturänderung Erregungen zeigen, die gegenüber gleichförmigen Erwärmungen inaktiv sind.

Allerdings kann ein Halbraum bei Erregungen, die in Ebenen parallel zur Grenze konstant sind, auf äußere Punkte kein Feld aussenden; aber bei den Beobachtungen handelte es sich jederzeit um begrenzte Gebiete, auf denen die Erregung angenähert nach den obigen Gesetzen stattfand, und hier kommen Feldwirkungen zustande. Die Gesamterregung ist nämlich mit einer Oberflächenladung von der Dichte $\sigma = \overline{P}_3$ und einer räumlichen Ladung von der Dichte $\varrho = -dP_3/dz$ äquivalent; $\sigma$ ist dabei unter der Voraussetzung bestimmt, daß die $+Z$-Achse die äußere Normale auf dem Kristalle darstelle. Bei der S. 233 erwähnten Methode von *Friedel*, wo die Erwärmung des Kristalles durch eine an eine seiner Flächen gelegte erwärmte Halbkugel bewirkt und die Erregung durch die Influenzierung eben dieser Halbkugel gemessen wurde, ist ersichtlich die Oberflächenladung $\sigma$ in erster Linie wirksam gewesen, und man darf das Vorzeichen der nach jener Methode beobachteten Erregung mit dem von $\overline{P}_3$ gleichsetzen.

§ 460. **Anwendung der theoretischen Resultate.** Um nach diesen Gesichtspunkten spezielle Fälle zu diskutieren, haben wir der Grenzebene des Kristalles je die entsprechende Lage zu geben; es sind dazu die Formeln des vorigen Paragraphen auf ein solches Koordinatensystem $X'Y'Z'$ anzuwenden, daß $Z'$ in die äußere Normale der Grenzebene fällt. Der für die Diskussion maßgebende Ausdruck für das Moment $P_3'$ parallel der $Z'$-Achse nimmt dabei die Form an

$$\begin{aligned} P_3' = e_{33}'(Q_3'S_{33}' + Q_4'S_{43}' + Q_5'S_{53}') + e_{34}'(Q_3'S_{43}' + \cdot\cdot) \\ + e_{35}'(Q_3'S_{53}' + \cdot\cdot). \end{aligned} \tag{334}$$

Hierin stellen

$$e_{h3}'S_{k3} + e_{h4}'S_{k4}' + e_{h5}'S_{k5}' = D_{hk}' \tag{335}$$

eine Art piezoelektrischer Moduln dar, in denen $P_3'$ sich ausdrückt gemäß

$$P_3' = Q_3' D_{33}' + Q_4' D_{34}' + Q_5' D_{35}'. \tag{336}$$

Im vorstehenden ist nur die piezoelektrische Wirkung der inhomogenen Erwärmung berücksichtigt; handelt es sich um einen Kristall mit wahrer Pyroelektrizität, so ist zu dem Ausdruck für $P_3'$ nach S. 922 noch das für diese Erregung charakteristische Glied $K_3'$ zu fügen.

Die Verhältnisse sind im allgemeinen dadurch kompliziert, daß $Q_3'$, $Q_4'$, $Q_5'$ voneinander verschieden und überdies nach § 385 der Beobachtung nicht direkt zugänglich sind. Einfachere Fälle resultieren bei speziellen Orientierungen der Grenzebene gegen den Kristall, für welche $Q_4'$ und $Q_5'$ verschwinden, und über die S. 288 gesprochen ist. Bei Kristallen des regulären Systems ist nach S. 289 $Q_4'$ und $Q_5'$ für alle Orientierungen gleich Null und $Q_3'$ bei gleichem Temperaturverlauf parallel $Z'$ von stets gleicher Größe.

Nehmen wir, um ein einfaches Beispiel zu geben, ein Präparat aus Bergkristall, so gibt die Formel (334) für eine zur $Z$-Achse normale Grenzfläche (wegen $e_{33} = e_{34} = e_{35} = 0$) $P_3' = 0$, also keine wirksame Erregung. Auf eine zur $X$-Achse normale Grenze wird sie angewendet, indem man die Indizes in den Tripeln (1, 2, 3) resp. (4, 5, 6) um eine Stelle zyklisch vorschiebt; man erhält so allgemein

$$\begin{aligned} P_1 = e_{11}(Q_1 S_{11} + Q_5 S_{51} + Q_6 S_{61}) + e_{15}(Q_1 S_{51} + \cdot\cdot) \\ + e_{16}(Q_1 S_{61} + \cdot\cdot), \end{aligned} \tag{337}$$

also für Bergkristall speziell

$$P_1 = e_{11} Q_1 S_{11}, \tag{338}$$

wobei nach den für die bezügliche Symmetrie geltenden Konstantenwerten $S_{11} = 1/c_{11}$.

Dieses Resultat hat ein gewisses Interesse, weil auf den damit charakterisierten Fall die ersten Publikationen der *Curies* Bezug nehmen. Unter Zugrundelegung der Beobachtungen *Friedels* über (falsche) pyroelektrische Erregungen schlossen sie, daß die Erregung eines Quarzpräparates durch homogene Kompression parallel der $X$-Achse die gleiche Erregung bewirke, wie eine Abkühlung in der Richtung der $X$-Achse.

Nun ergeben die Grundformeln (22) für eine Druckwirkung parallel der $X$-Achse bei Quarz

$$P_1 = -\Pi d_{11} \tag{339}$$

und bei Heranziehung von (13)

$$P_1 = -\Pi(e_{11}(s_{11} - s_{12}) + e_{14} s_{14}). \tag{340}$$

Die Vergleichung dieses Ausdruckes mit (338) zeigt, daß die Verhältnisse in Wirklichkeit nicht so einfach liegen, wie die aus einzelnen Beobachtungen geschlossene Regel behauptet; es hängt nämlich die Druckwirkung nicht allein von dem Parameter $e_{11}$ ab, der die thermische Wirkung mißt, sondern es kommt auch $e_{14}$ in Betracht.

Bei Quarz überwiegt allerdings das erste Glied in (340) beträchtlich das zweite, und hier wird die *Curie*sche Regel auch durch die Theorie gefordert; denn eine oberflächliche Abkühlung der zur $+X$-Achse normalen Fläche verlangt $Q_1 < 0$. —

Da es sich bei den Versuchen über die Wirkung oberflächlicher Temperaturänderungen nur um qualitative Beziehungen handelt, so kann man, um deren Resultate in komplizierteren Verhältnissen verständlich zu machen, weitere Annäherungen einführen durch Berücksichtigung des Umstandes, daß nach der Erfahrung (s. S. 773) die drei Hauptparameter $q_{I}, q_{II}, q_{III}$ der thermischen Drucke bei demselben Kristall sich mitunter nur wenig voneinander unterscheiden. Daraus folgt dann, daß die $Q_1', Q_2', Q_3'$ einander gleichfalls nahezu gleich und die $Q_4', Q_5', Q_6'$ neben ihnen sehr klein sind. Zugleich sind häufig die Moduln $S_{34}', S_{44}', S_{35}', S_{55}', S_{45}'$ klein neben $S_{33}'$ und variiert letzteres nur mäßig mit der Orientierung der Grenzebene des Kristalles. Die Formeln (331) und (332) zeigen, daß unter diesen Annahmen $S_{33}'$ nahe mit $1/c_{33}'$ übereinstimmt. Bezeichnen wir einen mittleren Wert von $c_{33}'$ kurz mit $c$, einen mittleren Wert von $Q_1', Q_2', Q_3'$ mit $Q$, so wird dann Formel (334) zu

$$P_3' = e_{33}' Q / c = e_{33}' z_z'. \tag{341}$$

In dieser Annäherung wird also die Erregung durch die gleiche oberflächliche Erwärmung bei verschiedener Orientierung der Grenzebene gegen den Kristall wesentlich durch das Verhalten von $e_{33}'$, mit wechselnder $Z'$-Richtung bestimmt. Über letztere Konstante ist S. 838 gesprochen; bezeichnet man die Richtungskosinus der $Z'$-Achse gegen die Hauptachsen $X, Y, Z$ mit $\gamma_1, \gamma_2, \gamma_3$, so ergibt sich aus (60) und dem dazu Bemerkten

$$\begin{aligned} e_{33}' = e_{11}\gamma_1^3 + \cdots &+ [\gamma_1^2\gamma_2(e_{21} + 2e_{16}) + \gamma_3(e_{31} + 2e_{15})] + \cdots \\ &+ 2\gamma_1\gamma_2\gamma_3(e_{14} + e_{25} + e_{36}). \end{aligned} \tag{342}$$

Dieser Ausdruck ist nach den Schemata von § 416 auf die verschiedenen Kristallgruppen zu spezialisieren. —

Unsere Überlegungen setzen voraus, daß der Temperaturzustand in Ebenen parallel zu der Grenzebene konstant ist. Dies darf in den mittleren Bereichen natürlicher Kristallflächen als angenähert erfüllt gelten, wenn der ursprünglich homogen temperierte Kristall sehr kurze

Zeit hindurch einer Umgebung von abweichender Temperatur ausgesetzt ist. Auf die Umgebung der **Kanten** zwischen zwei Flächen gestatten unsere Überlegungen keine Anwendung.

Dagegen darf man sie auf stetig gekrümmte Begrenzungen von Kristallen anwenden, vorausgesetzt, daß die Dicke der ungleich temperierten Schicht klein gegen den Krümmungsradius der Oberfläche ist; es wird dann die Erregung der Oberflächenschicht von Ort zu Ort variieren. Man kann auf diese Weise eine roh angenäherte Theorie der Erscheinungen gewinnen, welche Kugeln aus piezoelektrisch erregbaren Kristallen bei oberflächlicher Erwärmung zeigen. Nimmt man das Gesetz, nach welchem die Temperatur mit der Tiefe in der Kristallkugel variiert, ringsherum als gleich an und sieht von wahrer Pyroelektrizität ab, so wird gemäß (341) die lokale Veränderlichkeit der Erregung ausschließlich durch die piezoelektrische Konstante $e'_{33}$ gemessen. Dieser Parameter erhält also in seiner Abhängigkeit von der Richtung durch das Vorstehende eine anschauliche Deutung.

Was die Wirkung einer so erregten Kugel auf den Außenraum und insbesondere die hierauf beruhende Theorie der *Kundt*schen Bestäubungsmethode angeht, so bietet es keine Schwierigkeit, dieselben mit Hilfe von Kugelfunktionen abzuleiten.[1]) In den meisten Fällen wird die Feldstärke normal zur Kugelfläche direkt proportional mit $e'_{33}$; dann gibt also die Bestäubungsmethode direkt ein Bild von dem Verlauf, insbesondere auch von den Vorzeichenwechseln von $e'_{33}$ bei wechselnder Richtung.

Im Falle von Bergkristall reduziert sich nach dem Schema für Gruppe (10) auf S. 830 der Ausdruck (342) auf

$$e'_{33} = e_{11}\gamma_1(\gamma_1^2 - 3\gamma_2^2). \qquad (343)$$

Dies drückt eine Teilung der Kugeloberfläche durch Meridiane, welche die Winkel $\pm(2h-1)\pi/6$ mit der $XY$-Ebene einschließen, in sechs Sektoren aus, welche entgegengesetzt gleiche Erregungen zeigen. Beobachtungen von *Kundt* (S. 808) stimmen hiermit überein.

Bei regulären Kristallen der Gruppen (30) und (32) ergibt sich nach dem Schema auf S. 832

$$e'_{33} = 6\gamma_1\gamma_2\gamma_3 e_{14}; \qquad (344)$$

hier findet eine Teilung der Kugeloberfläche in die Oktanten statt, welche dem Hauptachsensystem entsprechen.

1) *W. Voigt*, Gött. Abh. 1890, p. 88 u. f.

## VIII. Abschnitt.

## Piezomagnetismus.

§ 461. **Das thermodynamische Potential piezomagnetischer Vorgänge.** Schon S. 261 ist von der Tatsache Gebrauch gemacht worden, daß um Gleichgewichtslagen oszillierende Elektronen innerhalb der Moleküle magnetische Felder aussenden, ähnlich denen von molekularen elektrischen Strömen, und daß bei geeigneter Symmetrie durch sie jedes Volumenelement eines Kristalls ein permanentes Moment erhalten kann, welches dann — gemäß der Abhängigkeit der Elektronengeschwindigkeit von der Temperatur — mit letzterer selbst wechseln wird.

Nicht minder wahrscheinlich, als die Existenz von permanenten Momenten und von Pyromagnetismus, erscheint eine Erregung oder Veränderung der molekularen magnetischen Momente infolge von Deformationen, also Piezomagnetismus; die Orientierung der Elektronenbahnen wird durch die gegenseitige Anordnung der Moleküle im Kristall beeinflußt werden können, und in Molekülen, in denen ursprünglich keine Richtung gegenüber der andern magnetisch ausgezeichnet war, kann infolge der Deformation eine solche Auszeichnung eintreten, die dann ein magnetisches Moment nach dieser Richtung bewirkt.

Wir wollen zum Schluß dieses Kapitels auf die Gesetze dieses Piezomagnetismus noch etwas eingehen. Sind gleich bezügliche Wirkungen noch nicht sicher nachgewiesen, so haben die Formeln für diese Vorgänge doch immer den Wert, zu zeigen, unter welchen Umständen jene Wirkungen eintreten können, somit also zu lehren, wie allein Beobachtungen mit Aussicht auf Erfolg anzustellen sind. Außerdem hat die Aufstellung der bezüglichen Gesetze auch noch eine weiterreichende Bedeutung. Die Symmetrie der piezomagnetischen Vorgänge ist zugleich diejenige mehrerer anderer kristallphysikalischer Vorgänge, auf die wir in früheren Abschnitten, wo Vorgänge anderer Symmetrien den Hauptgegenstand bildeten, beiläufig gestoßen sind, die wir aber in Ermangelung der bezüglichen Grundgesetze nicht verfolgt haben. Die Aufstellung der Grundformeln für den Piezomagnetismus liefert also zugleich die notwendige Ergänzung jener früheren Betrachtungen.

Nach Analogie der bei der Piezoelektrizität festgestellten Verhältnisse sehen wir auch die piezomagnetischen Vorgänge als reversibel an und behandeln sie mit Hilfe des thermodynamischen Potentials. Als Hauptvariable für das erste Potential $\xi$ kommen dabei nach den Resultaten von § 277 und 237 die Deformationsgrößen $x_x = x_1$, $y_y = x_2$, $\ldots$ $x_y = x_6$ und die magnetischen Feldkomponenten

$H_1$, $H_2$, $H_3$ in Frage. Wir schreiben demgemäß in genauer Analogie zu dem Ansatz (8) für die piezoelektrischen Vorgänge

$$\xi = -\sum_i \sum_h n_{ih} H_i x_h, \quad i = 1, 2, 3; \; h = 1, 2, \ldots 6, \qquad (345)$$

und nennen die $n_{ih}$ die **piezomagnetischen Konstanten** des Kristalls.

Hieraus ergeben sich die Komponenten des magnetischen Moments übereinstimmend mit (9) zu

$$-\frac{\partial \xi}{\partial H_j} = M_j = \sum_h n_{jh} x_h, \quad j = 1, 2, 3; \; h = 1, 2, \ldots 6, \qquad (346)$$

und für die Komponenten der Spannungen, welche in dem piezomagnetischen Kristall bei Einwirkung eines Magnetfeldes entstehen, gilt analog zu (10)

$$-\frac{\partial \xi}{\partial x_k} = \mathfrak{X}_k = \sum_i n_{ik} H_i, \quad i = 1, 2, 3, \; k = 1, 2, \ldots 6. \qquad (347)$$

Bei Heranziehung der Formel (11)

$$x_h = -\sum_k s_{hk} X_k$$

für die isothermischen elastischen Veränderungen kann man dann statt (346) auch schreiben

$$M_j = -\sum_k m_{jk} X_k, \qquad (348)$$

wobei die

$$m_{jk} = \sum_h n_{jh} s_{hk} \qquad (349)$$

als **piezomagnetische Moduln** bezeichnet werden mögen. Formel (349) drückt die erregten Momente statt durch die Deformationsgrößen durch die mit ihnen verbundenen Druckkomponenten

$$X_x = X_1, \ldots X_y = X_6$$

aus, wobei Temperaturänderungen und die Wirkungen höherer Ordnung, über die § 452 u. f. gesprochen ist, vernachlässigt sind.

§ 462. **Parameterschemata für die verschiedenen Kristallgruppen.** Die Spezialisierung der Systeme der piezomagnetischen Konstanten und Moduln auf die 32 Kristallgruppen ist implicite schon in § 416 und 417 geleistet. Zwar ist die magnetische Feldstärke ein axialer, die elektrische ein polarer Vektor und hat demgemäß das piezomagnetische Potential zentrische, das piezoelektrische azentrische Symmetrie; aber für zentrische Vorgänge ziehen sich nach § 53 die 32 Kristallgruppen in elf Obergruppen zusammen, die nur durch Symmetrieachsen charakterisiert sind, und den Symmetrieachsen gegenüber verhalten sich azentrische Potentiale genau ebenso, wie zentrische.

Demgemäß liefern diejenigen Parameterschemata der Piezoelektrizität aus § 416 und 417, welche sich auf Gruppen beziehen, deren Symmetrieformeln nur Symmetrieachsen aufweisen, ohne weiteres auch die Parameterschemata des Piezomagnetismus für die durch die gleichen Formeln charakterisierten Obergruppen.

Wir erhalten demgemäß folgende Zusammenstellung für die piezomagnetischen Konstanten, die in derselben Weise geordnet ist, wie die analoge in § 416.

I. Triklines System.

(1), (2) keine Symmetrieachse:

$$\begin{matrix} n_{11} & n_{12} & n_{13} & n_{14} & n_{15} & n_{16} \\ n_{21} & n_{22} & n_{23} & n_{24} & n_{25} & n_{26} \\ n_{31} & n_{32} & n_{33} & n_{34} & n_{35} & n_{36}. \end{matrix}$$

II. Monoklines System.

(3), (4), (5), $(A_z^{(2)})$:

$$\begin{matrix} 0 & 0 & 0 & n_{14} & n_{15} & 0 \\ 0 & 0 & 0 & n_{24} & n_{25} & 0 \\ n_{31} & n_{32} & n_{33} & 0 & 0 & n_{36}. \end{matrix}$$

III. Rhombisches System.

(6), (7), (8), $(A_z^{(2)}, A_x^{(2)})$:

$$\begin{matrix} 0 & 0 & 0 & n_{14} & 0 & 0 \\ 0 & 0 & 0 & 0 & n_{25} & 0 \\ 0 & 0 & 0 & 0 & 0 & n_{36}. \end{matrix}$$

IV. Trigonales System.

I Abteilung. (9), (10), (11), $(A_z^{(3)}, A_x^{(2)})$:

$$\begin{matrix} n_{11} & -n_{11} & 0 & n_{14} & 0 & 0 \\ 0 & 0 & 0 & 0 & -n_{14} & -n_{11} \\ 0 & 0 & 0 & 0 & 0 & 0. \end{matrix}$$

II. Abteilung. (12), (13), ($A_z^{(3)}$):

$$\begin{array}{cccccc} n_{11} & -n_{11} & 0 & n_{14} & -n_{15} & -n_{22} \\ -n_{22} & n_{22} & 0 & n_{15} & -n_{14} & -n_{11} \\ n_{31} & n_{31} & n_{33} & 0 & 0 & 0. \end{array}$$

## V. Tetragonales System.

I. Abteilung. (14), (15), (16), (19), ($A_z^{(4)}$, $A_x^{(2)}$):

$$\begin{array}{cccccc} 0 & 0 & 0 & n_{14} & 0 & 0 \\ 0 & 0 & 0 & 0 & -n_{14} & 0 \\ 0 & 0 & 0 & 0 & 0 & 0. \end{array}$$

II. Abteilung. (17), (18), (20), ($A_z^{(4)}$):

$$\begin{array}{cccccc} 0 & 0 & 0 & n_{14} & n_{15} & 0 \\ 0 & 0 & 0 & n_{15} & -n_{14} & 0 \\ n_{31} & n_{31} & n_{33} & 0 & 0 & 0. \end{array}$$

## VI. Hexagonales System.

I. Abteilung. (21), (22), (23), (26), ($A_z^{(6)}$, $A_x^{(2)}$):

$$\begin{array}{cccccc} 0 & 0 & 0 & n_{14} & 0 & 0 \\ 0 & 0 & 0 & 0 & -n_{14} & 0 \\ 0 & 0 & 0 & 0 & 0 & 0. \end{array}$$

II. Abteilung. (24), (25), (27), ($A_z^{(6)}$):

$$\begin{array}{cccccc} 0 & 0 & 0 & n_{14} & n_{15} & 0 \\ 0 & 0 & 0 & n_{15} & -n_{14} & 0 \\ n_{31} & n_{31} & n_{33} & 0 & 0 & 0. \end{array}$$

## VII. Reguläres System.

I. Abteilung. (28), (29), (30), ($A_x^{(4)}$, $A_y^{(4)}$):

alle $n_{ih}$ gleich Null.

II. Abteilung. (31), (32), ($A_x^{(2)} \sim A_y^{(2)} \sim A_z^{(2)}$):

$$\begin{array}{cccccc} 0 & 0 & 0 & n_{14} & 0 & 0 \\ 0 & 0 & 0 & 0 & n_{14} & 0 \\ 0 & 0 & 0 & 0 & 0 & n_{14}. \end{array}$$

Dieselbe Zusammenstellung gilt auch für die piezomagnetischen Moduln $m_{ih}$ mit dem einzigen Unterschied, daß in den Schemata für das trigonale System in der letzten Kolonne $-2m_{11}$, $-2m_{22}$ an Stelle von $-n_{11}$, $-n_{22}$ steht.

Die Mannigfaltigkeit in dem Aufbau der vorstehenden Schemata läßt erkennen, wie wichtig ihre Aufstellung für die Erforschung der piezomagnetischen Erregung ist. Fallen zwar nur wenige Gruppen in Hinsicht auf dieselbe völlig aus, so erweisen sich dafür bei den meisten gewisse Arten der Deformation oder der Spannung als völlig wirkungslos.

§ 463. **Spezielle Fälle piezomagnetischer Erregung.** Die einfachste Art der Erregung ist diejenige eines zylindrischen Präparates durch normale Drucke $\Pi$ auf die Grundflächen. Bezeichnet man die Richtungskosinus der Zylinderachse gegen die Hauptachsen $X, Y, Z$ wieder durch $\gamma_1, \gamma_2, \gamma_3$, so entsprechen dieser Einwirkung nach (81) die Druckkomponenten

$$X_x = \Pi\gamma_1^2, \quad Y_y = \Pi\gamma_2^2, \ldots X_y = \Pi\gamma_1\gamma_2. \tag{350}$$

Fällt die Zylinderachse speziell in eine Hauptkoordinatenachse $X, Y, Z$, so bleibt von diesen Komponenten je nur $X_x$ oder $Y_y$ oder $Z_z$ übrig. Die Vergleichung der obigen Schemata ergibt, daß in den letzteren Fällen (außer der überhaupt unwirksamen und weiterhin unerwähnt zu lassenden 1. Abteilung des VII. Systems) alle Obergruppen mit den Formeln

$$(A_z^{(2n)},\ A_x^{(2)}) \quad \text{sowie} \quad (A_x^{(2)} \sim A_y^{(2)} \sim A_z^{(2)})$$

keinerlei Erregung zeigen, die Gruppen mit den Formeln $(A_z^{(2n)})$ stets eine solche nach der Hauptachse.

Für die longitudinale Erregung

$$M_l = M_1\gamma_1 + M_2\gamma_2 + M_3\gamma_3 \tag{351}$$

fallen die 1. Abteilungen des V. und VI. Systems völlig aus.

Der Fall eines allseitig gleichen Druckes $\Pi$ wird gegeben durch

$$X_x = Y_y = Z_z = \Pi, \quad Y_z = Z_x = X_y = 0. \tag{352}$$

Auf diese Einwirkungen reagieren nicht die Kristalle des III. und VII., wie diejenigen der ersten Abteilungen des IV. bis VI. Systems. Die Kristalle der bez. zweiten Abteilungen erhalten ein Moment in der Richtung der ausgezeichneten Achse.

Eine gleichförmige Biegung eines Zylinders läßt nach § 312 in den einzelnen Volumenelementen Spannungen von dem Typ (167) und (168) entstehen, ergibt sonach ersichtlich nichts wesentlich Neues. Anders wirkt eine gleichförmige Drillung, für welche bei elliptischem

Zylinderquerschnitt die allgemeinen Formeln der Elastizitätstheorie in § 315 u. f. abgeleitet sind.

Liegt die Zylinderachse parallel der $Z$-Hauptachse, und bezeichnet $N$ das wirkende Drehungsmoment, $a$ und $b$ das Paar der Ellipsenhalbachsen, so gilt nach (187) und (189) auf S. 636

$$Y_z = -\frac{2Nx}{Qa^2}, \quad Z_x = +\frac{2Ny}{Qb^2};$$

bei kreisförmigem Querschnitt wird $a = b = R$, d. h. gleich dem Kreisradius.

Die ersten Abteilungen der Systeme IV bis VI ergeben in diesem Falle eine radiale magnetische Erregung, die als nahezu unwirksam bezeichnet werden muß, die zweiten von V und VI außerdem noch eine zirkulare, die streng wirkungslos ist. Die zweite Abteilung des regulären Systems liefert eine Erregung nach gleichseitigen Hyperbeln von der Gleichung $xy =$ konst.

Diese Beispiele mögen genügen, um zu zeigen, in welcher Weise die Schemata auf S. 940 bei einer experimentellen Aufsuchung piezomagnetischer Erregungen zu verwerten sind.

§ 464. **Beobachtungen.** Die einzigen in dieser Richtung bisher untersuchten Kristalle[1]) sind Bergkristall (Gruppe 10) und Pyrit (Gruppe 31), — gewählt, weil von beiden größere Individuen leicht zu beschaffen waren; Pyrit empfahl sich obenein für eine magnetische Untersuchung als Eisenverbindung.

Die Erregung geschah durch Ausübung eines longitudinalen Druckes auf ein zylindrisches Präparat; beobachtet wurde die Wirkung des longitudinalen Momentes; es waren also die Formeln (350) und (351) zur Anwendung zu bringen.

Das Quarzpräparat hatte seine Achse parallel einer zweizähligen Nebenachse, sagen wir der $X$-Achse. Für das in ihm erregte longitudinale Moment gilt also nach dem Schema für die 1. Abteilung des IV. Systems

$$M_l = -m_{11}\Pi. \tag{353}$$

Das Pyritpräparat hatte seine Achse in der Mittellinie eines Oktanten des Hauptachsensystems, sagen wir in der Richtung mit den Kosinus $\gamma_1 = \gamma_2 = \gamma_3 = 1/\sqrt{3}$; es war somit $Y_z = Z_x = X_y = \Pi/3$ und

$$M_l = -m_{14}\Pi/\sqrt{3}. \tag{354}$$

Die Beobachtung geschah in analoger Weise, wie S. 266 bezüglich der Aufsuchung pyromagnetischer Effekte beschrieben. Das Präparat

1) *W. Voigt*, Gött. Nachr. 1901, p. 1; Ann. d. Phys. Bd. 9, p. 94, 1902.

wurde dem astatischen Doppelnadelsystem parallel aufgestellt, so daß sein oberes Ende dem oberen, das untere dem unteren System nahe war. Eine Hebelvorrichtung gestattete, vom Beobachtungsplatz aus den longitudinalen Druck auf das Präparat auszuüben und auszuschalten. Alle beweglichen Teile des Druckapparates waren aus galvanisch niedergeschlagenem Kupfer, um störende magnetische Wirkungen nach Möglichkeit herabzudrücken; jedes Präparat wurde in aufrechter und in verwendeter Stellung der Beobachtung unterzogen, um Inhomogenitäten seiner Substanz und magnetische Störungen seitens der Druckvorrichtung zu eliminieren. Die Empfindlichkeit der Anordnung konnte, wie S. 266 erwähnt, dadurch bestimmt werden, daß das Kristallpräparat durch ein ihm gleich gestaltetes Solenoid ersetzt und durch dessen Windungen ein bekannter (schwacher) Strom geschickt wurde.

Die Größe der piezomagnetischen Wirkung blieb bei beiden Kristallen innerhalb derjenigen der Beobachtungsfehler; es konnte nichts weiter festgestellt werden, als eine obere Grenze, die sie jedenfalls nicht erreichte. Diese Grenze war, falls der Druck in Gramm pro $cm^2$ ausgedrückt wurde, bei Quarz gegeben durch

$$m_{11} < 10^{-12},$$

bei Pyrit durch

$$m_{14} < 6 \cdot 10^{-13}.$$

---

**Schlußbemerkung über tensorielle Erregungen durch Deformation.** Im vorstehenden Kapitel haben wir uns ausschließlich mit vektoriellen elektrischen und magnetischen Erregungen beschäftigt; es ist aber durch Beobachtungen[1]) einigermaßen wahrscheinlich gemacht, daß wenigstens von der Piezoelektrizität auch ein tensorieller Typ existiert. Ein solcher Vorgang stellt eine Wechselbeziehung zwischen zwei polaren Tensoren dar; die für ihn geltenden Grundformeln sind also mit denen der Elastizität (s. z. B. (20) und (22) auf S. 568) identisch. Die Gesetze der Wirkung eines tensoriell erregten Körpers sind in § 115 u. f. entwickelt; die daraus folgenden Regeln für die Beobachtung sind in § 161 auseinandergesetzt. Bei der Geringfügigkeit der bisher vorliegenden Beobachtungen muß dieser Hinweis genügen.

Tensorieller Piezomagnetismus ist bisher nicht beobachtet; es mag bez. seiner daher nur bemerkt werden, daß er eine Wechselwirkung zwischen einem axialen und einem polaren Tensortripel darstellen würde, und daß für eine solche die Grundformeln zwar in dieser Darstellung nicht gebildet sind, aber nach den darin auseinandergesetzten Regeln leicht gebildet werden können.

---

1) *W. Voigt,* Gött. Nachr. 1905. p. 431.

## Anhang I.

# Erscheinungen der Festigkeit.

§ 465. **Spaltbarkeit.** In den Kapiteln IV bis VIII sind diejenigen Vorgänge an Kristallen behandelt, für die bisher mit den Hilfsmitteln der Symmetriebetrachtungen umfassende Gesetze aufgestellt werden konnten. In diesem ersten Anhang soll kurz über eine Reihe anderer Erscheinungen berichtet werden, für welche ähnliches noch nicht geleistet werden konnte. Die Erscheinungen dieser Reihe hängen dadurch zusammen, daß sie sämtlich auf der Überwindung von Kohäsionskräften innerhalb des Kristalles beruhen und Veränderungen betreffen, welche die Grenze der Gültigkeit der Elastizitätsgleichungen überschreiten; man kann sie in einem allgemeineren Sinne des Wortes als Festigkeitserscheinungen bezeichnen.

Von ihnen ist die Spaltbarkeit nach ihren Gesetzmäßigkeiten am wenigsten erforscht. Was die Erfahrung bisher ergeben hat, ist einzig dieses, daß die Spaltungsebenen jederzeit in einer solchen Anzahl gleichwertiger auftreten, wie dies der Symmetrieformel des Kristalles entspricht, und daß sie durch das Gesetz der rationalen Indizes (s. § 43 u. f.) mit den Begrenzungselementen des Kristalles verknüpft sind, sonach selbst Begrenzungsebenen sein können. Demgemäß spalten die regulär-holoedrischen Kristalle (Gruppe (28)) Steinsalz nach Würfeln, Flußspat nach Oktaedern, der trigonal-holoedrische Kalkspat (Gruppe (9)) nach Rhomboedern. Gelegentlich treten bei demselben Mineral mehrere verschiedenartige Spaltungsebenen gleichzeitig auf; so bei Baryt (Gruppe (6)) eine ausgezeichnete Ebene normal zur $Z$-Achse und vier nach der Symmetrieformel ($C$, $A_z^{(2)}$, $A_x^{(2)}$) einander gleichwertige parallel zur $Z$-Achse.

Ein Meßverfahren für die Größe der Spaltbarkeit existiert bisher noch nicht; in der Tat bietet schon eine präzise Definition dieser Größe Schwierigkeit. Vielleicht ließe letztere sich noch am ersten (im Anschluß an die Theorie der Biegung eines Stabes durch Ausübung einer transversalen Kraft auf sein freies Ende) folgendermaßen gewinnen.

Sei ein Kristallpräparat von einer Länge $L$ parallel einer $Z$-Achse und von einer Breite Eins parallel einer $Y$-Achse gegeben, wobei die $YZ$-Ebene die Spaltungsebene darstellt, und sei von demselben durch

Spaltung eine Lamelle derartig losgelöst, daß der Spalt sich von dem Ende $z = L$ bis zu der Geraden $z = z_1$ erstreckt. Angenommen, es sei dann am Ende $z = L$ eine Kraft $\Pi$ parallel der $X$-Achse nötig, um die Spaltung weiterzuführen, so wird $\Pi(L - z_1)$ ein Maß der Spaltbarkeit darstellen. Dabei ist vorausgesetzt, daß die Beobachtung die Konstanz dieses Produktes für eine bestimmte Spaltungsebene erweist. Es ist nicht völlig undenkbar, daß Beobachtungen nach dem geschilderten Schema zwar eine Konstanz von $\Pi(L - z_1)$ bei wechselndem $L - z_1$ ergeben, solange die Richtung von $Z$ in der Spaltungsebene konstant bleibt, dagegen aber wechselnde Werte, wenn diese Richtung variiert. In letzterem Falle wäre dann die Spaltbarkeit eine Funktion der Richtung innerhalb der Spaltungsebene.

§ 466. **Zerreißungsfestigkeit.** Die Spaltbarkeit hat offenbar gewisse Beziehungen zur Zerreißungsfestigkeit, insofern beim Spalten eines Kristalles eine Zerreißung des Zusammenhanges eintritt; indessen ist der Zusammenhang keineswegs einfach. Einmal tritt Zerreißung auch bei Kristallen auf, die keine Spur von Spaltbarkeit zeigen, andererseits kommen, wie neuere Beobachtungen erwiesen haben, bei der Zerreißungsfestigkeit Umstände zur Geltung, die bei der Spaltbarkeit nach der ganzen Anordnung der Versuche nicht mitspielen. Wir werden darüber unten spezieller berichten.

Zerreißungsbeobachtungen sind bisher einzig an Präparaten in Form von quadratischen Prismen ausgeführt worden. Der Quotient aus dem die Zerreißung bewirkenden longitudinalen Gesamtzug — durch ein Gewicht $\Gamma$ hervorgebracht — und dem Querschnitt $Q$ des Prismas (also $\Gamma/Q$) galt früher als die Zerreißungsfestigkeit des Kristalles in der Richtung der Prismenachse.

Erste Beobachtungen über diese Festigkeit sind von *Sohncke*[1]) an Steinsalz angestellt worden und lieferten als Ergebnis von wenig übereinstimmenden Einzelmessungen für Prismenachsen mit den Richtungskosinus

$$(1, 0, 0), \quad (1/\sqrt{2}, 1/\sqrt{2}, 0), \quad (1/\sqrt{3}, 1/\sqrt{3}, 1/\sqrt{3})$$

resp. 545 1085 1170 Gramm pro $cm^2$.

Im Göttinger Institut später an demselben Mineral durchgeführte Messungen[2]) ergaben die völlig unerwartete Tatsache, daß die Zerreißungsfestigkeit eines quadratischen Prismas keineswegs eine Funktion allein der Richtung der Prismenachse gegen den Kristall ist,

1) *L. Sohncke*, Pogg. Ann. Bd. **137**, p. 177, 1869.
2) *A. Sella* u. *W. Voigt*, Gött. Nachr. 1892, p. 494; Wied. Ann. Bd. **48**, p. 636, 1893.

sondern in sehr hohem Maße durch die Orientierung der Seitenflächen bedingt wird, während sie sich bei konstanter Orientierung als eine merklich konstante Größe (unabhängig vom Querschnitt des Präparates) erweist.

Die zu den Beobachtungen dienenden Präparate waren nicht streng prismatisch, sondern (um ein Zerreißen innerhalb der Fassungen zu vermeiden) durch Einschleifen einer flachen Vertiefung in die vier Seitenflächen mit Hilfe eines Kreiszylinders nach der Mitte ein wenig dünner gestaltet, im übrigen hochpoliert. Es war dafür gesorgt, daß die Belastung stetig vergrößert wurde und genau axial auf das Präparat wirkte. Die Übereinstimmung der auf gleichartige Präparate bezüglichen Resultate war trotz aller Vorsicht nur eine mäßige, wie wohl zu begreifen, da eine jede, auf ein noch so kleines Bereich beschränkte Inhomogenität (welche auf das elastische Verhalten gar keinen merklichen Einfluß übt) die Festigkeit eines Präparats entscheidend beeinflussen kann.

Von den gewonnenen Zahlen gibt der nachstehende Auszug, der die im Mittel auf 1 qcm kommende Zerreißungskraft in Grammen angibt, eine Vorstellung.

1. Stäbe mit der Längs- und einer Querrichtung in einer Hauptkoordinatenebene.

Ist $\varphi$ der Winkel der Längsachse mit einer Hauptachse, so ergab sich

| | | | |
|---|---|---|---|
| für $\varphi = 0^0$ | $15^0$ | $30^0$ | $45^0$ |
| $\Gamma = 571$ | 553 | 737 | 1150. |

Der zweite Wert ist hierbei wahrscheinlich nur infolge der Ungenauigkeit der Beobachtungen kleiner als der erste.

2. Stäbe mit der Längs- und einer Querrichtung in der Mittelebene zwischen zwei Koordinatenebenen.

Ist $\psi$ der Winkel der Längsachse mit der in der Beobachtungsebene liegenden Hauptachse, so fand sich

| | | | | |
|---|---|---|---|---|
| für $\psi = 0^0$ | $32^0$ | $54\frac{1}{2}^0$ | $72^0$ | $90^0$ |
| $\Gamma = 917$ | 1870 | 2150 | 2240 | 1840. |

Nach Symmetrie wäre zu erwarten, daß der mittelste, auf die Richtung einer dreizähligen Symmetrieachse bezügliche Wert der größte sein sollte; wahrscheinlich erscheint der folgende ihm nur durch die Ungenauigkeit der Beobachtungen ein wenig überlegen.

3. Stäbe mit der Längsrichtung in einer Hauptachse.

Bezeichnet $\chi$ den Winkel der Querdimensionen gegen die beiden anderen Hauptachsen, so ist

| | | |
|---|---|---|
| für $\chi = 0^0$ | $22\frac{1}{2}^0$ | $45^0$ |
| $\Gamma = 571$ | 714 | 917. |

4. Stäbe mit der Längsrichtung in der Mittellinie zwischen zwei Hauptachsen.

Bezeichnet $\omega$ den Winkel der einen Querdimension gegen die Ebene der betr. beiden Hauptachsen, so gilt

$$\text{für } \omega = 0^0 \qquad 19^0 \qquad 38^0 \qquad 45^0$$
$$\Gamma = 1150 \qquad 1620 \qquad 1730 \qquad 1840.$$

Die letzten beiden Reihen zeigen den überaus großen Einfluß der Orientierung der Seitenflächen des Präparates auf die Festigkeit.

Diese Resultate besitzen ein besonders großes allgemeines Interesse. Sie zeigen zunächst, daß man sich von den Umständen, welche die Zerreißung eines Prismas bedingen, im vorliegenden Fall eine andere Vorstellung machen muß, als gemeinhin geschieht. Da die Beobachtungen die Konstanz des Quotienten $\Gamma/Q$ für eine und dieselbe Orientierung des Präparates bestätigt haben, so bleibt anscheinend zur Deutung jener Resultate kein anderer Ausweg, als die Annahme, daß jedenfalls bei Steinsalz, wahrscheinlich aber noch in andern Fällen, die Oberflächenschicht eine geringere Festigkeit besitzt, als das Innere der Präparate, und daß diese Festigkeit mit der Orientierung der Oberflächenschicht variiert. Hat die Spannung und damit die Dilatation einen bestimmten durch den Quotienten $\Gamma/Q$ bedingten Wert erreicht, so entsteht zunächst in der Oberflächenschicht ein Sprung, der eine Schwächung des ganzen Präparates bedeutet und hierdurch unverweilt zum Zerreißen führt.

Natürlich ist mit dieser Auffassung noch keineswegs ein Weg zur Ableitung von Gesetzmäßigkeiten gegeben, und wenn bei den vielfältig einfacheren Verhältnissen, welche isotrope Körper darbieten, die Auffindung der elementaren Bedingungen für den Zerfall in Teile noch nicht gelungen ist, so kann es nicht wundernehmen, daß auch bei den Kristallen des einfachsten Systems noch vollständige Unklarheit über die entsprechenden Gesetze herrscht.

Jedenfalls führen die beschriebenen Beobachtungen zu der interessanten prinzipiellen Frage, wie sich die Gesetze der Zerreißungsfestigkeit in das von uns aufgestellte und benutzte System der gerichteten Größen verschiedener Ordnung eingliedern lassen. Da die Orientierung der Seitenflächen des quadratischen Präparates einen wesentlichen Einfluß auf seine Zerreißungsfestigkeit hat, so kann letztere offenbar keine vektorielle Eigenschaft eines Kristalles sein; auch ein Tensortripel reicht zu ihrer Darstellung nicht aus, denn da bei einem Präparat von quadratischem Querschnitt die Querdimensionen einander gleichwertig sind, besitzt ein ihm zugeordnetes Tensortripel nach S. 138 notwendig die Symmetrie eines Rotationskörpers, liefert also keine Abhängigkeit von der Orientierung der Konstituenten des Tripels normal zur Prismenachse.

Da die diskutierte Erscheinung nach ihrer Natur zentrisch symmetrisch ist, erfordert ihre Darstellung somit **mindestens** eine gerichtete Größe **vierter** Ordnung. Legt man die $Z'$-Achse eines $X'Y'Z'$-Systems in die Längsachse des betrachteten quadratischen Prismas, die $X'$- und $Y'$-Achsen in die Seiten des Querschnittes, so kann man als **einfachsten** Ansatz (vierter Ordnung) für die betrachtete Festigkeit $F$ schreiben

$$F = a((x'^4) + (y'^4)) + b(z'^4) + c((y'^2z'^2) + (z'^2x'^2)) + d(x'^2y'^2).$$

Hierin bezeichnen die $(x'^4)$, $\cdot\cdot$ Ausdrücke, die sich transformieren wie $x'^4$, $\cdot\cdot$ und $a, b, c, d$ Parameter. Der Ansatz trägt bereits der Vierzähligkeit der $Z'$-Hauptachse des Präparates Rechnung.

Wir wollen, wie früher, ein $XYZ$-Hauptachsenkreuz des Kristalles einführen und die Orientierung des betrachteten Präparates durch das Schema von S. 590 bestimmen, welches lautet

| | $x'$ | $y'$ | $z'$ |
|---|---|---|---|
| $x$ | $\alpha_1$ | $\beta_1$ | $\gamma_1$ |
| $y$ | $\alpha_2$ | $\beta_2$ | $\gamma_2$ |
| $z$ | $\alpha_3$ | $\beta_3$ | $\gamma_3$ |

Wir können dann auch die Transformationsformeln von S. 590 benutzen.

Für einen Kristall des regulären Systems muß dabei

$$(x^4) = (y^4) = (z^4) = p, \quad (y^2z^2) = (z^2x^2) = (x^2y^2) = q$$

sein, wobei $p$ und $q$ neue Parameter bezeichnen. Dann gibt die Einführung der Hauptachsen für $F$ bei einer einfachen Reduktion

$$\begin{aligned} F = a[p(\alpha_1^4 + \cdot\cdot + \beta_1^4 + \cdot\cdot) + 6q(\alpha_2^2\alpha_3^2 + \cdot\cdot + \beta_2^2\beta_3^2 + \cdot\cdot)] \\ + (b-c)[p(\gamma_1^4 + \cdot\cdot) + 6q(\gamma_2^2\gamma_3^2 + \cdot\cdot)] + c(p+2q) \qquad (2) \\ + d[p(\alpha_1^2\beta_1^2 + \cdot\cdot) + q(1 + 6(\alpha_2\alpha_3\beta_2\beta_3 + \cdot\cdot))]. \end{aligned}$$

Die Punkte bezeichnen die Glieder, welche aus den hingesetzten durch zyklische Vertauschung der Indizes (1, 2, 3) entstehen.

Da $p$ oder $q$ willkürlich gleich Eins gesetzt werden kann, so enthält dieser Ansatz **fünf** Parameter. Er entspricht im allgemeinen dem Verlauf der Beobachtungen, reicht aber nicht aus, um sie **quantitativ** darzustellen, was man am einfachsten erkennt, wenn man die Werte der ersten und der letzten Zahl unter 3 und 4 mit den Forderungen der Formel (2) vergleicht. Die quantitative Darstellung der Messungsresultate erfordert sonach die Heranziehung gerichteter Größen nach höherer Ordnung, wodurch das Problem sich sehr kompliziert.

Steinsalz ist der einzige kristallisierte Körper, über den bisher ausführliche Untersuchungen hinsichtlich der Zerreißungsfestigkeit vorliegen. Vereinzelte Messungen sind über die gleiche Funktion auch bei Flußspat und Quarz angestellt[1]), aber die geringe Übereinstimmung der Resultate, welche nach S. 947 in der Natur des Problems begründet ist, ermutigt nicht zu ihrer Fortführung.

Zwei Beobachtungsreihen[2]) über die Drillungsfestigkeit von quadratischen Prismen von Steinsalz, deren Längsachsen übereinstimmend in eine Hauptachse fielen, während die Querdimensionen bei der ersten Reihe in den andern beiden Hauptachsen, bei der zweiten in deren Mittellinien lagen, ergaben auffallenderweise keine merklich verschiedenen Resultate. Da bei Steinsalz die Beschaffung von Beobachtungsmaterial keine Schwierigkeit bietet, so wäre eine Fortsetzung der Beobachtungen über Festigkeit bei diesem Mineral gewiß eine lohnende Arbeit. Allerdings kommen bei einer solchen gelegentlich komplizierende Umstände zur Geltung, von denen in § 468 zu sprechen sein wird.

§ 467. **Härte.** Über die spezielle Art der Festigkeit, welche als Härte (besser als Ritz-Härte) bezeichnet wird, nämlich über den Widerstand gegen die ritzende Wirkung einer bewegten belasteten Spitze od. dgl., liegt eine ungemein große Anzahl von Untersuchungen vor[3]); viele der dadurch erhaltenen Resultate wecken auch ein großes Interesse, z. B. durch eine überaus deutliche Veranschaulichung der Verschiedenheit der geometrischen und der physikalischen Symmetrie von Kristallflächen, über die allgemein S. 104 u. f. gesprochen ist. Theoretisch ist ihnen aber noch kaum beizukommen; fehlt es nach dem Inhalt des vorigen Paragraphen schon an Gesichtspunkten für eine Ableitung der Gesetze für die einfachste Art der Festigkeit, nämlich für die bei Zerreißung prismatischer Präparate zur Geltung kommende, so ist klar, daß für einen Vorgang von der Unübersichtlichkeit, wie ihn das Ritzen darstellt, noch weniger Erfolge erzielt sind.

Bezüglich der Symmetrie der Ritz-Härte läßt sich allgemein nur dieses aussagen, daß sie derjenigen gerichteter Größen höherer als zweiter Ordnung entsprechen müßte. In der Tat hängt die Härte

1) *W. Voigt,* Wied. Ann. Bd. 48, p. 663, 1893.
2) *W. Voigt,* Wied. Ann. l. c. p. 657.
3) S. insbesondere *Fr. Exner,* Untersuchungen über die Härte an Kristallflächen, Wien 1873; spätere Literatur auch in dem betr. Abschnitt des *Winkelmann*schen Handbuches der Physik.

einmal von der Richtung der Normale auf der geritzten Fläche und außerdem von derjenigen Richtung in dieser Fläche ab, längs deren das Ritzen vorgenommen wird, und diese letztere Richtung kommt in einem einseitigen, polaren Vorgang zur Geltung. Die niedrigsten gerichteten Größen, welche zur Darstellung in Betracht kommen, werden somit solche dritter Ordnung sein, aber es ist wahrscheinlich, daß sie nicht ausreichen werden. —

Es ist bekannt, daß *Hertz*[1]) den Versuch gemacht hat, die alte, an prinzipieller Unklarheit leidende Definition der Härte durch eine völlig andere zu ersetzen. Er geht dabei von der Erfahrung aus, daß beim Andrücken einer kleinen Kugelfläche aus hinreichend starrem Material gegen die ebene Begrenzung eines isotropen Körpers in jenem Körper schließlich ein oberflächlicher kreisrunder Sprung um die gedrückte Stelle herum entsteht, und mißt die Härte durch die Größe des Druckes, bei welchem jener Sprung eintritt. *Auerbach*[2]) hat ausgedehnte Messungen nach dieser Methode angestellt.

Immerhin sind schwerwiegende Bedenken gegen die *Hertz*sche Härtedefinition zu erheben. Diese Definition beruht wesentlich auf der Annahme, daß in einem isotropen Körper ganz allgemein ein Sprung bei einem der Substanz individuellen Wert der linearen Dilatation eintritt, und diese Annahme ist keineswegs richtig; *Auerbachs* Messungen lassen sich in der Tat durch die *Hertz*schen Formeln nicht darstellen. Auch eine mehrfach vertretene zweite Annahme, daß ein bestimmter Wert der Spannung das Zerreißen bedinge, entspricht der Erfahrung nicht. Damit entfällt aber die Möglichkeit, die *Hertz*sche Härte durch eine allein dem Medium individuelle Zahl auszudrücken, was die Absicht war und sein mußte. Und selbst wenn die elementare Bedingung des Zerfalles bekannt wäre und die betreffenden Beobachtungen demgemäß auf einen der Substanz individuellen Parameter reduzierbar wären, würde die Methode dem Bedenken unterliegen, daß sie an eine nach theoretischer Seite unnötig komplizierte Anordnung anknüpft; insbesondere ist eine Theorie der *Hertz*schen Beobachtungsmethode bei Kristallen in absehbarer Zeit undurchführbar.

§ 468. **Gleitungen.** Eine der merkwürdigsten Entdeckungen im ganzen Bereiche der Kristallphysik ist die zuerst von *Reusch*[3]) an Kalkspat gemachte, dahin gehend, daß es bei gewissen Kristallen gelingt, durch äußere mechanische Einwirkungen beträcht-

1) *H. Hertz,* Crelles Journ., Bd. **92**, p. 156, 1881.
2) *F. Auerbach,* Wied. Ann. Bd. **43**, p. 61, 1891; Bd. **45**, p. 262, 1892.
3) *L. Reusch,* Pogg. Ann. Bd. **132**, p. 441, 1867; Bd. **147**, p. 307, 1872.

liche Stücke auf eine andere, der ursprünglichen nach einer Ebene spiegelbildlich entsprechende Konstitution zu bringen.

Die erste Form des Experimentes ist die, daß ein Kalkspat-Rhomboeder (Fig. 211) parallel der Verbindungslinie zweier gegenüberliegender äquatorialen Ecken (also z. B. nahe parallel der $Y$-Achse) zusammengepreßt wird. Dabei lagern sich die Teile von Schichten *ss* parallel zu den beiden Äquatorialkanten, die nicht in den gepreßten Ecken zusammenlaufen, derart um, daß ihre Konstitution schließlich derjenigen des Spiegelbildes der ursprünglichen in bezug auf die Schichtebene entspricht. Man nennt diesen Vorgang Gleitung, die Ebene der Schichten die Gleitfläche.

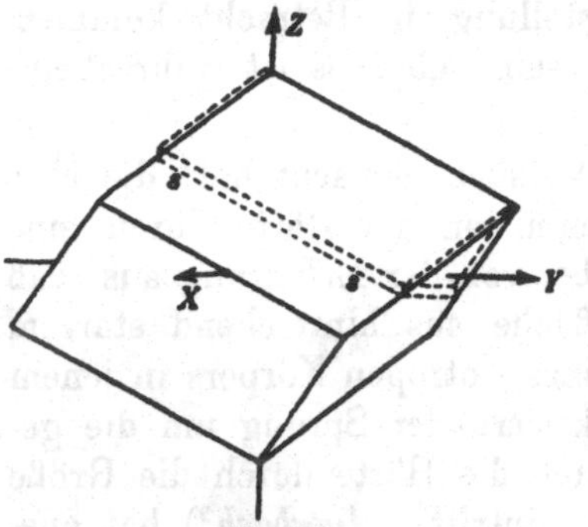

Fig. 211.

Eine zweite von *Baumhauer*[1]) angegebene Methode besteht darin, daß auf eine Stelle (z. B. die Mitte) einer Polkante mittels einer transversal aufgesetzten Messerschneide ein normaler Druck ausgeübt wird. Dann tritt bei den nach dem Pol hin liegenden Teilen des Rhomboeders Gleitung der erwähnten Art ein, derart, daß allmählich größere Partien die der ursprünglichen spiegelbildlich entsprechende Konfiguration annehmen, wie dies Figur 212 veranschaulicht.

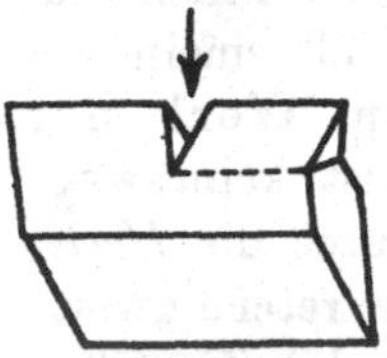
Fig. 212.

Ähnliche Gleitungen finden sich bei vielen Kristallen (auch bei Steinsalz) und sind besonders systematisch von *Mügge*[2]) untersucht worden. Ihre geometrischen Gesetze sind leicht erkennbar und z. B. von *Liebisch*[3]) bearbeitet. Für eine Aufklärung der physikalischen Verhältnisse existieren aber nur erst Ansätze. Und doch liegt hier ein Problem vor, das für unsere Erkenntnis des innersten Aufbaues der Kristalle von fundamentaler Bedeutung zu werden verspricht. Denn mit der äußerlich erkennbaren Umgestaltung der Volumenelemente muß nach diesen Beobachtungen eine Umlagerung der Elementarmassen des Kristalls verknüpft sein, die gelegentlich in ganz anderem Sinne und in

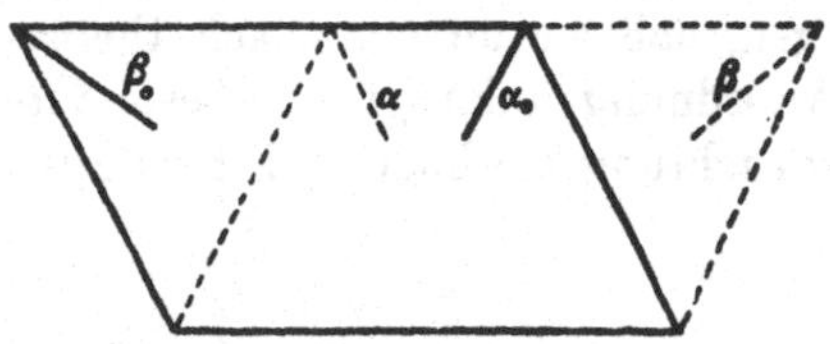

Fig. 213.

1) *H. Baumhauer*, Zeitschr. f. Kryst. Bd. 3, p. 588, 1879.
2) *O. Mügge*, zahlreiche Abhandlungen im N. Jahrb. für Min. seit 1883.
3) *Th. Liebisch*, Gött. Nachr. 1887, p. 435, N. Jahrb. f. Min. Beil. Bd. 6, p. 105, 1888.

anderen Zahlenverhältnissen vor sich geht, als die erstere. In der Tat: die geometrische Umgestaltung führt bei Kalkspat nach Figur 213 die mit der Hauptachse parallele materielle Gerade $\alpha_0$ der ursprünglichen Konfiguration in die Position $\beta$ über, während die mit $\beta$ korrespondierende Gerade $\beta_0$ durch die Gleitung nach $\alpha$ rückt, d. h. der Hauptachse parallel wird. Da wir nun gezwungen sind, die Elementarmassen eines Kristalls nicht als Punkte zu betrachten, sondern ihnen eine der Kristallform entsprechende Symmetrie beizulegen, so muß bei der beschriebenen Umgestaltung mit diesen Massen eine Veränderung vorgegangen sein, derart, daß bei dem Transport von $\alpha_0$ nach $\beta$ die ausgezeichneten Richtungen der bez. Elementarmassen aus der Hauptachse heraus-, bei dem Transport von $\beta_0$ nach $\alpha$ aber in dieselbe hineintreten.

Diese Veränderung der Elementarmassen kann in einer bloßen Drehung derselben bestehen, dergleichen (allerdings in engsten Grenzen verharrend) die molekulare Theorie der Elastizität im II. Abschnitt des VII. Kapitels annimmt; sie kann auch von einer innermolekularen Umlagerung begleitet sein, dergl. a. a. O. ausdrücklich außer Betracht gelassen ist.

Eine Entscheidung der Frage nach dem faktischen Verhalten der Elementarmassen ist noch nicht gegeben, doch erscheint eine bloße Drehung sehr unwahrscheinlich. In der Tat kann z. B. bei Kalkspat eine Drehung um die in der Gleitfläche liegende $X$-Achse die Elementarmasse überhaupt nicht in die (bezüglich der Gleitfläche) spiegelbildlich entsprechende Orientierung bringen; es bedarf hierzu vielmehr noch einer Drehung um die $Z$-Achse. Eine solche wird aber durch die gemäß S. 952 bei den bez. Experimenten zur Wirksamkeit gebrachten Kräfte nach Symmetrie überhaupt nicht hervorgebracht; es müßte demnach bei einer bestimmten Deformation die ursprüngliche Orientierung der Elementarmassen labil werden und eine stabile Lage durch eine Drehung um die Hauptachse um $180^0$ erreicht werden. Es ist wahrscheinlich, daß eine innermolekulare Umlagerung die spiegelbildlich-symmetrische Anordnung auf eine einfachere Weise hervorbringen wird.

Was die wenigen vorliegenden Messungen über Gleitung an Kalkspat[1]) ergeben haben, ist nur dieses. Bezieht man den Kristall auf ein Achsenkreuz $X'Y'Z'$, wobei die $X'$- mit der $X$-Achse des Hauptsystems zusammenfällt, so ist die äußerliche, geometrische Deformation durch Gleitung nach der $X'Y'$-Ebene gegeben durch ein Verrückungssystem $v' = kz'$. Aus den für Kalkspat bestimmten elastischen Parametern ergibt sich nun, daß eine solche Deformation bei

1) *W. Voigt*, Wied. Ann. Bd. 39, p. 432, 1890; Bd. 67, p. 201, 1899.

diesem Mineral einen besonders kleinen Widerstand findet, wenn die $X'Y'$-Ebene in die beobachtete Gleitfläche fällt. Trotzdem ist die Größe $\partial v'/\partial z' = k$ im Moment des Eintretens der Gleitung noch außerordentlich klein (von der Ordnung 0,003) und gibt bei anderer Orientierung des $X'Y'Z'$-Kreuzes keinerlei Veranlassung zu singulären Vorgängen.

## Anhang II.

# Beziehungen zwischen Kristallen und quasiisotropen Körpern.

§ 469. **Allgemeine Gesichtspunkte.** Es ist bereits in der Einleitung (§ 4 u. f.). auf die prinzipiell so wichtige Tatsache hingewiesen worden, daß viele gemeinhin als isotrop bezeichnete Körper in Wahrheit „quasiisotrop“, d. h. Aggregate von Kristallbrocken sind, und daß demgemäß deren physikalische Konstanten mit denen der bezüglichen Kristalle in Beziehung stehen müssen.

Diese Beziehungen sind freilich im allgemeinen außerordentlich kompliziert. Sie werden durchsichtig nur in dem schon in der Einleitung erwähnten Grenzfall, daß die Kristallbrocken klein sind selbst gegen die Dimensionen der Volumenelemente, die man bei der Entwickelung der Theorie eines Vorganges benutzt, dabei aber immer noch groß gegen die Wirkungsweise molekularer Kräfte, und daß sie außerdem den Raum lückenlos erfüllen.

Beide Annahmen sind in der Natur äußerst selten erfüllt. Die faktischen Abweichungen von der ersten sind allerdings dann meist unbedenklich, wenn die Kristallbrocken wenigstens klein gegen die der Beobachtung unterworfenen Präparate sind, weil dann infolge der großen Zahl in Betracht kommender Volumenelemente die betreffende Erscheinung sich im ganzen merklich ebenso darstellt, als wenn jedes einzelne Volumenelement Kristallbrocken von allen möglichen Orientierungen enthielte.

Die faktischen Abweichungen von der zweiten Annahme sind ungleich wesentlicher; die Lücken, die sich bei den quasiisotropen Körpern häufig zwischen den Kristallbrocken finden, und die mitunter mit fremder Substanz ausgefüllt sind, haben der Regel nach einen bedeutenden Einfluß auf die physikalischen Eigenschaften der Körper. Infolge hiervon besitzen die unter den obigen Annahmen gewonnenen theoretischen Resultate auch meist nur eine beschränkte Anwendbarkeit auf wirkliche quasiisotrope Körper. Die absoluten Zahlwerte der so aus den Parametern des bez. Kristalls abgeleiteten Parameterwerte sind für diese Körper nicht zu benutzen; allenfalls läßt sich bei Vorgängen, die von mehreren Parametern abhängen, erwarten, daß für einen und denselben Körper deren beobachtetes Verhältnis dem aus der Theorie gefolgerten gleich ist.

Setzt man indessen die obigen beiden Annahmen als erfüllt voraus, so kommt die Theorie eines Vorganges in einem quasiisotropen Medium offenbar auf die Bildung eines gewissen Mittelwertes heraus über Vorgänge, die sich in dem bezüglichen homogenen Kristall abspielen, unter Voraussetzung aller möglichen Orientierungen des Kristalls gegen ein festes Achsensystem. Es ist einleuchtend, daß im allgemeinen diese Mittelwertbildung passend nicht mit dem thermodynamischen Potential (oder einer ähnlich gestalteten skalaren Funktion) vorgenommen wird, weil dasselbe in den Unabhängigen von einem höheren Grade ist, als die Funktionen, die der Beobachtung zugänglich sind, und die aus dem Potential durch Differentiationen gewonnen werden.

Als Ausgangspunkt für die Bildung des Mittelwertes werden sich nun von diesen abgeleiteten Funktionen ganz besonders solche empfehlen, die nach ihrer Definition Summen über Werte darstellen, die sich auf die einzelnen Moleküle oder Elementarmassen des Körpers beziehen. Bei den meisten oben behandelten Vorgängen existieren derartige Funktionen, die sich auf diese Weise als ausgezeichnete darstellen.

Wir wollen im nachstehenden die wichtigsten vorkommenden Fälle im Anschluß an die Theorien der bez. Erscheinungen in homogenen Kristallen, die in Kapitel IV bis VIII entwickelt sind, besprechen.

Dazu sei im voraus allgemein noch folgendes bemerkt. In jedem der zu besprechenden Fälle handelt es sich um die Berechnung von Mittelwerten, welche die Parameter kristallphysikalischer Gesetze für irgend ein festes Achsensystem $X^0 Y^0 Z^0$ liefern, wenn man den bez. Kristall auf alle möglichen und zwar gleichmäßig verteilten Weisen gegen jene Achsen orientiert. Diese Orientierungen seien durch die Richtungskosinus $\alpha_h, \beta_h, \gamma_h$ der Hauptachsen $X, Y, Z$ des Kristalls gegen das Kreuz der $X^0$, $Y^0$, $Z^0$ bestimmt, gemäß dem Schema

| | $x^0$ | $y^0$ | $z^0$ |
|---|---|---|---|
| $x$ | $\alpha_1$ | $\beta_1$ | $\gamma_1$ |
| $y$ | $\alpha_2$ | $\beta_2$ | $\gamma_2$ |
| $z$ | $\alpha_3$ | $\beta_3$ | $\gamma_3$ |

und setzen wir in bekannter Weise

$$\begin{aligned}
\alpha_1 &= -\cos\psi\cos f\cos\vartheta - \sin\psi\sin f,\\
\beta_1 &= -\sin\psi\cos f\cos\vartheta + \cos\psi\sin f,\\
\gamma_1 &= +\cos f\sin\vartheta,\\
\alpha_2 &= -\cos\psi\sin f\cos\vartheta + \sin\psi\cos f,\\
\beta_2 &= -\sin\psi\sin f\cos\vartheta - \cos\psi\cos f,\\
\gamma_2 &= +\sin f\sin\vartheta,\\
\alpha_3 = \cos\psi\sin\vartheta,\quad & \beta_3 = \sin\psi\sin\vartheta,\quad \gamma_3 = \cos\vartheta.
\end{aligned} \tag{2}$$

Hierin bezeichnet $\vartheta$ den Winkel zwischen $Z$ und $Z^0$, $\psi$ den Winkel zwischen den Ebenen $ZX$ und $ZZ^0$, $f$ den Winkel zwischen den Ebenen $Z^0X^0$ und $Z^0Z$.

Der Mittelwert $|F|$ einer Funktion $F(\psi, f, \vartheta)$ für alle möglichen Orientierungen von $X, Y, Z$ gegen $X^0, Y^0, Z^0$ ist dann gegeben durch

$$|F| = \frac{1}{8\pi}\int_0^{\pi}\int_0^{2\pi}\int_0^{2\pi} F\sin\vartheta\, d\vartheta\, df\, d\psi. \tag{3}$$

Dies ist die Grundformel für die weiterhin zu ziehenden quantitativen Folgerungen.

§ 470. **Mittlere Strömungen.** Für die Behandlung einer ersten Gruppe von Vorgängen knüpfen wir an die Formeln für die Strömung $U$ eines imponderabeln Fluidums unter der Wirkung einer treibenden Kraft $V$ an, die in § 164 in der Form

$$U_1 = l_{11}V_1 + l_{12}V_2 + l_{13}V_3, \ldots \tag{4}$$

resp.

$$V_1 = k_{11}U_1 + k_{12}U_2 + k_{13}U_3, \ldots \tag{5}$$

angesetzt waren. Dabei stellten die $l_{hk}$ die Konstanten der Leitfähigkeit, die $k_{hk}$ diejenigen des Widerstandes dar.

Denkt man sich innerhalb des quasiisotropen Mediums einen beliebigen ebenen Schnitt gelegt, der eine große Zahl beliebig orientierter Kristallbrocken durchsetzt, so ist die Stromdichte $U_n$ normal zu dem Schnitt an irgend einer Stelle definiert als die Summe der Strömungen, die alle die einzelnen homogenen Flächenelemente des Schnittes durchdringen, bezogen auf die Flächeneinheit. Im Gegensatz dazu wird die treibende Kraft $V$ durch den Zustand in einem einzigen Punkte definiert.

Wir schließen daraus, gemäß dem oben allgemein Gesagten, daß eine Theorie der Strömung in einem quasiisotropen Körper nicht an die Gleichungen (5), sondern an (4) wird anknüpfen müssen.

Von den zwei im VI. Kapitel behandelten eigentlichen Strömungsproblemen betraf das erste die elektrische, das zweite die Wärmeströmung.

Bei beiden hatte (in den uns interessierenden Fällen) die treibende Kraft ein Potential, das im ersten Falle durch die elektrische Potentialfunktion $\varphi$, im zweiten durch die Temperatur $\vartheta$ dargestellt wurde. Beide Funktionen haben nun die Eigenschaft, durch die Grenzflächen der Kristallbrocken, welche den quasiisotropen Körper bilden, stetig hindurchzugehen. Wir werden hieraus schließen dürfen, daß bei hinreichender Kleinheit dieser Brocken das Potentialgefälle in allen denjenigen, welche ein Volumenelement erfüllen, sehr nahe gleiche Größe besitzt.

Von den Strömungskomponenten gilt gleiches keineswegs; von diesen sind nämlich nur die zu einer Zwischengrenze normalen, nicht auch die tangentialen in den Grenzen stetig. Denken wir uns z. B., um einen einfachen, leicht übersehbaren Fall zu erhalten, einen quasiisotropen Körper aus dünnen zylinderförmigen Kristallbrocken zusammengesetzt, deren Achsen parallel liegen, so wird die Strömung längs dieser Achsen von Zylinder zu Zylinder unstetig variieren können, während das longitudinale Potentialgefälle in benachbarten Zylindern merklich gleich sein muß.

Um nun zu quantitativen Beziehungen zu gelangen, betrachten wir ein nach den Koordinatenachsen orientiertes kleines Parallelepiped und schneiden dasselbe durch eine sehr große Anzahl von Schnitten normal zur $X$-Achse in Lamellen, deren Gesamtfläche mit $Q$ bezeichnet werden möge. Diese Schnitte durchsetzen nach unserer Annahme eine überaus große Zahl kleiner Kristallbrocken von allen möglichen, unregelmäßig verteilten Orientierungen. Der Querschnitt irgend eines $(j)$ dieser Brocken sei mit $q_j$ bezeichnet. Dann kann die mittlere Strömung $|U_1|$ nach der $X$-Achse innerhalb des betrachteten Volumens geschrieben werden

$$|U_1| = \frac{1}{Q}\sum_j (U_1)_j q_j = \frac{1}{Q}\sum_j (l_{11} V_1 + l_{12} V_2 + l_{13} V_3)_j q_j, \qquad (6)$$

wobei die Summen über alle Querschnitte $q_j$ zu erstrecken sind.

Für die Ausführung dieser Summen fassen wir nun zunächst alle $q_k$ zusammen, die sich auf gleich orientierte Kristallbrocken beziehen; als gleich mögen dabei Orientierungen gelten, bei denen die drei Leitfähigkeitsachsen $l_{\mathrm{I}}, l_{\mathrm{II}}, l_{\mathrm{III}}$ innerhalb bestimmt abgegrenzter unendlich feiner Elementarkegel liegen. Es zerfällt hierdurch die Summe in eine Doppelsumme nach dem Schema

$$|U_1| = \frac{1}{Q}\left\{ \mathop{\mathrm{S}}_i l_{11} \mathop{\mathrm{S}}_k (V_1)_k q_k + \mathop{\mathrm{S}}_i l_{12} \mathop{\mathrm{S}}_k (V_2)_k q_k + \mathop{\mathrm{S}}_i l_{13} \mathop{\mathrm{S}}_k (V_3)_k q_k \right\}, \qquad (7)$$

wobei die zweiten Summen sich auf die einer bestimmten Orientierung ($i$) entsprechenden Feldkomponenten, die ersten auf alle möglichen Orientierungen beziehen.

Es ist nun bei den oben erörterten Stetigkeitsverhältnissen der Potentiale kein Grund einzusehen, warum die Summen $\mathfrak{S}(V_1)_k q_k, \ldots$ mit der Orientierung der Kristallbrocken, auf die sie sich beziehen, wechseln sollten. Wir werden sie demgemäß ausschließlich als Funktionen des Ortes betrachten dürfen, an dem sich das Volumenelement befindet, und setzen

$$\mathfrak{S}_i (V_1)_k q_k = |V_1| \, Q_i, \ldots,$$

wobei $|V_1|$ der mittlere Wert der bezüglichen Feldkomponente in dem Element ist, und $Q_i$, der Anteil von $Q$, der von Kristallen der Orientierung ($i$) bedeckt wird, für alle Orientierungen den gleichen Wert hat.

Hierdurch nimmt (7) die Form an

$$|U_1| = \frac{1}{Q}\left\{ |V_1| \mathfrak{S}_i l_{11} Q_i + |V_2| \mathfrak{S}_i l_{12} Q_i + |V_3| \mathfrak{S}_i l_{13} Q_i \right\}, \tag{8}$$

und analoge Formeln gelten für $|U_2|$ und $|U_3|$.

Dabei stellen die

$$\mathfrak{S}_i l_{hk} Q_i / Q = |l_{hk}| \tag{9}$$

die mittlere Wert der Leitfähigkeitskonstanten $l_{hk}$ dar, welche nun nach den am Ende des vorigen Paragraphen angegebenen Regeln berechnet werden können. Die Bestimmung der bezüglichen Werte gelingt indessen hier ganz ohne Rechnung.

Um dies zu zeigen, wollen wir die in dem Kristall festen Hauptachsen jetzt in die Achsen der Hauptleitfähigkeiten $l_{I}$, $l_{II}$, $l_{III}$ legen. Beschränken wir uns auf Kristalle ohne rotatorische Qualitäten, so sind die $l_{hk}$ nach S. 310 Tensorkomponenten, transformieren sich also nach dem Schema

$$\begin{aligned} l_{11} &= l_{I} \alpha_1^2 + l_{II} \alpha_2^2 + l_{III} \alpha_3^2, \ldots, \\ l_{23} &= l_{I} \beta_1 \gamma_1 + l_{II} \beta_2 \gamma_2 + l_{III} \beta_3 \gamma_3, \ldots \end{aligned} \tag{9}$$

Nun ist nach Symmetrie klar, daß die Mittelwerte der Produkte $\beta_h \gamma_h$, $\gamma_h \alpha_h$, $\alpha_h \beta_h$ verschwinden müssen. Die Mittelwerte der $\alpha_h^2, \beta_h^2, \gamma_h^2$ hingegen müssen nach Symmetrie einander gleich sein, und da

$$\alpha_h^2 + \beta_h^2 + \gamma_h^2 = 1$$

ist, muß auch

$$|\alpha_h^2| + |\beta_h^2| + |\gamma_h^2| = 1$$

sein; d. h., es muß gelten

$$|\alpha_h^2| = |\beta_h^2| = |\gamma_h^2| = \tfrac{1}{3}.$$

Dies führt dann auf

$$|l_{11}| = |l_{22}| = |l_{33}| = \tfrac{1}{3}(l_{\mathrm{I}} + l_{\mathrm{II}} + l_{\mathrm{III}}),$$
$$|l_{23}| = |l_{31}| = |l_{12}| = 0.$$

Unter den gemachten Voraussetzungen ergeben sich für den quasiisotropen Körper die Strömungsformeln

$$|U_1| = l|V_1|, \quad |U_2| = l|V_2|, \quad |U_3| = l|V_3|, \tag{10}$$

wobei die Leitfähigkeit

$$l = \tfrac{1}{3}(l_{\mathrm{I}} + l_{\mathrm{II}} + l_{\mathrm{III}}) \tag{11}$$

sich als das Mittel der drei Hauptleitfähigkeiten des bezüglichen Kristalls bestimmt.

Schreibt man

$$|V_1| = k|U_1|, \quad |V_2| = k|U_2|, \quad |V_3| = k|U_3|, \tag{12}$$

so ist dann keineswegs zugleich auch $k = \tfrac{1}{3}(k_{\mathrm{I}} + k_{\mathrm{II}} + k_{\mathrm{III}})$; hat der Kristall keine rotatorischen Qualitäten, so gilt vielmehr nach S. 310 $k_n = 1/l_n$, also wegen $k = 1/l$ auch

$$\frac{1}{k} = \frac{1}{3}\left(\frac{1}{k_{\mathrm{I}}} + \frac{1}{k_{\mathrm{II}}} + \frac{1}{k_{\mathrm{III}}}\right). \tag{13}$$

Die Leitfähigkeit des quasiisotropen Körpers berechnet sich also in ganz anderer Weise, als der Widerstand, aus den bezüglichen Kristallparametern.

Um hervortreten zu lassen, daß es sich dabei um recht merkliche Unterschiede handeln kann, seien die bezüglichen Zahlen für die thermische Leitfähigkeit von Quarz angegeben. Hier ist (wenn wir, wie im III. Abschnitt des VI. Kapitels, die Bezeichnungen $\lambda_n$ statt $l_n$, $\varkappa_n$ statt $k_n$, anwenden) gemäß S. 382 nach den Beobachtungen von *Tuchschmidt*

$$\lambda_{\mathrm{I}} = \lambda_{\mathrm{II}} = 0{,}957, \quad \lambda_{\mathrm{III}} = 1{,}576,$$

also

$$\lambda = 1{,}163; \quad \varkappa = 0{,}860;$$

ferner

$$\varkappa_{\mathrm{I}} = \varkappa_{\mathrm{II}} = 1{,}045, \quad \varkappa_{\mathrm{III}} = 0{,}635;$$

also

$$\tfrac{1}{3}(2\varkappa_{\mathrm{I}} + \varkappa_{\mathrm{III}}) = 0{,}908.$$

Diese Zahl weicht von der für $\varkappa$ erhaltenen sehr beträchtlich ab.

Beobachtungen über elektrische und thermische Leitfähigkeiten quasiisotroper Körper, bei denen die Parameter der bezüglichen Kristalle bekannt sind, liegen meines Wissens noch nicht vor.

§ 471. **Mittlere Momente.** Von weiteren vektoriellen Funktionen haben die dielektrischen und magnetischen Momente nach S. 196 u. f. die Eigenschaft, durch Summen über die den einzelnen Molekülen oder Elementarmassen individuellen Größen definiert zu werden. Wir werden demgemäß bei Vorgängen, die Momente erregen, die Mittelwertbildung an die für diese Größen gemachten Ansätze beim Kristall anzuknüpfen haben.

Der denkbar einfachste Fall ist derjenige der Erregung von dielektrischen oder magnetischen Momenten durch Temperaturänderung. Hier waren nach § 136 und 144 die Komponeten $P_h$ resp. $M_h$ der Momente durch bloße Temperaturfunktionen $F_h$ resp. $G_h$ definiert. Wegen der Stetigkeit der Temperatur in Zwischengrenzen darf dieselbe in dem Volumenelement eines quasiisotropen Körpers als ebenso definiert gelten, wie in einem homogenen Körper. Die Bildung des Mittelwertes hat sich somit nur auf die Abhängigkeit der $G_h$ und $F_h$ von der Orientierung der Kristallbrocken gegen das feste Achsensystem $X^0$, $Y^0$, $Z^0$ zu beziehen.

Nun sind aber die $G_h$ und $F_h$ Vektorkomponenten; sie transformieren sich durch die $\alpha_h$, $\beta_h$, $\gamma_h$ selbst, und ihre Mittelwerte $|G_h|$ $|F_h|$ verschwinden demgemäß. Ein quasiisotroper Körper kann hiernach weder Pyroelektrizität, noch -magnetismus zeigen — was von vornherein einleuchtet. —

Die Erregung dielektrischer und magnetischer Momente durch Influenz geht den im vorigen Paragraphen behandelten Strömungsproblemen genau parallel. Die Ansätze

$$\begin{aligned} P_1 &= \eta_{11} E_1 + \eta_{12} E_2 + \eta_{13} E_3, \ldots, \\ M_1 &= \varkappa_{11} H_1 + \varkappa_{12} H_2 + \varkappa_{13} H_3, \ldots \end{aligned} \tag{14}$$

aus § 211 und 237 enthalten rechts in den praktisch interessierenden Fällen die Gefälle des elektrischen oder des magnetischen Potentiales, und an diese sind dieselben Betrachtungen anzuknüpfen, wie im vorigen Paragraphen.

Es folgt hieraus, daß bei Erfüllung der in § 468 erörterten Annahmen die Elektrisierungs- und Magnetisierungszahlen $\eta$ und $\varkappa$ des quasiisotropen Körpers durch diejenigen des ihn bildenden Kristalls ausdrückbar sind gemäß den Formeln

$$\eta = \tfrac{1}{3}(\eta_{\mathrm{I}} + \eta_{\mathrm{II}} + \eta_{\mathrm{III}}), \quad \varkappa = \tfrac{1}{3}(\varkappa_{\mathrm{I}} + \varkappa_{\mathrm{II}} + \varkappa_{\mathrm{III}}). \tag{15}$$

Gleiches gilt bezüglich der dielektrischen und der magnetischen Permeabilitäten $\varepsilon$ und $\mu$ wegen der für diese gültigen Beziehungen von S. 437 u. 479.

Die Erscheinungen der dielektrischen und der magnetischen Influenz haben die Eigenschaft, daß eine Abweichung des quasiisotropen Körpers von der zweiten Annahme in § 469, d. h. von derjenigen lückenloser Raumerfüllung, bei ihnen (ferromagnetische Körper ausgenommen) viel geringere Störungen bewirkt, als dies z. B. bei den Vorgängen der elektrischen und der Wärmeströmung stattfindet. Dies ist dadurch bedingt, daß für die magnetische und dielektrische Induktion der leere oder der Luftraum verhältnismäßig viel permeabler ist, als für die Elektrizitäts- und Wärmeströmung. Man darf hier also eine relativ große Übereinstimmung zwischen dem theoretischen Wert der Parameter für den quasiisotropen Körper und der Erfahrung erwarten.

Diese Übereinstimmung wird noch begünstigt, wenn die Lücken zwischen den Kristallbrocken nicht leer, sondern von einem der Kristallsubstanz in Hinsicht der betreffenden Erscheinung nahestehenden Medium erfüllt ist. Einen solchen Fall hat *Schmidt*[1]) bei Ausdehnung der § 231 beschriebenen Methode zur Bestimmung von Dielektrizitätskonstanten auf Kristallpulver untersucht und dabei die Beziehung $\varepsilon = \frac{1}{3}(\varepsilon_{I} + \varepsilon_{II} + \varepsilon_{III})$ bestätigt gefunden. —

Auch in dem Falle der piezoelektrischen und piezomagnetischen Erregung sind die Momente die für den Übergang zu quasiisotropen Körpern geeigneten Funktionen. Sie sind durch die Ansätze von § 409 u. 461 als lineäre Funktionen der Deformationsgrößen bestimmt, über die nun ähnliche Überlegungen anzustellen sind, wie über die Potentialgefälle in § 470.

In der Tat liegen die Verhältnisse auch völlig analog. Die Deformationsgrößen $x_x, \ldots x_y$ drücken sich durch die Gefälle von Funktionen (nämlich den Verrückungskomponenten $u$, $v$, $w$) aus, die sämtlich stetig durch die Grenzen zwischen den verschiedenen Kristallbrocken gehen, vorausgesetzt freilich, daß diese Brocken fest aneinander haften. Es sind demgemäß die Mittelwertbildungen an die Ansätze 20 resp. 346 von S. 818 und 939 zu knüpfen. Da aber die piezoelektrischen und piezomagnetischen Konstanten $e_{ih}$ resp. $n_{ih}$ sich mit Hilfe der Produkte dritten Grades aus den $\alpha_h$, $\beta_h$, $\gamma_h$ transformieren, so ergibt sich für ihre Mittelwerte Null; quasiisotrope Körper der vorausgesetzten Art können sonach weder piezoelektrisch, noch magnetisch erregt werden.

1) *W. Schmidt,* Ann. d. Phys., Bd. 11, p. 114, 1903.

§ 472. **Mittlere Druckkomponenten.** Die Definition der Druckkomponenten $X_x, \ldots X_y$ im Innern eines Körpers auf S. 160 und 602 führt dieselben auf die Summe der molekularen Wirkungen aller Massen diesseits eines Flächenelementes auf die Massen jenseits desselben zurück. Nach den in § 469 auseinandergesetzten Prinzipien wird somit der Übergang von den elastischen Grundformeln für einen Kristall zu denjenigen für den entsprechenden quasiisotropen Körper mit Hilfe des Systems (20) auf S. 568 zu geschehen haben, welches lautet

$$-X_x = c_{11}x_x + c_{12}y_y + \cdots + c_{16}x_y, \tag{16}$$
$$\cdots\cdots\cdots\cdots\cdots\cdots$$

Die $c_{hk}$ stellen dabei die (isothermischen) Elastizitätskonstanten des Kristalls dar.

Über das Verhalten der Argumente $x_x, \ldots x_y$ ist bereits am Ende des vorigen Paragraphen gesprochen worden; man kann also in Anknüpfung an das dort Gesagte die Grundformeln der Elastizität für den quasiisotropen Körper in der Gestalt ansetzen

$$-|X_x| = |c_{11}|\cdot|x_x| + |c_{12}|\cdot|x_y| + \cdots |c_{16}|\cdot|x_y|, \tag{17}$$
$$\cdots\cdots\cdots\cdots\cdots\cdots$$

Die Berechnung der Mittelwerte $|c_{hk}|$ der Elastizitätskonstanten $c_{hk}$ hat dabei nach dem Schema (3) auf S. 956 unter Heranziehung der allgemeinen Transformationseigenschaften der $c_{hk}$ aus § 291 zu geschehen.[1]) Dabei kann man sich die Berechnung dadurch erleichtern, daß der quasiisotrope Körper diejenige elastische Symmetrie haben muß, die in dem Parameterschema auf S. 587 Ausdruck gewinnt, daß also das Resultat der Rechnung die Form

$$-|X_x| = c|x_x| + c_1|y_y| + c_1|z_z|, \quad -|Y_z| = c_2|y_z| = \tfrac{1}{2}(c-c_1)|y_z|, \tag{18}$$
$$\cdots\cdots\cdots\cdots\cdots\cdots$$

haben muß. Die Berechnung ist demgemäß nur für zwei $|c_{hk}|$ auszuführen — höchstens für drei, wenn man Wert darauf legt, die Beziehung $c_2 = \frac{1}{2}(c - c_1)$ zu begründen. Man kann so etwa $|c_{11}|$, $|c_{23}|$ und $|c_{44}|$ berechnen, für welche die Transformationsformeln nach § 289 und 291 sogleich angebbar sind.

Führt man die Abkürzungen

$$c_{11} + c_{22} + c_{33} = 3A, \quad c_{23} + c_{31} + c_{12} = 3B,$$
$$c_{44} + c_{55} + c_{66} = 3C \tag{19}$$

ein, so ergibt die Rechnung das Resultat

1) *W. Voigt*, Gött. Abh. 1887, p. 48; Wied. Ann. Bd. 38, p. 573, 1889.

$$c = \tfrac{1}{5}(3A + 2B + 4C),\quad c_1 = \tfrac{1}{5}(A + 4B - 2C),$$
$$c_2 = \tfrac{1}{5}(A - B + 3C), \tag{20}$$

welches in der Tat der Beziehung $c_2 = \frac{1}{2}(c - c_1)$ entspricht.

Diese Formeln gestatten also im Prinzip die Berechnung der Elastizitätskonstanten eines quasiisotropen Körpers, der den gemachten Voraussetzungen entspricht, aus den Hauptkonstanten $c_{hk}$ des bez. Kristalls. Von Interesse ist dabei die Rolle, welche auch bei dem quasiisotropen Körper die Frage spielt, ob die Molekularkräfte nur Funktionen der Entfernung sind, oder aber mit der Richtung variieren. Im ersten Falle gelten nach § 299 die Beziehungen

$$c_{23} = c_{44},\quad c_{31} = c_{55},\quad c_{12} = c_{66}; \tag{21}$$

hier gilt also $B = C$ und infolge davon $c = 3c_1$, — jene von *Poisson* aus der molekularen Theorie geschlossene Beziehung zwischen den beiden Elastizitätskonstanten eines isotropen Körpers, welche sich im Widerspruch mit vielfältigen Erfahrungen befindet und daher der Gegenstand vieler Diskussionen gewesen ist. Diese Beziehung ergibt sich aus der molekularen Theorie auch dann, wenn man die molekularen Kräfte von der Richtung abhängig annimmt, falls nur die Elementarmassen völlig regellos gegeneinander orientiert sind, und die Erklärung der beobachteten Abweichungen stellte ein wichtiges Problem der molekularen Elastizitätstheorie dar.

Faßt man (in Übereinstimmung mit der Anschauung) die meisten für isotrop geltenden Körper als nur quasiisotrop, d. h. aus Kristallbrocken bestehend auf, so verschwindet, nachdem die Bestimmung der Elastizitätskonstanten für eine beträchtliche Reihe von Körpern die Nichtgültigkeit der Beziehungen (21), also das Wirken gerichteter Molekularkräfte erwiesen hat, jede Schwierigkeit. Mit dem Bestehen der Beziehungen (21) hört nämlich nach (19) und (20) zugleich die *Poisson*sche Beziehung $c = 3c_1$ zu gelten auf.

Das ist jene eigenartige Aufklärung, welche im Gebiete der Elastizitätstheorie das Verhalten der Kristalle über das Verhalten der isotropen Körper liefert, und auf die schon S. 8 aufmerksam gemacht worden ist. Daß übrigens unter Umständen auch Körper, die nach ihrer Konstitution nicht als quasiisotrop gelten können, Abweichungen von der *Poisson*schen Relation zeigen, und daß dieses Verhalten sich molekulartheoretisch durch die Annahme von Verrückungen erklären läßt, die sich den S. 605 gemachten und für einen ideal festen Körper charakteristischen Voraussetzungen nicht fügen, sei beiläufig erwähnt.[1])

1) *W. Voigt*, Ann. d. Phys. Bd. 4, p. 187, 1901.

Bezüglich quantitativer Bestätigungen der Relationen (19) und (20) zwischen den Elastizitätskonstanten eines Kristalls und denjenigen des entsprechenden quasiisotropen Körpers liegen praktische Schwierigkeiten vor, darauf beruhend, daß die Voraussetzungen, auf welchen jene Relationen ruhen, bei solchen quasiisotropen Körpern, wo auch der homogene Kristall der Beobachtung zugänglich ist, äußerst selten erfüllt sind. Es handelt sich dabei um die Voraussetzung der lückenlosen Aneinanderschließung und des festen Zusammenhanges der Kristallbrocken, welche den quasiisotropen Körper bilden. Diese Voraussetzungen sind vielleicht bei Metallen sehr vollständig erfüllt; aber hier sind die bezüglichen homogenen Kristalle nicht verfügbar. Die dichten Gesteine aus den beobachteten Kristallen (wie z. B. aus Kalkspat, Flußspat, Schwerspat) enthalten häufig die Kristalle durch ein fremdes Medium lose zusammengekittet und ergeben demgemäß elastische Widersprüche oder Konstanten, die beträchtlich kleiner sind, als diejenigen des homogenen Kristalls. Für den Quotienten $c/c_1$ ist trotzdem in einigen Fällen eine leidliche Übereinstimmung mit dem Resultat (19) und (20) gefunden worden.[1])

Während bei den meisten untersuchten quasiisotropen Körpern das gefundene Verhältnis $c/c_1$ der beiden Elastizitätskonstanten nicht gar weit von dem *Poisson*schen Wert 3 abweicht, liefern die Formeln (19) und (20) in Verbindung mit den beobachteten Hauptkonstanten $c_{hk}$ für kristallisierten Quarz aus § 377 $c/c_1$ nahe an 14. Beobachtungen an Feuerstein und Opal haben nun Werte $c/c_1$ geliefert, welche diesem ganz abnormen sehr nahe liegen, nämlich etwa 12 und 16. Freilich steht nicht fest, ob man auf die Kristallbrocken, welche die letzteren dichten Minerale bilden, die Parameterwerte von Quarz anwenden darf; es ist nicht unwahrscheinlich, daß es sich hier um eine andere Modifikation kristallisierter Kieselsäure handelt. In jedem Falle erscheint aber die angenäherte Übereinstimmung des beobachteten mit dem berechneten Wert von $c/c_1$ bedeutungsvoll.

1) *W. Voigt,* Wied. Ann. Bd. **38**, p. 573, 1889; *P. Drude* und *W. Voigt,* ib Bd. **42**, p. 537, 1891; *W. Voigt,* ib. Bd. **44**, p. 168, 1891.

## Anhang III.

# Über sekundäre Wirkungen bei piezoelektrischen Vorgängen, insbesondere im Falle der Drillung und Biegung eines Kreiszylinders.

Von W. Voigt.[1])

1. Bei verschiedenen Gelegenheiten[2]) habe ich betont, daß die Darstellung, die ich einigen Problemen der piezoelektrischen Erregung und Deformation gegeben habe, nur eine erste Annäherung darstellt, die allerdings nach möglichen Abschätzungen der erreichbaren Genauigkeit der Messungen bereits entsprechen dürfte. In der Tat: die mechanische Einwirkung auf einen azentrischen Kristall erregt nicht nur *direkt* ein elektrisches Moment, sondern auch *indirekt*, insofern in dem erregten Kristall sekundäre piezoelektrische Spannungen auftreten, und diese einen weiteren Anteil zum Moment bewirken. Ähnlich wird ein Kristall, der in ein elektrisches Feld gebracht wird, nicht nur *primär* durch dieses deformiert; die Deformation wird vielmehr von der Erregung eines piezoelektrischen Momentes begleitet, und die damit gegebene elektrische Verteilung liefert ein *sekundäres* Feld, das sich mit dem ursprünglichen verbindet. Dabei ist je nicht nur für das primäre, sondern auch für das sekundäre Feld die dielektrische Influenz in Rechnung zu setzen.

Die Verhältnisse sind also ganz analog denen, die bei den eigentlichen Problemen der magnetischen und der dielektrischen Influenz von Kristallen vorliegen, und es hat unzweifelhaft ein theoretisches und praktisches Interesse, die geschilderten Vorgänge einer strengen Analyse zu unterwerfen. Eine solche Analyse ist nun aber gerade in den wichtigsten früher beobachteten Fällen — denjenigen parallelepipedischer Präparate, von denen ein Flächenpaar leitende Belegungen trägt — kaum durchführbar wegen der komplizierten Natur der sekundären Spannungen und Felder. Sie bietet dagegen keinerlei Schwierigkeiten in dem kürzlich von mir neu bearbeiteten Falle[3]) der Drillung und Biegung eines Kreiszylinders. Ich werde sie demgemäß im folgenden entwickeln.

Bezeichnen $P_1, P_2, P_3$ die Komponenten des dielektrischen Momentes, $\mathfrak{E}_1, \mathfrak{E}_2, \mathfrak{E}_3$ diejenigen des elektrischen Feldes für ein beliebig gegen

1) Aus Ann. d. Phys. **48**, 433, 1915.

2) Vgl. insbes. *W. Voigt*, Lehrbuch der Kristallphysik, p. 915. Leipzig 1910.

3) *W. Voigt*, Gött. Nachr. 1915, p. 119; Ann. d. Phys. **48**. p. 145. 1915. Zitate von Formeln aus dieser früheren Arbeit werden weiterhin durch ein bei gesetztes I von Zitaten aus der vorliegenden Arbeit unterschieden werden.

den Kristall orientiertes Koordinatensystem, und sind $x_x, \ldots x_y$ die Deformationsgrößen, auf dasselbe System bezogen, so lauten die allgemeinen Ansätze für die piezoelektrische Erregung:

$$\left.\begin{aligned} P_1 &= e'_{11}x_x + \cdots + e'_{16}x_y + \eta'_{11}\mathfrak{E}_1 + \eta'_{12}\mathfrak{E}_2 + \eta'_{13}\mathfrak{E}_3, \\ P_2 &= e'_{21}x_x + \cdots + e'_{26}x_y + \eta'_{21}\mathfrak{E}_1 + \eta'_{22}\mathfrak{E}_2 + \eta'_{23}\mathfrak{E}_3, \\ P_3 &= e'_{31}x_x + \cdots + e'_{36}x_y + \eta'_{31}\mathfrak{E}_1 + \eta'_{32}\mathfrak{E}_2 + \eta'_{33}\mathfrak{E}_3. \end{aligned}\right\} \tag{1}$$

Dabei sind die $e'_{hk}$ die *piezoelektrischen Konstanten*, die $\eta'_{hk}$ die allgemeinen *Elektrisierungszahlen* für den Kristall, und es gilt $\eta'_{kh} = \eta'_{hk}$. Der obere Index $'$ soll andeuten, daß sie beide auf das *beliebig* orientierte Koordinatenkreuz bezogen sind, während die Symbole $\eta_{hk}$ und $e_{hk}$ für das durch Symmetrieeigenschaften ausgezeichnete *Hauptachsen*system vorbehalten werden sollen. Die erregten dielektrischen Momente zerfallen nach den Formeln in einen auf der Deformation und einen auf der Influenzwirkung des Feldes beruhenden Anteil.

Die allgemeinen Spannungs- oder Druckkomponenten $\Xi_x, \ldots \Xi_y$ in dem Kristall sind gegeben durch

$$\Xi_x = -(c'_{11}x_x + \cdots + c'_{16}x_y) + e'_{11}\mathfrak{E}_1 + e'_{21}\mathfrak{E}_2 + e'_{31}\mathfrak{E}_3 \text{ usf.} \tag{2}$$

Hierin stellen die $c'_{hk}$ die auf das willkürliche Koordinatensystem bezüglichen *Elastizitätskonstanten* des Kristalles dar. Die Spannungen zerfallen hiernach gleichfalls in einen elastischen und einen piezoelektrischen Anteil.

Löst man die Formeln (2) nach den Deformationsgrößen auf, so gelangt man zu

$$x_x = -(s'_{11}\Xi_x + \cdots + s'_{16}\Xi_y) + d'_{11}\mathfrak{E}_1 + d'_{21}\mathfrak{E}_2 + d'_{31}\mathfrak{E}_3 \text{ usf.,} \tag{3}$$

wobei die $s'_{hk}$ die *elastischen*, die $d'_{hk}$ die *piezoelektrischen Moduln* des Kristalles sind. Wir notieren uns, daß gilt

$$d'_{jk} = \sum_h e'_{jh}s'_{hk}, \qquad e'_{jh} = \sum_k d'_{jk}c'_{hk}. \tag{4}$$

Mit Hilfe der Formeln (3) kann man nun auch, was für unsere Zwecke bequem ist, in dem System (1) die Deformationsgrößen durch die Spannungskomponenten ersetzen und erhält damit

$$P_1 = -(d'_{11}\Xi_x + \cdots + d'_{16}\Xi_y) + f'_{11}\mathfrak{E}_1 + f'_{12}\mathfrak{E}_2 + f'_{13}\mathfrak{E}_3 \text{ usf.,} \tag{5}$$

wobei gesetzt ist
$$\sum_h e'_{ih}d'_{jh} + \eta'_{ij} = f'_{ij}. \tag{6}$$

Um das ganze Rüstzeug für die Lösung unserer Aufgabe zu erhalten, hat man mit diesen speziellen Beziehungen der Piezoelektrizität noch die allgemeinen Gleichungen der Elektrostatik und der Elastizitätslehre zu kombinieren. In den letzteren treten jetzt die $\Xi_x, \ldots \Xi_y$ vollständig an Stelle der speziellen in der Elastizitätstheorie maßgebenden (rein elastischen) Spannungen $X_x, \ldots X_y$.

2. Für die Potentialfunktion des längs seiner Achse $Z$ homogen dielektrisch erregten Zylinders behalten wir den Ausdruck I (1) der vorigen Arbeit bei und schreiben ihn nach I (2)

$$\left.\begin{aligned} \varphi &= \frac{\partial J'}{\partial x} + \frac{\partial J''}{\partial y}, \text{ bei} \\ J' &= \int P_1 \ln(r^2)\,dq_0, \quad J'' = \int P_2 \ln(r^2)\,dq_0. \end{aligned}\right\} \tag{7}$$

$r$ ist dabei die Entfernung des Flächenelementes $dq_0$ der $XY$-Ebene an der Stelle $x_0$, $y_0$ bzw. $p_0$, $\chi_0$ von dem Aufpunkt an der Stelle $x$, $y$ bzw. $p$, $\chi$; $P_1$ und $P_2$ bezeichnen die dielektrischen Momente nach den transversalen Achsen $X$ und $Y$. Der Wert $\varphi$ ist jetzt für einen Punkt *innerhalb* des Zylinders zu berechnen ($\varphi_i$).

Die piezoelektrischen Momente $P_1$ und $P_2$ nach $X$ und $Y$ stellen wir gemäß I (5) dar durch

$$P_1 = A_0' + \sum (A_n' \cos n\chi_0 + B_n' \sin n\chi_0), \quad P_2 = A_0'' + \cdots, \tag{8}$$

wobei die $A$ und $B$ Funktionen von $p_0$ sind, und die Summen über $1 \leqq n \leqq \infty$ erstreckt werden.

Wenden wir für $\ln(r^2)$ die Reihen I (4) an, so ist, um die Integrale $J'$ und $J''$ für einen inneren Punkt auszuführen, die Integration über $p_0$ in zwei Teile $0 < p_0 < p$ und $p < p_0 < R$ zu zerlegen. Der erstere Teil von $J'$ und $J''$ stimmt je mit dem in der früheren Arbeit allein benutzten mit Hilfe von I ($4^1$) berechneten Ausdruck überein; nur ist jetzt die obere Grenze der Integration $p$ statt früher $R$, also auch zu setzen

$$\int_0^p A_n' p_0^{n+1} dp_0 = \mathsf{A}_n', \quad \int_0^p B_n' p_0^{n+1} dp_0 = \mathsf{B}_n', \ldots \tag{9}$$

Der zweite Teil ist mit Hilfe der Reihe I ($4^2$) für $\ln(r^2)$ zu berechnen, welche $p < p_0$ voraussetzt. Kürzt man ab

$$\left.\begin{aligned} &\int_p^R A_0' p_0 \ln(p_0^2)\,dp_0 = \mathfrak{A}_0', \ldots \\ &\int_p^R \frac{A_n'\,dp_0}{p_0^{n-1}} = \mathfrak{A}_n', \quad \int_p^R \frac{B_n'\,dp_0}{p_0^{n-1}} = \mathfrak{B}_n', \ldots \end{aligned}\right\} \tag{10}$$

so erhält man schließlich für innere Punkte gültig

$$\left.\begin{aligned} J_i' = 2\pi \Big\{ &\mathsf{A}_0' \ln(p^2) - \sum \frac{1}{hp^h} (\mathsf{A}_h' \cos h\chi + \mathsf{B}_h' \sin h\chi) \\ &+ \mathfrak{A}_0' - \sum \frac{p^h}{h} (\mathfrak{A}_h' \cos h\chi + \mathfrak{B}_h' \sin h\chi) \Big\}, \end{aligned}\right\} \tag{11}$$

dazu analog $J_i''$. Hierin sind aber jetzt alle $\mathsf{A}$, $\mathsf{B}$, $\mathfrak{A}$, $\mathfrak{B}$ Funktionen von $p$.

Für $A'_n = a'_n p_0^n$, $B'_n = b'_n p_0^n, \ldots$ wird speziell

$$\mathsf{A}'_n = \frac{a'_n p^{2(n+1)}}{2(n+1)}, \quad \mathsf{B}'_n = \frac{b'_n p^{2(n+1)}}{2(n+1)}, \ldots \tag{12}$$

$$\left.\begin{aligned} \mathfrak{A}'_0 &= \tfrac{1}{2} a_0 \left[R^2 (\ln (R^2) - 1) - p^2 (\ln (p^2) - 1)\right], \\ \mathfrak{A}'_n &= \tfrac{1}{2} a'_n (R^2 - p^2), \quad \mathfrak{B}'_n = \tfrac{1}{2} b'_n (R^2 - p^2), \ldots \end{aligned}\right\} \tag{13}$$

Hieraus folgt bis auf eine irrelevante additive Konstante

$$J'_i = \pi \left\{ a_0 p^2 - \sum p^h \left(\frac{R^2}{h} - \frac{p^2}{h+1}\right) (a'_h \cos h\chi + b'_h \sin h\chi) \right\} \tag{14}$$

und analog dazu $J''_i$.

Setzt man dies in die Formel ($7^1$) für $\varphi$ ein, so resultiert schließlich für das innere Potential allgemein

$$\left.\begin{aligned} \varphi_i = \pi \Big\{ & 2p\,(a'_0 \cos\chi + a''_0 \sin\chi) \\ & - \sum (R^2 p^{h-1} - p^{h+1}) \left[(a'_h + b''_h) \cos (h-1)\chi\right] \\ & + (b'_h - a''_h) \sin (h-1)\chi] \\ & + \sum \frac{p^{h+1}}{h+1} [a'_h - b''_h) \cos (h+1)\chi + (b'_h + a''_h) \sin (h + 1\chi] \Big\}. \end{aligned}\right\} \tag{15}$$

In dem speziellen, uns besonders interessierenden Fall, daß $P_1$ und $P_2$ lineäre Funktionen der Querkoordinaten sind, verschwinden alle $a_h$ und $b_h$ mit Ausnahme von $h = 1$, und der vorstehende Ausdruck reduziert sich, falls man unter Fortlassung des unteren Indizes $_1$ an den $a$ und $b$ schreibt:

$$\left.\begin{aligned} P_1 &= a' x + b' y = p(a' \cos\chi + b' \sin\chi), \\ P_2 &= a'' x + b'' y = p(a'' \cos\chi + b'' \sin\chi), \end{aligned}\right\} \tag{16}$$

auf

$$\left.\begin{aligned} \varphi_i = \pi \{ & -(R^2 - p^2)(a' + b'') \\ & + \tfrac{1}{2} p^2 [(a' - b'') \cos 2\chi + (a'' + b') \sin 2\chi]\}. \end{aligned}\right\} \tag{17}$$

Für die Feldkomponenten $\mathfrak{E}_1$ und $\mathfrak{E}_2$ im Innern des Zylinders folgt hieraus

$$\left.\begin{aligned} -\mathfrak{E}_1 &= \pi\{x(3a' + b'') + y(a'' + b')\}, \\ -\mathfrak{E}_2 &= \pi\{y\,(a' + 3b'') + x(a'' + b')\}. \end{aligned}\right\} \tag{18}$$

Diese Resultate gelten für den „freien" Zylinder. Ist der Zylinder, wie bei absoluten Bestimmungen von Parameterwerten angezeigt, mit leitenden Belegungen der Mantelfläche versehen, die auf dem Potential Null erhalten werden, so kommt zu dem Potential der direkten piezoelektrischen Erregung der Zylindersubstanz noch dasjenige der in den Belegungen influenzierten Ladung. Die Dichte $\sigma_0$ dieser Ladung ist nach I (16) gegeben durch

$$\sigma_0 = \tfrac{1}{2} R[(a' - b'') \cos 2\chi + (a'' + b') \sin 2\chi], \tag{19}$$

ihr Potential $\varphi_i'$ auf einen Punkt im Innern des Zylinders berechnet sich zu

$$\varphi_i' = -\tfrac{1}{2}\pi p^2[(a' - b'')\cos 2\chi + (a'' + b')\sin 2\chi]. \tag{20}$$

Das Gesamtpotential von Zylinder und Belegung wird somit sehr einfach zu

$$\varphi_i + \varphi_i' = -\pi(R^2 - p^2)(a' + b'') \tag{21}$$

und liefert die Komponenten

$$-\mathfrak{E}_1 = 2\pi x(a' + b''), \quad -\mathfrak{E}_2 = 2\pi y(a' + b''); \tag{22}$$

das bezügliche Feld hat also rotatorische Symmetrie.

3. Wie schon am Ende von § 1 bemerkt, haben die Spannungen und Deformationen den allgemeinen elastischen Gleichungen zu genügen, die hier nicht reproduziert werden sollen. Es genüge, daran zu erinnern, daß bei dem rein elastischen Problem der Drillung und Biegung eines Kreiszylinders von beliebiger Orientierung gegen den Kristall alle Bedingungen durch die Annahme von in den Querkoordinaten lineären und in der Längskoordinate konstanten Ausdrücken für Spannungen und Deformationen erfüllt werden.[1]) Da nun Deformationen von einem solchen Gesetz *primär* elektrische Momente von gleicher Natur bewirken, und da nach § 2 derartige Momente in dem Kreiszylinder (sei er nun frei oder mit Belegungen versehen) auch Feldkomponenten hervorrufen, die in den Querkoordinaten lineär und von der Längskoordinate unabhängig sind, so kann man versuchen, auch das Problem der Drillung und Biegung bei Berücksichtigung der piezoelektrischen Vorgänge durch nur in $x$ und $y$ lineäre Ansätze zu lösen.

Im Falle der Drillung durch ein Moment $N$ genügen wir den elastischen Bedingungen durch die Werte

$$\Xi_x = \mathsf{H}_y = \mathsf{Z}_z = \Xi_y = 0, \quad \mathsf{H}_z = -\frac{2Nx}{\pi R^4}, \quad \mathsf{Z}_x = \frac{2Ny}{\pi R^4}, \tag{23}$$

wobei $R$ den Radius des Zylinders bezeichnet. Trägt man diese Werte und dazu die durch (16) und (18) gegebenen in (5) ein und setzt die Faktoren von $x$ bzw. von $y$ auf beiden Seiten einander gleich, so gelangt man zu den Formeln

$$\left.\begin{aligned}
a' + \pi f_{11}'(3a' + b'') + \pi f_{12}'(a'' + b') &= \frac{2Nd_{14}'}{\pi R^4},\\
b' + \pi f_{11}'(a'' + b') + \pi f_{12}'(a' + 3b'') &= -\frac{2Nd_{15}'}{\pi R^4},\\
a'' + \pi f_{21}'(3a' + b'') + \pi f_{22}'(a'' + b') &= \frac{2Nd_{24}'}{\pi R^4},\\
b'' + \pi f_{21}'(a'' + b') + \pi f_{22}'(a' + 3b'') &= -\frac{2Nd_{25}'}{\pi R^4}.
\end{aligned}\right\} \tag{24}$$

1) Vgl. z. B. meine „Kristallphysik“, p. 617 ff.

Aus ihnen sind die Werte $a'$, $b'$, $a''$, $b''$ zu berechnen, die, in (16) eingesetzt, die Lösung des piezoelektrischen Problems liefern.

Die Formeln (24) gelten für den freien Zylinder, wie er z. B. von Hrn. *Röntgen* der Beobachtung unterzogen worden ist. Für den mit leitenden und auf dem Potential Null erhaltenen Belegungen versehenen Zylinder, wie ihn gemäß der früheren Arbeit Dr. *Freedericksz* nach meiner Anleitung beobachtet hat, sind an Stelle der Ausdrücke (18) diejenigen (22) für die Feldkomponenten in (5) einzusetzen. Man gelangt so zu den Beziehungen

$$\left.\begin{aligned} a' + 2\pi f'_{11}(a' + b'') &= \frac{2Nd'_{14}}{\pi R^4}, \\ b' + 2\pi f'_{12}(a' + b'') &= -\frac{2Nd'_{15}}{\pi R^4}, \\ a'' + 2\pi f'_{21}(a' + b'') &= \frac{2Nd'_{24}}{\pi R^4}, \\ b'' + 2\pi f'_{22}(a' + b'') &= -\frac{2Nd'_{25}}{\pi R^4}. \end{aligned}\right\} \qquad (25)$$

Hier ist die definitive Berechnung der $a'$, $b'$, $a''$, $b''$ sehr einfach, da aus der ersten und letzten Formel sogleich die Beziehung folgt

$$a' + b'' = \frac{2N(d'_{14} - d'_{25})}{\pi R^4(1 + 2\pi(f'_{11} + f'_{22}))}. \qquad (26)$$

Die so zu gewinnenden Ausdrücke für $a'$, $b'$, $a''$, $b''$ zeigen, daß (auf den ersten Blick überraschend) auch der ringsum mit auf dem Potential Null erhaltenen Belegungen bedeckte Kreiszylinder bei der Drillung im allgemeinen sekundäre Wirkungen aufweist. Das hierzu nach (5) erforderliche innere elektrische Feld $\mathfrak{E}$ entsteht dadurch, daß die in den Belegungen influenzierte Ladung die Wirkung der piezoelektrischen Momente zwar für Punkte des *Außen*raumes kompensiert, nicht aber für solche im *Innern*. Dies erkennt man leicht, wenn man die mit den Momenten $P_1$ und $P_2$ äquivalente räumliche und Oberflächenladung betrachtet. Für die bezüglichen Dichten $\varrho$ und $\sigma$ gilt nämlich wegen (16)

$$\left.\begin{aligned} -\varrho &= \frac{\partial P_1}{\partial x} + \frac{\partial P_2}{\partial y} = a' + b'' \\ +\sigma &= \frac{P_1\bar{x} + P_2\bar{y}}{R} = \tfrac{1}{2}R[(a' + b'') \\ &\qquad + (a' - b'')\cos 2\chi + (a'' + b')\sin 2\chi]. \end{aligned}\right\} \qquad (27)$$

Der durch die beiden variablen Terme bestimmte Anteil von $\sigma$ wird sowohl für innere als für äußere Punkte durch die in den Belegungen influenzierte und durch (19) gegebene Dichte $\sigma_0$ kompensiert. Der konstante Anteil von $\sigma$ wird aber durch $\varrho$ nur für äußere, nicht aber für innere Punkte neutralisiert; daß gerade seine Wirkung in den Ausdrücken (25) zur Geltung kommt, wird durch das hier wie dort auftretende Parameteraggregat $(a' + b'')$ signalisiert.

Im übrigen mag an die Systeme (24) und (25) noch die folgende allgemeine Bemerkung angeschlossen werden. Die sekundären Wirkungen bei der piezoelektrischen Erregung werden durch die Parameter (6)

$$f'_{ij} = \sum_h e'_{ih} d'_{jh} + \eta'_{ij} \tag{28}$$

gemessen, die nebeneinander die piezoelektrischen Parameter und die Elektrisierungszahlen enthalten. Dies gibt Veranlassung zu einer Abschätzung der Einflüsse der eigentlichen sekundären Piezoeffekte einer- und des Influenzvorganges andererseits.

Die piezoelektrischen Moduln $d'_{hk}$ scheinen nach der Erfahrung[1]) im allgemeinen mäßige Vielfache von $10^{-8}$, die Konstanten $e'_{hk}$ ebensolche von $10^{+4}$ zu sein; die Summen in den $f'_{ij}$ werden also die Ordnung $10^{-3}$ in der Regel nicht übersteigen. Viel größer sind die Elektrisierungszahlen $\eta'_{ij}$, die mit den allgemeinen Dielektrizitätskonstanten $\varepsilon'_{ij}$ durch die Beziehungen

$$\eta'_{jj} = (\varepsilon'_{jj} - 1)/4\pi, \quad \eta'_{ij} = \varepsilon'_{ij}/4\pi \tag{29}$$

verbunden sind. Die $\eta'_{jj}$ insbesondere halten sich im allgemeinen in der Nähe von 1/3. Demgemäß ist es auch nicht zulässig, die Formeln (24) — wie es offenbar nahe liegt — durch Annäherung aufzulösen.

Man möchte nach diesen Überlegungen auf einen ganz überwiegenden Einfluß der Influenz- über die sekundären Piezoeffekte und auf enorme Größe der ersteren schließen. Ein solcher Schluß würde aber irrig sein. Der Beobachtung ist nicht direkt das elektrische Moment $P$ zugänglich, sondern das darauf beruhende elektrische Feld $\mathfrak{E}_a$ im Außenraume. Es läßt sich zeigen, daß die auf der Influenz beruhenden Anteile am Feld unmerklich klein sein können, trotz beträchtlicher Größe des entsprechenden Anteiles am Moment.

4. Um diese Verhältnisse übersichtlich darzustellen, wollen wir den Fall eines armierten Zylinders, der für quantitative Bestimmungen allein in Betracht kommt, noch etwas verfolgen, also an die einfacheren Formeln (25) und (26) anknüpfen. Kürzen wir ab

$$2\pi(d'_{14} - d'_{25})/(1 + 2\pi(f'_{11} + f'_{22})) = F, \tag{30}$$

so liefern uns diese Formeln zusammen mit (16)

$$\left.\begin{aligned} P_1 &= \frac{2N}{\pi R^4}[(d'_{14} - Ff'_{11})x - (d'_{15} + Ff'_{12})y], \\ P_2 &= \frac{2N}{\pi R^4}[(d'_{24} - Ff'_{11})x - (d'_{25} + Ff'_{22})y]. \end{aligned}\right\} \tag{31}$$

---

[1]) Vgl. dazu die Zusammenstellung in meiner „Kristallphysik", p. 868ff.

Dabei messen die in $F$ multiplizierten Glieder die sekundären Effekte.

Man erkennt einerseits, daß alle Kristalltypen und Orientierungen des Kreiszylinders, für welche $d'_{14} - d'_{25} = 0$ wird, sekundäre Effekte überhaupt nicht zulassen, da für solche eben $F$ verschwindet. Man sieht aber auch andererseits leicht, daß von den in $f'_{11}$ und $f'_{22}$ multiplizierten Termen der absolute Wert für die beobachtbaren Erscheinungen keine Rolle spielt, diese letzteren vielmehr nur von der Differenz $f'_{11} - f'_{22}$ abhängen. Jene Terme geben nämlich zu $P_1$ und $P_2$ Anteile, die man schreiben kann:

$$P_1^0 = -\frac{NFx}{\pi R^4}((f'_{11} + f'_{22}) + (f'_{11} - f'_{22})),$$

$$P_2^0 = -\frac{NFy}{\pi R^4}((f'_{11} + f'_{22}) - (f'_{11} - f'_{22})).$$

Die in $f'_{11} + f'_{22}$ multiplizierten Glieder stellen aber radiale Momente von rings um die Zylinderachse konstanter Größe dar, und solche können auf äußere Punkte keine Wirkung üben. Demgemäß wird die gesamte sekundäre Wirkung auf äußere Punkte allein bedingt durch die Glieder

$$\left.\begin{aligned} P'_1 &= -\frac{NF}{\pi R^4}[(f'_{11} - f'_{22})x + 2f'_{12}y], \\ P'_2 &= -\frac{NF}{\pi R^4}[2f'_{21}x - (f'_{11} - f'_{22})y]. \end{aligned}\right\} \quad (32)$$

Nach der Bedeutung (28) der $f'_{ij}$ treten also die Elektrisierungszahlen $\eta'_{ij}$ in $P''_1$ und $P''_2$ nur in den Verbindungen

$$\eta'_{11} - \eta'_{22} \text{ und } \eta'_{12} = \eta'_{21}$$

auf, die von der Größenordnung der *Unterschiede* zwischen den Hauptelektrisierungszahlen $\eta_1, \eta_2, \eta_3$ sind. Damit ist erwiesen, daß allgemein die an einem gedrillten Kreiszylinder beobachtbaren sekundären Influenzwirkungen nicht von den absoluten Werten der Elektrisierungszahlen abhängen. Beiläufig sei noch daran erinnert, daß in den Fällen, wo die Querachsen $X$ und $Y$ in Symmetrieachsen der dielektrischen Influenz liegen, $\eta'_{12} = \eta'_{21}$ verschwindet und $\eta'_{11}, \eta'_{22}$ zu Hauptelektrisierungszahlen werden. Sind die letzteren untereinander gleich — wie dies bei regulären Kristallen für jede Orientierung des Zylinders gilt —, so fallen die auf Influenz beruhenden sekundären Wirkungen völlig aus.

Welche Anteile die sekundären Momente (32) übrigens zu beobachtbaren Wirkungen des gedrillten Kreiszylinders beitragen, ist ohne neue Rechnung angebbar, da diese Anteile die Form

$$P''_1 = a'x + b'y, \quad P''_2 = a''x + b''y$$

besitzen, von der die ganze Entwicklung der vorigen Arbeit ausgeht. Man braucht z. B. nur die Werte $a', b', a'', b''$, welche die Formeln (32) liefern, in I (16) einzusetzen, um die Beträge der Ladungen zu berechnen, die sekundär in den Belegungen des Zylinders entstehen.

Um ganz direkte Beziehungen zu beobachteten Verhältnissen zu gewinnen, seien noch die Parameterwerte für den Fall jener dreier Zylinder von Bergkristall zusammengestellt, die mit ihren Achsen bzw. in die kristallographische Hauptachse, oder eine Nebenachse, oder in die zu beiden normale Richtung fallen, und auf die sich die vorige Arbeit bezieht.

Im ersten Falle lauten die Systeme der piezoelektrischen Konstanten und Moduln $e'_{hk}$ und $d'_{hk}$ in den beiden ersten Reihen von (1) und (5):

$$\begin{array}{cccccc} e_{11} & -e_{11} & 0 & e_{14} & 0 & 0, \\ 0 & 0 & 0 & 0 & -e_{14} & 0, \end{array} \quad \begin{array}{cccccc} d_{11} & -d_{11} & 0 & d_{14} & 0 & 0, \\ 0 & 0 & 0 & 0 & -d_{14} & -2d_{11}. \end{array}$$

Somit gilt in (30) und (32)

$$e'_{14} = e_{14},\ e'_{15} = 0,\ e'_{24} = 0,\ e'_{25} = -e_{14},$$
$$d'_{14} = d_{14},\ d'_{15} = 0,\ d'_{24} = 0,\ d'_{25} = -d_{14};$$

zugleich ist

$$\eta'_{11} = \eta'_{22} = \eta_1,\quad \eta'_{12} = \eta'_{21} = 0.$$

Dies gibt

$$f'_{11} = f'_{22} = 2e_{11}d_{11} + e_{14}d_{14} + \eta,\ f'_{12} = f'_{21} = 0;$$

demgemäß verschwinden bei der vorausgesetzten Orientierung wie die primären, so auch die sekundären Wirkungen.

Im zweiten Falle treten die Werte auf

$$\begin{array}{cccccc} 0 & 0 & 0 & -e_{14} & -e_{11} & 0, \\ 0 & 0 & 0 & 0 & 0 & 0, \end{array} \quad \begin{array}{cccccc} 0 & 0 & 0 & -d_{14} & -2d_{11} & 0, \\ 0 & 0 & 0 & 0 & 0 & 0; \end{array}$$

es ist also

$$e'_{14} = -e_{14},\ e'_{15} = -e_{11},\ e'_{24} = e'_{25} = 0,$$
$$d'_{14} = -d_{14},\ d'_{15} = -2d_{11},\ d'_{24} = d'_{25} - 0;$$

dazu gilt

$$\eta'_{11} = \eta_1,\ \eta'_{22} = \eta_3,\ \eta'_{12} = \eta'_{21} = 0.$$

Somit wird hier

$$f'_{11} = 2e_{11}d_{11} + e_{14}d_{14} + \eta_1,\ f'_{22} = \eta_3,\ f'_{12} = f'_{21} = 0.$$

Hier kommt also eine sekundäre Wirkung zustande, für deren ausdrückliche Berechnung die oben allgemein zu (32) gemachte Bemerkung das Mittel angibt.

Im dritten Falle gelten die Systeme

$$\begin{array}{cccccc} 0 & 0 & 0 & 0 & 0 & 0, \\ 0 & e_{11} & -e_{11} & 0 & e_{14} & 0, \end{array} \quad \begin{array}{cccccc} 0 & 0 & 0 & 0 & 0 & 0, \\ 0 & d_{11} & -d_{11} & 0 & d_{14} & 0; \end{array}$$

es ist also

$$e'_{14} = e'_{15} = e'_{24} = 0,\ e'_{25} = e_{14},$$
$$d'_{14} = d'_{15} = d'_{24} = 0,\ d'_{25} = d_{14};$$

dazu kommt

$$\eta'_{11} = \eta_3,\ \eta'_{22} = \eta_1,\ \eta'_{12} = \eta'_{21} = 0,$$

und es ergibt sich

$$f'_{11} = \eta_3,\ f'_{22} = 2e_{11}d_{11} + e_{14}d_{14} + \eta_1,\ f'_{12} = f'_{21} = 0.$$

Die sekundären Wirkungen sind vollkommen analog denen im vorigen Fall.

Die zahlenmäßige Diskussion zeigt, daß die prinzipiell vorhandenen sekundären Wirkungen beim Bergkristall innerhalb der (ziemlich hohen) Grenze der Beobachtungsfehler bleiben. Dafür ist nach dem p. 9 u. f. Entwickelten nicht allein die Größenordnung der piezoelektrischen Konstanten und Moduln maßgebend, sondern nach höherem Maße die faktisch nur geringe dielektrische Aeolotropie jenes Kristalles. Bei Kristallen von sehr viel höherer Aelotropie — dergleichen in Wirklichkeit vorkommen — könnten aber die sekundären Wirkungen die Beobachtungen selbst in dem hier vorausgesetzten Fall von auf dem Potential Null gehaltenen Belegungen wirklich fühlbar beeinflussen.

Die Effekte würden natürlich allgemein stärker sein, wenn die Belegungen bei der Drillung des Zylinders auf andere Potentialwerte gelangten, wie z. B. dann, wenn die Beobachtung nicht nach der Kompensationsmethode, sondern mit Hilfe von Elektrometerausschlägen vorgenommen würde.[1]) Die gleiche Bemerkung würde für den Fall des freien, nicht armierten Zylinders gelten, den Hr. *Röntgen* beobachtet hat; indessen ist derselbe, wie schon bemerkt, für absolute Bestimmungen kaum anwendbar, und somit hat der genannte Umstand wenig Gewicht.

Erwähnt mag noch abschließend werden, daß die sekundären Influenzwirkungen bei der Methode der Konstantenbestimmung mit Hilfe gepreßter parallelepipedischer Präparate besonders auch in Fällen, wo die Präparate schief gegen die dielektrischen Hauptachsen orientiert sind, recht wohl ins Gewicht fallen können, und dort jedenfalls genauer studiert werden müssen.[2]) Bei den nur orientierten Versuchen dieser Art, die zuerst *Riecke* und ich, sodann mehrere meiner Schüler durchgeführt haben, ist dies nicht geschehen. —

Ganz analoge Betrachtungen, wie sie vorstehend über die Drillung des Kreiszylinders mitgeteilt sind, lassen sich auch für seine Biegung anstellen. Hier sind nur die Werte (23) zu ersetzen durch

$$\Xi_x = \mathsf{H}_y = \mathsf{H}_z = \mathsf{Z}_x = \Xi_y = 0$$

und

$$\mathsf{Z}_z = -\frac{4Ly}{\pi R^4} \quad \text{oder} \quad = +\frac{4Mx}{\pi R^4},$$

1) Vgl. die vorige Arbeit, Ann. d. Phys. **48.** p. 151. 1925.

2) Einiges Theoretische hierzu findet sich in meiner „Kristallphysik", p. 915 ff.

je nachdem die Biegung durch ein Moment $L$ um die $X$-, oder $M$ um die $Y$-Achse bewirkt wird. Es handelt sich also wieder um lineäre Funktionen in $x$ und $y$; die ganze Rechnung und Diskussion unterscheidet sich in nichts Wesentlichem von der obigen, kann also unausgeführt bleiben.

5. Die benutzten Grundformeln (2) und (3) für die allgemeinen in einem piezoelektrisch erregten Kristall herrschenden Spannungen und Deformationen stellen auch den Ausgangspunkt für die strenge Theorie der Deformation eines in ein elektrisches Feld gebrachten (azentrischen) Kristallpräparates dar. Im Gegensatz zu dem oben erörterten Problem der piezoelektrischen Erregung ist aber bei dem neuen Problem nicht ein Spannungssystem, sondern ein *Feld* primär gegeben, so daß an Stelle von $\mathfrak{E}_1, \ldots$ besser zu setzen ist $\mathfrak{E}_1^0 + \mathfrak{E}_1, \ldots$, unter $\mathfrak{E}_1^0, \ldots$ die primär gegebenen, unter $\mathfrak{E}_1, \ldots$ die sekundär entstehenden Komponenten verstanden. Was die Spannungen $\Xi_x, \ldots$ angeht, so wird bei Beobachtungen über piezoelektrische Deformation zumeist eine direkte mechanische Einwirkung auf das Präparat vermieden; jedenfalls ist dies in dem uns zunächst interessierenden Falle der Drillung eines Kreiszylinders geschehen. Trotzdem darf man nun aber nicht etwa bei beliebig gestalteten und beliebigen Feldern ausgesetzten Präparaten allgemein den Schluß ziehen, daß fehlenden mechanischen Einwirkungen notwendig auch verschwindende innere Spannungen entsprächen. Die durch (3) bestimmten Deformationsgrößen $x_x, \ldots$ haben nämlich (als Differentialausdrücke von den drei Verrückungskomponenten) jene zuerst von *Kirchhoff* formulierten sechs Bedingungsgleichungen[1]) zu erfüllen, und die $\Xi_x, \ldots$ dürfen daher (bei fehlenden mechanischen Einwirkungen) nur dann beseitigt werden, wenn die hiernach resultierenden Ausdrücke für die $x_x, \ldots$ jenen Bedingungen genügen.

Setzt man nun einen Kreiszylinder mit der Achse parallel $Z$ und ein primäres Feld von dem Gesetz

$$\mathfrak{E}_1^0 = A^0 x + B^0 y, \quad \mathfrak{E}_2^0 = B^0 x - A^0 y, \quad \mathfrak{E}_3 = 0 \tag{33}$$

voraus, über dessen experimentelle Herstellung in der früheren Arbeit gehandelt ist, so läßt sich zeigen, daß das hierdurch sekundär erregte Feld gleichfalls Komponenten besitzt, die in $x$ und $y$ lineär und von $z$ unabhängig sind; demgemäß ist in diesem Falle die Beseitigung der $\Xi_x, \ldots \Xi_y$ gestattet; denn durch in $x$ und $y$ lineäre und von $z$ unabhängige Ausdrücke für $x_x, \ldots x_y$ werden die *Kirchhoff*schen Bedingungen identisch erfüllt.

Hiernach werden z. B. die beiden ersten Formeln (5) vereinfacht zu

$$\left.\begin{aligned} P_1 &= (\mathfrak{E}_1^0 + \mathfrak{E}_1) f'_{11} + (\mathfrak{E}_2^0 + \mathfrak{E}_2) f'_{12}, \\ P_2 &= (\mathfrak{E}_1^0 + \mathfrak{E}_1) f'_{21} + (\mathfrak{E}_2^0 + \mathfrak{E}_2) f'_{22}. \end{aligned}\right\} \tag{34}$$

1) Vgl. z. B. meine „Kristallphysik“, p. 769.

Für die $P_h$ behalten wir die Ansätze (16) bei; es gelten dann für $\mathfrak{E}_1$ und $\mathfrak{E}_2$ in dem hier allein in Betracht kommenden *freien* Zylinder die Formeln (18), und die Einführung aller Werte in (34) liefert vier Beziehungen zwischen $a'$, $b'$, $a''$, $b''$ und $A^0$, $B^0$.

Aus diesen Formeln sind $a'$, $b'$, $a''$, $b''$ zu berechnen und durch die $\mathfrak{E}_1$, $\mathfrak{E}_2$ nach (18) in die Ausdrücke (3) für die Deformationen einzuführen, die jetzt einfach sind:

$$x_x = d'_{11}(\mathfrak{E}_1^0 + \mathfrak{E}_1) + d'_{21}(\mathfrak{E}_2^0 + \mathfrak{E}_2) \text{ usf.} \tag{35}$$

Da in den Werten (18) von $\mathfrak{E}_1$, $\mathfrak{E}_2$ nur die Aggregate

$$3a' + b'' = l,\quad a'' + b' = m,\quad a' + 3b'' = n \tag{36}$$

vorkommen, so bildet man am besten sofort die Gleichungen für diese Größen, welche lauten:

$$\left.\begin{aligned} l &= A^0(3f'_{11} - f'_{22}) + B^0(3f'_{12} + f'_{21}) \\ &\quad - \pi\{3f'_{11}l + (3f'_{12} + f'_{21})m + f'_{22}n\}, \\ m &= A^0(f'_{21} - f'_{12} + B^0(f'_{11} + f'_{22}) \\ &\quad - \pi\{f'_{21}l + (f'_{11} + f'_{22})m + f'_{12}n\}, \\ n &= A^0(f'_{11} - 3f'_{22}) + B^0(f'_{12} + 3f'_{21}) \\ &\quad - \pi\{f'_{11}l + (f'_{12} + 3f'_{21})m + 3f'_{22}n\}. \end{aligned}\right\} \tag{37}$$

Mit den hieraus folgenden $l$, $m$, $n$ ist gemäß (18) und (36) zu bilden

$$-\mathfrak{E}_1 = \pi(xl + ym),\quad -\mathfrak{E}_2 = \pi(xm + yn) \tag{38}$$

und dies Resultat in (35) einzusetzen. Damit erhält man die definitiven Ausdrücke für die Deformation des Zylinders im elektrischen Felde.

Es hat keinen Zweck, diese Rechnung allgemein durchzuführen; es mag genügen, den speziellen Fall eines Zylinders mit Achse parallel einer Nebenachse weiter zu bringen, auf den sich die in der früheren Arbeit beschriebenen Beobachtungen beziehen.

Hier gilt das zweite System Werte $f'_{ij}$ von p. 11, das wir abkürzen in $f'_{11} = f_1$, $f'_{22} = f_2$, $f'_{12} = f'_{21} = 0$. Die Formeln (37) liefern hier

$$\left.\begin{aligned} l &= A^0(3f_1 - f_2 + 8\pi f_1 f_2)/Q,\quad n = A^0(f_1 - 3f_2 - 8\pi f_1 f_2)/Q, \\ Q &= (1 + 3\pi f_1)(1 + 3\pi f_2) - \pi^2 f_1 f_2, \\ m &= B^0(f_1 + f_2)/[1 + \pi(f_1 + f_2)], \end{aligned}\right\} \tag{39}$$

und man erhält für das gesamte Feld $\mathfrak{E}^0 + \mathfrak{E}$ die Formeln

$$\left.\begin{aligned} \mathfrak{E}_1^0 + \mathfrak{E}_1 &= (A^0 - \pi l)x + (B^0 - \pi m)y = A'x + B'y, \\ \mathfrak{E}_2^0 + \mathfrak{E}_2 &= (B^0 + \pi m)x - (A^0 + \pi n)y = B'x - A''y. \end{aligned}\right\} \tag{40}$$

Diese Form weicht von der in der früheren Arbeit für $\mathfrak{E}_1$, $\mathfrak{E}_2$ eingeführten (33) darin ab, daß $A''$ und $A'$ voneinander verschieden sind. Indessen hat dies für die Anwendung, bei der nur die in $x$ und $y$ lineäre

Form eine Rolle spielt, keine Bedeutung. Speziell gestattet die Formel I (48) für die Drillungsgröße $h$, wie man leicht erkennt, unmittelbar die Übertragung auf die vervollständigte Theorie, wenn man nur $A$ und $B$ dort mit $A'$ und $B'$ vertauscht, d. h. schreibt

$$2h' = d_{14}A' - 2d_{11}B'. \tag{41}$$

Hat das Feld eine Orientierung gegen den Zylinder, bei welcher seine Wirkung *maximal* ist, so wird, wie früher gezeigt,

$$2h = C'D$$

bei

$$C'^2 = A'^2 + B'^2, \quad D'^2 = 4d_{11}^2 + d_{14}^2.$$

Zugleich gilt

$$\left.\begin{aligned} A' &= A^0[1 - \pi(3f_1 - f_2 + 8\pi f_1 f_2)/Q], \\ B' &= B^0/[1 + \pi(f_1 + f_2)]. \end{aligned}\right\} \tag{42}$$

Wiederum wird der Einfluß aller sekundären Effekte durch die Parameter $f$ gemessen, über die p. 8 u. f. ausführlich gesprochen ist. Für die Beurteilung ist aber wohl zu beachten, daß ein Teil der in die $f$ multiplizierten Glieder bereits in der früheren Arbeit, wenngleich mehr summarisch, berücksichtigt worden ist. Es ist dort nämlich die Influenzwirkung des *primären* Feldes unter Vernachlässigung der dielektrischen Aeolotropie des Kristalles (als ein primärer Effekt) *bereits in Rechnung gesetzt.* Die in der früheren Arbeit eingeführten Parameter $A$ und $B$ entstehen demgemäß aus den obigen $A'$ und $B'$, indem man in letzteren die sekundären piezoelektrischen Momente und die dielektrische Aeolotropie ignoriert, d. h. $f_1 = f_2 = \eta$ setzt, unter $\eta$ die mittlere Elektrisierungszahl verstanden; dies gibt

$$A = \frac{A^0}{1 + 2\pi\eta} = \frac{2A^0}{1 + \varepsilon}, \quad B = \frac{B^0}{1 + 2\pi\eta} = \frac{2B^0}{1 + \varepsilon}, \tag{43}$$

wobei $\varepsilon$ die mittlere Dielektrizitätskonstante bezeichnet. Man kann leicht den Zusammenhang dieser Resultate mit dem Ausdruck I (62) für $C$ nachweisen.

Die Differenzen $A' - A$ und $B' - B$ sind also maßgebend für die Einwirkung der einzelnen Sekundäreffekte bei der elektrischen Drillung des Zylinders. Bei der Kleinheit der dielektrischen Isotropie einerseits, der piezoelektrischen Parameter

$$\sum_h e'_{ih} d'_{jh}$$

in den $f$ andererseits ist ersichtlich, daß die sekundären Wirkungen bei den überaus kleinen piezoelektrischen Drillungen sich nicht merklich geltend machen können.

Auch diese Überlegungen gestatten leicht eine Vervollständigung durch Berücksichtigung der im elektrischen Feld entstehenden *Biegungen;* dieselbe mag aber hier unterbleiben.

## Resultate.

Die Vorgänge der piezoelektrischen Erregung und Deformation von Kristallen, deren Grundgleichungen — ähnlich wie diejenigen der dielektrischen Influenz — überaus einfach gestaltet sind, spielen sich in Wirklichkeit in sehr komplizierter Weise ab, weil von dem erregten bzw deformierten Präparat *sekundär Wirkungen* ausgehen. Die Theorie einer der Beobachtung zugänglichen Erscheinung der genannten Gattungen kann nur dann voll befriedigen, wenn sie diese sekundären Wirkungen berücksichtigt, — wie dies bei den dielektrischen Influenzproblemen ein für allemal verlangt wird. Indessen hat die Schwierigkeit der Aufgabe wesentliche Resultate in dieser Richtung bisher nicht zu gewinnen erlaubt. Es wird in der vorliegenden Arbeit gezeigt, daß für die gleichförmige Drillung und Biegung eines Kreiszylinders sich beide piezoelektrischen Probleme mit großer Leichtigkeit vollständig durchführen lassen. Die Resultate gestatten eine klare Beurteilung des Einflusses der sekundären Wirkungen auf die Beobachtungen und erweisen, daß dieselben in den speziellen untersuchten Fällen als unwesentlich gelten können.

Göttingen, im September 1915.

(Eingegangen 21. September 1915.)

Additional material from *Lehrbuch der Kristallphysik*,
ISBN 978-3-663-15316-0, is available at http://extras.springer.com

Printed in the United States
By Bookmasters